大庆油田"十三五"钻录井技术优秀论文集

《大庆油田"十三五"钻录井技术优秀论文集》编委会　编

石油工业出版社

内 容 提 要

本书收录了大庆油田"十三五"期间钻录井技术方面的优秀论文 130 篇，主要内容包括钻井工艺技术、钻完井仪器及工具、固井技术、钻井液技术、录井技术等，反映了大庆油田在钻录井技术方面的科技创新成果。

本书可供从事油气行业钻录井技术的科研人员、技术人员及管理人员参考使用，也可供高等院校相关专业师生阅读。

图书在版编目（CIP）数据

大庆油田"十三五"钻录井技术优秀论文集 /《大庆油田"十三五"钻录井技术优秀论文集》编委会编. 北京：石油工业出版社, 2024. 5. -- ISBN 978-7-5183-6827-3

Ⅰ. TE242.9-53

中国国家版本馆 CIP 数据核字第 20249YH337 号

出版发行：石油工业出版社
（北京市朝阳区安华里二区1号楼　100011）
网　　址：www.petropub.com
编辑部：（010）64523687　图书营销中心：（010）64523633
经　　销：全国新华书店
印　　刷：北京中石油彩色印刷有限责任公司

2024 年 5 月第 1 版　2024 年 5 月第 1 次印刷
787×1092 毫米　开本：1/16　印张：56.75
字数：1450 千字

定价：300.00 元
（如出现印装质量问题，我社图书营销中心负责调换）
版权所有，翻印必究

《大庆油田"十三五"钻录井技术优秀论文集》编委会

主　任：艾　鑫　杨智光

副主任：李吉军　姜洪福　王　刚　金岩松　刘文鹏
　　　　齐　悦　潘荣山

委　员：（按姓氏笔画排序）

丁明海　于成龙　于兴东　万发明　王　俊
王　鹏　王文军　王立哲　王连生　王林忠
王春华　王洪伟　王新清　牛玉祥　包香文
任文进　刘春雨　许云龙　那自强　孙中昌
李　博　李继丰　杨永祥　吴　迪　吴广兴
邹大鹏　张振华　和传健　孟庆双　宫　华
耿晓光　贾付山　郭金玉　郭福祥　黄岩波
常　雷　韩德新　滕工生

前　言

"十三五"期间，大庆油田以习近平总书记关于科技与信息化工作的系列重要论述为指导，深入贯彻国家创新驱动发展战略，发扬"三超"精神，大打科技创新进攻仗，取得了一批重大科研成果，打造了一批重点优质工程，培育了一批优秀核心人才，创出了一批新的指标纪录，为建设百年油田做出了卓越的贡献。在铁人诞辰百年之际，《大庆油田"十三五"钻录井技术优秀论文集》刊印出版，这是对公司科技创新成果、技术服务能力的一次集中展示。

这本论文集收录了自2016年以来，在钻完井技术和录井技术领域，公司科技和技术人员以第一作者身份在各类期刊公开发表或在各级各类会议公开交流的优秀论文。原则上以论文发表的年限先后进行了编排，综合反映了公司技术研究和实践探索的专业水平，集中展现了公司科技工作者勇于探索的精神，具有很高的学术研究与借鉴价值。

科技创新是动力之源、强企之基、立命之本。广大科技工作者要以习近平新时代中国特色社会主义思想为指导，贯彻落实新发展理念和高质量发展要求，发扬大庆精神铁人精神，锐意科技创新，奋力追赶超越，打造核心特色技术，研发工程技术利器，尽快攻克一批瓶颈技术工具和"卡脖子"难题，为大庆油田"当好标杆旗帜、建设百年油田"，为中油技服"加快建设国际一流油田技术服务公司"，为中国石油"加快建设世界一流综合性国际能源公司"做出新的更大的贡献！

目 录

第一部分 钻井工艺技术

松辽盆地富含伊利石的古龙页岩水化特性及其对岩石力学参数的影响
………… 杨智光 李吉军 齐 悦 和传健 宋 涛 陈绍云 张 洋（ 3 ）
茂加65-82井双分支超短半径水平井钻完井技术 ………………… 杨决算 郑瑞强（ 12 ）
大庆油田第一口深层天然气双分支水平井钻完井实践
………………………………… 潘荣山 张 凯 李继丰 白秋月（ 18 ）
喇嘛甸油田钻井地质风险识别及设计对策 …………………………………… 卢志罡（ 23 ）
小井眼钻井技术在徐深气田的应用及分析
………………………… 刘美玲 朱健军 李 杉 潘荣山 王智鑫（ 30 ）
平行断层定向井钻关方案优化与密度窗口预测技术研究
………………………… 王建国 郭 军 张会芳 张志新 彭 壮（ 36 ）
工厂化水平井优快钻井技术研究 ……………………………………………… 陈春雷（ 44 ）
长垣、齐家地区致密油水平井钻井提速配套技术 …………………………… 常 雷（ 51 ）
英台地区防漏技术探讨 ………………………………………………………… 朱晓峰（ 57 ）
求取水平井标志点的方法及应用 ……………………………………………… 孙建双（ 61 ）
Early Warning Technology of Drilling Muds Lost Circulation Anomaly Based on Data
……………………………………………………………………… Luan Yongle（ 66 ）
防控标准层套损配套钻完井技术研究 ………………… 王春娇 郎 钧 杨胜刚（ 74 ）
杏树岗油田杏76区块安全钻井提速技术研究 ………………………………… 韩德新（ 80 ）
吉林油田6寸小井眼定向井钻井提速实践 …………………………………… 王海燕（ 85 ）
大数据法预测异常压力范围研究 ………………………… 江素梅 史建勇 桑双利（ 91 ）
三维绕障钻井技术在平台水平井的应用 ………………………… 牛守民 石昌森（ 96 ）
伊拉克哈法亚油田高压盐膏层安全钻井技术
………………… 谢春来 王照阳 仇 越 勾广洲 高军飞 尹 光 吴 勇（101）
喇北东区块钻柱纵向振动的技术研究与应用 ………………… 姚 斌 李艳军 邹 丹（110）
川北大安寨生屑灰岩储层主控因素及预测思路
………………………… 王伟东 彭 军 夏青松 段冠一 孙恩慧（114）

— 1 —

伊拉克哈法亚油田 Mishrif 组碳酸盐岩储层防漏堵漏技术
　………………………………… 谢春来　胡清富　张凤臣　白忠卫　尹传铭（123）
提高大斜度井井眼净化效果的实践及认识 ………………………………… 许云龙（130）
Analysis of Drilling Risks and Design Optimizations of High Efficiency Wells in Daqing
　Placanticline ……………………………………………………… Liu Shaoran（137）
The Difficulties and Countermeasures of Drilling Geological Design of Fuyu Tight Oil Layer
　in X Well Area ………………………………………………………… Wang Ying（145）
ZS 区块提速提效钻完井技术优化与实践
　………………………… 沈宝明　常　雷　杨丽晶　潘荣山　刘美玲　赵英楠（152）
大庆油田致密油平台三维水平井钻柱摩阻分析 ………………………… 邵　帅（158）
大庆地热能"U"形先导试验井钻井设计
　………………………… 潘荣山　李继丰　李　童　王　影　王敬岩　刘美玲（164）
海拉尔油田贝中区块钻井实践与认识 ……………………… 韩德新　杨春和（169）
德深65井区水平井安全钻井技术 ……………………… 梁井波　孙奉连　张　健（173）
大庆油田页岩油水平井钻井提速技术
　………………………… 李玉海　李　博　柳长鹏　郑瑞强　李相勇　纪　博（178）
长筒取心技术在松科三井泉头组的应用
　………………………… 李春林　张玉龙　田佳琦　李　毅　韩云丞　李　凯　张家玮（184）
High Voltage Electric Pulse Drilling: A Study of Variables through Simulation and Experimental Tests
　……… Zhang Qingyu　Wang Guanglin　Pan Xudong　Li Yuefeng　He Jianqi
　　　　　　　　　　　　　　　　　　　　　　　Qi Yue　Yang Juesuan（189）
合川001区块钻井防漏堵漏实践与认识 …………………………………… 杨春和（207）
伊拉克 B9 区块大井眼钻柱黏滑振动分析及控制技术　… 胡清富　司小东　李增乐（212）
解析新投产注水井不停注对钻井的影响
　………………………… 张志新　郭　军　张会芳　刘　湍　程百慧（219）
北一区断西嫩二段泥岩缩径区地质预测技术研究
　………………………………… 张志新　彭　壮　王建国　郑四兵（224）
油田开发后期精细钻井地质技术方法研究 ……………………………… 杨春丽（232）
伊拉克库尔德 A 油田原油注氮欠平衡钻井技术
　………………………… 胡清富　谢春来　田玉栋　王焕文　甘建国　司小东（238）
天然气钻井井筒充满气体情况下气柱压力变化规律分析 ………………… 郭　刚（244）
葡萄花异常高压危害体钻井对策研究
　………………………… 张志新　殷显勇　程百慧　张会芳　王鹏飞　王永友
　　　　　　　　　　　　　　　任睿博　曹伟洁　郑四兵　王建国（248）
川渝敏感地层井控防控工作实践与认识 ……………………… 郭　刚　周　石（254）
H 油田储层漏溢同存井控问题的研究与对策
　………………………… 谢春来　胡清富　田玉栋　吴代宗　张文强　李剑华（258）

永乐油田葡萄花油层异常高压因素研究 ………………………………… 韩德新　杨春和（263）

第二部分　钻完井仪器及工具

顶驱防喷阀的优化设计与试验 …………………………………………………… 白晓捷（269）
液动旋冲钻井工具研制 …………………………………………… 郑瑞强　李玉海（274）
球挂式液压丢手工具失效原因及解决措施 ……………………………… 郑瑞强（279）
套管氦气密封检测封隔器及工装的设计 ……… 郑　璐　白晓捷　马晓伟　孟祥光（284）
控压钻井自动控制系统稳态建模 ………………………………………… 王书庆（289）
液动旋冲工具及涡轮钻具的优化设计
　　………………………… 郑瑞强　赵　毅　王　伟　侯　圣　李　博　柳长鹏（293）
DQEM-178Ⅱ型随钻测量仪器的研制 ……………………………………… 王书庆（298）
顶部驱动钻井螺纹防松装置的创新设计
　　………………………………… 白晓捷　宋瑞宏　于成龙　马晓伟　张　磊（302）
DQXZ-172型旋转导向系统研制与应用
　　………………………………… 蔡　伟　张振华　丁明海　杨志坚　裴　斐（305）
新型井下工程参数测量系统的研制与应用
　　………………………………… 窦金永　于成龙　马晓伟　李玉海　齐　悦（310）
顶驱设备在水平井提速中的管理与技术发展 … 白晓捷　宋瑞宏　马晓伟　段立俊（317）
顶驱倾斜机构的连接耳座受力分析 ……………………………………… 刘鹏骋（323）
大庆油田登娄库组PDC钻头设计与应用 ……………………… 巫　刚　陈瑞诚（328）
NTQ248-25Y型无牙痕套管动力钳研制
　　………………………………… 朱明坤　李志刚　杨　毅　马晓伟　李玉海（333）
基于Amesim的顶驱刹车系统的仿真分析 ……………………… 郭　建　刘鹏骋（341）
无牙痕套管钳钳头的设计与研究 ……………………… 朱明坤　李志刚　杨　毅（348）
机械式顶驱旋转下套管装置的研制 … 孟令峰　石　坚　窦金永　于成龙　马晓伟（357）
基于CPLD的随钻钻井液脉冲器电磁阀驱动系统设计
　　………………………………… 庞海波　李润启　吴红伟　王海琦　徐月庆（362）
保压取心工具内筒举升机构设计 ……………… 夯春林　张玉龙　李　凯　田佳琦（367）
通用型顶驱扭转试验台的研究与设计 …………………………………… 梁　斌（371）
旋转动压试验检测系统的研制 …………………………………………… 王亚东（377）

第三部分　固井技术

治理浅层管外冒水泥浆体系的研究与应用
　　………………………… 闫玉良　刘　策　郭金玉　卢士分　王春娇　赵晓亮（385）

— 3 —

吉林油田新立大平台固井技术研究与应用
………………………… 贺浩强　冯水山　黄鸣宇　刘春雨　冷　雪　陈小旭（395）
应用界面增强工具提高固井层间封隔能力技术研究
………………………… 何俊才　刘铁卜　肖海东　宋艳涛　杨胜刚（403）
大庆油田低密度低温防窜水泥浆体系 ………………………………… 侯力伟（409）
新型抗高温水泥悬浮剂的研制与现场试验 …………………………… 杨　勇（414）
一种低温早强低密度水泥浆 …………………………………………… 耿建卫（422）
大庆油田深井一次性封固固井技术浅析 ……………………………… 马广来（427）
表面活性剂型可加重固井前置液机理及应用 ………………………… 姜　涛（431）
吉林油田长深 D 平 40 井尾管固井技术研究与应用
………………………… 贺浩强　冯水山　黄鸣宇　周文彬　刘春雨　冷　雪　陈小旭（439）
长深 D 平 40 井 244.5mm 技套固井技术研究与应用 …… 冯水山　贺浩强　陈小旭（445）
改善固井弱界面劣化的固井界面增强剂技术
………………………… 王春娇　杨胜刚　郭金玉　刘铁卜　汤小伟（450）
低密度水泥固井质量评价方法探讨研究 ……… 王　欢　杨秀天　李吉军　侯春会（460）
吉林油田双坨子储气库固井水泥浆体系优选及应用
………………………… 贺浩强　冯水山　张　弛　孙国强　项忠华　冷　雪　陈小旭（467）
川渝长宁地区页岩气井固井实践与认识 ……… 贾付山　张元坤　苏海光（474）
川渝地区页岩气井防气窜固井技术 …………… 张元坤　贾付山　刘明利（481）
提高中浅层水平井固井顶替效率的多级高效冲洗技术研究
………………………… 王春娇　闫玉良　郭金玉　刘铁卜　杨　赫（491）
页岩油水平井固井技术难点及对策
………………………… 杨智光　李吉军　杨秀天　姜　涛　和传健　肖海东（498）
大庆油田特高含水期调整井固井技术进展
………………………… 杨秀天　王　欢　李吉军　和传健　李晓琦（507）
即时混配型高密度固井隔离液 ………………………… 谌德宝　亢菊峰（517）
Experimental Study on Toughening Cement Slurry with Carbon-Based Carbon Nanotubes
………………………… Zhu Jianjun　Zhang Jingfu　Zhang Changjin　Wei Wei
　　　　　　Shen Baoming　Pan Rongshan（522）
川渝地区浅气层水平井固井技术研究与应用 ………………………… 吕明辉（534）
合川地区海相地层 7in 尾管固井实践与认识 … 贾付山　张元坤　张小辉　岳　阳（539）
DC 油田窄密度窗口调整井固井技术研究与应用
………………………… 王春娇　郭金玉　刘铁卜　李英武　卢士分　宁清志（549）
中低熟页岩油原位开采井固井水泥浆体系研究
………………………… 杨东梅　吴广兴　刘文鹏　侯力伟　王广雷　芦庆成（559）

第四部分　钻井液技术

泥页岩微裂缝模拟新方法及封堵评价实验 …………………………… 杨决算　侯　杰（567）
抗高温反相乳液增黏剂 DVZ-1 的研究与应用 ………………………………… 张　洋（574）
DMAA/AMPS/DMDAA/NVP 四元共聚耐温耐盐钻井液降滤失剂的研制 …… 白秋月（583）
长垣内部中深井钻井液技术研究与应用
　　………………………… 柳洪鹏　童　维　范　宣　刘彦勇　李英武（589）
封堵评价用微裂缝岩心的模拟及模拟封堵实验 ………………………………… 闫　晶（594）
低固相氯化钾钻井液体系在太 31-斜 1 井中的应用 ……………… 董　明　李英武（600）
方正断陷井壁稳定的钻井液技术 ……………… 朱晓峰　李承林　李国彬　侯砚琢（605）
高性能水基钻井液在大庆油田致密油水平井的应用
　　………………………… 王伟东　段冠一　朱健军　张春祥　金英男（610）
D 油田外围中浅层水平井钻井液技术改进研究与应用
　　………………………… 柳洪鹏　宋维春　李英武　刘利明　刘铁卜（618）
抗高温抗盐聚合物增黏剂的研制与性能评价 ………………………………… 董振华（624）
海坨区块高效堵漏体系的优化与应用 ………………………………………… 孙威威（630）
低渗透高压易漏区井组井安全钻井钻井液技术应用
　　……… 柳洪鹏　李英武　郭金玉　范　宣　董　明　刘铁卜　崔　磊　刘彦勇（639）
响应面优化深层废弃水基钻井液无害化处理工艺
　　………………………………… 孙露露　耿晓光　宋　涛　张　洋（645）
胺基聚合物钻井液在 BXX 井技术应用
　　………………………………… 朱晓峰　王玉伟　陈　荣　王昊瀛　王　伟（655）
伊拉克东巴油田 Tanuma 组泥页岩高效防塌钻井液技术
　　………………………………… 胡清富　刘春来　李增乐　司小东（660）
基于改进 PSO-SVM 的钻井液侵入储层深度预测 ……………………………… 陈　飞（668）
抗高温氯化钾聚合物钻井液技术 ……………………………………………… 高玉强（674）
降低油基钻井液成本的工艺与技术 … 张欣涛　周洪奎　任志强　柳洪鹏　许长勇（680）

第五部分　录井技术

松辽盆地北部深层火山岩 X 射线荧光元素录井识别方法 …………………… 王　俊（689）
X 射线衍射仪（XRD）在大庆油田致密油中的应用 …………… 肖光武　刘丽萍（697）
古城地区碳酸盐岩储层录井评价方法 ………………………… 郭　晶　秦文凯（704）
水平井产能影响因素分析及预测方法 ………………… 张艳茹　王朝阳　杨　雷（712）
应用矿物成分评价致密油储层脆性的方法研究 ……………………………… 肖光武（719）

水平井地化录井技术在吉林地区的研究与应用 ………………………………… 高庆奇（729）
地质导向技术在外围葡萄花油层中的应用——以松辽盆地 G 区块为例 …… 程修雷（737）
苏家次洼中部洼槽带地化录井技术的应用 ………………………………… 高庆奇（742）
基于机械比能模型的钻头效率随钻评价研究 … 胡宗敏　袁伯琰　韩冰冰　李　义（752）
录井技术在萨中 X 断块高台子油层剩余油分析中的应用 ………… 张金航　马德华（765）
松辽盆地古龙凹陷页岩油录井解释评价方法研究 ………………… 张丽艳　秦文凯（773）
松辽盆地北部深层地层三项压力预测方法应用 ……………………………… 刘　方（783）
孤店断陷致密气储层录井快速解释评价方法 … 王　研　杨光照　滕工生　王洪伟（794）
松辽盆地古龙页岩油储层岩性识别与流体评价技术

　　………………… 梁久红　张丽艳　韩冰冰　杨世亮　李　博
　　　　　　　刘文精　张艳茹　陈晓晓　郭　晶　董黛莉（806）

龙西地区低饱和度油藏录井综合解释方法研究 ……………………………… 张丽艳（814）
松辽盆地中央古隆起带（北部）基底岩性识别方法 …… 张晏奇　罗光东　李　义（820）
莫里青断陷西北缘断褶带双二段储层地化录井技术应用 …………………… 孙广文（828）
古龙页岩油录井技术进展与展望

　　……… 田志山　王　俊　杨世亮　张丽艳　李　博　程修雷　肖光武　张艳茹（837）

录井技术在超短半径水平井中的应用

　　………………… 张　鹏　冯全忠　杨　雷　王继霞　李　博　徐庆军（845）

气测后效资料在气层评价中的应用研究 ……… 胡宗敏　李富强　袁伯琰　赖福斌（850）
综合录井技术在合川—潼南区块碳酸盐岩储层解释评价中的应用

　　……………………… 刘文精　秦文凯　韩冰冰　杨世亮　张丽艳（856）

X 衍射、元素录井技术在探 29-6 井中的应用 …………… 刘　成　臧　硕　赵发宝（862）
古龙页岩油储层岩石热解参数 S_1 值校正方法

　　……………… 王　俊　杨世亮　张丽艳　肖光武　张艳茹　李　菁（869）

碳同位素录井技术在古龙青山口组页岩油中的应用——以 GY3 井为例

　　……………………………………………………………… 肖光武　杨世亮（878）

以信息技术为依托提高钻井工程质量统计分析 ……………… 明亚晶　冯　军（887）

第一部分

钻井工艺技术

松辽盆地富含伊利石的古龙页岩水化特性及其对岩石力学参数的影响

杨智光[1] 李吉军[2] 齐 悦[2] 和传健[2] 宋 涛[2]

陈绍云[2] 张 洋[2]

(1. 中国石油大庆油田有限责任公司；2. 中国石油大庆钻探工程公司)

【摘 要】 大庆油田古龙页岩伊利石含量高，伊利石表面水化导致页岩强度发生劣化，井壁剥落掉块、坍塌等复杂情况频发。为了解决此问题，以大庆古龙页岩为研究对象，从黏土矿物晶层结构和微观作用力的角度分析了富含伊利石页岩水化作用机理，页岩水化过程的微观作用力主要包括范德华力(DLVO力)和水合力，与蒙皂石不同，伊利石晶层间存在较大的短程排斥水合力。扫描电镜分析、耐崩解实验和岩心观察表明，富含伊利石的页岩水化作用具有促使页岩中裂缝沿层理面起裂、扩展和破坏的特征，同时水相、油相等不同流体介质对页岩水化特征影响显著，油相浸泡后岩石力学参数的劣化程度明显弱于水相，抗压强度更优，与油基钻井液相比，使用水基钻井液更易劣化页岩强度、内聚力和内摩擦角等岩石力学参数，井壁失稳风险更高。研究成果为针对性解决古龙页岩井壁剥落、坍塌等复杂情况提供了理论支撑。

【关键词】 松辽盆地；古龙页岩；伊利石水化；井壁失稳

松辽盆地古龙页岩是典型的陆相页岩，与国内外海相或咸化湖盆沉积为主的页岩相比，古龙页岩的岩石组构、物性等均有很大不同[1-2]。古龙地区青山口组沉积时期自下而上为水退沉积过程，半深湖—深湖沉积面积大，其中青一段暗色泥页岩具有单层厚度大、分布面积广的特征[3-4]，厚度大于40m的面积达 $3.8×10^4 km^2$，泥页岩夹很薄的白云岩、介壳灰岩和粉砂岩纹层(一般为0.05~0.15m)，属于高黏土含量的页岩型页岩，而其他地区页岩油藏含较高比例砂岩、粉砂岩或碳酸盐岩[5]，可以理解为致密性强的致密油气藏。中国陆相页岩油开发仍处于起步阶段，古龙页岩油勘探初期，没有成熟的理论、技术和经验可借

基金项目：中国石油天然气股份有限公司重大科技专项"大庆古龙页岩油勘探开发理论与关键技术研究"(2021ZZ10)。

作者简介：杨智光，男，1966年生，博士后，正高级工程师，中国石油天然气集团有限公司钻井高级技术专家，大庆油田有限责任公司钻井工程企业首席技术专家。主要从事复杂井钻完井技术研究，先后主持并组织"超高温钻井流体技术及工业化应用""大庆地区保护储层、提高固井质量的化学剂与工作液"等30余项国家、省部级、中国石油天然气集团科研项目，获国家科学技术进步二等奖1项，省部级科技进步奖11项，市级一、二等科技进步奖9项，获国家专利52项，其中发明专利13项。发表《大庆油田钻井完井技术新进展及发展建议》《深井高温条件下油井水泥强度变化规律研究》等学术论文30余篇，出版专著3部，享受国务院、黑龙江省政府津贴。E-mail：yangzhiguang@cnpc.com.cn

鉴[6-7]，在井 A1 等水平井钻井过程中出现因井壁剥落、坍塌导致的卡钻、遇阻等复杂情况，严重影响了页岩油勘探效果[8]。大庆油田开展了页岩油井壁失稳机理研究，重点在古龙页岩黏土矿物组构、孔缝发育情况、页岩水化特性及力化耦合研究等方面开展攻关，取得了初步认识。

本文从页岩矿物组构、黏土晶层结构与水化特性等多重角度分析了古龙页岩水化潜在因素对岩石力学参数的影响，初步给出了页岩井壁失稳机理，为针对性解决井壁剥落和坍塌等复杂问题提供了理论依据。

1 古龙页岩概况

1.1 矿物组成

古龙页岩油藏纯页岩含量比例高，黏土矿物演化程度高，整体处于中成岩晚期，在演化阶段存在蒙皂石大量消失转化为伊利石的过程，并在转化过程中析出硅质。为进一步明确古龙页岩的矿物组成，开展了 X 射线衍射（XRD）实验，对井 A3 等 6 口井青山口组岩样进行分析，表明青山口组纹层状及页理状页岩，黏土矿物质量分数高达 30% 以上，以伊利石为主（表 1），与以海相或咸化湖盆沉积为主的页岩岩石组构差异性较大，如川南页岩气区块和渝东页岩气区块伊/蒙混层质量分数高达 7.1%~11.65%，而伊利石质量分数为 0.6%~6.3%，同时古龙页岩脆性矿物以石英和斜长石为主，石英质量分数为 33.4%~42.5%，脆性矿物含量高，为形成裂缝提供了有利条件，导致地层承压能力弱，是井壁失稳的潜在因素之一。

表 1 井 A3 全岩矿物及黏土矿物分析结果

深度/m	层位	岩性	矿物质量分数/%						黏土矿物质量分数/%			伊/蒙混层比/%	
			石英	斜长石	方解石	铁白云石	黄铁矿	黏土矿物	伊利石	绿泥石	伊/蒙混层	蒙皂石	伊利石
2270.71	青二段	灰黑色泥页岩	33.4	21.1	0	2.7	5.4	37.4	90	4	6	15	85
2302.74	青一段	灰黑色泥页岩	42.5	19.7	0	4.0	2.1	31.7	90	4	6	15	85
2304.32	青一段	灰黑色泥页岩	35.1	15.4	0	3.4	4.1	42.0	93	4	3	15	85
2310.94	青一段	灰黑色泥页岩	34.5	22.7	5.7	0.0	3.4	33.7	92	2	6	15	85
2333.36	青一段	灰黑色泥页岩	34.6	17.6	0	1.5	3.3	43.0	87	6	7	15	85
2359.32	青一段	灰黑色泥页岩	35.5	12.0	7.1	0.0	1.6	43.8	94	1	5	15	85

1.2 孔缝特征

古龙页岩主要由基质孔隙—页理缝组成[9]，孔隙类型主要包括有机质孔缝、黏土矿物晶间孔和溶孔，受水平页理控制的纳米级孔缝体系大大改善了储集层物性，孔隙宽度为 70~5000nm，占总面孔率大于 75%，覆压条件下水平渗透率为 0.011~1.620mD，平均 0.580mD，垂直渗透率小于 0.0001mD，形成了水平方向上的高孔隙渗透带；古龙青一段底部发育层状页岩，累计厚度 10~20m，岩性纯、细腻，为水体环境安静条件沉积，自然断面见页理极发育，页理密度 1500~2500 条/m；青二段下部及青一段上部发育高黏土含量的厚层纹层状页岩，岩心及镜下均可见到毫米—微米级厚度的石英、介壳等纹层，纹层累计比例小于 10%，岩心自然断面可见页理发育，页理密度 1000~1500 条/m，镜下观察微裂缝宽度 0.2~3.0μm，孔缝体系发育为钻井液侵入页岩地层提供了有利条件。

1.3 润湿性

研究表明，页岩储层岩石表面呈复杂的非均匀混合润湿性特征，既亲油又亲水，且页岩表面更趋于油湿，页岩亲水性能与黏土含量正相关[10]，因此润湿性对页岩的水化特性影响较大。室内采用接触角法对古龙页岩油区块井 G1 等 4 口井的青一段和青二、三段 8 块纹层状岩心的润湿性进行了评价。

从表 2 可以看出，古龙页岩 4 口井 8 块纹层状页岩岩心在水—岩样系统中，接触角最大为 38.6°，最小为 25.7°，在柴油—岩样系统中接触角均为 0°，表明古龙页岩润湿性属于混合润湿偏油润湿，与川南地区龙马溪组页岩润湿性特征接近，具备水相侵入页岩孔缝引起水化的条件。

表 2 古龙页岩油井取心岩样的润湿性评价实验

井号	岩心编号	深度/m	层位	岩性	滴水接触角/(°)	滴油接触角/(°)
井 G1	1-1	2311.72	青一段	纹层状页岩/含云纹层状页岩	35.7	
	1-2	2402.31	青一段	纹层状页岩/含灰纹层状页岩		0
井 G2	2-1	2247.98	青一段	纹层状页岩	38.6	
	2-2	2269.75	青一段	纹层状页岩		0
井 G3	3-1	2242.71	青二、三段	纹层状页岩	34.9	
	3-2	2276.90	青一段	纹层状页岩		0
井 G4	4-1	2119.10	青二、三段	含灰纹层状页岩	25.7	
	4-2	2173.34	青一段	纹层状页岩		0

2 古龙页岩水化特性

2.1 黏土水化机理

国内外关于井壁稳定的研究较多，主要是针对富含蒙皂石和伊/蒙混层页岩水化特性，其中蒙皂石以层间吸水膨胀为主，伊/蒙混层以层间散裂为主，对富含伊利石的古龙页岩研究较少。伊利石是3层型黏土矿物,由2层硅氧四面体中间夹一层铝氧八面体组成晶胞,属2∶1型黏土矿物,晶格取代主要发生在Si—O四面体中,Al^{3+}取代Si^{4+}[11],晶层间存在K^+,离子吸附作用比氢键强,晶层间距为0.34nm。水化作用包括表面水化和层间水化,表面水化产生于黏土颗粒晶层外表面的水化阳离子的离子交换,层间水化过程中晶层间K^+在吸附水分子达20个时趋近饱和,层间距也趋于稳定,水化膨胀程度存在最大值,不会无限膨胀[12]。

蒙皂石结构与伊利石类似,其晶格取代发生在Si—O四面体中,Al^{3+}取代Si^{4+},同时在Al—O八面体中Mg^{2+}、Fe^{2+}置换Al^{3+},使晶层间产生多余的负电荷(永久性负电荷),晶层间为水分子间力连接,连接力弱,晶层间距为0.62~1.05nm,层间距大,为了保持电中性,晶层间吸附了大半径的阳离子如K^+、Na^+、Ca^{2+}等,使层间距可膨胀至原来的10倍甚至几十倍,这些阳离子是以水化状态出现,并且是可相互交换的,使蒙皂石族矿物具有阳离子交换性和晶格膨胀性等一系列特性。

2.2 伊利石水化微观作用力

室内设计了物理模型,测量晶层间距与范德华力、短程斥力的作用关系,因黏土矿物具有层状结构,晶层带负电荷,晶层间相互作用可简化为带电平板间相互作用,选取与伊利石组成和性质都相似的白云母替代黏土晶片,模拟测试晶层间的范德华力和双电层斥力,使用表面力仪测量溶液中随着云母片间距变化的晶层间相互作用强度,如图1所示。图1(a)显示模拟蒙皂石结构时,测试曲线符合范德华力理论,以范德华力和双电层斥力为主导;图1(b)模拟伊利石结构且云母片间距小于5nm左右时,测试曲线完全偏离范德华力理论曲线,水合力开始占据主导作用,但其属于短程斥力。水合力是伊利石水化过程的主控因素[13]。

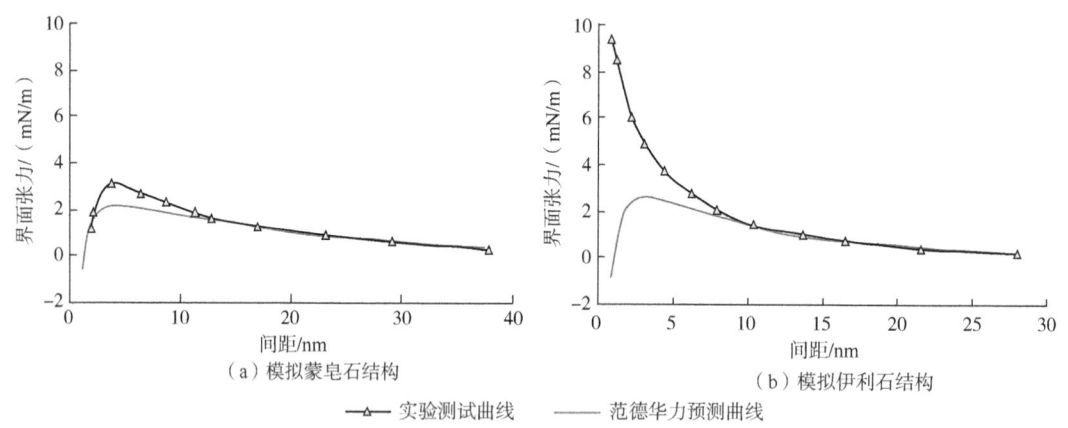

图1 范德华力和双电层斥力预测值与实测数据对比

将水合力等效为排斥压力,可定量计算伊利石的水合排斥压力。为了定量分析页岩水化作用,需要确定电解质溶液类型,因为水合力的产生过程为电解质浓度升高到突破某一临界浓度后,金属阳离子能量能够克服临界吸附能量势垒,使金属阳离子及其水合分子可以吸附在伊利石晶层表面,出现水合力,而页岩层中可溶盐阳离子主要包括Na^+、K^+和Ca^{2+}等,阴离子主要为Cl^-,水侵入后,便形成金属阳离子电解质溶液,且浓度较高,足以产生显著水合力，同时 Na$^+$ 半径更小，水合分子数更大，即 NaCl 溶液在伊利石晶层间产生水合力的临界电解质浓度高于 KCl 溶液。因此以 NaCl、KCl 溶液为例，计算了不同浓度电解质溶液中的伊利石水合排斥压力。结果表明，当 NaCl 溶液浓度达到 0.01mol/L、KCl 溶液浓度达到 0.0003mol/L 及 0.001mol/L 时能够产生明显的水合力（图2），从计算结果看，当初始作用距离为 0.34nm，即达到伊利石原始晶层间距时，伊利石晶层间的水合排斥压力可达

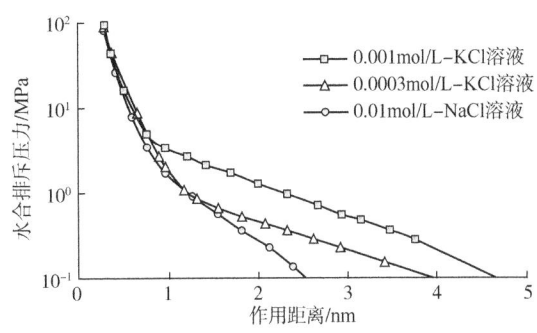

图 2　不同浓度电解质溶液中水合排斥压力

51.2~57.7MPa，足以导致晶层发生膨胀，破坏晶层结构；当晶层间距增加到 1nm 左右，水合力仅有 1.5~3.6MPa，不足以继续克服晶层间的相互吸引作用。

M. E. Chenevert[14] 通过实验测试指出应力条件下硬脆性泥页岩的径向水化膨胀应力可达 35MPa，而径向应变的最大值仅为 0.5% 左右，远低于膨胀性泥页岩。W. N. Yuan 等[15] 测试了龙马溪组页岩在不同湿度和蒸馏水中的水化应变，应变随湿度的增加而增大，但即使是浸没于蒸馏水中，垂直于层理方向的应变也小于 0.25%，平行层理方向的应变则更低。

综上所述，水合力强度随作用距离增加呈双指数型衰减，伊利石水化初期，水合排斥压力大，但随晶层膨胀迅速衰减，微观上水化晶层膨胀程度很低，所需水分子较少，宏观上伊利石表现为应力大、应变小的水化特征。

2.3　富含伊利石页岩崩解特性

针对富含伊利石页岩水化剥落特点，建立了页岩耐崩解室内实验，利用井 A14、井 G1、井 A6 和井 G2 青一段、青二、三段岩屑，通过滚动回收率实验，由 5 组 6~40 目筛网对回收岩屑进行筛分，分析古龙页岩岩屑经蒸馏水、KCl 和 CaCl$_2$ 盐水等处理剂高温滚动后的崩解程度，评价富含伊利石页岩的崩解特性，实验结果见表3和图3。实验结果表明，富含伊利石页岩在蒸馏水中的崩解程度较高，水化作用明显，回收岩屑粒径主要集中在 6 目和 8 目，总回收率最低为 75.35%，说明页岩水化作用程度有限，而在 CaCl2 盐水和 KCl 盐水中的崩解性有所减弱，回收岩屑粒径主要集中在 6 目，总回收率提高到 93.12% 以上，说明矿化度对古龙富含伊利石页岩的水化剥落具有明显影响。

表 3　古龙页岩崩解性实验基础信息

井号	岩屑样品序号	深度/m	层位	处理剂
A6	1# 2# 3#	2119.10	青二、三段	蒸馏水 10%KCl 溶液 40%CaCl$_2$ 溶液
A14	4# 5# 6#	2353.91	青一段	蒸馏水 10%KCl 溶液 40%CaCl$_2$ 溶液

续表

井号	岩屑样品序号	深度/m	层位	处理剂
G2	7# 8# 9#	2247.98	青一段	蒸馏水 10%KCl 溶液 40%CaCl$_2$ 溶液
G1	10# 11# 12#	2360.99	青一段	蒸馏水 10%KCl 溶液 40%CaCl$_2$ 溶液

注：热滚条件为120℃，16h。

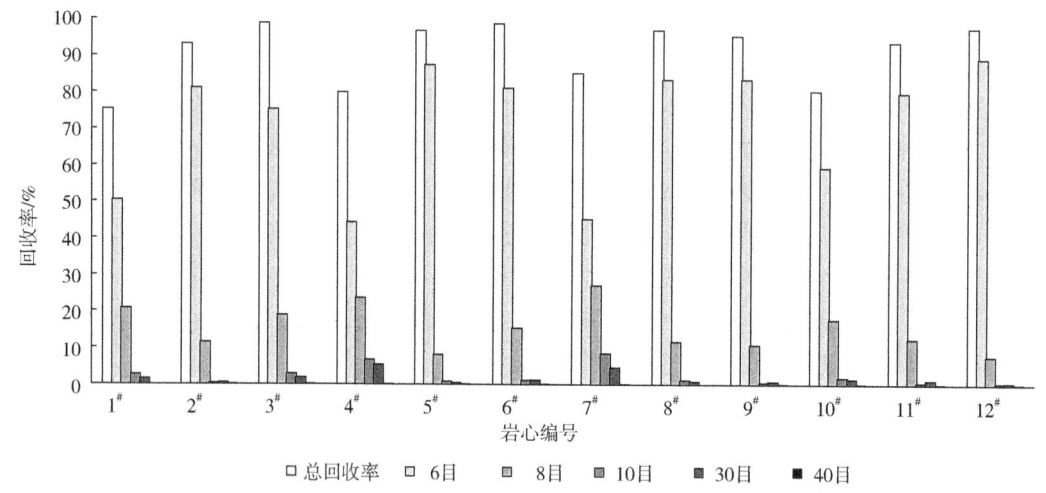

图 3 页岩在不同处理剂中热滚后 6~40 目筛分岩屑回收率

3 水化作用对古龙页岩岩石力学参数的影响

3.1 蒸馏水浸泡实验

将古龙页岩浸泡在蒸馏水中24h，观察浸泡前后页岩层理端面形貌（图4）。从图4可以看出古龙页岩黏土矿物具有沿层理方向定向排列的显著特征。蒸馏水浸泡后，在层理面间产生了可观测的水化微裂缝，证实水化作用能够破坏伊利石的层间结构，从而产生微裂缝。在岩心尺度上证实了水化作用促使页岩中裂缝沿层理面起裂、扩展和破坏的特征。

3.2 吸液率测试实验

将古龙页岩分别浸泡在蒸馏水和白油中，观察吸液情况（图5）。从图5可以看出，页岩吸水率高于吸油率。根据吸液率测试实验结果，可以将页岩吸水过程分为3个阶段：第Ⅰ阶段，0~4h，快速吸水阶段，即钻井液快速侵入阶段，在压差作用下水快速进入页岩裂缝，填充裂缝空隙；第Ⅱ阶段，4~20h，页岩水化裂缝扩张阶段，页岩微裂缝处伊利石水化，结构面强度弱化，裂缝延展增多，裂缝体积持续增长，并被液体填充；第Ⅲ阶段，>20h，水化完成，页岩结构弱化阶段，水化过程逐渐减弱，页岩裂缝延伸减弱，体积增长缓慢，吸水速率减缓。

而在吸油实验中，页岩不会发生水化，裂缝体积不增长，油相仅仅填充原有岩石裂缝孔隙。

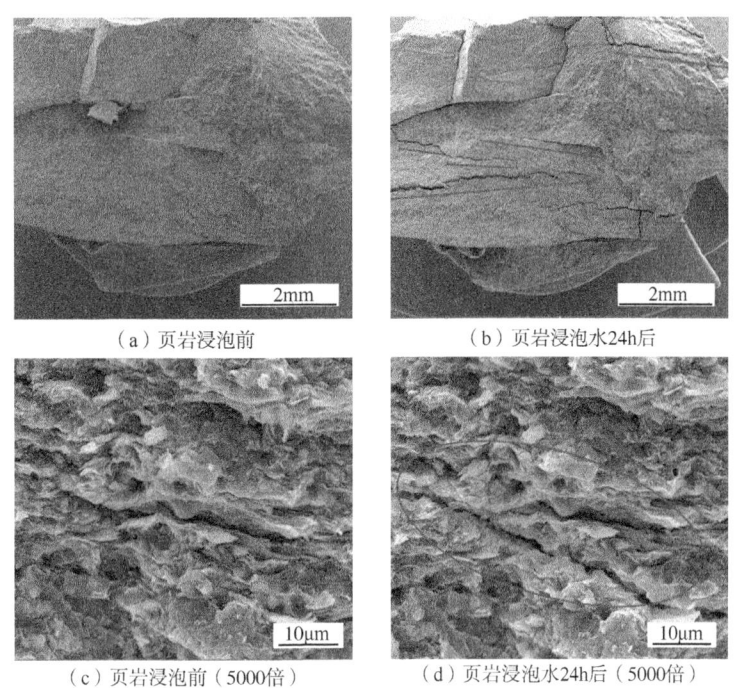

（a）页岩浸泡前　　　　　　　　（b）页岩浸泡水24h后

（c）页岩浸泡前（5000倍）　　　（d）页岩浸泡水24h后（5000倍）

图4　古龙页岩水浸泡前后整体和微观形貌

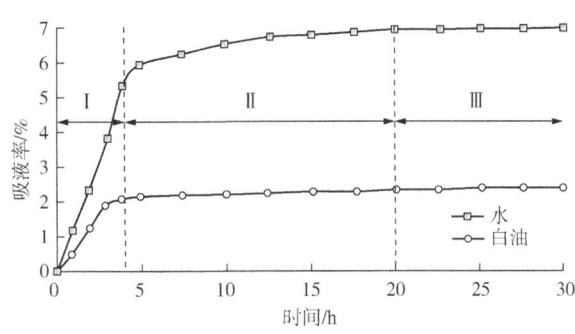

图5　古龙页岩吸液率

3.3　滚动回收率、线性膨胀率和三轴力学实验

将古龙页岩在清水和白油中浸泡后进行滚动回收率、线性膨胀率和三轴力学实验（表4）。与白油相比，古龙页岩清水滚动回收率较低，线性膨胀率较高，具有伊利石水化特点。在清水中浸泡后，0MPa、12MPa和24MPa围压下页岩三轴强度分别下降了58.4%、40.6%和34.0%，内聚力下降了53.4%，内摩擦角下降了64.7%；在白油中浸泡后，0MPa、12MPa和24MPa围压下页岩三轴强度分别下降了46.3%、32.9%和13.5%，内聚力下降了47.9%，内摩擦角下降了17.8%，在白油中浸泡后岩石力学参数的劣化程度明显小于水。

表4 干岩样与水、白油浸泡后三轴测试结果

浸泡液体	围压/MPa	弹性模量/MPa	泊松比	三轴强度/MPa	内聚力/MPa	内摩擦角/(°)
未浸泡	0	11258.10	0.188	28.424	11.386	12.95
	12	8152.70	0.194	49.172		
	24	12199.40	0.172	65.658		
清水	0	4306.00	0.280	11.820	5.307	4.57
	12	5185.10	0.280	29.225		
	24	6968.40	0.220	43.326		
白油	0	9550.00	0.281	15.275	5.937	10.64
	12	7100.00	0.250	32.986		
	24	10767.80	0.210	56.792		

将古龙页岩分别在水基钻井液和油基钻井液中浸泡后进行三轴力学实验,结果见表5。从表5可以看出,与干岩样相比,在水基钻井液中浸泡后,在0MPa、12MPa和24MPa围压下岩石三轴强度分别下降了59.4%、46.9%和34.0%,内聚力下降了57.8%,与清水浸泡后的强度基本持平;在油基钻井液中浸泡后,在0MPa、12MPa和24MPa围压下岩石三轴强度分别下降了33.4%、31.0%和23.8%,内聚力下降了33%,劣化程度要低于水基钻井液的浸泡,表明经过水基钻井液作用后,基钻井液易劣化页岩强度、内聚力和内摩擦角等岩石古龙页岩水化作用明显,与油基钻井液相比,使用水力学参数,井壁失稳风险更高。

表5 浸泡水基和油基钻井液后岩石三轴力学实验结果

井号	层位	取心深度/m	钻井液浸泡类型	岩心编号	围压/MPa	弹性模量/MPa	泊松比	抗压强度/MPa	内聚力/MPa	内摩擦角/(°)
G2	青一段	2258.95~2259.08	水基	15-1	0	1606.90	0.158	11.541	4.808	8.02
				15-2	12	4923.10	0.207	26.096		
				15-3	24	7155.20	0.195	43.326		
G2	青一段	2254.21~2254.33	油基	13-1	0	2527.00	0.215	18.920	7.641	8.19
				13-2	12	5057.00	0.196	33.939		
				13-3	24	6884.60	0.157	50.013		

4 结论

(1) 古龙页岩地层黏土矿物以伊利石为主,脆性矿物含量高,以石英和斜长石为主,孔隙、微裂缝极为发育,页理密度1000~2500条/m,有机质含量丰富,页岩润湿性属于混合润湿偏油润湿,在压差和化学势差作用下,页岩存在水化条件。

(2) 根据伊利石黏土矿物晶层分子结构化学特性,从黏土矿物最小单元晶胞层面,证实了伊利石存在较强的层间水化和表面水化作用,页岩水化作用力主要包括范德华力、双电层斥力和水合力,水合力是伊利石水化过程的主控因素,伊利石水化初期,水合排斥压

力大,但随晶层膨胀迅速衰减,微观上伊利石水化晶层膨胀程度很低,所需水分子较少,宏观表现为应力高、应变小。

(3)古龙页岩水化后细观尺度上裂缝/层理缝延展增多,裂缝空隙增长明显,页岩强度、内聚力和内摩擦角等岩石力学参数降低明显,表明水基钻井液作用后,古龙页岩水化作用明显,与油基钻井液相比,水基钻井液易劣化页岩强度、内聚力和内摩擦角等岩石力学参数,井壁失稳的风险高。

(4)建议开展古龙页岩地层油水侵入裂缝、孔隙的机理研究,确定油水侵入的方式、侵入后对页岩的劣化作用及劣化作用对井壁稳定造成的影响。

参 考 文 献

[1] 孙龙德,刘合,何文渊,等.大庆古龙页岩油重大科学问题与研究路径探析[J].石油勘探与开发,2021,48(3):453-463.

[2] 何文渊,蒙启安,张金友.松辽盆地古龙页岩油富集主控因素及分类评价[J].大庆石油地质与开发,2021,40(5):1-12.

[3] 冯子辉,柳波,邵红梅,等.松辽盆地古龙地区青山口组泥页岩成岩演化与储集性能[J].大庆石油地质与开发,2020,39(3):72-85.

[4] 柳波,吕延防,冉清昌,等.松辽盆地北部青山口组页岩油形成地质条件及勘探潜力[J].石油与天然气地质,2014,35(2):280-285.

[5] 赵文智,胡素云,侯连华,等.中国陆相页岩油类型、资源潜力及与致密油的边界[J].石油勘探与开发,2020,47(1):1-10.

[6] 张瀚之,翟晓鹏,楼一珊.中国陆相页岩油钻井技术发展现状与前景展望[J].石油钻采工艺,2019,41(3):265-271.

[7] 王玉华,梁江平,张金友,等.松辽盆地古龙页岩油资源潜力及勘探方向[J].大庆石油地质与开发,2020,39(3):20-34.

[8] 杨智光,李吉军,杨秀天,等.页岩油水平井固井技术难点及对策[J].大庆石油地质与开发,2020,39(3):155-161.

[9] 何文渊,崔宝文,王凤兰,等.松辽盆地古龙凹陷白垩系青山口组储集空间与油态研究[J].地质论评,2022,66(2):693-741.

[10] 郭建春,陶亮,陈迟,等.川南地区龙马溪组页岩混合润湿性评价新方法[J].石油学报,2020,41(2):216-225.

[11] 鄢捷年.钻井液工艺学[M].东营:石油大学出版社,2001.

[12] 刘梅全,蒲晓林,张谦,等.无机盐作用下伊利石水化特性的分子模拟[J].西南石油大学学报(自然科学版),2021,43(4):81-89.

[13] 康毅力,杨斌,李相臣,等.页岩水化微观作用力定量表征及工程应用[J].石油勘探与开发,2017,44(2):301-308.

[14] CHENEVERT M E.Shale alteration by water adsorption[J].Journal of Petroleum Technology,1970,22(1):141-148.

[15] YUAN W N,LI X,PAN Z J,et al.Experimental investigation of interactions between water and a lower Silurian Chinese shale[J].Energy & Fuels,2014,28(8):4925-4933.

茂加 65-82 井双分支超短半径水平井钻完井技术

杨决算　郑瑞强

（大庆油田钻井工程技术研究院）

【摘　要】 单分支超短半径水平井技术在油田中后期剩余油挖潜、提高增注效果方面有显著作用，在双分支井中尚无施工先例。为了进一步完善超短半径水平井技术，通过双分支超短半径水平井技术难点、井身结构、井眼轨道设计及钻井液设计分析，形成了一套双分支超短半径水平井钻完井施工工艺，成功实现了曲率半径 5.9m 时井眼轨迹的精确控制，相对于单井眼，增加油藏裸露面积 1 倍以上，初期日产油量提高 8.3 倍，目前已累计增油 380t 以上，为今后双分支超短半径水平井的钻完井施工提供了理论依据。

【关键词】 超短半径水平井；钻井工艺；完井工艺；双分支

单分支超短半径水平井钻完井技术，已在油田中后期剩余油挖潜、提高增注效果中发挥了显著作用[1]。自 2009 年以来，大庆油田已先后完成了 48 口单分支超短半径水平井施工，均达到了预期的增产增注效果。为了进一步完善超短半径水平井钻完井技术，降低钻井成本的同时，成倍增加油层裸露面积，开展了双分支超短半径水平井钻完井技术研究，并在大庆外围油田一口老井进行了首次现场应用，获得了成功。

1　技术难点

双分支超短半径水平井施工过程所用的专用施工工具与单分支施工基本一致，因此技术难点主要在施工工艺上，而目前双分支超短半径水平井为国内首次施工，可借鉴技术较少，通过对原井数据及分支井眼目的层情况分析，该井施工的技术难点如下：

（1）上下两分支井眼曲率半径不一致，轨迹控制难度大。上分支井眼曲率半径为 5.9m，下分支井眼为常规的 3.2m，在不改变导向管结构的情况下，为实现曲率半径 5.9m，需从施工参数和钻头体倾角上进行控制。

（2）上分支井眼筛管不与主井眼悬挂，其与窗口之间的密封难度大。由于下分支井眼完井的需要，需将上分支井眼筛管下入到过窗口 20~50cm 处，由于单分支井眼不存在此问题，因此需要设计单独的密封机构，以确保上分支井眼与筛管之间的密封。

基金项目：中国石油天然气集团公司重大科技专项"大庆油田原油 4000 万吨持续稳产关键技术研究"之课题"喇萨杏油田厚油层顶部挖潜工艺技术研究"（项目编码 2011E-1206）

作者简介：杨决算(1964—)，男，湖南汨罗人，1985 年毕业于江汉石油学院钻井工程专业，教授级高级工程师，主要从事钻井工程技术研究。E-mailyangjuesuan@cnpc.com.cn。

2 工程设计

2.1 原井数据及分支井眼目的层情况

原井完钻井深1490.00m,油层套管外径139.7mm,下深1487.03m,1216.26～1487.03m井段套管壁厚为9.17mm,最大井斜为1.49°。

上分支井眼目的层井段测深1420.00～1426.00m,砂岩有效厚度4.0m,地层倾角-4.1°。下分支井眼目的层井段测深1444.00～1449.00m,砂岩有效厚度3.8m,地层倾角1.5°。

2.2 井身结构设计

根据超短半径水平井工艺工具特点[2],选择外径 ϕ118mm 钻头及外径89mm可实现18°/m弯曲的高强度的绕丝防砂筛管。为了避免防止先施工上分支井眼后,窗口变形导致下分支井眼斜向器无法下入的情况发生,本次施工采取先施工下分支井眼,再施工上分支井眼的施工顺序。另外根据目的层测深确定了上、下分支井眼的井深,具体数据见表1。

表1 井身结构设计数据表

开钻次序	井深/m	钻头尺寸/mm	套管柱类型	套管尺寸/mm	套管/筛管下入层位	套管/筛管下深/m
原井眼	46.00	311.2	表层套管	244.5	—	46.00
	1490.00	215.9	生产套管	139.7×9.17	—	1487.03
下分支	1468.40	118	绕丝防砂筛管	89	FⅡ1	1414.00～1467.70
上分支	1447.00	118	绕丝防砂筛管	89	FⅠ8	1418.50～1446.50

注:绕丝防砂筛管外径89mm、内径72mm、钢级J55。

2.3 两分支井眼轨道设计

在研究扶余油层构造特征、砂体发育、剩余油分布及注采关系分析的基础上,结合超短半径侧钻水平井工艺特点对茂加65-82井轨迹参数进行了优化设计[3]。

该井上分支井眼所钻层位FⅠ8层沿着茂加65-811井方位砂体发育稳定,且河道砂层片状分布,地层倾角也满足要求,因此确定侧钻方位角为310°。目的层井段测深1420.00～1426.00m,曲率半径5.9m,水平位移初步定为25.6m,现场可根据工艺条件,尽量加长。水平段井斜角为85.9°,地层倾角为-4.1°,斜向器斜面长度1.2m,计算出造斜点测深1418.00,入靶点靶窗以水平段设计起点B为中心,测深1427.00m,终靶点靶窗以水平段设计终点C点为中心,测深1447.00m,垂深1424.00m。同理得出下分支井眼轨道数据,详见表2。

表2 井眼轨道设计数据

设计项目	测深/m	井斜角/(°)	方位角/(°)	垂深/m	水平位移/m
上分支井眼造斜点	1418.00	0	—	1418.00	0.0
上分支井眼靶点B	1427.00	85.9	310	1424.00	5.6
上分支井眼靶点C	1447.00	85.9	310	1425.40	25.6

续表

设计项目	测深/m	井斜角/(°)	方位角/(°)	垂深/m	水平位移/m
下分支井眼造斜点	1443.30	0	0.00	1443.30	0.0
下分支井眼靶点 B	1448.40	91.5	120	1446.50	3.2
下分支井眼靶点 C	1468.40	91.5	140.00	1446.00	23.2

2.4 钻井液设计

目的层压力系数 1.035MPa/100m，为最大限度保护储层不被钻井液污染，防止井眼坍塌引起井下复杂，该井开窗侧钻过程钻井液采用清水+3%防膨剂，密度 1.00~1.05g/cm³，漏斗黏度、API 失水静切力等参数无，防膨剂用量设计为 2m³，完钻后充分洗井，把所有的铁屑及岩屑洗出井外，保证井眼清洁。

3 现场施工

3.1 双分支井眼钻井工艺

3.1.1 下分支井眼钻井工艺

（1）施工准备。

首先进行通井、洗井，锚定下分支井眼斜向器后对下分支井眼进行开窗与修窗施工作业[4]。斜向器下深示意图如图 1 所示。

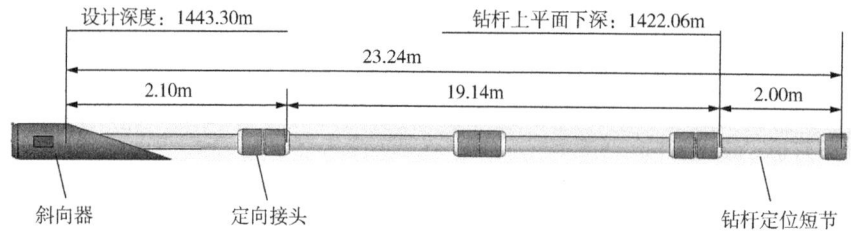

图 1 斜向器下深示意图

（2）造斜钻进。

为了与设计造斜率 18°/m 同步，钻头体与导向管之间设计有钻头体倾角 α（$\alpha=1.8°$），并且通过反循环钻进方式，提高钻井液对钻头偏离柔性钻具中心轴线的举升力。为了能够对造斜段井斜进行测量，在普通测斜仪的基础上，研发了长度为 120mm，直径 90mm 的存储式电子多点测斜仪。当造斜施工完成后，提出井内钻具，把事先设定好启动时间的测斜仪随柔性钻具放入井内，以开窗点为起点，每 30s 下行 300mm 测一点，直到测至所需深度，其中每个测点显示时间、测深、井斜等数据。下入钻头体倾角 α，如图 2 所示，下分支井眼测斜关键点数据，见表 3。

表 3 下分支井眼测斜关键点数据

测深/m	1442.10	1443.90	1445.40	1446.60	1448.10
井斜/(°)	1.9	22.9	47.1	65.5	89.1

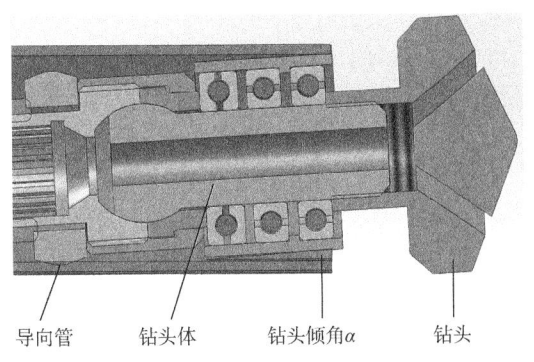

图 2 钻头体倾角 α 示意图

(3) 水平段钻进。

由于水平钻具由导向管和柔性钻具构成,且导向管只提供钻压不旋转,柔性钻具在导向管内旋转,因此钻进过程中,导向管与井底之间的摩阻较大,并且随着水平进尺的增加而增大。在造斜率 18°/m 的情况,超短半径水平井水平位移受到极大限制,目前经过多口井验证,水平位移超过 23m 后,托压现象严重,机械钻速急剧下降。

根据水平段施工前期钻具重力小,摩阻小,后期钻具长度增长,重力大,摩阻大的特点,在水平段反循环钻进初期采用低钻压、高泵压钻进(钻压 30~50kN,泵压 5~8MPa),后期采用高钻压、低泵压钻进(钻压 50~80kN,泵压 4~5MPa),以保证井眼轨迹满足轨道设计要求。

3.1.2 上分支井眼钻井工艺

完成下分支井眼钻井施工后,按下分支井眼施工工序进行上分支井眼施工[5]。由于曲率半径为 5.9m,且没有与该曲率配套的导向管,上分支井眼造斜段钻进时,需将钻头体仰角 α 减小至 1°,并采用低钻压、低泵压钻进(钻压 10~40kN,泵压 4~5MPa),减少反循环时钻井液对钻具的举升作用,从而降低造斜率。上分支井眼测斜关键点数据,见表 4。

表 4 上分支井眼测斜关键点数据

测深/m	1416.80	1419.50	1422.20	1424.60	1426.90
井斜/(°)	1.4	22.1	44.6	64.3	84.2

3.2 双分支井眼完井工艺

打捞上分支井眼斜向器前,先下上分支井眼完井筛管,为保证其与窗口密封,专门设计了上端带皮碗的筛管,并且使筛管皮碗过窗口 20~50cm。上分支井眼斜向器打捞后需对下分支井眼进行反循环冲砂,再将防砂筛管下至井深 1467.80m,悬挂器鱼顶高出上分支井眼窗口 15m 以上。该完井方式实现了上、下分支全部筛管完井,但还未能实现上分支井眼与主井眼之间的悬挂与密封,后期无法对上分支井眼进行冲沙作业。绕丝防砂筛管完井方式井身结构示意图如图 3 所示。

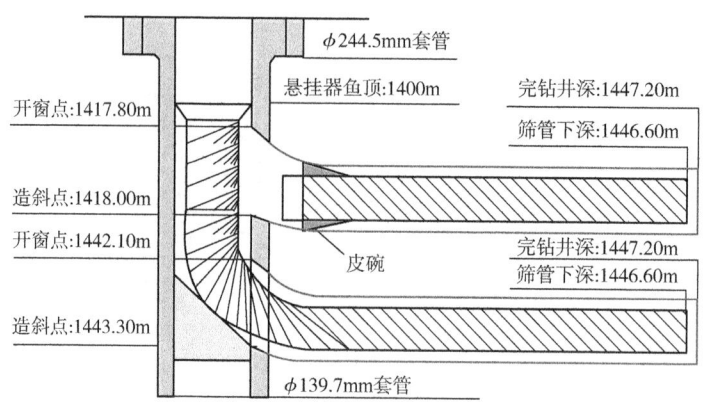

图3 绕丝防砂筛管完井方式井身结构示意图

3.3 施工效果

该井上、下两分支井眼均达到了设计要求,水平位移分别为25.8m,23.3m,较大程度上地增加了裸露面积。设计与施工数据对比表,详见表5。

表5 设计与施工数据对比表

井眼		造斜点斜深/m	井斜角/(°)	方位/(°)	靶点垂深/m	水平位移/m	完钻点斜深/m	总进尺/m
上分支井眼	设计	1418.0	85.9	310	1424.0	25.6	1447.0	30.2
	实钻	1418.0	84.2	310	1423.7	25.8	1447.2	30.4
下分支井眼	设计	1443.3	91.5	120	1446.5	23.2	1468.4	26.3
	实钻	1443.3	89.1	118.7	1446.2	23.3	1468.5	26.4

双分支井眼相对于单井眼,增加油藏裸露面积1倍左右,增油量也相应增加。该井施工前日产液0.8t,日产油0.3t。投产后,初期日产液4.6t,日产油2.5t,分别是改造前的5.8倍和8.3倍。初期日产液统计10个月份,该井平均日产液1.8t,日产油1.0t,分别是改造前的2.3倍和3.3倍,增油量与临井单井眼相比提高了0.8倍。目前已累计增油380t,预测累计增油500t以上。

双分支超短半径水平井钻完井技术应用修井机并使用专用工具施工,钻井费用60万元/口,技术服务费用25万元/口,油价2247.5元/吨(目前价:50美元/桶),可获得经济效益 500×0.2248-(60+25)= 27.4万元。另外该井为首口双分支试验井,所钻目的层产油量本身较差。若所钻目的层本身产油量较好,则进行双分支超短半径施工后,增产效果会更好。

4 结论与建议

(1)茂加65-82井通过调整钻头仰角并采取低钻压、低泵压钻进,成功实现了曲率半径5.9m时井眼轨迹的精确控制,并为再次开展两分支超短半径水平井的钻完井施工提供了理论依据。

（2）施工过程中发现曲率半径5.9m时水平段施工比曲率半径3.2m时水平段施工托压明显减小，因此有必要继续开展4m、4.5m、5m等曲率半径配套超短半径钻具的研究，降低不同曲率半径施工难度的同时，提高经验轨迹的精确度。

（3）建议开展与超短半径钻具配套的井下减摩降阻工具，从而减少水平段施工的脱压现象，延长水平位移。

参 考 文 献

[1] 宫华，郑瑞强，范存，等．大庆油田超短半径水平井钻井技术[J]．石油钻探技术，2011，39(5)：20-21．

[2] 周爱照，王瑞和，李成嵩，等．河3-支平1井TAML5级分支井钻完井技术[J]．石油钻探技术，2012，40(2)：120-121．

[3] 倪益民，袁永嵩，赵金海，等．胜利油田两口超短半径侧钻水平井的设计与施工[J]．石油钻探技术，2007，35(6)：57-59．

[4] 朱健军．侧钻超短半径水平井J37-26-P14井钻井设计与施工[J]．石油钻探技术，2011，39(5)：107-108．

[5] 李欢欢．超短半径水平井的优化设计[J]．探矿工程，2012，39(4)：28-29．

大庆油田第一口深层天然气双分支水平井钻完井实践

潘荣山　张　凯　李继丰　白秋月

(大庆油田有限责任公司采油工程研究院)

【摘　要】 大庆昌德深层气田属于火山岩储层，岩性多为致密火山岩、砂砾岩等，而且含夹层，可钻性差，施工难度很大，为了最大限度地增加储层接触面积及油藏动用程度，特在该气田开展了第一口双分支水平井芳深6-双平1井施工。该双分支井眼的水平段长度均在1300m以上，侧钻和水平段施工技术难度高。参考已钻邻井资料，结合地层特点，对该井的井身结构、井眼轨道和完井方式等进行了优化设计；同时，优选了提速钻具，优化了上、下分支的钻具组合，使该井水平段的平均钻速比同样长度水平段的邻井有明显提高。该井的顺利施工，解决了大庆深层气钻井技术单一的问题，为更高效开发深层气井探索了新方式。

【关键词】 火山岩储层；深层气井；双分支井；优化设计

芳深6-双平1井是大庆油田第一口深层天然气双分支水平井，深层气的目的层主要位于埋藏深度在3000m左右的白垩系和侏罗系火石岭组及基底，多为砂岩、泥岩、火山岩、变质岩及砂砾岩等致密性岩石，研磨性强，可钻性差，可钻性极值为8级~10级，机械钻速低；地层微裂缝发育，容易引发井漏；营城组气层含CO_2气体，具有腐蚀性；技术套管壁厚，强度高，侧钻开窗难度大；采用4级完井方式，实现双分支密封分隔。针对上述情况，笔者从优化钻井设计、优选提速工具、完善钻井配套技术等方面出发，开展了科研攻关与现场试验，保障了大庆油田深层气双分支水平井钻完井顺利施工。

1　地质情况及施工难点

1.1　地质情况

大庆深层气藏岩性复杂，主要有砂岩、泥岩、熔岩、碎屑岩、砂砾岩及其过渡性岩石，并具有多套储集类型。其典型特征为：(1)纵向上分布井段长，埋藏深，最深达到6300m；(2)井温高，平均地温梯度在4.0℃/100m左右；(3)岩性致密，密度最高可达2.75g/cm³；(4)物性差，火山岩储层渗透率最低，仅有0.02mD，孔隙度为4.0%；(5)储集空间复杂，主要有原生气孔和裂缝组合、纯裂缝储层、溶孔与裂缝组合等[1]。

1.2　施工难点

(1) 嫩二段到泉头组倾角由2.3°增大到6.7°，软硬夹层多，泥岩松软，不易控制井斜，

基金项目：国家自然科学基金"钻头谐振激励下岩石的响应机制及破碎机理研究"(51274072)。

作者简介：潘荣山，男，1970年生，高级工程师，现就职于大庆油田采油工程研究院，从事钻井设计与科研工作。E-mail：panrsh@petrochina.com.cn

井身质量不易控制，井斜有增大趋势。

（2）地层研磨性强，机械钻速慢，钻头和螺扶外径磨损严重。

（3）上、下分支水平段长，井眼曲率不易控制。

（4）岩屑重复破碎，岩屑返出量不稳，钻进过程中扭矩波动大，钻头使用情况不易判断。

2 钻井设计优化

2.1 井身结构设计

在保证安全施工的基础上，对井身结构进行优化，选择合适的钻头和套管尺寸以及各层套管的下入深度。通过对邻井钻完井资料进行分析，确定容易出现复杂和钻速较低井段的位置，采取应对措施。一开、二开直井段采用PDC钻头实现快速钻进；造斜段和分支井段采用高效牙轮钻头配合旋转导向工具和薄壁电动机复合钻进，以提高钻井速度，缩短钻井周期，降低钻井成本。

井身结构优化为：（1）φ339.7mm表层套管下深为422.00m，封固地表松散地层；（2）由于邻井芳深6-1井的气水界面深度为2980.00m，因此φ244.5mm二开技术套管下深为3030.00m（气水界面以下50m），封固水层，并优选高效PDC钻头，采用复合钻井技术，提高二开井段机械钻速；（3）分支井眼从技术套管内侧钻，下分支井眼下入φ139.7mm生产套管×4873.00m，上分支井眼下入φ114.3mm生产套管×4782.00m。分支井眼钻进时采用顶驱、旋转导向、薄壁电动机和高速牙轮钻头完成钻井施工。

2.2 井眼轨道设计

合理的井眼剖面设计是长水段水平井取得成功的关键之一。通过尽量降低摩阻/扭矩、增加井眼延伸距离、减少井眼狗腿度等有利于作业的方式，对钻达地质目标的各种轨道进行优选。在理论上悬链曲线轨道剖面是比较理想的，它的特征是井壁和钻具之间接触力为0，由此得出井壁和钻具之间的摩擦力为0，但用这种方法钻井存在困难，首先钻柱底部有效张力导致钻柱受压，此外，悬链线曲线比一些传统的井眼轨道更长，因而通常采用准悬链线轨道剖面，即在浅层段以低造斜率1.2~1.7(°)/30m造斜，随井深增加，以0.50(°)/30m幅度逐步增加到5.0~5.5(°)/30m，使最后的井斜角比传统60°井斜角高，可达到80~84°。造斜率如果超过5.5(°)/30m，可能出现高的接触力。因此根据2个地质靶点进行3种剖面类型井眼轨道设计，对起钻摩阻、下钻摩阻及平均摩阻进行对比（表1）。结果表明，准悬链线剖面平均摩阻最小，选用该种剖面井眼轨迹较短，减少了钻井工序和施工难度，有利于钻井安全。

表1 芳深6-双平1井剖面类型优选

剖面类型	起钻摩阻/kN	下钻摩阻/kN	平均摩阻/kN
变曲率多圆弧三增剖面	429.5	444.0	432.8
悬链线剖面	426.8	442.8	433.5
准悬链线剖面	421.0	440.2	430.8

上、下分支井眼轨道均采用"三增剖面"设计，造斜率在4~6(°)/30m之间，先钻第一分支即下分支，下分支完井后再钻第二分支即上分支，设计轨道平滑，有利于现场钻井施工，也有利于测量工具及完井工具的顺利下入。见表2、表3。

表2 芳深6-双平1井第一分支井眼轨道设计数据

位置	测深/m	井斜/(°)	网格方位/(°)	垂深/m	闭合距/m	造斜率/(°)/30m
下侧钻点	2968.00	1.40	258.40	2966.68	66.50	0.63
造斜1完	3019.70	6.96	100.86	3018.27	64.18	4.80
造斜2完	3423.53	70.00	206.97	3329.98	250.86	5.35
靶点A	3539.15	87.33	206.97	3352.22	363.48	4.60
靶点B	4876.00	87.33	206.97	3405.22	1698.87	0.00

表3 芳深6-双平1井第二分支井眼轨道设计数据

位置	测深/m	井斜/(°)	网格方位/(°)	垂深/m	闭合距/m	造斜率/(°)/30m
下侧钻点	2870.00	2.06	260.06	2868.72	63.70	1.29
造斜1完	2925.26	6.50	99.67	2923.88	61.72	4.60
造斜2完	3331.39	70.00	206.97	3237.57	250.34	5.32
靶点A	3447.58	87.43	206.97	3260.22	363.48	4.50
靶点B	4785.00	87.43	206.97	3320.22	1698.87	0.00

2.3 完井设计

根据地质设计要求，分支井段采用管外封隔器配套固井压裂分段滑套方式完井。上分支分13段进行压裂，下分支分15段进行压裂。

此外，为实现双分支密封分隔，达到生产管柱可合采或分采的目的，设计采用贝壳公司的壁挂式四级完井系统。在壁挂式悬挂器内，预装分支井眼导向器，尾管坐挂于φ244.5mm套管内，壁钩坐挂于开窗点，壁挂式悬挂器内的窗口上、下两端设计有槽面，安装时，导向器的密封件会横跨窗口两端，临时封堵主井眼，如图1所示。

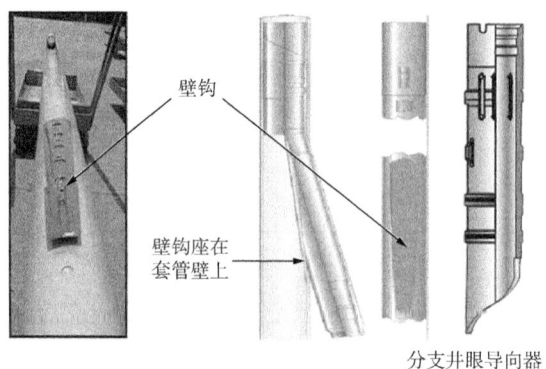

图1 壁挂式完井工具示意图

3 现场应用

分支井施工的重点与难点在造斜段与分支井段，该井上、下分支在同一方位，为了避免井眼重入问题，施工中采用先钻下分支后钻上分支的施工顺序。

3.1 下分支井眼

从2968m开始侧钻进入下分支造斜段，为了控制该段的井斜角、造斜率以及保证机械钻速，优选高效PDC钻头配合旋转导向和LWD钻进，造斜段钻具组合：ϕ215.90mm钻头×0.32m+ϕ172.00mm旋转导向工具×6.91m+ϕ172.00mm随钻测井仪×9.72m+ϕ182.00mm断电短节×2.33m+ϕ127.00mm加重钻杆×9.31m+ϕ127.00mm浮阀×0.40m+ϕ127.00mm加重钻杆×337.13m+ϕ127.00mm钻杆。

下分支水平段长1329m，属于长水平段分支井，而且位于多为火山岩、变质岩及砂砾岩等致密性岩石的3260m深营城组，可钻性差；根据邻井井史资料分析，在该层系钻进时单只钻头进尺短、机械钻速低。针对以上地层特点，而且考虑到应用旋转导向的风险和钻井成本等综合因素，优选了贝克牙轮钻头配合贝克薄壁电动机，水平段钻具组合为：ϕ215.90mm钻头×0.24m+ϕ212.00mm电动机×7.02m+ϕ204.00mm扶正器×1.78m+ϕ176.00mm无磁钻杆×2.87m+ϕ176.00mm断电短节×0.82m+ϕ197.00mm通信短节×3.22m+ϕ204.00mm扶正器×1.31m+ϕ172.00mm随钻测井仪×6.67m+ϕ178.00mm扶正器×1.45m+ϕ127.00mm加重钻杆×9.28m+ϕ127.00mm钻杆。使用优选出的钻具组合，在该井段单只牙轮钻头最长进尺达177.41m，纯钻时间121.40h，平均钻速1.46m/h，较邻井平均钻速有很大提高。下分支井眼水平段总共用了15趟钻，用时79d，比计划周期缩短了11d。

3.2 上分支井眼

上分支井眼从2860m开始侧钻，根据下分支造斜段施工经验，开窗后下入陀螺配合定向，由于使用PDC钻头反扭矩不稳定造成电动机工具面不稳，决定采用贝克休斯牙轮钻头配合贝克电动机和MWD进行造斜钻进，造斜段钻具组合为：ϕ215.90mm钻头×0.34m+ϕ212.00mm电动机×6.99m+ϕ178.00mm随钻测量仪×14.92m+ϕ172.00mm浮阀×0.93m+ϕ127.00mm钻杆×2123.08m+ϕ127.00mm加重钻杆×195.05m+ϕ127.00mm钻杆。

上分支水平段采用ϕ152.4mm小井眼钻进，水平段钻具组合为：ϕ152.40mm钻头×0.19m+ϕ120.00mm电动机×9.39m+ϕ178.00mm随钻测井仪×15.37m+ϕ88.90mm钻杆×2123.08m+ϕ88.90mm加重钻杆×183.54m+ϕ127.00mm钻杆。该分支井眼水平段长1337m。由于地层可钻性差，地层夹层较多，钻头使用磨损大，扭矩波动大，有托压现象发生，造成机械钻速波动，钻速低，共用20趟钻，历时93d，比计划周期多2d。

3.3 施工效果

该井已于2014年9月顺利完井，经过大规模压裂改造，上、下分支压后无阻流量达到$150\times10^4 m^3/d$。该井的顺利施工，解决了大庆深层气钻井技术单一的问题，为更高效开发深层气探索了新方式。

4 结论与建议

（1）针对火山岩地层地质特点，结合各井段施工技术措施，优选合理井身剖面和钻具组合，造斜段采用旋转导向工具钻进，有利于对井眼的精确控制，实现井眼轨迹平滑完整；水平段采用薄壁电动机配合贝克牙轮钻头施工，提高了该区块的机械钻速，最高机械钻速达到 2.71m/h。

（2）优选合理的完井方式，采用裸眼压裂完井，缩短了施工周期，而且避免了固井水泥浆对储层的伤害，提高了采收率。

（3）上分支井眼水平段采用小井眼钻进，存在钻头磨损大，扭矩波动大，而且有托压现象，是钻速低的一个原因，在该区块其他井施工时建议正常井眼钻进。

参 考 文 献

[1] 李瑞营，王峰，陈绍云，等．大庆深层钻井提速技术[J]．石油钻探技术，2015，43(1)：38-43.
[2] 张凯．增设虚拟靶点控制水平井井眼轨道设计技术[J]．石油钻采工艺，2015，37(2)：5-7.
[3] 张凯．大庆垣平1大位移井的钻井技术[J]．石油钻采工艺，2014，36(1)：26-28.
[4] 黄金峰，高德利．多分支井井眼轨道优化设计研究[J]．西部探矿工程，2012，24(1)：43-45.
[5] 向亮，付建红，杨志彬，等．多分支三维水平井轨道设计[J]．石油钻采工艺，2009，31(6)：23-26.
[6] 杨决算．大庆油田气体钻井配套技术及应用[J]．石油钻探技术，2012，40(6)：47-50.
[7] 石秉忠，欧彪，徐江，等．川西深井钻井液技术难点分析及对策[J]．断块油气田，2011，13(6)：39-42.
[8] 赵国顺，郭宝玉，蒋金宝．巴麦地区钻井难点分析与提速关键技术[J]．石油钻探技术，2011，37(6)：11-14.
[9] 李克智，闫吉曾．红河油田水平井钻井提速难点与技术对策[J]．石油钻探技术，2014，42(2)：117-122.
[10] 文志明，李宁，张波．哈拉哈塘超深水平井井眼轨道优化设计[J]．石油钻探技术，2012，40(3)：43-47.

喇嘛甸油田钻井地质风险识别及设计对策

卢志罡

（大庆油田有限责任公司采油工程研究院）

【摘　要】 喇嘛甸油田钻井中的地质风险分为地层异常高压、浅层气及气顶气发育、嫩二段及油层套损、井壁坍塌以及浅层套管腐蚀等5大类。这些风险导致钻井中时常出现油气侵、井涌以及井壁坍塌等复杂情况，部分油水井生产中油层套管损坏，浅层套管腐蚀。这些增加了钻井及生产成本。根据设计井与周围油水井和断层的位置关系，结合注采情况，识别出由于受断层遮挡、油层注采不平衡、注水井套损等因素引起的地层异常高压区；利用钻井录井中的油气显示，结合测井曲线划分浅层气以及气顶气区。针对存在的地质风险，提出了钻井地质设计中需采取的措施，为进一步指导钻井设计和施工风险控制提供了依据。

【关键词】 喇嘛甸油田；钻井地质；风险识别；注水开发；浅层气；气顶气

喇嘛甸油田经过多年注水开发，部分地区注采失衡，形成了异常高压区，局部地区发育浅层气与气顶气。这些风险导致钻井中油气侵及固井后管外冒气等复杂情况的发生，影响钻井施工[1-6]。统计了近些年喇嘛甸油田钻井中85口井复杂显示，其中井喷7口，井涌3口，油气水侵56口，管外冒19口。在钻井地质设计中如何全面地识别这些风险，提出合理的解决方案，这对于安全高效地钻井至关重要。郭金荣[7]对喇7-30套损区块钻井地质复杂情况做过讨论，而针对喇嘛甸油田钻井地质中多种复杂风险识别，目前未见其他研究。通过对喇嘛甸油田地质风险的研究，在钻井地质设计中全面地识别地质风险，给出相应地质设计对策。

1　喇嘛甸油田钻井地质风险

1.1　地质情况简介

喇嘛甸油田地层层序见表1，油田经历了一次、二次以及三次加密调整，部分区块采用聚驱、三元复合驱开采，形成多井网多层系的开采模式。地面井网密集，地层层间和层内矛盾突出。

1.2　喇嘛甸油田钻井地质风险

（1）地层异常高压。由于油田注水开发，形成异常高压区。在平面上，注水形成的异常高压区与油水井的分布、注水井及断层的位置关系、油水井套损等有关。在剖面上高压

基金项目：国家科技重大专项(2011ZX05052)。

作者简介：卢志罡，(1979—)，男，硕士，工程师，长期从事钻井地质设计、钻井方案编制及地层压力预测的科研工作。E-mail：lzg001@petrochina.com.cn

层段通常与砂体的横向连通性以及储层物性相关。统计喇嘛甸油田南中西一区10口注水井测压资料,静压值范围14.39~19.98MPa,压力因数1.40~1.93(表2)。

表1 喇嘛甸油田地层层序表

系	统	组	段	油层组
第四系				
白垩系	上白垩统	明水组		
			1	
		四方台组		
	下白垩统	嫩江组		
			4	浅层气
			3	
			2	
			1	
				萨零油层组
				夹层
				萨一油层组
		姚家组		
			2、3	萨二油层组
				萨三油层组
		青山口组	1	葡一油层组
			2、3	葡二油层组
				高一油层组
				高二油层组

表2 喇嘛甸油田注水井压力资料

序号	井号	静压/MPa	油层中深/m	压力因数
1	3-2838	19.37	1140.4	1.73
2	4-2837	14.39	1045.8	1.40
3	4-3126	19.98	1058.0	1.93
4	5-3226	17.96	1082.2	1.69
5	6-3326	17.15	1094.4	1.60
6	4-3121	19.79	1142.1	1.77
7	5-2932	17.09	989.5	1.76
8	5-3222	14.75	1017.4	1.48
9	3-282	14.80	1006.6	1.50
10	3-292	18.82	1053.0	1.82

（2）浅层气、气顶气发育。喇嘛甸油田局部发育浅层气和气顶气。浅层气及气顶气对钻井施工危害极大，会造成气侵、井涌，甚至井喷等重大钻井事故。而气顶气的存在，固井时气体容易侵入水泥浆体系，影响固井质量。

（3）标准层及油层套损。喇嘛甸油田油水井套损严重，套损类型以错断、变形为主，套损层位纵向上主要分布在嫩二段底部油页岩层段以及萨零油层组—萨一油层组夹层，萨一油层组—萨二油层组夹层和高台子油层。

（4）嫩二段容易垮塌。嫩二段发育大段油页岩，对于钻井周期长的特殊工艺井来说，长时间浸泡容易造成地层垮塌卡钻。

（5）其他风险。目前油田有多套开采井网，对于定向井和水平井，造斜后容易钻遇老井眼。喇嘛甸油田地面低洼，水塘分布密集，浅层套管腐蚀严重。

2 地质设计中异常高压及浅层气、气顶气发育区的划分识别

2.1 地层异常高压类型划分

2.1.1 注水井断层遮挡

该类高压区位于断层附近。设计井位于注水井与断层面之间，并且注水井与断层之间没有开采注入层位的采出井。注水井正常注入时，在注水井与断层面之间没有泄压点，致使地层压力升高。如图1所示，设计井5-PS2127井、5-PS2134井、5-PS2122井均靠近断层，且都位于注水井与断层之间，注水井5-2128井、5-P2125井及5-2124井正常注入，这些区域形成高压区，地层压力因数达到1.40～1.50。

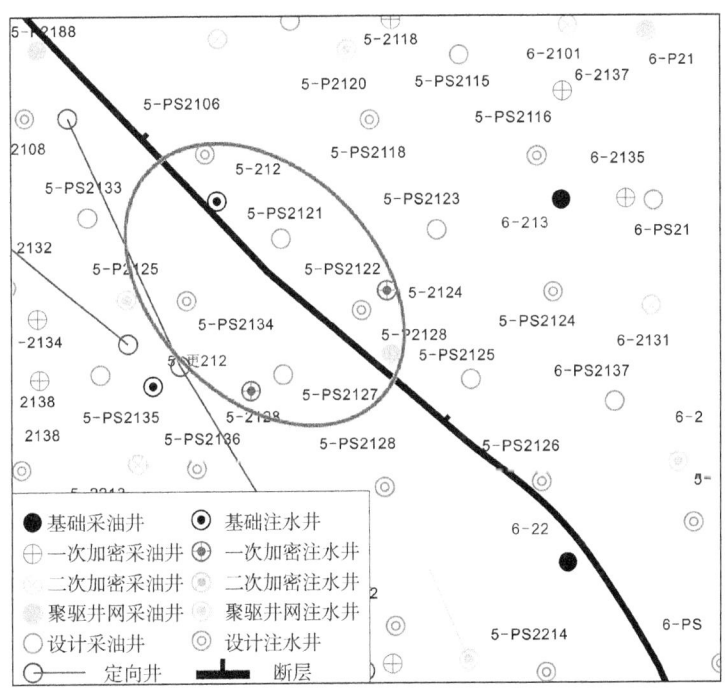

图1 注水井断层遮挡高压区示意图

2.1.2 二、三类油层注采不平衡

二、三类油层为非主力油层,储层物性相比主力油层差,砂体横向发育连续性不好,注入量大于采出量,导致钻井关井泄压缓慢,形成地层高压。喇嘛甸油田南中西二区,一次加密井开采中低渗透油层。该区一次加密注水井平均日注入量为248m³;而采油井平均日产液量79m³,综合含水率96%。如注水井3-3626井静压值为18.92MPa,地层压力因数高达1.65;采油井4-3816井静压值为14.07MPa,地层压力因数1.22。该类区块一般都位于一次、二次加密区,注水井正常注入,周围同一开采井网采出井采出量低于注入量,则可以断定为该类高压区,该类高压区地层压力因数可达到1.35~1.45。

2.1.3 嫩二段注水井套损

油田注水开发时超压注水,这样使固井质量差的井发生层间混窜,注入水上窜进入嫩二段标准层底部层理面,形成浸水域,使地层滑移,对套管形成剪切破坏效应,如果注水井套损后,不能及时发现而继续注水,会导致嫩二段压力升高[8-13]。

钻井设计中,收集钻井区块注水井最新套损数据,包括深度、层位、类型以及套损修复情况,在地质井位图上标注套损数据,然后划分出嫩二段套损密集区域。一般而言标准层套损高压区,地层压力因数为1.40~1.45。

2.1.4 其他高压类型

喇嘛甸油田地层除了以上主要高压类型外,局部也存在注水井排高压和采油井关井高压类型。多套井网的注水井在同一井排,井排两侧一个井排距离内,地层压力较高。另外采油井关井,周围同井网注水井正常注入,在采油井附近形成局部高压区。

2.2 浅层气以及气顶气识别

2.2.1 浅层气

喇嘛甸油田浅层气主要是指嫩三段至嫩四段中所含的气。纵向上甚至从嫩二段顶部至嫩四段均不同程度含有气层。平面上,含气区分布在构造轴部等构造高部位,其中主要分布在断裂带附近[14]。浅层气在测井曲线上的显示:视电阻率曲线为齿状低阻值与山峰状、尖峰状的中、高阻值相间分布,如图2所示,含气层段砂岩视电阻率明显高于

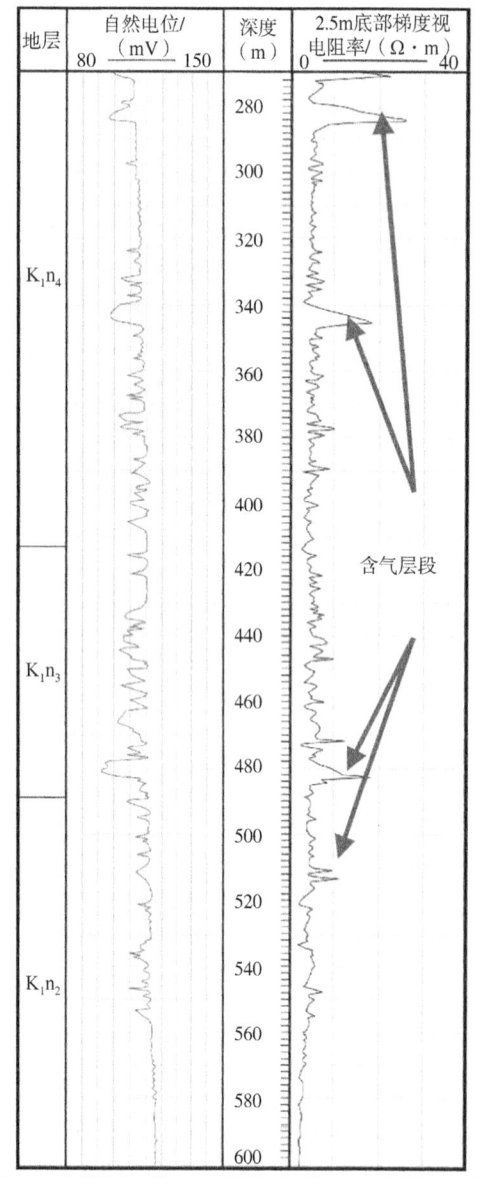

注:K_1n_4为嫩江组4段;K_1n_3为嫩江组3段;K_1n_2为嫩江组2段。

图2 7-F2921井测井曲线

不含气层段。在地质设计中可以根据已钻井井喷、录井解释报告中的油气侵显示,结合构造高低划分出平面上的含气区。处于边界区的设计井,要结合邻井测井资料来判定浅层气的发育情况。

2.2.2 气顶气

喇嘛甸油田气顶气分布受构造控制,气顶气一直从萨零油层组顶延伸到萨二油层组中部各个油层组。根据以往钻井数据,构造海拔浅于-770m油层组都具有气顶。钻井地质设计中,应该根据邻井录井、测井资料准确划分油层组深度,当设计井萨零油层组至萨二油层组各油层组顶面浅于该深度时,设计井会钻遇气顶气。

3 钻井地质设计中采取的措施

(1) 对于地层异常高压情况,根据油水井生产动态以及静态数据,划分出高压区块,预测地层压力,钻至油层顶面以上10m(嫩二段套损高压区为嫩二段以上30m),将钻井液密度加重至安全附加后的密度。设计井周围注水井,根据不同注水井网,按距离要求钻关降压。由于基础井网与聚驱井网均开采主力油层,油层物性好,注入井关井后泄压快,钻关时间较短,其他油层物性及砂体连通差,关井后泄压相对较慢,关井时间较长。通过对油田钻关井井口恢复压力、钻关距离以及钻关时间的现场试验,对于不同井网注水井制定出不同钻关方案(表3)。开钻前,如注水井井口恢复压力大于设计要求,则要求放溢流降压。

表3 注水井(注入井)钻关方案

注水层系	关井时间/d	钻关距离/m	井口恢复压力/MPa
基础井网	7	≤300	≤2
一次、二次加密井网	20	≤300	≤2
		300~450	≤3
聚驱井网	7	≤300	≤2
		300~450	≤3
高台子井网	20	≤300	≤2
		300~450	≤3

(2) 位于浅层气区及气顶气区的井提高井控级别,设计表层套管,井口要求安装防喷器。浅层气区的井二开后钻井液密度为$1.25\sim1.30g/cm^3$,尽量避免在浅层气井段起下钻或者换钻头。起钻时钻井液密度不低于$1.30g/cm^3$,起钻前必须充分循环钻井液,使其性能均匀,进出口密度差不超过$0.02g/cm^3$。现场储备加重材料至少20t。

(3) 针对油水井容易套损,要求油层段采用钢级P110壁厚9.17mm的高强度套管,增加套管抗挤能力。嫩二段套损区,油水井设计不同的水泥面返高,采油井返至嫩二段以下15m,防止嫩二段油页岩层段套管错断,注水井返至萨零油层组以上150m,防止注入水上窜进入嫩二段油页岩层。为了准确控制水泥面返高,设计应用水泥面控制工具[15],钻井中把水泥面控制工具下到设计深度，利用井口泵车打压打开水泥面控制工具，把多余的水泥浆顶替到上部环空，然后投球憋压关闭工具。这样保证准确的漏封层段，防止嫩二段由于地层蠕动引起的套管损坏。

（4）对于水平井等特殊工艺井，要求技术套管下至嫩二段油页岩底部以下，封固嫩二段大段易塌泥岩，避免钻井过程中大段泥岩由于长期浸泡而发生坍塌卡钻。

（5）对于定向井及水平井，设计轨道要与周围邻井防碰扫描，避免设计轨道与老井轨迹发生碰撞，确保钻井安全。喇嘛甸油田主要是浅层的表层套管外腐蚀，深度在100m范围之内，要根据套管保护年限、土壤类型和腐蚀深度，对浅层段套管加装牺牲阳极保护设施，防止套管腐蚀损坏。

4 结论与认识

（1）喇嘛甸油田注水引起的异常高压、浅层气、气顶气是钻井重点应对的风险。这些风险可引发油气水侵甚至井喷，并且影响固井质量。

（2）喇嘛甸油田钻井地质设计中应该重点识别异常高压区，划分出浅层气以及气顶气区范围和发育层段，为工程井控设计提供依据。

（3）针对嫩二段垮塌、油层套损严重、井网密集及浅层套管腐蚀难点，在地质风险提示中明确指出，提出相应的应对措施。

参 考 文 献

[1] 李士斌，袁任伟，张立刚. 套损后注水井浅层高压区预测[J]. 断块油气田，2013，20（4）：492-494.
[2] 高志华，翟香云，王建东. 大庆油田注水开发后异常地层压力分布规律研究[J]. 大庆石油地质与开发，2005，24（1）：51-53.
[3] 高志华，侯德艳，唐莉. 调整井地层压力预测方法研究[J]. 大庆石油地质与开发，2005，24（3）：57-58.
[4] 杨志彬，胡永章，钟敬敏，等. 工程地质因素对钻井提速的影响[J]. 断块油气田，2010，17（3）：363-365.
[5] 张杰，张铜洲，陈平，等. 基于渗流理论的调整井地层压力预测方法[J]. 钻采工艺，2005，28（3）：7-9.
[6] 陈瑞，李黔，尹虎，等. 钻井风险实时监测与诊断系统设计及应用[J]. 断块油气田，2013，20（1）：115-117.
[7] 郭金荣. 喇嘛甸油田喇7-30套损区更新井钻井地质设计难点及对策[J]. 西部探矿工程，2011，23（9）：95-96.
[8] 赵永胜，陆蔚刚，兰玉波. 多层砂岩油田水驱开发的合理注水压力[J]. 大庆石油地质与开发，2000，19（6）：21-24.
[9] 周晓玲，郭雷，李自平. 萨中开发区注聚区块套管损坏原因[J]. 大庆石油地质与开发，2002，21（4）：44-45.
[10] 杨民瑜，郭军，徐艳. 套损层位异常压力的形成及预测方法[J]. 大庆石油地质与开发，2001，20（6）：37-38.
[11] 许涛，殷桂琴，张公社，等. 高压注水引起套损的机理研究[J]. 断块油气田，2007，14（1）：72-73.

[12] 李连平,康红庆,姜贵璞.杏北开发区套损成因机理新认识及套损综合防治技术[J].大庆石油地质与开发,2007,26(1):83-87.
[13] 陆蔚刚,石成方,张震.控制压力平衡是减缓套损趋势的有效途径[J].大庆石油地质与开发,2002,21(2):56-58.
[14] 孙庆萍,纪学雁.对喇嘛甸油田浅气层的认识[J].大庆石油地质与开发,2002,21(4):6-8.
[15] 李士斌,刘广维,姚辉阳,等.控制水泥面工具关闭球运动的数学模型及应用[J].断块油气田,2014,21(2):242-244.

小井眼钻井技术在徐深气田的应用及分析

刘美玲 朱健军 李 杉 潘荣山 王智鑫

（大庆油田有限责任公司采油工程研究院）

【摘　要】 φ152.4mm 小井眼钻井技术是提高采收率和综合经济效益的有效途径，大庆徐深气田 Xushen9-Ping4 井首次在三开水平段开展了小井眼钻井试验，但机械钻速并不理想，制约了深层气井钻井提速和降成本的目标。本文以 φ152.4mm 小井眼钻井现场试验为例，分析了现场试验中的储层特征、钻头进尺、纯钻时间和机械钻速，并利用通用机械钻速方程，结合徐深气田储层及小井眼钻井试验情况，得出了小井眼机械钻速的影响因素，并对小井眼钻井过程中存在的问题进行了探讨，为大庆油田深层气井下步开展小井眼钻井试验提供依据和参考。

【关键词】 小井眼；钻井；徐深气田；机械钻速；影响因素

大庆油田首次在徐深气田的水平井三开水平段开展了 φ152.4mm 小井眼钻井技术，但由于徐深地区目的层以营城组营一段火山岩储层为主，同时也存在致密砂岩、砂砾岩、花岗岩及变质岩风化壳等地层，营城组流纹岩地层蕴含石英，研磨性强、可钻性差。隔层发育高角度构造缝、微裂缝和诱导缝，裂缝发育程度高，封隔性能差，钻井过程中易发生井漏。尽管小井眼钻井试验中应用了抗高温螺杆配合 PDC、液动锤配合孕镶 PDC 钻头、扭力冲击器、液动旋冲工具和旋转导向等提速工具和提速技术，但是三开小井眼的平均机械钻速仍低于邻井的平均水平，严重制约了徐深气田小井眼钻井技术的发展。

1　Xushen9-Ping4 井基本情况

Xushen9-Ping4 井是部署在松辽盆地东南断陷区徐家围子断陷丰乐低凸起构造上的一口水平天然气开发井，设计井深 5275.76m，实际完钻井深 4795m，实际完钻垂深 3883.4 m，设计水平段长 1301.62m，实钻水平段长 892.56m，本井钻进周期 303.52d，建井周期 373.08d。井身结构设计见表1。

Xushen9-Ping4 井三开小井眼钻具组合为：φ152.40mm 钻头×0.19m+φ126.00mm 抗高温螺杆×6.32m+φ127.00mm 止回阀×0.44m+φ120.00mm 螺旋扶正器×0.90m+φ120.00mm 无磁钻铤×9.54m+φ88.90mm 无磁钻杆×9.33m+φ127.00mm 加重钻杆×341.58m+φ88.90mm 钻杆。三开钻井液体系为油包水钻井液体系，密度为 1.15~1.20g/cm³。

作者简介：刘美玲（1984—），2010 年毕业于东北石油大学油气井工程专业，获硕士学位，现从事钻井设计与科研工作。通讯地址：（163453）黑龙江省大庆市让胡路区西宾路 9 号采油工程研究院 5 号楼 215 室。电话：13644596580，0459-5960701。E-mail：liushunliliumeili@126.com

三开油层套管固井方式采用尾管悬挂完井液充填,油层套管下深至3525.76~4702.46m井段,水平段采用分段裸眼封隔器完井液填充完井方式,完井施工顺利。三开钻井过程中未发生复杂事故。

表1 井身结构设计数据

开钻次序	井深/m	钻头外径/mm	套管柱类型	套管外径/mm	下入层位	套管深度/m	水泥返高/m
一开	311	342.9	表层套管	273.1	嫩五段	310	地面
二开	3152	215.9	技术套管	177.8	登三段	3150	地面
三开	5275	152.4	封隔器+滑套+套管	114.3	营一段	5273	—

2 小井眼钻井机械钻速情况

Xushen9-Ping4井三开 φ152.4mm 小井眼钻井试验于井深3579m开始造斜钻进,小井眼钻井尽管应用了抗高温螺杆配合瑞德PDC及休斯牙轮、液动锤配合孕镶PDC钻头、阿特拉扭力冲击器、液动旋冲工具和哈里伯顿旋转导向等提速工具和提速技术,但是三开小井眼的平均机械钻速仅为0.87m/h,只达到深层气井 φ215.9mm 常规井眼三开平均机械钻速(1.21m/h)的72%。

2.1 抗高温螺杆配合PDC及牙轮的应用

φ152.4mm 小井眼在4097~4143.98m使用 φ127mm 抗高温螺杆分别配合PDC及牙轮钻头施工,由于PDC钻头不适应营城组火山岩硬地层,钻头磨损较为严重,平均机械钻速只有0.80m/h(表2),未达到预期提速效果。其中抗高温螺杆现场使用时间近200h,从造斜率、抗高温和耐油性能方面发挥了螺杆的高效率作用,降低了起下钻时间和减少了复杂事故的发生。

表2 抗高温螺杆使用情况

型 号	井段/m	进尺/m	纯钻时间/h	钻速/(m/h)
抗高温螺杆+SKFX613M PDC	4097~4115	17.99	21.8	0.82
抗高温螺杆+牙轮	4115~4143	28.98	36.7	0.79
合计	4097~4143	46.97	58.5	0.8

2.2 液动锤配合孕镶PDC钻头的应用

Xushen9-Ping4井三开 φ152.4mm 小井眼钻井在井深4362~4425.87m水平段尝试了液动锤配合个性化孕镶PDC钻头的提速试验,进尺63.87m,纯钻时间54.66h,平均机械速度1.17m/h,与常规牙轮+弯螺杆相比平均机械钻速提高28.47%,虽然机械钻速得到提高,但PDC钻头使用效果较差,单只钻头进尺只有21.29m,从外观来看,钻头磨损比较严重(图1)。

图 1 PDC 钻头磨损情况

2.3 国外旋转导向的应用

φ152.4mm 小井眼在井深 4445.51~4480.50m 水平井段,使用的是国外旋转导向配合国外牙轮和 PDC 钻头,两次累计进尺 34.99m,平均钻速 0.76m/h,平均单只钻头进尺 17.5m,单只纯钻 22.92h(表3),钻进中返砂效果好,托压现象减轻,但由于井底温度较高,旋转导向仪器出现了问题,起钻后发现起出的 PDC 钻头复合片磨损约 20%。

表 3 旋转导向使用情况

型 号	井段/m	进尺/m	纯钻时间/h	钻速/(m/h)
旋转导向+国外牙轮	44451~4463	17.91	33.83	0.53
旋转导向+国外 PDC	4463~4480	17.08	12	1.42
合计	4445~4480	34.99	45.83	0.76

2.4 国外扭力冲击器及国内液动旋冲提速工具的应用

φ152.4mm 小井眼在井深 4523.90~4537.98m 水平段应用国外扭力冲击器配合国外 PDC 钻头钻进,钻速只有 1.01m/h(表4),因提速效果不明显后起钻,起出钻头后发现钻头磨损严重,分析原因可能是由于国外 PDC 钻头不适应地层。在井深 4713.49~4795.00m 水平段应用国内液动旋冲工具配合 PDC 钻头钻进,开始时平均钻速 1.93m/h,但钻进 20m 后钻速明显变慢,起出后发现钻头磨损严重,单只钻头进尺较短,主要是由于 PDC 钻头不适应地层造成的。

本井生产时间 6861.67h,生产时率 82.21%,进尺工作时间 4233.25h,进尺时率 50.72%,纯钻进时间 2002.5h,钻进时率 23.99%;非生产时间 1485.33h,非生产时率 17.79%。本井在二开常规井眼采用国外钻头以及液动旋冲工具钻井提速效果显著,而三开由于地层特点和井眼轨迹的限制,应用抗高温螺杆、液动锤、旋转导向以及扭力冲击器提速效果不明显，需进行深入优选和试验研究，达到水平段提速工具利用率的最大化。

表 4 扭力冲击器和液动旋冲工具使用情况

型号	井段/m	进尺/m	纯钻时间/h	钻速/(m/h)
扭力冲击器	4523~4537	14.08	14	1.01
液动旋冲	4713~4795	22.19	11.5	1.93
合计	4523~4795	36.27	25.5	1.42

3 小井眼钻井机械钻速影响因素及分析

ϕ152.4mm 小井眼钻井技术与 ϕ215.9mm 常规井眼钻井技术的区别主要是：井眼和钻具尺寸的不同，导致钻井过程中钻井参数和钻具受力等发生变化，从而影响了钻头对岩石动载荷发生变化，最终反映了机械钻速的不同。该井三开营城组一段岩性研磨性强，可钻性差，ϕ152mm 钻头受力复杂，磨损严重，影响钻头寿命，三开设计使用 28 只 ϕ152.4mm 钻头，实际使用 38 只 ϕ152.4mm 钻头，其中 PDC 钻头 7 只，牙轮钻头 31 只，单只钻头进尺最小的只有 21.29m。为了探讨小井眼钻井技术在大庆深层气钻井的可行性，有必要对影响该井钻井机械钻速的影响因素进行分析。

3.1 小井眼机械钻速影响因素

利用通用钻速方程可以得到小井眼和常规井眼的机械钻速，并可以分析小井眼钻井机械钻速的影响因素，通用钻速方程[1-4]为

$$V = \frac{131.27}{14.273^A \times 60^B \times 9^C \times e^{1.15D}} \times W^A \times N^B \times \mathrm{HEI}^C \times e^{D \times \mathrm{MW}} \quad (1)$$

式中：A 为钻压指数，$A = 0.5366 + 0.1993K_d$；B 为转数指数，$B = 0.9250 - 0.0375K_d$；C 为地层水力指数，$C = 0.7011 - 0.05682K_d$；D 为钻井液密度系数，$D = 0.97673K_d - 7.2703$；K_d 为地层统计可钻性梯度，$K_d = EH + F$（E，F 为回归系数）；H 为平均井深（设计井段、验证井段或预测井段的平均深度），m；W 为比钻压，kN；N 为转速，r/min；HEI 为有效钻头比水功率，W/mm^2；MW 为实际或设计钻井液密度，g/cm^3；V 为机械钻速，m/h。

将小井眼和常规井眼的相应参数代入式(1)后进行对比，可以得出小井眼机械钻速和常规井眼机械钻速的比值。

$$\frac{V_{\text{小}}}{V_{\text{常}}} = \left(\frac{W_{\text{小}}}{W_{\text{常}}}\right)^A \times \left(\frac{N_{\text{小}}}{N_{\text{常}}}\right)^B \times \left(\frac{\mathrm{HEI}_{\text{小}}}{\mathrm{HEI}_{\text{常}}}\right)^C \quad (2)$$

大庆深层气营城组火山岩可钻性极值平均为 9.42，验证井段平均深度为 3600m，则钻压指数 $A = 2.42$，转速指数 $B = 0.57$，地层水力指数 $C = 0.17$，由表5可以看出：ϕ152.4mmPDC 钻头的机械钻速只有 ϕ215.9mm 的 70.4%，与实际的 72% 基本相符，由此可以得出，影响小井眼和常规井眼机械钻速的主要因素有钻压、转速和钻头比水功率。

表5 小井眼和常规井眼机械钻速影响因素对比

钻头外径/mm	井深/m	钻压/kN	转速/(r/min)	比水功率/[W/(mm^2)]	平均机械钻速/m/h
φ152.4	3600	8	80	0.05	0.88
φ215.9	3600	14	90	2.56	1.25

3.2 影响小井眼钻井速度的原因分析

(1) φ152.4mm环空间隙小，仅为12.7mm，而φ215.9mm环空间隙为44.5mm，由于环空间隙小，环空压耗急剧增加，泵压上升较快，导致小井眼井在较低的排量下有较高的岩屑携带能力(表6)，但过高的环空返速会对井壁造成强烈的冲刷和破坏[5-9]，增加了井壁的不规则性，影响了水平段钻进时钻压的传递，在小井眼中环空间隙小，钻柱的偏心、旋转和钻柱接头对环空压力损耗有显著影响。这些严重制约了小井眼的机械钻速。

表6 小井眼和常规井眼环空净化参数对比

钻头外径/mm	钻杆外径/mm	排量/(L/s)	循环压降/MPa	环空返速/(m/s)	岩屑滑沉速度/(m/s)	岩屑输送比
152.4	88.9	12	18.86	1.51	0.28	0.79
215.9	127	28	9.69	1.03	0.45	0.62

(2) 三开小井眼钻具尺寸小，钻具组合中最小尺寸为φ88.9mm钻杆，外径尺寸小则柔性加大，随着三开水平井段增长，摩阻、扭矩逐渐增大，小尺寸钻具抗拉、抗扭强度小，容易产生小尺寸钻具疲劳失效。

(3) 试验井设计水平段长1301.62m，实钻水平段长892.56m，水平段提前409.06m完钻，主要是由于小井眼轨迹控制难，不易稳斜，滑动钻进时小尺寸钻具脱压现象严重。

(4) 井控要求高，相同条件下小井眼油气上窜速度快，油气易上窜发生溢流。

(5) 进入三开裸眼段以后由于井底返砂不好，钻具不能够在井底静止时间过长，容易发生黏卡，所以对钻井设备要求非常严格，钻进期间不允许停止循环来修理设备，特别是钻井液泵。

(6) 进入小井眼后期施工阶段，预防井漏是重中之重，因此要求严格坐岗观察钻井液液面高度和钻井液密度等性能参数。

4 结论

(1) 要提高小井眼机械钻速，就要优化水力参数，尤其要优化钻压、转速和钻头比水功率，最大限度地提高钻头水力能量效率。

(2) 从小井眼钻井试验来看，应该优选水平段小于900m的水平井开展小井眼钻井技术。

(3) 需通过现场试验深入优选新型小井眼钻头和提速工具，增大钻头的有效钻压。应用新型小井眼钻头，比如短翼薄底刃刮刀钻头和全尺寸PDC钻头可以提高小井眼机械钻速。本井试验表明,钻具组合中提速工具的优化对于提高小井眼机械钻速至关重要。

(4)由于小井眼钻具尺寸小,在一定的钻压下钻具容易弯曲,易造成井斜过大,因此小井眼钻井需应用大功率的螺杆,用来增加钻头转速,提高破岩效率。

参 考 文 献

[1] 李克向,解浚昌,万仁溥.钻井手册(甲方)上册[M].北京:石油工业出版社,1990,815-816.
[2] 郭志勤,张全立,强杰.小井眼钻井装备及配套工具新进展[J].石油机械,2003,31(1):50-54.
[3] 韦忠良,陈廷根.PDC钻头钻进时扭矩影响因素研究[J].石油钻探技术,1995,23(1):50-52.
[4] 刘硕琼,谭平,张汉林,等.小井眼钻井技术[M].北京:石油工业出版社,2005:55-58.
[5] 崔继明,何世明,陈远儒,等.小井眼环空循环压耗计算[J].河南石油,2005,19(6):59-61.
[6] 黄占盈.小井眼钻井水力参数设计[D].青岛:中国石油学院(华东),2007:39-42.
[7] 刘海东,郭淑玲,王玉磊,等.小井眼钻井PDC钻头泥包情况的预防及解决办法[J].科技创新与应用,2012(30):114-116.
[8] 刘巨保,张学鸿,焦洪柱.小井眼钻柱瞬态动力学研究及应用[J].石油学报,2000,21(6):77-79.
[9] 邬荣梅.小井眼钻井技术探讨[J].中国石油和化工标准与质量,2012(22):195-197.

平行断层定向井钻关方案优化与密度窗口预测技术研究

王建国　郭　军　张会芳　张志新　彭　壮

（大庆钻探工程公司钻井三公司）

【摘　要】 根据杏六区东部大庆油田首口平行断层定向井杏 5-4-斜丙 41 井井区储层物性分析、注水井降压规律研究，调整钻关方案，降低地层孔隙压力。根据注采关系、套损情况、以往钻井密度使用情况和地层破裂压力的综合分析，对待钻井安全密度窗口进行科学预测，合理设计钻井液密度，保证了施工的顺利进行。钻关方案优化与压力预测技术对井区内其他同类型待钻井具有直接的指导意义，技术方法可广泛应用于大庆长垣大断层附近注采井距大或注采不完善井区平行断层定向井地质设计中。

【关键词】 平行断层；钻关方案；降压趋势；密度窗口

大庆长垣断层十分发育，靠近断层附近往往布井较少，断层边部往往形成了注采井控制不住、动用不好的区域。从采油四厂杏北地区"十五"以来新井投产效果看，106 口高效井中断层边部占 66 口，比例为 62.0%，剩余油高度分散于断层边等局部区域。随着大庆油田进一步开发挖潜，断层附近剩余油将是各采油厂今后挖潜的重点方向。平行断层大井斜井钻井技术，井眼轨迹沿断层面展开，平行断层并延伸 200～300m，钻穿萨葡高油层组，可以有效开采断层附近剩余油，费用较一般水平井少 50% 以上，是开发断层附近剩余油的最有效手段。但该技术工艺复杂、风险较高，国内外均未见类似技术研究。该项技术存在以下难点：(1)井眼轨道靠近断层附近，钻遇破碎带，易发生井漏、井壁失稳坍塌；(2)对地质情况资料要求严格，需要对断层倾角、走向、破碎带宽度、地层压力等地质情况做出准确预测；(3)钻井液设计密度窗口窄，靠近破碎带，次生裂缝发育，破裂压力低，易井漏；而断层遮挡或长期的注采不平衡易形成局部高压，导致油气水浸；(4)井眼轨道控制难度大，破碎带造斜规律不明了，井眼轨道要求严格；(5)大井斜井眼轨道长，易形成岩屑床，完井难度较高。因此，在摸清断层发育状况的基础上，确定合理的个性化钻关方案，准确预测密度窗口，对于预防井漏、井塌、油气水浸、卡钻等复杂事故起着至关重要的作用。

1　杏 5-4-斜丙 41 钻关方案优化与实施效果分析

1.1　采油工程研究院地质设计中制定的注水井钻关方案

(1)钻关原则：距待钻井 600m 范围内的注水井一律停注降压；距待钻井 50m 以内注水

作者简介：王建国，男，2006 年毕业于西安石油大学资源勘查专业，工程师，现任钻井三公司钻井技术服务分公司地质室副主任，从事钻井地质技术方向研究。

井固井后 15 天恢复注水；距待钻井 50m 以外日注量小于 100m³ 的注水井固井后 48h 开始注水；距待钻井 50m 以外日注量大于 100m³ 的注水井固井后 15 天恢复注水。

（2）钻关井号。

钻关井 25 口，井号见表 1。

表 1 不同井网注水井钻关表

序号	井网	井号	距离/m	钻关时间/d	井口恢复压力/MPa
1	基础井	杏 5-3-更 54	400	7~10	≤3
2	基础井	杏侧钻斜 47	410		≤3
3	基础井	杏 5-4-新水 42	525		≤3
4	一次井	杏 5-4-水 412	240	15~20	≤2
5	二次井	杏 5-4-6411	153		≤2
6	三采井	杏 5-42-P41	100		≤2
7	一次井	杏 6-1-丙水 390	410		≤3
8	二次井	杏 6-1-6391	320		≤3
9	二次井	杏 6-1-6393	360		≤3
10	三采井	杏 6-10-P42	415		≤3
11	三采井	杏 6-11-P41	310		≤3
12	二次井	杏 6-1-6394	600		≤3
13	三采井	杏 5-4-P42	570		≤3
14	三采井	杏 5-41-P42	300		≤2
15	三采井	杏 5-40-P56	495		≤3
16	二次井	杏 5-4-6422	525		≤3
17	三采井	杏 5-35-P55	510		≤3
18	二次井	杏 5-3-6544	530		≤3
19	一次井	杏 5-3-水 561	590		≤3
20	一次井	杏 5-3-水 540	450		≤3
21	三采井	杏 5-40-P54	411		≤3
22	三采井	杏 5-3-P54	410		≤3
23	三采井	杏 6-11-斜 E28	240	受断层遮挡开钻前只需关井	
24	三次井	杏 6-丁 1-斜 757	260		
25	二次井	杏 6-11-斜 655	280		

1.2 注水井钻关方案优化

1.2.1 钻关时间优化

为防止 250 号断层两侧注水井关井时间不同形成地层压力不均衡分布，发生地层蠕动，在剪切力作用下引起老井套管错断[1],由原来不同井网、断层两侧采取不同钻关时间调整为断层两侧同时钻关。

1.2.2 钻关距离优化

为防止断层遮挡不严形成异常高压,250号断层西侧(断层上盘)钻关距离调整为300m,从而增加2口注水井(杏5-4-斜757、杏5-4-E27),250号断层东侧(断层下盘)钻关距离仍执行600m。钻关距离调整后关井井数增加到27口,井号见表2。

表2 钻关方案优化后不同井网注水井钻关表

序号	井网	井号	距离/m	钻关时间/d	井口恢复压力/MPa
1	基础井	杏5-3-更54	400		≤3
2	基础井	杏侧钻斜47	410		≤3
3	基础井	杏5-4-新水42	525		≤3
4	一次井	杏5-4-水412	240		≤2
5	二次井	杏5-4-6411	153		≤2
6	三采井	杏5-42-P41	100		≤2
7	一次井	杏6-1-丙水390	410		≤3
8	二次井	杏6-1-6391	320		≤3
9	二次井	杏6-1-6393	360		≤3
10	三采井	杏6-10-P42	415		≤3
11	三采井	杏6-11-P41	310		≤3
12	二次井	杏6-1-6394	600		≤3
13	三采井	杏5-4-P42	570	15~20	≤3
14	三采井	杏5-41-P42	300		≤2
15	三采井	杏5-40-P56	495		≤3
16	二次井	杏5-4-6422	525		≤3
17	三采井	杏5-35-P55	510		≤3
18	二次井	杏5-3-6544	530		≤3
19	一次井	杏5-3-水561	590		≤3
20	一次井	杏5-3-水540	450		≤3
21	三采井	杏5-40-P54	411		≤3
22	三采井	杏5-3-P54	410		≤3
23	三采井	杏6-11-斜E28	240		断层西侧
24	三次井	杏6-丁1-斜757	260		断层西侧
25	二次井	杏6-11-斜655	280		断层西侧
26	三次井	杏5-4-斜757	123		断层西侧
27	三采井	杏5-4-E27	300		断层西侧

1.2.3 泄压方式优化

根据不同井网开采层位物性、注采关系和以往钻井压力解释结果分析，葡一组开采厚层砂岩，岩层孔隙度大，渗透性好，为欠压层，萨二组、萨三组开采薄差层，注入量远大于采出量，为高压层。为降低层间压差，不同井网采取不同的关井泄压和放溢泄压时间。具体做法为：聚合物驱井网注水井首先采取关井泄压方式，跟踪井口压力变化，在开钻前2~3天改为放溢泄压。其他井网根据关井降压情况，断层西侧注水井在开钻前2~3天改为放溢泄压，断层东侧注水井在开钻前10~15天改为放溢泄压。

1.3 注水井钻关方案优化后实施效果分析

1.3.1 关井泄压降压趋势分析

根据不同井网注水井关井后井口压力跟踪结果，做出降压趋势图(图1)。

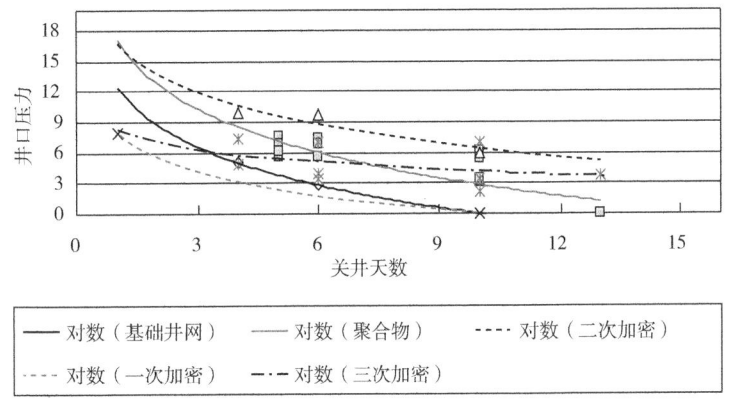

图1 不同井网注水井降压趋势图

从注水井降压趋势图中可以看出：基础井网和一次加密井网降压最快，一般7~10天可降至3MPa以内，聚合物井网和三次加密井网次之，一般10~20天可降至3MPa以内，二次加密井网降压较慢，10~15天能降至6MPa左右。

1.3.2 放溢泄压降压趋势分析

由于二次加密注水井开采萨、葡薄差层，岩层渗透性差，降压较慢，采取延长放溢时间措施，尽可能扩大泄压半径，降低井口压力。图2、图3分别为放溢48h和15天关井5min、10min、15min井口压力恢复曲线，可以看出，放溢48h后推算24h井口恢复压力较高，达9MPa以上，放溢15天推算24h井口恢复压力则较低，不到3.5MPa，通过延长放溢时间，充分地降低了地层压力。

2 杏5-4-斜丙41密度窗口预测技术研究

2.1 注采关系分析

杏六区东部自1966年基础井网投入开发，经历了一次加密、二次加密和聚合物驱加密调整。截至2009年6月，250#断层附近采油井开井115口，日产液4947.6t，日产油229.2t，综合含水率95.4%。注水井开井77口，平均注水压力11.3MPa，日注水5013m³。

整体上注采平衡,基础井网和聚合物驱井网注采比均小于1,一次加密井网注采比为1.27,基本平衡,只有二次加密井网注采比为1.8,高于其他井网(表3)。

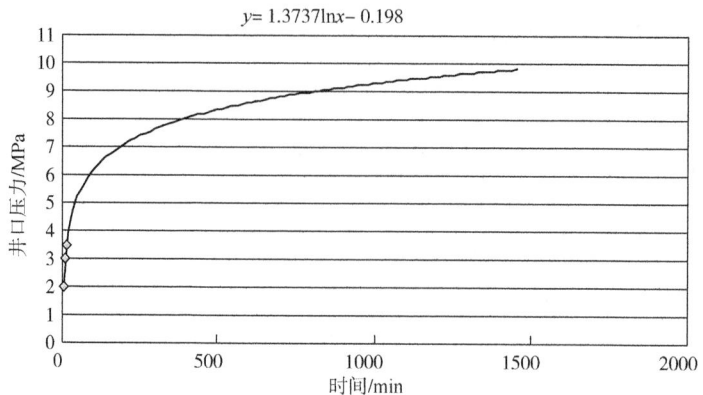

图 2　二次加密井放溢 48h 井口恢复压力曲线

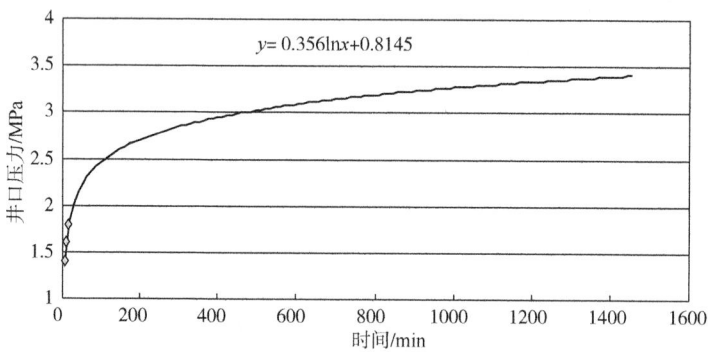

图 3　二次加密井放溢 15 天井口恢复压力曲线

表 3　杏六区东部各套井网生产情况表

井网	采油井					注水井		
	井数/口	日产液/t	日产油/t	含水率/%	沉没度/m	井数/口	日注水/m³	压力/MPa
基础井网	5	350.8	15.4	95.6	389	4	230	12.2
一次加密	26	988.7	57.4	94.2	315	18	1183	12.5
二次加密	26	543.7	28.1	94.8	309	19	990	12.2
聚合物驱	58	3064.4	128.2	95.8	334	36	2610	10
合计	115	4947.6	229.2	95.4	327	77	5013	11.3

2.2　套损情况分析

区域内共有套损井 26 口,其中注水井套损 17 口,采油井套损 9 口,套损井分布如图 4 所示。套损类型以变形为主,达 21 口,其次为错断,4 口,外漏 1 口。套损层位上看,以萨二组最多,12 口,占套损井总数的 46%。从套损时间上看,均在 2001 年以前套损,而 2001 年钻聚合物驱井网时使用密度较低,未发生油气水浸事故。

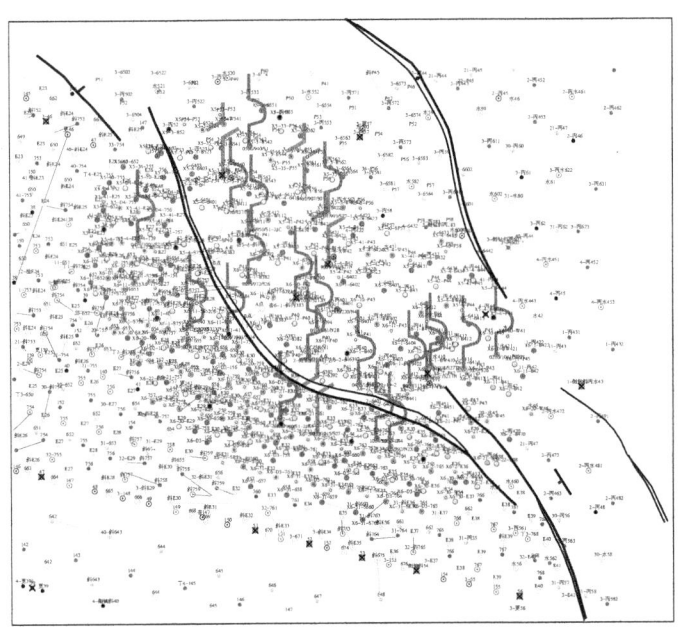

图 4 杏六区东部 4 口平行断层定向井井区套损分布图

2.3 以往钻井密度使用情况分析

（1）二次加密井网。

1996—2000 年所钻井，位于 250 号断层两侧，密度在 1.60~1.90 之间。平均油层密度 1.70g/cm³，平均洗井密度 1.79g/cm³。距杏 5-4-斜丙 41 井入靶点、井底 600m 范围内无复杂事故。

（2）聚合物驱井网。

2001 年所钻井，位于 250 号断层东侧，密度在 1.25~1.75g/cm³ 之间。平均油层密度 1.30g/cm³，平均洗井密度 1.39g/cm³。距杏 5-4-斜丙 41 井入靶点、井底 600m 范围内无复杂事故。

（3）三次加密、三次采油井网。

2008 年所钻井，位于 250 号断层西侧，密度在 1.43~1.65g/cm³ 之间。平均油层密度 1.50g/cm³，平均洗井密度 1.54g/cm³。距杏 5-4-斜丙 41 井入靶点、井底 600m 范围内无复杂事故。完井压力解释数据见表 4。

表 4 三次加密、三次采油井网完井压力解释数据表

序号	井号	实钻钻井液密度/(g/cm³)	高压层位	压力系数	最高压力/MPa
1	杏 5-丁 4-756	1.42~1.47	S2-13	1.43	14.02
2	杏 5-41-757	1.43~1.48	S2-13	1.43	14.06
3	杏 5-4-756	1.43~1.48	S2-13	1.43	13.38
4	杏 5-41-斜 757	1.44~1.49	S2-13	1.45	14
5	杏 6-1-斜 757	1.45~1.50	S2-14	1.43	14.01

续表

序号	井号	实钻钻井液密度/(g/cm³)	高压层位	压力系数	最高压力/MPa
6	杏6-1-758	1.50~1.55	S2-3	1.5	15.23
7	杏6-11-E27	1.40~1.45	S3-1	1.38	14.2
8	杏6-11-斜E28	1.43~1.48	S3-2	1.48	15.2
9	杏6-10-E27	1.43~1.48	S3-3	1.45	14.38

2.4 地层破裂压力预测

统计该地区6口生产井经压裂所得的破裂压力数据表明，萨一组最低破裂压力梯度为3.81MPa/100m（杏6-11-斜654井）；萨二组最低破裂压力梯度为1.73MPa/100m（杏6-21-656井）；萨三组最低破裂压力梯度为1.85MPa/100m（杏6-30-644井）；葡一组最低破裂压力梯度为1.59MPa/100m（杏6-30-658井）；葡二组最低破裂压力梯度为1.64MPa/100m（杏6-20-656井）；高一组最低破裂压力梯度为2.32MPa/100m（杏5-丁3-337井）。通过对比，葡一组破裂压力系数最低，只有1.59。

2.5 安全密度窗口预测及应用效果

根据注水井降压规律、注采关系、套损情况、以往密度使用情况和压力解释情况的综合分析，预测地层压力系数在1.45~1.50之间，而预测破裂压力系数在1.59以上，因此，设计钻井液密度为1.50~1.55g/cm³。该井于2010年11月30日开钻，施工过程中密度始终控制在设计范围内，钻进、完钻通井正常。12月8日至9日电测，钻井液密度为1.55g/cm³，加测流体曲线正常，电测后通井过程中未发生油气水浸，解释压力系数为1.51（层位：S2-11）。12月10日使用密度为1.55g/cm³，钻井液固井正常。施工过程中没有发生井塌、井漏、油气水浸等复杂事故，地层压力预测准确，个性化降压方案得到了成功应用。

3 平行断层定向井钻关方案优化与密度窗口预测技术推广应用

在大庆油田首口平行断层定向井杏5-4-斜丙41成功钻完后，于2011年8至9月在杏六区东部施工另外3口平行断层定向井。通过钻关方案优化，共停注注水井53口，根据钻关降压规律在钻关10天后（在开钻前13天）对4口注水井进行放溢泄压，并对泄压效果进行跟踪分析。图5为放溢24h和48h关井5min、10min、15min井口压力恢复曲线，可以看出，放溢24h后推算24h井口恢复压力较高，达8MPa，放溢48h推算24h井口恢复压力则较低，约4.2MPa，通过延长放溢时间，充分地降低了地层压力。

应用平行断层定向井密度窗口预测技术，预测杏6-1-斜丙383、杏6-2-斜6392、杏6-1-斜丙403地层压力系数在1.50~1.60之间，而预测破裂压力系数在1.59以上，因此，设计钻井液密度分别为1.50~1.55g/cm³、1.50~1.55g/cm³、1.55~1.60g/cm³。施工过程中钻井液密度始终控制在设计范围内，没有发生井塌、井漏、油气水浸等复杂事故，地层压力预测准确，个性化降压方案得到了成功应用。单井钻井液密度使用和压力解释情况如图6所示。

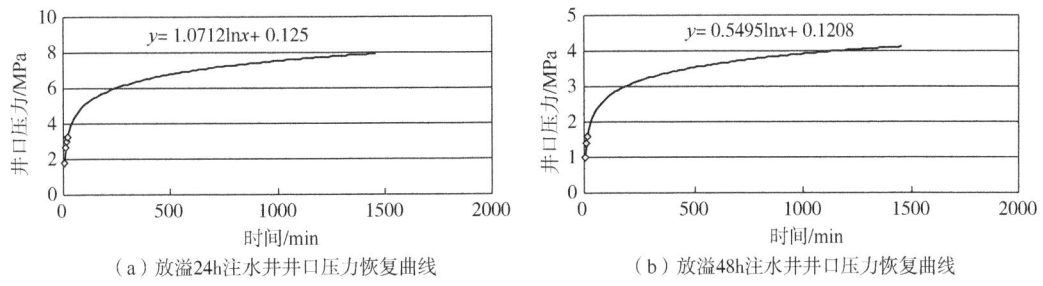

（a）放溢24h注水井井口压力恢复曲线　　（b）放溢48h注水井井口压力恢复曲线

图5　放溢24h和48h井口恢复压力曲线对比图

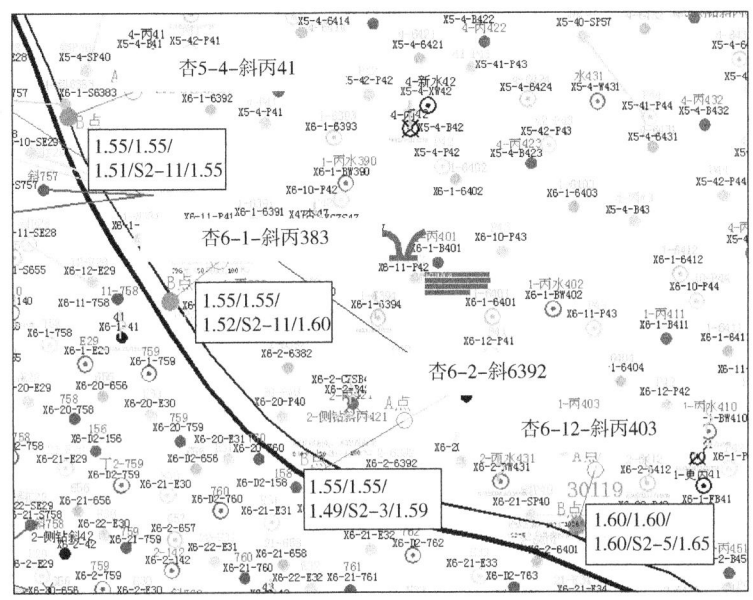

图6　4口平行断层大井斜定向井密度使用及压力解释标注图

4　结论

（1）通过钻关方案调整和泄压方式优化，有效地降低了地层孔隙压力和层间压差。该项技术在平行断层定向井地质设计和施工中可广泛应用。

（2）平行断层定向井密度窗口预测技术，实现了大庆油田首批平行断层定向井安全密度窗口的准确定位，可指导大庆油田该类井型的地层压力预测工作。

参　考　文　献

[1] 王仲茂，卢万恒，胡江明. 油田油水井套管损坏的机理及防治[M]. 北京：石油工业出版社，1994.

工厂化水平井优快钻井技术研究

陈春雷

(大庆钻探工程公司钻井一公司)

【摘　要】 东部油田外围区块非常规油气资源(致密油),采用水平井钻井方式进行开发,但此类资源储层具有地层压力低、渗透率低、产能低等特点,采用常规水平井钻井方式无法实现该类储层的安全、高效、规模、效益开发,为了有效开发此类储层,主要应用工厂化水平井钻井模式,通过对井眼轨迹优化、工具及参数的优选、提速技术与事故复杂预防以及批量钻井的研究,来保证工厂化水平井得以优快施工。

【关键词】 工厂化水平井;批量钻井;轨迹优化;井眼防碰;"一趟钻"钻井

近几年油田在外围非常规油气资源储层区块,大量地布置工厂化水平井,以高台子、扶杨为目的层,水平段长度一般都超过1500m,有的甚至达到2000多米,施工中主要存在以下难点:(1)机械钻速低,钻井周期长,制约勘探开发效率。(2)油层薄,整体物性连通性差,找油层过程中频繁调整井眼轨迹;钻进中摩阻扭矩大,井壁失稳,井下事故复杂频出;影响钻井效率和效益。现有的技术、工具及装备还不能完全满足工厂化作业的要求,批量钻井技术及井眼轨迹控制技术关键技术仍需要进一步攻关,施工流程需要经进一步优化,一些模式和规范需在试验中制定和完善,为了经济有效勘探开发此类油气藏,缩短钻井周期,降低钻井成本,通过以下几个方面的研究与试验,形成一套工厂化水平井优快钻井配套技术,为工厂化水平井优快钻井提供重要的技术保障。

1　工厂化水平井井眼轨迹优化及控制技术研究

1.1　工厂化水平井井眼轨迹优化技术

在实现地质目的的前提下,统筹考虑占地、平台布井、井眼剖面之间的关系,确定井网方式及平台井组布局,本着地面服从地下和综合优化的原则,尽量减少三维井眼,降低施工难度和避免扭方位施工。

(1)造斜点距A点垂深在500~700m;探油顶段长度控制在50~100m,曲率保持在2°/30m左右,为预防储层提前、及时增斜精确入靶创造条件。优化水平段长度,综合考虑储层特性、产量、施工难度及经济性的影响。

(2)应坚持做好平台井的整体设计,要兼顾防碰绕障、减摩降阻、井眼平滑、套管安全下入、工序优化等问题,对所有井的轨道同时进行优化。

作者简介:陈春雷(1982—),男(汉族),吉林梨树人,工程师,现从事定向井井眼轨迹控制及定向井水平井管理工作。

1.2 工厂化水平井井眼轨迹渐近控制技术

利用井眼轨迹控制软件计算出直井段轨迹的参数,计算出井底水平位移、垂深、闭合方位、视位移、视垂距等参数。对靶点重新进行修正设计,计算出各段的造斜率大小。

在定向造斜过程中,摸索出螺杆的实际造斜率大小,计算好滑动钻进与复合钻进的比例,尽可能使实钻轨迹逼近设计轨道。根据视位移大小、正负、井斜角大小以及井底闭合方位与设计方位的偏差,确定采用复合钻进、扭方位或定向钻进来进行施工。

由于无线随钻测量仪器测点长度的限制以及螺杆造斜率在不同地层造斜能力的不确定性,开始定向钻进时一般采用连续定向2个单根,以确定螺杆在该地层的实际造斜率。若已知螺杆的实际造斜率$K_实$,设计造斜率$K_设$,单根长度为L,则可计算出每个单根需要定向长度$L_定$:

$$L_定 = (K_设 \cdot L) / K_实$$

式(1)中仅当$K_实 > K_设$时,可以继续使用该螺杆定向施工;若$K_实 < K_设$,则应立即起钻更换弯角较大的螺杆,所以所选螺杆的理论造斜率应高于设计造斜率10%~20%,提高复合钻进的比例,有利于井眼清洁,减少卡钻事故。

1.3 井底井斜方位预测技术

井底预测技术是实现井眼轨迹定量预测与控制的基础,如果预测不准井底处井斜方位,则易造成大的施工误差,因此对水平井而言,井底预测显得更为重要。井底预测的方法很多,可分为两大类,一类是力学法,力学法比较准确,但较复杂,现场施工已较少采用。另一类是几何方法,井底预测的几何方法主要是依据各种曲率的变化规律进行选择,并且需要紧密结合钻井过程的实际工况。使用时,应根据实际的钻井工况,进行分析判断和预测。

从根本上讲,要提高井底预测的精度,应从以下两个方面入手:一是在工艺技术条件允许的前提下,尽可能缩短测点至井底的距离;二是提高测斜资料的精度。

1.4 待钻井眼轨迹修正设计

在进行待钻设计时,必须考虑所钻地层对造斜工具造斜能力的影响。应考虑地层倾向、走向及各向异性对井眼轨迹的影响,以保证设计出的待钻井眼能充分利用地层的井斜方位作用。在进行待钻设计时,应首先考虑目前已有的井下工具实际造斜能力,并为施工留有余地。

在实际施工中从造斜点开始直到完钻的施工中,每钻完一个单根,用单弧剖面进行一次待钻井眼设计,选择合适的钻进参数,并以此作为下趟钻选择钻具组合的重要依据。在造斜过程中,每次都以入靶点"软着陆"为目标,应用可变曲率井眼轨迹设计技术优化待钻井眼设计。进入水平段以后,则根据地质要求,以期望纵向偏差、横向偏差为目标进行待钻井眼设计。

2 工厂化水平井提速技术研究

2.1 钻头与螺杆钻具优选

2.1.1 钻头优选

破岩效率是钻头选型的主要考虑因素,PDC钻头可适应于地层岩石可钻性级值不超过

5.5级的均质非研磨性地层中。大庆长垣泉三段(包括泉三段)以上地层使用PDC钻头均可获得较高的机械钻速。

根据大庆地层与钻头匹配关系表,重点考虑工厂化水平井施工特性,对于直井段、造斜段及水平段的钻头选型进行重点优选,优选结果见表1。

表1 直井段、造斜段及水平段钻头优选结果

地层	钻进井段/m	施工井段	井眼尺寸/mm	优选钻头
青二、三段	0~1600	直井段	φ311.2	B535E
青一、泉四段	1600~4050	造斜及水平段	φ215.9	M1656RS

2.1.2 螺杆钻具优选

对螺杆钻具进行选型与配套,使螺杆实钻造斜能力与设计造斜率符合程度高,减少起下钻次数,缩短钻井周期,成为水平井螺杆钻具选配的主要内容。

螺杆钻具的选型与配套主要考虑以下几个方面因素:(1)井眼尺寸大小;(2)设计造斜率大小;(3)钻进应用介质类型;(4)应用地层的井底温度;(5)钻进时排量的大小。

对于工厂化水平井,考虑钻头类型、钻井液类型、地温梯度大小等因素,要使用低转速、大扭矩、耐油、抗高温的五级螺杆。综合考虑几个方面,确定螺杆见表2。

表2 螺杆钻具的选型与配套

井眼尺寸/mm	螺杆外径/mm	螺扶外径/mm	设计造斜率/[(°)/30m]	螺杆弯角/(°)	螺杆理论造斜率/[(°)/30m]	生产厂家
215.9	172	210	7~7.5	1.25~1.5	10.2~12.2	大港
			3~5	0.75~1.0	6.1~7.5	大港

2.2 工厂化水平井批量钻井工艺技术研究

工厂化水平井批量钻井技术是基于丛式井(水平井)的开发的理念,工厂化批量井筒作业已成为工厂化水平井较好的施工方案。

批量钻井工艺技术是基于两个方面:

一是平台与井场布局。

二是钻井施工流程。

批量布井:一个井场或一个钻井平台布多口水平井。

批量钻井:按不同规格井眼钻井顺序,以钻井液体系转换为界面依次分批进行多口平台井同一规格井眼施工。

2.2.1 改造钻机底座钻机快速平移

钻机底座增加滑动轨道,采用地面棘爪式轨道液缸推动方式移动钻机。钻机整体移动创新了电动钻机加长电缆替代了移动动力系统;加长出口管线代替了移动循环罐系统;增长高压地面管线替代了移动钻井泵。通过应用钻机滑轨系统,实现快速平移。10m井口距离2h内可平移到位,比拆卸搬安缩短了5d左右时间。

2.2.2 改造配套钻井装备

钻机配备顶部驱动系统,适应不拆甩钻具作业。应用同一套钻具组合直接进行下一口井的施工。配备3台钻井泵、4级固控设备,提高钻井液净化效率,为钻井液重复利用奠定基础。同一套钻井液体系直接进行下一口井的施工,降低了钻井成本。地面循环管线进行35MPa压力改造,满足大排量、高泵压快速钻进施工需求要求。

2.2.3 批量钻井流程优化

一开(技套)和二开(油层)均由一套钻机批量施工。

平台井技套先施工,然后依次施工油层。相同井段使用一套钻具组合,减少钻具拆甩及组合次数,每口井节约周期1.5d。

平台井表层钻进重复使用一套水基钻井液体系;油层重复使用一套油基钻井液体系;既减少了钻井液转运次数,又减少了钻井液用量,节省了钻井成本。

2.2.4 安全环保并降低劳动强度

实施批量钻井,减少地面土地的占用,井场与钻井液排污坑的面积都得到有效控制,减少钻井液及药品的使用,实现安全环保,同批量钻井施工,钻机平移,减少钻机的拆搬及钻具的甩配,大大降低了工人的劳动强度,增加施工效率。

2.3 工厂化水平井优快钻进"一趟钻"钻井技术研究

针对工厂化水平井施工效率偏低的问题。通过优选井下工具、优化钻具组合,在工厂化水平井推行"造、探"+"水"2段分别实现"一趟钻"施工,提高作业效率。

为实现"一趟钻"推广应用6项配套技术措施:

(1)优化钻具组合,造斜段直接采用倒装钻具;
(2)优选高效螺杆,螺杆使用寿命120h以上;
(3)优选LWD仪器,提高仪器稳定性,使用时间120h以上;
(4)优化钻进参数,加大钻井液排量,提高井底返砂效率;
(5)优选五刀翼PDC钻头,提高倒装钻具组合工具面稳定性;
(6)优化实钻轨迹,采用"上急下缓"模式,为探油顶施工预留调整余地。

3 工厂化水平井井下事故复杂预防技术研究

3.1 工厂化水平井安全隐患分析

3.1.1 工厂化平台水平井直井段防碰

工厂化平台水平井类似于丛式定向井,但因工厂化水平井直井段较长,防碰风险及要求较定丛井更高。

3.1.2 钻具贴井壁,受力状况发生变化

(1)从造斜段开始,钻具受力状况相对直井发生了根本的变化。
(2)斜井段:由于钻具自重,钻具"躺在"下井壁,对井壁侧压力的增大,带来了起下钻摩阻和旋钻扭矩的增大。
(3)钻头的受力变化出现侧向分力,当使用增斜钻具结构时,由于近钻头扶正器的支点作用而产生向高边的侧向力。

3.1.3 偏心环空和岩屑床

（1）偏心环空中，大环空处流速大，小环空中流速小，促使岩屑床产生。

（2）岩屑床的厚度随流速的减小和井眼斜度的增加而增大，但倾角大于一定值后，其岩屑床的厚度基本保持不变。

（3）当井眼倾角处于临界倾角范围内时，由于岩屑床的形成及滑移，岩屑势必下滑堆积，容易造成钻具的阻卡。

3.2 工厂化水平井安全施工措施

3.2.1 工厂化水平井井眼防碰技术

（1）严格按设计要求测斜，两井有防碰要求时加密测点，并及时根据测斜数据变化调整参数。

（2）防碰井段必须要及时输入计算机，同时绘制防碰图，观察分析轨迹趋势，坚持做到测一点、计算一点、防碰图绘制一点。

（3）井队必须至少有2套测斜仪器。仪器及时校验，确保测量数据的准确。

（4）防碰工作要从井组的第一口井做起。提前做出防碰预算，保证前拖距离满足防碰要求，并上报技术服务分公司。

（5）防碰时要有井组整体防碰意识，如果有防碰趋势或轨迹发展将影响下口井的施工，都要及时绕障采取措施。绕障施工宜早不宜迟，上部较下部施工效率高、更安全；绕障施工时要根据工作量和难度，合理选择钻头、螺杆。

3.2.2 井眼清洁技术

水平井钻进过程总岩屑在自重作用下向下井壁沉积形成岩屑床。岩屑上返过程中路程很长，岩屑被磨得很细，很难从钻井液中清除，钻进过程中随时监测循环当量密度（ECD）值，采取有力技术措施携带岩屑，清除岩屑床。

（1）足够排量和钻井液良好流变性携带岩屑。排量保持在34L/s以上，保证环空上返速度在1.5m/s左右，实现紊流携岩。

（2）高转速旋转破坏岩屑床。钻进中保证尽量多的高转速时间，有辅助携岩及清除岩屑床的作用，将下井壁岩屑带向井眼中心，随即被上返的钻井液向上运移。

（3）高效固相控制设备清除岩屑。采用4级固控设备，及时清除钻井液中有害固相含量，保证井眼净化。

3.2.3 减磨降扭技术

（1）调整钻井液性能，降低钻柱与井壁之间的摩擦系数，降低钻井液失水，降低滤饼厚度，从而降低了摩阻扭矩。

（2）净化井眼，破坏岩屑床，可降低钻柱与井壁之间的摩擦系数，从而大幅度地降低扭矩和摩擦阻力。

3.2.4 井壁稳定技术

控制失水量小于4mL，使井壁形成薄而坚韧的滤饼，严格控制起下钻速度。

4 现场试验应用情况

2014年现场试验应用的5口工厂化水平井与2013年周期对比，2014年试验2组平台5

口工厂化水平井,平均钻速10.76m/h,平均钻井周期27.18d,对比2013年钻速提高12.55%,周期缩短16.83d,完成预期目标。参见表3。

表3　2组平台5口井钻速及周期情况

项目	实钻井深/m	水平段长/m	平均钻速/(m/h)	钻前周期/d	钻井周期/d	完井周期/d	建井周期/d
2014年	3227.40	1123.00	10.76	1.59	27.18	6.73	35.51
2013年	3754.76	1566.24	9.56	5.17	44.01	11.74	61.27
对比	-527.36	-443.24	+12.55%	-3.58	-16.83	-5.01	-25.76

重复使用第一口井的阳离子聚合物水基钻井液260m³,因一次打完整个平台一开未更换钻井液体系节约钻井液约520m³,二开使用油包水钻井液,节省了一开钻井液的重新配置,以及二开的油基钻井液的倒运。

因施工所用钻机的配套设备可带钻具整拖所以无甩钻具时间,一开完井可节约甩钻具及配钻具时间约24h。

工厂化水平井"一趟钻"情况见表4。

表4　工厂化水平井"一趟钻"情况

井号	井身剖面	造斜段长/m	水平段长/m	实际"一趟钻"情况	
				造斜段	水平段
L26-P28	二维	465	1544	1趟钻	1趟钻
L26-P30	二维	494	1726	1趟钻	1趟钻
L26-P29	二维	402	1105	1趟钻	1趟钻
L38-P13	二维	854	443	1趟钻	1趟钻
F38-P11	二维	561	797	1趟钻	1趟钻

通过优选井下工具、优化钻具组合,试验的5口井在"造、探"+"水"2段分别实现"一趟钻"施工,提高作业效率。

5　结论

推广应用工厂化批量钻井,3口井重复使用第一口井的水基钻井液,节省了一开钻井液的重新配置,以及二开的油基钻井液的倒运。

(1)优化井眼轨迹,提高钻速,采用变曲率渐近井眼轨迹控制技术,使井眼轨迹得到精确控制。

(2)改进钻井模式,实施批量钻井,井场与钻井液排污坑的面积都得到有效控制,减少钻井液及药品的使用,实现安全环保;应用批量钻井施工,钻机平移,减少钻机的拆搬及钻具的甩配,增加施工效率。

(3)通过优选螺杆和个性化PDC钻头,能够提高机械钻速。

(4)通过优选井下工具、优化钻具组合及钻井参数,在致密油工厂化水平井推行"造、探"+"水"2段分别实现"一趟钻"施工,提高作业效率,缩短钻井周期。

参 考 文 献

[1] 徐小峰,孙玉苓,白亮清,等.冀东油田水平井井身结构优化设计[J].石油钻采工艺,2007(S1):7-10,119.

[2] 葛云华,鄢爱民,高永荣,等.丛式水平井钻井平台规划[J].石油勘探与开发,2005(5):94-100.

[3] 雷群,王红岩,赵群,等.国内外非常规油气资源勘探开发现状及建议[J].天然气工业,2008,28(12):7-10,134.

长垣、齐家地区致密油水平井钻井提速配套技术

常 雷

(大庆油田有限责任公司采油工程研究院)

【摘 要】 针对大庆长垣、齐家地区致密油水平井水平段长、三维井机械钻速慢、钻井周期长、井壁失稳等问题，通过井眼轨道设计优化，降低了三维井施工难度；通过高效螺杆优选，提高了钻井施工效率；通过研制应用提速钻井工具，提高了造斜段和水平段机械钻速；通过研制高性能水基钻井液体系，实现了长水平段防塌。现场应用 14 口井，取得了显著的提速效果，平均机械钻速 10.53m/h，相比应用之前机械钻速提高了 25.68%。

【关键词】 致密油；水平井；钻井提速；长水平段；摩阻扭矩

大庆中浅层石油勘探开发由中低渗透到低渗透再以致密油为主，剩余资源整体变差。剩余的 $16.1×10^8$t 的致密油资源以扶余和高台子油层为主，主要分布在长垣、齐家等地区，是大庆油田今后增储上产的关键[1-3]。松辽盆地北部致密油储层单层厚度薄、纵向不集中、横向不连续，开发难度和成本比较大。在钻井上，针对该地区钻井施工难点，如何利用相关技术措施，形成一套提速配套技术，提高机械钻速、降低致密油钻井成本是致密油开发的关键。

1 钻井技术难点分析

大庆长垣、齐家等地区致密油储层物性较差，油层较薄。为了有效控制储层，水平井水平段长度一般在 1400~2000m，水平段长导致摩阻扭矩增大，机械钻速比较慢，平均机械钻速仅为 8.2m/h，严重影响钻井周期；地面条件受限，实施平台井作业施工，部署三维水平井数比例较高，占到 76%。并且三维井扭方位较大，统计 6 口完钻的三维水平井平均方位变化 58.8°，其中最大扭方位角度达到 95.6°。造斜段扭方位困难，摩阻扭矩大，造斜段平均机械钻速仅为 3.56m/h，严重影响造斜段机械钻速[4]。具体数据见表 1；地层黏土矿物含量高，伊利石含量大于 60%，伊/蒙混层含量为 24%~39%。伊利石遇水易产生表面水化，伊/蒙混层遇水易层间散裂，容易导致井壁失稳。而且钻井周期长，极易因为井壁坍塌发生泥包钻具和井塌卡钻。严重影响水平井正常钻进施工，甚至会造成井眼报废。

作者简介：常雷，男，1981 年生，高级工程师，博士，现主要从事特殊井与复杂井钻井工程设计和钻井工艺研究。E-mail：changlei@petrochina.com.cn

表1 长垣、齐家地区三维水平井扭方位施工数据表

井号	造斜段/m	方位变化/(°)	机械钻速/(m/h)
L26-P4	370	64.7	2.49
L26-P11	274	49.2	2.43
L26-P2	226	45.7	3.52
QP2-P6	706	77.4	2.80
QP2-P2	388	95.6	2.31
QP2-P5	755	20.0	7.85
平均	453	58.8	3.56

2 提速配套措施与技术

2.1 三维井井眼轨道设计技术

三维井由于扭方位角较大,造成托压严重,造斜段机械钻速低。因此,井眼轨道优化设计应着重缩短偏移距,减小扭方位角度,降低井眼轨道摩阻扭矩,提高钻井施工效率[5-6]。采用"直井段—定向增斜段—扭方位增斜段—平面增斜段"井眼轨道设计模型,首先在靶区的垂直平面上提前定向造斜,造斜至井斜角25°左右,做到在保证井眼轨道光滑的前提下,扭方位之前尽可能地缩短偏移距;然后进行扭方位造斜,在井斜角75°左右完成扭方位造斜;最后平面造斜至着陆点,进行水平段钻进。与常规三维井井眼轨道设计方法相比,该方法具有减少完钻井深、降低扭方位角度和摩阻扭矩、提高造斜段机械钻速的优点。

分别用常规和降低摩阻两种井眼轨道设计方法对5口井进行井眼轨道设计,进行摩阻扭矩计算,对设计井深、扭方位角变化、摩阻和扭矩等数据进行对比,详细对比数据见表2。

表2 两种井眼轨道设计方法详细数据对比表

井号	模型	设计井深/m	方位角变化/(°)	摩阻/t	扭矩/(N·m)	井深对比/m	方位角对比/(°)	摩阻对比/%	扭矩对比/%
Y211-FP4	常规	3312.00	82.90	36.29	23.82	减少113	降低9.25	降低13.03	降低7.51
	新模型	3199.00	73.65	31.56	22.03				
P34-P4	常规	2873.00	39.26	33.24	22.20	减少66	降低5.49	降低10.50	降低8.73
	新模型	2807.00	33.77	29.75	20.26				
P34-P10	常规	3080.00	59.00	34.56	22.89	减少58	降低5.78	降低18.46	降低7.16
	新模型	3022.00	53.22	28.18	21.25				
P34-P11	常规	3273.00	48.49	35.98	23.78	减少56	降低5.64	降低12.53	降低6.85
	新模型	3217.00	42.85	31.47	22.15				
Y151-P1	常规	3273.00	39.03	36.89	23.11	减少56	降低3.61	降低13.14	降低6.32
	新模型	3217.00	35.42	32.04	21.65				
平均						减少69.8	降低5.95	降低13.53	降低7.31

通过数据对比，利用降低摩阻的井眼轨道设计方法，得到的井眼轨道平均设计井深减少 69.80m，平均扭方位角度降低 5.95°，平均摩阻降低 13.53%，平均扭矩降低 7.82%，能够起到减少设计井深，降低摩阻扭矩的作用。

2.2 优选高效螺杆

为了提高单只钻头钻进时效，避免因更换螺杆增加起、下钻次数，充分发挥钻井工具和钻头的提速潜力。通过螺杆钻具性能对比试验，优选了具有密封性更强、承压性更高、输出扭矩更大、使用寿命更长的等壁厚螺杆钻具。在 5 口井开展现场试验，实现造斜段"一趟钻"。具体试验数据见表 3。

表 3 等壁厚高效螺杆现场试验具体数据表

井号	造斜段/m	日平均进尺/m	纯钻时间/h	平均机械钻速/(m/h)	造斜段周期/d
F38-P10	633	133.4	77.00	8.22	4.74
L26-P23	597	121.5	70.15	8.51	4.91
T24-P5	419	103.6	53.30	7.86	4.04
L26-P35	451	134.8	48.70	9.26	3.35
L26-P37	471	97.7	63.00	7.48	4.81
平均	514.2	118.2	62.43	8.27	4.37

通过应用等壁厚高效螺杆，实现平均日进尺 118.2m，平均机械钻速 8.27m/h，造斜段周期 4.37d。同年未使用高效螺杆的井，造斜段平均日进尺 90.2m，平均机械钻速 5.68m/h。现场试验等壁厚高效螺杆的井与同年未使用高效螺杆的井相比，造斜段平均日进尺比提高 31.04%，平均机械钻速提高 45.60%，提速效果比较明显。

2.3 研制提速钻井工具

长水平段三维水平井摩阻大，施加钻压困难，影响机械钻速。利用提速钻井工具降低摩阻，增加钻压是提高机械钻速的重要手段。

2.3.1 研制应用球形滚珠式扶正器

球形滚珠式扶正器是在扶正器外设计球形滚珠。当钻进时，扶正器与井壁之间的摩擦为滚动摩擦。与常规扶正器相比，具有降低摩阻的特点，更有利于给钻头施加钻压，提高机械钻速。

2.3.2 研制应用水力振荡器

针对长垣、齐家地区地质特征，优化设计高性能水力振荡器，起到降低压耗，实现高频脉冲稳定激发，提高冲击力和解决托压难题。

（1）结构改进。

通过改进水力振荡器叶轮设计参数，使工具压耗由 2.5~3.5MPa 降至 1.6~2.5MPa；通过改进阀体机构，采用流道开关方式激发压力脉冲，实现在高转速动力的驱动下，高频率脉冲的稳定激发。

(2) 优化尺寸。

通过优化阀体流道尺寸,使阀体压差由 2.94MPa 增加至 4.31MPa,工具冲击提高 45.8%;通过优化工具尺寸,改进阀体结构,采用螺纹调节方式,总长由 2.9m 缩短为 1.88m,更加有利于水平井井眼轨道控制。

2.3.3 现场试验效果

2014 年,上述两种提速工具试验 8 口井,平均机械钻速 8.53m/h,平均摩阻 4.4t。邻井相同井段或同井未使用工具井段平均机械钻速 7.11m/h。使用上述两种提速工具,平均钻速提高 20.24%,摩阻降低 33.1%。

2.4 研制应用高性能水基钻井液体系

长垣、齐家地区嫩江组为黑褐色油页岩灰黑色泥岩,夹黑褐色油页岩薄层,地层胶结能力差;姚家组上部为灰黑、黑灰色泥岩,下部为紫红、灰绿色泥岩、灰色泥质粉砂岩,地层水敏性强,该层现注水开发,孔隙连通性好,易井漏;青山口组以黑色泥岩、灰色泥岩为主,长时间浸泡易出现井壁失稳。而且水平段比较长,三维井扭方位较大,摩阻扭矩大。因此在钻井液体系优选方面,主要考虑具有良好的抑制性、封堵性和润滑性[7]。优选出高性能水基钻井液体系,配方:膨润土(3%~5%)+Na_2CO_3(4%~5%)+KOH(0.2%~0.4%)+强包被抑制剂(1.0%~2.0%)+抗盐抗高温降滤失剂(3.0%~5.0%)+增黏剂(0.1%~0.4%)+封堵防塌降失水剂(1.5%~2.5%)+W-40(0.4%~0.8%)+NPAN(1.5%~3.0%)+黏土稳定剂(1.0%~2.0%)+液体、固体润滑剂(8%~14%)+硅基稀释剂(0.5%~1.5%)+磺化沥青(3.0%~5.0%)+聚合醇(2.0%~4.0%)+KCL(3.0%~7.0%)+胺基抑制剂(1.0%~3.0%)+$CaCO_3$(3.0%~5.0%)。

2.4.1 钻井液性能

(1) 抑制性。

聚胺通过强吸附和氢键作用压缩双电层,减小层间距,疏水膜使亲水变成疏水;聚合醇通过吸附、螯合和降滤失作用,压缩晶层、阻止水分子进入黏土层间;无机盐通过压缩使晶层致密,金属离子交换镶嵌层间,阻止液相进入,有效防止泥岩膨胀。通过聚胺、聚合醇和无机盐三者的"多元协同"作用,提高钻井液抑制性。

(2) 封堵性。

当井底温度大于浊点时,聚合醇相分离,析出胶体颗粒对缝隙再次进行化学封堵;刚性、填充、弹性三种颗粒经过合理级配,在裂缝端口处形成一层物理封堵层。通过物理和化学"双效封堵"作用,提高钻井液封堵效果。

(3) 润滑性。

通过添加液体润滑剂和固体石墨改变摩擦界面润滑性和增加滚动摩擦双重作用,提高钻井液润滑效果。

2.4.2 室内评价

室内对研制的高性能水基钻井液进行系统评价,性能稳定,润滑性良好,与油基钻井液性能接近,室内评价数据见表4,取代了以前使用的低黏高切油包水钻井液体系。

表 4　高性能水基钻井液室内评价数据表

性能指标	高性能水基钻井液	低黏高切油包水钻井液
塑性黏度/mPa·s	17~28	25~32
动切力/Pa	3.0~6.3	5.0~9.0
动塑比	≥0.40	≥0.48
初切力/Pa	2.5	3.5
终切力/Pa	5.0	7.0
API滤失量/mL	<3.0	0
极压润滑系数	≤0.10	≤0.08
泥岩滚动回收率/%	>90	>98

2.4.3 现场试验

2014年，高性能水基钻井液在4口水平井进行了现场试验。施工过程中，钻井液性能稳定，抑制性强，润滑性优良，未发生井壁剥落、掉块等情况，可满足长水平段钻井施工。现场试验数据见表5。

表 5　高性能水基钻井液体系现场试验数据表

井号	完钻井深/m	水平段长度/m	密度/(g/cm³)	黏度/s	塑性黏度/(mPa·s)	屈服值/Pa	初切力/Pa	终切力/Pa	滤矢量/mL	复杂情况
L26-P43	3643	2262	1.25	52	18.00	6.54	2	4	2.0	无
L26-P35	3500	1814	1.20	50	18.00	7.54	2	4	2.1	无
L26-P42	3747	2381	1.25	53	20.00	6.88	2	4	2.0	无
L26-P25	4045	2487	1.26	54	18.00	7.01	2	5	1.9	无

3　现场应用效果

2015年，上述配套措施和技术，在长垣、齐家地区致密油水平井现场应用14口井。平均机械钻速10.53m/h，机械钻速比以前提高25.68%；平均钻井周期25.93，平均钻井周期降低23.58%。钻井无复杂事故发生，井身质量全部合格。配套技术应用前后提速对比数据见表6。

表 6　配套技术应用前后提速对比表

完成井数/口	平均井深/m	机械钻速/(m/h)	钻井周期/d	平均水平段长/m
20(前)	3872.53	8.38	33.93	1471.21
14(后)	3899.45	10.53	25.93	1477.45
对比	+26.92	+2.15	-8.00	+6.24

注："-"代表减少，"+"代表增加。

4 结论与认识

(1) 井眼轨道新设计模型通过在靶区的垂直平面上提前定向造斜,扭方位之前尽可能缩短偏移距,可以减少三维水平井扭方位角度,降低摩阻扭矩,减小钻井施工难度。

(2) 优选高效等壁厚螺杆使造斜段平均日进尺和平均机械钻速大幅度增加。可实现造斜段"一趟钻"施工,提高钻井施工效率。

(3) 应用提速工具球形滚珠式扶正器和高性能水力振荡器,可以有效降低钻进摩阻扭矩,提高机械钻速,缩短钻井周期。

(4) 研发的高效水基钻井液体系,钻井液性能稳定,抑制性强,润滑性优良,能够保障长水平段水平井安全钻井施工。

参 考 文 献

[1] 韩福彬,李瑞营,李国华,等.庆深气田致密砂砾岩气藏小井眼水平井钻井技术[J].石油钻探技术,2013(5):56-61.

[2] 崔宝文,林铁峰,董万百,等.松辽盆地北部致密油水平井技术及勘探实践[J].大庆石油地质与开发,2014,33(5):16-22.

[3] 张映红,路保平,陈作,等.中国陆相致密油开采技术发展策略思考[J].石油钻探技术,2015,43(1):1-6.

[4] 邵尚奇,田守嶒,李根生,等.水平井缝网压裂裂缝间距的优化[J].石油钻探技术,2014(1):86-90.

[5] 翁建锋.工厂化水平井钻井技术在致密油气田中的应用[J].长江大学学报(自然版),2014,8:95-97.

[6] 李阳.中国石化致密油藏开发面临的机遇与挑战[J].石油钻探技术,2015,43(5):1-6.

[7] 邹大鹏.大庆油田致密油水平井强抑制防塌水基钻井液技术[J].石油钻采工艺,2015,36(3):36-39.

英台地区防漏技术探讨

朱晓峰

（大庆钻探钻井一公司）

【摘　要】 大庆油田英台地区漏失问题一直难以解决，此前在英台地区钻井施工中多次发生地层漏失现象，为了解决这一难题，研究了一系列防漏技术措施，并在英台地区近期施工的英××井中得以实践应用。

【关键词】 英台地区；防漏技术；钻井液；改进

英台地区是大庆油田易漏失区域，漏失的范围大致 100km^2；测井解释裂缝从嫩江组开始，止于泉头组。在此区域钻井施工过程中，多次发生地层漏失现象。为了解决英台地区漏失问题，研究了一系列防漏技术措施，并在英台地区近期施工的英××井中实践应用。

1　英台地区漏失特点及原因分析

根据对以往英台易漏区施工井的总结，其漏失特点为：一是不可预见性，打钻的过程中随时可能发生漏失；二是漏失严重，漏速快，井口失返；三是漏失过程中伴随着井塌、卡钻等事故的发生。分析其原因有两个：一是在四方台组以上疏松地层及四方台组至青山口砂岩裂缝发育段、泥岩段在构造应力作用下，出现破裂而形成天然构造裂缝，发生井漏；二是由于未胶结或胶结差的未成岩的砂岩、泥岩段存在较大孔隙，连通性好，渗透率高，一旦环空不畅，极易憋漏地层而发生漏失。针对英台地区这些漏失特点及原因，研究出提高此区块的地层承压能力和井壁稳定性的防漏技术措施是十分必要的。

2　英台地区防漏技术措施

2.1　井壁稳定技术

使用具有更强稳定井壁和防漏堵漏能力的钻井液体系。选择对现有使用的钾盐共聚物钻井液体系进行改进，使其具有更强的稳定井壁和防漏堵漏能力。

（1）加大 HX-D 和 WDYZ-1 在钻井液中的含量，提高体系的抑制性。以往钻井液正常配浆时 HX-D 和 WDYZ-1 的含量都为 0.15%。经改造后，将 HX-D 和 WDYZ-1 的含量分

作者简介：朱晓峰，男，出生年月：198512，毕业日期：200807，毕业院校：大庆石油学院，所学专业：应用化学，学士学位，单位：大庆钻探工程公司钻井一公司钻井工程技术服务中心，副主任，高级工程师，2021 年《古龙页岩油 1 号试验区钻井施工方案》获得大庆油田方案设计奖特等奖，2019 年《630 工程优快钻完井技术研究》获得大庆钻探科学技术进步奖一等奖。通讯地址：黑龙江省大庆市让胡路区钻井一公司，邮编 163543，电话 0459-5603415，E-mail：zhuxiaofeng001@cnpc.com.cn。

别提高到0.2%和0.3%。在维护时也要经常补充,使HX-D和WDYZ-1的含量分别不低于0.2%和0.3%。抑制性对比效果见表1。

表1 抑制性对比试验

序号	配方	$\Phi600$	$\Phi300$	滚动回收率/%
1	4%膨润土浆+0.15%HX-D+0.15%WDYZ-1	46	33	79.5
2	4%膨润土浆+0.20%HX-D+0.20%WDYZ-1	63	47	85.7
3	4%膨润土浆+0.20%HX-D+0.25%WDYZ-1	74	49	87.9
4	4%膨润土浆+0.20%HX-D+0.30%WDYZ-1	78	53	89.5

注:泥岩滚动回收率试验岩屑目数为6~10目,70℃连续滚动20h。

(2)加大DYFT-1和SPNH的含量,都由原来的加量1%增加到1.5%,另外在原体系中新加入3%的非渗透封堵剂和3%的随钻堵漏剂,用细微的有弹性的沥青颗粒和封堵材料封堵嫩江组泥岩的微裂缝,以降低滤液的侵入深度。封堵性对比效果见表2。

表2 封堵性对比试验

序号	配方	滤失量/mL	24h 滤液侵入深度/mm
1	4%膨润土浆+1.0%DYFT-1+1.0%SPNH	5.7	12
2	4%膨润土浆+1.5%DYFT-1+1.5%SPNH	5.1	10
3	4%膨润土浆+1.5%DYFT-1+1.5%SPNH+3%非渗透封堵剂	4.2	6
4	4%膨润土浆+1.5%DYFT-1+1.5%SPNH+3%非渗透封堵剂+3%随钻堵漏剂	3.7	5

(3)加大JS-1和JS-2的加量,都由原来的加量1.0%增加到1.5%,使滤液中增加了钾离子的含量,提高体系的防塌能力。抑制性对比效果见表3。

表3 抑制性对比试验

序号	配方	$\Phi600$	$\Phi300$	滚动回收率/%
1	4%膨润土浆+0.15%HX-D+0.15%WDYZ-1+1.0%JS-1+1.0%JS-2	57	41	89.1
2	4%膨润土浆+0.15%HX-D+0.15%WDYZ-1+1.5%JS-1+1.0%JS-2	59	44	91.5
3	4%膨润土浆+0.15%HX-D+0.15%WDYZ-1+1.5%JS-1+1.5%JS-2	62	47	92.6

注:泥岩滚动回收率试验岩屑目数为6~10目,70℃连续滚动20h。

(4)根据上述对比试验,将钾盐共聚物钻井液体系的基本配方进行改进得到新的配方。

基本配方为:

4.0%膨润土+0.4%纯碱+0.06%KOH+1.0% JS-1+1.0% JS-2+1.0%SPNH+0.15 %HX-D+1.0 %NPAN+1.0% DYFT-1+0.15%WDYZ-1。

改进配方为:

4.0%膨润土+0.4%纯碱+0.06%KOH+1.5% JS-1+1.5% JS-2+1.5%SPNH+0.2 %HX-D+1.2 %NPAN+1.5% DYFT-1+0.3%WDYZ-1+3%非渗透性封堵剂+3%随钻堵漏剂。

通过表4室内实验数据可以看出,通过对钾盐共聚物钻井液体系的改进,钻井液的中压滤失量明显降低，同时还进行了24h滤液侵入深度试验和滚动回收率试验，通过试验数据可以看出，通过提高钻井液降滤失防塌剂的加量，钻井液的防塌抑制性明显加强，满足设计要求，能够满足英台易漏区的钻井施工需要。

表4 钻井液性能试验

配方	$\rho/(g/cm^3)$	$\Phi600$	$\Phi300$	Gel/Pa/Pa	FL/mL	24h滤液侵入深度/mm	滚动回收率/%
基本配方	1.15	60	42	2/7	3.7	10	80.1
改进配方	1.15	62	45	2/7.5	3.0	5	92.8
基本配方	1.20	63	46	2.5/8	3.8	10	81.2
改进配方	1.20	65	49	2.5/8.5	3.1	5	93.4
基本配方	1.25	68	52	2.5/9	3.8	10	80.5
改进配方	1.25	69	54	3.0/9	3.0	5	93.9

注：泥岩滚动回收率试验岩屑目数为6~10目，70℃连续滚动20h。

2.2 综合配套技术

（1）打钻过程中保持较大排量低泵压，选择比较适当的转速和钻压等钻井参数。二开钻进时保持排量在36L/s，使钻井液有合适的环空返速，在满足携砂要求的同时使泵压不致太高而憋漏地层，井壁也不会因为冲刷而失稳。

（2）根据施工井的地层三项压力(破裂压力、空隙压力、坍塌压力)预测剖面图制订合理的钻井液密度，另外由于英台地区地层承压能力弱，钻进过程中，通常使用钻井液密度下限，降低了钻井液液柱压力，避免压漏地层。

（3）在起下钻过程中，控制起下钻速度，保持起下钻速度均匀，避免起下钻速度过快，产生抽吸压力和压力激动，致使井壁坍塌失稳，产生井塌、井漏等复杂事故。

（4）打钻过程中保持较大排量低泵压，选择比较适当的转速和钻压等钻井参数。二开钻进时保持排量在36L/s，使钻井液有合适的环空返速，在满足携砂要求的同时使泵压不致太高而憋漏地层，井壁也不会因为冲刷而失稳。

（5）在易塌不漏的上部井段，快速钻进，尽量缩短钻进周期，在易漏井段钻进时控制钻进速度，以保证岩屑充分返出，减少环空岩屑浓度，使环空岩屑浓度控制在5%以下。

（6）采用合理的短起下技术措施，每钻进200m进行短起下300m，使井眼畅通，保证井下安全。

（7）完钻后，大排量循环洗井，将井内砂子携带干净，保证井眼畅通，做好通井工作，确保了电测、下套管顺利完成。

3 防漏技术措施在英台地区的应用效果

近期在英台地区施工井中，英××井位于英台易漏区内，该井是部署在松辽盆地中央凹陷英台鼻状构造的一口直井预探井，在黑龙江省大庆市肇源县境内，英××井从地震资料上看，本井不会钻遇断层，但从英台地区漏失区域划分示意图看，本井位于渗漏区内，且邻井多次发生地层漏失现象,因此防漏技术措施适合应用于本井。英××井设计井深为2465m,完钻井深为2475m,目的层井径扩大率不大于12%。

通过表5可以看出,该井在施工过程中进行了多次长短起下钻,没有发生井壁剥落现象和遇阻划眼等复杂情况。平均井径扩大率明显低于设计,这表明防漏技术措施在稳定井壁方面有着十分显著的效果;另外该井在整个施工过程中,从未发生过井漏现象,井口返出岩屑代表性强,完井电测均为一次测完,是近年来英台地区钻井施工十分顺利的一口井,为以后在该地区钻井施工提供了宝贵的经验。

表5 英××井施工效果

井深/m	钻头直径/mm	起下钻次数	起下钻情况	平均井径扩大率/%
210~1400	229.0	4	起下钻正常、无阻卡	5.76
1400~2475	215.9	7	起下钻正常、无阻卡	8.43

4 总结

英台地区防漏技术措施的研究主要是解决人工诱导性漏失,即避免现场施工过程中,已钻过不漏的地方,又出现了新的漏失。这主要是英台地区的地层承压能力有限和裂缝极其发育,在出现井壁剥落、憋压时,又出现新的裂缝造成的,出现反复漏失的情况。从英××井的施工情况可以看出,防漏技术措施在解决人工诱导性漏失方面有着很好的效果,整个施工过程十分顺利,没有出现井漏等复杂事故。在今后的工作中,将本着预防为主的原则,不断完善防漏技术措施,使其在以后英台地区施工过程中得到推广应用。

参 考 文 献

[1] 孟祥波.齐平3井钻井施工技术[J].探矿工程,2015,42(8):22-24.
[2] 王佩平,王立亚,沈建文,等.胺类抑制剂在临盘地区的应用[J].钻井液与完井液,2011,28(3):35-38,93-94.
[3] 钟汉毅,黄维安,邱正松,等.聚胺与氯化钾抑制性的对比实验研究[J].西南石油大学学报,2012,34(3):150-156.

求取水平井标志点的方法及应用

孙建双

(大庆油田有限责任公司采油工程研究院)

【摘　要】 水平井的标志点为水平井实钻井眼轨迹钻遇目的层砂岩顶面时的点,在水平井设计中,准确掌握标志点的深度,对于保证钻遇率有重要的意义。在水平井标志点的求取过程中,由于所涉及轨道和地层的几何关系复杂,一个方程中的两个变量同时发生变化,因此在确定标志点深度存在一定的难度。本文把水平井标志点的确定分为两种类型,建立了相应的两种数学模型,即轨道与地层视倾向一致和相反时的两种标志点求取模型。在标志点的求取中,依据工程数据表,先确定一个变量,求出另一个变量来与工程数据表给出的数据做比较,从而确定标志点,并以大庆朝阳沟油田水平井州平5801井钻井地质设计为例,对水平井钻井地质设计中遇到的标志点进行了确定和验证。经现场实践证明,预测精度满足施工要求。

【关键词】 标志点；目的层；二维水平井；井眼轨迹

水平井指井斜角大于85°并在目的层中维持一定长度的水平段的定向井。近年来大庆油田针对大庆外围油田油层薄、层多等特点,采用新技术,提高了薄层水平井的实施效果,特别为大庆外围薄层、低丰度边际储量的有效开发开辟了一条新路。2017年大庆油田新钻水平井60多口,而水平井地质设计中的关键参数设计对水平井钻井有着非常重要的指导作用。本文中的州平5801井水平段水平投影长度为557.71m。该井在ＰＩ2砂层顶着陆即标志点,由入靶点A在ＰＩ2砂层内分别钻进水平投影长度204.26m、353.45m、49.96m到达靶点B、C、D(井底)。本文针对在钻井地质设计中遇到标志点深度确定的技术问题,以州平5801井为例,给出了相应的计算办法及探讨。

1　设计井概况

州平5801井区构造上位于三肇凹陷向朝阳沟背过渡斜坡区,州58井区地垒断块内,构造南高北低,葡顶海拔 -1270～ -1260m,州58区块葡萄花油层沉积环境受北部沉积体系控制,主要发育三角洲内前缘亚相水下分流河道；地层厚度呈北厚南薄的发育特征,州58井区地层厚度6.0～20.8m,砂岩呈南北向条带状展布,砂体宽度0.3～0.7km,油层受断层、岩性遮挡,形成断层—岩性油藏。水平井目的层为ＰＩ2层,该层砂体预测分布较稳定,有利于水平井部署。本井目标靶区葡萄花油层构造、断层落实,沿水平井轨迹方向不

作者简介:孙建双(1983—),男,汉族,高级工程师,2008毕业于大庆石油学院资源勘查工程专业,现从事特殊工艺井钻井设计及科研工作。通讯地址:黑龙江省大庆市让胡路区西宾路9号采油工程研究院钻井设计研究室,邮编163453,联系电话:0459-5979717,13945613783。E-mail：sunjianshuang@petrochina.com.cn

穿断层，构造起伏不大，有利于水平井实施以及轨迹跟踪调整。州平 5801 井水平段水平投影长度为 557.71m，水平段网格方位为 356.38°，完钻垂深 1462m。井眼轨迹示意图，如图 1 所示；设计井井口地理位置，如图 2 所示；葡一组油层顶面构造图，如图 3 所示。

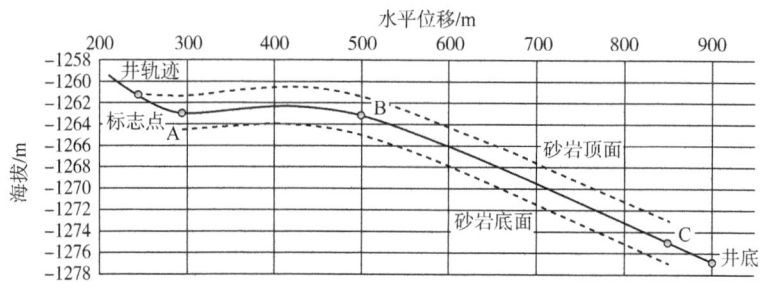

图 1　州平 5801 井井眼轨迹示意图

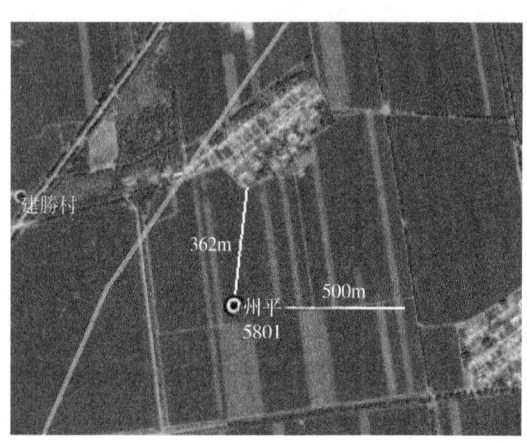

图 2　州平 5801 井口地理位置

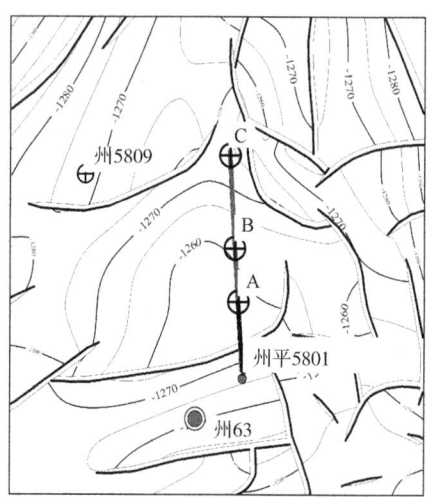

图 3　葡一组顶面构造图

2　标志点确定

标志点指钻头钻至目的层砂岩顶面的位置。钻头由上覆地层进入目的层，由于地层岩性的变化无论是随钻测井（LWD）还是岩屑录井在标志点前后都有明显的显示，所以标志点位置的确定对实钻时井眼轨迹控制非常重要。标志点的垂深和水平位移满足轨道方程，求取过程如下：

2.1　建立模型

先根据构造图求出入靶点 A 所在小层顶深度 h_1 和 A 点处小层顶面地层视倾角 θ，入靶点 A 水平位移 L_1 已知，在剖面设计数据表（由软件计算直接输出）中的某一点的水平位移 L_2。

第一种情况：井眼轨道与钻遇地层倾向一致时，如图 4 所示。根据地层倾角的三角函数公式则有下式：

$$\frac{(h_1-h_2)}{(L_1-L_2)}=\tan\theta \quad (1)$$

$$h_2=h_1-(L_1-L_2)\tan\theta \quad (2)$$

第二种情况：井眼轨道与地层倾向相反时，如图5所示。根据地层倾角的三角函数公式则有下式：

$$\frac{(h_2-h_1)}{(L_1-L_2)}=\tan\theta \quad (3)$$

$$h_2=h_1+(L_1-L_2)\tan\theta \quad (4)$$

式中：h_1 为入靶点，A 小层顶深，m；h_2 为试算点轨迹深度，m；L_1 为入靶点 A 水平位移，m；L_2 为试算点水平位移，m；θ 为地层视倾角，(°)。

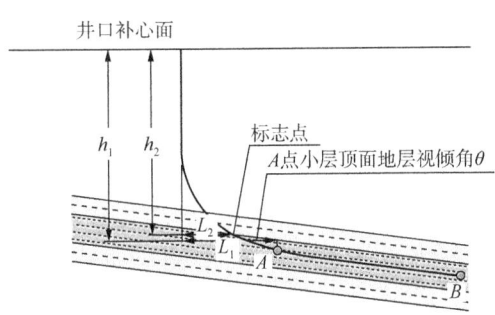

图4 井眼轨道与地层倾向一致时
水平井标志点示意图

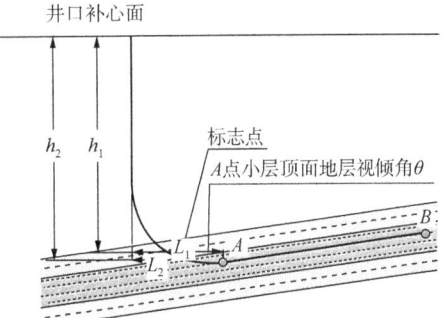

图5 井眼轨道与地层倾向相反时
水平井着陆点示意图

当在工程设计报表中取某点水平位移 L_2 时，且该点在数据表上的垂深与计算的 h_2 一致，则 h_2 即为所求的标志点的垂深。

2.2 标志点求取

州平5801井为二维水平井，设计轨道与地层倾向一致即符合第一种模式，把已知参数数值和设计轨道数据表中(钻井工程专业软件输出)的水平位移(闭合距)代入式(2)，求出相应的井深(垂深)和 h_2，若 h_2 与实际垂深一致时，该点就是所求的点。州平5801井轨道数据见表1、表2可求取标志点(水平位移242.34m，垂深1457.21m)就是所求的参数，并且标志点的相关参数都可以在轨道数据表中求出。

表1 州平5801井工程设计报表基本情况

井名	州平5801井		
油公司	大庆油田		
构造	松辽盆地中央坳陷区三肇凹陷朝阳沟向斜		
井口大地坐标	北 5081105.16m	坐标系统	GK 六度带—北京54
	东 21690999.34m	子午线收敛角	1.76°

续表

井名	州平5801井		
井口经纬度	北纬45°50′16.65″	比例系数	1
	东经125°27′30.56″	地磁模型	WMM 2000/2005/2010
地面海拔	190.00m	磁参数日期	2017—05—19
补心高	6.00m	磁偏角	-10.39°
相对坐标参考	井口	磁方位修正角	-12.15°
垂深参考	转盘面	投影方位	0.00°
方位参考	网格北		

表2　州平5801井轨道数据表

井斜/(°)	网格方位/(°)	垂深/m	大地东/m	大地北/m	视平移/m
83.03	356.38	1456.91	21690984.17	5081345.02	239.86
83.15	356.38	1456.97	21690984.14	5081345.52	240.36
83.27	356.38	1457.03	21690984.11	5081346.01	240.85
83.38	356.38	1457.09	21690984.08	5081346.51	241.35
83.50	356.38	1457.15	21690984.05	5081347.00	241.84
83.62	356.38	1457.21	21690984.01	5081347.50	242.34
83.73	356.38	1457.26	21690983.98	5081348.00	242.83
83.85	356.38	1457.31	21690983.95	5081348.49	243.33
83.97	356.38	1457.37	21690983.92	5081348.99	243.83
84.08	356.38	1457.42	21690983.89	5081349.48	244.32
84.20	356.38	1457.47	21690983.86	5081349.98	244.82
84.32	356.38	1457.52	21690983.83	5081350.48	245.32
84.43	356.38	1457.57	21690983.79	5081350.97	245.81
84.55	356.38	1457.62	21690983.76	5081351.47	246.31
84.67	356.38	1457.66	21690983.73	5081351.97	246.81

2.3　与实钻结果对比

该井于2017年5月17日完场钻井设计预测求取了该井的标志点，于2017年9月19日完钻，根据随钻测井及实钻资料显示，州平5801井标志点深度和水平位移分别为1457.40m和244.00m。表3是实钻数据和根据模型公式求取的标志点参数数据的比较。根据求取的结果和实钻对比，误差在允许范围之内，预测求取结果精度满足施工要求。

表 3　标志点预测和实钻结果对照表

项目	标志点	
	垂深/m	水平位移/m
求取值	1457.21	242.34
实钻值	1457.40	244.00
误差	0.19	1.66

3　结论

（1）利用标志点的垂深及水平位移满足井眼轨道方程可以准确确定标志点深度。

（2）应用求取标志点的模型可以求取水平井地质设计中关键的地质点。

（3）在钻井过程中可根据地质变化情况决定水平段长度，应尽量减少钻穿隔层造成的水平段损失，精确预测标志点可减小水平段损失。

Early Warning Technology of Drilling Muds Lost Circulation Anomaly Based on Data

Luan Yongle

(Daqing Oilfield Production Engineering & Research Institute, Daqing Oilfield Company Ltd, PetroChina)

【Abstract】 To change the complex structure and the changeable working conditions of Daqing oil drilling engineering, as well as the phenomenon of misreporting for the drilling muds lost circulationwarning system, in view of the early warning system of the drilling engineering in Daqing oilfield, the drilling well lost circulation fault detection method with multimode kernel principal component analysis (KPCA) based on data was proposed. First, the outlier elimination algorithmwas described in detail. The experiment verified the reliability of the adaptive determination of the length of the sliding window by using the inflection point of the elimination rate as the standard. Then, in view of the early warning system of oil drilling engineering, a new threshold classification algorithm, which can correctly classify each working condition in drilling, was proposed. Because the study object was nonlinear process, the fault detection method based on single KPCA was extended to multiple KPCA model fault detection methods which can be applied to oil drilling process. The research showed that the multimode KPCA drilling muds lost circulationdetection method achieved accurate and sensitive fault detection for Daqing oilfield. It is concluded that the new fault detection method proposed in this paper can make the drilling lost circulation anomaly early warning system detect faults used in Daqing oilfield more accurately and efficiently, so as to avoid misreporting.

【Key words】 Daqing oilfield; drilling muds lost circulation; early warning system; multimode KPCA; fault detection

Daqing oilfield is the largest oilfield in China at present, and it is also one of the few large sandstone fields in the world. Its oil bearing area is more than 6000 square kilometres, and the annual oil production is 50 million tons. In recent years, with the progress of oil drilling technology in Daqing oilfield, the application of new sensor technology and the demand for exploration and development in new geological layer, the early warning system in Daqing oilfield still needs to improve in terms of artificial intelligence level, self-learning and self-adaptation. Especially in the drilling conversion or specific drilling condition, there are many misreporting in early warning system of Daqing oilfield. Therefore, it is difficult to fully meet the requirements of achieving onsite

---

Corresponding author: Luan Yongle (1983 -), Female, Master Degree, Engineer, mainly engaged in drilling design compilation and research. E-mail: luanyongle@ petrochina. com. cn.

monitoring for drilling process[1]. In addition, the complexity of the early warning system for drilling engineering in Daqing oilfield is also getting higher and higher. Therefore, people will work hardly to study the methods that can improve the reliability and safety of such complex and dynamic systems.

Experts both at home and abroad have made different analysis and research on the complex system of early warning of oil drilling engineering. For example, in 2011, aiming at the Daqing oilfield, the domestic experts put forward an object‐oriented design method for drilling early warning system, which improved the sensitivity and accuracy of the system early warning[2]. At present, most of the industrial processes are controlled by computers. The control method has been widely used in the multivariable statistical process based on large data. However, in the actual operation, it is difficult for the staff to monitor a large number of process data in real time. In addition, when failure occurs, the correlation between process variables will be greatly changed, and its eigenvalues (short‐term mean, long‐term mean, variance, deviation) remain unchanged. These changes cannot be accurately identified by the monitoring system, while the multivariable statistical method can solve these problems well[3].

1 Methodology

1.1 Acquisition and Processing of Data Information in Drilling Process

In the whole process of drilling and logging, due to the interference of some external factors and the continuous change of the whole drilling operation condition, the parameters of the process variables collected in real time will never be in a completely normal and effective state. Before and after the change of the drilling state, some parameters will fluctuate greatly. Even some parameters will distort completely under some working conditions. In the presence of these problems, data pre‐processing is necessary. In the early warning system of drilling engineering, extracting accident characteristics of sensor variables from a large amount of monitoring data of a logging instrument is a prerequisite for effective fault detection. According to historical data and accident data, the data are analyzed and processed in a comprehensive and careful way. Therefore, the characteristic information of the monitoring data is mastered, and the correlation between the process variables in different working states is determined. According to different sensor variables, the corresponding data processing methods are determined[4]. Due to the itself problem or the installation problem of sensor, the values of various parameters in the logging instrument often produce jumps. At present, some data abnormity judgement algorithms think that the system is abnormalwhen there are several or a number of values deviating from the normal range of the parameter(the range of the upper and lower threshold curve). However, there is often such a phenomenon. Because of the imperfection of the filtering algorithm, there is no real elimination outlier. When there are several or a number of numerical values that are deviating from the normal range of change, but not yet to the point of abnormal judgement(there is no alarm to satisfy the exception in the time period), a data point will jump to the normal change rangesuddenly. Because this point is an outlier point, the real parameter anomaly will cause the anomaly to be missed because of theoutlier point[5]. Therefore, the outliers in the normal fluctuation process and the abnormal process have a great influence on the judgment process. An algorithm is proposed on the basis of an effective outlier, which can improve the accuracy of the outlier elimination algorithm.

A small portion of the data point in the whole data set deviates seriously from the change trend of most data points. This part of the abnormal point is called the outlier point. The sampling value in the sensor can be expressed by the formula(1).

$$y(k) = x(k) + n(k) + \delta(k) \tag{1}$$

In the formula, $y(k)$ represents the display value of the sensor, which is the measurement result we have seen. $n(k)$ is a random error that is inevitable. $\delta(k)$ represents the outlier value(gross error) andshould be eliminated. Considering the use ofthis project and the requirement of real time, the selected algorithm is the elimination method of 3δ criterion outlier according to the results of the data experiment. The main consideration is to ensure real-time processing, and the speed of the algorithm is faster. The calculation criteria are shown in formula(2).

$$\sigma^2 = \frac{1}{n}\sum_{i=1}^{n} x_i^2 - \bar{x}^2 \tag{2}$$

When the i-th sampling point is satisfied with $|x_i - \bar{x}| \geqslant 3\sigma$, it is considered as a outlier point and needs to be eliminated. It can be replaced by the average value of a segment of data within an adjacent sliding window.

Currently, the method of automatically determining the sliding window length is an experimentally obtained method that utilizes the average elimination error. First, a section of data (the length is set as L and its length should be a few hours of data to fully reflect the fluctuation of the data) is sampled, and a smaller sliding window length is set for outlier elimination operation. Then, when a certain point is judged to be an outlier, the error between the outlier and the replaced value of the point is calculated. And, in a certain range of data, the absolute value of the error accumulation and the number of outliers are calculated. The average elimination error is calculated, including the number of error cumulative sum/or the number of outlier point. The sliding window length increases(In order to speed up the search speed, the increment can be set to 10~20) and returns to the first step for the same operation. When the sliding window length reaches the set length, the algorithm is stopped. Finally, the average elimination error under different sliding window lengths is searched to find the sliding window length corresponding to the first changing inflection point as the sliding window length of data processing.

1.2 Multimode KPCA Fault Detection Method in Oil Drilling Process

The KPCA method is obtained by B. Scholkopfand others by applying the kernel function to the principal component analysis algorithm through further improvement. The KPCA is also an unsupervised learning model. Its main idea is to map the original data to a new feature space through non-linear mapping, perform PCA on the data in feature space, and extract the main eigenvalues[6]. In order to clearly describe the conversion process between nonlinear and linear methods, the basic algorithm of PCA is provided below. Afterwards, the PCA method is improved to KPCA by introducing the kernel method.

Assuming that the dimensionality of the original data is n, the original sample data x is projected onto the high-dimensional feature space F using the non-linear mapping Φ. Assuming that the average value of the mapping data is equal to zero, the covariance matrix is:

$$C = \frac{1}{n}\sum_{i=1}^{n} \Phi(x_i)\Phi(x_i)^T \tag{3}$$

The vector is used to analyze the covariance matrix C. Assuming that λ and V are the eigenvalues and eigenvectors corresponding to matrix C respectively. The correlation coefficient is ai and $n\times n$ dimensional matrix K is defined. Then, the following formula is obtained:

$$\lambda K\alpha = \frac{1}{n}K^2\alpha \tag{4}$$

In this way, the nonlinear mapping problem is transformed into the problem of finding the characteristic equation of the matrix K through nonlinear mapping. According to the eigenvector of the matrix K, the eigenvector V can be calculated. The matrix K is determined by choosing the appropriate kernel function. The kernel function selected in this paper is a radial inner product function:

$$k(x, y) = \exp[-\|x-y\|^2/2] \quad (\sigma^2=1) \tag{5}$$

The relevant parameters and basis for judging the working status of drilling are as follows: the values of some process variables, such as thestandpipe pressure, the total pool volume, the value of outlet flow, the relationship between drill bit position and well depth and the working conditions at last level[7]. Therefore, the logging instrument must be able to accurately determine the specific working state of the well under the premise of accurately giving the value of the process variable and pre-setting the appropriate threshold. When the specified instrument into the logging work, the instrument initial working state is defined as "waiting." After the data of the parameters are detected, the system will be converted to other working states after automatic discrimination. In other working conditions, if the measurement parameters have not changed within two hours, the system enters the "waiting" state.

The logging instrument can automatically track the working status of oil drilling. This paper needs to establish the KPCA model under different working conditions of drilling process. This requires pre-setting thresholds while accurately measuring the values of process variables such as standpipe pressure, outlet flow and total pool volume. The specific settings are shown in table 1.

Through analyzing the specific process of the oil drilling early warning system, it shows that the whole process is divided into the transition process and the steady-state process. The statistical characteristics of the variables will change greatly under all working conditions. In the process of alternating operation of five different conditions, the transition process can be neglected. Therefore, there is no need to judge the state of the transition process operation, only the situation of fault detection in the KPCA under steady-state conditions needs to be considered[8] (Figure 1).

Table 1 Threshold Parameter Value and Reference Value

Parameter name	Reference value	Remarks
Drill jitter/m	0.1	Should not be arbitrarily changed
Off-bottom/m	0.5	Should not be arbitrarily changed
Underground drilling/m	30	Should not be arbitrarily changed
Minimum cycle pressure/MPa	1.0	Should not be arbitrarily changed
Kava weight limit/t	20	When the well depth is less than 500 m, it will go down well.
Kava time limit/s	1	It cannot be more than 3 s within 1 to 3 s

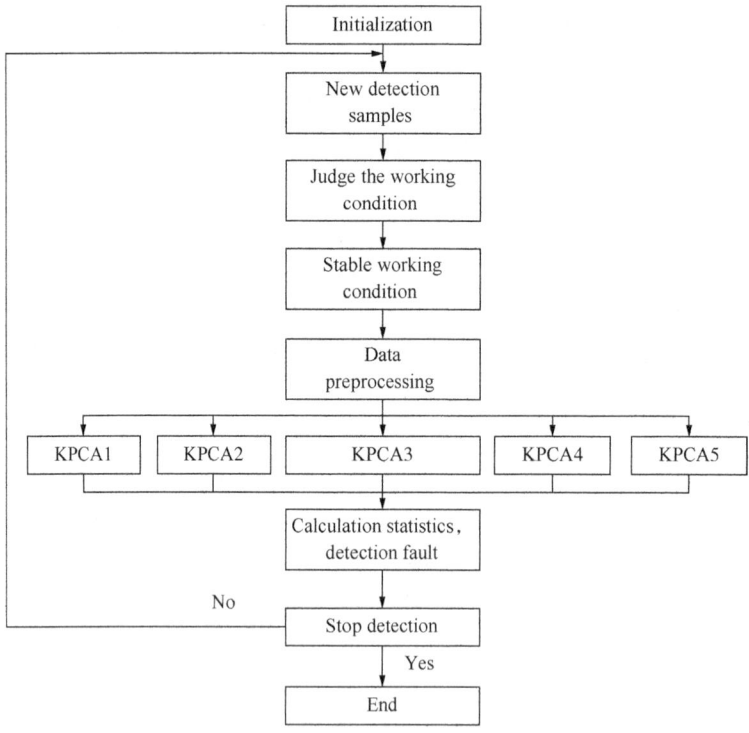

Figure 1 Fault Detection Flow Chart of Multimode Kernel Principal Component Analysis

The fault detection process based on multiple KPCA models is shown in figure1. Firstly, the original datawith normalized processare classified by the threshold classification algorithm, and the normal steady-state data under all steady-state conditions are obtained. Secondly, based on the well-classified steady-state data, a corresponding KPCA model is established by taking the KPCA method as the theoretical foundation. Thus, a KPCA model group is constructed that contains all the conditions. Finally, when the process is in a steady-state condition, the corresponding KPCA model is used to detect the fault data.

2 Results and Discussion

2.1 Data Elimination in Drilling Process

The purpose of this experiment is to demonstrate the reliability of selecting the length of the sliding window with the changing inflection point of theelimination rate as a standard. Selecting a period of drilling data in Daqing oilfield, the data parameters are selected as the outlet flow. Data sampling point is set a point per second. The sliding window length with 400, 300, 200, 100 and 50 is selected for testing. The elimination rate of outliers is shown in table 2:

Table 2 Relationship between the Elimination Rate and Window Length

Window length	Elimination number	Elimination rate
400	9246	0.1848
300	9145	0.1828
200	8532	0.1706
100	8035	0.1606
50	7726	0.1544

The relationship between the elimination rate and the window length is shown as a curve, and the specific change trend is shown in Figure 2:

According to the test results, the overall change trend is that the longer the window length is, the higher the elimination rate is. It is a very reliable method to select the sliding window length by taking the change inflection point of the elimination rate as the standard. Taking into account the various variables and other data experiments, the sliding window can choose between 200~300 pointsbasically. Based on the last

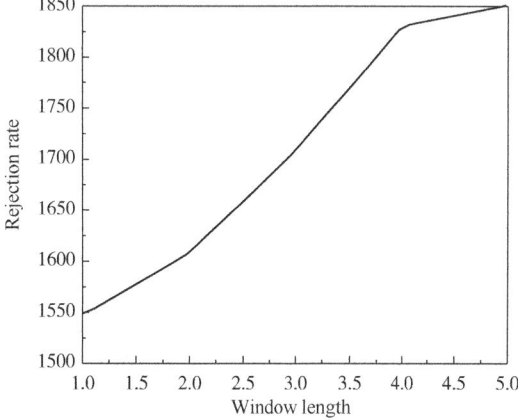

Figure 2 Trend of Elimination Rate and Window Length

5 minutes of data, the outliers are determined. The sliding window length self-tuning method can also determine the variable sliding window length. The default size (seconds) for each variable sliding window can be set as follows(Table 3).

Table 3　Variable Window Length Range

Process variables	Maximum window length	Minimum window length
Standpipe pressure	260	150
Export flow	240	150
Throttle flow	200	80
Export density	300	200
Total pool volume	300	200

2.2　Fault Detection Based on Multiple KPCA Model

Taking the data of early warning system of drilling engineering in Daqing oilfield reported in November as the experimental subjects, the classification modeling is carried out according to the threshold classification algorithm. Corresponding to the five steady state conditions, 5 KPCA models are built. The average range of the variables with 15%, 10%, 5% are analyzed. The cumulative contribution rate of the selected principal component vector is greater than or equal to 85% and the confidence limit is 99%. The lost circulation fault in the selected test data appears at the 506th sample point. In the event of a well leakage, the process variables such as total pool volume, standpipe pressure and outlet flow have a decreasing trend in value. Currently, the failure detection results of single KPCA model used in Daqing oilfield are compared with the fault detection results of multiple KPCA model, and the results are shown in table 4.

Table 4　Detection Results of Two Models

Mean value of variable	Detection results of a single KPCA model	Detection results of multiple KPCA models
5%	The failure cannot be completely detected	The fault canbe detected
10%	The fault is barely detected.	The fault can be detected smoothly.
15%	The fault cannot be detected.	The fault is detected obviously.

3　Conclusion

A fault detection method based on multiple KPCA models is proposed, which avoids the complicated process of calculating membership functions. Through the threshold classification algorithm, the oil drilling process is divided into different working conditions. For different conditions, the corresponding KPCA model is established, then the KPCA model group is constituted. The simulation results show that the fault detection effect is better than the single KPCA model currently used in Daqing oilfield. Therefore, the new fault detection method proposed in this paper can make the drilling lost circulation anomaly early warning system detect faults used in Daqing oilfield more accurately and efficiently, so as to avoid misreporting.

References

[1] Sun M. Study and Application of New Technology to Increase Drilling Speed of Ultra-Deep Well in Yuanba Area

[J]. Advances in Petroleum Exploration & Development, 2013, 5(1): 501-507.

[2] Geng X, Davatzes NC, Soeder DJ, et al. Migration of High-Pressure Air during Gas Well Drilling in the Appalachian Basin[J]. Journal of Environmental Engineering, 2014, 140(5): B4014002.

[3] Dolz M, Jiménez J, Hernández MJ, et al. Flow and thixotropy of non-contaminating oil drilling fluids formulated with bentonite and sodium carboxymethyl cellulose [J]. Journal of Petroleum Science & Engineering, 2007, 57(3-4): 294-302.

[4] Bertini L, Beghini M, Santus C, et al. Resonant test rigs for fatigue full scale testing of oil drill string connections[J]. International Journal of Fatigue, 2008, 30(6): 978-988.

[5] Tonry JL. An Early Warning System for Asteroid Impact[J]. Publications of the Astronomical Society of the Pacific, 2011, 123(899): 58-73.

[6] Kirsch M. Cage Instability of XMM-Newton's Reaction Wheels Discovered during the Development of an Early Degradation Warning System[J]. Oncologist, 2013, 2(5): 319-323.

[7] Williamson MS, Bathiany S, Lenton TM. Early warning signals of tipping points in periodically forced systems [J]. Earth System Dynamics, 2016, 6(2): 2243-2272.

[8] Yang TM, Fan SK, Fan C, et al. Establishment of turbidity forecasting model and early-warning system for source water turbidity management using back-propagation artificial neural network algorithm and probability analysis[J]. Environmental Monitoring & Assessment, 2014, 186(8): 4925-4934.

防控标准层套损配套钻完井技术研究

王春娇[1]　郎　钧[2]　杨胜刚[1]

(1. 大庆钻探工程公司钻井二公司；2. 大庆钻探工程公司钻井生产技术服务一公司)

【摘　要】 近年来，油田多个区域在嫩二段底部标准层出现了大范围的套损，直接影响油田开发的整体效益。单从开发环节上防治套损效果有限，因此，配套的钻完井技术就成了防控套损的基础和关键。经过多年的研究工作和现场试验，形成了防控标准层套损配套钻完井技术：界面增强技术、地层剪切延缓技术、套管先期保护技术、套管抗载技术。各项技术在防控标准层套损上均有良好的应用效果。

【关键词】 标准层；套损；防控；界面增强；延缓；先期保护；抗载

1　油田标准层套损现状

近年来油田多个区域在嫩二段底部标准层出现大范围的套管损坏，且具平面集中性。成片套损区不断出现，重复套损井逐渐增多，每年递增速度超过千口。据不完全统计，整个油田有40%～50%的套损井是在嫩二底套损的，而这些井中有90%以上的套损点分布在嫩二底标准层上。大量套损井的存在直接影响油田开发整体效益，如何在标准层套损前进行有效防控就成为油田开发和钻井部门共同关注的焦点。

2　标准层套损成因

嫩二段底部为油页岩标准层，内部含有大量化石层且发育程度不同。通过对套损位置、形态以及标准层岩石矿物学特征的研究发现，泥岩中化石层具有硬岩性薄弱面的特点，且不吸水、不蠕变、不软化。区域注采失衡导致上覆地层出现区域间不均匀升降和变形，变形量达到一定程度后，聚集的弹性能量会在薄弱面进行应力释放，从而发生套损。另一方面，一旦化石层破裂起开后更易使水侵范围扩大，若注水井套损发现不及时，高压水流入标准层产生的压力使油页岩层面错动的极限降低，使油页岩进水层面之间发生形变和剪切，最终造成成片套损。

标准层套损是地质内因和开发外因共同作用的结果，注采压力失衡形成套损，套损又导致标准层进水，二者恶性循环，致使套损范围进一步扩大。若不能控制这两个循环，套损就会持续发生。

作者简介：王春娇，工程师，2008年毕业于大庆石油学院，硕士学位，现从事大庆油田调整井钻井完井技术研究与分析工作。联系地址：黑龙江省大庆市红岗区钻井二公司；电话：0459_5608466；E-mail：wangchunj@cnpc.com.cn。

3 标准层套损防控技术

高压注水是油田套损的主要原因,但在仍需保持较高产量的形势下,降低注水压力是有限的,采取的措施也是相对的,加之地壳运动和地层变化无法控制,单从开发环节上防治套损效果有限。因此,配套的钻完井技术就成了防控套损的基础和关键。

3.1 界面增强技术

上窜流体一般沿固井弱界面上窜,增大标准层进水的程度和概率。预防此类问题,就要提高界面胶结强度及界面处的层间封隔能力。

3.1.1 固井界面增强剂

固井界面增强剂是引进 MTC 原理形成的固井界面硬化亲和技术,可促进二界面滤饼的硬化并改善二界面滤饼与水泥之间的胶结能力,进而提高固井质量,阻碍地层水通过层间窜通通道进入标准层。

通过图1、图2(a)可见,水泥环水泥石本体结构致密,而水泥环与滤饼胶结界面存在薄弱过渡区。使用界面增强剂并养护15d后水泥环与滤饼界面处形成比较致密的界面结构[图2(b)]。模拟井筒条件下,二界面胶结强度提高15%,强度显著提高。

图 1　水泥环本体放大2000倍扫描电镜照片

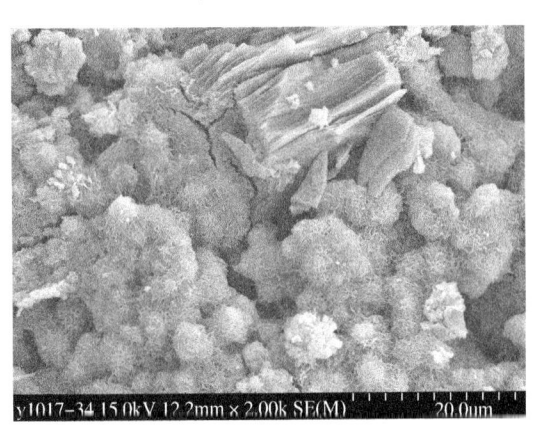
（a）未添加增强剂

（b）添加增强剂

图 2　使用增强剂前后水泥环—滤饼放大2000倍扫描电镜照片

为控制 L 油田浅部标准层套损增长趋势,在两个区块试验固井界面增强剂,区块固井优质率均比试验前提高30%以上。通过相邻合格井质量对比(图3)可证实,相同层位试验井合格段胶结指数高于常规井,优质井段比例比常规井提高了41.46%,提高界面胶结能力效果明显。现已在长垣内部、外围特殊复杂井全面使用,均有良好的适应性和有效性,可保证水泥环与地层胶结面完整,防止层间流体上窜导致的标准层进水。

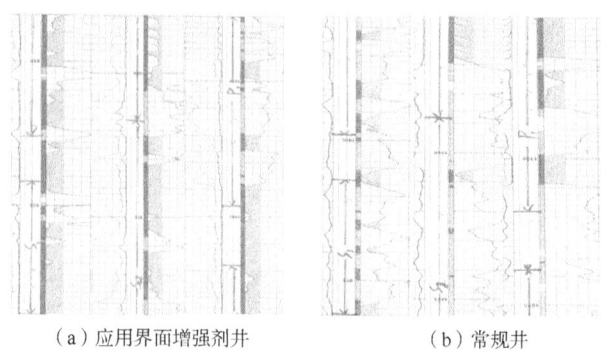

(a)应用界面增强剂井　　　　　　(b)常规井

图3　界面试验合格井与常规合格井单井对比

3.1.2 固井界面增强工具

固井界面增强工具(图4)可消除微环隙与弱界面的影响,提高界面处的层间封隔能力。该工具通过遇水膨胀橡胶吸收水分膨胀,对界面水泥环产生接触应力,进而提高水泥环的封隔能力,可封闭套管和水泥环之间的微环隙。同时,也可防止水泥环由于应力而引起的破坏,进而保证水泥环的完整性。

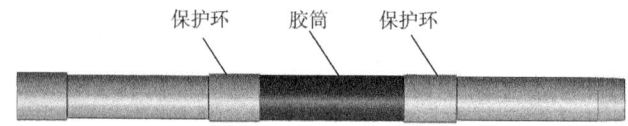

图4　固井界面增强工具结构示意图

对工具的核心部件——橡胶材料进行封隔能力、界面强度评价,结果见表1、表2。

表1　一界面验窜实验数据

模拟条件		养护时间1d		养护时间3d		养护时间7d	
		橡胶	水泥环	橡胶	水泥环	橡胶	水泥环
胶筒长度0.25m、胶筒厚度3~4mm、橡胶类型Y2、地层模拟花岗岩	一界面光套管、二界面无滤饼/MPa	15.0	15.0	15.0	15.0	15.0	15.0
	一界面钻井液膜、二界面无滤饼/MPa	3.5	1.5	8.0	0	8.0	0

表2　二界面强度实验数据

试样	样品1(一界面带有橡胶)	样品2(无橡胶)
二界面胶结强度/MPa	1.32	1.05

胶筒、水泥环处封隔压力始终保持15MPa,工具没有破坏水泥石;同时当界面顶替不净或存在微环隙时,3d后无胶筒的水泥环部位封隔压力基本为0,而胶筒处仍可维持较高压力值,证明工具可显著提高井筒封隔能力(表1)。一界面粘有橡胶的样品二界面胶结强度比无橡胶样品提高了25.71%(表2),这是由于橡胶在水泥凝固前膨胀增加了二界面处钢壁与水泥之间的接触应力,使界面强度增加。因此,该工具对固井一、二界面均有良好封

隔、防窜能力。

固井界面增强工具在 X 区西部管外冒高危井进行 3 井次现场试验，最高压力层位系数大于 1.77，钻进过程中发生油侵，且邻井发生层间窜槽导致管外冒。使用该工具后均未发生管外冒，证明固井界面增强工具在预防层间窜槽方面有良好的作用。一旦高压地层水上窜至工具位置，工具即可膨胀，封堵窜流通道，切断标准层进水来源。

3.2 地层剪切延缓技术

根据数据分析，标准层套损与水泥返高超过标准层有直接联系。标准层薄弱面被破坏后，地层在外力作用下发生相对错动，剪切力将通过水泥环直接作用在套管上，套管产生变形甚至错断。若固井时水泥浆不进入标准层，套管和地层的间隙可保证井壁与套管之间由刚性接触变为柔性接触，延缓地层滑移产生所造成的剪切套损。

控制水泥面工具(图 5)的施工工艺流程如图 6 所示。使用该工具既不漏封油层，又能将易损层段用钻井液代替水泥浆，起到保护套管的作用。

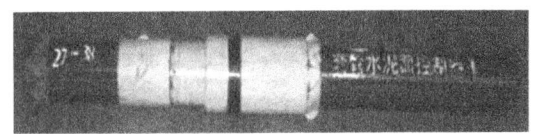

图 5 控制水泥面工具

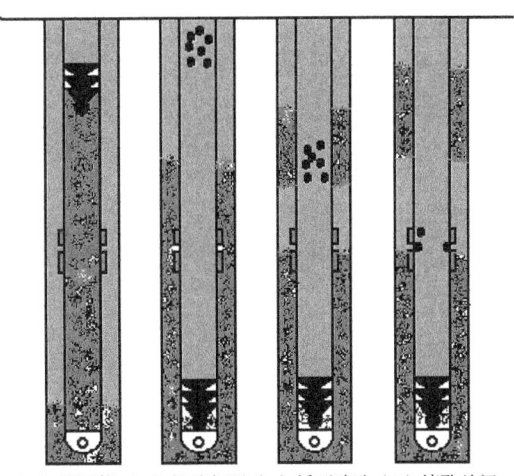

（a）替泥浆 （b）投球打开 （c）循环冲洗 （d）堵孔关闭

图 6 控制水泥面工具施工工艺流程

S 区西部陆续发现套损井 56 口，其中 87.5%为嫩二底油页岩标准层套损，而在成功使用水泥面控制工具的 80 口井中无一发现标准层套损。从连续十年标准层处的套损情况监测发现，使用工具后标准层处的套损比例明显降低。X1-3 区发现嫩二段套损的 33 口井水泥面全部返至标准层以上，而使用控制水泥面工具的井均未在标准层处发生套损。以上充分证明，应用水泥面控制工具可有效预防非封固段内标准层套损，降低发生概率 70%以上。目前，该工具及工艺已大量应用于套管损坏严重的区块上。

3.3 套管先期保护技术

套管管接处在钻井液中易出现腐蚀、渗漏,很大程度上影响套管整体密封性,导致层间窜流通道的产生。厌氧型套管螺纹密封胶不仅提供润滑性,防止螺纹粘结的发生,更能提高螺纹的密封性和防腐能力。当胶液和空气接触时,厌氧聚合作用使胶液保持液态;螺纹上紧前,胶液不固化;螺纹拧紧,胶液迅速固化,由液态交联成性能优良的热固性固体,填充整个螺纹间隙。

由模拟实验(表3)可见,厌氧型密封胶上紧过程中有很好的润滑性,上紧压力5.0MPa,避免上紧过程中管接处螺纹损坏产生窜流间隙。螺纹打开压力上升至8~8.5MPa,使套管具有更好的防松性能,可避免下套管或井口操作时管接处松扣产生互窜通道。卸扣时可看到螺纹间存有白色胶粉化物质(图7),说明螺纹间已由液态密封转化为固态密封,形成了具有一定厚度和强度的密封层,为防止流体内外互窜提供保护屏障。

表3 厌氧型密封胶的性能评价

类别	螺纹上紧压力/MPa	螺纹打开压力/MPa	螺纹间物质形态	
			上紧前	打开后
密封脂	5.5	6.0	半固态	半固态
密封胶	5.0	8.0~8.5	液态	固态

图7 卸扣时螺纹密封胶胶粉化颗粒

厌氧型套管密封胶首先在外围长封井、水平井及长垣内部特殊复杂井应用,现场最高试压25MPa/10min未降,可满足对套管抗挤压性和密封性的更高要求。2016年在Z区易套损区全部应用厌氧性密封胶,固井后一次试压成功率100%,投产区域无试不住压井。现场使用效果良好,可提前控制螺纹漏失,提高套管的整体密封性,削弱产生流体窜流通道的可能性。

3.4 套管抗载技术

通过对套损区套管柱在地层位移载荷作用下的受力和变形情况研究得出,适当增强套管柱的弹性刚度,控制套管柱的塑性变形,在一定程度上能提高套管柱对岩层位移载荷的抗力。

常规设计在标准层位置使用J-55、6.20mm套管,而P-110、9.17mm套管的抗外挤强度是前者的3.56倍，套体屈服强度提高了189%（表4）。因此对标准层套损的油水井，在断层井段提高套管的钢级和壁厚，可起到一定的预防套损效果。

表4 套管规范及强度

规格/mm(in)	钢级	壁厚/mm	挤毁压力/MPa	管体屈服强度/kN
139.7(5½)	J-55	6.2	21.5	988
	P-110	9.17	76.5	2852

经调查，在ZB区5排一次、二次加密调整井中有83口井采取了这项套管保护措施，目前只发现了3口套损井。在X2区中部有42口井使用高抗挤套管（KO80T），暂未发生套管损坏。目前，B1和X13区套损严重区块的6口试验井工作正常，其效果正在监测之中。现场使用证明，这种保护措施是有效的。

4 小结

（1）油页岩高压进水和注采压力失衡是导致标准层套损的两大因素，而其中更为直接高效的方法是切断进水源头。

（2）形成的防控标准层套损配套钻完井技术：界面增强技术阻碍地层流体窜通，地层剪切延缓技术转化井壁套管接触模式，套管先期保护技术提高管柱整体密封，套管抗损技术增强套管抗载能力。各项技术在防控标准层套损上均有良好的应用效果。

参 考 文 献

[1] 雷齐松,李玉宁,韩晓文,等.套管和油管螺纹密封性在油田使用中的重要性[J].科技成果管理与研究,2009,32(6):46-48.
[2] 李自平.标准层套损集中区的异常现象成因与防控措施[J].石油天然气学报（江汉石油学院学报），2015(11):54-58.
[3] 吴恩成,闫铁.大庆油田嫩二底标准层化石层引起套管损坏机理分析[J].大庆石油学院学报,2007,23(2):38-41.
[4] 李秋杰.套管先期保护技术探讨[J].西部探矿工程,2011,23(2):114-117.

杏树岗油田杏76区块安全钻井提速技术研究

韩德新

(大庆油田有限责任公司采油工程研究院)

【摘　要】 为了保障公司在杏树岗油田杏76区块的安全快速钻井,分析了区块的钻井难点,并采取了相应的钻井技术及对策,在保障钻井生产安全的前提下,提高了钻井效率,预防了各类工程事故复杂发生,达到了提高钻井速度的目的。

【关键词】 浅气发育；断层发育；井斜；井漏

2014年,公司在杏树岗油田杏76区块共有44口井的钻井任务(扶余油层开发井兼顾萨葡油层调整井),平均完钻井深为1750m,地层倾角在4°~6°之间,其中包括7口定向井和1口取心井,并且有19口井发育浅气,2口位于浅气层高压区(蓝圈),同时断层发育,葡萄花油层发育3条大断层,扶余油层发育4条大断层,断距在10~40m之间。

经调研统计,在以往的钻井施工中,该区块有13口井定向纠斜,11口井发生井漏,1口井油气水浸,在影响钻井速度的同时给钻井生产带来严重的危害。

1　钻井难点

通过对该区块地质特点的分析,开展了首钻井施工,在施工中主要有三点问题表现得极为明显：一是地层倾角较大,标准层后极易井斜,为了控制井斜角大小在标准范围以内,需要吊打纠斜,钻进时间明显增长,严重影响钻井速度；二是由于钻进周期较长,乳液包被钻井液体系的性能无法达到维持井壁稳定的作用,导致井壁脱落,造成环空憋压情况；三是钻遇断层的施工井在断层前后易发生井漏,因此在断层附近钻进时需要控制钻进速度及使用下限钻井液密度。

2　采取的钻井技术及对策

2.1　优化地面循环系统

为优化钻井液性能,提高钻井液携带岩屑能力和滤饼质量、减少钻井液中的固相含量,保障井眼畅通,对钻井液的地面循环系统进行了优化配备,以增强携岩和固控能力。

2.1.1　安装井口振动筛

在钻井施工中,振动筛主要用于清除钻井液中的岩屑和其他有害固相颗粒。振动筛是井口返出钻井液的最基本的常规固相控制设备,它不仅要承担清除大量较大颗粒岩屑的任

作者简介：韩德新,男,1982年生,高级钻井工程师,学士学位,现从事钻井工程设计与科研工作。
E-mail：handexin@petrochina.com.cn

务,而且要为下一级固控设备的工作创造条件。

因此,为提高钻井液固控能力,要在井口安装振动筛,并保证使用的连续性,对于控制钻井液中的固相含量起到良好效果。

2.1.2 强化除砂器和离心机的使用

对钻井队的除砂器和离心机进行了全面检修及更换,保障其正常运转使用,达到了进一步控制钻井液固相含量的目的。

2.1.3 调整缸套直径

目前,公司实际使用的钻井泵缸套直径分为170mm和180mm两种。由于不同缸套直径的额定排量不同,随着缸套直径的增大,额定排量相应增大。因此,优选直径180mm缸套,以提高钻井泵额定排量,增强钻井液的携岩能力,保障井眼畅通。

2.2 优选钻头

对二开PDC钻头进行优选,优选ϕ220mm四翼PDC钻头(水眼11mm×2+12mm×2)为二开至井深1200m施工钻头,ϕ215.9mm四翼PDC钻头(水眼14mm×4)为1200m至完钻施工钻头。ϕ215.9mm四翼PDC钻头选用4个14mm水眼,其优点是在下部地层施工时,保持大排量钻进的情况下,可降低循环系统泵压,减少循环系统的负荷,提高循环系统的安全性,同时提高钻井液的携岩能力,增强井筒的清洗能力,保障良好的返砂效果。

2.3 优化钻具结构

杏76区块地层倾角较大(4°~6°),标准层后极易井斜,为控制井斜角大小符合质量标准,需要进行低钻压吊打及纠斜,导致钻进时间明显增长,严重影响钻井速度。通过对不同钻具组合的理论研究和现场试验,不断的改进及完善该区块的钻具结构,以适应地层及地下情况的需要,达到预防井斜和提高机械钻速的效果。

2.3.1 双钟摆钻具结构及钻井参数

双钟摆钻具结构:ϕ220mm(215.9mm)PDC钻头+ϕ165mm钻铤×2根+ϕ210mm方接头+ϕ165mm钻铤×1根+ϕ210mm方接头+ϕ165mm钻铤×6根+4A11/410变扣接头+ϕ127mm钻杆。

优点:使用ϕ165mm钻铤替换原来的ϕ178mm钻铤,能够增大下部钻具的环空通道,利于岩屑上返,同时减少环空憋压和钻铤遇卡的可能性。

钻井参数:井深0~1200m,钻压0~30kN,转数200~300r/min,排量36~40L/s,单根钻时不少于15min;井深1200m到完钻,钻压5~50kN,转数200~300r/min,排量36~40L/s。

2.3.2 复合钻具结构及钻井参数

复合钻具结构:ϕ220mm(215.9mm)PDC钻头+ϕ165mm单弯双扶螺杆(0.75°)+411/410坐键接头+411/4A10变扣接头+ϕ159mm无磁钻铤+ϕ165mm钻铤×6根+4A11/410变扣接头+ϕ127mm钻杆。

优点:一是具有很好的防斜效果;二是若井斜产生偏差,能及时纠斜,避免起下钻操作,减少起下钻更换钻具时间;三是具有较大的井眼扩大率,可以保证井眼畅通;四是能有效防止钻具失效;五是提高机械钻速,缩短钻进周期。

钻井参数：井深 0~1200m，钻压 0~30kN，转数 45~60r/min，排量 36~40L/s，单根钻时不少于 15min；井深 1200m 到完钻，钻压 5~50kN，转数 45~60r/min，排量 36~40L/s。

通过优选钻头、优化钻具结构与钻井参数，平均机械钻速由应用前 10 口井的 14.91m/h 提高到应用后 32 口井的 20.54m/h，提高了 37.76%。

2.4 优化钻井液体系

在首轮井施工中，由于开钻钻井液转量不足，处理剂加量少，钻井液的黏度低、失水大，导致上部地层返砂不好、出现了井壁剥落和环空憋压现象；同时下部地层微裂缝发育、承压能力差，导致钻进及固井中井漏。

在第二轮井施工中，制定了相应的预防措施，尤其是必须使用钻井液开钻、加足防塌剂和铵盐等处理剂，使得井壁剥落和环空憋压问题得到改善；但是井壁剥落、环空憋压和井漏问题仍存在，导致钻进周期增长。

通过对施工井进行分析，该区块出现复杂的地下情况有两个方面：一是嫩江组泥岩十分容易水化分散，导致钻屑易水化而形成黏泥状，井壁易水化剥落；嫩江组（嫩二段）泥岩易水化的程度从地面振动筛筛除的泥岩可以看到。二是青山口地层泥页岩存在微细裂缝，遇水后易崩裂剥落，同时裂缝容易发生井漏。从振动筛获得的井壁剥落块判断，主要是嫩江组泥岩和青山口泥页岩。

杏 76 区块中深井施工中，由于钻进周期较长，普遍存在着上部地层周期剥落、坍塌，井眼不畅憋压，下部青山口组坍塌和扶杨油层承压能力低易井漏的问题。因此，为了维持井壁稳定性，避免井壁剥落坍塌现象及解决井漏问题，对杏 76 区块的钻井液体系进行优化。

一是前期使用的聚合物钻井液体系中乳液包被剂的应用效果不理想，钻井液抑制性无法满足钻井需要，维持井壁稳定性效果较差；通过试验分析，在杏 76 区块优选阳离子聚合物抑制剂 HX-D 替换乳液包被剂进行钻井施工。阳离子聚合物抑制剂 HX-D 的优点是：钻井液抑制能力大幅度提高，能有效地抑制泥页岩的水化分散和膨胀，保持钻井液较低固相含量，黏度切力容易控制，性能更加稳定；阳离子聚合物溶解快，在高、低固相含量下都可加入，可以提高钻井液的携砂能力和抑制防塌能力，增强井壁的稳定性；阳离子与现用处理剂配伍性好，易于推广应用。

二是针对青山口组和扶杨油层微裂缝发育、承压能力低易井漏问题，在钻至青山口前加入改性沥青、非渗透封堵剂和膨润土等材料，提高钻井液的封堵和造壁能力，降低钻井液的滤失量，提高油层承压能力。

优化后的钻井液体系，现场试验推广 32 口井，平均钻进周期比优化前 10 口井的 11.37d 缩短到 10.07d，缩短了 11.43%，应用效果良好，基本解决了井壁剥落、坍塌，环空憋压及井漏问题，缩短了平均钻进周期，满足了安全快速钻井的需要。

2.5 针对性的事故复杂预防措施

(1) 表层套管尺寸 339.7mm，非浅气区表层下深不少于 50m，245mm 牙轮钻头钻塞洗井。

(2) 安装井口振动筛，使用率 100%。

（3）二开钻井液用 10~15m³ 钻井液、20~25m³ 清水配浆，禁止用浅井水和地表水配浆开钻。钻进时失水和黏度必须控制在设计范围内。

（4）二开使用 220mmPDC 钻头，油层加重前长起通井；1200m 以后每钻进 200m 短起 300m。

（5）钻井泵缸套直径 180mm。井深 1200m 之前泵冲不低于 110 冲/min，之后泵冲不低于 100 冲/min，洗井不低于 110 冲/min。

（6）开泵平稳，减少压力激动，先进行缓冲，待泵压平稳后才下放钻具开始钻进。

（7）应用随钻自洗式划眼器，钻进过程中起到修整井壁，防止井眼缩径，保持井眼畅通等作用，有利于岩屑上返和提高机械钻速。

（8）易漏井段提前加堵漏剂，同时控制钻进速度，钻进过程钻井液密度应控制在下限，并时刻观察钻井液的排量和液面变化，发现异常及时处理。

（9）严格控制钻进速度，1200m 之前钻压为 20~30kN，单根钻时不少于 15min，1200m 之后钻压 30~50kN；纠斜钻压 5~10kN。

（10）钻进至 1200m 后，加入一定膨润土，增强滤饼质量。

（11）施工中若未发生任何油气水浸显示，电测密度原则不附加。

（12）每次钻井液长时间静止、起钻前、下钻后等要循环钻井液一周以上。

2.6 加强钻井井控技术管理

（1）全面落实《大庆油田钻井井控实施细则》，制定个性化的施工方案、针对性的井控措施，靠实一次井控管理，规范岗位操作，实现本质安全。

（2）细化井控管理方案，制定详细井控预案，定期演练，备足材料，确保钻井安全。

（3）落实"分级负责制"，公司、项目部、示范队各负其责，提高全员井控管理意识，形成人人关心井控安全、时时落实井控措施的局面。

（4）做好钻前交底与井控风险提示工作。

（5）严把井控设备的安装、试压等重点环节，必须试压合格后方可二开。

（6）在起下钻至浅气层时，必须及时接方钻杆进行循环，顶替出井内气侵钻井液后，方可继续起下钻作业，同时控制好浅气层的起下钻速度，避免抽吸现象。

3 钻井完成情况及应用效果

2014 年，公司在杏 76 区块完成调整井钻井 42 口，井身质量合格率 100%，无井喷事故发生，其中 10 口首轮井未应用该技术，32 口井应用该技术。应用前 10 口首轮井，总进尺 18095m，平均井深 1809.5m，平均机械钻速 14.91m/s，平均钻前周期 1.13d，平均钻进周期 11.38d，平均完井周期 3.51d，平均建井周期 16.01d，其中有 6 口井环空憋压，包含有 2 口井环空憋压后井漏、2 口井定向纠斜，复杂发生率 60%；应用后 32 口井总进尺 57660m，平均井深 1801.86m，平均机械钻速 20.54m/s，平均钻前周期 0.69d，平均钻进周期 10.07d，平均完井周期 3.66d，平均建井周期 14.42d，其中有 5 口井环空憋压，包含有 2 口井环空憋压后井漏，复杂发生率 15.63%。

优化后平均机械钻速由 14.91m/h 提高到 20.54m/h，提高了 37.76%；平均建井周期由 16.01d 缩短到 14.42d，缩短了 9.93%，复杂发生率由 60% 降低到 15.63%，降低了

73.95%，应用效果显著，实现了杏 76 区块安全快速钻井的目标。

4 结论

（1）大水眼 PDC 钻头的应用，对于提高钻井液携砂能力和保障环空畅通起到积极作用。

（2）单弯双扶螺杆复合钻井技术的应用，对于井斜预防和井眼轨迹控制工作起到良好效果，井身质量得到显著提高。

（3）阳离子聚合物抑制剂 HX-D 的应用，有效抑制了泥页岩的水化分散和膨胀，提高了携砂能力和抑制防塌能力，增强了井壁的稳定性，并且阳离子与现用处理剂配伍性好，易于推广应用。

吉林油田 6 寸小井眼定向井钻井提速实践

王海燕

(大庆油田大庆钻探工程公司钻井四公司)

【摘 要】 进行了吉林油田小井眼开发现状调查,对吉林油田新民采油厂小井眼开发施工难点进行分析,现场施工 6 口井,分析了影响钻井提速的相关因素,通过优选钻头、螺杆钻具、优化钻具组合、井眼轨迹和改善钻井液性能等,提高了机械钻速,缩短了钻井周期,总结出一套适合吉林油田中浅小井眼定向井优快钻井的成熟技术,结果表明:该技术的应用将为油田的深度开发和可持续发展提供技术保障。

【关键词】 钻井;小井眼;轨迹控制;井眼净化

新民采油厂民 15 区块油藏发育较低,为了降低开发成本,动用可采储量,提高产量,通过优化井身结构,设计平台开发。目前采用小井眼钻井开发,钻井过程中常发生泥包、泵压高、返砂困难、定向工具面不稳等现象,制约了钻井速度,影响了整体开发投产计划。目前,相关领域只有小井眼钻井的一些钻进参数和配套设备的介绍,尚没有小井眼钻井可直接应用的配套钻井提速技术,为了实现小井眼高效开发,通过优选钻头、钻具组合;优化水力参数、井眼轨迹;改善钻井液性能等,实现机械钻速提高、缩短了钻井周期、达到安全高效钻井,创造良好的经济效益和社会效益。

1 地质特点及施工难点

1.1 地质分层

地质分层和岩性描述见表 1。

表 1 地质分层和岩性描述

地层	底界深度/m	厚度/m	岩性描述
第四系	22	22	黄土、黏土、底部为砂砾岩
泰康组	79	57	黄绿色、灰绿色泥岩
大安组	185	106	灰紫色、深灰色泥岩
嫩江组	699	514	深灰色灰黑色泥岩
姚家组	817	118	紫红色泥岩

作者简介:王海燕,男,1979 年生。2004 年毕业于西安石油大学石油工程专业,高级工程师,现从事钻井工程。

续表

地层	底界深度/m	厚度/m	岩性描述
青山口组	1081	264	灰黑色泥岩为主夹杂砂质泥岩
泉四段	1184	103	白色粉砂岩、泥质粉砂岩为主
泉三段	▼		紫红色、灰色泥岩、细砂岩、泥质

1.2 地层特点

表层主要以腐殖土、黄土为主，夹有水沙层，成岩性差；嫩江组主要以高岭石和蒙皂石为主，主要特点是易分散；姚家组泥岩易发生水化造浆；青山口组较脆，易发生吸水膨胀掉块；泉头组为主要开发目的层，渗透率低。

1.3 施工难点

（1）施工井定向段长（800m左右）且主要以泥岩为主，井壁虚滤饼厚，假缩径，起钻困难，易发生黏卡；螺杆扶正器易泥包托压，钻压传递到钻头困难，制约钻井速度和机械钻速的提高。

（2）小钻具柔性大，定向工具面稳定性差，工具面调整频繁，用时较长且预期效果差，增加了轨迹控制难度，导致钻井速度偏低。

（3）井眼小，循环压耗大，泵压高，排量受限，返砂困难，导致循环时间增长影响钻井速度。

2 提高机械钻速的技术措施

（1）通过优选钻具、优化钻具组合，增强底部钻具组合（BHA）刚性，提高工具面稳定性和钻压的传导。

（2）优化水力参数，改善钻井液性能，解决泥包、泵压高、返砂困难等问题，提高钻井效率。

（3）提高钻头与螺杆钻具的匹配，优选钻头，优化井眼轨迹，提高机械钻速。

2.1 钻具组合优选

钻具选择ϕ101.6mmPD双台阶钻具，该钻具具有比API常规接头有更大抗扭能力；内平结构减少紊流影响；接头危险截面的应力分布比API标准NC螺纹接头更加缓和。选用该钻具有效地解决了小钻具柔性大，钻头加压困难等问题。

钻具组合：ϕ152.4mm钻头+ϕ127mm螺杆钻具（1.25°）+单流阀+ϕ101.6mm无磁承压钻杆×1根+ϕ101.6mm加重钻杆×12根+ϕ101.6mm钻杆。

该组合特点：造斜能力强、工具面稳定，摩阻小，易加压。在实际应用中加压20～40kN时，钻具振动小；稳斜效果好，复合钻进比例占75%，满足小井眼定向钻具组合要求。

2.2 水力参数优选

主要以钻机设备能力为基础在排量、上返速度、环空压耗等方面进行优选（表2）。

表2 水力参数

排量/(L/s)	泵压/MPa	上返速度/(m/s)	环空压耗/MPa	喷速/(m/s)	冲击力/N	钻头压降/MPa
19	15.5	1.89	6.56	38.1	978	1.09
18	14	1.79	5.85	36.1	878	0.98
17	13.5	1.69	4.18	35.9	823	0.96
16	12	1.59	4.05	32.1	694	0.77
15	10	1.49	3.94	30.1	610	0.68

注：井深：1400m，水眼配置：ϕ12.5mm、ϕ13mm、ϕ14mm，密度：1.25g/cm^3，漏斗黏度：45s。

与常规井眼水利参数相比，上返速度高，冲击力大，有利于快速破岩，通过水力参数的对比，结合螺杆钻具使用排量参数，根据现场实际情况优选排量16~18L/s，不但能满足返砂需要，泵压相对较低，还能最大化发挥螺杆钻具的使用能力。

2.3 螺杆的优选

螺杆钻具主要在螺杆角度、排量、压降、输出功率、稳斜效果及使用时间等进行优选，另外根据常规井眼螺杆钻具破岩扭矩7300N·m计算，由于6in井眼面积约是常规井眼的一半，推出6in井眼螺杆钻具破岩扭矩应在3700N·m左右(表3、图1)。

表3 螺杆钻具使用参数

螺杆型号	流量范围/(L/s)	钻头转数/(r/min)	电动机压降/MPa	工作扭矩/(N·m)	输出功率/kW	钻压/kN
5LZ120	6.3~17.3	105~295	2.64	1260	44	10~49
7LZ120	12.4~24.3	130~261	4.52	2468	75	10~49
7LZ127	8.6~17.16	128~256	5.6	3997	85	10~49

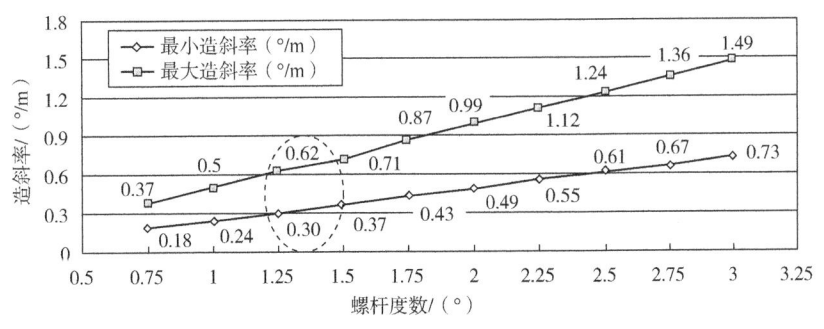

图1 螺杆钻具的最大造斜率、最小造斜率

由图1可知0.75°、1°、1.25°、1.5°螺杆钻具均能满足造斜要求，现场应用发现1.25°螺杆钻具更加适合稳斜钻进，转动钻进与滑动钻进之比达到15∶1。同时根据表3螺杆钻具使用参数可知7LZ127DW螺杆具有所需的破岩扭矩，所以定向选用1.25°7LZ127DW型号的螺杆。

2.4 钻头优选

钻头选择主要对定向工具面稳定性、钻头压降、抗冲击能力以及复合片的尺寸进行优选(表4)。

表4 钻头对比

型号	刀翼数	复合片尺寸/mm	水眼
KM1315Z	5刀翼	16	1个活水眼
6EX1315	5刀翼	13	6个活水眼

通过对比,6EX1315型号PDC钻头6个水眼均可更换,水眼压降调配灵活,5刀翼弧线型外加力平衡设计和低摩阻保径,能有效防止钻头回旋,工具面更稳定。有9个主动保径齿,12个后排齿,抗冲击能力更强等优点,应用流体分析技术与水力设计,提高钻头防泥包能力,该钻头满足施工要求,能有效提高钻速,优选6EX1315型号PDC钻头。

2.5 钻头与螺杆匹配测试

现场应用实验,在地层相近,钻具组合和钻井参数相近的条件下机械钻速进行统计(表5)。

表5 不同钻头机械钻速对比

序号	井号	钻头型号	钻井液密度/(g/cm³)	使用井段/m	平均机械钻速/(m/h)
1	民15-11-5	KM1315Z	1.23~1.30	220~1370	12.9
2	民15-7-5	KM1315Z	1.22~1.28	230~1340	13.34
3	民15-13-7	6EX1315	1.24~1.28	210~1341	15.92
4	民15-5-5	6EX1315	1.23~1.29	220~1342	15.56

通过现场使用对比,型号6EX1315PDC钻头在与螺杆钻具配合使用中机械钻速较高。

2.6 井眼轨迹的优化

定向井定向时间的长短,井眼轨迹的平滑,直接影响到井下安全和机械钻速的快慢。所以,通过优化井眼轨迹,是实现安全快速钻井的有效手段之一。

(1)设计位移小于300m的井,井眼轨迹采用悬链式,可以降低狗腿度,减小摩阻,降低施工风险,达到提高钻速目的。

(2)300m<设计位移<500m的井,井眼轨迹采用直—增—稳,最大井斜角控制在30°以内,有利于钻井提速。

(3)结合本区块井斜、方位变化规律,提前预判,缩短定向段,提高机械钻速。

2.7 钻井液体系选择

以提高防塌性、降低摩阻为目标,优选出与基浆配伍良好的防塌剂、润滑剂、抑制剂,并确定其最优加量,形成小井眼钻井液配方(表6)。

根据实钻经验,基浆配方为:膨润土4%~5%+纯碱0.5%+1%铵盐+0.1%复合抑制剂+0.2%阳离子包被剂+1.5%高效封堵降滤失剂+1%低荧光井壁稳定剂HQ-1。

表6 抑制剂、防塌剂、润滑剂的优选

处理剂名称	阳离子稀释剂	DS-301；高效硅醇抑制剂	硅醇抑制剂
抑制性	一般	一般	良好
处理剂名称	磺化沥青	阳离子沥青	硅氟改性沥青
防塌性	一般	一般	良好
处理剂名称	低荧光水基润滑剂	石墨	低荧光润滑剂
润滑性	一般	一般	良好

通过实验发现，在基浆中增加1%硅氟改性沥青SFT-1，1%HA树脂，液体润滑剂RH-2，很大程度上提高了钻井液的抑制性、防塌性、润滑性(表7)。

表7 抑制剂、防塌剂、润滑剂的实验数据

	岩屑回收率/%			
抑制性	未加 SFT-1		加入 1% SFT-1	
	78		95	
	岩屑膨胀率/%			
防塌性	未加 1%HA 树脂		加入 1%HA 树脂	
	12		4	
	摩阻系数(1min)		摩阻系数(10min)	
润滑性	未加 RH-2	加入	未加	加入
	0.1025	0.0699	0.2014	0.1228

现场应用具有良好的流变性。

漏斗黏度始终保持55s左右；动塑比在0.36~0.48Pa/(mPa·s)之间；钻井液初切力和终切力之差保持在2~9Pa之间；控制 $\Phi 3$、$\Phi 6$ 在1~5、2~9之间，确保钻井液具有良好的悬浮能力。

现场应用具有理想的抑制性返出钻屑成形，不黏筛、不结团，清洗后，钻屑棱角分明，现场试验能够满足施工要求。

3 现场应用

由表8、表9可知，优化后的机械钻速明显提高，钻井周期缩短一天左右。

表8 优化前实钻数据

井号	民15-11-5	民15-7-5	民15-7-3	民15-11-3	民15-15-5	民15-9-5
平均机械钻速/(m/h)	12.9	13.34	14.1	14.23	14.28	14.67
钻井周期/d	8.87	8.65	8.56	8.47	8.29	8.45

表 9 优化后实钻数据

井号	民 15-13-9	民 15-13-7	民 15-9-3	民 15-5-5	民 15-17-5	民 15-13-5
平均机械钻速/(m/h)	15.87	16.72	16.14	16.06	16.62	17.46
钻井周期/d	8	8.13	7.93	8.15	7.12	7.59

4 认识和建议

（1）这套小井眼优快钻井技术，可以提高机械钻速，缩短钻井周期。

（2）1.25°7LZ127DW 型号的螺杆工作扭矩大、输出功率高；6EX1315 型号 PDC 钻头工具面更稳定、抗冲击能力强，建议在中浅层小井眼水平井钻井中应用。

参 考 文 献

[1] 刘硕琼，谭平，张汉林，等. 小井眼钻井技术[M]. 北京：石油工业出版社，2005，11(3)：209-211.
[2] 刘先刚. 国外小井眼钻井技术的应用与发展[J]. 钻采工艺，1994，6(2)：18-23.
[3] 徐玉山. 小井眼钻井工艺技术的实践与认识[J]. 石油钻采工艺，1999，21(2)：48-53.
[4] 黄卫平. 小井眼钻井技术发展动向综述[J]. 天然气工业，1994，14(3)：89-90.
[5] 周立辉. 小井眼钻井技术发展的主要障碍[J]. 钻采工艺，1995，(1)：25-28.
[6] 艾贵成，王宝成，李佳. 深井小井眼钻井液技术[J]. 石油钻采工艺，2007，29(3)：86-88.

大数据法预测异常压力范围研究

江素梅　史建勇　桑双利

（大庆钻探工程公司钻井二公司）

【摘　要】 为了准确掌握钻井区块的异常压力范围，本文以采油厂提供的油、水井动态数据为依据，通过编制注水井注水压力异常筛选软件，对钻井区块近几年内所有注水井的动态数据进行分析研究，对于注水异常井做出标记，同时对钻井区块内的注水井的注水量与注水压力的比值进行对比分析，对比值异常数据进行精细研究。通过对采油六厂喇北北钻井区块的注水井的动态数据分析，利用注水井异常压力排查软件，找出了异常压力来源，并对在没有采取技术措施情况下的异常注水井进行分析研究，与套损注水井数据比较，排查出三个异常压力井区。通过对该区块的数据分析结果表明，利用大数据法预测异常压力范围，可以快速查明异常压力来源，从而进行钻前压力预测，减少了油气水侵等复杂情况的发生，提高了经济效益。

【关键词】 套损注水井；注水异常筛选软件；注压比；压力预测

大庆长垣钻井区块调整井受套损、注采不平衡、岩性及断层遮挡等构造因素的影响，存在异常高压层。随着大庆油田的注水开发，套管损坏的问题日趋严重，这些套损井的存在不但给油田开发造成了严重的后果，而且给钻井生产也带来了巨大的影响，注水开发及套管损坏会造成地层压力的重新分配，而且嫩二段标准层套损区，有的注水井套损后继续注水，如果套损层位没有泄压点，或者采出量小于注入量，在一定区域内产生异常高压，在该区块钻井钻至高压层时地层蠕变明显，导致钻遇高压层发生水浸及缩径、卡钻以及井塌等复杂情况，严重的会导致封井报废，因此，在区块钻井前能够及时准确地划分出钻井异常区域，并采取有效措施是高效安全钻井的保障。套损注水井是异常压力的重要来源。目前采油厂提供的注水井套损时间都是经过修井作业之后确定的套损时间，而在修井作业时套管已经损坏，所以有些钻井区块的套损井资料不能准确反映套损情况，这对计算套损注水井套损后注水量有很大误差，因此影响了预测的准确性。2014年30920钻井队在采油一厂钻的南1-210-E52井完钻通井时发生水浸，但周围钻关范围内没有套损注水井，后经区块钻井数据动态分析，有一口注水井存在异常，注压下降，经吸水剖面排查，该井标准层套损。油气水侵复杂事故的发生，延长了钻井时间，浪费了钻井成本。

因此，有必要在区块钻井前进行动态数据筛选，利用钻井区块内生产注水井的日注水量及注压值，计算注压比，从而排查出异常数据，找出异常注水井，并预测出异常压力范围，为安全和高效钻井提供保障。

作者简介：江素梅，1968年生，高级工程师，1992年毕业于大庆石油学院勘查地球物理专业，现从事钻井地质分层设计及精细地质分析工作。

1 钻井区块异常数据筛选软件的编制

1.1 钻井区块油水井井号的提取

优化采油厂提供待钻井数据，用 Foxpro 数据库编程，调用钻井区块新井坐标库和采油厂提供的全厂老井坐标数据库，提取待钻井周围钻关范围内的油水井数据。

1.2 钻井区块异常数据提取网络结构

钻井区块异常数据提取网络结构如图1所示。

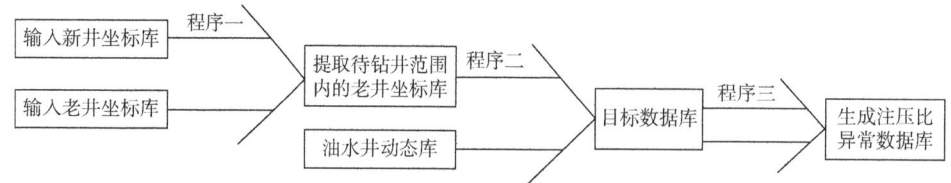

图1 钻井区块异常数据提取网络结构图

对钻井区块内待钻井周围的注水井的日注水量进行对比，对于注水量明显变化的井做标注，分析这些井的井史数据，排查套损情况，对于无技术措施调整的井单独标注，调用注水井动态库，计算这些井的注压比，做出每口井的注压趋势图，对于异常井进行单井分析，查明异常原因，找出异常压力来源。

1.3 钻井区块异常数据筛选软件的应用

异常数据筛选软件应用在采油六厂喇北北钻井区块，用异常数据筛选软件查出该区块待钻井周围有6口注水井存在注水异常，进一步计算注压比排查出3口注压比异常井，做出3口井的注压比趋势曲线（图2），其中喇9-斜PS1312井在标准层以上存在套损记录，该井在没有技术措施调整的前提下在2013年12月至2014年10月生产期间，日注水量明显增加，注水压力明显减少，形成一定浸水区域，在这区域内，没有采油井生产，不能降低地层压力，从而形成异常高压井区，在该区域内钻的喇9-PS1315井在打钻过程中发生油气水浸，压力检测为N2组压力系数1.78。另一口注压比异常井喇7-PS1512井没有套损记录，其附近一口断层附近的待钻井喇7-PS1515井在钻井过程中发生油气水浸，该井完井电测曲线上292~302m处为正异常，层位为N4，压力检测为1.60。

2 区块注水井注入量与注压比的研究

利用钻井区块异常数据筛选软件，对喇北北区块钻井区块进行研究。该区块钻关范围内共有注水井433口，共筛查出6口井有注水异常现象，计算其注水量与注压比，其中有3口井注水压力降低，日注水量反而大幅增加，做出注压比趋势图（图2）。

分析该钻井区块共有套损井154口，占该区油水井总数的35.57%，其中注水井套损83口，占套损井总数53.90%，套损层位从第四系至高二组。利用异常数据筛选软件，对正在生产的注水井的状况逐一进行调查，发现正在注水的套损井喇9-斜PS1312井发生过注水异常。该井于2012年1月18日被发现在698m处，层位N3发生套管变形后没有套损作业数据显示，套损后一直注水，日注水量60m³，注压9.7MPa。对该井从2000年1月到2015

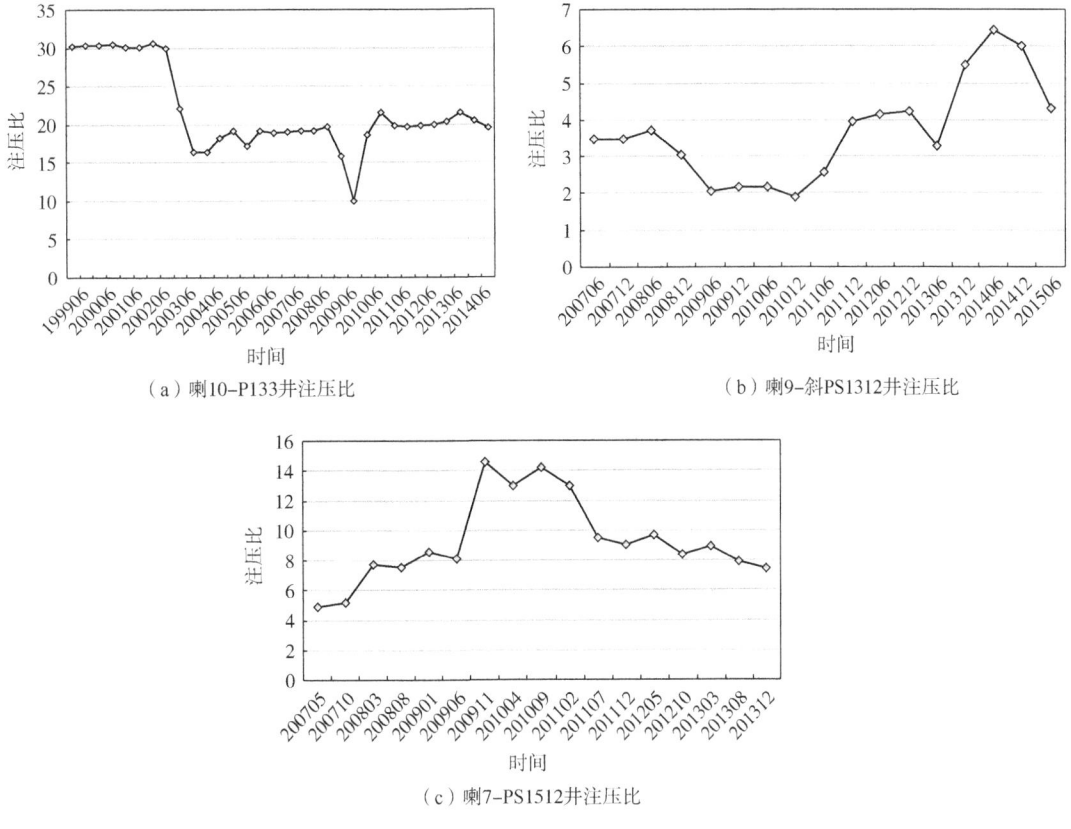

图 2 注压比趋势曲线

年 6 月的注水量和注压的比值发现,在 2013 年 12 月—2014 年 10 月这段时间内,在没有技术措施调整的前提下,注水压力降低,月注水量反而大幅增加。该井区以河流相沉积为主,平面上发育多种沉积微相:主河道、废弃河道、决口水道、河间砂、河间淤泥等,有连通较好的砂体分布,能给浸入水提供通道,形成浸水区域,在这区域内,没有采油井生产,不能降低地层压力,从而形成异常高压井区。

3 异常高压区压力来源的分析预测

3.1 利用以往钻井区块压力系数等值线预测异常高压区

通过对钻井区块以往钻井压力系数数据的提取及分析整理,利用 Surfer 软件做出该区块压力系数等值线,从图 3 中找出异常高压井区。

3.2 利用注采比预测异常高压区

优化钻井区块待钻井钻关范围内的注水井的日注水量和采油井的日产量数据,编写钻井区块单井注采比计算程序,调用采油厂提供的油水井动态数据库,计算钻井区块内每口井的日注水量与日采油量的比值,用 Surfer 软件绘制出区块注采比等值线图(图 4),对于注采不平衡井区进一步找出异常注水井,从而进一步预测钻井区块的异常压力分布,指导钻井生产。

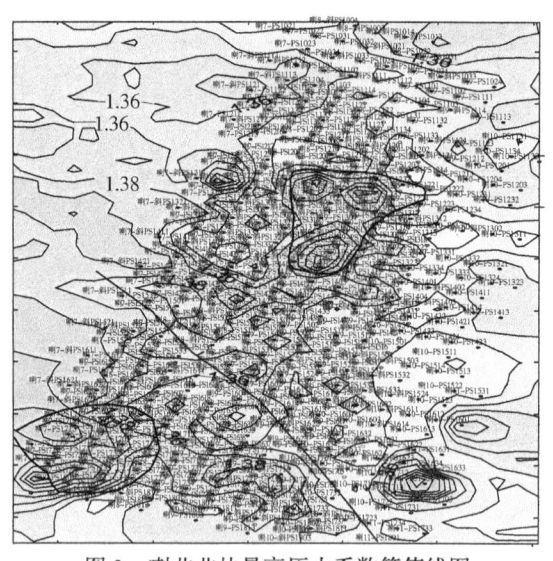 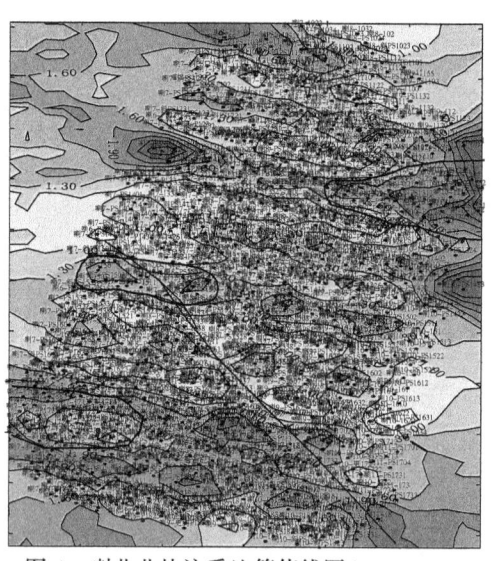

图3 喇北北块最高压力系数等值线图　　　　图4 喇北北块注采比等值线图（20150925）

3.3 异常高压区压力来源的分析预测

利用异常区块筛选软件对钻井区块的注水井的数据进行排查，对其中异常数据进行分析研究，找出异常注水井并进一步排查该井的生产情况及套损情况，通过对比分析，找出异常压力来源，划分异常压力井区，根据异常数据值的大小进行压力预测，从而制定新的钻井方案，保证安全高效钻井。

4 钻井区块大数据法预测压力范围的研究

钻前压力预测是以采油厂提供的动态数据为依据，由于目前采油厂提供的油水井动态数据不全，所以在进行压力预测时容易漏掉注水异常井，并且采油厂提供的套损井的套损时间都是经过修井作业等确定的套损时间，而在修井作业时套损已经损坏，因此有些钻井区块的套损井资料不能准确反映套损情况，这对计算套损注水井套损后注水量有很大误差，因此影响了预测的准确性。针对上述问题，编制注水井注水异常筛选软件，通过对钻井区块内的所有注水井的动态数据进行分析研究，排查出钻井区块内的注水异常井，喇嘛甸油田喇北北块对区块调用异常数据筛选软件，排查出三个异常压力井区，喇9-斜PS1312井区，喇7-PS1512井区和喇10-P133井区，三口井的注压比异常部分见表1。通过对该区注水量异常注水井及注水量与注压比值异常井进行分析，综合运用区块以往钻井压力系数数据和注采比数据进行精细地质分析，判断异常压力范围，从而进行钻前压力预测，提高了预测的准确率，对压力异常区域，调整钻井方案，保证了安全高效完成钻井任务。

表1 喇嘛甸油田喇北北块异常压力井动态数据

喇7-PS1512				喇9-斜PS1312				喇10-P133			
注水时间	日注量/m³	注压/MPa	注压比	注水时间	日注量/m³	注压/MPa	注压比	注水时间	日注量/m³	注压/MPa	注压比
201004	119	8.5	14	201001	28	14.4	1.94	200311	180	11.0	16.4
201005	120	8.4	14.29	201002	40	14.6	2.74	200312	179	11.3	16.3

续表

喇7-PS1512				喇9-斜PS1312				喇10-P133			
注水时间	日注量/m³	注压/MPa	注压比	注水时间	日注量/m³	注压/MPa	注压比	注水时间	日注量/m³	注压/MPa	注压比
201006	120	8.7	13.79	201003	0	14.4	0	200401	180	11.7	16.4
201007	121	7.9	15.32	201004	41	14.4	2.85	200402	179	12.4	16.3
201008	121	8.1	14.94	201005	40	14	2.86	200403	180	11.5	16.4
201009	119	8.2	14.51	201006	37	14.5	2.55	200404	180	11.8	16.4
201010	120	8.7	13.79	201007	41	14.4	2.85	200405	179	12.4	16.3
201011	120	8.5	14.12	201306	60	12.6	4.76	200406	181	12.6	16.4
201012	123	8.9	13.82	201307	60	12.5	4.8	200407	181	13.0	16.5
201301	81	9.1	8.9	201308	60	12.3	4.88	200408	182	12.9	16.5
201302	82	10.4	7.88	201309	60	12.3	4.88	200409	180	12.4	16.4
201303	87	11.1	7.84	201310	60	11.4	5.26	200410	180	13.1	16.4
201304	87	11.4	7.63	201311	60	10	6	200008	330	11.0	30
201305	86	10.9	7.89	201312	60	8.4	7.14	200009	330	10.3	32
201306	87	10.4	8.37	201401	60	8.5	7.06	200010	330	10.8	30
201307	87	10.5	8.29	201402	60	8.6	6.98	200011	330	10.2	30
201308	86	11.7	7.35	201403	60	8.9	6.74	200012	331	9.9	30.1
201309	86	11.6	7.41	201404	60	10.1	5.94	200101	330	10.7	30

5 结论

（1）利用钻井区块异常数据筛选软件，调用油水井的动态数据，排查出异常注水井。
（2）利用异常注水井的注压比趋势曲线预测待钻井的异常压力。
（3）结合钻井区块压力系数等值线和注采比等值线，利用大数据法预测异常压力范围。

参 考 文 献

[1] 张厚福，张万选. 石油地质学[M]. 北京：石油工业出版社，1989.
[2] 罗金海. 构造地质学[M]. 北京：高等教育出版社，2000.
[3] 周新桂，陈永峤，孙宝珊，等. 塔里木盆地北部地层岩石力学特征及地质学意义[J]. 石油勘探与开发，2002，29(5)：8-12.

三维绕障钻井技术在平台水平井的应用

牛守民[1]　石昌森[2]

(1. 大庆钻井二公司定向工艺室；2. 大庆钻井二公司定向工艺室)

【摘　要】 对于同一钻井平台的5口井，井间距比较近；直井段较长，轨迹变化没有规律。为预防施工过程中井眼相碰，保证井眼轨迹精准中靶，提高钻井速度。本文根据本平台五口水平井的实际施工情况，进行了三维绕障防碰专项研究。在钻井施工中对剖面设计和钻具组合进行了优化，总结了本平台的钻井技术难点，取得了平台水平井的三维绕障防碰技术经验，形成了一套切实可行的水平井三维绕障钻井技术。

【关键词】 三维；绕障；防碰；平台；水平井

本文列举的钻井平台的五口井。施工顺序：平10→平11→平12→平8→平9。平均设计斜深3090.4m，平均设计垂深1730.1m，平均设计水平段长1197.58m。这五口井设计轨迹均为三维剖面，造斜段使用LWD仪器进行随钻测量，使用螺杆定向，水平段应用旋转导向技术。本文总结了本井组在实际施工中如何解决井眼相碰问题的成功经验，使三维绕障钻井技术更加成熟。

1 技术难点及解决途径

1.1 平台水平井组三维绕障钻井技术难点

(1) 井间距小，施工过程中存在轨迹相互占位情况。

(2) 造斜段方位变化大，井眼轨迹控制难度大。

(3) 造斜点分布密集，存在井眼相碰隐患。

1.2 解决途径

(1) 严格执行各项技术措施，控制好直井段井斜，保证直井段井眼不相碰。

(2) 造斜段选用1.25°或1.5°单弯螺杆，随时对井底数据进行预测，及时对井眼轨迹进行调整，保证造斜段井眼不相碰。

(3) 对直井段井斜数据进行分析，对设计轨迹进行优化，调整造斜点，有效防碰。

2 平台水平井组三维绕障钻井技术内容

(1) 井组设计轨迹列表见表1。

作者简介：牛守民，1970年生，东北石油大学石油工程专业毕业，现大庆钻井二公司定向工艺室工程师。E-mail：niusm@cnpc.com.cn。

表1 井组设计轨迹节点列表(按施工顺序排序)

井号	描述	造斜点	造斜完	扭方位完	靶点A
平10	测深/m	1330.00	1480.32	1766.33	1892.35
	井斜/(°)	0	30.06	60.00	89.40
	网格方位/(°)	248.63	248.63	189.66	189.66
平11	测深/m	1400	1572.09	1851.98	1969.08
	井斜/(°)	0.00	31.55	65.00	88.42
	网格方位/(°)	103.69	103.69	155.12	155.12
平12	测深/m	1420.00	1587.04	1737.62	1826.57
	井斜/(°)	0.00	36.19	65.00	87.83
	网格方位/(°)	102.64	102.64	135.58	135.58
平8	测深/m	1440.00	1535.75	1725.30	1898.78
	井斜/(°)	0.00	19.15	50.00	90.48
	网格方位/(°)	292.68	292.68	335.16	335.16
平9	测深/m	1460.00	1550.59	1795.49	
	井斜/(°)	0.00	18.12	70.00	90.26
	网格方位/(°)	354.10	354.10	322.77	322.77

通过对井组设计轨迹的分析,本井组五口井井间距只有10m,每口井设计轨迹都有方位变化,井眼轨迹空间有交叉(图1、图2),防碰问题尤为突出。

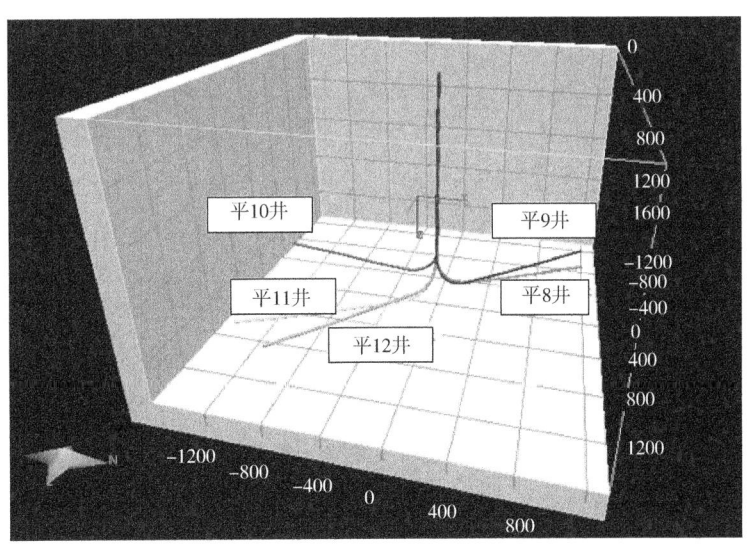

图1 平台水平井三维立体图

(2)控制好直井段井眼轨迹,为造斜段打好基础。

在开钻前,制定严密的纸上钻井施工方案。制定完善的技术措施并坚持执行。直井段

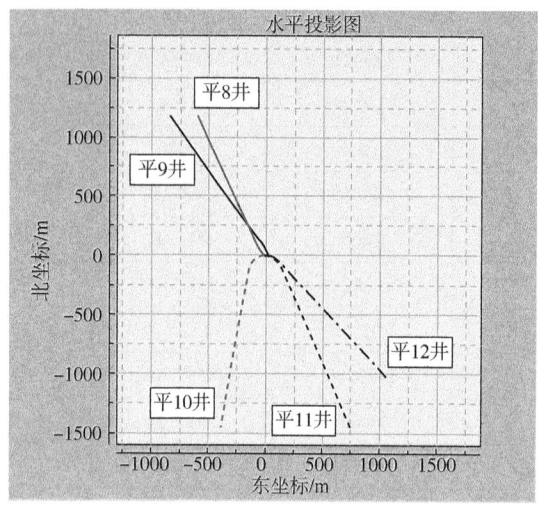

图 2　平台水平井水平投影图

每 200m 测一次井斜、方位，必要时测斜点要加密。把测得数据输入水平井计算软件进行计算分析，保证在钻井与待钻井轨迹之间有足够大安全距离。如发现井斜超标及时采取纠正措施。

（3）控制好造斜段井眼轨迹，做好防碰工作。

在每口井的二开结束后，都用多点测量仪测量全井段的井斜、方位，将测得数据录入实钻井眼轨迹中，通过计算分析，调整造斜点。对在钻井的井眼轨迹进行优化选择，保证各井眼之间有足够的安全距离（表 2）。

表 2　调整后的造斜点列表

井号	平 10	平 11	平 12	平 8	平 9
设计造斜点/m	1330	1400	1420	1440	1460
实际造斜点/m	1280	1350	1340	1300	1400

（4）以防碰问题突出的平 9 井加以重点阐述。

平 9 井是本平台的最后一口井，其他 4 口井都已完钻，轨迹已经不可调整。在实钻过程中，平 11、平 12 的轨迹在井排线上都有矢量位移，也就是说轨迹占了平 9 井的位置。如果按设计轨迹进行施工很可能碰上老井，所以必须对设计轨迹进行调整。待钻井眼与老井轨迹情况分析见表 3 和图 3、图 4。

表 3　井间距防碰扫描列表节选 1

平 9 井深/m	与平 12 井中心距/m	平 12 井测深/m	平 9 井深/m	与平 11 井中心距/m	平 11 井测深/m
1440	10.15	1444.37	1480	12	1487.71
1450	7.39	1454.14	1490	9.45	1494.54
1460	4.65	1463.77	1500	6.84	1504.22
1470	2.68	1473.16	1510	6.55	1513.65

续表

平9井深/m	与平12井中心距/m	平12井测深/m	平9井深/m	与平11井中心距/m	平11井测深/m
1480	3.95	1482.25	1520	7.80	1522.77
1490	7.67	1491.04	1530	9.12	1531.69
1500	10.30	1499.51	1540	13.54	1540.23

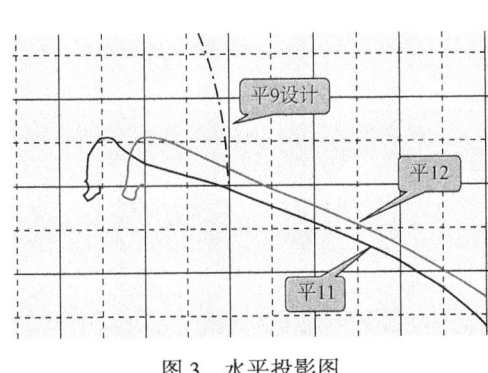

图3 水平投影图　　　　　　图4 三维立体图

通过对图3、图4和表3分析可知,平9井的轨迹距平12井最近距离只有2.68m,而且需要从平12与平11井轨迹中间穿插过去,极容易碰上这两口井。从空间位置上看要先绕过平12井,马上去绕过平11井。这时必须对平9井的轨迹进行进一步的调整,选择出一条最优的轨迹,就是先一边增斜一边降方位成功绕过平12之后,再一边增井斜一边增方位绕过平11井。实钻井眼与老井轨迹情况分析见表4、表5。

表4　井间距防碰扫描列表节选2

平9井深/m	与平12井中心距/m	平12井测深/m	平9井深/m	与平11井中心距/m	平11井测深/m
1410	10.96	1412.54	1450	10.32	1453.16
1420	9.18	1422.57	1460	7.97	1462.88
1430	5.99	1432.49	1470	6.84	1472.59
1440	5.81	1442.17	1480	5.65	1482.25
1450	6.14	1451.59	1490	5.87	1491.78
1460	8.12	1460.84	1500	6.22	1501.11
1470	11.11	1469.90	1510	8.25	1510.12

表5　平9井实钻轨迹列表节选

测深/m	井斜/(°)	网格方位/(°)	垂深/m	狗腿度/(°/30m)	闭合距/m	闭合方位/(°)
1388.8	1.63	4.19	1388.77	0.20	7.01	301.37
1398.1	1.69	345.9	1397.98	1.72	7.17	303.06
1407.9	2.57	302.5	1407.81	5.42	7.49	303.80

续表

测深/m	井斜/(°)	网格方位/(°)	垂深/m	狗腿度/(°/30m)	闭合距/m	闭合方位/(°)
1417.2	3.44	262.6	1417.12	7.10	7.92	302.43
1426.8	5.75	240.2	1426.71	9.00	8.38	298.25
1436.3	8.02	234.2	1436.05	7.58	8.98	291.91
1446.0	10.3	227.7	1445.72	7.55	9.81	283.93
1455.5	11.9	219.8	1455.04	7.10	10.83	275.51
1465.1	12.7	216.1	1464.38	3.58	12.05	267.28
1474.8	12.9	222.4	1473.86	4.36	13.58	260.51
1484.1	12.9	233.0	1482.88	7.71	15.36	256.34
1493.6	13.2	244.7	1492.17	8.38	17.42	254.23
1502.9	13.0	257.3	1501.24	9.19	19.52	253.88
1512.6	12.7	270.3	1510.67	9.02	21.62	254.85
1617.6	29.6	352.6	1609.25	8.00	43.53	300.49
1866.4	85.9	323.2	1728.36	6.40	242.5	329.48
1872.5	86.8	323.3	1728.74	4.13	248.5	329.33
1878.9	87.5	322.7	1729.06	4.35	254.9	329.17
1888.7	88.9	322.8	1729.36	4.28	264.6	328.94
1898.3	89.4	323.1	1729.50	1.65	274.2	328.73
2950.0	91.1	323.1	1703.69	0.25	1324.	324.13

通过对表4、表5列举的数据进行分析，平9井的实钻轨迹距平11井与平12井的轨迹距离都超过5m，视为安全距离。因为平9井是水平井还要考虑中靶问题，绕过这两口井之后，需要考虑中靶问题。经过综合考虑，选择了表5这条轨迹，成功绕过老井并保证平9井顺利入靶。

3 结论

（1）对于平台水平井，防碰问题突出，在开钻前必须对本平台做出一个整体施工方案。

（2）通过软件计算，借助图表可以直观地看到防碰方案的最佳效果，并从中找出最佳方案。

（3）在实钻施工过程中，选择高于设计造斜率的螺杆，在调整轨迹时比较方便。

（4）在施工过程中，必须准确预测井底数据，预判钻头位置。从而保证施工过程中不碰老井，而且成功着陆顺利完钻。

伊拉克哈法亚油田高压盐膏层安全钻井技术

谢春来 王照阳 仇 越 勾广洲 高军飞 尹 光 吴 勇

(大庆钻探工程公司国际事业部)

【摘 要】 盐膏层钻井是当前钻井技术的难题之一,钻井施工中存在盐膏层及软泥岩层安全钻进难度大、井身质量控制困难、卡钻概率较大等问题。本文针对伊拉克哈法亚油田的地层条件,改变了盐膏层段套管坐封点,使套管漏封漏失状况得到有效控制;将定向轨迹井斜角由71.29°优化为29.48°,避开了易形成岩屑床井段,有效控制定向段卡钻,提高施工效率23%。确定哈法亚油田软泥岩缩径周期为48h左右。根据缩径规律开展钻井,有效减少了钻头泥包和泥环的形成。确定了饱和盐水钻井液密度依据石膏岩、盐岩的含量的变化进行控制的原则,形成了饱和盐水钻井液黏度控制的现场维护技术措施。

【关键词】 盐膏层;钻井;井身结构优化;钻井液体系优化;哈法亚油田

盐膏层在世界各国的大中型油田中多有分布,在我国塔里木、江汉、四川、胜利、中原、华北、新疆、青海、长庆等油田也有分布。钻井钻遇盐膏层后,多会发生卡钻、套管挤毁,甚至油井报废的恶性事故。盐膏层钻井技术的革新一直是国内外钻井领域的研究热点。近年来,国内钻井技术人员对盐膏层钻井技术开展了大量的研究工作,形成了抗高温高密度饱和盐水钻井液技术[1-2]、抗高温高密度盐膏层钻井液维护技术[3],钻井工艺与工具、井身结构和固井等多套相关技术,改善了井下安全状况[4]。但在大位移大斜度盐膏层钻进和盐膏层段软泥岩层中钻进还没有取得有效的突破。目前,在哈法亚油田盐膏地层中进行钻井作业时,大量出现盐膏层塑性蠕变,时常发生定向钻进卡钻、泥环阻塞导管、出水口等情况,影响了施工效率及井下安全[5]。因此,本文在对研究区地层特征、地层压力、盐膏层遇水膨胀等相关研究的基础上,针对现场施工中盐膏层段套管漏封漏失、定向轨迹井斜角大容易卡钻、饱和盐水钻井液密度和黏度不易控制等难题[6-7],从地质研究出发,加强井身结构优化、高密度饱和盐水钻井液密度和黏度控制等钻井工艺研究,形成了"专封盐膏层"井身结构[8]和高密度饱和盐水钻井液密度精细控制原则,提出了软泥岩缩径周期的概念,完善了软泥岩钻井技术[9]。产生泥环的比例由原来的80%降低到50%,导管或出水口严重阻塞的状况降低了50%,盐膏层段卡钻概率降低了50%,施工效率提高了23%。为类似地区的现场施工提供了现实和有效的技术方法。

基金项目: 国家自然科学基金项目(41472173);国土资源部杰出青年科技人才培养计划项目(201311111)

作者简介: 谢春来(196802),男,高级工程师,主要从事油气勘探、沉积学、钻探工艺研究,E-mail:1203009849@qq.com

1 研究区地质概况

哈法亚油田位于伊拉克东南部,是伊拉克六大油田之一,也是开发难度最大的油田之一。含油面积288 km^2,可采储量约为 $41×10^8$ bbl。油藏埋深1900~4400m,含油层系较多[10],主力层多为低渗透,以巨厚生物石灰岩为主,合同区域为完整的背斜构造,钻遇地层自上而下分别为新近系、古近系和上白垩统、下白垩统。主要岩性依次为黏土岩、砂岩、泥岩、石膏岩、盐岩和石灰岩、白云岩(图1),共有8套油气显示[11]。目前主要开采层位是Jeribe-Upper Kirkuk组和Mishrif组。在主要开采层上部的Lower Fars组以石膏岩、盐岩和泥岩为主,深度在1400~2000m[12],岩石组分50%~70%为硬石膏,30%为黏土,20%为石灰岩,还有少量白云岩。

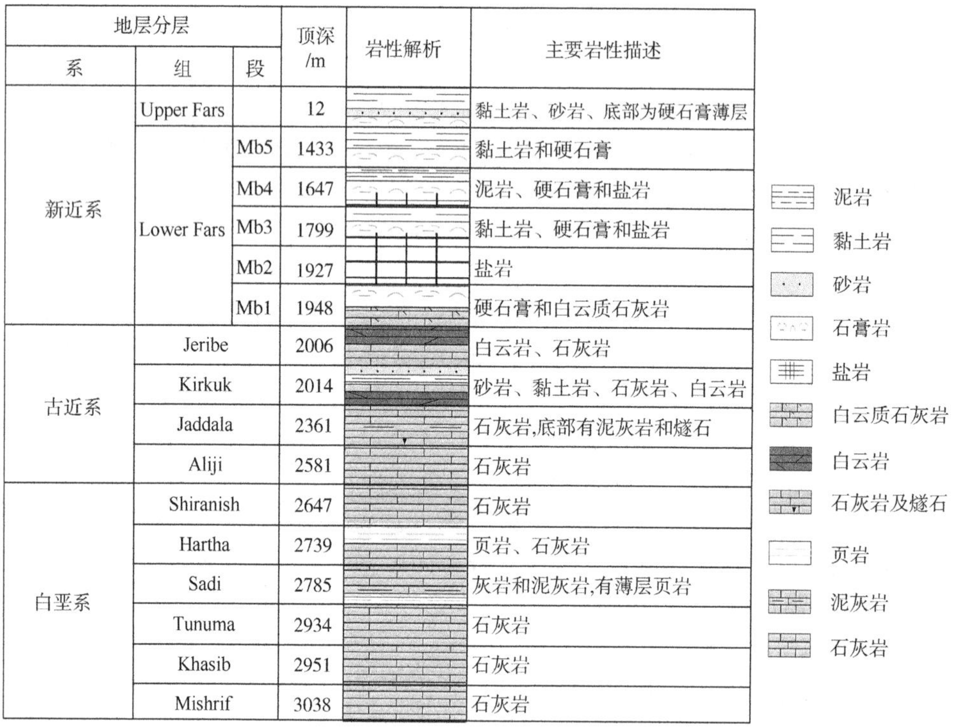

地层分层			顶深/m	岩性解析	主要岩性描述
系	组	段			
新近系	Upper Fars		12		黏土岩、砂岩、底部为硬石膏薄层
	Lower Fars	Mb5	1433		黏土岩和硬石膏
		Mb4	1647		泥岩、硬石膏和盐岩
		Mb3	1799		黏土岩、硬石膏和盐岩
		Mb2	1927		盐岩
		Mb1	1948		硬石膏和白云质石灰岩
古近系	Jeribe		2006		白云岩、石灰岩
	Kirkuk		2014		砂岩、黏土岩、石灰岩、白云岩
	Jaddala		2361		石灰岩,底部有泥灰岩和燧石
	Aliji		2581		石灰岩
白垩系	Shiranish		2647		石灰岩
	Hartha		2739		页岩、石灰岩
	Sadi		2785		灰岩和泥灰岩,有薄层页岩
	Tunuma		2934		石灰岩
	Khasib		2951		石灰岩
	Mishrif		3038		石灰岩

图例:泥岩、黏土岩、砂岩、石膏岩、盐岩、白云质石灰岩、白云岩、石灰岩及燧石、页岩、泥灰岩、石灰岩

图1 哈发亚油田地层柱状图

Lower Fars组纵向上大致可分成两种类型。一类为绿色泥岩、石膏岩、盐岩互层形式出现,地层韵律性强,地质特征稳定。第二种类型是上部地层以泥岩与石膏岩互层形式出现,下部地层由质地较纯的盐岩和石膏岩组成。

总体上Lower Fars组是高压层,该层位地层孔隙压力系数为2.20,破裂压力系数为2.40,钻井时钻井液密度最高达到2.36 g/cm^3,施工难度非常大(表1)。

2 盐膏层井身结构优化技术

井身结构对安全钻进和提高施工效率至关重要[13]。哈法亚油田定向井均采用4层套管结构,水平井采用5层套管结构,Lower Fars盐膏层段在12¼in井眼井段。针对前期施工出现的套管坐封点选取不准确造成高密度钻井液压漏套管未封固地层的情况,重新确定了坐封点,并优化了定向轨迹。

表1 哈法亚油田地层压力分布

地质分层		孔隙压力/(g/cm³)	破裂压力/(g/cm³)
系	组		
新近系	Upper Fars	1.03	1.80
	Lower Fars	2.20	2.40
古近系	Jeribe	1.18	1.80
	Kirkuk	1.15	1.80
	Jaddala	1.15	1.65
	Aaliji	1.16	1.65
白垩系	Shiranish	1.16	1.65
	Hartha	1.17	1.65
	Sadi	1.15	1.65
	Tanuma	1.15	1.65
	Khasib	1.18	1.65
	Mishrif	1.15	1.65

2.1 坐封点的选择

传统上根据地层压力分布情况和必封点优选来确定表层套管、技术套管和油层套管的直径和下深[13-14]。结合哈法亚油田的压力特征确定了盐膏层段套管下入深度的原则:保证13⅜in套管尽可能下至盐膏高压层顶部,封隔盐膏层以上的所有低压层,为安全钻穿盐膏高压层创造条件;9⅝in套管尽可能下至盐膏层底部,又不能钻穿盐膏层,既要防止地层的蠕动挤坏套管,又要为以下低压层安全钻井创造条件。

哈法亚油田钻进过程中,具有以下特点:钻至Lower Fars Mb5地层,由以黏土岩为主转化为以石膏岩、盐岩和泥岩互层为主,机械钻速突然变慢;进入Lower Fars Mb1地层的标志是从一层稳定石膏层进入下面一层稳定的盐岩层,机械钻速明显加快。经过区域地质研究,依据地层孔隙压力和岩性的变化,以及钻井参数变化之间的内在联系来确定坐封点[6]。最终确定13⅜in技套下深为进入Lower Fars Mb5层5m位置,9⅝in技套下深为进入Lower Fars Mb1层1m位置(图2)。通过这一方案的确定,Lower Fars层段套管漏封和压漏地层的情况得到了有效控制。

2.2 定向轨迹的优化

Jeribe-Kirkuk定向井,前期施工设计在12¼in井眼盐膏层段1450m左右定向,井斜角在55°~73°(图3),由于钻井液密度高达2.30~2.36g/cm³,影响施工排量,仅有41.7L/s,稳斜段易形成岩屑床。另外,由于盐膏层段容易缩径,定向施工拖压严重,甚至造成卡钻和井眼报废[15]。2012年,HF007-JK007井为该油田第一口高压盐膏层大斜度定向井[11],

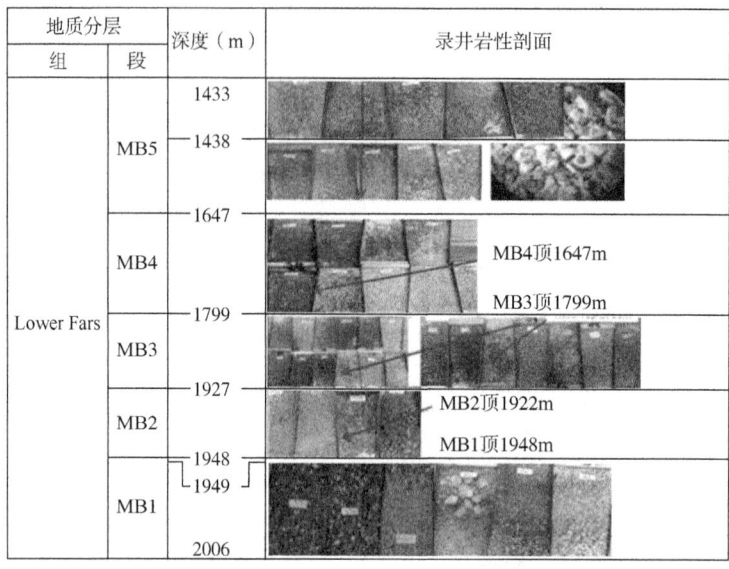

图 2 哈法亚油田 HF111 井 Lower Fars 分层和岩性剖面图

多次在定向段卡钻,造成原井眼和侧钻井眼报废,被迫改为直井完钻。

经过反复论证,将造斜点从 12¼in 井眼上移至 17½in 井眼 600~800m 左右,避免在较硬的石膏岩层定向,而是改在砂岩和黏土岩较软地层完成定向,轨迹井斜角由 71.29°优化为 29.48°(图 3),避开了易形成岩屑床井段,定向卡钻得到控制。把 12¼in 井眼盐膏层段从增斜设计改变为稳斜的设计,减少了盐膏层段的滑动钻进比例,增加了复合钻进的比例,提高了施工安全性和效率[15]。井眼轨迹优化后,通过近 3 年的统计,12¼in 井眼卡钻概率降低了 50%,施工效率提高了 23%。

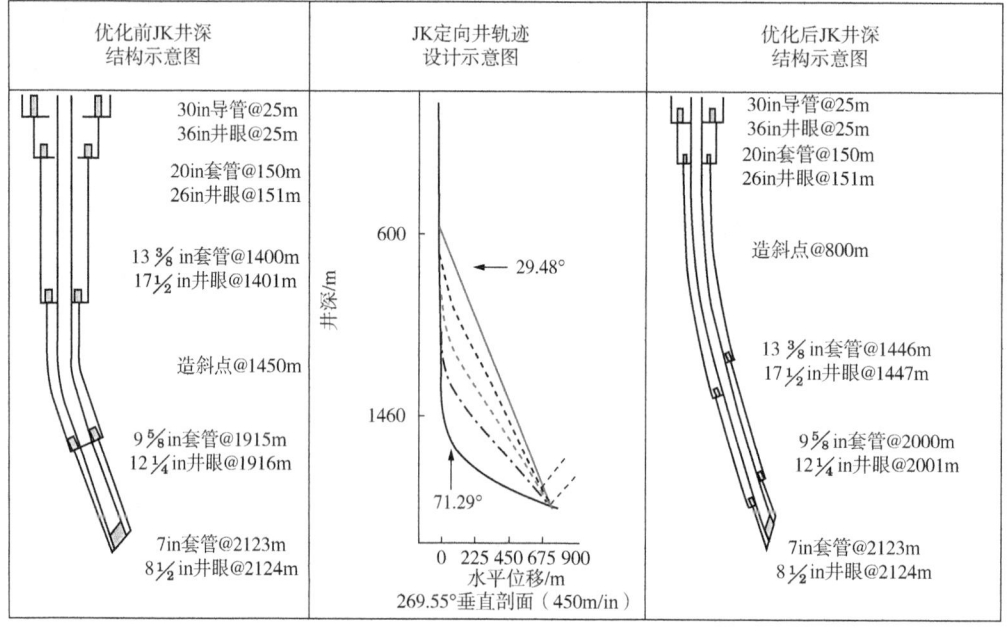

图 3 JK 定向井井身结构优化示意图

3 盐膏层软泥岩钻进配套技术

在盐膏层段钻进的过程中，经常会钻遇石膏岩、盐岩、软泥岩、膏质泥岩、砂岩等多套不同岩性的组合[16]，会产生一系列的钻井复杂(是指钻井中常见的不产生严重后果的一般事故，全文同)及安全问题。当钻遇松软泥岩、石膏岩和盐岩互层时，由于机械钻速较高，达到20m/h以上，钻井液密度达到或超过 $2.22 \sim 2.35 g/cm^3$，以及钻井液黏度改变等问题，造成钻井液施工排量降低，往往不大于41.7L/s。使得岩屑不能及时返出地表，在井内形成堆积淤塞。进而在钻进或短起时会出现泥环。泥环往往会造成导管、出水口、泥浆槽阻塞[17]。给正常钻进增加了7~8h的疏导处理时间，严重影响工作效率。

哈法亚油田 Lower Fars Mb4 段经常钻遇软泥岩(图1)，有80%左右的概率会产生泥环。经过对35口施工井的作业记录进行对比分析，结合软泥岩的蠕变速率[16]，在盐膏层软泥岩中钻进48h左右，就会产生较为严重的缩径，经常造成钻头泥包、卡钻。因此，针对这一规律，提出盐膏层软泥岩缩径周期的概念来改进安全钻进的流程，也就是在钻遇软泥岩时，在缩径周期内(小于48h)，要对井壁进行平滑处理，以减少泥环的形成和卡钻等施工复杂。

为了解决钻遇盐膏层软泥岩时形成泥环造成的钻井复杂，改进常规钻井流程，采取以下4点处理措施。

(1) 控制钻进速率。以哈法亚油田为例，在1400~1600m井段的 Lower Fars 上部盐膏地层钻进过程中，正常机械钻速为20m/h左右，而在1600~1700m软泥岩井段钻进时，将机械钻速降低到8m/h以内，有效降低岩屑产生速率，抑制了岩屑的堆积。

(2) 提高施工排量。将施工排量从41.7L/s提高至50L/s，结合钻进控速，充分保证了返砂效果，从而有效减少岩屑堆积。

(3) 平衡划眼与钻进。划眼是处理缩径使井壁光滑的常规方法。但是在钻进过程中，频繁使用划眼会降低钻进效率。在钻遇盐膏层软泥岩时，在缩径周期内，短起并全部倒划至技套，以防止钻进中的泥岩堆积形成泥环。

(4) 破碎泥环。一旦钻进或短起过程中出现泥环，当泥环到达出水口附近时，利用泥环辅助处理工具把循环上来的大泥环破碎成小泥块随循环返出，减小岩屑堆积，使循环畅通。

自2018年以来，通过上述技术措施，泥环得到有效控制，12¼in井眼盐膏层段产生泥环的比例由原来的80%降低到50%，将导管、出水口、泥浆槽严重阻塞的复杂降低了50%，对井壁稳定及钻具和定向工具安全起到了积极作用，提高了施工效率。

4 高密度饱和盐水钻井液优化和维护

高密度饱和盐水钻井液主要用于高压盐膏层钻井[3]。常规钻井液易受到盐、膏等的污染，导致钻井液性能恶化，流变性能和滤失性能难以控制[18]。哈法亚油田地质条件复杂，不仅有盐膏层互层夹软泥岩，还有高压盐水层。三开12¼in井眼中盐膏层互层夹软泥岩，极易吸水膨胀造成井眼蠕变缩径。因此，需要选择合适的钻井液密度，平衡盐膏层井壁的蠕变。此外，由于高压盐水层中高浓度的 Ca^{2+} 溶液极易污染钻井液，导致钻井液黏度、黏切力过高，起下钻后开泵困难，严重时甚至失去流动性[2]。饱和盐水钻井液虽能大大减少盐层溶解，但钻井液黏度的控制始终是现场维护的难题。为此对哈法亚油田三开钻井液必须具有足够的密度、较强的抑制性、抗钙除钙能力、稳定的流变性和稳定的 pH 值，以避免井下事故的发生。

4.1 哈法亚油田地质条件和钻井液性能的调控过程

根据盐膏层溶解规律，结合盐膏层力学和化学两方面的特征来确定钻井液的密度[19-21]，其基本原则如下：(1) 依据地层孔隙压力的变化调整钻井液的密度[22]；(2) 根据地层中石膏和盐岩的含量的变化调整钻井液的密度。在实际工作中，除了遵循基本原则外还需要根据区块的地质特征综合考虑。

大庆钻探在哈法亚油田施工初期，由于对该地区地质特征、地层孔隙压力和盐膏含量不清楚，钻井液密度控制措施针对性较差，造成钻进和划眼遇阻遇卡的现象较为常见。HF001-N001H 是大庆钻探在哈法亚油田施工的第一口探井，没有可以借鉴的经验，当 12¼in 井眼钻进至中完井深 1938.50m 时，短起下钻通井，起钻时遇卡 10 处，此时钻井液密度 2.20g/cm³，漏斗黏度 80s，黏切力很大，钻井液流动性非常差，循环时从振动筛上跑钻井液。调整钻井液密度到 2.25g/cm³，起钻遇卡显示明显减少，说明密度调整后见到了一定的效果。

钻遇 Lower Fars 层后，地层孔隙压力系数由 2.0 逐渐增加到 2.20，石膏和盐岩的含量（质量分数，全文同）由最初的 40% 逐渐上升到 60%。要想平衡地层的压力，钻井液的密度一般在孔隙压力系数基础上附加 0.07%~0.15%。其中，井深为 1400~1750m 左右，石膏和盐岩的含量为 40% 左右，密度为 2.20g/cm³；1750~1850m 左右，石膏和盐岩的含量为 50% 左右，密度逐渐调整为 2.30g/cm³；1850~2000m，石膏和盐岩的含量为 60%，随深度增加逐渐调整到 2.30~2.35g/cm³（表2），达到钻井液密度设计上限。当然还要根据返屑情况，以及钻井液性能的测定来做出适当的调整。在掌握了岩性变化的规律以后，以此对钻井液的密度进行精确控制，井眼缩径和卡钻的情况得到了较大改观。

表2 哈法亚油田 Lower Fars 地层分布

地质分层		岩性特征	井深/m	岩性描述	盐岩石膏含量（质量分数）/%	钻井液密度/（g/cm³）
组	段					
Lower Fars	Mb5	黏土泥岩石膏岩盐岩	1400	黏土、石膏岩、薄盐岩层互层	40	2.20~2.25
	Mb4		1650	泥岩、石膏岩、薄盐岩层互层	40	
	Mb3		1750	黏土、石膏岩、薄盐岩层互层	50	2.25~2.30
	Mb2		1850	黏土、石膏岩、薄盐岩层互层	60	2.30~2.35
	Mb1		2000	盐岩层	60	

4.2 饱和盐水钻井液黏度控制措施

钻遇盐膏层时，由于岩屑等地层物质的污染，钻井液的黏切力会升高。黏切力的升高与钻井液中固相的分散程度和表面性质有关。尽管固相是由惰性加重材料（铁矿石粉、重晶石粉等）构成，但在长时间的水力和机械作用下，钻井液中的固相变得非常细，比表面积变得很大，体系稳定性变差，受地层污染的敏感性增强，是钻井液钻遇盐膏层黏切升高而稠化的主要原因[23]。2018年，在哈法亚油田HF-137井饱和盐水钻井液施工时，漏斗黏度由初始72s增长到107s，钻井液呈膏状，失去流动性。因此，其现场维护主要是围绕清除无用固相、改变固相表面性质及增加自由水含量来进行的。钻井液配方决定固相含量和自由水含量。但钻井液中的固相比表面积以及表面性质，仅在初期与配方有关，钻井的中后期，这些特征会随着钻井液的循环磨蚀发生变化。保持其固相比表面积以及表面性质需要在钻进过程中对钻井液进行有效维护[2]，这也是钻井现场维护的关键所在。哈法亚油田饱和盐水钻井液钻井现场维护措施如下。

（1）保证二开钻井液加重时间。二开提前配浆，以免造成三开配重浆加重时间不足的状况。按加料顺序在淡水中加入处理剂使其充分水化溶解，再加入NaCl、KCl，调整好基液性能，然后加重。

（2）保持三开钻井液清洁。二开完钻候凝期间清理循环罐和钻井液槽，更换100~120目筛布。三开之后使用二开钻井液钻塞，然后用已经配好的2.20g/cm³的高密度饱和盐水体系钻井液替换井筒内老钻井液。

（3）使用饱和NaCl盐水。胶液或新浆配制必须使用饱和NaCl盐水，胶液pH值为12左右。

（4）防滤失。加入适量降滤失剂，使滤失量达5mL以下。

（5）密度渐进升高。维护时始终储备一罐（40~50m³）2.30g/cm³左右的高密度钻井液，钻进过程中应始终采取"细水长流"的方式对钻井液密度进行维护，使钻井液密度从2.20g/cm³渐进式提高到2.30g/cm³，在完钻前渐进提高到设计上限2.35g/cm³，避免加重过急，造成井内压力不稳和钻井液性能不均匀的状况。

（6）稳定黏切力。针对高密度饱和盐水钻井液在盐膏层钻进中受地层物质污染黏切升高稠化的问题[3]，采用"抑制降黏切"的维护技术。钻进中补充聚氨盐类抑制剂BZ-HIB，有效含量在1%以上。

（7）控制软泥岩造浆。采用加包被剂、降失水剂和KCl复配的方式，增强钻井液的抑制包被能力。

（8）控制Ca^{2+}、Cl^-污染。利用对钻井液的钙处理，提高抗高浓度钙镁离子污染的能力，保证钻井液性能稳定[24]。在三开期间及时监测，保证Ca^{2+}含量小于600mg/L、Cl^-含量大于170000mg/L。如果Ca^{2+}含量超标，加入适量纯碱，并控制好加入的速度，避免黏度升高。

（9）液量冗余。中完前，保持足量的钻井液，使钻井液密度在起钻前才达到设计上限，以保持井壁稳定和有利于套管下入。

近两年实际施工中，采取上述措施后，钻井液性能稳定，携砂能力增强，维护处理简单，钻井液密度、黏度、黏切力和抑制性能得到很好控制，解决了盐膏层钻进中的钻井液的技术难题。使得盐膏层井段井壁较稳定，施工中钻具卡钻明显减少，大大提高了工作效率。

5 结论

（1）盐膏层段套管坐封点应依据地层孔隙压力的变化和岩性变化以及钻井参数变化之

间的内在联系来确定。伊拉克哈法亚油田的上封点为进入 Lower Fars Mb5 层 5m，下封点为进入 Lower Fars Mb1 层 1m，形成了"专封盐膏层"井身结构，可有效控制技术套管漏封漏失状况。

（2）将 Jeribe-Kirkuk 井造斜点从 12¼in 井眼较硬盐膏层段上移至 17½in 井眼 600~800m 左右，在砂岩和泥岩互层较软地层完成定向，可实现轨迹井斜角由 71.29°优化为 29.48°，可使定向段卡钻得到控制，提高施工效率。

（3）哈法亚油田盐膏层段软泥岩缩径周期为 48h 左右，在进入缩径周期前进行井壁光滑处理，并同时在软泥岩段钻进前后实施控速钻进等配套措施，可有效地减少钻头泥包和泥环的形成。

（4）依据地层中盐岩和膏岩的含量分段确定钻井液密度，实施饱和盐水钻井液黏度控制现场维护技术措施，可有效提高现场施工效率。

参 考 文 献

[1] 罗宇峰. 抗高温高密度饱和盐水钻井液在川西地区的应用[J]. 钻采工艺, 2017, 40(5): 98-101.

[2] 赵晓亮. 高密度复合盐饱和盐水钻井液在 MISSAN 油田群的应用及维护技术[J]. 广东化工, 2016, 43(11): 307-308.

[3] 蔺文洁, 黄志宇, 张远德. 高密度饱和盐水钻井液在盐膏层钻进中的维护技术[J]. 天然气勘探与开发, 2011, 34(1): 64-67.

[4] 石向前, 蒋鸿, 俞战山. 吐哈油田盐膏层综合固井技术[J]. 石油钻探技术, 2002, 30(3): 27-29.

[5] 何立成, 宫艳波, 胡清富. 塔河油田盐膏层钻井技术[J]. 石油钻探技术, 2006, 34(4): 85-87.

[6] Yang Yueming, Yang Yu, Yang Guang, et al. Gas Accumulation Conditions and Key Technologies for Exploration & Development of Sinian and Cambrian Gas Reservoirs in Anyue Gasfield[J]. Petroleum Research, 2018, 3(3): 221-238.

[7] Jia Chengzao, Zhao Zhengzhang, Du Jinhu, et al. PetroChina Key Exploration Domains: Geological Cognition, Core Technology, Exploration Effect and Exploration Direction[J]. Petroleum Exploration and Development, 2008, 35(4): 385-396.

[8] 刘彪, 白彬珍, 潘丽娟, 等. 托甫台区块含盐膏层深井井身结构优化设计[J]. 石油钻探技术, 2014, 42(4): 48-52.

[9] Villada Y, Gallardo F, Erdmann E, et al. Functional Characterization on Colloidal Suspensions Containing Xanthan Gum(XGD) and Polyanionic Cellulose(PAC) Used in Drilling Fluids for a Shale Formation[J]. Applied Clay Science, 2017, 149: 59-66.

[10] 王青华, 杨军征, 陈诗波, 等. 利用多级模糊评判法优选哈法亚油田人工举升方式[J]. 石油钻采工艺, 2017, 39(5): 594-599.

[11] 王翔宇. 酸溶水泥浆体系在哈法亚地区的研究与应用[J]. 中国石油和化工标准与质量, 2018, 38(20): 94-95.

[12] 乔宏实, 殷召海, 刘长柱. 哈法亚油田大井眼高压膏盐层定向井技术应用与分析[J]. 石化技术, 2018, 25(12): 108-109.

[13] Long Shengxiang, Feng Dongjun, Li Fengxia, et al. Prospect Analysis of the Deep Marine Shale Gas Exploration and Development in the Sichuan Basin, China[J]. Journal of Natural Gas Geoscience, 2018, 3(4): 181-189.

[14] 易浩, 杜欢, 贾晓斌, 等. 塔河油田及周缘超深井井身结构优化设计[J]. 石油钻探技术, 2015, 43

(1): 75-81.
[15] 孙一流. 塔里木油田石炭系盐膏岩地层套损机理及对策研究[D]. 北京: 中国石油大学(北京), 2017.
[16] 薛玉志. 胜科1井三开钻遇软泥岩钻井液技术[J]. 钻井液与完井液, 2007, 24(4): 1-4.
[17] 姜大巍, 熊杰. 王家岗地区盐膏层钻井技术[J]. 科技信息, 2009(33): 702-703.
[18] 虞海法, 左凤江, 耿东士, 等. 盐膏层有机盐钻井液技术研究与应用[J]. 钻井液与完井液, 2004, 21(5): 10-13.
[19] 曾义金, 王文立, 石秉忠. 深层盐膏岩蠕变特性研究及其在钻井中的应用[J]. 石油钻探技术, 2005, 33(5): 51-54.
[20] Du Jinhu, Zou Caineng, Xu Chunchun, et al. Theoretical and Technical Innovations in Strategic Discovery of a Giant Gas Field in Cambrian Longwangmiao Formation of Central Sichuan Paleo-uplift, Sichuan Basin[J]. Petroleum Exploration and Development, 2014, 41(3): 294-305.
[21] Morley C K, Waples D W, Boonyasaknanon P, et al. The Origin of Separate Oil and Gas Accumulations in Adjacent Anticlines in Central Iran[J]. Marine and Petroleum Geology, 2013, 44: 96-111.
[22] 王刚, 周海秋, 胡超, 等. 阿姆河右岸复杂碳酸盐气藏上覆巨厚盐膏层优快钻井技术[J]. 钻采工艺, 2016, 39(3): 8-10.
[23] 赵金洲, 孙启忠, 张桂林. 胜科1井钻井设计与施工[J]. 石油钻探技术, 2007, 35(6): 5-9.
[24] 刘天科. 土库曼斯坦亚速尔地区盐膏层及高压盐水层钻井液技术措施[J]. 石油钻采工艺, 2010, 32(2): 38-41.

喇北东区块钻柱纵向振动的技术研究与应用

姚 斌 李艳军 邹 丹

(大庆钻探钻井二公司钻井工程技术服务中心钻井技术室)

【摘 要】 本文完成了钻柱纵向振动的原因分析,进行了钻进过程中减少钻具纵向振动方法研究及现场试验。形成了优化钻具组合、优选钻进参数实现减少钻柱纵向振动技术;优化钻井液性能实现减少钻柱纵向振动技术;脉冲喷嘴应用技术,基本解决了喇北东区块钻柱纵向振动的问题。2018年进行了98口井的现场应用,喇北东区钻具纵向振动问题减少80%,;平均机械钻速提高了2.15%;减少了钻具疲劳伤害,消除了安全隐患。

【关键词】 钻柱纵向振动;钻进参数优化;钻井液引起的阻尼力;脉冲喷嘴应用

多年来在喇北东区块钻井过程中一直存在钻柱纵向振动的问题,有的井施工中甚至出现方补心跳出转盘、不能连续钻进的现象,严重降低了机械钻速,造成钻具疲劳损伤,带来了设备和人员方面的安全隐患;因此进行这方面的研究,以实现提高机械钻速,减少钻具疲劳伤害,消除安全隐患。

1 技术研究

1.1 钻具纵向振动的原因分析

(1) 钻柱振动类型。

在钻井过程中,钻柱将钻头送至井眼底部并向钻头传递动力,由于钻头切削齿间断地与地层接触或岩石的间歇破碎,导致钻头和钻柱的振动。振动按形式分为纵向振动、扭转振动和横向振动三类。

① 纵向振动。纵向振动指钻柱沿其轴向的伸缩运动。该运动产生的原因是井底不平、钻头牙齿间歇压入岩石和岩石间歇破碎。钻头的振动以弹性波的形式向地面传播,到达地面后再沿钻柱向钻头同传,由于钻井液的阻尼作用,在传播的过程中,振动波形逐步变化,振幅逐步减小。但是,当钻头振动的频率为钻柱固有频率的整数倍时,钻柱将处于共振状态,钻柱内的交变应力和振幅相当大,导致钻柱断裂或粘扣。因此研究钻柱的纵向振动问题对设计钻具组合、优选钻进参数有重要的指导意义同时能有效减少钻具事故。

② 扭转振动。扭转振动指钻柱绕其中心线的旋转运动。该种振动产生的原因是钻头间歇破碎岩石时所产生的变化转速。扭矩波动使钻柱产生绕自身轴线的旋转波动,以弹

作者简介:姚斌,男,1985年生,大学本科文化,高级工程师,现在大庆钻探钻井二公司钻井工程技术服务中心钻井技术室从事钻井技术管理工作。E-mail:50061783@163.com

性波的形式通过钻柱向地面传播，到达地面后再沿钻柱向钻头回传。由于钻井液的阻尼作用，在传播的过程中，振动波逐步变化，振幅逐步减小，但当钻头振动的频率为钻柱固有频率的整数倍时，钻柱将处于共振状态。钻柱内的剪切交变应力也达到较大的数值。

③ 横向振动。横向振动指钻柱中心偏离井眼中心的振动。产生该种振动的原因一是钻头间歇破碎岩所产生的轴向交变力和位移，二是钻柱绕井眼中心的涡动。在大斜度定向井中，以前一种原因为主，横向振动主要发生在靠近钻头的一段接有稳定器的钻具上。在垂直井中，则可能以第二种原因为主，横向振动主要发生在受压段上。上述三种振动形式在钻井过程中始终存在，相互作用，相互影响，并以纵向振动为主。

（2）钻柱纵向振动原因分析。

关于钻柱纵向振动的力学模型，国内外学者已提出了好几种，这些力学模型大同小异，其共同的特点是为了绕过数学上的困难，把钻杆和钻铤作为连续等直杆来处理。本研究内容采纳有限元分析计算法，建立以从井口到井底的钻柱为研究对象的钻柱纵向振动分析模型如图1所示，由钻铤、钻杆、接头，稳定器等井下工具组成，作用载荷主要有钻头上的钻压、钻柱自身运动的惯性力、钻井液的阻尼力及其他阻力，为了便于用有限元分析激素，做了如下假设：

① 井口为固定井底钻头处为自由端，钻柱是小变形的弹性体。

② 钻柱横截面为圆形或圆环形。钻柱内外截面边界与井眼内壁都是刚性的，直井井眼轴线与钻柱轴线重合，且垂直向下。

③ 激振力（即井下钻柱的钻头与井底接触的正压力）随时间以一定干扰频率按正弦或余弦来变化。

（3）通过动力有限元法总结出影响钻柱纵向振动的因素：钻压与转速（图3）、钻具组合（图2）、钻井液阻尼力、地层原因。现场试验分析得出结论：

① 钻柱轴向应力振幅沿纵向呈波状分布，为减小钻柱纵向振动应选择凹坑中间的转速区。

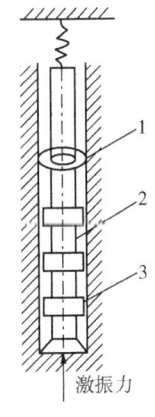

图1 钻柱纵向振动分析模型
1—间隙环；2—钻柱；3—稳定器

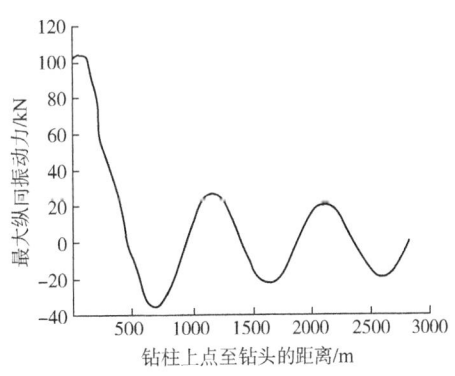

图2 井深对钻柱纵向振动的影响

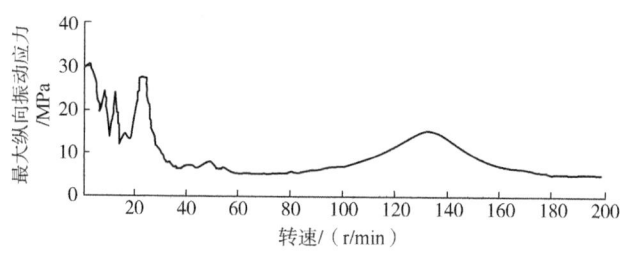

图3 转速对钻柱纵向振动的影响

② 钻井液密度大、黏度高,阻尼力大,钻柱轴向应力振幅小。
③ 优选钻具组合和钻压,能减小钻柱共振、预防钻具失效。
④ 稳定器数量及尺寸对钻柱纵向振动力影响不大。

实验表明:转速一定时,提高钻压有利于减轻钻柱纵向振动;钻压一定时降低转速。

1.2 钻进过程中减少钻具纵向振动方法研究及现场试验

(1) 钻压与转速对减少钻柱纵向振动的研究。

2018年在发生纵向振动的3口井进行现场试验表明:转速一定时,提高钻压有利于减轻钻柱纵向振动;钻压一定时降低转速有利于减轻钻柱纵向振动;在减小钻柱纵向振动方面存在钻压与转速的优化组合。优选出纵向振动井段,相同排量条件下普通PDC钻头最佳的钻井参数:钻压40~60kN,转速200~220r/min(表1)。

表1 钻压与转速对钻具纵向振动影响对比情况

井号	试验井段/m	钻压/kN	转速/(r/min)	试验效果	备注
X-PS25025	312~865	30~40	250	差	(1) 试验井段钻具均纵向振动。(2) 钻具组合为目前调整井常规的钟摆钻具组合。(3) 试验井段的井斜数据达到设计要求,未发生井斜超标。(4) 钻进排量28~32L/s
		40~60	250	良好	
X-PS25025		40~60	270	差	
			220~200	良好	
X-PS25026	350~881	30~40	250	差	
		40~60	250	差	
X-PS25026		40~60	250	差	
			220~200	良好	
X-PS25028	298~852	30~40	200	良好	
			250	差	
		40~60	250~275	良好	
		30~40		差	
X-PS28028	309~866	30~40	200	良好	
			250	差	
		30~40	250~275	差	
		40~60		良好	

(2) 复合钻进方式。

针对喇北东区前期施工中部分井在钻进过程中钻柱纵向振动严重，造成钻具疲劳损伤、方补心磨损严重、甚至转盘及水龙头损坏等问题，在 X-PS1727、X-PS1728、X-PS1736 等 3 口井进行了复合钻试验，复合钻进过程中螺杆实现了为钻头提供柔性钻压、隔离纵向振动，减缓钻柱纵向的冲击载荷，基本解决了钻进过程中钻柱纵向振动严重、钻具及设备损坏的问题。平均机械钻速 38.33m/h，建井周期 6.75 天，平均机械钻速提高了 8.32%，建井周期缩短了 18.57%。

(3) 钻井液引起的阻尼力对减少钻具纵向振动的研究。

通过改变钻井液的阻尼力能减少钻具的纵向振动，是一种有效减少钻具纵向振动的方法，也是钻井现场最常用的方法。2018 年喇北东区 208 口井的施工中，据统计有 76 口井通过提前加重、更变钻井液润滑性来应对钻具纵向振动问题，简单易行，而且效果非常明显。

(4) 脉冲喷嘴的应用。

脉冲水眼通过自身所具有的自激振荡腔室和特殊的边界条件将连续射流转变成脉冲射流，能在一定程度上减少钻具的纵向振动，在喇北东区块现场试验脉冲水眼共 16 口井，基本解决了钻进过程中钻柱纵向振动严重，甚至将方补心带出转盘、不能连续钻进的问题，平均机械钻速提高 3.2%。

2 现场应用

该研究项目的技术成果在 2018 年喇北东区块的钻井施工中先期试验后，应用 98 口井，取得效果明显：喇北东区钻具纵向振动问题减少 80%；区块平均机械钻速 38.52m/h，较 2016 年同区块（机械钻速 37.71m/h）提高了 2.15%。有效解决了在钻进过程中钻柱纵向振动严重，甚至将方补心带出转盘、不能连续钻进的现象，消除了安全隐患。解决了钻具纵向振动引起的钻具疲劳伤害问题，有力提高钻井速度，节约大量的钻井成本，为公司创造经济效益。同时该项目的研究成果也为其他施工区块出现的类似问题提供了可靠的技术储备。

3 结论

(1) 合理地选择钻井参数可以做到减振：转速、钻压、钻井液排量等。

(2) 钻井液的阻尼力能减少钻具的纵向振动，因此在现场提高钻井液的润滑性，是一种有效减少钻具纵向振动的方法。

(3) 脉冲喷嘴通过自身所具有的自激振荡腔室和特殊的边界条件将连续射流转变成脉冲射流，能在一定程度上减少钻具的纵向振动。

(4) 复合钻进过程中螺杆实现了为钻头提供柔性钻压、隔离纵向振动，同样可以消除或减缓钻柱纵向的冲击载荷。

川北大安寨生屑灰岩储层主控因素及预测思路

王伟东[1] 彭 军[2] 夏青松[2] 段冠一[3] 孙恩慧[4]

(1. 大庆油田有限责任公司采油工程研究院；
2. 西南石油大学地球科学与技术学院；
3. 中国石油东方地球物理公司大庆物探二公司；
4. 中海石油(中国)有限公司天津分公司渤海石油研究院)

【摘 要】 为明确川北地区大安寨段湖相生屑灰岩储层形成发育的特点及主控因素，寻找有利储层发育区，综合钻井岩心描述、薄片鉴定、扫描电镜观察、测试分析等手段，开展区内沉积学、储层特征研究。研究结果认为川北地区大安寨段为浅湖—半深湖相沉积，浅湖亚相发育介屑滩、滩间洼地、浅湖泥微相，半深湖亚相发育滩前湖坡、半深湖泥微相；储层岩石类型以介屑灰岩为主，储层物性总体较差，平均孔隙度为1.18%，渗透率普遍小于1mD，具有特低孔隙、特低渗透的特征；储集空间类型主要为溶蚀孔、洞和裂缝。储层类型以孔隙—裂缝型储层为主、裂缝—孔隙型储层及裂缝型储层均有发育。以此为依据，分析并探讨了湖相生屑灰岩储层发育的控制因素，认为有利沉积相带、建设性成岩作用、裂缝系统控制了大安寨段储层的发育；结合大安寨各层段地层特点提出了有针对性的储层预测思路。

【关键词】 介屑灰岩；沉积相；储层特征；大安寨段；四川盆地

生屑灰岩是一类重要的油气储层，根据沉积环境可划分为海相成因与湖泊成因两类。湖相生屑灰岩广泛发育在中国中—新生代陆相湖盆，主要分布于渤海湾盆地济阳坳陷、黄骅坳陷、东濮凹陷新生界、松辽盆地白垩系、四川盆地侏罗系自流井组和柴达木盆地西部古近系，多形成自生自储式岩性油气藏。潜在资源量十分可观[1-2]。

川北地区在侏罗纪时期是四川盆地主要的湖相生屑灰岩发育区，属于坳陷淡水湖盆沉积模式。在侏罗系自流井组大安寨段先后发现了一大批湖相生屑灰岩油藏[3-5]。大安寨石灰岩油藏较为复杂，石灰岩层较薄、展布面积小，储层非均质性强、储层物性差、具有致密油藏的非常规性和复杂性，有效储层预测难度大，钻探成功率较低。区内曾开展了沉积古地理研究、烃源岩评价、多属性地震勘探等方面的研究[3-5]。近年来，针对研究区沉积学研究逐渐细化，侧重于沉积微相研究，储层研究重点由厚层石灰岩向中—厚层及薄层石灰岩转移。

本文以岩心描述、薄片观察、储层分析测试为手段，开展沉积微相、储层特征研究，明确区内大安寨岩性油气藏储层形成的主控因素及分布规律，进一步深化了对湖相生屑灰

作者简介：王伟东，工程师，硕士，1987年生，2013年毕业于西南石油大学矿物学、岩石学、矿床学专业。现从事钻井工程设计与相关科研工作。

岩储层的地质认识。

1 地质概况

研究区位于四川盆地川中隆起北部斜坡带。侏罗系自流井组大安寨段以富含生物的介壳灰岩和泥页岩发育为特征。自上而下划分为大一(J_1z^{4-1})、大二(J_1z^{4-2})、大三(J_1z^{4-3})三个亚段。大一段岩性为灰、褐灰色泥晶介壳灰岩、介壳灰岩夹灰黑色页岩薄层。大二段主要为黑色、灰黑色页岩夹中—薄层状、透镜状灰色介壳灰岩,页岩单层厚度大,质纯、页理较发育,是主要烃源层。大三亚段主要有块状褐灰、灰—深灰色介屑灰岩夹黑、绿灰色泥页岩。上覆地层为中侏罗统千佛崖组紫红色泥岩,下伏地层为自流井组马鞍山段暗绿灰色、深灰色含粉砂泥岩,充填层序是在马鞍山末期被填平补齐的湖盆基础上发展起来的,上下地层与大安寨段均属连续沉积。区内经历了湖水位的累进式上升,达最高点后相对平静,后又持续下降的过程,出现由浅变深复变浅的完整湖侵—湖退沉积充填层序(图1)。

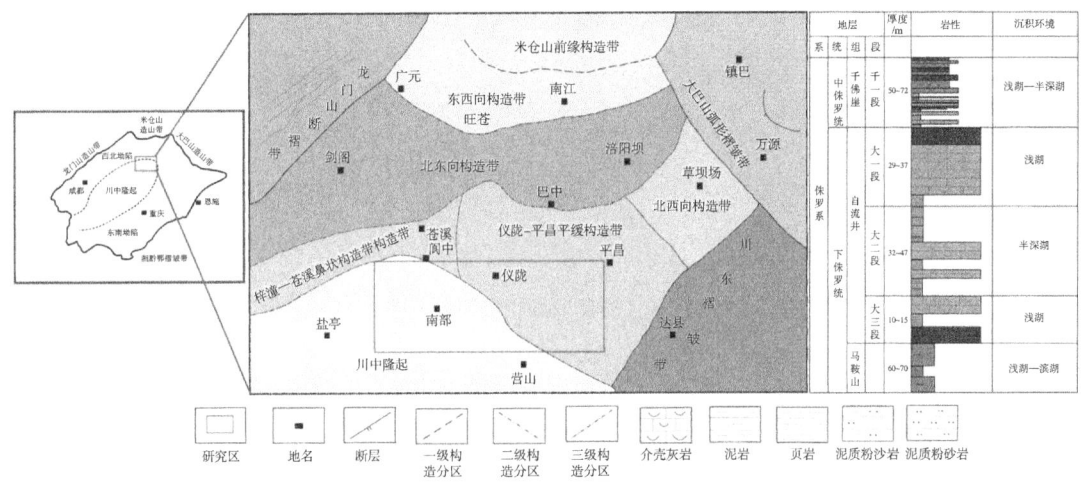

图1 研究区位置及地层柱状图

2 沉积相类型与特征

研究区主体沉积环境为浅湖和半深湖。浅湖相位于浪基面之上,可划分为介屑滩、滩间洼地微相。半深湖相位于浪基面之下,发育有滩前湖坡和半深湖泥两个微相(图2)。

2.1 浅湖相区

浅湖水体受到波浪和湖流作用的影响较大,水体能量强,透光性较好,生物繁盛,在地貌高部位容易堆积生物碎屑滩体。根据沉积环境和沉积产物特征,将浅湖亚相划分为介屑滩、滩间洼地两个微相。介屑滩多呈透镜状,是具一定厚度的石灰岩沉积体。主要由亮晶、微晶以及不含或少含泥质的介屑灰岩组成。介屑含量在50%以上,以瓣鳃碎片为主,有少量介形虫、腹足及鱼骨碎片。

介屑滩微相根据岩性组合特征又可分为高能介屑滩和低能介屑滩。高能介屑滩位于浪基面附近。滩体中的生物大部分为原地生长的双壳类。岩性主要为灰—褐灰色中、厚层块状介屑灰岩,单层厚度、累计厚度均较大。介壳具有强烈的破碎和磨蚀作用,分选和磨圆度较好,在滩体中心部位。高能介屑滩具有较高的原生孔隙,石灰岩岩性较纯且厚度大、脆性强。容易形成规模较大的构造裂缝及微裂缝,为后期的溶蚀流体提供了通道,形成沿裂缝分布的溶蚀扩大缝、溶孔和溶洞。因此,高能介屑滩是有利储层沉积相带(图3)。低能介屑滩以褐灰色薄—中厚层状泥质介壳灰岩为主,具波状层理,分布于高能介屑滩的前缘,能量中等,低能介壳滩滩体较薄,规模相对小,夹泥页岩,生屑具有个体小、壳壁薄、含量相对较低的特点,分选、磨圆较差,粒间充填物以泥为主。介屑滩之间为滩间洼地分割。

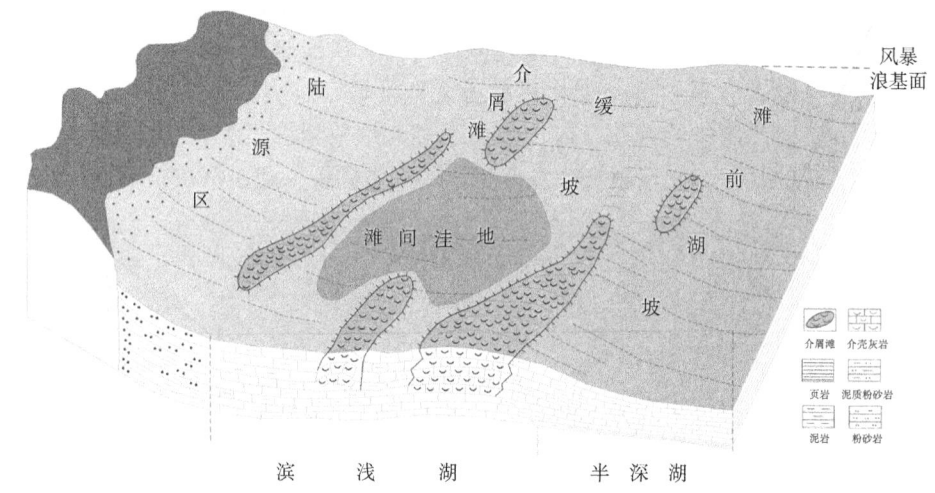

图2 大安寨段湖相沉积模式图

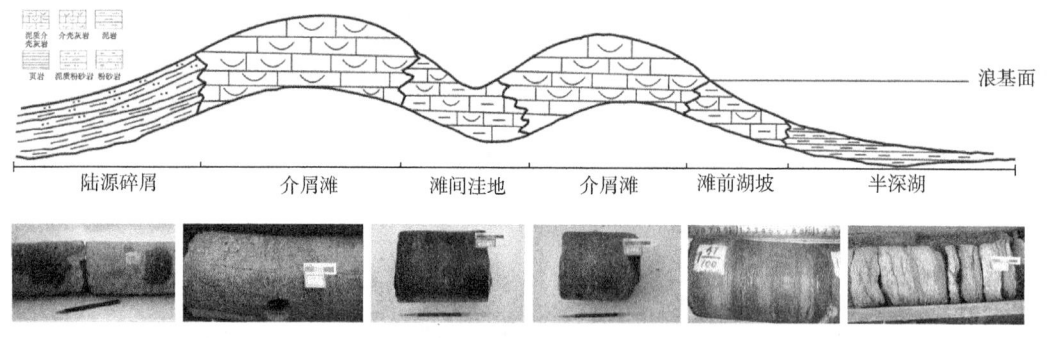

图3 介屑滩体发育模式图

滩间洼地为灰—灰黑色含介壳泥页岩夹薄层状泥质介壳灰岩,主要发育于介屑滩之间。因位于较封闭区域,所以,波浪和湖流作用弱,水体较平静。纵向上主要发育在大三段和大一段底部。

2.2 半深湖相区

滩前湖坡亚相为浅湖区向半深湖盆地加深的过渡带上,岩性主要为灰黑—黑色泥页岩夹泥质介壳灰岩,具波状层理,向浅湖方向泥质介壳灰岩增多,具有向半深湖盆地倾斜的坡状地形。半深湖泥为湖盆内水体较深的部位邻近沉积中心,在大二段中最发育,半深湖泥岩性以深灰黑色泥页岩为主,偶夹少量(含)泥质介壳灰岩,具水平层理,反映了在比较弱的水动力条件下沉积。

3 储层基本特征

3.1 储层岩性及物性特征

大安寨段储层主要为结晶介屑灰岩、泥质介屑灰岩,富含双壳类、藻类等生物碎屑。储层主要发育在泥质含量较低,结晶程度较高的大一段和大三段介壳灰岩中。储层孔隙度以小于2%为主。集中分布在0.5%~2%之间,渗透率多集中于0.001~1mD,孔渗相关性较差,属于特低孔隙度低渗透率致密储层。高孔渗带分布虽不明显,但部分有位于介屑滩上的特点。

3.2 储集空间特征

岩心薄片观察发现,研究区大安寨段普遍发育各类裂缝和溶孔、溶洞。

3.2.1 裂缝

裂缝以构造缝为主,方解石解理缝、成岩缝、层理缝均有发育。构造缝以低斜缝为主[图4(a)]。沿缝壁边缘常见溶蚀现象,缝中可见次生方解石半充填[图4(b)]。宽度大的构造显裂缝只能在岩心上观察,或从钻井放空和钻井液漏失等现场中得到证实。构造微缝宽度一般为0.02mm以下,呈近一致的延伸方向[图4(c)]沟通储层中各种类型的储集空间。方解石解理缝发育于结晶介屑灰岩中,具有密度大,分布广的特点,是重要的储集空间[图4(d)]。研究区地层中成岩缝表现为缝合线构造。发育在大安寨段介壳灰岩和泥灰岩中,绕岩心一周与层面平行或低角度相交,有机质、泥质全充填,裂缝宽度以小于0.5mm为主[图4(e)]。层理缝间距一般为5~7cm,最小间距为1~2cm,在地下一般为水平状态,常被方解石、泥质等充填。层间裂缝分布较广,常常发育在泥质条带灰岩和含泥灰岩中。

3.2.2 溶蚀孔、洞

研究区的溶蚀孔为近圆状及不规则状,多沿缝合线、微裂缝呈串珠状分布[图4(f)]或为介壳碎片直接溶蚀而成[图4(g)]。此外,在裂缝或溶洞亮晶方解石填物之间也有少量晶间孔和晶间溶孔的存在[图4(h)、图4(i)]。溶洞一般是在早期孔隙基础上的进一步溶蚀扩大[图4(j)]。或由早期裂缝溶蚀扩大而成。次生的溶蚀孔、洞虽然数量少,但与裂缝的连通性好,能有效地提高储层的储渗性,是重要的油气储集空间。

3.3 储层类型

按照裂缝与孔隙对储层有效性贡献的大小,认为大安寨油藏发育3类储层:孔隙—裂缝型、裂缝—孔隙型及裂缝型。孔隙—裂缝型储层由裂缝提供基本的渗透率,基质供油,基质孔隙需要裂缝的连通和渗流才能具备工业开采价值,裂缝占据主导因素。裂缝—孔隙型储层由基质孔隙供油,孔隙具备一定渗流能力。裂缝型储层主要由裂缝系统自身构成独立的储渗单元[6]。通过岩心薄片观察发现部分溶孔见黑色沥青充填,表明介壳灰岩孔隙的含油性[7]。大安寨各油藏自投产以来,往往经历了初期短暂高产阶段和长期低产阶段,前者主要为裂缝产油。随后进入基质产油阶段。可见,基质孔隙对于储量和长期稳产的重要性。研究区试井双对数压力恢复曲线具有典型双重介质渗流特征(图5)。裂缝和孔隙双重介质在曲线上表现为[8-11]:第一个直线段反映流体在裂缝系统中流动的均质性特征,第二段曲线的下凹形,是孔隙开始向裂缝持续供液、反映了流体从基质孔隙系统流入裂缝系统过程,第三段对应油井压力变化的第三个阶段,反映既有流体从基质孔隙流入裂缝,流体在裂缝中流体的特征。两种不同介质之间发生流动的结果。大一段部分钻遇大规模裂缝。高产井对于裂缝的依赖较大,且大一顶部溶蚀孔洞较为发育,储层主要为孔隙—裂缝型或裂缝型;大二段层薄,泥质含量高,镜下观察微裂缝发育,所属油层产能、产量均较低,属于裂缝—孔隙型储层;大三段中—厚层石灰岩,发育小规模构造缝及微裂缝,属于孔隙—裂缝型和裂缝—孔隙型储层。

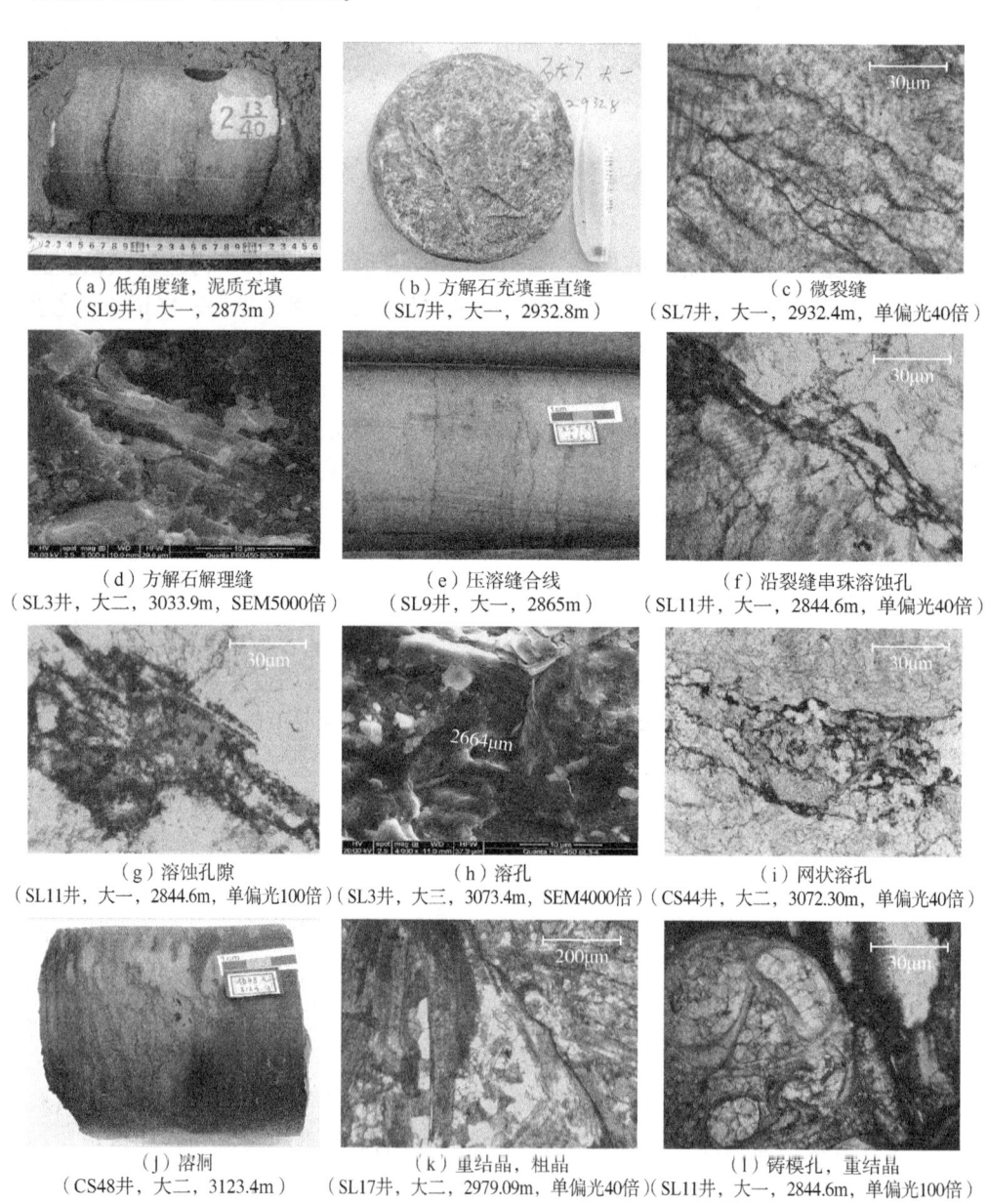

图 4 研究区大安寨段储层特征

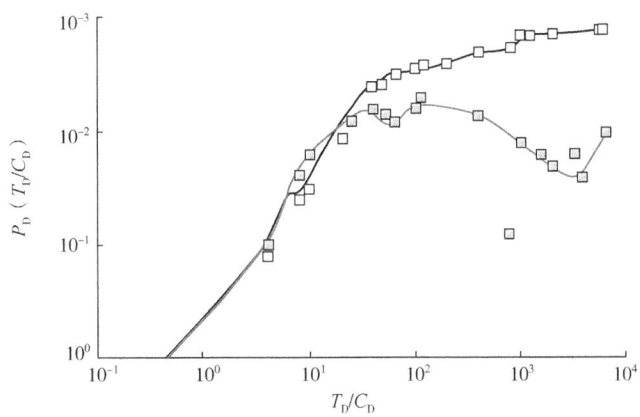

图 5 研究区大安寨段试井双对数压力恢复曲线图

4 储层发育主控因素

4.1 有利沉积相带

介屑滩是大安寨段储层形成的有利相带。储层在纵向上主要分布于大一段、大三段的介屑滩体上(图6),半深湖相滩体不发育,且石灰岩中泥质含量偏高,厚度较薄,无成岩裂缝,构造裂缝也稀少,溶蚀孔洞不发育,往往难以形成有效储层。滩体厚度和规模控制了储层的发育规模,在页岩和介屑灰岩互层的层段中,成岩裂缝和构造叠加裂缝主要发育在化学性质较活泼的介屑灰岩中,沿裂缝的溶蚀孔洞也很发育,孔洞密度相对较高、孔径大,连通性好。目前发现的工业油气井主要分布于滩体上,储层物性与石灰岩厚度具有一定的正相关性。厚度大的介屑灰岩往往可以形成良好的储层(图7)。此外,统计研究区各井石灰岩厚度发现,由大三段和大一段石灰岩的累计厚度具有明显正相关性,大三段石灰岩发育的单井往往在大一段石灰岩同样发育。说明有利沉积相带具有较好的继承性。

4.2 建设性成岩作用

建设性成岩作用是储层形成的关键。次生孔、洞、缝的发育与建设性的成岩作用密切相关,本区主要建设性成岩作用有重结晶作用与溶蚀作用:重结晶作用使得原生孔隙空间缩小,但对次生孔洞的形成具有十分重要的意义。在大安寨段常见的重结晶作用中,一类属于基质重结晶[图4(k)],使泥—微晶结构重结晶为细—粗—巨晶;一类属于生物碎屑重结晶[图4(l)],介屑碎片经重结晶其结构不清形成残余结构。上述两种形式的重结晶作用,其结果使晶粒变粗,孔径增大,形成晶间孔、晶间缝,使岩石变松、脆,易产生裂缝及溶蚀孔洞。能成为有效储层的致密石灰岩,其孔隙大多是次生溶蚀孔。溶蚀作用发生的有利地区是古地形的高部位及斜坡区,即介屑滩的分布区域。大二段泥质岩有机质热演化产生的酸性水流沿着成岩裂缝和构造裂缝运移,溶蚀作用多沿裂缝进行。有利的岩性条件也是溶蚀作用产生的基础,化学性质活跃的介屑灰岩比泥岩易形成溶蚀孔洞,大安寨段高能介屑滩是溶蚀作用产生的有利场所。

4.3 裂缝系统

勘探成果及研究表明:裂缝系统直接控制了大安寨段储层的发育和油气产能。区内储

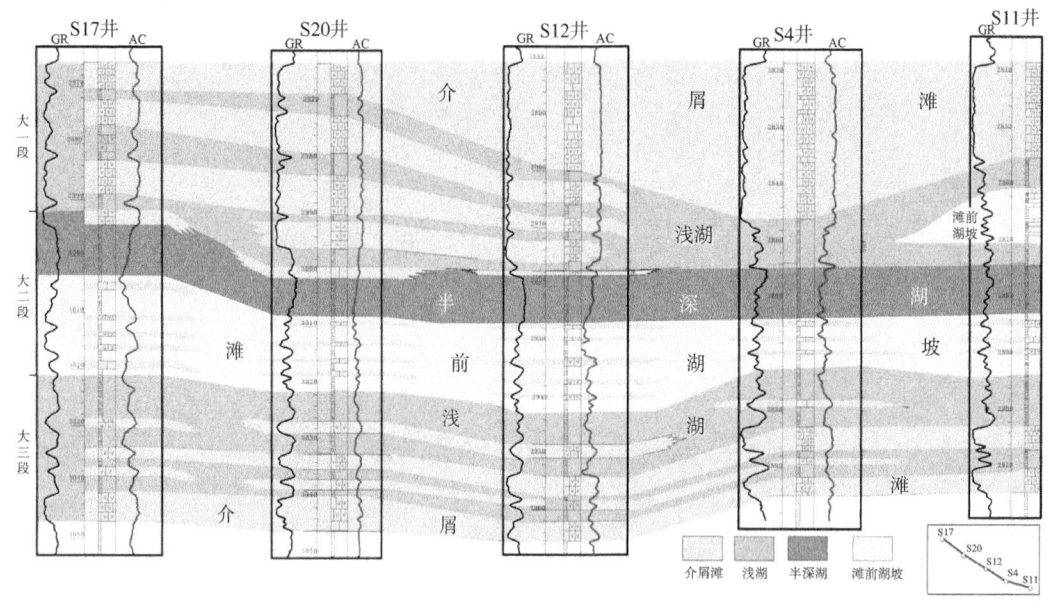

图 6 研究区大安寨段有利沉积相对比图

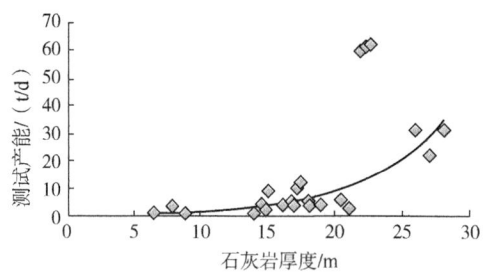

图 7 研究区石灰岩厚度与测试产能关系图

层基质孔渗性不足以形成有效储层,需要裂缝沟通各类储集空间。研究区内滩体隆起部位和构造轴部应力集中,其两侧剖面剪切破裂作用相对较强,是构造裂缝相对发育的部位,发育不同规模的剪切缝及张裂缝。由于早期褶皱变形形成的剪裂缝在其后的构造运动过程中被不断改造和发展,造成多期次开启和溶蚀[12-18],不同类型及成因裂缝的叠加形成了有效的储层裂缝系统。裂缝系统的存在同时也促进了次生孔、洞、缝的发育,扩大了溶蚀作用的影响范围和强度[19-22]。

5 储层预测思路

大安寨段有利储层发育受沉积相带、建设性成岩作用及裂缝系统共同控制。基于以上分析结论,结合大安寨各层段地层特点,提出储层预测思路:由于大一段石灰岩厚度大、岩性脆、具备发育大规模构造缝的条件。大三亚段为中—厚层石灰岩,主要发育小规模构造缝和微裂缝。可以通过古应力场模拟、构造曲率分析等裂缝预测方法预测大一段、大三亚段裂缝分布区,将多种预测手段共同指示的裂缝发育区、石灰岩发育区,以及有利沉积相发育区叠合得到了大一段、大三段有利储层分布区域,并以此为依据开展下一步地震详探部署。大二段由于主要为薄层石灰岩,裂缝预测存在一定难度,也没有相应可靠的预测结果可供参考,但已有研究表明大二段薄层石灰岩裂缝发育较为均匀,且主要以微裂缝为主,并受区域主应力影响[23-26]。可将大二段顶面构造图中的构造轴部、转折端等可能裂缝发育带与厚层石灰岩区域叠合,预测有利储层发育区。

6 结论

(1)川北地区大安寨段为浅湖—半深湖相沉积,浅湖亚相发育介屑滩、浅湖泥微相;半深湖亚相发育滩前湖坡、半深湖泥微相;储层储集空间主要为溶蚀孔洞,孔隙与裂缝常常伴生;主要孔隙类型包括粒间溶孔、晶间孔、晶间溶孔等,裂缝包括构造缝、成岩缝、层理缝及方解石解理缝四种类型;构造缝是大安寨石灰岩裂缝的主要类型,多呈组系分布,具有宽度小、角度低、无充填—半充填的特点。

(2)大一段储层主要为孔隙—裂缝型或裂缝型、大二段应属于裂缝—孔隙型储层、大三段属于孔隙—裂缝型和裂缝—孔隙型储层;储层形成发育受沉积相、成岩作用、构造作用的控制;介屑滩是大安寨段储层形成的有利相带,建设性成岩作用是储层形成的关键、裂缝控制了大安寨段储层的发育。

参 考 文 献

[1] 刘红岐,李博,王拥军,等.川中大安寨段致密油储层储集特征研究[J].西南石油大学学报(自然科学版),2018,40(6):47-55.

[2] 陶洪兴,张荫本,唐泽尧,等.中国油气储层研究图集(碳酸盐岩)[M].北京:石油工业出版社,1994:1-2.

[3] 邓康.四川盆地柏垭—石龙场地区自流井组大安寨段油气成藏地质条件[J].油气地质与采收率,2001,8(2):9-13.

[4] 蒋欲强,漆麟,邓海波,等.四川盆地侏罗系油气成藏条件及勘探潜力[J].天然气工业,2010,30(3):22-26.

[5] 李军,陶士振,汪泽成,等.川东北地区侏罗系油气地质特征与成藏主控因素[J].天然气地球科学,2010,21(5):732-738.

[6] 曾联波,柯式镇,刘洋,等.低渗透油气储层裂缝研究方法[M].北京:石油工业出版社,2010:20-24.

[7] 梁狄刚,冉隆辉,戴弹申,等.四川盆地中北部侏罗系大面积非常规石油勘探潜力的再认识[J].石油学报,2011,32(1):8-13.

[8] 李传亮.油藏工程原理[M].北京:石油工业出版社,2005:102-103.

[9] 段永刚,陈伟,李其深,等.考虑基质岩块和裂缝表皮的双重介质试井分析[J].重庆大学学报(自然科学版),2000,23(S):117-118.

[10] 赵宗举,范国章,吴兴宁,等.中国海相碳酸盐岩的储层类型、勘探领域及勘探战略[J].海相油气地质,2007,12(1):1-11.

[11] 周英杰.裂缝性潜山油藏表征与描述[M].北京:石油工业出版社,2006.:83-85.

[12] 代金友,何顺利.鄂尔多斯盆地中部气田奥陶系古地貌研究[J].石油学报,2005,26(3):37-41.

[13] 肖波,白晓亮,吕海涛.塔中隆起鹰山组岩溶储层特征及主控因素[J].西南石油大学学报(自然科学版),2018,40(2):59-70.

[14] 乔辉,贾爱林,贾成业,等.长宁地区优质页岩储层非均质性及主控因素[J].西南石油大学学报(自然科学版),2018,40(3):23-33.

[15] 彭军,曹俊娇,李斌,等.塔北及与巴楚下丘里塔格群白云岩储层特征对比[J].西南石油大学学报(自然科学版),2018,40(2):1-14.

[16] 胡向阳,赵向原,宿亚仙,等.四川盆地龙门山前构造带中三叠统雷口坡组四段碳酸盐岩储层裂缝形成机理[J].天然气工业,2018,38(11):15-25.

[17] 肖阳,刘国平,韩春元,等.冀中坳陷深层碳酸盐岩储层天然裂缝发育特征与主控因素[J].天然气工业,2018,38(11):33-42.

[18] 付金华,黄有根,郑小鹏,等.苏里格气田南区南区下奥陶统马家沟组气藏复杂岩溶储层的精细评价[J].天然气工业,2018,38(4):46-53.

[19] 杨光,黄东,黄平,等.四川盆地中部侏罗系大安寨段致密稳产主控因素[J].石油勘探与开发,2017,44(5):817-826.

[20] 田泽普,宋新民,王拥军,等.考虑基质孔缝特征的湖相致密灰岩类型划分:以四川盆地中部侏罗系自流井组大安寨段为例[J].石油勘探与开发,2017,44(2):213-224.

[21] 黄东,杨光,韦腾强,等.川中桂花油田大安寨段致密油高产稳产再认识[J].西南石油大学学报(自然科学版),2015,37(5):23-32.

[22] 王世谦,胡素云,董大忠.川东侏罗系:四川盆地亟待重视的一个致密油气新领域[J].天然气工业,2012,32(12):22-29.

[23] 丁文龙,樊太亮,黄晓波,等.塔中地区中下奥陶统古构造应力场模拟与裂缝储层有利区预测[J].中国石油大学学报(自然科学版),2010,34(5):1-6.

[24] 王长江,汤婕,李珂.裂缝储层综合评价方法—以渤南洼陷沙三段下亚段为例[J].油气地质与采收率,2014,21(6):68-71.

[25] 黄保纲,汪利兵,赵春明,等.JZS油田潜山裂缝储层形成机制及分布预测[J].石油与天然气地质,2011,32(54):710-717.

[26] 张涛,闫相宾.塔里木盆地深层碳酸盐岩储层主控因素探讨[J].石油与天然气地质,2007,28(6):745-754.

伊拉克哈法亚油田 Mishrif 组碳酸盐岩储层防漏堵漏技术

谢春来　胡清富　张凤臣　白忠卫　尹传铭

（大庆钻探工程公司国际事业部）

【摘　要】 为了解决哈法亚油田碳酸盐岩裂缝溶洞型储层钻井施工面临的钻井液漏失严重难题，针对哈法亚油田的地层条件，分析了裂缝类型、漏失因素和漏失程度，对目标区进行了漏失类型区域划分，堵漏材料和堵漏配方的优选，形成了渗漏区、部分漏失区防控技术和恶性漏失区、完全漏失区综合治理技术。近两年，该技术在 21 口 Mishrif 定向井进行了应用，经统计，与前三年平均水平相比，钻井液漏失量明显减少，每口井漏失量由原来 472m³ 降低到 29m³，复杂时率降低了 12.5%，钻井周期缩短了 8.5%，取得了良好的现场应用效果。该技术对于解决其他区块碳酸盐岩裂缝溶洞型储层钻井漏失难题具有借鉴意义。

【关键词】 碳酸盐岩裂缝溶洞型储层；漏失类别区域划分；堵漏配方优选；防漏堵漏治理技术

井漏为缝洞型碳酸盐岩储层钻井过程的普遍现象，是制约钻井安全、影响钻井效率、增大钻井成本的重要因素[1]。因此，依据缝洞型储层不同漏失程度采取针对性的防漏堵漏技术研究，尤其是开展针对恶性漏失的治理技术研究具有现实意义。缝洞型碳酸盐岩在国内分布比较广泛，如四川盆地高磨区块、新疆塔北区块等其储层裂缝发育，井漏严重，常规堵漏效果差，给钻井作业带来了严峻挑战[2-3]。国外西亚地区、中东地区碳酸盐岩储层分布十分广泛，如土库曼斯坦南约洛坦气田井漏问题是制约该区块高效、安全钻完井的最主要瓶颈[4]。围绕碳酸盐岩储层防漏堵漏钻井技术的研究一直以来是国内外钻井领域研究的热点之一。近年来，国内钻井技术人员对碳酸盐岩储层钻井技术开展了大量的研究工作，形成了缝洞型碳酸盐岩钻井堵漏技术[1]、碳酸盐岩储层井漏治理技术[5-8]等多套技术，提高了碳酸盐岩钻井成功率，减少了施工复杂。但是，针对不同地质对象的研究和恶性漏失情况的治理等技术还不够成熟，可供参考的文献不够多。为此，从地质分析入手，进行漏失类别区域划分，并针对不同漏失类别，开展针对性防漏堵漏技术研究尤为必要。目前，哈法亚油田随着开发的不断深入，地层压力亏空严重，钻井技术面临的主要难题是地层压力复杂，存在多个漏层，防漏堵漏形势严峻。通过开展裂缝类型、漏失因素的分析，依据漏失程度统计，把目标区域定性划分为四类，即完全漏失区、恶性漏失区、部分漏失区和

作者简介：谢春来（1968—），男，黑龙江大庆人，1989 年毕业于长春地质学院应用地球物理专业，2000 年获吉林大学沉积学硕士学位，高级工程师，2001 年以来主要从事以钻井专业为主的技术管理工作。联系方式：手机 13936773365，E-mail：1203009849@qq.com

渗漏区。针对不同类别的漏失区域进行了堵漏剂、堵漏配方和堵漏方案优选，形成了部分漏失防控技术和恶性漏失综合治理技术，提高了应对严重漏失情况的施工能力。

1 哈法亚油田储层地质特征

1.1 地质和钻井工程概况

哈法亚油田位于伊拉克东南部，是伊拉克六大油田之一，也是开发难度最大油田之一。含油面积288km^2，可采储量约为$41×10^8$bbl，油藏埋深1900~4400m，目标区域为完整的背斜构造，含油层系较多[9]，钻遇地层自上而下分别为新近系、古近系和上白垩统、下白垩统。主要岩性依次为砂岩、泥岩、膏岩、盐岩和石灰岩、白云岩，共有8套油气显示[10]。目前主要开采层位是Jeribe-Kirkuk组和Mishrif组。主力产层Mishrif组为低渗透，以巨厚生物石灰岩、白云质灰岩为主，夹薄页岩层，地层溶洞、裂缝十分发育。井深在3000~3600m之间，钻井采用四层套管结构，四开采用8½in井眼，7in套管组合（图1）。Mishrif地层孔隙压力系数为1.15~1.18，破裂压力系数为1.65（表1）。从Shiranish组开始进入渗漏层，一直到完井，始终处于漏失状态。Mishrif井几乎全部存在漏失的情况，近年来曾经3口井发生完全漏失井壁

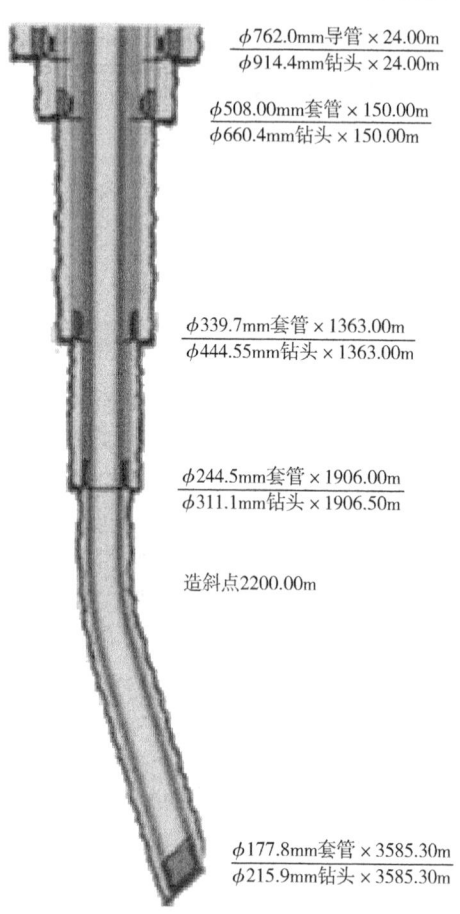

图1 Mishrif井井身结构示意图

坍塌埋钻具的情况。目前严重井漏问题未得到根本的解决，已成为制约哈法亚油田碳酸盐岩油气藏勘探开发的瓶颈。

表1 哈法亚油田压力分布

地质分层		孔隙压力系数	破裂压力系数
系	组		
新近系	Upper Fars	1.03	1.80
	Lower Fars	2.20	2.40
古近系	Jeribe	1.18	1.80
	Kirkuk	1.15	1.80
	Jaddala	1.15	1.65
	Aaliji	1.16	1.65

续表

地质分层		孔隙压力系数	破裂压力系数
系	组		
白垩系	Shiranish	1.16	1.65
	Hartha	1.17	1.65
	Sadi	1.15	1.65
	Tanuma	1.15	1.65
	Khasib	1.18	1.65
	Mishrif	1.15	1.65

1.2 储层地质特征和堵漏难点分析

哈法亚油田 Mishrif 组为碳酸盐岩储层，地层裂缝发育，孔隙度、渗透率较高，易发生漏失。储层岩孔、洞和缝按照不同方式和规模构成了主要漏失通道，大致可划分为天然致漏裂缝和非致漏裂缝、孔洞型裂缝、珊瑚礁型裂缝等三种类型[4]。天然致漏裂缝和非致漏裂缝钻井中表现以高气测值微漏或压裂性漏失为主。孔洞型裂缝溶蚀孔洞发育，连通复杂，部分区块发育半充填大型溶洞，钻井过程中以失返性漏失为主，部分井有放空现象，且呈现出喷、漏、塌卡等多重复杂并存。珊瑚礁溶洞和裂缝发育，地质最为复杂，多数井钻进过程中容易出现漏失失返，钻具放空，气液重力置换严重，钻井过程中实现对井筒压力的有效控制难度大。

Mishrif 组碳酸盐岩储层漏失通道的复杂性决定堵漏难度大，主要表现在以下几点：

（1）Mishrif 组碳酸盐岩属于非均质岩溶伴生的缝洞系统，宏观—微观多尺度结构复杂，且应力扰动下裂缝动态宽度变化呈现出的"呼吸效应"，导致选择堵漏材料颗粒级配难准确把握，以及对形成的"封堵隔墙"的抗压强度、胶结强度与回弹性能提出高要求，而目前堵漏技术很难实现以上要求。

（2）碳酸盐岩裂缝壁面光滑且漏失通道尺寸变化大，常规桥堵材料无法在近井壁漏失通道内架桥、填充堆积形成有效封堵带。

（3）碳酸盐岩岩溶洞、大裂缝中常存在地层水或井筒流体，堵漏剂受到地层水或溶洞积液置换、稀释的干扰，堵漏液冲稀后，难以固化。

2 漏失因素分析和井漏风险区域划分

本文对目标区 27 井的漏失情况进行了统计，平均每口井漏失量 472m³，单井最多漏失 2340m³；平均堵漏 5 次，最多堵漏 12 次。但是不同区域漏失程度不同，因此，开展工区不同区域的漏失程度、堵漏难度的分析，对于确定堵漏方案十分必要。

2.1 井漏程度分析

对于井漏程度主要与地层裂缝、孔洞发育，即跟裂缝、孔洞的导流能力密切相关。地层裂缝、孔洞的导流能力主要受裂缝宽度、接触面特征、接触端长度等自身特征影响，同时也受压差、流体黏度等工程控制因素影响。Zimmerman 综合考虑这些因素给出了地层裂缝的漏失速率之间的关系[2]，即裂缝漏失速率与裂缝接触段长度、压差呈线性关系，与裂缝宽度的三次方成正比，与钻井液黏度成反比。即在正压差相同情况下，裂缝越长越宽，漏失量速度越大，反之漏失速率越小；钻井液黏度越高，漏失速率越小，反之漏失速度越大。

2.2 目标区漏失区域划分

根据漏失统计，不同区域漏失程度差异较大，衡量的主要参考依据是漏失速度，从小于 $5m^3/h$ 到大于 $30m^3/h$ 不等，因此利用双狐制图软件对目标区 27 口井漏失速度进行计算，得到漏失速度等值线图(图2)，通过总结，把漏速大于 $30m^3/h$ 的区域定义为一类既完全漏失区，漏速 $10\sim30m^3/h$ 区域定义为二类既恶性漏失区，把漏速 $5\sim10m^3/h$ 的区域定义为三类既部分漏失区，把漏速小于 $5m^3/h$ 的区域定义四类既渗漏区。

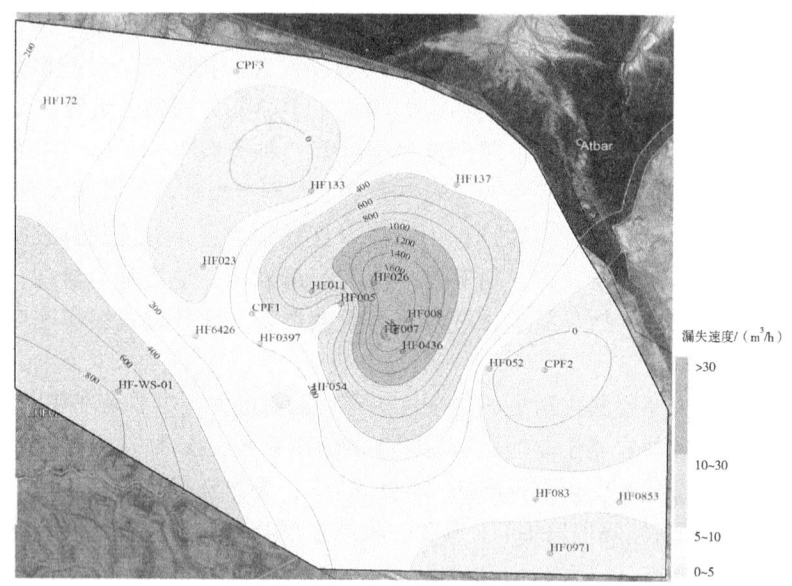

图 2　哈法亚油田漏失速度统计平面图

这样根据不同漏失区，进行有针对性的防漏堵漏技术研究，为堵漏方式和堵漏剂配方的优选奠定基础。

3　不同漏失类型的堵漏方案优选

结合哈法亚油田储层特征和现场实践，总结和分析了不同漏失类型的堵漏原理和思路，以及相应的防漏堵漏技术，尤其针对破碎孔洞裂缝型严重漏失问题治理难点进行梳理，提出了相应的治理方案。

3.1　渗漏和部分漏失类型井漏的防控技术

裂缝性碳酸盐岩地层主要发育天然致漏裂缝和非致漏裂缝[4]。天然致漏裂缝漏失特征为遇缝即漏，但漏失强度不高，若无及时有效地封堵，压力传递可使天然裂缝尺寸和密度增加，而使漏失不断增大，直至恶化。而非致漏裂缝在井筒压力扰动下发展成致漏性裂缝[11-13]。处理一般性裂缝漏失问题，及时有效封堵隔绝压力传递是关键。其基本思路在钻进过程中用钻井液为主的技术手段来随钻不断提高所钻遇地层的破裂压力、漏失压力、承压能力，随钻扩大钻遇地层的安全密度(压力)窗口，以随钻防漏为主、堵漏为辅；立足于防，防不住再堵。

针对孔隙与微裂缝漏失储层，综合考虑漏速大小、井下钻具钻头水眼和回压阀尺寸以及现场堵漏材料类别，结合漏失类型区域划分，开展优化堵漏材料优选、堵漏材料复配试验、储层动态损害评价，形成了有效治理该类井漏问题的堵漏方式和系列桥浆堵漏配方(表2)。优化后的堵漏材料主要有：超细碳酸钙刚性粒子、液体套管、磺化沥青、油溶树脂、纤维、桥接堵漏剂(粗、中、细)等。桥接堵漏剂有云母、坚果壳，混合堵漏剂和超细碳酸钙。

表2　堵漏方式和防漏堵漏配方优选

技术类别	堵漏方式	漏速/(m^3/h)	对象漏失区(类)	防漏堵漏配方	可封堵最大裂缝尺寸/mm	最大承压能力/MPa
随钻防漏堵漏	全井式	≤5	一、二	高滤失钻井液+2.0%~4.0%超细碳酸钙刚性粒子(800~2000目)+0.6%~1.5%液体套管+1.5%~2.0%磺化沥青(总浓度：3%~5%)	≤1	3
随钻防漏堵漏	段塞式	≤5	三、四	高滤失钻井液+3.0%~4.0%超细碳酸钙刚性粒子(800~2000目)+2%~3% SDL-1+1.5%软化变形颗粒+0.5%PCC(总浓度：6%~9%)	≤1	4
停钻堵漏	桥塞式	5~10	三	混合堵漏剂+5%~7%桥接堵漏剂(细)+1%~2%变形粒子+2%~5%油溶树脂+0.3%~0.5%纤维	≤2	5
停钻堵漏	桥塞式	10~30	二	混合堵漏剂+3%~6%桥接堵漏剂(中)+4%~7%桥接堵漏剂(细)+3%~5%超细碳酸钙+3%~5%油溶树脂+0.5%~1.0%纤维	≤3	5
停钻堵漏	桥塞式	>30	一	高黏度钻井液或含粗颗粒堵漏材料(云母、坚果塞、混合LCM和QS-2)的高滤失钻井液	≤4	5

经过不断地优化和实践，总结出渗漏和部分漏失类型井漏的堵漏原则：对于漏速小于 $5m^3/h$ 采用随钻堵漏，包括全井方式和段塞方式；对于漏速大于 $5m^3/h$，采用桥塞方式停钻堵漏(表2)。现场加强漏失监测，如果发现漏失，立即将排量降低 $0.8m^3/min$，实施堵漏。漏速小于 $5m^3/h$，泵入 $5m^3$ 随钻堵漏剂，尝试继续钻进。漏速大于 $5m^3/h$，停止钻进，打入 $10m^3$ 桥塞式堵漏剂。

尽可能使用较低的钻井液密度。钻井液密度是决定漏失压差的主导因素，钻井液密度越高，发生井漏的可能性或井漏的严重度将越大。因此，满足井壁稳定和平衡地层流体的前提下，尽可能使用较低的钻井液密度，有利于防止井漏的发生。井漏发生后，根据井下实际情况，适当降低钻井液密度是处理井漏的有效手段之一。控制合适的钻井液黏度和切力，适当提高钻井液黏切，尤其是提高钻井液的静切力，有利于防止或消除井漏。在进入

Shiranish 组等可能发生井漏的层段，钻井期间应储备配制 40m³ 的胶液和膨润土浆，同时储备可实施不少于 2 次桥接或随钻堵漏的堵漏材料。

该堵漏配方在 2019 年的防漏治理中应用表明，其封堵能力强，承压强度高，堵漏成功率高。

3.2 完全漏失和恶性漏失的治理技术

该工区碳酸盐岩储层缝洞发育、连通性好且其破碎，钻井过程中易出现完全漏失和恶性漏失等严重井漏难题。针对完全漏失区，从开始漏失到井壁剥落，最后到坍塌一般有 10~15min 甚至更长的时间。如果采取措施得当，可以减缓井壁坍塌或不塌，再实施堵漏技术措施。技术思路是当发现恶性漏失或完全失返时，立即大排量向环空灌液，保持灌入量始终大于漏失量，确保液柱压力不降低，维持井筒内的压力平衡，抑制或延长井壁坍塌的时间，以便为大颗粒桥塞堵漏创造条件。因此，在具体方案上，从钻进至 Shiranish 层开始，采用全井随钻堵漏方式，提高地层承压能力。钻进至 Mishrif 组储层顶后起钻，变换定向钻具组合为常规稳斜钻具组合，不上钻头水眼，确保大的堵漏颗粒的通过。提前准备充足钻井液和大颗粒桥浆堵漏剂。从打开储层开始加强观察，当发现漏失大于 10~30m³/h 或完全失返时，立即大排量向环空灌液，确保液柱压力不降低，抑制或延长井壁坍塌的时间。压力稳定后起钻至技套，观察井壁是否稳定，具备堵漏条件后，下钻实施堵漏。在穿过主力油层 Mishrif B 后采用打水泥塞堵漏方式，为下面地层钻进打下基础。现场常规钻具组合下钻到底后，首先打入 5m³ 堵漏剂，提高地层的承压能力后再打开储层。储层钻进中当发生恶性漏失或完全失返时，立即通过计量罐和压井管汇同时大排量向环空灌液，必要时抽污水池中的污水灌液，直到液面从井口返出，确保液柱压力不降低。在确定井壁不发生坍塌时，通过钻柱打 10m³ 大颗粒复配桥浆堵漏，并一直活动钻具，在环空未返出前不能停泵。然后通常静止 6~8h，待堵漏成功后，再恢复钻进。通常近 200m 井段平均要堵漏 5~6 次。

4 技术应用效果

经统计，2019 年以来，该技术应用 Mishrif 井 21 口，由于防漏堵漏技术的不断完善，平均每口井漏失 29m³，平均实施堵漏 1.3 次，钻井周期 45.06 天。与 2016—2018 年平均水平相比，钻井液漏失量明显减少，钻井周期缩短了 8.5%，提效显著。

2019 年施工的××0436D1 井，四开 8½in 井眼从 2000m 钻进至 2897.3m，钻开 Mishrif 顶层，发生完全失返，漏失钻井液 40m³，发生井壁坍塌埋钻具的事故；被迫打水泥塞，井眼报废。为了完成侧钻井眼的施工，分析事故发生的主要原因是对井位的地层岩性和漏失的程度准备不足，发生完全失返时采取的措施不当。因此，应从地质方面入手，查找原因。该井井位处于一类漏失区内，四开岩性依次为砂岩、黏土岩、石灰岩、白云岩，溶洞裂缝发育，钻遇储层时易发生恶性漏失。有了这个认识以后，项目组制定了针对性措施。侧钻井眼钻进至 2885m 时，起钻更换定向钻具组合为常规稳斜钻具组合，保证大堵漏颗粒的通过性，同时，钻头不上水眼，进一步扩大通过性。侧钻钻具下钻至井底时，钻井液密度从 1.24g/cm³ 调到 1.23g/cm³，并提前打入 5m³ 堵漏剂，提高地层的承压能力。当钻进至 2894m Mishrif A 顶时，发生恶性漏失，井队立即从压井管汇和计量罐泵，大排量向环空灌浆，保持液柱压力是决定剥落和坍塌程度的关键，直到有钻井液返出。待液面稳定后开始起钻至技套,在确定井壁稳定后,实施大颗粒桥浆堵漏方案。再次钻进后,漏速降到 10m³/h 左右,实施桥塞式停钻堵 6 次,钻进至主力油层 Mishrif B 底 3155m 实施打水泥塞堵漏。从 3155m 到完钻井深 3910m,始终渗漏,漏速在 0.5~3m³/h 之间,采取随钻堵漏。由于采取了一系列防漏堵漏措施,保证了侧钻井眼的施工,得到了甲方的赞扬。

5 结论

(1)经过统计,将目标区划分为 4 类漏失区。根据不同漏失区,采取有针对性的防漏堵漏技术研究,为堵漏方式和堵漏剂配方的优选奠定基础。

(2)针对完全漏失,立即实施大排量向环空灌液,保持灌入量始终大于漏失量,确保液柱压力不降低,抑制或延长井壁坍塌的时间。采取常规钻具组合、钻头不上水眼、大颗粒复配桥浆堵漏和打水泥塞堵漏,收到较好效果。

(3)由于资料有限,漏失类型的区域划分精度有待提高。只是给出研究思路,还需进一步完善。

(4)针对完全漏失治理技术进行了研究,见到了较好效果,但是伊拉克其他区块有很多成熟的方法值得借鉴,建议深入开展失返性漏失储层强钻技术研究,提高应对复杂的施工能力。

参 考 文 献

[1] 向旺.缝洞型碳酸盐岩钻井堵漏技术探讨[J].石化技术,2017,5:281-281.

[2] 左星,罗超,张春林.四川盆地裂缝储层钻井井漏安全起钻技术认识与探讨[J].天然气勘探与开发,2019,42(1):108-113.

[3] 秦文政,张茂林.塔北碳酸盐储层井控技术浅析[J].西部探矿工程,2017,4:40-42.

[4] 向朝纲,陈俊斌,陈鑫.南约洛坦气田碳酸盐岩储层井漏治理技术[J].天然气勘探与开发,2018,41(4):107-112.

[5] 陈柳,刘翔,洪英林,等.塔中碳酸盐岩储层恶性井漏治理现状及对策浅析[J].西部探矿工程,2018,6:68-72.

[6] 王中华.复杂漏失地层堵漏技术现状及发展方向[J].中外能源,2014,19(1):39-46

[7] Forrest. Method of Drilling with Fluid Comprising Peanut Hulls Ground to a Powder[P]. US Patent, 1992, 5087611.

[8] Bock M G, Freidiner R M. Cholecystokinin Antagonists[P]. US Patent, 1993, 5220018.

[9] 王青华,杨军征,陈诗波,等.利用多级模糊评判法优选哈法亚油田人工举升方式[J].石油钻采工艺,2017,39(5):594-599

[10] 王翔宇.酸溶水泥浆体系在哈法亚地区的研究与应用[J].中国石油和化工标准与质量,2018,38(20):94-95.

[11] 王海,林然,张晨阳,等.串珠状缝洞型碳酸盐 岩储层压力变化特征研究[J].西南石油大学学报(自然科学版),2017,39(1):124-132.

[12] 王明波,郭亚亮,方明君,等.裂缝性地层钻井液漏失 动力学模拟及规律[J].石油学报,2017,38(5):597-606.

[13] 邱正松,刘均一,周宝义,等.钻井液致密承压封堵裂缝机理与优化设计[J].石油学报,2016,37(S2):137-143.

提高大斜度井井眼净化效果的实践及认识

许云龙

（大庆钻探钻井四公司）

【摘　要】 随着油田开发需要，常规定向井逐步被大斜度井所取代。然而在大斜度井施工过程中，返砂效率不足时，钻井中产生的岩屑容易沉积在下井壁处形成岩屑床，将会出现岩屑运移困难的问题，这类问题若得不到及时有效的解决，将会对钻井以及完井作业产生影响，增大了钻柱的摩阻和扭矩，严重时会造成卡钻等井下事故。为了解决这些问题，对大斜度井返砂效率进行探究很有必要，返砂效果的提高能够为大斜度井提速打下坚实的基础，更能够在原有作业模式下降低钻井作业风险。

【关键词】 大斜度井；上返速度；岩屑床；返砂效果

在钻井作业中，保证井眼的清洁和畅通是极其关键的。在直井中，岩屑均匀分布于环空之间，其上返情况由钻井液的流速和黏度决定，只要排量合理，环空上返速度大于岩屑沉降速度，岩屑能够返出地面；但在大斜度井中，钻井液在高边流动，而岩屑由于重力作用往往沉淀在井眼底边，即使调整钻井液流速和黏度，对岩屑的上返效果仍不太理想，只要停止循环岩屑颗粒很快沉淀在井眼底边，随着岩屑的不断堆积形成岩屑床。并且大斜度井岩屑上返路程较长，岩屑被磨得很细，很难从钻井液中清除，影响钻井液性能。若大斜度井不能提高返砂效果，岩屑床不能及时清除，将会对钻井周期和钻井质量产生直接影响，因此井眼返砂效果的研究非常重要。

1　返砂效果分析

1.1　影响岩屑上返效率因素分析

环空上返速度：

$$V_{上} = 1274Q/(d_h^2 - d_p^2) \tag{1}$$

式中：$V_{上}$为钻井液环空上返速度，m/s；Q为泵排量，L/s；d_h为井眼直径，mm；d_p为钻具直径，mm。

紊流时岩屑下沉速度：

$$V_{下} = 0.071 \times d_s(2.5-\rho)^{0.667}/(\rho^{0.333} \times \mu^{0.333}) \tag{2}$$

作者简介：许云龙，男，1971年出生，1993年毕业于大庆石油学院钻井工程专业，现从事钻井技术管理工作，高级工程师。通讯地址：大庆钻探工程公司钻井四公司技术服务中心，邮编：138000，联系电话：0438-6225051

式中：$V_下$为岩屑下沉速度，m/s；d_s为岩屑当量直径，mm；ρ为钻井液密度，g/cm³；μ为塑性黏度，mPa·s。

岩屑的运移速度：

$$V_t = V_上 - V_下 \tag{3}$$

$$E_t = V_t/V_上 = (1 - V_下/V_上) \times 100\% \tag{4}$$

式中：V_t为岩屑的运移速度，m/s；E_t为岩屑的运移效率，%。

岩屑的运移效率又叫钻井液的携岩能力或井眼净化能力。研究表明，运移效率应大于50%才能有效地携带岩屑、净化井眼，考虑到机械钻速的影响，确定的最小环空返速即临界输送速度应该为

$$V_临 = 2 \times (V_上 - V_下) + V_钻 \tag{5}$$

式中：$V_临$为临界传送速度，m/s；$V_钻$为机械钻速，m/s。

携岩所需的最小排量：$Q = (d_h^2 - d_p^2) \times V_临 / 1274$。

即 $Q = (d_h^2 - d_p^2) \times (2V_下 - V_钻) / 1274$。

在不考虑钻井液浮力和其他阻力情况下，假设钻井使用215.9mm钻头，井眼直径为237mm，钻杆直径127mm，岩屑当量直径为15mm，塑性黏度30mPa·s，钻井液密度1.2g/cm³时，在不同井斜角下所需的最小上返速度和最小排量见表1。

表1 不同井斜角所需的钻井液上返速度和最小排量

井斜/(°)	上返速度/(m/s)	最小排量/(L/s)	井斜/(°)	上返速度/(m/s)	最小排量/(L/s)
0	0.77	24.21	40	1.01	31.61
10	0.78	24.58	50	1.20	37.66
20	0.82	25.76	60	1.54	48.43
30	0.89	27.96	70	2.25	70.80

从图1看出，当井斜在0°~30°时所需的上返速度变化幅度缓慢，只要满足岩屑运移效率不小于50%，岩屑基本能清理干净；随着井斜增加，垂直向上的径向速度减小，为了满足岩屑运移效率不小于50%，所需的上返速度需要提高，当井斜角在40°~70°时，上返速度需要较大幅度提高，才能满足岩屑运移效率不小于50%，相应排量也需大幅度提高，所以大斜度井在井斜40°~70°井段需要足够大排量来满足钻井液返砂效率；当井斜继续增加，达到80°~90°时，此时岩屑的受力情况又有不同，岩屑受重力影响沉降在井眼低边，岩屑颗粒主要表现为在岩屑床表面

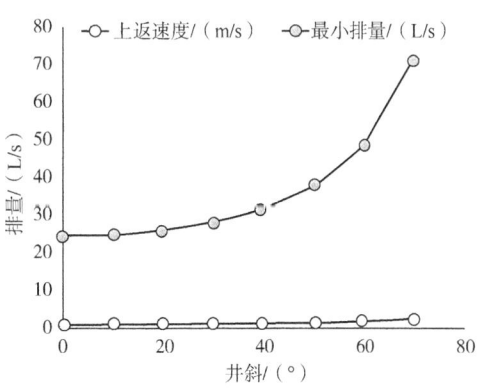

图1 随着井斜角增加所需上返速度和最小排量的变化

滚动,难以被举升至上层流体之中,此时钻井液没有垂直向上的速度分量,上返速度方向完全是水平方向,所以水平段岩屑的运移相对比较容易。

1.2 受力分析

图2中分别表示在垂直井段、倾斜井段和水平井段中,岩屑受重力作用下的沉降分析。在直井段中,下沉方向与重力方向一致,岩屑沿井眼轴线方向垂直下降落;在倾斜井段中,岩屑下滑速度分解为井眼轴向分量和径向分量,在径向分量的影响下,岩屑会向井眼底边沉降,形成岩屑床;在水平井段中,岩屑的沉降速度只有径向分量。

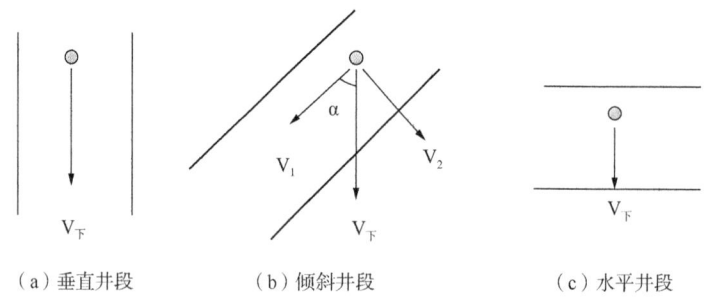

(a) 垂直井段　　　(b) 倾斜井段　　　(c) 水平井段

图2　不同井型中岩屑颗粒的重力分析

图2倾斜井段中:

$$V_1 = V_{下}\cos\alpha \tag{6}$$

$$V_2 = V_{下}\sin\alpha \tag{7}$$

式中:V_1为向井底轴向分量,m/s;V_2为向下井壁的径向分量,m/s;$V_{下}$为岩屑下沉速度,m/s;α为井斜角,(°)。

下面假设岩屑当量直径为15mm,塑性黏度为30mPa·s,钻井液密度为1.2g/cm³,岩屑的运输比为50%,在不同井斜下的各项数据分析见表2。

表2　不同井斜角下岩屑各项数据情况

井斜/(°)	径向速度/(m/s)	沉落时间/s	沉降距离/m
30	0.193	0.623	0.455
40	0.248	0.485	0.354
50	0.295	0.407	0.297
60	0.333	0.360	0.263
70	0.362	0.332	0.242
80	0.379	0.316	0.231
90	0.385	0.312	0.228

从图3中看出,在大斜度井段的钻进中,随着井斜的增加,岩屑的径向速度增大,岩屑在运动过程中的垂直下落距离变短,岩屑滑向井眼底边的时间变短,在重力作用下一旦上返速度达不到要求或循环不充分,很快就紧贴套管壁堆积,岩屑更容易落向井眼底边形

成岩屑床；其中 30°~60°时径向速度增加最快，岩屑脱离钻井液悬浮力，沉落时间和沉降距离缩短最快，容易形成岩屑床，此时若钻井参数使用不当，岩屑会沉淀在环空的底边并形成岩屑床。

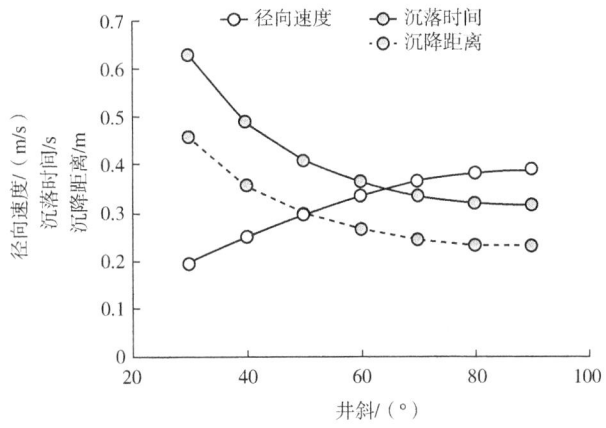

图 3 随着井斜角增加岩屑各数据的变化

2 返砂效果的影响因素

2.1 井斜角

在直井中，岩屑下滑速度与岩屑受重力作用方向一致，岩屑在环空中受重力作用而下滑的方向是垂直于水平面，当钻井液上返速度稍微大于岩屑在钻井液中的下滑速度时，只要不停止循环，岩屑总会慢慢地被带出井筒，不存在岩屑床。当井斜角增大到一定值，径向分量增大致使岩屑脱离钻井液流，滞留井眼底边并滑向液流的反向而形成岩屑床，而且当钻井液停止循环时，岩屑床受重力作用而存在下滑趋势，随着井斜角的不断增加，井下钻具会在重力作用下更加密切地靠向井眼底边，而这一现象则会使井眼以及钻具之间出现"偏心环空"，在此现象的作用下岩屑的沉降以及位移都将发生变化，最终岩屑会呈现出径直向井壁沉降的发展趋势，此时钻井液在环空流速下将呈现出不均匀流动的状态，将影响到岩屑被带出地面的流畅度。岩屑长时间在井下堆积并得不到及时有效的清理将增大钻具和井眼的摩擦，会使卡钻以及钻机遇阻的概率成倍增加，而钻完井作业的效率、质量也将受到影响。图 4 为大斜度井中岩屑的分布情况。

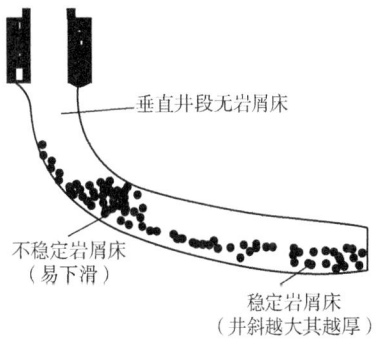

图 4 大斜度井中岩屑的分布情况

2.2 环空返速

泵排量也称为环流速度，是影响返砂效果的最大因素。在大斜度井施工时，紊流对于岩屑的运载更为有利，可以大大降低岩屑床的发育。排量的急剧增加能够使井眼流体形成紊流，大大增加返砂效果，并增加钻井液的运载能力，这是由于更高的排量使作用于岩屑床的剪应力更大，随着钻井液排量的增加，岩屑在井眼较低一侧堆积减少直到排量达到某一特殊值(没有颗粒沉降和无岩屑堆积发生),从而阻止了岩屑床的形成。

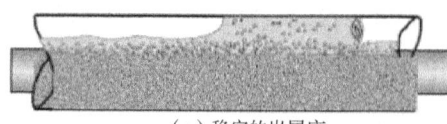
(a)稳定的岩屑床

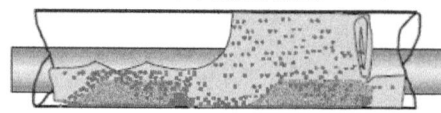
(b)移动的岩屑床

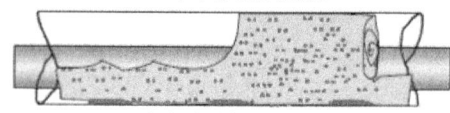
(c)岩屑床在液相的分布

图 5　不同排量下岩屑床的分布示意图

当环空流速较低时,整体容积排量没有产生运载岩屑的流速,岩屑开始堆积在井眼底侧,形成不动的岩屑床,随着时间的增加,岩屑床越来越厚,越来越难清除;当环空流速逐渐增加时,形成充足运载岩屑的能力,使岩屑床不能堆积,开始缓慢移动;当环空流速增加到一定时,排量足够高时,将岩屑颗粒分散到钻井液中,岩屑床逐渐消失。图 5 表示随着排量的增加,岩屑颗粒在大斜度井眼中分布情况。

大量实验表明,使用 215.9mm 钻头,在井斜 35°～55°的井段,当钻井液环空返速为 0.1～0.6m/s 时,井眼底边出现岩屑床,并且有向下滑动的趋势;在环空返速不小于 0.9m/s 时,难形成岩屑床,特别是在紊流时岩屑会慢慢地运移,此时有一些岩屑床形成,但不稳定,常被破坏,其厚度也不固定。由此可以看出,在大斜度井眼中,环空返速是决定岩屑床形成及厚度的主要因素。岩屑上返最困难的井段一般处于井斜角在 30°～65°之间的井段,因为在这一段,不仅容易形成岩屑床,而且岩屑床存在下滑趋势,使岩屑床不断增加更难清除。

2.3　钻井液性能

钻井液性能是大斜度井改善返砂效率的主要因素之一,适当提高黏度有利于悬浮和携带岩屑颗粒,从而提高钻井液携砂率。但继续提高黏度会导致流体由紊流状态转变为层流状态,反而不利于大斜度井返砂效率的提高,因此在不同的井斜段选择合适的黏度,对返砂效果提高更为有利。在高环空返速下,钻井液黏度和动塑比影响较小,但在低环空返速下,则影响较大。在层流条件下,为满足返砂效率的需要,要求钻井液屈服值必须在临界值以上。

假设岩屑当量直径为 15mm,返砂效率为 50%时,在不同塑性黏度和不同密度下的下沉速度分析见表3。

表 3　不同塑性黏度和不同密度下的下沉速度

塑性黏度/(mPa·s)	下沉速度/(m/s)		
	密度 1.1g/cm^3	密度 1.2g/cm^3	密度 1.25g/cm^3
10	0.6	0.555	0.533
20	0.47	0.44	0.423
30	0.41	0.385	0.37
40	0.378	0.35	0.336
50	0.351	0.325	0.312
60	0.33	0.305	0.293

续表

塑性黏度/(mPa·s)	下沉速度/(m/s)		
	密度 1.1g/cm³	密度 1.2g/cm³	密度 1.25g/cm³
70	0.314	0.29	0.279
80	0.3	0.277	0.267
90	0.289	0.267	0.256

从图 6 看出，随着塑性黏度和钻井液密度的提高，钻井液中岩屑的沉降速度降低，钻井施工中钻井液密度要按照设计执行，在大斜度井施工过程尽量采用设计密度上限；而塑性黏度可以适当提高，当塑性黏度超过 45mPa·s 后，对于岩屑沉降速度的降低效果不明显，继续提高塑性黏度性价比不高，为了避免塑性黏度过高对地层产生不利影响，大斜度井塑性黏度控制在 40~45mPa·s 较好。

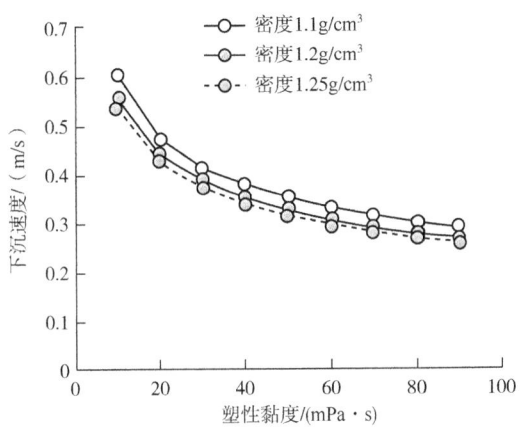

图 6　随着塑性黏度增加不同密度下的下沉速度变化

3　提高返砂效率的方法

（1）增大钻井液排量。在大斜度井段，应合理调整钻井液流变性能，保持较低的塑性黏度，动塑比为 0.5~0.8，较低的黏度可以在较低的返速情况下达到紊流。应合理控制泵排量，保持紊流流态，避免岩屑床的形成，从环空中钻井液的不同流态来看，紊流好于层流，用高流速、低黏度和高密度钻井液冲洗，容易携带岩屑，不易形成岩屑床。

（2）避免形成段长且厚的岩屑床。井斜角在满足地质要求的前提下尽量小于 30°，如没办法满足设计要求，则井眼轨迹设计成井斜角在 30°~60°的井段应尽量短。

（3）改善钻井液性能，提高动塑比，抑制岩屑床增厚。同时适当时机增大泵排量配以钻具转动、上下活动，使环空钻井液达到紊流状态，破坏部分岩屑床、降低环空岩屑浓度。

（4）定时间段或定井段进行短起下钻、分段循环或对 30°~60°井段划眼，破坏清除岩屑床，提高返砂效率。

（5）使用岩屑床破坏器，保证井眼通畅，提高返砂效率。由于大斜度井井眼较长，井斜角过大，导致井底岩屑携带困难，为提高井眼清洁，降低作业风险，在现场使用岩屑床破坏器,能够有效地清除井眼低边沉淀的岩屑床,保证井眼的清洁,提高起下钻作业效率,保证作业的安全性。最有效的井眼清洁方式是使用岩屑床破坏器,通过钻具的旋转将井眼低边岩屑搅动甩至"高流速区",使岩屑顺利上返。

4　结论

(1) 在大斜度井施工中,返砂效果是决定岩屑床形成及厚度的主要因素,在条件允许的情况下,尽可能采用较大排量,可以缓解岩屑床的形成,保证大斜度井段井眼的清洁和畅通。

(2) 钻井液的切力要满足在停止循环时能悬浮岩屑,适当增加钻井液塑性黏度,减小岩屑下沉速度,可以提高钻井液返砂效果。

(3) 保持钻井液良好的流变性,尽量使大斜度井段环空钻井液呈现紊流状态,在岩屑容易堆积的井段采用大排量、高转速破坏岩屑床,提高返砂效果。

(4) 不管排量大小如何,大斜度井需要更长的循环时间来使井眼清洁,在起钻之前,必须连续循环钻井液直到返出岩屑减少。

Analysis of Drilling Risks and Design Optimizations of High Efficiency Wells in Daqing Placanticline

Liu Shaoran

(Production Engineering Research Institute of Daqing Oilfield Co Ltd, CNPC)

【Abstract】 Through the drilling risk factors analysis and drilling design optimization of high-efficiency wells in Daqing placanticline, the safety and efficiency of drilling construction of high-efficiency wells have ensured. Combined with the characteristics of Daqing placanticline reservoir, development status and drilling situation, the main risk types and hazards affecting the drilling safety of high-efficiency wells in placantic reservoirs are analyzed, and the formation pressure characteristics, formation abnormal high pressure types and pressure prediction analysis methods of high-efficiency wells are summarized. In the process of drilling design, aiming at the main risk and the abnormal high pressure of formation, the reasonable drilling fluid density is designed, the matching drilling fluid system is selected, and the drilling control and shut-in program is optimized according to the development layer system and the spatial relationship between the production well and the design well trajectory. Practice had proved that the optimization of shut-in program was scientific and feasible, and there was no complicated drilling situation, which ensured the safety and efficiency of drilling construction, and reduced the influence of drilling shut-in on production. The risk analysis and optimization method provide technical experience for the design optimization and drilling safety of efficient wells in the middle and late stages of oilfield development.

【Key words】 High Efficiency Well; Pressure Analysis; Drilling Risk; Drilling Design; Daqing Placanticline

After years of water injection development in Daqing placanticline, considering the economic benefits and actual production situation, the well pattern control degree of some development strata is relatively low, and some sedimentary units have great potential to tap the remaining oil. The vertical adjustment thickness of oil layer is relatively small. Conventional wells are used for development, with no significant development effect and poor economic benefits. If special wells such as horizontal wells or high slope wells are considered to tap potential, it can greatly improve the control degree of oil layers and obtain higher economic benefits[1-4]. The imbalance of injection and production in some well areas of Daqing placanticline area results in the formation of abnormal high pressure area and the development of shallow gas in some areas. These risks lead to the

---

Corresponding author: Liu Shaoran (1988—), Female, Master Degree, Engineer, mainly engaged in drilling design compilation and research, E-mail: liusr4820@petrochina.com.cn

occurrence of complex situations such as oil and gas invasion in drilling and gas rising outside the pipe after cementing, which affect the drilling operation[5-8]. The above risks seriously restrict the drilling development of Daqing placanticline high efficiency wells. How to identify these risks comprehensively and put forward reasonable solutions in drilling geological design is very important for safe and efficient drilling.

1 Drilling Risks

1.1 Brief Introduction of Geological Conditions

From top to bottom, Daqing placanticline successively developes HDM shallow gas layer, ST oil layer, PTH oil layer, GTZ oil layer and FY oil layer. After the development of basic well pattern, it has undergone primary, secondary and tertiary infill adjustment, and some blocks adopt polymer flooding and ASP flooding, forming a multi well pattern and multi-layer production mode. These factors lead to dense ground well patterns and prominent contradictions between layers and layers.

1.2 Main Drilling Risks

Abnormal Overpressure. Due to the water injection development of the oilfield, the formation develops abnormally high pressure. Horizontally, the abnormal high pressure areas formed by water injection are related to the distribution of oil and water wells, the position relationship of injection wells and faults, and the casing damage of oil and water wells. Vertically, the high pressure interval is usually related to the lateral connectivity of sand body and the physical properties of reservoir. According to the statistics of pressure measurement data of G-P1 well adjacent to the high-efficiency well in Sz development zone, the static pressure range is 8.83~19.76 MPa, and the pressure coefficient is 0.89~1.88 (Table 1).

Table 1 Results table of formation pressure measured in injection wells

Well Name	Horizon	Middle Depth of Oil Zone/m	Static Pressure/MPa	Pressure Coefficient
7-P124	S	1013.30	8.83	0.89
D6-P23	S	1052.60	19.41	1.88
7-P23	S	1065.00	19.52	1.87
D2-P6	P	1123.10	11.58	1.05
6-27	P	1103.10	19.76	1.83

Shallow gas reservoirs development. Shallow gas reservoirs are developed locally in Daqing placanticline. Shallow gas reservoirs are very harmful to drilling operation, which can cause gas invasion, kick, even blowout and other complex drilling accidents. Gas is easy to intrude into cement slurry system during cementing, which affects cementing quality.

Serious casing damage. The casing damage of oil-water wells in the old area of placanticline is serious. The types of casing damage are mainly dislocation and deformation. The casing damage layers are mainly distributed in the oil shale section at the bottom of N2 and the interlayer between SA-0 oil-bearing formation and SA-1 oil-bearing formation, and the interlayer between SA-1 oil-bearing formation and SA-2 oil-bearing formation.

N2 formation marker bed is easy to collapse. A large section of oil shale developes in N2 member. For parallel fault directional wells and horizontal wells with long drilling cycle, long time immersion is easy to cause formation collapse and sticking.

Other risks. At present, there are many sets of production well patterns in the oilfield, and well pattern density is big. For high-efficiency wells such as parallel fault directional wells and horizontal wells, it is easy to drill old wells after deflecting, which leads to drilling risks.

2 Division and Identification of Abnormal High Pressures and Shallow Gas Development Areas in Drilling Designs

2.1 Classification of Formation Abnormal High Pressure Types

Fault shielding of water injection wells. This kind of high pressure well areas are located near the fault. The design wells are located between the water injection wells and the fault surfaces, and there are no production wells to exploit the injection layer between the water injection wells and the faults. There are no pressure relief points between the water injection wells and the fault planes when the water injection wells sre injected normally, resulting in the formation pressure rising. As shown in Figure 1, well 5-G18 is located in the ascending wall of the fault, and well 31-p25 and 32-p26are injection wells. There is no production well pattern in the design well direction, therefor the water injection high pressure areas form by the fault occlusion, and the formation pressure coefficient is 1.50~1.55.

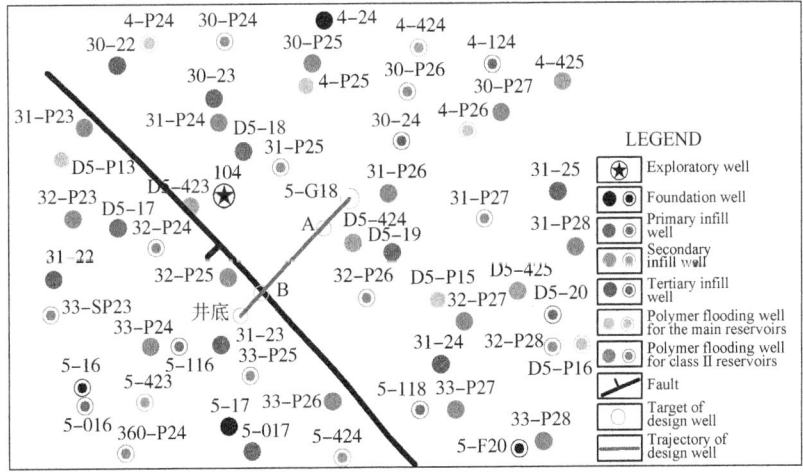

Figure 1 Design well location map of well 5-G18

Imbalance of injection and production in class II and class III reservoirs. Class II and class III reservoirs are not main oil layers. The physical properties of the reservoirs are poor compared with the main oil layers.

The continuity of the horizontal development of sand bodies is not good, and the injection volume is greater than the production volume, which leads to the slow drilling-shut pressure relief and formation high pressure.

Casing damage of water injection wells in N2 formation. Overpressure water injection in oilfield water injection development makes the wells with poor cementing quality interbedded channeling, and the injected water channeled up into the bedding plane at the bottom of the standard layer of N2 formation, forming flooding water area, making the formation slip and forming shear damage effect on the casing. If the casing damage of the water injection well cannot be found in time and the water injection continues, the formation pressure of N2 formation will rise[9-11]. In the drilling design, collect the latest casing loss data of the water injection wells in the drilling block, including the casing damage depth, stratum, stratum, type, and casing damage repair status of the production well, and mark the casing damage data on the geological well location map. And then, demarcate the densely damaged area of N2 formation. Generally speaking, in the high-pressure zone of casing damage of standard layer, the formation pressure factor is 1.40~1.45.

2.2 Shallow Gas Identification

From the structural map of T06(the top of N2 formation) in Daqing placanticline, shallow gas layer is developed on the structural high point, which plays a decisive role in the process of gas reservoir formation. Only within a certain structural depth can shallow gas layer be formed. In the drilling geological design, the plane gas bearing area can be divided according to the oil and gas invasion display in the drilling blowout and logging interpretation report and the structure height.

3 Measures Taken in Drilling Geological Design

3.1 Measures for Abnormal High Pressure of Formation

For abnormal high pressure of formation, according to the production dynamic and static data of oil and water wells, high pressure blocks are divided, and formation pressure is predicted. When drilling to 10m above the top of oil reservoir(the casing damage high pressure area of N2 member is 30m above N2 member), the drilling fluid density will be increased to the density after safety addition[12].

According to different water injection well patterns, it is necessary to drilling-shut and depressurize in advance before drilling[13]. The drilling-shut range of new drilling wells in Daqing placanticline is 450m around the new wells. In the process of drilling high-efficiency wells, due to many penetrating layers, and most of them are large displacement directional wells and horizontal wells, the drilling-shut design can not only be based on the plane 450 m away from the well trajectory, which will increase the number of drilling-shut wells and affect the oil well production. According to the perforation interval and the designed well trajectory, the drilling-shut scheme is designed according to the distance between the actual injection horizon and the trajectory of the injection well in different oil layers on the profile, so as to reduce the impact of drilling-shut on the production.

Well D-PA is a horizontal well with GTZ reservoir as the target layer. The drilling and shut-in plan is as follows: all injection wells within 450m (as the blue area as shown in Figure 2) from the wellhead to the target trajectory will drilling-shut and depressurize before drilling. Before drilling, the wellhead residual pressure of injection well meets the design requirements, as shown in Table 2. For injection wells less than 450m away from the horizontal section, as the red area shown in Figure 2, the perforating section is ST or PTH reservoir, and no drilling is needed by the end of the design. Before the drilling rig is in place, confirm whether the GTZ reservoir is filled with water. If there is water injection, it is required to stop the injections and depressurize.

Table 2 Drilling-shut plan of injection well

Injection layers	Distance of drilling-shut/m	Drilling-shut/d	Recovery pressure/MPa
Basic well pattern	≤300	7~10	≤2
	300~450		≤3
Polymer flooding well pattern	≤300	7~10	≤2
	300~450		≤3
Infill well pattern	≤300	15~20	≤2
	300~450		≤3
GTZ well pattern	≤300	15~20	≤2
	300~450		≤3

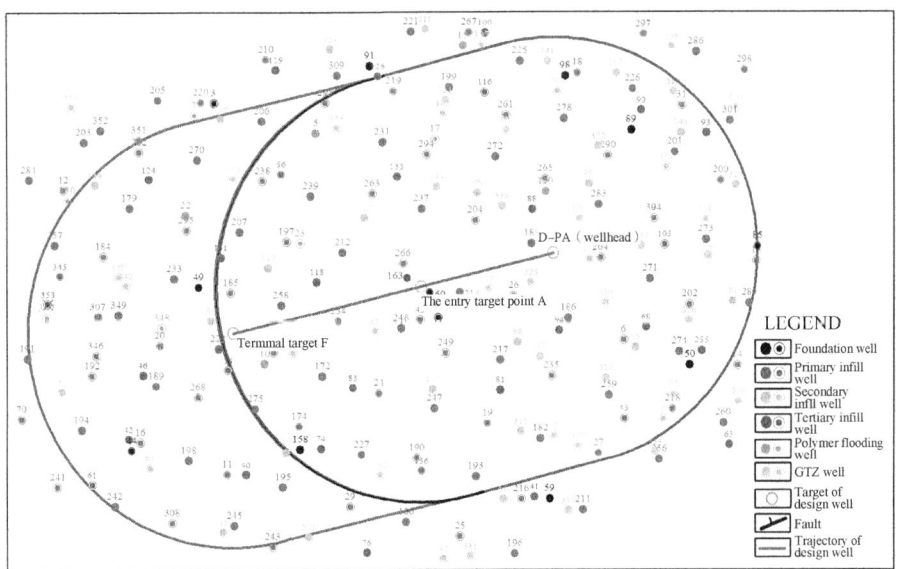

Figure 2 Design well location map of well D-PA

3.2 Measures for shallow gas area

In order to improve the well control level of high efficiency wells located in shallow gas area, blowout preventers are required to be installed at the wellhead. The density of drilling fluid is 1.25~1.30g/cm^3 after the second spud-in shallow gas areas, so it is necessary to avoid tripping or changing bit in shallow gas well section. The density of drilling fluid shall not be less than 1.30g/cm^3 when tripping out. Before tripping out, the drilling fluid must be fully circulated to make its performance uniform, and the density difference between inlet and outlet shall not exceed 0.02g/cm^3. Store at least 20t weighting materials on site.

3.3 Measures for casing damage area

High strength casing (steel grade P110, wall thickness 7.72mm) is required to be used from 50m above the bottom of N2 well to the bottom of wells for high efficiency wells in casing damage area to increase casing collapse resistance. The cementing cement reverses to the wellhead to prevent casing damage caused by formation creep in N2 formation.

3.4 Measures for shaft wall collapse

High performance water-based drilling fluid system is used in second second spud-in. When drilling to the section easy to collapse, the dosage of plugging and anti sloughing agent is increased to enhance the plugging ability of drilling fluid. At the same time, according to the actual drilling situation, the drilling fluid density is adjusted in time to improve the wellbore stability.

3.5 Anti collision measures

For parallel fault directional wells and horizontal wells, 3D shortest distance method is used to scan and analyze the designed wells and drilled wells through software. The 3D projection of collision prevention scanning for well D-PA is shown in Figure 3 to ensure the safe realization of the well trajectory.

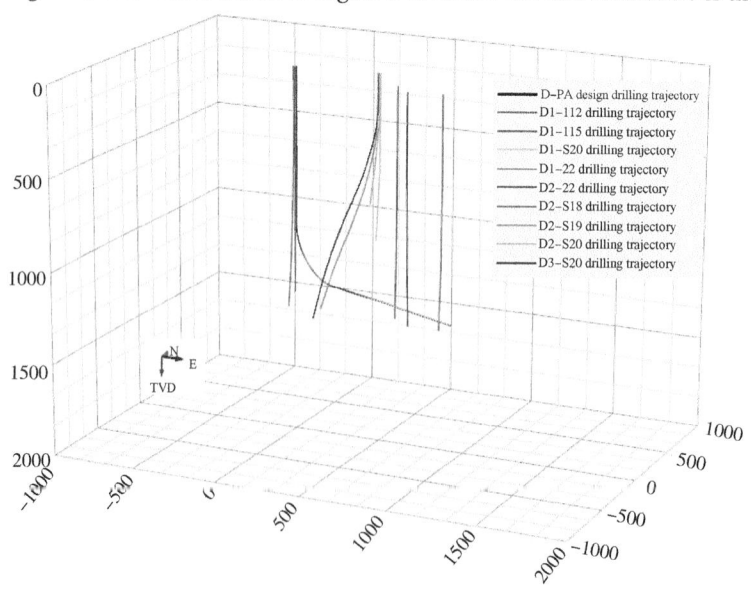

Figure 3   3D projection of collision prevention scanning for well D-PA

4 Conclusions

The abnormal highpressure and shallow gas developments in Daqing Placanticline caused by multi-well pattern and multi-layer water injection development are the key risks for high-efficiency well drilling. These risks can cause complicated drilling conditions such as oil and gas water invasion and even blowout, and affect cementing quality.

In the drilling geological designs of Daqing placanticline high efficiency wells, the abnormal high pressure areas should be identified and the shallow gas areas should be divided to provide the basis for engineering well control designs.

Individualized drilling control drilling-shut schemes can reduce the number of wells drilled and drilling-shut while drilling extended reach wells or horizontal wells, so as to reduce the impact of drilling and drilling-shut on the production of old wells.

The geological drilling designs should indicates the geological risks of high-efficiency well drilling such as the collapse of N2 formation, the serious casing damage of the standard layer and the oil layer, and the dense well pattern clearly. Corresponding countermeasures were proposed in the engineering design. The corresponding measures should also be marked in the engineering drilling design.

References

[1] Jiang Yan, Li Xuesong, Fu Xiandi. Fault characterizing and high-efficiency potential tapping of the remained oil for extra-high-watercut mature oilfields[J]. Petroleum Geology & Oilfield Development in Daqing, 2019, 38(5): 246-253.

[2] Li Xuesong, song Baobao, Jiang Yan, et al. Optimized Design of High-Efficiency Adjusting Wells Near the Faults of High-Watercut Mature Oilfield[J]. Petroleum Geology & Oilfield Development in Daqing, 2015, 34(1): 56-58.

[3] Shao Biying, Li zhandong, Zhang Haixiang. The Method for Tapping Surplus Oil of Fault Edge under the Condition of Dense Well Network: Take Western Pure Oil Areas of North Saertu Development Area as an Example[J]. Journal of Petrochemical Universities, 2016, 29(5): 60-64.

[4] Chen Fen. Potential-tapping Patterns in the West Faulted Zone of North Sa'ertu Development Area[J]. Journal of Yangtze University(Natural Science Edition), 2016, 13(17): 39-43.

[5] Li Shibin, Yuan Renwei, Zhang Ligang. Prediction of shallow high-pressure region for injection well after casing damage[J]. Fault-Block Oil & Gas Field, 2013, 20(4): 492-494.

[6] Gao Zhihua, Zhai Xiangyun, Wang Jiandong. Abnormal formation pressure distribution after water flooding in Daqing Oilfield[J]. Petroleum Geology & Oilfield Development in Daqing, 2005, 24(1): 51-53.

[7] Yang Zhibin, Hu Yongzhang, Zhong Jingmin, et al. Influence of engineering geological factors on drilling speedup[J]. Fault-Block Oil & Gas Field, 2010, 17(3): 363-365.

[8] Chen Rui, Li Qian, Yin Hu, et al. Design and application of drilling risk real-time monitoring and diagnose system[J]. Fault-Block Oil & Gas Field, 2013, 20(1): 115-117.

[9] Zhou Xiaoling, Guo Lei, Li Ziping. Casing Damage Causes of the Polymer Flooding Block in Sazhong Development Area[J]. Petroleum Geology & Oilfield Development in Daqing, 2002, 21(4): 44-45.

[10] Wu Di. A Research of Drilling and Completion Technique about Changyuan near Fault in Daqing[D]. Da Qing: Northeast Petroleum University, 2017.

[11] Xu Tao, Yin Guiqin, Zhang Gongshe, et al. Study on the Mechanism of Oil Well Casing Collapse Caused by Injecting Water with High Pressure[J]. Fault-Block Oil & Gas Field, 2007, 14(1): 72-73.

[12] Li Lianping, Kang Hongqing, Jiang Guipu. New knowledge of casing damage genetic mechanism and integrated control technique[J]. Petroleum Geology & Oilfield Development in Daqing, 2007, 26(1): 83-87.

[13] Lu Zhigang. Risk Identification and Countermeasures of Drilling Geology in Lamadian Oilfield[J]. Journal of Yangtze University(Natural Science Edition), 2016, 13(23): 45-48, 62.

The Difficulties and Countermeasures of Drilling Geological Design of Fuyu Tight Oil Layer in X Well Area

Wang Ying[1,2]

(1. Oil Production Engineering Research Institute, PetroChina Daqing Oilfield Co., Ltd.;
2. Key Laboratory of Oil and Gas Reservoir Stimulation of Heilongjiang Province)

【Abstract】 The tight oil in Fuyu oil layer in X well area of Putaohua oilfield has the characteristics of low reservoir permeability, which are thin sand body thickness and poor reservoir physical properties. With the technical difficulties of horizontal well geological design of tight oil in Fuyu oil layer of X well area, taking Well P42 - H3 as an example, combined with the geological characteristics of X well area, the situation of drilling faults and the development of upper Heidimiao and Putaohua oil layers, the trajectory parameters, drilling fluid density and well control level of horizontal wells are determined. MWD logging while drilling is used in the deviated section, and anti-collision scanning is carried out in the trajectory design process. At the same time, the feasible drilling and closing scheme of water injection wells is formulated in detail to ensure the normal construction of directional wells. According to the development results, the horizontal well development technology is suitable for the tight oil development of Fuyu oil layer in X well area, and has certain guiding significance for the horizontal well development of similar oilfields.

【Key words】 Drilling Geology; Horizontal Wells; Tight Oil; Shallow Gas Layer; Faults

A directional well whose inclination angle is greater than or equal to 86 degrees and keeps this inclination angle after drilling a certain well section is called a horizontal well[1-4]. Compared with vertical wells, horizontal wells have longer completion intervals and larger oil discharge area. Under the same pressure difference, the production of horizontal wells is much larger[5-9]. The pilot test area of tight oil horizontal well development in Fuyu reservoir of Daqing placanticline has achieved the success of single well production test and block horizontal well overall development test. The completion effect and production effect of horizontal well reach the expected goal. Therefore, X well area is selected to continue to promote the overall development of horizontal wells, and the overall optimization deployment and multi-layer horizontal well group development are still adopted[10-12]. Combined with large-scale volume fracturing and factory construction, the single well production

---

Corresponding author: Wang Ying (1987—), Female, Master Degree, Engineer, mainly engaged in drilling design compilation and research; E-mail: wangying5158@petrochina.com.cn

and geological reserves are improved, and the development cost is reduced to achieve the economic and effective use of tight oil.

1 Block Overview

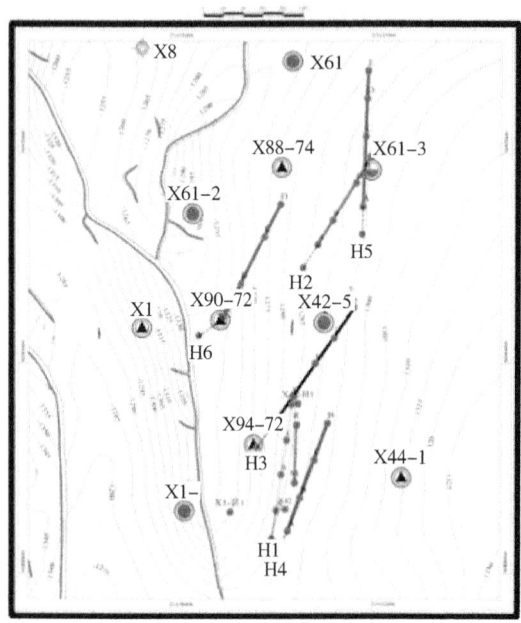

Figure 1 The Top Structure Map of Fuyu Oil Layer in X Well Area

As shown in Figure 1, thestructure of Fuyu oil layer in X well area is characterized by high in the middle and low in the east and west sides, high in the north and low in the south. Due to the inheritance of structure, each layer has similar structural characteristics. Three groups of faults are developed in the region, and fault-intensive zones are developed on both sides of the east and west. The faults are mainly north - south strike, and the east-west strike faults are developed in the south. The fault extension length is from 0.2km to 7.1km, and the fault distance is from 10m to 70m. The distribution of channel sand body in X well area is generally banded or intermittent. The width of channel sand body is generally from 400m to 800m, which extends nearly north-south and northeast, and the extension length is from 0.5km to 2.0km. The X well area is characterized by many layers of sandstone, thin single layer thickness and scattered reservoir development, and the reservoir is mainly developed in FI group. The formation temperature of Fuyu oil layer is from 82.2℃ to 102.7℃, and the geothermal gradient is 5.42℃/100m. The pressure coefficient of Fuyu oil layer is from 1.03 to 1.34. The Fuyu oil layer in Well X is a low permeability reservoir with thin sand body and poor reservoir physical properties, and low single well production and economic benefits.

2 The Difficulties of Drilling Design

The formation characteristics. The shallow strata have poor lithology, loose cementation, and are prone to collapse and leakage during drilling. Large mudstone is developed in N2 formation, which is easy to peel off by water absorption, hydration and expansion, strong slurry making performance, easy to collapse, drilling mud bag and sticking[13-14].

The gas development in the Heidimiao oil layer. There are shallow gas layers and high gas energy in Heidimiao oil layer, which are harmful to drilling production. Well blowout and other complex situations are prone to occur during drilling construction. There are many complicated drilling conditions in nearby wells, such as oil and gas invasion, gas out of the tube, well leakage, well blowout, etc.

Abnormal high pressure exists in Putaohua oil layer. Due to the development of Putaohua oil layer in the design well area for more than 20 years, the underground oil-water system and pressure system have been quite complex, the original formation pressure of Putaohua oil layer has been destroyed, and the water injection effect is irregular. Water injection is affected by formation connectivity and permeability, resulting in pressure heterogeneity and formation pressure is difficult to accurately predict. Fuyu oil layer original formation pressure is high, drilling fluid density design difficulties[15-16].

The Fault development. Some design wells are arranged near the fault. The irregular ground stress near the fault leads to the difficulty of wellbore trajectory control and the difficulty of target. Most of the fracture zones near the fault are prone to wellbore instability and collapse, resulting in sticking and other accidents. Due to the shielding effect of faults, injection-production imbalance, leakage in low pressure area, overflow in high pressure area, and well control risk is high.

Anti-collision requirements. The design well has a common platform well, and the adjacent wells are close, and all wells are three-dimensional horizontal wells, so it is difficult to control the wellbore trajectory.

3 Drilling Geological Design Countermeasures

3.1 The Surface Casing Design

According to the information provided by the Water Company, the Quaternary and Tertiary N_2t Formation aquifers are developed in the shallow part of the area, and the N_2t Formation aquifer is the mining horizon in the area. The bottom plate depth of the designed well aquifer is 111.0m, as shown in Table 1. According to the requirements of SY/T 5088—2017, the surface casing is set down to the stable mudstone section below the bottom boundary of the shallow water layer to protect the shallow water layer and seal the upper easy-to-leakage and easy-to-collapse strata.

Table 1 The Prediction of Aquifer Protection

Stratum	The top plate depth/m	The bottom plate depth/m	Thickness/m	Lithological description	Remark
N_2t	48.0	51.0	3.0	Gray-green, gray-yellow mudstone	
N_2t	51.0	111.0	60.0	Gray-white glutenite	Protective water layer

3.2 Drilling Mud Density Design of Shallow Gas

For the shallow gas layer developed in N3 and N4 formation, the drilling fluid density is added according to the prescribed high added value of 0.07~0.15g/cm^3, the maximum pressure coefficient is 1.20, and the general design drilling fluid density is from 1.30g/cm^3 to 1.35g/cm^3. The drilling fluid density design is judged by short tripping before drilling. Pump stop time should not be too long. Strictly control the drilling speed to avoid the occurrence of suction blowout. Wells located in shallow gas zone and top gas zone improve well control level, design surface casing, wellhead requirements to install blowout preventer.

3.3 Casing Program Design

The Putaohua oil layer has been developed by water injection, and the three-layer wellbore structure is adopted. As shown in Figure 2, the surface layer is sealed and easy to collapse and leak. Since Putaohua oil layer is close to the fault, it is required that the technical casing should be set to 50 m below the bottom of Putaohua oil layer, and the high-pressure water injection layer and the large section of easy-to-collapse mudstone in the second member of Nenjiang Formation should be sealed to avoid the collapse and sticking of large section of mudstone due to long-term immersion during drilling.

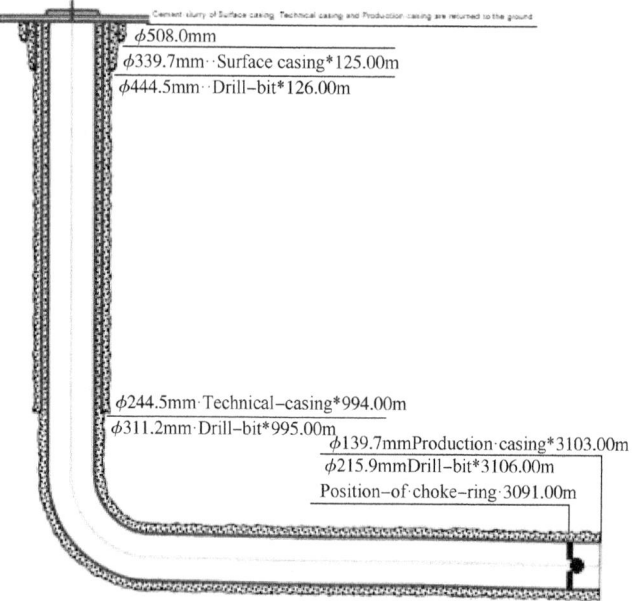

Figure 2　Wellbore Structure Design of Horizontal Well

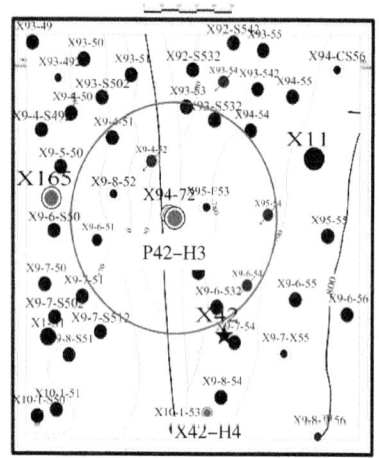

Figure 3　Design Well Location Map of X Well Area

3.4 The Drilling-shut Plan Design

The formation pressure of Putaohua oil layer in the design well area is high. In order to ensure the safety and efficiency of drilling construction and effectively reduce the formation pressure of Putaohua oil layer. As shown in figure 3, 6 water injection wells within 600m from the design wellhead are shut down before drilling. The injection wells within 300m are shut down 30 days in advance, the remaining pressure at the wellhead of 24 hours is less than 2MPa, the injection wells within 300m and 600m are shut down 25 days in advance, and the remaining pressure at the wellhead of 24 hours is less than 3MPa.

3.5 The Anti-collision Scanning

The sand body development thickness of the target layer is between 3.0m and 4.5m, and theapparent dip angle of the formation is between 0.03 degrees and 0.52 degrees. In the process of horizontal well drilling, LWD logging while drilling is used in the deviated section, and rotary geological guidance tool is used in the horizontal section to ensure the control of horizontal well trajectory and ensure accurate target. As shown in Figure 4, for platform horizontal wells, the design track should be scanned with the surrounding adjacent wells to avoid collision between the design track and the old well trajectory and ensure drilling safety.

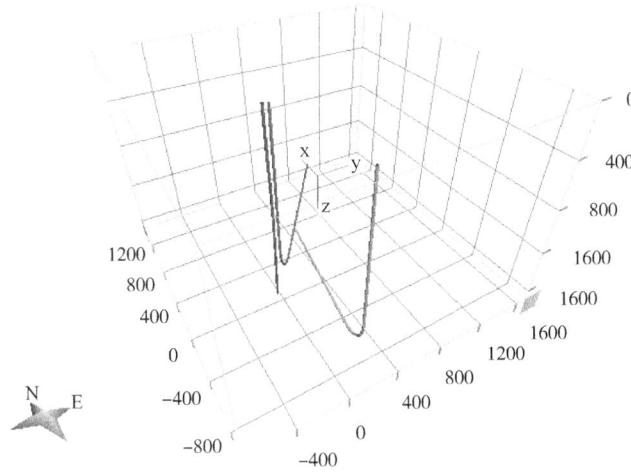

Figure 4   3D projection of collision prevention scanning

4 The Application Example

Taking P42-H3 as an example, as shown in table 2, the well was drilled on September 4, 2017 and completed on October 3, 2017. The drilling fluid density is basically consistent with the design. The wellbore trajectory design is reasonable, the drilling is uniform, the tool surface is stable, and the drilling process is smooth. There are no leakage, sticking and other complex accidents in the actual drilling process, which ensures rapid, safe and efficient drilling. If only the drilling cycle is calculated, the actual drilling cycle of the well is reduced by 3.17 days compared with the design, and the drilling cost is saved by about 2.4 million yuan according to the daily cost of the drilling rig.

Table 2   ActualDrilling of Well P42-H3

Comparative item	Design	Actual
The well depth/m	3023.0	3030.0
Surface casing depth/m	149.0	149.0
Technical casing depth/m	1008.0	1008.0

续表

Comparative item	Design	Actual
Drilling fluid density in upper formation of second opening/(g/cm^3)	1.30~1.35	1.30
Drilling fluid density of Putaohua reservoir/(g/cm^3)	1.65~1.75	1.65~1.70
Drilling fluid density of Fuyu reservoir/(g/cm^3)	1.30~1.35	1.30~1.35
Maximum well inclination angle/(°)	90.21	90.32
Cementing quality	Qualification	Qualification
Quality of the well body	Qualification	Qualification
Drilling cycle/d	32	28.83

5　Conclusions

(1) Platform horizontal well technology is suitable for low permeability and thin oil reservoir in X well area, which can greatly improve the production effect of the reservoir.

(2) Accurate geological risk awareness, accurate division of shallow gas distribution, reasonable design of drilling fluid density and optimization of drilling fluid system can meet the safety of drilling construction.

(3) Putaohua oil layer has been water injection development, water injection wells require shut-in pressure reduction, reduce the formation pressure of water injection layer, ensure the safety of drilling construction.

(4) Reasonable well structure, anti-collision obstacle design, to achieve speed, quality, efficiency goals.

References

[1] Gao Chuanliang. Application and development of horizontal drilling technology in petroleum exploration and production[J]. Journal of Shandong University of Science and Technology, 2000, 19(2): 117-119.

[2] Zhang Chunmei. Application of the horizontal well techniques in the exploration appraisal of heidimiao oil reservoirs in yingtai area[J]. Petroleum Geology & Oilfield Development in Daqing, 2015, 34(3): 29-35.

[3] Liu Rushan, Wang Baoxin. Horizontal drilling techniques in shengli oilfield [J]. Petroleum Drilling Techniques, 1999, 27(5): 27-29.

[4] Yang Xuewu, Zhou Meihong, Kang Zhihua. Application of horizontal well in low permeability heavy layer reservoir[J]. Petrochemical Industry Application, 2011, 30(3): 60-62.

[5] Zhou Quanxing, Cui Shibin. To develop low permeability reservoirs through drilling horizontal wells [J]. Petroleum Drilling Techniques, 1999, 27(1): 46-48.

[6] Zhao Guoying. Application of horizontal technology in Sulige low permeable reservoir[J]. Petroleum Geology and Engineering, 2010, 24(3): 98-100.

[7] Tian Fengmin. On optimized desing of horizontal well and its oil reservoir potential [J]. Journal of Bohai University(Natural Science Edition), 2007, 28(3): 207-211.

[8] Gong Hua. Rop improvement technology for tight oil horizontal well in qijia block of daqing oilfield [J].

Exploration Engineering(Rock & Soil Drilling and Tunneling), 2016, 43(9): 38-41.

[9] Han Zhiyong. The new techniques of well trajectory design and well path control fit for 3d-directional wells [J]. Petroleum Drilling Techniques, 2003, 31(5): 1-3.

[10] Yan Jizeng. 3D well-path design for horizontal wells in heterogeneous reservoirs[J]. Journal of Southwest Petroleum University(Science & Technology Edition), 2018, 40(2): 151-158.

[11] Chen Rui, Li Qian, Yin Hu, Yuan Benfu. Design and application of drilling risk real-time monitoring and diagnose system[J]. Fault-Block Oil and Gas Field, 2013, 20(1): 115-117.

[12] Gao Zhihua, Hou Deyan, Tang Li. Formation pressure prediction method for adjustment wells[J]. Petroleum Geology & Oilfield Development in Daqing, 2005, 24(3): 57-58.

[13] Li Lianping, Kang Hongqing. New knowledge of casing damage genetic mechanism and integrated control technique[J]. Petroleum Geology & Oilfield Development in Daqing, 2007, 26(1): 83-87.

[14] Qi Jinhua, Shen Liping. Effect of abnormal high pressure on subdivision of reservoir thickness[J]. Petroleum Geology & Oilfield Development in Daqing, 2006, 25(1): 25-26.

[15] Zhang Jie, Zhang Tongzhou, Chen Ping, Shi Xiaobing. The method of pressure prediction of adjustment well based on the seepage theory[J]. Drilling & Production Technology, 2005, 28(3): 7-9.

[16] Wang Jieqiong. Formation pressure prediction and pressure system in adjusted wells [J]. Petrochemical Industry Technology, 2018, 25(4): 173.

ZS 区块提速提效钻完井技术优化与实践

沈宝明[1,2] 常 雷[1,2] 杨丽晶[1,2] 潘荣山[1,2] 刘美玲[1,2] 赵英楠[1,2]

(1. 中国石油大庆油田有限责任公司采油工程研究院；
2. 黑龙江省油气藏增产增注重点实验室)

【摘 要】 ZS 区块天然气储层岩性为流纹岩、凝灰岩、火山角砾岩，具有高硬度、高研磨性、强非均质性、裂缝发育、富含酸性流体等特性。邻井存在平均机械钻速较低至 1.49m/h，平均钻井周期长达 137.12d，易发生井漏，套管腐蚀，并且后期增产作业及开采过程中，水泥环密封失效，导致井口带压等问题。通过"一趟钻"技术优化井身结构，优选与地层配伍性好的非平面齿钻头，优选油包水钻井液体系，根据储层特征优化完井方式，分析 CO_2 腐蚀影响因素选择套管，采用自修复水泥浆技术预防井口带压，实现平均钻井周期缩短至 69.82d，三开平均机械钻速 3.11m/h，较邻井提高 108.5%，钻井过程中无井漏等复杂情况，固井后无环空带压问题。

【关键词】 天然气水平井；非平面切削齿；油包水钻井液体系；自修复水泥浆技术；优快钻井

ZS16 井区气藏探明地质储量 $169.72 \times 10^8 m^3$，含气面积 $11.11km^2$。井底温度为 132~155℃，井底压力为 37MPa。目的层营城组火山岩和砂砾岩均有发育，火山岩岩石类型主要有流纹岩、凝灰岩、火山角砾岩，岩石抗压强度高（最高达 245MPa），可钻性级值高（一般为 6~9，最高达 10.38）。非均质性强，致密坚硬，研磨性强，加剧了钻头牙齿的磨损程度，导致钻头的进尺降低，起下钻频繁，致使钻井周期延长、钻井成本大幅增加[1-3]。区块营城组目的层多样化、天然裂缝及破碎带发育，易发生井漏、井塌等复杂情况[4-5]。已钻井试气 CO_2 含量达 25.5%。高温、多压力体系、富含酸性流体等问题共存，钻井安全风险大。安全优质高效钻井极具挑战性，同时地层的高温高压对钻头、钻井液及套管材料等提出更高的要求[6]。由于目前钻井施工中二开技术套管下入较深，泉头组厚度大，塑性强，泥岩硬度高并富含交替出现的硬质夹层对钻头性能要求高，无法实现一趟钻。在火山岩深层水平井中常规的牙轮钻头磨损严重，机械钻速低，平均进尺仅为 24~60m，起下钻频繁，行程钻速低。同时由于固井及气窜问题的复杂性，深层气井井口带压问题依然存在。以往出现环空

作者简介：沈宝明（1965—），2011 年毕业于中国地质大学（北京）油气田开发工程专业，获博士学位，现从事油田钻井、采油、地面技术理论研究、现场试验和新技术推广工作，教授级高级工程师。通讯地址：（163453）黑龙江省大庆市让胡路区西宾路 9 号采油工程研究院。电话：13359809777。E-mail：shenbaoming@petrochina.com.cn。杨丽晶（通讯作者）（1980—），2007 年毕业于大庆石油学院工程力学专业，获硕士学位，现从事复杂特殊井钻完井设计与技术研究工作，高级工程师。通讯地址：（163453）黑龙江省大庆市让胡路区西宾路 9 号采油工程研究院。电话：13766785175。E-mail：yanglijingdq@petrochina.com.cn。

带压的修复方法有修井、挤水泥或挤注凝胶,施工难度大,成本高,成功率低[7]。目前深层天然气水平井钻井技术总体经济效益不高,尤其是中下部地层进尺虽然仅占全井30%,但周期和费用却占70%和60%。因此,亟需对中下部地层钻井优快技术进行攻关,开展技术优化和适应性评价。

1 井身结构优化

综合考虑岩性特征、必封点及钻头使用极限,满足提速要求,开展了各井次井身结构优化。

必封点分析:(1)ZS区块井浅部发育有第四系、白垩系明水组和四方台组含水层,其中白垩系明水组含水层为该区主要开采层位,底界深度为190m。需下表层封隔,表层套管下至水源以下10m稳定泥岩段。(2)葡萄花油层已注水开发,地层压力较高,需封固。(3)嫩江组、青山口组泥岩易缩径、失稳,需封固。(4)利用井震结合的地质预测技术,营城组火山岩裂缝比较发育,存在漏失风险。

井身结构优化原则:表层套管根据水源开采层位深度及保护浅层水的需要,下至稳定泥岩段,以满足后续管串和井口装置承载需求,防止井口沉降。技术套管优化时优先考虑安全、高效,封固压力异常点,保证同一裸眼段内压力梯度<0.3MPa/100m,且封固上部不稳定泥岩段,兼顾提速技术需求。综合考虑二开钻头的使用极限实现一趟钻,提高钻井速度,缩短周期。还需减少三开裸眼段长,降低摩阻、扭矩和施工风险。

井身结构优化结果:(1)一开,设计表层套管下至浅水层底界以下10m稳定泥岩处,保护水源,建立井口。(2)二开,311.2mm井眼优化技套下深从登二底优化至泉一段底,封隔葡萄花高压注水层,嫩江组、青山口组不稳定泥岩,登娄库组以上不同压力层系,并配合优选的PDC钻头实现二开一趟钻。(3)三开,Φ215.9mm井眼钻至设计井深,采用裸眼封隔器加压裂滑套完井工艺。

2 钻头优选

ZS区块火山岩地层具有储层致密、岩石抗压强度高、可钻性级值高、研磨性和非均质性强的特点,导致钻头破岩效率低,机械钻速低,单只钻头进尺少。通过对深层钻头磨损特点、优选个性化非平面齿PDC钻头,取得了较好的机械转速和单只钻头进尺。

2.1 深层钻头磨损形势分析

深层营城组和沙河子组的致密流纹岩、凝灰岩、火山角砾岩等地层,PDC钻头使用受限,崩齿严重、无法有效钻进。单只牙轮钻头进尺短(50~80m)、机械钻速低(0.5~2.5m/h),起下钻频繁,导致深层水平井钻井周期长。

常见PDC钻头磨损形式:深部超硬地层使复合片难于咬入地层,破岩效率降低,产生的大量热量易导致复合片失效,复合片抗研磨性不高导致钻头磨损集中在线速度高的肩部和鼻部,严重的形成了环形槽。高速切削的复合片在撞上分布不均的砾石导致复合片产生正面冲击损伤。随着钻头牙齿不断地被岩石磨损,钻头工作效率将显著下降,钻井速度也将随之降低[8-10]。钻头失效形式表现为切削齿磨损、断裂、磨心3种类型,如图1所示。

图 1　深层钻头常见失效形式

2.2 新型非平面齿 PDC 钻头

针对 ZS 区块天然气水平井高研磨高非均质地层优选新型非平面齿 PDC 钻头，通过对大量在非均质性强地层的复合片及钻头失效的形式分析，提高切削齿抗正向冲击的能力是解决 PDC 钻头能否高效钻穿砾石层的最主要因素。新型非平面齿与地层相互作用的部分从平面改为三维非平面设计，顶部金刚石层被均分为三个斜面，由三条凸脊间隔。在 PDC 钻头布齿时，将非平面齿其中一条凸脊棱置于切削刃位置，作为钻头切削地层的工具面。

国内外针对高研磨性地层进行了 PDC 钻头的优化设计，主要是改进切削齿的性能和加工工艺[11-12]。为了提高非平面齿 PDC 钻头的抗冲击性、耐磨性和稳定性，主要从切削齿选择、布齿方式、刀翼轮廓、布齿密度及动平衡等方面进行优化设计。优化设计 MV613TAXU 型非平面齿 PDC 钻头。设计特点：(1) 胎体 6 刀翼 13mm 前排齿，13mm 后排齿，提高使用寿命；(2) 浅内锥角提高定向能力，ϕ63.5mm 金刚石增强保径，带倒划眼齿处理复杂；(3) 较低后倾角，复合片采用中等倒角，攻守兼备；(4) 内锥采用平面齿，鼻部肩部采用新型非平面齿，增强心部抗冲击性；(5) 鼻部齿后布置切深控制增强钻头稳定性；(6) 较大排削槽设计保证足够排屑及循环掉块能力；(7) 优化刀翼宽高比，超短钻头长度提高定向能力；(8) 水力优化提高冷却及携带岩屑能力。ϕ215.9mm MV613TAXU 型非平面齿 PDC 钻头如图 2 所示，通过现场试验，在提高机械钻速和缩短周期方面取得了重大突破，较好地解决了大庆深部地层的钻井提速难题。

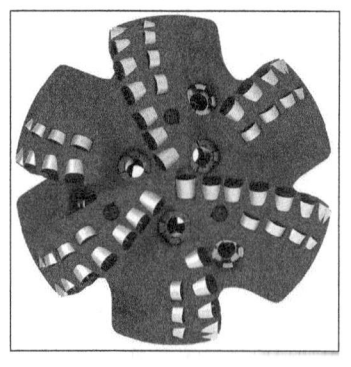 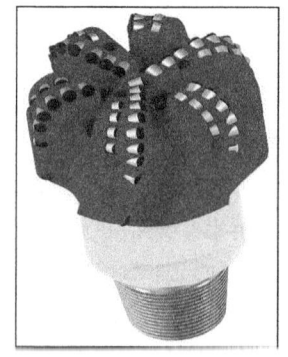

图 2　ϕ215.9mm MV613TAXU 非平面齿 PDC 钻头

3 钻井液体系优选

ZS 区块天然气水平井三开闭合距平均 1200m，施工周期长，井底温度高达 155℃，对井眼清洁度要求高，对于长裸眼段的井壁稳定是个较大的挑战。钻井施工的钻井液需要具有以下特点：稳定周期长、抑制泥页岩水化膨胀和防塌性强、润滑性优异、高温稳定性好等。优选油包水钻井液体系，配方是：柴油+主乳化剂+辅乳化剂+有机土+油包水降滤失剂+CaO 颗粒+$CaCl_2$溶剂+油基封堵剂+纳米封堵剂。

现场施工过程中无复杂情况发生，测井显示井身质量好，井径扩大率小，平均 3.43%。对比邻井，平均机械钻速 3.11m/h，有较明显的提速优势，鉴于油包水钻井液具有保护储层、强抑制、强润滑、抗高温等技术优势，油包水钻井液体系适合 ZS 区块天然气水平井。

4 完井工艺优化

4.1 完井方式优选

合理的完井方式为气井全生命周期安全高效生产提供了保证。选择钻井完井方式时需要考虑地质特点和开采要求，确保完井方式的适应性，需要满足以下要求：储层和井筒之间应保持最佳的连通条件，具有尽可能大的渗流面积；储层所受的伤害最小；能有效地封隔气、水层，防止气窜或水窜；应能有效地防止井壁垮塌，确保井的长期使用；便于井下作业、施工工艺简便，成本较低。

根据大庆油田深层气井储层特征，现阶段大庆深层气井完井方式主要有 2 种，固井射孔完井和裸眼封隔器加压裂滑套完井。综合分析 ZS 区块已钻井及完井过程均发生了多次井漏，同时地震特征及测试压裂显示裂缝发育，储层连续性较好，因此推荐采用裸眼封隔器加压裂滑套完井工艺，此工艺可有效地利用天然裂缝，通过沟通天然裂缝实现高产，同时可避免固井水泥浆对储层造成污染。

因此，综合工艺成熟度及工艺成功率，ZS 区块天然气井完井方式优选采用裸眼封隔器加压裂滑套完井工艺，可满足提产需求，保护储层，且风险较低，技术成熟度高。

4.2 套管优选

该区地层 CO_2 气体含量较高，ZS 区块内 ZS19 井试气 CO_2 含量达 25.5%，CO_2 分压 9.07MPa。同时地温梯度较高，ZS 区块营城组地温梯度能达到 4.6℃/100m，在上述环境中的套管，若气层出水便对套管造成严重的腐蚀。

通过大量实验数据分析 CO_2 分压对套管腐蚀的影响，当 CO_2 分压大于 0.21MPa 时，CO_2 对套管的腐蚀最为严重[13]。结合分析 ZS 区块天然气井 CO_2 分压达到 9.07MPa，属于比较严重的 CO_2 腐蚀套管环境。为防止套管腐蚀，上部设计 13Cr 合金钢套管，水平段采用普通碳钢，保证套管安全同时降低钻井成本。

4.3 自愈合水泥浆

深层气井在增产作业及开采过程中，水泥环完整性易遭到破坏造成密封失效，形成气体的窜流通道，造成层间窜流或井口冒气，鉴于生产安全，需要对井口带压进行预防[14-16]。

ZS 区块天然气井设计应用自修复水泥浆技术，该水泥浆赋予水泥环自愈合能力，无油气窜时，材料处于休眠状态，当发生油气窜时，无需人工干预，自修复材料在油气激发下，填充水泥环微裂缝微间隙，阻止窜流，恢复水泥环密封性。自修复水泥浆主要由水泥、外加剂、自修复材料和水组成。自修复水泥浆材料能形成 1.50~1.90g/cm³ 的自修复水泥浆体系，该体系抗温达到 180℃。与常规水泥石相比，遇油气响应可提高裂缝性（微间隙）水泥环抗窜压差 1~2 个数量级，将气态烃通入损伤的自修复水泥石后，气体通过量可降至 0，数据见表 1。

表 1 自修复水泥石修复性能

参数	修复前	柴油修复后	气态烃修复后
抗窜压差/MPa	<0.05	1.2~6.4	0.6~2.1
气体通过量/(mL/min)	>500	0	0

注：水泥石（环）长度，4~10cm；裂缝或间隙宽度，20~300μm；自修复材料加量，10%~30%。

自修复水泥浆封固位置与封固长度是设计关键。自修复水泥浆需放在储层上方，覆盖在油层套管和技术套管重叠处，密封整个环空。技术套管固井尾浆使用自修复水泥浆，设计高度 500m；尾管回接固井尾浆使用自修复水泥浆，设计高度 300m。ZS16-P3 井、ZS16-P1 井和 ZS19-P1 井应用自修复水泥浆技术后，固井优质井段由平均 77% 提高到 91%，提高了 14 个百分点，固井后无环空带压。

5 应用效果

ZS 区块应用 4 口水平井，取得了较好的施工效果。平均完钻井深 4675m，平均钻井周期 69.82d，较邻井相同井深缩短 67.3d。三开平均机械钻速 3.11m/h，较邻井提高 108.5%。二开优选 1 只 PDC 钻头平均进尺 2752m，实现了"一趟钻"。三开全部采用休斯敦中心非平面齿 PDC 钻头，1440m 井段使用 6 只 MV613TAXU 完成，单只钻头最高进尺达 503m。优化采用油基钻井液体系，钻井过程中无井下复杂情况，有效预防卡钻、井眼剥落、定向托压等复杂情况的发生，钻井过程中返砂充分，起下钻通畅。应用自愈合水泥浆技术，提高了固井质量，解决了环空带压问题，提速提效显著。

6 结论

（1）二开通过井身结构优化，实现了"一趟钻"；三开优选新型非平面齿 PDC 钻头，取得较好的机械钻速和单只钻头进尺，有效地解决深部营城组、沙河子组钻井提速难题。

（2）三开采用油基钻井液体系，高温稳定性好，润滑性好，井眼扩大率小，可有效保证钻井施工安全，无井下复杂情况。

（3）应用自愈合水泥浆技术，当出现窜流问题时可修复裂缝，恢复水泥环密封性，提高固井质量，解决环空带压问题。

参 考 文 献

[1] 韩福彬，杨明合，翟应虎，等．牙轮钻头损坏分析及应对措施[J]．天然气工业，2008，28（4）：76-77．

[2] 孙永华,申衡,吴桐,等.庆深气田钻头类型与钻井参数优选研究[J].钻采工艺,2007,30(1):21-24.

[3] 王文广,翟应虎,杨明合,等.徐家围子气田火山岩抗钻特性评价及应用[J].天然气工业,2008,28(5):69-71.

[4] 邹亚平,王迪,王能.ZS19-P1井眼轨迹控制技术研究与应用[J].西部探矿工程,2021,11(3):53-55.

[5] 周则.大庆徐深气田防漏堵漏技术应用现状[J].西部探矿工程,2020,32(3):99-100,104.

[6] 江同文,孙雄伟.中国深层天然气开发现状及技术发展趋势[J].石油钻采工艺,2020,42(5):610-621.

[7] 丁士东,张卫东.国内外防气窜固井技术[J].石油钻探技术,2002,30(5):35-38.

[8] 冯福平,艾池,刘国勇,等.高研磨性火山岩地层岩石可钻性计算[J].石油地质与工程,2010,24(3):85-87.

[9] 张富晓,黄志强,周已.PDC钻头切削齿失效分析[J].石油矿场机械,2015,44(9):44-49.

[10] 邹军,石建刚,孙维国.适用于复杂构造地层火山岩的个性化PDC钻头设计与应用[J].内蒙古石油化工,2020,12(7):12-15.

[11] Zou jun,Shi Jiangang,Sun Guowei.Personalized PDC bit design and application for volcanic rocks in complex structural formations[J].Inner Mongolia Petrochemical Industry,2020(12):12-15.

[12] 晏玛琪.硬地层下非平面PDC切削齿结构设计与破岩机理研究[D].成都:西南石油大学,2018:284-291.

[13] 张学元.二氧化碳腐蚀与控制[M].北京:化学工业出版社,2000:56-61.

[14] 巢贵业,陈宇.固井环空气窜机理和防窜水泥浆体系及其措施[J].工程建设,2006,28(4):79-81.

[15] 张宏军.深井固井工艺技术研究与应用[J].石油钻探技术,2006,34(5):44-48.

[16] 刘志焕,倪行宇,徐明,等.大庆油田深层气井固井技术研究[J].大庆石油地质与开发,2007,26(4):91-94.

大庆油田致密油平台三维水平井钻柱摩阻分析

邵 帅[1,2]

(1. 中国石油大庆油田有限责任公司采油工程研究院；2. 黑龙江省油气藏增产增注重点实验室)

【摘 要】 平台水平井是大庆油田致密油开发的主要形式，采用平台布井的方式导致部分水平井轨道出现三维井段。钻井施工中三维水平井相较二维水平井钻柱摩阻更大，限制着水平井延伸极限。研究三维水平井钻柱摩阻规律有助于提高平台水平井延伸长度。本文在软杆理论模型的基础上，通过分析三维井段钻柱与井壁的接触形式，给出钻柱挫动的计算模型，分析得出三维井段钻柱摩阻规律，并采用 Landmark 软件模拟与实际施工情况相结合进行了验证。模拟结果表明三维井段钻柱与井壁的接触面积大于二维井段、扭方位时的井斜角大小与钻柱摩阻正相关、三维水平井整体摩阻系数达到 0.4 以上。钻井设计和施工过程中应根据三维井段钻柱摩阻规律，优化设计水平井轨道和井身结构、合理分配钻具组合中加重钻杆位置、提高钻井液润滑性、采用降摩减阻工具等方式降低钻柱摩阻，提高平台水平井的延伸长度，以保证致密油平台高效开发。

【关键词】 大庆油田；致密油；平台井；水平井；摩阻系数；延伸极限

为了高效开发致密油，大庆油田采用平台水平井配合大规模压裂的方式[1]。平台井具有便于压裂施工，减少征地面积，降低地面管线和采油设备维护费用的优点[2]，但对于钻井施工而言，则增加了井下复杂发生的概率。由于平台水平井中各个井靶区相对位置的不确定性，导致一部分井必须采用三维扭方位的轨道设计方式。在钻井施工过程中，三维水平井相对于二维水平井钻柱所受摩阻扭矩大、托压现象更严重[3]，水平井延伸长度受到限制，甚至出现无法钻达目的井深，被迫提前完钻的情况，制约着致密油平台开发。通过分析三维水平井钻柱摩阻规律，提出解决摩阻过大问题的针对性措施，以提高水平井延伸极限。

1 平台水平井钻井施工难点

平台水平井将靶区距离较近井的井口采用平台式分布，将原本为二维井的井口移动至统一平台，这样就增加了造斜段长度，而且轨道中出现三维扭方位井段。如图 1 所示，以靶前距 300m 的二维水平井为例，将井口移动 300m 至平台井口位置进行轨道设计，则该井造斜段长度由 531m 增加至 737m，且设计轨道变为三维轨道，出现 411m 三维扭方位井段。钻进过程中，水平段钻柱受力相对造斜段简单，如果油层预测准确，水平段轨迹井斜角在

作者简介：邵帅(1987—)，2014 年东北石油大学油气井工程毕业，获硕士学位，现从事复杂特殊井钻完井设计与技术研究工作，工程师。通讯地址：(163453)黑龙江省大庆市让胡路区西宾路9号采油工程研究院。电话：0459-5973668。E-mail：zdshaoshuai@163.com。

90°左右、方位角保持不变,以稳斜方式钻进,水平段钻柱所受轴向力均为推力,所受摩阻力只与延伸长度有关。但在三维扭方位段钻柱受力相对复杂[4-5],随着钻进深度和钻进参数变化部分钻柱反复受到轴向拉力和压力,并且由于井眼轨迹呈曲线形式,产生摩擦阻力的正压力不仅来源于钻柱自身重力,随着井斜和方位角的变化,轴向力会转化为正压力[6],这就增大了钻柱摩擦阻力,特别是当实钻过程中轨迹曲率突变会加强这种趋势。采用平台布井增大了水平井钻柱摩阻,限制水平井延伸长度,尤其三维井段的出现给水平井施工带来更大的困难。

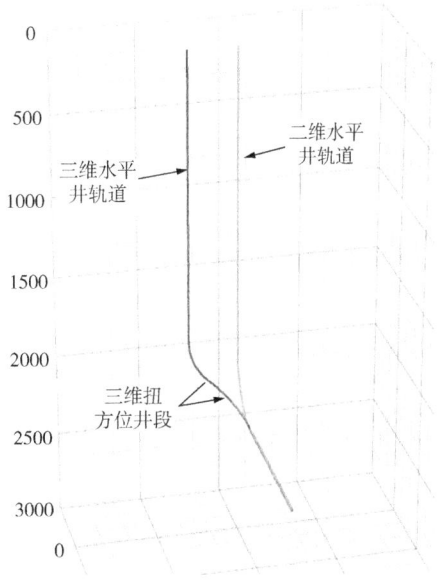

图 1 平台水平井轨道三维图

2 三维水平井钻柱摩阻分析

计算钻柱摩阻的模型主要有两类:软杆模型和刚杆模型。软杆模型在井眼曲率不大的情况下精度能够满足施工要求,且求解简单。软杆模型假设钻柱形状与井眼形状一致、井眼内钻柱和井壁之间没有间隙、不考虑钻柱的刚度、忽略断面上剪力的影响,其他影响因素均以摩阻系数进行衡量[7-8]。基于软杆模型理论,增加三维井段钻柱与井壁相对运动分析,将这种相对运动对摩阻的影响综合到摩阻系数中。

2.1 钻柱受力分析

基于软杆模型假设,对起下钻和滑动钻进工况中位于三维扭方位井段的钻柱微元段进行受力分析,如图 2 所示。N_f 为井壁对钻柱的支持力,在三维扭方位井段钻柱会受到由于方位角改变而造成的力 N_b,其方向与重力方向垂直,N_g 和 N_a 的方向与重力一致,钻柱在这种受力情况下不会稳定在井壁最低侧,而会有沿着 N_b 方向挫动的趋势,当钻柱产生这个运动趋势时,会受到 N_b 反方向的静摩擦力 F,而 N_b 大于 F 则钻柱开始沿着井壁运动。

$$N_g = W\Delta L \sin a \tag{1}$$

$$N_b = F_L \sin a \sin \frac{\Delta \Phi}{2} \tag{2}$$

$$N_a = F_L \cos \frac{\Delta \Phi}{2} \sin \frac{\Delta a}{2} \tag{3}$$

如图 3 所示,当钻柱移动至受力平衡点时,钻柱相对井壁静止,且没有沿井壁的运动趋势,钻柱与井壁的接触点由 A 点移动到 B 点,此时 N_f 与重力方向夹角为 β,根据受力分析可知

$$\tan\beta = N_b/(N_a + N_g) \tag{4}$$

$$L_{AB} = \frac{\beta D}{2} \tag{5}$$

式中:L_{AB} 为 AB 之间的圆弧长,m;D 为井眼直径,m。

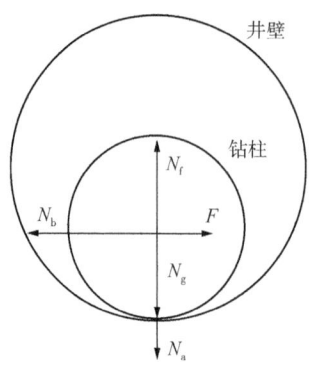
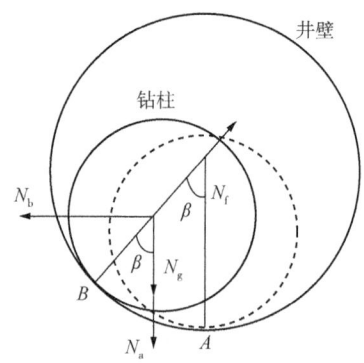

图 2　钻柱微元受力分析示意图　　　　图 3　钻柱微元挫动示意图

由受力分析可知,在受拉和受压状态下钻柱挫动的方向相反,由于三维扭方位井段钻柱在各种工况下受到的轴向力方向和大小是变化的,这就造成钻柱沿井壁往复挫动。如图 4 所示,在不考虑岩屑沉积的情况下,受压状态时钻柱与井壁的接触点由 A 移动至 B_1,受拉状态下钻柱与井壁的接触点则由 A 移动至 B_2,二维井段中钻柱微元与井壁的接触为 AA' 线接触,而在三维井段中钻柱微元与井壁的接触为 $B_1B'_1B'_2B_2$ 面接触,接触面积 S_1 由式(6)计算。面接触所产生的摩擦阻力大于线接触,因此使用软杆模型在计算摩阻扭矩时,应考虑三维井眼的摩阻系数比二维井眼要更大。实钻过程中造斜段下井壁必然会有岩屑沉积,如按钻柱吃入岩屑床高度 H 计算,二维井段钻柱微元与岩屑的接触面积 S_0 由式(7)计算。

$$S_1 = L_{AB}\Delta L \tag{6}$$

$$S_0 = \arccos\left(1 - \frac{2H}{d}\right) \times d \times \Delta L \tag{7}$$

式中：N_f 为钻柱受到井壁的支持力,N;N_b 为由于方位角的改变造成在方位平面上的侧向正压力,N;N_g 为钻柱浮重在井斜平面上的侧向正压力,N;N_a 为由于井斜角的改变造成的侧向正压力,N;F 为微元段受到的径向静摩擦力,N;W 为钻柱微元段浮重,N;ΔL 为微元段的长度,m;a 为微元段的井斜角,(°);F_L 为微元段受到的轴向力,N;$\Delta \Phi$ 为微元段上下两部分的方位角差,(°);Δa 为微元段上下两部分的井斜角差,(°);d 为钻柱外径,m。

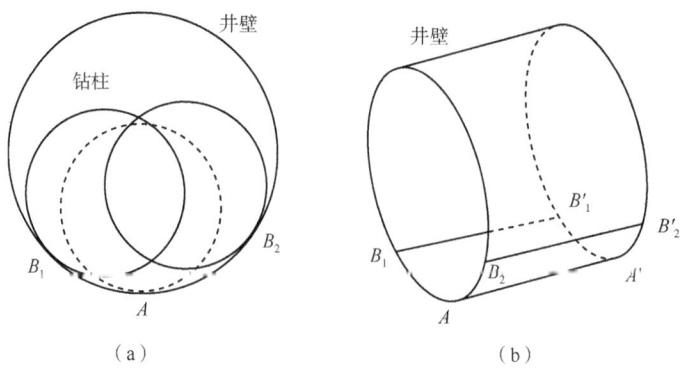

图 4　钻柱微元相对井壁运动切向和轴向示意图

2.2 计算结果分析

根据以上受力分析,通过式(4)、式(5)可计算三维井段内钻柱挫动角度及弧度,通过式(6)可计算三维井段钻柱与井壁的接触面积。以 $\phi215.9$mm 井眼三维扭方位井段中 $\phi127$mm 钻杆为例进行计算,钻井液密度为 1.5g/cm^3,分别以井斜角、轴向力、方位变化率为变量,得到三维井段内钻柱相对井壁的挫动角度,计算结果见表1。

表 1 三维井段钻柱相对井壁的挫动角度

项目	井斜角对挫动的影响				方位变化率对挫动的影响				轴向力对挫动的影响			
井斜角/(°)	40	50	60	70	70	70	70	70	70	70	70	70
方位变化率/[(°)/30m]	6	6	6	6	3	4	5	6	6	6	6	6
轴向力/kN	40	40	40	40	40	40	40	40	20	40	60	80
挫动角度/(°)	13.8	14.2	14.5	14.6	7.4	9.9	12.3	14.6	8.0	14.6	20.1	24.6

由计算结果数据表1可知,钻柱相对井壁的挫动角度与井斜角、方位变化率、轴向力均成正相关。挫动角度越大,钻柱与井壁接触面积越大。在轨道设计中选择在井斜角较小的井段进行扭方位、降低方位变化率、在上部井段扭方位可减小三维井段钻柱与井壁接触面积。

根据式(6)、式(7)计算在井斜角70°、方位变化率6°/30m、不同轴向力条件下0.1m长度钻柱与井壁的接触面积,将三维井段钻柱与井壁接触面积等效为二维井段钻柱吃入岩屑床深度,来评价挫动对摩阻的影响,计算结果见表2。随着岩屑床高度增加,摩擦系数会相应增加,钻柱受到的摩阻力增大则井下复杂的概率增大[9-11],可采用技术套管封固三维扭矩方位井段和提高钻井液润滑性等方法[12],以减小该井段摩擦系数,降低钻柱摩阻,增大水平段延伸长度。

表 2 钻柱与井壁接触面积等效岩屑床高度

轴向力/kN	钻柱与井壁接触面积/10^{-3}m^2	等效岩屑床高度/10^{-3}m
40	2.7	1.5
60	3.8	2.8
80	4.6	4.2
100	5.3	5.5
120	5.9	6.8

3 施工实例分析

ZP23-P1井为致密油平台三维水平井,设计井深3713m,井眼轨道见表3。采用3层套管井身结构,技术套管外径为244.5mm,技术套管下深1526m。三开采用水基钻井液体系,水平段钻具组合:$\phi215.90$mmPDC 钻头×0.35m+$\phi172.00$mm 螺杆×8.08m+$\phi214.00$mm 螺旋扶正器×1.00m+$\phi172.00$mmLWD×9.37m+$\phi172.00$mm 无磁钻铤×9.33m+$\phi127.00$mm 加重钻杆×65.16m+$\phi127.00$mm 钻杆×1991.15m+$\phi127.00$mm 加重钻杆×226.09m+$\phi127.00$mm 钻杆。该井在三开钻进至3070m时,机械钻速为4.74m/h,钻压10~15t,钻井液排量35L/s。

大庆地区致密油水平井水平段机械钻速一般达到10m/h以上[13],该钻速情况异常。出现钻速过低的异常情况后,进行划眼、倒划眼,提升钻井泵排量,稠浆举砂等措施,没有大量岩屑返出。起钻检查钻头磨损正常,分析原因为井眼摩阻过大和托压导致的钻速过低,为防止井下复杂进行通井作业后再继续钻进。下钻通井过程中出现困难,在下钻至2100~2500m井段下放遇阻、上提遇卡,需开泵配合顶驱旋转下放钻柱。通井后钻进速度仍未改善,根据油藏需求调整轨迹找层后机械钻速进一步下降,钻至3392m时机械钻速仅为0.87m/h。由于水平段油层显示较差,且继续钻进有发生井下复杂的风险,该井提前完钻。

表3 ZP23-P1井轨道设计数据表

测深/m	井斜角/(°)	网格方位/(°)	垂深/m	闭合距/m	闭合方位/(°)	造斜率/[(°)/30m]
1310.00	0.00	0.00	1310.00	0.00	0.00	0.00
1510.00	30.00	221.56	1500.99	51.18	221.56	4.50
1540.00	30.00	221.56	1526.97	66.18	221.56	0.00
1957.06	75.85	221.56	1771.37	390.33	221.55	3.31
2082.06	75.85	221.56	1801.67	511.60	221.55	0.00
2447.36	76.00	180.00	1893.95	843.80	213.19	3.31
2578.53	89.13	180.00	1910.90	955.16	208.93	3.00
3662.85	91.32	180.00	1909.20	1974.80	193.53	0.00
3713.00	91.32	180.00	1907.22	2023.10	193.20	0.00

使用Landmark软件对该井钻柱摩阻进行计算,采用水基钻井液的情况下,常规水平井裸眼段摩阻系数为0.3。本井在摩阻系数为0.3时计算结果显示下钻及滑动钻进皆不会发生遇阻,摩阻系数在0.4~0.55之间进行计算,则相继出现钻柱螺旋屈曲、钻柱锁死的情况,与本井所遇复杂吻合。通井遇阻井段为三维扭方位裸眼井段,在井眼清洁的前提下该井段仍会出现高摩阻的情况,整体摩阻系数增加30%以上,推荐致密油三维水平井使用油基钻井液和降摩减阻工具[14-15],以降低摩阻系数。

4 结论

(1)平台水平井增加了钻井难度,在钻井设计过程中应充分考虑井口偏移度,优化井身结构和井眼轨道设计,以保证现场顺利施工。

(2)分析了三维扭方位井段钻柱与井壁的接触形式,在该井段钻柱的挫动会增加与井壁的接触面积,钻柱的受力比二维水平井复杂,三维扭方位井段是限制平台井水平井延伸长度的最关键井段。

(3)大庆致密油三维水平井采用水基钻井液摩阻系数达到0.4以上,建议扭方位角度较大的水平井使用油基钻井液和降摩减阻工具等方式,降低整体摩阻系数,减小施工难度。

参 考 文 献

[1] 金成志,何剑,林庆祥,等. 松辽盆地北部芳198-133区块致密油地质工程一体化压裂实践[J]. 中国石油勘探,2019,24(2):8.

[2] 曾凌翔,廖刚,叶长文.页岩气平台复杂山地工厂化作业技术[J].钻采工艺,2020,43(3):4.
[3] 杨丽晶,常雷,张仲智,等.永乐油田ZP22区块致密油平台长水平段水平井钻井设计优化[J].西部探矿工程,2019,31(12):4.
[4] 孙永兴,贾利春.国内3000m长水平段水平井钻井实例与认识[J].石油钻采工艺,2020,42(4):393-401.
[5] 刘迎春.水平井钻井技术难点及对策分析[J].西部探矿工程,2019,31(4):3.
[6] 宋立.致密砂岩油藏水平井摩阻扭矩预测模型研究[D].西安:西安石油大学,2017.
[7] Johancsik C A,Friesen D B,Dawson R.Torque and Drag in Directional Wells-Prediction and Measurement[J].Journal of Petroleum Technology,1984,36(6):987-992.
[8] 孟祥伟.三维弯曲井眼中管柱摩阻扭矩的实验研究[D].青岛:中国石油大学(华东),2017.
[9] 蒋俊.气体钻水平井极限延伸能力研究[D].成都:西南石油大学,2014.
[10] 蒋希文.钻井事故与复杂问题[M].北京:石油工业出版社,2002.
[11] 杨雪山,宋碧涛,任茂,等.压差卡钻新模型的建立与分析[J].钻井液与完井液,2018,35(1):38-41,46.
[12] 蔡利山,林永学,王文立.大位移井钻井液技术综述[J].钻井液与完井液,2010,27(3):1-13,95.
[13] 常雷.长垣、齐家地区致密油水平井钻井提速配套技术[J].石油地质与工程,2017,31(6):98-100,104,128-129.
[14] 梁奇敏,杨永刚,何俊才,等.摩擦系数与摩阻系数及其控制方法探讨[J].钻采工艺,2019,42(1):1-2,11-13.
[15] 孔令镕,王瑜,邹俊,等.水力振荡减阻钻进技术发展现状与展望[J].石油钻采工艺,2019,41(1):8.

大庆地热能"U"形先导试验井钻井设计

潘荣山[1,2] 李继丰[1,2] 李 童[1,2] 王 影[1,2] 王敬岩[1,2] 刘美玲[1,2]

(1. 中国石油大庆油田有限责任公司采油工程研究院；2. 黑龙江省油气藏增产增注重点实验室)

【摘 要】 地热能是一种绿色低碳、可循环利用、可再生的能源，大庆油田 X 区地温梯度高，平均 4.3℃/100m，3000m 埋深地层温度 120~135℃，深层无油气干扰，满足地热能试验区开发建设的基本条件。为实现大庆油田燃煤锅炉房地热能源清洁替代，针对 X 区上部地层成岩性差，胶结疏松；下部葡萄花油层、扶杨油层已注水开发，地层压力较大且均含气的施工难点，以先导试验井 X1-1 及 X1-H1 井为例，从井身结构、钻具组合、钻井液体系、固井技术等方面进行设计优化，满足地热井钻井需要，对地热井钻井设计具有十分重要的借鉴意义，同时完善中深层地热能勘探开发技术体系。

【关键词】 地热能；井身结构；"U"形井；钻井

松辽盆地北部地热能资源丰富，分布范围广，是一种现实可行且具有竞争力的清洁能源。"十四五"能源规划目标是二氧化碳排放力争于 2030 年前达到峰值，努力争取 2060 年前实现碳中和。在此目标下，中国石油天然气集团有限公司大力推动新能源业务发展，确定了"清洁替代、战略接替和绿色转型"的三步走战略，大庆油田也在加快践行"清洁替代"战略。

目前，我国对中深层地热能开发仍处于起步阶段，在西安、天津、河北邯郸等地部分企业开展过一些工程实践，均存在换热能量少，无法保证长时间运行的问题。为解决该问题，大庆油田采用"U"形对接"取热不取水"技术，提高换热量。首先对 X 区燃煤锅炉房热源替代开展先导性试验，代替停运现有燃煤锅炉房，实现污染"零排放"，达到环保要求。X 区燃煤锅炉房所处区域的平均地温梯度达 4.3℃/100m，具备地热能清洁替代的资源基础[1]，同时该区萨尔图、葡萄花、高台子油层地热水层不发育，扶杨油层已投入开发，在 X 区部署一对"U"形井(X1-1 井及 X1-H1 井)，采用"取热不取水"方式开采中深层地热能，实现地热能供暖在边远城区应用的示范效应。

作者简介：潘荣山(1970—)，1992 年毕业于大庆石油学院石油开发系钻井工程专业，获工学学士学位，现主要从事钻井设计审核及科研工作，高级工程师。通讯地址：(163453)中国石油大庆油田有限责任公司采油工程研究院；E-mail：邮箱：panrsh@petrochina.com.cn。李童(通讯作者)(1990—)，2012 年毕业于大中国石油大学(北京)石油工程专业，获工学学士学位，现主要从事钻井设计工作，工程师。通讯地址：(163453)中国石油大庆油田有限责任公司采油工程研究院；E-mail：邮箱：cyylitong@petrochina.com.cn。

1 地质简况及施工难点

1.1 地质简况

大庆油田地热资源形式多样，具有地温梯度高、储量大、分布广的特性。松辽盆地北部经多年油气勘探表明，地热资源包括中浅层地热水、中深层地热能和深层干热岩3种类型。中深层地热能位于泉二段及以下致密砂岩层，深度在2000~3000m之间，地层温度在80~135℃之间。

X区属于低渗透油田，中深层地热能由泉头组和登娄库组组成，岩层致密，发育多套砂泥岩组合，分布稳定。X区中部地层温度较高，相对位于背斜顶部，上部泥岩起到隔层保温作用，下部断裂起到沟通深部热源作用，因此地温梯度高，热量散失慢，地层温度相对较高。X7井井深3315.29m处实测地温137.9℃，计算地温梯度4.16℃/100m。根据岩心测得砂岩导热系数2.504W/(m·℃)，泥岩导热系数2.358W/(m·℃)，砂泥岩互层，岩石成岩作用较强，导热能力增强。X区换热层为登一段(垂深2800m)，发育厚度12.4m，该层为砂砾岩层且分布稳定，可以实现套管内的循环水与地层热交换。

1.2 施工难点

本井组依次钻遇第四系、古近-新近系泰康组，中生界白垩系下统嫩江组、姚家组、青山口组、泉头组、登娄库组。第四系及泰康组疏松，成岩性差，钻井施工中易发生井漏、井塌；嫩二段、青山口组发育大段泥岩，泥岩吸水水化膨胀易剥落，钻井施工中易发生井塌、钻具泥包及卡钻；葡萄花、扶杨油层已注水开发，地层压力较高，且均为含气层，易发生井喷、油气侵及固后管外冒；扶杨油层裂缝发育，易发生井漏。

2 钻井设计优化

2.1 井型优选

常见的地热能开发井主要有2种类型："L"形井单井闭式循环换热[2]和"U"形井循环水换热[3-4]。通过软件建立地质模型，模拟一个取暖季垂深均为2800m的"L"形井单井闭式循环换热与"U"形井循环水换热的出口温度与换热效率，数据对比见表1。由表1可知，"U"形井循环水换热在出口温度和换热效率方面均优于单井闭式循环换热，同时闭式循环没有污染；返排介质是无污染的软化水，无需处理；地下热储无需改造；水平井换热长度大；长水平段换热效率高的技术优势，因此优选"U"形井作为先导试验井的开发方式。

表1 "U"形井与"L"形井出口温度及换热效率与时间对应表

时间/d	"U"形井出口温度/℃	"L"形井出口温度/℃	"U"形井换热功率/MW	"L"形井换热功率/MW
3	71.1	100	2.98	4.70
36	74.7	83	3.21	4.50
72	75.6	69	3.25	3.85
108	74.7	59	3.21	3.25
144	73.8	51	3.13	2.79
180	72	46	3.04	2.50

2.2 井身结构优化

综合考虑钻遇地层层位、地层岩性、钻井复杂显示及钻井成本等多种因素，对井身结构进行优化，同时对周围邻井钻完井资料进行统计分析，对容易出现井下复杂的井段，制定针对性技术措施。为了提高"U"形井换热效率和满足流量 $50m^3/h$ 的要求，对 $\phi177.8mm$ 生产套管进行优化设计。

X1-H1 水平井优化为 3 层套管井身结构：(1) 表层套管下深优化为 $\phi339.7mm×100.00m$，封固浅水层及地表松散地层，防止上部疏松地层坍塌；(2) 技术套管下至泉三段以下 50m，封固葡萄花及扶杨油层，二开技术套管下深优化为 $\phi244.5mm×1440.00m$；(3) X1-H1 井设计垂深 2800m，造斜点 2510m，靶前距 300m，水平段长 1000m。三开井段下入 $\phi177.8mm×3972.00m$ 生产套管，地面至 500m 采用保温水泥固井，500m 至井底采用导热水泥固井，各层套管固井水泥浆均返至地面，在水平段可以实现套管内的循环水与地层热交换[5]。

X1-1 直井优化为 2 层套管井身结构：(1) 表层套管下至嫩一底以下 20m，下深优化为 $\phi273.1mm×324.00m$，封固地表松散地层，防止上部疏松地层坍塌；(2) 二开为满足后期取热要求，地面至 1500m 采用 $\phi209.0mm×177.8mm$ 保温套管，采用常规 G 级水泥固井，1500m 至井底下入 $\phi177.8mm$ 常规套管，采用导热水泥固井，各层套管固井水泥浆均返至地面。

2.3 钻具组合优化及井眼连通技术

为了实现优快钻井，结合 X 区地质特点，利用成熟配套的水平井钻井技术，对 X1-H1 井钻具组合进行优化设计。由于水平井完钻后不测井，因此采用随钻测井（LWD）随钻监测井眼轨迹，以获取相关地层参数。为了强化"大排量、大钻压、大扭矩、高转速、高泵压"钻井参数，设计 $\phi139.7mm$ 钻杆，以降低钻杆内水力损耗，实现"一趟钻"钻井提速。

2.3.1 造斜段钻具组合

为了提高造斜段井眼轨迹控制精度，设计单弯螺杆造斜，LWD 随钻监测井眼轨迹。根据实钻情况，采用滑动钻进和复合钻进方式。钻具组合为：$\phi215.9mm$ 钻头+$\phi172.0mm$ 单弯螺杆（1.25°或1.5°）+$\phi172.0mm$ 钻具浮阀+$\phi172.0mm$ LWD+$\phi139.7mm$ 无磁加重钻杆×9m+$\phi139.7mm$ 斜坡钻杆（18°）+$\phi139.7mm$ 加重钻杆×223.2m+$\phi165.1mm$ 震击器+$\phi139.7mm$ 加重钻杆×334.8m+$\phi139.7mm$ 钻杆。

2.3.2 水平段钻具组合

为了提高机械钻速，水平段安装水力振荡器，单弯螺杆造斜，LWD 随钻监测井眼轨迹。施工中尽量减少滑动钻进，使井眼轨迹平滑，控制好井眼曲率不超过设计范围。钻具组合为：$\phi215.9mm$ 钻头+$\phi172.0mm$ 单弯螺杆（0.75°或1.0°）+$\phi172.0mm$ 钻具浮阀+$\phi172.0mm$ LWD+$\phi139.7mm$ 无磁加重钻杆×9.0m+$\phi139.7mm$ 斜坡钻杆（18°）×9.0m+水力振荡器+$\phi139.7mm$ 斜坡钻杆（18°）+$\phi139.7mm$ 加重钻杆×334.8m+$\phi139.7mm$ 钻杆。

2.3.3 井眼连通技术

应用磁导向技术进行井眼连通，就是通过实时监测地下人工磁场的分布特征，经软件处理、控制，实现对邻井井眼空间位置的高精度定位与导航，达到两井眼精确连通。当

X1-H1井水平段距离X1-1井50m左右开始采用磁导向工具监测井眼轨迹，随时对比分析实钻井眼轨迹与设计轨迹的偏差，预测下部井段所需的造斜率，控制好井眼轨迹参数，接近对接点时，控制一小段稳斜段，采用稳斜与X1-1井精准对接，实现水平井井眼与直井井眼连通。

2.4 钻井液体系优选

综合考虑设计井水平段长度和储层配伍性、环保要求和钻井成本，从钻井提速和储层保护出发，X1-1井及X1-H1井二开优选钾盐共聚物钻井液，该体系阳离子聚合物能够快速对钻屑进行包被，有效抑制钻屑水化造浆，减轻地层水化膨胀，有利于钻屑及时返出。在满足安全施工要求的前提下，该体系具有良好的高温稳定性及井壁稳定能力，携岩能力强，摩阻力低，井径规则，可保证中深层钻井施工安全。

在高温地热钻井过程中，钻井液在高温下会出现分散性较强和黏度增加的情况，影响钻井作业正常施工，因此X1-H1井三开优选低固相氯化钾盐水钻井液体系[6-7]，以实现钻井液在高温环境下的稳定性，同时加入超细$CaCO_3$，对井壁屏蔽暂堵，预防井漏的发生。该钻井液体系在大庆油田致密油区块共施工15口水平井，钻井液性能稳定，抑制性强，无钻头钻具泥包现象，防塌效果好，井壁无剥落掉块，固井质量较好(优质井13口，水平段平均固井优质段比例为81.61%)，应用效果良好。

2.5 固井技术优化

2.5.1 套管优化

由于"U"形地热井中水平井为注入井，直井为采出井，因此为保证采出井保温效果，X1-1井地面至1500m采用保温套管。保温套管一般由双层管组成，双层管环空填充比热系数极低的高效隔热材料和反辐射材料，如耐高温岩棉纤维、气凝胶等多层包扎，并对环空抽真空处理，接箍位置使用其他方式保温。保温套管导热系数不大于$0.02 W/(m·℃)$，以防止热量损失，保证换热效果。X1-H1井及X1-1井1500m以下井段采用P110常规套管。

2.5.2 水泥浆体系优化

X1-1井由于上部采用保温套管，因此井口至1500m井段采用常规水泥浆体系，1500m至井底采用导热水泥浆体系，导热系数不小于$1.6 W/(m·℃)$，目的是在采暖后期水平段换热不足时实现二次吸热。X1-H1井生产套管地面至500m采用保温水泥浆体系，导热系数不大于$1.0 W/(m·℃)$，500m至井底采用导热水泥浆体系，导热系数不小于$1.6 W/(m·℃)$，目的是实现套管内的循环水与地层充分热交换。保温水泥浆体系主要外加剂是漂珠和抗高温水泥外加剂，漂珠加量一般为24%；导热水泥浆体系主要外加剂是磁铁矿粉和抗高温水泥外加剂，铁矿粉加量一般为45%，室内实验证明导热系数能够达到地质需要，且韧性好，能够满足地热井长期注采的要求。

2.5.3 固井关键技术

固井施工步骤：(1)下套管前进行固井承压试验，根据承压试验值调整水泥浆设计，确保固井不漏失，且能压稳地层。(2)平衡压力固井，注水泥浆连续，密度均匀。(3)水泥浆需满足流变性好，体系稳定，稠化时间合理的要求。(4)X1-H1井生产套管固井，由于环空间隙小，顶替过程中容易发生漏失，固井施工过程中，要小排量低速顶替。(5)X1-H1

井固井及候凝过程中应始终保持 X1-1 井井口是关闭状态。(6)若采用双级注水泥技术,一级施工结束后,必须记录一级固井最后的施工参数,在开孔过程中便于分析分级箍是否打开,防止将下塞替空,开孔后大排量循环一周以上。

3 结论

(1)大庆油田地热资源具有地温梯度高、储量大、分布广的特性。在 X 区开展地热能"U"形先导试验井的研究,对大庆地热能资源的高效开发利用具有重要的社会价值和经济价值,具有广阔的应用前景。

(2)通过"L"形井单井闭式循环换热和"U"形井循环水换热出口温度与换热效率的对比分析,优选"U"形井作为本次试验的井形。

(3)通过优化保温套管、保温和导热水泥浆体系,实现套管内的循环水与地层热交换的最大化,满足供热需要。

参 考 文 献

[1] 付亚荣,李明磊,王树义,等.干热岩勘探开发现状及前景[J].石油钻采工艺,2018,40(4):527-540.
[2] 任虎俊.水热型地热能同轴管换热技术研究——以河北省邯郸地区为例[J].中国煤炭地质,2018,30(6):105-108.
[3] 韩云,孙春辉,翟晓莹,等.地热对接井与地热深度利用技术的耦合探讨[J].工程技术研究,2020,5(23):93-94.
[4] 张育平,黄少鹏,杨甫,等.关中盆地西安凹陷深层地热U型对接井地温特征[J].中国煤炭地质,2019,31(6):54-61.
[5] 潘德元,何计彬,杨涛,张振发.雄安牛驼镇地热田岩溶热储层地热深井井身结构优化设计[J].探矿工程—岩土钻掘工程,2021,48(2):78-84.
[6] 梁文利.干热岩钻井液技术新进展[J].钻井液与完井液,2018,35(4):7-13.
[7] 刘畅,冉恒谦,许洁.干热岩耐高温钻井液的研究进展与发展趋势[J].探矿工程-岩土钻掘工程,2021,48(2):8-15.

海拉尔油田贝中区块钻井实践与认识

韩德新　杨春和

(中国石油大庆钻探工程公司)

【摘　要】 针对海拉尔油田贝中区块上部地层伊敏组大段泥岩,极易水化膨胀,造成缩径,起下钻容易造成井壁剥落坍塌,下部地层倾角变化大,断层多、岩性可钻性差,增加了井眼轨迹控制难度,并且钻井过程中若岩屑返出不充分,部分岩屑吸附在上部井壁,形成虚滤饼,容易造成卡钻的特点,通过现场实践,制定适合贝中区块钻井技术措施。

【关键词】 地层倾角；泥岩；断层

随着海拉尔油田开发的逐步深入,调开井比例逐年增加,在钻井过程中经常发生井壁剥落坍塌,卡钻等事故,不能满足油田产能建设的需要,为了完成钻井工期的要求,需要探索研究适合海拉尔油田的钻井技术方法,经过多次深入海拉尔钻井现场实践,建立新的钻井技术方案,确保钻井工期和施工安全。

1　地质特征

海拉尔油田在内蒙古呼伦贝尔市境内,构造呈"三坳两隆"的特征,基底为侏罗系浅变质岩,主要开发地层为下白垩统,三套生储盖组合,主要含油层系为下白垩统,共四套含油层系——大磨拐河组、南屯组、铜钵庙组和基底布达特,地质条件极其复杂,构造倾角大,断块破碎、规模小,含油层系多,油层埋藏深,层系跨度大,油藏类型多,油水关系复杂,储层类型多,特低渗透储量比例大,渗透率大于50mD的储量占8.6%,小于1mD的储量占62.0%。

2　海拉尔油田贝中区块施工难点及技术措施

针对海拉尔贝中区块去年发生2口井卡钻复杂事故,通过盯井了解现场施工过程情况,并对区块地质情况细致分析,查找引起复杂原因,并制定相应技术措施,确保该区钻井施工顺利进行。

2.1　浅部地层钻井施工难点

(1) 浅部地层成岩性差,胶结疏松,易井漏、易井塌；井深400m前,均钻遇段厚大约在70m左右的流砂层、泥岩互层井段。流砂层易发生坍塌形成"大肚子"井眼,影响返砂；紫红色泥岩塑性强,易形成泥环,泥包钻具。

作者简介：韩德新,男,1967年生,高级工程师,大庆油田有限责任公司钻井工程公司技术专家从事钻井地质工作。E-mail：handexin@cnpc.com.cn。

(2) 伊敏组大段泥岩，蒙皂石含量高，造浆能力强，易导致井壁吸水膨胀而缩径，起下钻过程中，在钻具机械力及激动压力的作用下，井壁剥落严重，易造成起下钻刮卡、遇阻现象。

2.2 技术措施

（1）选用塔式钻具组合，为确保直井段打直，钻压控制为低限范围内。平台井钻具组合加放无磁钻铤，按照设计要求测斜取得数据。钻进至表层设计深度，井斜角控制在标准以内。如地层不适合坐套管鞋，可继续钻进至设计井深以下的稳定泥岩地层。

（2）为防止漏、塌发生，要求用黏度不低于 50s 钻井液钻进，且适当控制钻速与排量，防止冲垮和憋漏地层，接单根时，早开泵，晚停泵。

（3）完钻后充分循环不低于 2 周，将井筒内的岩屑充分清除，起钻前测斜，保证套管的顺利下入。

（4）为确保井壁稳定，防止垮塌，采用 1 挡起钻，并要对井筒进行连续灌注钻井液。

（5）一开钻进，打完钻铤前转速 1 挡，打完钻铤后转数 2 挡。

（6）提前丈量表套，现场可根据套管长度计算完钻井深。

（7）平台井一开井深超过 200 米的表层，一开钻具内加放无磁钻铤，一开完钻后起钻测多点。

（8）配制时加入 7%~10% 的膨润土来保证钻井液的悬浮携砂能力，膨润土水化需达到 10h 以上，水化后黏度 45~60s，密度 $1.05~1.15/cm^3$，黏度低于 45s 现场可增加土粉含量进行黏度调整，保证膨润土浆的携岩性。

2.3 下部地层钻井施工难点

（1）伊敏组和大磨拐河组发育泥岩，易水化膨胀而缩径。起下钻过程中，在钻具机械力及抽吸的作用下，井壁剥落严重，易造成起下钻刮卡、遇阻现象。

（2）地层倾角大、断层多，导致井斜，控斜或纠斜影响钻速和周期。

（3）南屯下部及铜钵庙砾岩发育，降低钻头寿命和钻速。

（4）部分井区受注水井影响，钻井液密度高，导致钻速慢、井漏复杂。

2.4 技术措施

（1）伊敏组泥岩采取小钻压钻进，控制钻速在 1~1.5min/m，排量 38L/s 以上，保障返砂、井眼畅通，防止出现泥环或者泥包钻头，钻穿伊敏组后不控速。

（2）划眼要求。

伊敏组每个单根划眼时间不少于 3min，之后视返砂情况进行循环划眼。

（3）短起下要求。

实钻中不进行短起下作业，应根据井下返砂及阻卡情况，进行短起下钻。钻柱每间隔 400m 加放一只 φ208mm 防卡螺扶或 210mm 方接头。

（4）接单根时间控制在 3min 以内，接立柱时间控制在 5min 以内。

（5）起下钻要求。

安排专人观察出水口，核对灌入与返出泥浆量，及时发现起钻抽吸或下钻钻井液返出不正常现象，及时采取回接方钻杆进行循环处理，避免复杂情况恶化；起下钻有阻卡显示时,要把钻头位置尽可能放在自由井段,切忌超吨位上提,避免卡钻事故。小排量开泵顶通循环,正常后再采取钻进排量进行循环,需要划眼时初始阶段慢速试划(转速用1挡即可),防止憋漏地层。避免连续划眼,防止划出新井眼。

(6)二开配方:膨润土4.0%~4.5%+纯碱4.5%~5.0%(土量)+KOH0.04%~1.0%(土量)+复合抑制剂(或钻井液用包被剂聚丙烯酰胺乳液)0.3%+HX-D 0.3%+NPAN 0.7%~1.3%+JS-1(或SPNH)1.0%~1.2%+井壁稳定剂FRJ-Ⅱ(或防塌封堵剂HX-A)1%,密度要求:进入油层前50m,钻井液密度按该井段设计密度下限钻进,有异常及时调整钻井液密度。

(7)施工中要保持良好的钻井液性能,防止钻铤、钻头与稳定器泥包,降低钻井液中的无用固相含量,改善钻井液固相颗粒的匹配,使井筒清洁畅通,定向井使用润滑剂改善钻井液及其滤饼的润滑性。钻具在井内静止不得超过3min,活动距离大于5m,上提遇卡不得超过100kN,下放遇阻不超过50kN。钻具无法活动时将钻具悬重的2/3压至井底。

2.5 注水井降压缓慢,短期达不到钻关要求

海拉尔油田贝中区块,按照设计要求,注水井钻关距离600m,压力要求300m以内注水井,压力要求低于2.0MPa;300~600m之间注水井,压力要求低于3.0MPa。由于油田储层物性差,注水井钻关降压过程持续时间长,达到原钻关要求,一般需要持续5个月以上甚至2~3年,短期内注水井压力不能满足现有钻关要求,严重影响了新井钻建进度;影响加密区块的产量及效益,根据贝中区块的注水开发情况,结合区块地质特征,对贝中区块进行注水井钻关优化,放宽区块钻关标准,实际钻关方案执行,钻关距离500m,压力要求达到8.0MPa以下。

3 现场实钻情况

海拉尔贝中区块希54-50井区,按照技术措施钻井,上半年完钻8口调开井,平均井深1893m,使用钻井液密度1.30~1.45g/cm³,平均1.36g/cm³,钻井机械钻速得到大幅提高,最优钻井周期6.13天,最优钻完井周期10.67天,钻井施工过程中未出现复杂情况,声幅检测8口,优质7口,合格1口,优质率87.5%(表1)。

表1 钻井周期数据对比表

项目	2020年		2021年	
	井深/m	周期/d	井深/m	周期/d
一开	295	1.05	295	0.59
一完	295	3.14	295	1.92
二开	1893	9.86	1893	6.13
完井	1893	15.7	1893	10.67

4 海拉尔油田贝中区块施工存在的不足

(1)钻井液性能差、固相含量高影响机械钻速,达不到预期效果。
(2)地层偏硬、钻头质量优选方面存在问题,造成钻井进尺慢。

（3）管具质量差造成多次钻铤断裂等事故频发，影响钻井周期。
（4）井斜控制难，形成不规则井眼，导致后期取心和电测效率低。
（5）新的技术方案实验井数较少，需要大面积应用，继续完善。

5 结论与建议

（1）新的技术方案在贝中区块实际应用，取得了很好的效果，在确保安全的基础上，机械钻速得到明显提高，为后续钻井施工提供了技术支持。

（2）加强地质研究，对漏层位置、断层走向等精准预测，以便采取相应的对策，精准防堵。

（3）加强总结分析，提高防漏、防斜措施的针对性，提高钻井成功率。

（4）建议继续进行现场试验，不断完善海拉尔钻井技术措施，并进行全面推广。

参 考 文 献

[1] 刘金发，邓子汶，戴平生. 松辽盆地北部三肇地区低渗透薄互层油藏勘探新进展[J]. 大庆石油地质与开发，1994，13(2)：3.
[2] 高瑞祺，萧德铭. 大庆探区油气勘探新进展[M]. 北京：石油工业出版社，1992.
[3] 蒙启安，黄薇，林铁峰，等. 松辽盆地北部岩性油藏形成条件与分布规律[J]. 中国石油勘探，2004(4)：1，6-11.

德深 65 井区水平井安全钻井技术

梁井波　孙奉连　张　健

(大庆钻探工程公司钻井四公司)

【摘　要】 德深 65 井区地层中存在断层和裂隙，钻井施工中钻井液密度窗口窄；地层除天然气外还高含 CO_2，且压力系数较高，在钻进过程中出现 CO_2 井控险情后由于井漏无法建立循环，被迫采用了压回法和水泥堵漏等措施；通过研究，进一步认识了底层特性，并优化了井身结构，使其有利于井下复杂的处理，优选钻井液体系使其能抗 CO_2 污染，同时有利于防漏堵漏，进一步认识了 CO_2 的特性，完善了井控技术，经现场应用总结形成了适用于德深 65 井区的水平井安全钻井技术。

【关键词】 德深井区；CO_2；钻井液；井控；技术措施

松辽盆地德惠构造是吉林油田天然气上产稳产的主要区块之一。德深 65 井区直井具有产能低、无法动用的难题，为了实现产能的效益动用，布井主要以水平井为主。该区块经过前期的研究和现场实施，取得了一定的成果，目前在技术措施，钻井液性能及井控方面获得了一定的突破，较大地提高了钻井施工的安全性。

1　德深 65 区块地质情况

登娄库组以河流沉积为主，发育边滩、辫状河道等砂体，岩性为粉、细砂岩和砂砾岩，单层厚度 5~10m。营城组沉积比较复杂，既有湖相沉积，又有扇三角洲沉积，岩性为砂砾岩，碳酸盐岩含量一般为 3%~15%，总体表现为特低孔隙、超低渗透的特点，地层砂岩泥岩互层频繁，易造成摩阻过大等问题；地层中除明显可见的断层和裂隙以外，还存在一些微裂缝，施工中钻井液密度窗口窄，发生严重漏失后堵漏困难，且由于有碳酸盐岩层存在，CO_2 侵入风险较高。

2　工程技术优化

德深区块目的层油层薄厚不一，复杂多变；软硬程度不同，给地质导向带来了一定的困难；井眼轨迹平滑性欠佳，给后期完井作业带来一些挑战。结合以上实际情况，优化形成了以下一些工程技术措施。

2.1　井身结构优化

井身结构设计需要综合考虑德深 65 井区地层承压能力情况及井壁稳定的要求；由于有

作者简介：梁井波，男，1985 年出生，2010 年毕业于中国石油大学(华东)石油工程专业，现从事钻井工程工作，工程师。通讯地址：大庆钻探工程公司钻井四公司海外分公司，邮编：138000，联系电话：0438-6226084。

断层及漏失层的存在,如需要进行复杂情况处理时还需要满足能够反循环压井的要求。这就要求从设计源头着手,优化井眼轨迹,克服溢漏同层、起下钻摩阻大、反循环压井等复杂情况处理一系列技术难题。综合考量以上技术难点,该区块井身结构参数如下:φ339.7mm 表层套×200m+φ244.5mm 技术套管×1590m+φ139.7mm 油层套管×4788m。井身结构优化后,井下安全可靠性显著提高(图1)。

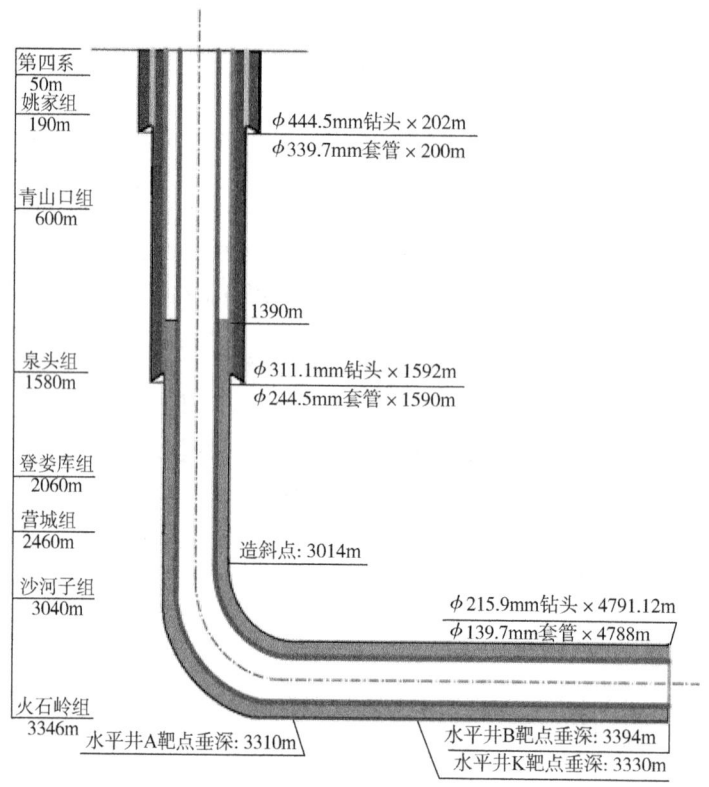

图 1　井身结构设计图

2.2　钻具组合优化

在充分考虑钻头和地层的各向异性后,针对工具面不稳定,拖压严重,机械钻速低等突出问题,对钻具组合调整与优化,增加旋转导向工具配合优化后的钻进参数,可以最大限度地保证实钻井眼轨迹靠近设计井眼轨迹,且能够避免产生较大狗腿度,提高钻进速度,同时可以保障井下安全。

原水平段钻具组合:φ215.9mm 钻头+φ172mm 单弯螺杆钻具(1.25°/1.0°)+φ212mm 扶正器+φ165.0mm 箭形回压阀+LWD+φ165mm 无磁钻铤 1 根+φ165.0 旁通阀+φ127 加重钻杆 3 根+φ127mm 钻杆×36~150 根+φ127mm 加重钻杆 30 根+φ165mm 钻铤 9 根+投入式止回阀+φ127mm 钻杆。

优化后水平段钻具组合:φ215.9mm 钻头+φ165.1mm 旋转导向+钻具浮阀+φ165.1mm LWD+φ127.0mm 无磁加重钻杆×(8.5~9)m+φ127.0mm 斜坡钻杆+φ127.0mm 加重钻杆×334.80m+φ127.0mm 钻杆。

2.3 钻进参数优化

针对造斜井段工具面不稳，机械钻速低，有针对性地优化钻进参数。在原有钻具组合不变的情况下，在钻井液中加入一定量的润滑剂，保证滤饼质量，提高润滑性。先小钻压稳住工具面，再逐渐调整到一定值，确保工具面稳定；适当加大钻井泵排量，保证返砂效率，在易钻头泥包井段，提高排量还可以提高单弯螺杆的转速，从而提高钻头转速，减小泥包的可能；配合增加转数，可以快速通过泥包井段，提高钻井速度。具体参数如下：$\phi 215.9mm$ 钻头的钻压为 $60\sim100kN$；转速为 $80\sim120r/min$；排量为 $38L/s$。

3 高性能水基钻井液技术

钻井液在水平井钻井过程中必须要解决井眼净化、井壁稳定、摩阻控制、防漏堵漏和储层保护等技术难题。德深区块水平段长，携砂困难，易形成岩屑床，且钻遇裂缝性页岩时发生漏失概率极大。由于水基钻井液堵漏手段更成熟，环境影响小，成本低。经过前期施工经验的总结，确定用高性能水基钻井液施工。在水基钻井液的选择上，通过现场应用结合室内评价实验，在现有钻井液体系基础上，优选各种助剂，满足现场施工需要。

优化钻井液配方：

经前期施工经验总结并结合室内实验，用 5%膨润土+0.3%KPAM+0.3%PLUS-L+1.5%复合铵盐+1.5%JS-1+2%YK-H+2%HQ-1+0.1%NaOH+2%HX-E-2+2%SMP-Ⅱ+1%DYFD-180+0.5%DJ-C+重晶石（根据钻井液实际情况加入）体系能够满足现场使用要求。钻井液基础性能为漏斗黏度：$50\sim70s$，API 失水控制在 3mL 以下，滤饼厚度小于 0.5mm，pH 值控制在 $8\sim10$ 之间；HTHP 失水控制在 7mL 以下；摩阻系数小于 0.1；初切力在 $2\sim5.5Pa$ 之间，终切力在 $6\sim12Pa$；塑性黏度保持在 $16\sim22mPa\cdot s$；动切力在 $7\sim10Pa$ 之间，固相含量小于 12%。该体系的优势是可以针对现场不同需求加入相应药品，可以实现堵漏，预防 CO_2 侵等目的。

3.1 防漏堵漏技术

钻井施工过程中，德深区块易发生漏失。根据地层地质结构分析及钻井液性能室内研究结果，优选出了一种桥塞堵漏材料，以满足德深区块天然小裂缝及诱导裂缝所造成的漏失情况。

宗旨是防小漏，堵大漏。防是在钻达漏层前向钻井液中添加堵漏剂，防止渗透性漏失；堵漏应先采取常规堵漏办法，如监测液面有所上升，但还没有完全堵住，再采用凝胶堵漏技术，即加入大颗粒高浓度固体堵漏剂和大分子高强度凝胶堵漏，如井筒液面进一步上升，最后使用多种配方、高浓度、大钻井液量、分段复合堵漏措施，分别用 XA、复合堵漏剂、固体凝胶颗粒、非渗透堵漏剂、高分子凝胶组合成四个配方，分四个阶段进行堵漏，并建立循环，建立循环后进行承压堵漏，提高地层承压能力，满足完井施工要求。

如果出现失返性漏失且堵漏无效，现场监督认可后可采取包括水泥浆固井堵漏技术等在使用水泥浆堵漏前，应综合考量先决条件，如地层稳定情况，计算出液面高度，应实替量替多少等。

3.2 防 CO_2 污染技术

结合室内实验和现场应用效果来看，使用 1%JS-Ⅱ复配 1%FRJ-Ⅱ处理 CO_2 污染钻井液,控制 API 失水效果较好,但对流变性影响较小。结合与降滤失剂配伍、热稳定性等综合对比后使用 DJ-C 降黏,流变性控制取得了较好的效果(表1)。

表1 CO_2 污染后复配加入 1%JS-Ⅱ和 1%FRJ-Ⅱ后性能表

样品	Na_2CO_3加量	AV/(mPa·s)	PV/(mPa·s)	YP/Pa	GEL初/Pa	GEL终/Pa	FL/mL
基浆	无	24	16	7.5	1	10	4
	2.5%	32	22	12.5	3	17.5	7.8
基浆+FRJ-Ⅱ复配 JS-Ⅱ	2.5%	31	20	11.5	3	16	4.1

处理钻井液 CO_2 污染的基本思路为:"一压、一高、三维护"。"一压"即在条件许可的情况下,适当提高钻井液密度压稳地层流体,隔断污染源;"一高"即维持钻井液较高的pH值(9.5~11.0);"三维护"即钻井液护胶维护、流变性维护、失水造壁性维护。

(1)保持钻井液中适度的黏土含量。现场作业中建议:一是加强固控设备运用,除砂器、除泥器常开。同时,使用离心机控制固相含量;二是由于目前部分重晶石质量原因,含有少量劣质土,因此应该使用优质重晶石控制钻井液密度。

(2)使用抗高温、抗盐的强吸附性处理剂。

(3)适当使用新浆替代老浆。

4 井控技术

在德深65井区施工过程中,由于营城组中多次钻遇高含 CO_2 气层,需防止 CO_2 侵入险情。除严格按照井控实施细则进行常规井控演练以外,还要根据现场施工情况,进行防气侵应急演练。

4.1 井控设备的选择

通过对德深65井区的井控风险等级评估,在本井区施工的井应在双闸板防喷器上加装一个单闸板防喷器,并安装司钻控制台、节流管汇液控箱;且节流管汇上应同时安装高、低量程耐震压力表;压井管汇单流阀外端必须分别连接 ϕ52mm 外螺纹油壬和通径不小于 55mm 的压井管线,并与钻井泵管汇闸阀组连接;防喷管线应使用通径不小于 78mm;放喷管线使用通径不小于 78mm 的专用管线(法兰连接),主放喷管线出口距井口不少于75m,备用辅助放喷管线,长度不小于30m;液气分离器进液管线使用通径不小于 78mm 的高压耐火软管或专用管线(法兰连接),管线中部用基墩固定;排气管线通径不小于140mm,出口处安装防回火装置(图2)。

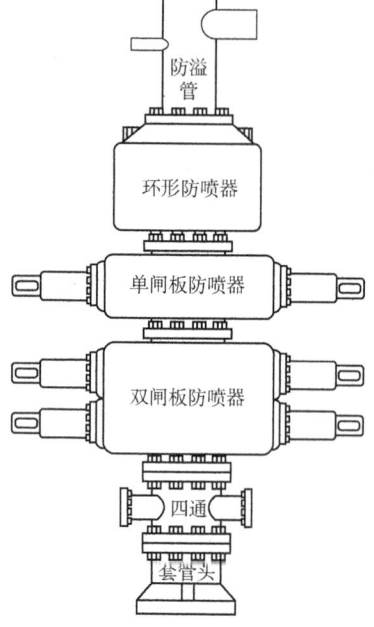

图2 防喷器组合图

4.2 监测环空液面

石油钻井过程中最大的事故莫过于井喷失控,钻井液液面监测技术的应用,可以有效实现溢流早期监测,及时采取控制措施,保障钻井安全。为保证监测的有效性,要求石油钻井液液面监测装置精度较高,持续测量能力较强,能够满足在线及实时监控的要求等。在德深区块针对失返性漏失,从现有的液面监测方法如超声波法,光纤法,激光法,电容法等,经过对比研究,优选了电气方式的超声波式液面监测方法作为本区块的监测方法。经过前期施工可以看出,达到了要求,能够满足现场施工需要。

4.3 提高二次井控能力

德深65井在施工过程中出现井控险情,由于密度窗口窄,极易出现漏喷转换。建立循环后使用常规法压井时,节流循环出来的CO_2,由于体积膨胀吸收大量的热量,在流经节流阀时导致冻堵而暂停压井作业。鉴于以上问题,专门形成了高含CO_2井井控设备配套技术:(1)在整个压井过程中,保持井底压力恒定并略大于地层压力且保持压井排量不变,还要保证压井施工的连续性;(2)当地面环境温度较低,为防止节流管汇冻堵,可以采用小排量循环压井,排气阶段,压井排量不超过钻进排量的1/3;(3)为防止压井过程中发生井漏,配制压井钻井液量至少为井筒容积的1.5倍。

在有CO_2侵的溢漏同层钻井,如在高套压下进行压井作业,可以选择压回法压井。

5 现场应用情况

以上配套技术在德深65井、德深63井进行了应用,取得了较好的效果。通过优化井身结构、优选钻具组合并合理设计施工参数,在定向段实现了安全提速;所使用的钻井液体系保证了施工过程的平顺性,确保了井下安全、同时兼顾井控安全,在钻遇CO_2时能够在短时间内将钻井液性能处理到符合钻井要求的范围,大大降低了处理污染所需时间及材料成本。在井漏的处理方面和漏喷转换中的二次井控方面,都有较为出色的表现,尤其是德深65井还使用了超常规压井施工方法,压回法进行了成功压井施工,得到了甲方的一致认可。

6 结论

(1)合理的井身结构是实现安全钻井的基础,合理的钻具组合和钻进参数是安全提速的法宝。

(2)水基钻井液在性能调整,防漏堵漏方面技术更加成熟,成本易控制,环境压力小。

(3)德深区块高含CO_2,钻遇高含CO_2地层前将钻井液体系转化为防CO_2侵型钻井液。

(4)当普通压井施工方案无法进行时,考虑使用压回法进行压井,有效控制井控险情。

参 考 文 献

[1] 付连安. 水平井钻井技术及其在石油开发中的应用[J]. 吉林地质, 2006, 25(1): 47-50.

大庆油田页岩油水平井钻井提速技术

李玉海　李　博　柳长鹏　郑瑞强　李相勇　纪　博

(中国石油集团大庆钻探工程公司钻井工程技术研究院)

【摘　要】 针对大庆油田古龙区块页岩油水平井钻井过程中存在井壁易失稳、摩阻扭矩大和钻井周期长等技术难题,以大庆页岩油高效快速开发为目的,分析了该区块地层特点和钻井施工难点,优化了三开井身结构,确保页岩目的层施工安全;根据实钻经验及现有技术水平,对井眼轨道进行优化,降低施工难度;针对二开直井段缩径问题、三开造斜段和水平段钻井周期长问题,进行了井壁修整工具、旋冲螺杆工具、清砂接头、水力振荡器等工具技术研究,并进行了钻井参数优化,形成了大庆页岩油水平井钻井提速技术。该技术在3口大庆页岩油水平井进行了现场试验,平均井深4691m,全井平均机械钻速19.03m/h,机械钻速提高53.7%,平均钻完井周期35.23d。研究与试验表明,大庆油田页岩油水平井钻井提速技术为大庆油田页岩油高效开发提供了技术支撑。

【关键词】 页岩油;水平井;钻井提速;钻井参数;优化;提速工具;大庆油田

我国页岩油资源丰富,储量超过$700×10^8$t,准噶尔盆地、松辽盆地、渤海湾和鄂尔多斯盆地等多个区域均发现页岩油,部分地区初具开发规模[1-3]。松辽盆地北部大庆古龙页岩油为典型的陆相页岩油,主要目的层分布面积广、厚度大,岩性主要以层状页岩、纹层状页岩、泥岩为主。大庆油田已在古龙区块完成3口页岩油水平井预探井,井深2135~4230m,水平段长1630~2220m,钻井过程中由于井壁不稳定、井眼缩径、钻进摩阻大、定向困难,导致钻井周期长、机械钻速低,全井平均机械钻速12.38m/h[4-6]。国外以美国为主的页岩油钻井提速技术采用LWD+螺杆定向、旋转导向、水力振荡器、高效PDC钻头和优化钻井参数等措施。国内川渝地区、渤海湾和新疆玛湖地区等页岩油气开发的重点区域,采用高造斜旋转导向系统、水力振荡器和高效PDC钻头等方法提高钻井速度[7-8]。

笔者根据现场实钻经验及现有技术水平,对井身结构、井眼轨道进行优化,以降低施工难度,针对二开直井段缩径、三开造斜段和水平段钻井周期长等问题,研究了井壁修整工具、旋冲螺杆钻井工具、清砂接头和水力振荡器等工具,并进行了钻井参数优化,形成了大庆页岩油水平井钻井提速技术,现场应用后效果较好,为大庆油田页岩油水平井高效开发提供了技术支撑。

1　页岩油地层特点及钻井难点

大庆油田页岩油岩性以富含有机质的泥岩、页岩为主,黏土矿物含量高,且多孔多缝,

作者简介:李玉海(1965—),男,黑龙江大庆人,1988年毕业于大庆石油学院矿业机械专业,高级工程师,长期从事石油天然气钻井技术研究及管理工作。E-mail:liyuhai@cnpc.com.cn。

呈纹层状结构，地层水敏性强，易发生层间散裂。目的层上部岩性为泥岩、粉砂质泥岩互层，中下部位灰黑、灰绿、紫红色泥岩、粉砂质泥岩互层，存在长泥岩段，该层位钻进容易出现缩径、泥包、卡钻等复杂情况。遇水膨胀导致缩径，影响钻井时效，增大井下遇阻卡钻事故风险；造斜段三维井轨道设计，造斜率难保证，入靶精准度低，并且施工困难；水平井水平段长，井壁剥落岩屑床堆积，导致钻进过程中摩阻扭矩大，最大摩阻超过343kN，最大扭矩 24.5kN·m，严重影响了水平段钻井速度。分析认为，大庆页岩油地层钻井提速主要技术难点为：

（1）大庆页岩油水平井上部地层存在流砂层和大段泥岩，特别是目的层上部地层水化膨胀，易引起井眼缩径，导致起下钻阻卡、测井和固井前需多次反复通井，影响钻井时效；页岩储层黏土矿物含量高，井壁易剥落形成岩屑床，导致卡钻、遇阻和憋泵故障频发，已施工的3口页岩油水平井均存在不同程度的井壁剥落或坍塌、频繁憋泵和卡钻等问题。

（2）大庆油田页岩油开发以平台井为主，一般设计为大位移三维井眼轨迹设计，在增斜同时要扭方位，与常规二维井眼轨道相比，钻进摩阻增加40%以上，长水平段三维水平井因位垂比大、裸眼段长，消除偏移距后易形成井眼拐点，造成定向轨迹控制难度大[9-13]。已钻井采用三维井身结构，造斜段钻进过程中滑动摩阻扭矩急剧增加，定向工具和钻头作用力方向易偏离设计轨迹，工具面不稳，滑动钻进比例高，严重影响机械钻速。

（3）页岩油水平井水平段长，岩屑不易返出，在钻柱底边堆积形成岩屑床，钻进后期钻柱与井壁之间摩阻扭矩大，钻头难以有效传递钻压、钻具极易发生弯曲，导致钻具疲劳损坏，滑动钻进时托压严重，工具面失稳，机械钻速低。已施工的3口水平井水平段平均机械钻速为 8.05m/h，与全井平均机械钻速（12.38m/h）相差较大。

2 钻井提速关键技术

针对页岩油水平井钻井存在的井壁不稳定、井眼轨迹控制困难和钻进摩阻大等问题，提出了提高钻井速度、减少井下故障的技术思路，开展了井身结构、井眼轨道和钻井参数优化及钻井提速配套工具研究，形成了大庆油田页岩油水平井钻井提速技术，达到了提高单趟钻进尺、减少井下故障、提高机械钻速和提高"一趟钻"成功率的目的。

2.1 井身结构优化

原井身结构采用3层套管结构，二开钻至造斜点技术套管，三开钻进造斜段和水平段钻进，技术套管下深2000m左右，三开下部地层井壁失稳，影响了三开造斜段和水平段钻井安全和效率；根据大庆页岩油水平井地质特性及后期压裂施工工艺，依据钻井安全、提高钻井效率原则，对井身结构设计进行了优化：一开，采用ϕ444.5mm钻头钻进，下入ϕ339.7mm表层套管，水泥返至地面，封隔浅部水层；二开，采用ϕ311.1mm钻头钻进，下入ϕ244.5mm技术套管，固井水泥返至地面，封隔目的层以上大段泥页岩易垮塌地层，为三开水平段钻进提供安全施工环境；三开，采用ϕ215.9mm钻头，下入ϕ139.7mm油层套管，固井水泥返至地面，为后期压裂开采提供安全保障。

2.2 井眼轨道设计优化

在实现地质设计目的前提下，充分考虑地质条件、井眼轨迹控制技术、钻进摩阻扭矩及钻井参数因素，以降低施工难度。已钻井采用三维轨道设计，由于二开为直井段，三开造斜段需要同时增斜和扭方位，导致定向钻进比例高、井眼轨道不平滑、钻进摩阻增大、机械钻速低，针对以上问题，进行井眼轨道优化，依据造斜率小于6.5°/30m的原则，在实现地质目的的前提下，兼顾降低工程难度，合理上移造斜点，二开就进行造斜施工，以降低造斜率，提高井眼平滑度。在保证水平段长度的前提下，将三维轨道设计优化为双二维轨道设计，上部二维井段完成偏移距，下部井段按照常规二维水平井施工，实现三维变二维。采用双二维井眼轨道井眼轨迹更平滑，井眼曲率最高降低20%，复合钻比例提升25%，钻进摩阻、扭矩更小，造斜段和水平段机械钻速显著提高。

2.3 钻井提速工具研究

2.3.1 井壁修整工具

页岩油水平井中二开上部姚家组等地层易缩径，导致φ311.1mm井眼起钻阻卡、测固井前需多次往复通井，严重影响钻井周期。为解决此问题，研制随钻井壁修整工具（图1）。该工具设计为四直棱结构，直棱侧面、上下斜面设计有切削齿。钻柱旋转过程中，切削齿进入缩径井段对其进行扩眼、修整，易缩径井段位置每隔200~300m安放1只井壁修整工具，解决了泥岩段缩径需要多次通井问题，可显著提高钻井时效。

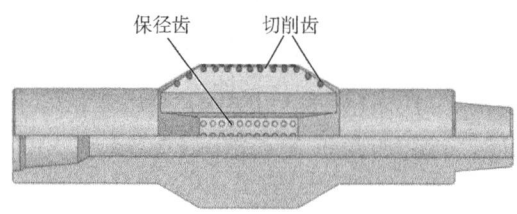

图1 井壁修整工具结构

2.3.2 旋冲螺杆钻井工具

为提高页岩油二开造斜段造斜率和机械钻速，研制了旋冲螺杆钻井工具。该工具采用螺杆钻具+冲击工具一体化设计（图2），采用高输出扭矩的等壁厚高效螺杆，冲击部分能够将钻井液的压力能量转化为旋转破岩动力，输出高频冲击辅助钻头破岩，提高机械钻速。通过整体方案设计，旋冲螺杆工具弯点至连接钻头端面距离小于常规螺杆弯点至钻头端面距离，可提高造斜率。工具主要技术参数为：额定工作压耗不大于8MPa，输出扭矩8~18kN·m，工作转速70~130r/min，冲击频率10~40Hz，工作温度0~120℃，使用寿命不小于180h，弯点距离不大于2m。旋冲螺杆钻井工具可以保护钻头，提高单只钻头进尺和钻井速度，目前该工具已形成系列化产品及成熟的现场施工工艺。

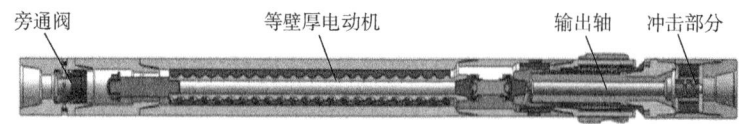

图2 旋冲螺杆钻井工具结构

2.3.3 清砂接头

页岩油水平井井壁易失稳，大斜度段、水平段易形成岩屑床，单纯依靠水力参数优化和工艺改进还不能完全解决现场施工中的井眼清洁问题[14]，为此，研制了清砂接头（图3）。

清砂接头设计有"V"形螺旋槽式流道和反向螺旋结构，采用漏斗式结构，流道入口尺寸大于出口尺寸，悬浮岩屑进入"V"形槽后流速急剧增大并改变方向，提高岩屑运移速度，上返钻井液流经"V"形螺旋槽后进入反向螺旋结构形成紊流，可将低边岩屑悬浮在井筒中。

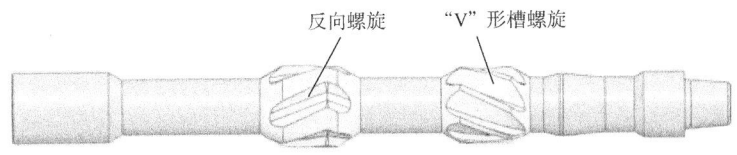

图 3 清砂接头模结构

工具主要技术参数为：总长 1250mm，上下接头外径 φ165mm，"V"形螺旋槽槽长 240～350mm，最大外径 φ165mm。该工具可以破坏岩屑床，解决页岩油水平井塌块剥落造成的岩屑堆积问题，降低沉砂卡钻风险和水平段钻进摩阻，提高机械钻速。

2.3.4 水力振荡器

针对三开水平段定向钻进时的托压问题，研制了水力振荡器。该工具主要由振动部分、动力部分和阀体总成组成(图4)，其原理是利用钻井液的液能在不同时刻通过阀体总成时过流面积发生周期性变化，从而产生水力脉冲，将钻具与井壁之间的静摩擦力转变为动摩擦力，降低钻柱与井壁之间摩阻，提高钻压传递效率[15-16]。应用水力振荡器能够给钻头施加真实的钻压，并保证工具面稳定，提高水平井钻井效率，降低井下复杂风险。水力振荡器主要技术参数为：排量 32～36L/s，压降 3～4MPa，频率 16～17Hz，振动幅度 3～10mm，振动冲击力 37～43kN。

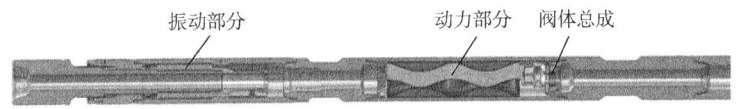

图 4 水力振荡器结构

2.4 钻井参数优化

根据古龙页岩油地质特性，模拟计算了不同钻速、钻杆条件下返砂所需的最小排量及岩屑床高度。计算结果表明：采用 φ127.0mm 钻杆，当机械钻速为 15.0m/h、转速为 90r/min、排量为 33L/s 时，岩屑床高度为 3.2mm；排量为 36L/s 时，岩屑床高度为 2.1mm，排量与岩屑床高度成反比关系；排量超过 40L/s 以上时，对页岩井壁冲刷严重，井壁冲刷力增大 25%，因此确定最优排量为 33～40L/s。数值模拟计算结果表明，当转速为 90r/min、钻压为 98kN 时，涡动转速可达 400r/min 以上，井壁受到瞬时侧向应力最高可达 600MPa。为了减少钻具涡动、钻井液冲刷对井壁稳定的影响，并保证最大限度地携岩，减小岩屑床高度，根据理论计算和现场实践，对钻井参数进行了优化，确定了最优的钻井参数，排量 33～40L/s，转速 90～110r/min，钻压 58.8～98.0kN，采用该钻井参数钻进可达到提速效果。

3 现场应用

3.1 总体应用情况

大庆油田页岩油水平井钻井提速技术在古龙页岩油区块 3 口井进行现场试验，平均完井井深 4691m，平均机械钻速 19.03m/h，平均钻井周期 35.23d，与该区块之前施工的水平井相比，机械钻速提高 53.7%(表1)。下面以试验 1 井为例介绍现场试验效果。

表 1　3 口水平井现场试验数据

井号	井深/m	水平段长/m	全井钻速/(m/h)	钻井周期/d	对比钻速提高/%
试验 1 井	4735	2150	19.34	35.25	56.22
试验 2 井	4623	1820	18.65	34.23	50.65
试验 3 井	4715	2140	19.10	36.21	54.28

3.2　试验 1 井

试验 1 井是位于古龙页岩油试验区块的一口开发井，设计井深 4735m，设计水平段长 2020m，采用三开井身结构。现场施工时，一开，采用 ϕ444.5mm 钻头钻至井深 265.00m，ϕ339.7mm 表层套管下深 264.48m；二开，采用 ϕ311.1mm 钻头钻至井深 2364.00m，ϕ244.5mm 技术套管下深 2363.42m；三开，采用 ϕ215.9mm 钻头钻至井深 4735.00m，ϕ139.7mm 生产套管下深 4730.58m。

二开从井深 296.00m 开始进行造斜，第 1 趟钻采用 1.25°旋冲螺杆钻具与 ϕ311.1mmPDC 钻头配合的钻具组合，旋冲螺杆钻具增斜能力强，可合理确定滑动钻进和复合钻进比例，提高机械钻速；进尺 1320m，机械钻速 43.56m/h。第 2 趟钻采用 ϕ311.1mmPDC 钻头+1.25°常规螺杆的钻具组合，距钻头 300m 的裸眼段每隔 7 柱钻杆使用 1 只井壁修整工具，共使用 5 只井壁修整工具，防止目的层上部地层缩径导致卡钻。1700~1856m 井段钻进过程中工具面不稳，定向托压严重；采用小钻压钻进，并采用大排量循环和井壁修整工具对缩径井眼修整，钻进情况得到改善，第 2 趟钻进尺 779m，机械钻速 14.78m/h。

三开 ϕ215.9mm 井段进尺 2371m，钻至井深 4735m，3 趟钻完成。第 1 趟钻采用 PDC 钻头+1.50°常规螺杆+LWD 钻具组合，初期复合钻进正常，钻至井深 2492m 开始定向，定向过程中出现蹩跳钻现象，滑动钻进占比 78.82%；钻至井深 2623m，起钻更换钻头和螺杆；第 1 趟钻进尺 259m(2364~2623m)，机械钻速 6.53m/h。第 2 趟钻采用 PDC 钻头+1.50°常规螺杆+LWD+水力振荡器钻具组合，水力振荡器距钻头 150m，滑动钻进占比降低到 40.74%，机械钻速由 6.53m/h 提至 12.47m/h，第 2 趟钻进尺 256m，进入 A 靶点后，起钻换旋转导向钻具组合。第 3 趟钻采用 PDC 钻头+旋转导向工具+清砂接头钻具组合，距钻头 200m 处安放第 1 只清砂接头，然后每隔 5 柱钻杆安装 1 只清砂接头，清砂接头只能在一定程度上减小岩屑床厚度，降低卡钻风险；第 3 趟钻施工井段 1856m(2879~4735m)，机械钻速 18.29m/h。

试验 1 井完钻井深 4735m，水平段长 2150m，钻井周期 35.25d，全井平均机械钻速 19.03m/h，二开最快机械钻速 43.56m/h，取得了较好的钻井提速效果。

4　结论与建议

（1）针对大庆油田古龙区块页岩油水平井的钻井技术难点，开展了井身结构优化、井眼轨道优化、钻井提速工具研究和钻井参数优化等技术攻关，形成了大庆油田页岩油水平井钻井提速技术。

（2）大庆油田页岩油水平井钻井提速技术解决了地层稳定性差、井眼轨迹控制困难和水平段机械钻速低等技术难点，降低了井下钻井风险，大幅度提高了钻井速度，缩短了钻井周期,为加快大庆油田古龙区块页岩油勘探开发提供了技术支撑。

(3)为了进一步提高页岩油水平井机械钻速,建议加强钻井液井壁稳定井眼清洁技术、高性能旋转导向技术和高效减摩降阻技术等技术攻关,进一步完善页岩油水平井钻井提速技术,更好地满足大庆古龙区块页岩油高效勘探开发的需求。

参 考 文 献

[1] 王敏生,光新军,耿黎东.页岩油高效开发钻井完井关键技术及发展方向[J].石油钻探技术,2019,47(5):1-10.

[2] 孙焕泉,蔡勋育,周德华,等.中国石化页岩油勘探实践与展望[J].中国石油勘探,2019,24(5):569-575.

[3] 路保平,丁士东.中国石化页岩气工程技术新进展与发展展望[J].石油钻探技术,2018,46(1):1-9.

[4] 杜金虎,胡素云,庞正炼,等.中国陆相页岩油类型、潜力及前景[J].中国石油勘探,2019,24(5):560-568.

[5] 侯启军,何海清,李建忠,等.中国石油天然气股份有限公司近期油气勘探进展及前景展望[J].中国石油勘探,2018,23(1):1-13.

[6] 张瀚之,翟晓鹏,楼一珊.中国陆相页岩油钻井技术发展现状与前景展望[J].石油钻采工艺,2019,41(3):265-271.

[7] 雷浩,何建华,胡振国.潜江凹陷页岩油藏渗流特征物理模拟及影响因素分析[J].特种油气藏,2019,26(3):94-98.

[8] 王静,张军华,谭明友,等.砂砾岩致密油藏地震预测技术综述[J].特种油气藏,2019,26(1):7-11.

[9] 王建龙,齐昌利,陈鹏,等.长水平段水平井高效钻井关键技术研究[J].石油化工应用,2018,37(3):95-97,102.

[10] 王建龙,齐昌利,柳鹤,等.沧东凹陷致密油气藏水平井钻井关键技术[J].石油钻探技术,2019,47(5):11-16.

[11] 路宗羽,赵飞,雷鸣,等.新疆玛湖油田砂砾岩致密油水平井钻井关键技术[J].石油钻探技术,2019,47(2):9-14.

[12] 席传明,史玉才,张楠,等.吉木萨尔页岩油水平井JHW00421井钻完井关键技术[J].石油钻采工艺,2020,42(6):673-678.

[13] 唐嘉贵.川南探区页岩气水平井钻井技术[J].石油钻探技术,2014,42(5):47-50.

[14] 郑锋,王建龙,吴欣,等.大斜度井岩屑床分析及新型井眼清洁工具应用[J].石油矿场机械,2018,47(1):80-82.

[15] 余长柏,黎明,刘洋,等.水力振荡器振动特性的影响因素[J].断块油气田,2016,23(6):842-845,850.

[16] 明瑞卿,张时中,王海涛,等.国内外水力振荡器的研究现状及展望[J].石油钻探技术,2015,43(5):116-122.

长筒取心技术在松科三井泉头组的应用

李春林　张玉龙　田佳琦　李　毅　韩云丞　李　凯　张家玮

（大庆钻探工程公司钻井工程技术研究院）

【摘　要】 松科三井泉头组以大套的紫红色、灰绿色泥岩沉积为主，其硬脆破碎的特性加大了取心难度，取心质量及效率难以保证，而影响硬脆破碎地层取心收获率和效率的因素很多，取心工具、钻头、钻进参数、地质情况等都会对其造成影响且难以量化。针对以上问题，优化改进长筒取心工具及取心钻头，运用"两低一高"的钻进参数，解决泉头组硬脆泥岩易堵心、磨心造成的钻速慢、效率低的问题。现场应用效果表明，优化的长筒取心工具、钻头及取心参数满足松科三井泉头组取心提速提效要求。

【关键词】 取心；收获率；取心钻头；泉头组

松科三井是松辽盆地国际大陆科学钻探工程的最后一口井，该井补全了白垩纪陆相地质资料，对全面认识白垩纪温室气候时期陆地气候环境变化、陆地环境下大量有机质的埋藏过程和大规模陆相烃源岩的形成机制具有重要意义，二开取心设计要求取全泉头组，岩心收获率不低于95%。根据德深区块取心井史资料分析，松科三井泉头组取心有以下难点，一是二开裸眼段长，青山口组井壁易失稳，下钻时极易损坏取心工具及岩心爪；二是泉头组以大套的紫红色、灰绿色泥岩沉积为主，质硬性脆易破碎，易堵心、掉心[1-8]；三是大段连续取心井眼轨迹控制难度大。针对以上难点，通过取心工具、钻头、工艺措施的完善优化，形成一套硬脆破碎地层长筒取心工艺技术，为松科三井取心提供可靠的技术保障。

1　长筒取心工具优化与改进

1.1　结构原理

取心工具主要由安全接头、悬挂总成、内筒扶正机构、内外筒总成、中节、下节工具及取心钻头组成，如图1所示。取心工具为内外双筒结构，外筒的作用是为取心钻头切削破岩传递钻压和扭矩，内筒悬挂于外筒内部，外筒和内筒之间的环空间隙构成取心钻进时钻井液循环通道。取心前需循环钻井液清洗井底和内筒，钻井液通过内筒、内外筒环空，流经取心钻头流道从井眼环空返出，冲洗井底。开始取心时，从井口向钻具内投入一颗钢球，当钢球坐落到悬挂总成的球座时，内筒上部的通道即被封堵，此时内外筒的环空是钻井液唯一循环通道。当取心工具的外筒带动取心钻头旋转钻进时，经取心钻头切削成柱的岩心克服岩心爪的摩擦力进入内筒。取心钻进结束后缓慢上提钻具，由于岩心爪与

作者简介：李春林，大庆钻探工程公司钻井工程技术研究院。

岩心之间有摩擦力,使得岩心带动岩心爪沿卡箍座的锥形面滑动并抱紧岩心,最后将岩心拔断。

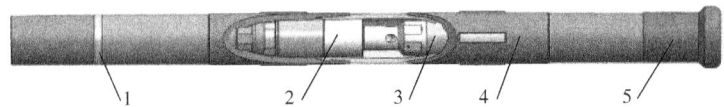

图 1　取心工具结构示意图
1—安全接头；2—悬挂总成；3—内筒总成；4—外筒总成；5—取心钻头

1.2　技术参数

取心工具总长 28.5m,外筒规格 $\phi180mm\times\phi144mm$,内筒规格 $\phi127mm\times\phi108.62mm$,岩心直径 $\phi101mm$,可取岩心长度 27m,取心钻头规格 $\phi215.9mm\times\phi101.6mm$。

1.3　技术特点

(1) 增强内筒扶正以提高内筒刚性,工具运转平稳,降低堵心发生概率。

保持内筒居中和稳定是实现长筒取心的必要条件[9-10]。长筒取心时,由于内筒长度增加,导致整体刚性降低,容易发生弯曲,岩心进筒阻力增大,同时内筒的灵活性受到影响,容易受外筒带动而发生旋转,这些问题会造成岩心的机械性损害,进一步导致堵心情况的发生。因此长筒取心时有必要配备内筒扶正机构,如图 2 所示。扶正机构由上接头、滚柱、滚柱轴和下接头组成。四点内筒扶正机构能够使内外筒保持良好的同轴度,提高内筒整体刚性,防止内筒弯曲和倾斜,有利于长筒取心顺利进行。由于内外筒之间环空间隙小,扶正机构采用六翼滚柱扶正设计,不影响钻井液循环,同时扶正效果好,滚柱轴承减小了内外筒之间的摩阻,降低了堵心风险。

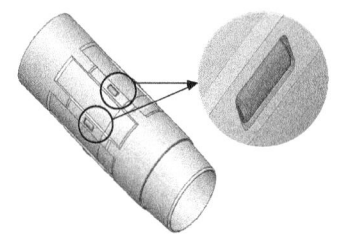

图 2　内筒扶正结构示意图

(2) 研制堵心报警系统,有效预防堵心后磨心的发生。

在硬脆破碎地层取心,或取心钻遇裂缝时,堵心风险较大,堵心在判断上有一定的难度。堵心后会导致磨心,导致地质资料损失。为解决上述问题,研制了堵心报警机构,工作原理为发生堵心后岩心会在内筒或岩心爪处堆积,对内筒产生向上的推力,随着钻头继续钻入地层,推力逐渐增大,直至推动滑套克服弹簧力向上移动并遮挡部分钻井液通道,导致泵压升高,以此可以初步判断为堵心;此时上提钻具,如果泵压降低,则可进一步确认为堵心。堵心后继而会导致磨心,磨心与地层硬度有关,堵心报警机构可针对不同硬度的地层预先设置弹簧力,适用于不同硬度的地层。

(3) 优化设计安全接头,满足事故处理要求。

安全接头的作用是当发生卡钻时倒开安全接头的梯形螺纹后提出内筒和岩心[11-13],首先确保地质资料不会损失,余下外筒和其他部分可再通过打捞作业进行处理。安全接头的上接头和下接头之间采用梯形螺纹连接,通过"O"形密封圈密封,中间相隔摩擦环,摩擦环悬挂在上接头上。梯形螺纹抗拉强度高,卸扣扭矩小,所以梯形螺纹是工具抗反扭矩最薄弱点,倒扣时也最容易从此处倒开;同时下入匹配的打捞工具时梯形螺纹容易对扣,又具有足够的抗拉强度供打捞操作,安全接头总成结构如图 3 所示。

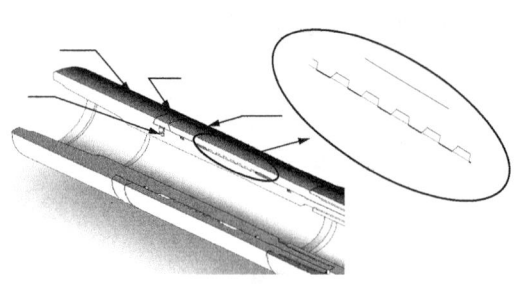

图 3 安全接头总成示意图

（4）研制专用井下投球机构，满足现场井控要求。

松科三井位于德深区块，地层压力高，井控要求钻具接内防喷工具，因此不能在井口投球。针对这个问题，设计了井下投球机构。投球机构主要由本体、滑套、弹簧等零件组成，其工作原理是通过提高泵排量，增大钻井液对滑套的冲力，直至推动滑套克服弹簧力下行到位后，预先埋在本体壁孔里的钢球进入钻具后落入球座，即完成了投球动作。

2 取心钻头优选

应用专用地层分析软件对该区块临井测井数据（声波、伽马值）进行分析，判断出地层抗压强度、硬度、研磨性系数和地层可钻性级别[14-15]，综合考虑机速、寿命等因素，最终确定 PDC 取心钻头，具体参数见表 1。

表 1 取心钻头规格参数

取心钻头型号	RC476	主体材料	胎体
外径×内径	$\phi 215.9mm \times \phi 101.6mm$	流道面积	$1.0in^2$
刀翼数	8 刀翼	切削齿仰角	14.7°
复合片	$\phi 13mm$		

3 工艺措施

3.1 施工参数

硬脆易破碎泥岩地层，钻压过大、转速过高、钻速过快、扭矩过大都易引起堵心甚至磨心，发生堵心将大幅度影响取心效率。因此，根据泉头组泥岩特性，采用低钻压、低转速、高排量"两低一高"的取心参数，控制钻速、控制扭矩"双控"的方式施工，钻速控制在 6min/m 以上，扭矩不高于 8kN·m，取心参数详见表 2。

表 2 取心参数

树心钻压	2~5kN	转速	30~60r/min
取心钻压	5~25kN	排量	28~32L/s

3.2 井斜防控

松科三井为三开井身结构，二开段设计取心进尺 960m（840~1800m），井斜要求不超过 5°，大段连续取心的井斜防控是一大难点，为了满足该井地质设计及工程设计要求，根据井斜实测数据，调节螺扶数量及位置，设计四种钻具组合，达到大段连续取心的目的，钻具组合包括三节无螺扶：$\phi 215.9mm$ 取心钻头×0.3m+$\phi 180mm$ 取心工具×28.5m+$\phi 178mm$ 钻铤×9 根 9.2+$\phi 165mm$ 钻铤×3 根 9.2+$\phi 127mm$ 加重钻杆×15 根+$\phi 127mm$ 钻杆；三节单螺扶：$\phi 215.9mm$ 取心钻头×0.3m+$\phi 180mm$ 取心工具×10m+$\phi 214mm$ 螺扶×0.5m+$\phi 180mm$ 取心工具×19m+φ178mm 钻铤×9 根 9.2m+φ165mm 钻铤×3 根 9.2m+φ127mm 加重钻杆×15 根+φ127mm 钻杆；三节双螺扶：φ215.9mm 取心钻头×0.3m+φ180 取心工具×18m+φ214 螺扶+φ180 取心工具×10m+φ214mm 螺扶+φ178mm 钻铤×9 根 9.2m+φ165mm 钻铤×3 根 9.2m+φ127mm 加重钻杆×15 根+φ127mm 钻杆；三节四螺扶：φ215.9mm 取心钻头×0.3m+φ214mm 螺扶+φ180mm 取心工具×10m+φ214mm 螺扶+φ180 取心工具×8m+φ214mm 螺扶+φ180mm 取心工具×10m+φ214mm 螺扶+φ178mm 钻铤×9 根 9.2m+φ165mm 钻铤×3 根 9.2m+φ127mm 加重钻杆×15 根+φ127mm 钻杆。

4 现场应用情况

松科三井泉头组共取心 40 筒，岩性为大段紫红色、灰绿色泥岩与灰色粉砂岩不等厚互层，第 27 筒部分岩心如图 6 所示，取心井段 839.75～1844.32m，进尺 1004.57m，岩心收获率 98.56%，收获率高于设计要求，高质量完成泉头组取心；平均单趟进尺 25.11m，平均机械钻速 3.78m/h，提前纸上钻井周期 28 天完成二开段取心，高效率完成泉头组取心。泉头组取心共使用 2 只钻头，单只钻头累计进尺达 891m，因外保径齿复合片损坏而报废，创松辽盆地北部单只取心钻头进尺纪录。其中第 19 筒、第 33 筒发生堵心，堵心报警机构预防了堵心后造成磨心。松科三井泉头组取心单趟进尺与机械钻速如图 4 所示。

图 4 第 27 筒部分岩心

取心参数结合多种钻具组合，采用"小钻压"吊打，井斜角度基本与理论计算值相近（理论井斜 = 1000m×0.091°/30m = 3.03°，实际井斜 3.76°），达到优质井的要求。

5 结论及认识

(1)"两低一高"取心参数、"控压控速"施工方法、优化完善的长筒取心工具及 PDC 取心钻头，适用于松科三井泉头组取心，机械钻速快，单趟进尺长，堵心发生概率低，取心效率高。

(2)增强内筒扶正可提高取心工具运转稳定性，降低取心工具旋转引起内筒摆动进而破坏岩心柱，堵心报警系统有效预防堵心发现不及时造成磨心，可有效提高取心收获率。

(3)小钻压"吊打"配合钟摆钻具，可为大段长程连续取心提供可靠保证，井斜防控效果佳。

(4)现场应用表明，硬脆破碎地层长筒取心技术，优质、高效完成了松科三井泉头组取心，为松辽盆地相似地层取心提供了可靠依据，具有极高的推广价值。

参 考 文 献

[1] 李鑫淼，李宽. 复杂地层取心钻进堵心原因分析及其预防措施[J]. 探矿工程(岩石钻掘工程)，2018，45(12)：12-15.
[2] 段绪林，卓云. 对破碎地层取心预防磨心的认识和建议[J]. 钻采工艺，2019，42(1)：99-100.
[3] 庄生明，罗光强，张伟. 汶川地震断裂带科学钻探取心钻进岩心堵塞机理分析[J]. 探矿工程(岩石钻掘工程)，2013，40(7)：65-68.
[4] 尤建武. 汶川地震断裂带科学钻探一号孔(WFSD_1)不同取心方法的应用效果分析[J]. 探矿工程(岩石钻掘工程)，2009，36(12)：9-12.
[5] 李伟成. 提高碳酸盐岩破碎地层取心收获率技术[J]. 钻采工艺，2007，30(2)：37-38.
[6] 孙庆仁. 松科1井南孔钻井取心技术[J]. 石油钻采工艺，2007，29(5)：8-12.
[7] 徐玉山. 如何提高岩心收获率[J]. 石油钻探技术，1996，24(3)：11-15.
[8] Skopec R A, Mcleod G. Recent advances in coring technology：new techniques to enhance reservoir evaluation and improve coring economics[J]. Journal of Canadian PetroLeum Technology，1997，36(11)：22-29.
[9] 梁宝昌. 大庆油田取心工艺技术[M]. 哈尔滨：哈尔滨工业大学出版社，1995：55-63.
[10] 孙少亮. 中长筒保形取心技术在页岩气井中的应用[J]. 钻采工艺，2017，36(5)：111-113.
[11] GF. Miscow, P. E. V. De Miranda, et al. Techniques to characterize fatigue behavior of full size drill pipes and small scale[J]. Samples International Journal of Fatigue，2004，26(6)：575-584.
[12] 周全兴. 钻采工具手册[M]. 北京：科学出版社，2002.
[13] 朴玉芝，张建忠. 自锁式中长筒取心技术在渤中地区的应用[J]. 石油钻探技术，1999，27(4)：39-40.
[14] 刘杰，樊冀安. PDC钻头复合片磨损规律研究[J]. 石油钻探技术，1999，27(1)：37-39.
[15] 彭烨，王福修. 钻头冠部形状设计模式[J]. 石油钻探技术，1996，24(4)：38-39，47.

High Voltage Electric Pulse Drilling: A Study of Variables through Simulation and Experimental Tests

Zhang Qingyu[1,2] Wang Guanglin[1] Pan Xudong[1]
Li Yuefeng[1] He Jianqi[1] Qi Yue[2] Yang Juesuan[2]

(1. School of Mechatronics Engineering, Harbin Institute of Technology;
2. Drilling Engineering Technology Research Institute of Daqing Oilfield Drilling Engineering Company)

[Abstract] With the deepening of drilling depth, the difficulty of drilling engineering increases gradually due to the complex geological conditions. The traditional mechanical drilling method shows the problems of high energy consumption, low efficiency, long cycle and high cost. Because of the characteristics of rock, the high abrasiveness of rock causes great wear to the bit, which becomes an important factor affecting the drilling rate. High voltage electric pulse (Abbreviated as HVEP later in this paper) drilling technology is a new technology developed in the past several decades. The technology uses plasma channel, water jet or shock wave generated by high voltage electric pulse discharge to break rock. It has the characteristics of environmental protection, directional breaking, easy control of rock breaking process and fast speed in the face of complex hard rock. In this paper, the mechanism and technology of rock breaking by high voltage electric pulse method in deep drilling are studied, and the functional test is carried out.

[Keywords] High voltage pulse; Rock breaking; Drilling

With the intensification of energy consumption worldwide, the development of unconventional energy sources such as deep sea and deep land has gradually become one of the research focuses. In these deep unconventional oil and gas development processes, drilling engineering has the characteristics of large investment and high risk, and its cost accounts for about half of the oil exploitation process. With the increasing drilling depth, the difficulty of drilling gradually rises due to complex geological conditions, the traditional mechanical drilling methods show the characteristics of high energy consumption, low efficiency, long period and high cost, especially in deep volcanic rock drilling process. Through the field data analysis, it is found that during the deep volcanic rock[1-4] drilling process, the mechanical drilling speed shows a significant downward trend with the increase of the abrasive property of strata. For example, the formation compaction degree is high,

---

Introduction: Zhang Qingyu, Drilling Engineering Technology Research Institute of Daqing Oilfield Drilling Engineering Company.

the rock drill ability is low, the abrasiveness is high, the average drill ability extreme value is more than 8 grade, and the mechanical drilling speed in deep formation is only 1/4 ~ 1/10 of that in upper and middle stratain Xushen block of Songliao Basin.

To solve the issues mentioned above, a number of new rock breaking methods have emerged in recent years, such as high pressure water jet rock breaking, thermal energy rock breaking, ultrasonic rock breaking, laser drilling rock breaking, high voltage electric pulse rockbreaking[5]. Among them, highvoltage pulse rockbreaking technology (EPD, electrical pulse drilling) is a new technology developed in the past decades. It employs plasma channel, water jet or shock wave produced by high-voltage pulse discharge to destroy rock[5-6]. Compared with other rock breaking methods, it has the advantages like environmental protection, directional rock breaking, easy control over rock breaking process, and thus is called a "green" rock crushing technology to deal with complex hard rock[7-8]. With the rapid development of modern technology and the integration across scientific subjects, the application of this technology in industry is gradually drawing attention[9-10].

High voltage electric pulserock breaking can be divided into electro-hydraulic rock breaking and electric pulse rock breaking according to different discharge positions (Figure 1). Electro-hydraulic rock breaking means that the liquid material is broken down by high voltage electric, the discharge plasma channel is generated in the liquid material, and the shock wave and pressure wave generated from the discharge channel will break the rock. Electric pulse rock breaking means that the discharge plasma channel is generated inside the rock, and the stress generated by the expansion of the plasma channel will break the rock. Combined with the existing downhole drilling environment, drilling equipment and drilling technology, the high voltage electric pulse drilling system uses high voltage electric pulse rock breakingtechnology. High voltage electric pulse rock breaking, according to the electrode discharge form can be divided into two kinds: (1) electrode and rock is not in contact, through the high voltage discharge will be liquid breakdown water jet or

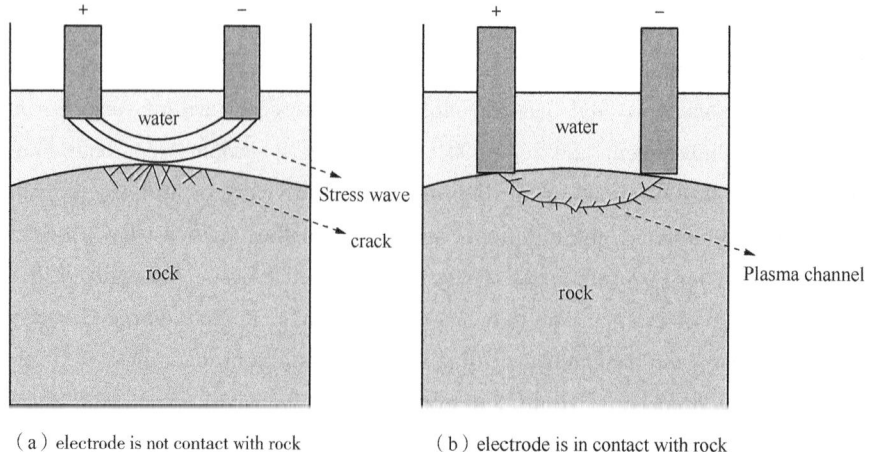

(a) electrode is not contact with rock (b) electrode is in contact with rock

Figure 1 Rock breaking mode by high voltage pulse

shock wave broken rock; (2) The electrode is in contact with the rock, and the rock is broken by surface discharge. The difference between the electrode and the rock is that the plasma channel is generated in different positions.

In the late 1950s, Tomsk Polytechnic University[11] found that when the discharge time is less than 500ns, the electric breakdown field strength of liquid is higher than that of rock. The relationship between the breakdown voltage and time of gas, solid and liquid is shown in Figure 2. When the pulse voltage release time is less than 500ns[12], the electric breakdown field strength of different state is: air < solid < liquid, at this time, when the electric pulse is used to break the rock, the rock is broken before the liquid, the plasma channel is formed inside the rock, and the rock is broken.

Given the complexity of rock itself and electric breakdown theory, it is difficult to study the mechanism of high voltage pulse breaking through rock. S. Boev[13] and other researchers divided the whole crushing process into two stages by analyzing the discharge, polarization and electric field redistribution caused by pulse in liquid and solid near the electrode: (1) forming a discharge channel in a rock medium, (2) the discharge channel diffuses sharply outward and breaks the rock due to the explosive introduction of electric pulse energy. Andres[14] and his colleagues found that the breakdown through a composite solid by a single pulse is totally different from that by electric shock of a uniform dielectric insulation material caused by discharge. Through calculation, they concluded that rock affected by High Voltage Pulse splits along the interface between mineral components with different permittivity/conductivity. V. V. Burkin[15] and his team analyzed the theory of electric pulse breaking rock from the power characteristics of electric breakdown, and proposed physical and mathematical models(Figure 3).

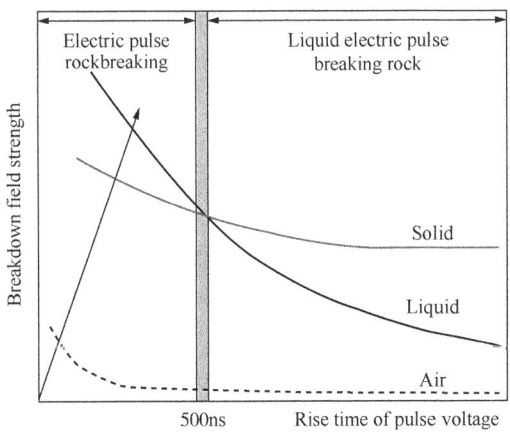
Figure 2　Relationship between breakdown field strength and voltage rise time of different dielectrics [12]

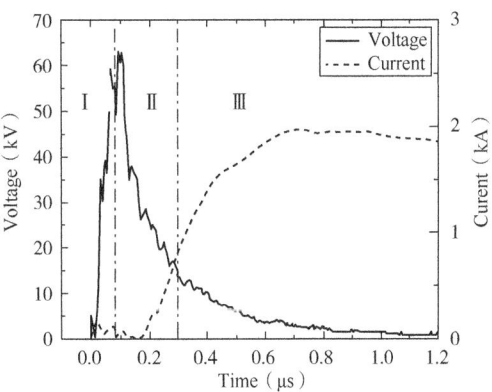
Figure 3　Waveform of voltage and current during electrical breakdown [15]

As for the damage process of highvoltage electric pulse rock breaking(Abbreviated as HVEPRB later in the paper), Andres et al. [16-17] believe that rock breakage is caused by the expansion of plasma channels inside rocks, which leads to the radial explosion impact of rocks, and the resulting shock wave causes rock breakage. Lisitsyn et al.[18] concluded through experiments that there are many gas cavities of different sizes inside the rock. Under the action of high voltage pulse, the cavity breaks, and the current flows into the gas cavity, were resulting in a large amount of plasma heat and shock wave generation, and finally the rock cracks and cracks. Bluhm et al.[19] pointed out that the cause of rock breakage is the result of the combined action of pulse wave and tensile stress. Burkin et al.[20] pointed out that at lower power, rock breakage mainly relies on tensile stress, while at higher power, and rock breakage is caused by the direct influence of compressive stress.

Based on the theoretical research, the scholars have carried out relevant experimental research on the problem that theHVEPRB technology is difficult to calculate theoretically. Wielen et al.[21] used a highvoltage pulse generator to carry out highvoltage rock breaking experiments on 20 kinds of rocks, and determined the effects of pulse voltage, discharge times, electrode spacing and discharge rate on rock crushing caused by pulse discharge. Toyohisa Fujita et al.[11] conducted relevant experimental studies on the influence of the wavefront duration of a single pulse on the rock breaking process of electric pulse. I. v. tomoshki et al.[22] and Cho et al.[23-24] developed the plasma channel micro-hole drilling technology to solve the cost problem of exploration and underground data acquisition, and completed relevant surface experiments. The experimental results are shown in Figure 4. K. Kusaiynov et al.[25] developed a small electrical pulse device for crushing natural stone, as shown in Figure 5. B. M. Kovalchuk et al.[26] designed a portable high-voltage pulse generator for rock crushing experiments.

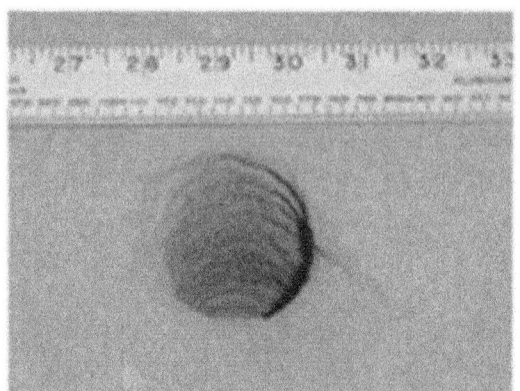
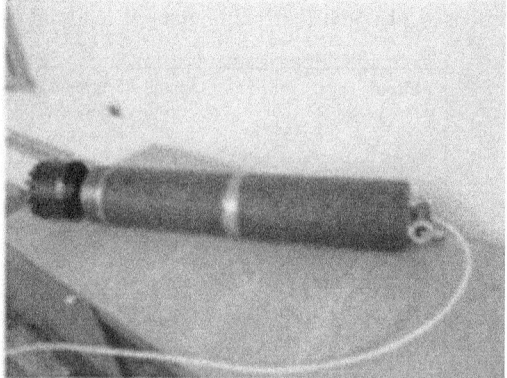

Figure 4　3.5mmAtypical pores in huangshatite[25]　　　　Figure 5　Small drilling unit[26]

1　Theoretical background of rock breaking process by HVEP

According to the classical theory, the energy injected into the plasma channel through the external energy storage capacitor, ignoring the influence of the radiation generated when the plasma channel expands, mainly acts on two aspects, namely, increasing the internal energy of the plasma channel and the work done by the plasma channel to the rocks around the channel.

$$Q_{ch} = Q_i + Q_h + Q_v \tag{1}$$

Where Q_i represents the energy in the plasma channel, Q_h represents the pressure potential energy and Q_v represents kinetic energy of the plasma.

The plasma channel acts on rock in the form of shock wave. The shock wave generated by the external work done by the plasma channel is mainly consumed in the following three parts: firstly, the increase of the internal energy of the rock, secondly, the kinetic energy converted into the rock, and thirdly, the energy dissipated by the shock wave propagating to the insulating liquid.

After energy is injected into the plasma channel, related scholars have many explanations on the damage process of the plasma channel to the rock interior. Among them, Burkin et al. established the rock breakage model under the action of electric pulse through the theories related to the plastic and elastic deformation of rock medium and the dynamics of liquid material. This model proposes that the plasma channel formed under the action of the electrode can be regarded as a cylinder with constant length and time-varying radius. When the radius of the plasma channel increases with time, the energy inside the plasma channel will have an effect on the rock. When the force reaches a certain strength, the rock will have cracks and be broken. According to the model, under the condition that the energy injected into the plasma channel reaches tens to hundreds of joules, the plasma channel will explode inside the rock, forming the corresponding explosion shock wave, the peak pressure of which is between several hundred MPs and several thousand MPs.

Based on the relevant theories of explosion mechanics and rock mechanics, the influence of plasma channel expansion and explosion on the interior of rock is explored. Under the action of rapidly changing pressure in a very short period of time, corresponding displacement and deformation are generated at the same time. Such displacement and deformation will transfer among the particles in the interior of rock, thus forming a disturbance, which is propagated in the form of shock wave. With the shock wave propagating outward from the plasma channel as the center, the deformation and displacement of different media inside the rock are different due to the influence of the composition and connection mode of various media inside the rock, and the rock is broken. The process of rock breakage caused by plasma channel can be divided into two stages: one is the radial compression stage of the shock wave generated by the expansion and explosion of plasma channel; Second, under the influence of the overpressure produced by the plasma channel, the radial initial fracture expands rapidly under the action of tensile stress. According to rock failure mechanics theory, under the influence of explosion, rock breakage is mainly tensile failure.

For reference to the classical theory of explosion mechanics, assuming that the rock to bepunctured is a liquid, the energy explosion mode of the plasma channel is initiation of an electric detonation wire inserted into the rock with a negligible radius, and the plasma channel is a cylinder with a radius of 2mm. The initiation energy acts on the wall of the plasma channel and the maximum pressure p_m produced by the electric breakdown of the rock can be obtained according to the empirical formula:

$$p_m = 0.26\eta_f \sqrt{\frac{\rho U_0^2}{Ll_{ch}}} \qquad (2)$$

Where ρ is the density of the rock, which is assumed to be $3.3 \times 10^3 \text{kg/m}^3$; η_f denotes the energy efficiency of plasma injection channel, and experience value is 4%; U_0 is voltage; L is plasma channel radius; and l_{ch} is plasma channel length.

According to the previous hypothesis, the maximum pressure at the moment the rock is shocked is 272MPa. The shock wave front pressure p_1 can be expressed as:

$$p_1 = 0.06 P_m \left(\frac{l_{ch}}{l}\right)^2 e^{\left(\frac{-\delta t}{\theta}\right)} \sigma[T-t] \qquad (3)$$

Where l represents the radius of plasma channel; δ describes the coefficient of discharge efficiency changing with time, which generally set 3.6; t means the moving time of blast wave in Eq. (4); $\sigma[T-t]$ is the explosion function in Eq. (5); expresses the correlation coefficient in Eq. (6); and α_0 is the sound velocity in rock which set 6000m/s.

$$t = \frac{l}{\alpha_0} \qquad (4)$$

$$\sigma[T-t] = \begin{cases} 0; & T \leq t \\ 1; & T \geq t \end{cases} \qquad (5)$$

$$\theta = \sqrt[3]{W_{ch}\mu} \sqrt{LC\left(\ln\frac{K}{5P_m l_{ch}} - 0.5\right)} \qquad (6)$$

Where α_0, sound velocity in rock medium, taken as 6000m/s, μ indicates the sound coefficient during electric breakdown which set 0.5; and K shows the empirical coefficient which set 660MPa · m.

With assumed data, when $T \geq t$, concluded $p_1 = 135.81$MPa. At the interface between the plasma channel and rock, the plasma channel expands and explodes in a very short time, and produces explosion shock wave. The shock wave acts on the rock interface instantaneously, which makes the state parameters of rock change suddenly. Therefore, the longitudinal wave velocity of the plasma channel particle is greater than that of the rock particle. In the process of shock wave propagation, there are both projected compression wave and reflected tensile wave. If it is assumed that the explosion instant is a sudden change process, it is mainly reflected tensile wave. Because the tensile strength of rock is generally one tenth of the uniaxial tensile strength, in this case, rock breaking is mainly to overcome the ultimate tensile strength of rock, and rock is more likely to be broken.

2 Simulation of HVERB

In order to provide the theoretical basis and basis for the development and application of downhole electric pulse rock breaking equipment, and provide relevant experimental data for the design of downhole electric pulse generator, electrode bit, selection of drilling tools and process parameters. In this paper, the mechanism and technology of rock breaking by HVEP method are studied, and the functional test is carried out.

According to the existing research, the electric breakdown field strength of rock ranges from 50kV/cm to 400kV/cm, while the electric breakdown field strength of solid dielectric materials such as silica film ranges from 200kV/cm to 10000kV/cm, so the electric breakdown of rock has its own special properties. From the microscopic point of view, the rock is composed of a variety of different mineral particles, which are connected by crystallization and cementation. It is impossible to fully fill all the voids in the rock. As shown in Figure 6[27], there are huge pores in the rock, so the bubbles in the rock may play an important role in the electrical breakdown process of the rock. At the same time, from the principle of electric breakdown, we know that the electric breakdown in solid is closely related to the change of electric field strength (Abbreviated as EFS later in the paper) and the uniformity of EFS inside rock. For different materials, under the same circumstances, the EFS required for electric breakdown is different. Therefore, it is necessary to analyze the formation stage of plasma channel in rock by studying the influence of different factors on the EFS inside rock.

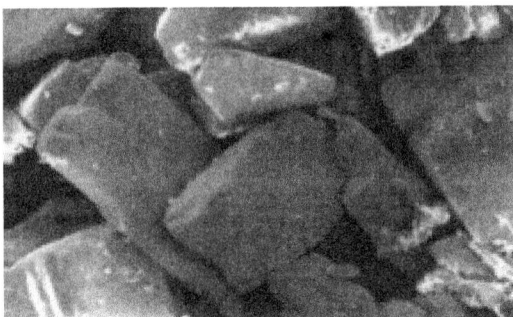

Figure 6 Photograph of secondary electronic image of the Palanenmarble[27]

Through COMSOL Multiphysics finite element analysis software, the influence of bubbles in rock on rock electrical breakdown is simulated and analyzed. By studying the influence of bubbles in rock on the change of EFS inside rock, the influence of bubbles on rock electrical breakdown is analyzed.

(1) The geometric model and mesh generation model are shown in Figure 7. Since the influence of bubbles is considered in the simulation, the bubbles are magnified to make the bubble boundary contact with the rock boundary in a larger area. Here, the rock is set as a rectangle of 20mm × 10mm, and the bubble radius is 3mm. At the same time, because the quality of the mesh is the key to determine whether the subsequent simulation can converge and whether the convergences result is accurate, and because the model is relatively simple and the number of iterations is less, the model is ultra-refined mesh generation, as shown in Figure 8. It can be seen

from the figure that COMSOL Multiphysics software can refine the boundary mesh of the contact between rock and bubble, which meets the requirements of mesh generation.

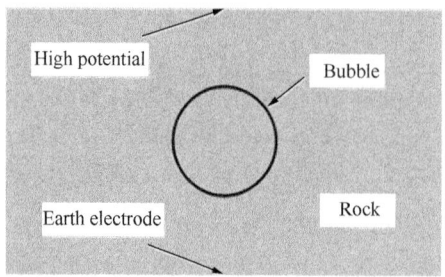 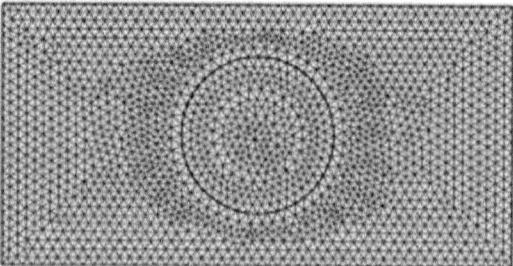

Figure 7　Simple model of bubbles in rocks　　　　Figure 8　Model Grid Division

(2) The simulation results of the model are shown in Figure 9. The EFS is 100kV/cm where it is far from the bubble, while the maximum EFS near the bubble is 161.497kV/cm. At the same time, the EFS at the upper and lower boundaries of the bubble become lower, and the EFS near the bubble boundary is close to zero. The EFS around the bubble forms a clear difference, and the uniformity of the electric field inside the rock decreases. Under such EFS distribution, the rock breakdown becomes easier.

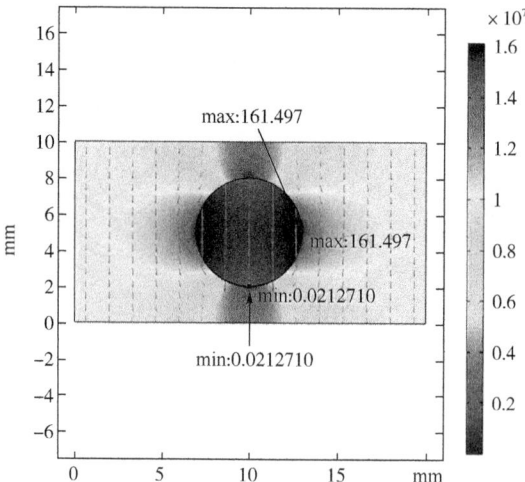

Figure 9　EFS distribution of rock under the influence of 3 mm-radius bubble

(3) By changing the radius of the middle bubble to adjust the area of the bubble, the influence of the bubble size on the EFS of rock is analyzed, as shown in Table 1. The fitting curve is shown in Figure 10. With the decrease of the bubble area, the influence on the EFS inside the rock becomes larger. However, from the comparison between Figure 11 and Figure 9, it can be seen that due to the smaller volume of the bubble, the contact between the bubble and the rock boundary becomes smaller, which leads to the smaller range of its influence on the EFS inside the rock. According to the average EFS inside the bubble and inside the rock, with the increase of the bubble volume, the influence range of the bubble on the EFS inside the rock increases, the

average EFS inside the rock decreases, and the difference between the maximum and minimum EFS decreases. Therefore, in the interior of rock, more tiny and disordered bubbles have greater influence on the uniformity and maximum of EFS than single big bubble.

Table 1　Table captions should be placed above the tables

radus/mm	Averagefield strength inbubble/(kV/cm)	Average field strength inrock/(kV/cm)	Maximum EFS/ (kV/cm)	Minimum EFS/ (kV/cm)
0	—	100	100	100
0.5	198.36	99.711	198.991	0.562990
1	193.63	98.877	194.125	0.298403
1.5	186.22	97.595	187.372	0.716550
2	176.75	96.012	178.825	0.149587
2.5	165.93	94.316	170.046	0.225034
3	154.46	92.724	161.497	0.021227
3.5	142.98	91.485	154.22	0.009392
4	132.06	90.896	148.21	0.003924
4.5	122.10	91.329	143.38	0.001834
5	113.27	93.255	139.473	0.000001

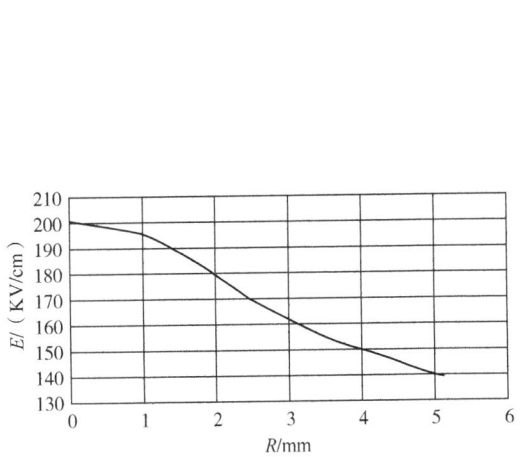

Figure 10　Variation of maximum EFS of rock with radius

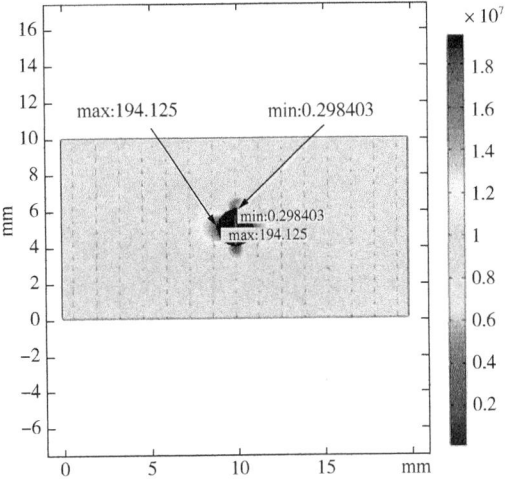

Figure 11　Distribution of EFS of rock under the influence of bubbles with 1 mm radius

(4) Using the analytical model of 2mm bubble, to explore effect of distance between bubble and electric potential on rock EFS. By changing the distance between bubble center and high electric potential, the maximum and minimum EFS results of rock are obtained. As shown in Table 2, as the distance between the bubble and the electric potential boundary increases, the influence of the bubble on the EFS of the rock increases. However, combined with Table 2, comparing with the influence of the bubble volume on the EFS of the rock, it can be seen that the influence of the distance between the bubble and the electric potential boundary is relatively small.

In the process of HVEPRB, the working voltage applied by electrode has a crucial effect on rock breaking. In order to study the influence of different working voltages on the rock breaking process of HVEP, the electric field distribution of rock breaking by HVEP under different working voltages is simulated. To set that the electrode spacing is 20mm, the rock radius is 30mm, the rock thickness is 10mm, and the dielectric constant of granite is 7, electrode radius is 2.5mm, the dielectric constant of water is 81. The EFS distribution of rock is compared under the condition that the peak working voltage ranges from 40kV to 220kV and the step size is 20kV. The simulation results are shown in Figure 12.

Table 2 Variation of EFS of rocks with distances between bubbles with the electric potential

Distance/mm	Maximum EFS/(kV/cm)	Minimum EFS/(kV/cm)
2.5	175.285	0.161014
3	176.612	0.515544
3.5	177.537	0.185995
4	178.234	0.274461
4.5	178.646	0.450939
5	178.825	0.149587
5.5	178.653	0.156543
6	178.224	0.132506
6.5	177.619	0.128387
7	176.628	0.129468
7.5	175.310	0.086176

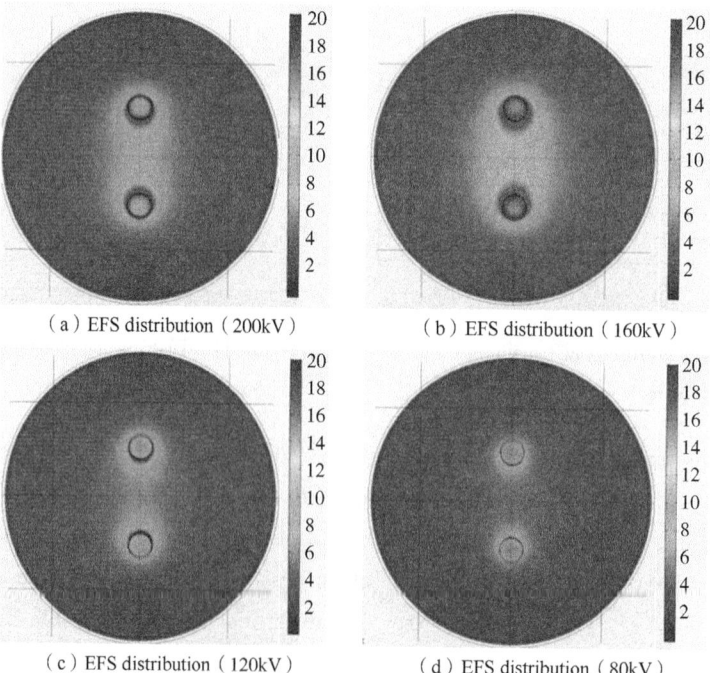

(a) EFS distribution (200kV)   (b) EFS distribution (160kV)

(c) EFS distribution (120kV)   (d) EFS distribution (80kV)

Figure 12 Distribution of EFS under different voltages

Figure 13 shows the variation of the maximum electric field intensity, the average EFS and the central EFS of the rock with time. It can be seen from Figure 13 that with the increase of working voltage, the maximum EFS inside the rock increases, thus the efficiency of rock breaking by HVEP increases. With the rise of voltage, the energy required for a single pulse of rock breakdown increases, which leads to the decrease of energy utilization. Therefore, in practice, it is recommended that the voltage should be as small as possible within the required voltage range.

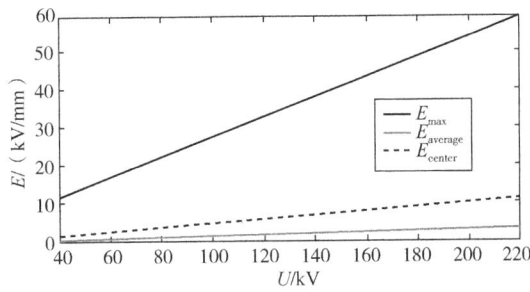

Figure 13 Variation of rock electric field with voltage

In the simulation of the effect of electrode spacing on theHVEPRB process, the peak voltage is set at 200kV, the rock radius is 30mm, the rock thickness is 10mm, and the dielectric constant of granite is 7, electrode radius is 2.5mm, the dielectric constant of water is 81 and remains constant. The electrode spacing is defined as 6mm to 26mm, and the step size is 2mm. According to the change of electrode spacing, the internal electric field intensity curve of granite is shown in Figure 14. From Figure 14, it can be seen that in terms of the overall trend, the internal EFS of granite decreases with the increase of electrode spacing. However, within a certain range, smaller electrode spacing is not always better. There is an optimal value of electrode spacing for the rock breaking. At the same time, it can be seen from the curves of the maximum EFS and the central field strength that the maximum EFS and the central field strength change sharply when the electrode spacing is less than 10mm. The reason is that when the electrode spacing is too small, the shape of the electrode itself and the contact mode with the rock will have an impact on the EFS inside the rock, which cannot be ignored. Figure 15 shows the simulation results of the influence of electrode spacing inside granite on the EFS distribution during the HVEPRB. It can be seen from the figure that the maximum EFS inside the granite increases with the decrease of electrode spacing.

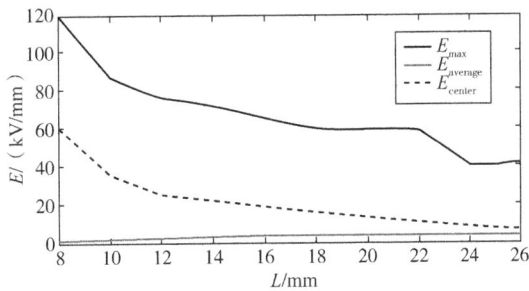

Figure 14 The electric field of rock varies with electrode spacing

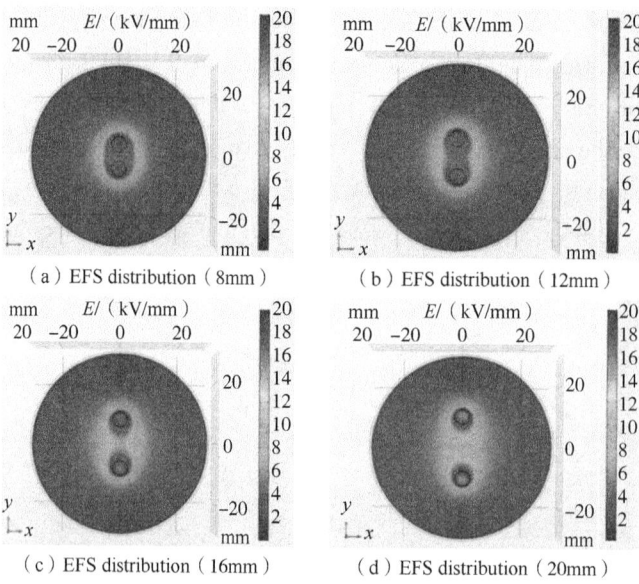

Figure 15 EFS distribution of rock with different electrode spacing

Considering the distribution of electrodes in the drilling process, it is necessary to analyze the influence of rock thickness on the HVEPRB. The peak voltage is set at 200kV, the radius of rock is 30mm, and the dielectric constant of granite is 7, electrode radius is 2.5mm, the dielectric constant of water is 81, the maximum EFS curve inside the granite is obtained by changing the thickness of the granite, as shown in Figure 16. It can be seen from the figure that with the increase of the thickness of the granite, the maximum EFS inside the granite generally decreases, but it increases in some areas, and the average EFS of the granite decreases. And it gradually decreases proportionally with the increase of the thickness, because the influence of the voltage can only be applied within a certain thickness. From Figure 16, it can be shown that the thickness of rock has a certain effect on the HVEPRB, but the influence is limited. When the thickness of rock exceeds the influence range of voltage, the excess thickness of rock has no effect on the HVEPRB.

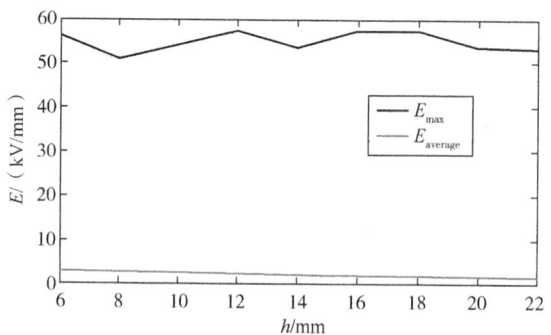

Figure 16 Variation of rock field strength with rock thickness

Given the same electrical parameters, different kinds of rocks have different electric breakdown effects due to different relative permittivity. The relative permittivity of several common rocks is shown in Table 3. The simulation result curve is shown in Figure 17. It can be seen from the figure that the higher the relative permittivity of rock is, the higher the EFS inside the rock is, and the electric breakdown is more prone occur. However, with the increase of the relative permittivity of rock, the average EFS inside the rock decreases, and the utilization rate of energy of rock decreases, so that the crushing effect of rock decreases.

Table 3 Relative permittivity of common rocks

Rock types	Relative permittivity	Rock types	Relative permittivity
silicate	6	quartz	80
Granite	7	chalcopyrite	110
Pyrite	45		

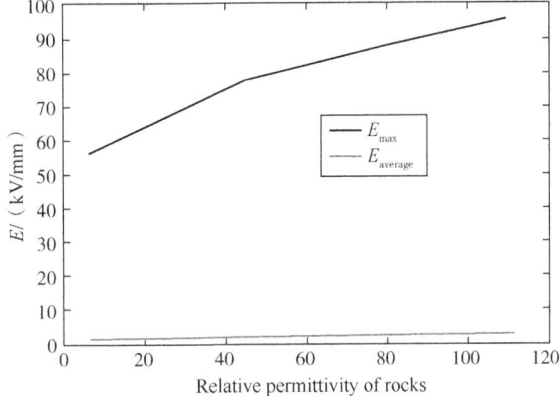

Figure 17 The variation of rock EFS with rock dielectric constant

The relative dielectric constant of liquidmaterial will have a certain impact on the HVEPRB. Table 4 shows the relative dielectric constant of some common liquid material. In order to obtain the influence of different liquid material on the HVEPRB, the simulationof rock breaking under different liquid material in Table 4 is carried out respectively. The voltage is set 200kV, the electrode spacing is 20mm, the rock radius is 30mm, the thickness is 10mm, and the dielectric constant of granite is 7, the electrode radius is 2.5mm. It can be shown from Figure 18 that the smaller the dielectric constant of liquid material is, the better the effect on the HVEPRB will be. Transformer oil is the optimal liquid material on the effect of rock breaking, but considering the actual situation and cost, it is generally believed that water is the ideal liquid material.

Table 4 Dielectric constant of differentliquids

Insulating liquid material	Dielectric constant	Insulating liquid material	Dielectric constant
Salt solution	201	methanol	25.7
Water	81	Transformer oil	2.25
Deionized water	45		

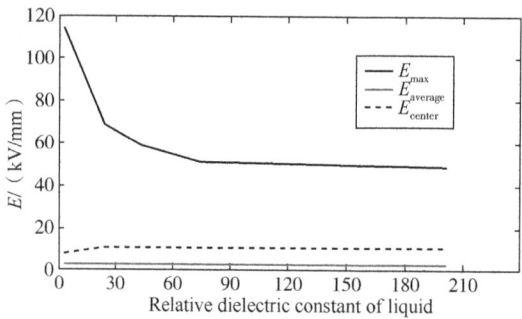

Figure 18 The variation of rock EFS with rock dielectric constant

3 Experimental study on rock breaking of high voltage electric pulse generator

To determine the electric breakdown field strength of rock is the primary consideration of electric pulse rock breaking experiment. The experiment mainly uses coaxial opposite needle electrode to measure the electric breakdown field strength of rock. As shown in Figure 19, using transformer oil as insulating liquid material, immerse high-voltage electrode, insulating electrode and rock sample in insulating oil, place rock between high-voltage electrode and grounding electrode and keep contact with electrode at all times, apply high-voltage electric pulse of different sizes on needle electrode, and record the electric breakdown of rock under single electric pulse. In the experiment, the breakdown probability of rock is defined as P if the number of times of breaking is A.

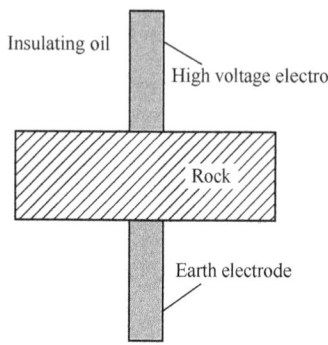

Figure 19 Schematic diagram of rock breakdown in transformer oil

$$P = \frac{A}{N} \quad (7)$$

In the experiment, the value of N is 10. In order to compare the electrical breakdown of rocks with different thickness and types, the ratio of voltage amplitude to rock thickness is used as the average EFS of rocks.

$$E = \frac{U}{d} \quad (8)$$

Where E means the average EFS of rock; U denotes the maximum voltage of electric pulse; and d represents the rock thickness.

In this experiment, the HVEP power supply adopts the high voltage electric pulse generator, which is based on the principle of Marx generator. It adopts the principle of capacitor charging and sparks switch breakdown discharge, and can produce 0 ~ 20000kV adjustable voltage in an extremely short time.

Besides, red copper with good conductivity is selected as the electrode material, and the test fixture is designed as shown in Figure 20. The electrode and fixture are connected by thread, which is adjustable and can resist falling off under the action of high voltage electric pulse.

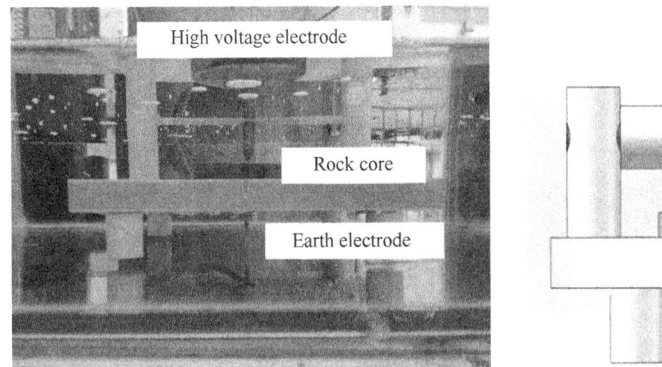 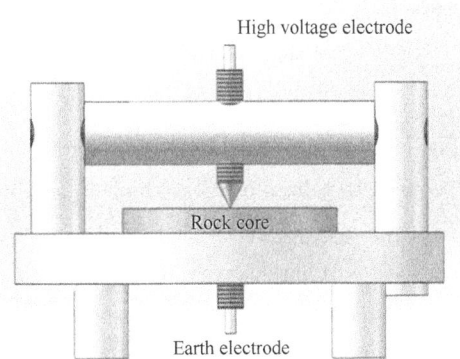

Figure 20 Fixture model of rock electrical breakdown experiment

The internal structure of the rock under the electron microscope is shown in Figure 21(a), which shows the internal structure of sandy conglomerate. Figure 21(b) shows the internal structure of purplish red mudstone. It can be seen that the interior of the rock is uneven, and there are some pores at the junction of particles.

(a) Internal structure of sandy conglomerate   (b) Internal structure of purplish red mudstone

Figure 21 Internal structure of rock samples

In order to measure the average breakdown field strength of rock samples conveniently, and to facilitate the processing of rock samples, the demonstration samples are uniformly made into cylinders with a diameter of 100 mm and a thickness of 10 mm, as shown in Figure 22 rock samples.

  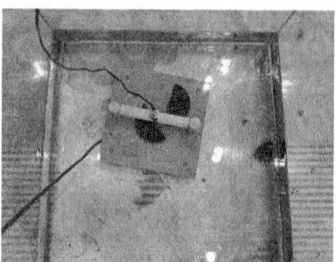

(a) Test sample installation　　　(b) Rock sample　　　(c) Test sample after experiment

Figure 22　Test process

Figure 23 is the typical voltage diagram of rock during electric breakdown, and Figure23(a) is the voltage waveform of rock which is not broken down under the action of high voltage electric pulse. The voltage decreases slowly after rapidly rising to the peak value of 126.462kV. Figure23(b) shows the voltage waveform of the rock in the process of electrical breakdown. The voltage reaches the peak at 298ns. When the rock is subjected to electrical breakdown, the internal resistance of the rock decreases rapidly, and the voltage decreases rapidly, and rock electrical breakdown is achieved. Figure 24 shows two forms of rock after being broken. On the left, the rock is split in two under the action of electric pulse, and on the right, the rock is cracked under the action of electric pulse. In both forms, there is an obvious deep pit at the electrode of electric pulse.

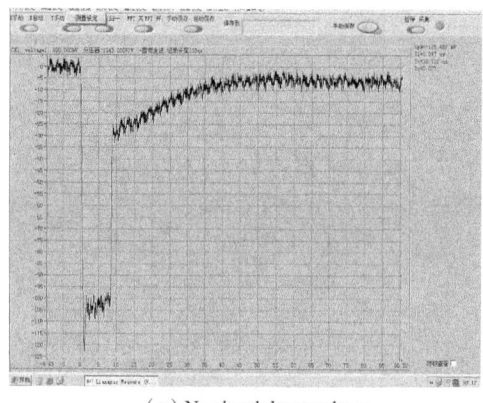 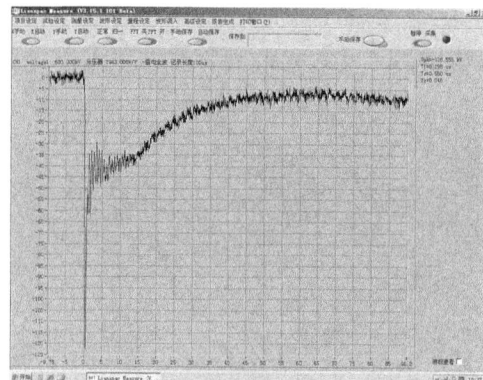

(a) Non breakdown voltage　　　　　　　　　(b) breakdown voltage

Figure 23　Voltage waveform of rock electrical breakdown experiment

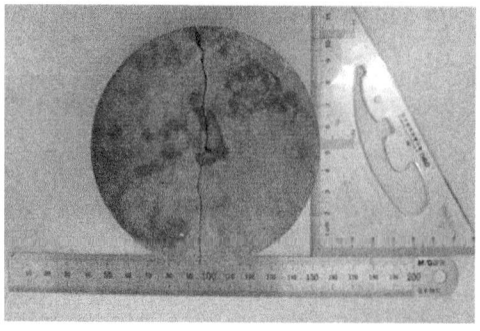 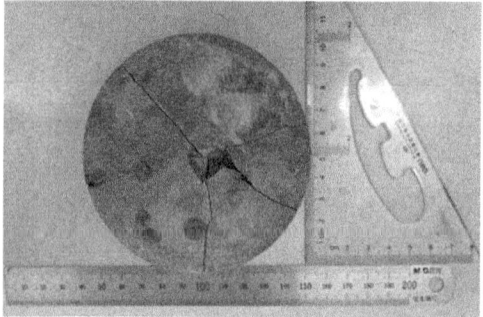

Figure 24　Morphology of rock after electrical breakdown

4　Conclusions

In this paper, the influence of high-voltage electric pulse on rock breaking is analyzed by simulation experiments. Differentunderground rock samples are selected and high-voltage electric pulse rock breaking experiments are carried out under different parameters

(1) Through the simulation analysis of the influence of bubbles on the electric breakdown of rock, the influence of bubble volume, the distance between bubbles and electric potential on the EFS of rock and the distribution of EFS around bubbles are obtained. Finally, the disordered distribution of bubbles in rock contributes to the breaking of rock.

(2) Through the simulation and analysis of different electrode voltage, electrode spacing, rock thickness and liquid material in rock breakdown, the law of their influence on rock breaking by HVEP is obtained. The results show that the higher the electrode voltage is, the smaller the electrode spacing is, and the lower the dielectric constant of liquid material is, the better the crushing effect of rock is; the thickness of rock has little effect on the electric breakdown of rock.

(3) Explore the influence of plasma channel expansion and explosion on the interior of rock through relevant theories of explosion mechanics and rock mechanics, establish a mathematical model for the rock breaking process, and analyze the rock breaking process and force of rock. It is calculated that the pressure generated by the energy in the plasma channel of the rock is far greater than the tensile strength of the rock. In the process of high voltage electric pulse rock breaking, the rock breaking is due to the work done by plasma channel to overcome the tensile strength of rock.

参 考 文 献

[1] Nian T., Wang G.W., Cang D., et al. The diagnostic criteria of borehole electrical imaging log for volcanic reservoir interpretation: An example from the Yingcheng Formation in the Xujiaweizi Depression, Songliao Basin, China[J]. J. Petrol. Sci. Eng., 2022, 208: 109713.

[2] Liu Z.Y., Pan Z.J., Li S.B., et al. Study on the effect of cemented natural fractures on hydraulic fracture propagation in volcanic reservoirs[J]. Energy, 2022, 241: 122845.

[3] Feng Y.H., Bian W.H., Gu G.Z., et al. A drilling data-constrained seismic mapping method for intermediate-mafic volcanic facies[J]. Petrol. Explor. Dev., 2016, 43(2): 251-260.

[4] Zhang Z.H., Yu H.G, Chen H.Y., et al. Quantitative characterization of fracture-pore distribution and effects on production capacity of weathered volcanic crust reservoirs: Insights from volcanic gas reservoirs of the Dixi area, Junggar Basin, Western China[J]. Mar. Petrol. Geol., 2022, 140: 105651.

[5] Zhang Z.C. Rock fragmentation by pulsed highvoltage discharge and drilling equipment Development[D]. Hangzhou: Zhejiang University, 2013.

[6] Schiegg H.O., Rødland A., Zhu G., et al. Electro-pulse-boring (EPB): Novel super-deep drilling technology for low cost electricity[J]. J. Earth Sci-China, 2015, 26(1): 37-46.

[7] Song B.P., Zhang M.Y., Fan Y., et al. Recycling experimental investigation on end of life photovoltaic panels by application of high voltage fragmentation[J]. Waste Manage, 2020, 101: 180-187.

[8] Duan C., Han J., Zhao S., et al. The stripping effect of using high voltage electrical pulses breakage for waste printed circuit boards[J]. Waste Manage, 2018, 77: 603-610.

[9] Peng J., Zhang F., Du C., et al. Effects of confining pressure on crater blasting in rock-like materials under electric explosion load[J]. Int. J. Impact Eng, 2020, 139: 103534.

[10] Peng J., Wang X., Zhang F., et al. Influences of the burden on the fracture behaviour of rocks by using electric explosion of wires[J]. Theor. Appl. Fract. Mec, 2022, 118: 103270.

[11] Fujita T., Yoshimi I., Shibayama A., et al. Crushing and liberation of materials by electrical disintegration[J]. EJMP&EP, 2001, 1(2): 113-122.

[12] Sperner B., Jonckheere R., Pfänder J. A. Testing the influence of high-voltage mineral liberation on grain size, shape and yield, and on fission track and 40Ar/39Ar dating[J]. Chem. Geol, 2014, 371: 83-95.

[13] Boev S., Vajov V., Levchenko B., et al. Electropulse technology of material destruction and boring. In Digest of Technical Papers[C]. 11th IEEE International Pulsed Power Conference, IEEE, 1997, 1: 220-225.

[14] Andres U. Development and prospects of mineral liberation by electrical pulses[J]. Int. J. Miner. Process, 2010, 97(1-4): 31-38.

[15] Burkin V. V., Kuznetsova N. S., Lopatin V. V. Dynamics of electro burst in solids: I. Power characteristics of electro burst[J]. J. Phys. D Appl. Phys, 2009, 42(18): 185204.

[16] Andres U., Timoshkin I., Jirestig J., et al. Liberation of valuable inclusions in ores and slags by electrical pulses [J]. Powder Technol, 2001, 114(1-3): 40-50.

[17] Andres U., Timoshkin I., Soloviev, M. Energy consumption and liberation of minerals in explosive electrical breakdown of ores[J]. Miner. Process. Extr. M., 2001, 110(3): 149-157.

[18] Lisitsyn I. V., Inoue H., Nishizawa I., et al. Breakdown and destruction of heterogeneous solid dielectrics by high voltage pulses[J]. J. Appl. Phys, 1998, 84(11): 6262-6267.

[19] Inoue H., Lisitsyn I. V., Akiyama H., et al. Drilling of hard rocks by pulsed power[J]. IEEE Electr. Insul. M., 2000, 16(3): 19-25.

[20] Burkin V. V., Kuznetsova N. S., Lopatin V. V. Dynamics of electro burst in solids: II. Characteristics of wave process[J]. J. Phys. D Appl. Phys, 2009, 42(23): 235209.

[21] Wielen K. P., Pascoe R., Weh A., et al. The influence of equipment settings and rock properties on high voltage breakage[J]. Miner. Eng., 2013, 46: 100-111.

[22] Timoshkin I. V., Mackersie J. W., MacGregor S. J. Plasma channel microhole drilling technology. In Digest of Technical Papers[C]. 14th IEEE International Pulsed Power Conference, IEEE, 2003, 2: 1336-1339.

[23] Cho S. H., Cheong S. S, Yokota M., et al. The dynamic fracture process in rocks under high-voltage pulse fragmentation[J]. Rock Mech. Rock Eng., 2016, 49(10): 3841-3853.

[24] Cho S. H., Kaneko K. Influence of the applied pressure waveform on the dynamic fracture processes in rock [J]. Int. J. Rock Mech. Min, 2004, 41(5): 771-784.

[25] Kusaiynov K., Nussupbekov B. R., Shuyushbayeva N. N., et al. On electric-pulse well drilling and breaking of solids[J]. Tech. Phys+, 2017, 62(6): 867-870.

[26] Kovalchuk B. M., Kharlov A. V., Vizir V. A., et al. High-voltage pulsed generator for dynamic fragmentation of rocks[J]. Rev. Sci. Instrum., 2010, 81(10): 103506.

[27] Mehta G, Somani M, Babu T N, et al. Contact Stress Analysis on Composite Spur Gear using Finite Element Method[J]. Materials Today: Proceedings, 2018, 5(5): 13585-13592.

合川 001 区块钻井防漏堵漏实践与认识

杨春和

(大庆钻探工程公司钻井一公司)

【摘　要】 合川 001 区块钻井漏失情况高发，漏失量及漏速大小不一，堵漏消耗了大量钻井时间和成本，处理不当还会发生漏溢转换等更为复杂的工程事故。整套地层裂缝发育，断层多，胶结性差，地层破碎；存在局部高压，钻井液密度窗口窄，易发生渗漏和裂缝性漏失，这些都严重影响着钻完井施工速度与安全。总结分析已钻井井漏的原因、特点和防漏及堵漏工艺，为该区块施工积累了宝贵经验。一方面从技术、操作、设备管理上细化预防措施，做好预防。另一方面加强地质研究，对严重漏层位置、裂缝走向、裂缝宽度等精准预测，掌握漏失层、漏失原因、漏失特点、防漏和堵漏技术进行更深入的总结分析，制定科学的防漏堵漏技术，井漏复杂的处理，以便采取相应的对策，精准防堵。

【关键词】 合川区块；防漏堵漏；实践；认识

合川 001 区块主要目的层为须家河组须二段储层。自上而下钻遇侏罗系沙溪庙组、凉高山组、自流井组的大安寨段、马鞍山段、东岳庙段和珍珠冲段，三叠系须家河组。须家河组又分六段，即须六段、须五段、须四段、须三段、须二段和须一段。

整套地层裂缝发育，断层多，胶结性差，地层破碎；存在局部高压，钻井液密度窗口窄，易发生渗漏和裂缝性漏失，这些都严重影响着钻完井施工速度与安全。该区块漏失层段较多，漏速较快，随钻堵漏并不适合，由于该井异常高压较多，需要在承压堵漏时检验当量密度是否达到下部要求，由于该井漏失层位连通性较好，所承压力始终不能达到下部地层压力，导致反复堵漏。在堵漏过程中是否出现复漏情况判断不清。缺乏有效预测漏层位置的理论与方法，造成堵漏缺少目的性，笼统堵漏造成堵漏材料浪费，堵漏周期长。

多年来，国内外专家对堵漏新材料不断地进行探索，取得了很好的研究成果。现有的堵漏材料按不同机理和功能主要可分为桥接堵漏材料、高失水堵漏材料、暂堵材料、化学堵漏材料、无机凝胶堵漏材料、高温堵漏材料、复合堵漏材料。目前各类型堵漏剂中处理严重井漏的堵漏剂并不多，采用的主要手段仍是以水泥为主的无机凝胶堵剂、复合桥堵剂和少部分化学堵剂，对于常规井漏的处理仍以桥接类堵漏材料和水泥为主。在堵漏材料方面，适用性强的快速高效堵漏材料和堵漏方法将成为一个发展目标。利用各种井下工具堵漏，不仅可以提高堵漏成功率和堵漏质量，还能缩短时间和减少人力物力消耗，尤其是在一些比较复杂的井漏情况下。堵漏工具分为助堵工具、注入工具、封隔工具、输送工具、混合工具五类，如针对溶洞恶性井漏，国内外发展了波纹管、膨胀套管、跨式封隔器以及

作者简介：杨春和，1965 年 7 月生，高级工程师，1988 年毕业于大庆石油学院，大庆钻探钻井一公司从事钻井技术管理工作。联系电话：0459-5602982。

网袋水泥法等对恶性井漏的封堵起到了积极作用。国外十分重视堵漏工具的研究和推广应用，而我国在堵漏工具研究方面发展较慢。

随着天然气增储上产，对该区块大面积开发，更需要对该区块主要漏失层、漏失原因、漏失特点、防漏和堵漏技术进行更深入的总结分析，制定科学的防漏堵漏技术，为优快钻井提供更好的技术保障。

1 钻井漏失现状分析

1.1 漏失频率

从合川001区块近年来完钻的合川001-74-X1井、001-5-X4井、001-52-X4井、合川001-11-X2井、001-80-H1、001-74-H3、001-5-H5等20余口井统计可知，共发生井漏近百次。其中，须家河组漏失次数最多，占总数66%；珍珠冲、大安寨、马鞍山、凉高山、东岳庙分别占13%、7%、6%、4%、3%；而须家河组中须二段漏失次数占须家河组漏失次数的79%。由此看出漏失次数最多的在须二段。

1.2 漏失速度

从漏速统计分析可知：漏速以中漏（15~30m^3/h）、小漏（5~15m^3/h）和微漏（≤5m^3/h）为主，小漏和微漏占70%，中漏占30%，个别井深出现失返性漏失，堵漏后均可建立循环。001-80-H1钻至井深2325m时，发生井漏，最大漏速18m^3/h，最小漏速3m^3/h，平均漏速5.4m^3/h；001-74-H3须二段密度窗口极窄，可调整钻井液密度仅为0.02g/cm^3，密度高于1.31g/cm^3时，漏速明显增加，密度低于1.29g/cm^3，钻井过程中全烃值显示较高，下套管前漏失油基钻井液达2800m^3；001-5-H5井钻进至3177.81m（垂深2123.79m，井斜90°，方位17°）时发现失返性井漏，减排量循环仍然失返，吊灌起钻，井口不见液面。至完钻，漏失油基钻井液达2200m^3。

1.3 预计漏失量

借鉴表1合川地区合川001-84-H1井的漏失情况，可预计该区块各层位的漏失量。

表1 合川001-84-H1井漏情况

次数	井深/m	工况	层位	密度/(g/cm^3)	漏速/(m^3/h)	漏失量/m^3	漏失原因
1	1538	下钻到底循环	马鞍山段	1.27	18.52	62.4	地层裂缝
2	1782	钻进	须6段	1.31	6.4	19.2	地层裂缝
3	1818	节流循环排气	须5段	1.31	17.12	114	煤层裂缝
4	2057	钻进	须4段	1.44	失返	300.1	断裂带
5	2057~2195	钻进（渗漏）	须4、3段	1.44	1.43	70	2057断裂带

1.4 漏失类型及原因

沙溪庙地层漏失频率较低；凉高山组到珍珠冲地层漏失主要是以微孔隙、微裂缝渗透性漏失为主，主要漏失原因是岩石颗粒存在粒间孔、粒间溶孔和粒内溶孔。须家河断层发育，特别是须二段共发育255条断层，走向以近东西向为主，最大延伸长度8.804km，一般延伸长度1~2km，最大断距35m，一般断距小于10m。合川001气田须二段储集类型为裂缝—孔隙型。须家河组异常高压层多且破裂压力低，钻井过程中喷漏同存，钻井液密度可调范围小，多数漏失是由裂缝引起的。

2 主要防漏堵漏方法

合川构造漏失层系多，沙溪庙至须家河组孔隙裂缝发育，渗透性漏失与裂缝性漏失并存，特别是马鞍山—珍珠冲层段为区域性恶性漏层，井漏失返频繁，须二段钻遇断层裂缝井漏失返。随着合川区块的开发，针对合川001区块的地质特性及漏失情况，在施工中总结分析，可制定以下防漏堵漏技术措施，为钻探过程中提质提效做出有效的保障。

2.1 主要防漏措施

(1) 现场按《合川区块钻井施工井控防控及应急措施》储备充足的配浆材料、重晶石粉、配浆水。现场开钻前储备10t以上堵漏材料，以备应急使用。

(2) "一段一策""一层一策"到"一趟钻一策"，制定针对性的钻井液技术方案，施工中根据工况以及地层的变化，及时改进技术方案，做好预防。

(3) 发生井侵密度下降、烃值异常问题，根据情况平缓提高钻井液密度，每循环周钻井液密度提高幅度不超过0.02g/cm³。避免密度过高、不均导致井漏发生。

(4) 钻遇易漏层严格控制机械钻速、控制划眼时间、控制起下钻速度、简化钻具组合、梯次增加开泵循环排量。

(5) 提前预防，提高钻井液封堵能力，减少井漏复杂的发生。在钻遇易漏地层前，应提前加入随钻堵漏剂、沥青粉、微裂缝等封堵护壁材料进行防漏。

2.2 主要堵漏方法

合川区块常用的堵漏方法有静止堵漏、随钻堵漏、桥浆堵漏、水泥堵漏等。

(1) 静止堵漏。按设计注入和顶替完堵漏浆后，采用起钻至安全位置，循环钻井液，动态加压，使堵漏浆进入漏层。若出口见返，根据堵漏浆进入漏层的数量，可关井小排量、低压力缓慢憋压，控制压力，不能将未漏地层压裂。若出口不返或返出排量低得多，可挤小部分堵漏浆进入漏层(1/4~1/3)，静止候堵30~60min后，再进行间断憋压。静止时间4h，不超过8h，使堵漏材料通过滞留、膨胀完成封堵。现场一般漏速在10~20m³/h，采用静止桥浆堵漏，提高堵漏材料浓度值18%~25%。配方：井浆+5%细粒微裂缝填充剂+2%超细碳酸钙(500~800目细颗粒支撑剂)+3%微裂缝填充剂+3%刚性填充剂+2%核桃壳(中粗)(颗粒支撑材料，堵漏时起架桥作用)。

漏速在大于20m³/h甚至失返性漏失，更换光钻杆或者旁通阀进行专项堵漏，注入堵漏浆，顶替出钻具后起钻至堵漏浆以上，或者安全井段，静止4~8h堵漏，堵漏浆浓度在25%~35%。

(2) 随钻堵漏。钻进过程中，根据漏速不同，采用随钻堵漏方法。SDL堵漏材料的加入量随漏失速度的变化而不同，以提高井浆的防漏性能。其不同级配的封堵颗粒、纤维及晶片能有效封堵小漏和微漏的漏失地层，快速有效地封堵钻进过程中所遇到的复杂地层情况，降低钻井液的损耗。随钻堵漏最大优点是不影响正常钻进、损失时间少、可实现多层位堵漏。

一般漏速不大于 $3m^3/h$ 时,为井筒钻井液量的 2%~3%,$3m^3/h \leqslant$ 漏速 $\leqslant 5m^3/h$ 时,用一定量的井浆(一般为 $20~30m^3$),再加入浓度 8%~12%堵漏材料,配成堵漏浆。配方:井浆+2%细粒微裂缝填充剂+2%~3%超细碳酸钙(500~800目细颗粒支撑剂)+2%微裂缝填充剂+1%核桃壳(细)(颗粒支撑材料,堵漏时起架桥作用)+4%刚性填充剂,起到了很好的封堵作用。漏速在 $5~10m^3/h$,增加堵漏材料的浓度至 12%~15%。配方:井浆+2%细粒微裂缝填充剂+2%~3%核桃壳(细)(颗粒支撑材料,堵漏时起架桥作用)+3%超细碳酸钙(500~800目细颗粒支撑剂)+3%微裂缝填充剂+4%刚性填充剂。钻进期间配合使用目数较大的振动筛布,及时补充堵漏材料,保持堵漏剂的有效浓度。

(3)桥浆堵漏。根据不同的漏层性质选择级配和浓度,颗粒状、鳞片状和纤维状的堵漏材料复配比一般为 2:1:1,使之互补,以增强堵漏效果,并有 4%~6%的惰性材料大于桥堵的缝隙尺寸。堵漏材料在漏失喉道内堆积、架桥,依据形成的滤饼实现堵漏。其工艺简单、现场操作方便,对不同漏失通道都适用。但稳定性和持久性差,经过起下钻、划眼、大排量洗井作业,会使形成的滤饼被刮切和冲刷掉,造成复漏。固井前的承压堵漏,一般采取这种办法。为使钻进中桥浆堵漏达到较好的效果,采用间歇挤注方式堵漏,挤堵期间套管压力不超过 4MPa,防止造成更大裂缝。

(4)水泥堵漏。水泥堵漏成功后持续性好。对于大裂缝地层、复漏地层采用水泥堵漏,能达到好的效果。但水泥堵漏工艺复杂,施工时间长。堵漏后,由于水泥石的强度大于地层强度,在造斜段钻塞时也出现了钻出新井眼的复杂情况。

(5)桥浆+MTC 堵漏。001-74-H3 井钻至井深 2325m 须二段时,发生井漏,多次堵漏未见好的效果,经过三次桥浆+MTC 堵漏,漏失量减少。

(6)降低密度、排量。001-5-H5 井三开井段施工时,钻井液密度一直在 $1.30g/cm^3$ 以上,因此井漏频繁发生。后来在新井眼钻进时,采用低密度近平衡($1.26~1.28g/cm^3$)、低排量($26~28L/s$)钻进,漏失频率减少近 40%,处理井漏时间也大大减少。001-84-H2 井三开也采用低密度近平衡($1.26~1.28g/cm^3$)钻进,顺利完钻。

3 合川 001 区块堵漏存在的不足

(1)漏失层段多,是否出现复漏情况判断不清。缺乏有效预测漏层位置的理论与方法,造成堵漏缺少目的性,笼统堵漏造成堵漏材料浪费,堵漏周期长。

(2)施工单位的水平参差不齐,堵漏材料选择、配比选择、堵漏措施选择具有较大差别,个别井段堵漏效果不好。

(3)采用降密度、降排量方法防漏,增加了井侵、岩屑床卡钻等复杂情况,不利于安全钻井。

4 结论

(1)合川 001 区块沙溪庙地层漏失频率较低;凉高山组到珍珠冲地层漏失主要是以微孔隙、微裂缝渗透性漏失为主;须家河组多数漏失是由裂缝引起的,须二段漏失最为严重。

(2)静止堵漏、随钻堵漏和桥浆堵漏是合川 001 区块常用且有效的堵漏方法。

(3)在井控风险不高和可控的情况下可实施采用降密度、降排量方法钻进。

(4) 总结分析了合川001区块防漏堵漏方法，为后继安全钻完井施工提供了技术支持。

5 建议

(1) 井漏复杂的处理，关键在防，做到防堵结合。一方面从技术、操作、设备管理上细化预防措施，做好预防。另一方面加强地质研究，对严重漏层位置、裂缝走向、裂缝宽度等精准预测，以便采取相应的对策，精准防堵。

(2) 从堵漏材料、配比、堵漏措施等方面，加强总结分析，提高堵漏措施的针对性，提高一次堵漏成功率。

(3) 水泥堵漏风险较高，规范堵漏方案、钻塞钻具组合、钻塞参数，防止水泥固结、水泥掉块卡钻及复杂。

(4) 建议采用控压钻井，降低井漏复杂和井控风险。

参 考 文 献

[1] 臧艳彬，王瑞和，张锐．川东北地区钻井漏失及堵漏措施现状分析[J]．石油钻探技术，2011，39(2)：60-64.

[2] 刘四海，崔庆东，李卫国．川东北地区井漏特点及承压堵漏技术难点与对策[J]．石油钻探技术，2008，36(3)：20-23.

[3] 马长光，吉永忠，熊焰．川渝地区井漏现状及治理对策[J]．钻采工艺，2006，29(2)：25-27.

伊拉克 B9 区块大井眼钻柱黏滑振动分析及控制技术

胡清富[1]　司小东[1]　李增乐[2]

(1. 中国石油天然气集团有限公司大庆钻探工程公司国际事业部；
2. 中国石油天然气集团有限公司大庆钻探工程公司钻井工程技术研究院)

【摘　要】伊拉克 B9 区块 17½in 和 12¼in 井段地层石灰岩、泥质灰岩、白云岩、硬石膏、页岩等相互交错，均质性差，夹层多，局部存在燧石，可钻性差。在前期施工的四口井中共发生了 8 起钻具失效事故，严重影响了钻井速度和经济效益。为了解决此区块井下钻具和工具频繁发生失效的难题，笔者分析了此区块钻具产生早期失效的原因主要跟钻具在井下的黏滑振动有关。本文介绍了利用录井数据快速判断井下黏滑振动的方法，通过使用顶驱软扭矩系统、优化钻井参数、优化钻具组合、改进钻头设计等技术措施，最小化钻柱的黏滑振动，避免了钻头先期破坏和钻具失效事故的发生，达到提高钻井速度的目的，为其他区块类似情况提供成功的借鉴方案。

【关键词】钻具失效；黏滑振动；钻井速度；非生产时间

伊拉克 B9 区块位于伊拉克南部，构造上位于中东波斯湾盆地扎格罗斯山前褶皱和阿拉伯地台的过渡带，为轴向近似南北向的长轴背斜，主要目的层为 MISHRIF 和 YAMAMA，区块平均井深 4550m，地层压力层系多，不稳定页岩发育，钻井过程中井下事故频发，前期施工的 4 口井累计发生钻具失效事故 8 起，多为井下黏滑振动导致钻具疲劳并断裂。关于钻具的黏滑振动，国内外学者进行了广泛研究，Kyllingstand(1988)认为黏滑振动是由于钻具与井壁和钻头与井底接触面上静摩擦到动摩擦交替变化而导致摩擦阻力的不同而产生[1-4]。Brett(1992)认为随着转速的增加钻头扭矩降低是产生黏滑振动的根本原因，Fear(1997)分析了 300 多只钻头的使用情况，验证了这一理论，Pelfrene(2011)称这种现象为负阻尼效应。Richard(2000)，Germay(2009)和 Detournay(2008)反对第二种观点，认为扭矩的降低不是产生黏滑效应的原因，而是黏滑振动的结果，认为快速的轴向振动和缓慢的周向扭转振动是 PDC 钻头黏滑震动的根本原因[5-7]。Jain(2011)提出了新的观点，认为黏滑振动根据其成因分为钻头因素导致的黏滑振动和钻具因素导致的黏滑振动两种[8-10]。本文主要对该区块井下黏滑振动发生的原因进行分析，进而提出了黏滑振动的发现和控制手段，达到现场施工中快速发现、快速消除的目的。

作者简介：胡清富，1971 年生，男(汉族)、黑龙江省齐齐哈尔市，高级工程师，现从事石油钻井工作。

1 钻柱黏滑振动分析和识别

1.1 B9 区块钻具事故情况

对 B9 区块 FH-08 等 4 口井的钻具事故进行了统计,见表 1。

表 1 B9 区块钻具事故统计表

序号	井号	事故复杂名称	井眼尺寸/mm	非生产时间/d	小计/d	合计/d
1	FH-08	钻杆倒扣落井	444.5	10.19	11.38	
2	FH-08	钻杆母接箍刺漏	444.5	1.19		
3	FH-09	稳定器内螺纹断	444.5	1.83	1.83	
4	FH-10	震击器壳体断裂	444.5	1.25		21.9
5	FH-10	定向坐键接头外螺纹断	311.2	1.81	6.52	
6	FH-10	浮阀接头外螺纹断	311.2	1.76		
7	FH-10	5.5in 加重钻杆内螺纹断	311.2	1.70		
8	FH-11	转换接头外螺纹断	444.5	2.15	2.15	

统计发现,共有 3 次外螺纹断裂、2 次内螺纹断裂、1 次震击器壳体断裂、1 次接箍刺漏,断裂事故发生概率占总事故量的 85.7%。断裂事故发生位置分别为稳定器、定向接头、浮阀、转换接头、震击器、加重钻杆等,断裂位置并不固定,断裂工具均为不同厂家生产且除钻杆外均为全新工具,由此判断事故发生的主要原因是钻具井下工作环境导致,而并非工具本身原因。

1.2 黏滑振动产生原因

井下黏滑振动分为两类:钻头黏滑和钻具黏滑。

钻头黏滑产生的因素主要是钻头切削齿在吃入地层进行破岩时岩石对钻头的反作用力以及钻头与接触面的摩擦力共同作用的结果,即钻头黏滑受钻头的切削结构、钻井参数以及岩石性质的影响。尤其是在韧性、塑性较强的泥灰岩地层时,钻头的攻击性强弱对钻头黏滑有非常大的影响。

钻具黏滑产生的影响因素主要是钻具与井壁的接触面产生的摩擦力以及受井眼轨迹和钻具自身旋转时产生的扭转振动,受井眼轨迹、钻具自身刚度、钻井参数以及钻井液性能的影响。当钻柱在顶驱的作用下旋转时需要克服钻柱与井壁接触产生的摩擦力才能正常旋转,当静摩擦系数较大时,顶驱需要旋转数周才能够积蓄足够的扭矩使井下钻具旋转,而钻柱由静止到旋转状态时,静摩擦转换为动摩擦,摩擦力大大降低,井下钻具在积蓄的扭力作用下快速旋转,此时的钻具转速有可能达到地面转速的 2~5 倍以上,在惯性的作用下钻具转过与顶驱相同的转数后会继续向前旋转直至动力不足,甚至出现反扭矩,当顶驱扭矩不足以驱动钻具旋转时,钻具又进入静止状态(黏滞状态),直至顶驱传递的扭矩继续积蓄到足以克服静摩擦力时,钻具又开始高速旋转(滑移状态),进入下一个黏滑周期。若顶驱转速高于某个临界值时,即井下瞬时转速不会超过地面转速,则钻具不会重复进入静止状态,黏滑振动则会消除。可见井下钻具受的静摩擦力、动摩擦力、地面转速和钻具本身的临界转速是影响黏滑振动的关键。

1.3 黏滑振动识别

为了定量地评价井下黏滑振动的情况，借助 Ertas 和 Bailey 提出的扭转严重系数 TSE[7]，并将其简化为

$$TSE = \frac{\Delta TQ_i}{\Delta TQS \times rpm}$$

式中：TSE 为扭转严重度；ΔTQ_i 为实际扭矩变化量，klbs·ft；ΔTQS 为发生完全黏滑振动时钻具的扭矩与临界转速的比值，klbs·ft/(r/min)，与钻具的结构和井深有关；rpm 为实时转速，r/min。

当 TSE=0 时，无黏滑振动，当 TSE=1 时发生完全黏滑振动，当 TSE<1 时，部分黏滑振动(井底钻具无静止状态)。

该方法在 FH-10 井进行了应用，该井钻进至 3010m 时，地面转速恒定在 120 转/min，地面扭矩出现了明显的周期性波动，通过扭转严重度分析发现，其 TSE>1，即井下发生了完全黏滑振动，如图 1 所示。

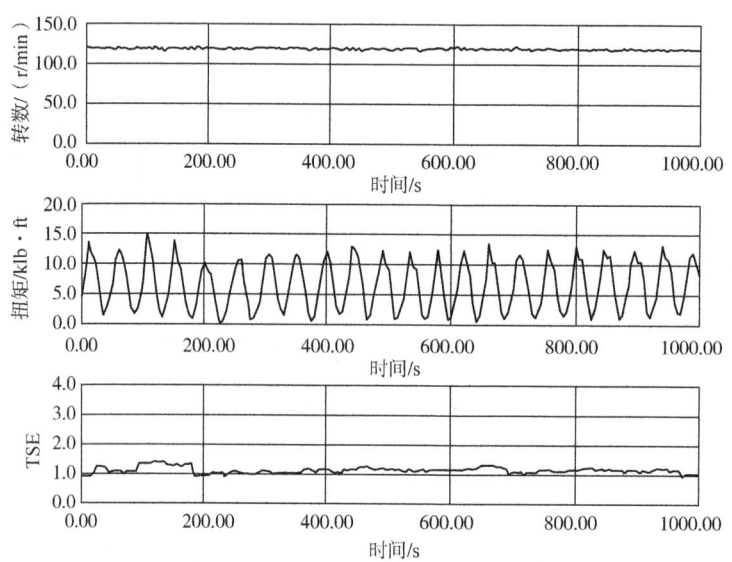

图 1　FH-10 井井深 3010m 时地面扭矩、转数随时间的变化曲线

对其他 5 套钻具组合的分析也表明，施工中均存在黏滑振动现象 TSE 位于 0.5~2 之间，为典型的黏滑振动特征。

2　钻柱黏滑振动控制关键技术

2.1　减小钻具与井壁的摩擦力

钻具和井壁的摩擦力尤其是静摩擦力是产生钻具黏滑的重要原因，而降低摩擦力的关键：一是减小摩擦系数，即提高钻井液的润滑性，使用降摩减扭工具；二是减少侧向力，即保持平滑的井眼轨迹，如果是直井则尽量保持井眼垂直。

2.2 优化钻井参数

（1）使用螺杆提高钻头转速。

随着转速的增加，黏滑振动会减小，由于地面转速通常会受到顶驱或转盘设备功率或设计参数的限制，不能任意提高，但是可以借助螺杆等井下动力工具提高钻头的转速。常规钻具情况下地面顶驱转速通常设定为120r/min，如果采用螺杆复合钻具的情况下，钻头转速能够达到240r/min，同等情况下TSE可以降低50%。

（2）使用顶驱软扭矩降低临界转速。

软扭矩系统相当于在顶驱和钻柱之间增加了一个阻尼元件，通过对钻柱内弹性势能的补偿调节而改变了钻柱本身的性质，即降低了钻柱产生黏滑振动的临界转速，从而在相同的转速和钻具条件下，可以有效降低井下的黏滑振动。

（3）控制钻压降低无效钻头摩阻。

B9区块由于地层岩性多变，且存在燧石夹层，为了保护PDC钻头，现场采用的钻头为带有限位齿的中等攻击性钻头，当钻遇泥质灰岩等硬塑性地层时，由于钻头齿无法有效地吃入地层，此时钻头与地层的摩擦力变为钻头与地层的主要作用力，钻速变慢。此时，施工中最易采取的措施是加大钻压，期望以此提高钻速，但是钻速往往并没有明显的变化，过高的钻压只是加大了钻头与井底接触面的摩擦力，从而加重了黏滑振动现象，导致井下工具的疲劳损坏和钻头齿的崩坏。因此，当部分地层出现钻速变慢，扭矩波动现象时，最有效的方法是保持钻压10~15t不变，然后根据顶驱和井下工具的设计参数尽可能提高钻头转速，从而抑制或减轻钻头的黏滑振动。

2.3 增加井下钻柱的稳定性

在B9区块施工过程中发现，经常出现钻具的共振，且有时黏滑振动和钻具的共振同时存在。为了避免钻具的共振，将8寸钻铤的用量由7根增加为11根，增加了钻具的刚性，改变了钻具本身的共振转速，在后期的施工过程中也没有发现共振现象。需要注意的是，同一套钻具在不同深度时其发生的共振转速也不同，因此实际钻进过程中并不能始终采用同一转速施工。

2.4 保持钻头与地层的作用力相对平稳

Block9油田由于地层存在燧石夹层，为了避免钻头崩齿破坏，PDC钻头设计的攻击性偏弱，这种设计虽然在燧石层位置保护了钻头，但是在硬塑性地层，由于钻头难以有效吃入地层，或者由于塑性强而存在滑脱现象，若增大钻压，限位齿又增加了钻头与井底接触面的摩擦力进而加剧了黏滑振动现象。为了解决这一矛盾，与NOV公司共同改进了钻头的切削齿设计，由常规的圆形齿，升级为异形齿（3D齿、4D齿），如图2所示。

通过改变钻头齿的切削结构，钻头破岩的机械比能MSE降低了20%~30%，通过优化钻头齿的布局和倾角，使钻头齿在同样的钻压下能够有效地吃入地层，并对局部岩石产生更高的剪切应力，从而实现有效破岩，既避免了黏滑振动的产生，又提高了钻速。

 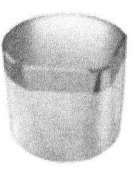 

2D　　　　3D　　　　4D

图2　2D、3D、4D齿示意图

3 现场应用情况

3.1 顶驱软扭矩系统应用效果

同样钻具组合条件下，启动软扭矩系统后，可以发现：黏滑振动现象明显降低，地面转速在软扭矩系统控制下在 95～125 转/min 之间波动，扭转严重度 TSE 小于 0.3，局部 0.5，仅存在轻微的部分黏滑现象，如图 3 所示。

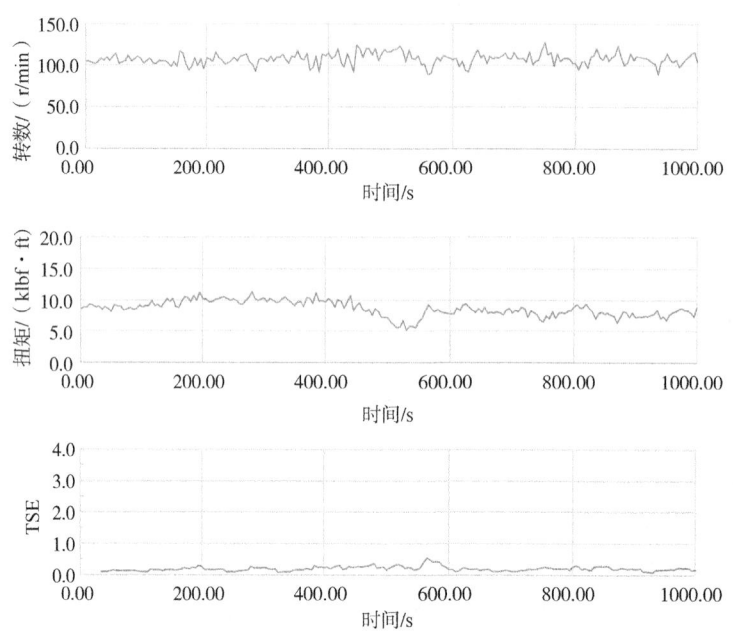

图 3 FH-10 井井深 3090m 安装软扭矩后地面扭矩、转速随时间变化曲线

3.2 螺杆复合钻具应用效果

受倒划眼现象的限制，目前该区螺杆使用并不广泛，但是在 FH-10 井侧钻井段使用螺杆后地面检测的扭矩波动现象明显缓解，通过扭转严重度的分析，TSE 小于 0.3，黏滑现象基本消除，如图 4 所示。证明借助螺杆提高钻头转速的方法有利于降低井下黏滑振动，待解决倒划眼问题后可推广使用。

3.3 控制钻压对黏滑振动的影响

FH-10 井钻进至 3018m 时，地面监测到明显的黏滑现象，但是当钻压由 20klb 降低到 15klb 后，黏滑现象消失，如图 5 所示。虽然钻压降低后，钻速依然没有明显改观，但是黏滑振动小时，大大降低了井下事故发生的概率。

3.4 钻头攻击性优化设计应用效果

普通齿和 4D 齿钻头在 Hartha 层的应用表明，在相同地层条件下，圆形齿的破岩效率为 43%，4D 齿的破岩效率为 58%，4D 齿钻头钻速由 3.3m/h 提高到 6.6m/h，提高了 100%，如图 6 所示。

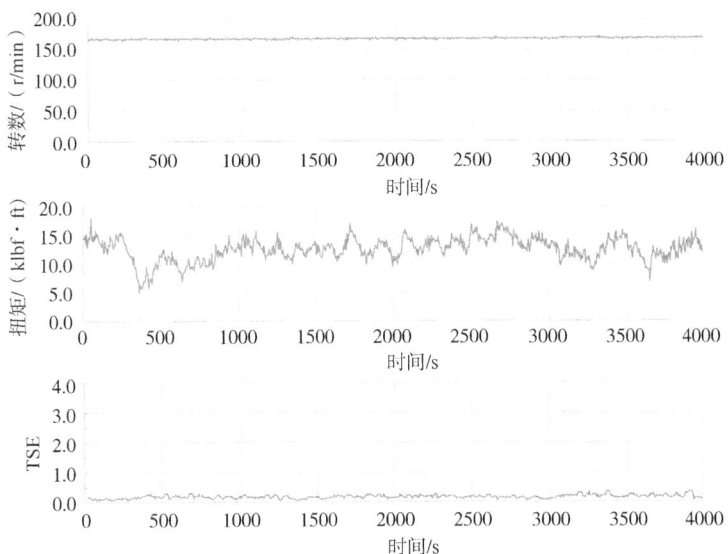

图4 FH-10井深2391m处使用螺杆的地面扭矩、钻头转速随时间变化曲线

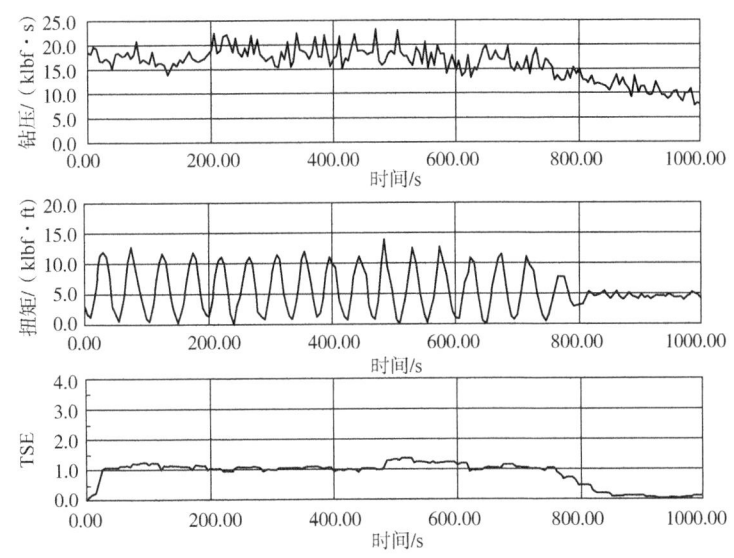

图5 FH-10井深3018m处黏滑现象严重,钻压降低到15klb·s后逐渐消失

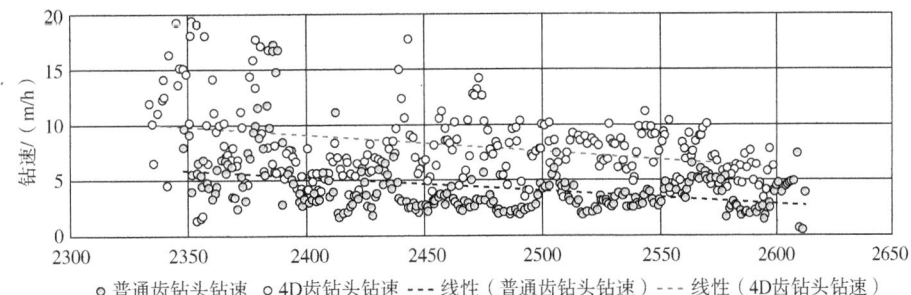

图6 同层位普通齿与4D齿钻头钻速对比

3.5 综合应用效果

通过增加顶驱软扭矩系统、改进钻具组合设计、改进钻头设计,并在施工中实时跟踪地面参数的变化,当发现扭矩波动大时及时调整钻压和转速,有效地避免了井下黏滑振动导致的钻具失效事故。FH-12 与 FH-13 444.5mm 井眼和 311.2mm 井眼段平均机械钻速与前四口井相比分别提高了 82.6% 和 62.2%;钻具事故损失时间降为 0;两口井的平均钻井周期由前期的 122.4 天缩短为 69.0 天,缩短了 43.6%。通过避免钻具的黏滑振动,有效避免了钻具失效问题,大幅缩短了非生产时间。

4 结论

(1) B9 区块前期钻具失效事故发生的主要原因是由于井下钻具黏滑振动引起的钻具疲劳破坏,通过控制井下钻具的黏滑振动,可以有效避免钻具失效事故。

(2) 借助常规的录井的地面扭矩波动情况,能够判断出井下黏滑振动,周期性的扭矩波动可以作为井下黏滑振动的定性判断特征,扭转严重度可以定量描述黏滑振动的严重程度。

(3) 通过使用顶驱软扭矩系统、螺杆复合钻具、控制钻压和钻头的攻击性优化设计,可以有效降低黏滑振动产生。

参 考 文 献

[1] 贾晓丽,钟晓玲,刘书海,等. 深井钻柱粘滑振动特性分析[J]. 石油矿场机,2018,47(6):1-7.
[2] 黄根炉,韩志勇. 大位移井钻柱粘滑振动机理分析及减振研究[J]. 石油钻探技,2001,29(2):4-6.
[3] 牟海维,王瑛,韩春杰. 钻柱的粘滑振动规律分析[J]. 石油机械,2011,39(3):67-69.
[4] 韩春杰,阎铁. 大位移井钻柱"粘滞—滑动"规律研究[J]. 天然气工业,2004,24(11):58-60.
[5] Brett, J. F. The Genesis of Torsional Drillstring Vibrations[C]. SPE-21943-PA, 1992.
[6] Chen, S., Blackwood, K., and Lamine, E. Field Investigation of the Effects of Stick-Slip, Lateral, and Whirl Vibrations on Roller Cone Bit Performance[C]. SPE-76811-PA, 2002.
[7] Germay C., Denoel V., Detournay E. Multiple Mode Analysis of the Self-Excited Vibrations of Rotary Drilling Systems[J]. Journal of Sound and Vibration, 2009, 325 (1-2): 362-381.
[8] Dwars, S. Recent Advances in Soft Torque Rotary Systems. SPE-173037-MS, 2015.
[9] 滕学清,狄勤丰,李宁,等. 超深井钻柱粘滑振动特征的测量与分析[J]. 石油钻探技术,2017,45(2):32-39.
[10] 定峰. 钻具粘滑现象分析及软扭矩系统在长北气田的应用[J]. 石油化工应用,2012,12:51-55.

解析新投产注水井不停注对钻井的影响

张志新　郭　军　张会芳　刘　湍　程百慧

（大庆钻探工程公司钻井三公司）

【摘　要】 大庆油田进入三元复合驱和三次加密钻井开发阶段，随着生产节奏加快，有时会出现钻井过程中相邻区块新井投产同步进行现象。本文针对杏七区东部I块1口井发生的水浸复杂进行钻关范围注水井普查，确定了新投产注水井不停注是引起水浸复杂的根本原因，进而通过注水井驱替半径和受效半径研究，确立了注水开发后地层压力系数与注水井距离之间的关系，形成了不同压力区域新投产注水井的钻关原则。技术方法可在注水开发区块地层压力预测及钻关方案制定中应用。

【关键词】 注水井停注；地层压力系数；驱替半径；受效半径

1　新投产注水井不停注引起水浸复杂情况分析

1.1　杏6-40-斜E57井水浸复杂简况

杏6-40-斜E57井，位于杏六路以南300m，东一路以东160m处，属于杏七区东部I块遗留井。由15177队负责施工。根据邻井压力解释结果、钻井显示情况以及同井组第一口井杏6-40-斜E56密度使用情况，设计该井油层密度为$1.58\sim1.63g/cm^3$。

2016年12月13日整拖就位，14日固表层，15日14:00二开，12月19日9:00完钻，14:00汇报钻井液密度$1.63g/cm^3$停泵井口外溢，密度提至$1.68g/cm^3$外溢，12月20日密度提至$1.85g/cm^3$仍有轻微外溢，0:30长起通井，13:40下钻至860m（N2）循环水浸，静止13h，循环12min，持续8min，密度由$1.84g/cm^3$降至$1.26g/cm^3$，循环均匀后密度为$1.74g/cm^3$，提至$1.85g/cm^3$，12月21日密度$1.85g/cm^3$电测，流体正常，解释系数1.75（1014~1016m，S2-10），12月22日密度$1.85g/cm^3$固井。942~960m下封隔器1只。

1.2　水浸复杂解决方法及原因分析

12月20日对杏6-40-斜E57井450m钻关范围内的22口注水井进行检查（图1），发现新投产井杏6-40-斜760注水，两口井目的层距离仅98m，联系采油四厂于20日对注水井杏6-40-斜760进行停注，21日杏6-40-斜E57井井口恢复正常。该注水井停注后，地层降压较快，根据后续15177队和15178队施工的邻井完井压力解释结果，确定地层压力系数下降至1.50左右。通过上述情况综合分析，判断新投产井杏6-40-斜760注水是引起水浸的根本原因。

作者简介：张志新，1971年生，高级工程师，1994年毕业于成都理工学院石油地质勘查专业，现任钻井三公司钻井技术服务分公司地质室主任，从事钻井地质技术管理工作。

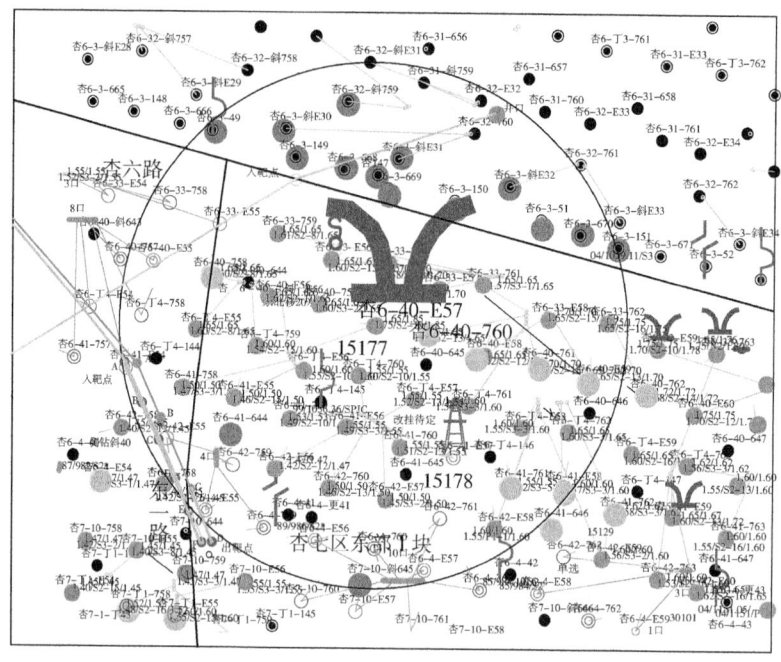

图 1 杏 6-40-斜 E57 井位分布图

2 注水井驱替半径与受效半径研究

2.1 注水井驱替半径研究

这里的注水井驱替半径是指注入水在射孔小层的砂岩孔隙中渗入半径。受砂岩物性、构造等因素影响，驱替半径存在各向异性和层间差异。注水井杏 6-40-斜 760 附近不发育断层，为了简便计算，将射孔小层按均质砂体处理，建立注水井驱替半径计算模型（图 2）。

计算公式为

$$Q = \pi R^2 H \Phi \tag{1}$$

式中：Q 为累计注入量，m^3；π 为圆周率；R 为注水井驱替半径，m；H 为有效厚度；Φ 为孔隙度，%。

对区块新投产井动静态资料进行收集分析，杏 6-40-斜 760 井于 2016 年 11 月 15 日投产，日注水量 $31m^3$，注压 12.6MPa，至 12 月 20 日累计注入量 $1085m^3$。

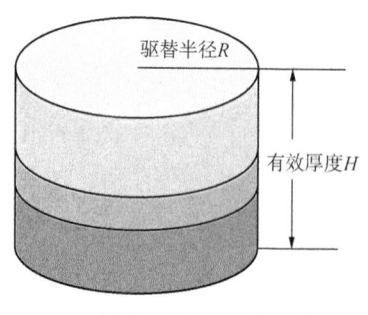

图 2 注水井驱替半径
计算模型示意图

通过杏 6-40-斜 760 井射孔层位及油层物性统计（表 1），萨二组至葡二组均有射孔，共计 20 个小层。平均孔隙度为 26.3%，平均渗透率为 0.151D，有效厚度合计 15m。

将上述数值代入式(1)，求得注水井驱替半径为 9.4m。

表 1　杏 6-40-斜 760 井射孔层位及油层物性统计表

井号	油层组名称	小层号	砂岩顶深/m	孔隙度/%	渗透率/D	有效厚度/m
杏 6-40-斜 760	S2	5	1005.5	26.6	0.162	2.2
杏 6-40-斜 760	S2	6	1011.1	0	0	0
杏 6-40-斜 760	S2	9	1017.6	27.8	0.232	0.4
杏 6-40-斜 760	S2	10	1021.3	0	0	0
杏 6-40-斜 760	S2	11	1025.2	26.8	0.132	2.2
杏 6-40-斜 760	S2	12	1031.7	26.4	0.129	0.6
杏 6-40-斜 760	S2	12	1032.3	25	0.154	0.6
杏 6-40-斜 760	S2	15	1040.6	0	0	0
杏 6-40-斜 760	S2	16	1045.5	0	0	0
杏 6-40-斜 760	S3	1	1049.2	0	0	0.3
杏 6-40-斜 760	S3	2	1052.2	0	0	0.2
杏 6-40-斜 760	S3	3	1060.2	0	0	0.3
杏 6-40-斜 760	S3	4	1062	0	0	0.2
杏 6-40-斜 760	S3	5	1065.8	0	0	2.2
杏 6-40-斜 760	S3	6	1070.8	0	0	0
杏 6-40-斜 760	S3	9+10	1084.4	24.9	0.097	0.2
杏 6-40-斜 760	P1	6	1155	0	0	0
杏 6-40-斜 760	P1	7	1159	0	0	2.8
杏 6-40-斜 760	P2	6	1184.7	0	0	0
杏 6-40-斜 760	P2	7	1186.7	0	0	2.8

2.2　注水井受效半径研究

（1）杏 6-40-斜 760 井注水过程中油层中部压强计算公式为

$$p = p_{注} + p_{静} \tag{2}$$

$p_{注} = 12.6 \text{MPa}$。

$p_{静} = \rho g h = 1.0 \text{g/cm}^3 \times 9.8 \text{N/kg} \times 1096.1 \text{m} \div 1000 = 10.74 \text{MPa}$。

杏 6-40-斜 760 井注水过程中油层中部压强 $p = 12.6 + 10.74 = 23.34 \text{MPa}$。

备注：油层中部深度 $h = (1005.5 + 1186.7)/2 = 1096.1 \text{m}$。

（2）杏 6-40-斜 760 井注水过程中油层中部压力系数计算公式为

$$P = \rho_m g h \tag{3}$$

式中：ρ_m 为折算钻井液密度，其数值即为压力系数。

$\rho_m = 23.34 \times 1000 \div 9.8 \div 1096.1 = 2.17 \text{g/cm}^3$。

杏 6-40-斜 760 井注水过程中油层中部压力系数为 2.17。

（3）注水井受效半径研究。

通过上述计算得到杏 6-40-斜 760 井目的层处（距离为 0m）压力系数为 2.17。同时，杏 6-40-斜 E57 同井组第一口井杏 6-40-斜 E56 距离杏 6-40-斜 760 井目的层处 271m，使用钻井液密度 1.65g/cm³ 施工正常,解释压力系数为 1.62。据此做出压力系数与注水井距离变化趋势图(图3)。

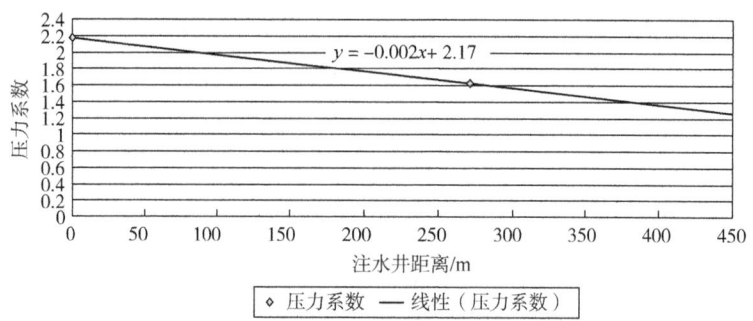

图 3 压力系数与注水井距离变化趋势图

从图 3 可以看出压力系数与注水井距离呈线性关系,距离越近,压力系数越高,表达式为

$$y=-0.002x+2.17 \qquad (4)$$

式中:y 为压力系数;x 为注水井距离,m。

生产实践中,大庆油田将不同地层压力系数进行了分类,见表 2,地层压力系数为 1.50 时,对应的注水井距离为 335m,也就是说即使杏 6-40-斜 760 井注水过程中,距其 335m 以远的地层仍处于正常压力系统,使用 1.55g/cm³ 左右的钻井液密度仍然可以实现近平衡钻井。其中,当地层压力系数为 1.20 时,对应的注水井距离为 485m,也就是说即使杏 6-40-斜 760 井注水过程中,距其 485m 以远的地层处于原始压力系统,依靠自然造浆就可以平衡地层压力,实现不加重钻井。

表 2 大庆油田地层压力系数分类表

压力系数	<1.2	1.2~1.5	1.5~1.8	>1.8
压力分类	原始压力	常压	高压	超高压

当地层压力系数为 1.80 时,对应的注水井距离为 185m,也就是说在杏 6-40-斜 760 井注水过程中,距其 185m 以内的地层处于超高压系统,钻井井涌井喷风险极大,注水井必须停注降压。杏 6-40-斜 E57 井与杏 6-40-斜 760 井目的层间距为 98m,计算压力系数达 1.97,因此,杏 6-40-斜 E57 井密度提至 1.85g/cm³ 井口仍有外溢现象。

综上所述,如果按地层压力系数为 1.50 界定,则注水井受效半径为 335m;如果按地层压力系数为 1.20 界定,则注水井受效半径为 485m。

通过计算杏 6-40-斜 760 井注水过程中不同距离对应的地层压力系数,确定了注水井距离与压力分类对应关系,见表 3。

表 3 注水井距离与压力分类对应关系表

距离/m	<185	185~335	335~485	>485
压力分类	超高压	高压	常压	原始压力

将注水井受效半径研究结果标注到井位图上，如图4所示，可以更为直观地判断待钻井所处的压力区域，其中超高压区内待钻井3口，高压区内待钻井8口，常压区内待钻井3口，因为超高压区和高压区内待钻井井数多，钻井施工中易发生井涌、油气水浸、井漏、卡钻等复杂事故，固井后易发生管外冒，固井质量也很难保证，因此，必须将注水井杏6-40-斜760停注降压。

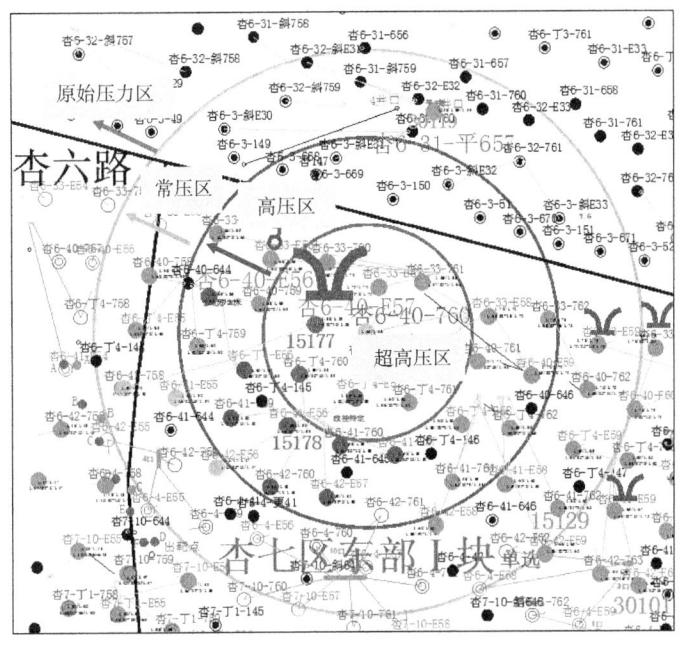

图4　杏6-40-斜760注水受效区域分布图

3　经验教训

（1）加强钻井公司地质部门与采油厂钻井管理部门，尤其是采油厂钻井管理部门与采油厂生产部门之间的沟通协调，确保钻关范围内新投产注水井处于停注状态，避免钻井施工期间注水现象发生。

（2）对钻关范围内新投产注水井施工动态监控不到位，开钻前未及时发现注水，在注水井未停注的情况下钻井，是导致严重水浸复杂的管理原因。今后应加强钻机就位时注水井检查，避免注水井注水或控注情况下进行钻井施工。

4　结论

（1）新投产注水井注水会造成近距离地层压力明显提升，是导致近距离钻井严重油气水浸复杂发生的根本原因。

（2）注水开发后地层压力系数与注水井距离呈线性关系，距离越近，压力系数越高。按不同的地层压力系数界定压力区域后，可以计算相应的注水井受效半径。

（3）通过注水井受效半径与压力分类对应关系研究，确定超高压区和高压区内待钻井所涉及的注水井必须停注降压。

北一区断西嫩二段泥岩缩径区地质预测技术研究

张志新　彭　壮　王建国　郑四兵

(大庆钻探工程公司钻井三公司)

【摘　要】 大庆油田经过长期注水及注聚开发,在局部区域由于注水井嫩二段套损造成泥岩吸水膨胀,地层塑性蠕动,形成泥岩浸水异常高压区,导致在钻井过程中出现水浸、缩径、管外冒、报废进尺等复杂事故发生。2013年1月某公司在北一区断西钻更新井过程中连续4口井钻至嫩二段泥岩井段遇卡、遇阻,循环泵压升高,因缩径严重无法正常钻进而封固井眼报废进尺。本文首先通过以往钻井情况、套损数据对应性、报废井和压力源平面分布关系以及嫩二段泥岩浸水速度的综合分析预测出泥岩缩径区分布范围,其次,使用内插法定量计算报废井处地层压力系数,根据地层压力变化趋势预测摸底井地层压力系数,利用摸底井实际钻井液密度使用情况及压力解释结果对邻近待钻井进行滚动预测,合理设计钻井液密度,同时应用相应的钻井配套技术和措施,预防复杂事故发生。技术成果在该区块应用取得了显著效果。

【关键词】 浸水膨胀;泥岩缩径;范围预测;压力系数预测

1 嫩二段泥岩缩径区分布范围预测技术

1.1 压力源确定

根据2008年和2013年两次钻井时间和施工情况判断注入井套损时间范围,筛查套损注入井井号,根据套损深度和报废井深度对应关系确定压力源。

2008年在北一区断西报废井区域钻三元复合驱井网,使用钻井液密度在1.40~1.50g/cm³之间,未发生嫩二段水浸复杂及缩径现象,而2013年连续4口井缩径严重封井报废,因此重点排查2008年至2012年期间嫩二段套损注入井,通过比对注入井套损深度和报废井垂深(表1、表2),确定压力源为北1-5-斜更038和北1-丁5-P28井。

表1　2013年4口封井报废更新井施工数据统计表

封井报废井井号	设计油层密度/(g/cm³)	嫩二段底部设计深度/m	斜深/m	垂深/m	复杂发生时间	最高钻井液密度/(g/cm³)
北1-5-斜新038	1.60~1.65	768	750	732	2013年1月3日	1.75
北1-5-斜更E53	1.70~1.75	774	750	735	2013年1月6日	1.8
北1-丁26-斜更E54	1.70~1.75	784	730	723	2013年1月7日	1.75
萨更15	1.75~1.80	770		750	2013年1月10日	1.8

作者简介:张志新,男,1971年生,高级工程师,1994年毕业于成都理工学院石油地质勘查专业,现任钻井三公司地质室主任,从事钻井地质技术管理工作。联系电话:4983675。

表2 嫩二段套损注入井生产数据及套损情况统计表

套损注入井井号	注入开始年限	日注入量/m	油压/MPa	累计注入量/$10^4 m^3$	套损发现时间	套损深度/m	套损类型	套损层位	嫩二段底部深度/m	目前状态
北1-5-斜更038	2010	140	11.05	6.01	2012.11	726.8	错断	嫩二下	768	2012.12.04报废
北1-丁5-P28	1993	35	10.44	4.09	2012.08	719	错断	嫩二下	776	2012.5.25长关
北1-丁6-P28	1993	196	10.88	95.1	2011.07	737	错断	嫩二下	775	2011.09.05密封加固,正常使用

1.2 嫩二段泥岩缩径区分布范围预测

（1）利用中342-检21井泥岩岩心所做的大庆油田泥岩浸水速度试验数据[1]，做出嫩二段泥岩浸水速度趋势图（图1），推导出浸水速度计算公式如下：

$$y = 0.0182\ln(x) + 0.0438 \tag{1}$$

式中：y为浸水速度，m/d；x为注入井油压，MPa

理论计算浸水半径为130m，受微裂缝、层理等因素影响，浸水方向和范围存在一定偏差。

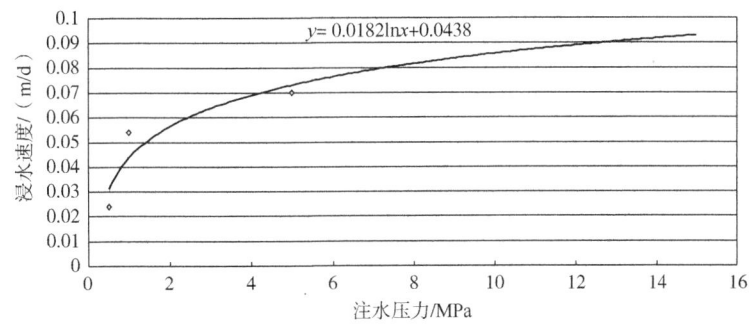

图1 嫩二段泥岩浸水速度趋势图

（2）根据报废井和压力源平面分布关系，结合嫩二段泥岩浸水速度计算结果，划分出北一区断西高台子加密区块嫩二段泥岩缩径区（图2中圈内区域），待钻井25口（井号见表3），近似于长半轴约420m、短半轴约260m的椭圆形展布形态。

表3 北一区断西高台子加密区块嫩二段泥岩缩径区待钻井井号统计表

序号	井号	序号	井号	序号	井号	序号	井号
1	高105-斜265	8	高107-斜275	15	高109-斜285	22	高107-265
2	萨更15	9	北1-5-斜更E53	16	高207-斜28	23	北1-5-斜更E51
3	高105-275	10	北1-50-更532	17	北1-5-斜新038	24	高109-斜275
4	高205-斜27	11	高207-斜27	18	高207-斜285	25	高209-斜275
5	高205-275	12	高207-斜275	19	高107-斜285		
6	北1-25-更E53	13	高109-斜新28	20	高205-斜265		
7	高205-28	14	北1-丁26-斜更E54	21	北1-25-更E51		

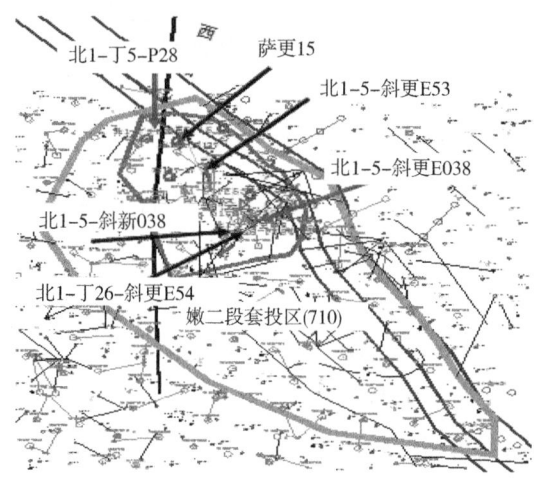

图 2 嫩二段泥岩缩径区范围分布图

2 嫩二段泥岩缩径区地层压力系数预测

（1）通过以往钻井正常井和压力源处地层压力系数计算，结合井距关系，使用内插法定量计算报废井处地层压力系数。

① 北 1-4-斜 0981 井嫩二段地层为原始压力，对应北 1-丁 5-P28 套损深度压力系数计算公式如下：

$$p_{原} = (0.082H + 3.8)/9.8 \quad (2)$$

$$p_{原} = \rho_{原} gH/1000 \quad (3)$$

计算原始压力系数为 0.91。

② 北 1-丁 5-P28 井套损深度压力系数计算公式如下：

$$p = p_{注} + p_{静} + 5\text{MPa} \quad (4)$$

$$p = \rho g H / 1000 \quad (5)$$

注：式中 5MPa 为泥岩浸水膨胀后理论计算附加载荷。计算泥岩浸水膨胀后压力源处压力系数为 3.19。

③ 报废井萨更 15 井套损深度压力系数计算方法。

根据上述计算结果和井距关系（图 3）做出地层压力系数随压力源距离变化趋势图（图 4），推导出不同距离的地层压力系数计算公式：

$$y = -0.0074x + 3.19 \quad (6)$$

计算泥岩浸水膨胀后报废井萨更 15 井压力系数为 2.14。

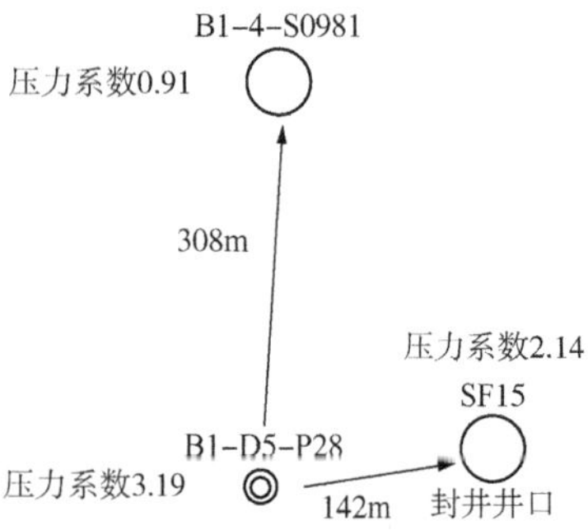

图 3 报废井、压力源、正常井平面分布示意图

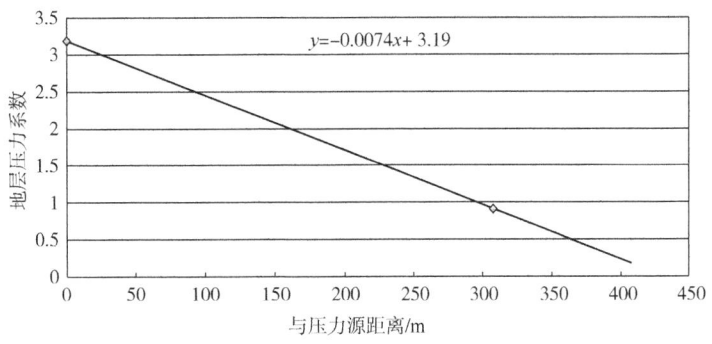

图 4 地层压力系数随压力源距离变化趋势图

同理计算出其他 3 口更新井封井报废时对应套损深度的地层压力系数(表 4)。4 口报废井当时的压力系数均在 2.1 以上，1.80g/cm³ 的钻井液密度无法平衡地层压力，所以发生严重缩径。

表 4 2013 年其他 3 口封井报废更新井计算压力系数统计表

井号	与北 1-5-斜更 038 距离	对应套损点地层压力系数	备注
北 1-5-斜新 038	78	2.46	报废井
北 1-5-斜更 E53	232	2.28	报废井
北 1-丁 26-斜更 E54	151	2.37	报废井
北 1-71-斜 1121	1397	0.91	正常井
北 1-5-斜更 038		2.55	压力源

（2）借鉴其他区块嫩二段套损区压力变化趋势，通过对比分析压力源注入压力、套损后注入时间和报废时间预测摸底井地层压力系数。

① 大庆长垣嫩二段泥岩中富含蒙皂石和伊利石(各占矿物组分的 10%左右)[2]，浸水后易发生膨胀、崩解、软化，黏土矿物浸水后自由膨胀体积倍数可达 2.5~8 倍(平均 5 倍)，由此产生膨胀力约 5MPa，但是无论在什么压力下泥岩浸水达到一定程度后都不再发生变化，随着吸水区水分向周围未吸水区不断扩散，地层压力逐渐释放衰减，最终将趋向稳定[3]。

② 南二三区西部南 1-3 排嫩二段浸水高压区 1990 年和 2003 年钻井 RFT 测压结果显示，嫩二段地层压力系数从 2.13 降至 1.73，因 1990—1998 年期间压力源水井一直注水，地层压力系数保持不变，报废后压力不断释放衰减，压力系数衰减变化率为 0.08/年。如图 5 所示。

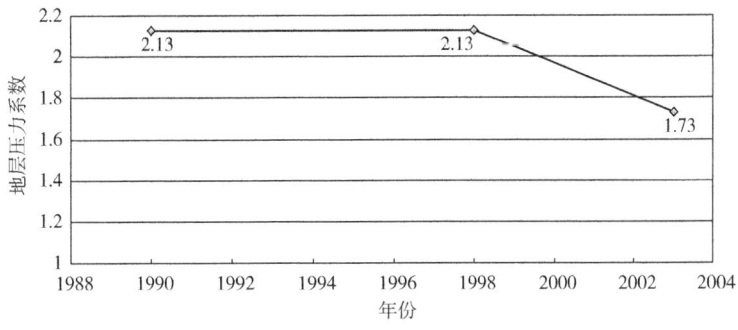

图 5 南 1-3 排嫩二段浸水高压区压力系数变化趋势图

③ 北一区断西与南二三区西部在压力源注入压力、报废(长关)至第二次钻井时间间隔方面基本相同(表5),而北1-丁5-P28套损后注入时间最多4年(2008—2012年),北1-5-斜更038井最多2年(2010—2012年),远远短于南1-3-134井的19年(1979—1998年),形成的浸水域面积也明显小于南二三区西部(图6),面积越小,泥岩浸入水分向外扩散越容易,降压速度越快,综上所述,预测北一区断西嫩二段泥岩缩径区摸底井地层压力系数可降低0.4~0.8左右(萨更15井由2.14降至1.75~1.80,北1-5-斜新038井由2.46降至1.65~1.70)。

表5 北一区断西、南二三区西部压力源数据对比表

压力源井号	注入开始年限	注入压力/MPa	套损发现时间	报废(长关)时间	钻井报废时间	报废(长关)至第二次钻井时间间隔/年
南1-3-134	1979	11	1979.11	1998.4	1989	5
北1-丁5-P28	1993	10.44	2012.8	2012.5(长关)	2013	5.5
北1-5-斜更038	2010	11.05	2012.11	2012.12	2013	5

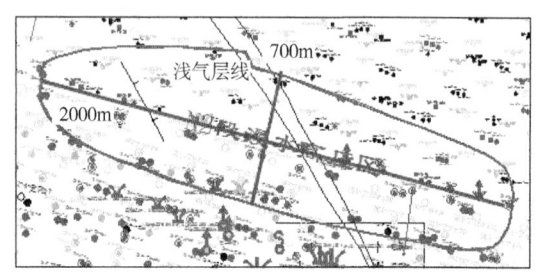

图6 南二三区西部南1-3排嫩二段浸水高压区分布图

④ 根据第一口摸底井萨更15井不同时间地层压力系数变化趋势,简单地将嫩二段泥岩缩径区地层压力变化划分为3个阶段:泥岩浸水压力保持阶段、泥岩膨胀压力上升阶段、泥岩自由水扩散压力衰减阶段(图7)。判断缩径区内待钻井(高台子加密井和更新井)嫩二段地层压力处于泥岩自由水扩散压力衰减阶段,地层压力系数较2013年有大幅度降低。

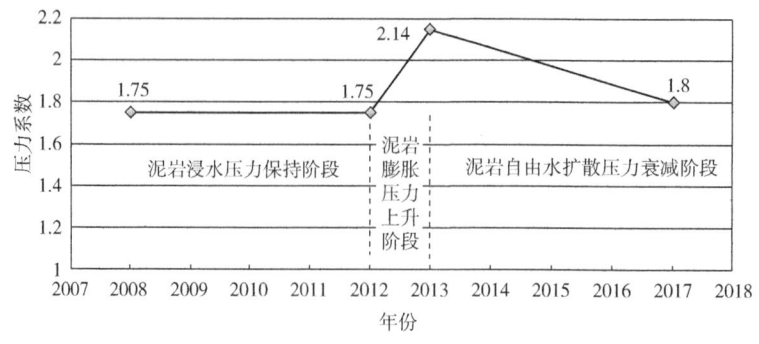

图7 萨更15井对应套损点地层压力系数变化趋势图

(3) 利用摸底井实际钻井液密度使用情况及压力解释结果对邻近待钻井压力进行滚动预测。

2017年12月至2018年1月钻井三公司在嫩二段泥岩缩径区完井18口,钻井液密度在1.70~1.85g/cm³之间,检测最高压力系数在1.60~1.80之间,发生水浸1口,发生率为5.6%,压力系数预测误差小于0.05符合率为94.4%。见表6。未发生缩径、井漏复杂。

表6 嫩二段泥岩缩径区压力预测与检测情况统计表

序号	井号	钻井队	电测密度/(g/cm³)	固井密度/(g/cm³)	预测最高压力系数	检测最高压力系数	预测与检测系数差值	复杂事故类型
1	萨更15	15121	1.85	1.85	1.82	1.8	0.02	
2	高105-斜265	15121	1.77	1.77	1.72	1.73	-0.01	
3	高205-斜265	15160	1.75	1.75	1.7	1.73	-0.03	
4	北1-5-斜新038	15179	1.75	1.75	1.7	1.68	0.02	卡钻
5	高205-28	15126	1.7	1.7	1.63	1.66	-0.03	
6	高109-斜275	30117	1.77	1.77	1.63	1.73	-0.1	水浸
7	北1-5-斜更E53	15121	1.82	1.82	1.73	1.7	0.03	
8	北1-5-斜更E51	15161	1.7	1.7	1.62	1.6	0.02	
9	北1-25-更E51	15160	1.7	1.7	1.62	1.66	-0.04	
10	高207-斜28	15179	1.81	1.81	1.77	1.75	0.02	
11	高107-275	15121	1.8	1.8	1.7	1.66	0.04	
12	高209-斜275	30117	1.73	1.73	1.64	1.6	0.04	
13	高107-265	15160	1.7	1.7	1.63	1.6	0.03	
14	北1-50-更532	15162	1.8	1.8	1.72	1.75	-0.03	
15	高207-斜275	15176	1.81	1.81	1.74	1.78	-0.04	
16	高109-斜新28	15179	1.8	1.8	1.74	1.75	-0.01	
17	北1-25-更E53	15121	1.8	1.8	1.75	1.78	-0.03	流体负异常
18	高207-斜27	15162	1.76	1.76	1.69	1.65	0.04	

利用SURFER软件和完钻井压力解释结果绘制压力系数等值线图,可以看出压力系数大于1.70的区域(图8中较深颜色区域)靠近压力源和报废井,存在自内向外压力系数逐步降低的变化规律。

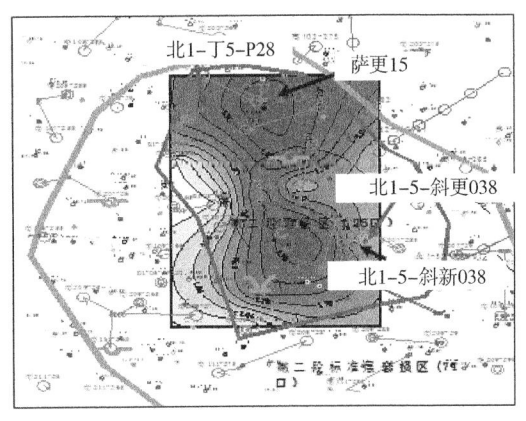

图8 完井压力检测压力系数等值线图

3 钻井配套技术措施

3.1 钻井配套措施

（1）采油井补孔泄压。联系采油一厂在缩径区内选取5口采油井（北1-5-丙127、北1-丁25-E56、高107-27、高107-斜28、北1-5-E55）在嫩二段进行补孔泄压。

（2）钻打摸底井。优选萨更15井进行摸底，制定详细的施工方案。该井设计加重井深593m设计钻井液密度$1.80\sim1.85\text{g/cm}^3$，在萨更15井摸底成功后选取北1-5-斜新038井继续摸底。

（3）按由易到难顺序优化钻机运行，优先钻打嫩二段泥岩缩径区以外的井位，根据摸底井施工情况再安排钻机在缩径区内由边部向核心区域运行。

（4）调整地面位置和定向井轨迹方位，将北1-丁26-斜更E54和高109-斜285井井口位置由缩径区内移至缩径区外，降低施工风险。

（5）采取嫩三段底部提前加重、近平衡钻井液密度设计、加测全井流体等地质技术措施。

3.2 钻井配套技术

（1）高密度防卡技术。

一是基浆中加3.0%环保油和1.5%固体润滑剂，摩阻系数小于0.08，保证钻井液充足的润滑性能。二是尽量简化钻具组合，避免钻具连接时出现过多的台阶，降低起下钻摩阻和卡钻风险。三是配合有效的短起下钻措施（泥岩段施工每钻进200m进行短起下钻300m）。

（2）高密度防漏技术。

优选出用针状植物纤维材料配合粉状和细颗粒材料组成的防漏剂。按现场钻进到1200m，钻井液量70m^3计算，4%加量每口井需加入3t防漏剂。

（3）防泥岩蠕动技术。

一是选取强抑制、低失水、高固相容限钻井液体系。通过封堵效果及润滑技术的评价研究，确定钻井液体系配方：抑制剂（0.2%HX-D+0.3%NW-1）+防塌剂（0.5%FT-342+0.5%多元接枝共聚物）+0.6%降滤失剂NPAN-II+0.2%FPS+1.0%降黏剂JN-A+3%环保油+1.5%润滑剂+4%封堵剂FST。

二是选取合适的钻头和钻井参数。选取混装片HZP-4长刀翼大水眼PDC钻头，选取低钻压、高转速、大泵量的参数配合，增大井径扩大率，并使井径扩大率与蠕变缩径速率基本保持在一个动态平衡的状态。

（4）高密度固井技术。

旋流振动导向一体化固井技术主要由旋流剪切振动固井技术和液旋转导向技术组成，可净化井筒、强化界面胶结质量，在一定程度上代替常规钻井的通井作业，实现下套管和划眼作业一体化，避免因泥岩蠕动缩径发生下套管不顺利的现象。

4 结论

（1）形成了图形化法与泥岩浸水速度分析法相结合的嫩二段泥岩缩径区范围预测方法，

提高了缩径区范围预测精度,为安全钻井技术措施的制定提供了准确依据。

(2)形成了内插法、压力变化趋势分析法、滚动预测法等一套嫩二段泥岩缩径区地层压力系数预测方法,保证了钻井液密度设计的合理性,为控制泥岩蠕动缩径提供了根本保证。

(3)通过采取提前加重、近平衡钻井液密度设计和防漏、防卡、防地层蠕动等配套技术措施,避免了嫩二段泥岩缩径对钻井施工的制约,效果显著。

参 考 文 献

[1] 艾池,李士斌.大庆油田泥岩浸水速度试验[J].石油钻采工艺,2002,24(4):1-3.
[2] 赵敏,周万富,姚华舟.大庆长垣某井嫩江组二段底部物质组成特征及沉积环境分析[J].华南地质与矿产,2004(4):7.
[3] 陈晓.泥岩浸水膨胀对套管损坏影响分析[J].石油仪器,2012,26(3):10,61-63.

油田开发后期精细钻井地质技术方法研究

杨春丽

(大庆钻探工程公司钻井二公司)

【摘　要】 随着大庆油田的开发,其中部含油气组合经历了分层注采、高压注水和三次采油等阶段,在油田开发后期需要一套完整的精细地质分析流程。进行钻前准备、钻井施工以及钻井区块完成后总结。为此将以往所运用的单一方法加以综合,通过利用完井数据压力检测数据进行统计和分析、钻前网格化注采比分析预测异常压力区、地质数据图形化,绘制钻井区块压力分布趋势图进行钻前压力分布趋势预测、进行高压目的层单砂体分析等方法,确定异常高压区影响范围,进行压力趋势预测,分析判断异常压力分布范围,为钻井液密度的设计提供可靠的依据。同时依据预测结果可及时调整钻机运行、钻关方案以及制定相应的钻井完井措施。使压力预测准确率85%,异常高压层预测准确率90%。

【关键词】 完井数据压力检测;网格化;注采比;砂体;异常压力预测

目前钻井市场对施工安全要求不断提高,对钻井区块风险预测的精度也相应提高。油田进入三次加密调整阶段,加密井不断增多,各种原因造成局部区域形成异常高压区。油田每年钻调整井2000口以上,形成一套完整的精细地质分析方法,对减少钻井施工中造成井涌、井喷等复杂情况,可为这些新钻井进行钻前压力预测,钻井施工过程中压力情况跟踪,区块完成后总结等工作。

1 利用完井数据压力检测数据进行统计和分析

在Foxpro数据库平台基础上。统计以往钻井情况,对北三东303区块钻前压力情况进行预测,预测出注水井排高压区,嫩二组至萨零组套损区受北二一注水排套损后注水影响,注水井关井后降压慢,地层压力较高,压力系数预计在1.60~1.73之间,共计划入高压区范围49口井,在实际钻井施工过程中,注水井排附近共有44口井压力系数超过1.60,最高压力系数为1.71,有12口井发生不同程度的油气侵。高压井区预测符合率为89.80%。施工中根据压力分区,可知钻井液密度设计。表1为北三东区块经过分析区块完成后钻井液密度使用情况。北三东303区块高压层压力系数检测情况见表2。

表1　北三东303区块钻井液密度使用情况表

项目	油层密度/(g/cm³)	完井密度/(g/cm³)	洗井密度/(g/cm³)
平均	1.55	1.55	1.56
最高	1.74	1.75	1.75
最小	1.43	1.43	1.43

作者简介:杨春丽,大庆钻探工程公司钻井二公司。

表 2 北三东 303 区块高压层压力系数检测情况表

项目	平均	最大	最小
压力系数	1.52	1.71	1.37

2 网格化分析预测钻前异常压力区

以计算注采比为主要研究手段，正方形网格符合常用的几种布井方式，能反映出一定的注采关系，划分后的区块形成连续的独立网格。圆形网格内接或外切于正方形，符合储层流体在储层中渗流的基本规律：平面径向渗流，能有效反映待钻井单点上周围储层流体渗流状态，可以按整个区块均匀圆心布网，也可以以区块内每口待钻井为圆心做出不等距、不连续的网格。

选择正方形网格和圆形网格作为划分区块的两种主要网格类型，在区块边部和断层附近采用三角形网格腻补。正方形网格步长选用 500m，对应圆形网格步长(半径)确定为 500m。计算注采比的原始数据包括注水井注入量，采油井采液量。经分析发现注水井日注入量是不稳定的，确定计算时采用月累计注水量、月累计采液量进行计算。注采比临界值与理论值一致，均为 1。但注采比大于 1 的区域有可能不是高压区。分析原因认为：计算的注采比是正常注采条件下的注采比，压力系数是完井测井解释结果。

考虑用注水井停注降压后的注采数据重新计算注采比，产生两个问题：一是由于区块施工时往往多个钻井队同时集中施工作业，局部区域内注水井全部停注，局部网格内注入量为零，从而注采比为零。二是注水井停注降压后，采油井由于储层驱动能量变小而产液量产生递减，产液量不稳定。因此放弃用注水井停注降压后的注采数据重新计算。

注水井停注降压后有少部分储层压力下降缓慢，正常注采时形成的高压不能释放从而形成高压区。一般来说渗透率高、厚度大、连通好的储层降压较快，难以形成高压区；反之渗透率低、厚度小、连通差的储层降压较慢，易于形成高压区。这两种储层在注采液量上的表现就是物性好的储层相关注入井单位时间内注入量大、采油井单位时间内产液量高。在注采比上将这两种储层区分开即可以达到预测高压区的目的。为此考虑将注水量、采液量达到一定水平的注采井筛选出去，不参与注采比计算，从而消除其影响(图 1 至图 3)。

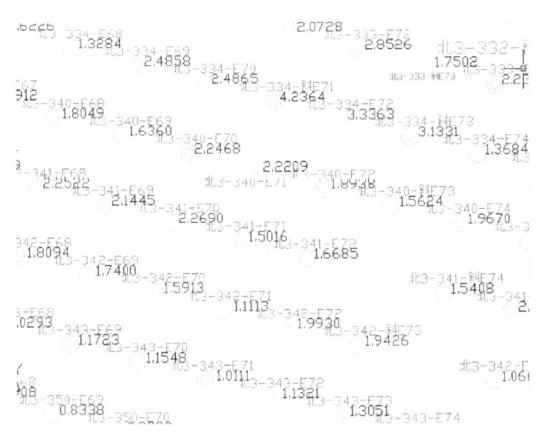

图 1 圆形网格单井注采比比成果图

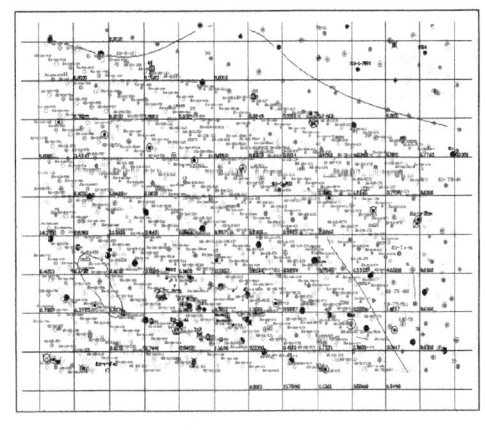

图 2 萨尔图油田北三区西部东块 300

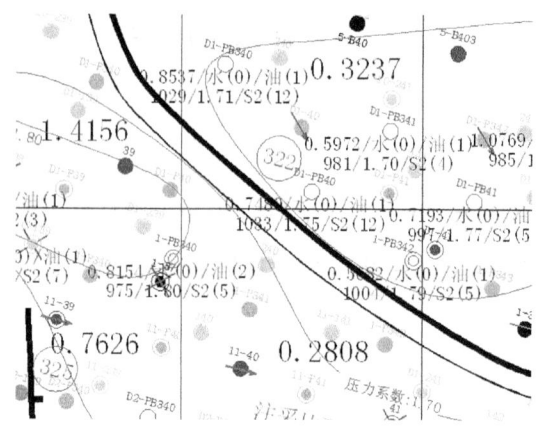

图 3 断层干扰区注采比预测高压区井位图示

3 地质数据图形化，绘制钻井区块压力分布趋势图进行钻前压力分布趋势预测

地质数据图形化的目的就是综合利用油田开发数据、多方面预测分析、深入精细地质研究以突出地下主要矛盾，不断提高预测准确率，完善预测方法，合理地设计钻井液密度。地层压力系数分布图利用完井压力解释结果进行较正而得到的压力分布图，主要体现了最高地层压力在平面上的分布。利用完井压力解释结果，地质数据图形化所生成的各种图件，涉及钻前的地质预测、完井检测和地质分析等方面。将大量的数据转化为图形，综合利用地质数据，确定不同复杂类型的分区，分析形成复杂情况的地质原因，精细预测其影响范围。这种方法在钻前、区块施工压力跟踪、区块结束总结都可以使用。压力系数分布趋势图可以在钻井施工过程中滚动绘制，进行分析预测，指导钻井生产。图4、图5为喇南中西区和南四区西块两区块压力趋势预测分布图。

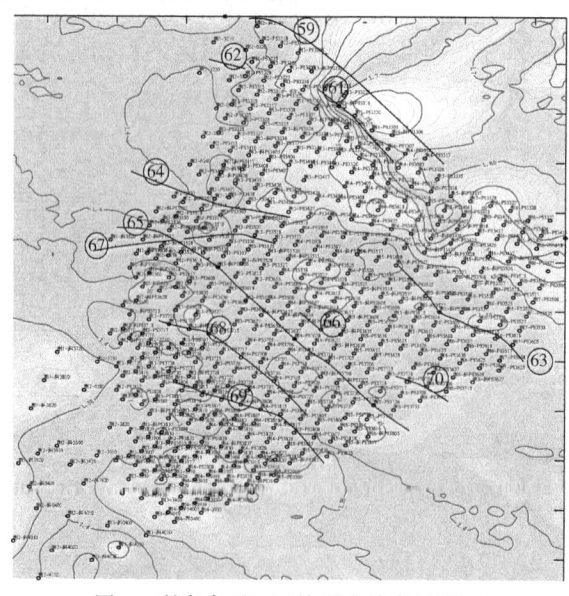

图 4 喇南中西区区块压力分布趋势图

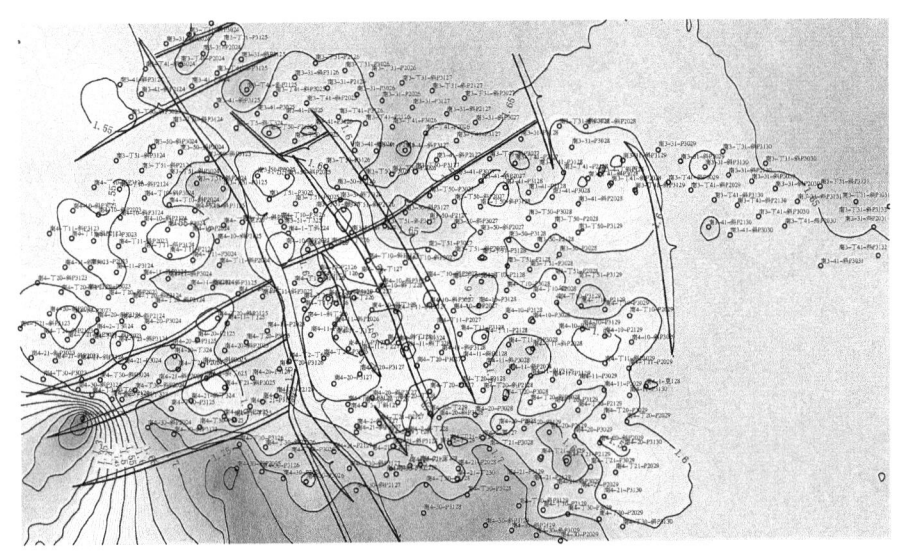

图5 南四区西块压力趋势分布图

4 进行高压目的层单砂体分析，确定异常高压区影响范围

砂体平面连通性分析是地质预测和复杂情况分析等的重要依据，是精细地质研究的基础。主要根据互相连通的砂体应具有同时期沉积、由同一水动力环境所控制和处于同一水动力变化时期等特征。进行砂体分析主要解决了如下问题。

4.1 砂体沉积的同期性判断

依据沉积水平原理，利用油层组的深度，对单砂体的深度进行校正，如果单砂体的深度相同，则可以认为是同期沉积的。

4.2 砂体沉积的水动力条件判断

在砂体小层数据中，砂岩组中有效厚度的变化体现出砂岩沉积时期的水动力条件的变化，即砂岩组中有效厚度单一的，为稳定水动力条件，砂岩组中存在多个有效厚度的为不稳定水动力条件。

4.3 砂体沉积环境判断

沉积旋回体现了沉积环境的变化，如果有效砂岩位于砂岩组的顶部，底部有相对较厚的非有效砂岩沉积，则认为是反旋回。如果有效砂岩位于砂岩组的底部，顶部有相对较厚的非有效砂岩沉积，则认为是正旋回。如果有效砂岩在砂岩组中均匀分布，则认为是复合旋回。实际钻井中选取流体异常、油气水显示喇嘛甸，北三东区块异常井区均绘制了砂体分析图，滚动预测异常压力来源(图6、图7，表3)。

表3 喇北西区块与北三东区块砂体分析预测情况统计表

区块名称	预测井数	符合井数	平均压力系数	准确率
喇北西	64	59	1.59	92.18%
北三东	28	26	1.66	92.86%

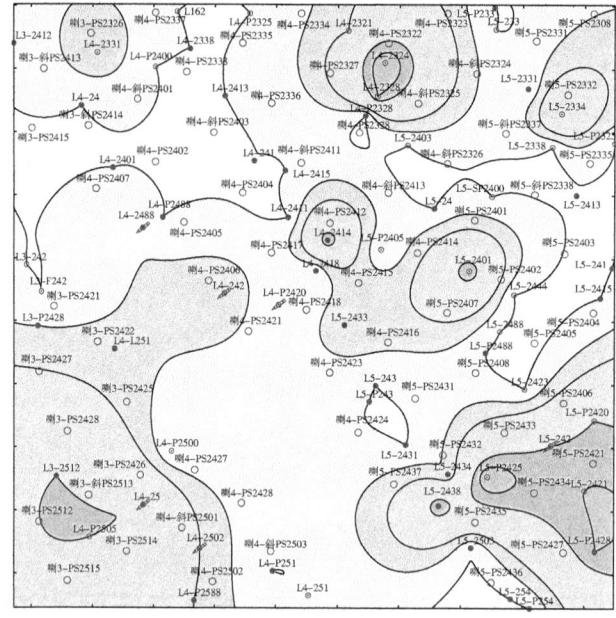

图 6 喇 4-PS2418 井小层砂体分布图

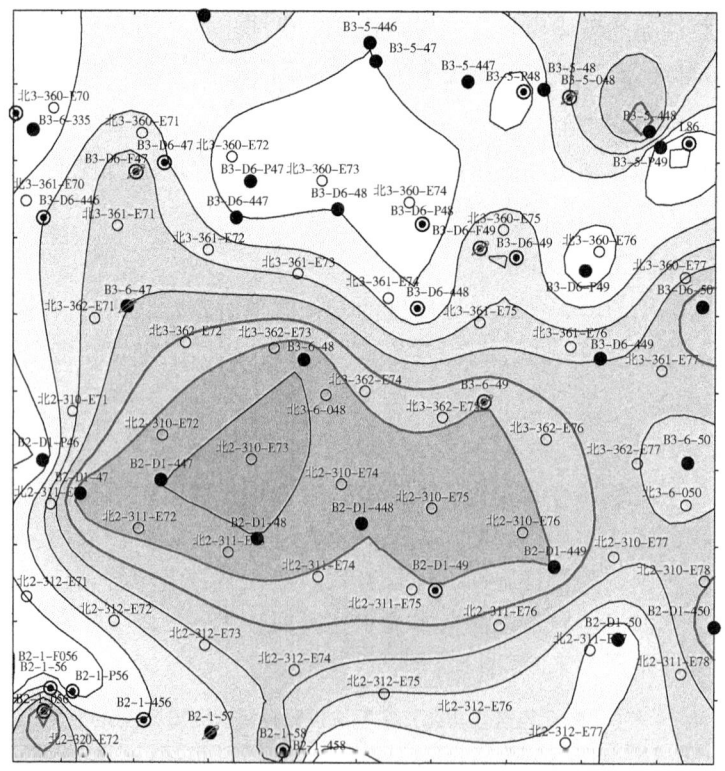

图 7 北 3-362-E74 井小层砂体分布图

5 结论

（1）利用完井数据压力检测数据进行统计和分析能够预测异常压力范围；为钻井液密度设计提供一定的依据；对今后钻井具有指导意义。

（2）网格注采比应用程序可以满足不同步长条件下划分网格并进行定量注采比计算，为准确判断高压区提供理论保证。直观地反映了正常注采条件下地下储层压力情况，结合注入量、采液量进行筛选后可以预测现场施工时的高压区，方便、快捷，提高了钻前压力预测的精度。

（3）地质数据图形化所生成的各种图件，涉及钻前的地质预测、完井检测和地质分析等方面。将大量的数据转化为图形，综合利用地质数据，有利于确定不同复杂类型的分区，分析形成复杂情况的地质原因，精细预测其影响范围。有利于选择合适的模底井。

（4）通过绘制砂体平面分布图，确定单砂体之间的连通关系，找出砂体内形成异常压力的来源，准确判断异常压力分布范围，为异常井区钻井液密度的设计提供可靠的依据。同时依预测结果可及时调整钻机运行、调整钻关方案及制定相应的钻井完井措施。

参 考 文 献

[1] 樊洪海. 地层孔隙压力预测检测新方法研究[D]. 北京：中国石油大学(北京)，2001：175-178.

伊拉克库尔德 A 油田原油注氮欠平衡钻井技术

胡清富[1]　谢春来[1]　田玉栋[2]　王焕文[1]　甘建国[3]　司小东[1]

(1. 中国石油天然气集团有限公司大庆钻探工程公司国际事业部；
2. 中国石油天然气集团有限公司大庆钻探工程公司钻井工程技术研究院；
3. 中国石油天然气集团有限公司大庆钻探工程公司钻井二公司)

【摘　要】　为解决伊拉克库尔德 A 油田主力产层 Bekhme 经过多年开采，地层压力逐年降低，水侵日益严重，单井产量逐年下降等难题，同时为更好地保护储层，减少钻井过程中漏失，提高机械钻速，本文通过原油注氮气欠平衡钻井技术原理和配套工艺技术研究，优选了地面关键设备，确定了注氮气排量等技术措施，形成了使用原油为钻井液，向环空内注入氮气新的欠平衡钻井工艺，实现边打钻边试产的效果，能够在未完井的情况下实现提前生产原油。在 A 油田现场应用 6 口井，有效保护了储层，抑制了水侵，原油产量提高了 1~3 倍，取得了良好经济效益，缩短了成本的回收周期，为库尔德 A 油田整体开发效益提供了技术手段。

【关键词】　欠平衡钻井；原油；注氮；技术研究

伊拉克库尔德 A 油田位于 Zagros Mountain 山前地带的褶皱和断层区域，储层为裂缝性碳酸盐岩，钻井过程中漏失严重，井下复杂情况频发，严重影响了钻井速度，且造成了一定的储层伤害，导致单井产量和原油采收率不高。因此，研究既能保护储层，又能减少漏失的充气欠平衡钻井技术意义重大。欠平衡钻井技术是 20 世纪 90 年代在国际上成熟应用并迅速发展的一项钻井技术，早期所用的循环介质为空气，后来相继发展了循环介质为氮气、天然气、雾、泡沫或低密度钻井液的欠平衡钻井技术[1]，在低压、低渗透、低压易漏、裂缝油气藏以及过度开采衰竭油藏开发中具有其他钻井技术不可比拟的优越性[2-8]。目前，充气欠平衡钻井技术已在加拿大、美国等国家得到广泛应用，并越来越多地与水平井、分支井及小井眼钻井技术相结合[1]。我国欠平衡钻井技术虽然起步晚，但经过多年的攻关研究与实践，技术水平已基本达到国外先进水平并在各油田得到广泛应用，成为油气重大发现的重要钻井技术之一。为此，针对 A 油田地层压力低、安全钻井液密度窗口窄、溢漏同存的现状，应用以原油为钻井液，环空注氮气(非全井)的欠平衡钻井新技术，通过调节气液比和井口控压将井底当量密度(ECD)控制在密度窗口内，既可以抑制地层大量出油、水，又可防止井漏，还能实现边钻井边采油，从而解决易漏失、低压、裂缝性储层以及低压枯竭储层的钻井难题[5-8]。同时，由于采取环空注氮气技术，避免了注入氮气对井下工具仪器稳定性的影响，减小了对 MWD 仪器接收信号的干扰，克服了早期该技术受制约的瓶颈。目

作者简介：胡清富(1972—)，男，黑龙江省大庆市人，1996 年毕业于中国石油大学(华东)石油工程(钻井)专业，高级工程师，主要从事钻井技术研究与管理工作。E-mail：huqingfu@cnpc.com.cn。

前,原油注氮欠平衡钻井技术在 A 油田 6 口水平井进行了应用,与应用常规钻井技术的水平井相比,单井产量增加了 1~3 倍,平均机械钻速提高了 61%,有效缩短了钻井周期,取得了较好的经济效益。

1 A 油田概况

库尔德 A 油田自 2005 年开始开发,至今已连续生产 14 年,主力产层 Bekhme 地层压力逐年降低,开采过程中水侵情况日益严重,其中部分井投产后含水比达到 80% 以上,原油采收率逐年降低,原油产量连年下降,严重影响了油田开发的经济效益。

该油田地质构造较为复杂,油藏埋深 2200~2300m,油井自上而下钻遇 Fars 层、Jeribe 层、Dhiban 层、Euphrates 层、Pila SPI 层、Gercus 层、Khurmala 层、Kolosh 层、Shiranish 层和 Bekhme 层。岩性主要有泥岩、石膏岩、白云岩、泥灰岩、页岩、石灰岩。

该油田井深大约 3000m,垂深大约 2300m。设计五级井身结构:一开 26in 井眼钻至井深 350m,下入 20in 套管;二开 17½in 井眼钻至井深 1400m,下入 13⅜in 套管;三开 12¼in 井眼钻至井深 2050m,下入 9⅝in 套管;四开 8½in 井眼钻至井深 2250m,下入 7in 尾管并回接至井口;五开 6in 井眼施工中,在 Shiranish 层和 Bekhme 层造斜段及水平段使用了原油注入氮气的欠平衡钻井技术。水平段储层岩性为白垩系 Bekhme 组石灰岩和泥灰质石灰岩,地层当量密度为 0.92g/cm³,设计油层施工密度为 0.887g/cm³,钻探目标是联结具有不同密度和孔径的多个裂缝群储层。

该油田在砂岩、泥岩、页岩段钻井施工中,容易产生井壁剥落、井塌和卡钻,石灰岩段即储层段主要发生井漏,以及由井漏引起的溢流等复杂情况。

2 原油注氮欠平衡钻井技术

2.1 工艺原理

传统的充氮气欠平衡钻井就是将氮气通过地面设备连续不断地注入钻井液中,使其分散于钻井液体系中,形成连续的气液混合相,从而使钻井液液柱压力低于地层压力,实现欠平衡钻进和防止井漏的目的[6],即传统充气欠平衡钻井中氮气参与整个钻井液循环流程。原油注氮气欠平衡钻井技术改变了传统的充气方式,氮气从 9⅝in 套管-7in 套管间环空经筛管进入井筒,注入位置在垂直深度上与井底水平段着陆点大致相距 300m 的范围内,随井筒流体直接返至井口,即氮气只参与钻井液的部分循环,氮气只存在于 7in 筛管以上 7in 回接管内外空间(图1)。

氮气循环通道:在进行 7in 尾管固井之后,使用下部接有 8m 筛管的尾管串将 7in 尾管回接

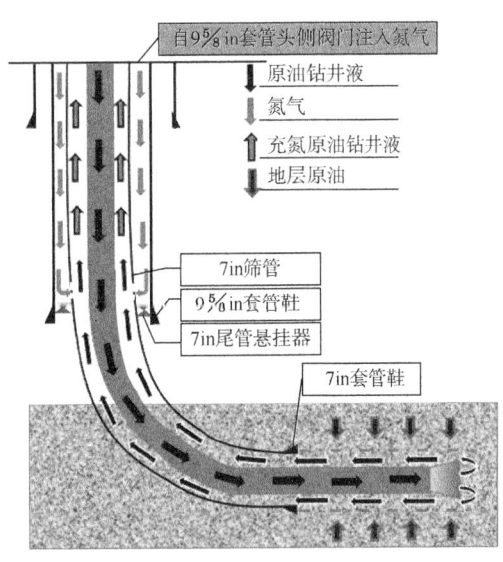

图 1 原油注氮气循环系统示意图

到井口并坐挂。氮气即可由 9⅝in 套管头侧口注入 7in 回接管与 9⅝in 套管之间的环空，再经由 7in 尾管回接筒上部筛管进入钻具与 7 尾管之间的内环空，混入原油钻井液中参与循环，此时氮气循环通道形成(图1)。

原油钻井液循环通道：循环通道与常规钻井时的钻井液路径相同(图1)。

2.2 关键设备

原油注氮欠平衡钻井所使用的旋转防喷器、制氮注氮等设备，与常规气体欠平衡钻井所使用设备基本一致[7-8]，主要区别在于原油注氮钻井液返出井口后的分离处理系统和井下数据测量传输系统。

分离处理系统：包括四相分离器、离心机组和储油罐三部分[8-9]。四相分离器利用密度差原理将油、气、水、岩屑进行初步分离，分离出来的一部分原油直接进入循环罐用作钻井液，剩余原油经过二次分离过滤处理后直接输送储油罐储存，定期送至联合站进行加工利用，提前产生了经济效益。分离出来的硫化氢等残余可燃气体直接通过燃烧管线点火处理。离心机组的主要作用是控制注入井内原油钻井液中固相含量。

井下数据测量传输系统：包括 IMPluse、VPWD 系统两部分。IMPulse 是由 MWD 和电阻率单元(VISION475 系统)构成[11]，可以为地质师提供关键实时数据，起到地质导向的作用，有利于发现油藏。VPWD 为井下压力检测系统，能够准确及时地监测出井底 ECD(当量循环密度)及 EMW(当量钻井液密度)等参数的变化情况，利用计算模型实时控制注入氮气量的大小，调节钻井作业的欠压值。

2.3 原油钻井液技术

针对 A 油田低压力、低渗透特征，钻井液体系的优选需要考虑钻井液抑制地层造浆和泥岩水化膨胀的抑制性能。由于定向段和水平段较长，钻井施工后期摩阻很大，钻井液需要有较好的润滑性能。水平段钻进过程会经常遇到泥岩，钻井液还需要有一定的防塌能力来保证井壁稳定，同时还要满足小井眼钻井的携岩要求。综合以上实际情况，本文采用原油替代聚合物钻井液，具有密度低、降低井下压力，减少对储层的伤害，同时具有良好的润滑性和储层保护效果。钻井所使用的原油密度为 $0.89g/cm^3$，钻进时钻井液循环当量密度为 $0.79g/cm^3$，地层孔隙压力当量密度为 $0.92g/cm^3$，因此形成了欠平衡压差。原油作为钻井液有诸多优点：一是避免了与地层流体的配伍性差异，不存在聚合物钻井液由于油气侵后的稠化问题。二是由于存在欠平衡压差，储层钻进过程中实现了地层流体流向井筒，达到保护储层的效果[10]。三是原油抑制性、润滑性能优良，具有良好的流动性和触变性。即可以满足在泥灰质石灰岩中定向施工和携带岩屑的需求，又能利于井壁稳定，防止井壁坍塌和定向卡钻。四是产出原油直接作为钻井液使用，与传统欠平衡工艺使用的钻井液相比，减少了原油和钻井液分离环节。

2.4 注氮气排量的确定

在原油注氮欠平衡钻井过程中，环空内 7in 筛管以上流体为气液两相流，确定合理的气液比，有效控制钻井液循环当量密度，使井底压力低于地层破裂压力和孔隙压力，同时必须考虑钻井液的携岩能力。在钻井液施工排量确定的情况下，气体的注入量的合理选择至关重要。在井身结构、钻具组合、井眼轨迹等其他参数一定的情况下，存在一个最佳的气液流量组合,最佳的气液流量既能满足井底压力的要求,又能够满足携岩能力的需要。现场通过控制原油钻井液排量、注氮气排量和井口回压,控制欠压值,使地层流体有控制地进入井筒。

施工中,在原油密度、施工排量、地层压力确定的情况下,通过套压和节流压力监测,利用气液两相流计算模型现场施工软件计算出不同井深在欠压值满足欠平衡需求条件下的充氮气排量[12],通过VPWD井下压力监测系统准确测量井底压力,可以更直观地据此调整注氮气排量和井口回压,实现在设定欠压值情况下的欠平衡施工,实现了边钻进与边生产有序衔接。现场实测的充氮气排量与套压、节流压力、施工排量、循环钻井液密度之间的关系如图2所示。

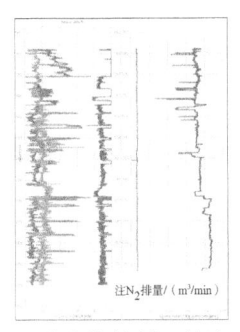
（a）节流压力、循环钻井液密度

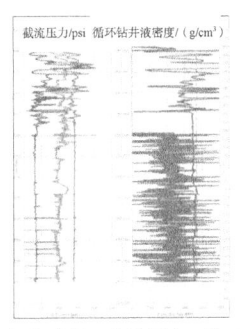
（b）套压、节流压力、施工排量、循环钻井液密度

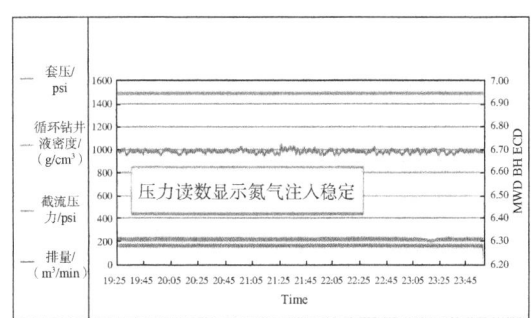
（c）监测图

图2 注N_2排量

3 现场应用

3.1 典型井例

T-56井是该油田部署的一口开发井,于2019年6月16日开钻,8月9日完井,在五开6in油层井段采用原油注氮欠平衡工艺进行施工,7月22日开始6in井段钻进作业。钻进至2050m开始建立欠平衡体系。根据施工要求的欠压值,使用的原油密度为0.89g/cm³,按照原油排量0.57m³/min计优选了合理的氮气注入量为1600~1800ft³/min(表1),原油注氮欠平衡体系稳定后,井下环空循环当量密度保持在0.80~0.82g/cm³。

表1 T-56井注氮量—欠压值—ECD对应表

欠压值/psi	VPWD实测井下ECD/(g/cm³)	注氮量/(ft³/min)
50	0.84	1400
100	0.82	1600
150	0.80	1800
200	0.78	2000

7月25日钻至2077m监测到油流,并在燃烧管线点火成功。7月26日钻至2450m完钻,平均机械钻速10.86m/h,最高机械钻速超过21m/h,钻进期间平均原油产量667.8m³/d,较常规井产量提高3倍以上。

3.2 应用效果

通过在6口井开展原油注氮欠平衡钻井试验,完善了工艺原理和现场操作流程,优选了钻井液施工排量、注氮气排量、井口回压控制等关键施工参数,技术应用不断成熟,并取得了良好的提速提产效果。

机械钻速显著提高:6口井平均机械钻速9.6m/h,与邻井常规钻井相比提高了61.62%[13]。其中T-56井平均机械钻速最高达到21m/h以上,是常规钻井的2倍。

提高单井产量:6口井总产量为2679874桶,在T-56井原油产量始终保持在667.8m³/d以上,投产原油产量是常规井T-48井3倍以上(190.8m³/d)。充分证明了原油注氮欠平衡钻井技术对保护油层、提高原油产量效果显著(图3)。

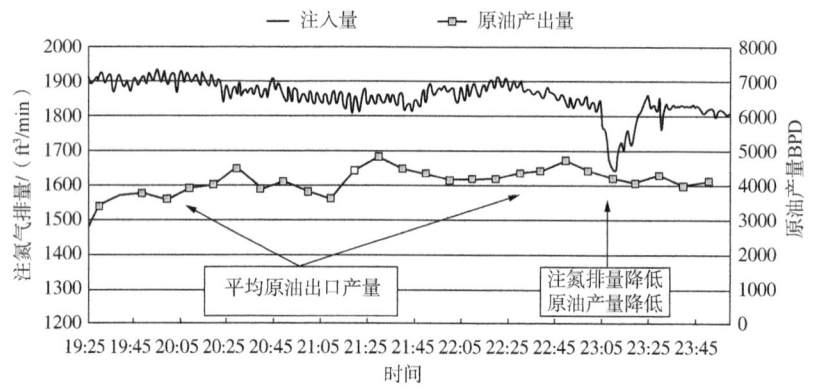

图3 充N_2排量与产量变化实时监测

抑制水侵的效果明显:A油田采用常规钻井技术完成井由于水侵[14]开采半年左右水占比能达到25%左右,严重影响了A油田的产量。应用了新技术施工的井投产后,对比常规井水侵89%下降到2.55%,抗水侵效果提升显著(表2)。

表2 水侵情况对比数据表

未使用原油欠平衡技术				使用原油注氮欠平衡技术			
序号	井号	投产时间	水占比/%	序号	井号	投产时间	水占比/%
1	T-41	2017.07	100	1	T-49	2018.11	0.03
2	T-43	2017.09	93	2	T-52	2019.02	0.27
3	T-44	2017.11	85	3	T-54	2019.04	5
4	T-48	2018.03	78	4	T-55	2019.06	6
				5	T-56	2019.08	4
				6	T-58	2019.10	0
平均水占比/%			89	平均水占比/%			2.55

4 结论和认识

(1)原油注氮欠平衡钻井技术解决了传统充气欠平衡定向井和水平井常规的脉冲随钻测量工具等受到限制的难题。实现了往环空内注入氮气,氮气不接触井下随钻仪器及井底,避免了因充氮气对仪器接收信号的干扰和井下工具仪器稳定性的影响。

（2）原油注氮欠平衡钻井区别于传统欠平衡钻井技术，该技术使用原油为钻井液，因为循环介质为原油，所以对地层的破坏程度能够降至最低，既能起到保护油层的作用，同时还能实现边打钻边试产的效果，能够在未完井的情况下实现提前生产原油，产生经济效益，有利于缩短投入成本的回收周期。

（3）原油注氮欠平衡钻井技术在 A 油田应用 6 口井，在防止水侵、钻井提速见到了良好的效果，在保护油层、提高原油产量效果显著。建议在类似区块扩大应用规模。同时建议通过计算油层不同深度产出的原油量，开展优质油层层位优选方面的研究，为日后提高产能提供数据支撑。

参 考 文 献

[1] 刘全江，李佩武，张卫东，等.胜利油田充氮气欠平衡压力钻井技术[J].石油钻探技术，2003，31(4)：17-18.

[2] 杨景中，汪浩源，马海云，等.SlimpulseMWD 在潜山充气欠平衡钻井中的应用[J]，石油钻采工艺，2013，35(2)：16-19.

[3] 鲜保安，孙平，王一兵，等.煤层气水平井充气欠平衡钻井技术研究与应用[J].中国煤层气，2008，5(1)：5-8.

[4] 孙成龙.煤层气水平井充气欠平衡钻井注入参数模型优化设计[J].钻采工艺，2019，7：32-33.

[5] 高如军，唐国军，李洪玺.充气欠平衡钻井技术在低压漏失井的应用[J].钻采工艺，2017，(5)：16-18.

[6] 鲜保安，高德利，李安启，等.煤层气定向羽状水平井开采机理与应用分析[J].天然气工业，2005，25(1)：114-116.

[7] 龚志敏，段乃中.岚 M1-1 煤层气多分支水平井充气钻井技术[J].石油钻采工艺，2006，28(1)：15-18.

[8] 袁西望，田玉栋，王峰，胡清富，等.注氮欠平衡钻井装备及技术在 KED 项目中的应用[J].石油和化工设备，2020，23(11)：58-59.

[9] 张义，鲜保安.煤层气欠平衡钻井环空注气工艺优化[J].石油勘探与开发，2009，36(3)：398-401.

[10] 林强，曹雪刚，胡黎明.充氮气欠平衡钻井防漏技术的研究与应用[J].内蒙古石油化工，2012，15：115-116.

[11] 马骁，陈一健，孟英峰，等.充气欠平衡钻井 MWD 信号衰减原因分析与解决方法[J].石油钻采工艺，2012，34(4)：50-53.

[12] 余晟，李黔，康雪林.充气欠平衡钻井环空气液固三相流动力学分析[J].钻采工艺，2007，30(2)：31-33.

[13] 匡立新，李涛，张艳梅，等.负脉冲 MWD 的原理及其在泡沫钻井液中的应用[J].江汉石油学院学报，2008，30(1)：362-366.

[14] 陈勋.前 34 井充氮气欠平衡钻井设计与施工[J].石油钻探技术，2010，38(4)：70-74.

天然气钻井井筒充满气体情况下气柱压力变化规律分析

郭 刚

(大庆钻探工程公司钻井一公司)

【摘 要】 在天然气钻井过程中,存在溢流、井涌、井喷的风险。本文结合气体的特点,依据理想气体热力学理论,建立了气柱压力方程,实例分析了气柱压力及气柱当量密度变化规律。

【关键词】 天然气;钻井;压力;变化规律

天然气钻井过程中,存在溢流、井涌、井喷的风险。一旦发生井控险情,扎实的溢流关井能力、应急协同能力、应急决策指挥能力、正确快速压井能力是安全快速处置的必要条件,只有准确地掌握井内压力变化规律才能确保正确应急决策和快速实施压井。本文结合气体的特点,通过分析井筒液柱喷空情况下井内气柱压力的变化规律,相对准确地计算地层压力,为防喷器压力等级的选择和压井液密度的合理确定提供一定的理论参考。

1 气柱压力方程的建立

已知气体本身是有质量的,气体密度等于分子质量与单位体积内分子数的乘积,即 $\rho = mn$,根据物理学公式 $n = P/kT$,$\rho = mP/kT$。

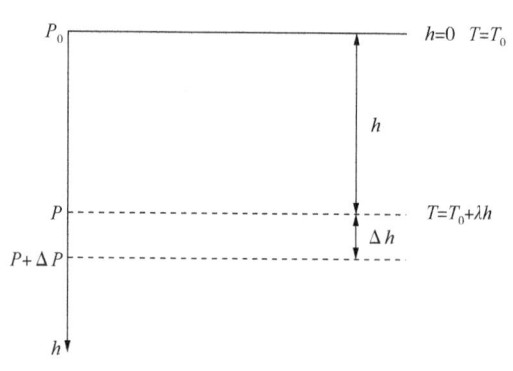

图 1 井深、压力、温度关系图

在标准状况下(0.1013MPa,温度273K),1mol 任何气体的体积是22.4L,设1mol气体质量为 M(分子质量)克;则 $\rho = M/22.4 \times 273/0.1013 \times P/T$。

图1中:

$$dP = \rho g dh \quad (1)$$

将 ρ 代入式(1)得

$$dP = M/22.4 \times 273/0.1013 \times P/T \times g \times dh \quad (2)$$

g 取 9.8N/kg,式(2)单位换算后得

$$dP = 0.001179 MP/T \times dh \quad (3)$$

【作者简介】 郭刚,1972年7月生,1992年毕业于大庆石油学院,高级工程师,现从事钻井井控工作。

设地温梯度为 λ(℃/m)：

$$dP/P = 0.001179M/(T_0+\lambda h) \times dh \tag{4}$$

式(4)积分为

$$\ln P = 0.001179M/\lambda \times \ln(1+\lambda h/T_0) + \ln C \tag{5}$$

C 为积分常数，$h=0$ 处，$P=P_0$，可得 $C=P_0$。
求得

$$P = P_0(1+\lambda h/T_0)^{0.001179M/\lambda} \tag{6}$$

因为气柱压力 $p_{气柱} = p - p_0$。
求得气柱压力方程为

$$p_{气柱} = p_0[(1+\lambda h/T_0)^{0.001179M/\lambda} - 1] \tag{7}$$

式中：h 为井深，m；T_0 为地表热力学温度，K；λ 为地温梯度，K/m；p_0 为井口压力，MPa；p 为井深 h 处的压力，MPa；M 为气体平均分子质量，g。

2 气柱压力方程应用分析

2.1 井筒充满甲烷气体气柱压力规律分析

例1：某井完钻井深4500m，测井过程中发生井喷，井内钻井液全部喷出，井口喷出物为甲烷气体，关井套压稳定后为60MPa，已知地表温度25℃，地温梯度每百米3℃，试计算此时井深每增加300m处的压力，并绘制不同井深气柱压力变化曲线及气柱当量密度曲线。

（1）根据已知条件：$p_0 = 60$MPa

$\lambda = 3/100 = 0.03$℃/m $= 0.03$K/m

$T = 273+25 = 298$K

$M_{甲烷} = 16$g

代入式(6)：

$$p = 60(1+0.03h/298)^{0.6288} \tag{8}$$

分别将不同井深代入式(8)计算结果见表1。

表1 不同井深压力情况

井深/m	压力/MPa	井深/m	压力/MPa	井深/m	压力/MPa
300	61.1331	1800	66.6239	3300	71.8594
600	62.2540	2100	67.6900	3600	72.8795
900	63.3631	2400	68.7463	3900	73.8912
1200	64.4608	2700	69.7931	4200	74.8948
1500	65.5476	3000	70.8307	4500	75.8905

(2) 将已知条件代入式(7)，$p_{气柱}=60[(1+0.03h/298)^{0.6288}-1]$。

绘制气柱压力变化曲线如图2所示。

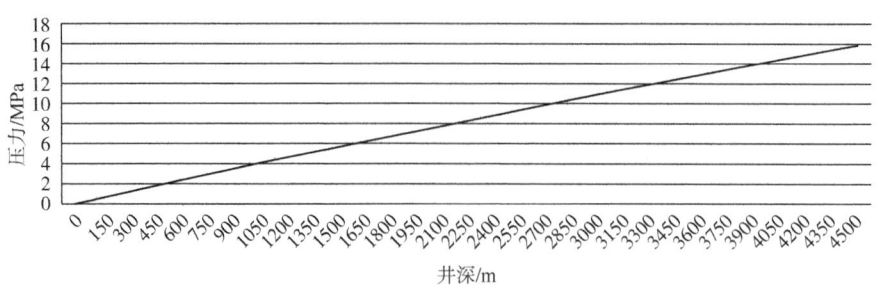

图2 气柱压力随井深变化曲线

(3) 气柱当量密度 $\rho_{气柱}=p_{气柱}/gh=60[(1+0.03h/298)^{0.6288}-1]/gh$。

绘制气柱当量密度变化曲线如图3所示。

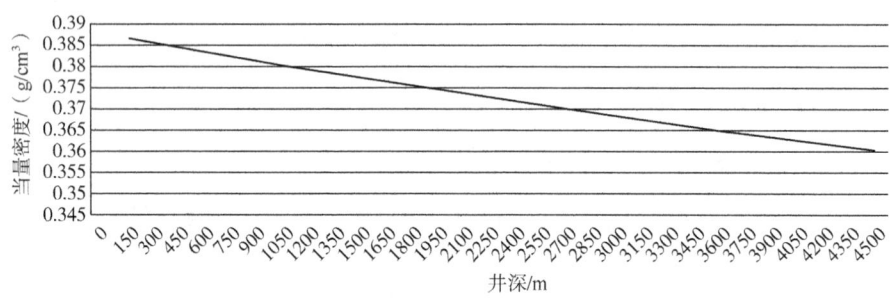

图3 气柱当量密度随井深变化曲线

通过上述分析，气柱的当量密度与关井压力成正比，受地温影响，气柱的当量密度随着井深增加呈下降趋势。

2.2 井筒充满混合气体气柱当量密度规律分析

前面对井筒内气体按照全部是甲烷气体进行了气柱压力规律分析，钻井施工过程中地层不仅含有甲烷气体，还可能同时含有一氧化碳、二氧化碳、硫化氢等气体，下面分析在不考虑气体液化的情况下混合气体在同一井深气柱当量密度的变化规律。

例1中如果喷出物为混合气体，在井深4500m处，按照混合气体组分比例不同，计算平均分子质量从17~36的气柱当量密度变化情况绘制变化曲线。

$$\rho_{气柱}=p_{气柱}/gh=p_0[(1+\lambda h/T_0)^{0.001179M/\lambda}-1]/gh \tag{9}$$

将已知条件代入式(9)得

$$\rho_{气柱}=1.36(1.453^{0.0393M}-1)$$

绘制气柱当量密度变化曲线如图4所示。

气柱当量密度随着混合气体分子质量变化呈指数上升。

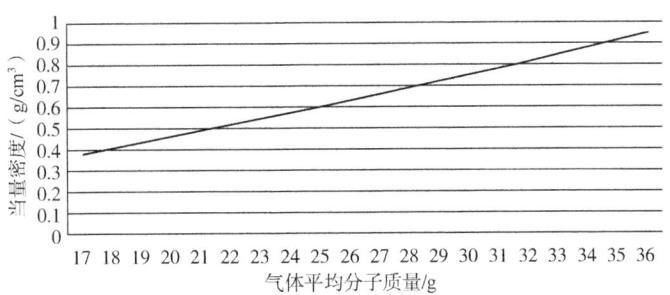

图 4 气柱当量密度随气体平均分子质量变化曲线

3 结论及认识

（1）气柱压力方程是依据理想气体热力学理论建立的，理论基础可靠。

（2）在关井状态下，井内气柱压力的大小与关井压力成正比，气柱当量密度随井深增加呈下降趋势。

（3）气柱压力是不可忽视的，压井液密度计算应根据井口压力和气柱压力进行计算。

（4）进行井控设计时，防喷器压力等级选择与地层压力匹配时，应考虑极端情况下井筒内的气柱压力，确保精准井控，减少不必要的投入。

葡萄花异常高压危害体钻井对策研究

张志新　殷显勇　程百慧　张会芳　王鹏飞
王永友　任睿博　曹伟洁　郑四兵　王建国

（大庆钻探工程公司钻井三公司）

【摘　要】 文章研究了高13区块因葡萄花油层异常高压无法正常钻井施工的6口井区域，目的是确定绕障方案，实现安全钻井。

应用了完井压力检测、小层砂体沉积相带图、定向井绕障技术、地层压力预测等技术方法和手段。首先，明确异常高压层位和危害体成因，其次，优选确定高压危害体绕障技术方案，最后，根据实际井位分布进行单井压力预测。

摸底井实现低密度钻井，第二口井发生水浸，其余4口井实现油层不加重钻井。砂体分布预测准确率100%，钻井成功率100%，实现了由不能钻井到不加重钻井的技术突破，保证了高13区块产能建设的完整性，效果显著。结论及认识：高46-21井区长期只注不采是造成地层异常高压的根本原因。高压危害体绕障技术方案能够满足上部地层异常高压且无泄压手段的局部区域钻井需求。

高压危害体绕障技术方案的制定及应用，解决了上部地层异常高压无法实施常规钻井的技术难题，技术方法可在类似区域借鉴应用。

【关键词】 异常高压危害体；小层砂体沉积相带图；定向井绕障；压力预测

高台子油田高13区块扶余油层开发区块葡萄花油层注水开发30余年，受砂体分布、注采关系、地下连通情况等地质因素影响，导致个别井区葡萄花油层憋压严重，地层异常高压。2020年钻高110-20平台5口井时，因注水井高46-21降压缓慢，井口压力高，安排钻机由远及近运行，第一口井高扶110-20钻至1360m密度1.63g/cm³井漏后发生水浸，提至1.68g/cm³正常，第二口井高扶111-斜21井密度1.68g/cm³施工正常，但第三口井高扶112-斜22井发生较严重的油气水浸、井塌复杂，压力系数达1.71。由于井区没有有效降压手段，继续按原井位和原工艺技术方案施工，存在上部葡萄花油层水浸井塌、下部扶余油层井漏、易诱发浅气井喷等钻井风险，施工安全和成功率无法保证，剩余6口井暂缓施工。本文应用完井压力检测技术确定高压层层位，通过注采关系分析确定异常高压原因，应用小层砂体研究成果，结合注水井射孔深度制定定向井绕障方案，进一步进行单井压力预测，明确钻井风险等级，2021年实现了暂缓施工井安全优质高效钻井。文中借鉴了《浅层套损异常高压区钻井新方法》针对嫩四段浅层套损高压井段提出

作者简介：张志新，男，1971年生，1994年毕业于成都理工学院石油地质勘查专业，高级工程师，现任钻井三公司地质室主任，从事钻井地质技术研究与管理工作。电话：0459-4983675。手机：13069623121。邮件：zhangzhixin01@cnpc.com.cn。

的定向绕障钻井方法、《大庆油田特高含水期调整井储层压力预测技术研究》等文献的压力解释和压力预测方法。

1 异常高压危害体成因分析

1.1 高压层确定

高扶 112-斜 22 井密度 1.73g/cm³ 电测，流体正常，1161~1166m 微电极幅度高、自然电位低平，P1-6 小层具有较明显高压层特征[1]，解释压力系数为 1.71，因此在通井过程中 1.64g/cm³ 的钻井液密度无法平衡地层压力，发生油气水浸，继而上部地层井壁坍塌，多处遇阻遇卡。如图 1 所示。

1.2 异常高压危害体成因分析

井区内只有 1 口注水井 5G46-21 井，累计注水量 22×10⁴m³，唯一的采出井高 46-23 井已经报废，长期只注不采，形成高压体，平面分布如图 2 所示。虽然在平台井开钻前已钻关 70 天以上，并采取罐车、水池子放溢方式进行降压，但井口压力仍高达 8.2MPa。井区没有有效降压手段，继续按原井位和原工艺技术方案(浅部定向、钻穿葡萄花油层)施工，存在上部葡萄花油层水浸井塌、下部扶余油层井漏、易诱发浅气井喷等钻井风险，施工安全和成功率无法保证，因此剩余 6 口井暂缓施工。暂缓施工井号为高扶 110-斜 22、高扶 109-斜 21、高扶 108-20、高扶 107-斜 21、高扶 106-22、高扶 108-斜 22。

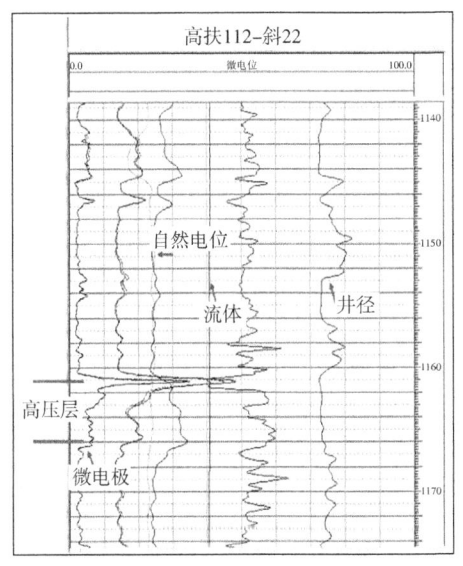

图 1 高扶 112-斜 22 高压层附近电测曲线

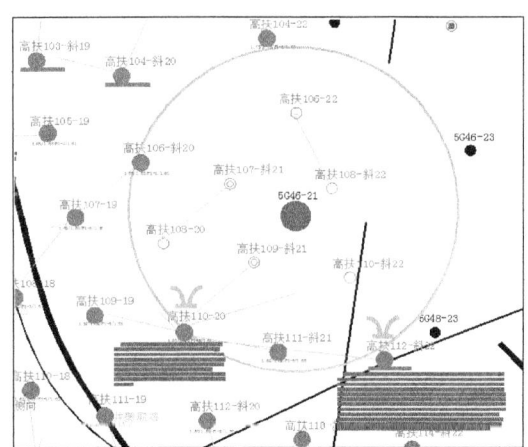

图 2 葡萄花异常高压危害体平面分布图

2 钻井对策研究

2.1 解决方案优选

研究出 5 种解决方案：(1)依靠高 46-21 泄压，时间太长几乎无法实现。(2)对高扶 112-斜 22 葡萄花层位进行射孔投产，时间过长且效果不会理想。(3)该河道砂体上钻两口泄压井，投资大。(4)下技术套管封住葡萄花油层，投资巨大。(5)改换 6 口井井口位置，采用高压危害体绕障技术绕过该河道砂体。方案(1)至方案(4)要么时间长，要么投资大，效果还不确定，故采用不需要投资且效果最佳的高压危害体绕障技术方案。

2.2 高压危害体绕障技术方案制定与实施效果

根据地面条件最终将高扶 108-20 西移 10m，北侧挂 3 口定向井，南侧挂 2 口定向井，由原来的 3 个平台合并为 1 个平台。同时，将小层砂体边界线标注到定向井轨迹线上，为绕障方案轨迹设计提供位移数据。如图 3 所示。

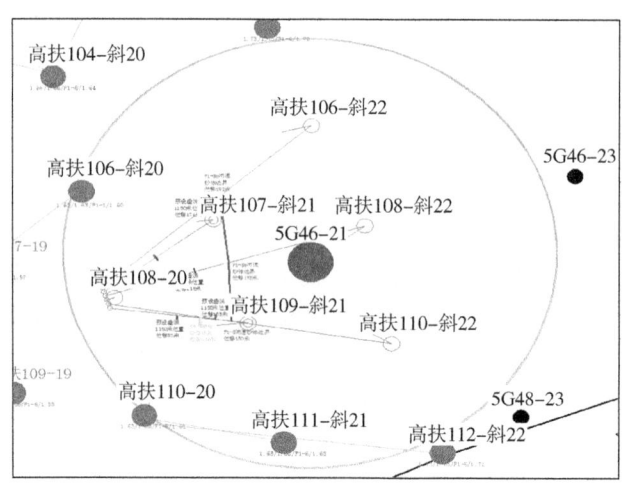

图 3 实际绕障方案井位分布图

2.2.1 异常高压井段确定

井区南侧先期完钻 3 口井电测曲线上显示，高扶 110-20 井 6 号、7 号、8 号砂体发育，高扶 111-斜 21 井 6 号砂体发育，高扶 112-斜 22 井 6 号、8 号砂体发育，高压层均为葡一组 6 号小层，结合注水井射孔深度（表 1），判断异常高压井段在 1133～1143m 之间。

表 1 注水井高 46-21 井射孔情况

井号	射孔日期	顶部深度/m	底部深度/m	油层组	小层号	射孔厚度/m
高 46-21	1983/8/2	1133.1	1137.7	P1	6~7	4.6
高 46-21	1983/8/2	1141.8	1143	P1	8	1.2
高 46-21	1983/8/2	1148	1151.8	P1	9	3.8

2.2.2 造斜点控制和轨迹优化设计

控制造斜点深度，将部分定向井造斜点由 150m 下压到 600m，同时优化轨迹设计，最大限度保证定向井垂深达到 1150m 时所在位置处于砂体边界线以外。定向控制情况见表 2，绕障前后轨迹示意见图 4。

表 2　待钻井垂深 1150m 对应位移统计表

运行顺序	井号	造斜点深度/m	垂深1150m对应位移允许最大值/m	设计垂深1150m对应位移/m	备注
1	高扶 109-斜 21	600	150	83	
2	高扶 110-斜 22	150	114	133	无法控制
3	高扶 108-20				
4	高扶 108-斜 22	150	158	115	
5	高扶 107-斜 21	600	不需控制	80	
6	高扶 106-斜 22	150	192	174	

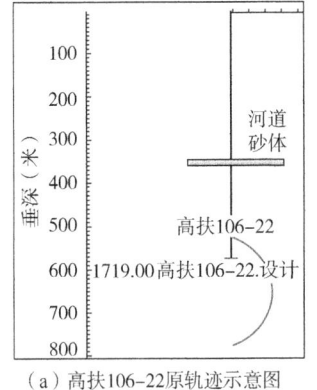 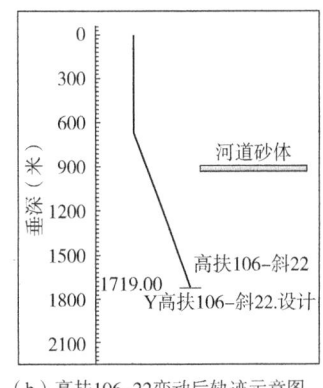

（a）高扶106-22原轨迹示意图　　（b）高扶106-22变动后轨迹示意图

图 4　高压危害体绕障轨迹示意图

2.2.3　地层压力预测

（1）小层砂体分析法。

应用 GPTMap 软件，根据每口井的相别及其沉积模式，利用井位、分层、砂岩、井斜、测井等 5 类数据自动勾绘沉积相带图，精细地建立储层地质模型。将各小层砂体图落到井位图上，如图 5 所示，逐井分析定向井轨迹与各小层砂体边界关系，识别高压风险。

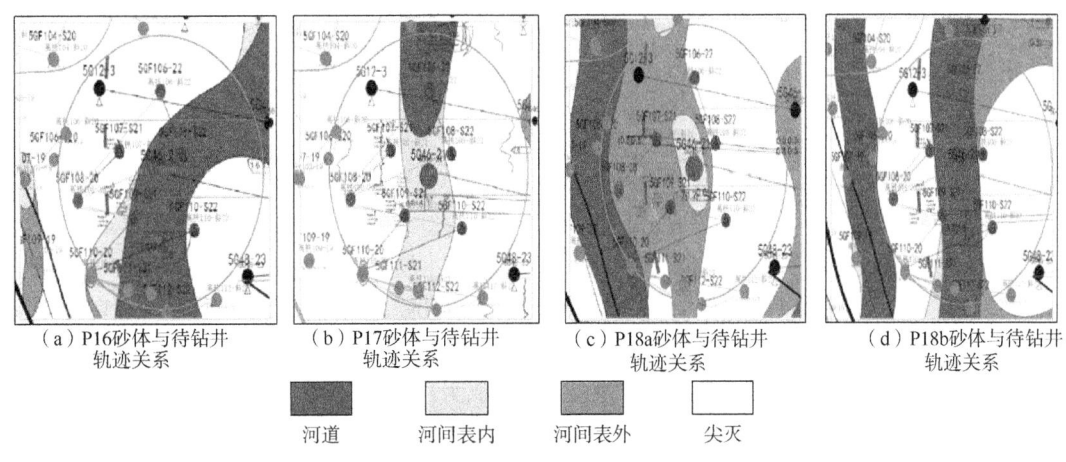

（a）P16砂体与待钻井轨迹关系　（b）P17砂体与待钻井轨迹关系　（c）P18a砂体与待钻井轨迹关系　（d）P18b砂体与待钻井轨迹关系

河道　　河间表内　　河间表外　　尖灭

图 5　小层砂体分布与待钻井轨迹关系图

P16 小层只有高扶 110-斜 22 井钻遇河间表内砂体，P17、P18b 小层砂体尖灭，P18a 小层均为河间表外砂体。见表 3。

邻井 P18a 小层电测曲线上没有高压层特征，判断该层位不会出现高压风险。高扶 110-斜 22 井钻遇 P16 小层河间表内砂体，存在高压风险。除了高扶 110-斜 22 井，其余 5 口井可以完全绕开高压层位，根据邻井实测原始地层孔隙压力成果，预测压力系数 1.05~1.15。

表 3 6 口待钻井垂深 1150m 轨迹所在位置砂体发育情况

序号	待钻井号	小层砂体发育情况			
		P16	P17	P18a	P18b
1	高扶 109-斜 21	尖灭	尖灭	河间表外	尖灭
2	高扶 110-斜 22	河间表内	尖灭	河间表外	尖灭
3	高扶 108-20	尖灭	尖灭	河间表外	尖灭
4	高扶 108-斜 22	尖灭	尖灭	河间表外	尖灭
5	高扶 107-斜 21	尖灭	尖灭	河间表外	尖灭
6	高扶 106-斜 22	尖灭	尖灭	河间表外	尖灭

（2）注水井井口剩余压力法。

$$p_1 = \frac{f \times h}{102} - p_h \tag{1}$$

式中：p_1 为井口剩余压力，MPa；f 为折算压力系数；h 为油层射孔顶部深度，m；p_h 为油层射孔顶部静水柱压力，MPa。

井口剩余压力 8.2MPa，射孔顶部深度 1133m，应用式（1）计算求得注水井井口位置压力系数为 1.74。

（3）内插法。

高扶 112-斜 22 葡萄花油层位置距离注水井 260m，压力系数 1.71，高扶 110-斜 22 井葡萄花油层位置距离注水井 147m，使用内插法计算高扶 110-斜 22 井地层压力系数为 1.73[6-7]。

计算公式：

$$y = -0.0001x + 1.74 \tag{2}$$

式中：y 为地层压力系数；x 为与注水井的距离，m。

2.2.4 实施效果

第一口井高扶 109-斜 21 采用密度 1.50g/cm³ 验证小层砂体预测准确性，第二口井高扶 110-斜 22 钻遇葡一组 6 号小层的高压危害体，密度 1.70g/cm³ 发生水浸，加至 1.75g/cm³ 正常完井，剩余 4 口井采用 1.25~1.30g/cm³ 密度均顺利完井。

达到的主要技术指标：砂体分布预测准确率 100%。压力系数预测准确率达 100%。钻井成功率 100%，未发生井漏、井塌复杂，固井质量优质率 100%。摸底井实现低密度钻井，4 口井实现油层不加重钻井。与技术应用前对比情况如下：平均钻井液密度由 1.68g/cm³ 下降至1.41g/cm³；油气水浸发生率由66.7%下降至16.7%，减少井漏、井塌复杂4口井；平均钻进周期由12.48天下降至9.04天。数据统计情况见表4。

通过关键技术的应用，以及保障措施的有效执行，成功完成疑难复杂区钻井施工，实现了由不能钻井到不加重钻井的技术突破，保证了高13区块产能建设的完整性，效果显著。

表4 技术应用前后数据对比情况

钻井年份	序号	待钻井号	预测压力系数	设计油层密度/(g/cm³)	完井密度/(g/cm³)	检测压力系数	钻进周期/d	备注
2021	1	高扶109-斜21	1.15	1.45~1.50	1.50	1.20	8.50	摸底井
2021	2	高扶110-斜22	1.73	1.65~1.70	1.75	1.72	13.40	密度1.70g/cm³ 水浸
2021	3	高扶108-20	1.10	1.25~1.30	1.30	1.15	7.80	
2021	4	高扶108-斜22	1.14	1.25~1.30	1.30	1.18	8.01	
2021	5	高扶107-斜21	1.10	1.25~1.30	1.30	1.15	7.80	
2021	6	高扶106-斜22	1.13	1.25~1.30	1.30	1.17	8.71	
		平均			1.41		9.04	
2020	1	高扶110-20	1.58	1.60~1.65	1.63	1.61	10.81	密度1.63g/cm³ 井漏后水浸
2020	2	高扶111-斜21	1.62	1.63~1.68	1.68	1.65	10.02	
2020	3	高扶112-斜22	1.65	1.63~1.68	1.73	1.71	16.62	密度1.64g/cm³ 油气水浸、井塌
		平均			1.68		12.48	

3 结论

（1）高46-21井区长期只注不采是造成葡萄花油层异常高压的根本原因。

（2）小层砂体刻画技术、高压危害体绕障技术与地层压力预测技术，丰富了精细地质分析手段和非常规钻井方法，能够满足上部地层异常高压且无泄压手段的局部区域钻井需求。

参 考 文 献

[1] 王连生，李东旭，杜贵彬，等．测井曲线解释油层孔隙压力软件系统编制[J]．中国石油石化，2015（14）：43-43．

川渝敏感地层井控防控工作实践与认识

郭 刚 周 石

(大庆钻探工程公司钻井一公司)

【摘 要】 川渝地区目的层普遍存在敏感地层，在钻井井控技术上存在溢漏同存、吞吐现象，溢流发生过程初期判断难度大。通过对敏感地层施工现象的机理和施工井控风险进行深入分析，针对不同情况提出了相应井控防控措施。

【关键词】 川渝地区；敏感地层；井控；防控

随着大庆油田勘探开发区域的不断拓展，川渝地区流转、自营区块将成为大庆油田"十四五"勘探开发的主战场，通过近两年钻井施工实践发现，川渝地区目的层普遍存在敏感地层，在钻井井控技术上存在溢漏同存、吞吐现象，溢流发生过程初期判断难度大。在实钻过程中，由于没有充分认识到这个特点，曾发生多起溢流井控险情。本文结合实际案例，对川渝地区储层特性进行深入分析并提出了相应预防措施，对于预防溢流、及时识别溢流和正确处置溢流具有一定参考意义。

1 敏感地层施工现象及机理分析

由于渗透率高，易发生置换气侵和气体溢流等问题，在环空压耗的降低或消失过程中，气体通过置换或侵入方式侵入井内，吃入地层中流体会回流从而产生回吐现象即"呼吸效应"。回吐量和侵入气量与储层孔隙度、含气饱和度、储层暴露面积和井底压差有关。

1.1 钻遇敏感地层后的三种典型现象

（1）气测烃值不高，单根气显示明显。

钻遇敏感地层，表现为钻速加快，与迟到时间相对应地出现气测烃值升高幅度不大且通过停钻循环气测烃值可以恢复到基值水平，出口返出钻井液密度、黏度无明显变化，而出口流量无明显变化，钻井液消耗量增大。在接单根或因某种原因停止循环一段短暂时间后继续循环，与迟到时间相对应(或略有提前)出现气测烃值升高，在录井全烃曲线上出现一个明显的单根气峰值，循环槽、池面出现气泡，出口返出钻井液密度降低，黏度升高。

（2）"呼吸效应"现象明显。

停泵后，钻井液出口有回流现象，回流速度逐渐降低，短期内不断流，开泵后，初期出口流量小于泵入量，待地层吸入量与回流量相等时，出口流量等于泵入量。

作者简介：郭刚，1972年7月生，高级工程师，1992年毕业于大庆石油学院，现从事钻井井控工作。联系电话：0459-5602063。

机理分析：

停泵后，由于环空压耗的消失，吃入地层流体通过回流释放压力重新建立平衡，反之开泵后钻井液又会吃入地层再次建立平衡，地面表现为"吞吐"现象。

(3) 提高密度发生漏失，密度降低易发生溢流。

如果施工过程中提高钻井液密度时，就会明显出现漏失现象，只能通过降低排量的方式降低环空压耗，控制漏失；如果降低钻井液密度，钻井液回流量就会增大，出现不断流的现象，增加溢流风险。

机理分析：

提高密度由于正压差增大地层发生漏失，降低密度井底形成负压差引发溢流。

1.2 敏感地层钻井施工井控风险分析

(1) 气测烃值不高，单根气显示明显机理和风险分析。

钻遇敏感地层，在环空压耗和钻井液液柱的共同作用下井底压力大于地层压力，储层内的气体不能连续侵入井内，由于地层渗透率高，在正压差的作用下，钻井液进入地层孔隙，推动气体远离井壁，因此，钻进过程中随岩破碎进入井筒气体量相对较少，表现为气测烃值不高，钻井液消耗量增大。在接单根期间，由于停泵后环空压耗消失，加之上提钻具产生抽汲压力，被环空压力吃入地层的流体回流将储层流体带入井筒，同时由于压差降低，地层流体置换会积聚更多的气体，恢复钻进后，当井底钻井液循环到井口时会发现明显的单根气，停泵时间越长，单根气的强度越高。

川渝地区某井停泵及单根气情况，见表1。

表1 某井停泵及单根气情况统计表

序号	井深/m	钻井液密度/(g/cm³)	停泵时间/min	气测峰值	持续时间/min	最低密度/(g/cm³)
1	2888.01	1.87	24	98.96%	22	1.82
2	2999.02	1.88	20	72.41%	29	1.88
3	3104	1.88	22	94.88%	50	1.87
4	3183	1.88	24	97.23	52	1.86
5	3238	1.93	603	91.15%	128	1.92

风险分析：在敏感地层钻进或循环时，地面仅能发现钻时加快、扭矩及泵压波动现象，不能发现烃值和钻井液性能的变化，在这种情况下如果因设备或人为原因停止循环，就容易因气体置换聚集发生溢流。

(2) "呼吸效应"现象井控风险分析。

① 由于"呼吸效应"现象的存在，观察者会错误地认为井下是安全的，从而影响溢流的及时发现。

② 发现溢流后，气体通常已经运移到井筒中上部，关井后易出现较高套压，容易产生圈闭压力，影响地层压力的准确读取。

③ 处理溢流过程中，钻井液消耗量大，重建压力平衡难度大。

(3) 提高密度发生漏失，密度降低易发生溢流。

风险分析：

① 过大的正压差会进一步增大漏失量，甚至发生失返性漏失，井口失返后，漏喷转换风险增大。

② 降低密度后，停泵地层流体进入井筒，致使钻井液液柱压力进一步降低，引发溢流。

通过对以上分析可以看出，敏感地层钻井施工存在溢流的隐蔽性强，易误判，钻井液密度窗口窄，密度过高过低都会增加溢流的风险。

2 敏感地层溢流预防、控制措施

通过对溢流机理的分析，井控预防措施应重点放在采取适当的堵漏措施提高地层承压能力，减少压力波动且时刻处于微过平衡状态。主要做好以下几个方面的防控：

2.1 根据漏失情况采取堵漏措施

钻遇敏感地层发生漏失时，钻进中加入随钻堵漏剂观察漏失情况，如果不能达到预期效果，采用25%~35%的堵漏浆进行承压堵漏（堵漏浆配方：井浆+随钻+复合+QS-2+刚性颗粒+核桃壳+橡胶颗粒+纤维）或静堵、动态承压堵漏（超细碳酸钙+微珠+磺化沥青粉+磺化沥青），提高地层承压能力，控制漏速不大于0.5m³/h。

2.2 根据单根峰和回流情况合理调整钻井液密度

如果单根峰返出时钻井液密度明显降低或停泵回流流量无降低趋势，需要提高钻井液密度，控制每个循环周不大于0.02g/cm³，逐步提高钻井液密度，防止漏失，直至单根峰返出时钻井液密度无明显降低方可继续进行钻进施工。

2.3 进行气体上窜速度检测

对气体上窜速度进行检测，是及时调整钻井液密度、确认能否安全起钻和确定安全空井时间的重要技术手段，每次起钻前必须进行检测。

检测程序：

(1) 停泵观察0.5h，观察出口回流速度是否逐渐减小，若减小，再观察0.5h，观察出口是否断流；否则循环调整钻井液密度，直至出口回流速度逐渐减小直至断流。

(2) 断流后，循环钻井液一周半以上，检测气测全烃和出口钻井液密度变化情况，若钻井液密度降低大于0.01g/cm³，需再次提密度静止验证后效，直至满足要求。

(3) 静止后效满足短起要求后，短起下10~15柱进行气体上窜速度检测，气体上窜速度满足起下钻安全作业时间方可起钻，否则，提密度再次验证，直至满足安全作业时间方可起钻。

提密度过程中，应注意是否发生漏失，可通过适当降低排量的方式控制漏失。

2.4 控压钻井施工

钻遇敏感地层，发生窄密度窗口，调整钻井液密度难以解决井漏和气侵的矛盾时，实施控压钻进技术。

(1) 控压钻进工艺流程。

环空→井口→三通或四通液动平板阀→控压节流管汇→液气分离器(液)振动筛→钻井液循环系统。

(2) 控压原则：井底压力＝静液柱压力+环空压耗+井口回压≥地层压力。保持井底压力恒定，钻井液当量密度大于地层孔隙压力系数，小于地层漏失压力，井口套(回)压原则上不超过4.5MPa。

(3) 控压钻井过程井控技术措施。

① 根据钻井设计、控压钻井施工方案，在预定深度，调整或替入控压钻井液，在调整或替入过程中应对照井口压力步骤图，逐步提高井口套压，以保持井底压力稳定。

② 根据井漏情况，在能够建立循环的条件下，逐步降低井口套压，寻找压力平衡点。如果井口套压降为零时仍无效，则逐步降低钻井液密度，每循环周降低 $0.01 \sim 0.02 \text{g/cm}^3$，待液面稳定后恢复钻进。

③ 溢流发生以后，应停止钻进，保持循环。逐步增加套压，钻井队和录井队加密坐岗观察并及时沟通，每隔5min坐岗观察读取液面一次。液面保持不变，则由控压钻井工程师根据情况采取措施。液面继续上涨，则每隔5min逐步增加井口套压，直至溢流停止。若井口套压大于4.5MPa溢流未制止，则适当提高钻井液密度以降低井口套压。调整的钻井液密度以实测地层压力窗口为依据进行设计。

④ 每趟起钻时，应将已入井使用过的钻具止回阀卸下来，由专人仔细检查，确认功能完好后，方可再次入井。

⑤ 接单根(立柱)时，如果钻具内持续返出钻井液，判定钻具止回阀失效，在接单根(立柱)时接一个新的钻具止回阀。

⑥ 起钻前，根据套压值向水眼顶入一定量重浆帽钻井液，要保证水眼产生的压力高于关井套压1~1.5MPa，有螺杆压差1.5~2.0MPa。

⑦ 下钻过程中，如果钻具止回阀失效，接入一个新的钻具止回阀或起钻更换下部失效的钻具止回阀。

⑧ 实施控压钻井前，对上部地层进行承压试验，为选择钻井液密度和施工套压值提供依据。

H 油田储层漏溢同存井控问题的研究与对策

谢春来[1]　胡清富[1]　田玉栋[1,2]　吴代宗[1]　张文强[1]　李剑华[1]

(1. 大庆钻探工程公司；2. 中国石油大学(北京))

【摘　要】 H 油田储层地层压力系数低，地层对钻井液液柱压力相当敏感，钻井液安全密度窗口非常窄，当钻遇裂缝、溶洞时，就会表现出严重漏失和由于漏失引起的井壁坍塌、漏溢同存的现象，为了防止 H_2S 进入井筒，只能采取过平衡钻进，造成钻井液的大量漏失，对储层造成伤害。针对现场存在的井控难题，开展了碳酸盐岩钻井井控特点和井控原理、不同漏失类型堵漏技术、严重漏失区储层配套技术措施等研究，形成了防漏堵漏吊灌技术、严重漏失储层强钻技术等技术措施，在现场施工中应用 22 口井，堵漏成功率提高了 15%，钻井周期缩短 8.5%，漏溢同存现象得到了有效控制，未发生溢流等井控复杂，取得了非常好的效果，现场提效显著。该技术对于解决类似区块碳酸盐岩储层钻井漏失和井控难题具有借鉴参考意义。

【关键词】 储层；漏溢同存；井控安全；防漏堵漏；技术措施

H 油田位于伊拉克东南部，是伊拉克六大油田之一，也是开发难度最大油田之一。目标区域为完整的背斜构造，含油层系较多，钻遇地层自上而下分别为古近系、新近系和上白垩统、下白垩统。主要岩性依次为砂岩、泥岩、膏岩盐岩和石灰岩、白云岩，共有 8 套油气显示。目前主要开采层位是 Jeribe-Kirkuk 组和 Mishrif 组。主力产层 Mishrif 组为低渗透，以巨厚生物石灰岩、白云质灰岩为主，夹薄页岩层，地层溶洞、裂缝十分发育。井深 3000~3600m 之间，钻井采用四层套管结构，四开采用 8½in 井眼，7in 套管组合。Mishrif 地层孔隙压力系数为 1.15~1.18，破裂压力系数为 1.65。Mishrif 井漏失现象较为普遍，常伴有漏溢同层的现象，而且 Mishrif 层含 H_2S，目前严重井漏问题和由于漏失引起的井控问题未得到根本的解决，已成为制约油田碳酸盐岩油气藏勘探开发的瓶颈之一[1-5]。针对这一难题采取微过平衡钻井技术，保持井底压力，确保不发生溢流为原则，以减少环控压耗和提高地层承压能力的防漏技术，减少漏失或降低漏失的程度。通过配套技术的应用，复杂时率降低 12.5%，钻井周期缩短 8.5%，取得了良好的现场应用效果。该技术对于解决其他区块碳酸盐岩裂缝溶洞型储层钻井漏失和漏溢同存井控难题具有借鉴意义。

1 碳酸盐岩储层钻井的井控特点和井控原理

碳酸盐岩储层，压力系数低，裂缝和溶洞发育，虽然碳酸盐岩地层相对稳定，但产层对作用其上的压力相当敏感，几乎找不到平衡窗口，经常出现溢漏同层的情况[2-7]。

1.1 碳酸盐岩钻井的井控特点

碳酸盐岩储层是以洞、缝为主的裂缝性储层。对于裂缝性储层，裂缝的存在使得井筒

作者简介：谢春来，现于大庆钻探工程公司工作。电话：13936773365。

与储层之间拥有了良好的通道，流体的侵入（溢流）或流出（漏失）比较容易，常出现储层压力敏感、溢漏频繁发生、节流压井成功率低等井控技术难题[1-7]。经过多年摸索，目前H油田Mishrif储层钻进钻井液安全密度窗口为1.23~1.24g/cm³。压差小于重力置换窗口发生负压溢流，大于重力置换窗口，发生正压漏失，在重力置换窗口内，有溢有漏，处于动态交换状态。

1.2 碳酸盐岩储层钻井的井控原理

对于裂缝性储层，应当充分考虑重力置换溢流和连通性特征对井控安全带来的不利因素。在正压漏失区间，采用微过平衡条件，以适量的漏失来保持井筒动态平衡，不但能够防止溢流发生，还能有效地排出溢流，恢复和重建压力平衡，确保井控安全[5-7]。目前，在Mishrif储层钻进时，在严重漏失区首先使用密度1.23g/cm³钻井液，如果气测值超过80%，停止钻进，使用真空除气器循环除气，如果30min气测值不下降，或者气测值经常保持较高状态，影响到正常钻进时，才会把钻井液密度值调整到1.24g/cm³及以上，使井下重新恢复平衡状态。

2 不同漏失类型的堵漏方法

对于碳酸盐岩储层钻井，影响井控安全直接原因是漏失导致的井内液柱下降，使井底压力降低，导致储层内流体流向井筒，发生溢流，甚至井喷。因此，如何有效地堵漏，针对不同的漏失类型、不同漏失区域采取不同的堵漏方法是研究的重点。

2.1 漏失类型和漏失区域的划分

本文对目标区27井的漏失情况进行了统计，平均每口井漏失量472m³，单井最多漏失2340m³；平均堵漏5次，最多堵漏12次。不同区域漏失程度差异较大，因此，开展工区不同区域的漏失程度、堵漏难度的分析，对于确定堵漏方案十分必要。衡量漏失程度的主要参考依据是漏失速度，通过引入国际上通用漏失类型划分标准：漏速小于1.6m³/h为渗漏、漏速1.6~16m³/h为部分漏失、漏速大于16m³/h为严重漏失、地面无返出为完全漏失。因此利用双狐制图软件对目标区27口井统计的漏失速度进行计算，得到漏失速度等值线图（图1）。再通过漏失类型划分标准，把整个区域划分为相应的四类区域：渗漏区、部分漏失区、严重漏失区、完全漏失区。这样根据不同漏失区，为进行有针对性的防漏堵漏技术研究奠定了基础。

2.2 不同漏失类型的堵漏方法

处理一般性裂缝漏失问题，及时有效地封堵隔绝压力传递是关键。其基本思路在钻进过程中用钻井液为主的技术手段来随钻不断提高所钻遇地层的破裂压力、漏失压力、承压能力，随钻扩大钻遇地层的安全密度（压力）窗口，以随钻防漏为主、堵漏为辅；立足于防，防不住再堵[6-8]。

经过不断地优化和实践，总结出渗漏和部分漏失类型井漏的堵漏原则：对于渗漏区采用间断式随钻堵漏方式；对于部分漏失区，采用连续式随钻堵漏方式。现场加强漏失监测，如果发现漏失，立即将排量降低0.8m³/min，实施堵漏。漏速小于1.6m³/h，泵入5m³随钻堵漏剂，当堵漏剂循环到井底时，尝试继续钻进。漏速大于1.6m³/h且小于16m³/h，连续

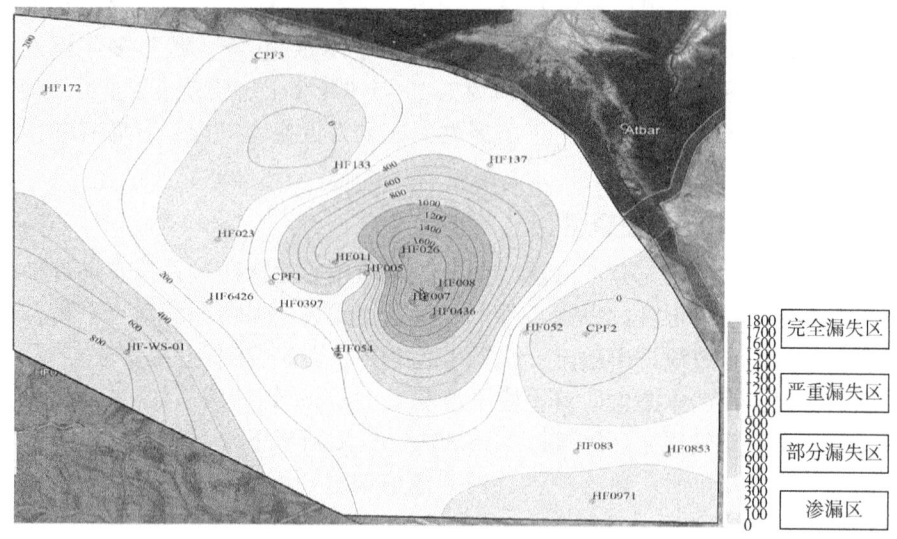

图 1 哈法亚油田漏失区域划分平面图

泵入堵漏剂,尝试继续钻进。如果漏失加剧,再停钻堵漏。当漏速大于 $16m^3/h$,打入 $10m^3$ 桥塞式堵漏剂,采取静止堵漏方式。尽可能使用较低的钻井液密度,钻井液密度是决定漏失压差的主导因素,钻井液密度越高,发生井漏的可能性或井漏的严重度将越大。因此,满足井壁稳定和平衡地层流体的前提下,尽可能使用较低的钻井液密度,有利于防止井漏的发生。控制合适的钻井液黏度和切力,适当提高钻井液黏切,尤其是提高钻井液的静切力,有利于防止或消除井漏。

3 严重漏失区安全钻井的措施

发生严重漏失后,井控安全的重点是确保井内的液柱高度不降低,保持相对稳定的井底压力。通常采用"吊灌"技术来建立井筒压力动态平衡,防止井壁坍塌和溢流。为实施堵漏、储层强钻等各种钻完井作业提供有力的保障。

3.1 吊灌技术

"吊灌"技术是指在油气层钻井作业时,发生井漏以后,静液面不在井口,采用定时定量地向井内灌注钻井液,维持井内动压力相对平衡,防止井喷的一项井控技术[2-7]。在现场没有液面监测仪的情况下,吊灌技术的应用受到影响,有几点注意事项:

(1)当发生严重漏失或完全漏失时,首先要大排量向环控灌浆,在井口能观察到液面时再实施吊灌。

(2)起下钻作业,要依据漏失的程度来决定吊灌方式和灌入量。一般性漏失(小于 $16m^3/h$)时,每起钻 3 柱或 5 柱时,用计量罐进行环空吊灌。灌入钻具体积的 2 倍左右,特殊时 2~3 倍。对于严重漏失和完全漏失(大于 $16m^3/h$)时,要进行连续灌注方式。以减少钻井液下落时,动载作用对地层造成过多钻井液漏失。吊灌量取决于井眼大小和经验值,通常 8.5in 井眼为 8~10m^3/h,6in 井眼为 4~6m^3/h。

(3)如果起下钻或静止观察时发生溢流,实施关井,采用压回法压井,使液面低于井口。

3.2 失返性漏失的强钻技术措施

对于严重漏失区和完全漏失区应用大、中、细复合桥浆静止堵漏方式，提高井壁承压能力。该工区碳酸盐岩储层缝洞发育、连通性好且其破碎，钻井过程中易出现完全漏失难题。近两年发生3起井壁坍塌埋钻具的事故，严重漏失情况日趋严峻。特别是定向井施工，由于钻柱中包括螺杆和定向仪器等，大的堵漏颗粒无法通过，增加了堵漏的难度。针对完全漏失区，从开始漏失到井壁剥落，最后到坍塌一般有10~15min甚至更长的时间。为实施堵漏和确保井控安全，必须及时采取配套的应对措施，才能保证堵漏的效果和安全钻进。

采取的技术措施是：

(1) 积极采取防漏措施。通过钻进至储层前起钻更换定向钻具组合为常规稳斜钻具组合，钻头不上水眼，下钻到底提前打堵漏剂，提高地层承压能力，为复配桥浆堵漏创造条件。

(2) 采取小钻压、小排量、控速钻进、钻井液密度走安全窗口下限等措施，减少对漏层的冲击，尽量降低漏失程度。

(3) 当发现严重漏失或完全失返时，采取吊灌技术，维持井筒内的压力平衡，抑制或延长井壁坍塌的时间，为堵漏创造条件。

(4) 具备堵漏条件后，采用大、中、细复合桥浆静止堵漏方式实施堵漏。待井底具备一定承压能力后再进行钻进。钻穿主力油层Mishrif C通常要堵漏5~6次，然后采用打水泥塞堵漏方式，进一步提高井壁承压能力，为下步地层钻进、固井和其他完井作业打下基础。

3.3 针对漏溢同存复杂的技术措施

针对漏溢同存复杂，采取先压后堵方式。一是当发生井涌时，首先关井，读取关井套压和关井立压。然后节流走液气分离器循环除气，使液柱压力略大于井底压力。二是提高钻井液密度压井，压井液密度可以根据计算的结果，也可以根据邻井成功压井的经验值。三是当油气侵得到控制后，再打入高密度复配桥浆，实施静止堵漏。这样可以提高堵漏的效率和堵漏的效果。

4 技术应用效果

2019年以来，该技术应用Mishrif井22口，由于防漏堵漏技术、吊灌技术、严重漏失储层强钻技术的不断完善，漏溢同存现象得到了有效控制，未发生溢流等井控复杂。堵漏成功率提高了15%，钻井周期缩短8.5%，提效显著。严重漏失情况下安全施工能力有了一定的提高。2019年施工X043X井时，储层钻进发生完全漏失，导致井壁坍塌埋钻具。在侧钻井眼施工时，应用了该项技术措施，成功完成了该井施工。今年施工的X11X井时，同平台邻井施工曾经发生严重漏失，共漏失钻井液68m³，漏速最大达到30m³/h。由于应用以上技术措施，储层钻进期间未发生漏失，与邻井相比，四开相同井深2900m到3200m，该井钻井周期减少了2天，收到了较好的应用效果。

5 结论

(1) 缝洞性碳酸盐岩储层钻井在漏溢同存的情况下，采用微过平衡条件，以适量的漏失来保持井筒动态平衡,不但能够防止溢流发生,还能有效地排出溢流,恢复和重建压力平衡,确保井控安全。

(2)不同漏失类型防漏堵漏技术、吊灌技术、严重漏失储层强钻技术的配套应用,是应对碳酸盐岩储层漏溢同存的有效手段。

(3)由于受收集资料的局限,统计井的数量较少,漏失区域划分的精度还有待提高。储层强钻措施还有待进一步完善,以提高施工效率,降低施工成本。

参 考 文 献

[1] 谢春来,胡清富,张凤臣等.伊拉克 H 油田 Mishrif 碳酸盐岩储层防漏堵漏技术[J].石油钻探技术,2021,49(1):41-46.

[2] 王翔宇.酸溶水泥浆体系在哈法亚地区的研究与应用[J].中国石油和化工标准与质量,2018,38(20):94-95.

[3] 李海,杨永祥,田玉栋.漂浮下套管技术在 ZJ 油田页岩气水平井 YH1-6 井的应用[J].新疆石油天然气,2020,16(1):16-20.

[4] 胡清富,谢春来,田玉栋,等.伊拉克库尔德 A 油田原油注氮欠平衡钻井技术[J].石油钻探技术,2021,49(2).32-36.

[5] 王海,林然,张晨阳,等.串珠状缝洞型碳酸盐岩储层压力变化特征研究[J].西南石油大学学报(自然科学版),2017,39(1):124-132.

[6] 袁西望,田玉栋,王峰,等.注氮欠平衡钻井装备及技术在 KED 项目中的应用[J].石油和化工设备,2020,23(11):58-59.

[7] 左星,罗超,张春林.四川盆地裂缝储层钻井井漏安全起钻技术认识与探讨[J].天然气勘探与开发,2019,42(1):108-113.

永乐油田葡萄花油层异常高压因素研究

韩德新　杨春和

(中国石油大庆钻探工程公司)

【摘　要】 本文从分析永乐油田葡萄花油层储层及构造地质特征，复杂井的具体情况，注水开发现状入手，深入地研究了永乐油田葡萄花油层异常高压的成因及其地下压力分布规律，有效地指导钻井技术措施的制定，为钻井施工安全进行提供了保障。

【关键词】 异常压力；葡萄花油层；加密调整

1　永乐油田概况

永乐油田位于黑龙江省肇州县永乐镇至肇源县头台镇，东与宋芳屯油田南部、肇州油田相接，南与头台油田和肇源油田相连，北至太平屯油田东部，永乐油田在区域构造上属于三肇凹陷。在以往钻井施工过程中经常发生溢流、油气侵，固井后管外冒等复杂事故，因此，研究引起永乐油田钻井油气侵和管外冒油的因素，成为该油田钻井亟待解决的问题。

2　复杂层位的确定

2.1　复杂情况统计

复杂情况统计见表1。

表1　肇212区块发生油水侵井统计数据

序号	井号	井深/m	设计密度/(g/cm³)	施工异常情况	井口情况
1	永165-67	1520	1.40~1.45	钻进1490m时发生溢流，密度由1.45g/cm³降至1.37g/cm³，加重至1.50g/cm³	正常
2	永167-斜67	1565	1.40~1.45	钻进1538m时发生溢流，密度由1.45g/cm³降至1.28g/cm³，加重至1.74g/cm³后固井	正常
3	永177-67	1508	1.35~1.40	钻进1468m时发生溢流，密度由1.40g/cm³降至1.17g/cm³，加重至1.60g/cm³后固井	正常

作者简介： 韩德新，男，1967年生，高级工程师，大庆油田有限责任公司钻井工程公司技术专家从事钻井地质工作。E-mail：handexin@cnpc.com.cn。

续表

序号	井号	井深/m	设计密度/(g/cm³)	施工异常情况	井口情况
4	永177-69	1506	1.40~1.45	钻进1466m时发生溢流，密度由1.45g/cm³降至1.37g/cm³，加重至1.74g/cm³后发生漏失	管外冒
5	永181-67	1501	1.35~1.40	钻进1452m时发生溢流，密度由1.40g/cm³降至1.29g/cm³，加重至1.44g/cm³	管外冒
6	台75-135	1518	1.45~1.50	完钻后时发生溢流，密度由1.50g/cm³降至1.48g/cm³，加重至1.60g/cm³后固井	正常

2.2 高压层测井曲线电性特征

（1）首先从测井曲线综合判断确定为砂岩。
（2）自然电位负异常值较小、扁平或呈正异常。
（3）微梯度、微电位、侧向电阻率值相对较高。
（4）声速增大。
（5）流体曲线异常。

通过发生油浸的永177-67井与正常井永181-斜65曲线对比，永177-67井在1468m发生溢流，在1463.0~1464.6m，PⅠ4小层显示为高压层的电性特征，微电极曲线为高电阻值，无幅度差，自然电位曲线扁平，且声速增大；而正常井永181-斜65井PⅠ4小层从微电极曲线正常，幅度差大，自然电位曲线负异常明显，为正常压力层。

根据高压层的电性特征，对6口复杂井进行解释，共找到高压层10个，其中PⅠ4小层6个，PⅠ5小层4个。从发生油侵的深度判断，5口井刚钻过高压层，就发生了油侵。因此，确定引起6口井油浸的层位是PⅠ4小层和PⅠ5小层。

2.3 区块高压层分布情况

对已完钻的70口井测井曲线进行解释，有14口井20个小层存在高压层，高压层主要集中在PⅠ4小层和PⅠ5小层。

将复杂区与非复杂区对比后发现，高压层以PⅠ4和PⅠ5小层为主，只是复杂区的高压层厚度大在1.0m以上，非复杂区高压层厚度小，一般在0.4~1.4m。

PⅠ4小层和PⅠ5小层为肇212区块的主力油层，平均有效厚度在1.5m左右，具有出油能力强的特点，这是引起肇212区块2口井发生管外冒油复杂情况的主要原因。如：永181-67井发育4个高压层，有效厚度达到4.2m，所以该井固后管外冒油。永177-69井发育2个高压层，有效厚度达到3.2m，固后管外冒油，其余的4口井高压层厚度在1.0~1.6m，固井后没有发生管外冒油。

从平面分布情况来看，PⅠ4、PⅠ5异常高压层主要分布在受断层遮挡的部位，但其分布不具有连续性。

3 葡萄花油层形成异常高压的因素

3.1 构造因素

发生复杂的5口井处于两条南北向延伸的断层所夹持的狭长地带,有注水井7口,采油井25口,采用近反九点法注水。由于断层的遮挡作用,注水井呈镜像增加,因而在靠近断层一侧的采油井区地层压力异常增高。

3.2 裂缝系统发育,导致地层压力分布不均衡

区块发育四组裂缝,近东西向裂缝由于其开启压力低,在超高压注水情况,东西向裂缝开启,造成注水井排的油井80%以上发生水淹,东西向为注入水的主渗流方向,因此,由于裂缝系统的发育,导致地下油水运移不均衡,使注入水在非主渗流方向,注采不平衡,引起地下地层压力分布也不均衡。

3.3 砂体分布非均质性严重

从加密井砂岩钻遇情况分析,平面上砂体发育变化较大,纵向上砂岩发育差异也较大,表明储层平面非均质性较严重。

3.4 注水开发的因素

(1)注水井与周围油井连通状况比较好。

油田经过近十年的注水,受南北向断层控制的狭长地带,角井及南北向采油井受效情况好,日采油在1.1~1.24t,钻区区块注水井钻关后,角井的采液量下降,含水没有大的变化,说明了尽管在南北向水线没有形成突进,但是仍能看出注水的效果(表2)。

表2 区块不同方向井见水情况统计表

区块	分类	总井数/口	见水井数/口	井数比例/%	日产液/t	日产油/t	含水率/%
肇212区块	东西向	63	51	80.95	4.54	0.30	93.4
	南北向	47	17	36.17	2.59	1.24	52.1
	角井	62	44	70.97	2.29	1.10	52.0

(2)东西向高含水采油井采油方式的改变,地下注入水水驱方向发生改变。

注水井排的采油井,含水率近100%,低效井增多,东西向注水井排的采油井转变为间抽或是提捞,由于其采油方式的转变,其采液能力下降,使得地下水驱方向向角井及南北向采油井方向改变,角井方向的采油井,产液量增加,但含水率变化不大。在注水井钻关期间,其产液量也发生了变化,说明油井受到来自注水井方向的动力传递,而加密井的位置多处于注水井与角井的连线上,因此,加密调整井正处于压力不断累积的地区。

4 区块地层压力分布规律

永乐油田总体在注水井的各个方向,压力传导比较均衡,油井含水相近,注采近于平衡。而肇212区块东西向为其主渗流方向,注水井排的采油井水淹,造成南北方向及角井方向注采不平衡,其地下压力分布呈现为条带状,即高压—低压—高压—低压。

注水井井眼周围的压力分布呈一个压扁的椭圆形。而永乐油田的注水井井眼周围的压

力分布近似于圆形。

地下压力分布规律：

（1）注水井排压力高，个别采油井地层压力与注水井相当。

（2）采油井排压力低，地层欠压，总压差达到6~7MPa。

（3）在注水井排与采油井排之间的区域，由于距注水井近一半的距离，注入水不断在此区域聚积，而形成较高的高压区，同时在注水井关井泄压时，由于受渗透率的影响，只是在近井地带压力能降下来，而钻井位置的地层压力短时间内很难降下来，因此，在注水井与角井方向所布的加密井区，容易形成憋压区。

（4）永177-65井进行了RFT地层压力测试，测压结果高压层压力系数在1.40~1.45之间，同时利用发生复杂时的钻井液密度反算，地层压力值在19~21MPa，较原始地层压力增加了5~6MPa。

5 结论及建议

（1）肇212区块加密调整井所钻井区域，葡萄花油层的主力油层PⅠ4小层和PⅠ52小层存在异常高压层。

（2）肇212区块调整井地层压力一般在19~21MPa，较原始地层压力高出5~6MPa，地层压力系数在1.40~1.45。

（3）肇212区块新布调整井为注水井与角井的连线上，是富余油聚集的区域，同时也积累了较高的地层压力。

（4）复杂井由于设计油层钻井液密度过低，不能平衡最高小层压力而发生复杂。

（5）在注水开发区内钻加密调整井落实注水井钻关工作外，还要加强动静态分析，分析地下地质情况及地层压力分布情况，提供合理设计钻井液密度的依据。

参 考 文 献

[1] 王振峰，罗晓融. 莺琼盆地高温高压地层钻井压力预监测技术研究[M]. 北京：石油工业出版社，2004.

[2] 任政委. 异常压力正反演研究[D]. 北京：中国地质大学，2006.

第二部分

钻完井仪器及工具

顶驱防喷阀的优化设计与试验

白晓捷

(大庆钻探工程公司钻井工程技术研究院)

【摘 要】 顶驱自动防喷阀是顶驱钻机内防喷系统中的关键工具。本文介绍了顶驱自动防喷阀的功能、控制方法、液压系统原理和特点,分析了使自动防喷阀具有更优性能的紧凑型一体式防喷阀设计、液缸开关位置优化、齿轮防松机构简化、双齿条驱动套设计共4项创新设计,对防喷阀的驱动扭矩进行了对比计算,从理论上证明工具具有较高的可靠性。介绍了单元调试和整机联调的方法和达到的效果,验证了该工具动作速度快、开关到位、工作可靠性高。该种顶驱防喷阀和在陆地和海上平台钻井现场具有广阔的应用前景。

【关键词】 顶驱;遥控式防喷阀;一体式防喷阀;双齿条驱动套;驱动扭矩

顶部驱动钻井装置(简称顶驱)是一种先进的钻井设备,在现今超深井和复杂井的钻探中起着非常重要的作用[1]。当遇到高压地层时,如果没有可靠的防喷系统有可能发生井喷。顶驱防喷阀结构简单,操作方便,能防止井涌、井喷和钻井液飞溅,因此,顶驱防喷阀在现场广泛使用,成为内防喷系统中的重要工具[2]。顶驱防喷阀通常采用球阀式结构,使用六方扳手操作,能够切断钻柱内部通道,实现高压(35/70/105MPa)密封,防止井涌或井喷发生。石油钻机顶部驱动装置行业标准规定:顶驱防喷阀连接在顶驱主轴和顶驱保护接头之间,宜安装两个防喷阀,分别为遥控操作防喷阀(上部)和手动操作防喷阀(下部),遥控操作防喷阀应在按下操作按钮后5s内完成动作。图1为顶驱主机外形图。本文介绍大庆钻井研究院研制并获得两项实用新型专利的顶驱自动防喷阀的设计与试验情况。

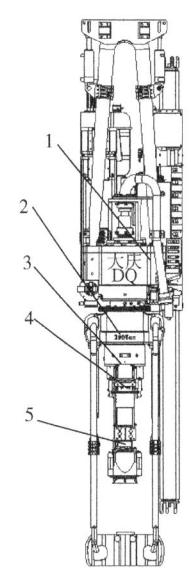

图1 顶驱主机外形图
1—电水龙头;2—背钳固定座;
3—顶驱主轴;4—遥控式防喷阀
总成驱动机构;5—保护接头

1 技术分析

1.1 功能及遥控方法

顶驱自动防喷阀是顶驱内部的一套机电液控制系统,该系统由司钻控制旋钮、电气控制系统、电磁阀组、液压系统、驱

作者简介:白晓捷,男,1982年出生,2005年毕业于大庆石油学院机械设计制造及其自动化专业,现从事顶驱的研究工作,工程师。通讯地址:大庆油田,钻探工程公司,钻井工程技术研究院,欠平衡钻井技术研究所,邮编:163413,联系电话:0459-4893404。

动机构和防喷阀总成组成。图2为该总成的逻辑控制图。工作时，操作人员在司钻房内手动转动旋钮开关，司钻房从站采集开关量信号，通过profibus通讯线将信号传递给电控房，电气控制系统接收工作指令，进行逻辑运算，检测液压系统的工作状况正常后，输出电磁阀控制指令，通过顶驱专用控制缆控制主机内的电磁阀组进行开关动作，液路切换后液压缸受压进行伸出或缩回机械动作，带动执行机构进行顶驱防喷阀的开关动作，从而实现对防喷阀的快速开关，有效阻止钻具内发生井涌、井喷，并能实现接单根防溅。

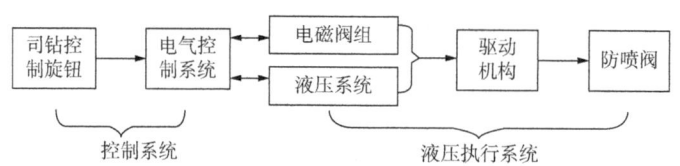

图2 控制逻辑图

1.2 液压执行系统原理

液压执行系统的主要作用是将液压能转换成机械能，将液压缸作用在滚轮支架上的轴向力转化成控制防喷阀开关的扭转力。图3为液压执行系统原理图。该系统在电动机泵组、油源系统电磁换向阀组件的控制下，可以实现较大排量12MPa油压的双液压管线输出。推动活塞上下运动带动滚轮架，同时滚轮架上的大、小滚轮夹持驱动套下行，滑套上的齿条与带动与其啮合的齿轮组件转动，而齿轮组件通过六方杆与防喷阀配合，从而将向下作用力转变成防喷阀的扭转力，齿轮带动内部立方杆驱动防喷阀开关。在液压系统的布置方式上参考了VARCO顶驱的液压系统内置的方法[3]，由于油源系统、电磁阀组、液压系统、执行机构和顶驱防喷阀集成在顶驱主机内部，系统之间液压管线长度不大于1.5m，沿程压力损失导致的滞后时间不大于0.5s，因此液压系统即使在冬季，系统整体工作时间可以控制在3s以内。

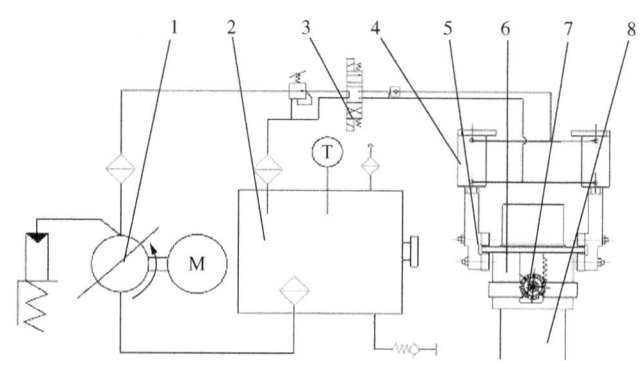

图3 液压执行系统原理图
1—电动机变量泵组；2—油源系统；3—电磁换向阀组件；4—液缸组件；5—滚轮架；
6—驱动套；7—齿轮组件；8—顶驱防喷阀

1.3 结构优化设计

在结构设计方案，进行了以下3项优化设计，使自动防喷阀具有更优的性能。

（1）紧凑型一体式防喷阀设计。

大庆钻井工程技术研究院首创采用紧凑结构的两芯一体式防喷阀结构（图4）。采用完全对称的机构设计，进行了密封件、紧固件轴向尺寸紧凑化设计，其有效长度仅为0.6m，有效缩短了顶驱工作高度，降低了加工成本，提高了维修更换便捷性。

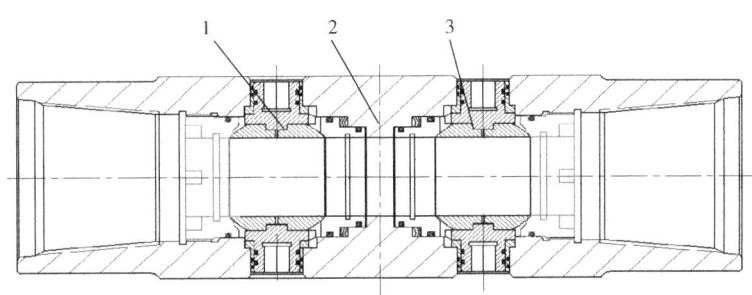

图4 两芯一体式防喷阀结构图
1—左旋塞；2—本体；3—右旋塞

（2）液缸开关位置优化。

设计防喷阀打开时，液缸为向下伸出的极限位置，依靠齿轮驱动总成的自动协助保证防喷阀保持在完全打开的状态。防止由于电磁阀渗漏、管线及接口渗漏导致的防喷阀自动关闭。

（3）齿轮防松机构简化。

通常情况下需在齿轮外部安装一个护罩，以防止齿轮脱出。在齿轮内部优化设计了打防松孔。六方杆上部六方与齿轮配合，下部六方与防喷阀配合，紧固螺钉将六方杆和齿轮压紧。防脱的关键是防止紧固螺钉松扣，因此在六方杆上钻4个ϕ2mm孔，在紧固螺钉上钻4个ϕ2mm孔，穿ϕ1.2mm钢丝实现防松。无需护罩即可实现防松，由于齿轮外露，操作人员可以方便地进行齿轮检查和维护。

（4）双齿条双驱式驱动套设计。

驱动套设计为双齿条式结构，如果现场单侧部件损坏，无需更换驱动套，只需旋转180°即可使用另一个齿条，延长工作寿命，方便现场操作。

1.4 遥控式防喷阀驱动扭矩计算

1.4.1 防喷阀打开、关闭扭矩计算

根据结构设计，活塞头直径63mm，活塞杆直径36mm，液压系统压力12MPa，齿轮啮合线直径70mm。双液向下伸出驱动防喷阀打开，向上驱动液缸体关闭。

打开扭矩 = $12 \times 100 \times (6.3/2)^2 \times \pi \times 2 \times 0.07 = 5.24$ kN·m

关闭扭矩 = $12 \times 100 \times [(6.3/2)^2 - (3.6/2)^2] \times \pi \times 2 \times 0.07$ N·m = 3.52 kN·m

1.4.2 防喷阀打开位自重扭矩计算

根据结构设计，驱动套自重25.4kg，单套滚轮架及活塞重5.2kg。

自重扭矩 = $(25.4 + 5.2 \times 2) \times 9.8 \times 0.07 = 25.6$ N·m

通过计算，防喷阀打开和关闭的扭矩达到3~5kN·m，达到人力操作的3倍以上，具备较高的工作可靠性。防喷阀在打开位有25.6N·m的自重扭矩，有助于防止防喷阀在液

压系统动力失效时意外关闭造成憋压。

1.5 防喷阀本体 Ansys 强度校核

将 IGE 格式 Solidworks 的"防喷阀本体"三维模型导入 ANSYS12 软件中，材质选用 Solid Quad 4node 42，设置弹性模量为 2.1e11Pa，泊松比为 0.3，一端面定位，内表面整体承受内压 1.2e8Pa，另一端面施加扭矩 45kN·m，施加拉力 225t。网格选用 5 级智能划分，完成了该零件的校核，图 5 为应力应变图。

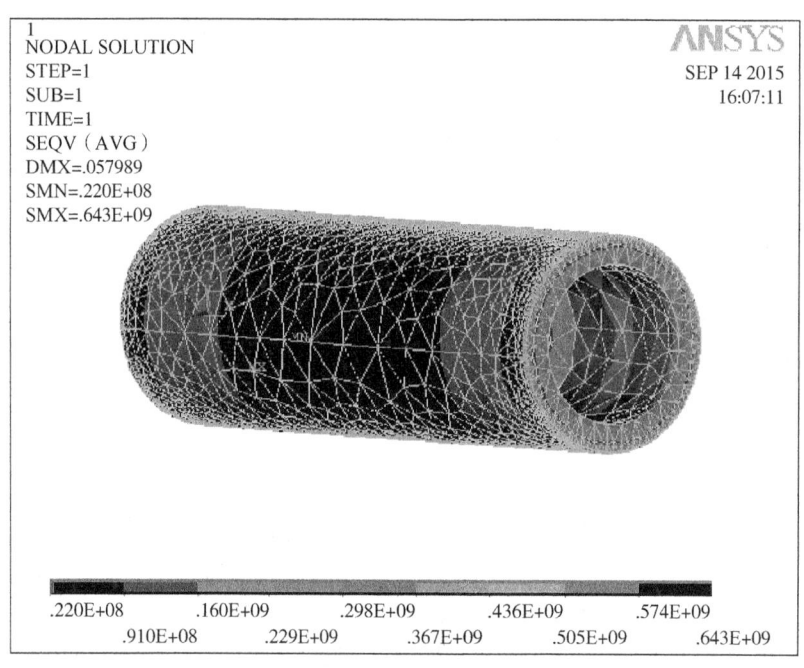

图 5 防喷阀本体应力应变图

根据应力应变图显示，旁通主体在内压 120MPa、扭矩 45kN·m、拉力 225t 作用下，处于弹性变形范围，强度在安全范围之内。

2 试验验证

开展了地面单元调试和顶驱整机联调，验证了该自动防喷阀动作速度快、动作平稳、防喷阀开关到位、顶驱长期运转总成无松动、防喷阀能够锁定在打开的位置。

2.1 机械部分单元试验

使用手压泵作为动力源，设计了专用支架代替顶驱背钳座，将遥控防喷阀总成机械部分直立安装在专用支架下方。手压泵 1MPa 即可驱动两侧液缸动作，持续操作手压泵，压力在 1~1.5MPa 之间，由于手压泵排量较小，需要 20s 时间完成液缸的开或关操作。在开关上下死点检查防喷阀开关状态正确，且开关到位。在上下死点憋压 24MPa 静置 10min 无压降，验证了液缸系统密封性能良好。反复试验 20 次，机械部分工作可靠，两侧同步较好，达到设计要求。

2.2 整机可靠性试验

在户外-20℃环境下,顶驱处于直立状态,电控和液压系统调试通过后,开展了遥控式防喷阀的整机调试。使用司钻台操作200次,平均工作时间1.5s,动作平稳。在60~180转转速下运转2h、10h、50h、100h、200h、300h、400h后分别进行遥控开关动作20次,动作平稳,开关到位,打开位锁定效果好,操作成功率达到了100%,验证该遥控式防喷阀具有较高的工作可靠性,能够满足现场使用。

3 结论

(1) 研制的顶驱自动防喷阀是钻柱内防喷系统中的重要部件,既能防止井涌和井喷,又能起到防溅作用。通过对结构进行优化设计,其整体性能得到提升。

(2) 通过单元和联调试验验证,该遥控式防喷阀具有较高的工作可靠性,能够满足现场使用。

(3) 研制的顶驱自动防喷阀是顶驱内部的一套机电液控制系统,在司钻的遥控下,3s时间内即可实现钻具内的防喷封隔,该种顶驱防喷阀还在陆地和海上平台钻井现场具有广阔的应用前景[4]。

参 考 文 献

[1] 冯琦,郭永岐,桑峰军. 典型顶部驱动钻井装置结构与功能分析[J]. 石油矿场机械,2013,42(9):90.

[2] 陈浩,宋周成,王晓萍,等. 钻柱内防喷系统研究方向探讨[J]. 石油机械,2007,35(7):66~67.

[3] 李传华,刘鹏,刘百红. 浅述国外顶部驱动装置的性能与应用[J]. 石油矿场机械,2008,37(7):31.

[4] 刘清友,龙永辉,张毅超. 在海洋修井机上安装顶驱装置的可行性研究[J]. 石油矿场机械,2007,36(12):20.

液动旋冲钻井工具研制

郑瑞强　李玉海

(大庆钻探工程公司钻井工程技术研究院)

【摘　要】 液动旋冲工具是一种高频扭转冲击类钻井提速工具,该工具可在钻头上附加高频周向冲击力和轴向水力脉冲,使钻头和井底始终保持连续的高频切削,消除"黏滑现象",保护钻头、减少岩屑重复切削,提高机械钻速。本文重点介绍了该工具的工作原理,设计参数,以及动力系统、冲击系统、传压传扭系统的具体结构设计。现场试验结果表明,该工具工作原理正确,操作简单,使用寿命长,配合PDC钻头可大幅度提高深井硬地层机械钻速。

【关键词】 高效破岩;冲击;钻井提速;工具结构

油田深部地层岩石坚硬、研磨极值高,应用常规牙轮钻头钻进,单只钻头进尺少,需要多次起下钻且机械钻速较低;应用螺杆进行复合钻进时,由于深井中温度较高,螺杆寿命低、使用效果不理想;此外采用气体钻井技术钻进可较大程度提高机械钻速,但在地层出水的情况下易引起井下复杂,且气体钻井配套设备多,成本相对较高。

针对以上问题,国内外已尝试了多种工具,见到一定的提速效果,其中高频扭转冲击类工具占提速工具市场的主导地位[1]。该类工具可以给钻头附加高频扭转冲击力,辅助钻头破岩,降低钻柱的黏滑现象,提高机械钻速[2]。钻井工程技术研究于2012年开始研发高频扭转冲击类工具液动旋冲工具,并在大庆、吉林、内蒙古及新疆地区进行了现场应用,提速效果显著。

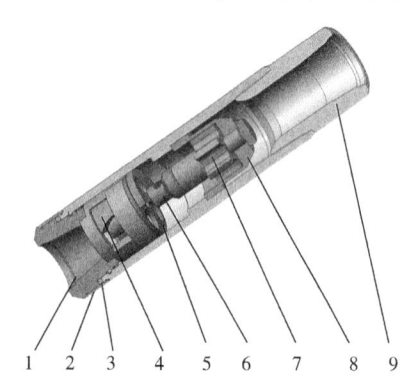

图1　液动旋冲工具结构示意图
1—下接头;2—护环;3—钢球;
4—锤头;5—下盘阀;6—上盘阀;
7—叶轮;8—导流体;9—上接头

1　液动旋冲工具技术分析

1.1　工具结构

该工具主要由动力系统、冲击系统、传压传扭系统等组成,如图1所示。动力系统主要由导流体、叶轮等组成,可将流体能量转化成机械能;冲击系统主要由上盘阀、下盘阀、锤头等组成,可将动力系统产

基金项目:中国石油天然气集团公司科学研究与技术开发项目"重大工程关键技术装备研究与应用"子课题四:高效破岩工具研制(2013E-3804)

作者简介:郑瑞强(1983—),男,汉族,河北省饶阳县人,工程师,学士学位,2007年毕业于东北电力大学机械专业,现主要从事钻完井工具的研发工作,E-mail:zhengrq@cnpc.com.cn。

生的机械能转化为轴向高频冲击能量；传压传扭系统主要由下接头、护环和钢球组成，可有效地传递钻压和扭矩。

1.2 工作原理

钻井液驱动动力机构带动上盘阀产生周期性脉冲对锤头做功，锤头在周期性脉冲的作用下高频锤击锤座，锤座将均匀稳定的周向高频冲击力通过下接头传递给钻头，使钻头和井底始终保持连续的高频切削，消除了"黏滑现象"，保护钻头[3]，提高了破岩效率；同时钻井液流经上、下盘阀时形成了压力波动，并在钻头水眼处产生高频水力脉冲射流[4]，提高岩屑运移效率，减少井底岩屑重复切削，提高了机械钻速。

2 工具设计

2.1 主要设计参数

主要设计参数如下：液动旋冲工具长 800mm，最大外径 182mm，当量通径 45mm，工作排量 28~32L/s，压降 2.5~3.0MPa，冲击频率 20~25Hz，冲击力 1.0~1.3t。

2.2 动力系统设计

动力系统主要功能是将流体能量转化为机械能，带动上盘阀转动，可实现该功能的机构有涡轮机构、螺杆机构、轴向叶轮机构等[5]。涡轮机构(图2)主要用于涡轮钻具中，单级功率小，多级使用时轴向尺寸长，存在轴向压力；螺杆机构(图3)主要用于螺杆钻具中，定子为橡胶件，受温度影响较大，不适用于深井；轴向叶轮机构(图4)与涡轮机构相似，不同的是叶片数量少，较长，通常为单级使用，转速较高，主要用于井下仪器的发电机中。三种机构均存在缺点，为了实现动力系统轴向尺寸短、抗高温、转速低的设计要求，设计了径向进液的叶轮式动力系统(图5)。

图 2 涡轮机构示意图

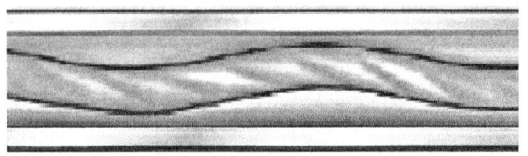

图 3 螺杆机构示意图

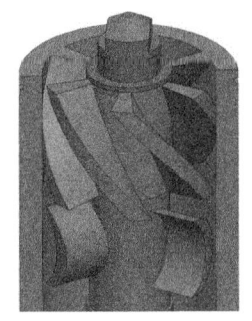

图 4 轴向叶轮机构示意图

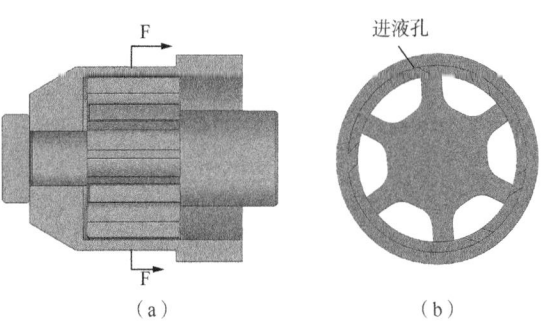

图 5 动力系统结构示意图

叶轮式动力系统主要由导流体和叶轮组成，导流体设计有进液孔，进液孔的大小、数量和角度直接影响节流压力大小、叶轮转速和叶轮扭矩。设计进液孔参数为偏心距45mm，宽度10mm，数量6个，进液孔之间角度分别为45°和75°；叶轮参数为均布6个叶片，叶片厚度15mm，外径120mm，根部直径74mm。叶轮式动力系统额定压降0.9MPa，输出转速1300r/min。

2.3 冲击系统设计

冲击系统可将动力系统产生的机械能转化为轴向高频冲击能量[6]，该系统设计时采用了分流原理，设计了中空式盘阀心轴（中心孔直径20mm），保证始终有流道导通，动作无死点，并将上盘阀进液口设计为椭圆，下盘阀冲击孔与复位孔呈92.5°分布，从而实现盘阀旋转一周，56%的时间一次蓄能，通过冲击孔释放，使锤头正向冲击锤座，9%的时间二次蓄能，通过复位孔释放，使锤头反向冲击锤座。冲击系统额定压降为2.0MPa，正向冲击力为1.3t。上盘阀、下盘阀及锤头结构示意图如图6所示。

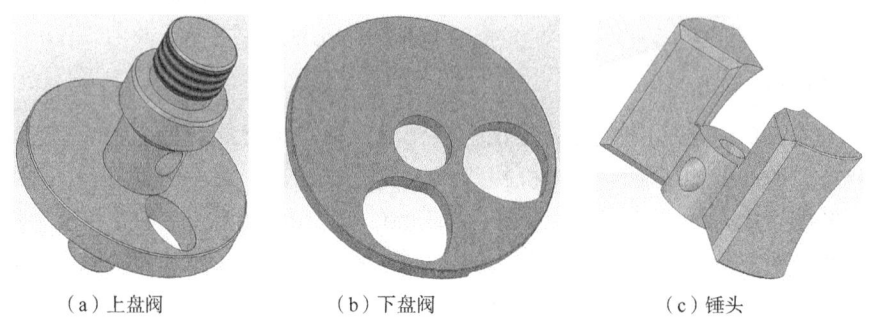

（a）上盘阀　　　　（b）下盘阀　　　　（c）锤头

图6　上盘阀、下盘阀及锤头结构示意图

2.4 传压传扭系统设计

传压传扭系统主要是传递钻压、扭矩以及锤头的冲击力。该系统采用牙嵌与"止推轴承"相结合的方式（图7），将接触部位由面接触转化为了点接触，并设计了充有润滑脂的密封空间，将钻井液有效隔离，减少摩擦力的同时延长了"止推轴承"的工作寿命，实现了均匀稳定高频冲击能量的高效传递。传压传扭系统牙嵌周向角度为40°，牙嵌槽为50°，护环外径182mm，内径172mm，止推钢球直径12mm。

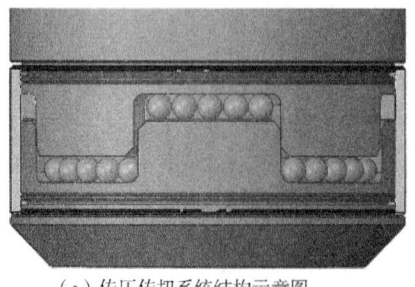 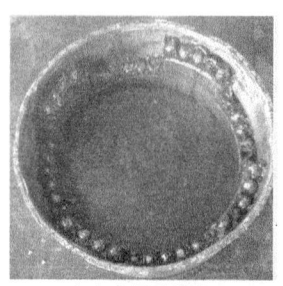

（a）传压传扭系统结构示意图　　　　（b）使用后照片

图7　传压传扭系统结构示意图及使用后照片

3 现场试验

液动旋冲工具在室内功能性试验取得成功后,于 2012 年 12 月在大庆达深 17 井进行了首次现场试验,试验井段 2889.26~2938.48m,总进尺 49.22m,纯钻时间 11.65h,平均机械钻速 4.22m/h,因烃值高,地质人员要求起钻取心,工具出井后井口测试动作正常。拆解后发现冲击系统阀体进液口存在冲蚀现象,对阀体进液口进行硬质合金强化后,在达深 16 井进行了再次现场试验。

达深 16 井自 3040.75m 开始至完钻井深 4400m,总进尺 1356.59m(中间取心 1 次),共使用 4 支液动旋冲工具,4 只 PDC 钻头,钻具组合为:ϕ215.9 钻头 + ϕ182mm 液动旋冲工具 + ϕ159mm 强制型箭形回压阀 + ϕ159mm 钻铤×2 + ϕ214mm 稳定器 + ϕ159mm 钻铤×1 + ϕ214mm 稳定器 + ϕ159mm 钻铤×24 + ϕ127mm 钻杆,钻井参数为:造型阶段转盘转速 60r/min、钻压 20kN、排量 28~32L/s、进尺 30cm,钻进阶段转盘转速 60~80r/min、钻压 60~120kN、排量 28~32L/s。4 趟钻施工数据见表 1,钻头出井照片如图 8 所示。从施工数据和钻头照片上不难看出,使用液动旋冲工具可保护钻头,并可大幅度提高机械钻速。另外使用液动旋冲工具配合 Q635 单排切削齿钻头施工的第一、三趟钻从进尺和机械钻上均优于配合液动旋冲工具使用的进口 DSR613M 型双排钻头。

表 1 达深 16 井液动旋冲工具施工数据

井段/m	层位	岩性	纯钻时间/h	单趟钻进尺/m	平均机械钻速/(m/h)	钻头型号	与临井比提速倍数
3040.75~3618.02	营城	泥质粉砂岩、砂质砾岩	109.8	577.27	5.26	Q635	4.42
3620.68~3708.43	沙河子	砂质砾岩	37.62	87.75	2.33	DSR613M	1.40
3708.43~4283.17	沙河子	砂质砾岩	83.16	574.74	6.92	Q635	6.13
4238.17~4400.00	沙河子	砂质砾岩	48.99	116.83	2.38	DSR613M	临井未至该深度

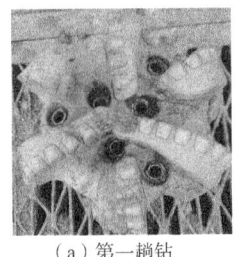 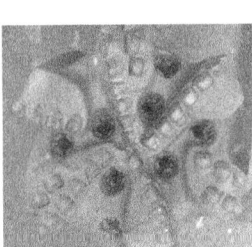 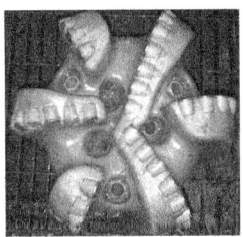 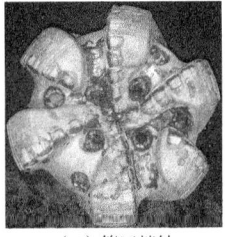

(a)第一趟钻　　　　(b)第二趟钻　　　　(c)第三趟钻　　　　(d)第四趟钻

图 8 达深 16 井钻头出井照片

截止到目前,液动旋冲工具已在大庆、吉林、内蒙古及新疆地区[7]累计应用 61 口井,共使用 157 支工具,提速幅度达 1~6 倍,单支工具最高纯钻寿命已达 243.35h。

4 结论

(1)液动旋冲工具通过钻井液驱动动力系统,使冲击系统产生高频轴向冲击和轴向水力脉冲,并通过传压传扭系统传递给钻头,辅助钻头破岩,提高机械钻速。

(2)该工具设计了具有不产生轴向压力、能量转化效率高、轴向尺寸短等特点的叶轮式动力系统;设计了具有动作无死点、正向冲击力大、反向冲击力小等优点的盘阀式冲击系统;设计了能够高效、平稳传递钻压、扭矩、高频冲击力及水力脉冲的牙嵌式传压传扭系统。

(3)现场试验表明液动旋冲工具具有操作简单、寿命长、保护钻头、提速效果好等优点,配合PDC钻头使用可有效提高深井硬地层机械钻速和行程钻速。另外在达深区块配合单排PDC钻头使用,机械钻速和总进尺均好于双排PDC钻头。

参 考 文 献

[1] 闫铁,杜婕妤,李玮,等.高效破岩前沿钻井技术综述[J].石油矿场机械,2012,41(1):50-55.
[2] 付加胜,李根生,田守嶒,等.液动冲击钻井技术发展与应用现状[J].石油机械,2014,42(6),1-6.
[3] 贾涛,徐丙贵,李梅,等.钻井用液动冲击器技术研究进展及应用对比[J].石油矿场机械,2012,41(12):83-87.
[4] 李玮,纪照生,王琪琪,等.NPJ-1型高效破岩脉冲射流轴向冲击器研制[J].石油矿场机械,2015,44(8):55-53.
[5] 杨先伦,宋建伟,何世明,等.扭转冲击器破岩效果影响因素评价[J].石油矿场机械,2014,43(9):4-8.
[6] 卢玲玲,何东升,张伟东,等.扭转冲击器研究及应用[J].石油矿场机械,2015,44(6):82-85.
[7] 迟家俊.塔东古城区块钻井提速配套技术及应用[J].西部探矿工程,2016(1),20-23.

球挂式液压丢手工具失效原因及解决措施

郑瑞强

(大庆钻探工程公司钻井工程技术研究院)

【摘 要】 球挂式液压丢手工具通过憋压的方式进行丢手,在现场应用过程中出现了悬挂钢球卡死,丢手失败的问题。本文通过受力分析找到了其失败的原因并提出了两套解决方案,分别是增加悬挂钢球数量方案和将悬挂球设计为悬挂块方案。经现场验证,设计合理,方案可行,为今后重载条件下的丢手施工作业提供了参考。

【关键词】 丢手;结构;液压

球挂式液压丢手工具克服了机械式"J"形槽丢手工具只能通过悬重力来判断丢手接头是否脱开的缺点,并于2011年应用于4口井氮气欠平衡钻井井段完井管柱的丢手施工中,丢手成功率100%[1](结构示意图如图1所示)。但2014年在芳16-斜48井施工中却出现了悬挂钢球卡住,丢手未脱开的现象。本文通过对施工过程进行对比、球挂机构受力分析,找到了球挂式液压丢手工具失效的原因,并有针对性地提出了增加钢球数量和将悬挂钢球改为悬挂块两套解决方案。增加钢球数量方案加工相对简单,但接触方式仍为点面接触;悬挂钢球改为悬挂块方案将原来的点面接触改进为了面面接触,更适合于重载条件下的丢手施工作业。两套方案均进行了现场验证,为今后重载条件下的丢手施工作业提供了参考。

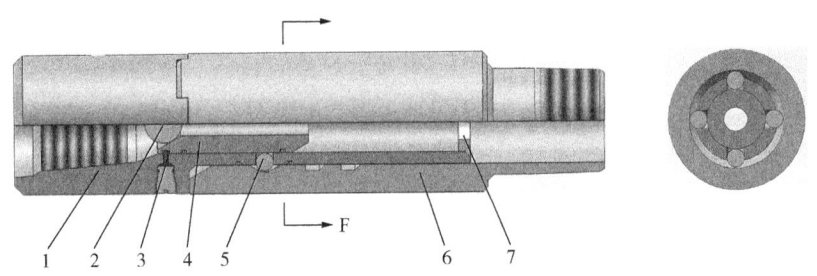

图1 球挂式液压丢手工具结构示意图
1—上接头;2—钢球;3—丝堵、销钉;4—球座;5—悬挂钢球;6—下接头;7—挡板

1 施工过程对比

2011年施工的4口井中有2口定向井、2口直井,丢手下深最深为1460m,完井方式均为3½in割缝筛管与3½in油管相结合的方式,管柱最长为55m。2014年施工的芳16-斜48

作者简介:郑瑞强(1983—),男,汉族,河北省饶阳县人,工程师,学士学位,2007年毕业于东北电力大学机械专业,现主要从事钻完井工具的研发工作,E-mail:zhengrq@cnpc.com.cn。

井是 1 口定向井,完井方式同样是 3½in 筛管与 3½in 油管相结合的方式,但完井管柱长度为 83.5m。5 口井施工过程均严格按照操作规程执行,没有操作不当的情况。芳 16-斜 48 井未脱开的丢手工具的球座已按设计脱落至挡板处,但周向均布的 4 个悬挂钢球有 3 个未脱落,如图 2 所示。因此根据施工情况及未脱开现象初步判断丢手工具未脱开和丢手悬挂的管柱质量有关。5 口井施工数据见表 1。

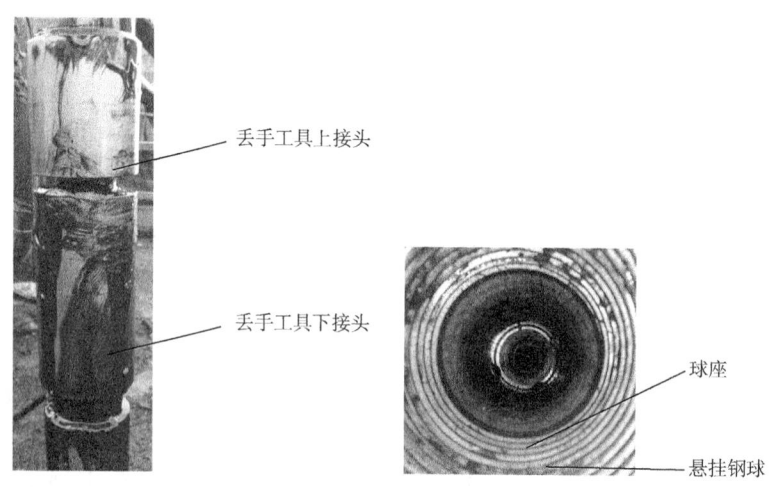

图 2 未脱开的球挂式液压丢手工具现场照片

表 1 球挂式液压丢手工具现场施工数据

井号	井型	完井管柱长度/m	完井管柱数量/根	完井管柱质量/kg	丢手工具下深/m	丢手是否脱开
州 54-1	定向井	55	6	752.95	1444	脱开
州 54-2	定向井	55	6	752.95	1454	脱开
701-1	直井	55	6	752.95	1460	脱开
701-2	直井	45	5	616.05	1457	脱开
芳 16-斜 48	定向井	83.5	9	1143.12	1457	未脱开

2 球挂机构受力分析

如图 3 所示,钢球悬挂机构共涉及 4 个零件,分别是上丢手接头、下丢手接头、球座以及钢球。以 1 个钢球为研究对象对其进行受力分析,忽略钢球本身的重力,钢球受下丢手接头沟槽斜面对其产生的压力 N_1,上丢手接头球孔对其产生的支撑力 N_2,以及球座外表面对其产生的支撑力 N_3。另外以下丢手接头为研究对象分析其受力,下丢手接头受完井管柱的拉力 G(忽略完井管柱的浮力,拉力 G 即为完井管柱的重力),以及钢球对其沟槽斜面的支撑力 $F^{[2]}$。

下丢手接头沟槽斜面角度为 30°,即 F 与 N_3 的夹角为 30°。各力之间的大小关系为:$F = G/\sin30° = N_1$,$N_2 = \sin30° \cdot N_1$,$N_3 = \cos30° \cdot N_1$。

在挤压状态下计算上丢手接头、下丢手接头与钢球接触处的变形,即钢球压入深度(由于球座在施工时脱落至设计位置,未影响丢手脱开,故不进行分析)。

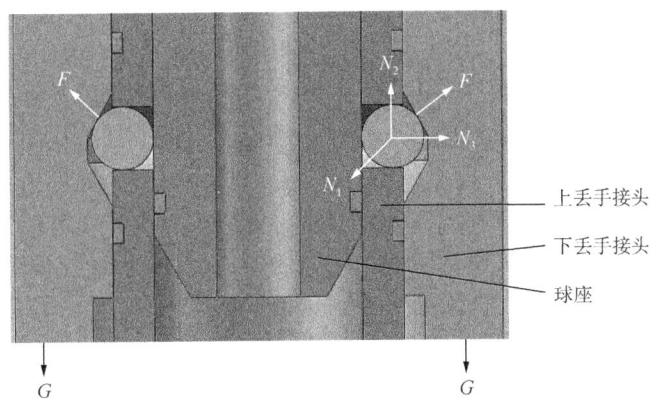

图 3 球挂机构受力分析示意图

根据布氏硬度 HB 的计算公式：

$$HBW = P/\pi Dh$$

式中：P 为载荷值，N；D 为钢球直径，mm；h 为压痕深度，mm。

丢手工具连接钢球直径 15mm，周向均布 4 个，上、下丢手接头材质为 42CrMo，硬度为 HB290。

代入已知数据得：当完井管柱数量为 6 根，重量为 752.95kg 时，单个钢球在 F 力的作用下，上丢手接头上的压痕深度为 0.28mm，在 N_2 的作用下，下丢手接头上的压痕为 0.14mm；当完井管柱数量为 9 根，重量为 1143.12kg 时，单个钢球在 F 力的作用下，上丢手接头上的压痕深度为 0.42mm，在 N_2 的作用下，下丢手接头上的压痕深度为 0.21mm。

由上可得，随着完井管柱数量增多，钢球对上、下丢手接头的压痕深度明显增大，且成正比关系。另外在下钻过程刹车时将产生激动压力，从而使作用在钢球上的挤压力更大，压痕更深，从而导致钢球脱落困难，甚至卡死，无法脱落，这也正是芳 16-斜 48 丢手未脱开，钢球未脱落的主要原因。

3 丢手改进方案

通过受力分析发现，减少钢球受力或增加挤压面面积是解决问题的关键，从这两个方面入手，设计了两套改进方案。

3.1 增加钢球数量方案

增加钢球数量方案即将原来周向均布四个钢球改进为周向均布多个钢球，如图 4 所示，从而减少单个钢球的受力，确保顺利脱开。

在设计 5½in 球挂式液压丢手工具时采取了该方案，并在周向均布 15 个 8mm 连接钢球，通过室内实验验证后在朝 146-斜 73 井进行了现场应用。该井钻进至 1135m 时发现水侵，加重后井口仍有外溢，起钻后决定采用封隔器封堵，并用丢手释放，

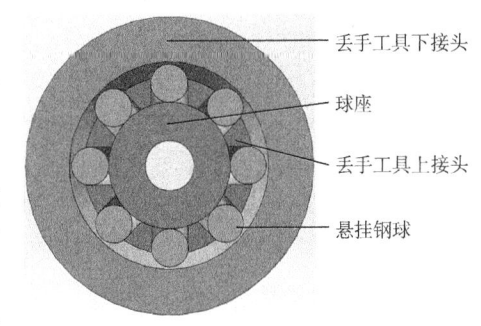

图 4 增加钢球数量方案示意图

封隔器下部采用裸眼完井。完井管柱由下到上为：

5½in 引鞋+5½in 回压阀+5½in 投球憋压短节+5½in 套管1根+5½in 液力扶正器1支+5½in 套管外封隔器1支+5½in 液力扶正器1支+5½in 球挂式液压丢手工具1支+5½in 送入钻具 N 根。

由于完井管柱不下至井底，因此之前靠丢手下部管柱自重脱开的丢手工具需要改进为靠液压脱开的方式。投入钢球后憋压，销钉剪断，球座下行，压力升高，高压液体通过流道孔进入由下接头上端与上接头中部组成的密封活塞腔，在压力的作用下，上、下接头主动分离，并迫使悬挂钢球向里回收至球座中部预留的凹槽内，上、下丢手脱开[3]。改进后的5½in 球挂式液压丢手工具结构示意图如图5所示，现场施工如图6所示。

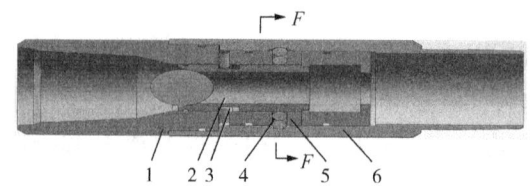 

图5 改进后的球挂式液压丢手工具结构示意图
1—上接头；2—钢球；3—球座；4—悬挂钢球；5—销钉；6—下接头

图6 改进后的球挂式液压丢手工具上丢手起出井口

3.2 悬挂钢球改为悬挂块方案

悬挂钢球改为悬挂块方案即将原来周向均布的钢球改进为周向均布多个悬挂块，如图7所示，将原来钢球的点面接触变为面面接触，增加挤压面面积，从而减少挤压变形，确保顺利脱开。

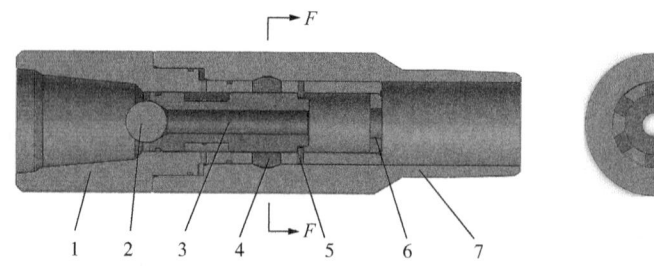

图7 悬挂块式液压丢手工具结构示意图
1—上接头；2—钢球；3—球座；4—悬挂块；5—销钉；6—挡板；7—下接头

悬挂块式液压丢手工具包括上接头、钢球、球座、悬挂块、销钉、挡板、下接头，该方案结构原理与原球挂式液压丢手工具相似，不同之处有两点，一是悬挂机构是悬挂块，接触方式由点面接触改进为面面接触，接触面积变大，结构更加安全可靠；二是脱开力来源是活塞缸内的液体压力，该结构与改进后的球挂式液压丢手工具相似。室内实验证明该结构设计合理，各个动作均能按设计完成。在朝146-斜73井常规丢手未脱开后，采取了该方案进行丢手施工,并获得成功,现场施工图如图 8 所示。

图 8　悬挂块式液压丢手工具上丢手起出井口

4　方案对比

两套方案分别从增加钢球数量和增加接触面积入手进行了设计,并均采用了通过液压活塞腔提供脱开动力的方法,原理可行,结构合理。增加钢球数量方案加工相对简单,但接触方式仍为点面接触,重载条件下依旧会出现悬挂钢球卡住,工具不能脱开现象。悬挂块方案彻底将原来的点面接触改进为了面面接触,接触面积大大增加,可满足重载条件下的丢手施工作业。

5　结论

(1) 球挂式液压丢手工具在芳 16-斜 48 井施工失败的原因为完井管柱较长,悬挂钢球对上、下丢手接头的压痕深度较深,导致悬挂钢球卡住,丢手施工失败。

(2) 改进后的悬挂块式液压丢手工具悬挂块与丢手上、下接头之间为面面接触,相对于钢球悬挂结构接触面积大大增加,并且采用了通过液压活塞腔提供脱开动力的方法,可满足重载及管柱悬空条件下的丢手作业。

(3) 创新设计了悬挂块悬挂结构,与原球悬挂结构相比,设计合理,性能可靠,应用于液压丢手工具中更适合重载条件下的丢手施工作业。

(4) 悬挂块式液压丢手工具解决了球挂式液压丢手工具在重载条件下悬挂钢球卡住、丢手失败的问题,在轻载和重载条件均可替代球挂式液压丢手工具,应用前景广阔。

参 考 文 献

[1] 李玉海. 球挂式液压丢手工具研制[J]. 石油矿场机械,2012,41(2):71-73.
[2] 吴姬昊. 石油工程用丢手机构的分析与研究[J]. 石油矿场机械,2004,33(2):63-65.
[3] 王禾丁,谷开昭,朱爱萍. 液压丢手工具丢手压差的设计计算[J]. 石油矿场机械,2002,31(2):41-43.

套管氦气密封检测封隔器及工装的设计

郑 璐　白晓捷　马晓伟　孟祥光

(大庆油田钻探工程公司钻井工程技术研究院)

【摘　要】 本文阐述了大庆油田氦气密封检测技术现状，总结了应用该技术的重要性，介绍了自主研发的氦气密封检测核心部件封隔器的整体结构尺寸设计、各部件的设计、核心技术研发、强度校核、现场试验效果。经现场试验验证氦气密封检测封隔器满足大庆油田套管气密性检测的应用的条件。

【关键词】 氦气密封检测；封隔器；套管气密性

为保障入井油套管的密封性，国内各气田和储气库在完井油层套管和生产管柱中广泛应用气密封扣油套管，特别是对一些高压气井、H_2S 井、CO_2 井或是人口稠密的地区井。入井的上百根套管中，任何一根套管因为任何一个因素出现问题，最终都有可能产生泄漏。而扣密封性不合格是井口带压或漏气的根源之一。气密封检测技术能在每根套管连接后进行检测，有效剔除泄漏的油套管扣，及时对入井不密封扣的油、套管做出预报及更换。避免因螺纹泄漏导致巨大的经济损失。

1970 年，美国首先将氦气检漏技术应用于油套气密封性检验。目前国外能够进行气密封检测的公司比较多，如 Cameron Company、Shaffer Company 等。这些公司使用气密封检测系统的时间都比较早，相对来说技术比较成熟。为最大限度降低特殊气密封性螺纹泄漏而造成事故的潜在风险，对特殊螺纹的气密封检测在北美、墨西哥及南美的大部分油田已成为强制性检测要求。

石油工业井控装置质量监督检验中心从 1994 年开始调研，1998 年正式向中国石油天然气集团公司提出立项。目前国内气密封检测设计及服务技术较成熟的是安东石油集团的气密封检测部，共有检测设备 9 套，在塔里木油田、中国石化西北局、中国石油西南油气田分公司、中国石化西南分公司、吉林油田、大庆油田累计检测 100 多井次，3 万多口次，800 个泄漏点，分布在 29 个井次，所检井后期生产均正常，充分证明了该技术的价值。

1 氦气密封检测封隔器的设计

1.1 氦气密封检测封隔器简介

气密封检测技术是在井口连接套管接箍后，使用检测设备对接箍进行密封泄漏检测，

作者简介：郑璐，男，1989 年生，助理工程师，工学学士，主要研究方向为欠平衡钻井技术研究工作。E-mail：haaagooo@petrochina.com.cnprayerpeace@163.com

确保入井气密扣无泄漏的一项新技术。封隔器是完成检测的关键设备，如果封隔器出现任何瑕疵都会导致检测失败。气密封检测采用的试压介质为氦气和氮气的混合气体，通常检测过程中氦气和氮气的混合比例为1∶7。氦气为探索气体，由于氦气分子直径很小，仅比氢分子大，在气密封扣中易渗透，对油套管无腐蚀，是无毒安全的惰性气体。[1]

1.2 组成及工作原理

封隔器是油田钻采工艺中重要的井下工具之一[2]，检测用双向封隔器主要由上接头、PCR、骨架、胶筒、滑套、上下活塞杆、旁通主体、限压泄压阀、工具引鞋组成（图2）。

技术原理：检测气体通过上活塞杆，旁通主体管道，下活塞杆。加压推动上下活塞头坐封胶筒，居中卡瓦卡死形成密闭环形空间，形成坐封。继续加压检测气体推动限压阀使限压阀打开，气体通过旁通主体侧孔进入密闭环形空间，开始检测。测试完毕后，空间充满氦气，此时开始降压，泄压阀打开放气。直至泄压结束，同时坐封解除。

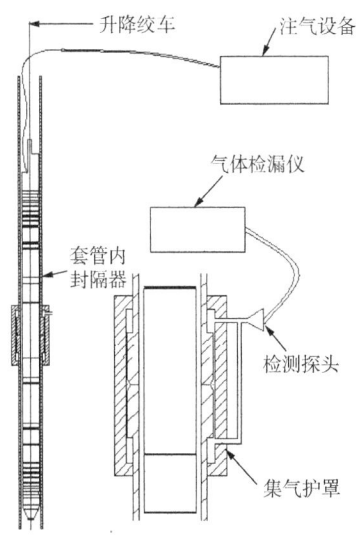

图1 气密封检测技术流程图

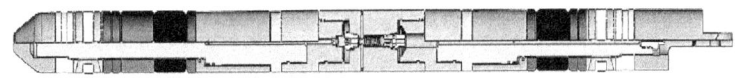

图2 封隔器结构

1.3 实现可靠气密封检测的关键技术

（1）可靠密封技术。

封隔器胶筒是通过轴向压缩力紧贴在封隔器套管壁上起密封作用，其密封性能直接制约使用性能。胶筒与套管接触所产生的接触应力是胶筒承受工作压差的必要条件[3]。

（2）限压坐封技术。

检测气体通过胶管进入封隔器，由于限压阀作用在未达到额定压力时，处于关闭状态，气体推动活塞使胶筒压缩，实现坐封，继续加压检测气体推动限压阀使限压阀打开，气体通过侧孔进入密闭环形空间。

（3）泄压解封技术。

检测结束后，通过外部设备给气体泄压，限压阀打开时通过限压阀放气，压力降到额定压力后限压阀关闭，此时降压，在封隔器坐封形成的密闭空间和气体通道之间形成压差，并作用在泄压阀两端，当压差达到一定时，泄压阀打开放气直到压差为零，最后关闭。在气体没有泄压到坐封完全解除之前，会周期性地在泄压阀两端产生压差，所以泄压阀做周期性的往复运动。

1.4 技术参数

技术参数见表1。

表 1 封隔器技术参数表

规格型号	长度/mm	最大外径/mm	检测压力/MPa	适用套管/in	最大漏率/(bar·mL/s)
QMFGQ-4	1900	φ91	70	5 1/2	<2.0×10⁻⁷

1.5 强度校核

（1）进行承内压理论校核。

$$[\sigma] \geq 980 \text{MPa} \quad 安全系数 \quad n = \frac{[\sigma]}{\sigma}$$

（2）注入端承受内压 $p = 105\text{MPa}$ 内径 $D = 10\text{mm}$ 壁厚 $\delta = 4.5\text{mm}$。

$$\sigma_1 = \frac{pD}{2\delta} = \frac{105 \times 1}{2 \times 0.45} = 116.7\text{MPa}$$

故 $n = \frac{[\sigma]}{\sigma} = \frac{980}{116.7} = 8.39$

（3）工作端承受压差最大为 $p = 20\text{MPa}$ 内径 $D = 70\text{mm}$ 壁厚 $\delta = 10.5\text{mm}$。

$$\sigma_2 = \frac{pD}{2\delta} = \frac{20 \times 7}{2 \times 1.05} = 66.7\text{MPa}$$

故 $n = \frac{[\sigma]}{\sigma} = \frac{980}{66.7} = 11 \sim 14$

（4）特殊情况下内外承压均为 $P = 105\text{MPa}$
5½in 封隔器外径 $D = 113\text{mm}$ 壁厚 $\delta = 14\text{mm}$。

$$\sigma_2 = \frac{pD}{2\delta} = \frac{105 \times 11.3}{2 \times 1.4} = 423.75\text{MPa}$$

故 $n = \frac{[\sigma]}{\sigma} = \frac{980}{423.75} = 2.31$

同理 4½in 封隔器 $n = 2.15(D = 91\text{mm} \quad \delta = 10.5\text{mm})$，7in 封隔器 $n = 2.03(D = 147\text{mm} \quad \delta = 6\text{mm})$。

经计算：在额定压力 105MPa 下，整体安全系数均大于 2。

（5）核心部件——旁通主体在极限压力下 Ansys 的应变分析。

将 IGE 格式 Solidworks 的"旁通主体"三维模型导入 ANSYS12 软件中，材质选用 Solid Quad 4node 42，设置弹性模量为 $2.1e^{11}\text{Pa}$，泊松比为 0.3，两端面定位，内表面整体承受内压 $2.0e^{8}\text{Pa}$，网格选用 5 级智能划分，完成了该零件的校核效果如图 3 和图 4 所示。

根据应力应变图显示，旁通主体在极限内压 200MPa 下，处于弹性变形范围，强度在安全范围之内。

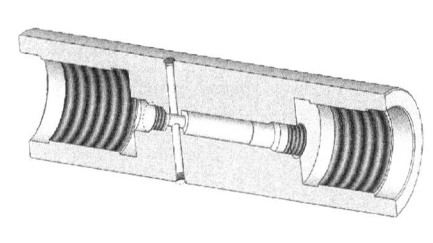 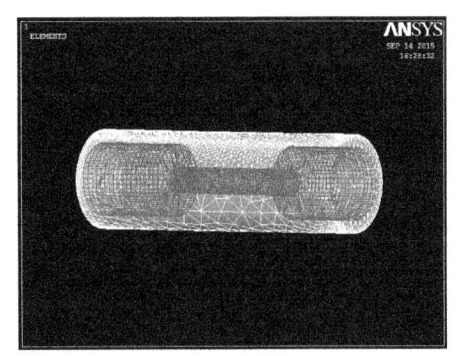

图 3 核心部件——旁通主体三维建模　　图 4 200MPa 内压载荷施加应力应变图

2 装卸工装的设计

设备关键部件 PCR 及骨架由于金属与胶环的紧凑组合结构导致气密封胶环无法安装,而整体更换成本较高,因此设计了一套气密封胶环专用拆卸工装。设计后 1 人 10min 即可轻易安装,节省人力,提高企业整体工作效率和员工工作舒适度。研制的气密封封隔器胶环安装工装,可直接在钻井现场对骨架式气密封胶环进行安装。

研制了封隔器胶环安装工装,该工装包括初期压盖、主压盖、弹力环、导引锥、紧固螺杆、安装座、底座、套管护丝,如图 5 所示。

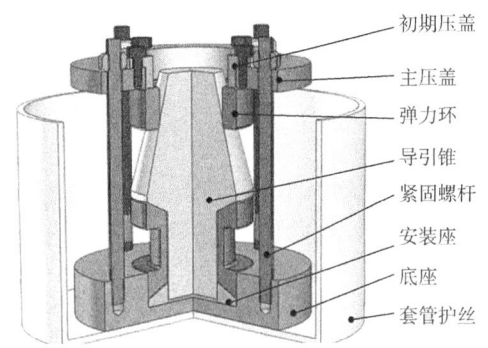

图 5 封隔器胶环安装工装

3 试验检验效果

3.1 地面试验

在 5½in 氦气密封检测封隔器完成地面装配后,模拟现场试验条件对该总成进行了一系列功能性试验。试验结果显示,该总成各项基本功能达到了现场使用需求(表2)。

表 2 地面实验记录表

试验	承压试验	坐封试验		解封试验	
压力	70MPa	20MPa	70MPa	45MPa	70MPa
	静置 10min 无压降	气体保压可靠胶筒无变形		1min 内完全解封,无气体冲击	

3.2 现场试验

2015 年 8 月 17 日,5½in 氦气密封检测封隔器在投入徐深 6-平 1 井使用,与现有气密封检测设备配套使用,无需更换即可使用,安装操作工艺与原封隔器相同。

累计现场工作 30h,测试 210 根,现场试验表明,该 5½in 氦气密封检测封隔器强度及密封性满足现场使用(表3)。

表3 现场试验记录表

检测时间	检测数量	上管壁厚/mm	上管规格/mm	下管壁厚/mm	下管规格/mm	检测压力/MPa	上扣扭矩/(N·m)	最大漏率/(bar·mL/s)	检测结论
9:00-次日15:00	210	9.17	139.7	9.17	139.7	49	10885~12309	$<2.0\times10^{-7}$	合格

4 结论和认识

(1) 油管螺纹气密封检测技术检测压力能达到70~140MPa,满足超高压气井生产的需要,同时其氦气检测灵敏度高,检测快捷,具有很强的技术优势[4]。

(2) 该气密封封隔器解决了密封、限压、分步泄压关键技术,试验效果可靠。

(3) 现场试验表明,该4½in氦气密封检测封隔器强度及密封性满足现场使用。

(4) 通过试验认识到,为解决在高压下无法解封的隐患,可在本体内部设计一条放气回路,以进一步提高其安全性。

参 考 文 献

[1] 林勇,薛伟,李治,等.气密封检测技术在储气库注采井中的应用[J].油气田开发,2012,1(30):56.

[2] 张立新,沈泽俊,李益良,等.我国封隔器技术的发展与应用[J].石油机械,2007(8):35-38.

[3] 李晓芳,杨晓翔,王洪涛.封隔器胶筒接触应力的有限元分析[J],润滑与密封,2005,9(5):90-92.

[4] 刘啸峰,陈实.气密封检测技术在高压深井中的应用[J].内蒙古石油化工,2010,36(23):23-82.

控压钻井自动控制系统稳态建模

王书庆

(大庆钻探工程公司钻井工程技术研究院)

【摘　要】 本文研究控压钻井自动控制的非线性模型的建模方法，利用节流阀的物理特性建立一套自动控制系统模型，该模型可以应用于钻井液不同流量、密度、排量下的控压钻井的自动控制，利用 RTW(半实物仿真)将模型转化为通用实时代码，采用模块化建模方法，可以将模型推广到不同环境下的控压钻井，为控压钻井自动控制系统打下了良好的基础。应用 MATLAB 计算软件进行控压钻井系统中自动控制模型的编写过程，其中包括从数学模型的建立和控制模型的编写过程。

【关键词】 控制压力钻井；井口回压；MATLAB；控制模型

控制压力钻井技术能够有效地保持井眼稳定性，降低钻井液漏失的风险，特别是能够实现窄密度窗口的安全钻进工程，十分有利于储层的及时发现与保护。为了实现井底压力的精准控制，一套能够精确调节控制节流阀大小的自动控制系统就成为精确控压钻井的关键，而在智能自动控制系统建立的初始阶段，建立控制模型并对其进行模拟仿真是非常重要的环节。

Matlab/Simulink 及 RTW(半实物仿真)仿真的环境提供了十分可靠的逻辑算法、微积分算法、图形绘制、数据处理、实时代码生成等相当便利的工具，已经成了一种很容易被大众接受的仿真平台，笔者钻研基于 Matlab/Simulink 的控压钻井控制系统的非线性稳态模型的建立方法，利用节流阀的物理特性建立一套自动控制的系统模型，并利用 RTW 加速了模型的仿真。

1　控压钻井系统物理模型的建立

控制压力钻井的过程中，井口回压是通过调节节流阀大小进行控制的，因此要对系统硬件中唯一可控节流阀进行物理建模。节流阀是通过三位四通电磁阀控制液压马达来带动柱形阀芯以调节节流阀开度的大小，随着阀口面积的变化，经过节流阀的流体的进出口压力差产生变化。

根据节流阀的节流特性建立了节流阀的四参数公式：

$$\Delta p = R \times \rho^a \times Q^b \times A^c \tag{1}$$

式中：p 为节流阀两端进出口压力差，MPa；Q 为流经节流阀流体流量，L/s；ρ 为节流

作者简介：王书庆，男，1988年生，工程师，工学学士，主要研究方向为电磁波随钻测量技术。
E-mail：15845955879@163.com

阀循环流体密度，kg/cm³；R 为公式系数；A 为节流阀节流面积，cm²。

2 控压钻井数学模型的建立

通过式(1)对控制系统进行数学建模，首先将公式进行线性化变形：

$$\lg(p) = \lg(R) + a \times \lg(\rho) + b \times \lg(Q) + c \times \lg(A) \quad (2)$$

应用 Matlab 数值计算拟合工具箱，通过线性回归的方法计算出公式未知量 R、a、b、c 的值，计算结果代入式(2)中进行整理得出节流阀的四参数公式：

$$\Delta p = e^a \rho^b Q^c A^d \quad (3)$$

分析公式，公式中过流面积 A 的大小受节流阀开度变化影响，根据节流阀基础数据中节流阀开度与当量直径的曲线关系，通过当量直径计算出节流阀的过流面积，从而确定开度 K 与过流面积 A 的关系，利用 cftool 命令根据有限的点进行拟合，拟合出其变化趋势的曲线如图1所示。

通过图形分析随着节流阀开度不断加大，流通面积也不断增大，70%以后节流阀过流面积不变，70%以前过流面积与开度之间存在着线性关系，即可以进行数据拟合。得出关系方程为

$$A = ak^3 - bk^2 + ck - d \quad (4)$$

分析节流阀液压原理可知，系统是通过时间 t 的脉冲来控制三位四通换向阀的给点时间，从而控制液压马达带动涡轮蜗杆来调节节流阀的开度，因此要建立时间与开度的关系，通过节流阀开关试验，使节流阀开度在 20% 到 70% 内调节，获得节流阀开关步长数据，利用 matlab 拟合工具显示数据的散点分布曲线，设定区间为 0.03，从而去掉试验过程中因为外界因素影响的不稳定点，如图2所示为节流阀开度与时间的关系曲线回归图。

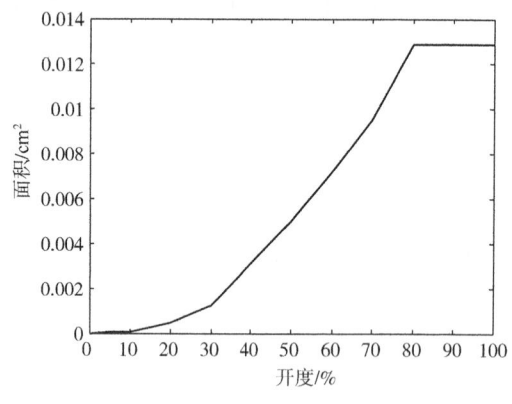

图1 节流阀节流面积与开度拟合曲线

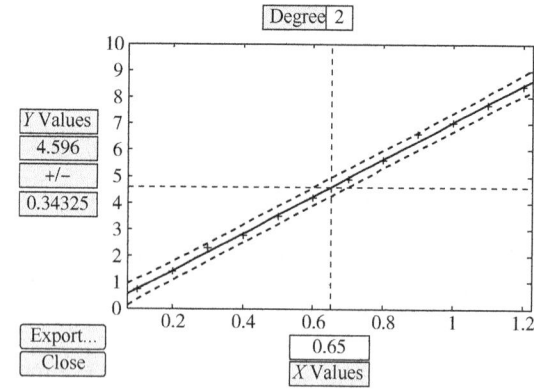

图2 时间开度拟合曲线界面

应用 matlab 拟合工具箱对节流阀开度与控制时间进行方程拟合，得出公式：

$$k = xt + y \quad (5)$$

根据式(3)、式(4)、式(5)整理出关于时间 t 的公式，即为节流阀最终的数学模型：

$$\Delta p = \frac{e^{-a}\rho^b Q^c}{(xt^3 - yt^2 + zt - d)^e} \tag{6}$$

3 控压钻井系统控制模型的建立

3.1 系统的控制方式

Matlab 中 Simulink 采用模块组合方式来建模,可以准确地创建动态系统的仿真模型,特别是对控压钻井这种复杂的非线性系统,它提供了一些成熟的系统模块如非线性控制设计模块集、实时工作空间库、实时工作窗口目标库等,其中 real-time work 半实物仿真是用 simulink 设计出来的控制器直接去控制实际被控对象,通过半实物仿真过程来观察控制效果,如果效果不理想,则可以直接在 simulink 上调整控制器的结构参数,直至获得满意控制结果。

3.2 控制模型的建立

应用 matlab 中半实物仿真工具箱 RTW 进行了控制程序的建立,如图 3 所示为控制程序流程图。

数据接收模块接收采集到的流量、压力、密度等数据,经处理后将数据发送给模型计算模块,计算得出控制量 t 经数据发送模块通过板卡控制节流阀,实现整个闭环控制。

由数学模型式(6)已知采集到的各数据之间的函数关系式,即可通过 S-Functtion 模块型建立传递函数,将数学模型嵌入其中,采集到的数据 p_1、Q、F 通过 S-Functtion 模块即可求当出控制井口回压为 p_1

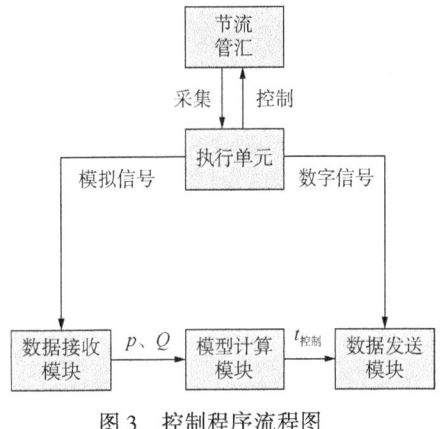

图 3 控制程序流程图

时节流阀的开度 k_1。计算出的节流阀开度 k_1 与节流阀真实开度 k_2 进行对比分析,使真实值与计算值之间不断反馈修正从而实现程序内部的二级反馈控制。

4 控制模型模拟试验

针对控制模型的准确性和有效性,应用压力循环系统(回压泵、钻井液罐、节流管汇、配套工具及管线)、数据采集和传输系统对控制模型进行了现场试验,在钻井泵不同转速和密度的条件下,分别进行 0.5~4MPa 的压力跟随试验。

如图 4 所示以节流阀大泵 450r 条件下,压力 0.5~4MPa。从图 4 中可以看出模型控制精度较好,在各压力区间,压降可以快速稳定地跟随目标压力,从 3MPa 到 4MPa 系统响应时间不到 10s,同时控制精度小于 0.2MPa。

5 结论和认识

本文通过研究建立了一套基于 MATLAB 的控压钻井自动控制软件,经过现场试验验证,可以实现全自动闭环反馈控制,初步达到了控压钻井的需求,为控压钻井现场应用奠定了基础。

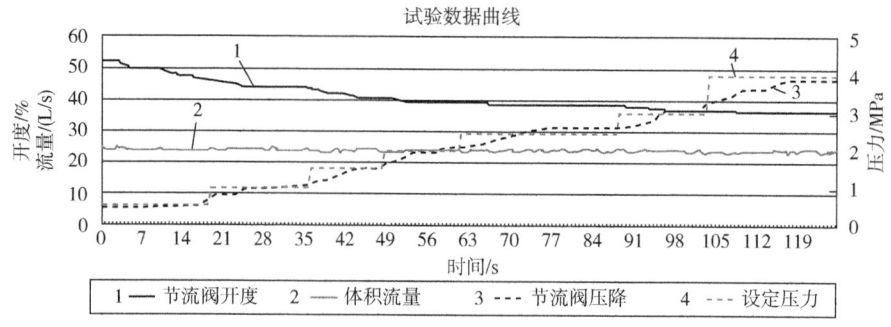

图 4 试验数据曲线

（1）应用 MATLAB 强大的数据处理功能建立了节流阀的物理模型和数学模型。

（2）应用 MATLAB 先进的控制算法以及控制策略，使控制系统的响应时间小于 10s，控制精度达到了 ±0.2MPa。

（3）自动控制软件通过现场试验，验证已经达到基本要求，但还需要通过现场试验对其进行不断的改正，使其更加完善，满足精细控制压力钻井的需求。

参 考 文 献

[1] 赵国珍, 龚伟安. 钻井力学基础[M]. 北京：石油工业出版社, 1988.
[2] 辜志宏, 王庆群, 刘峰. 控制压力钻井新技术及其应用[J]. 石油机械, 2007, 35(11)：68-72.
[3] 袁恩熙. 工程流体力学[M]. 北京：石油工业出版社, 2000.

液动旋冲工具及涡轮钻具的优化设计

郑瑞强　赵　毅　王　伟　侯　圣　李　博　柳长鹏

(大庆钻探工程公司钻井工程技术研究院)

【摘　要】 大庆液动旋冲工具和涡轮钻具在现场应用过程中出现寿命低、稳定性差的问题。本文通过设计十字键插接结构、镶嵌硬质合金，摩擦副表面应用高温火焰喷涂技术，提高了液动旋冲工具的耐冲蚀及耐磨损性能；通过四牙坎止推轴承设计，涡轮材质及结构设计，提高了涡轮钻具轴承的强度及涡轮寿命。经现场验证设计合理，为两种钻井提速工具的大规模应用提供了技术保障。

【关键词】 液动旋冲工具；涡轮钻具

近年来，大庆油田针对深部地层研磨性强(硬度2000~5000MPa)、可钻性差(可钻性级值8~10.38级)，机械钻速低等特点研发了液动旋冲工具和涡轮钻具[1-8]，但在应用过程中发现两种钻井提速工具仍存在寿命低、稳定性不高等问题，为此开展了相应研究，旨在通过对原有液动旋冲工具和涡轮钻具的结构、材质进行优化设计，提高工具的耐冲蚀及耐磨损的性能，最终形成寿命高、性能稳定的钻井提速工具产品，以适应油田大规模应用的要求。

1 液动旋冲工具优化

1.1 中心总成的优化设计

液动旋冲工具由动力系统和冲击系统组成。工作时，钻井液驱动力系统运转，利用中心总成输出旋转动力。中心总成输出端为销轴铰接形式，优点是同轴度高，缺点是结构复杂，抗扭能力低，现场使用120h发现销轴损坏现象，如图1所示。

针对此问题将原销轴铰接结构改进设计成十字键插接结构。该结构兼具自扶正与传扭功能，结构简单，抗剪切面积由597.3mm² 增至1797.4mm²，抗扭能力增加2倍，不仅装配简单，而且磨损后也能保证扭矩平稳输出，平均有效使用寿命达200h以上，如图2所示。

1.2 供液管优化设计

液动旋冲工具中心总成的旋转输出动力直接作用于供液管，使其高速旋转。同时，由增压机构使供液管内的钻井液压力升高，产生的高压液体通过旋转的供液管窗口进入冲击系统。在这个过程中，供液管窗口受高压液体冲蚀后损坏严重，外表面在冲蚀和摩擦的共同作用下加速损坏，现场使用100h后的冲蚀效果如图3所示。

基金项目：国家科技重大专项项目"大型油气田及煤层气开发"，课题2《深井超深井高效快速钻井技术及装备》，课题编号2016ZX05020-002。

作者简介：郑瑞强(1983—)，男，汉族，河北省饶阳县人，工程师，学士学位，2007年毕业于东北电力大学机械专业，现主要从事钻完井工具的研发工作，E-mail：zhengrq@cnpc.com.cn。

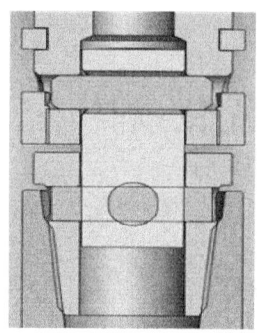 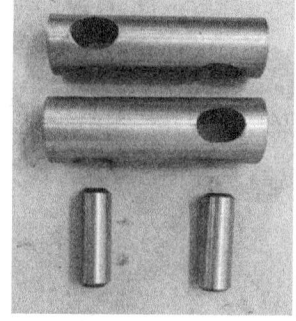 

图 1　销轴铰接结构（工作 120.00h 后，销轴断裂失效）

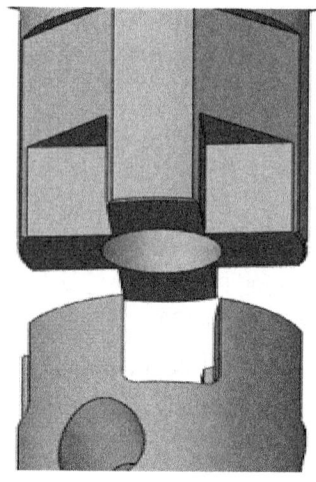  

图 2　十字键插接结构（工作 243.35h 仍运转平稳）

针对此问题对供液管进行优化设计：在窗口处设计采用 WC 基硬质合金镶嵌的强化技术，如图 4 所示，硬质合金具有较强的抗冲蚀能力，其中 WC 基硬质合金的抗冲蚀能力高于 TiC 基硬质合金；同时，在摩擦副表面采用高温火焰喷涂技术，喷涂设备如图 5 所示。高温火焰喷涂可改变表面晶格结构，增加硬度的同时增强耐磨性。优化设计后，通过 150h 的现场试验，供液管高压窗口及摩擦副表面未出现损坏，因此保证了工具的整体使用寿命，如图 6 所示。

 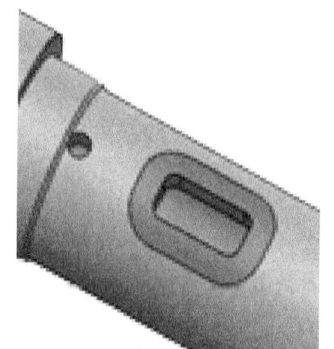

图 3　供液管改进使用效果　　　　　图 4　硬质合金镶嵌技术

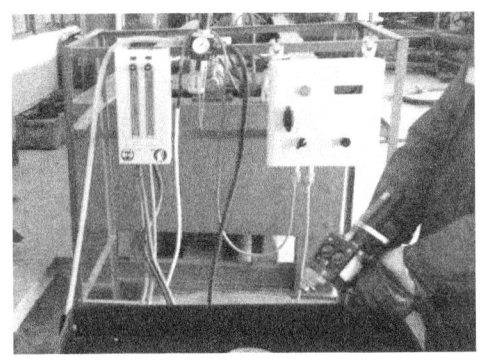

图 5 高温火焰喷涂技术

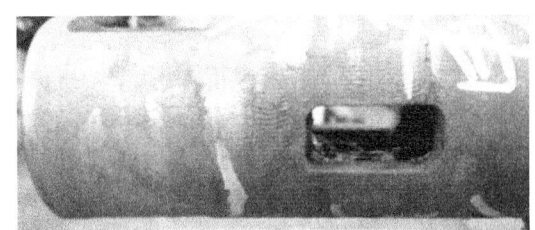

图 6 旋转供液管改进后使用效果

2 涡轮钻具优化

2.1 PDC 止推轴承优化设计

涡轮钻具由涡轮节和支撑节组成。其支撑节的核心部分是 PDC 止推轴承组，PDC 止推轴承起轴向支撑，传递旋转扭矩的作用。涡轮钻具在长时间(高于 200h)高转速(800~1300r/min)工作环境下，对 PDC 止推轴承的工作寿命要求较高。PDC 止推轴承座在工作中表现出了抗挤压变形能力差，轴承系统稳定性低的问题，如图 7 所示。

针对此问题对 PDC 止推轴承进行优化设计，将原有双牙嵌结构改进设计为四牙嵌结构，如图 8 所示。同时，严格控制材料热处理硬度要求 HB300 以上，硬度增加，抗挤压能力增强，加上挤压面积增加 2 倍，使止推轴承环的强度及止推轴承系统的稳定性提高了 2 倍以上。

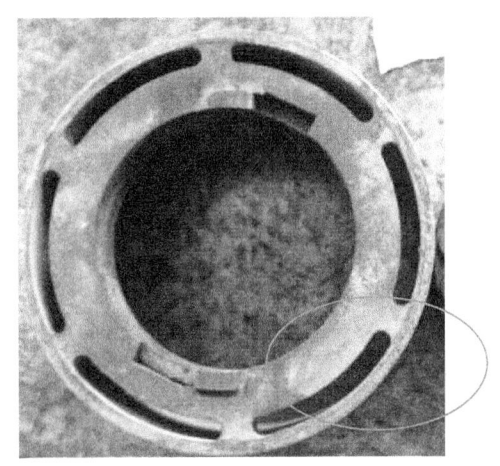

图 7 双牙坎止推轴承使用后牙坎变形

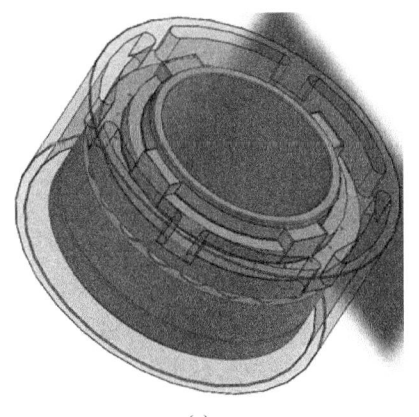
(a)

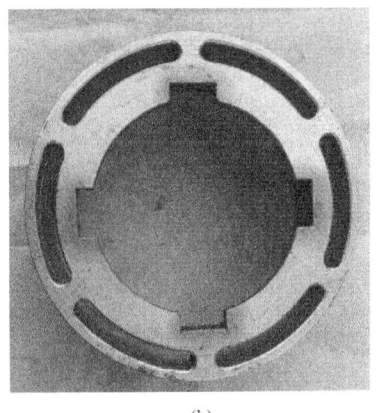
(b)

图 8 四牙坎止推轴承

2.2 涡轮优化设计

涡轮是涡轮钻具涡轮节的核心部件,在钻井液驱动下旋转,输出旋转扭矩。在现场应用中涡轮表现为寿命低,制动扭矩小,工作 100h 后冲蚀严重,功率下降 50% 以上等问题。

针对此问题对涡轮进行优化设计:将材质 45# 优化设计为 ZG34(屈服极限 1238MPa,拉伸极限 1686MPa),利用有限元法对 ZG34 材质的涡轮定转子进行强度校核,安全系数 1.9,分析云图如图 9 所示。表明优化设计后的涡轮强度满足要求。同时该材质也提高了涡轮定转子的抗冲蚀能力。

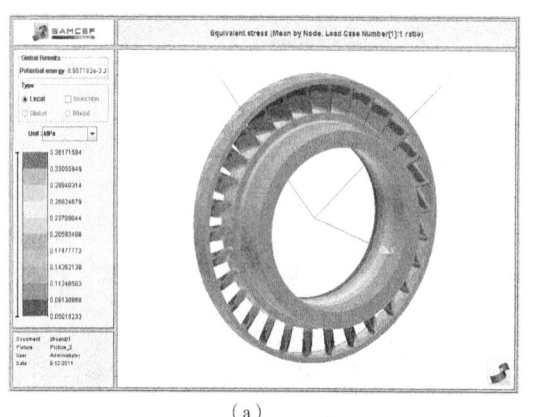 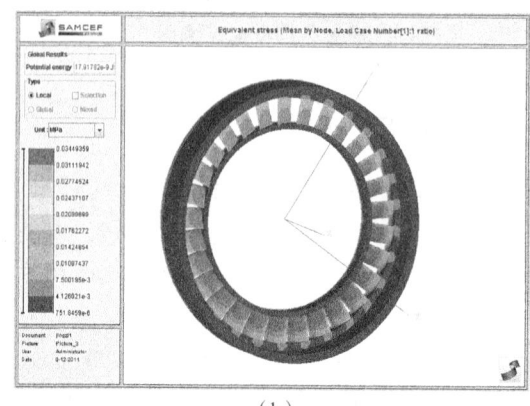

(a)　　　　　　　　　　　　　　　　　(b)

图 9　涡轮定转子有限元云图

优化叶片叶形。应用 Concept NREC Axial 模块进行涡轮定转子的一维设计,优化涡轮定转子叶片流动参数及几何参数,涡轮通流图和平均直径上的速度三角形如图 10 和图 11 所示。

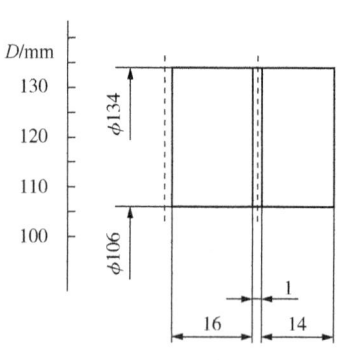 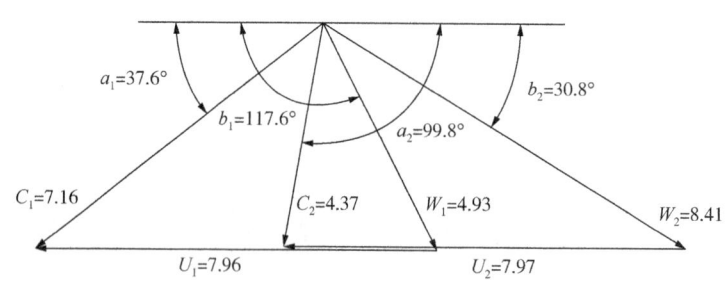

图 10　涡轮级通流图　　　　　　　　图 11　平均直径速度三角形

应用 Concept NREC Axcent 模块涡轮定转子叶片全三元流动分析。分析过程中采用结构化网格进行流场模拟及叶型优化,网格总数为 80 万,如图 12 所示,经过多次验证此网格数目对单级涡轮计算而言满足工程精度,涡轮优化设计结果见表 1。

通过优化设计,使涡轮的制动扭矩由 1.7kN·m 增至 2.2kN·m,提高 30%,实现了涡轮钻具动力性能和整机效率的最优化。

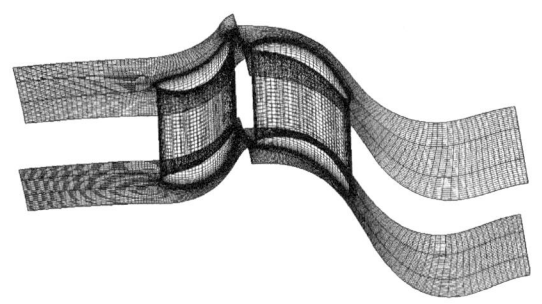

图 12 流场网格模型

表 1 涡轮优化设计参数结果

序号	名 称	参 数	序号	名 称	参 数
1	功率 NCT	1.521kW	7	入口滞止压力	8000kPa
2	总压降	82.55kPa	8	入口滞止温度	373K
3	按滞止参数的有效效率	0.756%	9	流量	39kg/s
6	转速	1000r/min	10	绝对出口角	9.8°

3 结论

(1) 通过对液动旋冲工具中心总成输出端传扭机构及供液管的结构进行优化设计,以及利用硬质合金镶嵌、高温火焰喷涂等技术手段,提高了液动旋冲工具的使用寿命和稳定性。

(2) 通过优化设计涡轮钻具 PDC 止推轴承结构,改变涡轮定转子材质,利用有限元法优化设计涡轮定转子结构参数,提高了 PDC 止推轴承及涡轮定转子的使用寿命及稳定性。

(3) 通过优化设计,使液动旋冲工具及涡轮钻具具备了大规模推广应用的能力,为钻井提速类工具的优化设计提供了参考依据。

参 考 文 献

[1] 郑瑞强. 液动旋冲工具的研制[J]. 石油机械, 2017, 45(1): 30-33.

[2] 郑瑞强, 李玉海. 液动旋冲工具的研制[J]. 石油矿场机械, 2016, 45(8): 61-65.

[3] 侯圣, 李玉海, 万发明, 等. 水平井专用液动旋冲工具研制与应用[J]. 西部探矿工程, 2018, 5: 59-64.

[4] 李秋杰. 液动旋冲工具在大庆油田徐深 6 区块的应用[J]. 西部探矿工程, 2018, 4: 70-75.

[5] 侯圣. 影响液动旋冲工具井斜的因素及参数优化[J]. 石油矿场机械, 2017, 46(2): 16-18.

[6] 李博. TRM 减速涡轮钻具[J]. 西部探矿工程, 2013, 4: 41-45.

[7] 李庆德. TRM 涡轮钻具在方 13 井的试验研究[J]. 西部探矿工程, 2012, 3: 10-11.

[8] 成汉模, 陈希鲜. 涡轮钻具在海拉尔油田的应用及效果分析[J]. 中国新技术新产品, 2013, 4: 26.

DQEM-178Ⅱ型随钻测量仪器的研制

王书庆

(大庆钻探工程公司钻井工程技术研究院)

【摘　要】 大庆油田自主研发的 DQEM-178Ⅱ型电磁波随钻测量仪器在Ⅰ型仪器的基础上实现现场安装维护简便，运输方便，同时相比Ⅰ型仪器测量数据准确，误码率降低，性能更加稳定，通过现场试验验证，Ⅱ型仪器更具现场应用推广条件。

【关键词】 电磁波无线传输；性能稳定；传输速率；误码率

大庆油田自主研发的 DQEM-178Ⅰ型电磁波随钻测量仪器测量数据准确，工作可靠稳定，能够有效解决脉冲式随钻测量(MWD)在含砂量高、钻井液密度高地区引起的脉冲器不工作、无法解码等问题。大大减少了操作人员工作强度，缩短了钻井周期。为更好地满足现场使用需要，让使用中更加灵活、简便，并为以后挂接更多的测量单元，需对仪器进行进一步的改进。而Ⅰ型仪器结构无法实现现场的维修和电池的更换，造成了运输成本上大大增加，因此 DQEM-178Ⅱ型随钻测量仪器的研制具有良好的市场前景和较大的经济效益。

1　DQEM-178Ⅱ型电磁波测量无线传输系统的原理研究

如图1所示电磁波信号的传输主要是依靠地层介质来实现。在井下钻具中加一个中间绝缘的钻具短节，通过它把与之相连的上、下钻具绝缘，上下钻具与之接触的地层一起构成信号的电流回路。发射仪器将测量部分传递来的数据调制成功率信号，激励到绝缘短节的两端，功率信号通过钻具、套管、地层等构成的回路会产生若干电流环路，该电流环会产生一个逐渐递减的电场，并一直传送到地面，地面接收机通过测量地面两点之间的电位差提取信号，经过放大、滤波、解算，得到实际的测量数据。

2　DQEM-178Ⅱ型电磁波测量无线传输系统设计及改进

2.1　Ⅱ型井下仪器串的连接结构形式设计

如图2所示Ⅱ型仪器串改进为模块化连接的结构形式，可以在现场方便地组装连接，整体运输、吊装，使用灵活方便。各单元之间采用旋转插头座连接，在仪器串上扣的同时完成电气连接，连接操作非常简便。电池单元安装在中部，对上、下分别供电并有通信线贯通，可提高 EM 功率信号的输出效率，同时实现了仪器串的整体通信操作。特别是电池

作者简介：王书庆，男，1988年生，工程师，工学学士，主要研究方向为电磁波随钻测量技术。
E-mail：15845955879@163.com。

直接对上端发射器供电，杜绝了功率线缆穿过传感头而产生的磁干扰。仪器串下端部具有通信、供电端口，可以在现场进行设置、状态测试等工作，并可以挂接伽马、电阻率等后续的测量单元。分成各个单元的模块化仪器结构，所有单元都是螺纹+旋转插头座的连接形式，连接简单，当某个单元出现故障时，方便迅速更换，特别是方便现场更换电池。

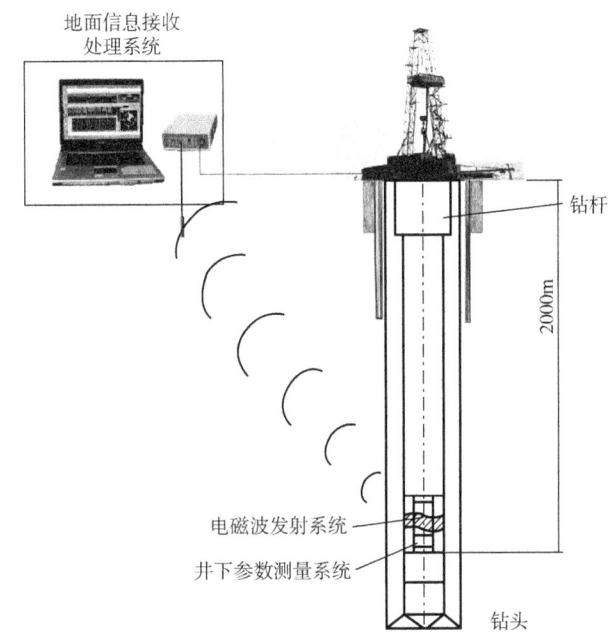

图 1　DQEM-178Ⅱ型仪器工作原理示意图

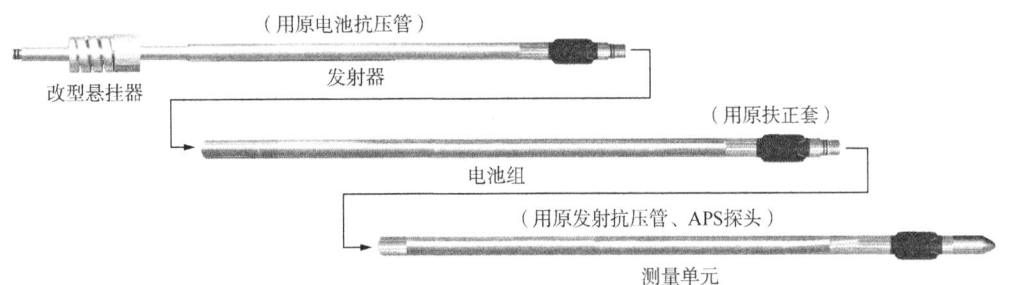

图 2　DQEM-178Ⅱ型仪器示井下仪器串示意图

2.2　Ⅱ型仪器发射控制器的设计

对 DQEM-178Ⅱ型仪器发射电路进行了改进，通过发射电路的调整，提高了发射功率和发射效率；同时增加内置开关泵检测电路，按照泵的动作进行不同数据的发送；两端的连接结构升级为旋转连接，方便拆装、更换。为了解决带电状态下进行插接时高达上千伏的瞬时电压烧毁电路问题，如图 3 所示，设计了电压和电流双重保护电路，在电路的入口增加了虚拟负载和可恢复保险(3A)实现瞬时保护，同时增设带通滤波电路，保证高电流信号不会对测量精度产生影响。

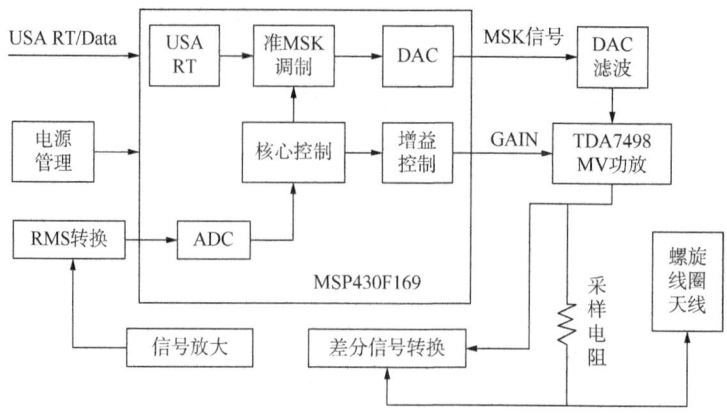

图 3 电压和电流保护电路

2.3 Ⅱ型仪器发射天线的研制

根据Ⅰ型仪器现场应用情况重新设计了发射天线的结构，如图 4 所示增加天线功率导线的线径、增大接插件直径，减小线路损耗。进一步选用高硬度合金材料，采用挂盘加厚、翼肋加长设计，挂盘厚度增加到 70mm，更耐冲蚀，使用寿命长。同时采用压簧替代锁紧螺套，拆装方便。进一步改进翼肋的流体形状，提高耐冲刷能力。

图 4 Ⅱ型仪器井下发射天线

3 现场试验

Ⅱ型仪器大部分应用于大庆油田外围区块，很好地解决了外围区块常规 MWD 易砂卡、易冲蚀的难题，与常规 MWD 比较，单井平均缩短 22.45h，提速效果明显，与测井数据对比准确可靠。其中，最大遥测深度达到了 3150m，单井最长累计工作时间达到了 96h，平均解码成功率达到了 96.71%，真正实现了提速提效。

现场试验表明：

（1）DQEM-178Ⅱ型仪器现场安装维修方便、灵活。

（2）DQEM-178Ⅱ型仪器现场应用稳定可靠，单井工作时间长，遥测深度大大提升。

（3）DQEM-178Ⅱ型仪器数据上传更加高效合理，地面解码准确率高。

4 结论与建议

(1) 研制了一套DQEM-178Ⅱ型随钻测量仪器可以更好地适应现场的需求,具有传输速度快,维修成本低,操作简单的特点。

(2) 通过对井下仪器串结构及发射电路的改进,使Ⅱ型仪器在数据传输效率和解码准确率上面大大提升。

(3) DQEM-178Ⅱ型仪器不受钻井液介质的限制,可以很好地取代现有的MWD,广泛地应用于调整井定向井的定向段和水平井的造斜段。

参 考 文 献

[1] 刘修善,侯绪田,涂玉林,等.电磁随钻测量技术现状及发展趋势[J].石油钻探技术,2006,5:4-9.

[2] 张进双,赵小祥,刘修善.ZTS电磁波随钻测量系统及其现场试验[J].钻采工艺,2005,3:25-27.

[3] 王荣景,鄢泰宁.ZTS-172M电磁波随钻测量系统及其在胜利油田的应用[J].地质科技情报,2005,S1:33-35.

顶部驱动钻井螺纹防松装置的创新设计

白晓捷[1]　宋瑞宏[2]　于成龙[1]　马晓伟[1]　张　磊[1]

(1. 大庆钻探工程公司　钻井工程技术研究院；2. 大庆钻探工程公司　工程技术管理处)

【摘　要】 本文介绍了顶部驱动钻井装置在石油钻井过程中的作用，描述了顶部驱动钻井装置中各级螺纹的位置、规格、作用。采用鱼骨式因果链方法分析了 REG 螺纹松扣的原因，使用 TRIZ 创新方法完成转换压紧槽的理念设计。最终设计了一种结构简单、重量轻、操作便捷的新型螺纹防松装置，该装置具有良好的市场应用前景。

【关键词】 顶部驱动钻井装置；鱼骨式因果链；TRIZ 创新方法；螺纹防松装置

顶部驱动技术是转盘钻机问世以来的几项重大变革(液压盘式刹车、液压钻井泵、交流变频驱动等)之一。它可从井架上部空间直接旋转钻杆，沿专用导轨向下送进，完成钻杆旋转钻进，循环钻井液，接立柱，上卸扣和倒划眼等多种钻井操作。使用顶驱钻井时，在起下钻具的同时可循环钻井液、转动钻具，有利于钻井中井下复杂情况和事故的处理，对深井、特殊工艺井的钻井施工非常有利。该系统显著提高了钻井作业的能力和效率，并已成为石油钻井行业的标准产品。进入 21 世纪，顶驱在现代钻井工程中应用越来越广泛，浅海上钻井船或平台几乎全部装备了顶驱，陆地石油钻机也越来越多地装配顶驱。顶驱在复杂井和高难度井作业中的优势以及方便、安全、快捷的特性得到石油钻井行业的认可[1]。

1 REG 螺纹松扣原因系统分析

顶驱系统结构复杂，涉及 4000 余个机电零部件。顶驱主机由电水龙头、管子处理系统、滑车导轨系统、提升系统、液压控制部件、电气控制部件等组成。顶驱电水龙头下部通常设计为 REG 钻杆螺纹，与顶驱内防喷器(IBOP)相连，内防喷器下部再通过 REG 钻杆螺纹与保护接头相连，保护接头与下部钻杆内螺纹接头通过 NC 螺纹相连。在使用顶驱进行卸扣操作时，电水龙头提供卸扣扭矩，顶驱背钳夹紧钻杆接头内螺纹，实现钻杆接头卸扣。然而，此时内防喷器(IBOP)两侧的两个 REG 钻杆螺纹虽然上扣扭矩远大于 NC 螺纹，但仍然存在松扣的风险[2]。为解决此问题，笔者深入学习了创新方法理论。近年来，应用比较广泛的创新方法是发明问题解决理论(TRIZ)，该理论的应用有效地结合了设计理论和方法，将设计的过程更加详细地展示出来，提高了产品研发设计的效率[3]。TRIZ 方法成功地揭示了创造发明的内在规律和原理，着力于澄清和强调系统中存在的矛盾，其目标是完全解决矛盾，获得最终的理想解。本文笔者利用所学的多种创新方法对问题进行了九屏图、因果

作者简介：白晓捷，男，1982 年生，高级工程师，工学学士，主要研究方向为钻井工艺和装置研发工作。E-mail：baixiaojie@cnpc.com.cn。

链分析,确定了主要矛盾,得出了新型螺纹防松装置的设计思路。

1.1 九屏图分析

顶驱螺纹松扣会导致现场钻井液刺漏等问题出现,造成较大的钻井工程风险。如果不能及时找到问题的原因,可能导致钻具松脱、顶驱损坏、钻井液溢出等更加严重的问题。传统的TRIZ九屏图一般是作为一个资源分析工具使用,本文笔者将九屏图做了拓展应用,将其不仅应用于资源分析,而且应用于问题分析、需求分析、创新构建。通过开展如图1所示的螺纹松扣原因分析九屏图的绘制,从螺纹松扣机理、设计工程师、操作者维护三个维度进行分析,得出了需设计更加轻便、更高扭矩余量、避免误操作的外部防松装置的结论。

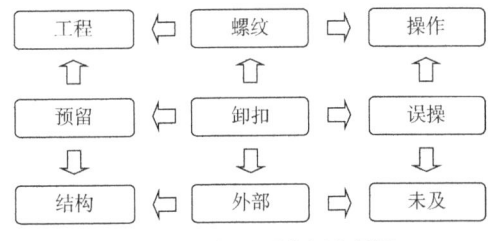

图1 螺纹松扣原因分析九屏图

1.2 松扣因果链分析

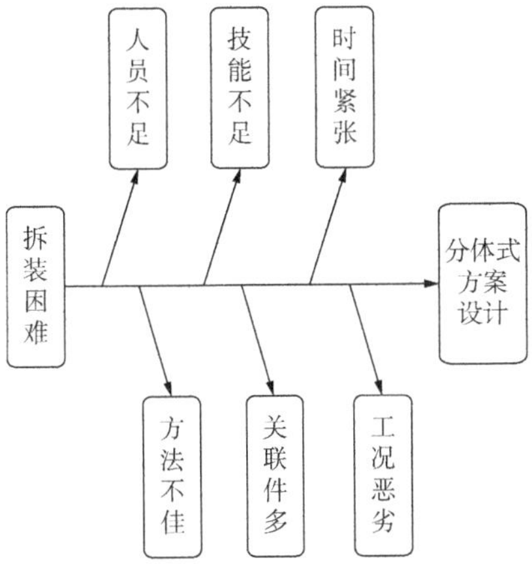

顶驱螺纹防松装置是顶驱内部的一个防松、易损部件,其作用是防止顶驱内部的3组螺纹接头在工作过程中松扣。螺纹接头是易损件,需经常更换,因此螺纹防松装置需要经常更换。如果螺纹防松装置拆装困难,将造成易损件更换困难、维修效率低。为解决上述问题,笔者深入研究了因果分析法。因果分析法是利用事物发展变化的因果关系来进行预测的方法。它是以事物发展变化的因果关系为依据,抓住事物发展的主要矛盾与次要矛盾的相互关系,建立数学模型进行预测。通过开展如图2所示的鱼骨式因果链分析图的绘制,得出关键结论:在防松装置结构设计方面,应从分体式结构设计方面开展设计工作。

图2 螺纹防松装置松扣因果链分析图

2 应用TRIZ方法解决顶驱螺纹防松装置设计问题

2.1 顶驱螺纹防松装置原理

在进行顶驱保护接头的拆装时,为避免上部接头松扣,通常将上部接头的上扣扭矩加大,但由于钻井现场扭矩波动较大,会时常出现螺纹松扣的现象。为了彻底解决螺纹松扣问题,各顶驱公司均设计了螺纹防松装置。装置分上环体和下环体,该上、下环体均为两个半圆环,两个半圆环两侧结合处设有凸缘,在该凸缘处设有固定连接两个半圆环的螺栓和螺帽,上、下环体之间通过凹凸牙块相互咬合,在上、下环体的内侧设有防滑齿块。

2.2 顶驱螺纹防松装置的使用

使用螺纹防松装置时,首先将动力头钻杆与保护接头按规定的预紧力扭紧。以5in钻杆为例,需要扭紧到25kN·m,然后分别用螺纹防松装置上环体箍紧动力钻杆,下环体箍紧保护接头。上、下环体间的凹凸沿相互咬合,这样上、下环体就将融为一体。防滑齿块与动力钻杆和保护接头接触，起到增加摩擦力的作用。

2.3 物—场模型分析

笔者应用 TRIZ 方法体系，将螺纹松扣特殊问题，转化为牧场分析标准模型。通过分析组件与组件之间的关系，建立功能模型，运用知识效应库，产生解决方案模型。通过开展如图 3 所示的物—场模型分析图的绘制，得出接口设计关键：应在本体与钳牙之间设计转换压紧槽。

2.4 技术方案优选

顶驱行业普遍使用特制的螺纹防松装置进行 REG 螺纹的防松处理。笔者通过长期深入现场研究钻井技术，形成了一种新型顶驱螺纹防松装置的设计方案，设计模型如图 4 所示。

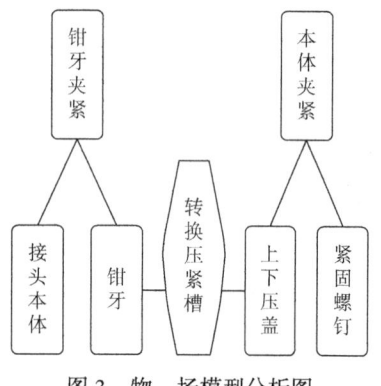

图 3 物—场模型分析图

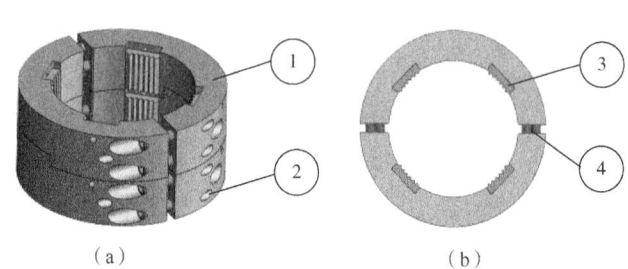

图 4 新型顶驱螺纹防松装置模型
1—A 环；2—B 环；3—钳牙；4—紧固螺钉

新型顶驱螺纹防松装置在试验中效果极佳，钳牙和螺栓能够很好地起到防松的效果，重量仅为同类装置的 1/2，装卸操作便捷，减轻人员劳动强度，缩短维修等停时间，提高现场操作效率达 50% 以上，可适用于各种外形尺寸、不同品牌的顶驱使用，替代现有防松法兰装置，具有良好的推广应用前景。

3 结论和认识

（1）通过开展九屏图、鱼骨式因果链研究，从螺纹松扣机理、设计工程师、操作者维护三个维度进行分析，得出了需设计更加轻便、更高扭矩余量、避免误操作的防松装置的结论。

（2）通过应用 TRIZ 方法体系，将螺纹松扣特殊问题，转化为牧场分析标准模型。通过分析组件与组件之间的关系，建立功能模型，设计了新型顶驱螺纹防松装置，该装置具有良好的推广应用前景。

参 考 文 献

[1] 宋路江，蔡正敏，张贵德，等. 顶驱内防喷器在井控中的应用及维护[J]. 石油矿场机械，2010，39(9)：89-90.

[2] 王鑫，白晓捷，于成龙，等. 顶驱防松法兰的研究[J]. 西部探矿工程，2020，32(1)：78-81.

[3] 张玉静，吕震宇. 基于 TRIZ 的产品创新设计研究及软件开发[J]. 科技风，2020(16)：8-9.

DQXZ-172型旋转导向系统研制与应用

蔡 伟　张振华　丁明海　杨志坚　裴 斐

(中国石油大庆钻探工程公司钻井工程技术研究院)

【摘　要】　旋转导向钻井系统的优势在于能旋转钻进,比滑动钻进的摩阻要少很多,钻速更快,并且能够实时控制井下钻进方向,从而高效精准地实现贯穿目地层,但由于涉及专业领域多、技术含量高、研发难度大,这项技术一直被外国公司垄断。尤其目前致密油等非常规井钻井设计多采用长水平段来增加开采效益,对旋转导向的需求逐渐加大,因此更加需要加快国产化进程来降低仪器采购或租赁成本。DQXZ-172型旋转导向系统是大庆钻探工程公司钻井工程技术研究院自主研发的高效钻井系统,采用模块化设计,运用了新的随钻测量技术,该工具可在旋转钻进过程中实现地质导向,在平均钻速较高时精准控制井眼轨迹,并与地面进行双向通信。目前已在大庆油田内部完成多口水平井的试验任务,并且应用效果良好。

【关键词】　旋转导向系统;致密油;随钻测量;平均钻速;井眼轨迹

旋转导向钻井仪器是目前广泛应用于长水平段施工的新一代智能化闭环钻井系统。通过整个井下钻具管柱的360°旋转模式,既能精准控制井眼轨迹,又能避免传统井下螺杆钻具等动力钻具滑动钻进带来的大摩阻和钻进效率低等问题,因此,采用旋转导向系统能够有效地减少钻井周期和提高井眼轨迹质量[1-2]。

1　DQXZ-172型旋转导向系统简介

DQXZ-172型旋转导向系统是大庆钻探工程公司钻井工程技术研究院自主研发的高效钻井系统。采用模块化设计,运用了先进的工程参数和地质参数测量模块,采用推靠式导向工作原理的3个独立肋板产生合力矢量可使其在旋转钻进中实现精准的地质导向。该系统具备井下涡轮发电机供电、与地面进行双向通信、大功率非接触能量信号电磁耦合、近钻头传感器连续测量和程控分流指令下传等全套核心技术特点(表1)。

表1　DQXZ-172旋转导向钻井系统参数表

参数	性能指标	参数	性能指标
适用井眼尺寸	8½in	耐压	140MPa
仪器长度	16.5m	仪器最大造斜率	6.5°/30m
耐温	150℃	持续稳定工作时间	≥200h

作者简介:蔡伟(1989—),男,本科,黑龙江省大庆市人,2011年毕业于东北石油大学电子信息工程专业,2011年获得东北石油大学电子信息工程专业工学学士,高级工程师,主要从事随钻仪器研发工作。联系方式:13136828686。

续表

参数	性能指标	参数	性能指标
适应转速	60~300r/min	井斜角测量范围及精度	0°~180°，±0.1°
最大通过能力	旋转10°/30m、滑动16°/30m	方位测量范围及精度	0°~360°，±1°
抗堵漏能力	≥143kg/m³	近钻头井斜测量范围及精度	0°~180°，±0.2°
电阻率天线发射频率	1MHz和2MHz	近钻头井斜测点位置	测点距钻头1m
电阻率相差及幅度比测量范围	0.1~2000Ω·m，0.1~100Ω·m	伽马测量范围及精度	0~380API，±6API

2 DQXZ-172型旋转导向系统构成

整套系统由地面、下传、上传、主控、工程参数测量、地质参数测量、导向单元电源、导向(姿态测量、执行机构)8个子系统构成(图1)。

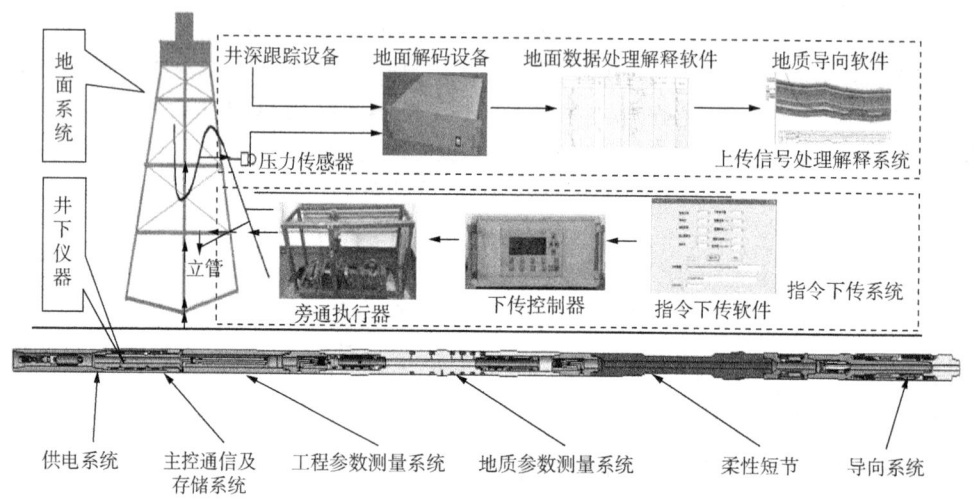

图1 DQXZ-172型旋转导向系统构成示意图

3 核心功能模块简介

3.1 上半部电子系统短节介绍

上半部电子系统短节主要由300W三相钻井液发电机、BCPM供电\转速控制系统、主控通信及存储电路系统和一个先进的工程参数测量模块组成。

300W钻井液发电机部分主要负责为整套旋转导向系统的电子电路及导向头液压执行系统提供稳定的动力。其输出功率不仅满足目前整个旋转导向系统的整体用电要求，同时还为今后挂接方位电阻率等新型测量模块预留了空间。

BCPM供电\转速控制系统的电路所承受最高输入电压为180V，然后经该系统的整流和稳压电路为整个旋转导向电部分稳定输出36V直流电。

主控通信及存储电路系统采用电能耦合技术实现单总线供电，并设计小型协议栈满足对下部各短节的高效通信及监控。该部分拥有基于SPI总线实现的NorFlash存储阵列，容量为2×512Mb,采用独立供电的实时时钟芯片,并配合压缩算法实现高密度存储。电流控制电路能够在系统上电初期有效隔断下部系统的工作电流,避免工程参数测量模块工作时受到电磁影响,待测量完成后释放电流供下部系统工作。

工程参数测量模块采用探管式嵌入设计,拥有APS传感器,为整套系统提供实时的井斜、方位和工具面等工程参数。

3.2 地质参数测量短节简介

地质参数测量短节包括自主研发的DQ-LWD电磁波电阻率和方位伽马两个测量模块。其中电阻率测量模块采用插件式结构,天线系设计为环缝式双频(1MHz和2MHz)四发双收结构,底层探测距离大于2m。方位伽马测量模块的传感器采用基于微机电双轴陀螺实现8扇区伽马传感器旋转定位的布置,壳体采用外壁铣槽、并联布置方式设计,测点距离钻头2.3m,其存储能力达到1Gbits。开发过程中,先后开展了静态实时检测实验、高温电路板老化实验(150℃)、高温与振动复合实验(150℃、16g、20~200Hz)等一系列可靠性检测实验来确保电路部分工作的稳定性(图2、图3)。

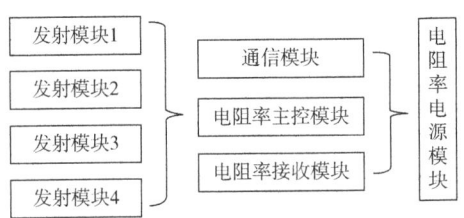

图2 DQ-LWD电磁波电阻率原理框图

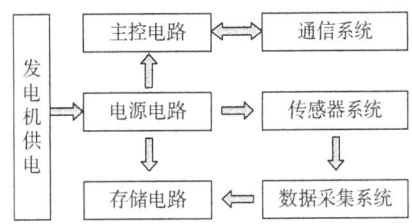

图3 方位伽马测量模块原理框图

3.3 导向头短节简介

导向头短节主要由导向模块电源系统(非接触供电变压器)、上电子仓、下电子仓及3个间隔120°分布的液压导向执行模块组成。

基于能量、信号非接触式双向高效无线传输设计要求,非接触变压器部分采用对称绕线方法,并应用高性能软磁材料,最终研制出了旋转耦合变压器,无线能量传输效率达82.6%。

上、下电子仓为导向短节的电子电路部分,包含控制电路、驱动和二次电路以及一个近钻头井斜传感器,主要负责实时计算三个液压导向执行单元触及井壁时反向推力的合力矢量位置,按照接收到的下传指令实施三维导向控制,使钻头按预定方位钻进,达到精准控制井眼轨迹的目的。导向头部分安装有测量模块可以测得支撑爪1相对于高边的位置,图4中偏置合力即是控制目标,当系统下达控制指令时,井下微处理器按照预定控制算法计算出各支撑爪力,通过液压推动支撑爪支出,同时获得井壁对支撑爪的反向推力。在井下应用时按照预定的轨迹,将目标导向力传给井下处理器,井下处理器通过按照已定的控制参数计算各支撑爪力大小,并通过井下处理器传给控制阀,再传给各支撑爪,各支撑爪按计算出的控制参数支出,使仪器受到井壁反向支撑力,从而使钻头按目标方向进行高效钻进,钻进的同时将测得工程参数和地质参数通过井下传感器上传到地面监控系统,地面工程师通过对上传数据的分析,确定接下来井下工作参数的调整(图5)[3-6]。

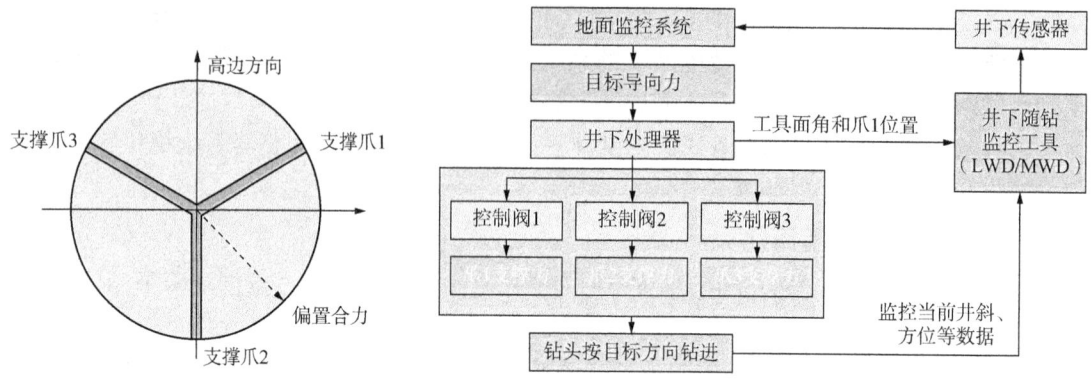

图 4 控制平面内结构分布图

图 5 液压执行模块工作原理框图

4 现场应用

经过多年攻关,仪器的可靠性和稳定性得到了极大的提高,目前该项技术累计开展现场试验 23 口井,总进尺 6332m,累计工作时间 983h,最大造斜率 6.5°/30m,最大单井水平段进尺 841m,砂岩钻遇率最高 86.4%,平均机械钻速较同区块 LWD 施工提高了 129.49%,为产业化推广奠定了基础。以下主要介绍台 36-平 83 井现场应用情况,详细数据见表 2。

表 2 DQXZ-172 型旋转导向系统台 36-平 83 井现场试验情况

内 容	单位	数据	内 容	单位	数据
仪器入井井深	m	1674	液压模块目标值与实际值偏差度	%	<10
仪器完钻井深	m	2515	仪器下钻次数	次	1
水平段总进尺	m	841	总误工时间	h	0
总循环时间	h	115	平均钻压	t	4~5
最大机械钻速	m/h	32	平均排量	L/s	30~35
平均机械钻速	m/h	18.5	平均转盘转速	r/min	90~100
砂岩钻遇率	%	84	钻井液密度	g/cm³	1.25~1.3
单根导向头最大进尺	m	841	漏斗黏度	s	52~55
指令下传总次数	次	51	含沙率	%	0.5
指令下传成功率	%	80			

期间在薄差油层地质导向钻井中工程参数测量模块、地质参数测量模块、液压导向执行单元均能够正常工作。尤其方位伽马测量模块因其距钻头近且具有方位特性,可以实现地层方位伽马测量与成像,能够精确地质导向,实时指导钻头钻进方向,提高砂岩钻遇率。此外,钻井泵稳定工作时下传指令能够正确解码,实施随钻双向通信,实现在钻进时下传指令,提升钻进效率。

5 结论

通过 DQXZ-172 型旋转导向系统现场应用效果可以确定,该系统能够实现按照设计轨迹进行智能化自动导向，又可以根据实际井眼轨迹和地层情况随时下传指令并调整导向方向和导向力，因此满足智能化自动导向钻井作业及随钻地质导向作业的双重需要性，同时也保证了较高的机械钻速及提高井眼轨迹质量。随着油田勘探开发的深入，高难定向井、丛式井、水平井、大位移井、分支井等特殊工艺井逐年增多，对比滑动导向钻井，DQXZ-172型旋转导向系统具有位移延伸能力更强，井身轨迹控制精度更高，钻进速度更快的特点，有助于降低特殊工艺井的钻井成本。

参 考 文 献

[1] 陈虎.国产旋转导向及随钻测井系统在渤海某油田的应用[J].探矿工程(岩土钻掘工程).2017,44(3)：35-38.
[2] 光新军,王敏生.新型旋转导向工具在页岩气开发中的应用[J].石油机械,2014,42(1)：27-31.
[3] 李士斌,王业强,张立刚,等.静态推靠式旋转导向控制方案分析及优化[J].石油钻采工艺,2015,37(4)：12-15.
[4] 杜建生,刘宝林,夏柏如.静态推靠式旋转导向系统三支撑掌偏置机构控制方案[J].石油钻采艺,2008,30(6)：5-10.
[5] 李琪,彭元超,张绍槐,等.旋转导向钻井信号井下传送技术研究[J].石油学报,2007,28(4)：108-111.
[6] 闫文辉,彭勇.旋转导向钻井工具导向执行机构设计[J].天然气工业,2006,26(11)：70-72.

新型井下工程参数测量系统的研制与应用

窦金永　于成龙　马晓伟　李玉海　齐　悦

（大庆钻探工程公司　钻井工程技术研究院）

【摘　要】 为了实现大庆钻井井下工程参数测量技术突破，同时解决现有井下工程参数测量系统可靠性低的问题，研制了2套具有自主知识产权的新型井下工程参数测量系统，该系统采用独特的套筒式结构设计，具有可靠性高、测量性能强、抗温能力突出等特点，试验结果表明该系统满足井下工程参数测量需要，为进一步升级为随钻上传式打下了基础。

【关键词】 套筒式；井下工程参数；测量系统；研制；应用

随着石油勘探开发的不断深入，准确掌握井下工程参数变得越来越重要[1-2]。井下工程参数测量系统能够测量井下钻压、扭矩、转速、钻具内/外压力、温度及振动值，为调整施工参数提供可靠依据，从而提高复杂区块钻井时效和安全钻井能力。大庆原有钻井中缺乏测量井下工程参数的手段，钻压、扭矩、转速等参数均为井口测量获得，无法准确推测井下的情况，与此同时，国内外现有井下工程参数测量系统均采用盖板式结构，其典型结构如图1所示，该结构是在测量钻铤的外壁上开槽，将各测量模块安装于各自的槽中，通过

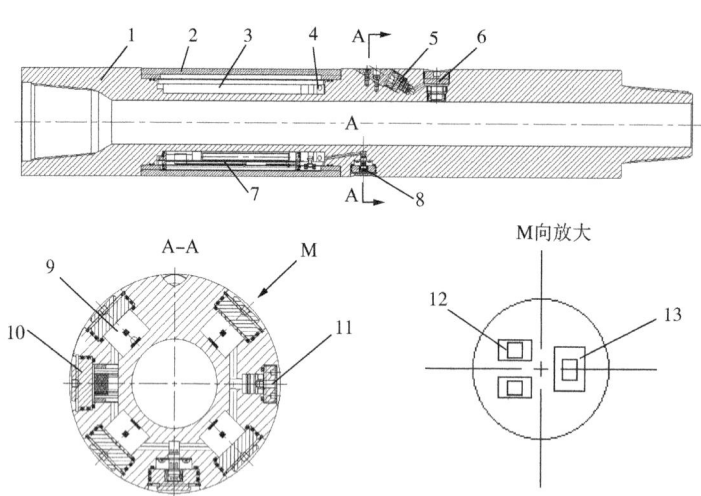

图1　典型的井下工程参数测量系统组成图

1—测量钻铤本体；2—长槽盖板；3—电池模块；4—固定组件；5—钻具内压测量模块；
6—钻具内压测量过渡槽；7—主控及存储模块；8—电源开关及测试端口；9—钻压/扭矩测量模块；
10—振动测量模块；11—钻具外压测量模块；12—单羽应变片；13—双羽应变片

作者简介：窦金永，男，1984年生，二级工程师，工学学士，主要研究方向气体/欠平衡/控压钻井以及井下测控仪器科研工作。E-mail：doujinyongoo@sina.com.cn。

为每个安装槽配备盖板实现与外部的隔离,为盖板配置螺钉或卡簧实现固定,为盖板配置密封圈实现密封,这种结构存在系统可靠性低的问题:一是外露部件多、密封圈设置多,一旦某一部件失效则会导致整个系统失效;二是各模块间需要设置过线孔实现互联,为了方便设置过线孔则不得不将各安装槽集中布置,导致出现危险截面,通过有限元分析,其最薄弱部分在施加极限载荷下的安全系数仅为1.73(表1)。为了解决上述问题,创新设计了套筒式井下工程参数测量系统,有效提高了系统的可靠性,实现了对上述工程参数的准确测量,并通过现场试验进行了验证。

表1 盖板式结构各主要零件的安全系数表

(轴向拉伸400kN;扭矩40kN·m;内压力与外挤压力的压差70MPa条件下)

零件名称	测量钻铤本体			长槽盖板	应变片压盖	钻具内压压盖	通信口压盖	过渡孔压盖
强度类型	抗拉	抗扭	抗内压	抗外挤	抗外挤	抗外挤	抗外挤	抗外挤
安全系数	4.18	1.73	2.56	1.88	2.29	1.75	2.17	2.09

1 技术分析

1.1 组成

套筒式井下工程参数测量系统主要包括测量钻铤本体、套筒、密封圈、防撞环1、防撞环2、防转销、上接头、电源开关及测试端口、钻具外压测量模块、主控及存储模块(加载温度测量模块、转速测量模块)、电池模块、固定组件、振动测量模块、钻具内压测量模块、单羽应变片、双羽应变片等,如图2所示。

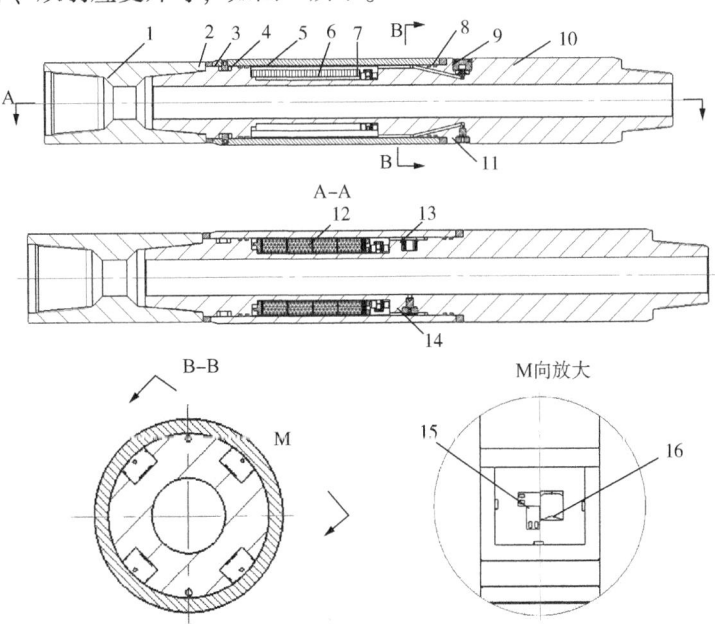

图2 套筒式井下工程参数测量系统组成图

1—上接头;2—防撞环1;3—防转销;4—密封圈;5—套筒;6—主控及存储模块;7—固定组件;
8—防撞环2;9—电源开关及测试端口;10—测量钻铤本体;11—钻具外压测量模块;12—电池模块;
13—振动测量模块;14—钻具内压测量模块;15—单羽应变片;16—双羽应变片

1.2 工作原理

井下参数测量系统入井之前，通过地面测试系统对其进行测试，对测量参数和时间进行校准，并设定采样周期，安装供电插头并记录开始供电时间。之后井下参数测量系统入井，由测量钻铤内置的各测量模块采集钻压、扭矩、转速、钻具内/外压力、温度及振动等参数，并通过主控及存储模块对这些数据进行存储。其中钻压、扭矩测量模块采用耐高温箔式电阻应变片实现对钻压值和扭矩值的测量[3-6]；转速测量模块采用陀螺传感器芯片实现对转速值的测量；钻具内/外压力测量模块采用溅射薄膜压力传感器实现对内/外压力值的测量[7]；温度测量模块采用电流型温度测量芯片实现对温度值的测量；振动测量模块采用加速度传感器芯片实现对振动值的测量[8-9]。井下参数测量钻铤出井后，及时拆卸供电插头并记录断电时间，之后通过地面测试系统对测量数据进行读取和分析，从而准确掌握井下钻具工作状态。

1.3 主要技术参数

通过室内测试和现场试验验证，套筒式井下工程参数测量系统达到了表2所示的技术性能，部分性能超过国内外同类产品，其创新采用套筒式结构设计，钻压测量范围达到-500~500kN，振动测量范围达到0~70g，抗温能力达到175℃。

表2 套筒式井下工程参数测量系统与国内外先进产品性能对比表

项目		大庆井下工程参数测量系统	APS钻井动态监测短节（DDM）Φ172mm 存储式	北京六合井下工程参数测量系统 Φ172mm 存储式
结构形式		套筒式	盖板式	盖板式
测量性能	钻压测量范围及精度	-500~500kN，±5%	-445~445kN，±5%	-300~300kN，±5%
	扭矩测量范围及精度	-45~45kN·m，±5%	-60~60kN·m，±5%	-30~30kN·m，±5%
	转速测量范围及精度	0~255r/min，±1%	不能测量	0~255r/min，±1%
	三轴振动量测量范围及精度	0~70g，±1g	0~50g，±1g	0~50g，±1g
	钻具内压力测量范围及精度	0~160MPa，±1%	0~175MPa，±0.2%	0~140MPa，±1%
	钻具外压力测量范围及精度	0~160MPa，±1%	0~175MPa，±0.2%	0~140MPa，±1%
	温度测量范围及精度	0~175℃，±1℃	0~150℃，±1℃	0~150℃，±1℃
适应环境	最高工作温度	175℃	150℃	150℃
	最高承压	140MPa	185MPa	140MPa
尺寸规格	井下参数测量系统长度	1253mm	2185mm	986mm
	井下参数测量系统外径	180mm（上接头Φ172mm）	172mm	172mm
	井下参数测量系统内径	70mm	54mm	70mm
	持续工作时间	>200h	>200h	>200h

1.4 技术特点

承载外壳采用套筒式的结构设计，提高了可靠性。该结构将尽可能多的模块及组件与外界隔离，有效地减少了外露部件，降低了系统失效风险；采用走线槽代替过线孔，为各模块的优化布局提供了更大的设计空间,根据各模块的尺寸及相关性优化为四组,均匀排布在钻铤本体的不同径向截面上,避免了危险截面的形成[10],与盖板式相比,套筒式最小截面的面积增加109%,通过有限元分析,其最薄弱部分在施加极限载荷下的安全系数为2.11(表3),系统组装完成后开展了承受140MPa高压测试和承受95kN·m抗扭测试(图3),测试后各部位探伤检查合格。

表3 套筒式结构各主要零件的安全系数表
(轴向拉伸400kN;扭矩40kN·m;内压力与外挤压力的压差70MPa条件下)

零件名称	测量钻铤本体			外筒	通信口压盖	外环空压盖
强度类型	抗拉	抗扭	抗内压	抗外挤	抗外挤	抗外挤
安全系数	5.41	2.30	2.87	2.11	3.04	3.12

(a)高压测试现场

(b)抗扭测试现场

图3 高压测试和抗扭测试现场图

创新采用矩形安装槽安装应变片,提高了钻压/扭矩的测量效果。得益于将盖板密封方式优化为套筒式,应变片的安装槽不需要独立密封,因此不必局限于采用圆形结构,通过应变分析,将其优化为矩形结构,从而降低槽底边因粘连程度不同影响应变片的形变[11-12](图4)。

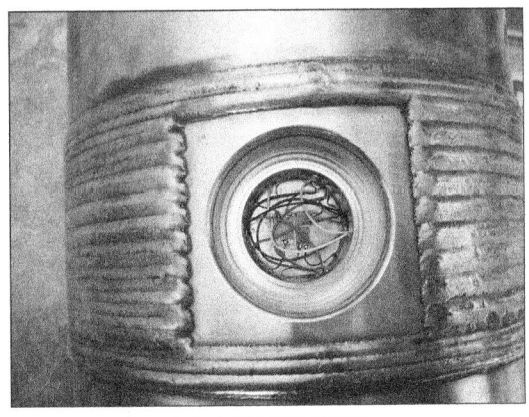
(a)应变片圆形安装槽

(b)应变片矩形安装槽

图4 应变片矩形安装槽与圆形安装槽对比图

2 现场应用情况

2020年2套系统完成3口井现场试验(表4)。通过现场试验验证了该系统的可靠性,两套仪器共工作301.9h,获得数据53.4万余组,通过数据分析,钻压、扭矩、转速、钻具内/外压力、温度、振动值均测量准确,这里仅以扭矩值的测量结果为例来说明测量效果(图5)。

表4 套筒式井下工程参数测量系统现场试验情况统计表

试验井次		试验时间	仪器编号	数据组数/万组	使用时长/h
第一口	1井次	5.27.7:05—5.30.6:20	002	13	73.8
	2井次	5.30.7:43—6.1.16:10	001	10	56.4
第二口	3井次	9.2.18:04—9.3.13:50	001	3.5	19.7
第三口	4井次	9.7.3:50—9.9.11:30	002	9.8	55.4
	5井次	9.9.11:58—9.11.15:25	001	9.1	51.4
	6井次	9.11.16:36—9.13.13:50	002	8	45.2
合计				53.4	301.9

(a)入井前测试及供电

(b)仪器入井

(c)仪器出井

(d)数据读取和导出

图5 套筒式井下工程参数测量系统试验现场(第一口井第一趟钻)

第一口井第一趟钻概况:井段为 3288~3306m 直井段;钻具组合为 Φ215.9mmBIT(孕镶钻头)×0.40m+Φ178mm 涡轮钻具×13.5m+Φ212mmSTB×1.40m+Φ178mm 转换接头×0.49m+Φ180mm 工程参数测量系统×1.25m+Φ177.8mmNMDC×9.43m+Φ177.8mm 箭型止回阀×0.50m+Φ165.1mmDC×156.2m+Φ127.0mmHWDP×144.24m+Φ139.7mmDP。

将本趟钻测量的扭矩曲线与录井扭矩曲线放在一起进行对比(图6),可知测量得到紧扣时最大扭矩为 41.75kN·m,这与实际紧扣扭矩为 42kN·m 相吻合;钻进时上部钻柱与井壁摩擦产生很大损耗,井下扭矩值远低于钻台施加扭矩值;在划眼段,下部井眼缩径,显著增加了下部钻具所分配到的扭矩比例,实测值与理论分析结果相吻合;在钻具出井卸扣过程中,由于下部坐卡,上部卸扣和旋扣,测得最小扭矩为 -4.5kN·m,符合实际情况。

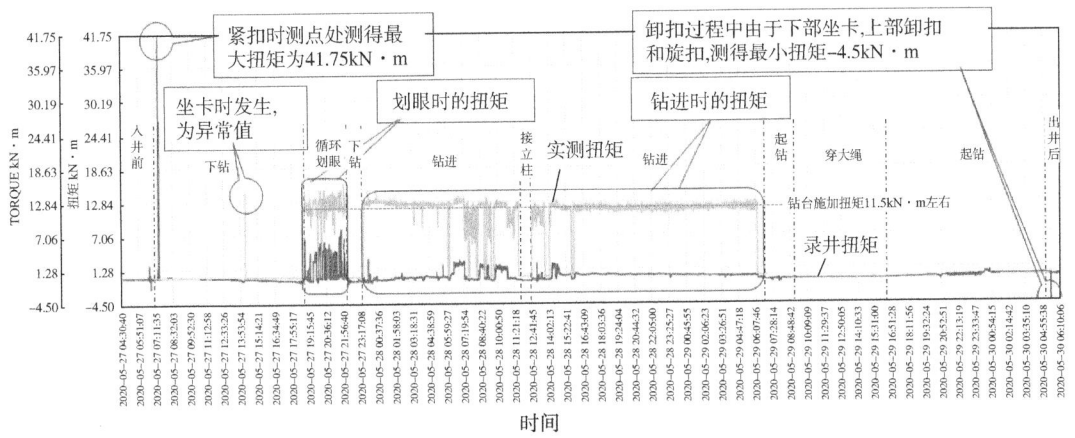

图6 第一口井第一趟钻测量的井下扭矩曲线与录井扭矩曲线对比

3 结论

(1)研制了2套具有自主知识产权的井下工程参数测量系统,承载外壳采用套筒式的结构设计,提高了可靠性,创新采用矩形安装槽安装应变片,提高了钻压/扭矩的测量效果,填补了大庆油田此项技术空白。

(2)通过3口井现场试验,验证了该系统的可靠性,两套仪器共工作 301.9h,获得数据 53.4 万余组,实现了对钻压、扭矩、转速、钻具内/外压力、温度和振动值的准确测量,试验结果表明该系统满足井下工程参数测量需要,为进一步升级为随钻上传式打下了基础。

参 考 文 献

[1] 马天寿,陈平,何源,等.井下工程参数测量短节设计与制造[J].机械设计与制造,2011,11:23-25.
[2] 赵昱,张拉拉.井下工程参数测量仪的研制与现场应用[J].录井工程,2017,28(2):13-17.
[3] 樊锐,谢赛.近钻头钻压、扭矩测量节的结构参数设计[J].石油机械,2010,38(7):17-19.
[4] 王旭东,陈平,张杰.井下钻井工程参数测量系统设计[J].西南石油大学学报(自然科学版),2010,32(5):155-160.
[5] 朱启荣,杨国标.基于电阻应变计的扭矩测量系统设计[J].实验技术与管理,2009,26(3):58-59.
[6] 耿艳峰,杨锦舟,闫振来,等.基于电阻式应变片的近钻头工程参数测量技术研究[J].传感技术学

报,2008(6):1084-1088.
[7] 樊锐,罗君. 溅射薄膜技术在井下扭矩/钻压测量中的应用[J]. 石油机械,2009,37(3):24-27.
[8] 梅冬琴,刘巨保,李治淼,等. 基于加速度传感器的钻柱振动测量方法研究[J]. 石油矿场机械,2012,41(2):1-7.
[9] 张佳伟. 下部钻具组合横向振动随钻监测与参数优化研究[D]. 北京:中国石油大学(北京),2018.
[10] 付英军,马天寿,陈平,等. 井下工程参数测量短节的有限元分析[J]. 石油机械,2011,39(5):34-37.
[11] 邓阳春,陈钢,杨笑峰. 消除电阻应变片大应变测量计算误差的算法研究[J]. 实验力学,2008(3):227-233.
[12] 王岩,储江伟. 扭矩测量方法现状及发展趋势[J]. 林业机械与土木设备,2010,38(11):14-18.

顶驱设备在水平井提速中的管理与技术发展

白晓捷[1]　宋瑞宏[2]　马晓伟[1]　段立俊[1]

(1. 中国石油大庆钻探工程公司钻井工程技术研究院；
2. 中国石油大庆油田采油工程研究院)

【摘　要】 随着自动化钻井技术的发展，通过开发"顶驱扭摆减阻设备""顶驱智能定向设备"等顶驱智能设备，开展顶驱地面数据采集系统、软件控制系统和智能控制算法系统研究，实现了降摩减阻的目的，显著提升水平井机械钻速和钻井效率，在渤海三滩海、新疆玛湖、西南油气田取得了良好的应用效果，在很大程度上降低了钻井成本。本文同时总结了顶驱设备的管理经验，分享了智能钻井设备的发展趋势，为水平井持续提质、降本、增效的发展提供参考。

【关键词】 顶驱智能设备；水平井；管理经验

近年来，针对大庆古龙、四川侏罗系等区域的安全快速钻井技术，中国石油大庆钻探工程公司开展了专题技术研究。深层水平井开发、复杂地层开发工作量逐渐增加，单纯依靠井下自动化工具进行页岩油开发存在钻具成本高、风险高、工具面摆放及控制困难、下放钻具困难、定向缓慢等问题。钻井行业要想和国外钻井承包商及其技术服务公司争夺国内钻井市场，并挤入国际钻井市场，除了保持井下工具技术持续高速发展之外，还必须有技术先进的钻机顶驱装置。

国产顶部驱动钻井装置技术成熟以来，以其突出的高效率、高性能、高稳定性等优点已经成了 21 世纪世界钻井机械发展的主要方向，被广泛应用于陆相页岩油钻井中，保障了陆相页岩油的稳定钻井作业，图 1 为 DQ 系列顶驱及智能化装置。随着自动化钻井技术的发

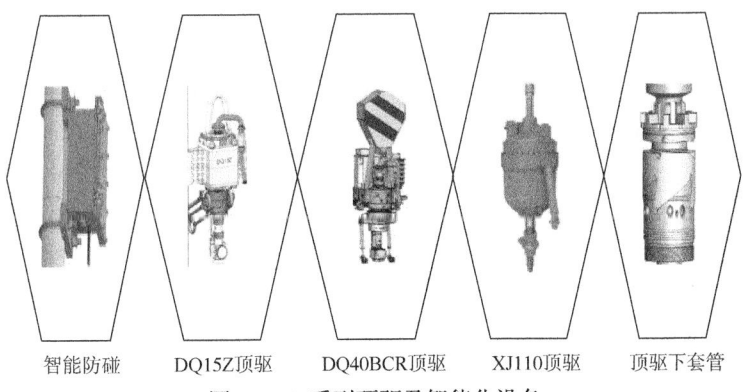

智能防碰　　DQ15Z顶驱　　DQ40BCR顶驱　　XJ110顶驱　　顶驱下套管

图 1　DQ 系列顶驱及智能化设备

作者简介：白晓捷，男，1982 年生，高级工程师，工学学士，主要研究方向为钻井工艺和装置研发工作。E-mail：baixiaojie@cnpc.com.cn。

展,井下—地面—井下闭环控制系统中,地面自动化的重要性逐渐显现,国内外专业公司开展了"顶驱防黏滑振动自动控制系统""顶驱扭摆减阻系统""顶驱智能定向系统"等顶驱智能装置的开发与应用,开创了顶驱智能时代。极大地推动陆相页岩油生产向智能化、低成本发展,为国内外页岩油钻井提速提供借鉴,行业引领作用显著。

1 水平井钻井施工难点

中国现阶段深层水平井钻井技术施工成本高,钻井难度大,如何高效低成本开发是面临的首要难题。受油井产量、成本、采油指数等诸多因素影响,深层水平井成为钻井行业里的新发展方向。水平井作业有两种基本方法,即螺杆滑动导向技术和旋转导向技术[1]。螺杆滑动导向技术是用带弯接头的井下动力钻具和随钻测量(MWD)配合使用,在定向段由井下动力钻具带动钻头旋转,破岩钻进,而钻柱不旋转;旋转导向技术则实现了边旋转钻柱边定向钻进。与螺杆滑动导向技术相比旋转导向技术具有摩阻小、井眼清洁度高、井下复杂事故少等优势,但是其价格昂贵。目前主要采用螺杆钻具和 MWD 系统配合使用的定向钻井技术。该技术存在以下施工难点:

(1)随着大斜度井段延长,钻杆与井壁之间的摩阻增大,钻柱向前滑动困难。

(2)由于井壁与钻柱之间存在摩阻,易出现"托压"现象,阻碍钻压传递给钻头。

(3)当钻柱从静止状态变成运动状态,钻柱的弹性能量瞬间释放,井底钻压突变,易造成井下动力钻具的损坏和工具面漂移,严重降低了机械钻速。

(4)在进入水平段后,由于"方位漂移"现象经常性出现,不得不采用滑动钻进,采用滑动钻进会将大量的时间花费在调整工具面上,极易在钻柱下放过程中会出现蛙动现象,使得 PDC 钻头损坏,易导致机械钻速较低和卡钻等一系列问题。

2 顶驱设备管理与推广情况

2.1 顶驱设备研发服务管理

以"追赶超越,打造国际一流工程技术服务企业"为目标,坚持创新驱动、技术立企,持续提科技管理能力和水平,营造人人为公司发展献计献策的氛围,构建全员创新、全员创效的良好局面,为"当好标杆旗帜、建设百年油田"提供有力科技支撑。目前顶驱研发与推广科技成果已经由科研向现场服务转化。2022 年建立健全顶驱技术服务规程、技术服务责任分工、现场巡回检查等资料。现场服务 7 口井,提升 30 及 40 钻机作业效率 30%,节省钻井周期 84 天,设备稳定性得到甲方的高度认可。通过现场应用,锤炼了技术精湛、作风顽强的顶驱服务队伍,克服了自然环境恶劣、井下复杂、强振冲击等难题,探索了老旧 3000m 钻机复杂地层施工的新工艺。

2.2 顶驱设备维修管理

建立顶驱修理管理流程,编制了顶驱修理管理和操作手册,制定修理标准,在顶驱安装操作使用培训、现场修理、故障应急处理等方面发挥了保障作用。全面提升管理水平,设备管理水平提升显著,尤其是强化维修机具的规范化管理,基础资料规范准确,全面推行机具定置管理。通过促进人与物的有效结合,使生产中需要的东西随手可得,向时间要效益,从而实现生产现场管理规范化与科学化。2022 年完成 2 种规格 2 台顶驱大修,现场维修 4 台套。相对于外委维修,节省维修周期 40 余天。

2.3 顶驱设备安全管理

在安全管理方面:顶驱服务及维修项目组,针对浙江油田现场服务需求,编制了《顶驱安全管理规定》,规范了 DQ40BCR 顶驱设备使用,为及时发现故障、消除隐患、防止事故发生、加强设备安全管理、确保设备安全提供了重要依据。

2.4 顶驱设备防疫管理

在疫情防控方面:在顶驱现场技术服务过程中,由于服务涉及大庆、海拉尔、川渝等地区,且人员变动大,为保障服务人员安全,确保服务顺利完成,有效预防、及时控制和消除新型冠状病毒肺炎对服务人员的危害,指导和规范新型冠状病毒肺炎常态化的应急处置工作,最大限度地减少新型冠状病毒肺炎对员工健康造成的危害,保障员工身心健康与生命安全,根据相关法律法规和钻井研究院疫情防控工作有关部署,结合顶驱技术服务实际,编制了《现场技术服务新冠肺炎疫情防控专项应急预案》,极大地保障了人员身心健康,现场服务工作开展顺利。

3 顶驱智能设备技术开发进展

为解决上述难点,国内外各大石油公司在智能钻井领域开展了专项技术研究,先后开发出了"顶驱防黏滑振动自动控制系统""顶驱扭摆减阻系统""顶驱智能定向系统"等顶驱智能装置。

3.1 顶驱扭摆减阻设备

近年来,多家石油公司开展了"顶驱防黏滑振动自动控制系统""顶驱扭摆减阻系统"的开发,随着技术的迭代,顶驱扭摆减阻系统逐渐成熟,并已开展试验和应用。顶驱扭摆减阻技术是一种利用常规钻井设备通过 PLC、电路板等硬件和芯片中写入的软件进行控制钻机转速和钻杆摆动方向来实现自动定向钻井的技术。通用型顶驱智能减阻系统是一套独立于顶驱的控制系统,其控制逻辑如图 2 所示。以不影响原有顶驱控制系统为前提,使用时仅将顶驱原有控制信号和减阻系统信号进行切换,从而实现对顶驱的智能控制。通用型顶驱智能减阻系统,拟采用西门子全集成自动化软件(TIA)进行开发,配合继电控制进行信号切换,通过程序算法进行合理扭矩的理论计算。其原理是通过钻机对钻柱及钻铤施加正反向摆动的扭矩,使上部钻柱能够实现周期性的交互旋转,将滑动钻井时钻柱与井壁的静摩擦力转变

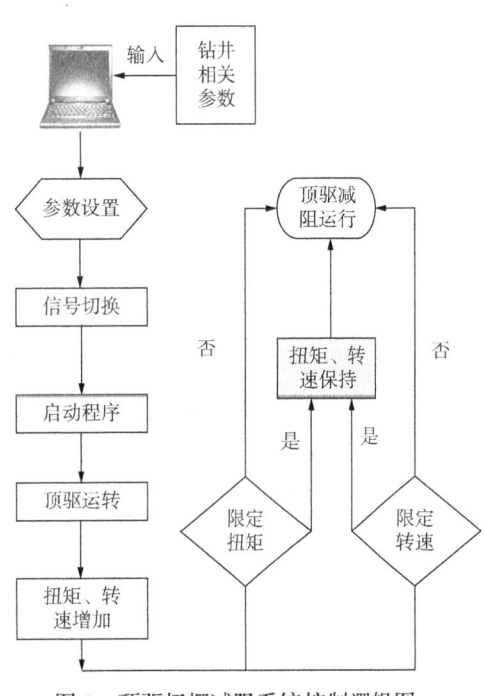

图 2 顶驱扭摆减阻系统控制逻辑图

为类似于旋转导向钻进的动摩擦力，释放钻柱摩阻和扭矩，从而解决常规定向时因为钻柱不旋转导致的摩阻大、"托压"、工具面调整困难、轨迹控制精度低等诸多问题。

3.2 顶驱智能定向设备

钻井是一个非常复杂的过程，能够影响钻井状态的因素一般包括：地层的抗压强度、地层倾角、钻井过程中的扭矩、转速、角度位置、扭转传递滞后时间、扭转传递特征参数等。由于地面定向控制系统属于非线性、时变、多输入输出控制系统，存在输入条件多、参数耦合性强、非线性度高等特点。顶驱扭摆减阻系统虽然采集顶驱的扭矩、转速等参数，但放弃了对其余主要钻井参数的整体考虑，将其作为参数常量考虑。经过分析，该种方法很难适应多变的钻井情况，会导致钻进的效率过低，甚至无法完成钻井作业。

顶驱智能定向系统是在顶驱扭摆减阻系统的设计基础上，进行了创新升级。全面获取现场钻井数据，进行算法网络迭代(图3)。

将现场钻井数据作为学习样本，输入深度学习模型进行 AI 智能训练，输出顶驱的控制算法，该控制算法用于控制顶驱对定向井进行造斜作业。其中，将现场钻井数据作为学习样本，输入深度学习模型进行训练，输出顶驱的控制算法，包括：对现场钻井数据进行分类，将高于预设值的数据作为第一类数据，将低于预设值的数据作为第二类数据。利用钻井仿真模型模拟钻井过程，获取模拟钻井数据。将模拟钻井数据和第二类数据作为学习样本，输入深度学习模型进行 AI 智能训练，输出顶驱的控制算法。该智能定向系统适应各类复杂的井况。通过利用控制算法控制顶驱对定向井进行造斜作业，还降低了对操作人员的要求，当操作人员需要控制顶驱工作时，只需发送简单的指令即可实现对顶驱的控制，保证了钻进的效率。

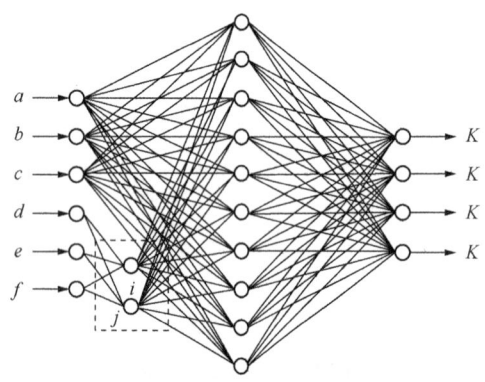

图 3　顶驱智能定向系统算法网络

a、b、c、d、e、f 为输入条件，K 为输出参数，算法依据输入条件实时计算输出参数。

4　顶驱智能设备的应用情况

4.1　国外顶驱智能设备应用情况

美国斯伦贝谢公司开发了 Slider 系统，基于扭矩控制方法，关键在于确定合适的扭矩界限，能够实时测量地表扭矩和立管压力，测量数据经过处理器处理后反馈给顶驱控制面板，通过控制顶驱扭矩实现扭摆减阻。美国 NORTHATAR 北极星智能地面定向系统，独特的 SMART 专利算法为多参数控制算法，避免传统单参数控制带来的不稳定和风险；能够实现微复合状态，可快速将工具面摆放或稳定在需要的区间；基于 NI 承载高级算法，抗干扰，更稳定。该产品广泛应用于北美页岩油水平井作业。作业总数量在北美超过 2000 口井，定向平均提速 50%~105%，造斜段平均从 3 天缩短到 2 天。司钻接受了北极星的理念和培训后，使用效果明显。司钻倾向于采用更小的钻压，但可获得更佳工具面控制和机速。通过缩减井队作业时间，每年单井架可降低约 100 万美元的作业费用。

4.2 国内顶驱智能设备应用情况

北京石油机械有限公司顶驱扭摆减阻控制系统，系统具有控制顶驱正向或反向旋转的功能。在顶驱正、反向旋转循环的过程中，能实时调整相对零点，以利于调整工具面。中国石油川庆钻探工程有限公司钻采工程技术研究院自主研发的 PIPE ROCK 钻柱扭摆系统，通过对扭矩、圈数设定限定值，控制顶驱带动部分钻柱来回摆动，减少静止钻柱长度，达到降低摩阻的目的。中国石化胜利石油工程有限公司 TORSION DRILLINGT 钻柱双向扭转控制系统，能够控制顶驱或电动化转盘按照设定的扭矩、转速等参数，实现钻柱正反旋转，实现降摩减阻目的。

国内顶驱扭摆系统在渤海三滩海、新疆玛湖、西南油气田等应用 100 余口井，现场测试结果表明：顶驱扭摆滑动钻井技术能够有效降低摩阻，缓解托压，实现大斜度井段及水平段 ROP 提高 30%。

5 顶驱智能钻井设备的发展趋势

结合互联网+人工智能大势所趋，陆相页岩油钻井技术需与时俱进、直面挑战，向人工智能方向发展，拓展页岩油钻井持续提质、降本、增效的发展之路，简要总结了以下发展趋势。

（1）钻机自动化：国内外钻井设备自动化研发步伐逐步加快，一体化司钻控制台、自动钻井液处理控制系统、井口机器人等得到广泛应用。

（2）井下工具智能化、数字化：随钻地层分析、多参数监测、旋转导向等一系列智能化钻井工具的快速发展，基本实现了油气勘探和钻井轨迹的智能跟踪和调控。

（3）油气藏动态描述：智能技术不仅在钻井行业得到应用，同时也使完井技术得到发展与完善，为油气藏动态描述、精细控制和生产优化提供了条件。

（4）自动化、智能化的远程控制：目前油田建成的智能数字化指挥中心能够实现大数据的优化、传输及控制，成为石油工程自动化、智能化的远程控制中心。

综上所述，开展智能化钻井设备研究已经成为现阶段的发展趋势，有必要大力发展高端智能化、自动钻井设备。

6 结论与建议

（1）顶驱扭摆减阻系统已在水平井提速得到了成功应用，使机械钻速和钻井效率都得到显著提升，取得了良好的效果。

（2）地面智能定向技术是一种智能化自动控制钻井技术，可以实现控制钻机最大机械转速的同时控制钻柱沿工具面方向的精准钻进。

（3）基于智能网络算法所构建的智能定向系统控制模型，通过对作业数据的模拟实验和优化，可以最大程度上学习定向工程师的操作经验，解决了定向钻井过程中工具面调整困难、完全依靠人工经验的问题。

（4）结合互联网+人工智能发展，深层水平井提速技术需与时俱进、直面挑战，向人工智能方向发展，拓展页岩油钻井持续提质、降本、增效的发展之路。

参 考 文 献

[1] 杨建云. 世界钻井技术新进展及发展趋势分析[J]. 国家哲学社会科学院文献中心中文期刊论文,2015,25(2):35-51.
[2] 许利辉. 钻头类型对反扭矩和工具面控制异常影响研究[J]. 石油机械,2017,45(6):2-29.
[3] LW Ledgerwood, RW Spencer, O Matthews, JAR Bomidi, JA Mendoza. The Effect of Bit Type on Reactive Torque and Consequent Toolface Control Anomalies[C]. SPE 174949,2016.
[4] 李智鹏,易先中,陶瑞东,等. 定向滑动钻进控制新方法研究[J]. 石油钻探技术,2014(4):59-63.
[5] 徐文,刘新立,马瑞,等. 基于顶部驱动的滑动钻井导向控制技术[J]. 石油机械,2013,41(3):27-30.
[6] 易先中,吉源强,盛拥军,等. 自动滑动钻井控制系统的研究进展[J]. 石油机械,2013,41(9):12-15.
[7] 林元华,黄万志,施太和,等. 水力加压器研制及应用[J]. 石油钻采工艺,2003,25(3):1-3.
[8] 苏义脑,窦修荣,王家进. 减摩工具及其应用[J]. 石油钻采工艺,2005,27(2):78-80.
[9] 刘清友,单代伟,王国荣. 微小井眼水力加压器结构设计及钻压计算[J]. 石油学报,2009,30(2):304-307.
[10] 张鑫. 滑动定向钻探过程的智能决策算法研究与实现[J]. 中国知网,2020,17(3):702-965.

顶驱倾斜机构的连接耳座受力分析

刘鹏骋

(大庆钻井工程技术研究院)

【摘 要】 倾斜机构作为顶驱管子处理系统的重要组成部分之一，是起下钻过程使用最频繁，最重要的机构。倾斜油缸与吊环之间通过连接耳座连接在一起，实现倾斜机构功能。在实际使用中经常出现连接耳座沿吊环臂上下移动情况，影响倾斜机构的倾斜幅度，造成两侧吊环不同步和吊卡倾斜，恶化倾斜油缸的工况，因此有必要对倾斜机构进行受力分析，从理论上指导倾斜机构的设计、安装及使用。

【关键词】 倾斜机构；连接耳座；受力分析；顶驱；吊环

顶部钻井驱动装置(以下简称顶驱)自20世纪80年代问世以来，由于它显著提高了石油钻井作业的能力和效率，被誉为近代钻井装备的3大成果之一。国内自2004年北京石油机械厂(现为北京石油机械有限公司)开始批量生产变频电驱动DQ70BS顶驱以来，北石、宝石、天意、景宏、宏华等石油装备制造企业先后开发了多种型号顶驱[1-3]，有效地提升了顶驱的设计制造水平，满足了国内石油钻井行业提速增效的需求。

顶驱倾斜机构是实现顶驱取送、抓放钻具的重要机构，是能体现顶驱优势的重要机构。各型号顶驱的倾斜机构组成大同小异，原理相同。国内学者对倾斜机构及其组成部件的动力学进行了研究。蔡正敏等[4-5]对倾斜机构的倾斜液压机构临界载荷进行了计算分析并进行精确求解，可以解决设计精度问题，但在现场应用比较复杂，不能很好满足现场需求。韩文洁等[6]基于iSIGHT机—液耦合对倾斜机构作了优化，同样是解决了设计过程的机构优化问题，不适应指导现场或者在用倾斜机构问题的解决。肖文生[7]基于矩阵法对倾斜机构进行了运动分析，验证了倾斜机构的运动规律及不同方法的仿真结果的正确性，但于现场应用中存在的问题不能解决。因此，需要结合顶驱倾斜机构现场应用实际情况和存在的问题，建立一个能指导现场应用和问题解决的有效的简易力学模型。

1 基本情况

顶驱倾斜机构如图1所示，其主要由倾斜油缸，吊环，连接耳座及回转头(悬挂体)等四部分组成。从图1中可以看出，倾斜油缸及吊环悬挂于顶驱回转头的两侧，连接耳座通过"U"形卡子(或压板)固定的吊环臂上，倾斜油缸的活塞与连接耳座连接。随着倾斜油缸活塞的移动，将推动吊环以其悬挂点为近似圆心的转动，实现吊环的前后倾，最终带动吊卡实现对钻具的取送抓放功能。

作者简介：刘鹏骋，男，1985年生，工程师，工学学士，主要研究方向为钻井装备。E-mail：liupcjx@cnpc.com.cn

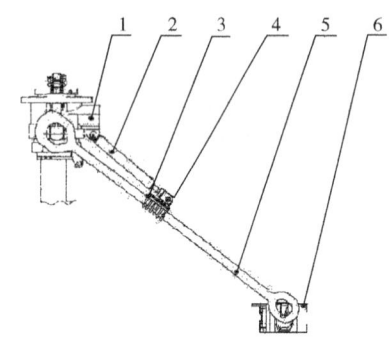

图 1 顶驱倾斜机构示意图
1—回转头；2—倾斜油缸；3—连接耳座；
4—"U"形卡子；5—吊环；6—吊卡

如图 1 所示，连接耳座是通过"U"形卡子上的螺纹连接实现在吊环上的固定。连接耳座作为倾斜机构的重要连接点，起着连接部件，传递动力的功能。在实际工况下，由于振动，受力变形的存在，操作的不规范等原因，"U"形卡的螺纹连接会出现短时的失效情况，随着螺纹连接失效的反复出现，最终造成了"U"形卡对连接耳座的压紧力不足，从而减小了连接耳座与吊环之间的摩擦力，在实际应用中就表现为连接耳座沿吊环臂的上下移动窜位，最终影响两侧吊环的同步功能，发生倾斜油缸扭转，倾斜幅度不符合设计要求及吊卡出现扭转的情况，进而影响倾斜机构抓放钻具功能的正常使用，而且恶化倾斜油缸的工况，减少倾斜油缸的使用寿命。因此，为了能更好地解决这一问题和对倾斜机构受力状况有一个更加全面的认识，有必要建立一个简单、准确、可行的力学模型。应用此模型同时可以指导油缸尺寸的设计，油缸挂耳与吊环挂耳相对位置尺寸设计，连接耳座在吊环臂上安装位置的确定，连接耳座固定螺栓预紧力大小的确定等方面的需求。连接耳座在倾斜机构中起着连接主从构件，传递动力的作用，因此选择连接耳座进行受力分析并建立力学模型可以更好地反映整个倾斜机构的受力状况，从而方便地进一步确定倾斜机构其他构件的受力状况。

2 连接耳座处力学模型的建立

通过分析倾斜机构的组成及运动过程，可知倾斜机构的实质是平面四杆机构，更进一步分类为转动导杆机构[8]。对于此类机构的运动学规律研究得较为透彻，力学分析也有一定的研究。本文则基于顶驱倾斜机构实例，着重分析其连接耳座处随着倾角变化时的受力情况。在分析之前，进行以下简化及假设：忽略倾斜油缸，吊环及连接耳座的自重；不计倾斜油缸，吊环在悬挂体处的摩擦力；吊环只做圆周运动。

根据倾斜机构实际位置及传动关系，将机构简化成如图 2 所示平面关系。图 2 中 O 点，O' 点分别对应倾斜油缸铰接点和吊环上端悬挂点。O'' 处为连接耳座简化后的铰接点，O''_0，O''_1，O''_2 分别对应倾斜机构初始，前倾及后倾角度位置。吊环下端及吊卡简化为 M 点，其初始位置，前倾角度及后倾角度位置分别是 M_0，M_1，M_2。OO'' 为简化后的倾斜油缸，$O'M$ 为简化后吊环。

以连接耳座铰接点为分析对象，选择前倾状态做如图 3 所示受力分析图。图 3 中 T 为吊环所抓取管柱后综合载荷，T_1，T_2 为载荷 T 的两个分量；F 为倾斜油缸活塞工作产生的推力。F_1，F_2 为推力 F 的两个分量。N 为回转头挂耳对吊环产生的反作用力。根据如图 3 所示受力分析图，可得如下力平衡关系式：

$$F_1 l = T_1 L \tag{1}$$

$$N = F_2 + T_2 \tag{2}$$

式中：l 为吊环悬挂点至连接耳座的距离 $O'O''$，即连接耳座安装位置；L 为吊环 $O'M$ 的长度。

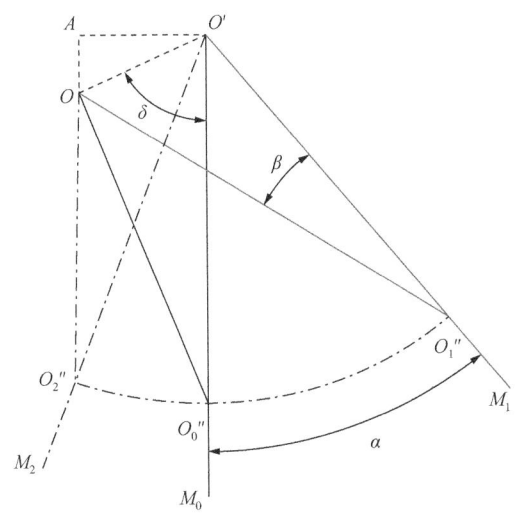

图 2 倾斜机构位置关系简图　　　　　　　　图 3 倾斜机构受力分析图

按如图 3 所示 F 与 F_1，F_2，T 与 T_1，T_2 的关系，及式(1)和式(2)，得

$$F_1 = F \cdot \sin\beta$$

$$F_2 = F \cdot \cos\beta$$

$$T_1 = T \cdot \sin\alpha$$

$$T_2 = T \cdot \cos\alpha$$

$$F = T \cdot \frac{\sin\alpha}{\sin\beta} \cdot \frac{L}{l} \tag{3}$$

$$N = T(\sin\alpha \cdot \cot\beta \cdot \frac{L}{l} + \cos\alpha) \tag{4}$$

式中：α 为吊环倾角，前倾、后倾分别考虑，其值在 0°到设计值之间；β 为倾斜油缸与吊环之间的夹角，(°)。

式(3)反映了倾斜油缸推力 F 与载荷 T 之间的关系，式(4)反映了悬挂体承受拉力与载荷之间的关系。式(3)即为连接耳座处的基本力学模型，其反映了倾斜油缸推力随着倾角变化的规律。进一步将式(3)和式(4)中倾斜油缸与吊环之间的夹角 β 全部用吊环倾角 α 替换，即可得倾斜机构在设计倾斜角度范围内任一倾斜角度时连接耳座处的受力状态。

通过分析图 3 中各杆件位置关系，可得倾角 α 和倾斜油缸与吊环夹角 β 的关系为

$$\frac{l'}{\sin(\delta+\alpha)} = \frac{c}{\sin\beta} \tag{5}$$

$$l'^2 = c^2 + l^2 - 2cl\cos(\delta+\alpha) \tag{6}$$

式(6)代入式(5)后，可得

$$\sin\beta = \frac{c\sin(\delta+\alpha)}{\sqrt{c^2+l^2-cl\cos(\delta+\alpha)}} \tag{7}$$

式中：a 为 AO' 的距离，设计给定；b 为 AO 的距离，设计给定；c 为 OO' 的距离，$c=\sqrt{a^2+b^2}$；l' 为 $O'O''$ 的距离，即任一位置时倾斜油缸两铰接点的长度；δ 为吊环在垂直位置时，吊环与两个悬挂点连线之间的夹角，(°)。

将式(7)代入式(3)后得到在设计倾角范围内任一倾角时连接耳座处的力学模型为

$$F = T \cdot \frac{L}{l} \cdot \frac{\sqrt{c^2+l^2-2cl\cos(\delta+\alpha)} \cdot \sin\alpha}{c\sin(\delta+\alpha)} \tag{8}$$

式(8)中，除 α 外，其余各项对于任一已经投入使用的顶驱，其值都是确定的。因此，通过此模型可以在给定的范围内，描述连接耳座处倾斜油缸推力的大小，进一步可以确定连接耳座与吊环之间的连接螺栓所需的预紧力，以保证连接耳座不与吊环发生相对滑动。同时，可以根据受力情况，优化 l，即连接耳座固定在吊环臂上的安装位置。

3 应用

以某在用 DQ40 顶驱为分析对象，应用式(8)时的已知各参数值为：倾斜油缸和吊环挂耳的水平距离 a，0.255m；倾斜油缸和吊环挂耳的挂耳垂直距离 b，0.163m；吊环长度 L，2.7m；倾斜角度(前倾) α 变化范围，0°~60°。载荷 T 取 1kN，约 100kg。连接耳座固定在吊环臂上的位置 l 分别取 1.1m，1.2m，1.3m，然后分别计算在此位置处推力 F 与倾角 α 变化时的关系及大小。

将上述参数输入数值计算程序进行计算并绘制连接耳座在吊环臂上不同固定位置处时的推力—倾角关系图，如图4所示。图4中，纵轴为推力，横轴为倾角，自上而下分别是连接耳座固定位置1.1m，1.2m，1.3时的推力—倾角关系的曲线。

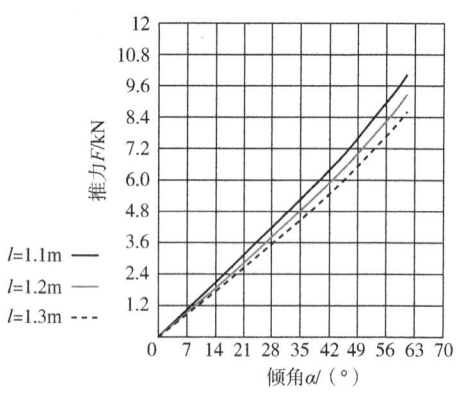

图4 推力—倾角曲线

同时，在倾角 α 变化范围内取5个倾斜点，分别计算连接耳座固定在吊环臂上不同位置时处在不同倾角时的推力值，计算结果详见表1。

表1 倾斜油缸推力随连接耳座固定位置及倾角变化的推力值

连接耳座位置 l/m	推力/kN				
	0°	15°	30°	45°	60°
1.1	0.00	2.31	4.58	7.06	10.03
1.2	0.00	2.31	4.56	6.99	9.91
1.3	0.00	2.32	4.54	6.94	9.80

观察图4及分析表1中数据可以得出：

在任一已经确定的连接耳座的情况下，随着倾角的增大，倾斜油缸的推力也逐渐增大，这与实际观察到的液压系统压力表数值变化方向是一致的。

由图4可以明显地发现,在倾角一定的情况下,随着连接耳座在吊环臂上固定位置 l 的增加,油缸的所需要的推力是有减小的趋势,尤其是在较大的倾角时,所需推力减小得更为显著。所以安装位置应当尽量放大。

通过式(7)可以计算出倾角 α 在60°时,连接耳座固定在吊环臂上述位置处时的倾斜油缸与吊环之间的夹角 β 的值分别为12.87°,11.90°,11.06°。在设定载荷 T 为1kN的条件下,倾斜油缸的推力产生的平行于吊环臂作用在连接耳座上的力 F_2 分别为9.79kN,9.70kN,9.62kN。可以看出倾斜油缸的推力绝大部分作用在了使连接耳座沿吊环臂滑动的方向上。这也就要求连接耳座与吊环臂之间的静摩擦力必须不小于上述 F_2 才可能使连接耳座固定住。在实际使用中,尤其是因操作不规范的原因,经常会出现载荷远大于1kN的情况,这就使得 F_2 远远超过通过拧紧螺栓来设定的静摩擦力,从而造成连接耳座在吊环臂上移动。

4 结论

通过分析顶驱倾斜机构组成及传动关系,简化出倾斜机构的平面结构,通过平面结构分析了杆件的传动位置关系,以及随着倾角变化连接耳座处的受力情况,据此建立了吊环上连接耳座处倾斜油缸推力与随倾角变化的力学模型。应用此力学模型可以:

(1)分析在用顶驱倾斜机构连接耳座处的受力情况,优化连接耳座在吊环臂上的安装位置。

(2)可以辅助确定连接耳座固定螺栓预紧力大小,降低连接耳座在吊环臂上窜动的可能。

(3)利用合适的软件求解此力学模型,可以指导倾斜油缸,挂耳相对位置尺寸,连接耳座位置等优化设计。

参 考 文 献

[1] 步卫玲. 国外钻机顶部驱动钻井装置的发展趋势[J]. 石油机械,2009,37(6):88-90.
[2] 李传华,刘鹏,刘百红,等. 浅述国外顶部驱动装置的性能与应用[J]. 石油矿场机械,2008,37(7):30-33.
[3] 王永江. 国产顶部驱动钻井装置发展趋势[J]. 中国设备工程,2017,15:210-211.
[4] 蔡下敏,张军,申朝廷,等. 顶驱钻井装置倾斜液压机构临界载荷的精确解[J]. 石油矿场机械,2010,39(6):49 51.
[5] 蔡下敏,张军,申朝廷,等. 顶驱钻井装置倾斜液压机构临界载荷计算分析[J]. 石油矿场机械,2010,39(3):48-50.
[6] 韩文浩,张力,贾存千,等. 基于iSIGHT机-液耦合的钻机顶驱倾斜装置优化[J]. 机械设计与制造工程,2019,48(8):21-23.
[7] 肖文生. 基于矩阵法顶驱钻机倾斜机构的运动分析[J]. 机械设计与制造工程,2007,12:50-51.
[8] 成大先. 机械设计手册[M]. 北京:化学工业出版社,2007.

大庆油田登娄库组 PDC 钻头设计与应用

巫 刚 陈瑞诚

（大庆钻探工程公司钻技一公司）

【摘 要】 大庆油田各区块登娄库组普遍存在岩石坚硬和研磨极值高的特点，常规 PDC 钻头在该地层使用后存在机械钻速低、钻头进尺少和钻头使用寿命短等问题。为此，针对登娄库组的地质特点，个性化设计了一种登娄库组高效 PDC 钻头。该型钻头在登娄库组进行了现场试验，平均机械钻速 5.69m/h，钻头进尺 202.32m。现场试验表明该钻头在登娄库组机械钻速和钻头进尺较邻井有了明显提高，其综合性能满足钻井作业需求，具有较高的推广价值。

【关键词】 PDC 钻头；切削结构；水力结构

PDC 钻头在软到中地层具有机械钻速高、钻头进尺多和使用寿命长的特点，但在中到硬的地层存在机械钻速低和进尺少的问题。大庆油田登娄库组埋藏深度在 3000~3600m，岩性以深紫色泥岩、灰色泥质粉砂岩、深紫色粉砂质泥岩、绿灰色泥岩、灰色含砾粗砂岩等为主。常规 PDC 钻头在使用过程中出现了如下问题：一是钻头不能有效钻进，机械钻速低；二是钻头磨损严重，使用寿命短；三是钻头进尺少，增加了钻井作业成本。

针对大庆油田登娄库组的地质特点，结合大庆钻探工程公司的"三大两高"（大排量、大钻压、大扭矩，高转速、高泵压）提速策略，开展登娄库组 PDC 钻头结构的个性化设计工作，设计了一种新型的登娄库组高效 PDC 钻头。

1 地质情况

大庆油田各区块登娄库组埋藏深度差异较大，岩石均质性较差，为此开展了登娄库组岩石机械破碎特性参数测试工作，全面评价了各区块登娄库组岩石的硬度、塑性系数、可钻性等参数，为开展登娄库组 PDC 钻头的个性化设计工作提供理论参考。

岩石硬度是指岩石抵抗其他物体压入的破碎强度，即在压头压入岩石后，岩石产生第一次体积破碎时接触面上单位面积的载荷。利用全自动岩石硬度测定仪对登娄库组岩石的硬度参数进行了测试，参照岩石史氏硬度的分类标准，将岩石硬度定级为 4~6 级，属于中软—中硬地层。

岩石塑性系数是指岩石在压头压入后，岩石产生第一次体积破碎时破碎消耗的总功与弹性变形功的比值，本文利用圆柱压入法的实验方法来获取登娄库组岩石塑性系数。经实验测试获得登娄库组岩石塑性系数为 1.03~1.75，参照岩石塑性系数的分类标准，可知登

作者简介：巫刚，在大庆钻探工程公司钻技一公司工作。联系方式：13836806932。

娄库组属于低塑性—脆性地层。

岩石的可钻性可理解为钻井过程中岩石抗破碎强度的能力，它表征岩石破碎的难易程度。本文采用微钻速的实验方法来评价岩石的可钻性，获取可钻性级值后，参照岩石可钻性分级标准对照表，将登娄库组岩石可钻性定级为4~10级。

2 PDC钻头优化设计

2.1 PDC钻头冠部轮廓设计

合理的PDC钻头冠部轮廓结构特征参数对钻头切削齿的切削效率、水力清洗效果、钻头稳定性能具有重要的影响。PDC钻头冠部设计需要满足三个基本要求：

（1）按照PDC钻头等切削原则设计PDC钻头时，冠部形状应当保证钻头上的各切削齿的切削量均匀，磨损量大致均衡。

（2）在冠面上有足够的布齿空间和排屑空间，便于复合片在冠部表面布置。

（3）冠部轮廓形状方便加工成型。

冠部形状按等切削原则设计时，冠部形状就应尽可能保证实现钻头上的每一颗切削齿有大致相等的切削体积。这样尽可能保证钻头切削齿磨损均匀，按等切削原则设计时的理论冠部曲线方程式为

$$h = \frac{R}{2R_0}\sqrt{R^2-R_0^2} - \frac{R_0}{2} - \frac{R_0}{2}\ln(R+\sqrt{R^2-R_0^2}) + C$$

式中：h为冠部曲线轴向高度，mm；R为冠部曲线径向半径，mm；R_0为冠部曲线冠顶处半径，mm；C为积分常数，$C=(R_0/2)\ln R_0$。

由前文可知登娄库组可钻性较差，研磨性较高，为使钻头受力均匀、磨损均匀，采用较平缓的冠部剖面，同时适当延长外锥长度，增大布齿面积，提高钻头的使用寿命和排屑效果；另外，为了提高钻头稳定性，刀翼设计一定的锥角（154°）。综合考虑PDC钻头钻进速度、抗冲击性和抗研磨性，钻头采用浅内锥、中外锥单圆弧形剖面结构（图1）。

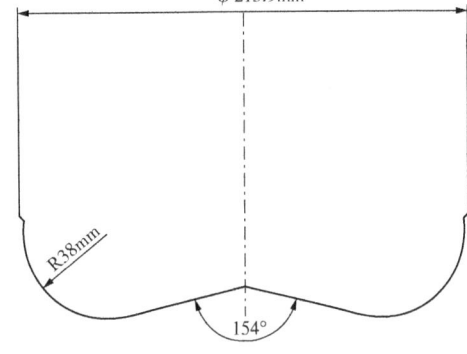

图1 钻头冠部轮廓曲线

2.2 切削结构设计

PDC钻头的切削结构设计主要包括切削齿尺寸及布齿密度的选择、切削齿分布设计、切削齿工作角度设计等。

（1）切削齿尺寸及布齿密度的选择。

同等磨损条件下，切削齿直径越大其磨损面积越大，因此直径由大到小的切削齿适应于由软地层到硬地层作业的钻头。大庆油田登娄库组可钻性定级为4~10级，可钻性属于软到中，结合切削齿尺寸与地层可钻性的经验关系（表1），钻头的主切削齿选用直径15.88mm的复合片，保径切削齿选用直径13.44mm的复合片，布齿密度选用中等密度布齿，以达到提高钻头破岩效率、增强钻头耐磨性能、延长钻头使用寿命的目的。

表1 切削齿尺寸与地层可钻性的经验关系

地层分类	软	中	中硬以上
可钻性	$K_d \leq 3.5$	$3.5 < K_d \leq 5$	$5 < K_d < 7$
切削齿尺寸	19.05mm	15.88mm	13.44mm

（2）切削齿分布设计。

PDC钻头切削齿分布设计的目的是合理地把切削齿布置在钻头表面，使之磨损均匀。切削齿分布设计主要包括径向分布设计和周向分布设计。

切削齿径向分布设计是在钻头半径平面内沿冠部外形轮廓布置切削齿，确定中心齿、保径齿和其他各齿的径向位置，得到径向分布图(图2)，它反映了切削齿的分布密度和在井底的覆盖情况。

切削齿的周向分布设计是在垂直于钻头轴线平面内按一定方式确定切削齿的周向位置角。依据钻头力平衡设计原则，新型PDC钻头采用了不对称六刀翼结构设计，即钻头各刀翼上的切削齿周向角分布不对称(图3)。

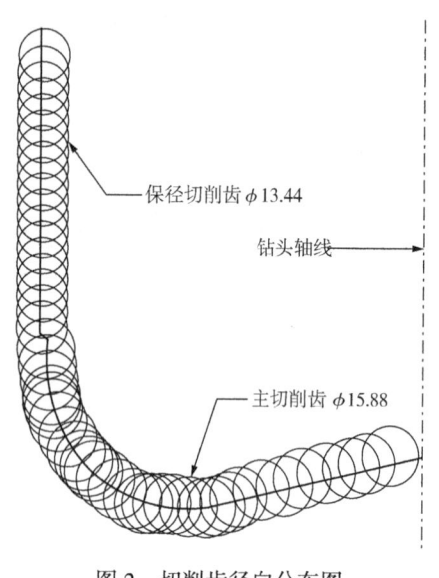

图2 切削齿径向分布图

图3 切削齿周向分布图

（3）切削齿工作角度设计。

PDC钻头切削齿工作角对切削齿的切削效率和工作性能有着重要影响，切削齿最重要的两个工作角是后倾角和侧转角。后倾角决定切削齿作用于地层力的方向，合理的后倾角能提高切削效率、保护切削齿、延长钻头的寿命，有助于提高钻速。侧转角决定齿前切屑的排屑力的方向，反映工作面方向与切削齿对齿前切削侧向作用力的大小及方向之间的关系，合理的侧转角有利于钻头清洗和岩屑运移，有效避免钻头泥包发生。

结合大庆油田登娄库组的地质情况，综合考虑切削齿的切削效率、钻头稳定性和使用寿命，将PDC钻头后倾角设定为12°~22°，从内锥到鼻部，齿前角由小逐渐变大，从鼻部到外锥，齿前角由大变小。

考虑到登娄库组主要由泥岩和砂岩组成，钻头在泥岩地层钻进时易发生泥包现象，为了提高钻头的排屑和防泥包能力，将切削齿的侧转角控制在0°~10°之间。

2.3 钻头水力结构设计

PDC钻头的井底清岩、切削齿的润滑和冷却都是靠射流的冲击和射流到达井底后产生的漫流横推作用完成的。射流对井底的冲击产生的清岩作用是靠冲击压力的不均匀性实现的，用"压力梯度"来衡量这种不均匀性的大小。"压力梯度"越大岩屑越易翻转，清岩效果越好，钻头不易产生重复破碎而提高钻头的技术指标。PDC钻头的水力结构设计的目的在于通过提高"压力梯度"来增强切削、清洗、润滑和冷却效果。

利用三维造型设计软件和计算流体动力学仿真软件（CFD）进行PDC钻头水力结构的设计，主要包括以下两点。

（1）钻头喷嘴形状的选择。

流线型喷嘴的流量系数高，射流的扩散角小，等速核较长，能量转换效率高，钻头实际得到的水力功率高，因此，将PDC钻头喷嘴的内流道形状设计成了流线型。

（2）喷嘴分布设计。

PDC钻头喷嘴的分布采用组合式镶装，即选择不同出口直径的喷嘴，使射流的冲击压力不同，以形成较大的井底"压力梯度"。为使岩屑向井壁方向翻转，充分清洗井底岩屑，将出口直径相对小的喷嘴镶装在距钻头的中心较远的位置，将出口直径相对大的喷嘴镶装在距钻头中心较近的位置，喷嘴具体分布参数见表2。

表2 钻头喷嘴分布参数

喷嘴序号	周向角/(°)	半径/mm	侧向角/(°)	喷射角/(°)	出口直径/mm
1	21	35	15	15	15
2	135	40	25	17	15
3	254	45	28	18	15
4	79	47	18	22	14
5	197	49	17	25	14
6	314	51	20	28	14

3 现场应用

2021年针对大庆油田登娄库组设计的215S5626型PDC钻头进行了现场应用，钻头进尺为202.3m，平均机械钻速为5.69m/h。与邻井常规钻头相比，新型钻头进尺增加了12%，机械钻速提高了11%，新型钻头的综合性能满足钻井公司的作业需求。钻头试验数据见表3，使用后钻头磨损情况如图4所示。

表3 PDC钻头现场试验数据表

钻头型号	地层	进尺/m	钻时/(h：min)	机械钻速/(m/h)
215S5626	登四段—登一段	202.3	35：34	5.69
常规	登四段—登一段	180.5	35：19	5.11

图 4 钻头使用后磨损情况

4 结论

针对大庆油田登娄库组的地质情况和钻井作业需求，对 PDC 钻头的冠部轮廓、切削结构、水力结构等进行优化设计，设计了一种适应于登娄库组作业的新型 PDC 钻头，该新型钻头有效增加了钻头进尺，提高了钻头机械钻速，延长了钻头使用寿命，满足了钻井公司的作业需求，具有较高的推广价值。

NTQ248-25Y 型无牙痕套管动力钳研制

朱明坤　李志刚　杨　毅　马晓伟　李玉海

（大庆油田钻探工程公司　钻井工程技术研究院）

【摘　要】 高含硫油气井的完井管串一般采用耐蚀合金（CRA）套管，这种套管的材质较软，常规套管动力钳工作时极易破坏套管表面的防腐镀层，加速硫化氢对套管的腐蚀，影响完井管串质量。依据套管动力钳内曲线爬坡滚子机构的特点，采用材料优选、结构优化设计与室内实验相结合的方式，研制出 NTQ248-25Y 型无牙痕套管动力钳。室内实验和现场应用表明，该无牙痕套管动力钳作业后套管表面完全没有牙痕，最大输出转矩为 25kN·m，能完成外径为 114.3~177.8mm 套管的上卸扣作业。

【关键词】 套管；动力大钳；无牙痕；研制

大庆油田经过 60 多年的高效开发，常规油气资源已经进入开发的中后期。随着油气田开发逐渐深入，为应对井下硫化氢腐蚀套管的问题，油田已陆续将气井、页岩油井和高含硫油井中的普通低碳合金钢套管更换为耐蚀合金（CRA）套管或双防硫套管。这些防腐蚀的合金套管的材质较软，且表面镀有防腐层，常规套管动力钳在进行套管单根连接时，套管连接处被啃上深深的咬痕，表面防腐层被完全破坏，加速了硫化氢对套管的腐蚀，缩短了套管的使用寿命[1]。通过分析修井现场套管表面的腐蚀坑分布，能够明显发现，套管上腐蚀最严重的点呈现有规律的分布，恰好和套管动力钳的咬痕相吻合[2]。针对这一问题，有必要研制无牙痕套管动力钳，消除套管动力钳对套管的损伤，减缓硫化氢对套管的腐蚀，增加套管的使用寿命，为大庆油田实现降本增效提供技术支持。

1　无牙痕钳牙的设计

套管动力钳大多采用内曲线爬坡滚子式的钳头夹紧机构，利用斜面增压的原理对套管动力钳钳头施加压力，从而卡紧套管。保证套管动力钳正常工作的关键是提高套管动力钳钳头夹紧机构的可靠性，通常的做法是采用硬度大、牙板齿较尖的金属钳牙，牙板齿越尖，金属钳牙与套管间的静摩擦因数越大[3]，产生的摩擦力也就越大。常规套管动力钳的每个钳头上配有 2 块宽 3cm 左右的条形金属钳牙，齿型一般为楔形或锥形。在坡板推动钳头夹紧套管的过程中，钳牙吃入并咬紧套管，在套管表面形成咬痕[4]，进而损伤套管。

近年来，部分生产厂家研制出各种微牙痕钳牙，其基本原理是采用硬度较低 20Cr（硬度 44HRC[5]）代替 T8 碳素钢（硬度最小为 56HRC）作为钳牙材料，将条形钳牙改为圆弧形钳

基金项目：中石油科技开发项目"大庆古龙页岩油勘探开发理论与关键技术研究"（2021ZZ10-03）

作者简介：朱明坤，男，1991 年生，工程师，从事钻井工艺及地面配套设备研究，E-mail：767629638@qq.com。

牙，将常规的楔形齿、锥形齿改为金字塔形细齿，增加钳牙与套管的接触面积，可以减轻钳牙对套管的咬痕，但当钳牙出现磨损，或钳头与套管间有一定错位时，微牙痕钳牙也会在套管表面留下较深的咬痕。

尝试改变钳牙材料，使用非金属弹性材料作为钳牙材料，在保证套管上卸扣质量的前提下，最大限度地保护套管表面，同时提高钳牙的使用性能。

1.1 无牙痕钳牙的材料优选

常规套管动力钳使用的金属钳牙普遍采用硬度高的碳素钢或低合金钢制作而成，为提升钳牙寿命指标，在生产制作时还会采用渗氮的方式来进一步提高钳牙的表面硬度。目前各大油田常用的套管中，耐蚀合金 C110 套管的硬度最大为 30HRC[6]，远远低于这些金属材料钳牙的硬度。现场应用也表明，在钳牙寿命指标（套管动力钳钳牙为 500 次[6]）内上卸扣时，随着上扣转矩的增大，金属钳牙对套管表面的破坏也逐渐增大。上扣转矩较小时，套管表面的损伤呈现出与钳牙齿型相应的点状分布，上扣转矩增大到一定值后，套管表面的损伤呈现为片状或带状，若在上扣时钳头打滑，套管表面甚至会出现环形损伤，如图 1 所示。

（a）点状分布的破损　　　　　　（b）带状分布的破损　　　　　　（c）环形分布的破损

图 1　常规套管动力钳上扣完成后套管表面破损情况

为最大限度保护套管表面，应选用硬度更低的非金属材料制作钳牙。

综合考虑钳牙的工作环境以及工作状态可知，钳牙材料需具备耐磨损、耐腐蚀、强度高等特点，此外更关键的是，钳牙材料与套管间还应具有较大的静摩擦因数。在常见的非金属材料中，橡胶与各种金属的静摩擦因数均较大，且橡胶的性能可调节，经过塑炼、混炼、硫化处理后的复合橡胶具有非常好的综合性能。优选复合橡胶作为钳牙的材料，并通过调整复合橡胶配方和制作工艺+室内实验的方式筛选出最符合要求的钳牙材料。室内实验共测试了 10 多种钳牙材料，这里只列举其中 3 种做对比分析，如图 2 所示。

实验前先将制作好的橡胶板按照设计的尺寸裁剪，安装在新设计的颚板总成上。接通液压站，操作套管动力钳进行套管上扣，通过转矩仪实时读取上扣转矩值，如图 3 所示。

无牙痕套管动力钳工作时，无牙痕钳牙与套管间是弹性接触，橡胶牙板在摩擦接触面产生弹性形变，使摩擦现象复杂化，其摩擦因数与环境温度、湿度等环境条件和滑动速度、接触面积、荷重、摩擦对偶材料的材质和摩擦面的状态等相关[7]。因此需对实验时的环境条件、加载情况、接触面积一一记录，再对比分析。

(a)工业石棉橡胶板ZD3　　　　（b）丁腈橡胶混炼+硫化铜丝　　　（c）工业石棉铜丝刹带

图 2　三种无牙痕钳牙材料

图 3　无牙痕钳牙测试现场

在室内温度为 25℃、干燥条件下，使用装有无牙痕颚板总成的常规套管钳对规格为 139.7mm 的耐蚀合金套管进行 50 次上卸扣，用转矩仪记录颚板总成打滑时的上扣转矩，并观察套管表面牙痕和无牙痕钳牙的磨损情况。试验结果表明，钳牙材料的硬度、钳牙与套管接触面的面积对上扣转矩的影响十分明显，试验数据见表 1。

表 1　无牙痕钳牙室内实验数据

钳牙类型	液压系统压力/MPa	钳牙硬度/HB	接触面积/mm²	最大上扣转矩/(N·m)	套管损伤程度	钳牙磨损程度
石棉橡胶板 ZD3	16	70	15840	2253	无明显损伤	有粉末掉落，磨损明显
石棉橡胶板 ZD3	16	70	25344	3160	无明显损伤	有粉末掉落，磨损较轻
丁腈橡胶混炼+硫化铜丝	16	80	15840	2974	无明显损伤	无明显磨损
丁腈橡胶混炼+硫化铜丝	16	80	25344	4715	无明显损伤	无明显磨损
石棉铜丝刹带	16	90	15840	4490	无明显损伤	无明显磨损
石棉铜丝刹带	16	90	25344	7322	无明显损伤	无明显磨损

1.2　无牙痕钳牙的结构设计

钳牙设计成与套管同心的圆弧形，设计有一定的过盈量，保证钳牙与套管充分接触；增加钳牙的轴向长度以提高钳牙与套管间的接触面积；钳牙的背部设计梯形棱条，以提高

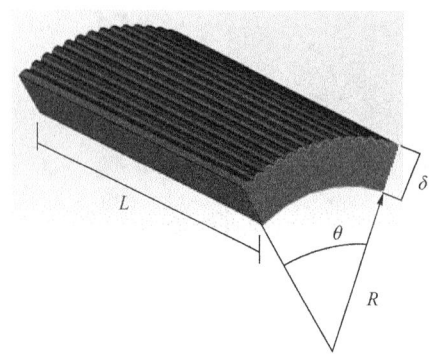

图 4 无牙痕钳牙结构示意图
L—钳牙长度；R—钳牙曲率半径；
δ—钳牙厚度；θ—钳牙弧度

钳牙的转扭能力，图 4 为无牙痕钳牙的结构示意图。

1.3 钳牙最小接触面积计算

作业时套管表面不发生塑性形变，钳牙与套管间的压力要低于套管的弹性极限，钳牙与套管间的静摩擦力矩要不小于上扣转矩，由此可计算出钳牙的最小包络面积 S。

$$\begin{cases} p = \dfrac{N_{max}}{S} < \sigma_1 \rightarrow S_1 > \dfrac{N_{max}}{\sigma_1} \\ M_f \geq M \rightarrow S_2 \geq \dfrac{M}{2\mu\sigma_2 R} \end{cases} \rightarrow S > \mathrm{Max}(S_1, S_2) \quad (1)$$

式中：p 为套管表面压强，Pa；N_{max} 为套管钳输出的最大径向力，N；σ_1 为套管的弹性极限，MPa；M_f 为静摩擦力矩，N·m；M 为上扣转矩，N·m；σ_2 为钳牙横向抗拉强度，MPa；S 为钳牙与套管的最小接触面积，m²。

2 套管动力钳夹紧机构优化设计

套管动力钳夹紧机构分为钳头机构总成和制动机构[8]。工作时，液压马达驱动传动齿轮组和缺口齿轮转动，此时制动机构会刹住颚板架和颚板总成，缺口齿轮相对刹住的颚板总成转动。固定在缺口齿轮内圆柱面上的坡板挤压颚板总成滚轮，在坡板与滚轮的接触点，动力分解为一个切向力 S 和一个径向力 N，径向力 N 迫使钳牙吃入并咬紧套管，切向力 S 推动钳牙和套管旋转上扣，这 2 个力都来自同一个动力源，同时又必须按一定的比例增加或减少，这个比例关系的比值就叫切径比，常用"m"表示。

2.1 钳头机构总成优化设计

常规套管动力钳工作时，由于被牙板咬合的套管发生了塑性变形，所以牙板与套管间的静摩擦因数大于弹性接触的摩擦因数[3]。钳牙材料换为复合橡胶后，无牙痕钳牙与套管间变为弹性接触，钳牙与套管间的静摩擦因数降低，由第二摩擦力定律可知，摩擦力与两物体的法向载荷成正比[9]，此时欲获得较大的摩擦力，需提高径向力 N，降低套管的切径比 m。

图 5 为钳头机构夹紧套管时的受力分析图，切径比的值可以参考如下公式计算[10]：

$$m = \dfrac{S}{N} = \dfrac{O_1 D \sin\alpha_3}{R_2 \cos\alpha_3} = \dfrac{\overline{KO_1}}{R_2}\sin(\alpha_1+\alpha_2) \quad (2)$$

切径比和多种因素有关，影响最大的就是坡板内面的形状及坡板工作点的坡角[8]。据国内外现场试验的经验数据，m 一般取值为 0.3~0.6，而对于无牙痕套管钳而言，较低的切径比更有利于夹紧套管，因此 m 取 0.35~0.4 较为合适。设计无牙痕套管钳头时，可以通过调整钳头的滚轮尺寸、坡板曲线、缺口齿轮内曲线等参数实现切径比 m 的数值调整。

图 6 为调整参数后的无牙痕套管钳的缺口齿轮，采用直接在缺口齿轮内壁铣出渐开线式的坡板曲线，并设计更长的坡板曲线，较小的工作点坡角角度，在降低切径比的同时，

也增大了钳体内部空间，同时还简化了爬坡机构，便于现场维护保养。

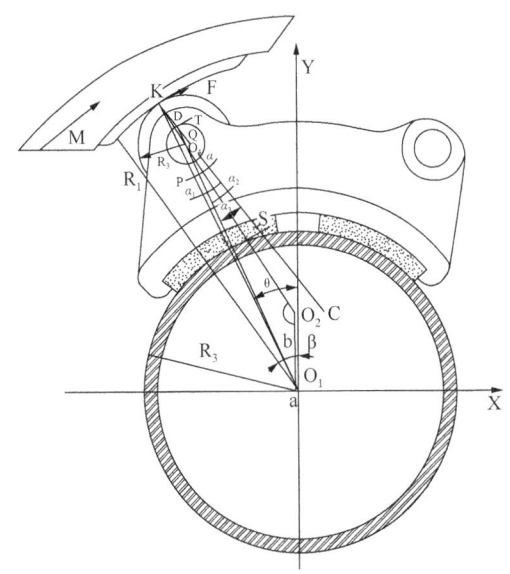

图 5　钳头机构夹紧套管时的受力分析图

图 6　无牙痕套管钳缺口齿轮

2.2　制动机构优化设计

制动机构主要由刹带、固定钢板、固定块、调节螺栓构成。其工作原理是，通过紧固调节螺栓，使固定钢板压迫刹车带贴紧颚板架，使刹车带与颚板架间产生摩擦力，在钳头机构转动时，给颚板架提供一个制动力矩。在钳头机构转动的过程中，制动力矩的大小决定了钳头机构夹紧工作角的大小。如果制动力矩太小，使得动力钳传递的转矩无法到达上卸管具所需要的转矩，也会出现打滑现象[11]。现有的液压动力钳一般只有上颚板架配有 1 套带式刹车机构，钳头机构在轴向上的受力不对称。从加大制动力矩和平衡受力方面考虑，设计一种新型的制动机构，如图 7 所示。

该机构有上、下 2 套带式刹车机构，一方面可提供原来单套刹车机构的两倍的制动力矩，为夹紧套管提供足够的制动力矩；另一方面可以使夹紧机构上下受力对称，有效减小缺口齿轮因受力不均而造成的变形。

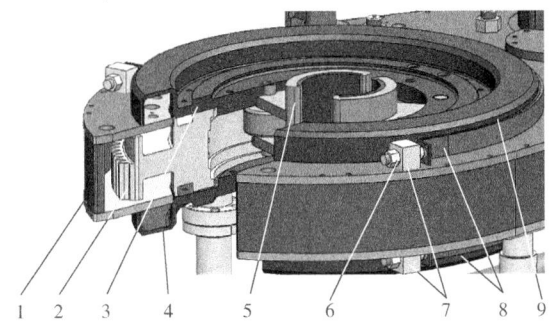

图 7—新型制动机构
1—壳体；2—缺口齿轮；3—上颚板架；
4—下颚板架；5—颚板总成；6—刹带调节螺栓；
7—刹带固定块；8—刹带固定钢板；9—刹带

3　室内实验

无牙痕套管钳主钳采用液压马达和行星轮的方式驱动，背钳采用液压油缸和渐开线爬坡滚子驱动。背钳配备与主钳结构一样的无牙痕颚板总成，并配备有 RSNY-F 动力钳转矩控制仪，可对转矩进行实时地监控。对整体优化后的无牙痕套管钳进行室内模拟实验，模拟工况条件为在室内温度25℃、干燥条件下，分别对大庆油田区块常用的3种规格耐蚀合金套管进行100次的上、卸扣，观察套管表面牙痕及钳牙磨损情况，记录钳头打滑时的上扣转矩值，见表2。

表2 无牙痕套管钳室内模拟实验结果

试验套管规格 （外径×壁厚）/mm×mm	扣型	钢级	套管最佳 上扣转矩/ （N·m）	钳头打滑时 上扣转矩/ （N·m）	套管表面 牙痕深度/ mm	上扣100次钳牙 磨损程度
114.3×8.56	WSP-3T	P110	10300	14750	小于0.1	轻微磨损
139.7×9.17	DLP-JT	P110	14375	18200	小于0.1	中度磨损
177.8×10.36	TPCQ	P110	17700	25450	小于0.1	中度磨损

试验结果表明，NTQ248-25Y型无牙痕套管动力钳在钳头打滑时的上扣转矩均超过表2中3种套管的最佳上扣转矩值，且完成上扣后套管表面牙痕深度均在0.1mm以下，该套管钳可以满足规格为114.3mm、139.7mm、177.8mm的耐蚀合金套管的无牙痕上卸扣作业。

4 现场应用

目前已累计进行了10余口页岩油井和天然气井的现场推广和应用，在现场试验过程中，NTQ248-25Y型无牙痕套管动力钳能完成对应规格耐蚀合金套管的全部下入、起出工作。在背钳与主钳的配合下，套管能自动扶正对扣，上扣过程平稳，主钳、背钳钳头夹紧可靠，操作简便，工作效率高。图8为PF208-P1井下入的P110套管的上扣转矩曲线图。

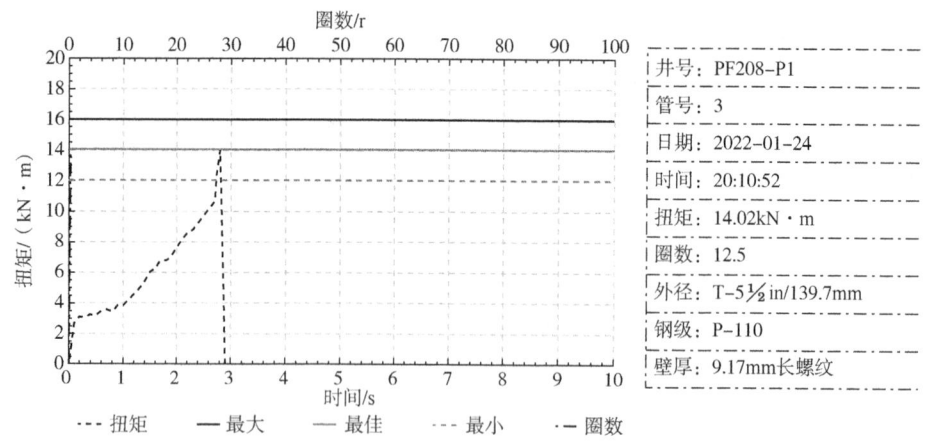

图8 PF208-P1井下入的P110套管的上扣转矩曲线图

从图8中可以看出，RSNY-F动力钳转矩控制仪可实时监控转矩、转速和圈数的变化。分析转矩曲线可知，上扣过程中没有出现转矩忽高忽低的现象，说明上扣过程钳头没有出现打滑，而在曲线的最后，转矩急剧上升出现拐点，说明此时套管已上扣至台肩处。继续上紧至最佳转矩值，当上扣到达最佳转矩时，系统自动切断套管钳动力，曲线直线下降。整个套管上扣过程平稳、迅速，对上扣转矩实现了全程实时、精确的控制。

图9为套管牙痕对比，图9(a)为美国ECKEL Model 5-1/2 Hydra-Shift VS Power Tong微牙痕套管钳对套管产生的牙痕，可以看到大面积点状分布的牙痕，虽然在一定程度上减轻了对套管本体的破坏，但个别地方的牙痕深度仍然较深，深度约在0.5~1.0mm，随着上扣转矩的增加，牙痕深度将更加明显。图9(b)为NTQ248-25Y型无牙痕套管动力钳上扣后的套管，可以看到套管本体表面完好无破损，完全没有牙痕，真正实现了无牙痕套管上扣作业。

(a) (b)

图9 套管牙痕对比图

5 结论

(1)研制的NTQ248-25Y型无牙痕套管动力钳在选用非金属材料的钳牙的前提下，通过对钳体夹紧机构和制动机构的重新设计，提高套管钳的径向力，利用无牙痕钳牙与套管间的摩擦力矩，可完成相应规格套管的单根连接。

(2)现场应用表明，该套管钳能完成规格为114.3~177.8mm的耐蚀合金套管的上扣作业，且套管表面完全没有牙痕，最大限度地对套管进行了保护，在高含硫的油气井中，可以提高套管的使用寿命。

(3)该套管钳的成功研发为大庆区块提高固井质量、预防井下套损、降低修井频次提供了技术手段，具有显著的经济效益。

参 考 文 献

[1] 徐建宁，周欣. 常规液压钳钳牙对防腐蚀合金套管磨损破坏行为分析[J]. 润滑与密封，2016，41(2)：116-120.

[2] 张乐，樊传忠，肖文科，等. 含气地层采卤井降咸配水管腐蚀严重原因分析[J]. 中国井矿盐，2020(4)：25-28.

[3] 徐兵，蔡瑞芳，陆海涛，等. 动力钳夹紧管接头时的静摩擦因数计算分析. 石油矿场机械，2011，40(1)：66-68.

[4] 黄进云，舒尚文，孙起昱，等. WTQ245-N微牙痕套管动力钳的研制与应用. 石油机械，2012，40(8)：60-64.

[5] 张玉斌,张耀武,朱玉玺. 提高机械管钳摩擦件材料强度的可靠性[J]. 国外石油机械,1998(1):54-55.

[6] GB/T 19830—2017 石油天然气工业油气井套管或油管用钢管[S].

[7] 田雨,张杰,韦永继,等. 聚氨酯弹性体摩擦因数影响因素探讨[J]. 聚氨酯工业,2022,17(1):37-40.

[8] 于鹏. 60-380 液压动力钳的研究与设计[D]. 大庆:东北石油大学,2012.

[9] 温诗铸,黄平. 摩擦学原理[M]. 3 版. 北京:清华大学出版社,2008.

[10] 付永森. 内曲线滚子爬坡咬紧机构的受力分析与计算[J]. 石油钻采机械,1984,13(3):65-69.

[11] 战祥华,刘衍聪,伊鹏,等. 液压动力钳夹紧机构性能分析及结构改进[J]. 机械设计与研究,2015,32(2):16-18.

基于 Amesim 的顶驱刹车系统的仿真分析

郭 建 刘鹏骋

(大庆钻探钻井工程技术研究院)

【摘 要】 为了能够更好地指导现场顶驱刹车液压控制系统的维护调整,以顶驱刹车系统为研究对象,通过分析刹车体及其液压控制系统结构,建立了刹车和液压缸活塞运动方程的数学模型。通过查阅在用顶驱液压手册,将顶驱刹车液压控制系统分为三类,然后利用 Simcenter Amesim 软件构建顶驱刹车及其液压控制系统的 Amesim 仿真模型,得到三种不同液压控制系统的顶驱刹车液缸的位移—时间曲线和压力—时间曲线,直观清晰地表现了顶驱刹车工作过程的动力学特性。同时,通过软件批处理功能分析了蓄能器不同的初始充装压力和阻尼孔大小对顶驱刹车动作的迟滞和缓冲作用,进而明确了蓄能器安装位置和初始参数对系统的影响规律。

【关键词】 液压式盘刹;Amesim;仿真;顶驱

顶部驱动钻井装置(简称顶驱)被誉为近代钻井装备的三大革命性技术成果之一,在大斜度井、大位移井的开发中广泛应用[1],其在处理井下复杂,钻井提速方面效果显著,已经成为各大中型钻机标配装备。顶驱刹车系统作为顶驱重要组成部分,其功能直接关系到顶驱在定向工况及其他特殊工况下的正常应用。本文通过对顶驱刹车系统进行仿真分析,进一步加深对顶驱刹车系统的认识,以期更好地解决顶驱现场应用过程中刹车系统出现的问题。

1 顶驱刹车原理及模型

1.1 顶驱刹车原理

顶驱刹车采用液压盘式刹车,图 1 为液压盘式刹车的工作原理简图,主要包括液压管路,刹车盘,液压刹车等三部分构成。顶驱液压刹车为常开式,电磁阀左位时,高压油进入液压刹车推动活塞压紧刹车盘;电磁阀右位时,液压刹车内复位弹簧向内推动活塞,液压油回油箱,同时活塞离开刹车盘。从原理上可以看出,液压盘式刹车组成结构相对简单而有较高的可靠性,同时液压盘式刹车有巨大的制动力储备[2]。

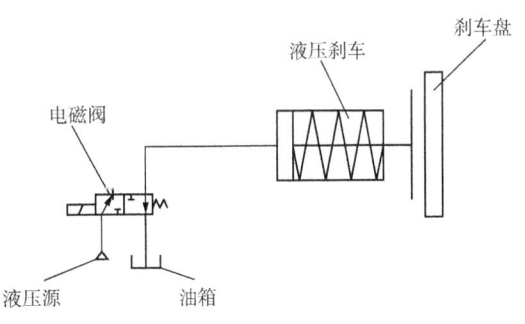

图 1 液压盘式刹车工作原理简图

作者简介:郭建,男,大庆钻探钻井工程技术研究院。

1.2 液压盘式刹车的数学模型

1.2.1 盘式刹车的制动力矩

盘式刹车的制动力矩与刹车盘—刹车块摩擦副间的接触压力，摩擦系数及制动力臂有关。摩擦系数的大小主要取决于摩擦副的材料性能与表面状况以及接触压力和相对滑动速度。设刹车盘和刹车块之间接触压力的分布为 $p(r)$，则可得到单个刹车钳的制动力矩为[3]

$$M_p = \int_{R_1}^{R_2} \alpha r p(r) \mu r \mathrm{d}r = \int_{R_1}^{R_2} \alpha r^2 \mu p(r) \mathrm{d}r \tag{1}$$

式中：r 为摩擦面上某点的半径，mm；$p(r)$ 为摩擦面上半径为 r 处的接触压力，N；R_1，R_2 为刹车块的内外半径，mm；α 为刹车块动摩擦副的摩擦系数；μ 为制动动摩擦副的摩擦系数。

顶驱盘式液压刹车的工作状态类似于驻车制动，一般都是在主轴静止或低速运转后工作，任何情况下一旦出现刹车盘与刹车块之间的相对运动即认为刹车失效。所以此处不考虑刹车盘转速对 $p(r)$ 的影响。因此，为简化分析这里认为刹车块均匀磨损，处于正常使用阶段，则 $p(r)$ 只与油压大小有关的常数。因此，刹车制动力距为

$$M_p = \int_{R_1}^{R_2} \alpha r^2 \mu p(r) \mathrm{d}r = \frac{1}{3} p(r) \alpha \mu (R_2^3 - R_1^3) \tag{2}$$

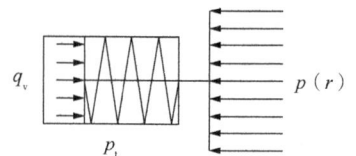

图 2 刹车缸受力简图

图 2 为刹车液缸受力简图，图 2 中 q_v 为油缸内的油压，p_t 为复位弹簧作用在活塞上的力。刹车时，刹车液缸两端受力平衡，则有

$$p(r) = q_v A - p_t \tag{3}$$

式中：A 为活塞面积，mm^2。

由式(2)，式(3)得

$$M_p = \frac{1}{3} \alpha \mu (R_2^3 - R_1^3)(q_v A - p_t) \tag{4}$$

式(4)给出了液压盘式刹车制动力矩与油缸油压以及相应结构参数之间的关系。分析式(4)，对于任一给定的液压盘式刹车，其结构参数是相对固定的，因此刹车力矩大小主要取决于油缸油压的大小，所以在一定范围内通过调整油压压力可以保证刹车有足够的制动力矩。这也体现了液压盘式刹车拥有巨大的制动力储备。

1.2.2 盘式刹车的流量模型

建模过程中，忽略管路的沿程压力损失和局部压力损失，忽略制动阀开启时液压油的瞬时冲击与泄漏，忽略制动油管、制动液缸体弹性变形。刹车钳工作过程是典型的阀控单作用缸的模型，对进入(流出为负)刹车钳的液缸的流量 Q 进行分析有[2]

$$Q = A_p \frac{\mathrm{d}x_p}{\mathrm{d}t} + \frac{A_p x_p + V_0}{\beta} \frac{\mathrm{d}p}{\mathrm{d}t} \tag{5}$$

式中：A_p 为活塞有效面积，m^2；x_p 为活塞移动距离，m；V_0 为制动液缸的初始体积，m^3；β 为液体弹性模量，MPa。

当刹车工作时，液压缸的活塞顶住刹车块，形成一个不变的密闭高压容积，此时达到式(4)的平衡状态，活塞的位移、加速度及速度可认为是 0。在密闭的液缸容积中，随着活塞的运动，设体积 $V=A_p x_p+V_0$，假设温度不变，则式(5)可简化为

$$Q=\frac{\mathrm{d}V}{\mathrm{d}t}=\frac{V}{\beta}\frac{\mathrm{d}p}{\mathrm{d}t} \tag{6}$$

对于任一电磁阀，进出的液体都是在充满液压油的空间，因此其属于淹没出流[4]，其阀口的流量都满足流量方程：

$$Q=C_d A\sqrt{\frac{2\Delta p}{\rho}} \tag{7}$$

式中：Δp 为孔口的前后压差，Pa；A 为孔口面积，m^2；ρ 为流体的密度，kg/m^3；C_d 为流量系数。

因此，流入或流出液压缸的流量应等于流过电磁阀的流量。则由式(6)，式(7)得

$$Q=\frac{V}{\beta}\frac{\mathrm{d}p}{\mathrm{d}t}=C_d A\sqrt{\frac{2\Delta p}{\rho}} \tag{8}$$

2 顶驱刹车系统仿真分析

2.1 顶驱刹车系统 Amesim 模型的搭建

Simcenter Amesim 是一款高级建模和仿真软件，采用物理模型图形化建模方式，软件中包含了丰富的应用元件库，方便搭建及组合成用户仿真所需的仿真模型[5]。

顶驱刹车系统模型仿真主要采用 Amesim 仿真软件的液压库，机械库的元件搭建液压盘刹及控制系统模型。参照软件自带文档中的 Caliper 案例，搭建液压盘式刹车钳的模型，如图 3 所示。

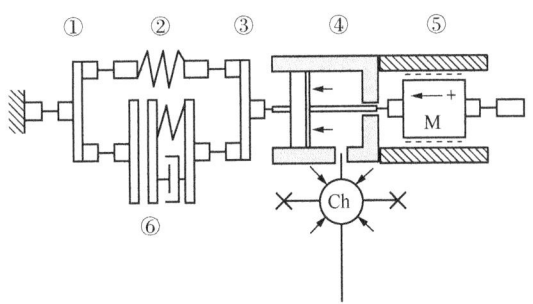

图 3 液压盘式刹车模型

模型①②③⑥为刹车盘，复位弹簧，刹车块；模型④⑤为刹车液压缸。其中，模型⑤表征活塞的质量属性和运动属性，模型⑥主要表征摩擦片与制动盘间弹性接触时所产生的弹性变形和阻碍振荡的阻尼力。

通过查阅在用顶驱刹车系统的液压原理图，发现各顶驱刹车的液压控制系统差异主要体现在有无蓄能器以及蓄能器设置部位。因此，如图 4 所示，将目前主要在用顶驱的液压

控制系统分为3种不同顶驱刹车控制系统液压原理图。按如图4所示顶驱液压系统原理图分别搭建含3种控制系统的顶驱液压盘式刹车及控制系统的仿真模型,如图5所示。

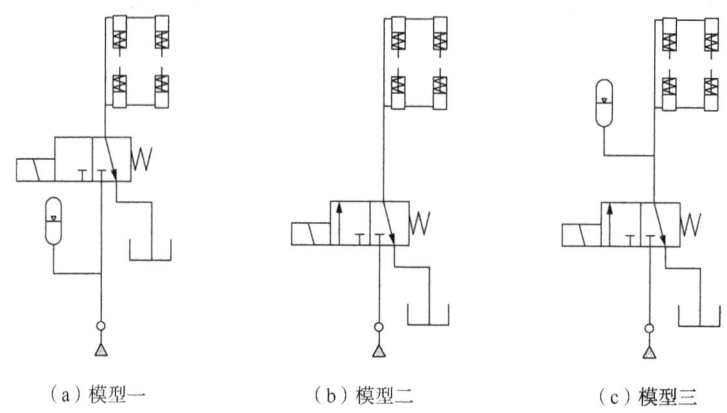

(a) 模型一　　　　　　(b) 模型二　　　　　　(c) 模型三

图4　3种不同顶驱刹车液压原理图

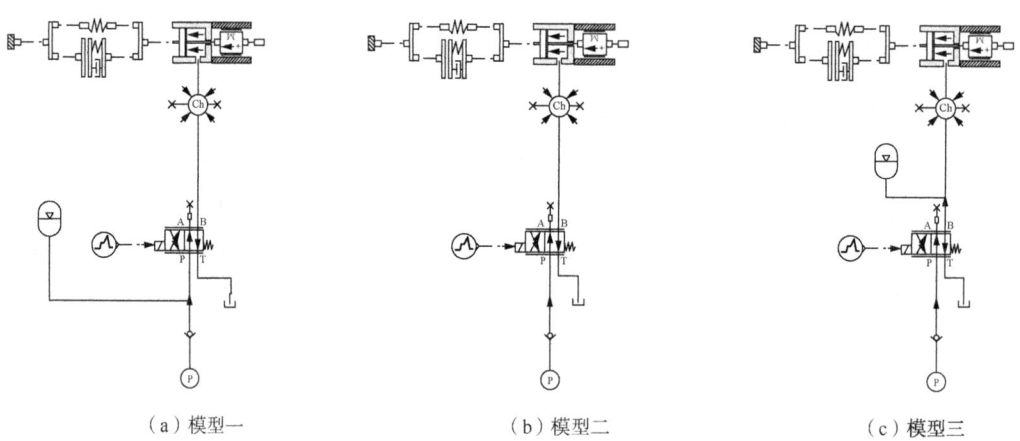

(a) 模型一　　　　　　(b) 模型二　　　　　　(c) 模型三

图5　3种不同液压控制系统的顶驱刹车Amesim模型

2.2 顶驱刹车系统仿真

2.2.1 子模型选择

为便于对比不同液压控制系统的顶驱刹车仿真结果及各操作系统的差异,3个仿真模型采用相同的子模型及参数设置液压钳,蓄能器,液压源及控制信号。顶驱刹车工作时,司钻操作刹车旋钮,电磁阀得电工作,液缸充入压力油将活塞推出压紧刹车盘。因此,选用阶跃信号作为控制电磁阀通断来模拟顶驱刹车的工作与否。

在子模型模式中,主要元件选取的子模型分别是:复位弹簧SPR000,刹车块与刹车盘LSTP00、V001-3,刹车液缸BAP11、MECMAS21、BHC11,蓄能器HA000,二位三通电磁阀选HSV24_01,控制信号UD00;其他子模型选择系统默认选择的首选子模型。

2.2.2 参数设置

(1) 工作钳复位弹簧。

依据现场使用刹车型号，通过查询其样本，本仿真设置弹簧初始力为1586N，弹簧刚度系数141000N/m。

(2) 刹车块与刹车盘。

刹车盘与刹车块之间的间隙1.5mm，接触刚度$1×10^9$N/m，接触阻尼10^6N·s/m，接触变形量10^{-3}mm。

(3) 刹车液缸。

活塞直径50mm，推杆直径0mm(即无推杆)，初始时容腔长度0mm，活塞质量0.47kg，活塞静摩擦力50N，活塞库仑摩擦力50N，活塞黏滞摩擦系数10^{-5}m/s，最大封闭容腔体积$6cm^3$。

(4) 蓄能器。

初始设置蓄能器充气压力4MPa，容积0.63L，阻尼孔直径5mm。

(5) 电磁阀及控制信号。

电磁阀工作电流40mA，频率80Hz，阻尼比0.8；控制信号分三段，0~1s和6~7s输出为0，代表工作前和工作停止操作，2~5s输出40，表示电磁阀通电工作。

(6) 液压源。

液压源输出压力5MPa，液压油以HM46液压油为模拟液压油，密度850kg/m^3，温度40℃，体积模量1700MPa。

2.2.3 仿真运行及结果分析

设置仿真时间8s，采样周期为0.01s，其余默认设置，点击运行开始运行仿真。

(1) 刹车块位移。

图6为3个模型刹车块的位移曲线。从图6中可以观察到，从初始状态到工作停止，即0~5s期间，刹车块各时刻的位移曲线是基本相同且重合的，在停止工作后，模型一，模型二的刹车块立即动作，位移减小，模型三刹车块延迟约0.6s后才开始动作，位移减小。出现这种情况的原因是在电磁阀断电后，刹车停止工作，蓄能器泄压时的压力大于复位弹簧复位的作用力，使得在两者作用力平衡前刹车块继续与刹车盘接触。

(2) 液缸输出压力。

图7为3个模型液液缸输出压力曲线。在5MPa的油压作用下，3种模型的液缸输出压力最大值都约9.7kN，但模型三曲线在初始阶段和结束阶段明显变缓，呈非线性曲线。主要原因是蓄能器在系统中对压力的吸收和释放引起的。模型一，模型二在电磁阀通电后，约1.16s就达到设定工作压力，而模型三由于蓄能器的作用，使得经过约4s刹车才达到最大工作压力，从而使得操作刹车工作后4s的时间内，刹车不能达到最大的制动力。

(3) 蓄能器。

在三个不同液压控制系统模型中，模型三由于蓄能器对刹车的动作有着直接明显的影响，因此为了进一步明确这种影响关系，进一步分别模拟了模型三中蓄能器的阻尼孔大小和充气压力大小对整个刹车系统的影响。

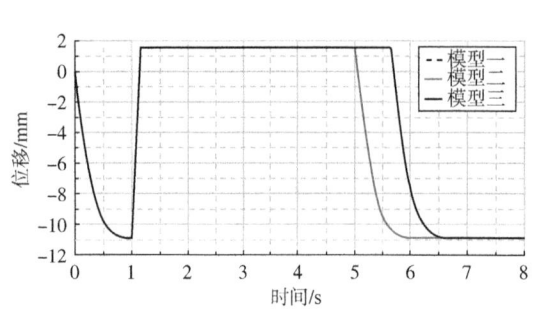
图6 三种系统刹车块位移曲线

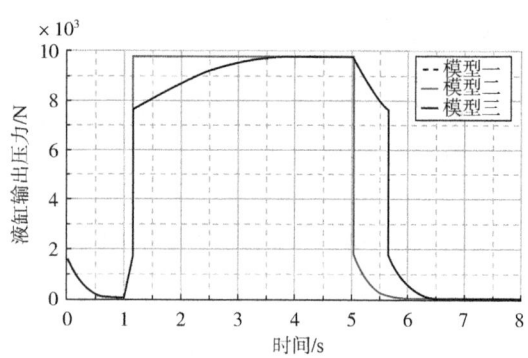
图7 三种系统刹车块位移曲线

为了便于观察，阻尼孔直径分别设置成2mm，5mm，8mm。在保持其他参数不变的情况下，利用批处理模式对模型三仿真运行。图8分别是蓄能器在三种不同阻尼孔直径时刹车块位移曲线。从图8中可以明显看出，随着阻尼孔直径的减小，在模型三中蓄能器对刹车块的影响也越明显，迟滞刹车动作。在直径5mm和8mm的两个直径下，可以看到蓄能器对刹车块的影响基本是相同的，说明过大直径的阻尼孔直径是起不到缓冲阻尼作用的。图8（a）为全部仿真时间内位移曲线；图8（b）为5s至6.5s内位移曲线放大图。

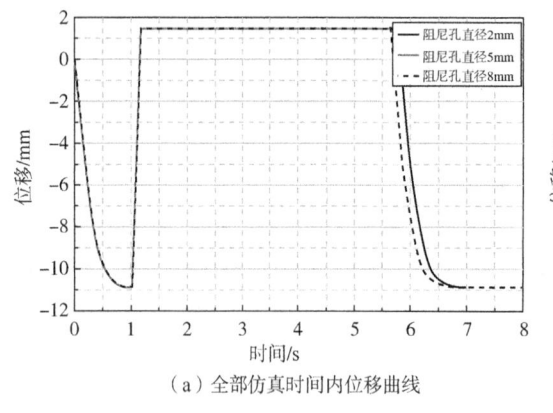

（a）全部仿真时间内位移曲线　　　　（b）5s至6.5s内位移曲线放大图

图8 蓄能器不同阻尼孔直径时刹车块位移

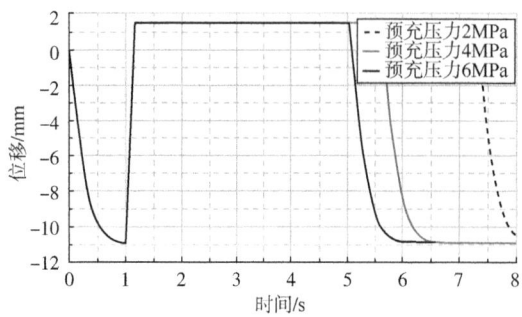

图9 蓄能器不同充装压力时刹车块位移

图9为设置蓄能器分充填2MPa，4MPa，6MPa初始气压，阻尼孔直径5mm情况下运行仿真后的刹车块位移曲线。随着预充压力的增加，蓄能器对刹车开始工作和刹车工作过程期间的影响不大，但在刹车停止工作时，随着初始充装压力的增加使得迟滞的时间也相应减小。出现这种情况的原因是由于充装压力增加后，整个蓄能器的刚度增加，减小了蓄能器的液体容积且压力大于工作压力也减少带压液体进入，甚至使带压液体不能进入。在初始充压大于压力油的压力时，模型三与模型一、模型二的动作基本是一致的，此时的蓄能器对正常情况下刹车的动作无明显影响。

3 结论

(1)对于确定的顶驱刹车系统,一般通过调节液压控制系统的压力即可得到较大的制动力矩。

(2)仿真系统可以用来仿真顶驱刹车的工作状态,方便分析系统内部不同参数值对刹车动作的影响。

(3)带有蓄能器的顶驱刹车系统,其位置设置不同,影响也不同,设置在电磁阀后的蓄能器对刹车动作有明显的影响。

(4)对照现场实际应用情况,顶驱刹车夹紧松开动作应快速响应,不应有过多延迟,但模型三的系统可能会造成刹车松开动作延迟,在特定工况下造成摩擦片的加速磨损。

(5)对比三种控制系统,选用模型一的控制系统相对有利,既满足了刹车动作快速响应的要求,又可以发挥蓄能器保压,吸震,缓冲作用。但应合理选择蓄能器的初始充装压力及阻尼孔大小。

参 考 文 献

[1] 雷宇. 顶部驱动钻井装置标准的发展及建议[J]. 石油工业技术监督, 2021, 37(3): 19-21.
[2] 王瑜, 林立, 姜建胜. 基于AMESim液压盘式刹车系统建模与仿真研究[J]. 石油机械, 2008, 36(9): 31-34.
[3] 马青芳, 樊启蕴, 张嗣伟. 钻机盘式刹车制动力矩特性的理论研究[J]. 石油机械, 1998, 26(6): 4-6.
[4] 高殿荣, 王益群. 液压工程师技术手册[M]. 北京: 化学工业出版社, 2016: 145.
[5] 张连业, 吴文秀, 刘威. XJ250修井机液压盘式刹车液压控制系统仿真分析[J]. 石油机械, 2012, 40(9): 49-53.

无牙痕套管钳钳头的设计与研究

朱明坤　李志刚　杨　毅

（大庆油田钻探工程公司钻井工程技术研究院）

【摘　要】　常规套管钳上扣时极易在套管表面形成牙痕，这些牙痕入井后在硫化氢等化学物质的腐蚀下逐渐扩大，对套管柱形成较大的质量隐患，如何实现无牙痕上扣是井场亟待解决的问题。本文设计了一种无牙痕钳头，该钳头通过采用非金属弹性材料作为钳牙，增大钳牙与套管间的接触面积，降低钳牙与套管间的压强，从而实现无牙痕上扣，并且可以与常规套管钳配套使用。现场应用结果表明，使用该钳头上扣时套管表面没有损伤，且操作简便，安全性高。

【关键词】　套管；钳头；无牙痕；上扣

随着油气田开发逐渐深入，井下环境越来越恶劣，对套管要求越来越高，普通低碳合金钢套管已经不能满足钻井工程需求，各种特殊材质和涂层的套管逐渐成为完井管柱的主流。常规套管钳由于其设计原理的缺陷，上扣时不可避免地会对这些套管表面形成损伤，在井下硫化氢等化学物质的腐蚀下，这些损伤在井下逐渐扩大，最终将导致套管破裂，形成井口带压现象，增加完井成本，降低了油气井的使用寿命，如何实现无牙痕上扣是井场亟待解决的问题。

近年来国内外很多企业开展了无牙痕上扣的技术研究，但由于技术不成熟，使用成本高，使得这项技术没有大面积推广，本文通过分析牙痕产生的机理，结合国内外无牙痕上扣技术现状，开展了套管钳无牙痕钳头的技术研究，并制定了设计方案。

1　国内外技术现状

1.1　国外技术现状

早在20世纪50年代初液压动力钳就已经在国外盛行，生产技术较成熟的国家主要有美国、英国、加拿大等，其中美国的艾克尔（Eckel）、威德福（Weather-ford）、拜伦杰克逊（BJ）等公司发展得都比较成熟[1-3]。

威德福（Weather-ford）公司是一直走在液压管钳这个行业最前端[4]，该公司生产的闭口式液压动力钳采用三段封闭式钳头夹紧机构，不需要设计爬坡机构，降低了机构的复杂程度。钳头采用金刚石细齿钳牙，能有效减轻套管表面伤害。该大钳的主钳和背钳通过1根或2根立柱固定在钻井平台上，主钳和背钳之间通过液压缸浮动连接，可夹持的管柱直径

基金项目：中石油科技开发项目"大庆古龙页岩油勘探开发理论与关键技术研究"（2021ZZ10-03）。
作者简介：朱明坤，男，1991年生，工程师，从事钻井工艺及地面配套设备研究。E-mail：767629638@qq.com。

为60.3~508.0mm，最大输出扭矩为205N·m，作业高度为600~3050mm[5]。

艾克尔(Eckel)公司在20世纪60年代开始研究液压动力大钳，经过半个多世纪的不断研究，目前该公司的产品已经涵盖了套管钳、油管钳和钻杆钳3个系列。该公司设计的无牙痕牙板喷涂了碳化钨砂，可以提供比三角形细牙板更多的管具接触点，而且不会从牙板脱落或剥离，但当碳化钨砂间隙被套管表面脱落的颗粒填满后，表面粗糙度降低，钳头打滑的现象时有发生。

1.2 国内技术现状

建湖凯泰石油机械在2014年研制出了一种无牙痕液压钳，该液压钳在颚板总成上装配卡瓦式非金属高分子材料，增大钳牙与套管的接触面积，起到卡紧管柱且不损伤管柱的作用，管柱表面无牙痕在塔里木高压油气井成功应用表明，无牙痕液压钳技术可将油、套管管体的损伤减小到最小，延长油、套管的使用寿命[6]。

中原石油勘探局钻井工程技术研究院在2012年成功研制开发了WTQ245-N微牙痕套管钳[7]，该项技术结合了威德福金刚石细齿钳牙系统和艾克尔弧形牙板的设计，经过设备改造后，配套形成微牙痕下套管技术。同年，在井深6000多米的川东北普光气田普光9井进行首次应用[8]，可以在一定程度上降低套管本体损伤程度，减轻硫化氢对套管腐蚀，延长使用寿命，牙痕深度控制在0.1mm以下。

2 无牙痕机理分析

2.1 牙痕形成机理分析

由磨损的定义[9]可知，钳牙对套管本体表面的破坏，是在载荷作用下，两个固体之间接触区域摩擦，将完好的套管表层破坏的过程。

套管钳旋扣过程分为四个阶段，每个阶段都会对套管表面产生一定程度的损伤。

第一阶段，开始上扣时，钳牙接触套管但并未咬住套管，钳牙与套管发生间歇性接触，产生相对运动，套管本体表面不产生塑性堆积，钳牙对套管表面产生滚动摩擦疲劳损伤。

第二阶段，钳牙接触到套管并开始产生力的作用，钳牙与套管发生稳定接触，并开始施加载荷，套管本体开始产生塑性堆积，但套管表面变形还不明显，钳牙对套管造成滑动摩擦疲劳损伤。

第三阶段，当钳牙咬入套管，并带动套管旋转上卸扣工作时，在钳头旋转及套管钳振动的情况下，钳牙与套管反复接触，套管本体开始产生大量的塑性堆积，套管表面出现明显的变形，前两个阶段磨损产生的微小固体颗粒，在力学作用下对套管造成破坏，造成磨损疲劳损伤。

第四阶段，上扣完成后，套管表面的牙痕已经形成，套管表面防腐膜已被破坏，套管入井后，在井下硫化氢等腐蚀性化学物质的作用下，形成化学腐蚀损伤(图1)。

2.2 套管钳工作机理分析

套管钳在上卸扣时，液压马达驱动传动齿轮组，将扭矩传递给缺口齿轮，经刹带制动，固定在缺口齿轮内圆柱面上的坡板挤压钳头滚轮，迫使钳头向中心滑动至管径外表面，此时液压马达输出的扭矩，经过齿轮传动系统放大后，在坡板与滚轮的接触点，分解为一个

切向力 S 和一个径向力 N，径向力 N 迫使钳牙吃入并咬紧套管，切向力 S 推动钳牙和套管旋转上扣(图2)。

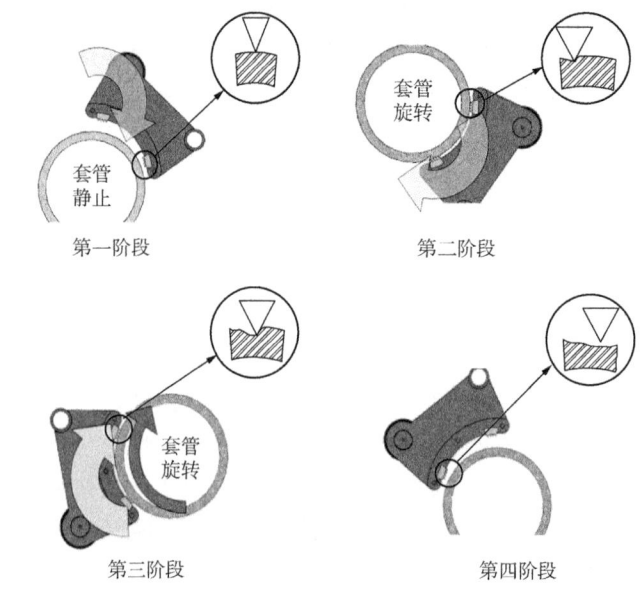

图1 套管钳旋扣过程的四个阶段

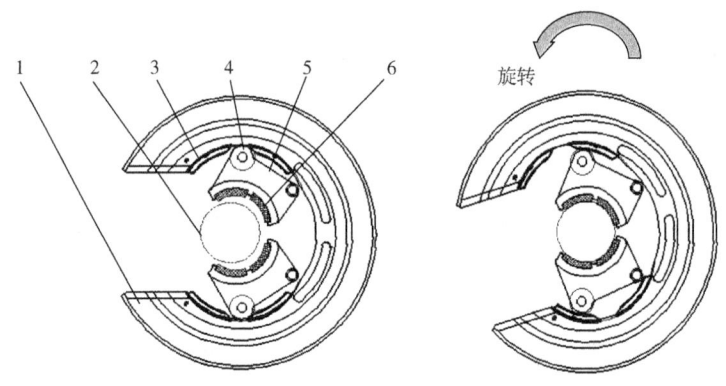

图2 套管钳钳头夹紧示意图
1—缺口齿轮；2—套管；3—坡板；4—滚轮；5—颚板；6—钳牙

在套管钳内部，扭矩依靠传动齿轮组间的啮合力传递；在钳牙与套管的接触处，扭矩的传递靠夹紧机构的牙板与管接头之间的静摩擦力来实现的，静摩擦因数的大小直接影响夹紧机构是否能可靠工作。

采用传统金属楔形、锥形或细齿形钳牙的套管钳在上卸扣时，旋扣扭矩依靠钳牙齿尖与套管本体间形成的静摩擦力来传递，其静摩擦系数大小与钳牙的齿型锥度密切相关，钳牙齿型愈尖，静摩擦系数 μ 愈大[10]。在使用这类钳牙旋扣时，套管本体表面的损坏几乎是不可避免的，钳牙损坏套管本体的过程，是机械过程与转移过程的综合影响[11]。

如 $\Phi177.8$mm、壁厚 10.36mm 的 BG80-3Cr 套管使用楔形或锥形钳牙上扣时，上扣扭矩为 17.5kN·m，套管本体牙痕深度最大可达 1.5~2.0mm，牙痕深度达到套管壁厚的

14.4%~19.3%，远远超出 SY/T 5396—2012《石油套管现场检验、运输与贮存》中规定的"套管壁厚的最大允许偏差为规定壁厚的-12.5%"。

2.3 无牙痕钳头工作机理分析

当工况一定时，钳牙和套管的接触载荷是一定值，牙痕深度与钳牙和套管的接触面积密切相关。常用的直尺形、楔形体钳牙与套管接触时呈现"点面接触"或"线面接触"，在钳牙刚接触管接头时，套管接头处必然会发生塑性变形，随接触面积的增大和碰撞时间的延长，直至实际应力 σ_H 等于套管的弹性极限 σ 时，套管接头才不会再发生塑性变形。

因此在无牙痕钳头的设计中，可以通过增加钳牙与套管间的接触面积，将"点面接触"或"线面接触"改为"面面接触"，降低夹紧时钳牙对套管表面实际应力 σ_H，当 $\sigma_H \leq \sigma$ 时，套管表面不会发生塑性变形(图3)。

夹紧套管的一瞬间，钳头与套管发生碰撞，由动量守恒定理可得

$$\sum P = \sum Ft \tag{1}$$

即

$$m\overline{KO_4}\sin\alpha = Ft \Rightarrow F = \frac{m\overline{KO_4}\sin\alpha}{t} \tag{2}$$

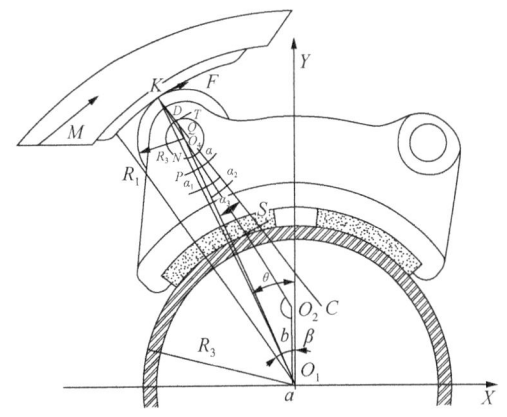

图3 夹紧时套管钳钳头受力分析

式中：m 为缺口齿轮组件的质量，kg；ω 为缺口齿轮组件角速度，r/s；t 为碰撞时间，s；F 为缺口齿轮组件对钳头的作用力，N。

钳牙与套管接触点的应力为 σ_j 可得

$$\sigma_j = \frac{m\overline{KO_4}\sin\alpha}{tS_j} \tag{3}$$

式中：S_j 为钳牙与套管接触面积，m²。

接触点应力越大，钳牙咬入套管越深，与套管间的静摩擦系数越大，故钳牙与套管间的静摩擦系数 μ 的影响因素可以概括为

$$\mu \propto \frac{\overline{KO_4} \times m\omega\sin\alpha}{tS_j} \tag{4}$$

改为"面面接触"后，钳牙与套管的接触面积增大，无牙痕钳牙与套管间的静摩擦系数 μ 将会大幅度降低，为达到原先的夹紧效果，此时需提高套管钳的径向力 N，从而增大静摩擦力。

由图3得出径向力：

$$N = \frac{M\cos\alpha_3}{2KO_1\sin\alpha} \tag{5}$$

切向力：

$$S = \frac{O_1 DM \sin\alpha_3}{2KO_1 R_2 \sin\alpha} \tag{6}$$

在套管钳的设计参数中，定义切向力 S 与径向力 N 的比值为切径比 m[11]。

$$m = \frac{S}{N} = \frac{O_1 D \sin\alpha_3}{R_2 \cos\alpha_3} = \frac{\overline{KO_1}}{R_2}\sin(\alpha_1+\alpha_2) \tag{7}$$

据国内外推荐的经验数据，m 一般可在 0.3~0.6 的范围内选取[11]，在无牙痕套管钳钳头的设计中，设计相对较低的切径比能更有利于夹紧套管，因此 m 设计值取 0.35~0.40 较为合适。具体设计时，可以通过调整钳头的滚轮直径、坡板曲线曲率、缺口齿轮内曲线曲率等参数来调整切径比。

3 设计方案及特点

3.1 钳牙材料的优选

T8 碳素钢表面渗碳热处理后具有较高的硬度和耐磨性，常规套管钳大多数采用 T8 碳素钢作为钳牙材料，虽然提高了钳牙的使用寿命，但由于钳牙材料的硬度比 CRA 套管高，作业时对套管表面伤害较大。

艾克尔公司采用的碳化钨砂喷涂的牙板，对套管损伤较小，初始时牙板能提供较大的摩擦力，但随着作业次数的增多，套管表面防腐漆将压板上砂粒之间的间隙填满，摩擦系数逐渐降低，牙板的使用性能下降，钳头出现打滑的现象，且重新喷砂成本较高。

为避免套管表面损伤，应尝试改变钳牙材料。复合橡胶的性能可调节范围大，且耐磨、耐油，与金属的摩擦系数大，其硬度比套管硬度低，良好的弹性也可以起到保护套管的作用，因此可以选择复合橡胶作为钳牙的材料。

3.2 钳牙的外形设计与力学分析

3.2.1 钳牙外形设计

根据无牙痕钳头的工作机理，为增大钳牙与套管间的接触面积，将钳牙设计成与套管同心的圆弧形牙板，在径向上设计一定的过盈量，保证夹紧时钳牙与套管充分接触；在轴向上增加牙板的长度，进一步增加钳牙与套管间的接触面积；为提高扭矩传递效率，在牙板的背部设计了梯形棱条(图4)。

3.2.2 钳牙最小包络面积计算

分析无牙痕钳头作业过程中的边界条件，可知要达到完成作业后套管表面无牙痕，则钳牙与套管间的压强应低于套管的弹性极限，同时，欲顺利完成上卸扣作业，则钳牙与套管间的静摩擦力矩应不小于上扣扭矩，由此可计算出钳牙与套管间的最小包络面积 S。

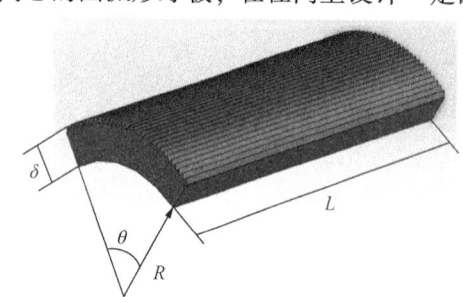

图 4 无牙痕钳牙结构示意图
L—钳牙长度；R—钳牙曲率半径；
δ—钳牙厚度；θ—钳牙弧度

$$\begin{cases} P = \dfrac{N_{max}}{s} < \sigma \to S_1 > \dfrac{N_{max}}{\sigma} \\ M_f \geq M \to S_2 \geq \dfrac{M}{2\mu\sigma R} \end{cases} \to S > \max(S_1, S_2) \quad (8)$$

3.2.3 钳牙力学分析计算

作业时，钳牙的受力分析如图 5 所示。

上扣时摩擦力矩不小于上扣扭矩即 $M_f \geq M$，可得

$$\begin{cases} F_f = \mu N \\ M_f = 2 \times F_f \times R \geq M \end{cases} \to \mu \geq \dfrac{M}{2RN} \quad (9)$$

上扣时钳牙表面的压强为：

$$\begin{cases} N' = N \\ P = \dfrac{F}{S} \to P = \dfrac{N_{max}}{S} < \sigma \end{cases} \quad (10)$$

上扣时钳牙所受平均剪应力

$$\begin{cases} F'_f = F_f = \mu N \\ \tau = \dfrac{F}{S} \end{cases} \to \tau = \dfrac{\mu N_{max}}{L\delta} \quad (11)$$

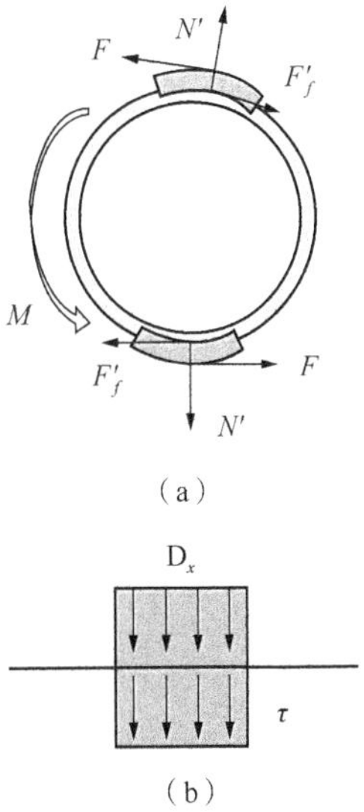

图 5 钳牙的受力分析图

如 $\Phi 177.8$ mm、壁厚 10.36mm 的 BG80-3Cr 套管上扣扭矩为 17.5kN·m，套管屈服强度 $\sigma = 552$MPa。TQ340-35Y 套管钳切径比 m 取值为 0.47，切向力 $T = 102941.2$N（最大切向力 $T_{max} = 139142.8$N），径向力 $N = 219028.3$N（最大径向力 $N_{max} = 296048.5$N），使用无牙痕钳牙上扣时，无牙痕钳牙的最小包络面积应为

$$S_{min} = \max(S_1, S_2) = \max\left(\dfrac{N_{max}}{\sigma}, \dfrac{M}{2\mu\sigma R}\right) = 536.32 \text{ mm}^2$$

无牙痕钳牙包络面积设计值为

$$S = L\dfrac{2\pi R\theta}{360} = 200 \times 86.85 = 17369.08 \text{mm}^2$$

无牙痕钳牙与套管间最小摩擦系数应为

$$\mu \geq \dfrac{M}{2RN} = \dfrac{17500}{177.8 \times 10^{-3} \times 219028.3} = 0.57$$

无牙痕钳牙材料的最小屈服极限应为

$$\sigma \geq \dfrac{N_{max}}{S} = \dfrac{296048.5}{17369.08 \times 10^{-3}} = 17.04 \text{MPa}$$

无牙痕钳牙材料最小扯断强度应为

$$\tau = \frac{\mu N_{\max}}{L\delta} = \frac{0.57 \times 296048.5}{20 \times 200 \times 10^{-6}} = 42.18 \text{MPa}$$

3.2.4 钳牙有限元分析

设计钳牙与套管的包络面积为 17400mm², 选取耐油石棉橡胶板作为无牙痕钳牙的材料, 橡胶与钢的摩擦系数 $\mu = 0.8$。耐油石棉橡胶板屈服强度 185MPa, 弹性模量 $E = 190$GPa, 泊松比为 0.3。利用 Solid Works simulation 进行网格划分, 网格化后节点数为 10549, 单元数位 6593。根据实际工况, 将牙板的背部、上部、下部及两侧设为固定约束, 在牙板的端面施加扭矩和正压力, 由于上扣扭矩为 17.5kN·m, 计算单片钳牙的分析扭矩为 4.375kN·m, 正压力最大为 74012N·m, 将载荷施加到钳牙上, 得出如下静力分析结果。图 6 和图 7 给出了钳牙的应力、位移云图。

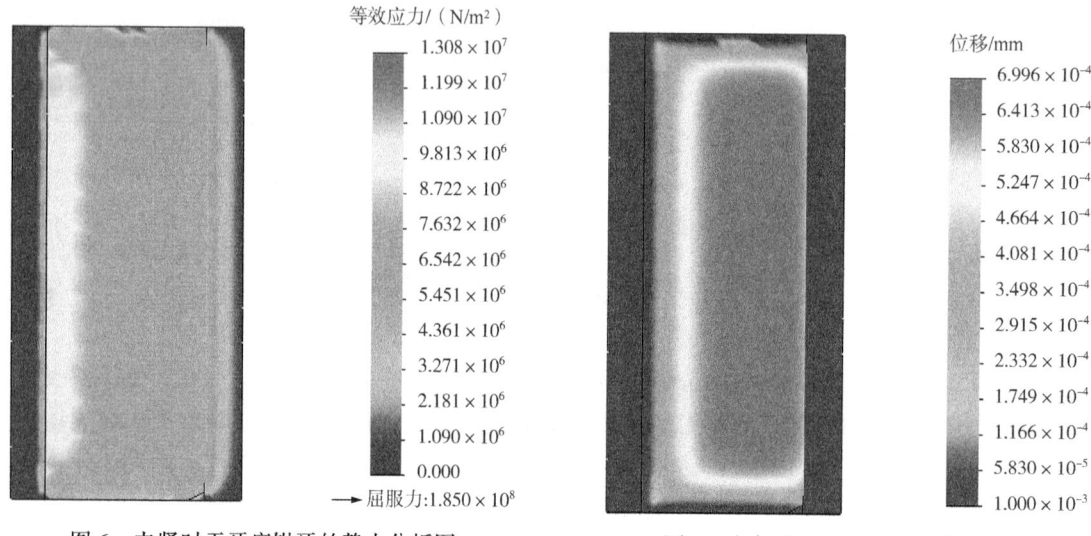

图 6 夹紧时无牙痕钳牙的静力分析图　　　图 7 夹紧时无牙痕钳牙的位移云图

由图 6 可知, 夹紧时钳牙的应力最大值为 13.08MPa, 位于钳牙的上端部。如图 7 所示, 位移最大为 0.007mm, 位于钳牙与套管的接触面, 钳牙的最大应力远远小于套管的屈服极限, 夹紧时不会对套管产生损伤。

3.3 钳头的结构设计

常规套管钳钳头颚板弧度较小, 高度较低, 其颚板表面积不能满足无牙痕钳牙的最小包络面积, 因此在设计钳头时应考虑增长颚板弧度, 增高颚板高度, 图 8 中的颚板高度为 200mm, 弧度为 160°。

3.4 套管钳匹配性研究

目前市场上使用的套管钳有多种类型, 在优选相匹配的套管钳时, 应选择带背钳的套管钳, 且主钳钳体和背钳钳体都应具有较大的内部空间和输出动力, 本方案采用 TQ340-35Y 型套管钳, 具体有以下参数。

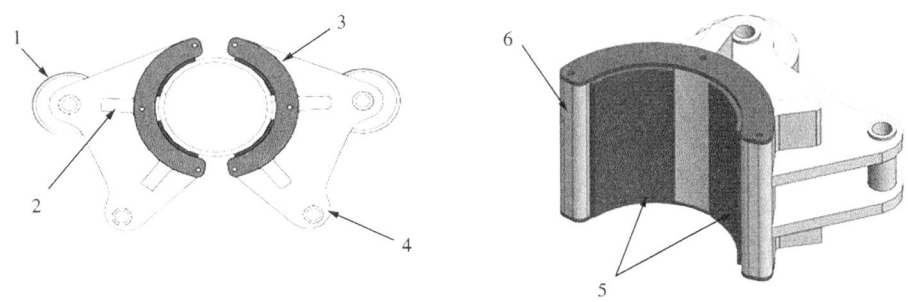

图 8　无牙痕钳头结构示意图

1—滚子；2—加强筋；3—钳牙挡圈；4—销轴；5—钳牙；6—颚板；7—颚板支撑板

（1）适用管径范围：4½～13⅜in。
（2）开口尺寸：350mm。
（3）钳头转数：3.6～86r/min。
（4）最大扭矩：2.5～40kN·m。
（5）最大工作压力：18MPa。
（6）流量范围：110～160L/min。

4　现场应用

2021年5月在大庆油田某气井进行了现场使用，该井设计井深5200m，套管下入深度4943m，套管钢级为P110级，扣型为DLP-T3型，上扣扭矩为11000N·m。安装无牙痕钳头的套管钳在31.5h内下入套管242根，平均每小时下入套管约8根，一次上扣合格率达到100%。

图9为该井套管表面牙痕对比。图9(a)为常规TQ340-35Y型套管钳上扣时对套管产生的牙痕，可以看到常规套管钳上扣时对套管损伤深度在1~1.5mm，随着上扣扭矩的增加和钳牙的磨损，牙痕深度也将随之变深，套管的破损面积也将随之变大。图9(b)为装配有无牙痕套管钳钳头的TQ340-35Y型套管钳，从图9中可以看到，在使用无牙痕套管钳钳头完成上扣后，套管本体表面完好无破损，完全没有牙痕，真正意义上实现了无牙痕套管上扣作业。

（a）　　　　　　　　　　（b）

图9　套管本体表面牙痕对比图

5 结论

(1) 分析了常规套管钳上卸扣时牙痕产生的机理,并设计了无牙痕套管钳钳头,通过改变钳牙与套管间的接触方式、钳牙材料等创新技术,在上卸扣时对套管本体、接箍表面进行了最大限度的保护,解决了常规套管钳对套管本体、接箍形成较深牙痕的难题。

(2) 现场试验证明无牙痕钳头的使用效果良好,完成作业后套管表面基本没有损伤,在高含硫井中,可以减轻对套管的腐蚀,且结构简单,经济实用,具有较好的推广价值。

(3) 如今各种特殊材质和涂层的套管逐渐成为完井管柱的主流,采用无牙痕上扣的方式连接套管,可以防止作业时对套管形成损伤,延长套管的使用寿命,这已然成为一种趋势。国内无牙痕套管钳的技术研究起步较晚,推广范围较小,这种非金属材料、大包络面积式的无牙痕钳牙,将成为今后无牙痕套管钳技术的主要研究方向。

参 考 文 献

[1] 兰州石油机械研究所. 国外动力大钳发展概况之一[J]. 石油矿场机械, 2007, 13(3): 12-15.

[2] Halse, Helge-Ruben. Method and device for positioning a power tong at a pipe joint[P]. Word intellectual property Organization patent PCT/NO2006/000425[2007-05-31].

[3] Simpson Michael, Davidson, Colin James. Tubular transfer system[P]. US Patent: 6705414[2004-03-16].

[4] 陈钢. ZQ100钻杆动力钳的使用及改造[J]. 中国设备管理, 1999(10): 36.

[5] 任福深, 王威, 刘晔, 等. 石油管柱上卸扣装置技术现状[J]. 石油机械, 2012, 40(5): 15-19.

[6] 吴立中, 肖立虎. 无牙痕液压钳技术在塔里木高压油气井的应用[C]//中国石油集团石油管工程技术研究院、美国石油学会, 中国石油学会石油管材专业委员会, 中国石油天然气集团公司石油管工程重点实验室. 油气井管柱与管材国际会议(2014)论文集. 2014: 6.

[7] 黄进云, 舒尚文, 孙起昱, 等. WTQ245-N微牙痕套管钳的研制与应用[J]. 石油机械, 2012, 40(8): 60-64.

[8] 夏祖国, 孙亦蓬, 李季星, 等. 微牙痕下套管技术在川东北高含硫气田的应用[J]. 石油机械, 2008(7): 69-71, 90.

[9] L. A 索斯洛夫斯基. 摩擦疲劳学——磨损—疲劳损伤极其预测[M]. 高万振, 译. 徐州: 中国矿业大学出版社, 2013.

[10] 徐兵, 蔡瑞芳, 陆海涛, 等. 动力钳夹紧管接头时的静摩擦因数计算分析[J]. 石油矿场机械, 2011, 40(1): 66-68.

[11] 付永森. 内曲线滚子爬坡咬紧机构的受力分析与计算[J]. 石油钻采机械, 1984(3): 65-69.

机械式顶驱旋转下套管装置的研制

孟令峰　石　坚　窦金永　于成龙　马晓伟

(大庆钻探工程公司钻井工程技术研究院)

【摘　要】 为了解决长水平段水平井套管下放困难、处理井下异常不及时以及常规下套管方式的轴向冲击载荷对套管造成损伤等问题，研制了一种机械式顶驱旋转下套管装置，该系统采用独特的机械式设计，方便安装及运移、不受低温影响，比传统的液压驱动型可靠性高。阐述了该装置的组成、工作原理及技术关键。对同类设备的研发具有一定的参考价值。

【关键词】 机械式；顶驱下套管装置；水平井

随着石油勘探开发的不断深入，国内水平井数量日渐增多，尤其是在页岩油气勘探开发方面，由于其完井方式以长水平段配合多级水力压裂为主，因此开采的井型基本上都是水平井，并且水平段将逐渐加长，在下套管作业过程中，易出现下套管困难、处理井下异常不及时以及常规下套管方式的轴向冲击载荷对套管造成损伤等问题，需要提高安全下套管技术水平。顶驱下套管装置能够顺利实现旋转套管、上提及下放套管柱、随时循环钻井液，这些优势可以避免处理井下异常不及时而造成更大的复杂事故。国外顶驱下套管装置的研发起于20世纪90年代，主要生产厂家有Tesco、Canrig、Franks等。产品类型主要分为液压驱动型和机械驱动型两种，根据卡紧方式又可分为内卡式和外卡式两类。通过发展完善，国外顶驱下套管装置进入成熟应用阶段。国内最近几年才开始对顶驱下套管装置进行研发，研究单位主要有北石、宝石、天意等。其中北石和宝石已经形成产品，都为液压驱动型[1-2]。总体来看，国内的顶驱下套管装置还处在发展完善阶段。因此创新设计了一种机械式旋转下套管装置，达到一种无需液压站，不用担心管线受低温影响，运移安装更加便捷的效果，是顶驱下套管技术下一步的发展方向。

1　技术分析

1.1　组成

顶驱下套管作业中设备的整体组成如图1所示，顶驱下套管的核心装备为顶驱下套管装置本体、专用提环以及对扣导引工具，另外还需要顶驱、吊卡、背钳、卡瓦以及下套管扭矩监控系统等的配合(图1)。

1.2　工作原理

工作原理为通过心轴上的螺纹与顶驱主轴或浮动接头相连接，下行顶驱系统使该下套

作者简介：孟令峰，男，1997年生，助理工程师，本科，主要研究方向控压钻井以及井下测控仪器科研工作。E-mail：1244403822@qq.com。

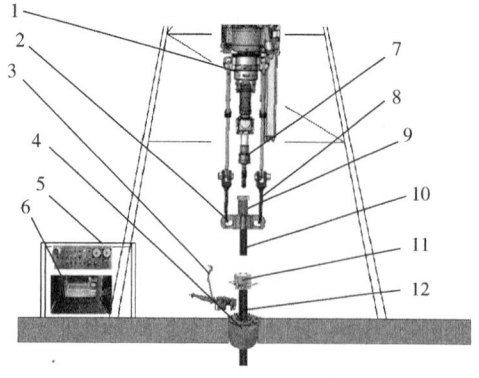

图 1 顶驱下套管装置的组成图
1—顶驱；2—套管吊卡；3—背钳；4—卡瓦；
5—顶驱控制箱；6—扭矩监测系统；
7—顶驱下套管装置主机；8—延伸吊环；
9—螺纹保护器；10—待下套管；
11—对扣导引工具；12—已下套管

管工具进入套管内部，直至该下套管工具的缓冲器与套管接箍上的螺纹保护器相接触。正向旋转主轴，该下套管工具的心轴通过花键带动锁套、保护壳、上推靠正向旋转；上推靠与中推靠采用反向螺纹连接，上推靠、下推靠与缓冲器形成一体。由于缓冲器与套管接箍相接触，致使心轴向上移动，将卡瓦伸出，夹紧套管内壁。由于独特的推靠夹紧机构的设计，可有效地保证卡瓦与套管内壁始终处于夹紧状态，可对套管进行旋扣、上提和下放。当操作完一根套管，需要卸开该下套管工具时，使缓冲器与套管接箍上的螺纹保护器相接触，反向旋转主轴，使该工具的芯轴向下移动，将卡瓦收回，将该下套管工具从套管内提出进行下一根套管作业。

1.3 主要技术参数的确定

主要技术参数见表1。

表 1 主要技术参数

序号	项目内容	技术参数	序号	项目内容	技术参数
1	适用套管的范围	5½in 套管	4	密封压力	≥35MPa
2	抗拉核载	≥2000kN	5	装置高度	≤2600mm
3	上扣扭矩	≥30kN·m	6	适应环境温度	−40~60℃

2 技术关键

2.1 推靠锁定机构

推靠机构是主要的驱动机构，包括上推靠、中间推靠、下推靠、固定锁块、推靠锁（图2），上推靠与心轴通过螺纹和花键相对固定，中间推靠与上推靠间通过多头锯齿螺纹（左旋）连接，实现旋转和轴向运动，多头螺纹的应用可以使得轴向运动传递更快，下推靠套在心轴上并与中间推靠通过斜面接触，推靠锁通过所述固定锁块与下推靠相连。通过锁扣实现与上推靠的锁紧，推靠弹簧为滑块提供上行支撑力，缓冲碟簧为推靠锁提供缓冲。

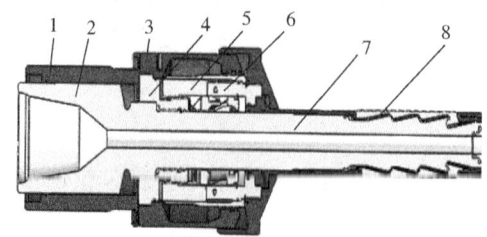

图 2 推靠机构的结构图
1—锁套；2—心轴；3—保护壳；4—上推靠；5—中间推靠；6—下推靠；7—卡瓦笼；8—卡瓦

2.2 滑行卡紧机构

滑行卡紧机构是主机上的核心机构，主要涉及心轴、特制卡瓦、回位拉环、保持架以及卡瓦笼(图3)，其中特制卡瓦通过其外侧的卡瓦牙来实现对套管的卡紧，卡瓦笼与心轴相对滑动用于实现对特制卡瓦动作的控制，特制卡瓦受到卡瓦笼的限位，相对于卡瓦笼只在径向上移动，在特制卡瓦和心轴之间还需要安装回位拉环，以实现特制卡瓦的顺利复位，特制卡瓦安装后通过保持架固定在工作位置。

2.3 密封机构

密封机构的核心组件为封隔皮碗，封隔皮碗由橡胶和骨架组成；封隔皮碗通过皮碗垫环顶在皮碗架上，使得封隔皮碗相对固定，防止插入时偏向造成受力不均；皮碗架为中空结构，钻井液通过该流道进入套管内部，实现循环；封隔皮碗具有密封唇边，在循环压力的作用下形成自密封。密封机构如图4所示。

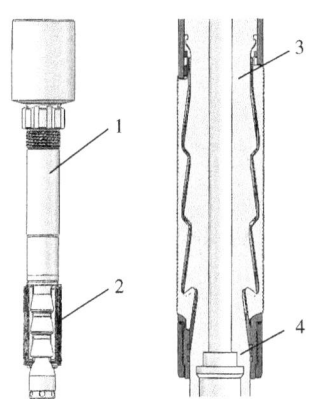
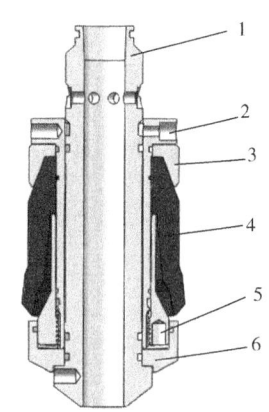

图3 滑行卡紧机构的组成
1—心轴；2—特制卡瓦；
3—卡瓦笼；4—保持架

图4 密封机构组成图
1—皮碗架；2—转套；3—皮碗垫环；
4—封隔皮碗；5—隔套；6—导套

3 强度校核

3.1 滑行卡紧机构强度校核

心轴材料选用40CrNiMo，其屈服应力为1256MPa，计算得

（1）抗内压强度计算。

心轴最薄处厚度为12.525mm，其抗内压能力为

$$F_{抗内压} = 1.75 \times \sigma_s \cdot \frac{t}{D} = 1.75 \times 1256 \times 10^3 \times \frac{12.525}{57.05} = 482558 \text{kPa} \tag{1}$$

式中：D 为外径，mm；t 为壁厚，mm；σ_s 为材料最小屈服强度，kPa。

按指标算安全系数为

$$n = \frac{F_{抗内压}}{F_{指标内压}} = \frac{482558}{35000} = 13.78 \tag{2}$$

(2) 有限元校核。

对整体进行有限元强度校核，极限载荷下总体变形量 0.0257mm，总体长度 1.56m，该件理论弹性变形 = $F \times L / (E \times A)$ = (1960000N×1.56m)/(210×10^{9}Pa×0.43212m^2) = 0.337×10^{-4}m = 0.0337mm，极限载荷下总体弹性变形安全系数为 1.34。极限载荷下等效应力最大校核应力 669.6MPa，材料屈服强度 980MPa，极限载荷下等效应力安全系数 1.46[4]（图5、图6）。

图5　最大应变校核图　　　　　　　　图6　等效应力校核图

最大变形量 1.211mm，在材料的弹性变形范围内，工作时不会发生塑性变形。

极限载荷下等效应力最大校核应力 669.6MPa，材料屈服强度 980MPa，极限载荷下等效应力安全系数 1.46。

3.2　密封机构强度校核

连接筒材料选用 35CrMo，其屈服应力为 835MPa，连接筒最薄处厚度为 9.84mm，其抗内压能力为

$$F_{抗内压} = 1.75 \times \sigma_s \cdot \frac{t}{D} = 1.75 \times 835 \times 10^3 \times \frac{0.00984}{0.05167} = 278279.4 \text{kPa}$$

按指标算安全系数为

$$n = \frac{F_{抗内压}}{F_{指标内压}} = \frac{278279.4}{35000} = 7.75$$

图7　室内试验图

4　试验验证

主机在车间进行了皮碗通过试验和密封试验验证，皮碗通过次数 400 次，承压 35MPa，静置 5min，压降不大于 0.1MPa。卡瓦卡紧套管，进行 200t 拉力试验，30kN·m 扭矩试验，试验次数达 400 次，钳牙掉落小于 5%，无打滑情况。在某油田累计试验 3 口井，下入套管数量达 752 根，现场工作稳定可靠（图7）。

5　结论

该机械式旋转下套管装置的设计充分考虑了现场使用要求，能够有效地解决长水平段水平井套管下放困难、处理井下异常不及时以及常规下套管方式的轴向冲击载荷对套管造成损伤等问题，填补了大庆油田此项设备空白，具有以下技术特点。

（1）系统的可靠性更高：该机械式旋转下套管装置创新采用推靠机构驱动，能够在旋转套管过程中对套管柱持续施加预紧力，同时无需液压源及液压管线，避免了液压失效风险，不受低温环境影响，因此与传统液压式旋转下套管装置相比可靠性更高。

（2）运移及安装更便捷：该机械式旋转下套管装置结构小巧、附件少，与北石同类产品比较，长度缩短了一半，北石的为2.54m，自研的为1.6m以内，质量仅为北石十分之一，北石的为1.8t，自研的不到200kg，另外省掉了液压站、液压管线、操作台以及反扭矩装置。

（3）对锥形坡面推靠机构、推靠机构、密封机构等关键机构进行了优化设计。对同类设备的研发具有一定的参考价值。

（4）该机械式旋转下套管装置还有待现场检验，并需要不断完善。

参 考 文 献

[1] 王峰，崔波，贾军，等.浅析顶驱旋转下套管技术[J].中国设备工程，2019(14)：115-116.
[2] 韩飞，纪友哲　贾涛，等.顶驱下套管装置的技术现状及发展趋势[J].石油机械，2012，40(1)：84-86.
[3] 李文金，田志欣，雷鸿，等.顶驱下套管技术及应用[J].石油矿场机械，2017，46(6)：51-56.
[4] 徐慧斌，赵义鹏，邓冲，等.新型顶驱下套管工具的设计及研究[J].机电工程技术，2022，51(1)：65-68.

基于 CPLD 的随钻钻井液脉冲器电磁阀驱动系统设计

庞海波 李润启 吴红伟 王海琦 徐月庆

(中国石油大庆钻探工程公司钻井工程技术研究院)

【摘　要】 为了提高无线随钻系统钻井液压力波信号质量，减小钻井液、井深等因素对压力波传输的影响，优化了钻井液脉冲器电磁阀的驱动策略，设计了基于复杂可编程逻辑器件(CPLD)的随钻钻井液脉冲器电磁阀驱动系统。室内试验及现场应用数据表明，设计的多频率脉冲宽度调制(PWM)驱动系统，集成度高、灵活性强，提高了驱动性能和能量利用率，降低了系统功耗，具有较强的稳定性。

【关键词】 无线随钻；钻井液压力波；电磁阀；可编程逻辑器件

钻井液正脉冲压力波传输是国内广泛应用的一种无线随钻测量信号传输方式。正脉冲信号传播速度受钻井液性质、钻柱尺寸、环境参数等因素影响，钻井液中气体含量对信号传输速度影响较大，随着气体含量增加，信号传输速度快速下降。信号衰减程度与钻柱尺寸、脉冲频率、钻井液参数、井深等参数相关[1]。随着井深增加，钻井液压力信号还受脉冲器驱动系统性能的影响，其中电磁阀作为系统的通用执行器，对整个系统的性能起着至关重要的作用，如何通过控制优化得到电磁阀高速、准确的动态响应过程是驱动系统开发的关键。因此，开发高效的随钻钻井液脉冲器电磁阀驱动系统有重要意义。

本研究开发了一种基于复杂可编程逻辑器件(CPLD)的随钻钻井液脉冲器电磁阀驱动系统，采用优化的电磁阀驱动算法，能实时根据微控制单元(MCU)中上传测井数据指令，实现对电磁阀快速、准确、高效的驱动。

1 钻井液脉冲器电磁阀驱动系统设计

1.1 电磁阀电流驱动策略

钻井液脉冲器电磁阀驱动策略设计原则是实现高速、准确的开关，同时具备良好的可靠性、低功耗、适应性强。按照电磁阀线圈内电流调节方式的不同，电磁阀驱动电路可以分为可调电阻式、双电压控制式及脉宽调制式三种结构[2]。可调电阻式结构功耗较大，集成度较低；双电压式结构需要 DC-DC 变换模块，增加了系统复杂性，且受电源波动干扰较大；脉宽调试结构与电流反馈相结合，能够精确地调节电磁阀电流，且功耗低、稳定性高。本系统采用脉宽调制方式，直接取总线电压和耐压电容结构，优化了电流驱动策略，设计

作者简介：庞海波，中国石油大庆钻探工程公司钻井工程技术研究院。

的电流驱动波形如图 1 所示，图 1 中 I_2 和 I_3 分别为开启电流和保持电流。

当 MCU 控制器发出开启电磁阀命令后，驱动系统打开总线供电回路，同时，供电回路的储能电容加快了电磁阀的电流上升速率。电磁阀衔铁在电磁驱动下开始动作，为加快吸合速度，初始启动电压使用总线电压，为降低功耗，34ms 后，电磁阀驱动采用 PWM 方式维持开启电流至 t_2 时刻。t_2 时刻后，电磁阀衔铁已被完全

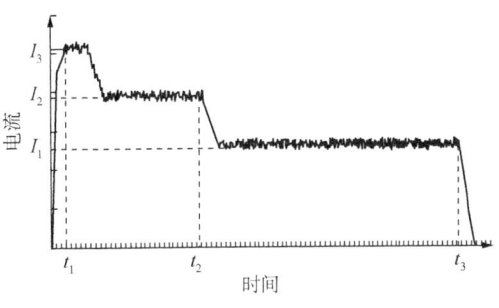

图 1　电流驱动波形

吸合，为了进一步降低功耗，通过调整 PWM 方波的频率及占空比，以较低的电流维持电磁阀的吸合状态，MCU 控制器在 t_3 时刻发出关闭电磁阀指令，驱动系统能迅速切断电流回路。该驱动策略既可保证电磁阀快速、准确地开启与关闭，又能大幅度降低驱动系统功耗。

1.2　电磁阀驱动系统结构

根据上述驱动策略，设计一种基于 CPLD 的随钻钻井液脉冲器电磁阀驱动系统。系统结构如图 2 所示。

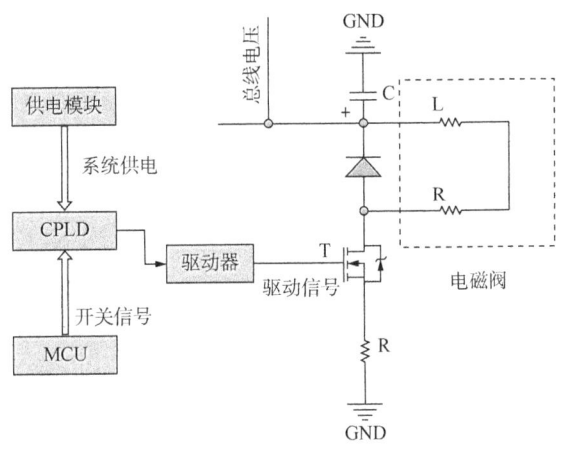

图 2　电磁阀驱动系统结构

无线随钻系统的中央控制器 MCU 负责发出启动与关闭控制信号，驱动系统来对电磁阀进行高精度、高性能地驱动。

电磁阀采用随钻系统总线电压及耐压电容供电，MOSFET 管 T 作为电磁阀启动开关，驱动信号由 CPLD 控制驱动器进行通断控制，可快速打开和关闭电磁阀，且降低开关功耗。二极管上面的电容的充放电过程，既可以提高电磁阀开关速度，又可以保证总线电压稳定，提高电能利用效率。

1.3　CPLD 嵌入式算法设计

本设计采用 Altera 的 MAX Ⅱ 系列 CPLD 为核心控制器。MAX Ⅱ 架构最大的特点是低成本方案，功耗是低成本 MAX3000A 系列的十分之一；耐温等级达到车规级，满足常规无线随钻系统耐温要求；开发平台为 Quartus Ⅱ，采用 Verilog HDL 与图形开发相结合的方式。

为了实现电磁阀快速启动，需设置初始工作电流最大，即使用总线电压供电，为了降低系统功耗，开启 PWM 调制方式，电磁阀没有完全吸合前，使用高频率和大占空比的 PWM 波驱动，提高驱动效率；电磁阀衔铁完全吸合后，通过降低 PWM 波频率和调整占空比，使用较低电流保持吸合状态。

CPLD 程序设计结构如图 3 所示。图 3 中，MCU 控制信号为脉冲，常用的脉宽分为 0.8s、1.2s、1.5s 等，与钻井液脉冲数据上传信息有关，分为同步头信息和测井信息[3]。不同脉宽的脉冲，驱动信号格式是相同的，通用格式为 T_1 时长的直流电压驱动+T_2 时长的高频 PWM 驱动+过渡段的低频 PWM 驱动+T_3 时长的中频 PWM 驱动。

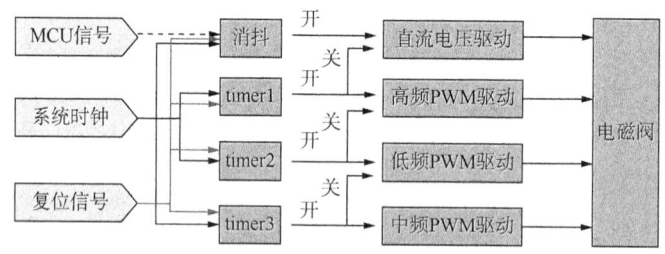

图 3　CPLD 程序结构

程序设计过程，MCU 信号输入，信号消抖处理，避免误触发，开启直流电压驱动电磁阀，同时开启定时器 timer1、timer2、timer3，实现对多路信号的处理[4]；为了降低驱动功耗，定时器 timer1 计数完成，关闭直流电压驱动，开启高频 PWM 驱动[5]，实现工作电流的调制[6]，当定时器 timer2 计数完成，关闭高频 PWM 驱动，开启过渡段的低频 PWM 驱动；此时电磁阀衔铁已经完全吸合，过渡段目的是快速降低系统驱动电流，并进入衔铁吸合保持阶段，定时器 timer3 计数完成，关闭低频 PWM 驱动，开启中频 PWM 驱动并正式进入衔铁吸合保持阶段，该阶段时长由 MCU 控制[7]。

CPLD 内部电路逻辑如图 4 所示，可编程配置多路定时计数器，优化 PWM 控制信号频率及占空比，实现驱动波形稳定输出。

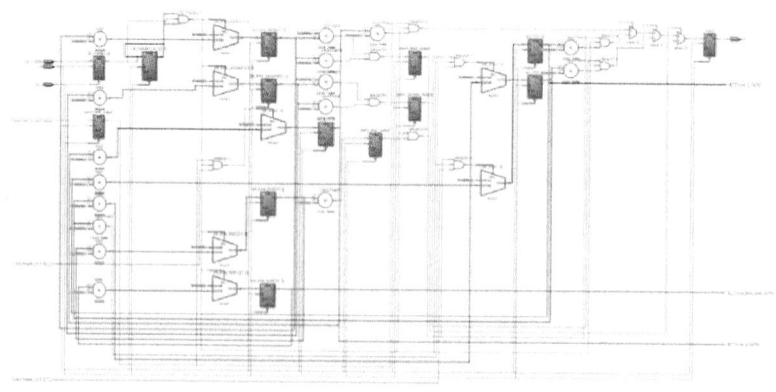

图 4　CPLD 电路逻辑图

1.4　驱动参数设置

参考无线随钻系统钻井液脉冲器特性，驱动信号参数设计见表 1。

表 1 驱动参数设置

参数	f/kHz	d/%	t/ms
直流电压			34
高频 PWM	25	75	266
低频 PWM	4.8	25	10
中频 PWM	7.8	50	MCU 控制

2 验证测试

2.1 室内测试

CPLD 驱动波形如图 5 所示。可见，驱动波形由 3 种频率 PWM 信号组成，实现对电磁阀启动段和保持段的控制。

无线随钻系统需要上传数据时，MCU 控制电磁阀动作，使得钻井液脉冲器蘑菇头上下活动，改变了流道钻井液压力，产生一种压力波，实现测井数据的编码上传。图 6 为 MCU 控制电磁阀动作的波形序列。

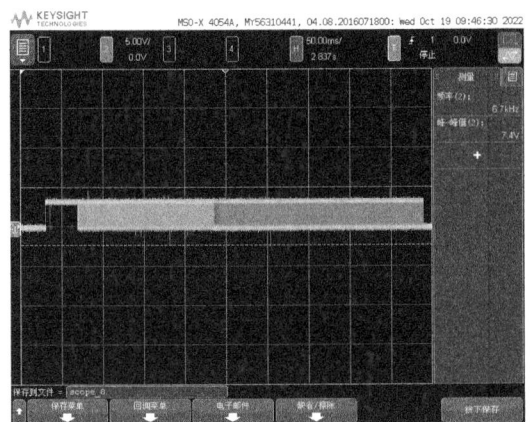

图 5 电磁阀驱动波形

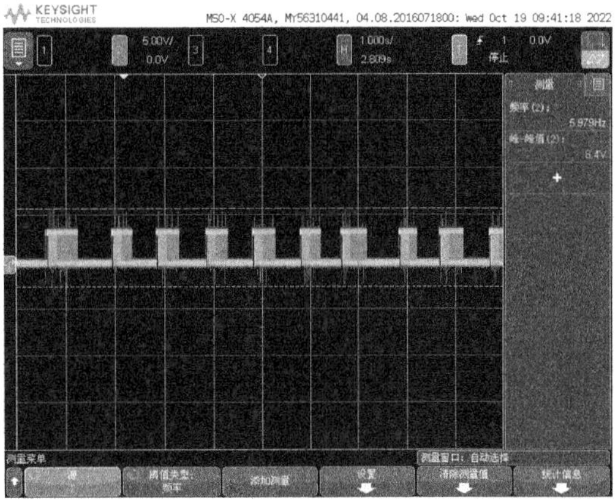

图 6 MCU 控制驱动输出的波形

2.2 现场应用

在苏里格区块苏 53-82-29H 井作业时，使用本设计作为无线随钻钻井液脉冲器电磁阀的驱动，现场钻井液解码率达到 99%；在后续施工的多口井中应用，取得良好效果，证明该系统性能稳定可靠。

3 结论

本文设计了一种随钻钻井液脉冲器电磁阀驱动系统，优化了电磁阀驱动策略，改善

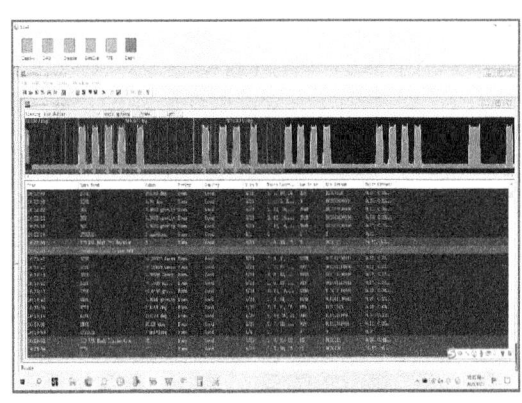

图 7 现场钻井液解码波形

钻井液压力波信号驱动质量，提高了地面钻井液解码系统解码效率；通过 CPLD 集成了所有的数字逻辑电路，缩小了数字电路板的面积，降低了系统功耗，提升了电路稳定性；采用 CPLD 构成数字 PWM 发生器，产生的 PWM 波非常稳定，占空比、频率皆可按照需求可调，增加了系统灵活性。

参 考 文 献

[1] 王永，余敏，张党生，等. MWD 泥浆正脉冲信号传输特性及现场应用分析[J]. 中国石油大学胜利学院学报，2022，36(2)：78-82.

[2] 王孝，王璠璟，相楠. 基于 CPLD 的高压共轨柴油机电磁阀驱动系统设计[J]. 车用发动机，2010，(5)：7-9.

[3] 尚晋，戴有福，杨晓峰，等. 无线随钻仪脉冲编码技术研究[J]. 石油仪器，2012，26(2)：7，28-29，34.

[4] 刘义才，苏弘马，晓莉. CPLD 在多路定时信号处理中的应用[J]. 核电子学与探测技术，2007(6)：1112-1116.

[5] 章泰周，凤星叶，进军. 电磁阀性能测试脉冲电源的设计[J]. 自动化与仪表，2010，25(4)：57-60.

[6] 何伯阳，周亮，赵大威，等. 基于 CPLD 的可动线圈电磁驱动恒流源系统设计[J]. 仪器仪表用户，2016，23(2)：29-32.

[7] 周欣. 基于 CPLD 的可编程 PWM 控制器的设计[J]. 电子科技，2013，26(4)：124-125，128.

保压取心工具内筒举升机构设计

李春林　张玉龙　李　凯　田佳琦

（大庆钻探工程公司钻井工程技术研究院）

【摘　要】 为提高保压取心工具内外筒差动关闭球阀的成功率，综合分析国内外典型保压取心工具差动机构结构原理，提出了新的适用于陆地保压取心差动机构设计方案，利用静液柱压力举升内筒管串，实现关闭球阀。

【关键词】 保压取心；举升机构；设计方案；静液柱压力

保压取心是能够取出保持原始地层压力岩心的取心技术，可准确求取井底条件下储层流体饱和度等重要地层参数，对常规油气增储上产和非常规资源勘探开发尤为重要。保压取心的成败主要取决于内外筒差动关闭球阀技术，国内外保压球阀总成的结构和原理总体上差别不大，差动结构和原理却不尽相同，但差动的可靠性和成功率都有很大提升空间[1-6]。因此，针对提高差动机构进行创新设计，对提高保压取心成功率具有重要意义。

1 国内外设计方案

早在20世纪30年代，国外就提出了保压取心技术，经过40余年的研究改进，美国在1979年研制成功并投入商业服务，差动原理是向钻具内投入钢球，憋压使内外筒脱开，依靠外筒重力下行，实现球阀总成关闭，在实际施工过程中，当球阀总成处有岩心碎块或发生撸心时，球阀关闭受阻，外筒下行力量不足以克服阻力，球阀无法完全关闭导致保压失败，另外一个影响球阀关闭的原因是内外筒关联差动，结构复杂导致关闭成功率低。随着我国油气田开发的迅速发展，1985年原石油部从美国克里斯坦森为大庆、辽河、中原引进三套保压取心成套设备，最初这套设备仅在大庆油田得到成功的开发和应用，并研制了具有自主知识产权的保压取心工具[7-9]，近年来，国内各科研院所的保压取心技术也取得了较大的进展，主要的设计原理有两种，一种是沿袭国外的差动原理，另外一种是利用钻井泵撬供动力举升内筒管串关闭球阀，二者皆为内外筒关联差动。

2 总体结构设计

目前国内保压取心工具差动原理大都采用液力举升原理，但成功率有待进一步提高。本方案颠覆了国内现有的差动原理，利用静液柱压力实现内筒举升，目的是提高举升动作的可靠性，提高球阀关闭的成功率，为油气田勘探开发获取最接近原始地层压力状态的岩心。为了保证保压取心工具顺利下入和足够的强度，本方案的保压取心工具外筒采用

作者简介：李春林，大庆钻探工程公司钻井工程技术研究院。

$\phi178mm\times\phi154mm$ 套管，钢级 P110，同时为了保证足够的环空间隙，举升机构设计最大外径 $\phi130mm$，该机构包括上悬挂套、起动套等 14 个部分组成，起动套、剪销限位环使用 H62 销钉固定，具备良好的力学性能的同时，还能确保销钉剪断后断面平整，保证起动套和剪销限位环顺利下行，举升缸套与活塞头采用钢球限位。

3 原理及工艺

上悬挂套与工具接头(连接钻铤)连接，举升活塞杆与悬挂总成连接，居中置于外筒总成内部，密封圈采用 PAEKER 密封件，保证密封的可靠性。

取心钻进结束后，首先提钻割心，卸开方钻杆后，井口投入 2in 钢球，钻井泵排量 5~10L/s 送球至起动套球座，落位后憋压剪断起动套销钉，起动套下行至剪销限位环上端面，此时泵压下降，立即停泵，钻井液自起动套内部流道进入固定活塞杆和举升活塞杆内腔后，钻井液推动内塞上行，悬挂钢球滑落后，依靠静液柱压力举升内筒管串，完成差动。

4 举升力计算

本差动机构依靠井筒中钻井液的静液柱压力提供举升力，工具接头上端为钻具水眼内静液柱压力，举升缸套内腔在地面时的压力为一个大气压，原则上静液柱压力应该大于取心工具内筒管串重量、岩心重量和举升缸套内腔中空气随温度变化后的轴向向下的力的总和，因此需要对井下所需的举升力进行对比计算。

4.1 静液柱压力

该方案以大庆油田青山口组保压取心为背景，根据松辽盆地北部地层压力及地层特性要求，工程设计中钻井液密度多为 $1.50\sim1.55g/cm^3$，取心井段多为 2000~3000m 之间，静液柱压力计算如下：

$$p=\rho gh \tag{1}$$

式中：p 为压强，MPa；ρ 为钻井液密度；h 为取心井段(井深)；g 为重力加速度。

举升力 $F_1=pS=205656\sim318768N$

4.2 取心工具及岩心重力

内筒举升需克服活塞头、举升活塞杆、悬挂总成、内筒总成、岩心等重量，其中岩心直径 80mm，最大可取长度 6m，工具各总成及岩心质量总计 316.9kg，因此 $F_2=3105.62N$。内筒管串及岩心质量统计表见表 1。

表 1 内筒管串及岩心质量统计表

名称	质量/kg	名称	质量/kg
活塞头	1.1	内筒总成	86.9
举升活塞杆	3.3	密闭头总成	9.1
悬挂总成	21.1	岩心	105.6
压力补偿系统	56.3	合计	316.9
测压总成	33.5		

4.3 举升机构差动后压缩气体轴向力

松辽盆地地层温度梯度4.5℃，举升机构差动后的压缩气体会产生向下的轴向力，阻止内筒管串上升，为了计算出举升力，需要求得压缩气体轴向力。

根据理想气体状态方程：

$$\frac{P_1V_1}{T_1}=\frac{P_2V_2}{T_2} \tag{2}$$

式中：P_1为标准大气压；V_1为举升机构差动前密封腔体积；T_1为平均温度；P_2为举升机构差动后压缩气体压强，约为2.2MPa；V_2为举升机构差动后密封腔体积；T_2为井底温度。

举升机构差动完成后气体压缩产生的轴向向下力 $F_3=P_2S=15389.3\text{N}$

因此举升力＝静液柱压力－取心工具及岩心重力－举升机构差动后压缩气体轴向力

$$F=F_1-F_2-F_3=187161.08\sim300273.08\text{N}$$

5 现场试验

按该方案加工样机2套，在大庆油田现场试验5口井，入井试验9次，举升成功率100%，各项性能指标均达到了设计要求，可完全满足保压取心现场施工工艺要求，具体试验情况见表2。SX51井为定向井，最大井斜角43°，入井试验2次，举升动作均成功，该井试验结果表明，该方案适用于定向井保压取心；试验的5口井，下入深度1250～2238m之间，钻井液密闭1.32～1.56g/cm³之间，井斜角0°～43°之间，举升成功率100%，表明该方案适用范围广，动作可靠性高。

表2 现场试验情况统计表

井号	筒次	下入深度/m	井斜角/(°)	钻井液密度/(g/cm³)	举升是否成功	施工日期
SX51	1	1536	43	1.50	成功	2021-08-15
	2	2238	43	1.51	成功	2021-09-01
T41	1	1814	0	1.55	成功	2021-12-16
	2	2172	0	1.56	成功	2021-12-23
C109-Y59	1	1594	0	1.52	成功	2022-07-11
	2	1681	0	1.53	成功	2022-07-13
J123	1	1467	0	1.32	成功	2022-02-25
	2	1580	0	1.32	成功	2022-02-28
N8-1-P2025	1	1250	0	1.50	成功	2021-06-02

6 结语

通过对国内外先进的保压取心工具差动机构结构和原理分析，结合大庆油田地质概况，提出了新的保压取心工具差动机构设计原理，形成了一套设计方案，该方案仅依靠静液柱压力完成差动,最终关闭球阀总成,可通过控制井筒内钻井液流速,大幅降低球阀总成关闭时因惯性力导致的失效,间接降低保压取心运营成本。该机构结构简单、可靠,原理新颖,其方案可为国内保压取心技术发展提供参考和设计依据。

参 考 文 献

[1] 王西贵,邹德永,杨立文,等. 深层超深层煤层气保压取心工具设计[J]. 石油机械, 2020, 48(1): 40-45.

[2] 罗军. 保温保压取心工具球阀工作力学的有限元分析[J]. 石油机械, 2014, 42(7): 16-19.

[3] DICKENS Gerald R, PAULL Charles K, WALLACE Paul. Direct measurement of in situ methane quantities in a large gas-hydrate reservoir[J]. Nature, 1997 (385): 426-428.

[4] 刘协鲁,赵义,刘海龙. 海洋天然气水合物保温保压取样工具对比研究[J]. 地质装备, 2018, 19(1): 11-15.

[5] 刘宝和. 中国石油勘探开发百科全书. 工程卷[M]. 北京: 石油工业出版社, 2008: 21-22.

[6] 许红,吴河勇,徐禄俊,等. 区别于DSDP—ODP的深海保压保温天然气水合物钻探取心技术[J]. 海洋地质动态, 2003, 19(6): 24-27.

[7] 张洪君,刘春来,王晓舟,等. 深层保压密闭取心技术在徐深12井的应用[J]. 石油钻采工艺, 2007, 29(4): 110-114.

[8] 钱可贵,张金涛,安丰媛. 保压取心工具差动总成的改进[J]. 石油机械, 2013, 41(10): 37-39.

[9] 唐燕青. 保温管道预制成形工艺技术的发展与应用[J]. 石油工程建设, 2004(6): 10-12.

通用型顶驱扭转试验台的研究与设计

梁 斌

(大庆钻探工程公司 钻井工程技术研究院)

【摘 要】 针对大庆油田 70 型及其以下的 40、50 型钻机顶部驱动装置，考虑扭转试验的必要性和相关功能的多样性，开展了通用型顶驱扭转试验台的技术研究，并制定了相应的工艺流程及技术方案。设计通用型顶驱扭转试验台克服了因品牌和尺寸不同而无法兼测多类型顶驱扭转性能的难题，实现了 70 型及其以下类型顶驱兼容性扭转及功能测试。扭转试验台通过工控和变频系统配合，实现对直驱电动机的精准控制；独特的工装设计满足不同顶驱的尺寸要求。试验结果表明，研制的试验台具备顶驱扭转及功能检测能力，可实现显示并打印检测结果及相应曲线功能。应用该试验台可确保顶驱出厂或大修后使用的安全性与可靠性。

【关键词】 顶驱；扭转试验；电控系统；变频调速；自动化

钻机顶部驱动装置(以下简称顶驱)被誉为近代钻井装备的三大技术成果之一，是集机、电、液和智能控制于一体的技术密集型产品，在当今石油钻井装备中属前沿行列。顶驱不仅可以接整根立柱，节约接钻具时间；更因为管子处理系统和上、下旋塞阀的出现，大大提高了井口机械化水平；另外，顶驱可以实现倒划眼功能，为井下安全保驾护航。作为取代转盘的新型钻井装备，以其优异的功能，极大地提高了钻井能力和效率，对当今的钻井技术发展产生巨大影响。

顶驱作为旋转驱动装置，其扭矩输出和转速输出能力，直接关系到顶驱性能的好坏。根据 GB/T 31049—2022《石油天然气钻采设备 顶部驱动钻井装置》相关规定，顶驱出厂和大修后应对其扭矩和转速进行测试，确保顶驱使用的稳定性和安全性。

目前，大庆油田使用的顶驱品牌有北石、天意、景宏以及美国 Varco 等，型号多为 70 型及以下的 50 型和 40 型。针对顶驱品牌的多样性和扭转功能测试的必要性，本文开展了通用型顶驱扭转试验台的技术研究工作，并制定了相应的技术方案。

1 技术分析

1.1 设计思路及结构组成

该试验台的主体设计思路为：顶驱由移动平车送入试验台下，通过 32t 提升机将顶驱提起，利用试验台两侧的辅助反扭工装对顶驱及运输架进行固定，保护接头通过特制工装与直驱电动机连接；试验台控制系统由工控机输入参数，通过 PLC 控制变频器对顶驱进行加

作者简介：梁斌，男，1982年生，工程师，工学学士，主要研究方向为顶驱研发及顶驱试验检测研究工作。E-mail：67942065@qq.com。

载试验；传感器检测扭矩与转速信号一并由工控机进行记录，最后显示测试结果。

根据以上设计思路，利用 Solidworks 软件构建了扭转试验台三维模型。通过对试验台应力集中部位进行理论计算，并使用 Solidworks 软件进行强度校核，最终确定试验台主体材料选用 Q345B。该通用型顶驱扭转试验台整体采用立式结构，可对 70 型及其以下型号顶驱进行满负荷扭转及功能试验。试验台主要由试验架、天车平台、反扭工装、直驱电动机及扭矩检测系统、变频电控系统、能量回馈及信息处理系统等部分组成。主体结构图如图 1 所示。

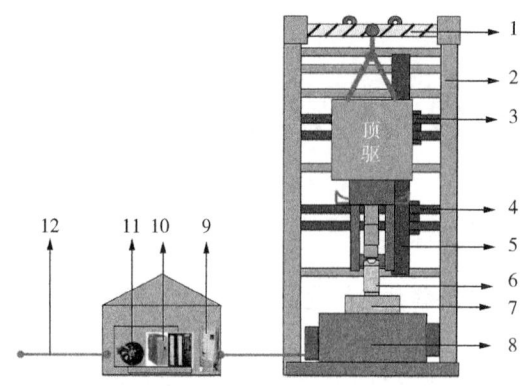

图 1　通用型顶驱扭转试验台主体结构图
1—天车平台；2—主机架；3—上反扭矩梁；
4—下反扭矩梁；5—导轨工装；6—连接工装；
7—扭矩传感器；8—直驱电动机；9—变频调速及回馈系统；
10—PLC 控制系统；11—制动模块；12—供电电缆

1.2　工作原理

扭转试验台主提升机将顶驱提起直立，主轴通过特制工装与直驱电动机连接，直驱电动机由变频调试装置进行控制，为顶驱提供旋转扭矩。顶驱扭转试验工艺流程为：首先，确定试验顶驱类型后，作业人员将顶驱直立于试验台内，根据保护接头螺纹安装特制连接工装，之后进行反扭工装安装，接通顶驱电源后通过司钻操作台进行功能调试；之后，在工控机中设置相应的顶驱扭矩及运转时间等参数，启动控制程序开始试验。

程序启动后，顶驱主电动机和直驱电动机开始运转，逐步按照之前设定的扭矩值进行加载，并根据运转时间进行测试，同时在工控机显示屏上生成相应的扭矩和转速随时间变化的试验曲线。试验结束后可打印试验曲线，便于后续分析和鉴定。

1.3　主要技术特点

（1）利用 32t 升降机进行顶驱提升，同时采用上、下两道反扭矩工装设计，用以对顶驱及其运输架固定，四台带导轨的 5t 提升机用作相关附件的安装使用，使顶驱整体稳定，满足试验要求。

（2）摒弃常用的电磁涡流与齿轮传动来提供模拟加载方式，创新采用直驱电动机提供加载扭矩，使控制精度得以提高，更加真实模拟钻井工况，同时具有结构简单、操作方便、传动效率高等优点。

（3）采用带能量回馈的变频调速系统，通过 PLC 控制变频器，可以对电动机实现精确转速及扭矩控制，使试验台的运转更加安全、可靠；同时能量回馈系统能节省大量电能，实现低成本运行。

（4）打破扭矩测量的固有观念，采用应变式动态扭矩测量仪，可串接到被测设备传动系统中，适合现场使用，同时具有扭矩测量范围大，精度高，小巧轻便等特点。

（5）通过工控软件设置相应顶驱的测试参数，可实现自动、手动及远程控制，并能根据需要打印性能测试曲线。

1.4 主要技术参数

结合大庆油田现有顶驱型号，以最大扭矩和外形尺寸为依据，设计以下技术参数。

额定扭矩：50kN·m。
最大扭矩：75kN·m。
测量精度：±1%。
控制精度：±5%。
额定转速：100r/min。
调速范围：0~200r/min。
测量精度：±1%。
控制精度：±1%。
最大测试尺寸(宽×厚×高)：2380mm×1300mm×12000mm。
外形尺寸(长×宽×高)：7350mm×7350mm×15000mm。
适合顶驱类型：225~450t。

2 结构设计

2.1 试验架及天车平台

试验架设计时，进行了静强度、动强度及稳定性计算，同时，为防止共振产生，运用美国大型有限元 MSC/NASTRAN 程序，对试验架结构进行设计，提高试验架整体弯曲的固有频率。并采用桩基础结构，提高地基刚度，从而达到提高自振频率的目的。

同时设计了一种承载 50T 以上的天车平台，天车平台如图 2 所示。用于兼容 32T 和 5T 提升机，32T 提升机为上部固定方式安装，5T 提升机为轨道式。平台采用 400#H 型钢。

2.2 地坑支撑及平车导轨

为方便现场安装及操作，设计用以放置直驱电动机的地坑，这样人员就可以在地面连接工装部件，提高工作时的安全性。地坑由 4 根 400#方钢作为导轨和上部平台支撑，直驱电动机就位后通过螺栓将支撑与基础进行固定。地坑支撑及平车导轨如图 3 所示。

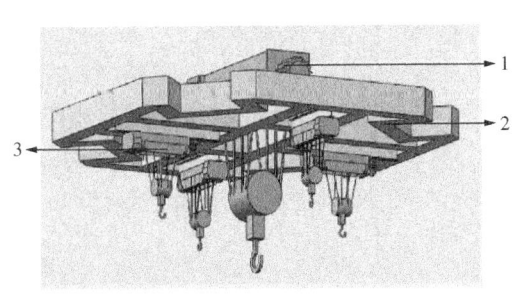

图 2 天车平台设计图
1—32T 主提升机；
2—平台承重机构；3—5T 辅助提升机

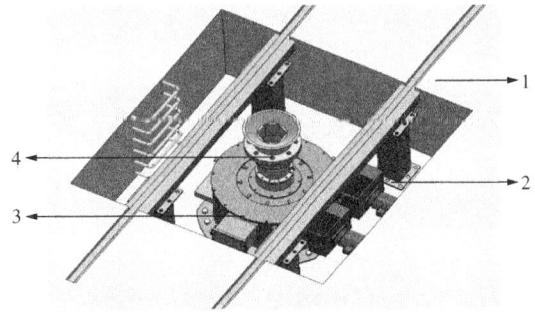

图 3 地坑支撑及平车导轨设计图
1—平车导轨；2—地坑支撑；
3—直驱电动机；4—连接工装

3 控制系统设计方案

控制系统采用西门子工业自动化集团发布的一款全集成自动化软件 TIA 进行开发,作为业内首个将工程组态和软件项目环境统一在一起的自动化软件,完全能够适用此项目。控制系统整体设计如图 4 所示。核心硬件选择工业控制计算机和西门子 S7-1200 系列 PLC 相关控制模块,该系列 PLC 包含多种创新技术,可最大程度提高生产效率。其中:电源模块采用直流稳压双电源结构,设置高、低压隔离,供电安全、稳定;CPU 模块处理速度快,相应时间短,通信能力强;模拟量与数字量模块通用性强,可以实现信号采集和现场的精准控制。

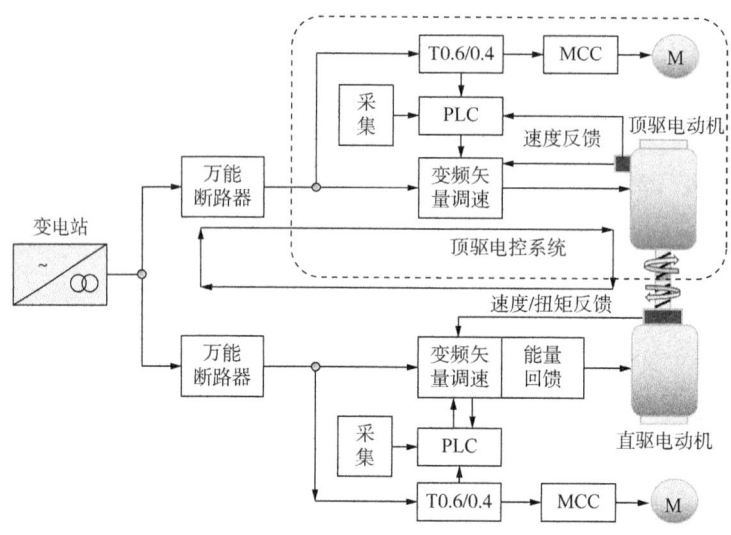

图 4 控制系统整体设计图

驱动系统在综合考虑响应时间、控制精度及价格等因素后,采用禾望 HD2000 型变频器对电动机进行驱动设计。变频调速及能量回馈系统由网侧断路器、LCL 滤波接口单元、PWM 整流单元、电动机驱动单元及控制单元等部件组成。通过 PWM 整流单元并网,电网侧连接电动机驱动单元。

本系统设有软硬件连锁保护,可以自动判断设备状态是否正常和操作是否正确,以防止误操作引起的设备损坏;另外,本系统在运转时可能产生危险,为保障试验人员的安全,在试验设备区和试验区设置声光报警器,试验开始后,自动报警,提示操作人员注意安全;同时,本试验系统具有强大的扩展能力,当试验系统需要增加 I/O 点时,通过添加相应数量的 I/O 模块即可轻松实现控制系统的扩展。此外,试验系统中的工控机、显示器通过 1 台 1kVA UPS 稳压隔离电源供电,确保计算机控制系统在突发停电后能够继续工作 15min 以上,确保试验数据不被丢失。计算机控制系统如图 5 所示。

4 试验项目及技术要求

转矩试验的目的是验证顶驱在不同功率情况下,连续输出稳定扭矩的可靠性。结合 GB/T 31049—2022《石油天然气钻采设备 顶部驱动钻井装置》相关规定,设计了如下试验:

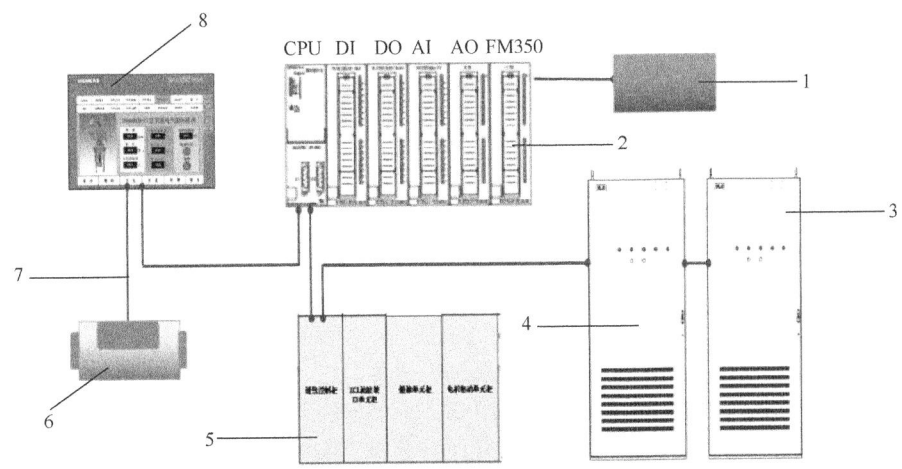

图 5　计算机控制系统设计图

1—信号采集装置；2—PLC 组件；3—进线柜；4—MCC 柜；
5—变频及能量回馈系统；6—打印机；7—Profibus DP 通信线；8—计算机控制模块

（1）功能运转试验：主轴 0~200r/min 无级调速。

（2）扭转加载运转试验：进行扭矩和功率加载试验，绘制性能曲线。分级加载 20% 负载 20min，40% 负载 20min，60% 负载 20min，80% 负载 10min，100% 负载 5min。

（3）松开和旋紧钻柱螺纹试验：上、卸扣扭矩设定为 50%~70% 的额定扭矩旋紧钻柱螺纹；松开钻柱螺纹，记录相应扭矩值。

（4）堵钻试验：主轴低速转动，加载至额定转矩使主轴停止，堵转 3min，电动机工作正常。

（5）刹车试验：主轴低速转动，加载至额定扭矩，刹车，主轴保持停止，刹车性能符合要求。

5　实际应用

2021 年 8 月使用通用型顶驱扭转试验台对大庆某钻井队天意 DQ-70LHTY 型顶驱进行了大修后的功能试验，设定最大试验扭矩为 70kN·m（此顶驱最大卸扣扭矩）。试验结果表明，此顶驱各项功能运转正常，加载负荷与保载时间满足设计要求，顶驱可以出厂使用。

此顶驱于 2021 年 9 月出厂并施工使用，各项功能运转正常，满足现场施工要求。

6　结论及认识

（1）按照大庆油田现有顶驱最大扭矩及外形尺寸，设计的通用型顶驱扭转试验台，通过调整反扭工装位置和配备不同尺寸连接工装，克服了因尺寸不同而无法兼测多品牌顶驱进行扭转性能试验的难题，实现了 70 型及其以下类型顶驱兼容性扭转性能检测，应用前景广泛。

（2）设计、制造了通用型顶驱扭转试验台，制定相应操作规程及相关工艺，形成完整试验方案。同时为扭转试验台开发的软件和工控系统配合，可对电动机进行精准控制，加载平稳、准确，各项试验充分满足规范要求，并能真实模拟顶驱现场实际工况，试验结果准确可靠。

（3）扭矩试验台实际应用结果表明：该试验台具备顶驱扭转性能及常规功能检测能力，操作简便，可实时显示和打印试验结果。试验正常的顶驱出厂后，可以满足现场使用要求，证明试验数据真实可靠。

参 考 文 献

[1] 李淑芳，卫才俊，王秉武，等. 系列顶驱通用试验装置设计[J]. 机械工程师，2018(10)：136-138.
[2] 赵玮. 石油钻机顶部驱动装置试验台设计研究[D]. 东营：中国石油大学(华东)，2015.
[3] 孟军，陈士刚. 顶驱测试装置的研制[J]. 科技资讯，2009(12)：61.
[4] 董成林. 顶部驱动钻井装置性能试验台方案设计[J]. 科技资讯，2013(29)：100，102.
[5] 路军红，杨景春，向敏. 新型顶部驱动钻井装置[J]. 机械工程师，2004，6：034.
[6] 蔡正敏，张军，申朝廷，等. 顶驱钻井装置倾斜液压机构临界载荷计算分析[J]. 石油矿场机械，2010(3)：48-50.
[7] 白新海. 顶部驱动钻井装置性能述评[J]. 机械设计与制造，2009(2)：261-263.
[8] 康志芳，李强，程永吉. 采煤机专用变频器的加载特性验证[J]. 机械工程与自动化，2011(4)：178-179.
[9] 文西芹，张永忠. 扭矩传感器的现状与发展趋势[J]. 仪表技术与传感器，2001(12)：1-3.

旋转动压试验检测系统的研制

王亚东

(大庆钻探工程公司钻井工程技术研究院)

【摘 要】 目前,现有的旋转防喷器试验装置都具备对旋转防喷器进行额定动压试验和额定静压试验的功能,其静压试验(不小于 10MPa)属于高压试验,对试压的环境场所安全要求较为严格,且装置制造成本较高。因此,本文研制的试验检测系统基于控压钻井井口回压一般不超过 4.5MPa(中压)的现场应用经验,主要对试验主机架及其某些部件结构部分进行优化设计,使系统整体结构简单、尺寸较小、成本较低且具备安全试验条件和环保要求,实现旋转防喷器的 4.5MPa 小型旋转动压试验检测功能,从而为旋转防喷器维修人员提供一种实用性强、操作简便的试验检测手段,完成对旋转防喷器动密封维修效果的评估。

【关键词】 试验检测系统;动密封;主机架结构;旋转动压;维修评估

此系统可实现多种石油钻井用旋转设备及工具的检测,包括井口旋转防喷器、井下旋转工具、钻台动力旋转设备等。上述设备内部采用旋转机械结构,必须使用动态密封实现高压钻井液的封隔。本文主要介绍对旋转防喷器的旋转动压试验检测。

旋转防喷器是实施欠平衡钻井、控压钻井的核心设备,能够在井口具有一定压力的情况下实现钻进或带压起下钻。一般情况下,旋转防喷器每口井应用后都需要进行维修保养、更换旋转总成中的动密封,且每次更换动密封组件时,都是通过人工机械上紧的方式进行安装固定,因此经常出现上紧不足或上紧过度的问题[1-2]:(1)上紧不足,密封性能差,达不到密封要求;(2)上紧过度,旋转总成与壳体间相对运动阻力大,转动扭矩大,长期运转可能会出现因摩擦引起的铁屑积聚,从而导致卡死无法转动的现象发生。

因此,在旋转防喷器上井前及维修后,如果没有相应的试验检测手段,势必会影响旋转防喷器使用寿命,现场使用也会存在安全隐患。为解决上述问题和提高旋转防喷器的现场应用可靠性及安全性,在结合旋转防喷器维修人员需求、检验技术参数标准和控压钻井井口回压一般不超过 4.5MPa 的现场应用经验后,针对性地开展了 4.5MPa 小型旋转动压试验检测系统的研制工作。

在国外,研制欠平衡压力钻井专用设备,特别是旋转防喷器时,都建有专用的试验设备和试验室。如 Shaffer 公司的 PCWD 旋转防喷器试验系统。在国内,例如,德州联合石油

作者简介:王亚东,男,1997 年生,助理工程师,本科,主要从事顶驱及旋转防喷器试验检测研究工作。E-mail:wangyadong124705@163.com。

机械有限公司研制了"A"形结构塔式的旋转防喷器试验台架,其装置液压系统压力为31.5MPa;胜利钻井院研制的旋转防喷系统试验装置,最大试验静压力35MPa,最大试验动压力17.5MPa,最大转速150r/min;川庆钻采院研制的旋转防喷器动态模拟试验系统,最大试验静压力105MPa,最大试验动压力35MPa,最高转速220r/min。上述所研制的试验检测设备都具备对旋转防喷器进行额定动压试验和额定静压试验的功能。

1 技术分析

1.1 结构

此试验检测系统主要由试验主机架、电气控制系统、液压控制系统、数据监测系统以及闭环标定测试系统组成。同时,为保证试验人员的操作安全,在试验场所周围设置活动试压防护挡板装置,防止被试设备零件或试压介质喷射造成人身伤害。此外,试验时还需在旋转防喷器周围铺设无尘布,吸收试验过程中泄漏飞溅出来的油水混合物,试验立架下方设置油水收集槽,回收试压介质,满足环保要求。系统主体结构如图1所示。

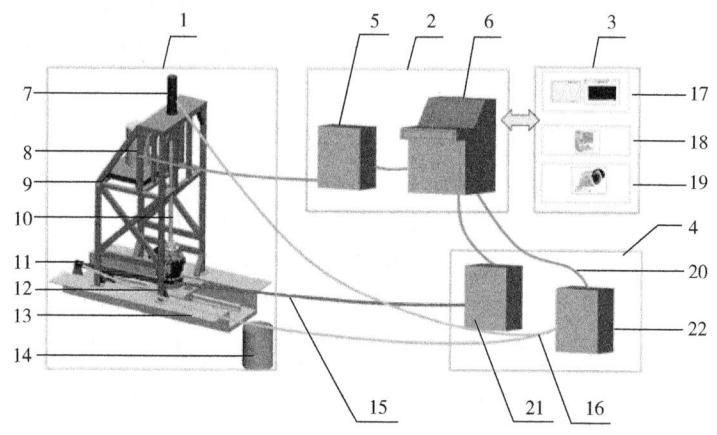

图 1 旋转防喷器动压旋转试验检测系统主体结构图

1—试验主机架;2—电气控制系统;3—数据监测系统;4—液压控制系统;5—变频器;6—控制器操作台;7—升降组件;8—旋转组件;9—主体立架;10—试验钻杆;11—推车液缸;12—推车组件;13—底座组件;14—污水收集桶;15—试压管线;16—液压管线;17—数据监测软件;18—PC工控机;19—摄像仪组;20—电气线路;21—试压泵组;22—液压泵组

1.2 工作原理

此试验检测系统采用电控电、电控液两种控制模式,以电气控制系统作为试验检测系统的控制中枢,控制各驱动系统实现功能。电气控制系统通过电气线路连接控制旋转组件中的电动机来模拟钻杆的旋转;控制液压控制系统中的液压泵组来调节推车组件中的推车液缸,实现推车及旋转防喷器的移动;控制升降组件中调节液缸伸缩模拟钻机的起升系统,实现试验钻杆插入、拔出旋转防喷器;并控制液压控制系统中的试压泵组加压至所需要的试验压力,实现防喷器加压试压功能。数据监测系统利用集成到工控机中的数据监测软件采集试验数据和摄像仪传回的画面信号,实现数据分析处理、曲线生成及试验过程全程监视功能[3-4]。

1.3 主要技术参数

序号	试验项目	技术参数	序号	试验项目	技术参数
1	最大试验动压力	5MPa	5	温度测量范围	0~150℃
2	压力测量精度等级	0.25级	6	测量精度	±1%F·S
3	最大试验转速	220r/min	7	适用旋转防喷器尺寸	最大外径≤2100mm,最大高度≤2200mm
4	额定输出扭矩	4000N·m			

2 技术创新点

2.1 试验主机架结构设计

试验主机架结构设计主要包括主体立架设计,升降组件、旋转组件和轨道推车组件设计。采用顶部驱动大位移钻杆升降技术、转速可调式直驱旋转加扭技术和可锁定式大位移往复运移技术,并对某些部件结构进行设计。

2.1.1 顶部驱动大位移钻杆升降技术

此试验检测系统采用多级液缸顶部驱动钻杆进出防喷器的升降结构,油缸总行程2215mm,最大推拉力达到100kN,为减小试验台尺寸,选取4级双作用伸缩液压缸,此方式结构较简单、传动效率和同步控制精度较高。

液压缸与钻杆的连接:升降液缸活塞杆端部采用外螺纹结构连接,下部设计为凸出键结构的连接盘,连接盘与试验钻杆上法兰通过键配合+开口式连接销轴连接固定,操作简便。具体结构如图2所示。

2.1.2 转速可调式直驱旋转加扭技术

为了模拟旋转防喷器在井场施工时的旋转动压工况,设计了变频直驱电动机+变频器驱动的直驱旋转加扭方案,最大试验转速为220r/min。因防喷器和试验钻杆采用推车组件移动到旋转轴承座下方时,若仅在旋转轴承座下方采用法兰结构连接,难以保证其与钻杆上法兰盘恰好贴合,为此,这里设计了伸缩可调节的旋转法兰连接结构。具体结构如图3所示。

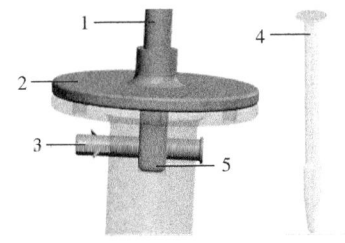

图2 液压缸活塞杆端部结构示意图
1—升降液缸活塞杆伸出端;
2—钻杆连接盘;3—开口式连接销轴;
4—试验钻杆;5—凸出键连接结构

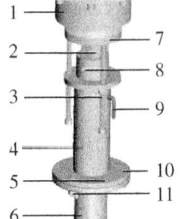

图3 旋转轴承座与
试验钻杆连接结构示意图
1—旋转轴承座;2—旋转输出轴六方伸出端;
3—可调节承压螺杆、螺母;4—旋转法兰座;5—泄压紧定螺钉;
6—试验钻杆;7—旋转输出轴承压盘;8—升降紧定螺钉;
9—旋转把手;10—法兰连接螺栓;11—法兰连接螺母/弹簧垫

2.1.3 可锁定式大位移往复运移技术

采用钢轨+四轮推车结构实现旋转防喷器的移动功能,液缸总行程2415mm。因需具备循环往复的移动方式,且行程较长,因此,设计为多级液压缸驱动推车移动结构。

推车主要通过销轴穿入推车与主机架的耳板孔进行固定。考虑到实际运行中耳板结构的销轴孔不易对正,销轴穿入前可能需要多次移动推车,使销轴穿入耳板孔。针对移动推车定位问题,采用推车挡块,在推车需移动至某一位置固定前,首先确定推车挡块位置,然后通过旋紧紧定螺杆六方头实现挡块与轨道间的锁紧,完成对推车滚轮的限位,从而解决推车定位问题。具体结构如图4所示。

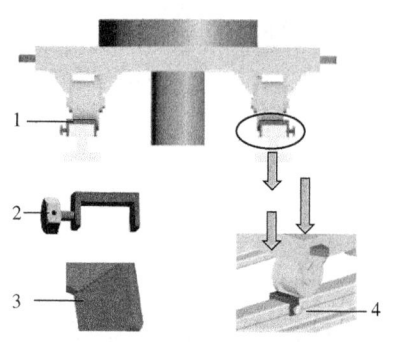

图4 推车滚轮挡块结构示意图
1—推车滚轮挡块组件;2—紧定螺钉;
3—侧面和顶面具有马牙扣;
4—挡块对滚轮的限位

2.2 电气控制系统设计

电控系统由控制台、操作面板、可编译控制器(PLC)、电气元件等组成。采用电控电及电控液双驱动集成控制,并设置了自动/手动两种控制方式,实现PLC系统对电动机变频器、油泵、液缸和各种电磁阀等设备动作执行的控制,以及对试验过程中各参数信号的采集及处理,保证各项试验检测操作的顺利进行。

2.3 液压控制系统设计

液压控制系统包括液压泵组、试压泵组。液压泵组额定工作压力16MPa,最高工作压力21MPa,由油箱、变量柱塞泵、电动机、控制阀组、液位继电器、压力传感器、位移传感器等组成。采用恒功率控制系统,通过一个泵站实现对升降液压油缸和推车油缸的控制。试压泵组实现旋转防喷器内部水压升压功能,可连续升压,且压力可实时监测。

2.4 数据监测系统控制系统设计

数据监测系统由PC工控机、摄像头和数据监测软件组成。数据监测软件包括数据处理模块和视频监视模块。数据处理模块负责对参数的采集,以曲线图表形式显示及存储和对电动机、变频器、液压设备等实时监测,发生过载等异常情况及时报警及控制处理。视频监视模块实现对旋转防喷器局部和试验检测系统总体进行监控。

2.5 闭环标定测试系统设计

闭环标定测试系统由传感单元(扭矩、转速、位移)、测试工装单元、信号调理单元和信号采集分析单元组成。传感单元配套高精度扭矩、转速及位移传感器,实时测试并向控制系统进行反馈,实现闭环控制。闭环标定测试系统示意图如图5所示。

2.6 技术特点

(1)设计升降、旋转组件机架一体、动作分离的机械组成结构。将试验钻杆插入旋转防喷器和试验钻杆的旋转功能分开实现,降低了系统整体高度,同时避免了双驱动一体化结构引起的不稳定性,提高了系统运转可靠性。

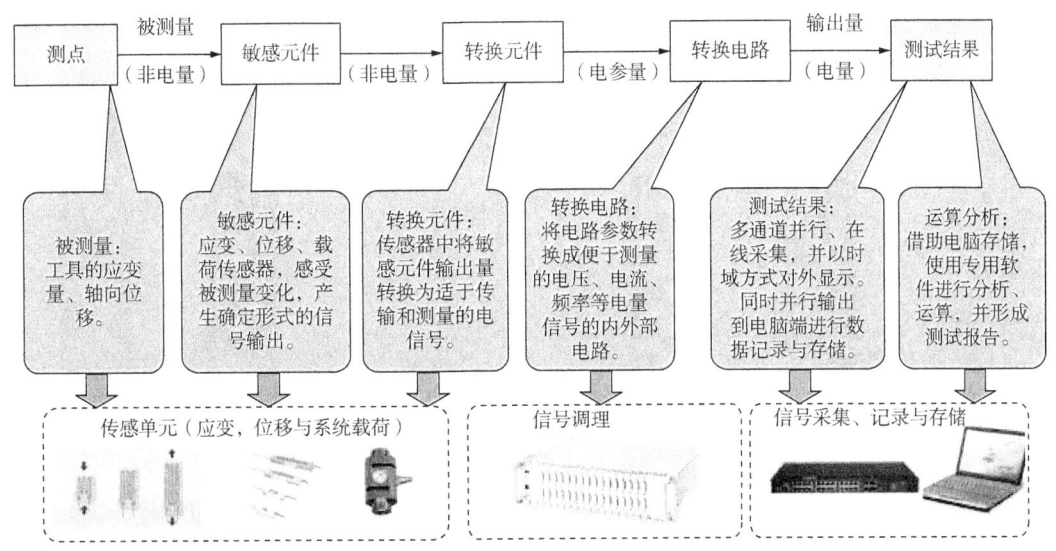

图 5 闭环标定测试系统示意图

(2) 采用双多级液缸分别实现试验钻杆的升降以及旋转防喷器的移动功能。大幅降低了系统整体尺寸，同时采用同泵站、不同时动作的液压驱动结构，相比常规单泵站控制单液压缸结构，集成的双缸控制泵站降低了泵站尺寸，减少了制造成本。

(3) 引入直驱电动机+变频器的驱动结构实现试验钻杆的旋转功能。无需附加减速箱即可实现低转速大扭矩输出，传动效率、控制精度大幅提高，减小了系统整体尺寸，提升了系统自动化控制程度。

3 强度分析

3.1 连接销轴结构

连接销轴创新采用销轴+开口销相结合的开口式连接销轴结构(图2)，既能保证液压缸与试验钻杆间的连接锁紧，同时也能防止连接销轴在安装拆卸过程中开口销掉落遗失。经分析，连接销轴在钻杆起升过程中受力最大，根据前面的计算可知，其应能承受的载荷不小于10t，取安全系数 λ 为2，销轴采用45#钢，其抗剪强度约为370MPa，所以可得

$$R=\sqrt{\frac{\lambda F}{2\pi\tau_V}}=\sqrt{\frac{2\times100000\text{N}}{2\pi\times370\text{N}/\text{mm}^2}}\approx 9.28\text{mm}$$

因此连接销轴尺寸最终设计为 ϕ20mm×200mm，开口部分尺寸为 ϕ6.3mm×50mm。

3.2 试验检测系统主体

试验检测系统主体立架采用150mm×100mm×3mmQ345B矩形钢管组焊成型，四处底角采用地脚螺栓固定。对主机架框架进行有限元强度校核，最大拉力载荷200kN，最大扭矩4kN·m，整体框架变形量0.116mm，最大应力安全系数3.47，满足设计要求。最大应变校核图和等效应力校核图分别如图6和图7所示。

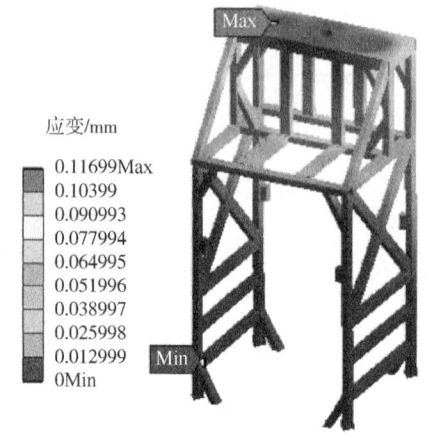

图 6　最大应变校核图

最大变形量为 0.116mm，在材料的弹性变形范围内，工作时不会发生塑性变形。

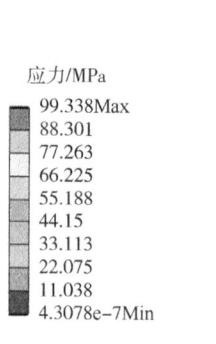

图 7　等效应力校核图

Q345B 屈服强度为 345MPa，经校核最大应力为 99.338MPa，安全系数为 3.47。

4　应用效果

2022 年，在大庆地区相关车间进行旋转动压试验检测系统的研制及应用，对多种规格的被动式旋转防喷器进行了维修后检测试验。在 1~5MPa 试压条件下，最大扭矩为 1350N·m，单套设备连续运转 8h，累计试验 25 套次，液压动力系统稳定在 16MPa，电气系统转速、扭矩控制精度±0.5%，满足对旋转防喷器的室内检测要求。整个试验过程中旋转防喷器小型旋转动压试验检测系统运转稳定，实现了旋转防喷器试验检测功能[5]。

5　结论

该旋转防喷器小型旋转动压试验检测系统结构简单、尺寸较小、成本较低，且具备安全试验条件和环保要求，能够为旋转防喷器维修人员提供一种实用性强、操作简便的试验检测手段，实现对旋转防喷器维修后动密封性能的全面检测评估。从而提高旋转防喷器的现场应用可靠性及安全性，延长其使用寿命，保证钻井的安全施工，同时为旋转防喷器的改进和研制提供了必要条件。

参 考 文 献

[1] 郭书墩. 石油钻井防喷器检测装备[J]. 中国石油和化工标准与质量，2014，34(11)：134.
[2] 梁玉明. 浅析石油钻井防喷器检测装备[J]. 中国石油和化工标准与质量，2014，34(2)：16.
[3] 刘忠怀，唐建平. 旋转防喷器试验台架的研制[J]. 石油矿场机械，2007(12)：71-73.
[4] 万秀琦，李毅，宋林松，等. 旋转防喷系统试验装置的研制[J]. 石油矿场机械，2005(3)：71-73.
[5] 董岩，于成龙，陈思博. DQ-Ⅲ型旋转防喷器新大通径总成的设计与室内试验[J]. 西部探矿工程，2020，32(10)：38-40.

第三部分

固井技术

治理浅层管外冒水泥浆体系的研究与应用

闫玉良[1]　刘　策[2]　郭金玉[1]　卢士分[1]　王春娇[1]　赵晓亮[1]

(1. 大庆钻探工程公司钻井二公司；2. 大庆油田第六采油厂)

【摘　要】 伴随油田长期的注水开发，井下环境越来越复杂。在复杂地质因素的影响下，固井后易发生浅层管外冒油、气、水的现象。常规挤水泥可以达到二次密封窜流通道的效果，但一次治理成功率较低。本文将膨胀水泥技术、触变胶凝技术、低温早强防窜技术及管外窜槽封堵技术相结合的配套技术应用在水泥浆体系中，通过外加剂的研制及对水泥浆体系性能的评价，研发出了治理浅层管外冒水泥浆体系。经现场应用，该体系性能指标可满足现场要求，在治理浅层管外冒方面具有良好的效果。

【关键词】 浅层管外冒；治理；水泥浆；膨胀封堵

大庆油田是大型陆相非均质、多油层砂岩油藏，地层物性在纵向、横向上差异比较大。伴随着油田长期的注水开发，地层孔隙压力的变化、地层流体的动态流动使得井下环境越来越复杂，给钻井安全及固井质量提出了挑战。其中，在浅气层上移，套损引起的压力升高，注采不平衡、岩性变化及断层遮挡等引起压力异常，油层含气(气顶气)等复杂的地质因素影响下，固井后易发生浅层管外冒油、气、水的现象。管外冒影响油田正常开发，增加油田开发成本，对地表土壤、浅层水资源、地表湖泊、大气等产生污染，给环境以及人身安全带来一定的安全风险。

当油井发生管外冒后，常规修井作业是将水泥浆从井口挤入窜流通道，水泥浆凝固形成强度后，达到二次密封的效果，然而这种挤水泥作业一次成功率较低，分析主要原因为：窜流通道具有一定的隐蔽性，难于将水泥浆挤入；挤入水泥浆后，在泵压撤销的条件下，由于地层流体的上窜压力，水泥浆难以停留在窜流通道；此外由于大庆油田天气特点，地表温度低，低温下常规水泥浆体系存在着水化速度缓慢、早期强度低、界面胶结差、渗透率大等诸多弊端，在地层流体上窜的情况下，密封窜流通道难度增大。应用常规水泥浆体系进行挤水泥作业，很大程度上影响管外冒的治理效果，因此有必要开展针对浅层管外冒治理水泥浆体系的研究与应用，为油田的有效开发和满足环保要求提供有力保证。

1 治理浅层管外冒水泥浆体系研究

针对管外冒井发生后，采用常规挤水泥修井失败的原因分析，以基础理论研究及应用技术研究为基础，将膨胀水泥技术、触变胶凝技术、低温早强防窜技术及管外窜槽封堵技

作者简介：闫玉良，副总工程师，高级工程师，1991年毕业于大庆石油学院，调整井钻井完井技术专家。E-mail：yanyl001@cnpc.com.cn。

术相结合的配套技术应用在水泥浆体系中,研发了治理浅层管外冒水泥浆体系,以提高管外冒治理一次成功率。

该体系主要由低温早强剂、低温降失水剂、防窜剂、膨胀封堵剂及其他配套外加剂组成。

1.1 低温早强剂 DLA

1.1.1 作用机理

(1)低温早强剂中含有多种不同的官能团,形成了固定的活性中心,增加水泥与水的接触面积,并通过分散增溶、润湿渗透等作用,低温下促进各种水泥水化产物的水化速度,提高水泥石的早期强度,缩短凝结时间。

(2)水泥水化过程中,生成膨胀结晶水化物钙钒石,并通过高分子聚合物不断充填作用,阻塞毛细管通道,增加了水泥石的密实性及抗渗性,使水泥石微膨胀降低渗透率。

1.1.2 DLA 的研制

目前应用到现场的早强剂在低温条件(小于30℃)下早强效果不明显,多数早强剂会引起水泥石收缩及后期强度衰退。为此,利用多相加速、分散增溶原理,优选出以聚合物(A)为主的 A、B、C、D 早强效果较好的4种组分进行复配。通过自由排列组合,进行10℃、27℃、38℃、45℃、50℃抗压强度、8h 凝结时间和水泥浆流动性的实验,最终确定早强剂复配方案。

改变各组分比例,通过大量的常规性能评价,优选出早强效果较好的5种复配比例。改变每种方案的加量,进行抗压强度、凝结时间测定,对早强剂复配比例进行优选,实验数据见表1。

表1 低温早强剂复配比例及复配方案优选

方案	加量/%	抗压强度/MPa	27℃凝结时间/(min/min)	38℃凝结时间/(min/min)
原浆	0	0.8	280/42	204/23
方案1 (3:2:2:1)	1.00	1.2	248/42	200/16
	2.00	1.7	230/24	185/15
	3.00	4.0	182/20	160/15
	4.00	5.2	160/16	116/11
	5.00	6.0	150/13	90/09
方案2 (4:3:1:1)	1.55	2.2	230/36	170/15
	2.55	4.5	168/30	120/15
	3.55	5.9	160/24	100/10
	4.55	7.8	170/25	110/11
方案3 (4:2:2:1)	2.50	1.5	260/40	182/15
	3.20	2.5	190/26	116/15
	4.20	3.3	178/21	105/10
	5.20	1.6	160/15	96/10

续表

方案	加量/%	抗压强度/MPa	27℃凝结时间/(min/min)	38℃凝结时间/(min/min)
方案4 (5:2:1:1)	1.70	4.5	192/20	155/15
	2.70	6.5	172/21	108/10
	3.70	7.6	153/12	82/07
	4.70	9.6	135/10	70/05
方案5 (5:2:2:1)	1.20	0.9	280/40	197/25
	1.70	1.0	214/31	165/18
	2.20	2.4	170/30	136/15
	3.00	2.8	150/30	110/14
	4.20	1.6	182/35	135/14

方案1中随着DLA加量增大，水泥石凝结时间缩短，早期抗压强度增加，而加量大于3.0%时，水泥浆明显变稠，难以流动。方案2水泥石早期抗压强度随着加量增大而增加，而加量大于3.55%时，随加量增大凝结时间延长。方案3随加量增大水泥石凝结时间缩短，当加量大于4.20%时，早期抗压强度随加量增大而降低，且方案3早期抗压强度总体较低。方案4随加量增加，水泥石早期抗压强度增加（加量4.7%时抗压强度达到9.63MPa），凝结时间缩短（终凝时间缩短到5min），且水泥浆体系仍有较好的流动性。方案5在加量少于3.00%时，水泥石早期抗压强度随着加量增大略有增加，凝结时间缩短，加量为4.2%时抗压强度减小，凝结时间也相应延长。

根据以上数据和分析，确定方案4(5:2:1:1)为低温早强剂（DLA）的组成比例。

1.1.3 性能评价

（1）常规性能实验。

对不同条件下DLA水泥浆的凝结时间、抗压强度、稠化时间进行评价，结果见表2至表4。

表2 10℃时不同加量水泥浆的抗压强度、终凝时间

加量/%	0	1.00	2.00	2.50	3.00	3.50	4.00
8h抗压强度/MPa	—	1.0	2.7	3.8	5.5	7.6	9.9
终凝时间/(h:min)	11:30	6:40	5:50	5:35	5:15	4:30	4:00

从表2可看出，随早强剂加量的增加，10℃时水泥浆体系8h抗压强度增大，凝结时间缩短，当早强剂加量大于2.5%，抗压强度均大于3.5MPa。

表3 3.00%加量不同温度下水泥浆的抗压强度、凝结时间

温度/℃	10	27	38	45	50
8h抗压强度/MPa	5.5	11.4	15.4	19.8	23.5
初凝/终凝/(min/min)	240/50	168/15	100/10	85/8	75/5

从表3可看出，早强剂加量一定时，随着养护温度的升高，水泥石的8h抗压强度增加，凝结时间缩短。

表4 不同加量时水泥浆稠化时间实验数据

加量/%		2.00	2.50	3.00	3.50
稠化时间/min	38℃×15.9MPa	96	90	84	78
	50℃×33.8MPa	80	72	63	50

从表4可看出，水泥浆稠化时间可根据低温早强剂加量变化进行调整。

（2）水泥石渗透性评价实验。

对原浆、常用早强剂水泥浆、DLA水泥浆，不同温度、不同时间下的水泥石渗透率进行检测，数据见表5。

表5 水泥石渗透率实验数据

养护条件	渗透率/mD					
	24h		48h		15d	
	27℃	45℃	27℃	45℃	27℃	45℃
原浆	0.357	0.111	0.123	0.068	0.091	0.047
常用早强剂	0.314	0.096	0.104	0.064	0.078	0.031
DLA早强剂	0.088	0.050	0.042	0.025	0.029	0.019

注：实验用水泥为大连G级，水泥浆密度为1.90g/cm³。

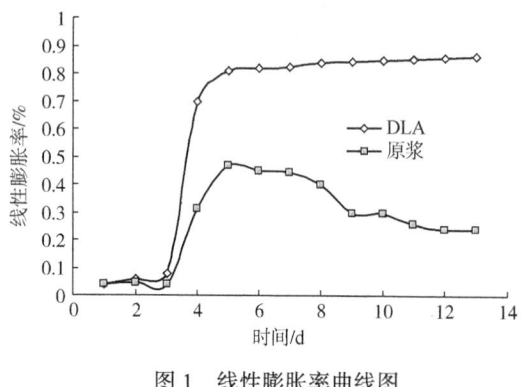

图1 线性膨胀率曲线图

从表5数据中可以看出，三种水泥浆随着温度的升高和养护时间的延长，水泥石渗透率都有所降低，但DLA水泥浆形成水泥石的渗透率明显低于其他二者。

（3）水泥石体积收缩评价实验。

利用数显式比长仪分别对DLA水泥浆、原浆胀缩性能进行评价，实验结果如图1所示。DLA水泥浆水泥石膨胀率大于原浆，5d后水泥石膨胀量趋于平稳，而原浆5d后开始收缩。因此，确定DLA水泥浆形成水泥石的体积后期不收缩。

（4）水泥石抗压强度的发展。

利用静胶凝强度分析仪检测38℃时DLA水泥浆的强度发展趋势，如图2所示，水泥石早期强度发展快，后期趋于平稳、不衰退。

综上所述，DLA能够加速低温下水泥浆的水化速度，提高水泥石早期强度，后期体积不收缩、强度不衰退，且具有渗透率低、微膨胀的优点。使用温度5~50℃，10℃×8h抗压强度大于3.5MPa，性能可满足施工要求。

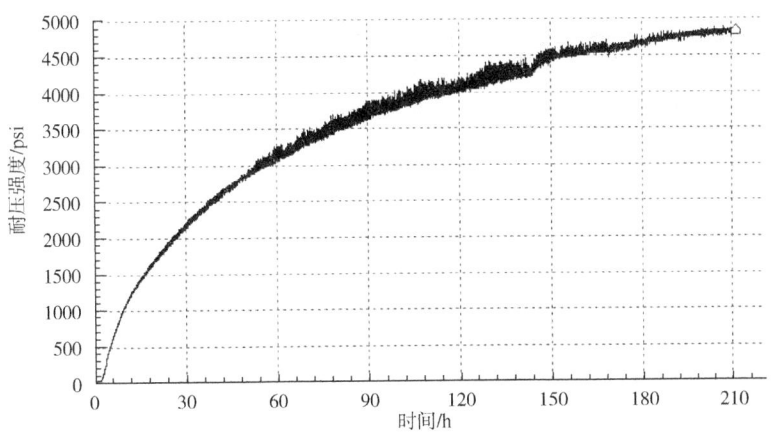

图2 水泥石强度发展曲线图

1.2 低温降失水剂 DSQ

1.2.1 作用机理

控制水泥浆的失水是封固防止高压流体窜流的必要条件，胶乳类聚合物是目前效果最好的非渗透防窜降失水剂，其作用机理为：(1)降低水泥浆滤失量、圈闭自由液，缩短过渡时间，减少水泥浆失重；(2)聚合物乳胶粒在水泥浆内部的成膜作用增加浆体内部结构阻力，增加水气窜阻力，提高水泥浆体系自身防窜能力；(3)弹性胶粒或胶膜能够抑制微裂缝的产生、扩散，或者堵塞孔隙，使水泥石微膨胀，降低水泥石渗透率。

1.2.2 DSQ 的研制

通过调研及机理分析，研制了新型胶乳类低温降失水剂。通过合成单体的比例研究，在乳液聚合过程中不断加入分子量调节剂，控制引发剂和乳化剂加量，并适时测量乳液的 pH 值和离子浓度，使合成的聚合物乳液在 10℃时即可成膜。

1.2.3 性能评价

对不同低温降失水剂加量(低温早强剂加量 2.50%)以及不同低温早强剂加量(低温降失水剂加量 10.00%)对稠化时间、凝结时间及滤失量的影响进行评价，见表6。

表6 不同 DSQ 加量、不同 DLA 加量水泥浆常规性能

DSQ/%	DLA/%	稠化时间/min	初凝/终凝/(min/min)	滤失量/mL
0	2.50	88	104/10	—
5.00		92	105/3	150
8.00		96	105/3	64
10.00		96	108/2	32
12.00		101	112/2	20
10.00	0	>300	400/20	30
	2.00	105	112/5	35

续表

DSQ/%	DLA/%	稠化时间/min	初凝/终凝/(min/min)	滤失量/mL
10.00	2.50	96	108/2	32
	3.00	84	102/2	33
	3.50	73	95/2	33
	4.00	65	85/2	32

从表6的数据中可以看出，随着降失水剂加量的增加，水泥浆的滤失量明显降低，而对稠化时间和凝结时间影响不大。低温降失水剂具有一定的缓凝效果，但随着早强剂的加量的增加，水泥浆体系稠化时间变短，对水泥浆的滤失量基本没有影响。

根据以上数据分析，低温降失水剂与低温早强剂具有良好的适应性，配伍后解决了低温下降失水剂超缓凝问题，同时又控制了水泥浆体系失水。

1.3 低温防窜剂 DSI

1.3.1 作用机理

通过调研，应用可分散的脂类聚合物作为防窜剂，其作用机理为：(1)在低温下，形成的胶膜具有较强的抗渗特性；(2)大量的集中在界面处，少量分散在水泥本体，分散后形成高黏性的聚合物膜，起到相当于胶粘剂的作用，提高界面胶结能力；(3)分布在水泥浆体系内部的高柔性和高弹性聚合物膜，改善了水泥石的柔性和弹性，降低了水泥石的渗透性和力学形变能力；(4)改变水泥水化产物(氢氧化钙)的界面取向性，使薄弱疏松的界面变得致密。

1.3.2 DSI 的研制

将 A、B、C、D 四种可分散聚合物以相同的加量混入油井水泥中，评价四种类型聚合物对抗压强度、流动度的影响，数据见表7。

表7 不同类型可分散聚合物对抗压强度的影响

检验项目	原浆	A	B	C	D
抗压强度/MPa	11.6	13.2	8.2	4.5	6.3
流动度/cm	20.0	24.0	19.0	18.0	15.0

从表7中可以看出，可分散聚合物 A 对水泥浆流动性和水泥石的抗压强度无不利影响。因此确定可分散聚合物 A 为油井水泥低温防窜剂。

1.3.3 性能评价

检测不同加量 DSI 对水泥浆抗压强度、凝结时间、稠化时间、流动度、界面胶结强度、渗透率、变形量的影响，数据见表8。

从表8可见，DSI 加量在 1.00%～2.00% 时，对水泥浆体系的常规性能几乎没有影响，界面强度稍有增加，水泥石的渗透率、变形量基本没有改变。加量 3.00% 时，对凝结时间、稠化时间、流动性、抗压强度影响不大，界面胶结强度增大、变形量增大、渗透率显著降低。加量 4.00%时的稠化时间、凝结时间明显延长，抗压强度下降 6MPa，流动性明显变差。

表 8　不同加量 DSI 水泥浆常规性能实验数据

DSI/%	抗压强度/MPa	凝结时间/(min/min)	稠化时间/Bc	流动度/cm	48h 界面强度/MPa		24h 渗透率/mD	48h 变形量/%
					一界面	二界面		
0	25.6	105/10	96	25	0.548	0.441	0.13082	0.956
1.00	25.8	105/10	95	25	0.612	0.502	0.10245	0.924
2.00	24.5	109/10	95	25	0.705	0.542	0.01135	1.624
3.00	22.5	116/10	98	22	0.823	0.632	0.01326	1.978
4.00	19.2	130/10	115	19	0.912	0.814	0.00764	2.014

根据以上数据和分析，低温防窜剂与体系配伍性较好，能够改善水泥浆体系的性能，推荐加量应在 2.00%~3.00%。

1.4　膨胀封堵剂 DRF

1.4.1　作用机理

膨胀封堵剂由湿敏感应探头、包覆外壳和高膨性内核三部分组成，如图 3 所示。在水泥浆中，湿敏感应探头感触到周围环境中的水分子后，通过控制包覆外壳的开启时间和开孔尺度，对高膨性树脂内核的膨胀性能进行调节。该材料具有较强的可变形性和韧性，可在碰压的作用下，挤入窜流通道，吸水体积膨胀后，与窜流通道接触面积增大，形成类似于单向阀的通道，阻止了流体上窜；同时，吸水膨胀后，使水泥浆获得很强的触变性，并增大水泥浆体流动阻力，抑制固井施工结束后高压流体上窜。此外，该材料稳定性好，在模拟井底温度、压力下仍具有良好的膨胀能力，与其他外加剂具有较好的配伍性，尤其是与防窜剂、降失水剂颗粒级配后，可使颗粒堆积更紧密合理，更加有利于封堵窜槽。

图 3　湿敏感应型弹性材料 DRF

1.4.2　性能评价

DRF 颗粒遇水开始膨胀，最终膨胀倍数可达 6~7 倍。分别对 G 级原浆、DRF（加量 4%）水泥浆的流动度、45℃水浴中养护 24h 形成水泥石的渗漏率进行测量。由试验数据可发现，DRF 水泥浆的流动度比 G 级原浆减少了 4.17%，这是因为不同尺寸、形状各异的

DRF 颗粒在水泥浆中杂乱分布，增加了浆体的流动阻力，抑制上窜能力增强；而 DRF 水泥石的渗透率较 G 级原浆水泥石下降 72.84%，致密性大大提高，抵抗流体侵入运移能力也得到改善。利用 DL 型堵漏材料试验仪和尺寸 2mm×35mm 缝板模拟地层条件评价二者的封堵效果，相同密度下，G 级原浆在 0.2MPa 下全部漏失，封堵失败；DRF 水泥浆漏失量虽随着压力的增加而增大，但均为加压瞬间的漏失，随后稳定，即成功封堵。数据见表 9。

表 9　DRF 水泥浆与原浆各项试验对比数据

试验项目	流动度/cm	水泥石渗透率/mD	$p_{试验}$/MPa	$t_{稳压}$/s	漏失量/mL
G 级原浆	24	0.162	0.2	26	全漏失
DRF 水泥浆	23	0.044	0.7	300	40
			3.5	300	330
			5.0	300	1500
			6.9	300	2000

1.5　体系性能评价

通过 DLA、DSQ、DSI、DRF 的研制及其他外加剂的配合使用，研发出治理浅层管外冒水泥浆体系。对该体系及形成水泥环、水泥石进行性能评价，评价结果见表 10、表 11。

表 10　治理水泥浆体系常规性能

水泥浆密度/（g/cm³）	水灰比	流动度/cm	稠化时间/min（23℃×常压）	初稠/Bc	24h 抗压强度/MPa（30℃×常压）	凝结时间/（h：min）（5℃×常压）	滤失量/mL（15℃×常压）
1.95~2.00	0.42	>20	>50	<22	>25	4：00~5：30	35

表 11　治理管外冒体系水泥环、水泥石性能

条件	渗透率/mD	水泥环界面胶结强度		水泥石三轴力学性能	
		一界面	二界面	三轴强度/MPa	屈服变形量/%
27℃×48h	0.022	0.685	0.612	69.45	0.84
27℃×15d	0.009	0.751	0.701	101.12	1.74
45℃×48h	0.008	0.742	0.710	107.62	1.55
45℃×15d	0.007	0.841	0.791	131.21	1.64

以上数据说明，该水泥浆体系流动性好，凝结时间短，强度发展快，滤失量较低，稠化时间满足施工要求，具有较高的强度、较低的渗透率、提高界面胶结强度、改善水泥石力学性能等诸多优良性能，可提高上部井筒密封性，有利于提高浅层管外冒的治理效果。

2　现场应用

针对大庆油田复杂地质情况下，高压井易引发固井后管外冒事故，采用了治理浅层管

外冒水泥浆体系，对管外冒井进行修井作业。在累计应用的20口井中，一次封堵成功19口井，一次成功率达到95%，二次封堵成功率达到100%，取得较好的应用效果。

例如：S3-D40-427井，该井纵向存在多压力层系分布，浅层310m分布浅气层，N2段泥岩套损浅水高压层，S2组油层高压，压力系数达到1.76，地质情况复杂。在前期施工中，多次发生油浸、气浸、水浸，油层套管固井后发生管外冒事故，管外冒介质为钻井液、油、气、水，管外冒流量0.5m³/min。先后组织不同技术进行了四次挤水泥作业，累计挤入钻井液30m³，水泥浆92m³，仍未能改善管外冒程度，且管外冒有加剧趋势。

针对该井高压井管外冒问题，采用治理浅层管外冒水泥浆体系，水泥浆配方：4%DLA早强剂+10%DSQ降失水剂+4%DSI防窜剂+2%DRF膨胀封堵剂，水泥浆密度1.98g/cm³，挤水泥用量为20m³，在第五次挤水泥作业中应用该体系施工，现场施工正常，固井后管外冒停冒，封堵成功。具体作业情况见表12。

表12 S3-D40-427井管外冒挤水泥作业情况表

挤水泥作业	方案	挤入介质密度/(g/cm³)	注入量/m³	施工后管外冒情况
第一次	水泥原浆	1.90	20	管外冒流量0.55m³/min
第二次	钻井液+水泥原浆	1.60+1.90	10+20	管外冒流量0.55m³/min
第三次	钻井液+水泥原浆	1.80+1.90	10+26	管外冒流量0.6m³/min
第四次	钻井液+速凝水泥原浆	1.80+1.90	20+26	管外冒流量0.6m³/min
第五次	治理浅层管外冒水泥浆体系	1.98	20	封堵，无管外冒

治理浅层管外冒水泥浆体系的应用，能够避免能源浪费、污染环境，降低次生灾害的产生概率。该体系的研发和应用使浅层管外冒治理技术更为完善，具有良好的推广前景，为实现油田安全、环保、节能、高效开发提供了更为坚实的保障。

3 结论

(1) DLA能够加速低温下水泥浆的水化速度，提高水泥石早期强度，后期体积不收缩、强度不衰退，且具有渗透率低、微膨胀的优点。DSQ与DLA具有良好的适应性，配伍后解决了低温下降失水剂超缓凝问题，同时又控制了水泥浆体系失水。DSI与体系配伍性较好，能够改善水泥浆体系的性能。DRF具有较强的可变形性和韧性，吸水体积膨胀后阻止流体上窜并使水泥浆获得很强的触变性，抑制固井施工结束后高压流体上窜，该材料稳定性好，与其他外加剂具有较好的配伍性，更加有利于封堵窜槽。

(2) 治理浅层管外冒水泥浆体系及形成的水泥环、水泥石性能优良，可满足现场要求，提高上部井筒密封性，有利于提高浅层管外冒的治理效果。

(3) 该体系性能满足现场要求，现场应用20口井，一次封堵成功率达到95%，二次封堵成功率达到100%，在治理管外冒方面取得了良好的效果，具有广阔的应用前景。

参 考 文 献

[1]《2012年固井技术研讨会论文集》编委会. 大庆喇萨杏油田调整井固井技术研究与应用[M]. 北京：石油工业出版社，2012：406-411.

[2] 马淑梅. 低温防窜水泥浆体系的现场应用[J]. 中国石油化工标准与质量, 2013, 33(9): 234.

[3] 王中华. 国内油井水泥外加剂研究与应用进展[J]. 精细与专用化学品, 2011, 19(10): 45-48.

[4] 王铁军, 李基福, 鲍春雷. 水泥低温降失水早强剂DWA-Ⅱ的作用机理研究[J]. 钻井液与完井液, 2004, 21(3): 5-9.

[5] 李绍晨. 遇水膨胀水泥浆体系的研究与应用[J]. 钻井液与完井液, 2013, 30(3): 67-69.

[6] 吕斌, 侯力伟, 王克诚. 新型承压堵漏水泥浆体系的室内研究[J]. 钻井液与完井液, 2011, 28(4): 51-53.

吉林油田新立大平台固井技术研究与应用

贺浩强　冯水山　黄鸣宇　刘春雨　冷　雪　陈小旭

（大庆钻探钻井生产技术服务二公司）

【摘　要】 吉林油田为开发地面严重受限的剩余油藏，在新立Ⅲ区块设计施工了2个钻井大平台。本文重点论述了新立大平台的固井技术难点，对井眼准备、防漏工艺、顶替效率工艺、水泥浆体系及结构问题进行了深入系统的研究，总结出了一套以高强低密度水泥浆、早强防窜水泥浆体系为核心的固井配套工艺技术，有效地保障了新立大平台的固井质量。

【关键词】 新立；大平台；防漏；防窜；水泥浆体系；顶替效率；固井质量

新立Ⅲ区位于松原市查干湖风景区湿地里，平均水深1.5m，对环保质量要求高，地表条件复杂。由于多年注采，地层压力紊乱且断层分布，地层压力数据不全和涌水层位不确定，地质情况复杂。从陆地上采用常规钻井技术难以满足该区块 $4.5×10^4m^2$ 油藏整体开发需求。为了解决这个难题，使剩余油藏得到高效的开发，2014年10月吉林油田在新立Ⅲ区块设计部署了2个钻井平台，共计87口井。1#平台部署48口井，为亚洲最大陆基钻井平台，2#平台部署39口井。为满足生产和环境的双重需要，甲方要求该平台的固井优质率达到80%，且水泥浆一次性返至地面。

针对新立Ⅲ区1#、2#平台大斜度调整井固井以及该区块以往存在的层间窜通、油层底部封固不合格、固井过程中易发生漏失等时有发生的固井问题，通过采取井眼准备、压稳、堵漏、顶替设计和水泥浆体系的优化设计，很好地解决了新立大平台固井技术难题。

1　固井难点

1.1　井下情况复杂，防窜难度大

该区块上部地层存在黑帝庙、葡萄花等油气层，由于多年开采及注水造成压力分布失衡，存在异常压力地带；目的层扶杨油层常年开采、注水，导致地层压力更加不均，同时由于断层较多，形成圈闭、释放压力而造成压力无规律，水泥浆凝固时失重，地层流体侵入井筒，完井后易发生油气水窜；目的层发育受构造、岩性双重因素控制，地层松软，井壁易垮塌形成不规则"糖葫芦"或"椭圆形"井眼，影响顶替效率。

1.2　大位移井固井套管下入困难、居中困难

新立Ⅲ区目的层松软，井径不规则，底部易形岩屑堆积等因素影响套管的下入。套管

作者简介：贺浩强，男，工程师，2004年毕业于东北石油大学石油工程专业，在大庆钻探钻技二公司固井研究所从事固井研究工作。联系地址：吉林省松原市松江大街2407号；邮编138000；电话0438-6223046；E-mail：syhys0438@163.com。

在自重作用下易贴井眼底边,形成巨大摩擦阻力,影响套管的安全下入,通常情况下为了减少摩阻、便于套管下入,一般会控制扶正器数量,这又使套管居中度无法保证。因此在大斜度井如何平衡二者之间的关系,就显得尤其重要。

1.3 大斜度调整井对水泥性能要求较高

大斜度井和调整井的特殊性决定了它对固井水泥浆的综合性能要求较高,尤其是对水泥浆的防窜性能要求较高。大斜度井的高边易形成油气水通道以及本区块存在异常压力层、底水层,这些因素都要求水泥浆体系具有良好的防窜性能。

1.4 封固段长,易发生漏失

新立Ⅲ区工程设计水泥浆一次性返至地面,封固段一般长达1500~1800m,固井过程中极易发生井漏,造成水泥浆低返。同时由于水泥浆封固段比较长,上部温度低,导致上部水泥浆凝结时间比较长,强度发展较慢。

2 固井工艺措施

2.1 井眼准备(井眼准备、井眼净化、套管下入)

(1)井壁稳定技术措施。

针对新立Ⅲ区地层特点,从封固井壁、抑制泥页岩水化、确定钻井液合理密度,维持井壁力学稳定三个方向开展技术研究。优选出与钻井液体系配伍性强的沥青类、树脂类等物理、化学封固井壁材料,加强钻井液封堵孔缝和胶结裂缝的能力,改善滤饼质量,有效封堵地层的层理和裂隙,减少滤液对地层的进入,阻缓压力传递,保持井壁稳定;利用聚合物与K^+盐的协同抑制作用,可明显改善钻井液的抑制性;充分考虑井壁岩石与钻井液间的压力传递,泥页岩水化应力对井壁应力状态的影响以及泥页岩水化强度特性的改变等多因素,确定钻井液安全密度窗口,保证井壁力学稳定。

(2)井眼净化技术措施。

适当增加体系黏度,提高钻井液携砂能力;保持钻井液的紊流流态以加强冲屑和携岩能力;每钻进100~150m或必要时应采用漏斗黏度大于100s稠浆塞或前面为稀浆、后面为稠浆塞方式来对井下岩屑进行清扫;在满足井眼轨迹控制要求的前提下,尽量采用旋转钻进方式钻进,减少岩屑床的形成。

(3)套管下入技术。

在钻井液中加入1%的玻璃微珠(或塑料小球)和其他润滑剂,提高润滑性,减小井壁与套管的摩擦力,从而保证下套管作业的顺利进行。运用下套管可循环加压技术,下套管过程中可随时进行钻井液循环,清洗井眼,同时还可以降低在灌钻井液期间的黏卡作用,节省下套管时间,减少井下事故[1]。下套管时严格控制套管下放速度,用低速慢挡下,每根套管下放时间不得少于45s,防止由于套管下放速度过快对地层产生较大的激动压力,压漏薄弱地层。

2.2 套管居中技术

统计数据表明,当套管居中度大于67%时,对保证固井质量有利,当居中度低于45%时,固井顶替效率小于80%,固井质量难以保证。提高套管居中度最有效的方法就是根据井下条件合理地设计扶正器的类型、数量及安放位置。根据固井软件模拟和现场的实验，选择双弓弹性扶正器和螺旋滚轮刚性扶正器相结合的方式，最大限度地发挥了它们各自的优势。双弓扶正器能满足大斜度井对扶正器有较小的起动力和较大的扶正力的要求。螺旋滚轮刚性扶正器不仅可以减轻下套管的阻力，还可以产生旋流，改变流场，提高水泥浆顶替效率。扶正器安放具体要求：井斜角度大于45°油层井段全部采用刚性扶正器，每两根套管安放一只扶正器；造斜段每两根套管安放一只扶正器，刚性扶正器和双弓弹性扶正器交替安放；上部井段每3~4根套管安放一支双弓弹性扶正器，同时可根据井下具体情况适当增减。

2.3 堵漏和压稳措施

（1）准确预测地层压力剖面、承压试验和堵漏。

详细调研附近注水井钻关降压最新结果，结合邻井完井压力解释资料，预测待钻井的地层压力，合理地设计不同层位的钻井液密度；在钻遇易漏层的顶部时，在钻井液中加入高效承压堵漏剂，提高地层的承压能力；完钻时，根据模拟固井施工中环空承受最大动液柱压力并附加2~3MPa，在井口憋压，若有漏失，进一步堵漏（图1）。

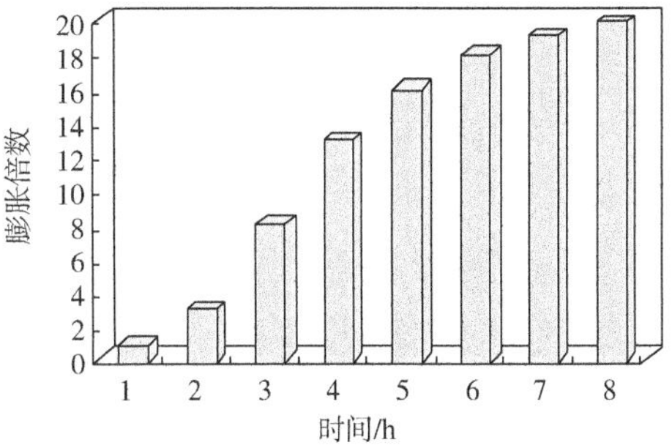

图1 高效承压堵漏剂的特性

（2）注水井停注及泄压。

与新钻井位距离400m以内的注水井提前15天停注，确保钻开油层前井口压力降到3.0MPa以下，超过3.0MPa的井需要放溢流降压，满足开钻和环保要求。对距新钻井位50m以内的采油井，或连通关系较好的一线采油井，在钻开油层时到固井后48h之内关井，固井后48h后开井生产。

（3）合理的浆柱结构设计。

环空浆柱设计满足平衡压力注水泥的原则，即确保在注替过程中环空液柱产生的动压力压稳而不压漏地层。根据新立Ⅲ区1#、2#平台的地质特点，采用了钻井液、前置液、低密度水泥浆、高密度水泥浆的浆柱结构，并满足顶替液的密度大于被顶替液的密度，即 $\rho_{钻井液} < \rho_{前置液} < \rho_{低密度} < \rho_{高密度}$，这样可减轻各流体间相互窜槽，并有利于提高顶替效率。水泥浆的分段位置选定在油顶以上100m，高强低密度封固段长达1100m左右，可以有效地降低环空静液柱压力。

2.4 提高顶替效率技术措施

（1）固井前钻井液性能优化。

下完套管后，小排量顶通井内稠钻井液，再逐渐提高循环排量然后将排量逐渐增加至不低于正常钻井所需排量，加入钻井液处理剂降低钻井液切力及黏度，大排量循环，为固井创造良好条件。一般要求固井前钻井液屈服值控制在7~12Pa，漏斗黏度控制在45~55s，塑性黏度在20~25mPa·s，失水小于4mL，摩阻系数小于0.1。

（2）前置液优化设计。

由于受井下状况、地层耐压强度、现场设备及水泥浆性能的限制，水泥浆很难达到紊流顶替。为了彻底清洗水平段及大斜度段底边岩屑，现场选用性能良好的冲洗液与隔离液，增加紊流冲洗时间，改善顶替效果。根据实际情况，在新立大平台固井中优选了JSS-1高效冲洗液和NCH-2加重隔离液，JSS-1冲洗液由清水、高聚物、降失水剂和抑制剂等材料组成，具有低失水的特点，能够防止油层受到污染，有效冲洗井壁滤饼，提高水泥浆顶替效率；在实践中改善了NCH-2加重隔离液的性能，使其更适应新立Ⅲ区块的地层特点，在原有的隔离液基础上加入适当的悬浮剂、使其有合适的黏度和静切力，良好的流动性和固相颗粒悬浮性，能够更好地对冲刷掉的滤饼进行携带，防止滤饼下沉堆积造成憋泵事故，也能够较好地对水泥浆和钻井液进行有效隔离和驱替。在保证井下安全的前提下加大前置液的用量，一般占环空高度400~500m，JSS-1冲洗液用量6~8m³和NCH-2隔离液用量6~8m³。

（3）上下活动套管。

有条件时上下活动套管，特别是水泥浆出套管鞋后，通过上下活动套管改变环空宽窄分布，套管接箍和扶正器上下移动动态改变液体流场，提高横向波及范围，利用上下活动剪切应力破坏钻井液胶凝结构，改变钻井液流变性，提高顶替效率[2]。

3 水泥浆体系研选

水泥浆的性能是提高固井质量的主要因素之一，针对新立大平台固井裸眼段长、封固段长易漏失、斜度大、油气水层多且活跃防窜难度大等问题，优选的水泥浆体系应满足以下几点要求。

（1）为降低环空液柱压力，降低井漏的风险领浆应优选低密度水泥浆，密度宜控制在1.40~1.50g/cm³，并且体系的沉降稳定性好，早期强度发展迅速。

（2）要求大斜度油层段水泥浆综合性能良好。

① 水泥浆的自由水为零。防止在大斜度井高边形成水带，造成油气水窜。

② 具有良好的沉降稳定性。否则水泥浆在自身重力作用下上稀下稠，分层严重，不能形成满足水泥环的整体均匀的水泥石质量要求，严重时导致封隔失败。

③ API失水量不大于50mL。在大位移井中，油气层裸眼段长，水泥浆与油层接触面积大，由于水泥浆失水，不仅会加大油气层污染，而且会导致水泥浆变稠，流动阻力增大，影响顶替效率[3]。

④ 良好的防窜性能。大位移井固井，由于井斜角大，在水泥浆凝结过程中，在高边容易形成油气水窜流通道。同时由于新立Ⅲ区存在异常高压层和底水层，这些因素也对水泥浆的防窜性能提出了更高的要求。

针对新立Ⅲ区的室内实验和现场应用，领浆优选了稳定性好、早期强度发展快的高强低密度水泥浆体系（密度1.40~1.50g/cm³），尾浆优选了高早强、短过渡的早强防窜水泥浆体系（密度1.87~1.92g/cm³）。

3.1 高强低密度水泥浆

高强低密度水泥浆配方：抚顺G级水泥/减轻材料/增强材料（48：30：22）+早强剂（1.5%G203）+分散剂（0.6%USZ）+降失水剂（1.5%G302）+缓凝剂（0.3%GH-1），水灰比0.56。

为了提高水泥浆的综合性能,需要进行水泥浆的紧密堆积设计,其核心是具有较高反应活性的低密度增强材料。这种微细的颗粒材料填充在水泥和漂珠形成的空隙中,降低水灰比,同时起到滚珠润滑作用,在水泥水化时参与水泥的水化反应,起到增强作用。增强材料是一种粉末材料,具有较强的滚珠效应和火山灰效应,掺入水泥浆中,不仅能发生自生的凝硬性反应,而且由于增强剂的晶核作用可加速水泥的水化反应,同时水泥水化生成的Ca(OH)$_2$还可与增强剂中的活性硅发生反应,生成低碱度的C-S-H水化物,具有更发育的空间结构及纤维状结构,能更致密地充填孔隙,形成更加致密的水泥石(图2,表1)。

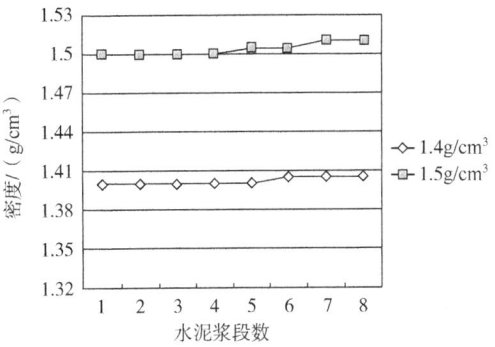

图2 高强低密度水泥浆沉降稳定性实验

表1 高强低密度水泥浆性能表

水泥:增强材料:漂珠	外加剂加量/%				水灰比	流动度/mm	密度/(g/cm^3)	稠化时间/min		失水量/mL		24h抗压强度/MPa	
	G302	G203	GH-1	USZ				条件	时间	条件	失水	条件	强度
44:32:24	1.5	2.5	0.2	0.6	0.60	230	1.40	56℃ 25min 28MPa	168	56℃ 30min 7MPa	28	70℃ 24h 常压	13.4
48:30:22	1.5	2.5	0.1	0.6	0.58	230	1.45	56℃ 25min 25MPa	147	56℃ 30min 7MPa	25	70℃ 24h 常压	14.5
52:28:20	1.5	2.5	0.1	0.6	0.56	230	1.50	56℃ 25min 25MPa	135	56℃ 30min 7MPa	22	70℃ 24h 常压	15.8

从表2和图2中可以看出,实验调整后的高强低密度水泥浆具有失水量低、流动性好、强度发展快、稠化时间便于调节、水泥浆沉降稳定性好(水泥石上下密度差不大于0.03g/cm^3)的特点,各项性能指标满足固井施工要求。

3.2 早强防窜水泥浆

水泥浆配方:G级水泥+降失水剂(1.2% G302)+早强防窜剂(2.2% NCD),水灰比0.44。

NCD早强防窜剂由N、C、D三种液体药品按一定的比例混合而成,在中低温条件下能够显著地缩短水泥浆的初、终凝时间及提高水泥石的早期强度。其中N为具有早强作用的化学剂,它能加速水泥水化速度,提高水泥石的早期强度;C为控制初凝时间的化学剂,它可调节体系流动度和初凝时间;D为控制终凝时间的化学剂,配合N、C的使用,可以有效地控制水泥浆的凝结时间和提高水泥石的抗压强度(图3、图4、表2)。

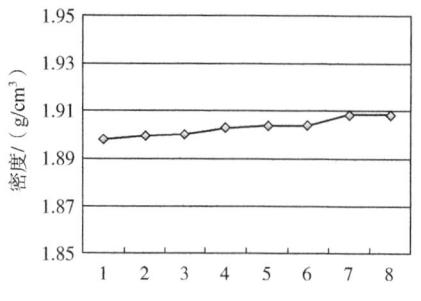

图3 早强防窜水泥浆沉降稳定性实验

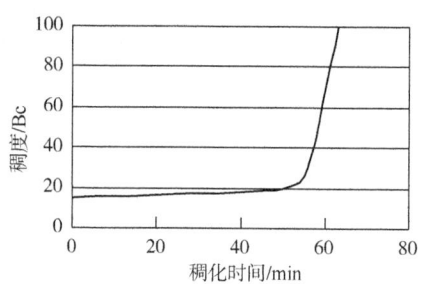

图4 早强防窜水泥浆稠化曲线

表2 早强防窜水泥浆综合性能表

项目	单位	实验条件	性能	项目	单位	实验条件	性能
密度	g/cm³	室温	1.90	初凝时间	min	50℃/常压	55
流动度	cm	室温	240	初凝时间	min	50℃/常压	64
游离液量	mL	室温	0	6h抗压强度	MPa	50℃/常压	4.5
API失水量	mL	50℃/30min/7MPa	25	12h抗压强度	MPa	50℃/常压	12.8

从上述图表中可以看出早强防窜水泥浆性能优良：自由水为0；失水量小于50mL；流动性好；早期强度发展迅速；沉降稳定性好（水泥石上下密度差不大于0.02g/cm³）；过渡时间短（30~100Bc的过渡时间小于10min）等，满足大斜度调整井水泥浆性能的要求。

4 固井实例

2014年10月开始实施的新立Ⅲ区块2个钻井平台，共计87口井，固井施工顺利，通过固井后48h变密度测井，固井质量合格率100%，优质率80.46%，水泥浆返出地面100%。

吉+10-24是位于新立Ⅲ区块1#平台的1口大位移井，实际完钻井深1842m，完钻垂深1396m，完钻位移1000.49m，在钻至1300m时，发生漏失，漏失约30m³。完钻钻井液性能：密度1.40g/cm³，漏斗黏度65s，固井前20天，400m范围内的注水井泄压，控制井口压力在3MPa。井身结构如图5所示。

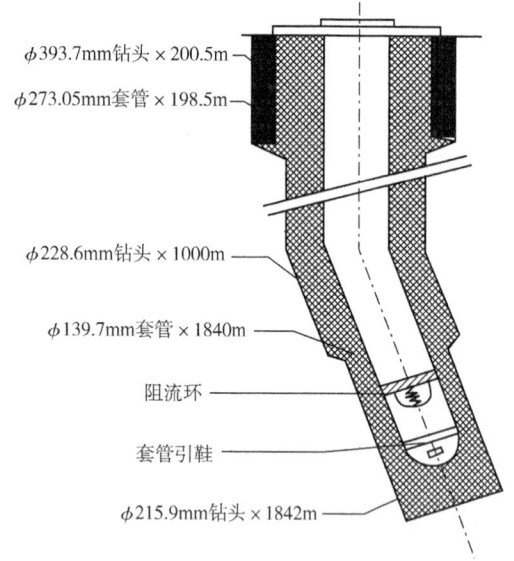

图5 吉+10-24井身结构示意图

采取了随钻堵漏、井眼清洁、居中设计和压稳设计等措施，下完套管后，通过加入降黏剂使得钻井液漏斗黏度控制在45s左右，动塑比在1~2，n控制在0.6~0.8。前置液采用8m³冲洗液+8m³隔离液的组合方式，占环空高度500m。在0~1095m（油顶以上100m），使用密度为1.47g/cm³的高强低密度水泥浆领浆，1095~1840m，使用密度为1.90g/cm³的早强防窜水泥浆尾浆，性能见表3和表4。顶替中采用紊流、塞流相结合的顶替排量，前期排量大于 2.0m³/min，保证冲洗液紊流顶替，后期压力升高，为降低井漏的风险，排量降到 0.8m³/min。

表 3 吉+10-24 井高强低密度水泥浆性能

初始稠度/Bc	20	流动度/mm	230
水泥浆密度/(g/cm³)	1.47	抗压强度/MPa(24h)	13.8
稠化时间/min	136	自由水/mL	0
造浆率	0.95	失水量/mL	26

表 4 吉+10-24 井早强防窜水泥浆性能

初始稠度/Bc	20	流动度/mm	240
水泥浆密度/(g/cm³)	1.90	抗压强度/MPa(24h)	19.7
初凝时间/min	55	自由水/mL	0
终凝时间/min	65	失水量/mL	22

现场严格按照固井设计的要求进行施工，整个施工过程顺畅，固井过程未发生井漏，48h 后 CBL 与 VDL 测井曲线如图 6 和图 7 所示，固井质量优良，高强低密度封固段长度为 1095m，优质段长 947m，优质率达到 86.48%，早强防窜水泥封固段长度为 745m，优质段长 706m，优质率为 94.77%，隔层、油底均封固良好，满足甲方固井质量要求。

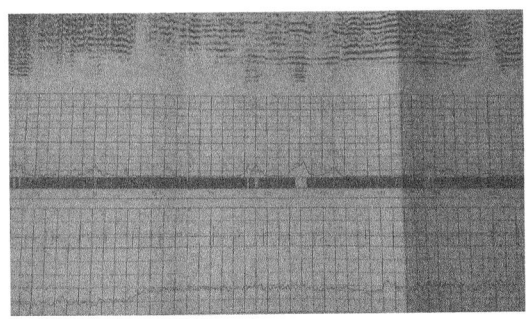

图 6 吉+10-24 井声幅图 1
（上部高强低密度水泥）

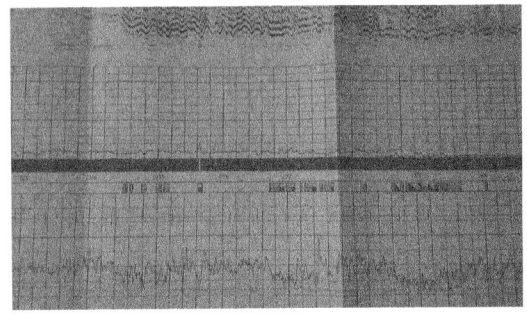

图 7 吉+10-24 井声幅图 2
（油层段早强防窜水泥）

5 结论及认识

(1) 在漏失层中加入高效承压堵漏剂，有效地封堵了漏失层，提高了地层承压能力，降低了井漏的风险。

(2) 早强防窜水泥浆体系具有零析水、失水少、沉降稳定性好、防窜性能强等优点，是保证新立大平台大位移井固井质量的关键技术之一。

(3) 良好的井眼准备、扶正器的合理选择和安放技术、优良的钻井液性能和前置液的优化设计有利于套管顺利下入和提高套管居中度及顶替效率，是提高新立大平台固井质量的重要措施。

参 考 文 献

[1] 冯水山. 吉林探区浅油层路基大平台水平井固井技术[C]. 2010固井技术研讨会论文集. 北京：石油工业出版社，2010，348-354.
[2] 张明昌. 固井工艺技术[M]. 北京：中国石化出版社，2007：55-60.
[3] 孙勤亮，付家文，马作朋，等. 大港油田埕海一区大位移水平井固井技术[C]. 2008固井技术研讨会论文集. 北京：石油工业出版社，2008，220-230.

应用界面增强工具提高固井层间封隔能力技术研究

何俊才[1]　刘铁卜[1]　肖海东[2]　宋艳涛[2]　杨胜刚[1]

(1. 大庆钻探工程公司钻井二公司；2. 大庆油田钻探工程公司钻井研究院)

【摘　要】 固井界面是水泥整体封固结构的薄弱环节，流体一般沿着界面处窜槽，甚至上窜至井口，为了消除微环隙与弱界面的影响，提高界面处的层间封隔能力，开展了提高固井界面密封能力的技术研究，研制了以遇水膨胀橡胶为主要材料的固井界面增强工具。该工具通过橡胶吸收水分膨胀，对界面水泥环产生接触应力，进而提高水泥环的封隔能力，在现场应用中取得了较好效果。

【关键词】 固井界面；增强；工具；研究

固井界面增强工具(图1)主要由中心管与薄层遇水膨胀橡胶组成，固井界面增强工具作为套管串一部分，随同套管下入。进行注水泥固井作业后，固井界面增强工具封固在水泥浆中，固井增强工具通过与水反应而膨胀，封闭套管和水泥环之间的微环隙，预防层间窜槽的发生。此外，固井增强工具可以防止水泥环由于应力而引起的破坏，进而保证水泥环的完整性。

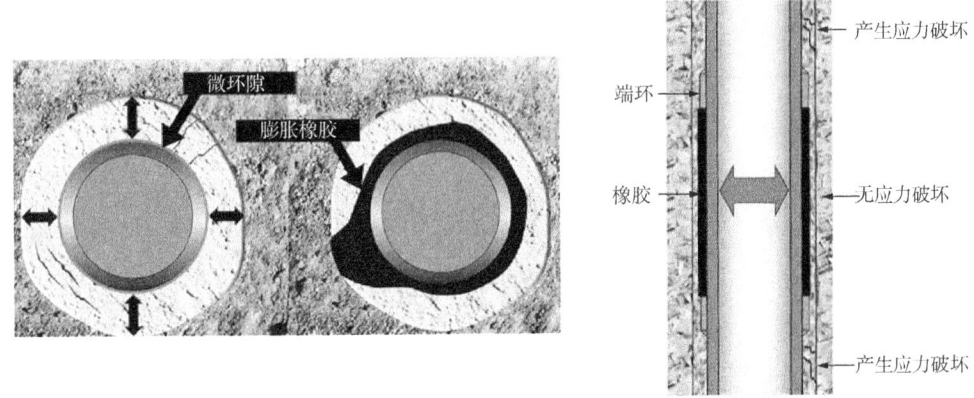

图1　固井界面增强工具作用示意图

1　固井—界面封隔能力室内模拟与评价实验

由于橡胶的膨胀速率同橡胶的尺寸有关，同时为了检验橡胶对测井结果的影响，对全

作者简介：何俊才，总工程师，教授级高工，1989年毕业于大庆石油学院，大庆油田级调整井钻井完井技术专家。联系地址：黑龙江省大庆市红岗区钻井二公司；电话：0459_5608010；E-mail：hejc@cnpc.com.cn。

尺寸的固井界面增强工具进行了实验研究。根据大庆调整井地质条件分别采用花岗岩和砂岩来模拟不同的地层。

1.1 实验方法

在长度为1.7m外径为5½in的套管表面从上到下开4排直径为4mm的小孔，将一段胶筒粘贴在5½in套管下部间距为0.4m两排孔之间，上部两排孔间距为0.2m。橡胶连同套管在钻井液中浸泡12h后取出，在套管和模拟地层之间注入大连G水泥浆，在40℃水浴中养护，定期对其进行测井、验窜，如图2所示，具体实验条件见表1。

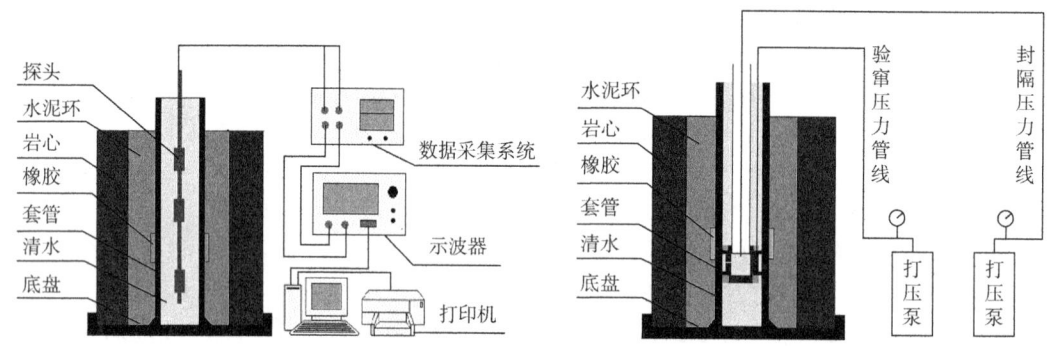

图2 固井界面增强工具室内实验装置示意图

表1 实验条件

实验序号	1	2	3	实验序号	1	2	3
胶筒长度/m	0.25	0.25	0.25	地层模拟	花岗岩	砂岩	花岗岩
胶筒厚度/mm	8	8	8	二界面	无滤饼	4mm滤饼	无滤饼
橡胶类型	Y5	Y5	Y5	一界面	光套管	光套管	钻井液膜

1.2 实验结果及分析

对Y5型固井界面增强工具进行了实验，胶筒高250mm，厚8mm，下入位置在400mm距离的验窜孔之间。分别对相同模拟条件下，水泥环、橡胶进行验窜，验窜结果见表2。

表2 橡胶类型Y5验窜结果

模拟条件	养护时间1d		养护时间3d		养护时间7d	
	橡胶	水泥环	橡胶	水泥环	橡胶	水泥环
实验1数据/MPa	6.5	15.0	15.0	15.0	0.5	15.0
实验3数据/MPa	8.5	1.5	15.0	1.5	1.0	0

注：砂岩4mm滤饼条件下，水泥环在1d时未观察到裂缝，无法实现验窜。

从实验结果中可以看出，养护1~3d内，界面增强工具井段有较高的封隔能力，但7d之后，封隔能力大幅度降低，同时水泥环、地层均发生开裂。这说明橡胶膨胀后产生的应力，由于水泥环抗拉强度低，无论砂岩、泥岩地层，都容易对水泥环产生破坏。同时发现，封隔能力橡胶厚度为3~4mm，小于8mm。故此，有必要对橡胶膨胀倍数、橡胶厚度进行优选。

针对界面增强工具吸水膨胀后产生的膨胀应力使水泥环产生破坏的情况,对膨胀橡胶的位移与膨胀所产生的应力进行了计算。利用弹性空心筒解法,应用应力圆在内边界上和外边界上给出了应力和位移状态,用来解释环空实验的结果,如图3所示。

图3中 r_1、r_2、r_3 分别代表套管外径,界面增强工具外径以及水泥环外径,由于橡胶膨胀所产生的应力为 p。

应用二维平面应变解法来估算环内应力和应变的状态。在空心筒中,径向位移是

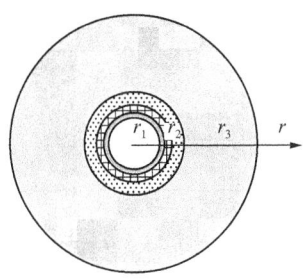

图3 弹性空心筒模型

$$u = \frac{(1-2v)}{2G} \frac{(p_2 r_2^2 - p_1 r_1^2) r}{(r_2^2 - r_1^2)} + \frac{1}{2G} \frac{(p_2 - p_1) r_2^2 r_1^2}{(r_2^2 - r_1^2)} \frac{1}{r} \quad (1)$$

其中,$p_2 = p_1 = p$,后部为0,计算在 r_2 处的应力应变状态,径向位移公式可演变为

$$u = \frac{(1-2v)}{2G} p r_2 \quad (2)$$

遇水膨胀橡胶参数,弹性模量 $E = 6.1 \text{N/mm}^2$,泊松比 $v = 0.49$:

$$G = \frac{E}{2(1+v)} \quad (3)$$

计算得到遇水膨胀橡胶的剪切模量 $G = 2.05 \times 10^6 \text{Pa}$。

式中:p 为橡胶膨胀所产生的应力,MPa;u 为径向位移,mm;G 为剪切模量,Pa;E 为弹性模量,N/mm^2;v 为泊松比。

首先计算产生3MPa应力所对应的位移,针对不同的橡胶厚度,将参数代入式(1)至式(3),计算结果见表3。

表3 产生3MPa应力计算结果

橡胶厚度/mm	位移/mm	体积膨胀率/%	橡胶厚度/mm	位移/mm	体积膨胀率/%
8	29.11	555.1	2	26.87	1716.7
4	27.61	941.8	1	—	3267.0

当橡胶膨胀率达到500%时,对于不同橡胶厚度,计算其所产生的应力,计算结果见表4。

表4 膨胀率500%计算结果

橡胶厚度/mm	应力/MPa	体积膨胀率/%	橡胶厚度/mm	应力/MPa	体积膨胀率/%
8	2.68	500	2	0.84	500
4	1.54	500	1	0.44	500

计算产生1MPa应力所对应的位移,针对不同的橡胶厚度,将参数代入式(1)至式(3),计算结果见表5。

表 5　1MPa 计算结果

橡胶厚度/mm	位移/mm	体积膨胀率/%	橡胶厚度/mm	位移/mm	体积膨胀率/%
8	9.70	235.8	2	8.96	634.2
4	9.20	351.1	1	8.83	1044.5

从以上计算结果可以看出，8mm 厚的遇水膨胀橡胶界面增强工具遇水膨胀后产生较大的径向应力，存在将水泥环胀裂的风险，在设计界面增强工具时应将其厚度减薄，或将膨胀率降低。2mm 的厚度相对较安全，但其密封能力有待于进一步评价。如果降低体积膨胀率也可将膨胀应力相对减小，如果工具的厚度 8mm 不变，可将体积膨胀率降至 2.36 倍以下。为了增强安全性，最后选择了厚度 3~4mm，体积膨胀率 200% 的橡胶 Y2，进行室内模拟评价实验，实验结果见表 6。

实验 1 条件：胶筒长度 0.25m、胶筒厚度 3~4mm、橡胶类型 Y2、地层模拟花岗岩、一界面光套管、二界面无滤饼。

实验 2 条件：胶筒长度 0.25m、胶筒厚度 3~4mm、橡胶类型 Y2、地层模拟花岗岩、一界面泥浆膜、二界面无滤饼。

表 6　橡胶类型 Y2 验窜结果

模拟条件	养护时间 1d		养护时间 3d		养护时间 7d	
	橡胶	水泥环	橡胶	水泥环	橡胶	水泥环
实验 1 数据/MPa	15.0	15.0	15.0	15.0	15.0	15.0
实验 2 数据/MPa	3.5	1.5	8.0	0	8.0	0

从实验数据可以看出，采用上述方案后，工具不会破坏水泥石，同时当界面顶替不净或存在微环隙时，胶筒可以显著提高封隔能力。

2　固井二界面封隔能力室内模拟与评价实验

通过全尺寸实验虽然明确了工具对一界面的作用，但是对工具对二界面的作用尚不明确，于是采用界面强度实验研究工具对二界面强度的影响。

2.1　实验方法

将橡胶（厚度 2mm）粘贴在钢壁表面，在 45℃ 钻井液中浸泡 12h，取出后将表面清理干净，在界面环空注入大连 G 水泥浆，于 45℃ 下养护 48h 测量二界面胶结强度，如图 4 所示。测量结果同未粘贴橡胶的试样进行对比。

2.2　结果与分析

二界面胶结强度实验结果见表 7。

从实验结果可以看出，一界面粘有橡胶的样品，二界面胶结强度比无橡胶样品提高了 26%。这是由于橡胶在水泥凝固前膨胀增加了二界面处钢壁与水泥之间的接触应力，使界面强度增加。

图 4 界面强度实验

表 7 界面强度实验数据表

试样	样品 1(一界面带有橡胶)	样品 2(无橡胶)
二界面胶结强度/MPa	1.32	1.05

3 工具结构设计

在进行工具结构设计时,既要根据工具的使用特点考虑现场施工的要求,又要顾及加工成本及难易程度。由于胶筒面积较大,易于破损,因此需在下入过程中采取保护措施。综合以上因素,采取粘接的方式将胶筒固定在套管短节上,短节两端直接同套管接箍相连,两端再分别和短节相连。中间的两个套管接箍作为保护环对橡胶起到保护作用,防止工具在下入过程中刮破橡胶。上部套管短节安装工具时预留吊卡的位置,下部短节安装工具时预留套管钳的位置。该工具结构简单,易于加工,具体结构如图 5 所示,工具参数见表 8。

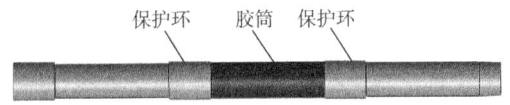

图 8 固井界面增强工具结构示意图

表 8 固井界面增强工具技术参数

规格型号	DQIE——140/148	膨胀介质类型	水及水基钻井液
钢体最大外径	154mm	橡胶体积膨胀率	≥200%
胶筒外径	146mm	胶筒耐温	100℃
工具内通径	124.3mm	基管钢级和螺纹	5½in×J55×LTC
工具总长度	2.02m	最大安全下入时间	24h
有效封隔长度	0.46m	封隔井眼直径	8½in(Φ215.9mm)
耐压差能力	≥15MPa		

该工具橡胶部分厚度和长度可根据油气井的密封压差要求、井径、地质情况、操作条件以及其他情况进行调整。橡胶厚度越大、尺寸越长,则密封的压差越大。

4 现场试验

固井界面增强工具在X12区西部管外冒高危井进行3井次现场试验，最高压力层位系数在1.77以上，钻进过程中发生了油侵，且邻井发生层间窜槽导致管外冒。使用固井界面增强工具后均未发生管外冒，证明固井界面增强工具在预防层间窜槽方面有良好的作用。

5 结论

（1）固井界面增强工具主要由基管与薄层遇水膨胀橡胶组成。可封闭套管和水泥环之间存在着微环隙。此外，固井增强工具可以防止水泥环由于应力而引起的破坏，进而保证水泥环的完整性。

（2）根据固井界面增强工具的使用特点，选用体积膨胀率为200%的Y2橡胶用于固井界面增强工具。通过对橡胶表面进行处理后，固井界面增强工具可提高界面的封隔能力。

（3）现场试验表明固井界面增强工具在预防层间窜槽方面具有较好的效果。

参 考 文 献

[1] 顾军，高德利，石凤歧，等.论固井二界面封固系统及其重要性[J].钻井液与完井液，2010，37(2)：7-10.
[2] 孙泽辉，张劲，王秀喜.隔层窜流现象的数值模拟研究[J].石油学报，2003(6)：54-58.
[3] 杨杰，刘海静，张明玉，等.提高水泥环第二界面胶结质量方法的探讨[J].钻井液与完井液，2004，21(5)：36-39.
[4] 孙晓宏，谢凤臣，刘志明，等.LPS多元硅钻井液提高二界面胶结强度的研究[J].钻井液与完井液，2004，21(5)：6-8.
[5] 孙恒虎，李化建，李宇，等.凝石材料：原理与意义[J].建设科技，2004，13(3)：30-32.

大庆油田低密度低温防窜水泥浆体系

侯力伟

(大庆钻探工程公司钻井工程技术研究院)

【摘 要】 为了预防在低温浅层固井中发生井漏,大庆油田通常采用 1.60 g/cm³ 低密度水泥长封固井。由于低密度水泥原浆终凝时间长,胶凝强度发展缓慢,失水大,防窜性能差,易产生环空气窜及管外冒气等现象,影响了固井质量,本文针对该问题,开展 1.60 g/cm³ 低密度低温早强防窜水泥浆体系研究与现场应用。室内实验研究表明,在低温条件下,该水泥浆体系与原浆相比,凝结时间缩短了 50%,早期强度提高了 46%,渗透率降低了 50%,界面胶结强度提高了 47%;该体系现场应用 18 口井,固井优质率提高了 11.1 个百分点,管外冒发生率降低了 1.6 个百分点,1.60 g/cm³ 低密度低温早强防窜水泥浆体系能够满足固井施工作业要求,提高了低温浅层长封井固井质量。

【关键词】 低密度;低温;防窜;水泥浆;固井质量

大庆油田从北到南,存在浅气层、气顶气层的区块较多,埋深在 100~800m 之间,部分浅气区域内已上窜至 100m 以上井段,并且部分油水井存在着易漏层、高压层、浅气层共存的问题[1],在以往钻井过程中多次发生过井喷、管外冒等事故,为降低钻完井施工的风险和井控难度,采用低密度水泥浆封固上部浅气层。但使用低密度水泥浆时,在低温 30℃ 以下,受到低密度水泥石凝结时间长、早期强度发展较缓、防窜性能差、界面胶结强度低等因素影响下[2-3],低温浅层固井质量难以保证,固井施工及后续作业中发生油气水侵、管外冒事故频发,据统计,萨南区块浅层气井复杂事故发生率达到 26.3%,增强了安全和环保的压力,影响了油田生产开发。

温度低是低密度浅层固井的最大难题,低温延缓了水泥的水化,影响了水泥石抗压强度尤其是早期强度的发展,国内外低温早强剂、降失水剂、防窜剂研究很多,但真正适用于低温或超低温的水泥浆体系并不是很多。而且这些水泥浆体系都忽视了水泥浆的凝结时间,初凝和终凝时间过长,而流体窜流的最危险时刻则发生在水泥浆的初凝到终凝期间[4-5]。为此,本研究采用复合型早强剂,缩短凝结时间,提高水泥石早期强度;采用聚丙烯酸酯聚合物胶乳降失水剂,控制水泥浆失水量,解决了低温下降失水剂超缓凝问题;采用可分散聚合物胶粉防窜剂,提高水泥石防窜性能,增强水泥环界面胶结强度,提高浅气层封隔能力,保障固井质量,预防固井后层间窜及管外冒发生。

作者简介:侯力伟,工程师,工学学士,1979 年生,现在从事钻完井技术研究工作。电话(0459)4985582;E-mail:houliwei@cnpc.com.cn。

1 低密度低温防窜水泥浆研究

1.1 低密度水泥组成

根据大庆油田调整井地质情况及钻井设计要求，采用1.60g/cm³低密度水泥固井，水泥利用外掺料本身密度较低的特性和部分减轻材料具有胶凝作用，实现水泥浆的低密度，主要由粗微硅(粉煤灰)、细微硅等组成[6]。

1.2 低温早强剂的研选

针对早强剂在低温条件下早强效果不明显，多数早强剂的缺点是水泥石后期强度衰退，水泥石收缩问题，采用硅酸盐与胺类有机物复合型早强剂，利用多相加速、分散增溶原理，依靠每种组分含有不同的官能团，提高水泥浆体的离子强度，增强碱性浆体的活性强度，增加水泥中硫铝酸钙的数量，促使警惕成长过程中相互交叉搭接形成水泥初期骨架，C-S-H凝胶和其他水化产物不断填充固化，使水泥的凝结时间缩短，早期强度得到明显提高[7]。通过自由排列组合的方式，对早强剂进行复配，最终确定了早强剂配方A∶B∶C∶D=5∶2∶1∶1，进行了评价实验，实验结果见表1。

表1 早强剂性能评价实验数据表

早强剂加量/%	抗压强度/MPa(10℃×24h)	27℃初凝时间/min	27℃终凝时间/min
0	0.4	515	58
2.5	1.2	435	55
3.5	2.3	360	50
5.5	4.6	205	35

通过实验得出，水泥石早期抗压强度随着早强剂的加量增加而增大，加量5.5%时，抗压强度提高了4.2MPa；初凝时间缩短至205min，终凝时间缩短至35min，并且水泥浆性能稳定，满足施工要求。

1.3 低温降失水剂的研选

针对水泥浆在候凝中失水量大，水泥环体积收缩诱发浅层气外窜，低温下降失水剂超缓凝等问题，采用聚丙烯酸酯聚合物胶乳降失水剂，通过大分子链共聚形成胶联网络[5]，将水泥浆自由水束缚起来，控制水泥浆失水量，防止水泥环收缩。同时，利用聚丙烯酸酯聚合物中的甲基丙烯酸中含有不饱和键，与水泥凝胶相互连接搭桥，缩短硬化时间，避免了低温下降失水剂超缓凝。实验以低温早强剂加量4.5%为基础，实验结果见表2。

表2 降失水剂加入低密度水泥浆的实验数据表

降失水剂加量/%	稠化时间/min (38℃×15.9MPa)	27℃初凝时间/min	27℃终凝时间/min	滤失量/mL (45℃×6.9MPa)
0	224	235	35	400
5	226	230	33	140
8	226	227	32	48
10	228	225	30	34

由表2得出，随着降失水剂加量的增加，水泥浆的滤失量明显降低。降失水剂对稠化时间和凝结时间基本不影响，降失水剂加量大于8%时，水泥浆滤失量小于50mL。低温降失水剂与低温早强剂具有良好的配伍性。

1.4 低温防窜剂的研选

为了提高水泥石防窜性能，采用可分散聚合物胶粉作为防窜剂，通过聚合物颗粒沉积作用和静电效应吸附在水泥颗粒表面，与水泥水化物黏结成包裹状的坚硬固体，改善水泥石的结构形态[5]，并在水泥基质材料微孔隙中形成稳定的高柔性和高弹性聚合物防水胶膜，改善了水泥石的柔性和弹性，降低了水泥石的渗透性，达到防窜的作用。同时，聚合物胶粉中含有大量的聚乙烯醇，具有良好的黏结性能，可改善水泥环界面过渡区结构，提高黏结强度，改善弱界面现象[8]，提高浅气层封隔能力。

评价实验以低温早强剂加量4.5%、降失水剂加量8%为基础，优选出防窜剂的加量为3%，随着防窜剂加量的增加，水泥石渗透率降低，低温防窜剂与体系配伍性较好。同时，进行不同温度渗透率、界面强度评价实验，实验结果见表3、表4。由表3得出，在低温下，低密度低温防窜水泥石具有较低的渗透率，与原浆相比，低密度低温防窜水泥浆渗透率降低了50%，有利于预防管外冒的发生。由表4得出，低密度低温防窜水泥浆体系具有较好的界面胶结强度，与原浆相比，27℃×48h一界面胶结强度提高了47%，有利于提高低温浅层封固质量。

表3　水泥浆体系渗透率实验数据表

项目	渗透率/mD					
	27℃×24h	27℃×48h	27℃×15d	45℃×24h	45℃×48h	45℃×15d
低密度原浆	0.1936	0.1564	0.1247	0.1762	0.1564	0.1127
低密度低温防窜水泥浆	0.0956	0.0836	0.0735	0.0844	0.0721	0.0532

表4　一界面胶结强度实验数据表

项目	界面胶接强度/MPa		
	10℃×48h	27℃×48h	45℃×48h
低密度原浆	0.198	0.212	0.251
	0.227	0.253	0.273
低密度低温防窜水泥浆	0.304	0.313	0.332
	0.316	0.338	0.394

1.5 低密度低温防窜水泥浆体系评价

为满足低温浅层固井施工要求，在不同温度下，对低密度低温防窜水泥浆体系的常规性能进行评价，实验结果见表5。由表5得出，低密度低温防窜水泥浆体系在低温下，水泥浆性能满足固井施工要求，并且，与原浆相比，该体系具有较高的早期强度，27℃×8h的抗压强度提高了50%；具有较快的凝结时间，凝结时间降低了46%；具有较低的滤失量。有利于提高低温浅层井固井质量，预防管外冒发生。

表5 不同温度下低密度低温防窜水泥浆体系常规性能实验数据表

温度/℃	水泥浆体系	稠化时间/min	抗压强度/MPa		初凝时间/min	终凝时间/min	滤失量/mL
			8h	24h			
10	原浆	—	0.2	0.4	500	65	≥400
	体系	—	0.8	4.3	265	48	49
27	原浆	245	1.4	4.3	480	60	≥400
	体系	237	2.1	5.1	255	45	48
38	原浆	238	1.9	5.2	445	50	≥400
	体系	226	3.2	8.6	230	33	36
50	原浆	213	2.5	16.7	405	45	≥400
	体系	182	4.1	17.9	212	30	32

2 现场试验

2.1 试验区概况及地质难点

葡南区块断层发育，有50余条，断距为10~50m，断层两侧的待钻井易井漏；高压层层位集中分布在葡一组，最高压力系数达1.71，最低破裂压力系数为1.27~1.38，局部油层高压，不易压稳，易油气水侵及固井后管外冒；黑帝庙浅气发育，低温30℃条件下，气层段封固质量差，固井质量难以保证，固井后易管外冒气[9]。以往完钻25口井，管外冒4口，发生率为16%。

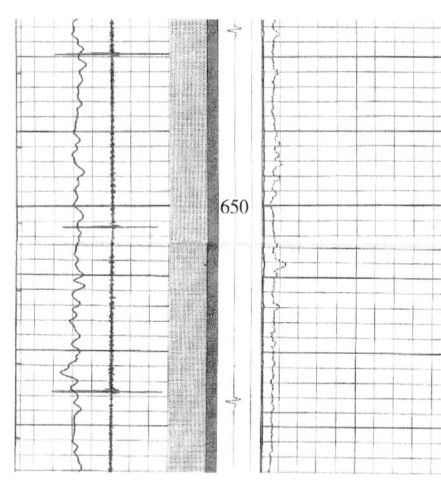

图1 葡110井声幅图

2.2 现场试验情况

采用低温防窜水泥浆系列，上部应用低密度低温防窜水泥浆封固浅层，下部应用低温防窜水泥浆原浆[10]，封固高压油层。该体系在复杂疑难井进行现场试验，现场应用18口井，固井优质率为72.2%，合格率为100%，应用井无管外冒情况发生。与常规对比井相比，固井优质率提高了11.1个百分点，管外冒发生率降低了1.6个百分点。例如：葡110井，完钻井深1010m，采用低密度低温防窜水泥浆+低温防窜水泥浆固井，固井质量优质，无管外冒情况发生。固井质量如图1所示。

通过现场试验，低密度低温防窜水泥浆体系能够有效防止低温下环空气窜和管外冒的发生，提高固井质量。

3 结论

（1）采用理论分析及实验方法研选出的硅酸盐与胺类有机物复合型早强剂、聚丙烯酸酯聚合物胶乳降失水剂、可分散聚合物胶粉防窜剂具有良好的配伍性，确定了低密度低温防窜水泥浆体系的配方。

（2）低密度低温防窜水泥浆体系，在低温环境下，具有凝结时间短，早期强度高，渗透率低，界面胶结强度高等特点，满足低温浅层长封固井要求。

（3）通过现场试验表明，低密度低温防窜水泥浆体系能提高高压层固井质量，预防浅层气井固井后管外冒发生。

参 考 文 献

［1］韩德新.大庆长垣南部浅气层分布规律及其调整井区地层压力预测研究［D］.大庆：大庆石油学院，2007.
［2］陈英，舒秋贵.低温微细低密度水泥的实验研究［J］.天然气工业，2005，25（12）：74-76.
［3］罗勇，宋文宇，步玉环，等.低密度水泥固井质量评价方法的改进［J］.天然气工业，2012，32（10）：59-62.
［4］吕晶.低温水性聚丙烯酸酯胶乳的研制及其在纺织上的应用［D］.上海：东华大学，2003.
［5］赵书锋，孙勇.可再分散胶粉及矿物掺合料复掺对粘结砂浆性能影响的试验研究［J］.混凝土与水泥制品，2014（8）：29-33.
［6］孙新华，冷雪，郭亚茹，等.高强低密度水泥浆体系的研究［J］.钻井液与完井液，2009，26（1）：44-46.
［7］姜梅芬，吕宪俊.混凝土早强剂的研究与应用进展［J］.硅酸盐通报，2014，33（10）：2527-2523.
［8］杨智光，杨秀天，张立，等.固井弱界面劣化机理及改善途径［J］.钻井液与完井液，2010，27（3）：79-83.
［9］郭金荣.葡萄花油田浅气层分布规律及预防浅气层井喷技术研究［J］.内蒙古石油化工，2009（14）：83-86.
［10］马淑梅.低温防窜水泥浆体系的现场应用［J］.中国石油和化工标准与质量，2013，33（9）：234.

新型抗高温水泥悬浮剂的研制与现场试验

杨 勇

(大庆钻探公司钻井工程技术研究院)

【摘 要】 针对深井井下温度高、水泥浆沉降稳定性难以保证的问题,研制了共聚物水泥悬浮剂。选用2-丙烯酰胺基-2-甲基丙磺酸(AMPS)、丙烯酰胺(AM)和N-乙烯基吡咯烷酮(NVP)为共聚单体,采用自由基水溶液聚合法,合成了三元共聚物(AMPS/AM/NVP)水泥悬浮剂,并根据正交试验结果,确定了其最佳合成条件。利用红外光谱和核磁共振谱分析验证了其结构,热分析结果表明其具有较好的热稳定性。性能评价试验表明,合成的共聚物悬浮剂在200℃下能够控制水泥石上下密度差小于0.01g/cm³、游离液为0,且抗饱和盐水,稠化性能、滤失性、流变性、强度等。

【关键词】 高温;固井;悬浮剂;共聚物

在固井过程中,水泥浆稳定性差会产生游离液和颗粒沉降,极易造成桥堵或窜槽,影响固井作业安全和固井质量。聚合物类添加剂(如缓凝剂和降滤失剂等)在低温下都具有一定的悬浮作用,加之其他外加剂和外掺料的共同作用,使浆体内部的黏滞力较大,稳定性尚能保证;但在高温下,由于聚合物类外加剂的降解、解吸及剪切稀释作用,外掺料的增多,以及布朗运动的加剧等因素,造成固相颗粒的沉降加快,稳定性变差。因此,需要研发抗温能力强、适用范围广的水泥悬浮剂,以提高水泥浆的稳定性,确保高温深井固井施工安全及固井质量[1-2]。

抗高温水泥悬浮剂在提高水泥浆悬浮性能的同时,要确保其低温下不过分增稠、高温下不过分稀释[3],但悬浮剂有增稠的作用,需要控制其加量。目前,国外成熟的水泥悬浮剂以耐温能力较高的合成高分子材料为主[4],如胶乳悬浮剂和聚合物悬浮剂抗温可达200℃以上[5-6],但其综合性能仍需完善。国内的水泥悬浮剂产品很少,主要以耐温能力有限的复配产品为主[7-9],抗温只能达到160℃。笔者采用水溶液聚合法合成了聚合物悬浮剂,其抗温可达200℃,并可抗饱和盐水,综合性能满足现场要求,解决了深井固井水泥浆高温稳定性差的难题。

1 悬浮剂的合成

1.1 设计思路

目前,国内已有人研究应用2-丙烯酰胺基-2-甲基丙磺酸(AMPS)类单体合成水泥外加

基金项目: 国家科技重大专项项目"深井钻录、测试技术和配套装备"(编号2011ZX05021)、中国石油天然气集团公司科技开发项目"特殊工艺井钻完井配套技术研究与应用"(编号2013T-03)。

作者简介: 杨勇,男,1982年生,高级工程师,硕士,主要从事深井固井科研及现场服务工作。E-mail: yangyong3545@163.com。

剂[10-12]，但合成单体比例、温度及引发剂的不同，决定了合成产物性能侧重点各不相同。例如，缓凝剂侧重于颗粒的吸附、成核与络合作用，降滤失剂侧重于颗粒的吸附和吸附后的整体填充作用，而悬浮剂则侧重于增黏与构筑网架结构，但因合成物相对分子质量与分子结构的差异，导致合成悬浮剂在抗温、抗盐、增稠等方面存在性能差异。

针对以前研究存在的问题，提出了合成新型悬浮剂的技术思路：在保证流动性能的前提下，一方面增大水泥浆的稠度，阻止颗粒下沉；另一方面借助相对分子质量大、支链多、具备一定承载能力的梳形分子结构，在多个分子间形成疏松但具备一定悬浮能力的网状结构，从而支撑固相颗粒。

根据以上技术思路，选用AMPS、丙烯酰胺(AM)和N-乙烯基吡咯烷酮(NVP)为聚合单体。AMPS具有稳定性强的碳链结构和空间位阻效应大的侧基，能提高抗温抗盐性能；其磺酸基团能与水泥颗粒表面的钙离子形成配位键，使浆体的网状结构稳定。AM中的酰胺基团能够通过氢键吸附大量水分子，形成较厚的水化膜，增大分子间的内摩擦力，使颗粒均匀分散，防止聚结与沉降，提升水泥浆的悬浮能力。NVP中含有吡咯环，能增强共聚物侧链刚性，提高抗温性能[13-14]。

1.2 合成材料

合成材料有2-丙烯酰胺基-2-甲基丙磺酸(AMPS)，工业纯；丙烯酰胺(AM)，工业纯；N-乙烯基吡咯烷酮(NVP)，工业纯；氢氧化钠，工业纯；过硫酸铵，分析纯；去离子水等。

1.3 合成工艺

将一定量的去离子水加入反应器中，在搅拌和冷却条件下，按配比分别加入预配的35%NaOH溶液、AMPS、AM和NVP，在氮气保护下升温，至一定温度后缓慢加入过硫酸铵去离子水溶液，继续保持该温度恒温反应8h后，得到无色黏稠状溶液。将所得溶液产物分批逐渐加入一定的丙酮中，萃取、烘干、粉碎后，再次溶解于蒸馏水中并重复萃取、烘干、粉碎，操作3次后，制得白色粉末即为目标产物。

1.4 最优合成条件的确定

根据自由基聚合原理，影响共聚物性能的主要因素有单体摩尔比(A)、单体质量分数(B)、引发剂质量分数(C)、反应体系pH值(D)和反应温度(E)。据此，构建了5因素4水平的正交试验表[15]（表1）。

表1 正交实验因素与水平

水平	因素				
	单体摩尔比	单体质量分数/%	引发剂质量分数/%	pH值	温度/℃
1	12:9:4	10	0.4	5	50
2	12:11:2	15	0.5	6	60
3	12:7:6	20	0.6	7	70
4	12:11:6	25	0.7	8	80

根据以上因素和水平构建了共聚物悬浮剂的正交试验（表2），根据表2的设计条件合成了16种悬浮剂，并对其进行沉降稳定性评价，最大密度差越小，水泥浆体系稳定性越

好。悬浮剂沉降稳定性评价试验水泥浆配方为 G 级水泥+40.0%石英砂+12.0%缓凝剂+6.0%降滤失剂+0.5%悬浮剂+1.0%消泡剂,密度为 1.90g/cm³,水泥石养护试验温度 240℃,压力 20.7MPa。

表 2 共聚反应正交试验结果

序号	因素					最大密度差/(g/cm³)
	A	B	C	D	E	
1	1	1	1	1	1	0.177
2	1	2	2	2	2	0.125
3	1	3	3	3	3	0.067
4	1	4	4	4	4	0.120
5	2	1	2	3	4	0.235
6	2	2	1	4	3	0.190
7	2	3	4	1	2	0.292
8	2	4	3	2	1	0.342
9	3	1	3	4	2	0.195
10	3	2	4	3	1	0.118
11	3	3	1	2	4	0.097
12	3	4	2	1	3	0.169
13	4	1	2	2	3	0.107
14	4	2	1	1	4	0.333
15	4	3	4	4	1	0.240
16	4	4	3	3	2	0.198
k1	0.12225	0.1785	0.19925	0.24275	0.21925	
k2	0.26475	0.1915	0.159	0.16775	0.2025	
k3	0.14475	0.174	0.2005	0.1545	0.13325	
k4	0.2195	0.20725	0.1925	0.18625	0.19625	
R	0.1425	0.03325	0.0415	0.08825	0.086	
优位级	A1	B3	C2	D3	E3	

由表 2 中极差分析结果可知,影响悬浮剂性能的各个因素主次顺序依次为:单体摩尔比>pH 值>反应温度>引发剂质量分数>单体质量分数。由均值分析结果可知,最佳合成条件为 A1、B3、C2、D3 和 E3,即单体摩尔比为 12∶9∶4、单体质量分数为 20%、引发剂质量分数为 0.5%、pH 值为 7 和反应温度为 70℃。

2 悬浮剂的微观表征

2.1 红外光谱分析

采用 Bruker VERTEX-70 型红外光谱仪[16]分析得到共聚物的红外光谱,如图 1 所示。

由图1可知，3445cm^{-1}处是酰胺基中N—H的伸缩振动峰，2919cm^{-1}处是C—H的伸缩振动峰，1692cm^{-1}处是C═O的伸缩振动峰，1548cm^{-1}处是N—H的变形振动峰，1389cm^{-1}处是—CH$_3$的变形振动峰，1211cm^{-1}和1092cm^{-1}处是磺酸基中S═O的伸缩振动峰，1034cm^{-1}处是磺酸基中S—O的伸缩振动峰，643cm^{-1}处是磺酸基中C—S的伸缩振动峰，1692~1548cm^{-1}区间未出现—CH═CH$_2$中的C═C伸缩振动峰。红外光谱分析结果表明，合成聚合物中包括了AMPS、AM和NVP的特征吸收峰，且无未反应的单体存在，证明合成聚合物为目标三元共聚物。

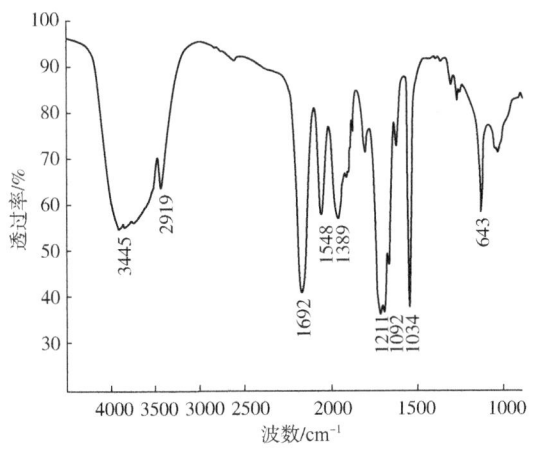

图1 合成共聚物的红外光谱

2.2 核磁共振碳谱分析

采用Bruker AV 400型核磁共振波谱仪得到共聚物的核磁共振碳谱，如图2所示。

由图2可知：δ等于178.14×10^{-6}，175.23×10^{-6}和164.34×10^{-6}处分别为AM、AMPS和NVP中C═O的化学位移，且三者比例接近为9∶12∶4；δ等于58.01×10^{-6}处为AMPS中>C<的化学位移；δ等于51.75×10^{-6}和34.17×10^{-6}等处为—CH$_2$的化学位移；δ等于42.45×10^{-6}处为—CH的化学位移；δ等于26.22×10^{-6}处为AMPS中—CH$_3$的化学位移。核磁共振碳谱分析结果表明，AMPS、AM和NVP均参与了反应，且三者的摩尔比为12∶9∶4。

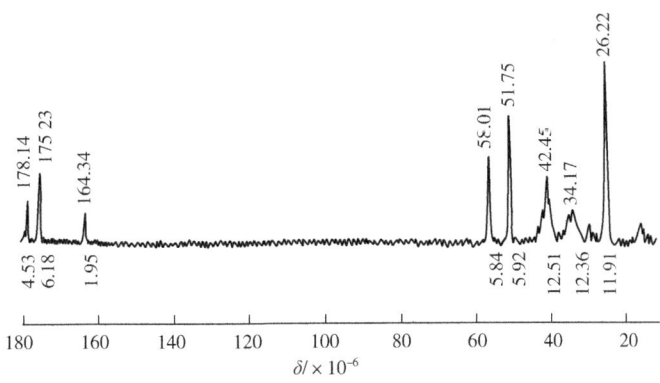

图2 共聚物的核磁共振碳谱

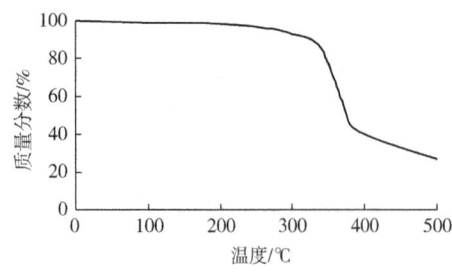

图3 共聚物的热重分析曲线

2.3 热重分析

采用200PC型Netzsch热分析仪对共聚物进行热重分析,结果如图3所示。由图3可知,温度低于360℃时,共聚物质量变化幅度很小,说明未发生明显的物理或化学变化;高于360℃后,共聚物质量分数急剧减小,说明发生了化学反应,大量分子链开始断裂。结果表明,所得共聚物热裂解温度达到360℃,具有较好的热稳定性。

3 悬浮剂性能评价

共聚物悬浮剂性能评价试验水泥浆基础配方为G级水泥+40%石英砂+12%缓凝剂+6%降滤失剂+1%消泡剂,密度为1.90g/cm³。性能评价按照GB/T 19139—2012《油井水泥试验方法》进行。

3.1 沉降稳定性能

将水泥浆倒入高温高压稠化仪中,温度达到200℃后继续搅拌30min,温度降至90℃后取出;一部分倒入沉降管,将沉降管放入高温高压养护釜中,在240℃下养护至凝固,取出后测水泥石上下密度差;另一部分倒入预热至90℃的量管中,将量管盖好盖子放入预先加热至90℃的容器中,维持90℃静置2h后,测量游离液的体积分数。

在水泥浆中加入不同量的悬浮剂,测得其加量与沉降稳定性的关系,结果如图4所示。由图4可知,悬浮剂在水泥浆中的加量大于0.6%时,可控制水泥石上下密度差小于0.01g/cm³、游离液达到0。可见,该悬浮剂能保证水泥浆在高温下的沉降稳定性能。

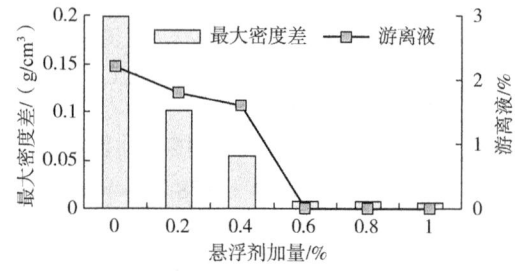

图4 沉降稳定性与悬浮剂加量的关系曲线

3.2 稠化性能

在基础配方水泥浆中加入0.6%悬浮剂前后水泥浆的稠化曲线如图5所示。由图5可知,基础配方水泥浆在稠化初始阶段稠度基本稳定在20Bc,随着温度升高稠度逐渐变小,温度达到200℃后至稠化前稠度基本稳定在4Bc;加入0.6%悬浮剂的水泥浆在开始稠化前稠度基本稳定为17Bc。因此,该悬浮剂能够保证水泥浆体系在低温下不过分增稠。

3.3 流变性能

先将水泥浆倒入高温高压稠化仪中开始稠化试验,温度达到200℃后继续搅拌20min,温度降至90℃后取出倒入黏度计样品杯中,记录不同转速下的读数。

基础配方水泥浆加入0.6%悬浮剂前后水泥浆切力的变化曲线如图6所示。从图6可以看出,加入悬浮剂后,在常温及200℃时,水泥浆切力均大幅提高;加入悬浮剂后,随着温度升高,水泥浆切力的下降幅度较不加悬浮剂时明显减小。流变性评价结果说明,该悬浮剂能在高温下维持水泥浆具有一定的切力,可降低颗粒的沉降速度。

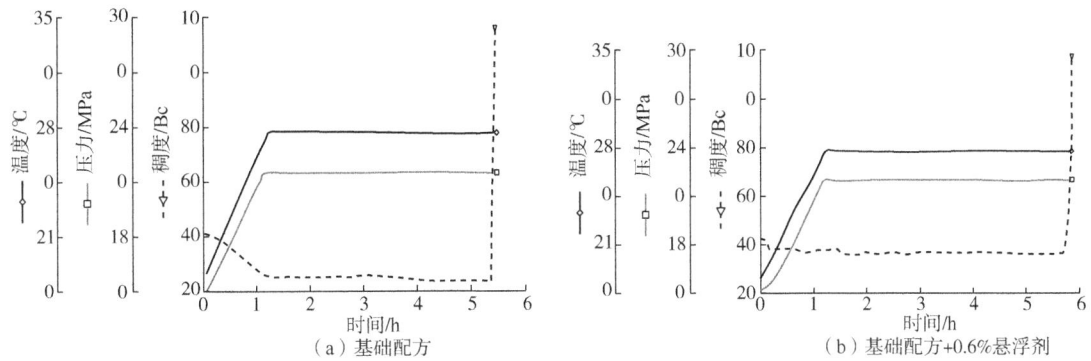

图5 悬浮剂对水泥浆稠化性能的影响

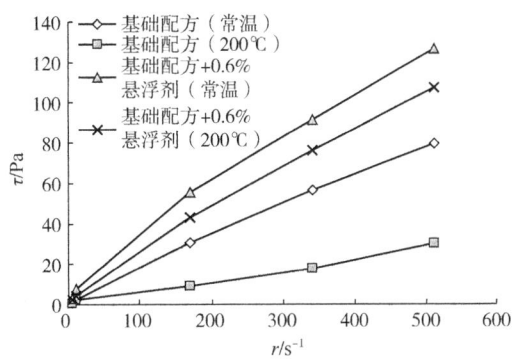

图6 悬浮剂对水泥浆切力的影响

4 水泥浆综合性能评价

4.1 常规性能

悬浮剂对水泥浆常规性能的影响结果见表3。同时，为扩大悬浮剂的应用范围，对含悬浮剂水泥浆的抗饱和盐水性能进行了评价，结果见表3。由表3可知，该悬浮剂在提高水泥浆沉降稳定性的同时，对其他性能无不良影响，综合性能满足现场要求。

表3 悬浮剂对水泥浆常规性能的影响

配方	初稠/Bc	稠化线形	200℃稠化时间/min	200℃失水/mL	200℃流变 n	200℃流变 k/(Pa·s^n)	常温流动度/cm	200℃游离液/%	240℃密度差/(g/cm^3)	抗压强度[①]/MPa
1#	20	正常	320	49	0.991	0.018	26	2.2	0.199	26.5
2#	21	正常	345	42	0.834	0.302	23	0	0.008	25.4
3#	16	正常	423	66	0.959	0.129	25	0.2	0.010	23.6

注：1#为基础配方；2#为1#+0.6%悬浮剂；3#为1#+0.6%悬浮剂+36.0%NaCl（饱和盐水水泥浆）。
① 测试条件为240℃×72h。

4.2 施工敏感度

施工过程中温度预测不准确、注入水泥浆密度波动及固井中停等意外情况，可能会带来安全隐患,以试验温度200℃、水泥浆密度1.90g/cm³为基准情况,分别对淡水水泥浆和饱和盐水水泥浆进行施工敏感度评价试验,测试在正常情况下与温度波动±10℃、密度波动±0.05g/cm³及中停等3种情况下不同配方水泥浆的稠化时间,结果见表4。其中,中停试验的方法是:在稠化仪温度达到200℃并稳定1h后,电动机停止搅拌20min,然后启动电动机,待温度、压力和稠度稳定后,再重复一次启停电动机,直至稠化结束。

表4 温度、密度波动及中停对水泥浆稠化时间影响

试验条件	温度/℃	密度/(g/cm³)	稠化时间/min	
			淡水水泥浆	饱和盐水水泥浆
正常情况	200	1.90	345	423
温度波动	190	1.90	393	455
	210	1.90	251	381
密度波动	200	1.85	386	442
	200	1.95	299	380
中停试验	200	1.90	366	456

由表4可知,含悬浮剂水泥浆的稠化时间基本稳定,几种意外情况都不会造成其稠化时间骤减,不会影响固井施工安全。

5 现场试验

抗高温水泥悬浮剂在大庆油田3口深层气井固井中进行了试验,水泥浆性能达到了预期效果,固井质量均达到合格以上。其中,庆深某井完钻井深4190m,井底静止温度145℃,所用水泥浆配方为G级水泥+25.0%石英砂+2.5%缓凝剂+4.0%降滤失剂+0.3%悬浮剂,密度为1.90g/cm³,初始稠度为22Bc,116℃稠化时间为163min,稠化曲线正常,116℃滤失量为39mL,流动度为24cm,116℃游离液为0,145℃密度差为0.009g/cm³,145℃/48h抗压强度为20.3MPa。现场施工中,该水泥浆混配时水泥下入顺畅,注替流动性良好,水泥浆性能满足现场固井施工要求,固井质量合格。

6 结论

(1) AMPS、AM和NVP等3种单体在单体摩尔比为12∶9∶4、单体质量分数为20%、引发剂质量分数为0.5%、pH值为7和反应温度为70℃条件下合成的悬浮剂较好。

(2) 新型水泥悬浮剂热稳定性较好,热裂解温度达到360℃,结合相应的性能评价结果表明,该悬浮剂在水泥浆中的抗温能力可达到200℃。

(3) 新型水泥悬浮剂可在200℃下保证水泥浆悬浮性能,同时不影响水泥浆的综合性能,能够基本满足深井固井施工要求。

参 考 文 献

[1] 宋元洪,杨远光,张玉平,等.高密度水泥浆沉降稳定性评价方法探讨[J].钻井液与完井液,2015,32(6):54-56.

[2] 秦国宏, 覃毅, 尤凤堂, 等. 水泥浆失重对高压油气井固井质量的影响分析及工艺对策[J]. 探矿工程(岩土钻掘工程), 2015, 42(3): 33-36.

[3] 赵喜政, 周思雅, 姜宇. 压裂液中增稠剂的研究[J]. 广州化工, 2014, 42(9): 108-110.

[4] 卢海川, 朱海金, 李宗要, 等. 水泥浆悬浮剂研究进展[J]. 油田化学, 2014, 31(2): 307-310.

[5] BROTHERS L E, Ninnekah, Okla. Composition and method for inhibiting thermal thinning of cement[P]. US 5135577, 1992.

[6] REDDY B R, RILLEY W D. High temperature viscosifying and fluid loss controlling additives for well cements, well cement composition and methods[P]. US 6770604, 2004.

[7] 张清, 徐明, 钟福海, 等. 高温悬浮稳定剂 DRY-S2 的研究与应用[J]. 钻井液与完井液, 2013, 30(3): 61-63.

[8] 卢海川, 邢秀萍, 谢承斌, 等. 新型固井悬浮剂的开发[J]. 钻井液与完井液, 2014, 31(1): 60-63.

[9] 张浩, 李厚铭, 符军放, 等. 固井用悬浮稳定剂 SS-10L 的研究应用[J]. 科学技术与工程, 2015, 15(3): 212-215.

[10] 郭锦棠, 夏修建, 刘硕琼, 等. 适用于长封固段固井的新型高温缓凝剂 HTR-300L[J]. 石油勘探与开发, 2013, 40(5): 611-615.

[11] 朱兵, 聂育志, 邱在磊, 等. AMPS/DMAN/AA 共聚物固井降滤失剂的研究[J]. 石油钻探技术, 2014, 42(6): 40-44.

[12] 李炎. 耐高温聚合物降滤失剂 AAS 的研制与性能评价[J]. 石油钻探技术, 2015, 43(4): 96-101.

[13] 何曼君, 张红东, 陈维孝, 等. 高分子物理(第三版)[M]. 上海: 复旦大学出版社, 2008: 26-44.

[14] 潘祖仁. 高分子化学(第四版)[M]. 北京: 化学工业出版社, 2009: 127-133.

[15] 肖诗唐, 王毓芳, 郝凤. 新产品开发设计与技术统计[M]. 北京: 中国计量出版社, 2001: 75-89.

[16] 赵藻藩, 周性尧, 张悟铭, 等. 仪器分析[M]. 北京: 高等教育出版社, 1997: 81-132.

一种低温早强低密度水泥浆

耿建卫

(大庆钻探工程公司钻井工程技术研究院)

【摘 要】 低温下，常规低密度水泥浆体系早期强度发展缓慢，水泥石胶结能力差，影响了水泥环封固质量，浅层易漏井固井质量问题日益突出，为此，进行低温早强低密度水泥浆体系研究。根据紧密堆积理论及综合室内实验研究，研制了密度为 1.30~1.50g/cm³ 的低温早强低密度水泥浆体系，主要优选了超细胶凝材料和锂盐复合早强剂，增加了低密度水泥石的致密性，提高了低密度水泥石的早期强度，25℃凝结时间为13h，24h抗压强度为10.2MPa。该体系具有低温早期强度高，凝结时间短，稳定性好等优点。在大庆油田现场成功应用2口井，固井质量合格率100%，取得良好的应用效果。

【关键词】 低温固井；超细胶凝材料；早强剂；低密度水泥浆

大庆长垣葡萄花、敖包塔区块、外围煤层气区块均存在上部浅气层发育，下部地层破裂压力低的地层特点，在固井施工过程中，既要考虑上部防窜、下部防漏，又要考虑低温下，水泥环封固质量和后期的有效开发，对固井技术提出了更高的要求。非漂珠低密度水泥浆密度相对高，低温下，早期强度发展缓慢，导致水泥石胶结能力差，且该密度无法满足煤层气固井防漏施工要求。漂珠低密度体系密度大于 1.10g/cm³，满足浅层易漏井施工要求，但该类体系固相材料含量较多，低温下也存在强度发展缓慢等问题。尤其当高压层、浅气层与易漏层并存时[1]，易发生流体上窜，严重影响固井施工安全及质量。因此，通过优选外掺料及应用颗粒级配原理，形成一套密度在 1.30~1.50g/cm³ 范围内的不可压缩低密度水泥浆体系，并通过优选外加剂，提高体系的稳定性及水泥石低温早期强度，提高浅层易漏施工安全及固井质量。

1 低温低密度水泥浆体系

根据紧密堆积理论[2]及室内综合实验研究，研制了一套以漂珠、G级水泥及微硅复配的密度为 1.30~1.50g/cm³ 的三元低密度水泥浆体系[3]，该体系能满足深井长封固段固井施工要求，具有降低封固段液柱压力、增加一次固井封固段高度、提高长封固段固井施工安全的性能特点。但是，该体系由于外掺料加量大、固相胶凝材料少、水泥水化速度慢，尤其在低温下水泥浆凝结时间长，水泥石强度发展缓慢，不利于浅层易漏失层间的有效封隔，不同密度水泥浆体系抗压强度及凝结时间见表1。

作者简介：耿建卫，男，1984年生，高级工程师，大学本科。现在主要从事低密度水泥浆科研、技术服务工作。E-mail：gengjianwei@cnpc.com.cn。

表1 不同密度水泥浆体系抗压强度及凝结时间对比

水泥浆密度/(g/cm³)	抗压强度/MPa(24h×常压)		凝结时间/h
	25℃	45℃	25℃
1.30	2.6	5.2	36
1.40	3.2	5.8	30
1.50	4.0	6.2	28

2 低密度水泥浆体系早强技术

2.1 超细胶凝材料的优选

尽管漂珠、G级水泥及微硅3种材料实现了紧密堆积,且相互间配比达到最优化,但在45℃下,密度为1.30g/cm³水泥浆形成的水泥石强度仅为5.2MPa,不能满足低温早强的技术要求。因此,实验测定了含有3种超细胶凝材料水泥石的抗压强度[4-6],结果见图1。从图1中可以看出,S-3低温下早期强度比G级水泥提高了80%,因此,优选S-3作为研究的超细胶凝材料。

S-3的主要成分为CaO、SiO_2、Al_2O_3、Fe_2O_3,与G级水泥组分相似,粒径为4~6μm,比表面积大于3000cm²/g,具有粒径小、比表面积大、水化速度快的特点,低温下早期强度高,与G级水泥配合,可提高低密度水泥浆早期强度。不同S-3加量下水泥石强度实验见图2和表2。从图2可以看出,随着S-3加量的提高,水泥石强度逐渐增加,当加量为40%,水泥石强度达到最高,加量进一步增大,强度增加不明显。从表2还可以看出,S-3加量为40%时,水泥石强度由5.2MPa提高到9.6MPa。由表2可知,25℃下凝结时间由36h减少到28h。

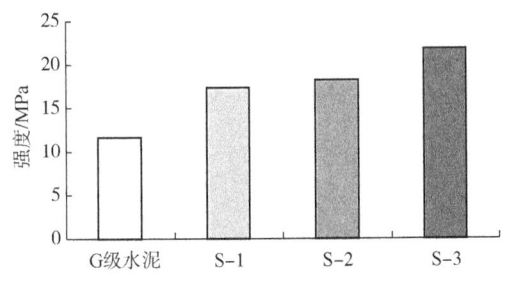

图1 不同胶凝材料与G级水泥强度对比

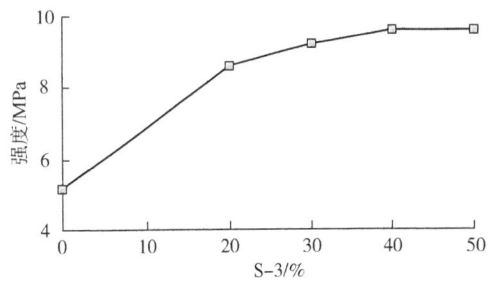

图2 S-3加量对比实验

注:实验条件为常压×45℃×48h;
水泥浆密度为1.30g/cm³

表2 S-3加量确定实验

水泥浆密度/(g/cm³)	S-3/%	抗压强度/MPa(24h×常压)		凝结时间/h
		25℃	45℃	25℃
1.30	0	2.6	5.2	36
	40	5.8	9.6	28

2.2 低温早强剂的优选

针对低温环境（25~45℃），研选了锂盐复合早强剂[1]，其作用机理是 Li^+ 半径小、极化作用强、水化半径大，加速破坏水泥水化保护膜，缩短水化诱导期，提高低密度水泥浆体系中 C_3S 和 C_2S 低温水化能力。同时，复合早强剂组分在水中电离生成的阳离子能压缩水泥颗粒的扩散双电层，降低水泥颗粒的电动电位，使颗粒间斥力下降，水化反应容易进行。早强剂中的主要组分与液相中的 $Ca(OH)_2$ 产生化学反应，生成的次生石膏更容易与 C_3A 反应生成钙矾石，使整个液相体系中的 Ca^{2+} 浓度下降，SiO_3^{2-} 浓度相对增加，使 C_3S 包覆层内外离子的浓度差增大，渗透压增加，致使包覆膜破裂，加速 C_3S 的早期水化速度，起到了低温早强的效果。

加入锂盐早强剂后，体系的低温水泥石强度明显提高，如图3所示。由图3可知，当锂盐早强剂加量为3%时，25℃下24h水泥石强度达到10.2MPa，凝结时间为13h，实验数据见表3。不同密度水泥浆在45℃下的稠化曲线如图4所示。

表3 锂盐早强剂加量确定实验

水泥浆密度/(g/cm³)	S-3/%	锂盐	抗压强度/MPa(24h×常压)		凝结时间/h
			25℃	45℃	25℃
1.30	0	0	2.6	5.2	36
	40	0	5.8	9.6	28
	40	3	10.2	13.6	13

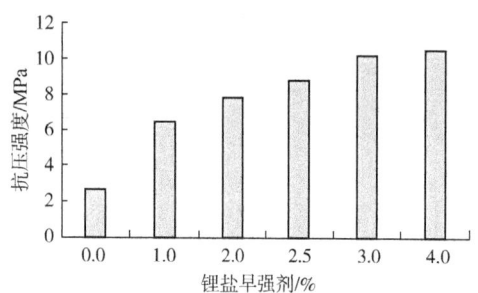

图3 锂盐早强剂加量对强度的影响
注：实验条件为常压×25℃×24h；
水泥浆密度为1.30g/cm³

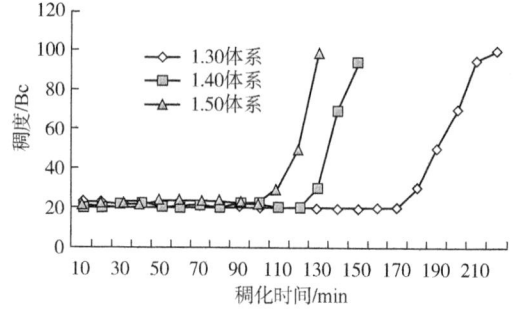

图4 不同密度水泥浆在45℃下的稠化曲线

3 水泥浆综合性能评价

通过室内评价实验，该体系配方如下，在不同密度下，水泥浆各项性能见表4。

100%G级水泥+(15%~34%)漂珠+(17%~25%)微硅+(30%~40%)S-3+2%降失水剂+(1%~3%)锂盐早强剂+(1.8%~2.0%)稳定剂+1%膨胀剂+0.5%消泡剂。

水泥石具有长期稳定的强度是确保油气井固井质量的重要因素之一[8-9]，为了验证水泥石长期强度发展规律，针对不同温度、不同养护龄期进行了水泥石抗压强度实验，实验数据见表5。从表5中可以看出，该体系水泥石有较好的后期强度发展趋势，具有良好的抗强度衰退性能。

表4 在不同密度下的水泥浆各项性能实验

水泥浆密度/(g/cm³)	W/C	流动度/cm	游离液/mL	初稠/Bc	调化时间(45℃)/min	滤失量(45℃)/mL
1.30	1.04	22.5	0	20	215	42
1.40	0.90	23.0	0	18	147	40
1.50	0.84	23.0	0	17	129	4

注：水泥为大连G级水泥；抗压强度实验条件为48h×常压；降失水剂加量为2%，锂盐早强剂加量为1.0%~3.0%；加量百分比值均为占水泥质量百分数。

表5 常压、高温条件下不同养护龄期水泥石强度实验

密度/(g/cm³)	抗压强度/MPa					
	25℃			45℃		
	48h	7d	15d	48h	7d	15d
1.30	13.6	15.4	16.2	15.6	17.4	18.2
1.40	16.3	17.5	18.3	17.2	18.8	19.2
1.50	18.6	19.8	20.2	19.2	20.6	21.4

低密度水泥浆较好的稳定性对固井施工安全至关重要，采用BP沉降管进行实验测定，水泥石柱上下密度差小于0.02g/cm³，具有良好的沉降稳定性，如图5所示。

4 现场应用

葡某区块上部黑地庙存在浅气层，中部嫩江组断层发育，地层破裂压力低，固井时易发生井漏事故，固井质量难以保证。为此，该体系分别在葡9-5-斜X、葡9-6-斜X井进行了现场应用。

在葡9-5-斜X井现场固井施工过程正常，下灰顺利，水泥浆可泵性好，密度控制均匀，达到了设计要求，整个过程无漏失现象，井口返出7m³密度为1.30g/cm³的水泥浆，48h声波变密度测井为合格。

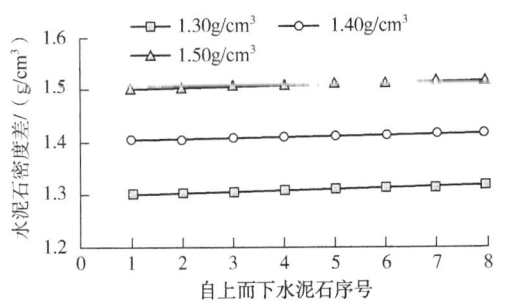

图5 不同密度水泥石的上下密度差

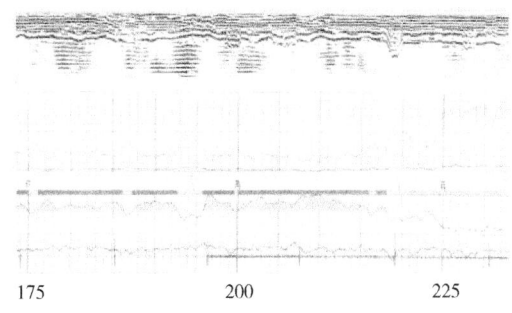

图6 葡9-5-斜X井低密度水泥浆固井声波变密度声幅曲线

5 结论

(1) 优选的超细胶凝材料颗粒粒径小,水化速度快,增加了低密度水泥石致密性,提高了低密度水泥石早期强度。

(2) 优选的锂盐复合早强剂低温早强效果好,水泥浆凝结时间短,密度为 1.30g/cm³,25℃凝结时间为13h,24h强度为10.2MPa。

(3) 形成了一套密度范围在 1.30~1.50g/cm³,适应温度为 25~45℃的低渗透水泥浆体系,该体系的悬浮稳定好,早期强度高,满足现场固井施工需求。

(4) 现场应用2口井,施工效果好、固井质量合格率为100%,可推广应用于低温易漏井固井。

参 考 文 献

[1] 王玉岩. 大庆长垣黑帝庙油层浅层气成藏规律研究[J]. 西部探矿工程, 2014, 31(9): 41-44.
[2] 黄柏宗. 紧密堆积理论优化的固井材料和工艺体系[J]. 钻井液与完井液, 2001, 18(6): 1-8.
[3] 罗杨, 王强, 许桂莉, 等. 一种超低密度高强度水泥浆配方的优选[J]. 钻井液与完井液, 2009, 26(3): 52-55.
[4] 贾维君. DFC非漂珠低密度水泥浆体系实验研究[J]. 石油钻采工艺, 2008, 30(5): 44-47.
[5] 侯力伟. 大庆油田低密度低温防窜水泥浆体系[J]. 钻井液与完井液, 2016, 33(4): 79-82.
[6] 步玉环, 侯献海, 郭胜来. 低温固井水泥浆体系的室内研究[J]. 钻井液与完井液, 2016, 33(1): 79-83.
[7] 王成文, 王瑞和, 陈二丁, 等. 锂盐早强剂改善油井水泥的低温性能及其作用机理[J]. 石油学报, 2011, 32(1): 140-144.
[8] 罗洪文, 李早元, 程小伟, 等. 矿物纤维低密度水泥石力学性能研究[J]. 钻井液与完井液, 2015, 32(2): 76-78.
[9] 步玉环, 宋文宇, 何英君, 等. 低密度水泥浆固井质量评价方法探讨[J]. 石油钻探技术, 2015, 43(5): 49-55.

大庆油田深井一次性封固固井技术浅析

马广来

(大庆钻探工程公司工程技术部)

【摘　要】 从深井一次性封固的难点入手，通过承压试验、超低密度水泥浆体系等手段来解决一次性封固的难点，提出了深井一次性的技术对策，这套技术措施在现场应用取得了很好的效果，对缩短深井完井周期、降低施工风险、提高深井固井质量有很大的作用。

【关键词】 深井；一次性封固；配套措施

完井作业是一口井整个施工中最重要的组成部分。根据实践经验，人们普遍认为没有任何因素比完井固井质量对油层产能影响更大。然而，深井完井技术一直困扰着各大油田，特别是深层一次性封固技术，目前所采用的双级注入水泥固井技术，管串完整度不高、双极箍存在打不开、关不上等问题，容易导致上部或是下部无法固井实现封固全井的目的；采用尾管悬挂完井技术，不仅工具费用昂贵、工序繁多、施工风险大、完井周期长，而且工具稳定性不能得到绝对保证。因此，迫切要求针对深井完井一次性封固及形成相应的配套技术措施来提高深井固井质量，缩短完井周期，以满足试油压裂要求和达到降低完井成本的目的。

1 深井一次性封固难点

(1) 由于封固井段较长(3500m以上)，固井施工时注替压力高，易出现漏失和环空憋堵等复杂情况，导致漏封。

(2) 一次性封固要求套管一次性下到井底，下套管时间长，完井管柱下到预定井深难度增加。

(3) 封固井段长，井底和上部地层温差大，对固井施工和水泥石候凝时间影响较大，容易出现水泥浆闪凝、超凝等问题，造成固井失败或是固井质量差。

(4) 水泥浆候凝期间，由于水泥浆候凝整体失重，易导致油气层失稳，地层流体侵入井内对固井质量产生影响。

2 技术方案

2.1 承压试验

承压试验方法：钻具起钻至技术套管底角内或者是下钻至井底循环好钻井液，待钻井液性能稳定后，关半封闸板，通过立管小泵冲向井内进行正向憋压，排量控制在 0.2~

作者简介：马广来，男，汉族，1981年生，于大庆钻探工程公司工程技术部工作。联系方式：13936954933。

0.3m³/min,达到所需压力,停泵观察5~10min,确定压力后,要通过节流管汇缓慢释放压力,避免井内压力突然释放对井壁稳定造成影响。在试验过程中见拐点或者憋压不升时即可停止试验,以免憋漏地层。然后根据承压数据,计算各体系水泥浆封固高度。承压试验数据如图1所示。

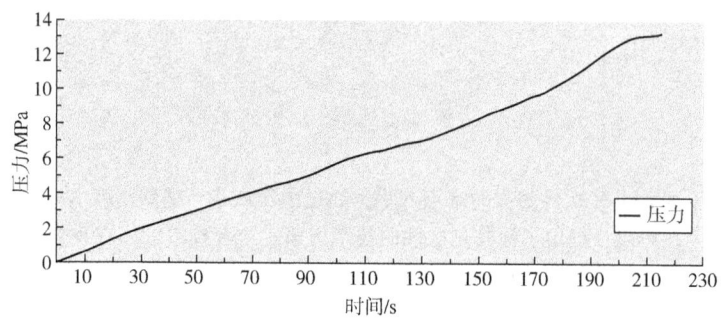

图1 承压试验数据图

2.2 净化井眼

现场根据通井时循环的排量计算环空返速,再据此数值,确定套管下至设计井深时洗井所需排量。

$$V_R = Q/V_n$$

式中:V_R为环空返速,m/min;Q为泵排量,m³/min;V_n为环空体积,m³/m。

进行短起下、分段循环、稠浆举砂作业,针对直井,在每次通井正常到底,循环好钻井液后,进行短起下作业,一般起钻至油顶以上200m或者起钻至通井时遇阻井深之上100~200m。一是起到验证井内流体上窜速度的作用;二是验证井眼畅通情况。如果能够再次顺利下入井底,就是用漏斗黏度150200s的重稠浆20~30m³进行稠浆举砂作业。

针对水平井、大位移定向井,分别在距井底500m、水平段中段(或者遇阻井段)、过着陆点50~100m、着陆点处进行分段循环返砂。

2.3 优化钻井液性能

现场在套管下至预定井深洗井时,调整钻井液黏度,降低钻井液静切力,以提高固井水泥浆顶替效率。

2.4 扭矩与摩阻检测

(1)在提高套管串密封性方面,现场采用专业下套管队伍,进行套管上扣作业,并且现场提供扭矩检测服务,对上扣不合格的套管立即进行更换,对一些采用气密封套管的井进行气密封检测,减少后续完井作业复杂。

(2)摩阻计算。针对特殊井型及小井眼的井,利用实钻井眼轨迹数据和实钻过程统计分析出的实际摩阻系数,准确进行下套管摩阻预测分析,确定套管下入方案。下套管前使用摩擦阻力分析软件对下入管串进行预测对比分析,确保套管顺利下入井底。

2.5 使用优质前置液

使用优质前置隔离液,避免施工过程中出现因水泥浆与钻井液接触造成污染出现闪凝的现象。绝大多数钻井液，往往与水泥浆存在相容性问题。在固井施工中，如果水泥浆和钻井液直接接触，会发生严重化学干涉现象，缩短水泥浆稠化时间，增加混浆稠度，引起固井事故，导致固井失败。特别是长封井固井施工，注灰量大，施工时间长，为保证施工安全及提高固井质量。就需要优质的前置液，实现对钻井液的高效顶替与隔离。

前置液的设计要求：（1）与地层特征相适应，维护井壁稳定，预防垮塌、漏失、井涌等；（2）能够有效稀释钻井液、充分隔离钻井液和水泥浆；（3）可以有效悬浮沉砂和容纳滤饼；（4）能够有效清除胶凝钻井液。

2.6 应用超低密度水泥浆体系

深层井采用常规水泥浆进行一次性封固时，往往常规施工方案无法满足固井施工要求。因此，在现场试验采用密度为 $1.40g/cm^3$ 的超低密度水泥浆体系与常规 $1.60g/cm^3$ 的低密度水泥浆或者 G 级原浆分段封固的方案。这就要求超低密度水泥浆体系具有抗高温、流动性好、早期强度满足要求、稠化时间可调等特点。而且，为适应油层开发和射孔要求，水泥石的抗压强度值要求在 $7.0\sim14.0MPa$ 之间。强度低于 $7.0MPa$ 水泥胶结和密封性能差，高于 $14.0MPa$ 的水泥石出现脆性，射孔时容易破裂。根据经验，一般中等强度（$13.8\sim20.7MPa$）的水泥石就具有较好的密封性能，水泥石的抗压强度达到 $3.5MPa$ 已经能够支撑套管所形成的轴向载荷，满足继续钻井要求。超低密度水泥浆采用高强微珠作为减轻剂，配制了密度为 $1.40g/cm^3$ 的低密度水泥浆。该微珠具有性能稳定，高速剪切搅拌条件下微珠破碎率低、井下高压条件下微珠不进水、承压能力高等优点，能够满足该井的固井要求（表1）。

表1 2016年水泥一次性封固井数统计

序号	井号	井深/m	施工方案	完井周期/d
1	**1-平5	4183	0~3000mG+微珠+微硅+DCR+DHL	21
			3000~4183mG+砂+DCR+膨胀剂+DHL	
2	**X23	4375	0~2700mG+微珠+微硅+DCR+DHL	13
			2700~4375mG+砂+DCR+膨胀剂+DHL	
3	**6-平2	4759	0~3300mG+微珠 0~3300mG+微珠+微硅+DCR+DHL	23
			3300~4759mG+砂+DCR+膨胀剂+DHL	
4	**25	3710	0~2900mG+微珠+0~2900mG+微珠+微硅+DCR+DHL	15
			2900~3710mG+砂+DCR+膨胀剂+DHI	
5	**6-306	3600	0~2800G+微珠+微硅+DCR+DHL	15
			2800~3600mG+砂+DCR+膨胀剂+DHL	
6	**46H	4089	0~3300mG+微珠+微硅+DCR+DHL	16
			3300~4089mG+砂+DCR+膨胀剂+DHL	
7	**22H	3660	0~2300m 低密度 $1.60g/cm^3$+DCR+膨胀剂+DHL	14
			2300~3600m G+砂+DCR+膨胀剂+DHL	
8	**6-309	3650	0~3000mG+微珠+微硅+DCR+DHL	13
			3000~3650mG+砂+DCR+膨胀剂+DHL	

3 现场试验与应用

现场，在勘探、采气深层气井中，对技套及油层完井分别尝试使用该工艺，累计使用8井次，固井一次成功率100%。该工艺技术的应用取得了显著成效。施工数据见表1。

4 结论

（1）全井一次性下套管及封固施工作业，井眼准备是关键，不但能够保证套管顺利下入，还能避免固井时出现憋漏，导致水泥浆低返的事故发生。

（2）冲洗隔离液通过对井壁滤饼的冲洗和改性，能提高水泥浆和井壁的胶结质量，对提高固井质量有很大的作用。

（3）超低密度水泥浆体系的应用，有效解决了大庆油田低压低渗漏地层固井难的问题。

参 考 文 献

[1] 刘崇建，黄柏宗，徐同台，等．油气井注水泥理论与应用[M]．北京：石油工业出版社，2001：253-259．

[2] 张鹏伟，肖武锋，顾军，等．"死泥浆"影响界面胶结学性能的实验研究[J]．石油与天然气化工，2007，36（2）：145-148．

[3] 孙富全，侯薇，靳建洲，等．超低密度水泥浆体系设计和研究[J]．钻井液与完井液，2007，24（3）：31-34．

表面活性剂型可加重固井前置液机理及应用

姜 涛

(大庆钻探钻井工程技术研究院)

【摘 要】 表面活性剂型可加重固井前置液是摈弃常规固井前置液中使用的无机和有机聚合物类悬浮剂，直接利用表面活性剂通过形成胶束进行增稠，使其溶液具有一定的黏度和切力，从而达到悬浮固相颗粒的目的。对该前置液的悬浮机理进行了详细的阐述，该表面活性剂型可加重固井前置液体系，适应密度范围宽、悬浮稳定性能好，最高抗温可达150℃，具有良好的流动性能，流变性能可调，与钻井液和水泥浆具有良好的相容性；可针对不同工况，改变前置液的流变性能，使体系保持较低的黏度，实现紊流或塞流顶替，最大限度地提高冲洗顶替效果；能够改善环空界面的胶结环境，兼具有隔离作用。对应用该前置液的2口具有代表性的大位移水平井及特殊工艺井进行介绍，经现场验证，该体系可依据实际工况进行流变性能调节，实现最佳的顶替流态，冲洗顶替效果好，且具有良好的抗高温沉降稳定性能，有助于固井质量的提高和确保固井施工的安全性。

【关键词】 前置液；表面活性剂；机理

固井前置液通常使用无机或高分子聚合物类悬浮剂来悬浮加重材料。高分子聚合物和无机悬浮剂的加入，混配时间长、工艺复杂，对前置液和钻井液、水泥浆的相容性产生不良影响，且流变性能不宜调节，另外，高分子聚合物和无机悬浮剂也影响前置液本身的冲洗效果及界面润湿能力，降低水泥环的胶结质量[1-4]。针对这些问题，开发出了一种表面活性剂型可加重固井前置液体系，该体系适用温度较广，最大为150℃；能够同时适用于油基钻井液和水基钻井液；且能够依据不同的井况和施工工艺，对密度和流变性能进行设计和调整，使之实现最佳的顶替流态，从而达到良好的冲洗顶替效果，为水泥环提供良好的界面胶结环境，提高封固质量。

1 作用机理

1.1 悬浮机理

研制的前置液体系采用了表面活性剂悬浮技术。表面活性剂分子具有亲水、亲油的双亲结构性质。在水基体系中，表面活性剂亲水的极性基团伸展于水中，使表面活性剂溶于水，随着表面活性剂的浓度增大，体系倾向于形成胶束，即亲水的极性基团向着水，疏水的碳氢键聚集在一起形成疏水内核的有序组合体，胶束的形状随浓度、电解质和增稠剂的加入，表现出不同的胶束形态，如图1所示。胶束的形状不同，使物质运动的阻力不同，不同的胶束形态具有不同的黏稠度。棒状胶束所形成的黏稠度较大，六角形胶束的黏稠度更大，成果冻状；当胶束形状变为层状，物质的相对滑动容易，体系的黏稠度反而会下降[5]。

作者简介：姜涛，男，1980年生，高级工程师，主要研究方向为完井技术研究工作。电话(0459)4892341/13804693302；E-mail：jiangt005@cnpc.com.cn。

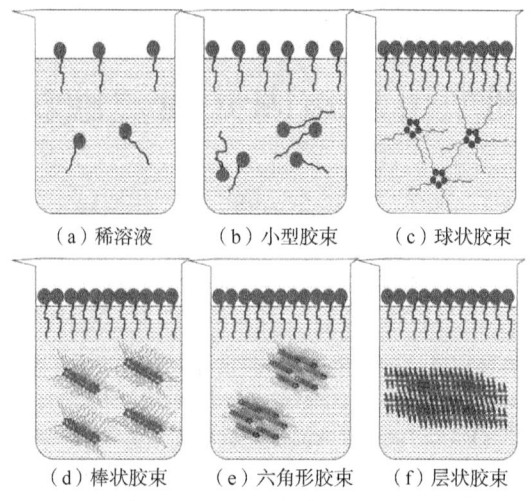

图 1 表面活性剂在水中形成的不同胶束形态

表面活性剂在形成胶束的同时,其亲水基团通过水耦合相互连接,胶束和这种亲水基团的连接相互搭建缠绕而形成三维网状结构,使体系的黏稠度增加,如图2、图3所示。在该体系中加有固相颗粒时,由于固相颗粒(如重晶石和铁矿粉)等属于惰性材料,表面活性剂的疏水基团易于吸附在固相颗粒的表面,从而形成以固相颗粒为中心,被表面活性剂形成的胶束所包裹的网状结构(图3),阻止固相颗粒的沉降。

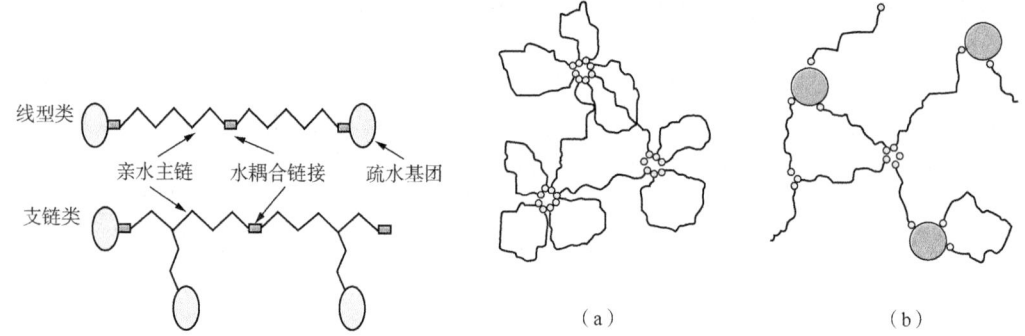

图 2 表面活性剂的水耦合示意图　　图 3 表面活性剂在水相中的网状结构和其与固相颗粒的作用图

1.2 冲洗机理

1.2.1 渗透溶胀作用

前置液中的表面活性剂会在油基钻井液的滤饼表面吸附,其疏水基一端吸附滤饼的表面,亲水一端伸入水中,这样一来,油基钻井液滤饼表面覆盖了一层表面活性剂分子。由于吸附层中的表面活性剂分子的亲水基伸入水中,所以油基钻井液具有了亲水性能,使前置液中的溶剂和水易在油基钻井液滤饼的表面渗入,产生溶胀作用,削弱油基滤饼的结构力,同时也削弱油基滤饼和套管之间的作用力,然后在前置液的冲刷下,一方面油基滤饼会被逐渐剥离,另一方面,油基滤饼会逐渐卷起,在卷起过程中形成的新表面立即有表面活性剂分子吸附上去，产生新的润湿和溶胀作用，最终油基滤饼从界面上彻底卷起，冲掉的油基钻井液被前置液中的表面活性剂分子形成的胶束包裹，分散到前置液中。

1.2.2 表面张力作用

表面张力作用对油基钻井液的冲洗与表面活性剂能降低表面张力密切相关。

油基钻井液在套管表面有一接触角 θ，如果水中没有表面活性剂存在，那么平衡时，则润湿方程表述为

$$\sigma_{ws} - \sigma_{os} = \sigma_{ow} \cos\theta$$

式中：σ_{ws}，σ_{os}，σ_{ow} 为水与套管之间、油污与套管之间、油污与水之间的界面张力；θ 为接触角，(°)。

当水中有表面活性剂时，由于表面活性剂的吸附，导致 σ_{ws}、σ_{ow} 降低，而油污与套管之间的界面上没有吸附表面活性剂，所以，油污与套管之间的界面张力 σ_{os} 保持不变。这样一来，根据润湿方程，原来的平衡被打破，即油污各处的受力情况发生了变化，为了保持新的平衡，油污就会发生变形，接触角 θ 发生变化，依据润湿方程，当 σ_{ws}、σ_{ow} 变小时，$\cos\theta$ 应该变小，接触角 θ 必然变大，才能保持润湿方程重新相等，油滴发生变形，以达到新的平衡。宏观上表现为油滴发生卷曲，如图 4(a) 所示。理论上，当接触角接近 180°时，油污会卷曲成油珠，从套管表面脱落而除去。如果接触角介于 90°～180°之间时，油污虽然不能自发地从套管表面脱落，但是也可以被水流从套管壁表面冲洗下来，如图 4(b) 所示。当油污与表面的接触角小于 90°时，则即使有运动液流的冲击，也仍然有小部分油污残留于表面，如图 4(c) 所示。这就需要前置液具有良好的物理冲刷作用，清除剩余的油污残留物。

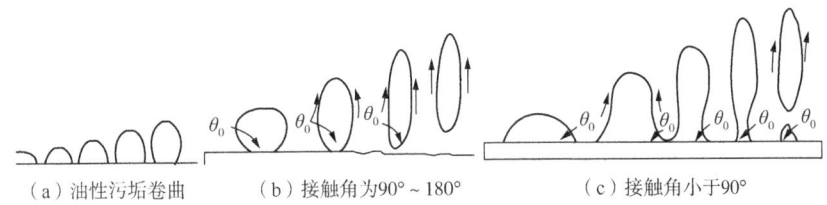

(a) 油性污垢卷曲　　(b) 接触角为 90°～180°　　(c) 接触角小于 90°

图 4　油性污垢与套管之间接触角不同时的状态

依据渗透溶胀和表面张力的原理，将常温冲洗悬浮剂 C-01、高温冲洗悬浮剂 C-03 和流型调节剂(有机溶剂)按一定比例配制成基液，并把黏上油基钻井液的套管浸泡其中，如图 5 所示。可以看出，套管上的油浆逐渐卷曲、脱落，3min 后，只剩下少量的残留物。这也正验证了渗透溶胀和表面张力的作用机理在对油基钻井液的冲洗上是可行的。

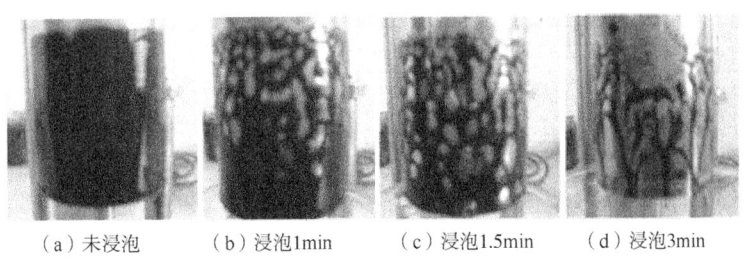

(a) 未浸泡　　(b) 浸泡1min　　(c) 浸泡1.5min　　(d) 浸泡3min

图 5　黏油基钻井液的套管在基浆中浸泡后的状态

2 流变性能控制

前置液的流变性能是影响顶替效率的重要因素,随着井的类型、井眼扩大率、套管偏心度等井况不同,对前置液流变性能的要求也不同[1],因此在研制前置液过程中选用了一种流型调节剂,能够根据现场的要求,有针对性地调节前置液的流变性能。室内进行了相关实验,结果见表1。

表1 前置液的流变数据

调节剂/%	Φ_{600}	Φ_{300}	Φ_{200}	Φ_{100}	Φ_6	Φ_3	PV/(mPa·s)	YP/Pa	FV/s
0	255	213	181	118	19	13	143	36.00	167
0.5	126	87	76	65	34	31	33	27.59	86
1.0	103	81	69	57	23	20	36	23.00	71
2.0	87	66	55	43	18	15	35	16.10	60
2.5	71	49	39	29	12	11	30	9.71	46
3.0	57	40	29	18	5	4	33	3.58	37

注:所用的前置液体系密度为1.30g/cm³。

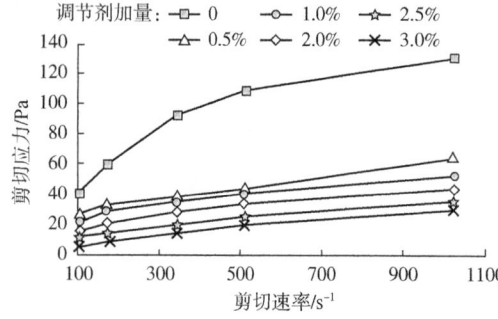

图6 调节剂不同加量下前置液的流变曲线

实验表明,随着调节剂加量的变化,前置液的流变性能变化明显,但根据数据绘制的流变曲线(图6)显示,前置液的流型比较稳定,为宾汉流体。层流、塞流、紊流各有特点,但实践表明,固井前置液在注替过程中,应尽量实现紊流或者塞流,避免层流[1]。前置液通过流型调节剂加量的变化调节流变性能,使其能够根据现场实际施工中实现紊流或塞流顶替。

以ϕ215mm钻头、ϕ139.7mm套管为例,不同调节剂加量的前置液临界排量计算结果见表2。由表2可以看出,前置液具有如下特点:当调节剂加量较少,切力较大时,利于塞流顶替,当调节剂加量较大,切力较小时,易实现紊流顶替。因此,可依据实际井况,通过合理的流变设计,实现不同的顶替流态,提高前置液的顶替效率。

表2 前置液环空临界返速计算

调节剂/%	不同井径扩大率下临界紊流排量/(m³/min)			不同井径扩大率下临界塞流排量/(m³/min)		
	5%	10%	20%	5%	10%	20%
0.5	3.59	4.15	5.34	0.64	0.83	1.31
1.0	3.30	3.80	4.88	0.49	0.63	1.0
2.0	2.77	3.20	4.10	0.36	0.46	0.73
2.5	2.16	2.48	3.19	0.25	0.32	0.51
3.0	1.37	1.57	1.98	0.08	0.11	0.17

3 前置液综合评价实验

3.1 流型调节剂对沉降稳定性的影响

流型调节剂能够调节前置液的流变模式,但是随着调节剂加量的增加,前置液的切力和黏度在降低,为了验证调节剂对前置液沉降稳定性能的影响,同时确定调节剂的允许最大加量,对前置液加入调节剂后的沉降稳定性能进行了实验,见表3。

表3 不同调节剂加量下的悬浮稳定性

调节剂%	室温静止24h		93℃下静止4h		150℃下静止4h	
	$\rho_\text{上}$ g/cm³	$\rho_\text{下}$ g/cm³	$\rho_\text{上}$ g/cm³	$\rho_\text{下}$ g/cm³	$\rho_\text{上}$ g/cm³	$\rho_\text{下}$ g/cm³
无	1.30	1.30	1.30	1.30	1.30	1.30
1.0	1.30	1.30	1.30	1.30	1.30	1.31
3.0	1.29	1.30	1.30	1.30	1.29	1.30
4.0	1.29	1.31	1.30	1.31	1.30	1.31
4.5	1.28	1.33	1.29	1.31	1.29	1.32
5.0	1.24	1.39	1.27	1.35	1.28	1.36

由表3可知,当调节剂加量小于4%时,沉降稳定性能良好,加量大于4%时,沉降稳定性能变差,因此在配制前置液时控制调节剂加量小于4%。

3.2 相容性评价

3.2.1 流变性相容性

实验钻井液选用的是取自现场的油基钻井液和水基钻井液,实验水泥浆为丁苯胶乳体系,密度为1.90g/cm³。参照GB/T 19139—2012《油井水泥试验方法》,评价前置液与水泥浆和现场钻井液的相容性,结果见表4。可以看出,他们之间的相容性很好。

表4 前置液与钻井液和水泥浆相容性实验数据

油基钻井液	水基钻井液	前置液	水泥浆	旋转黏度计读数					
				Φ_{600}	Φ_{300}	Φ_{200}	Φ_{100}	Φ_6	Φ_3
100				162	93	68	39	5	3
	100			94	59	43	25	7	4
		100		71	49	39	29	12	11
			100	132	73	53	30	3	2
		25	75	96	56	40	22	2	1
		50	50	88	54	40	24	4	3
		75	25	75	51	42	27	6	4
75		25		168	95	69	39	6	4
50		50		152	91	67	39	5	4

续表

油基钻井液	水基钻井液	前置液	水泥浆	旋转黏度计读数					
				Φ_{600}	Φ_{300}	Φ_{200}	Φ_{100}	Φ_6	Φ_3
25		75		100	58	42	26	4	2
	75	25		86	51	36	18	5	3
	50	50		72	41	26	15	3	2
	25	75		63	48	27	17	4	3

注：钻井液取自现场，油基钻井液密度为 1.24g/cm³；有机硅钻井液密度为 1.25g/cm³；前置液密度为 1.30g/cm³。

3.2.2 抗污染稠化相容性

进行了丁苯胶乳水泥浆与前置液以不同比例混合后进行的 150℃稠化实验，结果见表5。

表5 抗污染稠化实验数据

方案	初稠/Bc	min/30Bc	min/50Bc	min/100Bc
水泥浆	11	220	223	225
95%水泥浆：5%前置液	10	231	235	238
95%水泥浆：25%前置液	8	>300	>300	>300

注：实验温度为150℃，压力为110MPa；水泥浆为胶乳水泥浆，密度为1.90g/cm³；前置液密度为1.30g/cm³。

由表5可知，前置液与水泥浆混合后，在150℃下，稠化时间延长，且无闪凝现象出现，满足现场施工的安全要求。

3.3 冲洗效果

采用旋转黏度计装置进行冲洗评价实验[4]，结果见表6。从表6可以看出，前置液对油基钻井液和水基钻井液具有良好的冲洗效果。

表6 前置液冲洗效果评价结果

钻井液类型	FV/s	冲洗液类型	冲净时间/min
油基钻井液	71	前置液	3.0
有机硅钻井液	65	清水	6.5
		前置液	3.0
硅基阳离子	62	清水	5.5
		前置液	2.5

注：实验转速为200r/min；滤饼厚度为2~3mm，前置液密度为1.30g/cm³。

4 现场应用

该前置液体系目前已应用170多口井，多为水平井、深井及特殊工艺井。依据不同的工况，对前置液流变进行设计，使其达到最佳的冲洗顶替及压稳效果。下面以2口井为例，介绍前置液设计的流变数据及现场应用情况。

4.1 长水平段水平井流变设计

某井开采油层为扶余油层,属于致密油水平井,井深为4300m,水平段长为2660m,所用钻井液为油基钻井液,其井眼扩大率只有4.8%,且是一次性全封,固井施工时间长,不易使用塞流顶替,因此在这口井中,把前置液设计成紊流的形式,紊流流体能够抑制由于套管偏心引起的偏流。前置液密度为1.40g/cm³,漏斗黏度为37s,流变数据$\Phi_{600}/\Phi_{300}/\Phi_{200}/\Phi_{100}/\Phi_{6}/\Phi_{3}$为57/40/29/18/5/4,紊流临界排量为1.36m³/min。该井井口返出水泥浆34m³,从返出的流体状态来看,前置液界面清晰,与油基钻井液、DSJ水泥浆的掺混段流动状态良好,无增稠絮凝现象,按水泥浆填充环空量计算,顶替效率为90.8%。说明通过对前置液合理的流变设计,加上其良好的相容性能,达到了良好的冲洗顶替效果。

4.2 特殊工艺井流变设计

某井为深层气井,井深为4911m,垂深为3862m,水平段长为974m,循环温度为130℃,采用水平段裸眼分段完井,在固井前,需要把裸眼段的钻井液用冲洗隔离液顶替到井深3100m扩张式封隔器上面,水平段用完井液填充,直到固井前,冲洗隔离液需要在井深3100m(静止温度为120℃)处静止4d左右,考虑到冲洗隔离液要具有良好的抗温沉降稳定性和冲洗效果,使用了该前置液。

由于该井在水平段用完井液置换钻井液的顶替过程中,使用小排量顶替(0.2m³/min左右),顶替时间长达14h,为了最大限度地提高顶替效果和减少掺混量,把前置液设计成塞流顶替模式,前置液密度为1.20g/cm³,漏斗黏度为70s,$\Phi_{600}/\Phi_{300}/\Phi_{200}/\Phi_{100}/\Phi_{6}/\Phi_{3}$为103/81/69/57/23/20,塞流临界排量为0.52m³/min,实际顶替排量为0.1~0.3m³/min。

该体系在井深3100m处静止9d,在固井施工时,注冲洗液和注灰压力正常,井口返出浆体状态良好,说明该体系具有良好抗高温沉降稳定性能。

5 结论

(1)表面活性剂型可加重固井前置液适应密度范围宽、悬浮稳定性能好,最高抗温可达150℃,具有良好的流动性能,与钻井液和水泥浆具有良好的相容性,有很好的冲洗效果,能够改善环空界面的胶结环境,兼具有隔离作用,现场应用范围广。

(2)该前置液可针对不同工况,改变其流变性能,使体系保持较低的黏度,实现紊流或塞流顶替,最大限度地提高冲洗顶替效果,从而提高水泥环的界面胶结质量,为固井质量提供了保障。

(3)经现场验证,该体系流动状态良好,抽注顺利;从固井质量上看,该前置液表现出了良好的冲洗顶替和压稳效果,有助于固井质量的提高。

参 考 文 献

[1] 和传健,徐明,肖海东.高密度冲洗隔离液的研究[J].钻井液与完井液,2004,21(5):19-21.
[2] 舒福昌,向兴金,罗刚.高密度双作用前置液性能研究[J].石油天然气学报,2007,29(1):96-98.
[3] HABERMAN J P. Cementing spacers for improved well cementation:US 20010022224[P].2001.
[4] 齐静,李宝贵,张新文,等.适用于油基钻井液的高效前置液的研究与应用[J].钻井液与完液,

2008, 25(3): 49-51.
[5] 由福昌, 许明标. 一种固井前置冲洗液冲洗效率的评价方法[J]. 钻井液与完井液, 2009, 26(6): 47-48.
[6] 陈永红, 杨远光, 李静瑞, 等. XH高密度抗盐隔离液的室内研究[J]. 钻井液与完井液, 2010, 27(1): 64-67.
[7] 王广雷, 王海淼, 姜增东, 等. 抗180℃高温水基隔离液的研制与应用[J]. 钻井液与完井液, 2011, 28(1): 40-42.
[8] 任春宇, 陈大钧. RC型冲洗液性能的室内研究[J]. 钻井液与完井液, 2012, 29(6): 66-67.
[9] 邓慧, 郭小阳, 李早元, 等. 一种新型注水泥前置隔离液[J]. 钻井液与完井液, 2012, 29(3): 54-57.
[10] 杨远光, 孙勤亮, 王乐顶, 等. 一种基于剪切速率相等原理的固井冲洗液评价装置: CN, 203594388[P]. 2014.
[11] 李韶利, 姚志翔, 李志民, 等. 基于油基钻井液下固井前置液的研究及应用[J]. 钻井液与完井液, 2014, 31(3): 57-60.
[12] 陈大钧, 雷鑫宇, 李芹, 等. 双重强化界面胶结强度技术[J]. 钻井液与完井液, 2014, 31(1): 57-59.
[13] 陈大钧, 王雪敏, 吴永胜, 等. 高密度高效冲洗液XM-1[J]. 钻井液与完井液, 2015, 32(3): 70-72.
[14] 欧红娟, 李明, 辜涛, 等. 适用于柴油基钻井液的前置液用表面活性剂优选方法[J]. 石油与天然气化工, 2015(3): 1-6.
[15] 李治, 罗长斌, 胡富源, 等. DY高效冲洗隔离液在长庆储气库固井中的研究与应用[J]. 长江大学学报(自科版), 2015, 12(23): 51-56.
[16] 刘丽娜, 李明, 谢冬柏, 等. 一种适用于油基钻井液的表面活性剂隔离液[J]. 钻井液与完井液, 2017, 34(3): 77-80.
[17] 陈光, 刘秀军, 宋剑鸣, 等. 丁基羟基茴香醚提高冲洗液抗高温性的研究[J]. 钻井液与完井液, 2017, 34(3): 81-84.

吉林油田长深 D 平 40 井尾管固井技术研究与应用

贺浩强　冯水山　黄鸣宇　周文彬　刘春雨　冷　雪　陈小旭

（大庆钻探工程公司钻井生产技术服务二公司）

【摘　要】 长深 D 平 40 井是吉林油田部署在长岭气田的一口深层天然气井，完钻井深为 3823m，油层套管下深为 3804m，该井采用 139.7mm 尾管悬挂+回接方式固井，悬挂器位置在 3000m。针对固井存在的井底温度高、地层承压能力低、气井对水泥浆的防腐、防窜要求高等技术难题，通过开展技术攻关，优选了性能良好的抗高温前置液体系和抗高温防腐防窜水泥浆体系，配合合适的固井工艺，保证了固井作业顺利完成，固井质量优良。该井固井技术的成功应用，为今后类似井况固井提供了可靠的技术保障。

【关键词】 长深 D 平 40；高温；防窜；抗 CO_2 腐蚀；配套工艺技术；水泥浆体系

长岭气田位于吉林省前郭县查干花镇，东南为老爷府和双坨子油气田，北部为大情字井油田。区域构造位于松辽盆地南部长岭断陷中部隆起带，处于油气运聚的有利区带。长深 D 平 40 井是位于长岭气田内的 1 口深层天然气井，二开技套下深 3433m，三开完钻井深 3823m，套管下深 3804m，采用尾管悬挂+回接方式固井。尾管管柱组成：浮鞋+套管+浮箍+套管+球座+套管+悬挂器总成+送入工具。回接管柱组成：回接密封插头+套管+回接浮箍+回接套管至井口。尾管固井封固井段 3000~3804m，回接固井封固井段 0~3000m。

1　固井难点

（1）井深温度高，对水泥浆体系和前置液的抗高温性能要求较高。井底静止温度达到 132℃，循环温度达到 107℃，对水泥浆和前置液的耐高温性能要求较高。

（2）地层承压能力低，固井过程中易发生井漏。测核磁前通井过程中，在 3600~3660m 之间井段发生漏失，地层承压能力低，在固井过程中极易发生井漏。

（3）高含 CO_2，易腐蚀。长岭气田营城组富含 CO_2，CO_2 含量为 16.53%~25.02%，平均达 21.64%。固井面临着严重的 CO_2 酸性气体腐蚀技术难题。

（4）气层比较活跃，防窜难度大。本区营城组天然气含量比较丰富，气体黏度仅为水的 1/100~1/80，具有很强的穿透能力，更容易侵入防窜能力差的水泥浆中，严重影响环空封固质量。

作者简介：贺浩强，男，工程师，2004 年毕业于大庆石油学院钻井工程专业，在大庆钻探钻技二公司从事固井技术研究工作。邮编 138000；电话 0438-6223046；E-mail：syhys0438@163.com。

2 配套工艺技术

（1）井眼准备措施。下套管前，认真通井，净化井眼。电测结束后，使用原钻具通井，根据电测资料对缩径或者阻卡段进行反复划眼，确保井眼畅通无阻；强化固控设备的使用，确保岩屑清除分离出来。

（2）固井前做好地层承压实验，根据试验得到的地层破裂压力数据，合理设计环空液柱结构，为固井防漏设计提供依据。

（3）控制套管下放速度。下套管时严格控制套管和钻具下放速度，用低速挡慢下，每根套管下浮时间不得少于45s，送放钻具每立柱下放时间不少于120s，专人观察返出情况[1]。

（4）套管居中度设计。根据实测井况，合理确定扶正器的位置和加量。扶正器安放位置在井径相对规则处，视居中度是否加密，充分保证套管的居中度（大于70%），提高顶替效率，形成均匀的水泥环。

（5）控制好固井前钻井液性能。在保证井下安全和井壁稳定的情况下，下套管前认真按照钻井设计要求调整钻井液性能，尽量降低钻井液黏度、切力和磨阻，保证钻井液性能达到低黏、低切、低失水，钻井液能平衡压稳地层压力[2]。

（6）优化固井施工设计，合理地设计固井施工参数。按照预测的地层压力合理设计环空液柱结构，保证整个施工过程中环空液柱压力及流动阻力之和小于最薄弱处的地层所能承受压力。采用变排量顶替工艺，替量前期采用紊流顶替，后期采用塞流顶替。并用固井施工软件对整个施工过程进行动态模拟，确保在整个固井施工工程中压稳而不压漏地层。

（7）优选性能良好的抗高温前置液。

抗高温冲洗液由清水、高聚物、降失水剂和抑制剂组成，具有低失水的特点，能够防止油层受到污染，有效冲洗井壁滤饼，隔离钻井液和水泥浆，给水泥浆提供一个清洁干净的胶结环境，提高水泥浆顶替效率和固井质量。现场用量为$6m^3$。

抗高温隔离液由清水、高聚物、降失水剂、抑制剂、悬浮剂和加重材料组成，能够高效携带残留钻井液滤饼和沉淀岩屑，隔离钻井液和水泥浆，减少油气层污染，与水泥浆具有良好的兼容性。现场用量为$6m^3$。

3 水泥浆体系研究

3.1 水泥浆设计原则

水泥浆性能是提高固井质量的主要因素之一，基于长深D平40井完井固井的特殊要求，为切实保证防漏、防窜、防腐以及后期作业要求，优选的水泥浆体系应满足以下几个原则：

（1）本井富含CO_2气体，为了后期的安全生产，要求水泥浆体系具有很强的抗CO_2腐蚀性能。

（2）井底的静止温度高达132℃，这就要求水泥浆体系在高温环境下性能稳定。

（3）失水量小，在施工及候凝过程中，水泥浆具有较小的滤失量（小于50mL），析水为

0，水泥浆处于失重状态及固化后水泥石渗透性低，气体难以侵入水泥环，同时可以充分保证体系的各项性能不受影响。

（4）水泥浆均应具有良好的沉降稳定性，析水为0。否则水泥浆在自身重力作用下上稀下稠，分层严重，不能形成满足水泥环的整体均匀的水泥石质量要求，严重时导致封隔失败。

（5）稠化时间合适，在保证固井施工安全顺利进行后，水泥浆应由流动状态迅速水化为固态，减少与地层的接触，同时稠化曲线呈直角效应，即短过渡、内阻增长快，从而提高防窜能力。

（6）静胶凝过渡时间短，施工结束后，水泥浆的胶凝强度迅速发展，使之越过临界胶凝强度，并有长期稳定性。

针对以上特殊要求，结合室内实验对比结果，优选了F11F防腐防窜水泥浆。

3.2 F11F 防腐防窜水泥浆

F11F抗CO_2腐蚀高温水泥浆体系具有微膨胀、低滤失、低渗透、短过渡和高强度等抗蚀防窜特点，可以有效保证水泥浆在富含CO_2气层的密封性能，其综合性能满足富含CO_2气井固井防窜技术要求[3]。

配方：G级水泥/石英砂/防窜材料（F11F）（69/14/17）+1.2%降失水剂（G306）+1.5%缓凝剂（GH-9）+0.8%减阻剂（USZ）+0.05%消泡剂（SP-A）。

从图1可以看出F11F高温防腐防窜水泥浆的稠化时间为300min左右，便于调节，符合设计要求，稠化曲线呈明显的直角效应，过渡时间非常短，有利于实现固井防窜目的。

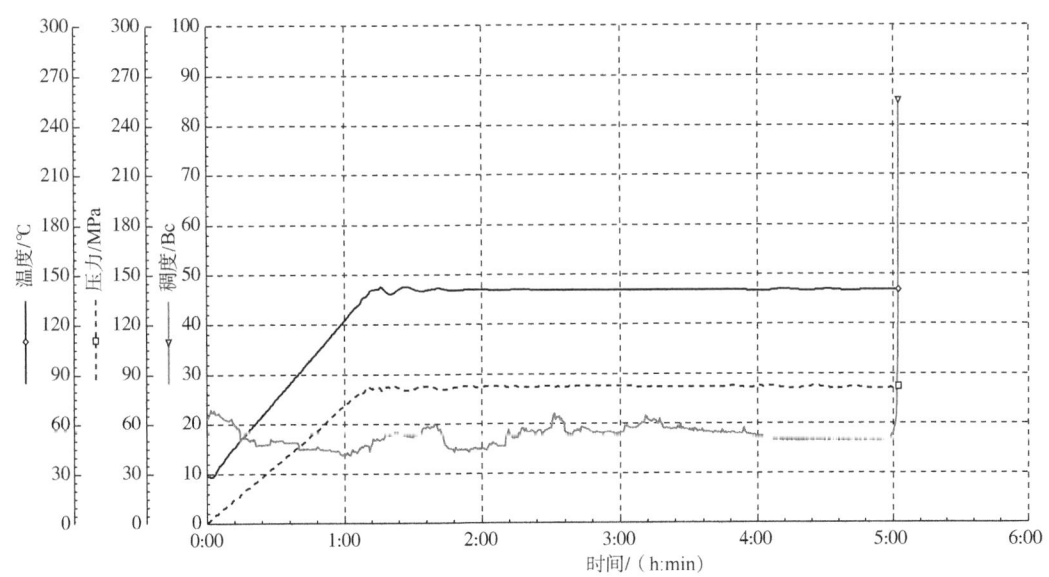

图1 F11F 高温防腐防窜水泥浆稠化曲线

从图2曲线可以看出48Pa到240Pa静胶凝时间仅为7min，进一步验证了该水泥浆体系防气窜效果优异，同时抗压强度发展迅速，24h的抗压强度达到了18MPa，满足固井设计的要求。

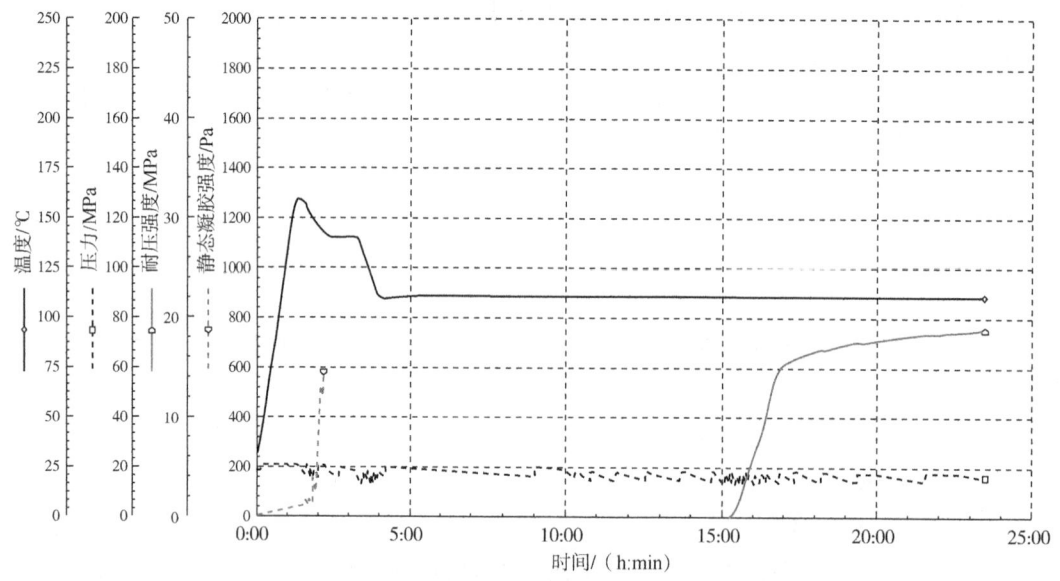

图 2　F11F 高温防腐防窜静胶凝强度曲线

水泥基材料的碳化深度可直观反映其遭受 CO_2 腐蚀的程度，水泥石的腐蚀程度与腐蚀时间有关，通常随着腐蚀时间的延长，碳化深度增大。图 3 为 CO_2 腐蚀 90 天后，经过抛光和酸碱指示剂显色后的碳化层形貌。从图 3 中可以明显地看出 F11F 防腐水泥浆的碳化深度明显小于普通水泥浆。

（a）防腐水泥浆碳化　　　　　　　　（b）普通水泥浆碳化

图 3　防腐水泥浆与普通水泥浆碳化对比图

由表 1 数据可以看出，F11F 防腐防窜水泥浆的性能优良：流动度好、失水量低、水泥石抗压强度高、稠化时间易于调节，过渡时间短，防窜性能良好。

表 1　F11F 高温防腐防窜水泥浆体系性能表

项目	单位	性能
适应温度	℃	100~150
密度	g/cm³	1.78~1.82

续表

项目	单位	性能
流动度	cm	>22
沉降稳定性	g/cm³	<0.02
游离液量	%	0
API 失水量	mL	<50
稠化时间	min	根据施工时间，便于调节
24h 抗压强度	MPa	>18

4 现场施工

吉林油田长深 D 平 40 井尾管固井，采取了井眼清洁、防漏设计、居中设计和压稳设计等措施，套管下入顺利，没有发生井漏等复杂情况，下完套管后，小排量顶通井内稠钻井液，加入钻井液处理剂降低钻井液切力及黏度，大排量循环，循环 2 周，为固井创造良好条件。通过加入降黏剂使得钻井液漏斗黏度控制在 45s 左右，动塑比在 1~2，n 控制在 0.6~0.8。前置液采用 6m³ 冲洗液+6m³ 隔离液的组合方式，使用密度为 1.78~1.82g/cm³ F11F 高温防腐防窜水泥浆，注入量为 26m³。顶替中采用紊流、塞流相结合的顶替排量，前期排量 1.5~1.8m³/min，保证冲洗液紊流顶替，后期压力升高，为降低井漏的风险，排量降到 0.8m³/min（图 4，表 2）。

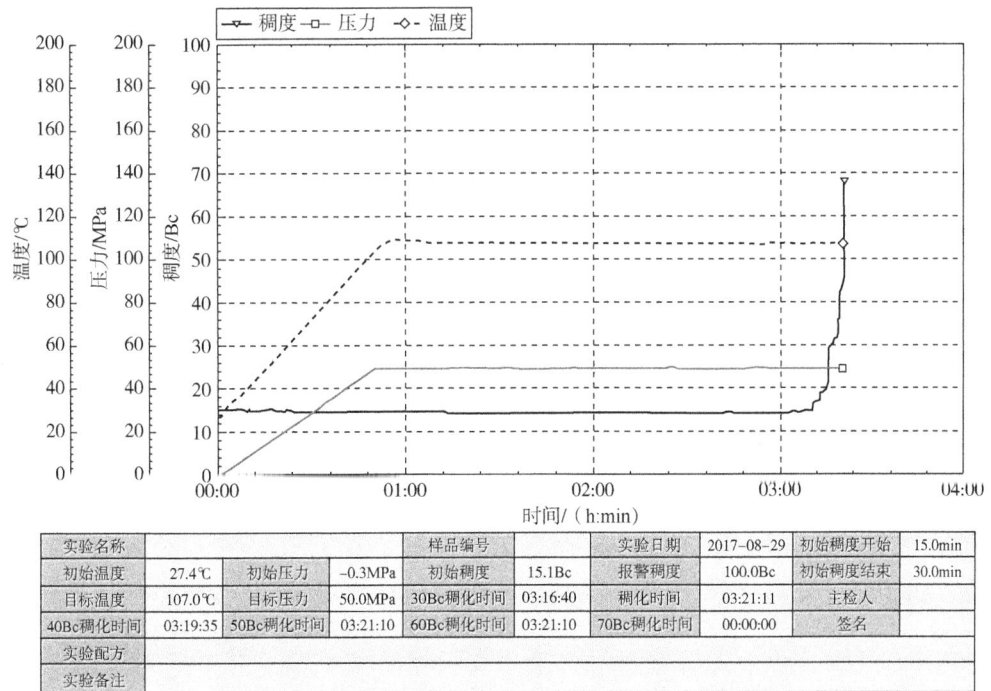

图 4 长深 D 平 40 井高温防腐防窜水泥浆稠化曲线

表2　长深D平40井高温防腐防窜水泥浆性能表

实验条件	井底静止温度/℃	132
	井底循环温度/℃	107
	稠化实验压力/MPa	50
实验结果	水泥浆密度/(g/cm³)	1.80
	流动度/cm	23
	API失水量/mL	26
	游离液/%	0
	初始稠度/Bc	15.0
	稠化时间/min	201
	抗压强度(24h)/MPa	21.8

现场严格按照固井设计的要求进行施工，整个施工过程顺畅，固井过程未发生井漏，固井质量优良。

5 结论与认识

（1）F11F防腐防窜水泥浆体系具有零析水、失水少、抗压强度高、防腐防窜性能好等特点，是提高长深D平40井固井质量的关键技术之一。

（2）良好的井眼准备、扶正器的居中设计、优良的钻井液性能和前置液的优化设计是提高套固井质量的前提。

参 考 文 献

[1] 冯水山．吉林油田龙深2平1井尾管固井技术研究与实践[C]//《固井技术研讨会论文集》编委会．固井技术研讨会论文集．北京：石油工业出版社，2012．
[2] 刘崇建，黄柏宗，徐同台，等．油气井注水泥理论与应用[M]．北京：石油工业出版社，2001．
[3] 王顺利．吉林油田抗CO_2腐蚀固井技术[C]//《固井技术研讨会论文集》编委会．固井技术研讨会论文集．北京：石油工业出版社，2010．

长深 D 平 40 井 244.5mm 技套固井技术研究与应用

冯水山　贺浩强　陈小旭

（大庆钻探工程公司钻井生产技术服务二公司）

【摘　要】　长深 D 平 40 井是吉林油田部署在长岭气田的一口深层天然气井，技套完钻井深为 3435m，固井作业要求水泥浆一次性返到地面。针对该井 244.5mm 技套固井存在的井底静止温度高、封固段长、上下温差大、环空顶替效率低、水泥量大作业时间长等难题，通过开展高效前置液优化技术、高强低密度水泥浆优化技术、高温防腐防窜水泥浆优化技术以及配套工艺技术等研究，形成了一套适合长岭气田 244.5mm 技套的固井综合技术，有效地保证了固井作业安全顺利完成，为今后类似井况固井提供了可靠的技术保障。

【关键词】　长深 D 平 40；长封固段；水泥浆体系；配套工艺；固井质量

长深 D 平 40 井位于松原市前郭县长岭气田内，钻井的目的是为检查长深 1 体火山岩储量动用情况，落实气藏温度、压力等参数，并论证气藏调整可行性，同时提高气藏最终采收率。该井二开技套完钻井深 3435m，使用钻头尺寸为 311.1mm，技套下深 3433m，技套外径 244.5mm，工程需要水泥浆一次性返至地面。

1　固井难点

（1）封固段长，裸眼段长，固井过程中易发生井漏。固井作业要求水泥浆一次性返至地面，一次性封固段长达 3433m，固井过程中极易发生井漏。

（2）上下温差大，上部水泥浆凝结时间比较长，强度发展较慢。封固段长上下温差在 60~70℃ 之间，上部水泥浆凝结时间长，水泥面处易出现超缓凝，影响上部封固质量。

（3）井径不规则，影响顶替效率。在 1200~2200m 之间存在大肚子井眼，最大直径达到 401mm，井眼不规则，套管及扶正器下入困难，顶替效率低，影响固井施工安全和固井质量。

（4）水泥浆体系性能要求高。该井富含 CO_2 气体，要求水泥浆体系具有良好的抗 CO_2 腐蚀性能，同时还要求水泥浆具有耐高温、流动性好、防漏失、低失水等良好性能。

2　配套工艺技术

（1）井眼准备措施。下套管前，认真通井，净化井眼。电测结束后，使用原钻具通井，根据电测资料对缩径或者阻卡段进行反复划眼，确保井眼畅通无阻；强化固控设备的使用，

作者简介：冯水山，男，高级工程师，1994 年毕业于大庆石油学院钻井工程专业，在大庆钻探钻技二公司从事固井技术研究和管理工作。邮编 138000；电话 0438-6224917；E-mail: fss6224917@sina.com。

确保岩屑清除分离出来。

(2) 做好地层承压实验,为固井防漏设计提供依据。下套管前,做好地层承压实验,根据模拟固井施工中环空承受最大动液柱压力并附加3MPa,地层不发生漏失,方可下套管。

(3) 控制套管下放速度。为防止下套管时压力过大压漏地层,按照钻井时钻井液最大上返速度,计算出套管最大下放速度,以控制下套管过程中的漏失风险。

(4) 套管居中度设计。

根据实测井况,合理确定扶正器的位置和加量。扶正器安放位置在井径相对规则处,视居中度是否加密,充分保证套管的居中度(大于80%),提高顶替效率,形成均匀的水泥环[1]。

(5) 控制好固井前钻井液性能。

在保证井下安全和井壁稳定的情况下,下套管前认真按照钻井设计要求调整钻井液性能,尽量降低钻井液黏度、切力和磨阻,保证钻井液性能达到低黏、低切、低失水,钻井液能平衡压稳地层压力。

(6) 优化固井施工设计,合理地设计固井施工参数。按照预测的地层压力合理设计环空液柱结构及水泥浆密度、分段位置,保证整个施工过程中环空液柱压力及流动阻力之和小于最薄弱处的地层所能承受压力。采用变排量顶替工艺,替量前期采用紊流顶替,后期采用塞流顶替。并用固井施工软件对整个施工过程进行动态模拟,确保在整个固井施工工程中压稳而不压漏地层[2]。

(7) 优选性能良好的抗高温前置液。

抗高温冲洗液由清水、高聚物、降失水剂和抑制剂组成,具有低失水的特点,能够防止油层受到污染,有效冲洗井壁滤饼,隔离钻井液和水泥浆,给水泥浆提供一个清洁干净的胶结环境,提高水泥浆顶替效率和固井质量。现场用量为8m^3。

抗高温隔离液由清水、高聚物、降失水剂、抑制剂、悬浮剂和加重材料组成,能够高效携带残留钻井液滤饼和沉淀岩屑,隔离钻井液和水泥浆,减少油气层污染,与水泥浆具有良好的兼容性。现场用量为8m^3。

3 水泥浆体系研究

基于长深D平40井244.5mm技套固井的特殊要求,为切实保证防漏、防窜、防腐以及后期作业要求,优选的水泥浆体系应满足以下几个原则。

(1) 为了预防井漏,领浆的密度要控制在1.50g/cm^3以下,并且早期强度要发展迅速。

(2) 水泥浆均应具有良好的沉降稳定性。否则水泥浆在自身重力作用下上稀下稠,分层严重,不能形成满足水泥环的整体均匀的水泥石质量要求,严重时导致封隔失败。

(3) 井底的静止温度高达117℃,这就要求水泥浆要具有良好的抗高温性能。

(4) 稠化时间合适,在保证固井施工安全顺利进行后,水泥浆应由流动状态迅速水化为固态,减少与地层的接触,同时稠化曲线呈直角效应,即短过渡、内阻增长快,从而提高防窜能力。

(5) 本井富含CO_2气体,为了后期的安全生产,要求水泥浆体系具有一定的抗CO_2腐蚀性能。

针对以上特殊要求,结合室内实验结果,领浆优选了高强低密度水泥浆,尾浆优选了

F11F 防腐防窜水泥浆。

3.1 高强低密度水泥浆

领浆配方：抚顺 G 级水泥+玻璃微珠+增强材料+降失水剂+早强剂+减阻剂+缓凝剂。

从图 1 可以看出高强低密度水泥浆的稠化时间为 260min 左右，符合设计要求，稠化曲线近似直角，过渡时间非常短。

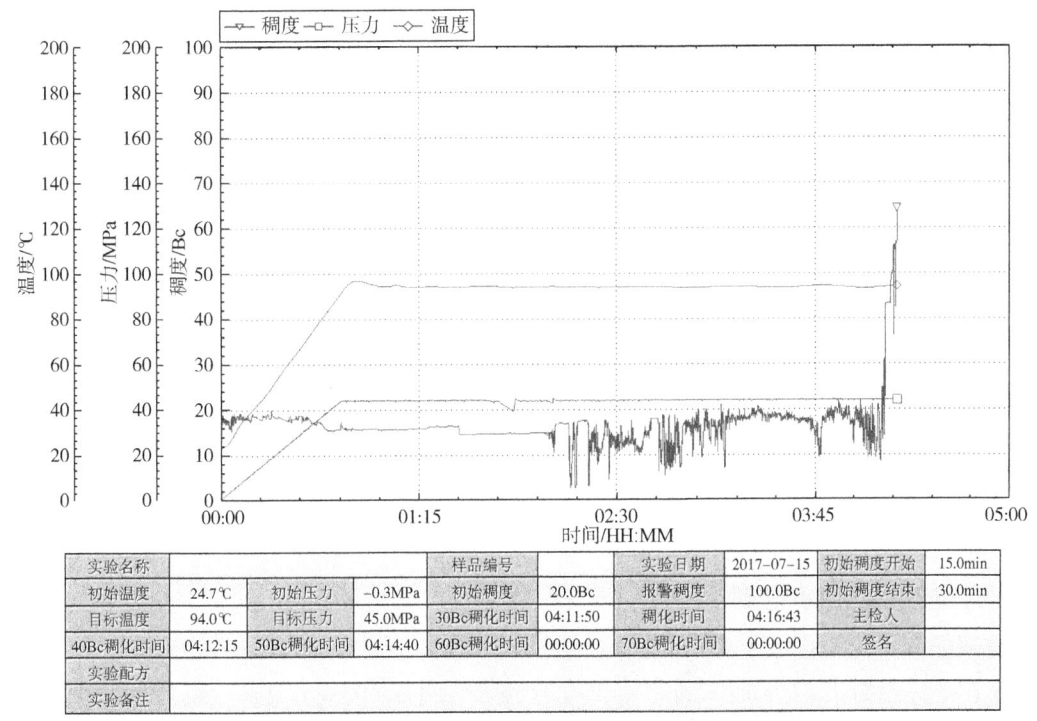

图 1 高强低密度水泥浆稠化曲线

纯水泥浆稠化时间为 300min，从图 2 可以看出掺入 30%钻井液后，初始稠度无明显增高，稠化实验 360min，稠化时间没有缩短，说明水泥浆和钻井液具有良好的兼容性。

从表 1 数据可以看出，高强低密度体系性能稳定，沉降稳定性小于 0.03g/cm³，密度较普通低密度更低，能够更好地降低环空液柱压力，48h 抗压强度大于 12MPa，游离液量为 0，稠化时间便于调节，各项性能达到了设计要求，满足现场施工的需要。

表 1 高强低密度水泥浆体系性能

项目	单位	实验条件	性能
密度	g/cm³	室温	1.45
流动度	cm	室温	22.5
沉降稳定性	g/cm³	室温	<0.03
游离液量	mL	室温	0
API 失水量	mL	94℃/30min/7MPa	148
稠化时间	min	94℃/45min/45MPa	260
48h 抗压强度	MPa	117℃/20.7MPa	14.5

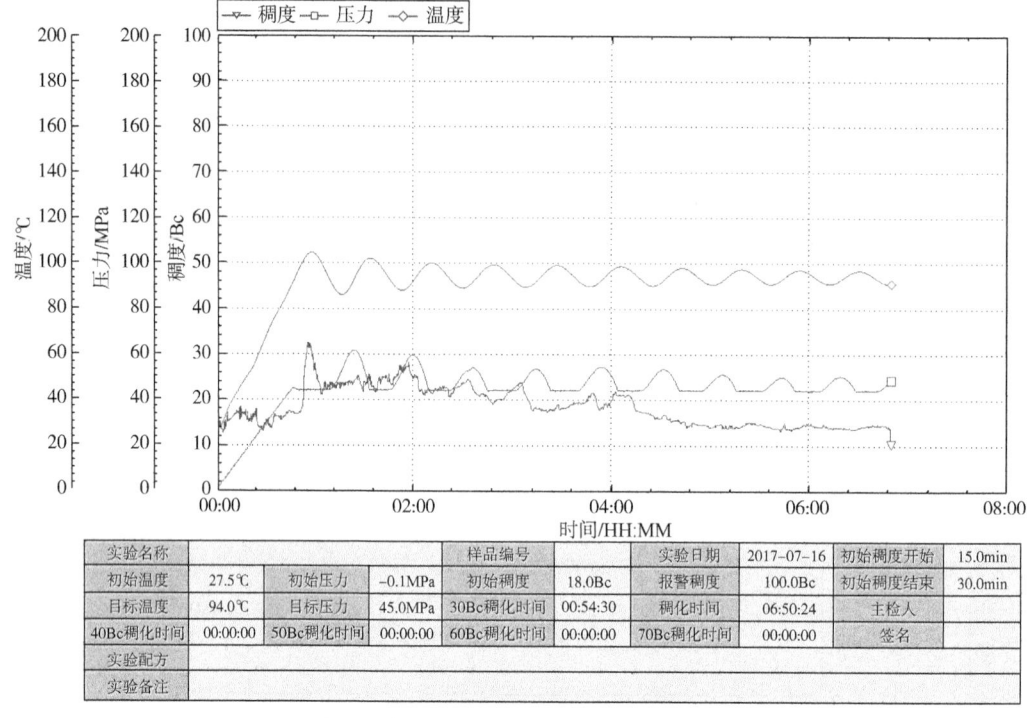

图2 高强低密度水泥浆污染实验曲线

3.2 F11F 防腐防窜水泥浆

尾浆配方：抚顺 G 级水泥+石英砂+防腐材料+降失水剂+减阻剂+缓凝剂。

从图3可以看出 F11F 防腐防窜水泥浆的稠化时间为 200min 左右，符合设计要求，稠化曲线呈明显的直角效应，过渡时间非常短，有利于实现固井防窜目的。

由表2数据可以看出，F11F 防腐防窜水泥浆的性能优良：流动度好、失水量低、水泥石抗压强度高、稠化时间易于调节，过渡时间短，防窜性能良好。

表2 F11F 防腐防窜水泥浆体系性能

项目	单位	实验条件	性能
密度	g/cm³	室温	1.90
流动度	cm	室温	23
沉降稳定性	g/cm³	室温	<0.02
游离液量	mL	室温	0
API 失水量	mL	94℃/30min/7MPa	20
稠化时间	min	94℃/45min/45MPa	200
24h 抗压强度	MPa	117℃/20.7MPa	21.8

4 现场施工

采取了井眼清洁、防漏设计、居中设计和压稳设计等措施，下完套管后，通过加入降黏剂使得钻井液漏斗黏度控制在 45s 左右，动塑比在 1~2，n 控制在 0.6~0.8。前置液采用

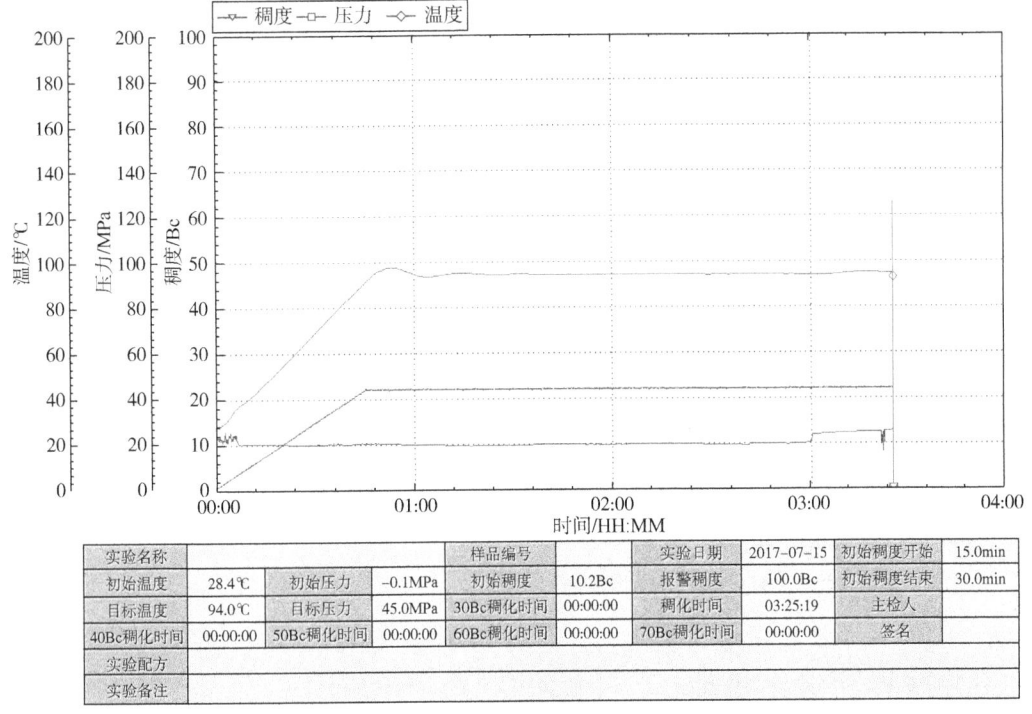

图3 F11F防腐防窜水泥浆稠化曲线

8m³冲洗液+8m³隔离液的组合方式,占环空高度500m。首浆使用密度为1.40~1.45g/cm³高强低密度水泥浆,设计量为115m³,尾浆使用密度为1.87~1.92g/cm³F11F防腐防窜水泥浆,设计量为31m³。顶替中采用紊流、塞流相结合的顶替排量,前期排量大于2.0m³/min,保证冲洗液紊流顶替,后期压力升高,为降低井漏的风险,排量降到1.0m³/min。

现场严格按照固井设计的要求进行施工,整个施工过程顺利,固井过程未发生井漏,固井质量优良。

5 结论与认识

(1)高强低密度水泥浆具有浆体流动性好、沉降稳定性好、早期强度发展迅速、稠化时间便于调节等优点。

(2)F11F防腐防窜水泥浆体系具有零析水、失水少、抗压强度高、防腐防窜性能强等优点,是保证244.5mm技套封固质量的关键技术之一。

(3)良好的井眼准备、扶正器的居中设计、优良的钻井液性能和前置液的优化设计是提高长深D平40井244.5mm技套固井质量的重要措施。

参 考 文 献

[1] 苏洪生. 呼图壁储气库大尺寸套管固井技术研究与应用[C]//《固井技术研讨会论文集》编委会. 固井技术研讨会论文集. 北京:石油工业出版社,2012:287-293.

[2] 冯水山. 吉林油田龙深2平1井尾管固井技术研究与时间[C]//《固井技术研讨会论文集》编委会. 固井技术研讨会论文集. 北京:石油工业出版社,2012:460-466.

改善固井弱界面劣化的固井界面增强剂技术

王春娇　杨胜刚　郭金玉　刘铁卜　汤小伟

（大庆钻探工程公司钻井二公司）

【摘　要】 油田开发后期的调整区块，由于层系划分细、产层及隔层薄，通常还要采取增产措施后才能进行生产，对固井界面胶结质量的要求更高，因此迫切需要深入开展固井弱界面问题的研究工作。本文系统性阐述了固井弱界面的劣化机理，并提出了针对性改善措施——固井界面增强剂技术。该技术能够提高水泥环与地层岩石的胶结程度，并改变滤饼结构、增强滤饼韧性和强度、减少水泥浆滤液对滤饼的破坏，有效地解决了钻完井过程中延时固井质量下降问题，为油田后期持续开发奠定基础。

【关键词】 固井；弱界面；界面增强剂

1　固井弱界面劣化机理

固井弱界面问题研究主要是了解界面薄弱区的形貌、矿物成分、对界面的封隔能力以及声学响应的影响。固井弱界面的形成不仅与胶凝材料粒子沿套管表面堆积以及水化有关，还受到搅拌、养护环境等许多因素的影响。影响界面微观结构和矿物组成的因素是多方面的，探讨界面的声学检测结果以及封隔能力更是错综复杂的。通过微观结构、声学响应及宏观力学等方面的室内实验，表明弱界面的问题与水泥的内在因素及外部环境影响密切相关，故此针对这两方面来剖析弱界面的劣化机理。

1.1　水泥内在因素对弱界面的劣化机理

1.1.1　室内实验

（1）A 级油井水泥本体和水泥环与套管界面处的微观结构。

首先对 A 级油井水泥进行水泥本体和水泥环与套管界面处的微观结构检测。井壁采用厚钢筒模拟，水泥环在水中静态养护 15d，电镜扫描图如图 1 所示。

从图 1 可以看出，水泥本体结构致密一些，水化产物的颗粒较小，而水泥界面处结构比较疏松，片状的氢氧化钙较多，水化产物结晶程度较高，晶体粗大且定向排列。

（2）G 级油井水泥本体和水泥环与套管界面处的微观结构。

在相同条件下，对 G 级油井水泥进行了检测，电镜扫描图如图 2 所示。

作者简介：王春娇，工程师，2008 年毕业于大庆石油学院，硕士学位，现从事大庆油田调整井钻井完井技术研究与分析工作。联系地址：黑龙江省大庆市红岗区钻井二公司；电话：0459_5608466；E-mail：wangchunj@cnpc.com.cn。

图1　A水泥本体与弱界面微观结构(a、b为本体，c、d为一界面)

图2　G水泥本体与弱界面微观结构(a、b为本体，c、d为一界面)

由于G级水泥在游离液、水化热、体积涨缩性方面均优于A级，与图1相比，图2水化产物颗粒较小，界面更致密，但同样存在弱界面现象。

这表明：不同标号的水泥造成的弱界面的薄弱程度也不相同，水泥内在因素能够造成套管-水泥环界面胶结薄弱。

1.1.2　劣化机理

(1) 边壁效应。

边壁效应主要是指胶凝材料粒子在邻近集料表面区域堆积密度的降低，集料表面附近区域小尺度胶凝材料粒子的浓度比在基体部分的要高，大尺度粒子的浓度比基体部分的要低。固井中水泥在成型过程中亲水性的套管对水的吸附力大于塑性浆体中水的内聚力，为成型过程中水分的迁移以及胶凝材料水化过程中 Ca^{2+}、Al^{3+} 和 SO_4^{2-} 等离子的迁移提供了条件，从而可能导致氢氧化钙及水化硫铝酸钙等在套管表面附近区域的富集。固井中边壁效应的存在导致套管表面附近区域浆体的孔隙率比基体部分的要高，产生弱界面现象。

(2) 微区泌水效应。

微区泌水主要是指水分在集料表面附近区域的富集。产生微区泌水效应的根本原因是水、胶凝材料粒子以及粗细集料粒子之间密度的差别，从而导致成型过程中，在重力作用下，混合料中的胶凝材料颗粒向下运动，水向上迁移，致使水分富集于邻近的集料表面。固井使用的水泥浆水灰比较大、颗粒级配不良、稳定性不好时，会出现较多的游离液，并在套管表面聚集水囊，使界面处结构较疏松。

(3) 套管与浆体硬化后膨胀系数差别。

水泥水化是个放热过程,特别在井下条件下、水泥量大、散热不佳,温度效应更为强烈。在水化早期,整个体系的温度会升高,套管与水泥环按照各自的膨胀系数膨胀。随着水化过程的延续,体系的温度逐渐降低,同样集料和浆体也会根据各自的膨胀系数收缩。这样会引起套管与水泥环界面胶结薄弱。

(4) 表观体积的收缩。

部分水泥表观体积的收缩,造成界面水化颗粒比较大,结构疏松。

1.2 外在因素对弱界面的劣化机理

油田地下环境复杂,属非均质、多压力层系结构,同一口井纵向上低渗透高压层与高渗透低压层并存,地层流体的高含水、高矿化度及流动性也是其突出特点。因此,低渗透高压性和高渗透低压性造成了弱界面,地层流体的渗流及腐蚀使其劣化加剧。

1.2.1 低渗透高压层造成的弱界面

(1) 室内实验。

实验得出压差对声波幅度的影响,如图3所示。其中压差小于1MPa,主要是针对低渗透高压层,即刚压稳或欠压稳地层,此时声波幅度偏高。

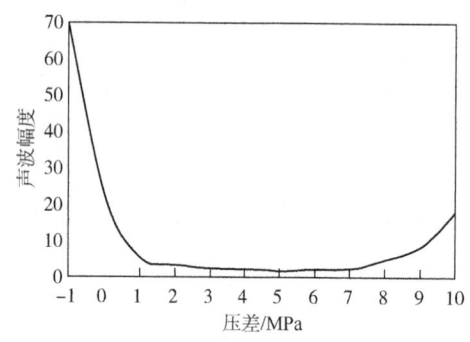

图3 压差对声波幅度的影响

(2) 劣化机理。

低渗透高压层的显著特点是泄压缓慢或根本泄不出来。钻井过程中,使用高密度钻井液影响顶替效率;同时,固井过程不能保证压稳,或候凝过程中水泥浆失重,水泥环内部的胶凝强度还未发展足够大,不能阻止地层中水侵入水泥环。由于套管对侵入水的吸附力,导致界面处形成高孔隙、低密度的弱界面,从而影响固井质量。这时弱界面问题往往会被掩盖,水窜后水泥环本体遭破坏、界面处窜槽等更严重的问题将更加突出。

1.2.2 高渗透低压层地层特性造成的弱界面

室内实验得出对于高渗低压层,存在钻井液在高渗透、高压差作用下形成的厚滤饼和微漏失两种状态。下面将根据这两种状态分析弱界面的劣化机理。

(1) 室内实验。

① 高渗透低压层滤饼状态室内研究。

通过采用滤网、人造岩心(图4)、砂床(图5)模拟地层时滤饼厚度的实验发现:在静态条件下,相同渗透性地层,滤饼厚度随着失水时间的延长有逐渐增厚的趋势;相同时间内,滤饼厚度随着地层渗透率的增大有逐渐增厚的趋势,渗透率继续增大,钻井液开始微漏失,滤饼变薄;随着地层的渗透率增大,即使滤饼

图4 人造岩心模拟地层滤饼形态图

增厚,水泥浆失水仍然增大。故此对于高渗透层而言,存在由于高渗透、高压差形成的厚滤饼和微漏失两种状态。

图 5 砂床模拟地层滤饼的形态图

形成厚滤饼的原因:对于高渗透性地层,在高压差作用下,钻井液失水,钻井液颗粒朝着井壁运移。由于渗透率较高,小颗粒逐渐随着滤液进入地层,大颗粒在地层上架桥,留在地层表面。随着钻井压差的持续作用,小颗粒在大颗粒上架桥聚集,更小的颗粒形成了滤饼的多层结构。故此,在不发生漏失的情况下,滤饼随着渗透率的增大,形成层数越多,滤饼越厚(图 6)。

微漏失的原因:随着地层孔隙度、渗透率的进一步增大,地层孔喉半径大,无论大小颗粒,在高压差的作用下侵入地层中。在地层表面没有架桥,不能形成有效滤饼。逐渐侵入的钻井液在地层内部填充,但水淹层地层流体的反向渗透、携带及水化扩散,使其失去堵塞作用。部分钻井液中的大颗粒相互搭桥,在高渗透地层表面形成致密滤饼(图 7)。在钻井过程中,高渗透层确实有一定量的钻井液损失,与室内实验现象相符。

图 6 滤饼背散射　　　　　　图 7 滤饼微漏失照片

② 高渗透地层上存在厚滤饼时室内实验。

a. 水泥环对套管的应力检测。

由于滤饼较厚、强度很低,实验中水泥环外采用薄铁皮模拟厚滤饼对水泥环的支撑。实验检测结果如图 8 所示。

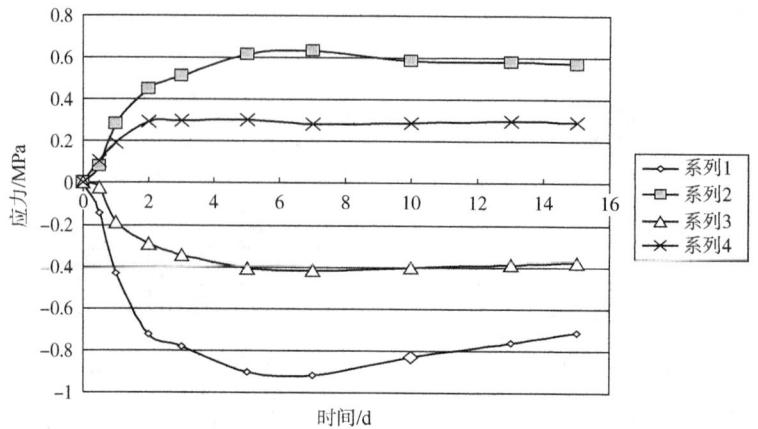

图 8 套管与水泥环界面及水泥环地层界面的应力曲线(系列 1、系列 2 硬支撑)(系列 3、系列 4 软支撑)

实验结果表明,当水泥环外存在软支撑的时候,造成了套管与水泥环之间的应力变小。故此,当高渗透地层上存在厚滤饼时,套管与水泥环之间的作用力变小。

b. 套管-水泥环界面微观结构及声学检测。

在之前的研究中已经发现随着水泥与地层之间滤饼厚度的增加,套管与水泥环之间的微观结构越疏松,声学检测的 BI 值越差,弱界面程度也就越加严重。

③ 高渗透地层钻井液微渗漏室内实验。

a. 钻井液微渗漏后水泥浆失水实验。

随着地层渗透率的增高,钻井液发生微渗漏,在高渗透地层上不形成滤饼或滤饼很薄。在其上进行水泥浆失水实验,实验结果见表 1。

表 1 钻井液微渗漏后水泥浆失水实验

实验条件	20~30 目砂床+无滤饼	20~30 目砂床+滤饼
A 级水泥原浆	2min30s 脱水	2min40s 脱水
G 级水泥原浆	4min00s 脱水	5min00s 脱水
低失水水泥浆体系	—	18min00s 脱水

从表 1 数据可以看出,水泥浆在高渗透地层上迅速脱水;钻井液在高渗透层发生了微渗漏后形成的滤饼质量很差,低失水水泥浆体系(API 失水小于 50mL)18min 也会脱水。

b. 水泥浆高失水对固井质量的影响。

室内采用钢壁 325 目+60 目筛网模拟地层,钻井液在 2MPa 压差下,失水 2h,形成 2.0~3.0mm 滤饼。进行水泥浆失水对固井质量影响实验,数据见表 2。

表 2 水泥浆失水对固井质量的影响

压差/MPa	0.0	1.0	4.0	7.0	8.5	9.5	11.0
失水量/%	0.0	1.0	3.0	5.0	8.0	10.0	15.0
BI 值	1.0	1.0	1.0	0.9	0.8	0.6	0.4

从表2中可以看出,钻井液微漏失后,水泥浆高失水造成了声学检测结果差。

(2)劣化机理。

在钻井过程中,为了压稳高压层,造成高渗透低压层压差较大。在高压差的作用下,高渗透层主要表现出厚滤饼和微漏失两种问题。在中、高渗透地层会造成较厚的滤饼,由于滤饼本身的强度较低,井壁对水泥环支撑力变小,造成套管与水泥环界面结构疏松,从而造成了较严重的弱界面问题。

此外,在超高渗透地层没有滤饼或者滤饼很薄,水泥浆在高渗透地层上会出现高失水。通过密度1.90g/cm³的水泥浆脱水实验得出,在高渗透层井壁附近,由于水泥颗粒的聚集,密度高达2.30g/cm³,而套管与水泥环界面处疏松、密度降低;同时表观体积减小,静液压力传递受阻,导致界面处水泥浆体积减小而不能有效补偿,造成了弱界面问题。

1.2.3 地层流体的渗流及腐蚀加剧了弱界面

(1)室内实验。

实验得出地层流体渗流流量与声幅关系曲线,如图9所示。从图9中看出,随着地层水的流动速度的增加,声幅也相应增加。

把水泥环分别放入静态自来水及动态地层水环境中进行养护,其微观结构如图10所示。

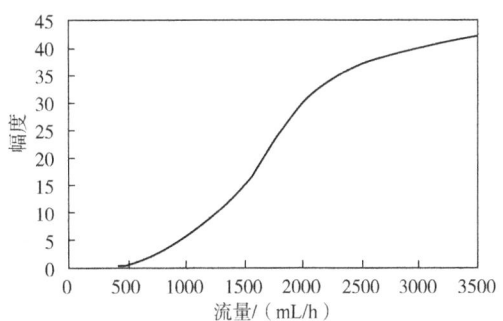

图9 350~450mD时渗流流量与声幅关系曲线

(a)自来水静态　　　　　(b)地下水动态

图10 A级水泥动静态养护条件下套管与水泥环界面处微观结构

图10(a)片状结构多,产物尺寸大,而图10(b)片状结构少,产物颗粒小。这是由于水化产物被腐蚀冲刷,使其颗粒变小的结果。经X射线衍射分析计算,自来水静态养护时水泥环界面处的氢氧化钙含量为36.4%,地下水动态养护时水泥环界面处的氢氧化钙含量为8.8%,氢氧化钙含量明显降低。

(2) 劣化机理。

对于长期的注采开发，地层流体特别是注入水和地层水的流动必然会使水泥与套管之间弱界面遭到冲蚀破坏；此外，动态地层流体具有一定的腐蚀性，能够溶解、置换出弱界面中定向结晶的氢氧钙石水化产物，从而加剧了界面薄弱程度。

2 改善途径

在从水泥内在因素及外部环境影响这两方面来剖析弱界面的劣化机理的基础上，进而探寻改善裂化程度，增强界面胶结合理、有效的途径。

2.1 针对水泥内在因素的改善途径

保证水泥浆体相对稳定，游离液少；水泥浆体系水化热要低；水泥石具有微膨胀的特性；振动固井技术；套管预处理技术。

2.2 针对外在因素的改善途径

2.2.1 针对地层特性的改善途径

如图11所示为地层渗透率与滤饼厚度的对应关系曲线，可分为三个区间。Ⅰ区主要为低渗透高压层，形成的滤饼较薄，造成弱界面的问题主要是失稳。高渗透低压层主要为Ⅱ区及Ⅲ区，通过对劣化机理的分析，针对Ⅱ区，滤饼最厚点 a 点之前，造成弱界面的原因主要为厚滤饼的问题；a 点之后厚滤饼的问题依然存在，同时伴有因水泥浆失水大而造成弱界面。

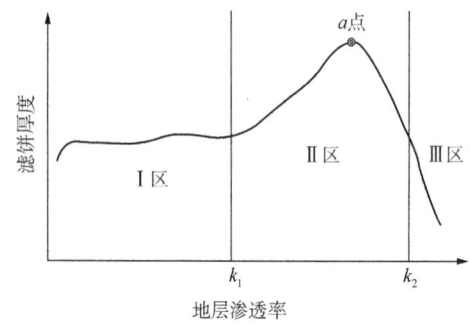

图 11 地层渗透率与滤饼厚度的关系曲线

针对Ⅲ区，主要问题是微漏失而造成弱界面。在表3中，分区提出改善途径。

表 3 提高界面胶结质量改善途径

区		改善途径
Ⅰ区		用速凝、早强、抗窜的水泥浆体系，减缓失重及地层水侵入； 采用管外封隔器、环空加压等技术，避免候凝过程中地层流体侵入； 高密度水泥浆、高密度前置液体系，保证压稳
Ⅱ区	a 点之前	改善钻井液性能，形成薄而致密滤饼； 使用冲洗隔离液，固化或减小滤饼厚度； 井壁加固技术，滤饼固化技术，MTC技术； 提高界面胶结质量的水泥浆体系：(1) 膨胀；(2) 增界面致密性
	a 点之后	防渗漏钻井液，形成薄而致密的滤饼； 提高界面胶结质量的水泥浆体系：(1) 膨胀；(2) 增界面致密性；(3) 降失水。 壁面剪切应力技术
Ⅲ区		钻开油层时，在钻井液中加入合适的堵漏材料，在井壁上形成较为致密的滤饼； 在固井时用防漏、降失水、界面胶结好的水泥浆体系

2.2.2 针对地层流体特性的改善途径

控制井下流体的流动速度及矿化度，减少水泥环的冲刷、腐蚀；优选钻井液体系，形成致密的滤饼,减少井下流体对水泥石的冲刷;使用防腐抗渗水泥浆体系。

由以上各途径可见,形成薄而致密的滤饼,增加弱界面的结合强度是降低弱界面劣化程度、提高固井质量的重要途径。从改善钻井液滤饼质量角度出发,解决弱界面劣化问题的途径主要有:通过清除表面浮滤饼,降低滤饼厚度,改善界面的结构,提高界面强度;提高滤饼的强度同时提高滤饼与水泥环的胶结强度,将固井界面的物理性结合转变为化学性亲和,从而提高界面强度和固井质量。为此,提出了针对性改善措施——固井界面增强剂技术。

3 固井界面增强剂技术

3.1 作用机理

固井界面增强剂由滤饼硬化剂、晶体诱导剂、化学反应剂和表面清洗剂等多种材料复合而成:清洗剂含有极性基团的低分子聚合物,清除表面浮滤饼;硬化剂形成空间网络结构,使滤饼发生硬化,提高强度;耦合剂增大两界面的相互渗透,促进两相的结合;诱导剂吸引硅酸根离子和钙离子在滤饼的孔隙中结晶生长;反应剂形成化学键来提高滤饼—水泥石界面胶结强度。其中硬化剂和诱导剂使形成的滤饼通过物理和化学作用发生固化,将界面的物理性结合转变为化学性亲和,从而提高固井水泥环一、二界面的胶结强度(见表4、表5)。

表4 一界面胶结强度对比实验结果

界面增强剂加入量/%	界面胶结面积/cm²	最大压脱力/kN	胶结强度/MPa	胶结强度增大比例/%
0.00	185.2	3.3924	0.183	0.00
0.20	174.9	3.7395	0.214	16.69
0.40	183.9	4.7955	0.261	42.34
0.60	186.7	17.205	0.921	402.95
0.80	185.9	57.277	3.081	1582.13
1.00	184.7	78.395	4.245	2217.37

表5 二界面胶结强度对比实验结果

界面增强剂加入量/%	界面胶结面积/cm²	最大压脱力/kN	胶结强度/MPa	胶结强度增大比例/%
0.00	106.0	4.251	0.401	0.00
0.10	106.3	6.270	0.590	47.09
0.20	107.3	11.367	1.059	164.10
0.40	109.6	26.015	2.373	491.86
0.60	105.8	39.781	3.759	837.49
1.00	89.9	45.319	5.038	1156.62

3.2 界面扫描电镜分析

通过扫描电镜照片(图12)可见:水泥环水泥石本体结构致密,水化产物的颗粒较小。而水泥环与滤饼结界面处结构比较疏松,片状的氢氧化钙较多,水化产物结晶程度较高,晶体粗大,这说明固井中的界面胶结存在着界面薄弱过渡区,如图13(a)所示。弱界面较本体疏松,孔渗增大,是影响固井质量的重要原因。

图13(b)、图14(b)是在钻井液中添加了1%的固井用界面增强剂后并经过15天养护后

的水泥环与滤饼界面处的扫描电镜照片。由图 13 和图 14 可见：添加界面增强剂后，形成的水泥环滤饼界面结构比较致密，水化产物的颗粒较小，强度显著提高。

（a）放大250倍　　　　　　　　　　　（b）放大2000倍

图 12　水泥环本体扫描电镜照片

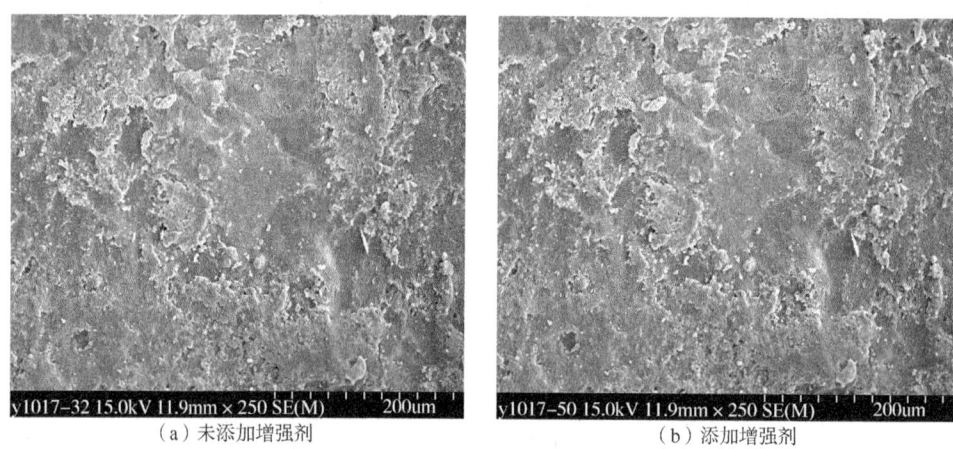

（a）未添加增强剂　　　　　　　　　　（b）添加增强剂

图 13　放大 250 倍的水泥环滤饼界面扫描电镜照片

（a）无增强剂　　　　　　　　　　　　（b）添加增强剂

图 14　放大 2000 倍的水泥环滤饼界面扫描电镜照片

3.3 现场应用效果

固井界面增强剂在室内实验中显示出突出的效果,因此,2013—2017 年共开展现场试验 6012 口,优质率 77.16%,提高固井质量效果显著(表6)。

表 6 固井界面增强剂实验情况

实验年份	2013 年	2014 年	2015 年	2016 年	2017 年	总计
实验井口数/口	1449	1421	1087	1142	913	6012
优质率/%	72.74	72.34	72.49	80.99	92.44	77.16

4 结论

(1) 弱界面的劣化受水泥的内在因素和外部环境等多种因素影响。

(2) 形成薄而致密的滤饼,增加弱界面的结合强度是降低弱界面劣化程度、提高固井质量的重要途径。

(3) 固井界面增强剂可以明显改善固井水泥环第一、二界面的胶结强度,现场应用后固井质量优质率提高 10.09%,效果显著。

低密度水泥固井质量评价方法探讨研究

王 欢[1] 杨秀天[1] 李吉军[1] 侯春会[2]

(1. 大庆钻探工程公司;2. 中国石油测井有限公司大庆分公司)

【摘 要】 随着低密度水泥固井技术的广泛应用,低密度井段固井质量的准确评价备受关注。应用常规密度水泥固井质量评价方法对其进行评价存在不合理性。本文通过建立室内模拟评价装置,进行室内模拟声波测井检测,得出低密度水泥胶结良好时的首波幅度。同时应用检测的低密度水泥石的纵波声速等参数,进行数值模拟理论计算。物理模拟实验与数值模拟计算结论一致,且符合率较高。可以看出,低密度水泥在完全填充环空的情况下,与常规密度水泥相比声波幅度升高。将模拟实验检测、数值模拟计算与现场实测结果进行对比分析,为量化评价低密度水泥固井质量提供依据。

【关键词】 低密度水泥;固井质量评价;声波测井;数值模拟

随着石油勘探开发的深入,钻遇低压地层、薄弱地层等越来越多,为了防止固井液漏失并有效保护油气层,固井过程中通常采用低密度水泥固井。低密度水泥浆体系正伴随着地下复杂情况的处理而逐渐发展和完善,目前已经成为深井、超深井一次性上返固井主要技术。低密度水泥中通常需要加入减轻剂,密度低于 $1.75 g/cm^3$。通常 $1.30 g/cm^3$ 水泥石的声阻抗约为 $1.90 g/cm^3$ 水泥石声阻抗的 $1/2^{[1]}$,这就使得低密度水泥环与套管的声耦合要比常规密度水泥差,造成了采用常规密度水泥固井质量评价标准对其进行评价时,存在偏差,甚至导致错误的评价。

本文通过建立室内模拟评价装置,进行室内低密度水泥声波测井实验,检测不同密度水泥在完全填充环空的条件下的声响应情况,同时应用检测的低密度水泥声参数进行数值模拟理论计算,对比两种方法得到的结论,从理论与实验两方面证实低密度水泥胶结测井声响应的结果,并与现场实测结果进行对比分析。

1 标准中低密度固井质量评价方法

针对低密度水泥的固井质量,标准中给出了一些评价方法。其中,中国石油天然气总公司 1990 年推荐的固井质量评价标准中,明确指出,仅适用于常规密度水泥固井评价。

在 SY/T 6592《固井质量评价方法》[2] 5.10 低密度水泥固井质量评价中,给出了低密度水泥固井的相对声幅或衰减率评价指标与常规密度水泥固井评价指标相比,可适当放松。对于密度大于 $1.30 g/cm^3$ 小于 $1.75 g/cm^3$ 的低密度水泥,可以用胶结比 BR 评价水泥胶结质

作者简介:王欢,女,1975 年生,高级工程师,大庆油田有限责任公司复杂区调整井固井技术专业学术带头人,就职于大庆钻探工程公司钻井工程技术研究院,主要研究方向为固井技术与固井质量评价技术。E-mail:wanghuan005@cnpc.com.cn。

量。也可以用胶结比和水泥环纵向有效封隔长度来评价层间封隔性能。评价指标与常规密度水泥固井相同。

应用胶结指数或胶结比来评价固井质量时，不同密度水泥完全填充环空，并胶结良好时的声幅值 A_g 成为评价中的一个较为关键的参数［式（1）］。对于不同密度水泥，由于声参数不同，其声学响应有所不同，在完全填充环空且胶结良好时的声幅值不同，如果应用 1.90g/cm³ 密度的最小声幅来评价低密度水泥，必然会造成评价结果的不准确，并且会得出低密度水泥固井质量不好的结果，但实际上，只是声波幅度的变化，而水泥环的填充状态良好，这样的评价对于低密度水泥并不合理，因此，对于低密度水泥完全胶结的声波幅度需要经过物理模拟实验及数值模拟计算等方法进行求证，以便应用声波法合理评价低密度水泥环的固井质量。

$$BR=\frac{\lg A-\lg A_{fg}}{\lg A_g-\lg A_{fg}}$$

式中：BR 为胶结比；A 为计算点的声幅值，% 或 mV；A_{fg} 为自由段套管声幅值，% 或 mV；A_g 为当次固井水泥胶结最好井段的声幅值，% 或 mV。

2 低密度水泥固井质量评价的方法的研究现状

在低密度水泥封固质量评价方面，Masson 和 Bruckdorfer 等在低密度实验井中进行了实验，给出声波衰减率与水泥抗压强度关系式，但没有从理论上进行分析。国内的章成广、田鑫等[3]认为采用常规固井解释标准评价 I 界面水泥胶结时，需要进行校正，并建立了低密度水泥固井的套管波幅度校正关系式。胜利油田侯庆功等[4]为了对低密度水泥浆固井质量进行评价，建造了低密度水泥浆固井质量模型，通过模拟实验研究了水泥浆固结硬化为水泥石的一段时间内，其声波速度、声阻抗及抗压强度、剪切力等参数的变化规律。步玉环、罗勇等[5]进行了低密度水泥抗压强度与声阻抗实验，得出不同类型低密度水泥石，抗压强度与声阻抗具有良好的线性关系，并给出了基于抗压强度的低密度水泥浆体系套管波声幅值计算公式。郑友志、郭小阳等[6-7]研究了高、中、低密度混合材水泥石的声速特征，认为混合材类的高、低密度水泥石实验中，声速与强度关系不明确正相关，并建议用声波水泥胶结测井结果进行固井质量评价时，不能忽视混合材水泥浆设计对测井结果的影响。魏涛、王永松等[2]认为现场实践和研究固井质量评价应采用多信息综合评价，对于低密度水泥固井，最好应用胶结比或胶结指数。

可以看出，国内外普遍认为低密度水泥固井质量与常规密度水泥的评价标准不应相同，并采用多种方法对低密度水泥固井质量进行研究，包括数值模拟、物理实验等，取得了一定的认识，并给出了几种低密度水泥固井质量评价的校正方法，但方法不统一，且存在一定的争议。

3 室内模拟评价实验方法

室内建立了套管井模型井模拟装置，如图 1 所示，采用 1:1 的比例对固井水泥环进行模拟。套管采用现场应用的 5½in 套管，外径 139.7mm，壁厚 7.72mm，模拟地层采用天然砂岩岩心,可模拟不同孔隙度、渗透率、饱和度条件下的地层。模拟井眼直径228mm,模拟地层厚度可满足"边界无限"的要求。该装置可模拟水泥环所处的井下环境,包括温度、地层以及地层流体。在该模拟装置的基础上,建立了声波胶结测井系统,可对不同水泥环及胶结状态进行声波胶结测井(CBL)。

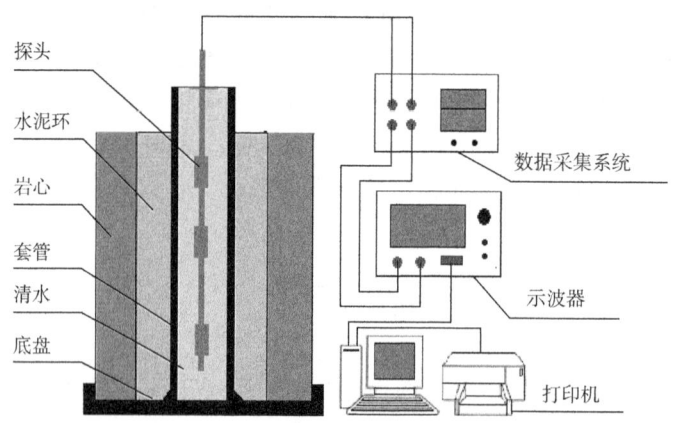

图1 声波胶结测井模拟检测系统

4 低密度水泥与常规密度水泥胶结测井结果

水泥浆注入模拟环空后,便开始进行声波测井检测,随着水泥在模拟条件下的不断水化,持续检测首波幅度的变化情况。实验持续时间约为15天,测井结果如图2所示。

从图2中可以看出,水泥浆密度不同,在环空完全填充水泥的状态下,得到的胶结指数不同,胶结指数的计算方法为常规密度水泥石的计算方法。

在水泥环存在缺陷的情况下,也会出现声波幅度的升高,这种情况并非本文研究范围,也就是当测井结果存在多解性的情况下,本文所得到的规律并不适用。

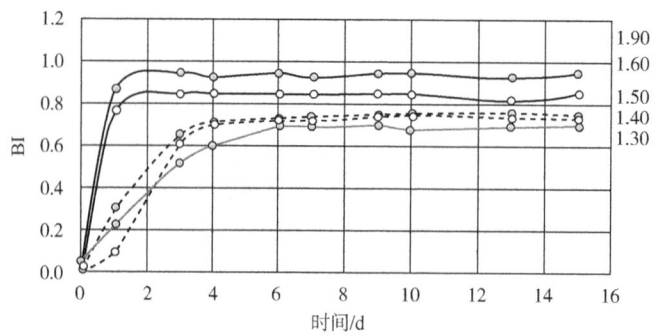

图2 不同密度水泥胶结指数曲线

5 低密度水泥石声学性能检测

实验用水泥与物理模拟实验相同,且养护条件相同,实验设备采用CTS-25超声波非金属超声探测仪。检测了低密度水泥随养护时间延长,纵波声速的变化情况,以及低密度水泥石声速与抗压强度的关系。图3给出了不同密度水泥石声速随时间的变化情况。

从图3中数据可以看出，随养护时间延长，水泥石声速增大，但自21d至30d声速变化不大，趋于稳定。水泥石密度升高，其纵波声速增大，纵波声速与水泥石的密度相关其原因在于，水泥石密度低，则减轻剂的量加大，使得水泥石纵波声速降低。

6 数值模拟计算

数值模拟软件的建立采用柱状源模型，柱状源是用局部表面径向振动的无限长刚性柱来模拟测井声系。点状源与柱状源波形规

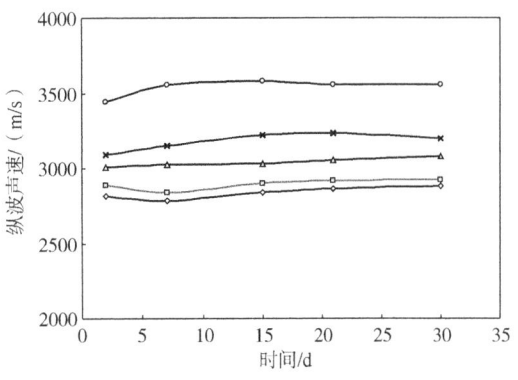

图3 不同密度水泥石声速随时间变化规律

律相同，物理结论一致，点状源在机理研究中有方便之处，柱状源更接近实际测井声系。应用数值模拟软件对不同密度水泥石完全填充状态下的声响应结果进行计算。声参数为同等条件下检测得到（表1）。

表1 各层介质声参数

介质	密度/(kg/m³)	纵波速度/(m/s)	纵品质	横波速度/(m/s)	横品质
水	1000	1500	50	—	—
套管	7500	1000	3350	1000	—
钻井液	1450	1540	20	—	—
砂岩地层	2370	2900	100	1740	100
泥岩地层	2610	5500	100	3300	100
1.30水泥石	1300	2830	50	1500	50
1.40水泥石	1400	2900	50	1537	50
1.50水泥石	1500	3000	50	1620	50
1.60水泥石	1600	3200	50	1728	50
1.70水泥石	1700	3300	50	1782	50
1.80水泥石	1800	3400	50	1972	50
1.90水泥石	1900	3600	50	2160	50

计算结果如图4所示。数值模拟计算结果与室内模拟实验结果相似，随水泥石密度的增大，声幅减小，胶结指数增大，且在完全填充及胶结良好的状态下，仅由于水泥石的声阻抗变化，引起的声响应变化，因此，对于低密度水泥应建立适用的评价方法。

对比室内模拟评价实验检测结果与数值模拟计算结果，见表2，可以看出，两种方法所得到的首波幅度符合率很高，一方面说明理论计算与实际相符，主要是因为计算中的声参数为模拟条件下检测得出，另一方面说明实验规律更为科学，由于理论与实测相吻合，虽然存在一定的差异，但结果相近。

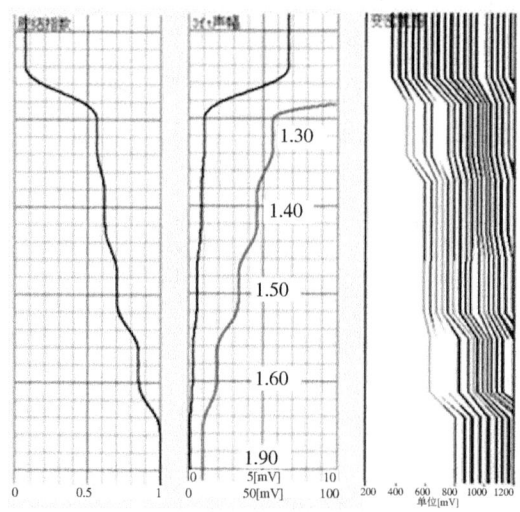

图 4 不同密度水泥环数值模拟计算图

表 2 物理模拟实验与数值模拟计算数据对比

序号	水泥浆密度/ (g/cm³)	室内模拟评价实验		数值模拟计算		声波幅度符合率/%
		首波幅度	BI	首波幅度	BI	
1	1.30	4.64	0.69	4.68	0.69	99.1
2	1.40	4.16	0.76	4.08	0.72	98.1
3	1.50	3.36	0.76	3.48	0.75	96.6
4	1.60	2.35	0.85	2.40	0.84	97.9
5	1.70	—	—	1.92	0.89	—
6	1.80	—	—	1.28	1.02	—
7	1.90	1.08	1.02	1.10	1.02	98.2

7 现场实例

现场测井低密度井段通常声波幅度偏高，但较难区分是由于界面胶结质量造成的影响，还是由于低密度水泥声响应产生的影响，给出了两口井的测井声幅图，采用与常规密度评价方法相同，图 5 为古 6xx 井，1800m 以上为 1.60g/cm³ 低密度井段。图 6 为徐深 6xx 井，3100m 以上为 1.40g/cm³ 低密度井段。

图 5 中，1.60g/cm³ 低密度井段，胶结最好的井段声波幅度为 2.0mV，室内模拟测井结果为 2.35mV，数值模拟计算结果为 2.40mV，数值比较接近。而且从图 5 变密度波形可以看出，虽然低密度井段有幅度，但地层波非常明显，且未出现明显的套管波，这说明一界面胶结良好，认为这种情况下的测井结果是由于水泥密度低产生的影响，而与界面胶结程度关系不大。

图 6 中，1.40g/cm³ 低密度井段，胶结最好的井段声波幅度为 4.0mV，室内模拟测井结果为 4.64mV，数值模拟计算结果为 4.68mV，也相对比较接近，变密度波形虽然与图 5 不

同，但也可见明显的地层波信号，主要原因是水泥石密度低，对声波的传播造成了影响，但由于一界面胶结情况较好，因此，变密度可见较强的地层波信号。

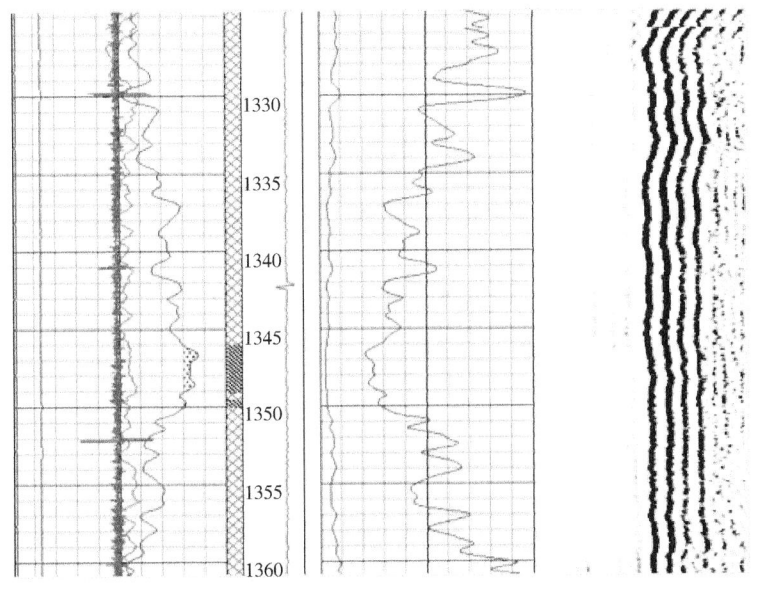

图 5 古 6xx 井现场测井声幅图

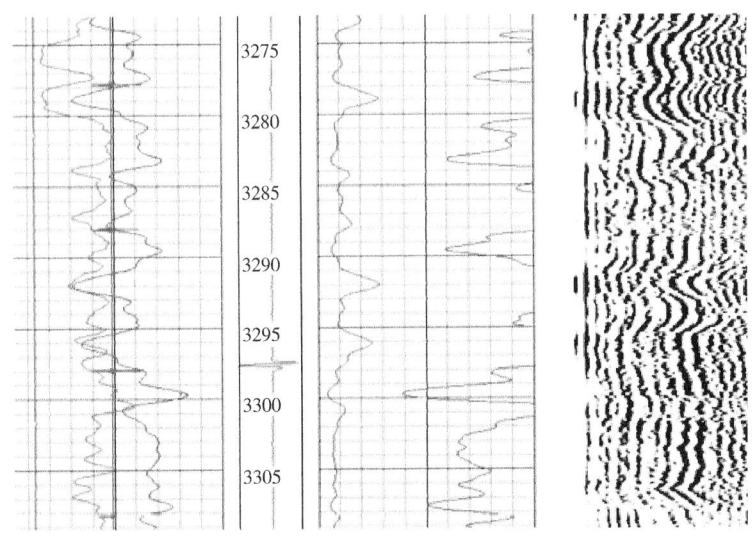

图 6 徐深 6xx 井现场测井声幅图

从现场测井声幅图，室内模拟实验及数值模拟计算结果可以看出，如果选择合适的最小声幅，在现场测井中进行应用，可以对低密度水泥现场测井结果进行有效的校正。仍然可以应用声波变密度的方法检测与评价低密度水泥的固井质量。

8 结论与建议

（1）对于同一低密度体系，随水泥石密度的降低，声速降低。由于声参数的不同，声响应结果存在较大的差异。

（2）物理模拟实验与数值模拟计算方法均证实，低密度水泥声响应与常规密度水泥石存在较大差别。因此，固井质量评价时应采用不同的评价标准。

（3）对于漂珠低密度水泥体系，依据模拟实验数据与数值模拟计算结果，给出了密度 $1.30g/cm^3$、$1.40g/cm^3$ 与 $1.50g/cm^3$ 低密度水泥胶结良好时的最小声幅，其他密度点可依据此方法进行最小声幅的确定。并应用胶结指数或胶结比的方法评价低密度水泥固井质量。其他低密度水泥浆体系可参照此方法进行评价。

（4）建议形成低密度水泥固井质量评价的模板，为低密度水泥固井质量的精细评价提供参考。

（5）除水泥胶结测井检测外，建议评价低密度水泥的水力封隔能力，判断固井质量是否满足现场要求。

参 考 文 献

[1] 郑友志. 混合材水泥石声学特性的实验研究初探[D]. 成都：西南石油学院，2005.

[2] SY/T 6592—2014 固井质量评价方法[S].

[3] 田鑫，章成广. 低密度水泥对 CBL/VDL 评价固井质量影响[J]. 内蒙古石油化工，2005，31(6)：113-114.

[4] 侯庆功，姜文芝，谢景平，等. 低密度水泥浆固井质量评价刻度试验研究[J]. 测井技术，2010，36(1)：5.

[5] 罗勇，宋文宇，步玉环，等. 低密度水泥固井质量评价方法的改进[J]. 天然气工业，2012，32(10)：59-62，114.

[6] 郑友志，郭小阳，蒋永祥，等. 混合材水泥浆组分与强度性能对水泥石声速特性的影响研究[J]. 天然气工业，2005，25(11)：59-61.

[7] 郑友志，郭小阳，陶双福，等. 影响声波水泥胶结测井结果的因素[J]. 国外测井技术，2007，22(6)：4.

吉林油田双坨子储气库固井水泥浆体系优选及应用

贺浩强[1]　冯水山[1]　张 弛[2]　孙国强[1]　项忠华[3]　冷 雪[1]　陈小旭[1]

(1. 大庆钻探钻井生产技术服务二公司；2. 中国石油集团钻井工程技术研究院；
3. 吉林油田钻井工艺研究院)

【摘　要】 2019 年吉林油田在双坨子地区部署了 3 口储气库注采井，固井主要存在封固段长易漏、温度低、水泥石强度发展缓慢以及对水泥石韧性要求比较高等技术难点。针对上述固井难题，与中国石油钻井院完井所、吉林油田钻井院联合开展固井技术攻关，形成了一套以高强低密度水泥浆、韧性防窜水泥浆体系为核心的固井配套工艺技术，有效地保障了双坨子储气库井的固井质量，为双坨子储气库井的长期安全运行打下了坚实的基础。

【关键词】 双坨子；储气库；高强低密度；韧性防窜；弹性模量；固井质量

吉林油田双坨子储气库是国家战略能源储备储气库之一，构造位置隶属于松辽盆地南部中央坳陷区华字井阶地南部，有效库容 $11.21×10^8 m^3$，有效工作气量 $5.12×10^8 m^3$。双坨子储气库属枯竭气藏，储层压力系数低(0.2~0.4)，地层承压能力弱，钻完井易发生坍塌、卡钻及严重漏失等问题；注采过程井筒承受剧烈交变载荷，钻井和固井难度大，必须解决防漏堵漏和井筒长期运行的密封难题。针对上述难点，联合多方力量开展固井技术攻关，通过对固井工艺、水泥浆体系、井下工具等方面进行细致的研究，形成了以韧性防窜水泥浆为核心的固井工艺技术，有效地保障了双坨子储气库的固井质量。

1　固井难点

1.1　地质条件复杂，易垮塌、漏失

双坨子地区上部地层成岩性差，胶结疏松，泥岩易塌；下部储层段属于"低孔隙低渗透"地层，地层压力系数低，漏失风险大。

1.2　保证套管安全下入及居中度困难，顶替效率难以保证

大斜度井和水平井套管在自重作用下易贴井眼底边，形成巨大摩擦阻力，影响套管的安全下入，通常情况下为了减少摩阻、便于套管下入，一般会控制扶正器数量，这又使套管居中度无法保证，从而影响顶替效率。

1.3　地层温度低、封固段长，对水泥浆体系综合性能要求高

温度低，易导致水泥石抗压强度发展慢，特别是上部使用低密度水泥浆，顶部水泥石

作者简介：贺浩强，高级工程师，2004 年毕业于东北石油大学石油工程系，现从事固井技术研究工作。联系地址：吉林省松原市松江大街 2407 号；邮编 138000；电话 0438-6223046；E-mail：syhys0438@163.com。

强度发展更加缓慢;低温条件下,水泥浆失水量不易控制。

1.4 储气库注采过程受交变应力,对井筒的完整密封性要求

储气库注采过程中井筒内温度及压力周期性变化容易导致水泥环密封完整性受到破坏,这就要求水泥石具有低弹性模量、高泊松比的特点,变形能力强,在围压条件下具有良好的韧性,受套管膨胀挤压时不易破裂。

储气库运行周期长,强注强采,对入井的套管、固井工具、附件之间的连接气密性要求较高,坨库H7井177.8mm固井采用尾管悬挂+回接方式固井,悬挂器组件的密封完整性直接关系到本井固井的成败[1]。

2 固井工艺措施

2.1 强化井眼准备

(1)固井前做地层承压试验,强化地层承压堵漏措施,提高地层承压能力,保证井壁稳定,固井前以此为依据,进行平衡压力固井设计。

(2)双扶通井,在不规则井段加强短起下钻作业,确保井眼通畅,起下钻摩阻正常,套管能安全下放到位(水平井造斜井段,一柱一划,最大程度清洁井眼)。

(3)大排量通井,保证环空返速,全过程开启固控设备(振动筛、除泥器、离心机),清除井内有害固相,最大程度清洁井眼。

(4)使用奥格特套管居中软件对居中度进行分析,根据软件模拟结果合理确定安放扶正器的类型及安放位置,保证套管居中度。

2.2 钻井液性能控制

(1)下套管前:准备高黏钻井液大排量裹砂一周,确保井底清洁;封闭液老化性能控制,满足n值不小于0.72,动切力不大于8Pa,失水不大于8mL,滤饼不大于0.5mm。

(2)下完套管后:套管下到底后单阀循环,泵压正常平稳后然后逐渐提高排量至正常排量,循环周数达到2周以上,循环环空返速大于1.2m/s,固井前循环过程中时刻监测进出口密度,要求进出口密度一致,出口无有害固相返出。

(3)固井前:尽量降低钻井液黏度、切力和摩阻,保证钻井液性能达到低黏、低切,漏斗黏度控制在50s以内,有利于提高顶替效率。

2.3 前置液优化设计

应用了北京钻井院高性能前置液体系,该前置液具有合适的黏度和静切力,良好的流动性和固相颗粒悬浮性,能够更好地对冲刷掉的滤饼进行携带,防止滤饼下沉堆积造成憋泵事故,也能够较好地对水泥浆和钻井液进行有效的隔离和驱替,给水泥浆提供一个清洁干净的胶结环境,提高水泥浆顶替效率和界面胶结质量。为了加大冲洗、隔离效果技套固井和油层固井用量一般在25m³左右(图1)。

2.4 固井施工参数优化设计

按照地层压力合理设计环空液柱结构及水泥浆密度、分段位置,保证液柱压力小于最薄弱的地层所能承受压力。采用变排量顶替工艺,替量前期采用紊流顶替,后期采用塞流

顶替。并用奥格特固井施工软件对整个施工过程进行动态模拟，优化固井施工参数，确保在整个固井施工过程中不压漏薄弱地层。

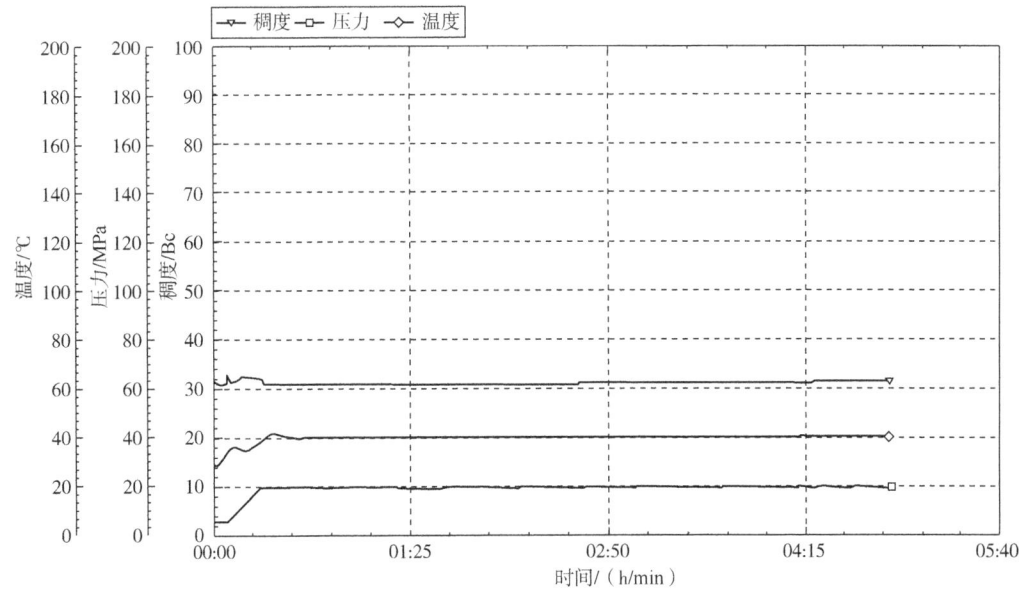

图1 混浆稠化曲线（水泥浆：隔离液：钻井液=70：20：10）

3 水泥浆体系优选

水泥浆的性能是提高固井质量的主要因素之一，针对双坨子储气库固井存在的技术难点，优选的水泥浆体系应满足以下几点要求。

（1）参照地层承压试验的结果，降低井漏的风险，领浆应优选高性能低密度水泥浆体系，水泥浆密度不宜超过1.65g/cm³，并且要求体系的稳定性好，失水量低，早期强度发展迅速。

（2）储层段水泥浆具有良好的综合性能。

① 要求水泥石弹性模量低，韧性好，变形能力强，不易破裂。

② 良好的防窜性能。水泥浆的自由水为零，防止在大斜度井高边形成水带，造成油气水窜；API失水量不大于50mL。在大位移井中，油气层裸眼段长，水泥浆与油层接触面积大，由于水泥浆失水，不仅会加大油气层污染，而且会导致水泥浆变稠，流动阻力增大，影响顶替效率；具有良好的沉降稳定性。否则水泥浆在自身重力作用下上稀下稠，分层严重，不能形成满足水泥环的整体均匀的水泥石质量要求，严重时导致封隔失败[2]。

综合以上因素并结合水泥浆实验效果，领浆优选了稳定性好、早期强度发展快的高强低密度水泥浆体系（密度1.50~1.65g/cm³），尾浆优选了变形能力强，抗压强度高的韧性防窜水泥浆体系（密度1.87~1.92g/cm³）。

3.1 高强低密度水泥浆

高强低密度水泥浆配方：大连G级水泥+15%增强材料DRB-1S+25%优质漂珠+3%降失水剂DRF-3S+1.0%分散剂DRS-1S+0.2%稳定剂DRK-3S+2%早强剂DRA-1S+66%清

水+0.3%消泡剂 DRX-1L+0.3%抑泡剂 DRX-2L+X%缓凝剂 DRH-1L。

从表1和图2的实验数据可以看出高强低密度水泥浆综合性能良好，同普通低密度水泥浆相比优势体现在以下几个方面。

（1）高强低密度水泥浆性能稳定，沉降密度差为0。

（2）具有比较低的失水，失水量可以控制在50mL以下。

（3）流变性能适中，根据需要可控制在22.5~23cm。

（4）抗压强度发展迅速。30℃条件下48h的抗压强度可达12MPa以上；50℃条件下48h的抗压强度可达16MPa以上。

（5）弹性模量低，韧性好。

（6）水泥浆的稠化时间根据施工需要，可以用缓凝剂进行调节，水泥浆稠化曲线平缓，过渡时间短。

表1 高强低密度水泥浆综合性能

项目	高强低密度	普通低密度
密度/(g/cm^3)	1.60	1.60
API 失水/mL	<50	100~150
游离液量/%	0	0.1
沉降密度差/(g/cm^3)	0	0.02
流动度/cm	22.5~23.0	24~25
45℃×16MPa×25min 稠化时间/min	>200	>200
30℃顶部抗压强度/MPa	12~15(48h)	8~10(48h)
50℃底部抗压强度/MPa	15~20(48h)	10~15(48h)
7d 顶部弹性模量/GPa	4.5~5.5	—

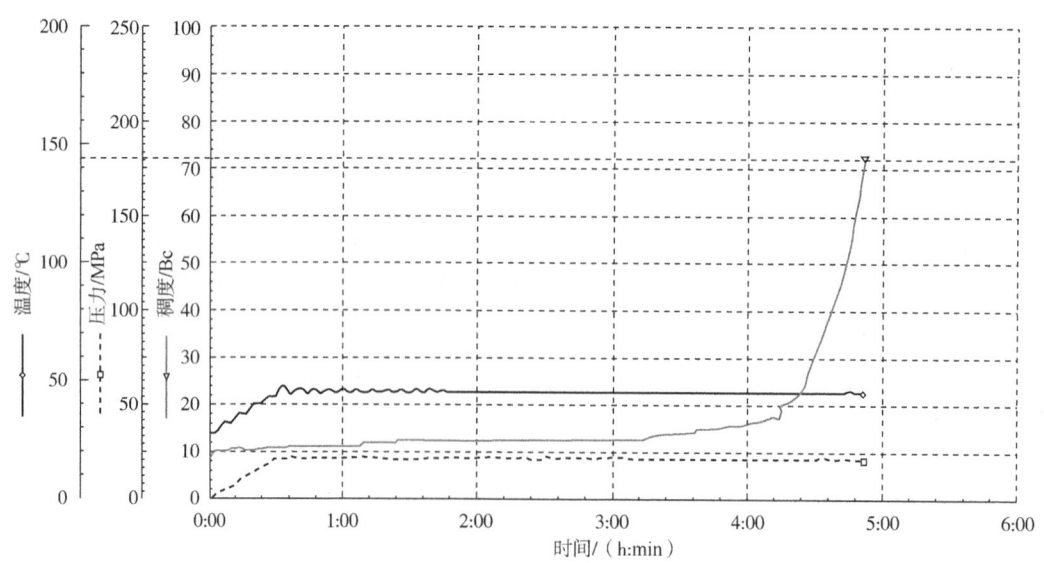

图2 高强低密度水泥浆稠化曲线

3.2 韧性防窜水泥浆

(1) 韧性防窜水泥浆综合性能评价。

韧性防窜水泥浆配方：大连 G 级水泥+3%增强材料 DRB-1S+2%降失水剂 DRF-3S+2%膨胀增韧材料 DRE-3S+2%防窜材料 DRT-1S+0.4%分散剂 DRS-1S+0.1%稳定剂 DRK-3S+4%早强剂 DRA-1S+45%清水+0.3%消泡剂 DRX-1L+0.3%抑泡剂 DRX-2L+X%缓凝剂 DRH-1L。

从表 2 的实验对比数据可以看出，与普通的微膨胀水泥浆相比，韧性防窜水泥浆综合性能更加突出：游离液为 0；失水量控制在 20~30mL；流动度一般在 23cm 左右；抗压强度发展迅速，24h 可达 20~30MPa；沉降稳定性好，上下不分层；稠化时间可调性好，过渡时间短，从图 3 可以看出过渡时间一般在 10min 左右。

表 2 韧性防窜水泥浆与微膨胀防窜水泥浆综合性能对比

项目	韧性防窜水泥浆	微膨胀防窜水泥浆
密度/(g/cm³)	1.90	1.90
API 失水/mL	20~30	40~50
游离液量/%	0	0
沉降密度差/(g/cm³)	0	0.01
流动度/cm	23	23
45℃×16MPa×25min 稠化时间/min	90~120	90~120
50℃底部抗压强度/MPa	20~30 (24h)	15~20 (24h)

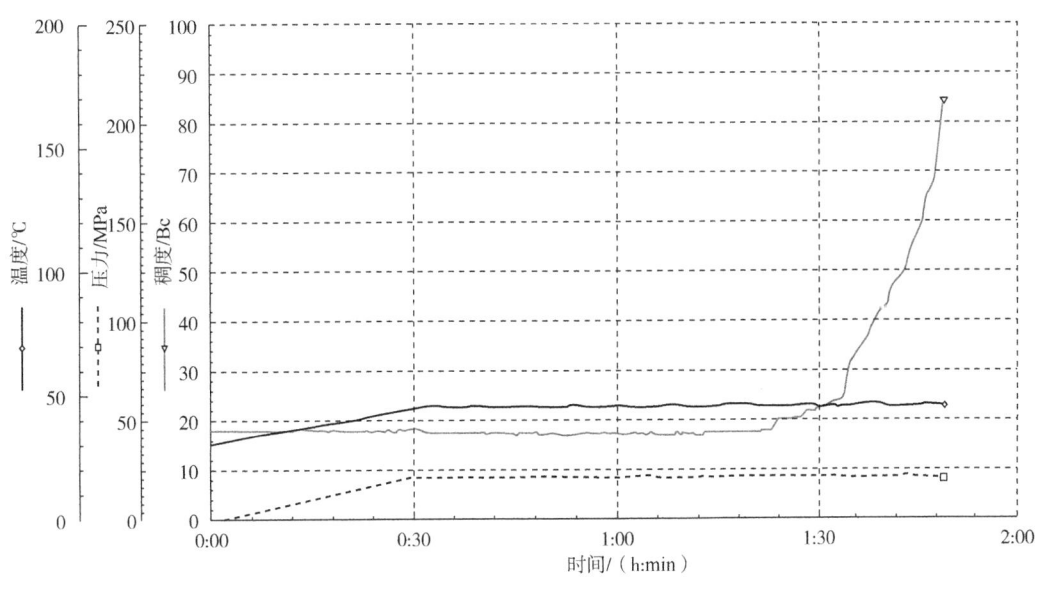

图 3 韧性防窜水泥浆稠化曲线

（2）水泥石力学性能评价。

储气库井注采过程中的压力使套管产生形变，常规水泥石形变量有限，难以抵抗高压产生的套管形变[3]。为提高管内压力变化后水泥环完整密封性，室内使用三轴应力应变测试仪对韧性水泥浆体系应力应变进行分析，试验结果如图4所示。

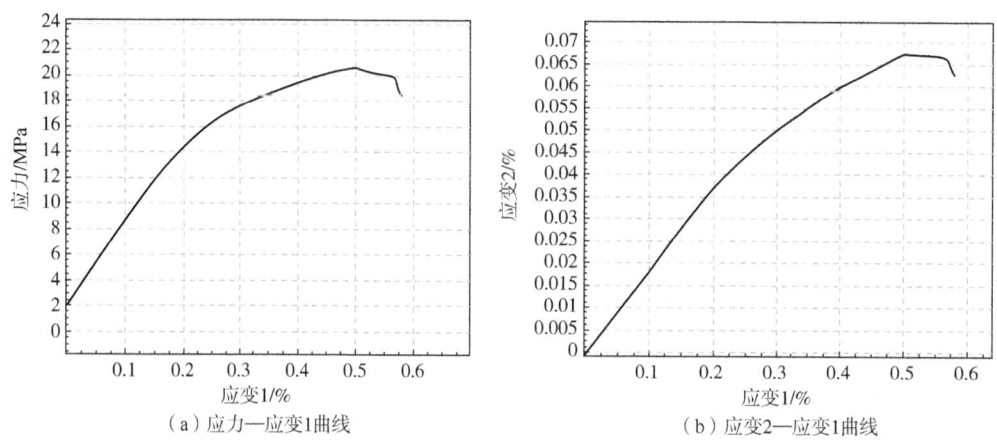

(a) 应力—应变1曲线　　　　(b) 应变2—应变1曲线

图4　韧性防窜水泥石应力应变曲线图

从图4可以看出该水泥浆体系形成的水泥石韧性好，具有较低的弹性模量，与普通水泥石相比弹性模量降低30%[4]以上，7d的弹性模量在5GPa左右，水泥石变形能力强，有效地提高了水泥环承受交变应力条件下的密封完整性，满足储气库固井技术要求。

4　固井实例

2019年双坨子地区累计固井施工10井次，其中339.7mm表套固井施工1次，508mm表套固井施工2次；244.5mm技套固井施工1次，273mm技套固井施工2次；139.7mm生产套管固井施工1次，177.8mm生产套管固井施工3次。其中技术套管固井合格段占比88%，优质段占比81%。生产套管固井合格段占比99%，优质段占比94%。获得了油田甲方的好评。

其中坨库3-1井139.7mm生产套管完钻井深1462m，套管下深1460m，水泥浆返至地面。采取了井眼清洁、居中设计、防漏设计、压稳设计等措施，下完套管后，通过加入降黏剂使得钻井液漏斗黏度控制在50s以内，动塑比在1~2，n控制在0.6~0.8。前置液采用8m³冲洗液+25m³隔离液的组合方式。在0~900m，领浆使用密度为1.60g/cm³的高强低密度水泥浆，900~1460m，尾浆使用密度为1.90g/cm³的韧性防窜水泥浆。顶替中采用紊流、塞流相结合的顶替排量，前期排量大于2.0m³/min，后期压力升高，为降低井漏的风险，排量降到0.8m³/min。

现场严格按照固井设计的要求进行施工，整个施工过程顺畅，固井过程未发生井漏，72h声幅显示固井质量优良，其中合格段占比99%，优质段占比94%，获得了甲方的一致好评。

5　结论及认识

（1）高强低密度水泥浆体系稳定，强度发展迅速，有利于提高上部地层封固质量。

（2）韧性防窜水泥浆体系具有零析水、失水少、沉降稳定性好、防窜性能强等特点，形成的水泥石弹性模量低，变形能力强，为储气库井的长期安全生产打下了坚实的基础。

（3）高强低密度水泥浆和韧性防窜水泥浆成功应用于吉林双坨子储气库注采井，固井质量优良。

参 考 文 献

[1] 李进，刘铁权，邓春来，等．辽河油田双坨子储气库固井技术研究与应用[C]//《2012年固井技术研讨会论文集》编委会．2012固井技术研讨会论文集．北京：石油工业出版社，2012：399-405.

[2] 张明昌．固井工艺技术[M]．北京：中国石化出版社，2007：55-60.

[3] 万向臣，魏周胜，刘小利，等．储气库韧性水泥浆体系研究与应用[C]//《2014年固井技术研讨会论文集》编委会．2014固井技术研讨会论文集．北京：石油工业出版社，2014：310-315.

[4] 于永金，齐奉忠，靳建州，等．国内外功能性固井水泥浆体系研究现状[C]//《2016年固井技术研讨会论文集》编委会．2016固井技术研讨会论文集．北京：石油工业出版社，2016：330-337.

川渝长宁地区页岩气井固井实践与认识

贾付山　张元坤　苏海光

（大庆钻探工程公司钻技一公司）

【摘　要】 针对长宁地区页岩气水平井难点，从固井液以及配套工艺技术措施入手，通过润湿反转试验，优化设计了高效冲洗型前置液体系；通过合理设计环空流体黏度梯度、井眼净化、套管居中度等技术措施，提高了顶替效率；通过水泥环完整性分析，设计了BCE-310S高强弹性水泥浆体系，采用预应力固井技术，提高水泥环韧性和界面胶结质量，保证了页岩气井的长期安全开发。配套应用压稳、防漏及高压施工等措施，保障了固井施工安全，为大庆队伍进入川渝市场提供了有效的技术支撑。

【关键词】 页岩气；水平井；固井；隔离液；水泥浆

川南长宁气田位于云贵高原与四川盆地过渡区域的乌蒙山余脉，地表为典型的卡斯特山地地貌，气层埋藏深度2000~4100m，层位为龙马溪页岩层。为保障国家能源安全，2018年中国石油天然气集团有限公司加快了川渝页岩气开发，大庆、川庆、长城、西部、渤海钻探齐聚长宁地区会战，形成了五大钻探同台竞技的场面。

长宁区块多为山地，页岩气开采主要采用"分段压裂+水平井"模式[1]。页岩气储层具有脆性强、构造裂缝及微裂缝发育等特点，因此为保证井壁稳定和保护储层，产层钻井多采用油基钻井液。

1　固井难点分析

一是高密度油基钻井液黏度高、附着力强，普通前置液难以清洗和驱替，影响一、二界面胶结。此外油基钻井液与水泥浆相容性差，接触后水泥浆严重增稠，施工泵压高，危及施工安全。

二是井眼轨迹设计采用"长水平段+上翘下压"模式，井眼扭曲，全角变化率大，加之水平段长，套管在斜井段和水平段与井壁发生长距离接触，下套管摩阻大，套管很难顺利下至预定位置。

三是页岩层分段压裂需要有良好的固井胶结质量和水泥石性能，保障气井长期生产寿命[2]。因此页岩气水平井固井不仅对水泥浆的基础性能要求高，同时要求水泥石具有较高的强度和韧性，以保证在分段压裂增产措施下水泥环不发生破碎，在后期开采过程中具有良好的封隔完整性。

作者简介：贾付山，男，1968年生，高级工程师，现任大庆钻探二级专家，主要从事固井技术研究工作。email：jiafsh@cnpc.com.cn。

四是在工程上,由于页岩气井要求全井段封固,施工作业量大、压力高,对设备配备提出了更高标准;此外,上部地层裂缝或溶洞发育,漏失风险大。

五是在自然条件上,长宁地区独特的山区路况和雨雾潮湿气候特征,道路行车安全风险高、难度大。

2 研究应用的主要技术

2.1 高效冲洗型加重隔离液

为有效驱替油基钻井液,页岩气固井前置液体系应具备以下特点:一是良好的润湿反转能力,将地层与套管壁上的油基钻井液由亲油特性转变为亲水特性[3];二是较强的剥离作用,能够有效清除油基钻井液;三是抗污染能力强,防止水泥浆与钻井液接触后浆体变稠;四是与钻井液、水泥浆之间形成切力梯度,提高顶替效率;五是具有较好的稳定性。根据以上原则,通过表面活性剂复配技术,优化组合阴离子表面活性剂和非离子型表面活性剂设计驱油冲洗剂,利用润湿、渗透、乳化、增溶等作用,提高固井界面的亲水性,同时将冲洗剂直接加入隔离液中,形成集隔离、冲洗功能于一体的加重隔离液。

2.1.1 隔离液接触时间设计

通过润湿反转试验,将钻井液与隔离液按照体积比为1:1混合后,测定不同时间段内混合液体的电导率。试验结果,冲洗时间在15min左右,电导率达到最大,表明隔离液将油基钻井液最大限度的润湿反转为亲水特性。因此设计隔离液与钻井液接触时间需在15min以上,可有利于提高顶替效率(表1)。

表1 不同冲洗时间内钻井液与隔离液混合后电导率试验

测定时间/min	1	5	10	15	20
电导率/(S/m)	0.20	0.55	0.85	0.93	0.93

2.1.2 隔离液性能设计

同一配方隔离液对于不同油水比的油基钻井液,其润湿反转效果不同。油水比越高,亲水反转越困难。因此需根据现场油基钻井液性能,有针对性地设计具有不同含量冲洗剂隔离液体系(表2)。

表2 不同钻井液电导率试验评价

流体	密度/(g/cm³)	油水比	冲洗剂含量/%	电导率/(S/m)
钻井液1	1.95	75/25	0	0.10
			5	0.89
钻井液2	2.05	90/10	5	0.28
			10	0.93

2.1.3 冲洗效率评价

选用六速旋转黏度计进行隔离液对油基钻井液的冲洗效率模拟实验。试验结果表明,高效冲洗隔离液对油基钻井液的冲洗效率基本在98%以上,对油基钻井液的冲洗效果较好(表3)。

表3 隔离液对不同密度钻井液的冲洗效率

钻井液密度/(g/cm³)	2.0	2.10	2.20
冲洗效率/%	99	98	98

2.1.4 与钻井液、水泥浆形成合理的流变参数梯度

良好的隔离液及水泥浆流变性能不仅有利于降低摩阻、提高施工排量,同时依据壁面剪切应力理论原理,钻井液、隔离液、水泥浆保持一定的黏度梯度(表4),可有助于防止流体窜槽,提高顶替效率。

表4 XX10-5井浆体流变性能

流体类型	流变读数						n	K/($Pa·s^n$)	PV/($mPa·s$)	YP/Pa
	Φ_3	Φ_6	Φ_{100}	Φ_{200}	Φ_{300}	Φ_{600}				
钻井液	4	6	30	51	78	128	0.71	0.46	50	14.2
隔离液	6	8	33	54	85	137	0.69	0.590	52	16.8
领浆	5	8	77	123	162	—	0.67	1.20	128	17.6
尾浆	8	11	87	132	178	—	0.65	1.56	137	21.2

2.2 高强弹性水泥体系

提高水泥石弹性,降低水泥石脆性,使其变形能力和抗冲击性得到增强,对保证水泥环的长期密封完整性具有重要的意义。通常水泥中加入弹性体后,水泥石强度会大幅降低。为提高水泥石弹性,同时又保证水泥石强度,优选了由多种烯类单体通过自由基共聚合成的BCE-310S弹性材料,可明显降低水泥石杨氏模量。该材料具有以下特点:(1)杨氏模量低、泊松比高;(2)具有良好的耐温性;(3)颗粒外观规则,多数呈圆球状,有利于实现紧密堆积(图1、图2);(4)颗粒表面具有适量极性基团,与水泥有一定的吸附性,不易造成相分离。在此基础上,通过粒径测试和紧密堆积计算,配以一定的粒径范围的超细活性材料和其他固井外加剂,提高水泥石致密性,保证水泥石强度,形成了BCE-310S高强弹性水泥浆体系(表5)。

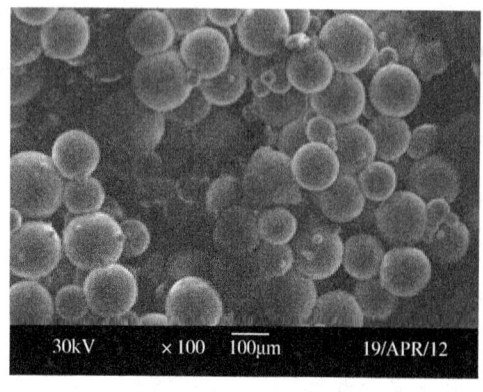

图1 弹性体扫描电镜

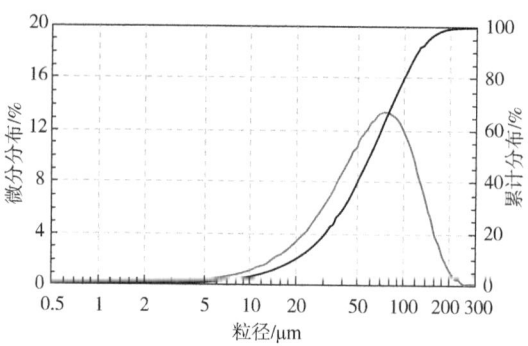

图2 BCE-310S粒径分布图

表 5 BCE-310S 高强弹性水泥石力学性能

试验条件	抗压强度/MPa	泊松比	杨氏模量/GPa	抗拉强度/MPa
90℃/7d	37.2	0.20	5.5	2.88

长宁区块页岩气施工井口压裂一般在 80~100MPa 左右，套管内压最高为 60MPa 左右，通过水泥环完整性分析，BCE-310S 水泥石在其体积压裂过程中不会发生剪切破坏(图3)。

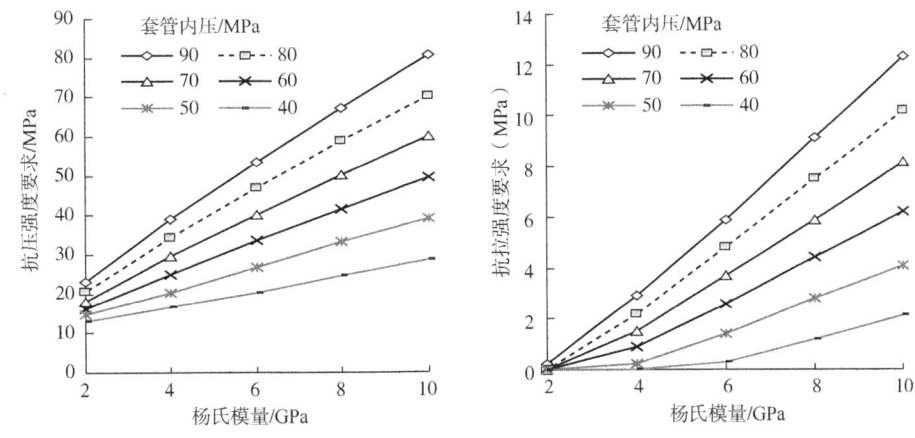

图 3 不同套管内压下对水泥石杨氏模量和抗拉强度、抗压强度要求

2.3 高密度固井液压稳技术

为保证固井后压稳气层，隔离液密度一般控制在大于钻井液密度 0.02~0.05g/cm³，领浆水泥浆密度大于钻井液密度 0.10~0.15g/cm³(用于直井段及产层顶 200m 以上斜井段)。对于产层和上部井段气层发育的井，在确保产层(龙马溪)压稳的同时，继续将领浆段设计为两凝结构，并控制技套内领浆水泥浆稠化时间大于裸眼段 60min 以上。对于固井施工中未发生漏失，固井后采取环空加回压候凝措施，增加压稳效果。

优选了铁矿粉和精铁矿粉为水泥加重材料，配置了密度 2.0g/cm³ 以上的各种高密度水泥浆体系组合(表6)。

表 6 长宁地区在用的高密度水泥浆体系方案及性能

水泥浆配方	规格型号	领浆密度设计/(g/cm³)					
		2.10	2.20	2.25	2.30	2.35	2.40
水泥	嘉华 G 级	100	100	100	100	100	100
加重剂	铁矿粉 A、B	25	45	60	72	115	120-140
降失水剂 2	BCF-200S	3.0	3.0	3.2	3.2	3.5	3.8
减阻剂	CF40S	—	0.3	0.5	0.5	0.5	0.6
缓凝剂	BXR-200L	0.3	0.4	0.4	0.5	0.4	0.4
消泡剂	G603	0.05	0.05	0.05	0.05	0.05	0.05

续表

水泥浆配方	规格型号	领浆密度设计/(g/cm³)					
		2.10	2.20	2.25	2.30	2.35	2.40
水泥浆性能	稠化时间/min	237	254	222	298	336	345
	初始稠度/Bc	19	18	20	21	20	19
	失水量/(mL/7MPa·30min)	48	36	44	28	46	44
	水泥浆沉降稳定性/(g/cm³)	0	0.01	0.02	0.02	0.02	0.02
	游离液/%(45°倾角)	0	0	0	0	0	0
	顶部抗压强度/MPa(30℃/48h)	22.8	16.1	14.7	10.2	9.8	8.8
	底部抗压强度/MPa(90℃/24h)	24.7	18.5	18.2	17.8	17.2	16.9

2.4 预应力固井技术

页岩气固井后需要进行高强度压裂,由于套管和水泥环的材料力学特性不同,压裂结束后,水泥环与套管收缩程度不同,导致水泥环与套管之间形成微间隙[4],导致水泥环密封完整性失效,从而影响页岩气井的长期开发。为此应用了预应力固井技术固井过程中采用清水顶替,环空中为高密度水泥浆,同时在保证套管安全的条件下,候凝期间环空憋压,管内敞压候凝,套管内外形成较大的压差,对套管产生一个向内的挤压应力,套管在弹性变形范围内向内挤压,就形成了预应力。长宁地区垂深3000m左右的水平井固井结束时,套管内外静压差可达35MPa。该预应力一方面可以迫使套管恢复形变来弥补水泥环收缩时留下的微裂缝,同时在压裂结束后也可以抵消一部分套管收缩,从而保持与水泥环的紧密结合。

2.5 上部漏失层防漏固井技术

一般漏失井固井采取正注、限压限排量措施,尽可能实现水泥浆一次返至地面,如未返出或漏失,待水泥浆凝固后进行井口反灌或补水泥帽作业。对于严重漏失井,固井施工采取正注反挤工艺,即先通过常规套管固井工艺固井使水泥浆返至主要漏失层以下,待正注井段水泥浆初凝后,再从井口环空进行反挤注水泥,实现上下封固段水泥浆连接[5]。

正注反挤固井技术关键:(1)水泥面分界点选择,依据钻井过程各井段漏失次数、漏失速度和漏失量,选择最薄弱、最易漏失的地层作为正注水泥返高位置;(2)正注水泥浆体系既要保持井底有效封固,又要确保预留反挤通道(漏层)段有足够的稠化时间;(3)反挤作业时间应在正注水泥尾浆水泥浆初凝以后和领浆水泥浆初凝前完成;(4)反挤施工压力应控制在井口管汇、上层套管内压的80%、本层套管抗挤压力的80%三者之中的最小值,排量不宜过高。

2.6 配套技术措施

2.6.1 做好井眼清洁净化

完钻后和下套管前,分别进行通井作业。通井到底后,应在存在挂卡、遇阻井段进行短起、反复拉划;在井眼沉砂多、掉块、阻卡井段大排量洗井,通井到底后循环洗井至少2

周以上。做到井壁规整、井底无沉砂掉块。

2.6.2 保持套管居中度

垂直段及造斜段采用螺旋刚性扶正器，在水平段采用滚珠刚性扶正器。应用固井软件模拟设计套管扶正器安放位置数量，使封固段套管居中度可达75%以上。

2.6.3 高压固井施工保障措施

产层和技术套管固井采用两台双机水泥车注水泥浆，满足高压施工条件下大排量注水泥要求。应用压裂车或超大功率水泥车顶替清水，满足50MPa以上高压顶替要求。采用高压硬管线注替作业，同时做好管线的标识、登记管理和定期检测。坚持每口井对水泥头、旋塞阀等附件进行保养维护和试压。固井施工高压区设置隔离栅栏，高压管线全部采用防飞链防护。

3 现场应用及效果

综合利用研究配套的技术措施，累计完成页岩气产层固井26口，应用的隔离液密度达到 $2.02\sim2.34\mathrm{g/cm^3}$，高密度领浆水泥浆密度达到 $2.10\sim2.40\mathrm{g/cm^3}$，尾浆韧性水泥浆体系的杨氏模量全部控制在6.0GPa以下，固井施工注速、替速、水泥浆密度满足设计要求。截至2020年6月，完成固井质量检测17口，封固质量合格17口，合格率100%，其中页岩层水平段固井质量优质率达85%以上(表7)。

表7 完成的页岩气水平井主要技术参数

序号	井号	井深/m	垂深/m	水平段长/m	最大井斜/(°)	钻井液密度/(g/cm³)	隔离液密度/(g/cm³)	领浆密度/(g/cm³)	井底温度/℃	实验温度/℃	顶替结束压差/MPa	目的层段优质率/%
1	XX10-7	5130	3085	1800	97.66	2.00	2.07	2.13	118.5	95	32.86	75.2
2	XX10-5	5200	3152	1800	98.89	2.00	2.07	2.13	117	95	33	97.7
3	XX10-8	4910	3056	1310	96.44	2.01	2.07	2.13	115	95	32	89.0
4	XX10-6	5000	3129	1650	94.82	2.00	2.07	2.13	115	102	33.5	100
5	XX28-3	4700	2621	1500	104.19	2.32	2.34	2.40	92	90	36	98.3
6	XX28-5	4400	2618	1500	101.94	2.15	2.23	2.30	96	90	32.8	97.8
7	XX1-1	5450	3416	1500	100.41	2.13	2.2	2.25	125	100	41	95.3
8	XX19-3	4268	2387	1518	96.48	1.44	1.45	1.50	94	80	11.6	86.3
9	XX36-10	6250	3440	2200	110	1.80	1.83	1.88	108	95	27.4	94.6
10	XX1-2	5150	3398	1350	105.67	2.07	2.13	2.20	110	95	37.7	94.1
11	XX1-3	5200	3358	1500	103.09	2.07	2.13	2.20	116	95	35.4	99.8
12	XX37-8	4450	2870	1500	101.64	2.10	2.13	2.20	97	80	27.7	100
13	XX36-5	5350	3847	1500	104.14	1.98	2.02	2.20	110	90	34.9	92.2
14	XX28-4	4550	2616	1500	100.99	2.11	2.25	2.32	110	90	35	94.4
15	XX13-7	5150	3342	1600	109.18	1.80	1.82	1.88	110	100	25.4	—
16	XX1-4	5080	3321	1500	100.16	2.08	2.1	2.20	121.4	90	34.1	97.8
17	XX37-5	4650	3073	1500	88	2.01	2.07	2.15	109	90	30	—
18	XX13-6	5050	3378	1600	100.17	1.87	1.92	1.95	118.5	90	29.6	—

续表

序号	井号	井深/m	垂深/m	水平段长/m	最大井斜/(°)	钻井液密度/(g/cm³)	隔离液密度/(g/cm³)	领浆密度/(g/cm³)	井底温度/℃	实验温度/℃	顶替结束压差/MPa	目的层段优质率/%
19	XX36-3	5850	3483	2000	106.5	2.02	2.02	2.18	115	95	35.5	86.5
20	XX37-9	4500	2721	1500	100.92	2.12	2.15	2.20	101	80	29.9	99.2
21	XX37-11	5117	2879	1767	97	2.11	2.15	2.20	104	85	31.3	—
22	XX37-6	5300	3241	1800	85.34	2.10	2.15	2.20	112	90	34.2	—
23	XX37-10	5425	2822	2175	106.4	2.10	2.15	2.20	95	85	31	—
24	XX13-8	5147	3297	1480	100.5	1.76	1.80	1.86	103.1	90	24.6	—
25	XX37-7	4500	2678	1500	101	2.05	2.07	2.10	108	85	27.43	—
26	XX13-5	5150	3420	1400	109.8	1.78	1.82	1.86	116	95	27.7	—

4 结论与认识

2018年以来，大庆固井在川南长宁地区完成固井作业300井次，其中产层固井26口，锻炼了固井队伍，积累了页岩气井固井经验。形成了正注反挤、高效加重冲洗隔离液、高密度水泥浆体系、防窜增韧水泥浆体系、预应力固井技术以及高压固井施工保障措施等六项配套技术，为页岩气固井提供了技术支撑。取得了三项技术突破：一是首次使用了最高密度为2.43g/cm³的高密度水泥浆，创造大庆固井应用水泥浆密度最高纪录；二是创造了水平井固井最深（6250m）、一次封固段最长（5000m），注替作业量超过270m³的高纪录；三是固井施工压力达到70MPa以上，为超高压固井作业积累了有益经验。主要取得以下认识：

（1）通过合理设计高效冲洗型隔离液体系，增强隔离液润湿反转效应，调节固井液流变性能梯度，优选套管扶正器，保证套管居中度等技术措施，解决了油基钻井驱替问题和套管下入问题，保证了封固质量。

（2）通过设计BCE-310S高强弹性水泥浆体系和采用预应力固井技术，减少了微裂缝和微环隙的产生，为页岩气井的长期安全开发提供了质量保障。

（3）通过优选铁矿粉、铁粉材料，形成了高密度水泥浆体系列方案，满足了不同储层压力条件下页岩气井压稳和固井质量需要；随着水泥浆密度的增加，为满足水泥石强度要求，对铁矿粉密度、精度要求更高。

（4）通过对部分漏失井防漏固井实践，形成了一套正注反挤固井工艺技术规范。

参 考 文 献

[1] 袁进平，于永金，刘硕琼，等．威远区块页岩气水平井固井技术难点及其对策[J]．天然气工业，2016，36(3)：55-62．
[2] 赵常青，胡小强，张永强，等，页岩气长水平井段防气窜固井技术[J]．天然气工业，2017，37(10)：59-65．
[3] 焦建芳．川西南高压页岩气井固井技术[J]．钻采工艺，2015(3)：19-21．
[4] 黄桢．川渝地区页岩气水平井钻井完井技术[M]．重庆大学出版社，2018：184-186．
[5] 黄金波．页岩气水平井固井关键技术研究[J]．西部探矿工程，2019(7)：25-27．

川渝地区页岩气井防气窜固井技术

张元坤　贾付山　刘明利

(大庆钻探工程公司钻技一公司)

【摘　要】 我国页岩气开发的核心技术是长水平段水平井钻井和大型水力压裂技术。固井后套管与地层间水泥环的密封质量为后续大型水力压裂提供了有力的技术支持与保障。固井结束后因水泥石体积收缩等原因造成水泥环胶结质量不好，气窜现象时有发生。地层气体窜入水泥石基体或进入环空引起层间窜流，影响油气层的测试评价，污染油气层，降低油气采收率，对油田开发后续作业如注水、酸化压裂和分层开采等造成不利影响。通过调研国内外大量水平井防气窜固井工艺，深入分析气窜机理和影响因素，结合川渝地区地质特点，经过现场试验与论证，研究出一套防气窜固井工艺，在川渝地区大量应用并取得了较好的效果。

【关键词】 川渝；页岩气；防气窜；气窜机理；影响因素

环空气窜问题在川渝地区固井后时有发生且难以处理，给油田增产带来较大不利影响。大庆固井通过深入分析气窜机理，采取有针对性的解决措施，在川渝地区形成一系列防气窜技术，经过大量现场试验，有效避免环空气窜的发生。

1　引起环空水泥环气窜因素分析

1.1　水泥环桥堵

水泥浆进入环空后，不断失水，造成水灰比急剧下降，形成桥堵。因桥堵造成水泥浆静压传递受阻，使环空水泥浆液柱压力小于气层压力而发生气窜。水泥浆降失水剂可有效防止水泥环桥堵。

1.2　水泥浆胶凝失重

当环空中的水泥浆静胶凝强度为48~240Pa时，属于由液态向固态转化期，水泥浆逐步失去传递液柱压力的能力，是气窜易发生时期。

1.3　孔隙压力降低

在水泥浆凝固期间，因水泥浆中的孔隙水随着水化和滤失不断减少，从而使水泥浆中的孔隙压力不断降低，进而导致地层气体侵入水泥浆基体内产生环空气窜。

1.4　微裂缝—微环隙存在

微裂缝—微环隙形成的主要原因是来自水泥胶结界面之间各种应力的不平衡和水泥柱

作者简介：张元坤，男，1989年生，固井工程师，现任大庆钻探钻技一公司海外分公司装备技术干事，主要从事固井技术研究工作。email：daoba890112@126.com。

的体积收缩、滤饼的存在、毛细管作用、井内热应力不平衡、顶替效率低以及水泥浆存在自由水等。另外,H_2S、CO_2 等气体对钢管和水泥界面的腐蚀作用也是产生微裂缝—微环隙的原因。

2 川渝地区页岩气井防气窜固井技术

大庆钻探工程公司钻技一公司对环空气窜的机理和影响因素逐一分析,总结出一套适合川渝地区的页岩气水平井固井工艺。

表1 XX36-10井特殊点井眼轨迹参数

位置	井深/m	垂深/m	井斜/(°)	方位/(°)	全角变化率/[(°)/30m]	水平位移/m
造斜点	3388.65	2965.14	18.16	194.72	1.40	696.80
井斜30°处	3446.60	3283.06	30.45	197.35	6.62	714.28
A点	3950.00	3431.06	98.13	201.06	2.33	1034.36
B点	6150.00	2916.63	102.70	210.10	4.89	3120.25
最大垂深处	3790.76	3440.10	90.00	201.11	5.00	935.78
最大井斜点	4076.54	3395.78	110.00	201.91	2.24	1179.17
最大全角变化率	3505.80	3330.45	43.26	199.90	6.96	739.81

根据大庆固井已完成的页岩气产层施工数据分析:川渝地区页岩气水平井井深在 4268~6150m 之间,封固段长为 3386~4650m,其中裸眼段长 2354~3681m,水平段长 1350~2200m。水平段较长、造斜段附近全角变化率较大、3500m 附近井段方位角变化率较大(表1),使得套管下入过程中产生较大摩阻,管串下入困难。井径不规则,井眼轨迹复杂,套管不易居中(图1)。在斜井段和水平井段,受重力影响,套管易贴近井壁下侧。

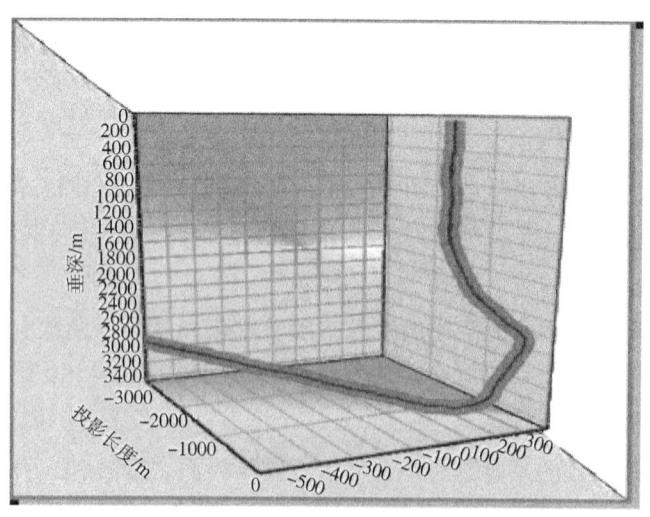

图1 XX36-10井眼轴向轨迹示意图

表 2 XX36-10 井套管扶正器组合设计

序号	井深段顶/m	井段底深/m	类型	外径/mm	安放原则	安放数量
1	10	60(导管井深)	螺旋刚性(短)	210.0	每1根1只	5
2	60	800(水泥返高)	螺旋刚性(短)	210.0	每10根1只	7
3	800	1910(技套井深)	螺旋刚性(短)	210.0	每5根1只	20
4	1910	2150(井斜30°井深)	螺旋刚性(长)	205.0	每3根1只	8
5	2150	5300(井底深度)	滚珠刚性	205.0	每1根1只	286

2.1 优化套管扶正器组合设计，提高套管居中度

一是为减少固井前套管下入阻力，大庆固井设计双扶正器通井管串组合，在阻卡井段进行短起、反复拉划通井；重点在井眼沉砂多、掉块多井段，通阻卡严重井段。通井到底后要求不低于 25L/s 的排量循环洗井至少 2 周以上。

二是采用"抬头"工艺：下套管前在首根套管接箍上安放一支刚性扶正器，保证套管顶部在水平段位置始终处于"抬头"状态，从而减少下入摩阻；对于长水平段和地质条件复杂井，采用旋转下套管工艺，确保套管顺利下至设计井深。

三是根据每口井的井下情况，优化扶正器组合设计，提高套管居中度(表2)。

通过软件模拟得出：该扶正器组合具有良好的扶正效果，可有效提高套管居中度达到70%以上，从而提高顶替效率，增强水泥环封固质量。XX37-6井预计按照顶替排量 $1.3 \sim 1.5 m^3/min$，顶替效率达到90%以上(图2)。

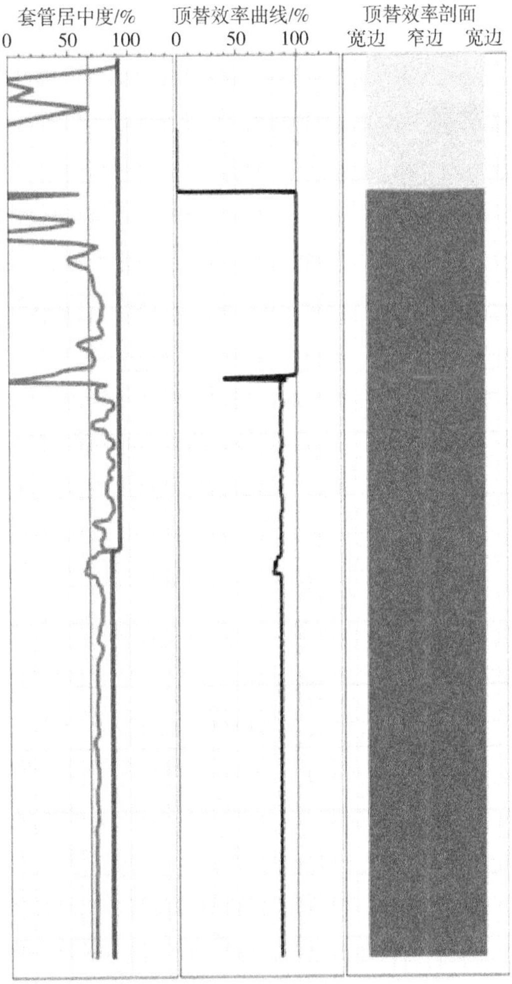

2.2 提高钻井液冲洗效率

川渝地区页岩气井普遍采用高密度油基钻井液钻进。其中的胶黏物质和加重剂黏度高、附着力强，在界面处的滞留难以驱替干净，直接影响到水泥石界面胶结质量。同时，油基钻井液与水泥浆兼容性差，接触变稠，施工泵压更高、风险更大。水泥浆与油基钻井液相混会严重地影响水泥石抗压强度，试验表明：水泥浆与油基钻井液相混比例达9:1时，水泥石抗压强度将降低50%。对污染后的界面进行清洁可以有效改善界面

图 2 XX37-6 井扶正器居中度模拟图

胶结质量。为有效驱替油基钻井液,提高顶替效率,大庆固井采用了具有润湿反转作用的 BCS 系列洗油冲洗隔离液(表3)。

表3 XX37-6 井冲洗隔离液配方及性能

名称与功能		代号	加量/%	性能	
				项目	结果
淡水		井场水	100	密度/(g/cm³)	2.15
以淡水量为基准	冲洗液	BCS-010L	8	流动度/cm	23
	悬浮剂	BCS-040S	3	稳定性/(g/cm³)	0.01
	稀释剂	BCS-021L	2		
	降失水剂	BXF-200L(AF)	5		
	缓凝剂	BXR-200L	0.7		
	加重剂	重晶石	265		
	消泡剂	G603	0.5		

冲洗前　　　冲洗中　　　冲洗后
图3 BCS-010L 冲洗隔离液润湿反转实验

BCS-010L 冲洗隔离液密度大于油基钻井液,小于水泥浆,由清洗助剂、非离子表面活性剂、阴离子表面活性剂等有机化合物和悬浮剂、稀释剂、加重剂复合而成。该冲洗隔离液与常规钻井液及水泥浆均具有很好的相容性。通过冲洗液段长和浆体结构设计,油基钻井液冲洗效率可达90%以上,可以有效保证油基钻井液条件下的固井顶替效率(图3)。

BCS-010L 冲洗隔离液能够有效地顶替钻井液,防止水泥浆与钻井液产生混浆。取水泥浆与钻井液 7:3 比例混浆做稠化试验,混浆浆体稠,加入1份冲洗液代替1份钻井液,即 7:2:1(体积比),三相污染实验 300min 时仍未稠(图4);应用表明,该冲洗隔离液体系泵送性能良好,能够有效清洁井壁,改善固井二界面胶结环境,防止水泥浆与油基钻井液接触污染,从而使施工安全和固井质量得到了良好保证。

2.3 优选水泥浆结构体系

在套管内压力作用下,低弹性模量水泥环容易使水泥环保持在弹性应力状态,不产生塑性变形,不易发生因疲劳破坏所导致的密封性失效。因此在选择水泥浆体系时,需选择能形成抗压能力强且弹性模量低的水泥环体系,才能更好保证井下复杂压力环境下水泥环的完整密封性。

针对川渝地区地质特点,大庆固井开发应用双密度固井水泥浆体系:领浆采用高密度降失水缓凝水泥浆配方,嘉华 G 级+铁矿粉+降失水剂 BCF-200S+减阻剂 CF40S+缓凝剂 BXR-200L+消泡剂 G603,稠化时间在 240min 以上,主要在水平井固井注替过程和尾浆水泥浆候凝过程中失重时压稳气层,封固垂直段;尾浆采用弹性模量小于 7GPa 的弹韧性防气

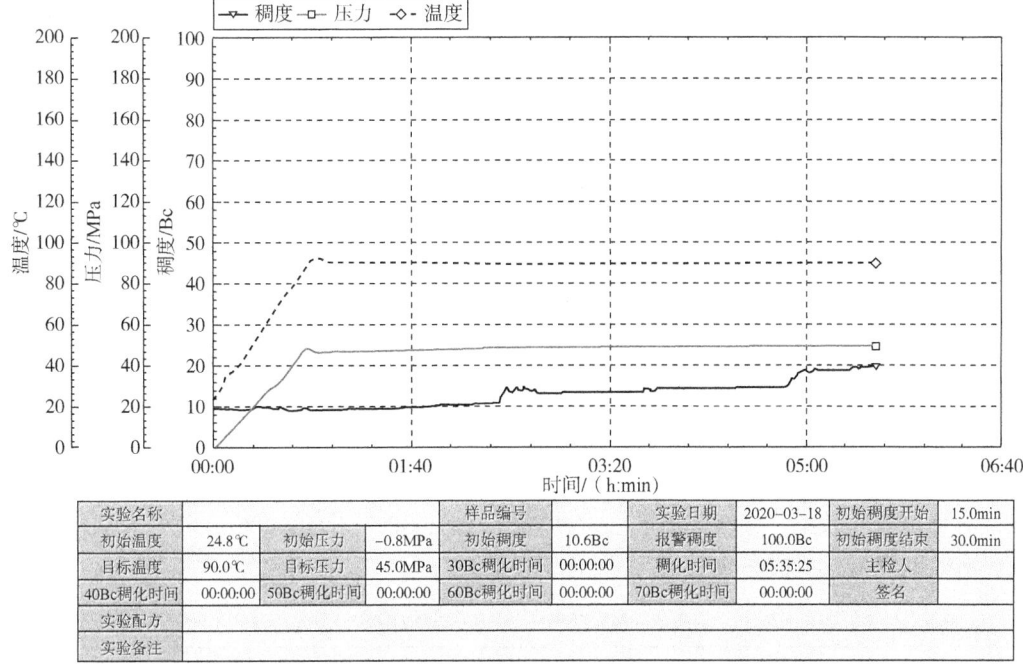

图4 XX37-6井水泥浆:钻井液:隔离液=7:2:1稠化曲线

窜水泥浆体系,嘉华G级+增韧剂BCE-310S+降失水剂BCF-200S+减阻剂CF40S+缓凝剂BXR-200L+消泡剂G603,稠化时间在200min以内,主要用于水平段和气测异常段,适用于大规模压裂(表4)。

表4 XX37-6井水泥浆组成及性能

水泥浆类型			领浆	尾浆
设计密度/(g/cm³)			2.20	1.90
材料及组成	水泥	嘉华G级	100.00	100.00
	加重剂	铁矿粉	56.00	—
	增韧剂	BCE-310S	—	5.00
	减阻剂	CF40S	0.30	0.40
	降失水剂	BCF-200S	2.10	1.80
	缓凝剂	BXR-200L	0.20	0.15
	消泡剂	G603	0.05	0.05
	水	井场水	53	43.00
水泥浆性能	实测密度	g/cm³	2.20	1.90
	液固比	—	0.34	0.40
	造浆率	m³/t	0.61	0.74
	流动度	cm	23	23
	40Bc时间	min(90℃/45MPa)	278	180
	100BC时间	min(90℃/45MPa)	283	185
	顶部强度	MPa(50℃/48h/0.1MPa)	11.3	—

续表

水泥浆类型			领浆	尾浆
水泥浆性能	底部强度	MPa(90℃/48h/0.1MPa)	17.2	23.7
	失水	mL	36	40
	稳定性	g/cm³(90℃/2h,$\Delta\rho$)	0.02	0.01
	游离液	%(/90℃/2h,45°倾角)	0	0
敏感性试验稠化时间/min		+5℃温度高点	—	160
		+0.03g/cm³密度高点	268	—

该弹性水泥浆综合性能良好,流动性好(表5)、浆体稳定、失水量小、稠化时间可调、强度发展较快,其水泥石在围压下的应力应变行为接近理想弹塑性材料。与普通水泥石相比,BCE-310S弹性水泥石杨氏模量大幅降低、泊松比和杨氏模量比明显升高,适用温度范围为20~190℃。同时具有良好的膨胀能力,有利于改善界面胶结(表6、表7)。该防气窜水泥浆有直角稠化效果,领浆静凝胶强度从40Pa到240Pa控制在20min以内,稠化过渡时间短,有效地降低候凝过程中气窜影响(图5、图6)。

表5 XX37-6井浆体流变性能表

温度/℃	浆体	Φ_3	Φ_6	Φ_{100}	Φ_{200}	Φ_{300}	Φ_{600}	n	$K/(Pa \cdot s^n)$	PV/(mPa·s)	YP/Pa
90℃	钻井液	6	9	61	98	135	245	0.86	0.32	110.00	12.78
	隔离液	7	10	32	52	71	115	0.70	0.47	44.00	13.80
	领浆	8	10	76	127	171	—	0.74	0.88	142.50	14.56
	尾浆	9	12	87	147	197	—	0.74	0.97	165.00	16.35

表6 BCE-310S弹性水泥浆技术指标与股份公司技术要求对比

对比项	密度/(g/cm³)	48h抗压强度/MPa	7d抗压强度/MPa	7d抗拉强度/MPa	7d杨氏模量/Pa	7d气体渗透率/d	7d线性膨胀率/%
股份公司技术要求	1.8	≥15.0	≥26.0	≥2.2	≤5.5	≤0.05	0~0.2
大庆固井测试结果	1.8	24	26.1	2.3	5.4	0.01	0.1

表7 BCE-310S增韧剂膨胀效果

BCE-310S掺量/%	线性膨胀率/%(75℃)			
	24h	48h	72h	7d
0	0.010	0.015	0.018	0.020
2	0.035	0.040	0.045	0.050
4	0.070	0.083	0.083	0.084
6	0.120	0.130	0.135	0.135

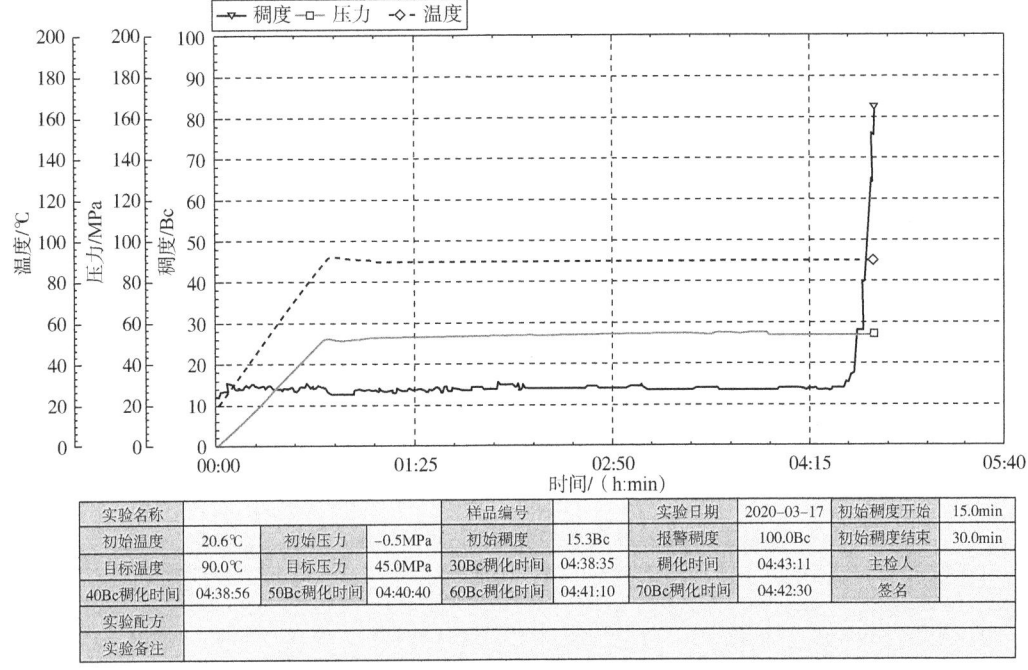

图 5　XX37-6 井领浆稠化曲线(稠化时间 283min)

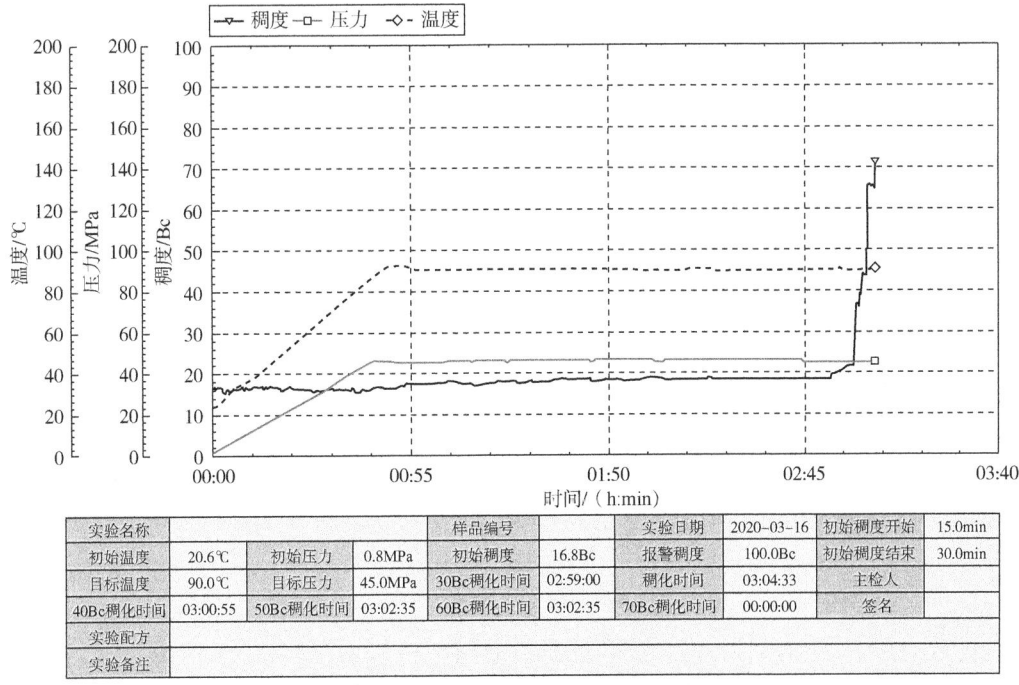

图 6　XX37-6 井尾浆稠化曲线(稠化时间 185min)

2.4　预应力固井技术

川渝地区的页岩气井压裂后,套管收缩,可能形成 12.3~13.8μm 的微环隙。水泥环体积收缩容易引发气窜现象。通过预应力固井技术可以取得一定的防气窜效果。主要通过在安全压力窗口范围内,增加套管内外压差,使套管在水泥浆候凝过程中处于挤压状态,水泥浆候凝结束后释放掉环空压力,使套管挤压水泥石,增加水泥环界面胶结力,既能有效地压稳地层又有利于防止环空后期带压和气窜。采取环空憋压的方式候凝,根据地质条件采用逐级憋压的方式,一般憋压4~6MPa。

2.5 地面高压泵注技术

采用大排量顶替提高环空返速,是实现提升冲洗效率、增强水泥环环空密封能力的有效技术措施。川渝地区固井施工泵压一般介于30~50MPa,大庆固井对地面工艺流程进行了优化和调整:应用100MPa整体式水泥头,地面部分使用高压五通旋塞阀连接,全程采用高压硬管线,保证井口和地面施工安全;采用两台杰瑞双机75-30固井水泥车注水泥浆;引进杰瑞大功率水泥车(JR5430TGJ型)配合顶替,保证在高泵压条件下的注替排量达到1.5m³/min以上(表8)。

表8 杰瑞JR5430TGJ型固井水泥车柱塞泵排量与压力工况参数

档位	传动比	减速比	冲程/mm	发动机转速/(r/min)	泵转速/(r/min)	4.5in柱塞	
						压力/MPa	排量/(L/min)
1	3.75	6.35	203.2	1900	90.1	99.4	500
2	2.69				126	99.4	700
3	2.2				136	96.78	850
4	1.77				169	74.07	1060
5	1.58				189.4	66.12	1180
6	1.27				235.6	53.15	1470
7	1.00				299.2	41.85	1870

2.6 固井施工模拟与评价技术

大庆固井采用西南石油大学设计软件cemsmart,有效地动态模拟固井施工过程。该软件可模拟套管串力学性能、套管居中程度、地层压力情况和地面施工压力与排量变化等情况,从而优化固井施工设计,提前规避施工风险(图7、图8)。大庆固井采用以上防气窜固井技术,在川渝地区页岩气水平井产层固井施工累计22口,地面施工合格率100%,封固段声幅测井合格率80%,其中油气水平段固井合格率95%。有效地降低了环空水泥环气窜现象的发生。

3 结论

(1)水泥浆失水、候凝过程中胶凝失重、水泥石体积收缩、环空界面残存滤饼、水泥浆力学性能不足和顶替效率低是引起固井水泥环气窜的主要原因。

(2)大庆固井采用的套管扶正器组合优化设计、具有润湿反转作用的BCS系列洗油冲洗隔离液、双密度防窜固井水泥浆体系、预应力固井技术、地面高压泵注技术和固井施工模拟评价等技术可以有效地防止环空气窜现象。

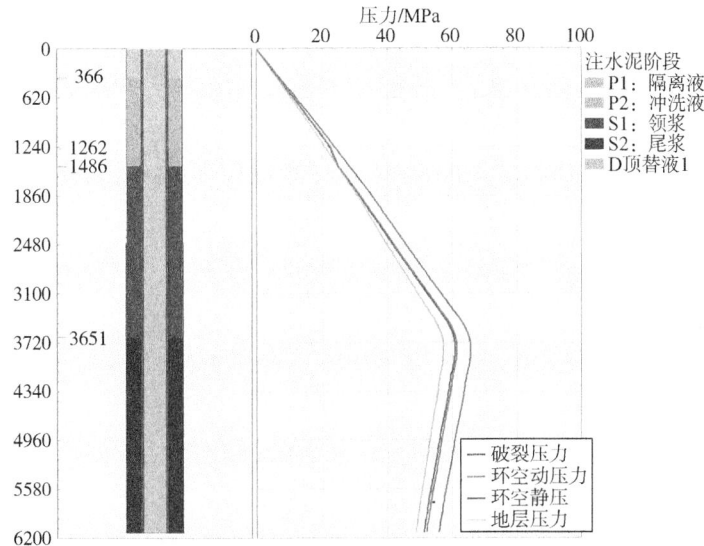

图7 XX36-10井环空浆柱结构与压力分布图

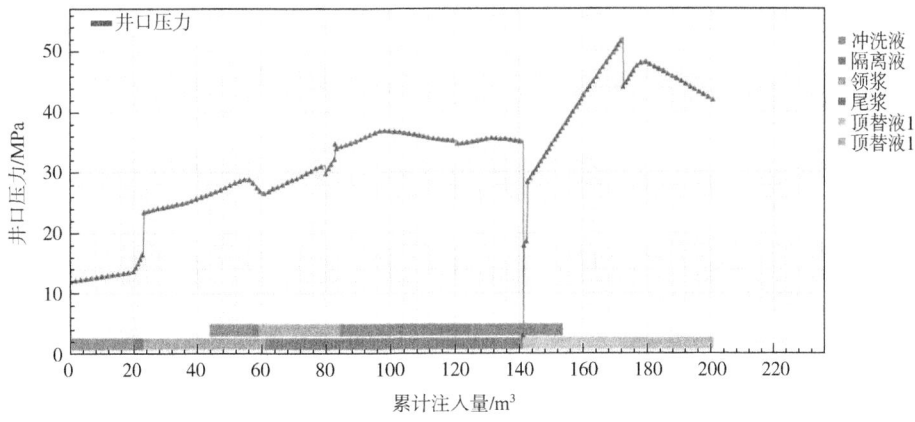

图8 XX36-3井井口压力变化图

参 考 文 献

[1] 陈雷，陈会年，张林海，等.JY页岩气田水平井预防环空带压固井技术[J].石油钻采工艺，2019，41(2)：152-159.

[2] 牛新明，张克坚，丁世东，等.川东北地区高压防气窜固井技术[J].石油钻探技术，2008，36(3)：10-15.

[3] 丁世东，张卫东.国内外防气窜固井技术[J].2002，30(5)：35-38.

[4] 李万兴.国内外防气窜固井技术研究[J].中国石油和化工标准与质量，2013，8：93.

[5] 何吉标.平桥区块深层高压页岩气水平井固井技术[J].江汉石油职工大学学报，2017，30(4)：30-33.

[6] 杨富,齐斌,杨振杰,等.普光气田防气窜固井液试验研究[J].内蒙古石油化工,2007,12:300-304.

[7] 韩福斌.庆深气田深层气井防气窜固井配套技术[J].天然气工业,2009,2:70-72.

[8] 齐子祥.探讨有效提高页岩气井固井质量的泥饼固化防窜固井技术[J].中国石油和化工标准与质量,2017,9:162-163.

[9] 刘洋.威远地区页岩气水平井固井技术研究与应用[J].非常规油气,2017,4(3):93-98.

[10] 李扬,齐鹏飞,卢三杰.页岩气水平井固井技术难点分析[J].中国石油石化,2017,11:70-71.

提高中浅层水平井固井顶替效率的多级高效冲洗技术研究

王春娇　闫玉良　郭金玉　刘铁卜　杨　赫

（大庆钻探工程公司钻井二公司）

【摘　要】 为保证油田稳产需要，有效降低开发成本、提高油藏的整体开采效率，针对油田特点采用中浅层水平井固井技术。但受地质与工程等因素影响，中浅层水平井水平段固井质量不易保证，不利于后续增产措施的进行。针对此问题，从改善固井顶替效率的角度出发，研发出一种适用于中浅层水平井的多级高效冲洗技术。该技术能够有效悬浮固相颗粒，稳定性强；易根据现场需求实现顶替流态的调节，冲洗效率高；与钻井液、水泥浆相容性好，且有利于改善固井界面胶结质量。经现场多级组合应用，水平段优质井段比例提高30%，质量情况改善明显。

【关键词】 固井；顶替效率；前置液；多级高效冲洗

为保证稳产需要，油田深化老区扩边潜力，向滚动外扩要优质储量。为有效降低开发成本、提高油藏的整体开采效率和质量，针对渗透率低、储量丰度低、油层零散、油水复杂等地质特点，采用中浅层水平井固井技术。根据以往经验，受钻井液类型、水平段井眼规则程度、套管居中度、固井顶替效率以及候凝过程中水泥浆上下密度差等因素影响，井壁和套管壁不能形成良好的润湿界面，从而影响水泥环的胶结质量与封隔能力，使得中浅层水平井水平段固井质量保障难度增大。

从提高冲洗顶替效率的角度出发，提高中浅层水平井固井过程中前置液的隔离、冲洗、压稳等作用效果尤为重要。国内目前主要是采用专用冲洗液改善界面湿润性，提高冲洗效果。以哈里伯顿公司为代表的国外钻井公司，采用不受钻井液类型影响并可优化其流变性能的高效水基隔离液，为水泥浆的良好胶结创造条件。结合油田自身特点和环保质量要求，一种适用于中浅层水平井的多级高效冲洗技术应运而生。该项技术通过稀释降黏井内钻井液、拖拽冲刷及润湿双界面、掺混固化作用，进行多级冲洗加强冲洗效果的同时提高双界面水泥胶结强度。采用数值模拟、现场统计等方法，优化多级高效冲洗液体系密度、流变性能、用量及组合方式等，实现冲洗顶替技术一井一策。

1　多级高效冲洗技术作用机理

1.1　悬浮机理

多级高效冲洗体系选用生物胶作为悬浮剂。生物胶为多糖复合体，含有苯环结构和众多羟基和羧基，在水溶液中呈现多聚阴离子，其分子可发生一级结构、二级螺旋构象以及

作者简介：王春娇，工程师，2008年毕业于大庆石油学院，硕士学位，现从事大庆油田调整井钻井完井技术研究与分析工作。联系地址：黑龙江省大庆市红岗区钻井二公司；电话：0459_5609023；E-mail：wangchunj@cnpc.com.cn。

超级接合带状螺旋共聚体构象间的互变现象,结构力和内摩擦力大,因而使多级高效冲洗体系在静态时黏度高、流动时黏度低,有利于悬浮固相颗粒且易实现紊流顶替(图1)。

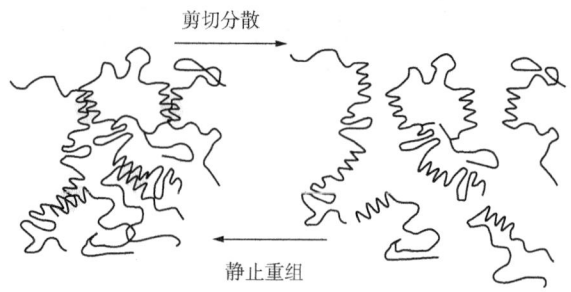

图1 多糖复合体表面活性剂剪切分散和静止重组状态示意图

1.2 冲洗机理

前置液中的表面活性剂会在油性成分表面吸附,使前置液中的溶剂和水易于在此处渗入,发生溶胀作用,削弱油性成分自身结构力及其与套管之间的作用力。在前置液的冲刷下,油性成分会被逐步剥离、卷起,与此同时,表面活性剂分子立即在新表面上吸附并产生新的润湿和溶胀作用,最终油性成分从界面上彻底卷起。

利用表面活性剂降低表面张力的特性实现对油性成分的冲洗作用。油性成分与套管表面接触角为 θ,若水中无表面活性剂,平衡时润湿方程表述为

$$\sigma_{ws} - \sigma_{os} = \sigma_{ow} \cos\theta$$

式中:σ_{ws} 为水与套管之间的界面张力,N/m;σ_{os} 为油性成分与套管之间的界面张力,N/m;σ_{ow} 为油性成分与水之间的界面张力,N/m;θ 为接触角,(°)。

由于加入表面活性剂导致 σ_{ws}、σ_{ow} 降低,打破原始润湿平衡。为保持新平衡,接触角 θ 必然变大(因表面活性剂未在油性成分与套管界面上吸附,σ_{os} 保持不变),使油滴发生变形。理论上,当 θ 接近180°时,油性成分会卷曲成油珠,从套管表面脱落而去除;当 θ 介于 90°~180°之间时,油性成分虽不能自发脱落,但可在水流冲刷下去除。这就需要前置液具有良好的物理冲刷作用,清除剩余的残留物。

1.3 固化机理

受中浅层水平井井眼规则度、套管偏心等因素影响,钻井液、前置液在冲洗顶替过程中仍会滞留在套管与井壁上,降低水泥环的封固效果。多级高效冲洗体系中的固化剂成分可改善这一问题,其机理为:固化剂主要由可固化材料、激活剂、加重剂和悬浮剂组成;可固化材料为多种矿渣组成的复合体系,其碱性系数和活性系数决定了它的固化性能;优选的可固化材料碱性系数大于1.0,活性系数1.805;激活剂能够促进可固化材料玻璃体解体,形成水化产物后,硅胶和溶液中的 Ca^{2+} 和 OH^- 生成的 C-S-H 凝胶,使其逐渐凝固并形成强度。

2 流变性能调控

为维持固井注替过程中较高的顶替效率,应尽量控制前置液流态为紊流或塞流,避免

层流。因而引用流型调节剂,以满足现场调节多级高效冲洗体系流变性能的需求。以 $\varphi 215mm$ 钻头、$\varphi 139.7mm$ 套管为例,调节剂不同加量(1.0%~3.5%)的前置液临界排量计算结果见表1。由此可知,在井眼扩大率大、顶替排量低等不容易实现紊流顶替的井,尤其是在水平井套管偏心时,可调节为塞流顶替的模式;对于井眼扩大率小、顶替排量高的井,可调节为紊流顶替的模式(表1)。

表1 多级高效冲洗体系环空临界排量计算

调节剂加量/%	临界紊流排量/(m³/min)			临界塞流排量/(m³/min)		
	井径扩大率5%	井径扩大率10%	井径扩大率20%	井径扩大率5%	井径扩大率10%	井径扩大率20%
1.0	3.37	3.9	1.0	3.37	3.9	1.0
2.0	2.81	3.26	2.0	2.81	3.26	2.0
2.5	2.23	2.58	2.5	2.23	2.58	2.5
3.0	1.35	1.54	3.0	1.35	1.54	3.0
3.5	1.08	1.22	3.5	1.08	1.22	3.5

流型调节剂能够调节前置液的流变模式,但随调节剂加量的增加,前置液的切力和黏度在降低。对多级高效冲洗体系加入调节剂后的沉降稳定性能进行评价,结果如图2所示。当调节剂加量小于4%时,不同沉降条件下(室温静置24h、93℃静置4h、150℃静置4h)体系上部分密度($\rho_{上}$)与下部分密度($\rho_{下}$)基本无变化,沉降稳定性能良好。加量大于4%时,体系上下部分密度出现较明显差别,沉降稳定性能变差,因此确定流型调节剂允许加量的临界值为4%。

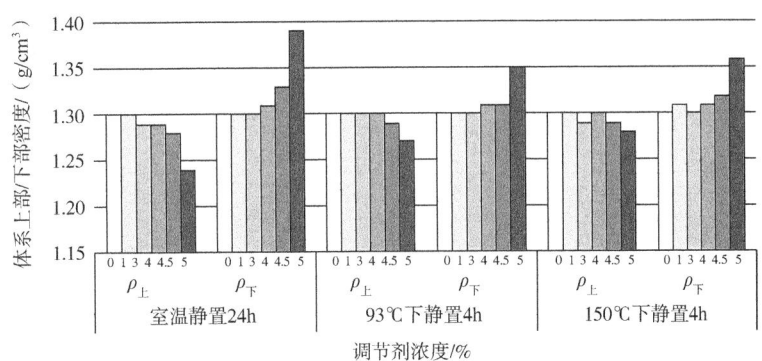

图2 不同调节剂加量下的沉降稳定性实验结果

3 多级高效冲洗技术综合评价

3.1 相容性评价

分别选取现场水基钻井液、油基钻井液和水泥浆,进行三者与多级高效冲洗体系流变性相容实验。由结果可知(表2),混合后流变参数变化不大,他们之间均具有良好的相容性。进行水泥浆与多级高效冲洗体系不同比例混合后的稠化实验,结果见表3。不同加量的多级高效冲洗液与水泥浆混合后,150℃下稠化时间延长,且无闪凝现象出现,具有与水泥浆良好的抗污染稠化相容性，可满足现场施工的安全要求。

表2 多级高效冲洗体系与钻井液、水泥浆相容性实验数据

混合比例/%				六速读数					
多级高效冲洗液	水基钻井液	油基钻井液	水泥浆	ϕ_{600}	ϕ_{300}	ϕ_{200}	ϕ_{100}	ϕ_6	ϕ_3
100	0	0	0	70	50	40	30	12	11
0	100	0	0	95	60	42	24	7	4
0	0	100	0	160	93	67	38	5	3
0	0	0	100	132	74	52	31	3	2
75	25	0	0	64	49	28	16	4	3
50	50	0	0	73	42	26	16	3	2
25	75	0	0	85	50	37	19	5	3
75	0	25	0	101	57	43	26	4	2
50	0	50	0	153	90	66	38	5	4
25	0	75	0	168	95	67	40	6	4
75	0	0	25	76	50	41	27	6	4
50	0	0	50	88	55	41	24	4	3
25	0	0	75	95	57	41	23	2	1

注：多级高效冲洗液、水基钻井液、油基钻井液、水泥浆密度分别为 1.30g/cm³、1.26g/cm³、1.25g/cm³、1.90g/cm³。

表3 多级高效冲洗体系与水泥浆抗污染稠化相容性试验

混合比例/%		初始稠度/Bc	稠化时间/min		
多级高效冲洗液	水泥浆		30Bc	50Bc	100Bc
0	100	11.4	218	221	224
5	95	9.5	230	236	239
25	75	7.8	>300	>300	>300

注：实验温度150℃，压力110MPa；多级高效冲洗液、水泥浆密度分别为 1.30g/cm³、1.90g/cm³。

3.2 冲洗效果评价

对多级高效冲洗体系的冲洗效果进行实验，如图3所示。将黏有油基钻井液的套管浸泡其中，随时间推移，套管上的油浆逐渐卷曲、脱落。3min后，仅有少量残留物剩余。实验结果证明，通过渗透溶胀和表面张力作用，可削弱油基钻井液与界面的黏附力，将环空界面油润湿转化为水润湿。继而利用冲洗体系的黏度、切力及固相颗粒的物理冲刷作用，把油基钻井液乳化分散在冲洗液中携带出去。

3.3 固化效果评价

对多级高效冲洗体系及其与钻井液、水泥浆不同比例掺混后的抗压强度进行评价，数据见表4。密度为1.40g/cm³的多级高效冲洗体系固化后本身强度为3.4MPa，当冲洗液占

比不小于50%时,混浆强度不小于1.3MPa。

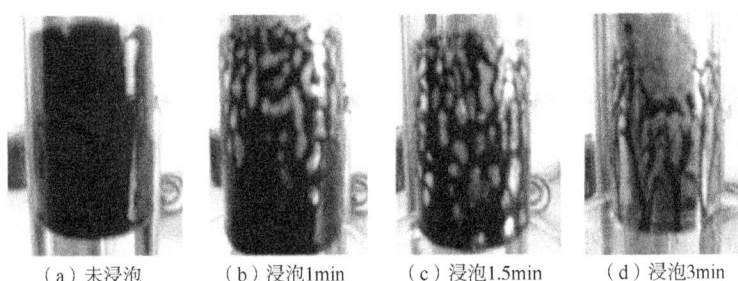

(a)未浸泡　　(b)浸泡1min　　(c)浸泡1.5min　　(d)浸泡3min

图3　黏有油基钻井液的套管在多级高效冲洗体系中的冲洗实验

表4　固化后抗压强度实验数据表(90℃×60h)

混合比例/%			固化后抗压强度/MPa
多级高效冲洗液	水泥浆	钻井液	
100	0	0	3.4
95	5	0	4.8
75	25	0	11.4
50	50	0	17.2
95	0	5	2.6
75	0	25	1.6
50	0	50	1.3
50	25	25	6.3

分别进行常规前置液与钻井液、多级高效冲洗体系与钻井液(比例均为50%、50%)掺混后的固化实验。可以清晰看到,与常规前置液相比,多级高效冲洗体系处理后的界面处掺混浆整体固化(图4)。经测量,界面胶结强度提高105%。

 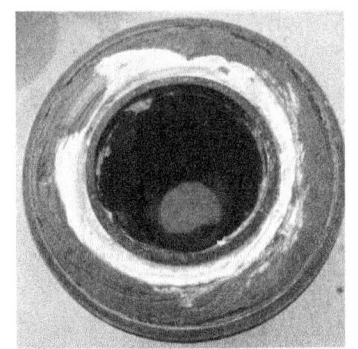

(a)常规前置液与钻井液　　　　(b)多级高效冲洗体系与钻井液

图4　掺混固化实验图

4　现场应用

为进一步提高中浅层水平井固井过程中的冲洗顶替效率,依据高密度、高黏度切力流体顶替低密度、低黏度切力流体的思路,制定了多级组合型应用方案:一级冲洗调节高效冲洗体系密度及切力略低于钻井液密度,对井内钻井液进行稀释降黏冲洗;二级冲洗调节高效冲洗体系与钻井液密度及切力相同,在水力机械作用下对双界面进行拖拽和冲刷;三级冲洗对双界面进行润湿,加强冲洗效果;四级冲洗掺混固化,提高双界面水泥胶结强度。

以 φ215mm 钻头、φ139.7mm 套管、井径扩大率 10%、冲洗液用量 30m³ 为例,对冲洗顶替效率进行数值模拟。由模拟结果可看出,相同用量下,采用多级冲洗后[图5(b)]顶替效率比单一固井前置液[图5(a)]提高5%。

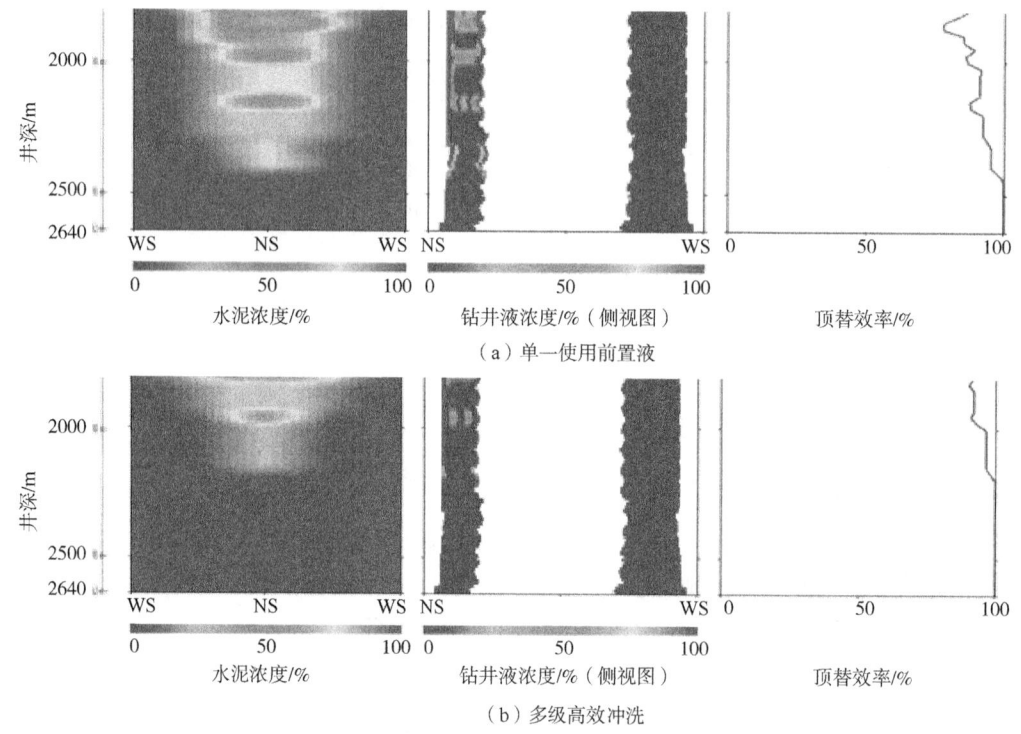

图5 冲洗顶替效率数值模拟结果(NS—环空窄边,WS—环空宽边)

在 P96-H4 井中应用多级高效冲洗技术,水平段优质井段比例达到 99.5%,与同区块未使用该技术的 P96-H5 井相比,水平段优质井段比例提高 30%,质量改善明显(见图6)。

5 结论

(1)多级高效冲洗技术应用其有效成分发挥悬浮、润湿、冲洗、固化等作用,可根据不同井况和施工工艺需求对其密度和流变性进行设计和调整,实现最佳顶替流态,获得良好的冲洗顶替效果,为水泥环提供良好的界面胶结环境,提高封固质量。

(2)中浅层水平井固井施工现场采用多级组合型应用方案,实现对井内钻井液的稀释降黏及双界面的冲洗润湿、拖拽冲刷、浆体固化,较单一使用后获得更高的顶替效率。与同区块未使用该技术的井相比,水平段优质井段比例提高 30%。

(3)该项技术的应用能够很好地满足中浅层水平井的固井施工需求,可实现一井一策,适应性强,为中浅层水平井水平段固井质量和后续增产措施的开展提供必要的技术保障。

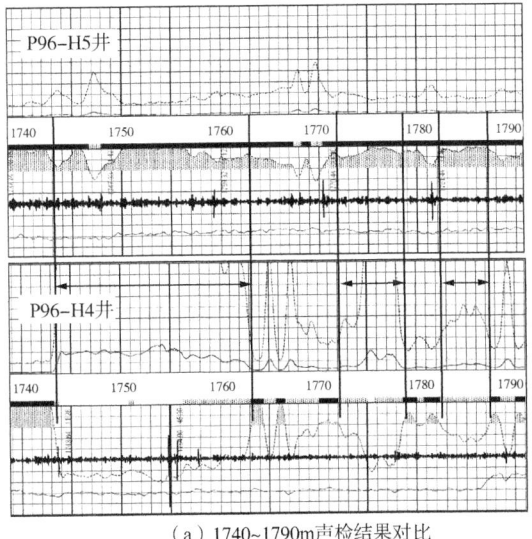

(a) 1740~1790m声检结果对比

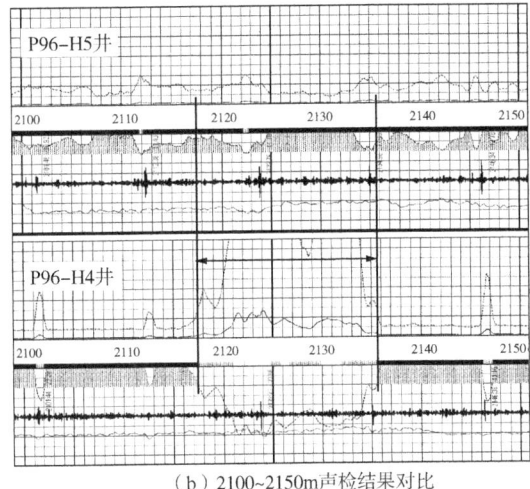

(b) 2100~2150m声检结果对比

图6 P96-H5井与P96-H4井声检结果对比图

参 考 文 献

[1] 和传健,徐明,肖海东. 高密度冲洗隔离液的研究[J]. 钻井液与完井液,2004,21(5):19-21,26.
[2] 李早元,郭小阳,杨远光. 固井前钻井液性能调整及前置液紊流低速顶替固井技术[J]. 钻井液与完井液,2004,20(4):31-33.

页岩油水平井固井技术难点及对策

杨智光[1,2]　李吉军[1,2]　杨秀天[1,2]　姜涛[1,2]　和传健[1,2]　肖海东[1,2]

(1. 大庆油田钻探工程公司；2. 油气钻井技术国家工程实验室调整井钻完井试验基地)

【摘　要】　页岩油为低孔隙、低渗透储层，采用水平井体积压裂方式进行开发，其固井质量是影响环空封隔及分段压裂成功与否的关键技术之一。针对页岩油水平井固井存在的套管下入居中困难、冲顶顶替效率低、体积压裂对水泥石力学性能要求高三个技术难点，研究探讨制定相应的技术对策。一是应用漂浮下套管工具、一体式弹性扶正器等措施，保障套管安全下入及居中；二是研制高效驱油冲洗液、可固化隔离液体系，采用四级组合应用方式提高固井冲洗顶替效率；三是研发韧性水泥浆体系，使水泥石力学性能满足分段体积压裂的需求。该页岩油水平井固井配套技术为提高页岩油固井质量奠定了基础，可为今后相关措施的研究应用提供借鉴。

【关键词】　页岩油；水平井；固井；技术难点；对策

页岩油在中国含油气盆地广泛分布，初步估算中国页岩油技术可采资源量预计 $30\times10^8\sim60\times10^8$ t，是未来非常规石油发展的重要潜在资源[1]。页岩油为低孔隙、低渗透储层，无明显圈闭界限，无自然工业产能，需要采用水平井体积压裂方式进行开发，形成"人造渗透率"，持续获得产能[2-10]。页岩油水平井固井质量对页岩油开发至关重要，是影响环空封隔及分段压裂成功与否的关键技术之一。然而，受页岩油地质环境及开发方式的影响，页岩油水平井固井质量面临严重的挑战[11-16]。为此，结合地质及工程因素，分析了页岩油水平井固井技术难点，围绕套管下入及居中技术、冲洗顶替技术、水泥封固技术三个方面，开展提高固井质量对策研究，研发了漂浮下套管工具、一体式弹性扶正器、高效驱油冲洗液、可固化隔离液、韧性水泥浆等技术措施，为页岩油资源高效开发提供井筒保障。

1　页岩油水平井固井技术难点

页岩油水平井地质条件及开发方式与常规水平井存在一定的差异。对于固井而言，页

基金项目： 国家科技重大专项课题"松辽盆地致密油开发示范工程"（2017ZX05071）。

作者简介： 杨智光，男，1966年生，博士后，教授级高级工程师，中国石油天然气集团公司钻井高级技术专家，大庆油田钻探工程公司总工程师。主要从事复杂井钻完井技术研究，先后主持并组织"超高温钻井流体技术及工业化应用""大庆地区保护储层、提高固井质量的化学剂与工作液"等30余项国家、省部级、中国石油天然气集团科研项目，发表《大庆油田钻井完井技术新进展及发展建议》《深井高温条件下油井水泥强度变化规律研究》等学术论文30余篇，专著3部。获国家科学技术进步二等奖1项，省部级科技进步奖11项，市级一、二等科技进步奖9项，获国家专利52项，其中发明专利13项。曾获国务院授予的工程技术突出贡献奖、黑龙江省授予的工程技术突出贡献奖、中国石油集团公司工程技术分公司授予的十大杰出科技贡献奖。电子邮箱：yangzhiguang@cnpc.com.cn。

岩油水平井具有水平段长、井壁规则度差等特点，复杂井眼条件下固井质量保障难度增大；同时，采用分段体积压裂的开发方式，对水泥环的封隔能力的需求也相应提高。结合地质及工程因素，分析了页岩油水平井固井存在的主要技术难点。

1.1 套管下入居中困难

页岩井水平段一般在1500mm以上，受地质及工程因素影响，部分水平井段井眼轨迹平滑度差。在波浪形井眼条件下，套管与井壁接触点多、面积大，大幅度增加了下套管过程中的摩阻，致使套管下入困难，尤其易在井眼台肩处遇阻，严重时难以下至预定位置[17]。由于页岩脆性强、指数高、发育微裂缝，钻井过程中易发生井壁剥落、垮塌、漏失等问题，井径规则度难以保证，在井壁剥落、垮塌处形成大肚子井眼，水平段套管居中度偏低。水平段受到套管自重、井径规则度等影响，需增加扶正器数量及外径，也相应地增加了套管下入阻力，套管安全下入与居中相互制约。

1.2 提高冲洗顶替效率难度大

油基钻井液具有页岩抑制性强、润滑性好等优点，页岩油水平井钻井过程中通常采用油基钻井液。但就固井施工而言，易在胶结界面处形成油膜或滞留油基钻井液，水泥石在油润湿环境下界面胶结强度一般小于$0.1MPa$[18-22]。如果在后期的固井施工过程中油基钻井液未冲洗顶替干净，必将导致井壁和套管壁不能形成良好的水润湿界面，从而影响水泥环的胶结质量与封隔能力。此外，页岩油井水平段长、井径不规则、套管居中度差等问题突出，流体间掺混量大，套管低边的钻井液驱替困难，复杂井眼条件下固井冲洗顶替效率难以保障。

1.3 体积压裂对水泥石力学性能要求高

页岩油水平井采用分段体积压裂方式开发，然而水泥石本身属于脆性材料，在压裂过程受应力作用时易发生断裂和脆性破坏，导致水泥环密封失效，影响压裂效果[23-24]。为了避免体积压裂对水泥石的损伤，需要对水泥石进行力学性能改造，在不影响强度的前提下增加水泥石韧性，以满足水泥环长期有效地封隔地层要求。

2 页岩油水平井固井技术对策

针对页岩油水平井固井技术难题，开展了套管下入及居中、冲洗顶替、固井水泥浆等方面技术研究，形成三方面技术对策。

2.1 页岩油水平井套管下入及居中技术对策

2.1.1 套管下入技术

为了保障套管安全下入，下套管前需采用专用工具对井壁进行修整。工具中带有多个螺旋状棱带，可清除井底堆积岩屑、修正不规整井壁，达到井眼畅通、净化的目的。研制了漂浮下套管工具，包括漂浮短节和自导式旋转引鞋。在套管串中加入1~2个漂浮短节，采用承压高、破碎颗粒小的密封板和柔性承托机构，在漂浮短节与套管鞋之间密封一段空气，使水平段套管处于漂浮状态，减少水平井下套管摩擦阻力。根据井深、钻井液密度及井眼轨迹确定漂浮短节下入位置，模拟计算下套管过程的大钩载荷，分析各参数变化对大钩载荷的影响，并进行优化设计。同时，设计了带有偏心旋转机构的自导式旋转引鞋，其偏心导向头可在周向局部遇阻时自动偏转调整方向，引导管串通过遇阻点，改善套管串端部在井眼台肩处遇阻问题。

2.1.2 套管居中技术

针对常规弹性扶正器焊口易失效、强度低、摩阻系数大问题，通过特种弹簧钢优选、单弓球面弧度设计及整材冲压工艺优化等，研制了一体式弹性扶正器。一体式弹性扶正器较常规铰接双弓弹性扶正器，扶正力提高72.7%、回弹能力提高15.51个百分点、摩阻系数减少50%，且循环加载后不会出现损坏现象。通过居中度敏感性分析得出，扶正器间距不小于17.8m时，套管跨中存在贴井壁情况。在软件模拟套管安全下入条件下，应确保水平段扶正器一根一个。在相同井眼条件下，一体式弹性扶正器（Φ218）与双弓弹性扶正器（Φ225）相比，居中度提高6个百分点（表1）。

表1 常规双弓扶正器与一体式弹性扶正器性能对比

类型	外径/mm	内径/mm	总长/mm	扶正力/kN	变形量/mm (6.6kN)	回弹能力/% (6.6kN)	摩阻系数	循环加载破坏(2~7kN)
常规双弓扶正器	225	Φ142	450	2.2	67	82.66% (恢复186mm)	0.2	循环加载5~10次损坏
一体式弹性扶正器	218	Φ142	420	3.8	32	98.17% (恢复214mm)	0.1	循环加载100次无损坏

2.2 页岩油水平井固井冲洗顶替技术对策

2.2.1 高效驱油冲洗液体系

为了提高环空界面油浆、油膜的清洗效果，改善界面的润湿环境，研发了一种表面活性剂型高效驱油冲洗液。针对常用加重冲洗液中使用黏土和聚合物类悬浮剂对冲洗效果及界面润湿能力的影响，开发了具备冲洗、悬浮双重功效的表面活性剂，在实现冲洗功能等基础上，可直接利用表面活性剂的增稠效果悬浮加重材料。表面活性剂在水溶液中呈棒状胶束立体网状结构，在剪切时胶束分散开，静止时胶束重组，具有良好的假塑性和剪切稀释性。研发的冲洗液体系在静态时黏度高、流动时黏度低，有利于悬浮固相颗粒且易实现紊流顶替（图1）。

在表面活性剂合成过程中，通过使用不同的甘醇，调节表面活性剂的HLB值，分别具有乳化、去污功能及渗透、润湿功能。利用化学冲洗和物理冲刷双重作用，清洗环空中的油基钻井液。与驱油冲洗液接触后，通过渗透、润湿作用，把环空界面油润湿转化为水润湿（图2），削弱油基钻井液与界面的黏附力；再利用加重冲洗液的黏度、切力及固相颗粒的物理冲刷作用，冲洗掉黏附的油基钻井液和油膜，把油基钻井液乳化分散在冲洗液中携带出去。

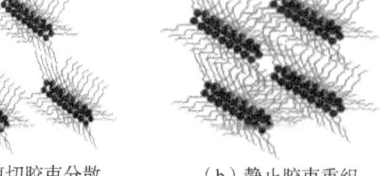

（a）剪切胶束分散　　（b）静止胶束重组

图1 冲洗悬浮剂水中胶束剪切状态示意图

   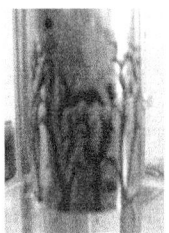

(a) 未浸泡　　(b) 浸泡1min　　(c) 浸泡1.5min　　(d) 浸泡3min

图 2　模拟油基钻井液的套管在冲洗液中浸泡

冲洗液的流变性能是影响顶替效率的重要因素，在注替过程中，应尽量实现紊流或塞流，避免层流。通过引入流型调节剂，可以实现冲洗液流变性能调整。以 215mm 钻头、139.7mm 套管、5%~20%井径扩大率为例，分别计算不同调节剂加量下的冲洗液临界排量，结果见表 2。表 2 中数据可以看出，冲洗液在使用过程中，应根据现场井况调整冲洗液流变性能，设计合理的顶替流态。如在井眼扩大率大、顶替排量低等不容易实现紊流顶替的井，尤其是在水平井套管偏心时，可以设计成易实现塞流顶替的流变模式；对于井眼扩大率小、顶替排量高的井，可以设计成易实现紊流顶替的流变模式。

表 2　高效驱油冲洗液环空临界排量计算

调节剂加量%	临界紊流排量/(m³/min)			临界塞流排量/(m³/min)		
	井径扩大率5%	井径扩大率10%	井径扩大率20%	井径扩大率5%	井径扩大率10%	井径扩大率20%
0.5	3.65	4.24	5.46	0.72	0.83	1.08
1.0	3.37	3.9	5.03	0.65	0.74	0.95
2.0	2.81	3.26	4.21	0.50	0.57	0.73
2.5	2.23	2.58	3.34	0.37	0.41	0.53
3.0	1.35	1.54	1.99	0.26	0.29	0.38
3.5	1.08	1.22	1.61	0.07	0.10	0.15

2.2.2　可固化隔离液体系

由于井眼规则度、套管偏心等因素影响，在冲洗顶替过程中造成的钻井液、隔离液滞留井内，形成不可固化层，不利于水泥环的有效封固。为改善这一问题，研制了可固化隔离液，其主要由可固化材料、激活剂、加重剂和悬浮剂组成。可固化材料为多种矿渣组成的复合体系，其碱性系数和活性系数决定了它的固化性能。优选的可固化材料碱性系数大于 1.0，活性系数 1.805。激活剂能够促进可固化材料玻璃体解体，硅胶和溶液中的 Ca^{2+}、OH^- 生成 C-S-H 凝胶，逐渐凝固并形成强度。评价了隔离液本身以及与钻井液、水泥浆不同比例掺混后的抗压强度，数据见表 3。1.40g/cm³ 密度可固化隔离液本身强度 3.2MPa，当隔离液占比不小于 50%时，混浆强度不小于 1.2MPa。图 3 为 50%隔离液与 50%钻井液掺混后固化图。同时进行了水泥环界面胶结强度评价，当钢管表面黏附 0.5mm 钻井液时，水泥环固化后界面无胶结强度。将相同条件钢管分别置于常规隔离液、可固化隔离液中浸泡缓慢旋转 1min，与常规隔离液相比，可固化隔离液中浸泡的钢管的界面胶结强度提高

105.4%。图 4 为可固化隔离液处理后界面胶结实验图,将钢管取出后可以清晰看到掺混浆整体固化。

表 3　固化后抗压强度实验数据表(90℃×60h)

体积百分比	100%隔离液	100%水泥浆	95%隔离液+5%水泥浆	75%隔离液+25%水泥浆	50%隔离液+50%水泥浆	95%隔离液+5%钻井液	75%隔离液+25%钻井液	50%隔离液+50%钻井液	25%钻井液+50%隔离液+25%水泥浆
抗压强度/MPa	3.2	26	4.7	11.2	17.1	2.8	1.7	1.2	6.4

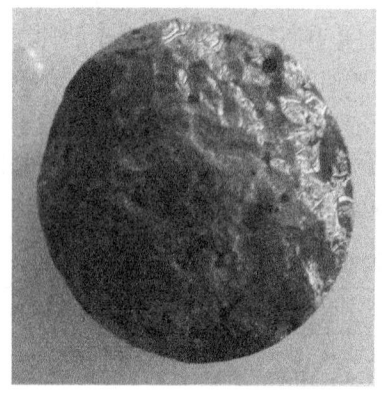

图 3　隔离液与钻井液掺混后固化图

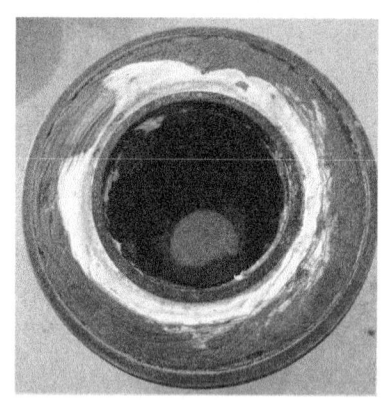

图 4　可固化隔离液处理后界面胶结实验图

2.2.3　固井前置液组合应用

水平井固井顶替是一个流动状态极其复杂的过程,涉及井眼轨迹、井径、居中度、钻井液、前置液、水泥浆、固井工艺、施工参数等诸多因素,需要不断优化冲洗顶替方案。为了提高复杂井眼条件下冲洗顶替效率,依据高密度流体顶替低密度流体、高黏度切力流体顶替低黏度切力流体的思路,制定了四级组合型前置液应用方案。一级为低黏、低切力钻井液对井壁进行预冲洗,二级、三级为不同密度、黏度的高效驱油冲洗液,四级为可固化隔离液。现场应用中以实际井况为出发点，采用数值模拟、现场统计等方法，优化固井前置液密度、流变性能、用量及组合方式等，实现冲洗顶替技术一井一策。以215mm钻头、139.7mm套管为例，当井径扩大率为10%时，对固井前置液用量及组合方式进行数值模拟，如图5所示。从图5中可以看出，当前置液用量达到30m³时，顶替效率达到90%；相同用量下，与单一固井前置液相比，采用组合型前置液后，顶替效率提高5个百分点。

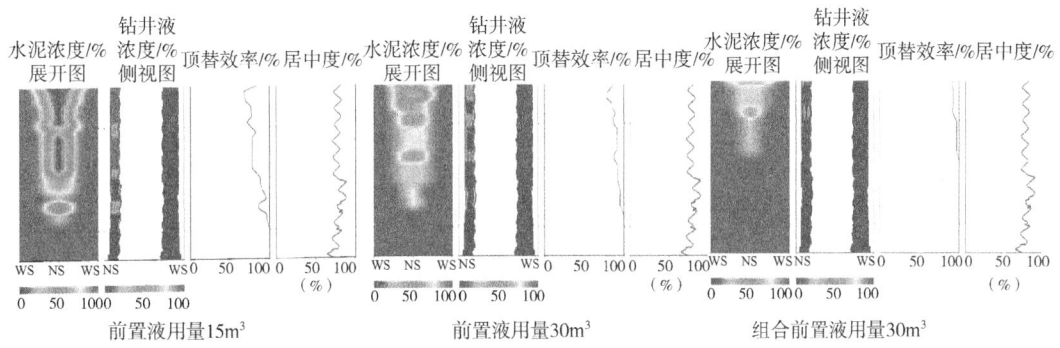

图5 冲洗顶替效率数值模拟结果

2.3 页岩油水平井固井水泥浆技术对策

2.3.1 韧性水泥浆体系

为了改善分段压裂作业对水泥石损伤问题，研发了韧性水泥浆。常规的橡胶颗粒、纤维等增韧材料，可以改善水泥石力学性能，但同时也存在水泥石沉降稳定性变差、抗压强度降低、不易混拌等诸多缺点。为此研选了新型增韧材料，其分子结构中含有活泼的环氧基团，与水泥混配后，在碱性环境中能够自聚成醚，与水泥胶结并填充水泥孔隙。当水泥石受力，力传递到韧性材料产生缓冲作用，减缓骨架支撑结构的破坏，提高水泥石的抗冲击性能。韧性水泥浆由G级水泥、增韧剂、防窜剂、缓凝剂、降失水剂、膨胀剂、分散剂等组成，其性能见表4。从表4中可以看出，韧性水泥浆在不影响强度下，弹性模量降低55.1%，回弹能力增加43.1%，抗拉强度增加35.0%，在失水、膨胀率、渗透率等方面均有一定的改善。

表4 韧性水泥浆与常规水泥浆性能对比表

类别	稠化时间/min	失水/mL	流动度/cm	游离液/mL	弹性模量/GPa	抗拉强度/MPa	抗压强度/MPa	回弹能力/%	膨胀率/%	渗透率/mD
韧性水泥浆	155	26	24	0	3.9	2.7	30	84.3	0.06	0.01
常规水泥浆	160	32	24	0	8.7	2.0	31	58.9	0	0.02

注：常规水泥浆配方由G级水泥、防窜剂、缓凝剂、降失水剂、防腐剂、分散剂等组成。实验条件，稠化85℃×43.4MPa，失水85℃×7MPa，游离液23℃×2h，弹性模量、抗拉强度、抗压强度、回弹能力为90℃×7d。

2.3.2 应力作用下水泥环的密封性能评价

为了准确评价压裂过程中井下水泥环的密封性能，建立了模拟评价装置，如图6所示。

图 6 水泥环密封性能评价装置

该装置实现了 220mm 井眼、139.7mm 套管径向全尺寸模拟,可连续进行井下温度、压力、作业工况模拟,直接正面测试水泥石封隔井眼环空的能力。利用该评价装置,进行了 70MPa 交变应力作用下,常规水泥环及韧性水泥环密封性能评价。图 7 为常规水泥环在交变应力作用下窜流量曲线。常规水泥环在第 48 次 70MPa 交变应力循环加载后出现窜流,水泥环出现径向和纵向贯通裂纹。当套管内压力升高,裂纹扩张出现窜流;压力减小,裂纹闭合窜流停止。压力全部卸载后,产生微环隙,出现持续窜流。对韧性水泥进行评价,经过 100 次 70MPa 交变应力循环加载后,仍未发生窜流,表现出良好的封隔性能。

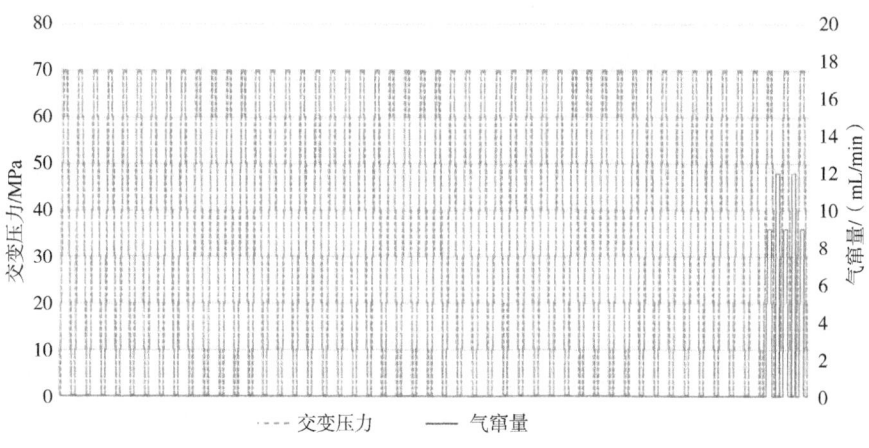

图 7 常规水泥环在交变应力作用下窜流量曲线

3 结论

(1) 受地质环境及开发方式的影响,页岩油水平井固井主要面临复杂井眼条件下套管下入居中困难、冲顶顶替效率低、体积压裂对水泥石力学性能要求高等技术难点。

(2) 研制了漂浮固井工具、一体式弹性扶正器等技术措施,结合套管下入判断及套管居中度模拟分析,为套管安全下入及居中提供保障。

(3) 研制了高效驱油冲洗液、可固化隔离液体系,在数值模拟分析基础上,优化了固井前置液密度、流变性能、用量及组合方式等,实现冲洗顶替技术一井一策,为提高冲洗顶替效率奠定了基础。

(4) 研制了韧性水泥浆体系,改善了水泥石力学性能,在循环应力作用下保持其密封完整性,满足页岩油井分段体积压裂开发需求。

(5) 页岩油水平井固井质量对页岩油开发至关重要,形成的页岩油水平井固井技术为提高页岩油固井质量奠定了基础，仍需要不断深化复杂井眼条件下冲洗顶替、水泥环长效密封等理论认识，加快功能性固井液技术攻关。此外，针对中低熟页岩油逐步开展加热、火烧等原位开采技术研发，需加快相关固井技术的攻关。

参 考 文 献

[1] 邹才能，朱如凯，白斌，等．致密油与页岩油内涵、特征、潜力及挑战[J]．矿物岩石地球化学通报，2015，34(1)：3-17.

[2] 董大忠，王玉满，黄旭楠，等．中国页岩气地质特征、资源评价方法及关键参数[J]．天然气地球科学，2016，27(9)：1583-1601

[3] 蒋裕强，董大忠，漆麟，等．页岩气储层的基本特征及其评价[J]．天然气工业，2010，30(10)：7-12.

[4] 邹才能，杨智，张国生，等．常规-非常规油气"有序聚集"理论认识及实践意义[J]．石油勘探与开发，2014，41(1)：14-25.

[5] 刘德华，肖佳林，关富佳．页岩气开发技术现状及研究方向[J]．石油天然气学报(江汉石油学院学报)，2011，33(1)：119-123.

[6] 吴河勇，林铁锋，白云风，等．松辽盆地北部泥(页)岩油勘探潜力分析[J]．大庆石油地质与开发，2019，38(5)：81-86.

[7] 王雪飞，李琳琳，薛海涛，等．渤南洼陷沙三下亚段页岩油资源潜力分级评价[J]．大庆石油地质与开发，2013，32(5)：159-164.

[8] 刘新，安飞，肖璇．加拿大致密油资源潜力和勘探开发现状[J]．大庆石油地质与开发，2018，37(6)：169-174.

[9] 张树翠，孙可明．储层非均质性和各向异性对水力压裂裂纹扩展的影响[J]．特种油气藏，2019，26(2)：96-100.

[10] 李廷微，姜振学，宋国奇．陆相和海相页岩储层孔隙结构差异性分析[J]．油气地质与采收率，2019，26(1)：65-71.

[11] 齐奉忠，杜建平．哈里伯顿页岩气固井技术及对国内的启示[J]．非常规油气，2015，2(5)：77-82.

[12] 张永强，曲从锋，卞维坤，等．昭通页岩气示范区水平生产套管固井技术[J]．钻采工艺，2019，42(5)：31-34.

[13] 夏元博，曾建国，张雯斐．页岩气井固井技术难点分析[J]．天然气勘探与开发，2016，39(1)：74-76.

[14] 马小龙．焦石坝工区页岩气整体固井技术[J]．石油钻采工艺，2017，39(1)：57-60.

[15] 钟文力，蒋宇，唐哲．四川盆地威远区块页岩气水平井固井技术浅析[J]．非常规油气，2016，3(6)：109-112.

[16] 钟文力，洪少青，吕聪，等．页岩气水平井固井技术难点与对策浅析[J]．非常规油气，2015，2(2)：69-72.

[17] 周战云，李社坤，郭子文，等．页岩气水平井固井工具配套技术[J]．石油机械，2016，44(2)：7-13.

[18] 欧红娟，李明，幸涛，等．适用于柴油基钻井液的前置液用表面活性剂优选方法[J]．石油与天然气化工，2015(3)：1-6.

[19] 游云武．页岩气水平井油基清洗液性能评价及应用[J]．长江大学学报(自科版)，2015，12(19)：24-26.

[20] 李韶利, 姚志翔, 李志民, 等. 基于油基钻井液下固井前置液的研究及应用[J]. 钻井液与完井液, 2014, 31(3): 57-60.

[21] 刘丽娜, 李明, 谢冬柏, 等. 一种适用于油基钻井液的表面活性剂隔离液[J]. 钻井液与完井液, 2017, 34(3): 77-80.

[22] 童杰, 李明, 魏周胜, 等. 油基钻井液钻井的固井技术难点与对策分析[J]. 钻采工艺, 2014, 37(6): 17-20.

[23] 程小伟, 张高寅, 马志超, 等. 页岩气水平井油井水泥的原位增韧技术研究[J]. 西南石油大学学报(自然科学版), 2019, 41(6): 68-74.

[24] 刘军康, 陶谦, 沈炜, 等. 低残余应变弹韧性水泥浆体系在平桥南区块页岩气井中的应用[J]. 油气藏评价与开发, 2020, 10(1): 90-95.

大庆油田特高含水期调整井固井技术进展

杨秀天[1,2]　王　欢[1,2]　李吉军[1,2]　和传健[1,2]　李晓琦[1,2]

(1. 中国石油集团大庆钻探工程公司钻井工程技术研究院；
2. 油气钻完井技术国家工程研究中心调整井钻完井试验基地)

【摘　要】 固井技术是调整井钻井工程的核心技术，固井质量直接关系到开发效益，是保证油田稳产的关键之一。进入特高含水期后，地层压力、渗透率、油气水分布等均发生很大的变化，调整井固井技术面临着严峻的挑战。通过持续攻关固井作用机理、地质技术、水泥浆体系等关键技术，形成了界面增强、低温防窜、预防套损等配套技术措施。现场进行规模化试验，取得较好的应用效果。本文阐述了大庆油田特高含水期调整井固井技术进展与发展方向，为今后相关技术的研究与应用提供借鉴。

【关键词】 特高含水期；调整井；固井技术；进展；展望

大庆油田1959年被发现，1979年开始进行调整开发，目前已进入特高含水、特高采出程度开发阶段，正朝着建设百年油田目标奋进。大庆油田具有油层多，非均质严重，高渗透与低渗透油层、厚油层与薄油层交互分布的特点[1]。对于调整井而言，固井质量是实现分层开发、保障开发效益的关键技术之一。调整井固井技术伴随着油田高效注水开发而产生、发展的，已成为整个井筒技术的核心。在油田一次加密、二次加密期间，结合当时的地质条件及质量需求，开展了水气窜机理、水渗流对固井质量影响机理、射孔对水泥环损伤机理等一系列基础研究工作，并提出了"压稳、居中、替净、密封"八字方针，固井质量逐年提高[2-10]。在油田三次加密期间，进入特高含水开发阶段，由于长期注采开发，地层压力、渗透率、油气水分布等均发生很大的变化，调整井固井面临着新的挑战。主要表现在四个方面：一是高渗透砂岩层固井质量大幅度下降，二是层间窜、管外冒等问题增多，三是标准层套损问题突出，四是层间封隔质量要求不断提高。本文针对特高含水期面临的技术难题，阐述了固井作用及应用技术研究进展，并展望了调整井固井技术发展方向。

1 特高含水期调整井固井面临的技术挑战

1.1 高渗透砂岩层固井质量大幅度下降

油田分布较广的高渗透砂岩层，注水开发后泥质含量减少，渗透砂岩层水洗严重。油田开发布有多套井网，包含多种注入流体，注采关系复杂。在动态注采环境下，渗、漏、

作者简介：杨秀天(1982年生)，男，高级工程师，大庆钻探工程公司钻井工程技术研究院完井技术研究所所长，毕业于东北石油大学油气井工程专业，主要从事调整井固井机理及技术研究工作。联系方式：电话：0459-4892341，yangxiutian07@cnpc.com.cn。

水浸、腐蚀等复杂导致固井难度增大。采用延时(15d)声波变密度测井后,在动态注采环境下,高渗透砂岩层固井质量大幅度下降,优质井段比例与泥岩层相比降低40个百分点,已成为制约调整井固井质量的突出问题。

1.2 层间窜、管外冒等问题增多

伴随着长期的注水开发,受油井套损、储层非均质性、断层遮挡、单砂体内部注采关系等因素影响,出现了多种多样的异常高压层位,主要包含注采不平衡导致射孔层位异常高压、套管损坏导致非射孔层位异常高压、注入高黏度介质形成异常高压、注水过程中裂缝体形成异常高压等。异常高压层分布复杂,层间、层内矛盾突出,高压层平均压力系数达到1.80以上。固井候凝过程中,水泥浆失重,环空压力下降,易引发层间混窜、管外冒等问题。

1.3 标准层套损问题突出

标准层普遍发育大段灰色、灰黑色泥岩,黏土吸水体积膨胀,产生蠕动;且水平层理发育,沿水平层理分布大量密集介形虫化石,化石面存在微裂缝,高压水进入后易产生滑移。固井后泥岩浸水蠕变、滑移,导致了套管变形、错断。进入特高含水期后,标准层套损问题愈加突出,油田套损井中50%以上发生在标准层。

1.4 层间封隔质量要求不断提高

随着调整开发的深入,开发的对象逐步由厚油层调整到薄差油层,开发方式从"稳油控水"到"精细注水"。为了实现层系细分调整,不但要封固好薄隔层,还要封固好渗透层、含水层等,满足层内、层间挖潜以及采取增产措施的需要。大庆油田采用固井后15d胶结指数(BI值)法评价固井质量,要求油顶以下全封固段质量优良,以满足开发方案的需求。

2 特高含水期调整井固井作用机理研究进展

2.1 延时条件下影响高渗透砂岩层固井质量因素研究

进入特高含水期后,15d固井质量和24h相比,出现大幅度下滑,尤其是渗透砂岩层固井质量变差问题更为突出。选取现场某井,检测2d、7d、10d、15d固井质量,变化情况如图1所示。2d时固井质量为优质,随着检测时间的延长,高渗透砂岩层固井质量逐渐变差,而低渗透泥岩层胶结质量基本无变化。

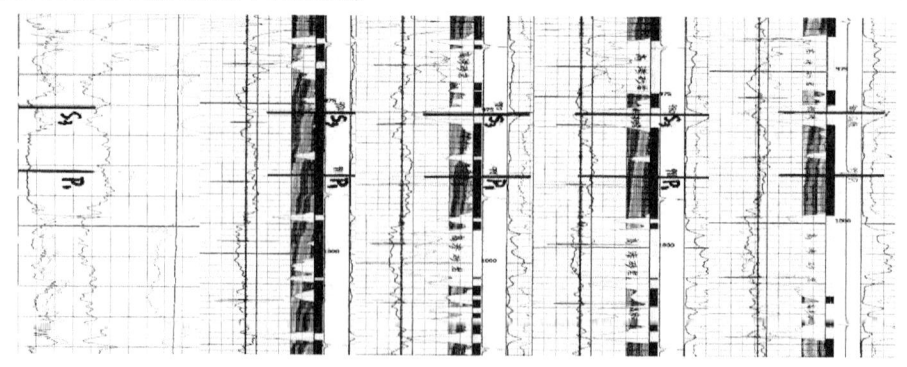

图1 现场电测及CBL-VDL检测2d、7d、10d、15d胶结质量图

为了研究高渗透砂岩层固井界面胶结特性,建立了物理模拟—测井—验窜为一体的室内

评价方法,实现了固井界面胶结多功能准确评价,模拟装置如图2所示。该装置可模拟水泥环所处的井下环境,包括温度、地层以及地层流体等;套管外径139.7mm、壁厚7.72mm;模拟地层采用天然砂岩岩心,模拟井眼直径228mm;采用声波变密度测井系统检测固井质量,实现了室内与现场评价方法的统一。同时建立了验窜系统,可对不同长度的水泥环水力封隔能力进行检测,并采用抗窜压差梯度(单位长度上的抗窜压差)衡量水泥环水力封隔能力。

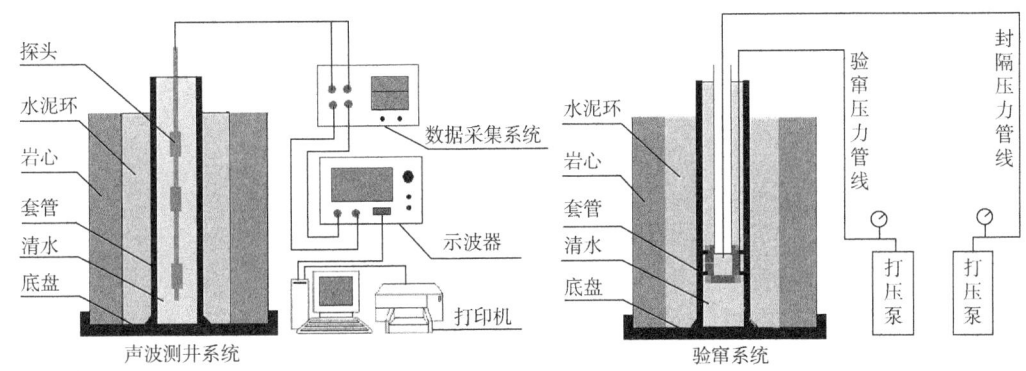

图2 模拟装置示意图

对于渗透层而言,渗透率高、压力低,在钻井过程中易形成滤饼,而滤饼在顶替过程中不能完全清除。应用该模拟装置通过实验研究,给出了不同滤饼厚度时胶结指数与测井时间的关系(图3),15d后测井滤饼厚度与胶结指数值关系如图4所示。从图3和图4可以看出,不存在滤饼时,水泥浆凝固2d后,胶结指数随着时间延长变化不大;而存在滤饼时,随着时间的延长胶结指数降低,且滤饼越厚,胶结指数降低愈加明显。

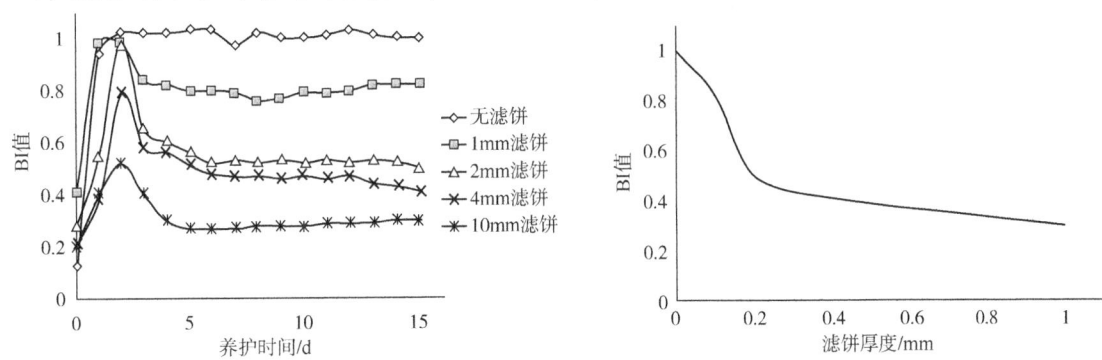

图3 不同滤饼厚度时胶结指数与时间关系　　图4 15d测井滤饼厚度与胶结指数关系

针对高渗透砂岩层的地层特性,不能忽视地层流体的影响,室内模拟了动、静态两种环境,检测存在10mm滤饼时胶结指数,检测结果见表1。从表1中可以看出,动态养护后,胶结指数进一步降低。

表1 地层—水泥环界面存在10mm滤饼时,不同养护环境下的胶结指数

养护条件	静态养护	动态养护
首波相对幅度/%	34.30	58.57
胶结指数,BI值	0.26	0.13

通过以上研究可以发现,高渗透层滤饼是影响延时条件下高渗透砂岩层固井质量的主要因素,地层流体的扰动加剧质量变差。

为了准确地评价延时条件下固井检测质量与封固质量的关系,利用模拟装置,评价了不同胶结指数情况下的抗窜压差梯度,建立了胶结指数(BI 值)与抗窜压差梯度(P_m)的关系,如图 5 所示。由于胶结指数本身并不足以保证地层封隔,需考虑胶结井段的长度,为此计算了最小有效封隔长度(L_{min}),如图 6 所示。此处最小有效封隔长度是指可封住 15MPa 时所需的最小长度。

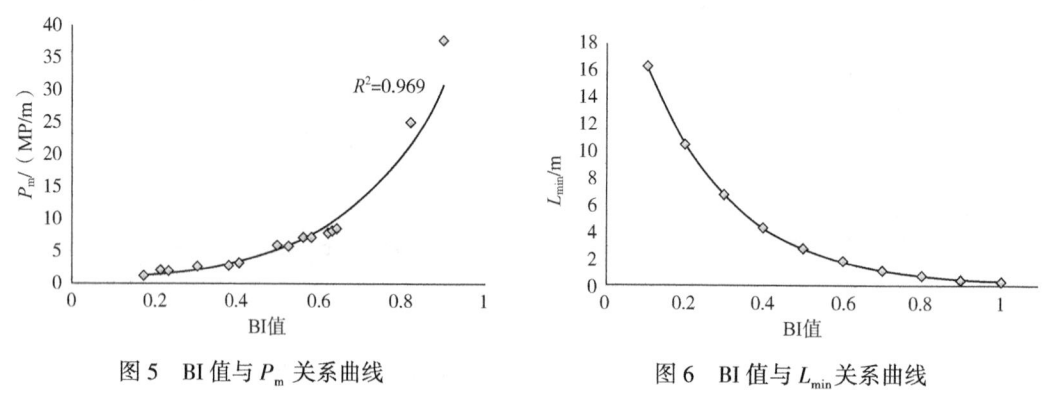

图 5 BI 值与 P_m 关系曲线   图 6 BI 值与 L_{min} 关系曲线

可以看出,随 BI 值的增大,抗窜压差梯度增大,最小有效封隔长度减小。在 15MPa 压差下,BI 值为 1 时的最小有效封隔长度为 0.2m。若 BI 值下降,则可以通过胶结段的长度对水泥环的水力封隔能力进行补偿。例如当 BI 为 0.6 时,如果胶结井段的长度大于 1.82m,则可以保证层间的有效封隔。现场可以利用单井层间压差与胶结指数,计算得出最小有效封隔长度,为开发方案的设计提供了依据。

2.2 固井弱界面问题认识研究

在对固井水泥环微观结构分析中发现,水泥石本体结构致密,水化产物的颗粒较小,而界面处结构比较疏松,片状的氢氧化钙较多,水化产物结晶程度较高,晶体粗大,这说明固井中的界面胶结同建筑中水泥基复合材料界面一样,存在着界面薄弱过渡区。把这种与套管骨架胶结的结构疏松、孔渗增大的环形水泥过渡带,称之为固井弱界面。弱界面的概念是通过微观结构给出的,和微环、窜槽一样,与声学响应及宏观力学密切相关,是描述界面胶结的新概念,为研究实际生产中出现的新问题提供依据。

室内模拟二界面存在 1mm 和 10mm 滤饼两种情况,对水泥环本体及界面进行微观结构分析,结果如图 7 所示。从图 7 中可以看出,不同滤饼厚度时,水泥环本体差别不大,区别主要在界面。当水泥环外存在 1mm 滤饼时,界面结构致密一些;而当水泥环外存在 10mm 滤饼时,界面结构比较疏松,片状的氢氧化钙较多,水化产物结晶程度较高。

对水泥环本体及界面进行 X 射线衍射分析,如图 8 所示。图 8 中系列 1 为水泥环与岩心存在 1mm 滤饼时一界面 XRD 图谱;系列 2 为水泥环与岩心存在 10mm 滤饼时界面 XRD 图谱;系列 3 为地层流体动态养护下,界面 XRD 图谱;系列 4 为水泥环本体 XRD 图谱。

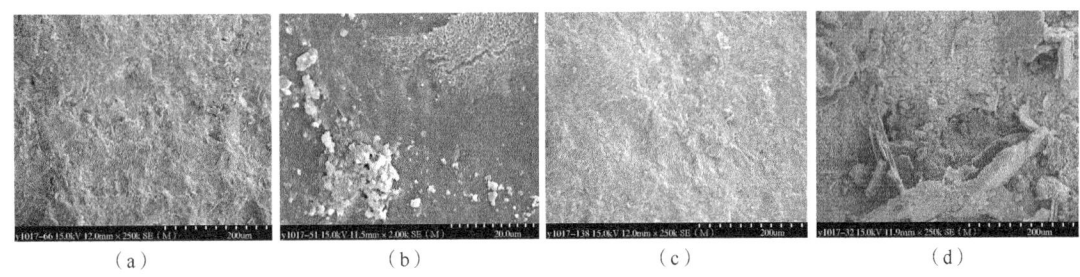

(a) (b) (c) (d)

图 7 水泥环本体及界面微观结构

(a)、(b)为 1mm 滤饼时,本体、界面;(c)、(d)为 10mm 滤饼时,本体、界面

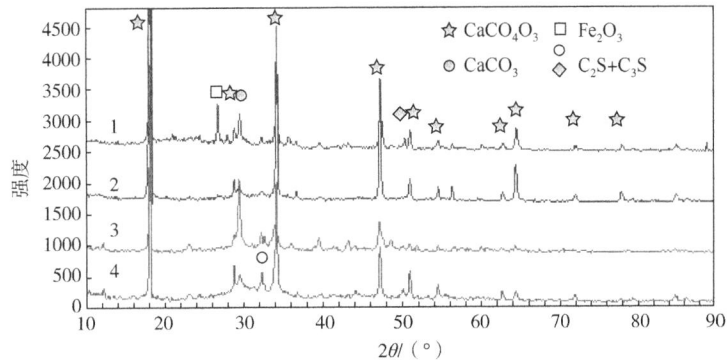

图 8 水泥环本体及界面 X 射线衍射曲线

从图 8 中可以看出,界面中含有较多的 $Ca(OH)_2$,本体中含有 C-S-H 及少量的未水化的 C_2S、C_3S。存在不同滤饼厚度时,界面水化产物基本相同,表明滤饼厚度主要影响界面的微观形貌而不是水化产物。分析地层流体动、静态养护曲线可以看出,界面 $Ca(OH)_2$ 在地层流体的冲蚀作用下被溶解。

在微观结构、水化产物分析的基础上,结合以往的基础认识研究,对固井界面模型进行设想。根据水泥环外部的状态及环境因素的影响,共提出了三种模型:基准模型、载荷模型、环境模型,如图 9 所示。

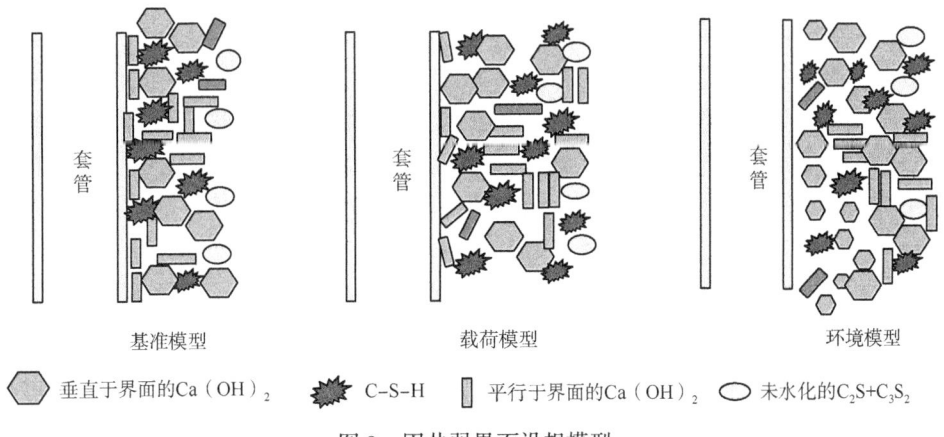

图 9 固井弱界面设想模型

固井中水泥浆顶替到位后,水泥在成型的过程中亲水性的套管对水的吸附力大于塑性浆体中水的内聚力,为成型过程中水分的迁移以及胶凝材料水化过程中 Ca^{2+} 的迁移提供了条件,从而导致 $Ca(OH)_2$ 在套管表面附近区域的富集。若固井水泥浆颗粒级配不良、稳定性不好时,出现较多的游离液,也可使水分富集于邻近的套管表面。边壁效应、微区泌水以及表观体积的变化等造成典型的基准型弱界面。在高渗透低压地层,二界面存在较厚滤饼,在固井结束后,滤饼对水泥环有一定的支撑作用,滤饼经过长期地下流体的冲刷将变软或流失,水泥环将朝着滤饼的方向生长,一界面间应力变小,界面处胶凝材料进一步水化,导致了一界面处水泥石结构比较疏松,$Ca(OH)_2$ 无序生长,与套管胶结面积变小,此时为典型的载荷型弱界面。此外,地层的物性及注采开发导致的地层流体扰动,在高矿化度的地层流体的溶蚀及腐蚀双重作用之下,水化产物颗粒变小、水化产物变少,形成了典型的环境型弱界面,进一步加剧了延时条件下一界面胶结变差。

3 特高含水期调整井固井应用技术研究进展

3.1 高渗透砂岩层界面增强固井技术

对于高渗透砂岩层固井而言,关键在于提高界面胶结质量。主要措施有三个方面:一是提高砂岩层压力,减少层间压差;二是提高钻井液性能,降低滤饼厚度,提高滤饼强度;三是改善水泥浆性能,提高水泥石防腐抗渗能力。

3.1.1 保压注水技术

正常注采条件下砂岩油层的采出量与注入量大致相当,且渗透性、连通性好,砂岩层压力偏低。钻关降压后,注水井钻关停注,而采出井仍在正常生产,造成砂岩层的压力越来越低。保压注水技术是通过砂岩层回注的方法(控制注水),以提高孔隙压力,减小层间压差。保压注水井的选择、回注压力的确定和注水范围是措施成功的关键。通过压力系数与注水井距离计算与现场统计,保压注水范围一般定为150m,注压5~6MPa。

3.1.2 滤饼增强技术

针对滤饼性能影响固井质量问题,研发了封堵剂、界面增强剂两种产品。封堵剂是一种半刚性耐酸耐碱的超细短纤维材料,配合柔性合成纤维和超细软颗粒,在地层里可以构成一个三级的架桥网络。在形成钻井液滤饼的过程中,首先由纤维材料快速架桥,然后柔性纤维形成二次网络,超细软颗粒材料和钻井液颗粒形成密封膜,可封堵渗透层井壁,快速形成薄而致密的钻井液滤饼,降低井壁渗透性。界面增强剂由滤饼硬化剂、晶体诱导剂、化学反应剂和表面清洁剂等多种外加剂复合而成。采用滤饼硬化剂、晶体诱导剂促进滤饼固化,化学反应剂阻碍氢氧化钙生成,表面清洁剂去除浮滤饼。应用界面增强剂后,滤饼强度提高48%,推荐用量为钻井液体积的0.8%。

3.1.3 防腐抗渗水泥浆体系

为了提高渗透层水泥石防腐抗渗能力,开发了防腐抗渗水泥浆。利用弹性吸水膨胀材料,提高水泥固相含量、减少水固比、降低水泥石渗透性;采用滤饼耦合剂,提高高渗透层滤饼强度,防溶蚀破坏,提高二界面滤饼对水泥环的支撑力;利用抗渗剂,减少产生易冲蚀水化产物,提高水泥环抗侵蚀能力。通过性能评价,二界面存在4mm滤饼的情况下,

2~15d防腐抗渗水泥浆胶结指数值基本平稳，胶结指数值在0.8~1.0之间，说明该水泥浆有助于提高高渗透砂岩层固井质量。

3.1.4 现场应用实例

LMD油田储层的颗粒粗、泥质含量少、孔隙度大、渗透率性好，大面积发育高渗透油层。油田先后经历了加密调整和主力油层聚合物驱油等阶段，渗透率高达5000mD，低压层平均压力系数0.85，地层水总矿化度7150mg/L。地层高孔隙、高渗透及流体的高含水、高矿化度是LMD油田最突出的特点，实验前固井优质率仅为54.1%，高渗透层优质井段比例55.0%。在LMD油田固井时，通过对高渗透层保压注水、控制小层渗流速度等方式，为固井提供一个相对稳定的地下环境。应用多级划眼与振动固井技术，提高冲洗、顶替效果。对于50mD≤渗透率<300mD的井，应用界面增强剂；对于300mD≤渗透率<1500mD的井，应用界面增强剂、屏蔽封堵剂；对于有渗透率≥1500mD的井，应用界面增强剂、屏蔽封堵剂、防腐抗渗水泥浆。上述集成技术措施，现场试验352口井。与应用前相比，优质率提高17.2个百分点，高渗透层优质井段比例提高36.9个百分点。现场应用效果显著。

3.2 高压层低温防窜封固技术

对于高压层固井而言，关键在于阻止地层流体的侵入。其主要措施有三个方面：一是降低高压层压力，二是提高水泥浆防窜能力，三是增强固井环空密封性。

3.2.1 地层压力调整与解释技术

随着油田开发不断调整，不同区块、不同井网、井与井之间的注水参数和物性参数差别对钻关泄压规律变化影响非常大。结合注水井井口剩余压力、正常注采时压力分布规律、注水射孔厚度、注量及注压等相关参数，制定不同区块、不同井网的钻关方案。钻关方案中包含不同井网注水井关井时间、关井距离，不同井网开钻前井口剩余压力、不同距离注水井转注时间、采油井关井时间等参数。钻关降压是比较直接而且实用的降压方法，是调整井固井顺利实施的基础。

砂岩油藏的自然电位主要由扩散吸附电位和过滤电位两部分叠加而成。其中过滤电位值与压差有关，层间压差增大，可导致过滤电位发生较大变化。油田调整井压力系数在纵向上的变化范围最大可达0.6~2.5，可以使过滤电位值的变化范围达-60~$+50$mV。依照此原理，将扩散吸附电位、过滤电位进行分离，利用过滤电位与环空压差的关系，形成利用自然电位计算地层孔隙压力理论模型。结合实际现场地质参数，建立了地层压力解释软件，可进行分层取值，形成单井地层压力解释连续剖面，实现快捷、精准压力识别，压力系数误差在±0.05以内，为制定单井固井方案提供了可靠依据。

3.2.2 低温防窜水泥浆体系

针对低温下水泥水化速度慢、过渡时间长等问题，研制了低温早强防窜水泥浆体系。由低温早强剂、防窜剂、降失水剂等组成。采用金属离子与有机基团加快水泥水化保护膜破裂，缩短过渡时间；壳核共聚方法合成降失水剂，降低了成膜温度，降低水泥浆失水量；低温下形成稳定的黏弹性的树脂胶膜，提高水泥浆防窜效果。该水泥浆具有过渡时间短、失水量少、渗透率低、界面胶结强度高、凝结时间短等优点，防窜性能系数0.57，5MPa压差条件下，气窜量为0mL。

3.2.3 水力膨胀式封隔器

套管外封隔器是提高含高压井的固井质量的有效措施之一。研制的水力膨胀式套管外封隔器包括控制机构、密封机构及联结机构。固井前随管柱将其下入所需层位，固井结束后提高套管内压力，套管内工作液体打开控制机构，进入密封机构使其膨胀，并贴紧井壁形成环空永久密封，然后控制机构关闭进液通道。应用时可根据地质需求，设计密封胶筒长度，同时可采用双卡/多卡工艺措施。

3.2.4 现场应用实例

X12区为低渗透储层开发，布有多套井网，长期注入量远大于采出量，造成了整体储层压力提升，普遍存在着"注水难、泄压更难"的问题，往往井口压力下降后，储层仍然存在高压。根据钻前压力预测，优化设计钻关方案，采用常规注水井停注、同层位注水井放溢降压等方案，异常高压层平均地层压力系数由1.85降低到1.75。对待钻井进行地层压力解释，1.60≤压力系数<1.70的井占25%，1.70≤压力系数<1.80的井占45%，压力系数≥1.80的井占30%。针对不同压力系数的高压井，制定相应的固井技术方案。对于1.60≤压力系数<1.70的井，应用低温防窜水泥浆；对于1.70≤压力系数<1.80的井，应用低温防窜水泥浆、套管外封隔器；压力系数≥1.80的井，应用防窜水泥浆（双凝）、套管外封隔器、加重冲洗液等组合措施。上述集成技术措施现场试验461口井，固井优质率提高13.4个百分点，管外冒发生率降低了4.55个百分点。

3.3 预防标准层套损技术

预防标准层套损，关键在于预防泥岩滑动以及先期保护。其主要技术措施有三个方面：一是根据地质情况优选套管型号；二是控制水泥返高，在套管外为泥岩滑动预留不封固的缓冲空间；三是在泥岩层上下密封，切断泥岩进水源头。

3.3.1 水泥面控制工具

为了给套管外的泥岩滑动预留缓冲空间，研制了水泥面控制工具。将工具随管串下入标准层位置，在固井碰压后，再用泵车憋压打开工具的循环孔，将工具以上的多余水泥浆洗出上部环空；同时从井口投入数个小球，经循环堵住工具循环孔，憋压关闭工具，对后续作业不留任何隐患。通过该工具既保证不漏封油层，又能将易损层段的环形空间用钻井液代替水泥浆，在标准层滑动时起到缓冲泄压的作用。

3.3.2 遇水自膨胀封隔器

为了预防标准层泥岩浸水，在泥岩上下位置下入封隔器。对于泥岩层以下封固段，应用机械式封隔器。对于泥岩层以上裸眼井段，为了提高封水能力，研发了遇水自膨胀封隔器。该工具主要利用橡胶内外渗透性压差，橡胶亲水性基团与水分子发生水合作用，发生体积膨胀，与井壁产生接触应力，从而达到密封的效果。优选了生胶、吸水树脂等材料，膨胀量达到500%以上。对橡胶材料、工具结构、加工工艺研究，封隔能力达到10MPa/m以上。该工具遇水自动膨胀，具有作业简便、可靠性高、风险低、适应裸眼井段等优点。

3.3.3 现场应用实例

SET油田浅部地层中发育水层，水源充足，井间相互贯通。标准层裂缝发育，含化石富集夹层，抗剪切强度低，套损问题突出。统计标准层套损井比例达到7.8%。根据地质预测技术，掌握浅层水分布。对于常规区应用水泥面控制工具；对于套变风险区，应用高抗挤套管（P110）、水泥面控制工具；对于老套损区，应用高抗挤套管（P110）、控制水泥面工具、遇水膨胀封隔器、机械式套管封隔器。上述集成技术措施，现场应用182口井，目前无标准层套损发生。

4 特高含水期调整井固井技术发展方向

大庆油田调整开发较早，为了满足油田开发不同阶段的需求，固井技术走过了一个渐进发展的过程。未来一个时期，按照大庆油田"当好标杆旗帜"的战略部署，实施油气可持续发展，陆续应用交替混注、同井注采等新技术，同时不断优化钻关方案减少钻关对油田产量的影响。这给固井带来更复杂、更严峻的挑战，需持续开展特高含水期调整井固井技术的创新研究。

4.1 建立调整井固井质量管理保障体系

固井工程处于钻井和开发工程的衔接环节，一方面，固井质量的好坏直接决定着钻井工程质量的好坏，影响钻井工程质量的评价标准；另一方面，固井质量也直接关系到开发效益，是保证油田稳产的关键之一。尤其在调整井分层注采情况下，固井质量更应该得到钻采系统的共同关注。调整井固井是个系统工程，采油方面应适当调整地层压力系统，并增加相关技术投资；钻井方面在钻井设计和实施过程中应确定固井质量为核心地位，形成以提高固井质量为关键的钻完井方案。要固好调整井，必须做好"相对稳定的地质环境、良好的井眼质量、优良的钻井液性能、有效的固井措施"四个关键环节。坚持"地质超前、一井一策"的方针，以精细的地质预测为基础，以个性化的固井方案设计、完善的固井应用措施为手段，推动固井质量的提高。为此需要对"地质调查、钻关调整、井位运行、井眼准备、压力检测、旋流通井、套管居中、固井措施优化、固井监督、质量分析"十个过程进行细化管理，明确每个过程质量控制方法，建立系统的质量管理保障体系。

4.2 有限钻关条件下调整井固井技术研究

大庆油田20世纪70年代，钻采系统采用辩证思想及大局观念，提出了调整井钻关技术。通过钻关实现井下压力的控制，是保障安全钻进和固井质量的关键技术。然而，钻关需对区域内的油水井采用停注、停采、防溢降压等措施，对产能建设有一定的影响。面对特高含水期产能的压力，逐步由区域笼统钻关朝着单井精细钻关发展，尤其是更新井受三采井段塞松懈等问题影响甚至实施零钻关。在有限钻关条件下，钻关距离、钻关时间缩短，注水井、采油井关停数量减少，关井后井口剩余压力增大。固井过程中，面临着地层整体压力提高、密度窗口窄、流体渗流速度加快、层间压力系统更为复杂等多种问题，固井质量保障难度不断增大。需要开展有限钻关条件下调整井控制压力固井技术攻关，实现安全、优质固井。

4.3 调整井固井新材料研究

伴随着剩余油深度挖潜，井网不断加密、含水率攀升、聚驱及复合驱大面积推广，采用常规的固井技术难以保障质量。尤其是同井注采井方式，一口井既是注入井又是采出井，对于水泥力学性能及长效密封提出了更高的要求。需针对特殊的复杂工况，开展固井新材料的研究，形成功能性固井液体系。例如，开展遇水自修复水泥浆，提高对微裂缝、微环隙封堵能力；开展非水泥基封固材料的研究，提高油水井长效密封能力；开展柔性封隔材料的研究，预防开发过程中套损问题。持续开展封固新材料研究，对保证层间封隔、增产改造效能、油气井生产寿命具有重要意义。

5 结论

（1）进入特高含水期后，调整井固井面临着砂岩层质量下降、高压层层间窜增多、标准层套损等难题，同时薄差层开发及厚油层剩余油挖潜对于固井质量需求也在不断提高。

（2）明确了延时条件下影响渗透砂岩层固井质量因素，给出了固井弱界面问题认识，为调整井固井技术发展奠定了理论基础。

（3）通过地质技术、水泥浆体系等关键技术的攻关，形成高渗透砂岩层界面增强、高压层低温防窜、预防标准层套损等配套技术。经现场规模化应用，具有较好的效果。

（4）面对特高含水期固井需求技术，需要进行有限钻关条件下固井技术、固井新材料等攻关，建立调整井固井质量管理体系，推动调整井固井技术的不断发展。

参 考 文 献

[1] 朱丽红，杜庆龙. 陆相多层砂岩油藏特高含水期三大矛盾特征及对策[J]. 石油学报，2015，36（2）：210-216.
[2] 罗长吉，王允良，张彬. 固井水泥环界面胶结强度实验研究[J]. 石油钻采工艺，1993，15（3）：47-51.
[3] 陈晓楼，刘爱玲. 水渗流模拟装置的研制[J]. 河南石油，1999（3）：28-29.
[4] 陈晓楼，李扬，莫继春，等. 注水开发中水渗流对固井质量的影响[J]. 钻井液与完井液，1999，16（5）：21-24.
[5] 肖志兴，卢丽文，梁洪权. 地层流体影响水泥环胶结质量的机理分析[J]. 钻采工艺，1999，22（2）：4-8.
[6] 王立平，刘爱玲，罗长吉. 大庆油田固井后水气窜实验研究[J]. 石油钻采工艺，1992，6（5）：25-29.
[7] 罗长吉，固井后环空气窜影响因素的试验研究[R]. 大庆石油管理局钻井研究所，1997：7-8.
[8] 罗长吉，刘爱玲，程艳. 固井防水窜机理研究与应用[J]. 石油钻采工艺，1995，17（5）：35-42.
[9] 王欢，刘爱玲，李国华. 水泥环应变测量系统[J]. 石油钻采工艺，2004，26（6）：31-33.
[10] 刘爱玲，李国华，王欢. A级水泥环的胀缩性能[J]. 钻井液与完井液，2004，21（5）：12-14.

即时混配型高密度固井隔离液

谌德宝[1] 亢菊峰[2]

(1. 大庆钻探工程公司钻井工程技术研究院；2 大庆钻探工程公司钻井二公司)

【摘　要】 本文介绍一种即时混配型高密度隔离液的研发过程及应用效果。首先，自主研发了一体式隔离液处理剂，该处理剂具有溶解快、适应能力强等优点，其水溶液低黏高切、悬浮效果出色，为解决高密度隔离液黏稠、触变强等问题奠定了基础。同时，开展了即时混配室内模拟试验，确定了室内设备模拟固井水泥车混配的具体参数，并按照该混配方式，开展了隔离液组分确定和性能评价。通过控制"水灰比"，隔离液密度可自由调整，最高可达 $2.40 g/cm^3$。试验表明，该隔离液体系具有极佳的流动性、稳定性、相容性和抗温能力。最后，成功进行了地面试验和现场应用，验证了即时混配方式切实可行、体系配方科学合理，生产应用简便高效。

【关键词】 隔离液；即时混配；高密度；流动性

为保障油田持续稳产的目标，需要不钻关钻完井。不钻关导致的异常高压是钻井生产面临的主要问题之一，大庆油田部分区块地层压力系数大于 1.90，部分井位预测地层压力系数达 2.18[1]。为保证钻井安全及固井质量，需使用超高密度水泥浆和固井隔离液。普通的固井前置液密度最高 $1.80 g/cm^3$，不能满足生产需要，而采用传统方法配制的超高密度固井隔离液黏度高、稠度大，运输及使用过程中抽、注困难。同时也不能起到净化井眼的作用，固井质量难以保障。为此，开展即时混配型高密度固井隔离液研究，采用现场即时混配方式，省去厂内配制、罐车运输、泵车抽液等环节，实现混配—注入连续作业，生产效率大幅提高。同时，优化隔离液体系性能，解决高密度隔离液黏稠、触变强等问题。从而解决高密度前置液应用困难的问题[2-8]。

1　高性能隔离液处理剂的制备

为解决高密度隔离液黏度高、稠度大、触变强的问题，研制了一种高性能隔离液处理剂，即具体制备方法如下：

称取 100kg 非离子表面活性剂 A01，加入带搅拌器的反应容器中，控制温度 (65 ± 1.0)℃，调节 pH 值为 8.0，加热搅拌 30min 以后，加入 11kg 环氧乙烷，间歇搅拌 10h 使表面活性剂乙氧基化。再加入 22kg 润湿后生物胶，继续搅拌 12h，使表面活性剂与生物胶充分反应。最后，加入 0.3kg 黏土抑制剂、0.5kg 消泡剂和 5~7kg 增溶剂调节黏度，即得到隔离液用复合处理剂 DQ-SA。

作者简介：谌德宝，男，1983 年生，高级工程师，大学本科，主要研究方向为固井水泥浆技术研发。E-mail：chendebao@cnpc.com.cn。

DQ-SA 是一种黏度 5000~6000mPa·s 的浅褐色液体，20℃条件下，在水中 1.0min 内可完全溶解。水化后生物胶链段以弱氢键连接形成网状结构，表面活性剂链段形成胶束，共同悬浮加重材料。外力作用下，氢键断裂、胶束有序排列，流动阻力变小，表现出明显的低黏高切特征。0.9%的 DQ-SA 水溶液在剪切速率 $170s^{-1}$ 时，表观黏度 24mPa·s；剪切速率 $1000s^{-1}$ 时，表观黏度 9.5mPa·s。

2 隔离液体系组成与性能评价

2.1 即时混配室内模拟试验

即时混配是将重晶石粉利用水泥罐车气动"下灰"，再利用固井水泥车将"灰"与含有外加剂的药液混配成隔离液。为了模拟水泥车的混拌工作状况，用比对法开展研究。固井施工时，直接从固井泵车混配池取样并测量水泥浆性能参数。再进行室内复核实验，利用搅拌器配制同一配方、同一水灰比、同一密度的水泥浆，直至室内的水泥浆与现场水泥浆性能一致或十分接近。室内模拟显示，利用瓦林搅拌器转速 2000r/min、搅拌时间 10s 配制的水泥浆与现场取水泥浆各项参数基本一致。说明该条件下瓦林搅拌器能够比较真实模拟固井水泥车的搅拌能力。因此，即时混配隔离液室内评价实验都按照该混配方式进行。

2.2 隔离液性能评价[9-15]

经过室内实验，确定隔离液体系基础配方为：水+0.9%DQ-SA+加重剂。当隔离液密度大于 2.2g/cm³ 时，复合处理剂加量可适当降低，但不应低于用水量的 0.8%。

2.2.1 流动性能

流动性能主要考察隔离液在油气井中注替时的可泵送性能，包括黏度、切力、流动度等参数。流动性能是衡量高密度隔离液优劣的重要指标，具体试验数据见表1。实验显示，以 DQ-SA 制备的高密度隔离液的黏度低，流动度大，流动性能显著优于普通高密度隔离液。

表1 即时混配高密度隔离液流动性能

类型	ρ/(g/cm³)	FV/s	PV/(mPa·s)	YP/Pa	流动度/cm
DQ-SA 基浆	1.0	31	7.5	2.8	35
即时混配	1.80	49	25.5	8.9	28
	2.0	55	36	9.2	28
	2.20	58	43.5	11.5	27
	2.40	68	57.0	12.7	24
常规体系	1.80	105	75	31.6	20

2.2.2 悬浮稳定性

常温稳定性采用量筒法，将制备好的隔离液注入 500mL 量筒，封口后室温条件下静置一段时间，测量上部与下部密度差。高温稳定性则是将隔离液置于养护釜、在高温条件下养护一段时间，冷却后测量浆体上部与下部密度差。具体试验结果见表2。

表2 不同养护条件下隔离液沉降稳定性

ρ/ (g/cm³)	$\Delta\rho$/(g/cm³)			
	室温24h	室温72h	170℃×4h	170℃×24h
1.80	0	0	0.02	0.02
2.0	0	0.01	0.02	0.03
2.20	0	0.02	0.02	0.03
2.40	0.01	0.02	0.03	0.05

由表2可以看出，不同密度的隔离液在室内条件下静置72h，密度差小于0.02g/cm³；在170℃高温条件下，静置24h，上下密度差0.04g/cm³，无明显沉降现象。

为模拟动态条件下隔离液的稳定性，将隔离液装入浆杯，在高温高压稠化仪中升温加压并持续搅拌，观察隔离液的稠度变化，具体试验方法参照油井水泥浆试验方法。

在175℃×89.6MPa条件下，浆体的稠度在4.5h内基本保持稳定，说明隔离液始终为均质流体，未发生分层沉降现象。综合静态和动态条件下的试验结果，说明即时混配高密度隔离液悬浮稳定性能良好。

2.2.3 流变相容性

入井流体如果接触污染会影响顶替效果，还可能导致严重的钻井安全事故，必须进行流体相容性评价。在室内，将隔离液与水泥浆、钻井液按照不同比例混合，搅拌一段时间后，利用旋转黏度计测量混浆的流变参数，评价隔离液的相容性。实验显示，该隔离液与钻井液、水泥浆接触无黏稠度的突变，展现了良好的相容性(表3)。

表3 即时混配隔离液与钻井液、水泥浆相容性

浆体	旋转黏度计读数					
	Φ_{600}	Φ_{300}	Φ_{200}	Φ_{100}	Φ_6	Φ_3
100%隔离液	61	43	36	26	8	6
100%钻井液	45	28	21	13	3	2
100%水泥浆	129	83	59	37	7	5
75%隔离液+25%钻井液	52	39	29	22	7	5
50%隔离液+50%钻井液	48	35	26	18	6	4
75%隔离液+25%水泥浆	84	58	43	30	7	6
50%隔离液+50%水泥浆	103	69	52	33	7	6

3 地面及现场试验

3.1 地面试验

为检验室内模拟实验的合理性、高密度隔离液即时混配的施工可操作性，开展了地面

试验，利用水泥车即时混配高密度隔离液。试验时，浆体密度 1.70g/cm³ 启动外输泵，瞬时排量设定为 0.6m³/min，控制水灰比逐步提高密度，在密度达到 2.34g/cm³、加重剂用完时试验停止。整个试验过程连续平稳，设专人连续取样监测密度和流动度，结果见表4。可以看出，即时混配隔离液密度连续可调，性能参数与室内评价结果一致性较高，说明室内模拟方法科学有效，也证明了高密度隔离液体系性能优良，即时混配方式切实可行。

表4 地面试验即时混配高密度隔离液的基本性能

ρ/(g/cm³)	取样频次	流动度/cm	FV/s
1.70	2	32.0	41
1.78	2	30.0	
1.92	3	29.0	46
2.02	1	29.0	53
2.07	1	28.0	
2.11	1	28.0	57
2.20	2	27.0	
2.29	1	26.5	
2.34	1	26.0	67

3.2 现场应用效果

2019年8月7日，即时混配隔离液在大庆油田采油一厂某更新井现场应用。采用两台灰罐车供"灰"，一台罐车供"液"，利用水泥固井车即时混配 1.80g/cm³ 高密度隔离液。共注入即时混配隔离液 16.2m³，排量 0.8m³/min，密度最高 1.82g/cm³、最小 1.79g/cm³、平均 1.80g/cm³。应用显示，即时混配施工操作简便、混配高效，注替压力平稳。隔离液无"起泡、包团"等不良现象，流动性极好，其他性能指标优良。即时混配高密度前置液解决了高密度隔离液黏稠的问题，也极大地提高了加重隔离液混配效率，具有很大的推广应用价值。

4 结论

（1）自主研制了一体化处理剂 DQ-SA，速溶速效。其水溶液具有明显的低黏高切特征，流动性好，悬浮能力强，是即时混配高密度隔离液较为理想的处理剂。

（2）以分析比对方式确定了即时混配室内模拟方法。即时混配型隔离液具有良好的流动性、悬浮稳定性、相容性和抗温能力。

（3）地面试验及现场试验证明，隔离液密度可按需求进行调节，最高密度可达 2.40g/cm³，较好解决常规高密度隔离液黏稠、抽注困难等难题。施工操作简便，生产效率高，即时混配工艺切实可行。

参 考 文 献

[1] 房成亮. 调整井压力预测及压力系统分析[J]. 大庆石油地质与开发, 2010(2): 87-89.

[2] 吴广福,宋元洪.传统固井水泥车的现代化改造[J].设备管理与维修,2014(5):64-66.
[3] 和传健,徐明,肖海东.高密度冲洗隔离液的研究[J].钻井液与完井液,2004,21(5):19-21.
[4] 舒福昌,向兴金,罗刚.高密度双作用前置液性能研究[J].石油T天然气学报,2007,29(1):96-98.
[5] 王广雷,王海森,姜增东,等.抗180℃高温水基隔离液的研制与应用[J].钻井液与完井液,2011,28(1):40-42.
[6] 任春宇,陈大钧.RC型冲洗液性能的室内研究[J].钻井液与完井液,2012,29(6):66-67.
[7] 邓慧,郭小阳,李早元,等.一种新型注水泥前置隔离液[J].钻井液与完井液,2012,29(3):54-57.
[8] 杨远光,孙勤亮,王乐顶,等.一种基于剪切速率相等原理的固井冲洗液评价装置:CN,203594388[P].2014.
[9] 齐静,李宝贵,张新文,等.适用于油基钻井液的高效前置液的研究与应用[J].钻井液与完液,2008,25(3):49-51.
[10] 由福昌,许明标.一种固井前置冲洗液冲洗效率的评价方法[J].钻井液与完井液,2009,26(6):47-48.
[11] 陈光,刘秀军,宋剑鸣,等.丁基羟基茴香醚提高冲洗液抗高温性的研究[J].钻井液与完井液,2017,34(3):81-84.
[12] 刘丽娜,李明,谢冬柏,等.一种适用于油基钻井液的表面活性剂隔离液[J].钻井液与完井液,2017,34(3):77-80.
[13] 陈大钧,雷鑫宇,李芹,等.双重强化界面胶结强度技术[J].钻井液与完井液,2014,31(1):57-59.
[14] 陈大钧,王雪敏,吴永胜,等.高密度高效冲洗液XM-1[J].钻井液与完井液,2015,32(3):70-72.
[15] 高文龙.零散更新井钻降关井方法研究[J].化学工程与装备,2015,11(3):86-88.

Experimental Study on Toughening Cement Slurry with Carbon-Based Carbon Nanotubes

Zhu Jianjun[1,2] Zhang Jingfu[1] Zhang Changjin[3]
Wei Wei[3] Shen Baoming[2] Pan Rongshan[2]

(1. Northeast Petroleum University; 2. Petroleum Engineering Research Institute of Daqing Oilfield Ltd; 3. Petrochina Yumen Oilfield Company)

[Abstract] The horizontal wells in shale oil and gas reservoirs generally need large-scale fracturing to achieve economic and effective reservoir development. The fracturing process puts forward higher requirements on the mechanical properties of the cement ring. In this regard, the use of carboxylated carbon nanotubes to toughen cement slurry cementing technology is proposed to improve the toughness and other mechanical properties of cement paste. Aiming at the problems of poor dispersibility of carbon nanotubes, easy agglomeration, and unknown tensile effect of cement stone, this article discusses pure carbon nanotubes, pure carboxylated carbon nanotubes, urea modified carboxylated carbon nanotubes, and ethanolamine modified carboxylated carbon nanotubes. The dispersibility and cement stone performance of glycine modified carboxylated carbon nanotubes were compared indoors. Finally, the technical solution of using glycine to modify the carboxylated carbon nanotubes is selected, and its dispersion effect and mechanical properties are the most favorable. On this basis, laboratory experiments were carried out to analyze the micro-dispersion state, mechanical properties, porosity and permeability of cement paste, and engineering characteristics of glycine-modified carboxylated carbon nanotube cement slurry. Experiments have confirmed that carbon nanotubes coexist with a single bridging inside the cement stone. In some areas, the carbon nanotubes are obviously bridged and formed into a network. After the bridge is formed into a network, the bonding force between the cement paste is improved, and the impermeability and mechanical properties of the cement stone have been significantly improved. The permeability and porosity of the matrix have decreased by 22.9% and 25.5%, respectively. 0.03% addition amount is the best. The engineering characteristics of cement slurry, such as water separation, fluid loss, and thickening time, have no obvious influence below 0.03% addition amount. A high-toughness cement slurry cementing technology based on carbox-

---

Corresponding author: Jingfu Zhang, Northeast Petroleum University, Daqing Heilongjiang 163318-China.

ylated carbon nanotubes has been formed, providing a new way to improve the toughness of cement stone under large-scale fracturing operations and ensure the integrity of the cement ring.

 【Keywords】　Carbon nanotubes; cement slurry; carbon nanotube dispersion; cementing

The use of large-scale fracturing technology to reform horizontal wells is the only way for oil and gas development[1]. With the increasing intensity of shale oil and gas exploration and development, large-scale fracturing processes require higher and higher toughness and integrity of the casing outer cement ring[2-3]. After the fracturing is completed, the production and safety hazards caused by the sealing failure of the outer cement ring of the casing are problems to be solved urgently[4]. At present, the main research focus to solve this problem is to improve the elasticity and toughness of cementing cement to resist the damage caused by frequent high-pressure cyclic loading and unloading in the casing during multi-stage large-scale fracturing operations, which can avoid the formation of continuous cracks and minimize the passage of oil, gas and water[5]. The cement is mainly made of materials such as fibers, latex, and rubber particles. However, these materials are either large and difficult to disperse or have the risk of clogging the cementing pipeline[6]. Therefore, the method of improving the microscopic pore structure of cement stone and improving the mechanical properties of cement stone with micro-fiber materials can fundamentally solve the problem of cement ring seal failure[7]. Carbon nanotube materials have good mechanical properties, and the tensile strength can reach 50-200GPa.

The properties of carbon nanotubes can be used to produce many composite materials with excellent performance, which have been widely used in the ceramic, rubber, and glass industries to enhance the mechanical properties of composite materials[8]. It can form a "reinforcement bridge" effect similar to conventional fibers on the internal microstructure of the cement stone and improve the mechanical properties of the cement stone[9-11]. Therefore, it is proposed to use carbon nanotubes as toughening materials to improve the mechanical properties of cement stones. However, ordinary carbon nanotubes are extremely entangled and difficult to disperse due to their relatively large length and diameter[12-14]. In order to solve the problem of easy winding of carbon nanotubes, it is necessary to develop and screen a dispersion method that is convenient for on-site operations and significantly improves the mechanical properties of cement, improves dispersion, enhances mechanical properties, and thereby guarantees cementing quality[15-16].

1　MATERIALS AND METHODS

(1) Experimental materials.

Carboxylated carbon nanotubes, dichloromethane (analytical purity, ≥99.5%), oxalyl chloride (analytical purity, 98%), dimethylformamide DMF (analytical purity, 99.90%), urea (analytical purity, ≥99%), triethylamine (superior grade, 99%), sodium bicarbonate (analytical purity, ≥99.5%), rotary evaporator (RV-211A, room temperature-180℃)[17-18].

(2) Experimental process.

① Urea modification. We weigh 1 part of carboxylated carbon nanotube, add 20 parts of dichloromethane, 1.6 parts of oxalyl chloride, and 0.1 part of dimethylformamide (DMF) to it in sequence to obtain mixed solution A. The mixed solution is stirred at room temperature for 24h. We remove the solvent, recovery of the black solid at the bottom layer, and obtain the acyl chloride carbon nanotubes by washing, suction filtration, and drying[19].

We take 1 part of acyl chloride carbon nanotubes, add 10 parts of dichloromethane, 0.64 parts of urea, and 3 parts of triethylamine to it in sequence, stir the mixed solution at room temperature to make it fully mixed, and then add 45 parts of 10% saturated solution of sodium bicarbonate containing a sodium bicarbonate solution. Then, the solvent is removed by rotary evaporation, the bottom black solid is recovered by filtration. The urea-modified carbon nanotubes can be obtained after by washing, suction filtration, and drying.

② Ethanolamine modification. We weigh 10g of carboxylated carbon nanotubes into a 500ml round-bottomed flask, add 250ml of dichloromethane, 12.6g of oxalyl chloride, and 0.5ml of DMF in sequence. The mixed solution was stirred overnight at room temperature. The solvent is removed by rotary evaporation, the black solid at the bottom layer is recovered, washed with deionized water, filtered with suction, dried, weighed, and directly put into the next reaction[20].

We weigh the carbon acyl chloride nanotubes obtained above into a 500 ml round bottom flask, add 250 ml of dichloromethane, 9.98 ml of ethanolamine, and 70 ml of triethylamine in sequence. The mixed solution was stirred overnight at room temperature. The reaction was quenched by adding saturated sodium bicarbonate solution, the solvent was removedby rotary evaporation, the bottom black solid was recovered after filtration. The final product amidated carbon nanotubes can be obtained after by washing, suction filtration, and drying[21].

③ Glycine modification. We weigh 1 part of carboxylated carbon nanotubes, add 10 parts of dichloromethane, 1.2 parts of oxalyl chloride, and 0.1 part of DMF to it in sequence to obtain mixed solution A. We stir the mixed solution A at room temperature overnight and remove the solvent by rotary evaporation. The bottom black solid is recovered, washed, filtered with suction, and dried to obtain acyl chloride carbon nanotubes[22].

We take 1 part of the prepared acyl chloride carbon nanotubes, add 10 parts of dichloromethane, 1.2 parts of glycine and 2 parts of triethylamine to it in turn, stir at room temperature to fully mix, and then add 35 parts of 8% A saturated solution of sodium bicarbonate which is used for quenching reaction. The solvent is removed by rotary evaporation, and the bottom black solid is recovered by filtration. The glycine-modified carbon nanotubes can be obtained after by washing, suction filtration, and drying.

(3) Optimizing the experimental plan.

① Impact on dispersion. A centrifuge was used to test the dispersion effect of different modified carbon nanotube solutions. The centrifuge speed was 9000 r/min and the centrifugation time was 15 min.

It can be seen from Table 1 that the dispersibility of the four types of modified carbon nanotubes has been greatly improved. In comparison, the effect of carboxyl modification is not obvious and serious sedimentation still occurs, while theamidation modification shows good dispersion characteristics. The glycine modification and urea modification have the best effect on the dispersion of carbon nanotubes, and there is no obvious sedimentation and stratification in each period.

② Influence on the performance of cement slurry. The improvement of the mechanical properties of cement slurry by carbon nanotubes before and after modification was evaluated. The curing condition of cement stone was 72h at normal temperature and pressure. The test results are shown in Table 2.

It can be seen from Table 2 that, compared with nanotubes without carbon, purified carbon nanotubes, and ethanolamine modified carbon nanotubes, the compressive strength and tensile strength of the cement stone after the carbon nanotubes modified by urea and glycine increase. This is due to those the modified carbon nanotubes have better dispersibility and slurry stability. Carbon nanotubes can be evenly dispersed in the cement stone to give play to the advantages of the high strength of the material, while the pure carbon nanotubes due to the poor dispersibility and the stacking and winding even reduce the strength of cement stone. The dispersion effect andmechanical properties of modified glycine are the most beneficial.

2 RESULTS

(1) Determination of conductivity difference. In order to further evaluate the dispersion effect of carbon nanotubes in cement stone modified by glycine, the characteristics of poor conductivity of the cement matrix and good conductivity of carbon nanotubes were used to characterize the differences in the conductivity of carbon nanotubes at different concentrations. We tested the cement samples separately, controlled the resistivity in different areas, and calculated the variance of the resistivity. The smaller the variance and the degree of dispersion, the better the dispersion of carbon nanotubes.

The division of the sample test area is shown in Figure 1. In the cut sample, the top layer of cement stone is numbered 1-9, the middle layer of cement stone is numbered 10 to 18, and the bottom layer of cement stone is numbered 19 to 27.

Table 1 Test results of precipitation observation method

Carbon nanotube category	Time/d	Concentrations/%					
		0.02	0.04	0.06	0.08	0.10	0.15
Pure carbon nanotubes	1	Mild stratification	Moderate stratification	Moderate stratification	Severe stratification	Severe stratification	Severe stratification
	7	Moderate stratification	Moderate stratification	Severe stratification	Severe stratification	Severe stratification	Severe stratification
	60	Severe stratification	Severe stratification	Severe stratification	Severe stratification	Severe stratification	Severe stratification

continued

Carbon nanotube category	Time/d	Concentrations/%					
		0.02	0.04	0.06	0.08	0.10	0.15
Carboxylation	1	No stratification	No stratification	Not stratified	Mild stratification	Moderate stratification	Severe stratification
	7	Mild stratification	Mild stratification	Moderate stratification	Moderate stratification	Severe stratification	Severe stratification
	60	Severe stratification	Severe stratification	Severe stratification	Severe stratification	Severe stratification	Severe stratification
Urea modification	1	No stratification	No stratification	No stratification	No stratification	No stratification	No stratification
	7	No stratification	No stratification	No stratification	No stratification	No stratification	No stratification
	60	No stratification	No stratification	No stratification	No stratification	No stratification	No stratification
Glycine modification	1	No stratification	No stratification	No stratification	No stratification	No stratification	No stratification
	7	No stratification	No stratification	No stratification	No stratification	No stratification	No stratification
	60	No stratification	No stratification	No stratification	No stratification	No stratification	No stratification
Ethanolamine modification	1	No stratification	No stratification	No stratification	No stratification	No stratification	No stratification
	7	No stratification	No stratification	No stratification	Not stratified	Mild stratification	Mild stratification
	60	No stratification	No stratification	Mild stratification	Mild stratification	Moderate stratification	Moderate stratification

Table 2 Test results of mechanical properties of cement stone

Category	Compressive strength /MPa	Tensile strength /MPa	Young's modulus /GPa
Blank sample	36.8	3.9	11.2
Pure carbon nanotubes	35.2	3.5	11.4
Carboxy modification	38.1	4.1	10.6
Ethanolamino modification	42.6	4.9	9.8
Urea modification	48.7	5.2	8.6
Glycine modification	49.4	5.7	8.3

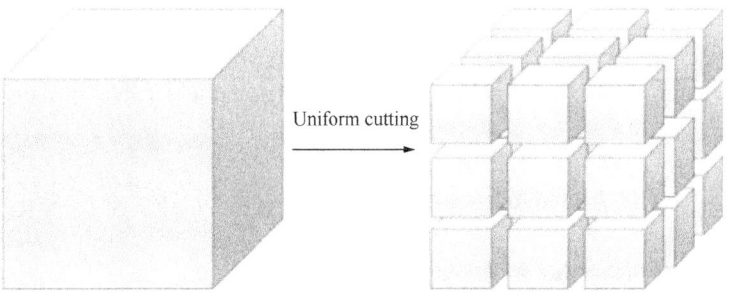

Figure 1 Schematic diagram of curing cement stone sample cutting

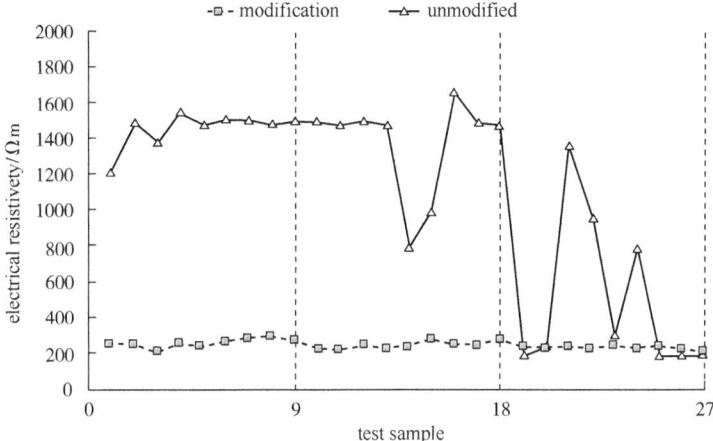

Figure 2 Test results of electrical conductivity of cement stone at different locations

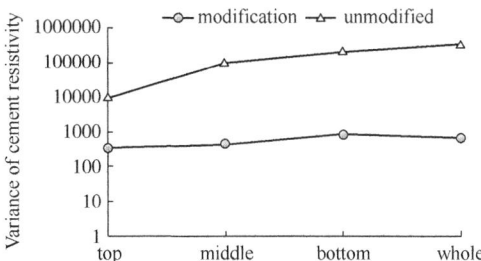

Figure 3 Variance of cement resistivity at different positions

According to the differential conductivity test method, the resistivity of different areas in the cement stone test block without carbon nanotubes, unmodified carbon nanotubes and modified carbon nanotubes were tested respectively. The test results and variance analysis results are shown in Figure 2 and Figure 3, respectively.

From Figure 2 and Figure 3, the resistivity of the cement at different positions after modification is low, between $200 \sim 300\Omega \cdot m$, the numerical differenceis small, and the variance is small. It shows that the modified carbon nanotubes are uniformly dispersed in the cement stone test block, and the conductivity of each part is almost equal. The spatial distribution variance of the resistivity of the modified carbon nanotube cement stone test block is much smaller than the unmodified variance value, and the difference between the two is more than 1000 times. The carbon nanotube modification improves its dispersibility in the cement stone and makes it more evenly.

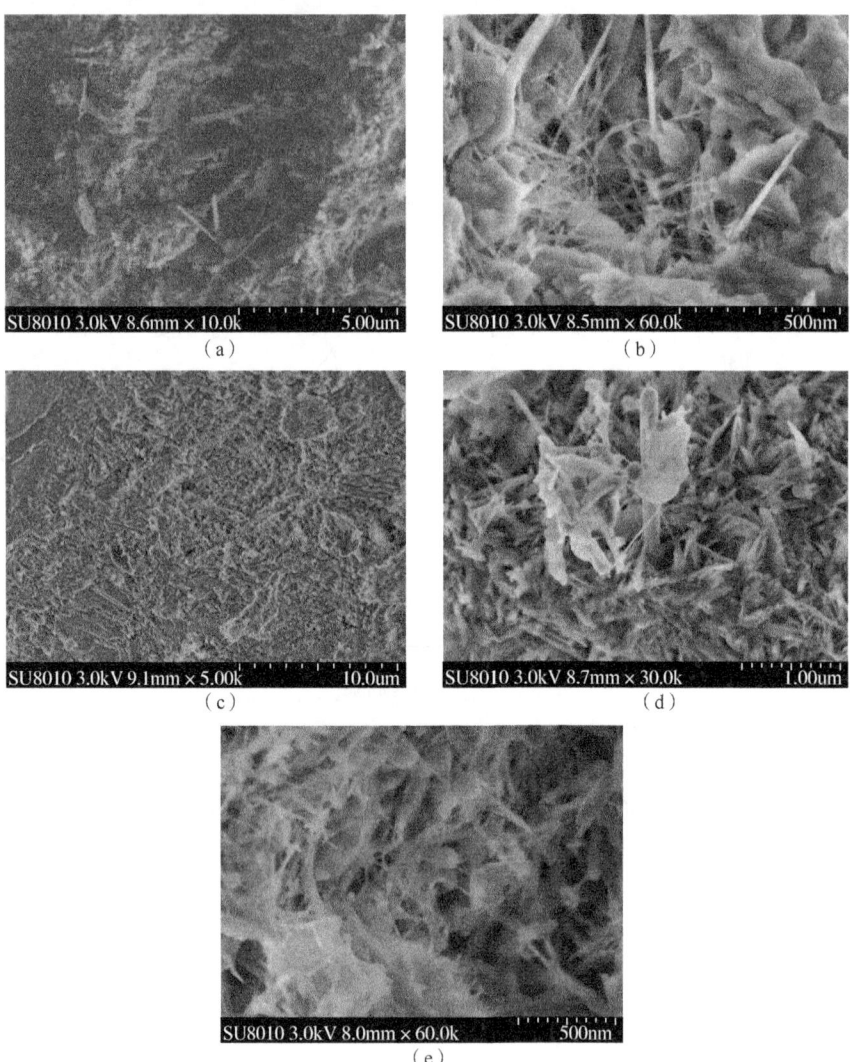

Figure 4 Scanning electron micrograph of carbon nanotubes in cement stone modified by glycine
(a, coexistence of winding and single bridging; b, carbon nanotube bridging into a network;
c, holes are filled after forming the network; d, the carbon nanotubes are pulling individually;
e, carbon nanotube network structure)

Table 3 Porosity and permeability of cement stones with different formulations

Samples	Permeability/mD	Porosity/%
Carbon-free nanotube cement stone	0.0314	36.43
Carbon nanotube unmodified cement stone	0.0309	30.42
Amidated carbon nanotube cement stone	0.0242	27.12

(2) Research on micro-dispersion morphology.

In order to understand the micro-dispersion morphology of carbon nanotubes in cement stone modified by glycine, the SEM images of nanomaterials in the modified carbon nanotube cement stone were tested respectively. The test results are shown in Figure 4.

It can be clearly seen from the microstructure that nanotube winding and single bridging coexist. In some areas, carbon nanotubes are bridging and forming a network. After bridging and forming a network, the bonding force between the cement paste is improved, and the hole has a good filling effect, which can delay the generation of cracks and improve the strength of the cement stone.

(3) Evaluation of cement mechanical properties.

The compressive strength, tensile strength, flexural strength, and impact energy of the modified carbon nanotube cement paste were tested, and the results are shown in Figure 5.

It can be seen from the figure that the modified carbon nanotubes can enhance the mechanical properties of the oil well cement stone, and the curing age also has a certain effect on the increase rate of itsstrength. The longer the curing period, the more fully the cement hydration, and the better the effect of the modified carbon nanotubes on the cement stone. Comparing the effect of carbon nanotube addition on each performance, the effect is not significant when the addition amount is low. The addition amount of 0.03% is the inflection point of performance improvement. Therefore, comprehensively considering cost control, 0.03% is the best economical addition amount of the above-mentioned carbon nanotubes.

(4) Porosity and permeability characteristics.

The permeability of cement stone is extremely important for the erosion of formation fluids and the anticorrosion of casing. If the internal pores of the cement stone are too large or too much, it is extremely harmful to the anti-corrosion and strength maintenance of the cement stone. Therefore, the permeability and porosity of carbon nanotube-free cement stone, carbon nanotube unmodified cement stone, and amidated carbon nanotube cement

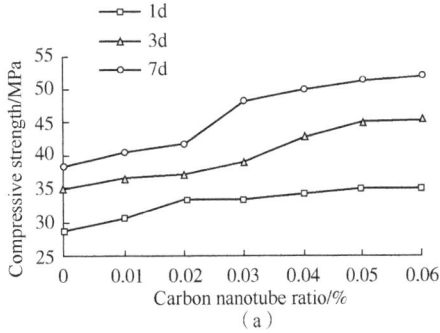
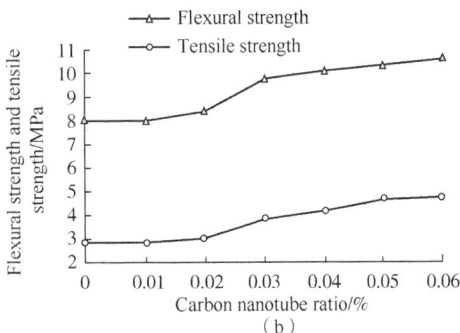
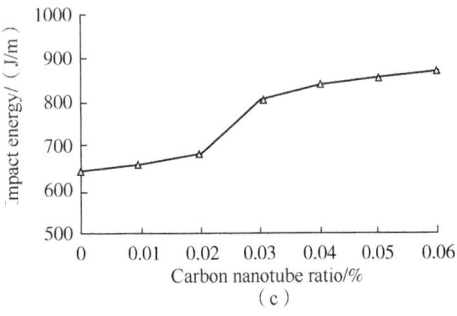

Figure 5 The effect of modified carbon nanotubes on the mechanical properties of oil well cement (a, compressive strength; b, flexural strength and tensile strength, c, impact energy)

stone were tested, respectively. The test samples were cylindrical core samples, and the test method was high-pressure mercury intrusion method.

It can be seen from the results in Table 3 that compared with cement stone without carbon nanotubes, amidation modified carbon nanotubes can reduce the permeability and porosity of the matrix by 22.9% and 25.5%, respectively. The unmodified carbon nanotubes can reduce the porosity of the cement stone, but the amplitude is smaller than that of the modified sample. At the same time, the unmodified carbon nanotubes have little effect on the permeability. Our analysis believes that this is mainly because the amidated carbon nanotubes can be evenly distributed in the cured cement stone to fill the nano-scale pores and reduce the overall permeability and porosity by their bridging, self-bending and winding, etc. Unmodified carbon nanotubes have poor dispersibility and agglomerate in the cement stone. Although they can cause blockage and filling of some pores, they have no effect on the gas penetration channel when gas permeability is measured. Therefore, although the unmodified material has a certain reduction in the porosity of the matrix, it has no effect on improving the permeability. Amidated carbon nanotubes can reduce the porosity and permeability of the cement stone.

(5) Engineering characteristic test.

Oil well cement slurry is an important carrier for oil and gas well cementing construction. Therefore, it is necessary to conduct a comprehensive inspection and test on the engineering characteristics of modified carbon nanotube cement slurry, such as water separation, fluid loss, and thickening. The water separation, fluid loss and thickening time of cement slurry with amidated carbon nanotubes were tested respectively and compared with the blank sample. The test results are shown in Table 4.

Table 4 Comprehensive performance test of cement slurry

Cement slurry system	Filtration/ mL	Water/ %	Density difference between top and bottom/(g/cm^3)	Thickening performance	
				Thickening time/min	Initial consistency/Bc
Blank sample	46	0	0.001	126	35
0.03% modified carbon nanotubes	42	0	0	132~152	18
0.06% modified carbon nanotubes	44	0	0	129~145	21

It can be seen from Table 4 that different additions of modified carbon nanotubes have no effect on the water separation, fluid loss, and thickening timeof the cement slurry. In terms of slurry sedimentation stability, due to the mutual adsorption of modified materials and cement particles, the difference between the upper and lower density of the cement slurry is smaller than that of the blank sample. In terms of thickening performance, the initial consistency of the cement slurry is low, and the thickening time is reasonable.

The shear stress test results of different dosages of carbon nanotubes at different speeds of the six-speed viscometer are shown in Figure 6. When the modified carbon nanotubes are in the low dosage range (0 ~ 0.08%), there is little difference in performance the slurry rheology, showing good engineering characteristics. When the dosage is high, the viscosity of the cement slurry increases. When the dosage is 0.20%, the shear stress at 600 rpm has exceeded the range of the six-speed viscometer. The slurry is too thick, and the fluidity required for engineering construction is lost. Therefore, the addition of amidated carbon nanotubes with a lower dosage (less than 0.20%) has little effect on the overall performance of the cement slurry and can be used for cementing construction.

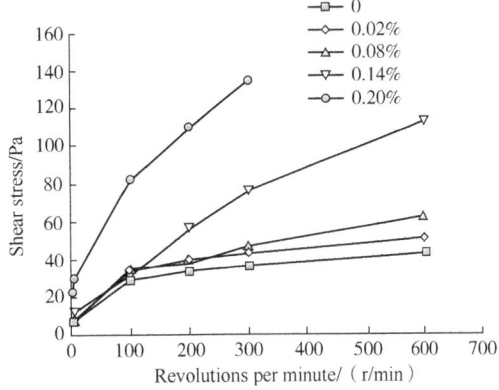

Figure 6 Rheological properties of cement slurry with different addition amounts of carbon nanotubes

3 CONCLUSIONS

(1) The dispersion effect and mechanical properties of carboxyl carbon nanotubes modified by glycine are the most beneficial. The compressive strength and tensile strength of cement stone are greatly improved. Carbon nanotubes can be evenly dispersed in the cement stone to give play to the advantages of the material's high strength properties. The addition of pure carbon nanotubes has poor dispersibility due to poor dispersibility. The accumulation and entanglement can even reduce the strength of cement stone.

(2) Using high-resolution electron microscope to analyze the microstructure of cement slurry slices, it can be clearly seen that nanotube winding and single bridging coexist. In some areas, it is obvious that carbon nanotubes are bridging into a network. After bridging and forming a network, it improves the bonding force between the cement paste, and has a good filling effect on the holes, improving the strength of the cement stone.

(3) According to the shear stress test at different speeds of the six-speed viscometer, different additions of modified carbon nanotubes have no effect on the water separation, fluid loss, and thickening time of the cement slurry. When the modified carbon nanotubes are in the low dosage range (0~0.08%), the rheological properties of the slurry have little difference, showing good engineering characteristics and can be used for cementing construction. The 0.03% addition is the inflection point for the improvement of cement stone performance. After 0.03%, the effect enhancement efficiency slows down. Therefore, comprehensively considering cost control, 0.03% is the best economical addition of carbon nanotubes.

ACKNOWLEDGEMENTS

This work was not supported by any funds. The authors would like to show sincere thanks to those techniques who have contributed to this research.

Referenges

[1] Hedayatipour M., Jaafarzadeh N., Ahmadmoazzam M. Removal optimization of heavy metals from effluent of sludge dewatering process in oil and gas well drilling by nanofiltration[J]. Journal of Environmental Management, 2017, 203: 151-156.

[2] Pu B., Wang F. Q., Dong D. Z., et al. Challenges of terrestrial shale gas exploration and development from Chang 7 shale in the Ordos Basin[J]. Arabian Journal of Geosciences, 2021, 14(7): 1-14.

[3] Robinson, J. Reducing environmental risk associated with Marcellus shale gas fracturing[J]. Oil and Gas Journal, 2012, 110(4): 88-91.

[4] Kuuskraa V. A., Stevens S. H. How unconventional gas prospers without tax incentives[J]. Oil and Gas Journal, 1995, 93(50): 76-81.

[5] Zhang J., Weissinger E. A., Peethamparan S., et al. Early hydration and setting of oil well cement[J]. Cement & Concrete Research, 2010, 40(7): 1023-1033.

[6] Reyniers B., Loo D. V., Justnes H., et al. Chemical shrinkage of oil well cement slurries[J]. Advances in Cement Research, 1995, 7(26): 85-90.

[7] Wang C., Wang R. Chen E., et al. Performance and mechanism of the lithium-salt accelerator in improving properties of the oil-well cement under low temperature[J]. ActaPetrolei Sinica, 2011, 32(1): 140-144.

[8] Keating J., Hannant D. J., Hibbert A. P. Correlation between cube strength, ultrasonic pulse velocity and volume change for oil well cement slurries[J]. Cement & Concrete Research, 1989, 19(5): 715-726.

[9] Ulm F. J., James S. The scratch test for strength and fracture toughness determination of oil well cements cured at high temperature and pressure[J]. Cement & Concrete Research, 2011, 41(9): 942-946.

[10] Zhou X., Lin X., Huo M., et al. The hydration of saline oil-well cement[J]. Cement & Concrete Research, 1996, 26(12): 1753-1759.

[11] Vlachou P. V., Piau J. M. The influence of the shear field on the microstructural and chemical evolution of an oil well cement slurry and its rheometric impact[J]. Cement & Concrete Research, 1997, 27(6): 869-881.

[12] Cestari A. R., Vieira E., Rocha, F. Kinetics of interaction of hardened oil-well cement slurries with acidic solutions from isothermal heat-conduction calorimetry[J]. Thermochimica Acta, 2005, 430(1): 211-215.

[13] Shahriar A., Nehdi M. L. Optimization of rheological properties of oil well cement slurries using experimental design[J]. Materials & Structures, 2012, 45(9): 1403-1423.

[14] Gu J., Li X., Xian H., et al. Hindering mechanism of ion diffusion at the interface between oil-well cement slurry and mud cake from multifunctional drilling fluid[J]. ActaPetrolei Sinica, 2013, 34(2): 359-365.

[15] Lile O. B., Justnes H., Skalle P., et al. Dissolved gas as a problem in oil well cements[J]. Advances in Cement Research, 2015, 8(32): 137-142.

[16] Ming L., Song Z., Guo X. Effects of alkali-treated bamboo fibers on the morphology and mechanical properties of oil well cement[J]. Construction and Building Materials, 2017, 150: 619-625.

[17] Soares L., Braga R. M., Freitas J., et al. The effect of rice husk ash as pozzolan in addition to cement Portland class G for oil well cementing[J]. Journal of Petroleum Science & Engineering, 2015, 131: 80-85.

[18] Wahedi Y. A., Awayes J., Bassioni G. Influence of classical and modern superplasticisers on the chemical and rheological behaviour of oil well cement: a comparative study[J]. Advances in Cement Research, 2011, 23(4): 175-184.

[19] Li X., Guo A., Sun, J. Research on terpolymer of oil well cement filtrate reducer. Drilling Fluid and Com-

pletion Fluid, 2013, 30(1): 56-59.

[20] Zhang N., Pan R., Wang X. G., et al. A novel evaluation method of cementing ECD based on uncertainty theory using for oil & gas development[J]. Fresen. Environ. Bull, 2021, 30(3): 2661-2669.

[21] Ding, M. Influence mechanism of irregular borehole on cementation displacement during coalbed methane drilling[J]. Fresen. Environ. Bull, 2021, 30(8): 9932-9939.

[22] Liu D. C., Deng H., Zhang Y. Research on the wellbore instability mechanism of air drilling technology in conglomerate formation[J]. Fresen. Environ. Bull, 2020, 29(1): 600-606.

川渝地区浅气层水平井固井技术研究与应用

吕明辉

(大庆钻探钻井生产技术服务二公司)

【摘　要】 结合川渝地区浅气层水平井固井的实际情况，受水平井客观条件的影响，水平段的套管扶正问题，水平井的水泥浆体系设计问题，都是水平井固井的难点，也是影响水平井固井质量最关键的因素。本文介绍了水平井固井工艺、水平井水泥浆参数设计、井眼清洁、套管扶正、固井新技术等，理论研究和施工技术方面又有一些拓展和完善，形成了一套较为成熟的浅气层水平井固井综合配套技术。对国内水平井固井工艺技术以及现场应用和效果进行了全面、细致的调研，可供现场工程技术人员借鉴，以提高国内水平井固井工艺技术和整体效益。

【关键词】 浅气层；水平井；固井；防气窜；水泥浆

川渝地区浅气层水平井完钻井深一般在 1500~2600m，垂深在 1100m 左右，钻遇地层层序，完井自上而下依次为第四系，二叠系栖霞组、梁山组，志留系韩家店组、石牛栏组、龙马溪组。采用套管完井，水平井原则上采用 5½in 的高抗压强度的 PT110 钢级 ϕ139.7mm 油层套管，固井水泥返至地面。气层几乎遍布全井，地层异常高压较多，针对性统筹考虑龙马溪组页岩储层致密、敏感性强的特点，对钻井液体系要求高，对井控装置防喷器的配备也提出更高的要求。

1　水平井固井技术难点分析

1.1　容易造成井漏

该地区井一次连续封固段长，液柱压力高，易出现井漏等复杂情况的发生，造成水泥浆低返；另外井漏会造成液柱压力降低，引起下部井段的油气上窜，水泥界面胶结强度低，导致固井质量不合格。

1.2　不易压稳高压层，油气易上窜

由于井下存在异常高压层，钻进过程中为压稳地层采用加重钻井液，极易压漏地层；井漏造成环空压力降低，又引起油气上窜，因此，该井固井施工难以做到既要压稳地层又要防止压漏地层，难以实现平衡固井。

1.3　钻井液黏度高，顶替效率低

该地区水平井采用 ϕ139.7mm 油层套管固井，为提高钻井液的携砂能力，钻井液漏斗

作者简介：吕明辉，男，1982 年出生，工程师，2005 年毕业于长江大学高分子材料与工程专业，现从事固井工作，工程师。通讯地址：大庆钻探工程公司钻井生产技术服务二公司固井工艺研究所。邮编 138000；电话 0438-6223239。

黏度一般在80s左右，增加了水平段套管底部钻井液替净的难度，容易形成钻井液窜槽，成为后期油气水窜流通道。

1.4 水泥浆析水和稳定性要求高

如果水泥浆存在析水，析水上移容易在井眼高边形成水带，在活跃的油气水层容易造成油气水互窜，严重影响固井质量。如果水泥浆稳定性差，水泥浆分层发生固相沉降，不仅不能在纵向形成均匀的水泥环，还可能导致水泥环失效。

2 水平井固井关键技术

2.1 井眼准备

下套管前对裸眼段进行模拟下套管通井，根据测井资料对井径不规则及全角变化率大的井段进行有针对性的划眼，做到通井无阻卡[1]。通井顺利到底后应大排量循环洗井，振动筛上无钻屑返出后方可起钻，在保证井下安全的前提下尽量降低钻井液黏切，使之具有良好的流变性。

2.2 套管居中

2.2.1 扶正器种类

目前国内使用的套管扶正器有三种：刚性扶正器，扶正力为最大，有导流功能，可提高顶替效率，但刚性也最大；双弧弹性扶正器，其扶正力为单弧扶正器的两倍，能有效地改善顶替效率；单弧弹性扶正器，其扶正力较双弧弹性扶正器小，可改善顶替效率。

2.2.2 扶正器安放设计

套管柱在井眼中的居中度，是影响水泥浆顶替和封固质量的重要因素。由于水平井中套管柱的重力作用，扶正器要承受较大的负荷，旋流扶正比直条更为优越，对提高固井质量十分有利。弹性扶正器扶正力大，在水平段使用，能有效保证套管居中[2]。因此从井口第二根套管到造斜点每5根套管安放ϕ210mm普通刚性扶正器1只，造斜点至井斜小于30°的裸眼段每2根套管安放ϕ205mm旋流刚性扶正器1只，井斜30°至井底段每1根套管安放ϕ205mm滚珠刚性扶正器1只，以提高套管居中度，提高顶替效率。

2.3 控制好固井前钻井液性能

在保证井下安全和井壁稳定的情况下，下套管前严格按照钻井设计要求调整钻井液性能，尽量降低钻井液黏度、切力和摩阻，保证钻井液性能达到低黏、低切、低失水，钻井液能平衡压力地层。

2.4 应用冲洗隔离液技术

为了提高顶替效率，现场使用了加重冲洗隔离液，特点是具有良好触变性、加重悬浮能力。冲洗隔离液起到稀释钻井液和破坏岩屑床的作用，黏性隔离液起到携带岩屑的作用，给水泥浆提供一个清洁干净的胶结环境，提高水泥浆顶替效率和固井质量[2]。

冲洗隔离液：100%水+(8%)BCS-010L冲洗液+(4%)BCS-040S隔离液悬浮剂+(2%)BCS-021L隔离液稀释剂+(5%)BXF-200L降失水剂+(0.5%)G603+重晶石。

2.5 应用双凝韧性防气窜水泥浆固井技术

川渝地区水平井的双凝界面一般在 A 点以上 100m，由于气层跨度大且活跃，设计尽可能做到将两凝界面位置放在主力气层以上，领尾浆稠化时间相差 30~60min。水泥浆产生环空窜流的根本原因是由于水泥浆自身的胶凝特征而引起的，水泥浆在凝结过程中，不发生窜流的基本条件是 $P_环+P_阻>P_地$，即环空液柱有效压力和气侵阻力之和大于地层流体压力时，地层流体就不会侵入环空发生窜流。固井候凝过程中水泥浆处于失重状态，环空液柱压力不能再往下传递时，如果水泥基质的防窜能力差，环空液柱压力加上水泥自身的内部阻力低于地层的压力，活跃的流体就会侵入水泥环中，无法实现压稳，引起层间互窜，从而难以实现层间的有效封隔，地层流体上窜，影响固井质量，严重的造成固井失败[3]。为此该地区水平井固井设计使用了双凝韧性防气窜水泥浆结构，通过合理设计领浆与尾浆的分段位置及稠化时间，避免水泥浆失重，导致层间窜流或高压地层油气水窜入井筒，起到压稳下部油层的作用。

2.6 环空加压设计

根据该地区在钻井施工地层漏失时和发生油气侵钻井液的密度，结合漏失层井深位置和油气侵位置以及水泥浆的返高，进行合理的环空液柱当量密度设计。固井施工结束后关封井器进行环空加压，适当补偿压力损失，满足防漏与压稳对固井施工的要求。

3 水平井固井对水泥浆体系的要求

水平井的水泥浆体系要有很好的体系稳定性，自由水和滤失量控制极为严格，要求自由水为零，滤失量小于 50mL，并且有较高的强度和最好的施工性能。

3.1 水平井固井对水泥浆性能的要求

水平井固井要求水泥浆自由水小于 0.5%，水泥石上下密度差小于 0.06kg/L。一般要求水泥浆流变性具有一定的屈服值（宜控制在 15Pa 左右）。一般要求水泥浆 API 失水小于 50mL（30min，6.9MPa）。在进行水平井水泥浆设计时，在保证注水泥施工安全的前提下，应减小水泥浆初凝时间，并尽量缩短水泥浆稠化时间，实现"直角"稠化。水平井前置液设计时，要求应采用表面活性剂，以保证它与钻井液和水泥浆都相容，在井壁及套管上形成水湿环境。该水泥浆体系设计性能指标要求见表1。

表 1 水泥浆体系设计性能要求

水泥浆性能	控制范围	控制目的
水泥浆密度	1.85~1.92g/cm³	水泥石强度高渗透率低
稠化时间	根据现场施工确定	保证固井施工安全
过度时间	<10min	防止候凝期间发生气侵
失水	<50mL	保护储层，改善浆体的析水和稳定性
析水	0mL	防止大斜度和水平段上侧形成自由水通道
流动度	>220mm	有利于提高顶替效率
膨胀率	>0.02%	防止由于水泥石体积收缩出现微间隙
浆体沉降稳定性	<0.02g/cm³	确保纵向形成均匀水泥环

3.2 水泥浆稳定性控制方法

提高水泥浆的聚集、沉降稳定性方法主要是通过加入增黏剂或具有抗沉降性能的减阻剂来增加液相黏度和动电位，从而增加水泥颗粒的沉降阻力，减缓沉降速率。然后再加入电解质促使水泥浆体系的静切力增强，使之具有一定触变性，从而增加水泥浆体系的悬浮力，其主要方法有以下几种。

（1）在硫酸盐离子中加入某种分散剂引起过饱和，从而加速水泥的水化和铝酸盐的结晶。由于硫酸盐与铝酸盐化合成一种钙矾石，在水泥颗粒之间形成了较强的可支撑结构。如加入 $CaCl_2$ 也可形成这种类型的支撑结构，防止水泥颗粒的沉积。

（2）加入破乳剂，增大水泥浆的黏滞性，使其在移动过程中流动阻力增加。

（3）加入固相惰性材料（水泥颗粒粒径比之大 10~100 倍），加量为水泥重量的 5%~25%。这些微粒可大量充填在水泥颗粒空隙中，极大地增加间隙水的移动阻力，降低自由水析出。

3.3 双凝韧性防气窜水泥浆体系室内评价

通过室内复配实验，优选出了适合川渝地区水平井固井的水泥浆体系。即：水泥浆配方：G 级水泥+降失水剂（BCF-200S）+增韧剂（BCE-310S）+早强防窜剂（BCA-210S）+减阻剂（CF40S）+缓凝剂（BXR-200L）+消泡剂（G603），该体系的各项性能指标见表 2。

表 2 水泥浆性能实验数据表

项目	缓凝	快干
密度/（g/cm³）	1.85	1.90
流动度/cm	≥22	≥22
失水量/[mL/（7MPa·30min）]	≤50	≤50
45°倾角自由液/%	0	0
过渡时间/min（30~100Bc）	<15	<15
48h 抗压强度/MPa	≥16	≥21
7d 抗压强度/MPa	≥24	≥28
沉降稳定性/（g/cm³）	≤0.03	≤0.02
弹性模量/GPa	<7	<6

注：该水泥浆体系的总体性能指标满足水平井固井技术要求。

3.4 防窜效果评价

水泥浆体系能否防止油气水窜，最关键的性能是水化阶段该体系对油气水窜的相对渗透率及内部阻力变化的大小。水泥浆对地层流体不渗透能力形成越快，窜槽的概率就越小；另一个要考虑的因素是水泥浆的失水特性。把水泥浆的渗透性和失水两项需要考虑的性能归结为一个参数即水泥浆性能系数 SPN。

水泥浆失水量与时间的平方根成近似线性关系，SPN 的计算式为

$$\text{SPN} = \text{API}_{失水} \times \left[\left(\sqrt{t_{100}} - \sqrt{t_{30}} \right) \right] \div \sqrt{30}$$

式中 $API_{失水}$为水泥浆30min、6.9MPa条件下的失水量，mL；t_{100}为水泥浆达到100Bc的时间，min；t_{30}为水泥浆达到30Bc的时间，min。

应用SPN值，可以对水泥浆进行防窜评价。SPN值在0~3时，水泥浆防窜能力较好，SPN值在3~6时，水泥浆防窜能力中等，SPN值大于6时，水泥浆防窜能力较差。

水泥浆达到30Bc的时间为142min，达到100Bc的时间为148min，过渡时间为6min，失水量达到26mL，计算所得SPN值为1.84，采用水泥浆性能系数SPN值对韧性防窜水泥浆进行效果评价，结果小于3，可以看出通过加入早强防窜剂，提高了早期强度，增强了水泥浆的防窜能力，使双凝韧性防窜水泥浆体系能够满足川渝地区水平井固井技术需求。

4 结论与认识

（1）防窜水泥浆体系具有低失水、零析水、高早强、短过度、微膨胀等优良的特性，避免了由于水泥石体积收缩，在井眼便形成游离水通道或微间隙的问题，提高了水泥环的胶结质量和地层封隔能力。

（2）良好的井眼准备、扶正器合理选择和安放技术有利于套管的顺利下入。

（3）对易漏失和井下活跃油气层并存的井，固井施工采用平衡压力固井技术，合理设计环空柱压力，处理好井漏与压稳的关系，是固井施工成功的关键。

（4）应用双凝韧性防气窜水泥浆技术，确保领浆压稳尾浆候凝。避免水泥浆在候凝过程中由于失重导致气窜。

（5）采用具有良好触变性、加重悬浮能力的高效能冲洗加重隔离液，对冲洗井壁，提高高密度高油气侵钻井液的顶替效率，改善井壁套管壁的湿润性具有重要作用，可有效提高界面的胶结强度。

参 考 文 献

[1]《钻井手册（甲方）》编写组．钻井手册（甲方）上册[M]．北京：石油工业出版社，1990：571-574.

[2] 冯水山．吉林探区浅油层陆基大平台水平井固井技术[C]．《2010年固井技术研讨会论文集》编委会．2010年固井技术研讨会论文集．北京：石油工业出版社，2010：348-354.

[3] 姚晓．二氧化碳对油井水泥石的腐蚀及其防护措施[J]．钻井液与完井液，1998，15(1)：8-13.

合川地区海相地层 7in 尾管固井实践与认识

贾付山[1]　张元坤[1]　张小辉[1]　岳阳[1]

（大庆钻探工程公司钻技一公司）

【摘　要】 针对潼南—合川区块海相溢漏同存地层固井质量问题，从工艺和地质上分析了该区块 7in 尾管固井技术难点，提出了应用近平衡理念设计水泥浆、隔离液密度，通过细化井眼准备、动静态承压、下套管扶正器安放、循环洗井以及固井注替参数优化，提高了固井施工方案的针对性；研究应用抗高温韧性防气窜水泥浆体系和隔离液体系，解决了深层窄环隙井眼条件下水泥浆高温稳定性、抗冲击韧性和气窜问题，经过 3 口井应用实践，固井质量达到优质水平，满足了油田勘探需要。

【关键词】 溢漏同层；窄环隙；尾管固井；潼南合川

大庆油田川渝潼南—合川流转区块构造位置位于四川盆地川中古隆起东南斜坡，区内深层勘探目标为评价嘉陵江组以下飞仙关、长兴、龙潭、茅口、栖霞、梁山等层段气层发育及分布情况，主探茅二段、栖二段白云岩储层，完钻层位宝塔组，完钻井深一般为 4400~4900m，井身结构设计为四层套管结构。从以往钻井资料分析，二开阶段从沙二段到嘉陵江组，浅层气显示活跃，多压力体系共存；上部沙二段底—凉高山组易垮塌，中部自流井组承压低，易发生漏失，下部雷口坡、嘉陵江含膏盐层，且部分井钻遇水层，一次性封固难度较大。三开钻遇嘉陵江组二段至灯影组油气水显示活跃，存在多套压力体系、钻井液密度高、压力窗口窄，在茅口组—栖霞组、龙王庙组等层段均出现过漏失的情况，部分井出现过失返性漏失和溢漏同存的现象，固井须解决溢漏同存条件下压稳防窜以及长裸眼封固等难题，三开完井设计均采用了尾管及回接工艺。

自 2019 年勘探钻井以来，本区块 7in 尾管的固井漏失和封固质量一直是困扰区内勘探主要问题。统计以往声幅质量情况（表1），只有 1 口井固井质量合格，其他 4 口井封固段合格率尚未达到 50%。2021 年，大庆钻探承接了本区块 TS5 井、TS11 井、TS12 井固井施工任务，三口井钻进过程中呈现不同程度的复杂（表2），如何固好井、实现尾管及回接井筒不窜气，需要在技术措施上进一步完善。

表1　合川区块 2019—2020 年 7in 尾管固井质量统计

井号	声幅质量						特殊情况描述
	优质		中等		差		
	段长/m	比率/%	段长/m	比率/%	段长/m	比率/%	
TT1 井	1037	47.4	890	40.6	263	12	套管到位后循环漏失，固井过程未漏失

作者简介：贾付山，男，1968 年生，高级工程师，现任大庆钻探二级专家，主要从事固井技术研究工作。email：jiafsh@cnpc.com.cn。

续表

井号	声幅质量						特殊情况描述
	优质		中等		差		
	段长/m	比率/%	段长/m	比率/%	段长/m	比率/%	
HP1井	742.9	25.91	663	23.11	1462.1	50.98	固井过程存在漏失
HS2井	321	12.25	778	29.68	1843	70.32	套管到位后循环溢漏同存，固井过程漏失
HS3井	37.2	1.2	158.3	5.6	2716	93.2	套管到位后循环渗漏，临界排量固井
HSX1井	43	1.63	294	11.17	2295	87.2	固井过程存在漏失

表2 TS5井、TS11井、TS12井井身结构参数及钻井情况

项目		TS5井	TS11井	TS12井	备注
导管	井深/m	40	32	40	660.4mm 钻头
	套管下深/m	40	32	40	508mm 套管
一开表层	井深/m	502	502	507	406mm 钻头
	套管下深/m	500.5	500.8	505.35	339.7mm 套管
二开技套	井深/m	3147	3240	3028	311.2mm 钻头
	套管下深/m	3145	3237.57	3025.52	250.83mm 套管
三开产层	井深/m	4690	4740	4540	215.9mm 钻头
	尾管下深/m	2830~4688	3040~4738	2825~4538	177.8mm 套管
	钻井液密度单位/(g/cm^3)	2.07	2.08		
	漏失情况	茅口4455m、栖霞4516m、4537m发生三次井漏，累计漏失117.26m^3	钻至茅二段4438m发生井漏，漏失量6m^3	栖一段4483m发生井漏，漏失量114m^3	堵漏浆堵漏
	后效情况	龙潭组4120~4216m 8次后效，最大峰值94.67%	龙潭组、茅二段4197~4528m之间12次后效，最大峰值75.4%	龙潭组、茅二段4197~4528m、4249~4273m^{2}次后效，最大峰值48.87%	后效归位井段

1 固井难点分析

根据TS5井、TS11井、TS12井实钻情况，封固段内高温高压，局部高硫高盐，气层异常显示井段多、地层压力窗口窄、溢漏同存，固井压稳与防漏矛盾突出，加之上层套管(井眼)与悬挂尾管非常规组合，环空间隙小，进一步增大了施工难度。

1.1 工艺难点

一是悬挂器座挂后卡瓦张开，过流面积减小，水泥浆携带上来的井底沉砂易在卡瓦和接箍处形成堆积，容易造成环空憋堵，增加漏失风险。

二是在 Φ215.9mm 井眼内下入 Φ177.8mm 尾管，与常规 Φ139.7mm 套管相比，环空间隙小，施工压力高，存在漏失风险。

三是尾管悬挂器喇叭口处固井质量很难保证。

四是深井尾管固井作业，对悬挂器等工具附件性能、施工过程的连续性和参与施工各方的设备性能要求高。

五是水泥环薄弱，对水泥浆综合性能要求高。

1.2 地质难点

一是气层活跃，密度窗口窄。本区块龙潭组至茅口气层显示比较活跃，气层多，3 口井均多次发生气侵，防气窜难度大。同时，在同一密度条件下，3 口井又发生不同程度的漏失，使固井期间压稳与防漏的矛盾进一步突出。溢漏同存，降低了固井安全压力窗口，使用常规的钻井液、隔离液、水泥浆密度级配很难满足安全固井施工要求。

二是高温、大温差。预测 3 口井井底温度均在 120℃ 以上（TS5 井地质导向温度为 132℃，测井温度达到 118℃，井底压力 96MPa）对水泥浆性能在高温条件下稳定性、抗污染性能等要求高。此外，环空封固段长，上下温差大，顶部温度只有 80℃，高温缓凝剂在中低温条件下作用加强，水泥浆稠化时间很难控制，封固段顶部强度发展慢。

三是存在盐膏层、含硫层，局部地层含硫化氢、膏岩和盐岩，对水泥浆抗盐、抗硫提出了要求。

2 研究应用的主要技术与措施

2.1 井眼准备及提高顶替效率技术措施

2.1.1 下套管前严格按设计要求通井、循环洗井

（1）完钻后对阻卡井段认真做好划眼，消除井壁台阶，确保井眼圆滑、无阻卡。为提高重叠段封固质量，对重叠段及悬挂器以上 100m 井段进行刮管。

（2）通井到底后，充分循环洗井 2 周以上，调整好钻井液性能，提高钻井液润滑性和防塌性能，确保井眼稳定；钻井液密度达到设计上限，漏斗黏度控制在 55~60s。采用稠浆携砂、大排量循环洗井，做到井眼清洁、无沉砂。

2.1.2 优化扶正器设计，保持套管居中

按照居中度 67% 为目标函数设计扶正器加放位置。重叠段每 3 根套管加放一只刚性螺旋扶正器，TS5 井裸眼段每 2 根套管间隔使用一支整体弹性扶正器和刚性螺旋扶正器，套管居中度达到 73%；TS11、12 井裸眼段每 3 根套管间隔使用一支整体弹性扶止器，套管居中度分别达到 68.4%、73.4%。

2.1.3 应用高效冲洗隔离液，增大隔离液、前导水泥浆用量，保持顶部水泥塞封固长度

三口井设计隔离液注入量按照 20m³ 注入，比周边临井多用 5~7m³；为保证环空水泥浆与地层有效的接触时间，水泥浆量按照 200m 上塞并多返 5m³ 的量进行设计，单井平均多注水泥浆 12m³，增加水泥接触时间 10min 以上。

2.1.4 在兼顾防漏的基础上尽可能保持水泥浆上返速度

参照通井循环期间最大钻铤外安全返速和下完套管后循环排量设计注替排量。单井设

计中，根据施工中不同阶段返出介质的位置提出调整施工排量的个性化要求。在此基础上，对三口井固井顶替效率进行模拟分析，模拟结果见表3。

表3　TS5、TS11、TS12井固井排量与顶替效率模拟

井号	平均井径/mm	注水泥排量/(m³/min)	顶替排量/(m³/min)	顶替返速/(m/s)	顶替效率/%
TS5	230.64	0.8	0.9	0.88	90.1
TS11	229.52	0.9	0.9	0.92	92.7
TS12	222.07	0.9	0.9	1.078	91.8

2.2　尾管下入与安全坐挂措施

2.2.1　悬挂器及下入位置选择

选用带顶封的悬挂器，方便在固井后发生溢流或渗漏状况下应急使用（坐封关闭环空）；按照与上层套管重合200m的原则，确定尾管悬挂器下入的（顶部）位置；参考上层套管固井质量，对悬挂器位置进行适度调整。

2.2.2　尾管下入灌浆及循环要求

尾管下入过程坚持每根灌浆、每30根确认灌满，悬挂器入井前要充分进行循环；钻具输送尾管时要坚持每柱灌浆和每10柱确认灌满；管串进入裸眼后，每下600m左右进行小排量循环顶通一次。

2.2.3　尾管下入开泵排量要求

尾管下到预定位置后，小排量顶通，注意开泵压力不超过悬挂器坐挂压力80%（8MPa）。开泵后先以低排量循环，将井底沉砂循环至悬挂器以上500m以后，逐渐提排量至1.0m³/min，循环2周以上，钻井液进出口密度差小于0.02g/cm³，出入口排量稳定后，方可进行座挂和后期固井作业。循环时注意观察泵压变化，防止环空憋堵和漏失。如果出现漏失，停止提排量，测好漏失速度，水泥量按漏失速度考虑附加量。

2.3　压稳防窜（防漏）技术措施

2.3.1　下套管前通井到底循环时做好动态和静态地层承压实验

进行动态承压试验时，按照钻具最大外径（ϕ165mm钻铤）处返速达到1.72m/s作为洗井排量上限（约30L/s），逐级提排量循环，观察返出情况，为固井时确定安全排量提供依据；为确保固井施工时不漏失，静态承压实验要求当量密度达到2.15g/cm³以上，力争达到2.17g/cm³。

2.3.2　近平衡固井液密度设计

针对异常窄的施工压力窗口，进一步压缩钻井液、隔离液、水泥浆之间的密度差，在本区块首次将领浆、尾浆水泥浆密度保持一致（表4），保障施工安全。

2.3.3　合理确定双凝水泥浆界面

选择最活跃的显示层中最上部显示段顶部上移200m左右作为两凝水泥浆界面，实现环空阶梯凝固，保证气层压稳。3口井领尾浆分界面设计见表5。

表4 TS5、TS11、TS12井安全压力窗口及固井液密度设计　　　　单位：g/cm³

井号	钻井液密度	破裂压力当量密度	隔离液密度	领浆密度	尾浆密度
TS5	2.07	2.15	2.10	2.13	2.13
TS11	2.09	2.17	2.11	2.13	2.13
TS12	2.09	2.17	2.11	2.13	2.13

表5 TS5、TS11、TS12井尾管固井领浆、尾浆分界面设计

井号	主气层位置/m	两凝界面/m
TS5	4176~4178、4207~42112	3900
TS11	4197~4199、4275~4276、4434~4436、4547~4548	4100
TS12	3875~3887、4249~4273	3700

2.3.4 应用防气窜水泥浆体系，提高水泥浆防气窜能力

优化水泥浆方案，提高水泥石韧性、高温稳定性和封固效果，实现水泥浆低失水、零自由水、短过渡、韧性强等目标，提高水泥浆与地层适应性。

2.3.5 固井前充分排后效、缩短停泵时间

针对尾管固井前坐挂时间长，采取坐挂后直接接水泥头洗井，待循环一个迟到时间或监测钻井液全烃值降至1%以下时，立即开始固井，减少井筒静止时间。

2.3.6 设置悬挂器顶封应用条件，提高环空加压效果

TS5、TS11、TS12井3口井固井过程中未出现异常（外溢或漏失），现场决定不坐封顶封，保持环空上下畅通，保留环空加压压力传递通道。

2.3.7 固井后环空阶梯加回压候凝

固井后，拔出中心管，快速起出钻具至上塞顶部，开泵大排量（2.6m³/min以上）循环洗井，待水泥浆完全返出后，开始对环空阶梯加回压，初始加压3MPa，观察压降和泵入量，如果压力稳定，继续加压至5MPa（如果压力不稳定，控制液体泵入量不超过5m³），关闭环空候凝。

以TS11井为例，通过对固井后尾浆失重阶段各个气层（三开阶段后效明显井段）部位压稳情况分析（表6），可以得出最终环空加压参考压力。

表6 TS11井尾浆失重后各气层位置压稳分析

环空流体	密度/(g/cm³)	井深/m	环空静压/MPa	当量密度/(g/cm³)	环空加压3MPa环空当量密度/(g/cm³)	压稳提示
领浆	2.13	3700	75.75	2.087	2.169	压稳
尾浆失重	1.0	3875	77.47	2.038	2.12	压稳
		3911	77.82	2.028	2.10	压稳
		4051	79.19	1.997	2.08	压稳
		4281	81.44	1.939	2.01	近平衡

注：施工结束后，环空阶梯加压3~5MPa，环空加压后，提高对气层的压稳效果。气层压力当量按2.01g/cm³计算。

2.4 安全施工保障措施

一是设计应用固井前置液、顶替后置液,保障施工安全。其中后置液使用量达到 $8m^3$,替入尾管悬挂器以上 450m、以下 150m 区间,有效避免施工后循环洗井时钻井液与水泥浆接触污染。

二是做好水泥浆与隔离液、钻井液的相容性实验,确保施工安全。隔离液加入冲洗剂,充分清洗井眼,隔离水泥浆与钻井液,同时防止两相直接接触污染。

三是综合应用固井仪表、钻井泵冲、液面计量三方对比,利用大小胶塞复核时压力出现明显变化特征进一步校准实际顶替量,为施工决策提供依据。

四是备足反挤水泥量,以备固井漏失时应急反挤。针对潼南—合川区块海相地层漏失风险,3 口井固井施工中分别备用 45t 反挤水泥。

五是强化固井设备配备。现场配备 3 台水泥车,采用一台水泥车注水泥浆,一台水泥车备用注水泥浆并压胶塞和求碰压,一台水泥车配注隔离液、保护液,确保施工连续、排量满足工艺要求。

3 水泥浆、隔离液方案与实验性能

3.1 水泥浆方案

依据地质特点和固井难点,根据施工方案中优化设计的水泥浆密度和压稳防窜对水泥浆性能、水泥石功能要求,依据气井固井对水泥浆性能相关要求[1],以铁矿粉、硅粉、BCE-310S 分别为加重剂、高温稳定剂、增韧剂作为基础材料,与降失水剂等外加剂配合,利用颗粒级配原理,通过实验优选相应配比,形成了密度为 $2.13g/cm^3$ 的抗高温韧性防窜水泥浆体系,水泥浆不仅具有良好的流动性和稳定性,且失水低,过渡时间短,稠化时间易于调节,形成的水泥石强度发展好且具有一定的韧性,保证了水泥石的封固质量。以 TS11 井为例,水泥浆方案及性能见表 7 领浆、尾浆稠化实验曲线如图 1、图 2 所示。

表 7 TS11 井水泥浆组成及性能

水泥浆类型			领浆	尾浆
设计密度/(g/cm³)			2.13	2.13
材料及组成	水泥	嘉华 G 级	100.00	100.00
	稳定剂	石英砂	35.00	35.00
	加重剂	铁矿粉	68.00	68.00
	增韧剂	BCE-310S	5.00	5.00
	降失水剂	BCF-200S	2.30	2.30
	减阻剂	CF40S	0.80	0.80
	缓凝剂	BXR-200L	0.90	0.45
	消泡剂	G603	0.10	0.10
	水	井场水	67	67

续表

水泥浆类型			领浆	尾浆
水泥浆性能	实测密度	g/cm³	2.13	2.13
	液固比	—	0.32	0.32
	干灰造浆率	m³/t	0.62	0.62
	流动度	cm	23	23
	40Bc 时间	min(105℃/90MPa)	317	210
	100BC 时间	min(105℃/90MPa)	320	214
	顶部强度	MPa(80℃/48h/0.1MPa)	7.2	—
	底部强度	MPa(105℃/48h/20MPa)	—	18.7
	杨氏模量	GPa	—	5.82
	强度	MPa(105℃/48h/20MPa)	15.2	16.9
	失水	mL	46	44
	稳定性	g/cm³(90℃/2h, $\Delta\rho$)	0.01	0.01
	游离液	%(/90℃/2h, 45°倾角)	0	0

3.2 隔离液方案

针对现场井况条件和钻井液性能，优选高效冲洗隔离液体系，优化设计冲洗隔离液性能，形成钻井液/隔离液/水泥浆之间的密度和切力梯度，防止了混浆污染，提高了冲洗效率，保证了固井质量。冲洗型隔离液配方：水+BCS-010L 冲洗液+缓凝剂 BXR-200L+悬浮剂 BCS-040S+BCS-021L 隔离液稀释剂+BXF-200L 降失水剂+G603+重晶石。实验数据见表8、表9。

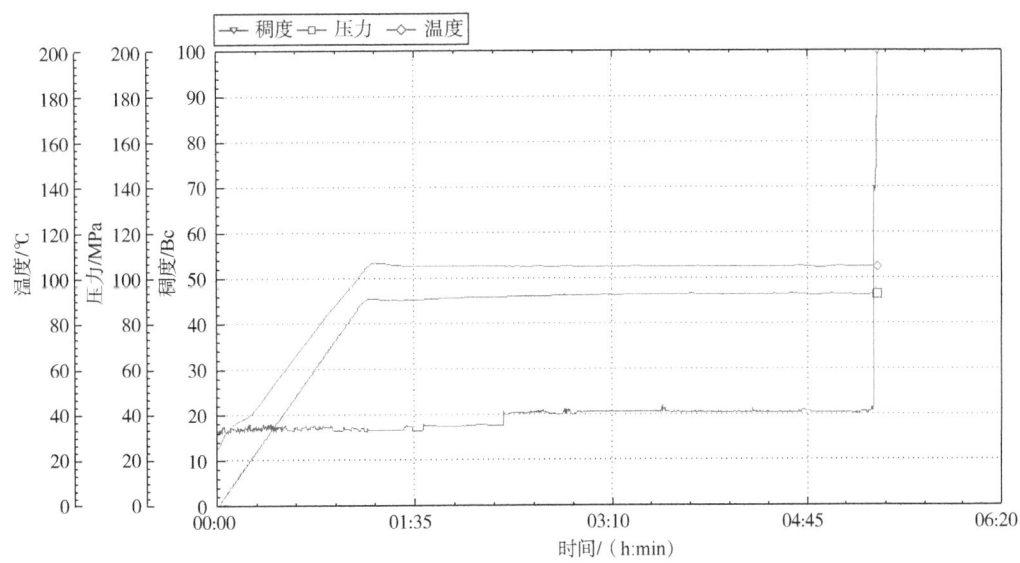

图 1　TS11 井尾管固井领浆稠化实验曲线

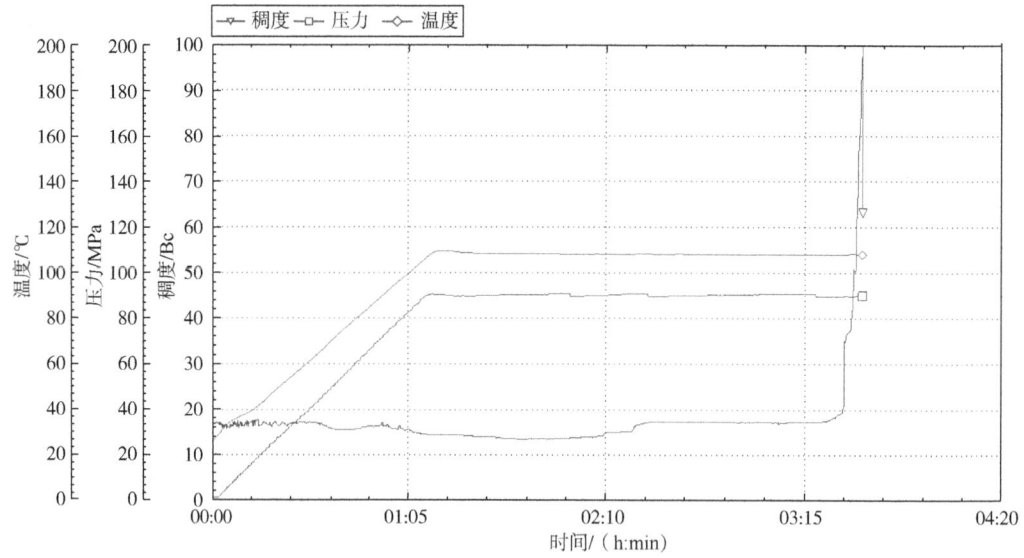

图 2 TS11 井尾管固井尾浆稠化实验曲线

表 8 TS11 井加重冲洗隔离液试验数据

实验项目	密度/(g/cm³)	流动度/mm	稳定性/(g/cm³)	游离液/%	有效冲洗时间/min	污染实验 7:2:1/min
实验数据	2.11	235	0.01	0	4.6	360

表 9 TS11 井隔离液与水泥浆、钻井液密度及流变性能梯度

浆体名称	ρ/(g/cm³)	Φ_3	Φ_6	Φ_{100}	Φ_{200}	Φ_{300}	Φ_{600}	n	K/(Pa·s^n)	PV/(mPa·s)	YP/Pa
钻井液	2.08	8	9	33	50	64	99	—	—	35	14.5
隔离液	2.11	6	10	49	79	103	175	0.74	0.54	72.0	15.8
领浆	2.13	8	11	112	198	269	—	0.84	0.72	235.3	17.1

4 现场应用与效果

4.1 固井施工情况

应用上述研究的技术措施和水泥浆(冲洗液)方案,完成了 TS5、TS11、TS12 三口井尾管固井施工,尾管下入、坐挂、回接后插入验封均一次成功,施工参数全部达到设计要求(表10)。

表 10 TS5 井、TS11 井、TS12 井尾管固井施工参数

项目		TS5 井	TS11 井	TS12 井	备注
注冲洗液	注入量/m³	20	20	20	
	密度/(g/cm³)	2.10	2.11	2.11	

续表

项目		TS5井	TS11井	TS12井	备注
注隔离液	注入量/m³	1.0	1.0	1.0	配浆液
	密度/(g/cm³)	1.0	1.0	1.0	
注领浆	注入量/m³	29.3	29.1	27.5	
	密度/(g/cm³)	2.13	2.13	2.13	
	排量/(m³/min)	0.85	1.05	1.0	
注尾浆	注入量/m³	14.4	11.5	12.8	
	密度/(g/cm³)	2.13	2.13	2.13	
	排量/(m³/min)	0.9	1.0	1.0	
压胶塞	压入量/m³	2.0	2.0	2.0	释放时间5min
	压入时间/min	3	3	3	
替钻井液	替量/m³	58.3	61.0	57.4	含8m³保护液
	密度/(g/cm³)	2.07	2.09	2.09	
	排量/(m³/min)	0.8	1.0	1.0	
求碰压	预留量/m³	2.0	2.0	2.0	
	碰压情况	碰压，无回流	碰压，无回流	碰压，无回流	
套管试压	压力/MPa	25	25	25	
	稳压情况	稳压5min未降	稳压5min未降	稳压5min未降	
循环反洗	返出水泥浆/m³	7	8	8	
回接固井	注/替量/m³	46.9/51.4		46.8/51.1	
	注/替液密度/(g/cm³)	1.90/2.07	1.90/2.09	1.90/2.09	
	注/替排量/(m³/min)	1.3/1.8		1.3/1.8	
尾管回接后插入密封情况		正常	正常	正常	

4.2 固井质量检测结果

经声变检测，完成了TS5、TS11、TS12尾管及回接固井综合解释均为优质，单井封固段优质率最低达到81%以上，合格率97.67%以上（表11）。

表11 TS5、TS11、TS12尾管及回接固井质量评价结果

项目		优质井段		合格井段		不合格井段		井段/m
		段长/m	比率/%	段长/m	比率/%	段长/m	比率/%	
TS5井	尾管段	1651.8	89.2	194.1	10.77	6.1	0.03	2836~4688
	回接段	2111	74.43	620.4	21.88	104.6	3.69	0~2836
	全井段	3762.8	80.26	814.5	17.37	110.7	2.36	0~4688

续表

项目		优质井段		合格井段		不合格井段		井段/m
		段长/m	比率/%	段长/m	比率/%	段长/m	比率/%	
TS11井	尾管段	1463.4	85.83	239.5	14.16	2.06	0.01	3035~4740
	回接段	2413.8	79.53	575.5	18.96	45.7	1.51	0~3035
	全井段	3877.2	81.8	815	17.19	47.8	1.01	0~4740
TS12井	尾管段	1136.5	66.08	578.9	33.66	4.6	0.26	2820~4540
	回接段	2756.7	97.76	56.1	1.99	7.2	0.25	0~2820
	全井段	3893.2	85.75	635	13.99	11.8	0.26	0~4540

5 结论与认识

通过TS5、TS11、TS12等三口井固井实践，进一步细化了以防窜防漏、提高顶替效率为核心的固井液体系、设计方法和配套技术措施，形成了一套适用于潼南合川地区海相溢漏同存地层小环隙尾管固井的配套施工技术，固井质量达到优质水平，实现了本区域尾管及回接固井质量的飞跃。

（1）坚持做好地层动静态承压试验、漏层封堵，确定合适的安全固井压力窗口，并在许可的范围内设计水泥浆和隔离液密度是固好井的基础。

（2）抗高温韧性防气窜水泥浆体系的研究应用，实现了高密度条件下水泥浆具备较好的稳定性、抗冲击性和防窜、抗腐蚀能力，满足了深层海相"四高"地层固井需要。

（3）以压稳、居中、替净、密封为目标，开展精细化的固井施工设计，进一步优化施工排量、套管扶正器安放、尾管坐挂等方案和预案，突出单井施工个性化，使施工方案更具有针对性和适应性。

（4）超前施工准备、严格执行设计方案，开展精细固井施工，做好计量和施工参数监控、按时段做好环空阶梯加压，保证了固井施工方案落到实处。

DC 油田窄密度窗口调整井固井技术研究与应用

王春娇　郭金玉　刘铁卜　李英武　卢士分　宁清志

（大庆钻探工程公司钻井二公司）

【摘　要】 为了解决 DC 油田开发后期调整区块地下压力环境日趋复杂、地层稳定性降低、安全密度窗口变窄条件下钻完井过程中出现的新问题，克服层间矛盾、提高固井质量，采用化学和物理手段，开展固井前锁孔成膜、高效井眼清洁、界面增强、全封井水泥浆压稳等技术研究，形成了相应固井集成技术。现场应用后可明显提高井壁承压能力和井眼清洁度，降低漏、侵、窜等复杂发生率，实现了技术的联合和增值。对全面提高 DC 油田窄密度窗口调整井固井质量、提高开发效益具有重要的现实意义。

【关键词】 注水；窄窗口；调整井；固井

DC 油田是大型陆相非均质、多油层砂岩油藏，根据构造情况及实钻资料：注水开发造成泥岩浸水形成异常高压区、断层遮挡高压区；地层水洗严重，最大渗透率增至 5000mD 以上，易形成虚滤饼影响界面胶结；异常井径扩大现象突出，影响套管居中及固井顶替效率；地层浸水后孔隙度增大、岩石强度下降，固井时易漏；最大层间压差增至 10MPa 以上，层间矛盾更为突出，兼顾压稳与防漏难度增加；未实施技术优化前复杂井固井优质率仅为 54.6%。同时油田内浅层气广泛发育，水泥顶替到位及候凝期间浅层易发生窜槽及管外冒复杂。因此，注水开发后期安全密度窗口变窄，给固井施工和质量保障带来较大困难。

通过开展研究，在保证井壁稳定的前提下，利用化学和物理手段降低地层坍塌压力并将地层承压能力提高到井下安全的范围内，以达到扩大作业安全窗口的目的，形成提高注水油田窄密度窗口调整井固井质量的集成技术，为实现注水油田有质量、有效益、可持续发展提供技术支持。

1　固井前锁孔成膜技术

注水油田高渗透主力油层水洗严重，长期冲刷造成胶结物逐渐减少，水侵后储层孔隙度增大，岩石胶结强度下降，地层稳定性降低。钻完井过程易漏，尤其在全封固井过程中更易发生井漏。因而提高地层封堵效果和井壁承压能力是解决漏失、提供良好固井条件的关键。

1.1　技术原理

利用非渗透性封堵剂（特殊聚合物处理剂）在高渗透砂岩孔隙及微裂缝端口处浓集成胶

作者简介：王春娇，工程师，2008 年毕业于大庆石油学院，硕士学位，现从事大庆油田调整井钻井完井技术研究与分析工作。联系地址：黑龙江省大庆市红岗区钻井二公司；E-mail：wangchunj@cnpc.com.cn。

束，依靠聚合物胶束或胶粒界面吸力及柔性，协同惰性固体颗粒、纤维的填充作用，并在聚合物颗粒逐步溶胀作用下，在井壁表面形成致密超低渗透封堵膜。

1.1.1 溶胀成膜机理

非渗透性封堵剂的胶体成分含有很多水化基团，吸水形成胶束，这种胶束是吸水溶胀但不完全溶解的大分子集团。利用该特点，引入阻止水分子进入胶束的疏水分子，从而延缓吸水速度，达到逐渐吸水、缓慢溶胀的目的。因整个网络的交联作用，使得聚合物只溶胀不溶解。

1.1.2 锁孔封堵机理

将惰性材料按照优化堆积理论进行合理匹配，通过颗粒堆积和纤维桥接形成密实的滤饼。再通过非渗透性封堵剂的吸水溶胀作用，使整个封堵界面逐渐吸水体积增大。溶胀到一定程度后，承压能力增强，封堵界面颗粒无法脱离封堵层进入孔隙和裂缝深处，有效阻隔钻井液及其滤液渗透到地层中的同时可以实现近零滤失钻井，使油层得到有效保护。

1.2 室内评价实验

1.2.1 封堵能力评价

利用新型砂床实验评价非渗透性封堵剂的封堵能力，实验结果见表1。

表1 砂床漏失实验数据表

非渗透性封堵剂加量/%	密度/(g/cm³)	滤失量/mL	浸入深度/cm（0.7MPa、30min、20~40目石英砂、常温）		
			瞬时	10min	加压至1.2MPa
乳液体系钻井液	1.49	4	全漏	—	—
+1	1.49	3.6	6	8.5	无变化
+2	1.49	3	2.8	3.5	无变化
+3	1.50	2.8	2	2.5	无变化
+4	1.51	2.4	1.7	2	无变化

非渗透性封堵剂1%加量时，浸入深度6cm；随加量增加，浸入深度由2.8cm降至1.7cm。实验数据表明，非渗透性封堵剂具有良好的成膜封堵能力，防止砂岩储层渗、漏能力良好，可提高井壁的承压能力。

1.2.2 常规性能评价

对非渗透性封堵剂进行常规性能评价，结果见表2。

表2 室内配伍性评价数据表

非渗透性封堵剂加量/%	密度/(g/cm³)	表观黏度/s	塑性黏度/mPa·s	动塑比	初切力/Pa	终切力/Pa	滤失量/mL	滤饼/mm
乳液体系钻井液	1.49	36	25.5	0.36	1	2.5	4.4	1.0
+1	1.49	37	26.5	0.4	1	3	4.2	1.0
+2	1.49	40	29	0.45	1.5	3.5	3.6	1.0
+3	1.50	44	32.5	0.51	2	4	3	1.0
+4	1.51	53	38	0.58	2.5	5	2.6	1.2

数据表明，非渗透性封堵剂加量在3%以下对钻井液密度、黏度、动塑比、滤饼厚度的影响较小。4%加量时，表观黏度、塑性黏度、切力值明显增大，不利于现场钻井液流变性的维护。

1.2.3 非渗透性封堵剂作用形貌及微观状态

观察新型砂床封堵实验现象及实验后的砂床表面和中压滤失滤饼表面(图1)可看出，改性高分子聚合物和惰性颗粒材料已经嵌入砂床表面孔隙中，钻井液滤饼也呈致密网络状结构，进一步验证锁孔成膜技术可以达到锁孔封堵井壁，成膜强化井壁的效果。

 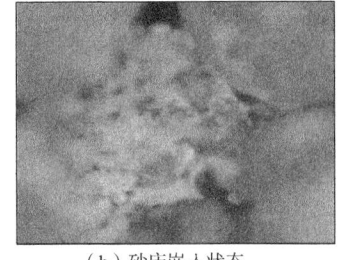 

（a）砂床表面状态　　　　　　（b）砂床嵌入状态　　　　　　（c）滤饼表面状态

图1　封堵实验后的砂床表面和中压滤失滤饼表面图

2　高效井眼清洁技术

钻井岩屑在井筒中随钻井液螺旋上升：直井中，岩屑会黏附在井壁上形成虚滤饼，直接影响水泥浆和井壁的界面胶结出现微裂缝，使固井二界面胶结出现问题；定向井中，岩屑会不断沉积在中、大斜度井段下井壁，随聚集增多形成明显的岩屑床等堆积结构。滤饼和岩屑床的存在直接降低井眼规则和清洁程度，造成套管下入困难、固井质量差等问题。针对常规电测前通井作业对井眼的清洁效率不高的问题，应用机械辅助法，即高效井眼清洁技术。

2.1　多级划眼技术

针对传统钻头划眼技术在去除油层段虚滤饼时存在螺旋状井眼、效果有限，耗时长、成本高的突出问题，应用多级划眼技术，提高划眼效率。

多级划眼钻具组合如图2所示，其中：岩屑床清除器(图3)属于机械式主动清除工具，外体中间设计1个"V"形槽搅拌翼，"V"形槽两边分别采用左旋、右旋2个螺旋翼，螺旋翼外径大于搅拌翼的外径，旋转时保护搅拌翼。

划眼过程中，工具随钻柱旋转搅拌低边岩屑，在工具处流体形态由层流变为紊流，使井眼低边的沉积岩屑上浮至高边，破坏岩屑床，同时由于工具处环空面积变小，使钻井液上返速度增大，提高岩屑返出效率，从而达到清除岩屑床的目的。通过油层长度计算螺扶之间间隔的钻杆数量实现工具的合理布置，保证油顶至井底均在螺扶有效划眼范围内，实现封固段内井眼的多级清洁。

2.2　双螺旋清砂技术

为进一步提高井眼清洁程度改善井身和固井质量，缩短钻井周期，从增强岩屑能量有效提高岩屑运移效率的角度出发，应用双螺旋清砂技术。

双螺旋清砂工具(图4)外径168mm,长度(1780±5)mm,工具叶片前缘为135°负角,保证工具效果的同时可保证井筒内环空通道充足,避免工具尺寸过大造成环空阻塞。在现场应用中可根据井深、井型,分井段实现多个双螺旋清砂工具组合应用。

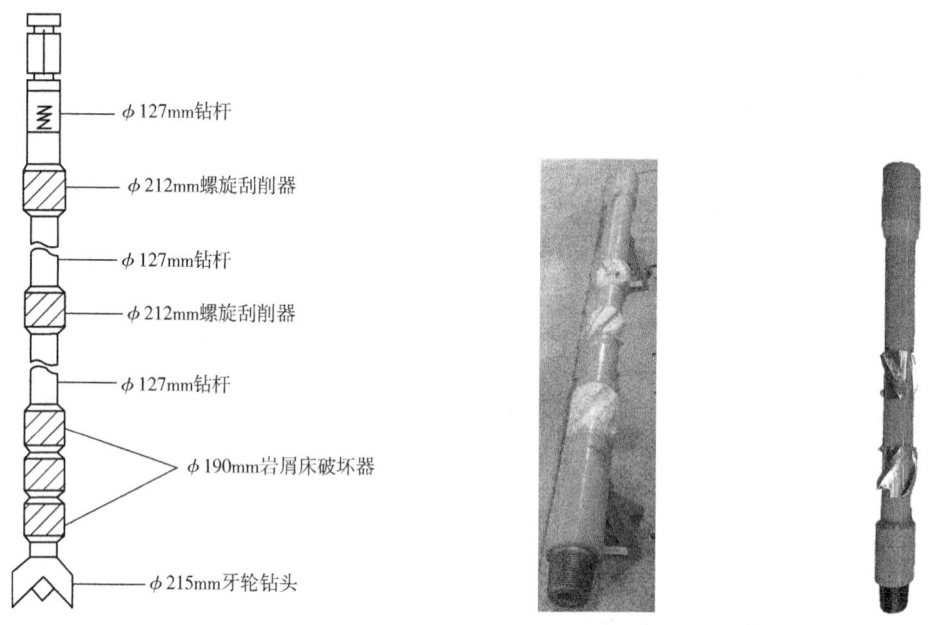

图2　多级划眼钻具组合示意图　　图3　岩屑床破坏器实物图　图4　双螺旋清砂工具实物图

工具在中部设计有两组反向双螺旋叶片组,通过正向叶片旋转运动产生抽汲作用,增加周向和轴向流速,使岩屑越过叶片间距区域,更易进入反螺旋叶片组工作区域,解决了单一反向螺旋叶片组旋转在其前方会造成的涡流、岩屑上返困难的问题,提高岩屑进入叶片区效率。工具随钻柱接入井内并随钻柱旋转:改善钻井液环空流态,贴近井壁处螺旋流能量高于常态流动,对于井壁滤饼的清除能力更强;下部抽汲、上部举升,岩屑通过叶片区后举升、分散程度更高,可有效清除井内岩屑床,具有更好的井眼清洁效果和返砂效率;叶片刮削修整井壁有效提高井眼规则度的同时提高环空清洁程度,可实现完钻后起钻直接电测、大幅缩短建井周期的目的。

3　界面增强技术

注水开发可保持油层产能,但由于长期注水地下已形成多压力层系,加之地层中流体渗流的冲刷、侵蚀,严重影响水泥环胶结质量。为提高井眼清洁程度和井壁承压能力,同时改善弱界面胶结质量,研发界面增强技术。该技术可同时提高滤饼强度和固井一、二界面胶结强度,提供窄窗口条件下相对稳定的地下环境。

3.1　技术原理

在滤饼硬化剂、晶体诱导剂、化学反应剂和表面清洗剂等多种材料的复合作用下,将界面的物理性结合转变为化学性亲和。并对原有技术进行优化:应用强分散剂对黏土颗粒形成负电保护,使体系无法形成网架结构,并拆散已形成的网架结构;应用直径$5\sim10\mu m$

诱导剂球状晶体与硬化剂进行颗粒堆积，使滤饼更加致密，在强碱环境中反应更充分；应用钾盐和含钾矿物晶体反应剂，有效抑制膨润土水化膨胀的同时，使黏土颗粒转为非水化型，减少虚滤饼再生。

3.2 室内评价实验

3.2.1 对钻井液性能影响评价

测定不同加量界面增强剂加入钻井液前后的主要性能参数，考察其对钻井液主要性能的影响，结果见表3。

表3 界面增强剂对钻井液性能的影响

界面增强剂加量/%	比重	滤失量/mL	电阻率/(Ω/m)	漏斗黏度/s	表观黏度/(mPa·s)
原浆	1.43	2.9	3.56	55	78
+0.10	1.43	2.65	3.53	55	76
+0.15	1.43	2.64	3.54	55	76
+0.20	1.43	2.65	3.53	54	75

可看出，界面增强剂的加入并未明显改变钻井液的滤失量、比重、电阻率、黏度以及流变性能，配伍性良好。

3.2.2 滤饼微观结构分析

将界面增强剂加入钻井液中制成滤饼，45℃水浴静止养护15天后并在室温下放置至自然干燥，形成干滤饼。如图5所示，加入界面增强剂的滤饼龟裂程度显著降低，表明滤饼强度增加。观察滤饼微观结构，含有界面增强剂的滤饼中有很多具有晶体结构的物质生成，有利于改善滤饼结构，提高滤饼强度，增强界面胶结强度。

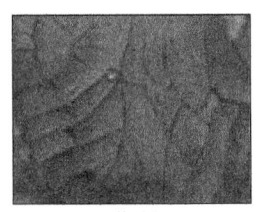
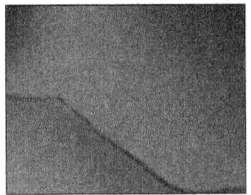
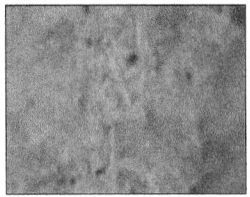
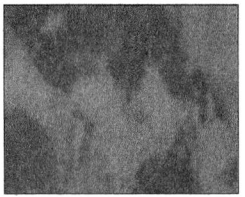

（a）原浆滤饼　　　（b）界面增强剂的滤饼　　　（c）原浆滤饼　　　（d）界面增强剂的滤饼

图5 加入界面增强剂前后滤饼及微观结构图

3.2.3 界面胶结强度评价

在钻井液加入不同用量的界面增强剂，通过界面模拟实验形成一、二界面，利用压力测试实验装置测定内侧钢套管从水泥环中被压出的最大压脱力，并计算钢套管与水泥环的界面胶结强度。

由图6看出，随界面增强剂用量增加，一、二界面最大压脱力、胶结强度均有大幅提升，证明其可改善水泥石、滤饼、地层岩石三者之间的相容性，进而提高固井质量。

3.2.4 界面微观结构分析

将0.2%界面增强剂加入钻井液进行界面模拟实验，对得到的水泥硬化体—滤饼界面进

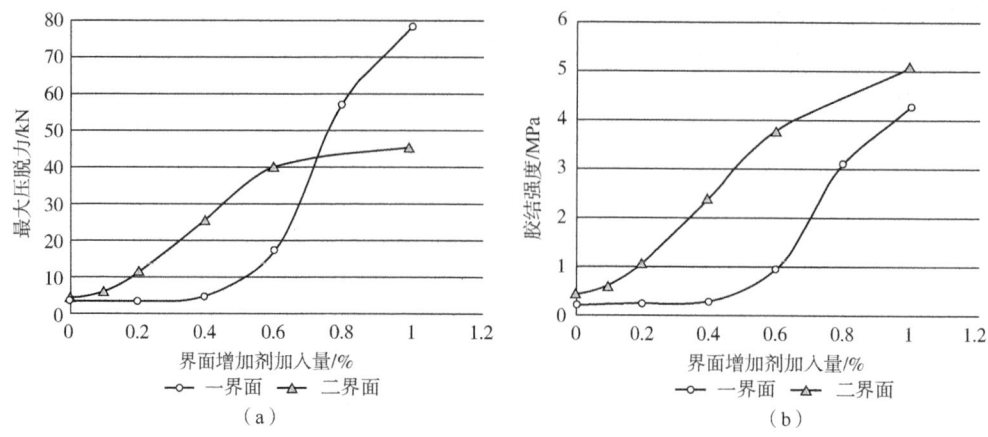

图6 一、二界面胶接强度对比实验结果

行光学显微镜分析,如图7所示。加入界面增强剂后,界面处钻井液颗粒数量明显减少,钻井液颗粒已经很好地进入水泥硬化体内部,二者结合程度大大增强。

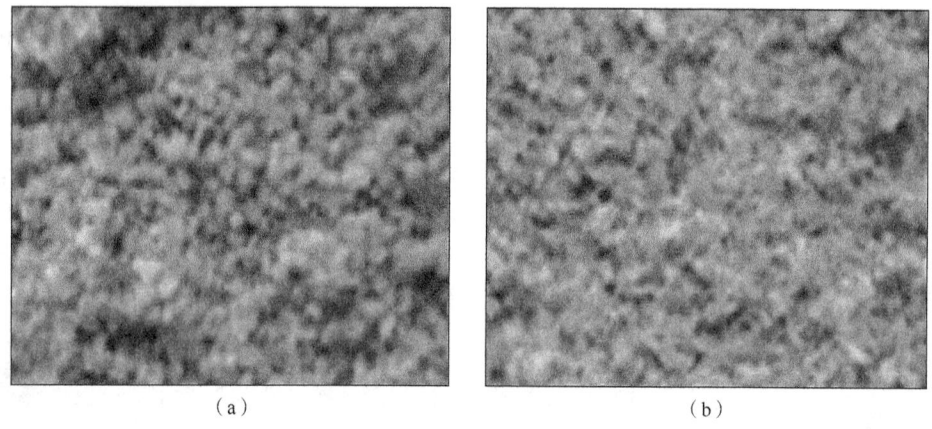

图7 水泥石硬化体与滤饼界面的微观结构图

4 全封井水泥浆压稳技术

针对注水油田浅气层上移、浅水高压、注采不平衡及断层遮挡引起的多套压力层系一次上返固井压稳难度大的现象,为降低施工风险和井控难度,提高固井压稳效果及固井质量,研发了全封井水泥浆压稳技术。该水泥浆体系低温下早期强度较高、渗透率较低、过渡时间短。提高界面胶结质量、改善水泥石力学参数等性能优良,可满足固井稳压需求。

4.1 技术原理

全封井水泥浆压稳技术作用机理是:通过低温防窜剂、降失水剂合理的颗粒级配、成膜机制、填充作用及低温早强剂的调整作用,增人了水泥浆体系的气浸阻力、缩短过渡时间,改善了水泥环本身的性能,避免产生缺陷;水泥水化过程中,能够释放大量的可溶性高价阳离子、聚合物胶体粒子等多种官能团,通过渗透、吸附、交联、粘接等多种反应机制,改善过渡层结构,提高水泥环双界面的胶结质量及水泥石强度。

4.2 室内评价实验

4.2.1 早期强度、渗透率评价

对不同温度下压稳水泥浆体系常规性能进行早期强度、渗透率评价，实验数据如图8至图9所示。体系低温下具有较高的早期强度，10℃×8h抗压强度为4.0MPa，且渗透率较低，有利于提高水泥石本体的抗压能力。

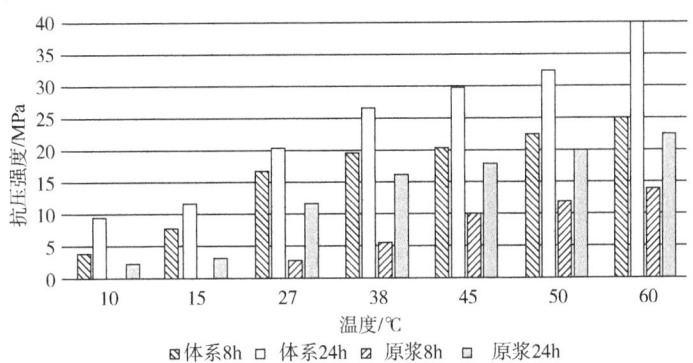

图8 水泥浆体系早期强度

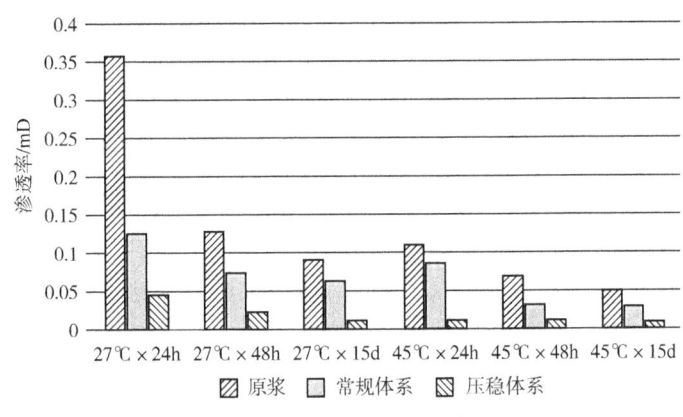

图9 水泥浆体系渗透率

4.2.2 过渡时间评价

水泥水化过程中，从初凝到终凝(过渡时间)是水泥浆静液柱压力损失最快、最容易产生压差的时期。缩短过渡时间可以快速形成窜流阻力，维持井下压力稳定。实验数据见表4。

表4 钻井液体系凝结时间实验数据表

配方	凝结时间(初凝/过渡时间)min/min				
	27℃	38℃	45℃	50℃	60℃
原浆	270/30	210/20	180/15	142/12	130/12
常规体系	206/35	165/32	121/25	108/20	82/15
压稳体系	165/8	105/4	98/2	90/2	60/2

从表4中数据可以看出，压稳水泥浆体系的凝结时间、过渡时间均小于其他体系，初凝2min后达到终凝，更易于保持水泥浆柱压力，减缓油井水泥浆失重现象，降低压力失稳

的可能性。

4.2.3 力学能力评价

由于水泥水化过程中界面过渡区内大颗粒的氢氧化钙、钙矾石等的存在，导致其结构疏松容易形成微裂缝，造成井内压力失衡；此外，二界面由于滤饼的存在形成一个不可固化层，形成界面胶结薄弱环节。检测不同温度、水泥浆体系、养护时间下水泥环一、二界面胶结强度，结果如图 10 所示。并检测水泥石力学形变能力，数据见表 5。

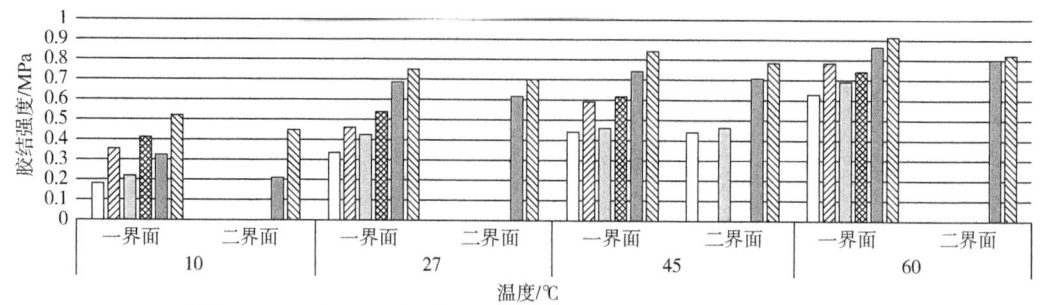

图 10 界面胶结强度实验结果

表 5 水泥石三轴力学性能实验数据表

养护条件	三轴强度/MPa				屈服变形量/%			
	27℃		45℃		27℃		45℃	
	48h	15d	48h	15d	48h	15d	48h	15d
原浆	49.82	71.52	72.56	95.80	0.72	0.69	0.65	0.80
体系	69.45	101.12	107.62	131.21	1.84	1.74	1.55	1.64

图 10 中可看出，压稳水泥浆体系的一界面胶结强度高于原浆和常规水泥浆体系；滤饼存在时，原浆二界面无强度，而压稳水泥浆体系达到 0.45MPa。界面胶结强度的提高，能够提高界面抗压能力。由表 5 可知，压稳水泥浆体系三轴强度大于原浆，水泥石屈服变形量大于原浆 2 倍以上，说明体系具有良好的力学变形能力，更能抵抗外力对水泥环的破坏。

4.2.4 声波测井评价

利用声波胶结质量评价装置，检测水泥原浆、压稳水泥浆体系 BI 值随时间变化情况。结果如图 11 所示。由图 11 可知，压稳水泥浆体系测井曲线优于原浆，随时间增长固井质量基本不变。

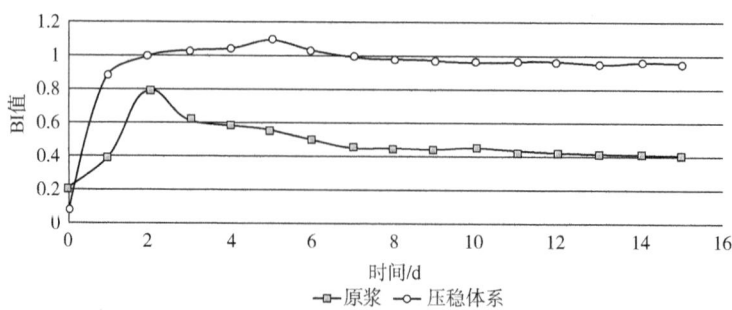

图 11 BI 值随时间变化曲线

5 应用效果

以 S1 区块为例,部分井位于大断裂带上,主力油层破裂压力低且存在层间压差,应用锁孔成膜钻井液技术后井漏发生率由 5% 降至 3.5%,井壁承压能力大大提高;油层全封固井期间水、气侵窜复杂发生率、固井后管外冒事故发生率均为 0。

以 N3 区块为例,采用多级划眼技术油层虚滤饼得到有效清除,划眼效率比原有技术提高 2 倍,同区域固井优质率提高 16.07%;以 YW16 钻井队为例,双螺旋清砂工具下入后各井岩屑返出量明显增加且出砂均匀,特别是进入油层后井内返出岩屑粒径仍较大(图 12),说明工具能够减少岩屑在井内反复磨削破碎,明显提高返砂效率,应用井平均井径扩大率 6.11%,井眼规则程度均较高。

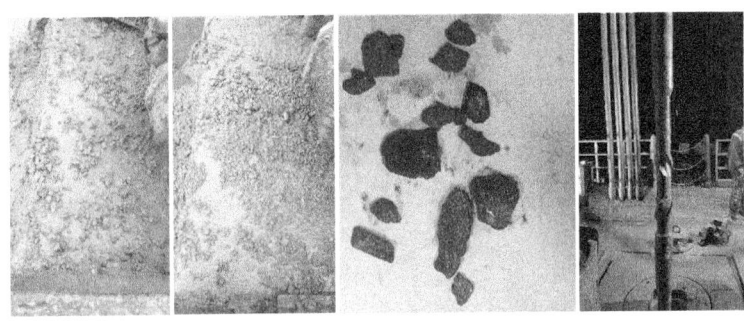

图 12 S12-13-X06 井 420m、850m、890m 井深处返砂情况

DC 油田应用窄窗口调整井集成技术后,固井优质率平均达到 78.28%,合格率达到 99.90%,较应用前固井优质率提高 11.8%,固井质量提升效果明显(图 13)。其中,1 区、4 区、6 区固井优质率分别提高 36.51%、29.93%、46.67%,改善质量效果更为显著。

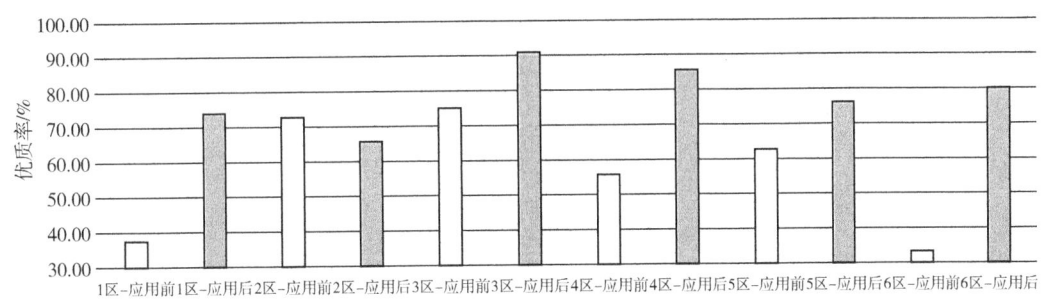

图 13 集成技术应用前后固井质量对比

6 结论

(1) DC 油田窄窗口调整井固井技术是固井前锁孔成膜技术、高效井眼清洁技术、界面增强技术、全封井水泥浆压稳技术等的固井集成技术,实现了钻进、井眼准备、固井等主要工序单项固井质量保障措施的联合和增值。

(2) 应用可为固井施工提供良好的井眼条件,有利于获得较高的固井顶替效率;协同使用界面增强剂,可获得良好的胶结质量;全封井压稳水泥浆具有良好的抗窜、防冒能力,固井质量保障效果明显。

（3）DC 油田窄窗口调整井固井技术的应用能够很好地满足注水油田窄密度窗口条件下调整井的固井施工需求，达到了扩大作业安全窗口的目的。可复制、可推广，对同类注水油田的固井施工和质量保障具有重要的参考价值。

参 考 文 献

[1] 杨雄文，周英操，方世良，等.国内窄窗口钻井技术应用对策分析与实践[J].石油矿场机械，2010，39(8)：7-11.

[2] 陈晓楼，李扬，莫继春，等.注水开发中水渗流对固井质量的影响[J].钻井液与完井液，1999(5)：24-27.

[3] 马淑梅.低温防窜水泥浆体系的现场应用[J].中国石油化工标准与质量，2013，33(9)：234.

[4] 孙立全.改善固井质量的界面增强剂的研制[D].大庆：东北石油大学，2014.

[5] 王建龙，柳鹤，张雯琼，等.多级划眼技术提高固井质量研究与应用[J].钻采工艺，2019，42(6)：2-3，32-33.

中低熟页岩油原位开采井固井水泥浆体系研究

杨东梅[1]　吴广兴[1]　刘文鹏[2]　侯力伟[1]　王广雷[1]　芦庆成[1]

（1. 油气钻完井技术国家工程研究中心；2. 大庆油田钻探工程公司机关）

【摘　要】　原位开采地层加热温度高达300℃以上，针对固井水泥石抗压强度衰退、渗透率增加、井筒完整性破坏等问题，开展了中低熟页岩油原位开采固井水泥浆技术攻关，研发了原位开采固井水泥浆体系。通过对硅质材料进行功能化改性，设计G级水泥增韧补强材料、高温稳定材料，依据紧密堆积理论，优化功能材料粒径级配，制得具有流动性好、稠化时间可调、低温凝固、高温增强特点的水泥浆体系，适用循环温度30~80℃，24h抗压强度10.5MPa以上，500℃360d抗压强度39MPa以上、渗透率低于0.1mD。微观分析表明，水化产物以针状晶粒和网状穿插结构为主，水泥石本体保持较好的完整性，无明显裂纹及大孔缝，能够满足中低熟页岩油井全生命周期原位开采需求。

【关键词】　原位开采；固井；硅酸盐水泥；水泥石；增强增韧

随着油气资源消耗逐年增多，常规石油能源可动用量逐渐减少，非常规资源合理开发成为未来油气动用的重要方向。其中，中低熟页岩油资源储量巨大，全球可转化资源量高达$4110×10^8$t[1]，主要赋存于细粒沉积油页岩中，富含可燃有机物，以干酪根为主，常规开采技术无法实现规模化开发。原位开采技术是通过向井下注入热流体或下入加热装置，向地层持续供应热能[2]，将未成熟的有机质干酪根向油气转化，并将焦炭等残留物留在地下，具有产出轻质油品质高，环境友好的特点[3]。较为经典的供热方式为电传导加热与热流体加热，壳牌公司的"ICP"技术，试验压力1.72MPa、温度315℃，生成了优质的页岩油；地下燃料电池加热技术（GFC），通过固体氧化物燃料电池发电产生热能，加热温度400℃；此外，还有雪佛龙公司的CRUSH技术、太原理工大学的过热蒸汽热解技术，吉林大学的超临界水加热技术等，加热温度大多为300~400℃[4-6]。现有研究，主要集中在加热方式、开采手段等方面，对固井水泥的专项研究较为少见。因此，笔者在此温度条件下，从井筒全生命周期的完整性出发，开展了固井水泥浆技术攻关，通过材料功能化改性形成了抗温500℃硅酸盐水泥石，为中低熟页岩油原位开采提供了技术保障。

1　原位开采井固井水泥面临的挑战和研发思路

1.1　技术挑战

中低熟页岩油储层一般埋深较浅，以松辽盆地为例，井深300~2000m不等，松南地区

作者简介：杨东梅，女，1983年生，高级工程师，硕士研究生，主要研究方向为固井水泥浆技术研发。E-mail：yangdm_zy@cnpc.com.cn。

泉四段扶余油层最浅层仅为74m，井下循环温度低30～80℃，具有低温固井、高温开采的特点。原位开采过程中，需要将地层加热至300℃以上，持续数月至数年，长期超高温导致地层酥脆、裂缝延展，形成天然的油流通道，但同时固井水泥也面临诸多技术挑战：(1)全封固井，要求水泥返至地面，为防止候凝过程环空窜流，要求水泥浆在低温下快速凝结，形成密封良好的水泥环；(2)原位开采，水泥环要长期处于超高温环境，随着加热温度升高、高温时间延长，水泥石强度衰退、渗透率增加，严重时发生破碎、固结失效；(3)套管在热应力作用下，发生伸缩变形，水泥环承受较大的拉应力，更容易破碎。

1.2 研发思路

目前硅酸盐加砂水泥浆体系，当温度达150℃以上，出现不同程度的强度衰退、渗透率增加问题[7]，铝酸盐和磷酸盐水泥具有较好的高温稳定性，但因施工难度大、成本高等原因，存在一定的局限性。南京工业大学的姚晓等，评价了动态水环境下加砂硅酸盐水泥石高温失效机理，为超高温水泥石功能材料研选提供了理论支撑[8]。根据硅酸盐水泥石高温失效机理以及原位开采井施工工况，设计了原位开采井固井水泥浆体系。对硅酸盐水泥浆进行改性，从"增韧和功能化补强"协同增效出发，优化功能材料颗粒级配、研发高温稳定剂、优选增韧补强材料，提高水泥石的致密性和结构强度，改善水泥石的力学和结构完整性，防止水泥石收缩、开裂，解决水泥石高温失效的问题，满足原位开采固井需求。

2 原位开采井固井水泥浆体系研发

2.1 实验材料

大连G级水泥，80～1000目石英砂(SiO_2含量大于99.5%)，自主研制的高温稳定剂、增韧补强剂，其他功能外加剂，包括降失水剂、分散剂、调凝剂等(均为工业化应用产品)。

2.2 实验设备及方法

所用实验设备包括但不限于：恒速搅拌机、增压稠化仪、恒温水浴箱、增压养护釜、压力试验机、自主设计的超高温模拟养护装置、扫描电镜、CT扫描仪等。测试手段：按照GB/T 19139—2012《油井水泥试验方法》制备水泥浆，测试水泥浆密度、抗压强度、稠化时间等工程性能参数。

实验方法：养护条件：30～80℃常压湿养28d，315℃、11MPa湿养7d，500℃干燥养护至预定龄期，按照SY/T 6466—2016《油井水泥石性能试验方法》油井水泥石性能实验方法测试水泥石力学性能；应用扫描电镜、XRT衍射仪、CT扫描仪分析水泥石微观性能。

2.3 水泥浆体系配方研究

跨行业研选功能材料，对材料进行改性，通过实验评价，优化材料加量和配比，并确定水泥浆体系配方。

2.3.1 功能材料优化

石英砂：复配不同粒级石英砂，根据架桥原理，确定颗粒级配为80～1000目按一定比例匹配，主要用于提高水泥石的致密性和结构强度。

高温稳定剂：以石墨基材为主料，添加活性功能单体，利用其表面界面效应，在引发剂作用下与一定温度、压力条件反应，添加极性促分散剂，促进纳米二氧化硅均匀分散，有效避免团聚，生成具有浆体低温分散、成石后遇超高温胶联特点的稳定剂GWD。水泥成石后功能单体的刚性大分子支链失水微胀填充于水泥石本体中，起到支撑、胶联增韧、防止水泥石高温收缩的作用。

增韧补强剂：针对水泥石高温开裂、脆性增加，优选晶须材料JX，通过晶须桥连、裂纹偏转和晶须拔出，提高水泥石晶格粒子间连接力，高温下，晶格位移场集体激发，振动能量聚集，防止水泥石能量释放，避免裂纹形成和延展，实现增韧、提高强度。对JX进行表面改性，接枝无定形纳米SiO_2，一方面提高支链裂纹偏转效应，另一方面提高水化产物硅含量，减少硅溶出损耗，维持水泥石结构完整性。

分散剂、降失水剂、早强剂满足现场施工要求及低温下防窜性能。

2.3.2 体系配方的确定

通过水泥浆体系和水泥石的综合性能评价，确定了体系配方为：大连G级+45%～55%复合石英砂+0.4%～0.8%GWD+3%～5%JX+0.2%～0.8%降失水剂+0.4%～0.8%分散剂+0～0.5%早强剂+水。

3 原位开采井固井水泥浆性能评价

3.1 工程性能

原位开采水泥浆综合性能见表1。由表1中数据可知，设计的水泥浆具有良好的流动性，浆液无析出，API失水小于50mL，稠化时间在90～300min可调，满足原位转化固井施工需求。

表1 水泥浆体系综合性能

检测项目	指标
水泥浆密度/(g/cm³)	1.75～1.90
适用温度/℃	30～80
初始稠度/Bc	11～25
稠化时间/min	90～300可调
失水量/mL	30～45
游离液/%	0
沉降稳定性/(g/cm³)	<0.02

3.2 水泥石低温抗压强度

分别测试30℃、50℃和80℃不同养护时间水泥石的抗压强度，实验结果如图1所示。由图1可知，水泥石30℃条件下24h抗压强度达10.5MPa，随着养护温度升高，抗压强度增加，且随着养护龄期延长，水泥石抗压强度逐渐增加，14d后基本稳定，60d强度无倒缩现象。

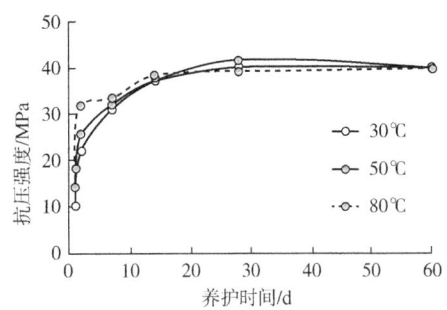

图1 不同养护温度水泥石强度发展情况

3.3 水泥石高温完整性

3.3.1 水泥石高温力学性能

按照自定义养护方式,水泥石经500℃高温养护不同龄期,测定其抗压强度和渗透率变化情况,结果见表2。由表2可知,500℃养护1d,水泥石的抗压强度略有增加,这是因为,干燥条件下,水泥石固体晶格间水分快速流失,功能单体的刚性大分子支链微张支撑,晶格位移场振动的能量量子集体激发,水泥石快速聚能"自我防护",强度提高。随500℃养护龄期延长,水泥石抗压强度基本稳定,360d强度大于39.22MPa,不再有较大幅度波动,同时在合理的粒径级配及JX的晶格聚能作用下,水泥石的渗透率维持较低水平,小于0.1mD。由此可见,水泥石的高温力学完整性较好。

表2 原位开采井水泥石高温力学性能

成型温度/℃	315℃,11MPa湿养,抗压强度/MPa	500℃				裂纹情况
		抗压强度/MPa			360d渗透率/mD	
		1d	28d	360d		
30	37.31	37.0	39.09	40.13	0.0882	无
50	32.52	38.44	40.15	39.22	0.0946	无
80	34.64	32.58	40.41	41.57	0.0894	无

养护条件:成型温度湿养28d,过渡温度315℃、11MPa湿养7d,500℃干养至预定龄期。

3.3.2 水泥石的微观形貌

开展水泥石CT扫描观察,提取其中的孔隙和裂缝,结果如图2所示。由图2,可以发现研选的功能材料在水泥浆中分散性和相容性良好,水泥石未出现任何两相界面过渡区结构,在JX的裂纹偏转和拔出作用下,水泥石本体内部未见明显的裂缝,孔隙较发育,但连通性差,以独立孔和分散孔为主,水泥石表现为结构致密,边缘完好。

图2 水泥石CT扫描实验结果

图3为水泥石的微观组构和产物组成。水泥中主要水化产物为硬硅钙石、石英和不同硅酸根聚合度的水化硅酸钙,硬硅钙石表现为平行针状和网状,结构较为致密,且长期高温,产物稳定,这也是水泥石高温强度和渗透率未发生较大变化的根本原因。由此可见,原位开采井固井水泥石具有良好的结构完整性。

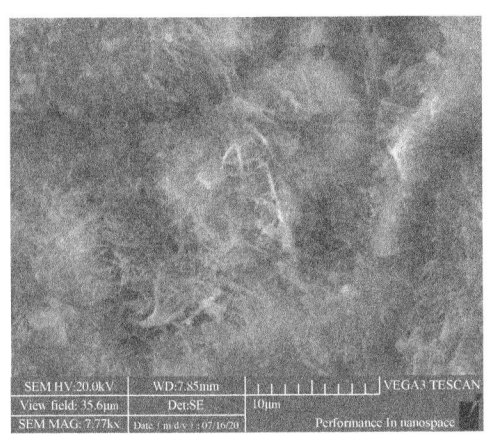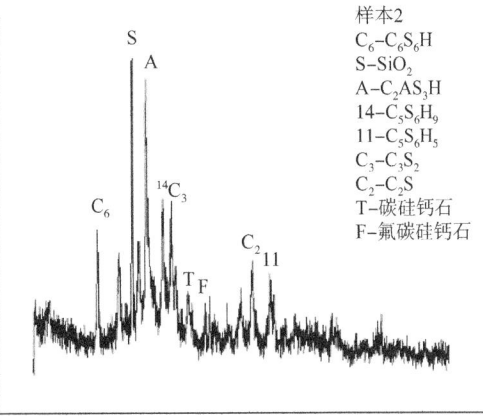

图3 水泥石组构分析结果

通过实验验证，研发的水泥浆体系，能够解决原位开采井地层超高温水泥石强度衰退、渗透率骤增的问题，适用于500℃以下的加热开发方式。但随着原位开采技术不断发展，降低开发成本、更新加热方式、提升热能效率，加热温度会逐渐提高，如辐射加热、燃烧加热等手段，温度达600℃以上，硅酸盐水泥将无法满足固井需求。因此，笔者将从基浆入手，选择铝酸盐水泥石、磷酸盐水泥或非水泥基胶凝材料等，研发关键功能材料，继续攻关突破水泥石的耐温极限，为原位开采井提供配套技术理论。

4 结论

（1）研发的水泥浆体系具有流动性好、稠化时间可调、低温凝固、高温增强的特点，满足循环温度30~80℃固井施工要求，24h抗压强度10.5MPa以上，500℃条件下360d抗压强度大于39MPa、渗透率低于0.1mD。

（2）形成的水泥石在低温条件下性能稳定，高温后，材料中功能单体刚性大分子支链发挥微张支撑作用，水泥石晶格位移场振动的能量量子集体激发，快速聚能"自我防护"，提高了水泥石本体强度。

（3）研选的功能材料在水泥浆中分散性和相容性良好，通过"增韧和功能化补强"协同作用，实现了水泥石的力学完整性和结构完整性，水泥浆体系能够满足原位开采井全生命周期固井施工需求。

（4）针对原位技术未来更高转化温度的需求，继续攻关基础胶凝材料，突破水泥石的耐温极限，保障中低熟页岩资源高效开发。

参 考 文 献

[1] LIU Z, MENG Q, DONG Q, et al. Characteristics and resource potential of oil shale in China[J]. Oil Shale, 2017, 34(1)：15-41.

[2] ZHAO Shuai, LYU Xiaoshu, LI Qiang, et al. Thermal-fluid coupling analysis of oil shale pyrolysis and displacement by heat - carrying supercritical carbon dioxide [J]. Chemical Engineering Journal, 2020, 394：125037.

[3] RYAN R C, EMAIL Author, FOWLER T D, et al. Shell's in situ conversion process-from laboratory to field

pilots (conference paper)[J]. ACS Symposium Series, 2010, 1032: 161-183.

[4] ANYENYA G A, BRAUN R J, LEE K J, et al. Design and dispatch optimization of a solid-oxide fuel cell-assemble for unconventional oil an gas production[J]. Optimization and Engineering, 2018, 19(4): 1037-1081.

[5] KANG Z Q, ZHAO Y S, YANG D. Review of oil shale in-situ conversion technology[J]. Applied Energy, 2020, 269: 115121.

[6] GENG Y D, LIANG W G, LIU J, et al. Evolution of pore and fracture structure of oil shale under high temperature and high pressure[J]. Energy & Fuels, 2017, 31(10): 10404-10413.

[7] 桑来玉. 硅粉对水泥石强度发展影响规律[J]. 钻井液与完井液, 2004, 21(6): 41-43.

[8] 姚晓, 葛荘, 汪晓静, 等. 加砂油井水泥石高温力学性能衰退机制研究进展[J]. 石油钻探技术, 2008, 46(1): 17-23.

第四部分

钻井液技术

泥页岩微裂缝模拟新方法及封堵评价实验

杨决算　侯　杰

（大庆钻探工程公司钻井工程技术研究院）

【摘　要】 目前泥页岩微裂缝模拟方法较多，但都存在一定局限性，且不能真实模拟高温高压下泥岩与钻井液接触后水化分散过程。针对该难题，在对平滑钢块模拟法、砂床封堵实验法、劈裂岩样人造裂缝模拟法和透明钢化玻璃模拟法进行分析的基础上，采用干法钻取取样岩心以获得标准岩心柱，对岩心柱进行造缝，并在岩心缝面垫上不同厚度的锡纸，模拟宽度为 10~100μm 的微裂缝；将岩心柱放入夹持器中，与动态失水仪相连，可形成一套泥岩微裂缝封堵能力评价装置。介绍了封堵评价实验装置的组装和实验操作步骤及其功能和优点，给出了微裂缝缝宽的推导公式，并通过精确测量数据换算出了等效裂缝宽度。室内实验表明，该微裂缝模拟方法有精度高、重复性好等优点。研究结果表明，该方法及评价装置不仅能模拟泥页岩与外来液相接触后的水化分散、膨胀等过程，还能真实模拟井底高温高压条件下钻井液对微裂缝的封堵情况，为深入研究微裂缝的封堵机理、封堵材料优选及钻井液配方优选提供可靠的实验方法和数据支撑。

【关键词】 硬脆性泥页岩；微裂缝；井壁稳定；取样岩心；封堵能力

在钻井过程中，泥页岩地层占所钻总地层的 70%，90% 以上的井壁失稳问题都发生在泥页岩地层，而其中大约三分之二的井壁失稳问题又发生在硬脆性泥页岩地层。这是由于硬脆性泥页岩微裂缝发育，黏土遇水后不仅发生水化膨胀，黏土颗粒还会随流体发生运移，特别是受到钻井液等外来流体侵入和外力作用后，微裂缝会发生"水力尖劈"作用，使裂缝延伸、缝宽变大，甚至会导致泥页岩内部裂缝相互贯通，造成井塌、井漏和井眼报废等严重事故。要解决此类技术难题，必须研制具有强封堵能力的钻井液体系，这就要求有一套可靠的泥页岩微裂缝模拟方法和封堵能力评价装置。目前微裂缝模拟方法主要有砂床封堵实验、平滑钢块模拟等方法，这些方法为强封堵性钻井液的研制发挥了一定作用，但都存在着一定的局限性。笔者在对地层取样岩心柱造缝后，在岩心缝面垫上不同厚度的锡纸可模拟不同缝宽的微裂缝；将岩心柱放入岩心夹持器，与动态失水仪相连可组成一套高温高压封堵评价装置，该装置不仅能实现泥页岩与外来液相接触后的水化分散、膨胀等过程，还能真实模拟井底高温高压条件下钻井液对微裂缝的封堵情况[1-9]。

基金项目：中国石油天然气集团公司"十三五"重大科技专项"大庆油气持续有效发展关键技术研究与应用"。

作者简介：杨决算，1985 年毕业于长江大学钻井工程专业，现在主要从事石油钻井技术研究工作。E-mail：yangjuesuan@cnpc.com.cn。

1 微裂缝模拟方法及制作过程

选用地层取样的天然硬脆性泥页岩岩心,通过干法钻取获得 $\phi25mm\times30mm$(直径×长度)标准岩心柱[如图1(a)所示,因为该方法不涉及渗透率问题,同时硬脆性泥页岩渗透率极低,所以不用经过地层水抽真空饱和等步骤];对岩心柱人工造缝后,可获得两半截面为半圆的岩心[图1(b)];对缝面经过除尘等特殊处理,在其中一半沿缝面纵向的两侧边缘部位各垫上2mm宽、不同厚度的铝箔,再将2块岩心贴合。在岩样外部套上薄层橡胶套,对表面胶套经过高温软化后,胶套则可以紧紧包裹住岩心柱,防止铝箔松动或脱落。经过以上步骤,则可以模拟10~100μm不同宽度微裂缝[图1(c)]。

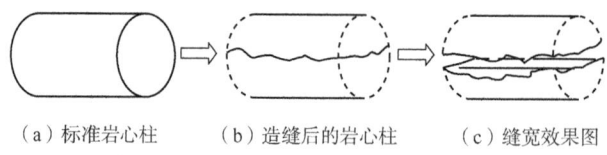

(a)标准岩心柱　　(b)造缝后的岩心柱　　(c)缝宽效果图

图1　模拟微裂缝制作过程

2 封堵评价实验装置

2.1 实验装置及操作步骤

封堵能力评价装置如图2所示。

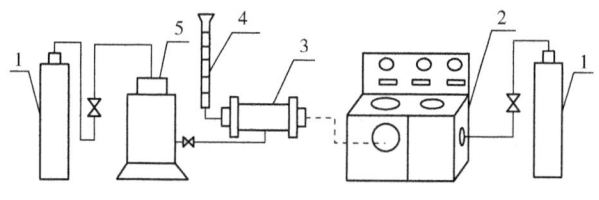

图2　封堵评价装置示意图

1—稳定气源;2—高温高压动态驱替装置;3—装有一定缝宽岩心柱的岩心夹持器;4—出液接收装置;5—环压泵

(1)将制作好的不同缝宽岩样放入岩心夹持器中,再将环压泵通过高压管线与岩心夹持器相连,待围压值稳定以后,将岩心夹持器连接到高温高压动态驱替装置上(螺纹上要涂上一些润滑脂)。

(2)打开驱替装置上的釜体,注入实验液,连接好气源和各管线,打开测速电源开关,将转速调至适当范围。

(3)打开压力数显开关,将压力值调至仪器额定压力范围之内。

(4)打开温控开关,将温度设置在模拟地层对应的温度值(仪器可模拟室温至180℃的温度)。

(5)安装好出液接收装置,当温度升至所需温度以后,将转速调至实验所需要的值,记录下出液接收装置4的液面高度,打开进气阀给釜体加压至实验所需要的压力,打开出液接收装置的开关开始计时,分别在不同时间点读取液面高度。

(6)实验结束后,关闭温控电源和气源开关,降低转子转速。当温度冷却至常温后,对釜体卸压,取下岩心夹持器,并进行清洗。

(7) 对岩心夹持器的围压进行卸载,取出岩样,剪开岩样外包裹的胶套,可通过缝面上内滤饼的堆积情况以及侵入深度对封堵能力的强弱进行判断。

2.2 评价装置的功能和优点

(1) 相比其他钢材、有机玻璃等材料,选用的天然硬脆性泥页岩岩心柱,具有遇水水化分散、膨胀等特点,钢材、有机玻璃等材料不具备该特点,只能简单地模拟封堵过程,并不能模拟泥页岩水化分散全过程。

(2) 选用硬脆性泥页岩岩心造缝,与钢柱平滑缝面相比,缝面弯曲度和粗糙度与地层微裂缝相匹配,能模拟封堵材料在裂缝表面停留、堆积、封堵的全过程。

(3) 模拟的微裂缝宽度是铝箔的厚度,在 $10 \sim 100 \mu m$ 之间,与地层硬脆性泥页岩微裂缝宽度相匹配,可对微裂缝进行系统性实验研究。

(4) 评价装置可模拟不同地层温度、不同转速、不同压力和不同时间等各种实验条件下,不同浓度封堵材料或者钻井液对不同宽度微裂缝进行封堵的全过程。

(5) 测试过程结束以后,以时间(min)为横坐标,累计出液量(mL)为纵坐标作曲线图,根据曲线曲率变化可判断封堵材料或钻井液对裂缝的封堵情况;同时,还可通过观察封堵后岩心缝面封堵材料或钻井液的侵入深度和堆积形成的内滤饼,进一步判断封堵能力的强弱。

3 泥页岩微裂缝缝宽计算与验证

3.1 微裂缝缝宽计算公式推导

根据流体流动满足运动方程、质量守恒方程、边界条件和达西定律,结合裂缝的表面特征,当将流体在单缝中的流动理想地看作在一对光滑的平行板间流动时,其流动遵循 N—S 方程和质量守恒方程。

假设裂缝中的流动是稳定的,可以推导出通过裂缝的气体或液体总量。

$$Q = -\frac{wh^3}{12\mu} | \nabla p | \tag{1}$$

对于液体, $\nabla p = -(p_2-p_1)/L$;对于气体, $\nabla p = -(p_2^2-p_1^2)/2p_1L$。于是

$$Q_{液} = wh^3(p_2-p_1)/12\mu L \tag{2}$$

$$Q_{气} = wh^3(p_2^2-p_1^2)/24\mu p_1 L \tag{3}$$

式中:$Q_{液}$ 为通过微裂缝的液体流量,m^3/s;$Q_{气}$ 为通过微裂缝的气体流量,m^3/s;w 为岩心柱直径;h 为微裂缝缝宽,m;p_2 为岩心柱上游压力,MPa;p_1 为岩心柱下游压力,MPa;μ 为流体黏度,$mPa \cdot s$;L 为岩心柱长度,m。

对式(2)、式(3)经过换算后,可以得到不同流体介质下的微裂缝缝宽计算公式:

$$h_{液} = \sqrt[3]{\frac{Q_{液} 12\mu L}{w(p_2-p_1)}} \tag{4}$$

$$h_{气} = \sqrt[3]{\frac{Q_{气} 24\mu p_1 L}{w(p_2^2-p_1^2)}} \tag{5}$$

因此，可以根据式(4)和式(5)，通过测量后的气体总流量和液体总流量，换算出微裂缝的等效宽度。

3.2 微裂缝精确度测量

选用大庆油田徐深气田登娄库组(3735.25~3736.81m)岩心对其造缝，在造完缝的岩心柱缝面垫上不同厚度的铝箔，分别模拟 10μm、20μm、50μm、100μm 4 个不同级别的缝宽。采用孔—渗测定仪，以空气和自来水为流体介质，分别测量微裂缝的等效宽度，以检验该泥页岩微裂缝模拟方法的准确度。实验结果见表1和表2。

表1 气测渗透率等效缝宽换算数据

实际缝宽/μm	岩样		等效缝宽换算参数				等效缝宽/μm
	直径/cm	长度/cm	p_2/MPa	p_1/MPa	流量/(mL/s)	围压/MPa	
10	2.523	5.590	2.98057	1.79336	0.006450	7.02373	10.26
	2.523	5.590	2.98058	1.01813	0.005230	7.02971	10.37
20	2.523	5.590	2.9769	1.01761	0.040670	7.02907	20.56
	2.523	5.590	2.99991	1.05139	0.041340	7.03570	20.39
50	2.519	4.757	2.94219	1.01741	0.502460	7.05977	50.63
	2.411	6.679	2.93528	1.01664	0.668870	7.06548	50.57
100	2.42	4.405	2.91738	1.02058	3.424771	7.04937	100.38
	2.46	3.693	2.92409	1.01488	2.943992	7.06206	100.63

表2 液测渗透率等效缝宽换算数据

实际缝宽/μm	岩样		等效缝宽换算参数				等效缝宽/μm
	直径/cm	长度/cm	p_2/MPa	p_1/MPa	流量/(mL/s)	围压/MPa	
10	2.515	4.382	2.98498	1.38125	0.00172	7.02782	10.53
	2.515	4.382	2.95496	1.01036	0.00198	7.01720	10.36
20	2.515	4.382	2.93743	1.01028	0.01515	7.01058	20.46
	2.515	4.382	2.95574	1.03506	0.01490	7.01891	20.37
50	2.343	4.098	2.98847	2.64674	0.03463	7.02440	50.22
	2.343	4.098	2.95359	2.02548	0.09626	7.01739	50.61
100	2.343	4.098	2.93123	1.94923	0.802109	7.01330	100.69
	2.343	4.098	2.94158	2.28837	0.531486	7.01516	100.56

从表1和表2可知，在2个半圆形岩心缝面垫上不同厚度锡纸来模拟不同宽度微裂缝的方法，与以气体和自来水为介质测量的等效缝宽基本一致，误差范围可以忽略，说明该方法模拟的微裂缝宽度精确，能够满足封堵实验对不同缝宽微裂缝的高精度要求。

4 封堵评价实验

4.1 不同缝宽的封堵实验

分别制作模拟裂缝宽度为 10μm、30μm、60μm 的岩样,室内配制 3 份水基钻井液,加入 3% 封堵材料磺化沥青。按操作步骤分别进行 10μm、30μm、60μm 岩样的封堵评价实验,记录不同时间点的累计出液量,曲线如图 3 所示。实验用钻井液配方如下。

4% 膨润土浆 +2% 铵盐降滤失剂 +0.2% 乳液包被剂 +0.1%PAC-HV+3% 磺化沥青。

从图 3 可知,相同配方的钻井液对不同宽度微裂缝的封堵效果不一样,缝宽越大,初始出液量和累计出液量越大,在初始阶段出液量都较大,但在 80min 以后,曲线图都趋于平稳,说明该钻井液对 3 个级别的微裂缝都进行了有效封堵。

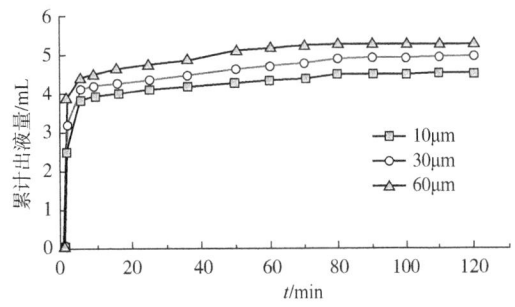

图 3 不同缝宽封堵实验曲线(加有 3% 封堵材料)

实验结束后,割开包裹在岩心柱外的胶套,观察裂缝表面内滤饼的侵入深度和堆积情况,在 60μm、30μm、10μm 的岩样中,钻井液侵入深度分别为 16.8mm、12.5mm、8.60mm,与裂缝越宽、出液量越大、内滤饼侵入深度越长的预期结果相吻合,如图 4 所示。

(a) 60μm   (b) 30μm   (c) 10μm

图 4 不同缝宽条件下内滤饼侵入深度对比

4.2 不同封堵材料加量的封堵实验

制作 3 个裂缝宽度为 50μm 的岩样,室内配制 3 份水基钻井液,分别在其中加入 1%、3%、5% 浓度的封堵材料。用装置评价不同封堵剂加量的钻井液的封堵能力,记录累计出液量,如图 5 所示。从图 5 可以看出,不同封堵剂浓度的钻井液对相同宽度裂缝的封堵效果相差较大,封堵材料浓度在 1% 时,初始出液量和累计出液量都较大,在 80min 以后累计出液量才趋于平稳,3% 浓度时,累计出液量在 70min 趋于平稳,而在 5% 浓度时,在 60mm 累计出液量就趋于平稳,说明封堵材料浓度越高,对微裂缝的封堵能力越强。内滤饼的侵入深度也相差较大,封堵材料浓度

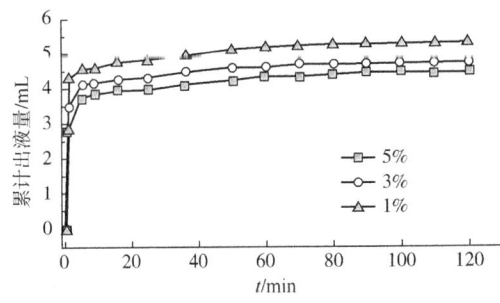

图 5 不同封堵剂加量封堵实验曲线(缝宽为 50μm)

在 1%、3%、5%时，侵入深度分别为 19.3mm、9.3mm、4.5mm，如图 6 所示。

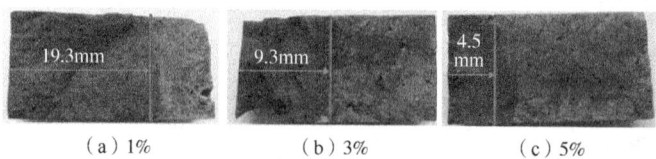

图 6　不同封堵剂加量下内滤饼侵入深度对比图

以上 2 个实验结果表明，研究的封堵评价装置能够满足不同宽度微裂缝的模拟需要，也能对不同钻井液体系的封堵效果进行评价，为封堵材料优选和强封堵性钻井液体系研发提供了新的评价方法。

4.3　不同种类封堵材料的封堵实验

制作 3 个裂缝宽度为 50μm 的岩样，室内配制 3 份水基钻井液（配方：4%膨润土浆+2%铵盐降滤失剂+0.2%乳液包被剂+0.1%PAC-HV），选用磺化沥青、聚合醇（浊点为 80℃）、NANOSHIELD（微纳米可变形封堵剂，贝克休斯公司生产），按 2%浓度的加量加入钻井液中，在 120℃、3.5MPa 驱替压力条件下，评价不同种类封堵剂对相同缝宽的封堵能力，记录累计出液量，并绘制曲线图。如图 7 和图 8 所示，不同种类封堵剂对相同宽度微裂缝的封堵效果不一样，聚合醇和磺化沥青封堵效果较差，累计出液量大，贝克休斯公司的微纳米可变形封堵剂封堵效果最好，累计出液量仅为 7.2mL，内滤饼侵入深度差别也很明显。

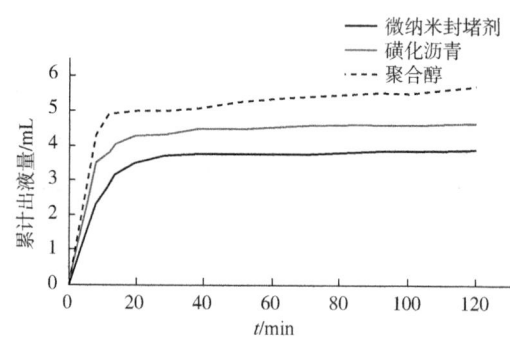

图 7　不同种类封堵剂的封堵实验曲线

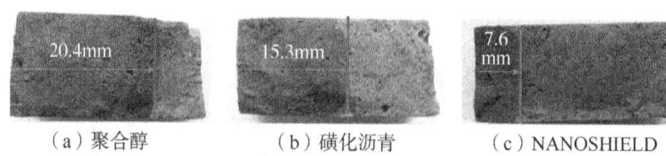

图 8　不同种类封堵剂的内滤饼侵入深度对比

5　结论

（1）与目前常用的模拟方法相比，研制的泥页岩微裂缝模拟方法具有易操作、宽度精确、重复性好等特点，能满足不同宽度微裂缝的模拟需要，并能够真实模拟泥页岩遇水后的水化分散与膨胀过程，为硬脆性泥页岩微裂缝封堵机理的进一步研究提供了新的实验方法。

（2）封堵评价装置可以在模拟井底高温和高压条件下，评价工作液对不同宽度微裂缝的封堵效果，为封堵材料优选和强封堵性钻井液研发提供一定的指导作用，是一种新型的硬脆性泥页岩井壁稳定评价方法。

参 考 文 献

[1] 王建华，鄢捷年，苏山林．硬脆性泥页岩井壁稳定评价新方法[J]石油钻采工艺，2004，28（2）：28-30.

[2] 徐同台，卢淑芹．钻井液用封堵剂的评价方法及影响因素[J]．钻井液与完井液，2009，26（2）：60-62.

[3] 邱正松，王伟吉，董兵强，等．微纳米封堵技术研究及应用[J]．钻井液与完井液，2015，32（2）：6-10.

[4] 陈德铭，刘焕玉，董殿彬，等，伊拉克米桑油田AGCS27井裂缝性严重漏失堵漏新方法[J]．钻井液与完井液，2015，32（2）：55-57.

[5] 余维初，苏长明，鄢捷年，高温高压动态堵漏评价系统[J]．钻井液与完井液，2009，26（1）：20-22.

[6] 范钢，张宏刚．深层裂缝性储层防漏堵漏实验评价研究[J]．探矿工程，2008，24（7）：80-83.

[7] 石秉忠，胡旭辉，高书阳，等．硬脆性泥页岩微裂缝封堵可视化模拟试验与评价[J]．石油钻探技术，2014，42（3）：32-37.

[8] 张洪伟，左凤江，李洪俊，等．微裂缝封堵剂评价新方法及强封堵钻井液配方优选[J]．钻井液与完井液，2015，32（6）：43-45，49.

[9] 李松，康毅力，李大奇，等．裂缝性地层H-B流型钻井液漏失流动模型及实验模拟[J]．石油钻采工艺，2015，37（6）：57-62.

抗高温反相乳液增黏剂 DVZ-1 的研究与应用

张 洋

(中国石油大庆钻探工程公司钻井工程技术研究院)

【摘 要】 针对新疆塔东地区深井高温条件导致钻井液流变性变差等问题,采用氧化还原体系,利用反相乳液聚合法,以白油为油相,以 2-丙烯酰胺基-2-甲基丙磺酸(AMPS)、N,N-二甲基丙烯酰胺(DMAM)和 N-乙烯基吡咯烷酮(NVP)为原料,合成了抗高温钻井液用增黏剂 DVZ-1。研究了单体配比、引发剂和反应温度等反应条件对产品性能的影响,借助于红外光谱、热重分析及凝胶色谱仪对合成产物进行了表征,初步评价了产品在钻井液中的增黏性、高温稳定性和降滤失性,并分析了其作用机理。结果表明,DVZ-1 的最佳合成条件为:单体质量分数 50%(相对于水相),引发剂用量为 0.2%,油水比为 1:1,复合乳化剂质量分数为 7%(相对于油相),单体配比为 AMPS:DMAM:NVP = 1:4:0.5(摩尔比),pH 值为 8,反应温度为 50℃,反应时间为 6h,合成的 DVZ-1 热稳定性好,抗温达 220℃,在淡水、盐水和饱和盐水基浆中均有较好的增黏和降滤失作用,在塔东古城 14 井和大庆 XS7-H1 井等 6 口井现场应用过程中有效解决了钻井液高温减稠、窄环空间隙条件下携岩等问题,保障了钻井作业的顺利实施。

【关键词】 新疆塔东;抗高温增黏剂;反相乳液聚合;流变性;钻井液

新疆塔东地区天然气资源丰富,是大庆油田增储上产重要战略接替区。但该地区埋藏深,井底温度高,高温环境下,钻井液中处理剂会发生高温降解、高温交联和高温解吸附等作用,导致钻井液性能恶化,增加钻井风险,严重影响塔东地区钻探进程。因此,用于调整钻井液流变性的增黏剂的抗温性能至关重要,目前水基钻井液用增黏剂主要分为两类:(1)天然改性产品:如黄原胶、改性瓜尔胶、改性纤维素等材料及其改性产品;(2)高分子聚合物类产品。前者因为其自身结构问题(含不饱和键和醚键等),抗温能力通常低于150℃;后者由于采用功能单体聚合,抗温性大幅度增强,已成为国内外抗高温类处理剂的主要研发方向。但国内抗温超过 200℃ 的增黏剂产品仍较少,而且合成方法通常采用水溶液聚合法,该方法生产的产品在后期干燥过程中聚合物官能团会被部分破坏导致产品性能损失,且在现场应用过程中存在溶解性差,加入困难,使用效率低等问题。针对上述问题,通过分子结构设计,笔者引入抗温能力强、对盐不敏感的 AMPS;分子中具有五元环状结构可增加分子链刚性的 NVP;侧链被甲基保护从而在碱性条件下不易水解的 DMAM 作为共聚单体,采用反相乳液聚合法,合成出一种各项性能优良的三元共聚物钻井液用增黏剂 DVZ-1,反相乳液聚合产品合成工艺简单,不需干燥可现场直接使用,且具有溶解速率快,相对分子量高等特点,增黏剂 DVZ-1 有效固含量 28.02%,抗温达 220℃,在塔东古城 14 井和

作者简介:张洋,中国石油大庆钻探工程公司钻井工程技术研究院。

大庆 XS7-H1 井等 6 口井现场应用过程中解决了钻井液高温减稠、流变性差等问题，有效保障了钻井作业的顺利实施。

1 室内合成实验

1.1 实验用试剂与仪器

实验用药品：2-丙烯酰氨基-2-甲基丙磺酸（AMPS）、N-乙烯基吡咯烷酮（NVP）和 N,N-二甲基丙烯酰胺（DMAM）均为聚合级；Span80、Tween80，白油均为工业级；NaOH、$K_2S_2O_8$ 均为试剂级；试验用水均为去离子水。

实验用仪器：尼高力 Nicolet-Nexus670 型傅里叶变换红外光谱仪；耐驰 TG209 热重分析仪；Agilent 1200 凝胶色谱仪；海通达 ZNS-2 型中压滤失仪；海通达 ZNN-D6 型六速旋转黏度计。

1.2 合成方法

将一定比例的 Span80 和 Tween80 加入白油中，充分搅拌溶解后，形成油相；将一定比例的 AMPS、NVP 和 DMAM 加入去离子水中，充分搅拌溶解后，用 NaOH 水溶液调节 pH 值至 8，形成水相。将水相和油相加入四口瓶内，使用 N_2 除氧 30min，然后使用均质机乳化 30min，升温至反应温度。将引发剂 $K_2S_2O_8$ 溶于少量水中，用滴液漏斗滴入反应器中，10min 内滴完。在 N_2 保护下反应 6h，得到白色乳液状产品。

1.3 测试方法

1.3.1 理化性能测试

将聚合物乳液用丙酮破乳沉淀，洗涤 3 次后置于 80℃下真空干燥至恒重，研磨粉碎，用红外光谱仪、热重分析仪和凝胶色谱仪对产物的理化性能进行测定。

转化率 = $(W_1/W_0) \times 100\%$

式中：W_1 为聚合产物质量，kg；W_0 为实际投入的单体质量，kg。

1.3.2 应用性能测试

（1）基浆的配制。

① 淡水基浆：在蒸馏水中加质量分数为入 4% 膨润土和 0.5% 碳酸钠，高速搅拌 20min，室温下养护 24h。

② 盐水基浆：在蒸馏水中加质量分数为入 4% 的膨润土、0.5% 的碳酸钠和 4% 的氯化钠，高速搅拌 20min，室温下养护 24h。

③ 饱和盐水基浆：在蒸馏水中加质量分数为入 4% 的膨润土、0.5% 的碳酸钠和 36% 的氯化钠，高速搅拌 20min，室温下养护 24h。

（2）评价方法。

在每份基浆样品中加入一定比例的乳液样品，参照 GB/T 16783—1997《水基钻井液现场测试程序》的钻井液测试方法，对增黏剂在基浆中老化前后的综合性能进行评价。

黏度保留率 = (AV 老化后/AV 老化前) × 100%

式中：AV 老化后为高温老化后的表观黏度，mPa·s；AV 老化前为高温老化前的表观黏度，mPa·s。

2 合成条件对产物性能的影响

2.1 引发剂用量的确定

引发剂用量直接影响产物的分子量,决定着增黏剂产品的性能。固定油水质量比为 1∶1,复合乳化剂用量为油相质量的 8%(质量分数),水相中单体质量分数为 50%,pH 值为 8,反应温度为 50℃,反应时间为 6h,单体配比为 AMPS∶DMAM∶NVP = 2∶3∶0.5,引发剂加量对产物性能的影响如图 1 所示。由图 1 可知,随着引发剂加量的增加,产物在淡水基浆中(加量为 2%)的表观黏度呈现出先增加后下降的趋势,当引发剂浓度在 0.2% 时,产品在基浆中的表观黏度最高。分析原因是引发剂浓度太低会导致低聚,随着引发剂加量的增加,反应速率逐步加快,导致聚合物分子量降低。

2.2 油水质量比的确定

固定其他反应条件不变,考察油水质量比对合成产物性能的影响如图 2 所示。由图 2 可知,随油水比的增加,合成产物在淡水基浆中的表观黏度有增加趋势,这是因为随着油相的增加,生成的乳化液滴更趋于稳定,有利于聚合物分子量的增长,在综合考虑产品性能及油相成本的同时,选择油水比为 1∶1。

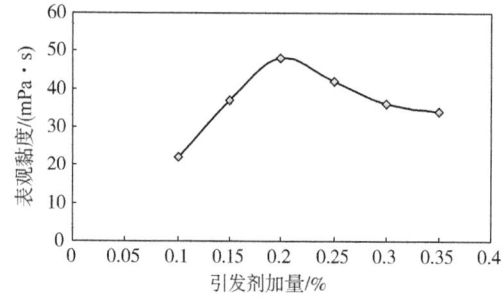

图 1　引发剂用量对产物表观黏度的影响关系曲线　　图 2　油水比对产物表观黏度的影响关系曲线

2.3 复合乳化剂用量的确定

固定其他反应条件不变,考察复合乳化剂用量对合成产物的性能影响如图 3 所示。由图 3 可知,随着乳化剂用量的增加,合成产物表观黏度先增加后趋于稳定,可见增加乳化剂用量有助于形成稳定的乳液液滴,在保证产品性能和考虑产品成本的同时,选择复合乳化剂用量为油相质量的 7%。

2.4 单体质量分数的确定

固定其他反应条件不变,考察单体质量分数(相对于水相)对合成产物性的影响如图 4 所示。由图 4 可知,随着单体质量分数的增加,聚合产物表观黏度增加,这是因为单体质量分数增加,链增长速率增大,链长增大,有利于提高聚合产物的表观黏度。但实验过程中发现,当水相中单体质量分数为 55% 时体系发生破乳,反应失败。这可能是因为过高的单体含量使反应热不易扩散,从而破坏了乳液胶束的稳定性。因此以 50% 作为单体质量分数(相对于水相)进行后续实验。

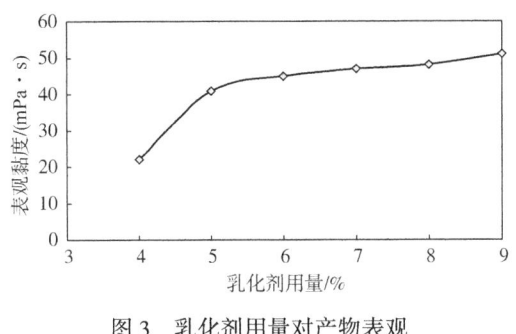

图3　乳化剂用量对产物表观
黏度的影响关系曲线

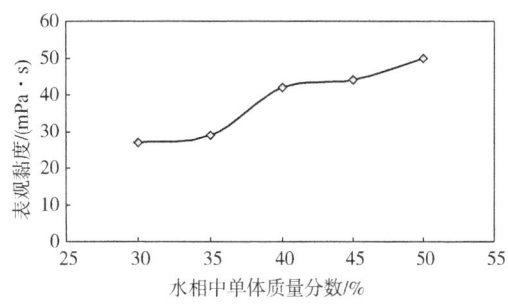

图4　单体质量分数对产物表观
黏度的影响关系曲线

2.5　单体配比的确定

单体配比对于共聚物的合成具有重要影响，各单体之间的竞聚率影响着反应速率和产物的结构和性质。固定其他反应条件不变，考察单体配比对合成产物性能的影响见表1。由表1可知，水化基团和保护基团的比例对合成产物的增黏效果有着较大的影响，增加吸附基团可以增大分子链在黏土表面的吸附膜厚度，并形成多点吸附，提高液相黏度，而当AMPS∶DMAM∶NVP的摩尔比为1∶4∶0.5时，合成产物的增黏效果最好。

表1　单体配比对合成产物增黏效果的影响

序号	AMPS∶DMAM∶NVP 摩尔比	AV/(mPa·s)
1	3∶3∶0.5	42
2	2∶3∶0.5	47
3	1∶3∶0.5	51
4	1∶4∶0.5	53
5	1∶4∶1	49

3　合成产物DVZ-1的结构表征

3.1　理化性能测试

当反应过程中使用的水相为50g时，按照前文所确定的反应条件，单体累计投料50g，白油投料50g，反应结束经纯化处理后，称重为46.3g，转化率为92.6%。凝胶色谱的表征结果显示，该聚合物的Mn为107万，PDI为3.31。

3.2　红外光谱分析

将合成的增黏剂样品经纯化后，用红外光谱仪进行检测，结果如图5所示。由图5可知，3482cm^{-1}为-NH_2特征吸收峰；2927cm^{-1}为-CH_3基团的特征吸收峰；2669cm^{-1}为-CH_2基团的特征吸收峰；1631cm^{-1}为酰胺的C＝O基团的振动特征吸收峰；1495cm^{-1}为仲胺的特征吸收峰；1427cm^{-1}为C-H基团的面内剪式振动峰；1191cm^{-1}、1060cm^{-1}为磺酸基团的特征吸收峰。由上述结果可知AMPS、DMAM和NVP三种单体实现了共聚。

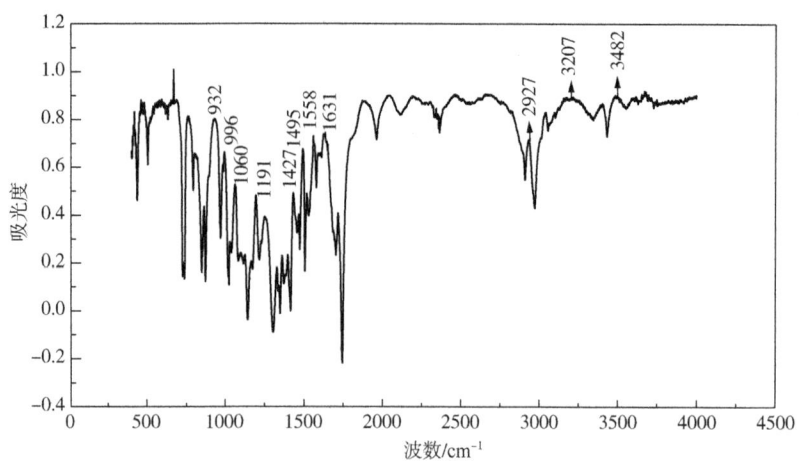

图 5 增黏剂 DVZ-1 的红外光谱图

3.3 热重(TG)测试分析

合成产品的 TG 热失重曲线如图 6 所示。由图 6 可知,该聚合物在 30~193℃热失重为 71.98%,这主要来自样品中水和溶剂的蒸发,少部分来自未聚合单体及小分子聚合物的挥发,同时说明该单体有效固含量为 28.02%。在 298.7~420℃,聚合物开始分解,热失重为 21.87%。420~550℃范围内热失重为 4.62%,聚合物的主链开始发生断裂,导致质量下降。在温度达到 298.7℃之前,产物未发生明显降解,说明该产品功能性基团并未因为热降解而失效,该产品具有良好的耐温性。

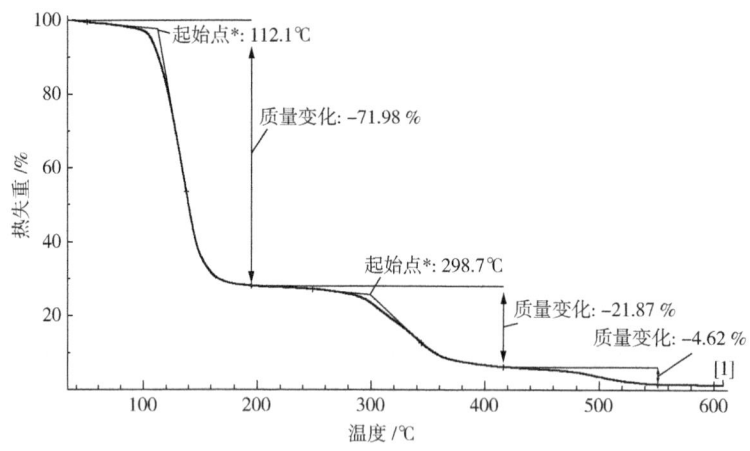

图 6 增黏剂 DVZ-1 的 TG 曲线

4 DVZ-1 性能评价及机理分析

在不同基浆中加入 2%的增黏剂 DVZ-1 样品,测试其在不同基浆中高温热滚前后的表观黏度、API 滤失量,并与干粉类增黏剂 PDRIL 进行了对比评价(表 2)。由表 2 可知,基浆中加入 2%的增黏剂 DVZ-1,可将基浆表观黏度增加 430%,220℃高温老化后黏度保留率达60.4%；可将盐水基浆的表观黏度增加300%，220℃高温老化后黏度保留率达62.5%；可将饱和盐水基浆的表观黏度增加271%，220℃高温老化后黏度保留率达61.5%，说明该增黏剂抗温达220℃，增黏效果显著；同时，通过增黏剂DVZ-1和PDRIL对比评价可以看出，在有效含量基本相同条件下，增黏剂DVZ-1抗温性、抗盐性与增黏效果均优于PDRIL。

表2　不同基浆中增黏剂DVZ-1高温热滚前后性能数据及对比评价表

序号	配方	测试条件	AV /mPa·s	FLAPI /mL	黏度保留率/%
1	淡水基浆	常温	10	14.4	—
		200℃/16h	8	25.6	—
		220℃/16h	7	28.2	—
		230℃/16h	7	29.4	—
2	淡水基浆+2.0% DVZ-1	常温	53	6.8	—
		200℃/16h	42	8.2	79.2
		220℃/16h	32	13.6	60.4
		230℃/16h	12	46.8	22.6
3	淡水基浆+0.5% PDRIL（干粉类增黏剂）	常温	31	7.2	—
		200℃/16h	19.5	8.6	62.9
		220℃/16h	7.5	32.2	24.2
		230℃/16h	6.5	52.6	20.1
4	盐水基浆	常温	8	58	—
		200℃/16h	6.5	110	—
		220℃/16h	5	126	—
		230℃/16h	4.5	138	—
5	盐水基浆+2.0% DVZ-1	常温	32	14.6	—
		200℃/16h	23	22.8	71.9
		220℃/16h	20	29.6	62.5
		230℃/16h	6	47.2	18.7
6	盐水基浆+0.5% PDRIL（干粉类增黏剂）	常温	30	14.8	—
		200℃/16h	17	28.4	56.7
		220℃/16h	7	42.6	23.3
		230℃/16h	5	60.8	16.7

续表

序号	配方	测试条件	AV /mPa·s	FLAPI /mL	黏度保留率/%
7	饱和盐水基浆	常温	7	102	—
		200℃/16h	4.5	154	—
		220℃/16h	4	160	—
		230℃/16h	4	178	—
8	饱和盐水基浆+ 2.0% DVZ-1	常温	26	15.8	—
		200℃/16h	17.5	24.6	67.3
		220℃/16h	16	31.8	61.5
		230℃/16h	4.5	86.4	17.3
9	饱和盐水基浆+0.5% PDRIL （干粉类增黏剂）	常温	9.5	30.6	—
		200℃/16h	5	108.2	—
		220℃/16h	—	—	—
		230℃/16h	—	—	—

聚合物增黏剂主要通过聚合物分子之间以及聚合物分子和黏土之间的相互作用来产生黏度。除了分子量、单体配比等因素外，聚合物分子主链的耐温性、支链的抗水解性及吸附在黏土表面后黏土的聚结稳定性均是衡量增黏剂性能的重要因素。聚合产物中用于提供水化基团的 AMPS，具有庞大的刚性侧基可提高分子链刚性，扩大分子链的空间位阻，同时 AMPS 中的磺酸基团是强水化基团，聚合物分子吸附于黏土表面后其可产生较厚的水化膜，使黏土粒子不易因碰撞而聚结，使盐的去水化能力变弱，从而增强聚合产物的抗盐性。NVP 单体中具有可进一步增加分子链刚性的五元环状结构，使聚合物分子在水溶液中的疏水区增加，热稳定性增强。DMAM 单体中双烷基取代的酰胺基团（叔酰胺）耐水解性强，甲基取代氢原子后，单体体积增大使共聚物中的空间位阻增大，有利于提高共聚物的热稳定性，同时叔胺基的吸附能力强，可以使钻井液体系在高温下保持网状结构。综上所述，该增黏剂分子结构稳定，高温后被水解、氧化的程度低，综合性能较为优异。

5 现场应用

研制的抗高温增黏剂 DVZ-1 在塔东城探 1 井、古城 10 井和古城 14 井进行了现场试验，三口井完钻井深均在 6500m 以上，井底温度在 180~220℃ 之间，钻遇地层岩性以碳酸盐岩、白云岩为主，坚硬致密，裂缝发育，易破碎、垮塌，井壁失稳现象较为严重，且四开井段为小井眼钻进，高温及环空间隙小等条件下对钻井液流变性提出了更高的要求。因此，三口井四开前均利用四级固控对钻井液进行充分处理，严格控制膨润土含量，用 0.2%烧碱+5%树脂降滤失剂+3%KFT+2%DVZ-1 配制 80m³胶液。原浆与胶液按 1∶（0.6~0.8）的比例混合搅拌均匀，钻进过程中采用 2%DVZ-1+3%树脂降滤失剂胶液进行维护，顺利完成四开钻探任务，未出现钻井液高温减稠等问题，携岩效果较好，井下安全。同时，该增黏剂在大庆油田 WS1-H5 井、XS6-H2 井和 XS7-H1 井等三口深层水平井推广应用，钻井过程中性能稳定，有效解决了钻井液高温减稠及深层水平井流变性差等问题，未出现井壁剥落、坍塌、阻卡等复杂情况，安全钻至设计井深，后续施工顺利，效果较好，推广应用前景广阔。详细情况见表3。

表3 抗高温增黏剂 DVZ-1 现场应用情况统计表

井号	完钻井深/m	水平段长/m	FV/s	密度/(g/cm^3)	Gel/Pa	FL$_{API}$/mL
城探1井	7280	—	50~60	1.15~1.22	4.5/9.5	2.0~2.4
古城10井	6775	—	46~55	1.17~1.22	4.0/9.0	2.2~2.8
古城14井	6685	—	50~58	1.19~1.25	4.5/8.5	2.2~2.6
WS1-H5井	4311	941.9	65~74	1.16~1.25	3.5/7.5	2.0~2.4
XS6-H2井	4759	935.9	62~70	1.15~1.20	4.5/10	2.0~2.6
XS7-H1井	5087	1215.3	65~75	1.15~1.20	4.5/9.0	2.0~2.4

6 结论

（1）以 2-丙烯酰胺基-2-甲基丙磺酸、N-乙烯基吡咯烷酮和 N,N-二甲基丙烯酰胺为共聚单体，以白油为油相，采用反相乳液聚合法合成了抗高温增黏剂 DVZ-1，并确定了最佳反应条件为：单体质量分数为 50%（相对于水相），油水比为 1:1，复合乳化剂质量分数为 7%（相对于油相），pH 值为 8，反应温度为 50℃，反应时间为 6h，引发剂用量为 0.2%，AMPS:DMAM:NVP 的摩尔比为 1:4:0.5。

（2）增黏剂 DVZ-1 性能优于国内同类产品 PDRIL，在淡水、盐水及饱和盐水基浆中均有具有良好的增黏降滤失作用，抗温达 220℃，具有较强的抗高温、抗盐能力，在加量较低的情况下即可有效调节钻井液流型，提高钻井液黏度和切力，可在高温高盐超深井中进行推广应用。

（3）抗高温增黏剂 DVZ-1 在塔东古城 10 井、古城 14 井及大庆油田 XS6-H2 井、XS7-H1 井等 6 口井进行了现场应用，钻进过程中钻井液具有良好的高温稳定性和流变性，有效解决了钻井液高温减稠、流变性差及窄环空间隙条件下岩屑携带等问题，满足了新疆塔东及大庆深层高温深井对钻井液性能的要求。

参 考 文 献

[1] Audibert A, Rousseau L, Kieffer J. Novel high pressure/high temperature fluid loss reducer for water-based formulation[C]. SPE50724, 1999.
[2] 曹同玉, 刘庆普, 胡金生. 聚合物乳液合成原理性能及应用[M]. 北京：化学工业出版社, 1999：426-434.
[3] 王中华. N,N-二甲基丙烯酰胺的合成与应用[J]. 化工时刊, 2001, 15(2)：27-28.
[4] 刘德峥. 乳液与微乳液聚合及应用[J]. 平原大学学报, 2002, 19(2)：1-4.
[5] 王平全, 周世良. 钻井液处理剂及其作用原理[M]. 北京：石油工业出版社, 2003：180-197.

[6] 顾民,吕静兰,李伟,等.甲基丙烯磺酸钠-N,N-二甲基丙烯酰胺-丙烯酰胺耐温抗盐共聚物的合成[J].石油化工,2005,34(5):437-440.
[7] 王中华.钻井液化学品设计与新产品开发[M].西安:西北大学出版社,2006:86-153.
[8] 马贵平,喻发全,苏亚明,等.AA/AM/AMPS 超浓反相乳液聚合合成钻井液降滤失剂的研究[J].油田化学,2006,23(1):1-5.
[9] 陈荣华,喻发全,张良均,等.加盐超浓反相乳液的合成、表征及性能研究[J].钻井液与完井液,2007,24(4):19-20,92.
[10] 钱晓琳,于培志,王琳,等.钻井液用阳离子聚合物反相乳液的研制及其应用[J].油田化学,2008,25(4):297-299.
[11] 陈安猛.耐高温聚合物钻井液降滤失剂的合成及作用机理研究[D].济南:山东大学,2008.
[12] 高磊.耐温耐盐降滤失剂的合成及与蒙脱土的相互作用研究[D].济南:山东大学,2010.
[13] 姚杰,马礼俊,万涛,等.反相微乳液 SSS/AA/AM 三元共聚物钻井液降滤失剂[J].钻井液与完井液,2010,27(5):18-20.
[14] 王中华.国内 2011-2012 年钻井液处理剂进展评述[J].中外能源,2013,18(4):28-35.
[15] 马诚,谢俊,甄剑武,等.抗高浓度氯化钙水溶性聚合物增黏剂的研制[J].钻井液与完井液,2014,31(4):11-13.
[16] 王中华.钻井液用超支化反相乳液聚合物的合成及其性能[J].钻井液与完井液,2014,31(3):14-16.
[17] 谢彬强,邱正松.基于新型增黏剂的低密度无固相抗高温钻井液体系[J].钻井液与完井液,2015,32(1):1-6.
[18] 刘建军,刘晓栋,马学勤,等.抗高温耐盐增黏剂及其无固相钻井液体系研究[J].钻井液与完井液,2016,33(2),5-9.

DMAA/AMPS/DMDAA/NVP 四元共聚耐温耐盐钻井液降滤失剂的研制

白秋月

（大庆油田有限责任公司采油工程研究院）

【摘　要】 利用 N,N-二甲基丙烯酰胺、二甲基二烯丙基氯化铵、N-乙烯基吡咯烷酮和 2-丙烯酰胺-2-甲基丙磺酸共聚反应，合成了一种新型耐温耐盐钻井液降滤失剂 WB-FLA-2，并借助正交实验优化了降滤失剂 WB-FLA-2 的合成条件。借助红外光谱和热重分析，表征了降滤失剂 WB-FLA-2 的分子结构和热稳定性，并评价了降滤失剂 WB-FLA-2 的降滤失性能。结果表明，钻井液降滤失剂 WB-FLA-2 的最佳合成条件为：单体总浓度 20%，单体质量比 DMAA：AMPS：DMDAAC：NVP＝10：2：1.5：1，引发剂用量 0.5%，反应时间 5h，反应温度 55℃。分子结构分析表明合成的降滤失剂为四元共聚目标产物，其热分解温度为 255℃。降滤失剂 WB-FLA-2 在淡水基浆中的最佳加量为 2%，在老化温度 150℃，NaCl 浓度 30% 的高温高盐条件下，老化前后的 API 滤失量分别为 12.4mL 和 14.9mL，耐温耐盐效果较好，该降滤失剂在高温高盐油藏应用前景广阔。

【关键词】 降滤失剂；API 滤失量；耐温性；耐盐性

近年来，钻井液中的降滤失剂是一类用量大、发展快的油田化学品，对于控制钻井液滤失，维持井径保护油层具有重要作用[1]。目前常用的降滤失剂主要有天然产物及其改性类、合成聚合物及合成树脂类、无机—有机复合类等[2-6]。其中聚合物钻井液体系在国外应用广泛，并形成了一系列的聚合物降滤失剂产品。国内聚合物降滤失剂的研究起步较晚，近几年有关聚合物降滤失剂的期刊文献较多[7-8]，特别是乙烯基单体共聚物类型的降滤失剂，具有"一剂多效"的优势，该类型降滤失剂的工业化应用前景广阔，特别是随着西部地区海上高温高盐油藏的开发，对深井超深井抗高温钻井液降滤失剂的要求也越来越高，抗温降滤失剂也逐渐发展起来，但当高温与高盐共同影响时，现有的乙烯基单体共聚物类降滤失剂的性能大幅下降[8-9]。本文依据耐温耐盐型乙烯基单体共聚物的分子结构设计原理，合成了一种耐温耐盐的钻井液降滤失剂 WB-FLA-2，优化了最优的合成条件，并评价了其降滤失性能。

基金项目：油气层地质与开发工程国家重点实验室"注聚合物凝胶地层温度场分析数值模拟"（项目编号：PLN1412）。

作者简介：白秋月，女，1983 年生，高级工程师，主要从事钻完井工程技术研究工作。E-mail：50161257@qq.com。

1 实验部分

1.1 材料和仪器

N,N-二甲基丙烯酰胺(DMAA)、二甲基二烯丙基氯化铵(DMDAAC),均为化学纯,湖北康宝泰精细化工有限公司;N-乙烯基吡咯烷酮(NVP),化学纯,上海阿拉丁生化科技股份有限公司;2-丙烯酰胺-2-甲基丙磺酸(AMPS),工业品,潍坊泉鑫化工有限公司;过硫酸铵(APS)、氢氧化钠、氯化钠、无水甲醇、无水乙醇,均为分析纯,国药集团化学试剂有限公司;去离子水,实验室自制。

主要仪器:PL4002-IC电子天平,梅特勒托利多仪器(上海)有限公司;FD53恒温鼓风干燥箱,德国宾得公司;JJ-1电动搅拌机,上海浦东物理光学仪器厂;DZKW-4恒温水浴锅,上海科析实验仪器厂;ZNN-D6型6速旋转黏度计,青岛百瑞达石油机械制造有限公司;ZNS-2型钻井液失水仪,青岛神宇石油机械有限公司;GGS42型高温高压失水仪,青岛森欣机电有限公司;EQUINX55型傅里叶变换红外光谱仪,德国布鲁克公司;STA-409差热—热重同步分析仪,德国NETZSCH公司;BSXT-02索式提取器,上海比郎仪器制造有限公司。

1.2 实验方法

1.2.1 耐温耐盐降滤失剂WB-FLA-2的合成

将容积为250mL的装有氮气导管、搅拌器、恒液漏斗、回流装置的四口烧瓶置于恒温精密水浴槽中,将一定质量的AMPS溶解后,并用NaOH中和至pH值为7,然后按照一定的配料比将单体DMAA、NVP和DMDAAC加入四口烧瓶中,同时通氮气,搅拌30min,使反应体系溶解均匀;然后将引发剂体系过硫酸铵缓慢滴入反应体系中。升温至设定温度,反应数小时后,停止通入氮气,停止搅拌,冷却至室温,取出胶体,然后烘干、粉碎研磨成粗成品,最后借助索式提取器提纯,制备出纯度较高的降滤失剂WB-FLA-2。

1.2.2 降滤失剂WB-FLA-2的IR分析

利用EQUINX55型傅里叶变换红外光谱仪分析降滤失剂WB-FLA-2的IR谱,采用KBr压片法。波数范围4000~400cm^{-1}。

1.2.3 降滤失剂WB-FLA-2的热重分析

采用德国NETZSCH公司生产的STA-409差热—热重同步分析仪对降滤失剂WB-FLA-2进行热分析,其中氩气气氛,温度区间25~600℃,升温速率为10℃/min。

1.2.4 降滤失剂WB-FLA-2的降滤失性能评价

配制盐水基浆,然后测量常温中压滤失量FL_{API}和高温高压滤失量FL_{HPHT}[10]。降滤失性能评价方法参考我国石油天然气行业标准SY/T 5241—1991《水基钻井液用降滤失剂评价程序》。

2 结果与讨论

2.1 降滤失剂WB-FLA-2的合成条件优化

固定单体质量比DMAA:DMDAAC:NVP为10:1.5:1,pH值为7的实验条件下,以老化前API滤失量为评价指标,选择对水溶液聚合反应中影响较大的几个影响因素开展正交实验。影响因素分别为引发剂用量,单体总浓度,单体DMAA和AMPS质量比,反应温度和反应时间。测定老化前API滤失量时,降滤失剂WB-FLA-2加量为2%,淡水基浆。表1为正交实验结果。

表1 正交实验结果

因素	引发剂用量/%	单体总浓度/%	单体DMAA和AMPS质量比	反应温度/℃	反应时间/h	FL_{API}/mL
1	0.3	10	10:2	45	5	19.2
2	0.3	20	10:3	50	6	16.9
3	0.3	30	10:4	55	7	14.3
4	0.3	40	10:5	60	8	15.9
5	0.4	10	10:3	55	8	12.5
6	0.4	20	10:2	60	7	13.6
7	0.4	30	10:5	45	6	19.5
8	0.4	40	10:4	50	5	16.7
9	0.5	10	10:4	60	6	13.4
10	0.5	20	10:3	55	5	10.2
11	0.5	30	10:2	50	8	14.6
12	0.5	40	10:3	45	7	17.1
13	0.6	10	10:5	50	7	15.5
14	0.6	20	10:4	45	8	18.1
15	0.6	30	10:3	60	5	14.2
16	0.6	40	10:2	55	6	11.1
均值1	16.575	15.150	14.625	18.475	15.075	
均值2	15.575	14.700	15.175	15.925	15.225	
均值3	13.825	15.650	15.625	12.025	15.125	
均值4	14.725	15.200	15.275	14.275	15.275	
极差R	2.750	0.950	1.000	6.450	0.200	
优化条件	单体总浓度20%,单体质量比DMAA:AMPS:DMDAAC:NVP=10:2:1.5:1,引发剂用量0.5%,反应时间5h,反应温度55℃					

利用极差分析法来分析正交实验结果,对比五个影响因素,对降滤失剂WB-FLA-2的API滤失量影响程度从大到小依次为:反应温度>引发剂用量>单体DMAA和AMPS质量比>单体总浓度>反应时间。其中反应时间的影响程度较小。确定了降滤失剂WB-FLA-2的最佳合成条件:单体总浓度20%,单体质量比DMAA:AMPS:DMDAAC:NVP=10:2:1.5:1,引发剂用量0.5%,反应时间5h,反应温度55℃。

2.2 降滤失剂 WB-FLA-2 的 IR 分析

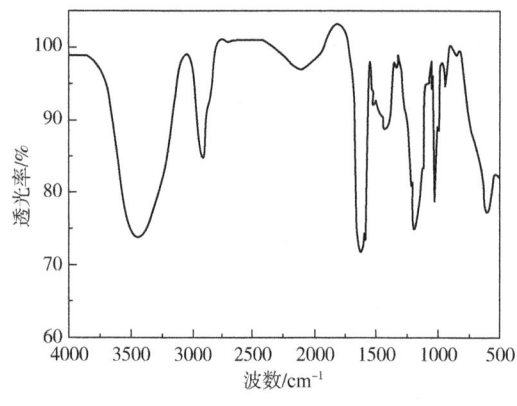

图 1 降滤失剂 WB-FLA-2 的红外光谱图

合成的降滤失剂 WB-FLA-2 的红外光谱图如图 1 所示,由图 1 可看出,在 2930cm^{-1} 和 3440cm^{-1} 处分别为主链中 -CH$_2$- 的伸缩振动峰和共聚物中 C-H 的伸缩振动吸收峰。在 2120cm^{-1} 为 DMAA 和 DMDAAC 结构单元中 -N-CH$_3$ 的振动吸收峰,1626cm^{-1} 和 1350cm^{-1} 处分别为 DMAA 叔酰胺基团中的 C=O 键振动吸收峰和 C-N 键的特征吸收峰。1498cm^{-1} 和 1444cm^{-1} 处分别为 DMAA 中的 C-N 键伸缩振动峰和 DMDAAC 中所形成的杂环中 C-N 键振动吸收峰。955cm^{-1} 处为 DMDAAC 季铵基团中的 N-Cl 离子键的吸收振动峰。1220cm^{-1} 和 1037cm^{-1} 处为 AMPS 中的 -SO$_3^-$ 的振动吸收峰。623cm^{-1} 处为 AMPS 中 C-S 键的吸收峰。图 2 中没有 C=C 的吸收峰,说明样品中不存在未共聚的单体。综上所述产物为 DMAA、DMDAAC、NVP 和 AMPS 的共聚物。

2.3 降滤失剂 WB-FLA-2 的热性能分析

为了分析所研制的降滤失剂 WB-FLA-2 的热稳定性,利用热分析仪研究了降滤失剂的热降解过程。图 2 为合成的降滤失剂 WB-FLA-2 的热重曲线。由图 2 可看出,降滤失剂 WB-FLA-2 热降解过程按照温度范围可分为三个阶段。第一阶段:温度区间为 25~255℃,失重率为 16.06%,可归因于降滤失剂 WB-FLA-2 分子结构中的酰胺基及磺酸基团等强亲水基团的吸附水挥发及其他低分子量化合物受热挥发所致。第二阶段:温度区间为 255~361℃,总失重率为 23.95%,可归因于降滤失剂 WB-FLA-2 分子结构中的酰胺基团和磺酸基团等开始分解挥发所致。第三阶段:温度区间为 361~523℃,失重率为 29.86%,可归因于降滤失剂 WB-FLA-2 分子结构中的主链的分解与断裂。TG 数据表明,当温度未升至 255℃ 之前,样品中未出现太多质量损失,这表明研制的降滤失剂 WB-FLA-2 分子结构没有因为主链及各侧链基团的断裂而分解,这说明降滤失剂 WB-FLA-2 在高温条件下热稳定性较好,分子结构不易被破坏,进而确保了处理剂的抗高温性能。

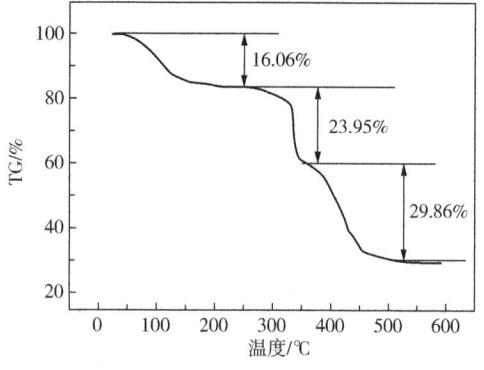

图 2 降滤失剂 WB-FLA-2 的热重曲线

2.4 降滤失剂 WB-FLA-2 的性能评价

2.4.1 降滤失剂 WB-FLA-2 加量对降滤失剂性能的影响

为了确定研制的降滤失剂 WB-FLA-2 的最佳加量,选用淡水基浆评价了降滤失剂 WB-FLA-2 的加量对降滤失性能的影响。老化温度为 150℃,FL$_{HPHT}$ 是在 3.5MPa×150℃ 条件下测定的。表2为老化前后WB-FLA-2不同加量下淡水基浆体系的降滤失性能。从表2中数据可看出,随着降滤失剂WB-FLA-2加量的增大,FL_{API}和FL_{HPHT}均逐渐变小,当降滤失剂WB-FLA-2的加量达到2%时,老化前FL_{API}由28.4mL下降至2.8mL,老化后FL_{API}由78mL下降至7.0mL,老化前后API降滤失率分别为90.14%和91.03%,均大于90%以上,且FL_{HPHT}也由130.8mL下降至36.1mL,当加量大于2%之后,降滤失率的增加值不明显,综合考虑降滤失效果及经济成本,确定淡水基浆体系的降滤失剂WB-FLA-2的最佳加量为2%。

表2 老化前后WB-FLA-2不同加量下淡水基浆体系的降滤失性能

加量/%		FL_{API}/mL	FL_{HPHT}/mL	API降滤失率/%
0	老化前	28.4	—	—
	老化后	78.0	130.8	—
0.5	老化前	11.5	—	59.51
	老化后	28.7	84.8	63.21
1.0	老化前	7.1	—	75.00
	老化后	20.6	59.5	73.59
1.5	老化前	5.3	—	81.34
	老化后	15.2	44.2	80.51
2.0	老化前	2.8	—	90.14
	老化后	7.0	36.1	91.03
2.5	老化前	2.6	—	90.85
	老化后	6.8	34.0	91.28
3.0	老化前	2.5	—	91.20
	老化后	6.6	33.8	91.54

2.4.2 温度对降滤失剂性能的影响

为了研究降滤失剂WB-FLA-2的耐温性能,测定了温度对降滤失剂WB-FLA-2降滤失性能的影响,固定降滤失剂WB-FLA-2的浓度为2%,淡水基浆体系。实验结果如图3所示,由图3可看出,降滤失剂WB-FLA-2在淡水基浆中具有很好的耐温性能,在一定范围内,随着温度的升高,盐水基浆的API滤失量和FL_{HPHT}略有增大,在150℃的温度下老化24h后,老化后API滤失量仅为7mL,但当温度达到160℃后,淡水基浆老化后API滤失量突增为24.4mL,降滤失性能变差。淡水基浆的FL_{HPHT}变化规律与老化后API滤失量变化一致。综合来看,降滤失剂WB-FLA-2的耐温性能可达到150℃。

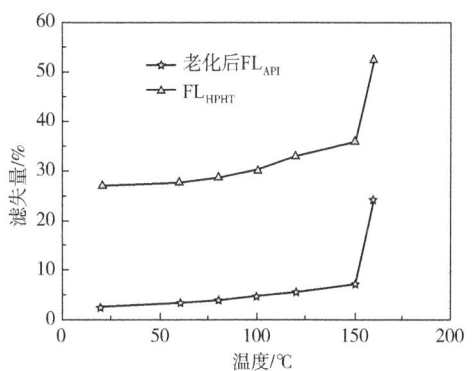

图3 不同老化温度下降滤失剂 WB-FLA-2的降滤失性能

2.4.3 NaCl 浓度对降滤失剂性能的影响

在钻遇高盐地层时，当钻井液中的 NaCl 浓度增大时会发生盐侵，如果钻井液中处理剂的抗盐侵能力不足时会发生井径扩大甚至井壁坍塌的现象。为了研究降滤失剂 WB-FLA-2 的抗盐性能，测定了 NaCl 浓度对老化前后的降滤失剂 WB-FLA-2 降滤失性能的影响，固定降滤失剂 WB-FLA-2 的浓度为 2%，老化温度为 150℃。实验结果如图 4 所示，由图 4 可看出，随着 NaCl 浓度的增大，盐水基浆的 API 滤失量略有增大，与淡水基浆相比，NaCl 浓度为 30% 时，其中老化前 API 滤失量由 2.8mL 增大至 12.4mL，老化后 API 滤失量由 7mL 增大至 14.9mL，但总体上老化前后的 API 滤失量均小于 15mL。从对比数据上可看出，研制出的降滤失剂 WB-FLA-2 具有良好的耐盐性能。

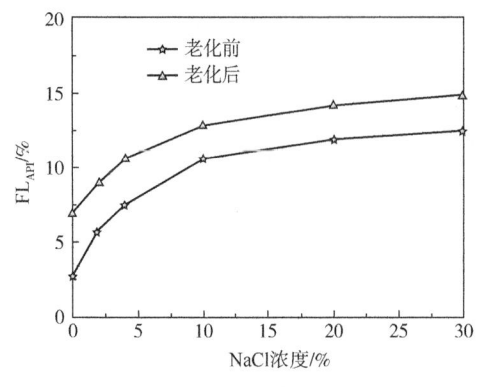

图 4 不同 NaCl 浓度下降滤失剂 WB-FLA-2 的降滤失性能

3 结论

（1）利用正交实验确定了降滤失剂 WB-FLA-2 的最佳合成条件：单体总浓度 20%，单体质量比 DMAA：AMPS：DMDAAC：NVP＝10：2：1.5：1，引发剂用量 0.5%，反应时间 5h，反应温度 55℃。

（2）研制出的降滤失剂 WB-FLA-2 在淡水基浆中的最佳加量为 2%，且降滤失剂 WB-FLA-2 具有很好的耐温耐盐特性，在老化温度 150℃，NaCl 浓度 30% 时，老化前后的 API 滤失量分别为 12.4mL 和 14.9mL，总体上滤失量较小。

参 考 文 献

[1] 李占国，蔡素君，潘宏涛．钻井液用抗盐降滤失剂 MPA-99 的研究与应用[J]．钻井液与完井液，2008，20(3)：24-26.

[2] 迟姚玲，郑力会，冀德坤．抗温环保型降滤失剂改性玉米淀粉的合成与评价[J]．中国石油大学学报（自然科学版），2011，35(1)：151-154.

[3] 陈馥，罗宪波，熊俊杰．一种改性淀粉钻井液降滤失剂的合成与性能评价[J]．应用化工，2011，40(5)：850-852.

[4] 史俊，李谦定，王涛．硅化腐殖酸钠 GFN-1 的研制[J]．石油钻采工艺，2007，29(3)：75-77.

[5] 杜鹃，郭建华．有机硅降滤失剂的研究进展[J]．应用化工，2012，41(6)：1064-1066.

[6] 全红平，明显森，黄志宇，等．一种抗温耐盐降滤失剂的研究与性能评价[J]．应用化工，2013，42(8)：1476-1479.

[7] 马贵平，喻发全，苏亚明．AA/AM/AMPS 超浓反相乳液聚合合成钻井液降滤失剂的研究[J]．油田化学，2006，23(1)：1-4.

[8] 朱兵，聂育志，邱在磊，等．AMPS/DMAM/AA 共聚物固井降滤失剂的研究[J]．石油钻探技术，2014，42(6)：40-44.

[9] 王显光，杨小华，王琳，等．国内外抗高温钻井液降滤失剂的研究与应用进展[J]．中外能源，2009，14(4)：37-42.

[10] 鄢捷年．钻井液工艺学[M]．东营：中国石油大学出版社，2006：102-103.

长垣内部中深井钻井液技术研究与应用

柳洪鹏[1]　童　维[2]　范　宣[2]　刘彦勇[2]　李英武[2]

(1. 大庆钻探钻井液技术服务项目经理部；2. 大庆钻探工程公司钻井二公司)

【摘　要】　长垣内部中深井开发目的层为扶余油层兼顾萨、葡油层，属于多层位分段开发。地质上存在嫩二段和青山口组大段泥岩发育、萨葡油层高渗透性、青山口地层微裂缝充分发育等特点，另外由于注采开发的原因，导致井筒内多压力系统矛盾突出，易引发泥包钻具、局部井段环空憋压严重(900~1300m左右起下钻遇阻严重)、局部井段井径扩大率超高(电测井径曲线显示井径扩大率最大超过70%且连续分布)、井塌卡钻、井漏等事故，且井漏发生后一次堵漏成功率较低，严重影响了钻井施工的顺利进行。根据长垣内部中深井井身结构和地质特点，上部地层以提高钻井液抑制性为主，下部地层以防塌、封堵为主。强化钻井液的包被抑制性，有效抑制泥页岩的水化膨胀，减少地层环空憋压，并制定相应工程技术措施，降低井下激动压力；优选防塌封堵材料，确保井壁稳定，有效降低了井径扩大率；4种润滑剂复配使用解决定向井防卡润滑问题。2017—2018年进行了166口井的现场应用，固井优质率80.5%；井漏发生率由8.43%降低至1.8%，一次堵漏成功率提高50%，取得较好的经济效益和社会效益。

【关键词】　长垣内部中深井；防塌；封堵；防漏；堵漏；环空憋压

1　概述

本文介绍的长垣内部中深井主要指近两年大庆钻探工程公司在采油五厂杏76扶余区块施工的中深井。

1.1　地质概况

采油五厂杏76扶余区块位于松辽盆地中央坳陷区大庆长垣杏树岗构造，开发目的层为扶余油层兼顾萨、葡油层，属于多层位分段开发。区块内断层较为发育，共发育15条断层，断层附近受注水开发的影响，采出井点较少，形成萨、葡油层局部憋压，油层压力相对较高，萨Ⅲ组、葡Ⅰ组最低地层破裂压力为18MPa，预计压力系数为1.40~1.50；扶余油层未注水开发，仍处于原始压力状态，平均地层压力为17.5MPa，平均压力系数为1.13。该区块嫩二段和青山口组发育大段泥岩，泥岩吸水水化膨胀易剥落，造浆性能强易泥包钻具，钻井过程中易井塌卡钻，而且易发生井漏。

1.2　施工难点

(1) 区块内嫩二段和青山口组大段泥岩发育，易发生钻具泥包复杂。

作者简介：柳洪鹏，男，汉族，38岁，大庆钻探工程公司钻井液技术服务项目经理部技术部，钻井液技术管理，高级工程师。联系地址：大庆钻探工程公司钻井液技术服务项目经理部。邮编：163000，电话：(0459)5603102，电子邮箱：liuhongp@cnpc.com.cn。

(2)井筒内多压力系统共存,高密度、高钻速条件下易发生井漏复杂;复杂发生一次堵漏成功率低。

(3)萨零组和葡一组欠压且渗透性好,导致环空憋压严重(900~1300m起下钻遇阻严重)。

(4)局部井段井径扩大率超高(电测井径曲线显示井径扩大率最大超过70%且连续分布)。

(5)高密度、高钻速条件下大位移井防卡润滑矛盾突出。

2 钻井液技术研究与应用

2.1 钻井液抑制性研究与应用

(1)抑制包被剂现场加量的优化。

在钻井队现场取井浆进行钻井液抑制性试验,各项性能见表1(降黏剂加量0.5%和降滤失剂加量1%)。

表1 包被剂加量优选试验

处理剂加量	漏斗黏度/s	失水量/mL	滤饼/mm	切力/Pa (10s~10min)	Φ_{600}	Φ_{300}	动切力/Pa	塑性黏度/(mPa·s)
+0.4%包被剂	26.8	4.8	1.6	0.5~2	22	12.5	1.5	9.5
+0.5%包被剂	25.1	4.8	1.4	0.45~1.5	23.5	13.5	1.7	10.0
+0.6%包被剂	24.5	5.2	1.2	0.5~1.5	25.5	15	2.25	9.5
+0.7%包被剂	24.3	4.8	1.2	0.5~1.5	31.5	18	2.3	13.5

随着包被剂加量的增加漏斗黏度,塑性黏度、动切力、失水量都有不同程度的降低,但加量超过0.6%后,各项基本参数变化不大。考虑现场数据结果,微调包被剂的用量,由原来的加0.5%包被剂增加为0.6%包被剂,进一步增强钻井液的抑制性。最终确定现场使用配比为:

井浆+0.6%GJ-2+1%DJ-C+0.5%NPAN+0.8%FH-C。

(2)现场应用。

现场具体的实施技术方案如下。

一开:用钻井液开钻,密度和黏度达到性能设计要求后开钻。

二开:①二开前钻开水泥塞后要充分洗井,洗至pH值小于8.0,在钻井液中加入包被剂200~300kg,HPAN200kg,性能达到设计要求后开钻。

② 200m至加重前,补充加入包被剂,钻进过程中保持钻井液中有足够的包被剂。用降黏剂调整好黏度、切力,维护好钻井液性能。

③加重前调整好钻井液性能,并加防塌剂400kg。用降黏剂调整黏度、切力,性能达到设计要求方可钻开油层。打开油层后,每4h测一次电阻率,电阻率控制在3.5~4.5Ω·m(18℃)之间。

④钻开P1组前再加入防塌剂200kg。

⑤完钻前50m尽量减少处理剂用量,保证钻井液电阻率。

⑥完钻后充分循环钻井液三周以上,用甲基硅醇钠调整钻井液性能,钻井液性能达到

设计要求，然后起钻换相应尺寸的牙轮钻头加旋流发生器通井，下钻到底后要循环三周以上，方可电测。

⑦ 电测后通井，循环正常后，再循环到井底。用有机磷酸盐调整钻井液性能，钻井液性能必须达到设计要求后，方可起钻下套管。

⑧ 下完套管后调整钻井液黏度、切力，使其性能达到设计要求。

⑨ 钻井液性能超出设计范围禁止钻进。

推广应用过程中，减少了废弃钻井液的排放量，使加重前废弃钻井液排放量控制在了 $30m^3$ 以内。

2.2 防漏、堵漏钻井液技术应用

（1）易漏区块分布精细研究。

根据该地区的地质特性、地层的压力梯度、临井的井漏状况、钻井液性能及其变化、钻井液排量和钻具结构等多项参数，综合分析预测易漏井分布。对分析确定的易漏井进行重点井漏预防。

（2）梯次钻井液防漏技术。

该区油层压力高，纵向上多压力系统矛盾突出，一方面葡萄花油层组聚驱后，由于聚合物特殊的流变性，在地层孔隙中形成聚合物油墙，使聚合物注入层压力波动大，在局部憋压，形成异常高压区，另外，葡萄花地层易发生渗透性漏失；另一方面青山口地层泥页岩微裂缝普遍发育，高密度下裂缝被打开，形成漏失通道，导致井漏。现场证明绝大部分的井漏都是发生在青山口地层，其主要原因就是高密度诱导地层裂缝开启，导致井漏的发生。针对该区块漏失特点，优选不同粒径封堵剂，采用梯次封堵技术，从上到下逐级封堵漏失地层，通过提高各个地层承压能力，增大钻井液进入漏失层的阻力达到防止井漏的目的。

① 萨葡油层应用聚合物成膜钻井液技术。

针对该区块地层孔隙发育的特点，在保持聚合物含量不变的前提下，对惰性固体颗粒和纤维进行了配伍组分调整，将纤维比例由30%提高到40%，强化了架桥能力，固体颗粒的粒径尺寸比其他区块增加了5%~10%，柔性纤维的长度增加了10%~15%。

② 青山口地层微裂缝优选复合封堵材料进行有效封堵

优选复合封堵材料对青山口微裂缝进行有效封堵，同时巩固对萨葡油层的封堵效果。复合封堵材料包括Ⅱ型封堵剂和改性沥青。Ⅱ型封堵剂较Ⅰ封堵剂粒径范围更大，选择封堵性更强，能够对孔隙和裂缝进行有效封堵。在室内进行了堵漏承压30min实验，结果见表2。实验表明，对于10~15目砂床（模拟裂缝1~2mm），当压力加到2.0MPa时，含量3%防漏剂时漏失量为零。

表2 非渗透封堵剂实验表

项目	加压漏失量/mL				
	0.5MPa	1.0MPa	1.5MPa	2.0MPa	2.5MPa
$1.5g/cm^3$钻井液	0	30	全失		
$1.5g/cm^3$钻井液+1%非渗透封堵剂	0	0	25	70	全失

续表

项目	加压漏失量/mL				
	0.5MPa	1.0MPa	1.5MPa	2.0MPa	2.5MPa
1.5g/cm³钻井液+2%非渗透封堵剂	0	0	0	0	20
1.5g/cm³钻井液+3%非渗透封堵剂	0	0	0	0	0

（3）堵漏材料研究与应用。

① 堵漏材料研究。

经过反复实验，配成了3种复合型堵漏剂。1型复合堵漏剂由核桃壳等细颗粒材料组成，2型复合堵漏剂由胶粒等中等颗粒+增强材料组成，3型复合堵漏剂由大胶粒、核桃壳、增强材料组成。用模拟堵漏装置实验，堵漏强度可达到60kg以上，见表3。

表3 堵漏剂配方试验

项目	堵漏剂配方	初漏失量/mL	强度/MPa
模拟2~3mm裂缝	无堵漏剂	全部	0
	15%配方一	>630	1.8MPa全漏
	15%配方二	70	>6.0
模拟3~4mm裂缝	无堵漏剂	全部	0
	15%配方一	全部	0
	15%配方二	580	2.2MPa全漏
	15%配方三	90	>4.0

② 堵漏剂现场应用。

现场根据漏失程度选择堵漏配方，一般性井漏选择非渗透性封堵剂和1型复合堵漏剂或2型复合堵漏剂，较严重井漏选择非渗透性封堵剂和2型复合堵漏剂，严重井漏选择非渗透性封堵剂和3型复合堵漏剂。对非常严重的井漏，需要现场组织多种材料复配堵漏剂。在循环池内组织20~30m³高于井漏密度0.1~0.15g/cm³的钻井液，加8~10t堵漏剂，混配均匀，然后打入漏层。5口井漏井，采用疏通井眼及扩眼方法提高成功率，一次堵漏成功率80%。具体情况见表4。

表4 区块防漏堵漏统计表

井号	复杂简况及处理措施
杏9-丁1-斜P118	钻进至1375m，漏失7m³。加复合堵漏剂15t（其中中型4t，细型11t），随钻堵漏剂5t，恢复正常
杏8-丁4-P119	钻进至1420m，漏失10m³。加复合堵漏剂10t（其中中型6.5t，细型3.5t），恢复正常
杏扶8-4-斜620	钻进至1178m，漏失8m³。加复合堵漏剂18t（其中粗型6.5t，中型12t），随钻堵漏剂1.5t，封堵剂6t，胶粒2t，恢复正常
杏8-4-斜P121	下钻至井底开泵循环漏失2m³，加复合堵漏剂10t（其中中型6t，细型4t），恢复正常
杏9-丁1-P317	下钻至1400m循环漏失10m³，加复合堵漏剂15t（其中粗型3t，中型5t，细型7t），非渗透封堵剂5t，恢复正常

3 钻井液润滑防卡技术应用

区块内定向井施工中随钻段较长，高密度下易在钻进和电测过程中发生卡钻、卡仪器事故，一旦发生遇卡事故，特别是卡仪器事故，井下静止时间过长易诱发油气侵甚至井涌事故，所以钻井液润滑性十分重要。鉴于上述情况，在钻井液润滑技术方案上，采取润滑、封堵相结合的办法。首先提高钻井液的润滑性，适当增加钻井液中润滑材料的加量，根据不同的目的层位移，增加 RH3 润滑剂、复合环保油和多功能固体润滑剂的数量。其次，结合封堵防漏技术，利用封堵剂的良好封堵造壁性，防止油层井壁虚、厚的滤饼。具体润滑技术方案如下：

(1) 目的层位移小于 50m，不需要润滑剂，注意维护好钻井液性能；

(2) 目的层位移大于等于 50m 小于 200m，RH3 润滑剂 1500kg；

(3) 目的层位移大于等于 200m 小于 300m，RH3 润滑剂 2000kg，复合环保油 500kg，多功能固体润滑剂 1000kg；

(4) 目的层位移大于等于 300m 小于 400m，RH3 润滑剂 3000kg，复合环保油 500kg，多功能固体润滑剂 1500kg；

(5) 位目的层移不小于 400m，RH3 润滑剂 3000kg，复合环保油 1000kg，多功能固体润滑剂 2500kg。

4 应用效果

长垣内部中深井钻井液技术主要在杏 76 区块现场应用，前两个月共在该区块施工 53 口井，发生井漏 5 口，井漏发生率 9.43%，部分井的施工中发生了局部井段环空憋压严重(900~1300m 左右起下钻遇阻严重)、局部井段井径扩大率超高(电测井径曲线显示井径扩大率最大超过 70%且连续分布)等问题，通过应用该技术区块内剩余的 113 口井井漏发生率为零，一次堵漏成功率提高 50%；起下钻通畅，井径规则，固井优质率 80.5%。取得了良好的经济效益。

5 认识与体会

(1) 改进的抑制钻井液技术能够有效解决长裸眼井段大段泥页岩造浆问题，保证井筒清洁，井眼规则。

(2) 梯次防漏钻井液技术通过强化多层段地层微裂缝和孔隙的封堵效果，减少钻完井过程中井漏的发生。

(3) 应用的润滑防卡技术能够满足高密度、高钻速条件下定向井顺利施工。

(4) 为大庆钻探工程公司在大庆杏树岗油田西部过渡带南Ⅱ块扶余油层区块即将施工的 61 口长垣内部中深井提供了技术保障。

封堵评价用微裂缝岩心的模拟及模拟封堵实验

闫 晶

(大庆钻探工程公司钻井工程技术研究院)

【摘　要】 采用不同厚度的金属箔片和胶凝材料浇筑出了微裂缝岩心,配合高温高压失水仪外筒和钻井液杯,通过监测30min内的漏失量,即可开展微裂缝岩心封堵评价实验,评价钻井液的封堵效果。通过微观观察法和流量计算法对制作的微裂缝的表面形态和开度进行了验证,结果表明岩心缝面具有一定的粗糙度,裂缝开度符合实验设计,最小3.33μm,且岩心具有5~10cm的裂缝行程。微裂缝岩心制作方法简单,重复率高,通过室内实验验证了制作的微裂缝岩心可以用于钻井液封堵材料的封堵性能评价,为微裂缝封堵评价实验提供了岩心模块,弥补了使用缝板模拟裂缝表面光滑和采用砂床钢珠砂盘等孔隙介质换算裂缝开度的不足。

【关键词】 微裂缝;裂缝模拟;人造岩心;封堵评价;钻井液封堵

　　自20世纪60年代,人们开始运用实验室手段模拟地层的漏失情况。最初的评价手段以API堵漏评价仪为主,而后,人们考虑了裂缝表面的形态、粗糙度等漏失通道特征。国外防漏堵漏室内评价模拟装置较为先进,可以在模拟井底温度及压力等条件下,全尺寸动态模拟防漏堵漏作用效果。如N. Kaageson-Loe等报道了在两块平行带孔金属板之间填充不同粒径的粒子来模拟不同渗透率的裂缝壁面,模块的规格为250μm、500μm、1000μm[1]。OFI公司使用过滤介质为不同目数的砂盘或瓷片,最小模拟缝宽为14μm,最大工作压差为28MPa,需要配备高温高压渗透性封堵仪[2]。国内20世纪80年代中期开始也相继研制或参照国外经验改进了一批堵漏评价实验装置,常见的堵漏模拟实验大多都是狭缝、弹子床或滚珠、砂床模拟的动态静态堵漏实验,除此之外,部分仪器还能够进行夹持岩心进行堵漏实验和堵漏过程模拟实验,如西南石油大学的高温高压钻井液漏失动态评价仪,模块裂缝开度规格为1~10mm[1];石秉忠等采用高精度激光刻蚀工艺技术,在钢化玻璃面中间部位精密刻蚀出各种微米级裂缝宽度的模拟缝,裂缝开度10~100μm[3];陈良制作了金属缝板,通过尺规和螺钉的调节,铁块能够模拟20~100μm的微裂缝,深度为5mm[4];徐同台等提出采用高温高压滤失仪,通过砂床和滤饼模拟井壁内外滤饼的封堵效果[5];岳前升、向兴金等利用低渗透人造岩心和切片金属岩心模拟硬脆性泥页岩微裂缝;冯学荣设计了组合型裂缝漏床,采用不同配件的组合应用,模拟出不同张开度、横截面形状、孔喉锥度、粗糙度的漏层[6];李春霞等利用现有的HTHP钻井液滤失仪进行开发,采用石英砂粒的填集来

基金项目:"十三五"国家重大专项"大庆油田持续有效发展关键技术研究与应用"课题之"深层天然气高效开发技术研究与应用"(编号2016E-0211)。

作者简介:闫晶,女,汉族,1983年生,油气井工程专业,硕士,从事钻井液技术研究工作,黑龙江省大庆市红岗区八百垧钻井工程技术研究院钻井液技术研究所,yanj_zy@cnpc.com.cn。

模拟破碎性地层，代替专用进口仪器对钻井液和完井液封堵效果进行评价实验[7]。

N. Kaageson-Loe 所述的模拟方法，以粒子填充在金属板中的方式模拟裂缝，以及陈良设计的金属缝板，均存在缝面光滑、裂缝开度规格少的不足；OFI 公司使用的砂盘或瓷片进行模拟，解决了缝面粗糙度的问题，但模拟的是孔隙度和渗透率，不能较好地模拟孔缝，且需要额外配备价格高昂的高温高压渗透性封堵仪；西南石油大学进行了动态漏失模拟，然而裂缝开度仅为毫米级；石秉忠模拟了具有一定表面粗糙度的微米级裂缝，然而使用岩心夹持器具有误差大、重复性差的缺点。上述方法在裂缝开度和模拟方法方面，存在模拟程度差、裂缝开度规格少、实验误差大、重复性差，并且一些仪器操作相对过于复杂等不足，尤其针对微裂缝模型有一定的局限，因此，室内开展了封堵评价用微裂缝岩心的模拟实验，对人造裂缝进行了有效开度测量和微观观察，并通过室内实验验证了该人造微裂缝可以用于钻井液封堵材料的封堵性能评价。

1 微裂缝封堵评价方法建立

根据高温高压失水仪的温度压力控制原理，结合 OFI 高温高压渗透性封堵仪，设计加工长度分别为 5cm 和 10cm 岩心套和可以承压的钻井液杯，利用高温高压失水仪的内六角螺栓固定岩心套，采用胶圈密封钻井液杯和岩心套。装置工作温度为室温至 260℃，工作压力为 0~10MPa，评价装置如图 1 所示。通过监测 30min 内漏失量来评价封堵剂对微裂缝的封堵效果。

2 微裂缝岩心模拟实验

将水泥与水按一定比例混合，并进行充分搅拌，将长度为 10~20cm，宽度为 2~3cm，不同厚度和组合的造缝用软质铝箔片固定在岩心套中，浇筑搅拌均匀的水泥，浇筑完成放入 40℃ 恒温恒湿条件下进行养护。利用水泥的碱性和铝箔遇碱易腐蚀的性质，在水泥固化的同时完成微裂缝的制作。表 1 为相同尺寸不同厚度的铝箔在水泥碱性相当的溶液中完全腐蚀所需的时间，图 2 为厚度 20μm 的铝箔在水泥碱性相当的溶液中的腐蚀情况。

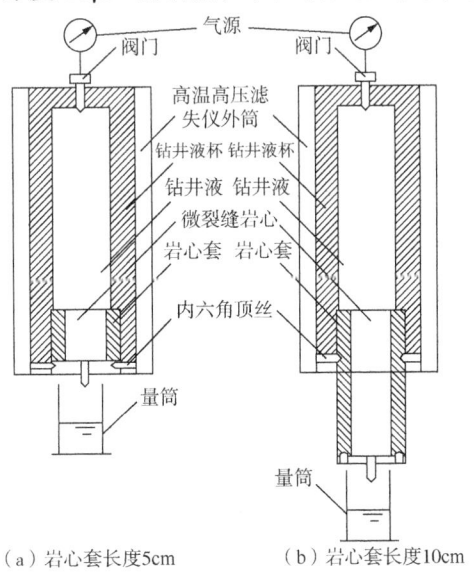

(a) 岩心套长度5cm　　(b) 岩心套长度10cm

图 1　微裂缝封堵评价装置示意图

表 1 铝箔完全腐蚀用时

序号	铝箔厚度/μm	腐蚀用时/min	序号	铝箔厚度/μm	腐蚀用时/min
1	20	16	5	100	31
2	20	15	6	100	33
3	50	26	7	200	76
4	50	28	8	200	79

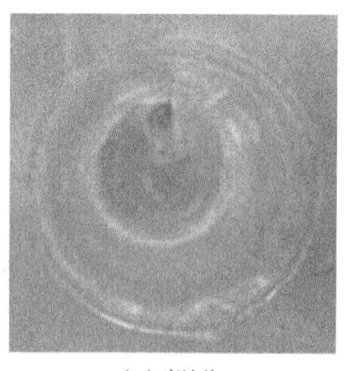 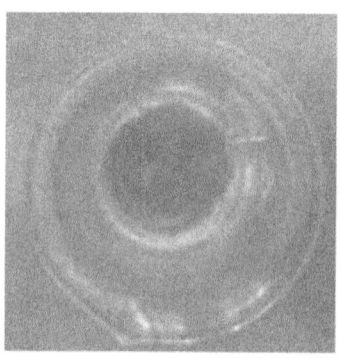

（a）腐蚀前　　　　　　　　（b）腐蚀后

图 2　铝箔腐蚀前后对比图

从表 1 和图 2 可以看出，铝箔在碱性溶液中会完全腐蚀，腐蚀时间随着铝箔片厚度的增加由 16min 增长至 79min，小于水泥完全固化所需时间，可以制造出不同宽度的微裂缝。

3 微裂缝岩心有效缝宽验证

由于胶凝材料的固化时间大于金属箔片的腐蚀时间，金属箔片腐蚀过程中，胶凝材料会继续流动并占据一定的金属箔片的空间，因此，模拟的岩心裂缝开度小于所用金属箔片的厚度，需要对岩心的有效缝宽进行验证。

求取裂缝岩心的宽度时，一种是薄片分析法，没有考虑裂缝内流体的流动，另一种是利用高尔夫—拉特经验公式，没有考虑裂缝表面的微观特性、机械宽度和水力学开度，难以准确反映裂缝的真实流动特性。论文采用了微观观察法和流量计算法。流量计算法考虑裂缝表面是凹凸不平的，用传统的几何方法难以准确地反映出本质特征，因此使用分形几何法描述岩石裂缝表面[8-16]。

3.1 微观观察法

应用金相显微镜对论文制作的岩心裂缝有效开度进行微观观察，如图 3 所示。模拟的岩心裂缝表面具有一定的粗糙度，裂缝开度处于微米级别，与设计相符。

3.2 流量计算法

岩石断面具有分形特征，考虑裂缝中流体的流动，根据 Navier-Stokes（N-S）方程、质量守恒方程和达西定律，推导出裂缝流动的有效开度模型[8]，见式（1）。

$$h = \sqrt[3]{\frac{12Q\mu L}{\omega\varepsilon\Delta p}}$$

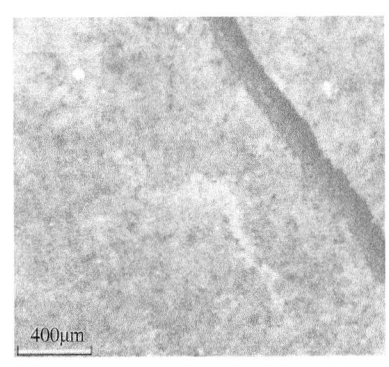 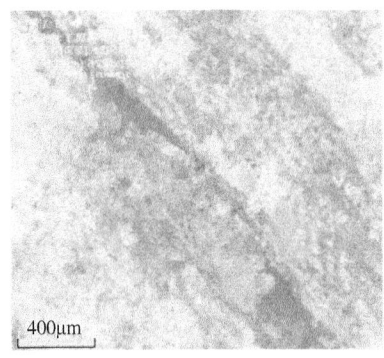

图3 微裂缝显微照片

式中：h 为裂缝有效开度，μm；Q 为缝内流体单位时间的流量，mL/s；μ 为流体的黏度，mPa·s；L 为裂缝行程，mm；ω 为裂缝宽度，mm；ε 为裂缝粗糙度校正系数；Δp 为流体流动方向的压力梯度，MPa。

根据以上数学模型，通过设计组装的封堵评价装置（图1），计算出微裂缝的有效开度 h。室内模拟制作了 20μm 内开度的微裂缝，数据见表2。

表2 流量计算法验证微裂缝开度实验数据

序号	箔片厚度/μm	箔片张数/片	Q/(mL/s)	h/μm
1	10	1	2.80	3.33
			5.74	4.55
			4.67	4.38
2	22	1	19.66	9.39
			18.62	8.14
			14.00	7.91
3	10+22	2+1	218.75	16.42
			194.44	15.95
			269.23	16.79

由表2可以看出，模拟的岩心裂缝开度小于所用金属箔片的厚度，微裂缝的开度重复率较高，可以模拟出 20μm 内开度的微裂缝。

通过以上方法验证了微裂缝岩心的开度和形态与地层裂缝岩心相近，表明文中所述的制作方法是可行有效的。

4 钻井液封堵剂对微裂缝的封堵性能评价实验

采用图1的封堵评价装置，将仪器预热至所需实验温度，检查并更换老化的密封件，拧紧与钻井液杯连接的阀杆，将加入封堵剂的钻井液倒入钻井液杯中，放入带有微裂缝的岩心套，使用密封圈密封，并用内六角顶丝固定，倒置在高温高压失水仪套筒上，插入温度计，连接并调节好气源至所需压差，待温度升至所需温度，开通气源，进行封堵性能评价实验，时长30min，记录1min及每5~10min漏失量，对各数据点画图并进行回归，可得瞬时漏失量,利用式(2)计算出总漏失量,用来评价钻井液封堵剂对不同宽度裂缝的封堵性能。

$$V = V_{sp} + 2V_{30} \quad (2)$$

式中:V 为总漏失量,mL;V_{sp} 为瞬时滤失量,mL;V_{30} 为 30min 漏失量,mL。

室内对裂缝有效开度为 0~100μm 的人造微裂缝岩心进行了封堵实验,实验数据见表 3 和图 4。

表 3 钻井液封堵剂对微裂缝的封堵性能评价实验

序号	裂缝宽度/μm	实验方法		线性回归方法		
		瞬时漏失量/mL	30min 漏失量/mL	瞬时漏失量/mL	30min 漏失量/mL	总漏失量/mL
1	3.3	3	5	4.00	5.36	14.72
2	16.4	5	8	6.33	8.59	23.51
3	50.0	8	12	10.00	12.72	35.44
4	100.0	11	15	13.00	15.72	44.44

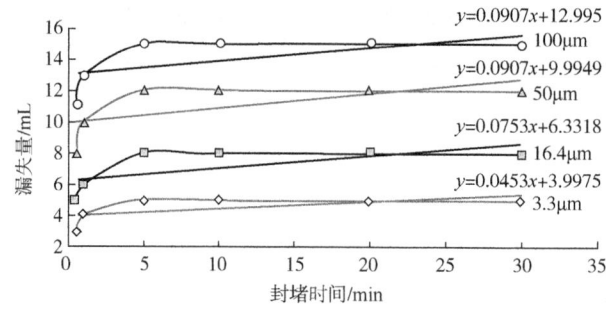

图 4 钻井液封堵剂对微裂缝的封堵效果

从表 3 和图 4 可以看出,室内实验和线性回归的瞬时漏失量相差较大,30min 漏失量数据相近,通过线性回归可以计算出最终的总漏失量,小于封堵实验用钻井液体积,说明加入封堵剂后的钻井液对微裂缝具有一定的封堵作用,评价钻井液封堵性能的方法是可行有效的。

5 结论

(1) 设计加工了加长岩心套,配合高温高压滤失仪建立了一套微裂缝封堵评价方法,装置工作温度为室温至 260℃,工作压力为 0~10MPa。

(2) 使用胶凝材料和固化剂制备出了裂缝开度 0~100μm、裂缝行程 5~10cm 的微裂缝,通过微观观察和流量计算两种方法表明制作的微裂缝开度、粗糙度和缝面形态与设计相符。

(3) 该方法适用于 100μm 内裂缝的人工模拟,由于厚度大于 100μm 的铝箔在胶凝材料介质中腐蚀用时较长,在胶凝材料固化后铝箔仍未完全腐蚀,目前采用的是插拔方式,人为误差较大,大于 100μm 的微裂缝模拟仍需要摸索。

(4) 利用微裂缝封堵评价装置,通过监测 30min 内漏失量可评价钻井液封堵剂对微裂缝的封堵效果。

参 考 文 献

[1] 余海峰. 裂缝性储层堵漏实验模拟及堵漏浆配方优化[D]. 成都：西南石油大学，2014：5-9.
[2] 王波. 页岩微纳米孔缝封堵技术研究[D]. 成都：西南石油大学，2015：7.
[3] 石秉忠，胡旭辉，高书阳，等. 硬脆性泥页岩微裂缝封堵可视化模拟试验与评价[J]. 石油钻探技术，2014，42(3)：32-33.
[4] 陈良. 钻井液防塌封堵评价方法及封堵机理研究[D]. 成都：西南石油大学，2013：26.
[5] 徐同台，卢淑芹，何瑞兵，等. 钻井液用封堵剂的评价方法及影响因素[J]. 钻井液与完井液，2009，26(2)：60.
[6] 冯学荣. 组合型裂缝漏床及其模拟堵漏试验方法的探索[J]. 钻采工艺，2004，27(6)：14-16.
[7] 李春霞，黄进军，崔茂荣. H.T.H.P87-42型仪器功能开发与应用—钻井液封堵效果评价方法[J]. 实验科学与技术，2003，(2)：58-60.
[8] 蒋海军，鄢捷年，张仕强. 储层裂缝有效宽度模型探讨[J]. 钻井液与完井液，2000，17(2)：12-14.
[9] 谢和平. 分形几何及其在岩土力学中的应用[J]. 岩土工程学报，1992，(1)：14-24.
[10] 施行觉，牛志仁. 岩石破裂断面的分维研究[J]. 科学通报，1991，36(7)：567.
[11] 施行觉，牛志仁，许和明，等. 岩石断面的分形测量及其分维的计算[J]. 地球物理学报，1992，35(2)：154-159.
[12] 倪玉山，匡震帮. 常规三轴压缩下花岗岩断裂表面的分形研究[J]. 岩石力学与工程学报，1992，12(3)：295-303.
[13] 谢和平，陈至达. 分形几何与岩石断裂[J]. 力学学报，1988，20(3)：264-271.
[14] 李庆忠. 怎样正确对待分形、分维技术[J]. 石油地球物理勘探，1996，31(1)：136-160.
[15] 张仕强. 天然岩石裂缝表面形态描述[J]. 西南石油学院学报，1998，20(2)：19-22.
[16] 牛志仁，施行觉. 岩石分形断裂的统计理论[J]. 地球物理学报，1992，35(5)：595-603.

低固相氯化钾钻井液体系在太 31-斜 1 井中的应用

董 明 李英武

(大庆钻探工程公司钻井二公司)

【摘 要】 为实现水基钻井液服务优化，通过室内研究，得出一套低固相氯化钾盐水钻井液体系，该体系在鲁迈拉、库尔德及塔东等区块的应用效果良好，为不同地质特点条件下的大斜度井、水平井提供更多服务选择。该体系具有较强的钻井液抑制性，能够解决大庆地区大段泥页岩水化膨胀的问题。

【关键词】 氯化钾盐水钻井液；大斜度井；水化膨胀；低固相

随着国内外各大油田的勘探开发的不断深入，大斜度井应用已经越来越普遍。在大斜度井钻井施工中，保持井壁稳定、井眼清洁、润滑防卡，防止井下事故复杂的发生是关键，本文通过对低固相氯化钾盐水钻井液体系的室内评价，再应用在现场中，应用过程中优化了钻井液技术方案，以期更好地保障钻井工作的顺利进行。

1 低固相氯化钾盐水钻井液体系

1.1 处理剂的选择

针对致密油储层地层特点及盐水环境下钻井液对封堵剂的要求，有选择性地对封堵防塌剂、润滑剂等材料进行收集，并利用基础配方进行了优选，着重研究该体系在以下三个方面的能力。

(1) 提高抑制能力：无机抑制剂氯化钠、氯化钾，与聚合醇和 AP-1 三者形成"多元协同抑制"作用，抑制黏土水化膨胀。

(2) 增强井壁稳定：优选滤饼改善剂配合液体沥青，封堵微裂缝，降低钻井液滤失量，提高封堵防塌能力。

(3) 提高润滑能力：利用环保型高效液体润滑剂配合环保油，提高体系润滑防卡能力。

1.2 配方的确定

通过开展不同材料的优选实验，得出最加量组合，优选出效果最佳低固相氯化钾盐水钻井液配方：1% 膨润土粉+3% BQP+1% JY-1+10% NaCl+6% KCl+1% AP-1+1.5% JY-2+0.5% PLUS+0.1% XC+2% NBG-1+4% RH5。处理剂加量可根据现场需要进行适当调整，同时现场配备适量的消泡剂、超细碳酸钙、降黏剂、缓蚀剂和加重剂等应急备用材料。

作者简介：董明，男，1982 年生，高级工程师，本科，现从事钻井液管理工作。E-mail：dongm001@cnpc.com.cn。

1.3 体系综合性能评价

室内对低固相氯化钾盐水钻井液配方开展了热稳定性、抗温性、抑制性、润滑性和抗土污染能力等综合性能评价实验。

1.3.1 热稳定性评价

按照井底垂深2000m左右计算,致密油水平井井底最高温度在100℃左右,开展了100℃老化评价实验,评价实验数据见表1。根据实验数据,该体系100℃高温热滚前后流变性变化小,性能稳定,高温高压滤失量可控制在10mL以内,能够满足现场钻井液从井底返到地面,再从地面泵入井底无限次循环的要求。

表1 钻井液热稳定性评价实验数据表(100℃×16h)

配方	密度/(g/cm^3)	实验条件	$\Phi600/\Phi300$	$\Phi200/\Phi100$	$\Phi6/\Phi3$	Gel/Pa	FL_{API}/mL	FL_{HTHP}/mL
低固相氯化钾盐水钻井液	1.40	常温	92/65	50/34	9/7	3.5/5	2.5	—
		老化	93/63	51/34	10/7	3.5/5	2.8	9.2

1.3.2 抗温性评价

为了保证水平井现场施工的顺利,现场井底最高温度可能超过100℃,开展了钻井液体系抗温性评价实验,分别开展了120℃、140℃和160℃不同温度条件下的抗高温性实验,数据见表2。根据表2实验数据,120℃条件下体系流变性数据基本不变,API滤失量稍微增大;140℃时API滤失量过大,基本不可控,且流变性数据变化幅度较大,现场施工黏度切力忽高忽低,不利于施工顺利进行。因此,该实验所用的钻井液配方在120℃以内是适宜的,在140℃以后是不适宜的。

表2 钻井液抗温性评价实验数据表[(100~160)℃×16h]

配方	实验温度/℃	密度/(g/cm^3)	实验条件	$\Phi600/\Phi300$	$\Phi6/\Phi3$	Gel/Pa	FL_{API}/mL
低固相氯化钾盐水钻井液	100	1.40	常温	92/65	9/7	3.5/5	2.5
			老化	93/63	10/7	3.5/5	2.8
	120	1.40	常温	92/65	9/7	3.5/5	2.5
			老化	93/66	12/10	4/5.5	4.2
	140	1.40	常温	92/65	9/7	3.5/5	2.5
			老化	69/49	8/6	2.5/5.5	15.2
	160	1.40	常温	92/65	9/7	3.5/5	2.5
			老化	—	—	—	—

注:体系160℃老化16h后性能增稠超出仪器量程。

1.3.3 抑制性评价

使用现场捞取的嫩江组岩屑开展滚动回收率评价实验,数据见表3。实验结果表明,该钻井液体系滚动回收率较高,具有较强的抑制性,能够有效抑制嫩江组泥岩的水化膨胀分散,有利于井眼稳定和井眼规则。

表3 抑制性能评价实验数据表(100℃×16h)

配方	加入岩屑质量/g	回收岩屑质量/g	滚动回收率/%
清水	20	3.95	19.76
低固相氯化钾盐水钻井液	20	16.73	83.65

1.3.4 润滑性评价

分别利用极压润滑仪和滤饼黏附系数测定仪对体系的润滑性进行评价,实验数据见表4。结果表明,该体系润滑系数较低,有利于井眼通畅,减小托压现象,减小钻具摩擦阻力。

表4 润滑性能评价实验数据表(100℃×16h)

配方	实验条件	极压润滑系数	滤饼黏附系数
低固相氯化钾盐水钻井液	常温	0.158	0.096
	老化	0.141	0.069

1.3.5 抗膨润土污染评价

向实验样品中分别加入6%、8%、10%和12%膨润土粉,评价钻井液抗膨润土污染能力,实验数据见表5。从表5中数据可以看出,当土侵入量为10%时,体系性能仍较为稳定,说明该体系具有较强的抗土侵能力,现场能够减小钻井液黏度切力的大幅度变化,有利于施工顺利进行。

表5 体系抗土侵实验数据表(100℃×16h)

膨润土加量/%	密度/(g/cm³)	实验条件	Φ600/Φ300	Φ200/Φ100	Φ6/Φ3	Gel/Pa	FL_{API}/mL
0	1.40	常温	92/65	50/34	9/7	3.5/5	2.5
		老化	93/63	51/34	10/7	3.5/5	2.8
6	1.40	常温	94/60	45/28	8/6	2.5/4.5	3.0
		老化	93/58	44/27	4/2	1.5/2.5	2.8
8	1.40	常温	104/72	56/37	9/7	3.5/6	3.4
		老化	85/55	41/27	6/5	2.5/3	2.8
10	1.40	常温	94/63	47/30	7/5	2.5/6	4.2
		老化	78/48	36/23	5/4	2/4.5	4.0
12	1.40	常温	111/70	52/32	7/5	2.5/4.5	5.2
		老化	86/55	41/26	5/3	2.5/4	6.8

通过对研制的低固相氯化钾盐水钻井液体系在热稳定性、抗温性、抑制性、润滑性和抗土污染性五方面的综合性能评价,研制的钻井液配方在120℃下具有良好的流变性、润滑性、抑制性,特别是在120℃的大温差影响下,钻井液的黏度和切力没有大幅度的波动,能够较好地满足嫩江组大段泥岩抑制水化膨胀分散需要。

2 太31-斜1井现场实验情况

太31-斜1井是一口控制评价井,属于松辽盆地中央坳陷区三肇凹陷太东斜坡带,自上而下发育第四系、古近—新近系泰康组、白垩系上统明水组一段、四方台组、白垩系下统嫩江组、姚家组、青山口组(未穿)部分地层。主要开发目的层为下白垩统姚家组姚一段葡萄花油层,紫红、灰绿色泥岩与灰色泥质粉砂岩、粉砂岩呈不等厚互层。

2.1 现场施工情况

低固相氯化钾盐水钻井液体系主要应用井段为1625~3049m,设计垂深940~1488m,穿嫩三段、嫩二段、嫩一段、姚家组至葡萄花油层底部40m以上(青二三段)完钻。该井设计井斜67.32°,水平位移2445.33m,施工难度较大,本井根据实际情况制定了相应的措施。

(1)保证钻井液抑制性方面:维护期间,每日补充KCl,保证钻井液中K^+含量不低于6%,持续补充包被剂、抑制剂AP-1、聚合醇。

(2)保证钻井液携屑方面:根据每日施工情况,适当补充JY-1,PAC-LV及XC调整钻井液黏度和流变性,全井钻井液漏斗黏度控制在45~65s之间。

(3)提高钻井液井壁稳定能力方面:根据施工情况,补充大分子护壁剂及沥青胶团化合物提高钻井液防塌能力,补充BQP控制钻井液失水,全井失水控制在4mL以内。

(4)保证钻井液润滑性方面:加入环保油,提高钻井液润滑能力,摩阻控制在0.1以内。

(5)保证钻井液清洁方面:三开施工,振动筛使用三台,筛布目数选择尽可能大,加强离心机的使用,确保整个三开,钻井液固相含量不超过15%。

2.2 现场应用效果

根据测井数据,本井测井10m数据生成井径曲线图如图1所示。

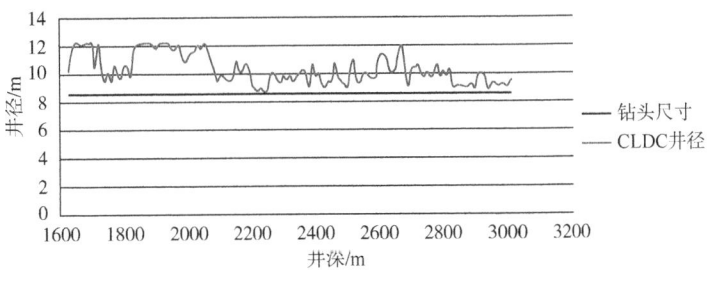

图1 太31-斜1全井井径图

图1为本井三开井径图(10m数据)。三开平均井径262.03mm,井眼扩大率21.37%。从井径图中可以看出,本井井径相对较规则,上部地层井径较大,是因为本井井斜较大,施工初期,为保证井眼清洁,每打一个单根,划眼时间较长,长时间冲刷导致井径较大;后期,通过调整参数,根据现场情况不断摸索,逐渐调整划眼时间,自2000m以后,划眼时间控制较好,井眼扩大率变小;至油层后,由于短起下次数较之前井段少,且划眼时间控制较好,井眼扩大率最优。

本井钻井液性能稳定，漏斗黏度始终稳定在45~65s之间，失水控制在4mL以内，固相含量控制在15%以下。为全井顺利施工提供了保障，全井起下钻无复杂，通井、测井、下套管顺利。

3 结论

（1）太31-斜1井三开现场试验证明：低固相氯化钾盐水钻井液体系综合性能满足大位移定向井及水平井的施工要求。

（2）低固相氯化钾盐水钻井液体系在抑制性方面和抗污染方面表现较突出，本井穿大段泥岩，井斜67°的条件下，泥岩岩屑在井筒内被反复研磨，较大的颗粒直接从振动筛筛出，不粘不沾筛布；部分细小岩屑进入钻井液，但现场钻井液流变性变化不大，通过使用离心机就能很好地控制流变性。

（3）携岩携屑能力较强，该体系具有低黏高切的特点，本井从三开开始至三开完钻，振动筛返砂情况良好。

（4）井壁稳定能力强，通过使用抑制剂和体系本身K^+的抑制作用，钻遇大段泥岩，未出现井壁剥落、井壁失稳等情况，起下钻，测井，下套管，均顺利完成。

参 考 文 献

[1] 姜文,张勇,谢永斌,等.氯化钾钻井液体系在元坝气田陆相井段的应用[J].西部探矿工程,2014,26(5)：57-59.
[2] 牛彦杰.低固相钻井液在煤田钻探施工中的应用探讨[J].内蒙古煤炭经济,2017(13)：12-16.
[3] 吴江虹.一种适用于苏东区块气井钻井液体系的研究与应用[D].大庆：东北石油大学,2017.
[4] 贺婵娟.氯化钾钻井液在陈古1井的应用[J].西部探矿工程,2016,28(10)：27-28.
[5] 邱康,雷新超,贾凤龙,等.氯化钾聚合醇钻井液在涠西区块定向井应用效果分析[J].海洋石油,2016,36(3)：93-97.
[6] 姜鞞,梁土羡,王宏民.氯化钾聚合醇强抑制封堵钻井液体系在H2井的应用[J].海洋石油,2016,36(2)：76-80.
[7] 杨永玺,李安辉,徐雄.盐水钻井液在油井水平井的应用[J].化工管理,2016(34)：160.

方正断陷井壁稳定的钻井液技术

朱晓峰 李承林 李国彬 侯砚琢

（大庆钻探钻井一公司）

【摘　要】 方正断陷位于依—舒地堑的中北段，该地区井壁稳定性差，井径扩大率超标问题较为突出，易发生塌块卡钻事故。通过对施工井的统计，并对易坍塌层位的矿物进行分析，结果表明：该地区硬脆泥岩发育，砂泥岩互层，深层黏土矿物以高岭石为主，伴伊/蒙混层，矿物膨胀率低，现场取心观察微裂隙、层理发育。泥页岩吸水膨胀改变了井眼周围的应力分布，加剧了应力分布的不均衡。而且由于吸水使泥页岩的力学性能参数发生了变化，强度降低，弹性模量减少，泊松比增大等，这就使得泥页岩地层的井壁稳定问题更加严重。在钻井过程中，保障钻井液抑制能力的同时，快速、有效、致密地封堵地层孔隙，减少钻井液侵入深度，是控制硬脆泥岩垮塌的有效途径。施工中采用"刚性粒子架桥+柔性粒子填充+滤失控制"方案，形成封堵钻井液配方，通过现场应用，多口施工井平均井径扩大率控制在9%以内。

【关键词】 方正断陷；硬脆泥页岩；钻井液；封堵

井壁稳定问题是一个长期困扰石油工程的重大技术难题，在全世界范围内广泛存在，我国各油田也都不同程度地存在，井塌大多发生在泥页岩地层中，约占90%以上。对于钻井来说，井壁失稳会造成井下复杂情况，影响钻井施工进度，严重时可能导致井眼报废，造成巨大的经济损失。方正断陷井壁失稳情况较为普遍，2010年以来，16口井中有8口井井径超标严重，尤其是宝泉岭组、新安村+乌云组井段稳定性更差。

1　方正断陷井壁失稳原因分析

1.1　上部地层胶结性差

方正断陷宝二段中部以上地层，普遍分布一套水进期的碎屑沉积，疏松砂质砾岩胶结差（F23井实钻1200~2280m）。

1.2　深部非膨胀性黏土矿物发育

大庆油田勘探开发研究院应用X射线衍射仪对F6井进行了黏土矿物定量检验。方正断陷深部地层黏土矿物以高岭石为主，夹少量伊/蒙混层，是典型的非膨胀性黏土矿物。F6

作者简介：朱晓峰，男，出生年月：198512，毕业日期：200807，毕业院校：大庆石油学院，所学专业：应用化学，学士学位，单位：大庆钻探工程公司钻井一公司钻井工程技术服务中心，副主任，高级工程师，2021年《古龙页岩油1号试验区钻井施工方案》获得大庆油田方案设计奖特等奖，2019年《630工程优快钻完井技术研究》获得大庆钻探科学技术进步奖一等奖。通讯地址：黑龙江省大庆市让胡路区钻井一公司，邮编163543，电话0459-5603415，E-mail：zhuxiaofeng001@cnpc.com.cn。

井深部地层岩石线性膨胀率在 0.5%~0.9% 之间几乎不膨胀；地层岩石滚动回收率在 89.4%~92.1% 之间，分散性较弱，水化膨胀率低，岩屑回收率高。

1.3 岩性硬脆且微裂隙、层理发育

通过钻井取心观察，岩心微裂隙、层理发育，硬脆，易破碎(图1)。

 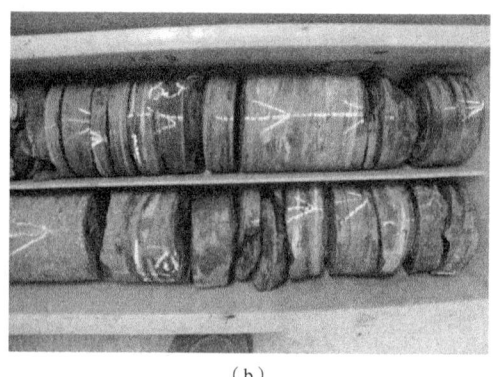

(a) （b）

图 1 岩心图

1.4 存在地应力集中，椭圆井眼

由 F23 井、F2 井四臂井径图(图2)可见，井眼呈明显椭圆状，证明方正地区存在应力集中问题，也是影响井眼扩大率偏大的因素。

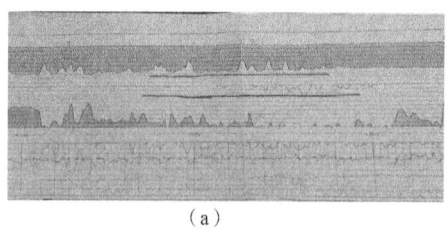

(a) （b）

图 2 四臂井径图

1.5 工程因素影响

该井宝一段(2368~3102m)实钻岩性中较为连续泥岩砂岩互层，但在使用动力钻具后井径扩大率增大明显。更换常规钻头后，井径有明显变小的趋势，3700m 左右井径扩大率曲线有个明显的尖峰，分析原因为 3702~3718m 多段实钻煤层发育。因此，动力钻具的振动对井径扩大率影响较大。

小结：方正断陷井大段硬脆泥岩发育且微裂隙、层理发育，力学敏感，部分井存在应力集中问题。在施工中井壁与钻井液接触，在液柱压力、毛细管力作用下，钻井液会优先通过渗透性相对较好的微裂缝、砂岩层进入地层内部，增大了地层黏土矿物水化反应面积。

泥页岩吸水膨胀改变了井眼周围的应力分布，加剧了应力分布的不均衡。而且由于吸水使泥页岩的性能参数发生了变化。

对于含水敏性矿物少的致密硬脆性泥页岩地层，井壁失稳决定因素是孔缝的发育程度和压力传递的大小，其可控因素是近井壁地层渗透率的大小及封堵层衰减压力能力的强弱，

对井壁进行有效封堵是解决硬脆泥岩井壁稳定的重要手段。

2 封堵剂材料优选

2.1 封堵材料优选

根据防塌封堵作用原理：微裂缝、层理是钻井液侵入地层的主要通道，对井壁稳定产生直接影响。依据硬脆微裂缝地层特征和防塌封堵作用原理分析，认为硬脆泥岩宏观裂缝、微观裂纹、层理都较发育，微裂纹开度可达 5μm 以上，因此钻井液封堵剂应该具有下特点：在一定条件下具有变软变形的特性；封堵剂粒子的平均粒度应小于 50μm，最好在 3~10μm；封堵剂本身必须是不溶或微溶于水，主要是分散而不是溶于水中。

优选各种处理剂，优选评价高温高压滤失量评级不同封堵材料的封堵能力。应用 5% 膨润土浆为基浆做对比样实验，结果如图 3 至图 6 所示。

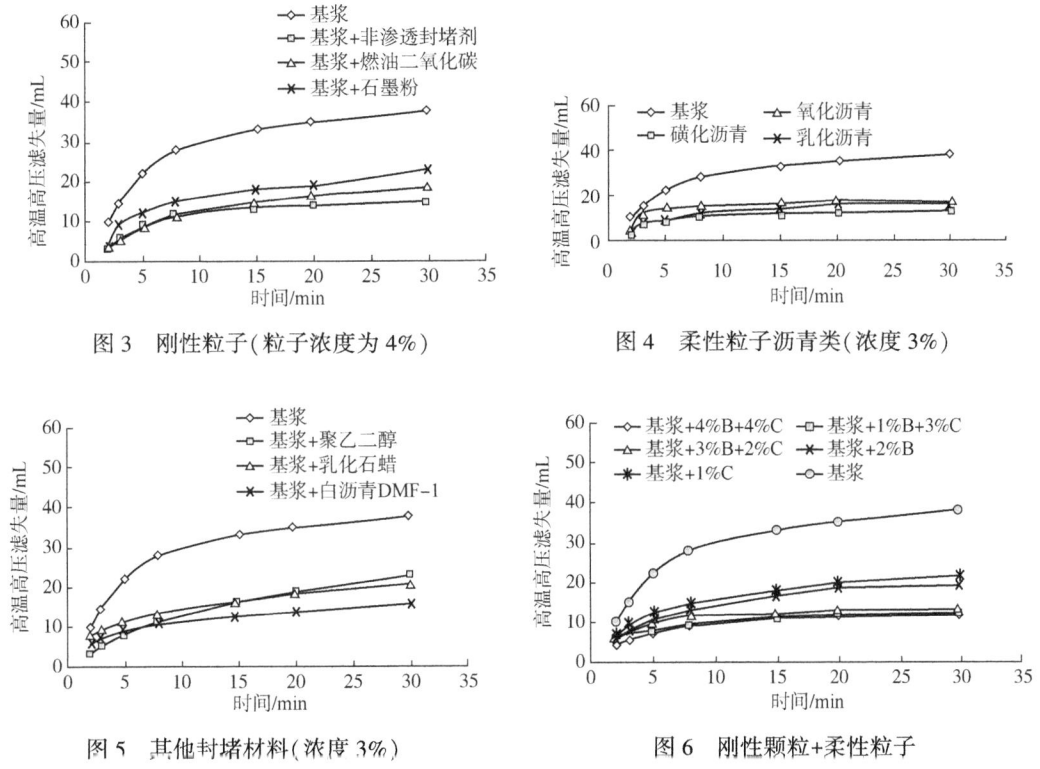

图 3 刚性粒子（粒子浓度为 4%）　　　图 4 柔性粒子沥青类（浓度 3%）

图 5 其他封堵材料（浓度 3%）　　　图 6 刚性颗粒+柔性粒子

刚性粒子非渗透封堵效果最好；沥青材料荧光级别高，不适合探井施工，柔性粒子中优选白沥青 DWF-1。综合考虑封堵材料对钻井液性能的整体影响，应用 3% 的非渗透封堵剂+2% 白沥青组合。

2.2 封堵钻井液配方

在方正应用多年的聚合物钻井液体系基础上改进为封堵钻井液配方：

膨润土 7%~10%+WYDZ-1 0.3%+HX-D 0.3%+非渗透 3%+白沥青 DWF-1 2%+HPAN 1%+JS-Ⅰ 1%+SF260 1%+(PAC 0.3%)。

2.3 封堵钻井液性能评价

2.3.1 砂层封堵性能评价

应用中压可视中压砂床滤失仪，评价封堵钻井液体系的封堵能力。由表1可以看出，封堵钻井液体系封堵砂层相比常规聚合物钻井液体系效果较优，对40~60目砂和20~40目砂的侵入深度均小于10cm，封堵钻井液体系具有较强的封堵砂层的能力。

表1 砂层封堵实验结果

序号	钻井液	砂床漏失	
		40~60目砂侵入深度/cm	20~40目砂侵入深度/cm
1	常规聚合物体系	9	11.1
2	封堵钻井液体系	4.5	8.2

2.3.2 封堵强度评价实验

取不同渗透率的人造岩心，用封堵钻井液体系进行实验，通过测定不同驱替压力下的渗透率评价封堵强度，实验结果见表2。

表2 封堵强度评价实验

岩心	污染前渗透率/mD	不同压力下的渗透率/mD			
1	157.4	3.5MPa	5MPa	7MPa	9MPa
2	178.3	0.081	0.008	0.003	0.000
3	243.2	0.062	0.006	0.006	0.000
4	287.3	0.102	0.004	0.002	0.000
5	213.8	0.095	0.007	0.003	0.000
6	198.2	0.076	0.005	0.003	0.001
7	368.3	0.018	0.003	0.002	0.000

由表2可以看出，随驱替压力的增大，岩心的渗透率逐渐降低，当驱替压力达到9MPa时，岩心的渗透率接近或等于零，也就是说，当压力为9MPa时，未见渗透率突然增加，说明封堵带并没有受到破坏，在不同渗透率岩心上形成的封堵带至少能承受9MPa的压力。

3 封堵钻井液体系现场应用

针对方正断陷的地层特点。宝二段提高钻井液有效黏度，增加固相含量，提高钻井液密度，减少上部弱胶结地层冲蚀、垮塌失稳问题；宝一段以后降低钻井液的触变性，减少压力激动带来复杂问题，转化为封堵钻井液体系(表3)。

表3 封堵钻井液现场使用对比表

方案改进	开钻密度/(g/cm³)	离心机介入井深/m	配浆土含量/%	流行调节处理剂	开钻黏度/s	触变性 G10m/G10s
改进前	1.10	800~900	5	WYDZ-1	40~45	6.8
改进后	1.18	300	7~10	WYDZ-1、PAC-HV	55~60	4.0

3.1 现场处理维护方案

（1）宝一段以上地层钻进中，主要以0.3%~0.5%wydz-1的和复合铵盐1%~2%的水溶液交替维护，每钻进200m补加50kg预水化膨润土浆，配置钻井液补充新浆。

（2）宝一段以下钻进密度执行设计上限，将钾盐共聚物钻井液转化封堵钻井液。

（3）在进入宝一段，调整性能，降低钻井液劣质固相含量和黏度；在宝一段前50m在循环罐中一次补加3%的超钙+2%白沥青。

（4）振动筛使用时间占总循环时间100%；加重前离心机使用时间占总循环时间80%以上。

（5）每钻进400m定期倒换新浆50m^3，丰富钻井液固相颗粒级配。

3.2 现场应用效果

现场施工效果统计表见表4。

表4 现场施工效果统计表

井号	井深/m	完钻层位	平均井径扩大率/%	电测一次成功率/%
F4X5	3325	白垩系	6.59	100
F4X10	3473	白垩系	9.39	100
F4X7	3357	白垩系	3.36	100
F28	4075	宝一段	2.28	100
T4	3200	白垩系	7.92	100

4 认识与建议

（1）硬脆泥岩，在钻井液抑制能力的基础上，钻井液能够快速、有效、致密地封堵岩石的微裂隙层，减少钻井液液相对地层力学参数的影响，是有效的解决硬脆泥岩井壁失稳的手段。

（2）硬脆泥岩井段的井壁稳定问题，是各因素多方作用的结果，钻井工具的选择、参数的选择对硬脆泥岩井壁稳定影响明显。

（3）封堵工艺的探索，就各钻井液体系的应用情况来看，针对脆性地层，在钻井液方面核心是封堵，封堵材料的选择，可以再主动承压封堵，提高封堵层的封堵效果，提高地层的稳定能力。

高性能水基钻井液在大庆油田致密油水平井的应用

王伟东[1] 段冠一[2] 朱健军[1] 张春祥[1] 金英男[3]

(1. 大庆油田有限责任公司 采油工程研究院；2. 东方地球物理公司 大庆物探二公司；
3. 大庆钻探工程公司钻井工程技术研究院)

【摘 要】 针对松辽盆地中深层致密油藏水平井开发需要，研发了一套高性能水基钻井液体系，在阳离子聚合物钻井液体系中引入胺基抑制剂AP-1及聚合醇，提高了钻井液的抑制性。利用聚合醇的"浊点效应"对泥页岩地层微裂缝进行内封堵，提高了泥页岩地层井壁稳定性。结合试验井现场施工经验，介绍了该体系在大庆油田的实际应用情况及取得的良好效果。结果表明该体系具有抑制性强、润滑性好、滤失量低、携岩能力强、成本低、污染小的特点。能够有效解决大庆长垣外围致密油水平井施工中存在的一系列问题。

【关键词】 水基钻井液；水平井；胺基抑制剂；抑制性；大庆油田

以大庆长垣外围青山口组高台子油层和泉头组扶余油层为代表的致密油储层物性较差，单层厚度薄，为获得较高的经济效益，要求所钻水平井具有足够的水平井段长度。施工中存在地层摩阻大、机械钻速低、钻井周期长、井壁失稳等一系列问题。对于钻井液的抑制性、携岩性及润滑性都提出了较高要求。综合考虑成本、环保等因素，油基钻井液已经无法适应当前致密油藏大规模效益开发的要求。需要一种能够适应大庆油田长水平段施工需求的水基钻井液。高性能水基钻井液(HPWBM)是以胺基抑制剂作为主要处理剂的新型钻井液体系，具有较强的抑制性[1-2]。国内外以聚胺作为主要处理剂相继研发了多种类似体系作为油基钻井液替代产品，并陆续投入现场试验[3]。通过将胺基抑制剂AP-1及聚合醇JY-X引入阳离子聚合物钻井液体系，在强化抑制性的基础上重点提高封堵防塌性能，研发了适应大庆油田地层特点、满足常规性能要求的钻井液体系。通过与油基钻井液对比分析，主要性能接近油基钻井液水平。成本仅为油基钻井液三分之一左右。现场试验取得了良好的效果并逐步推广，现已成为大庆油田致密油水平井钻井采用的主要体系之一。

1 区域概况与施工难点

龙虎泡油田位于齐家—古龙凹陷以西的龙虎泡阶地，是大庆油田主要的致密油藏开发区块之一，区内青山口组砂岩平均厚度1.6m，有效厚度0.8m，平均孔隙度为11.5%，平均渗透率为0.64mD，属于低孔隙、特低渗透致密储层。施工地层自上而下分别为白垩系嫩

作者简介：王伟东，工程师，硕士，1987年生，2013年毕业于西南石油大学矿物学、岩石学、矿床学专业。现从事钻井工程设计与相关科研工作。地址：黑龙江省大庆市大庆油田采油工程研究院。邮政编码：163712。电话：15164580152。E-mail：364911335@qq.com。

江组、姚家组和青山口组。上部嫩江组易水化分散,造浆严重,钻井液黏切调控难度大。下部青山口组页岩层理发育,坍塌压力低,井壁易吸水剥落。油层段内部微孔隙发育,容易造成储层污染。已完钻的致密油水平井平均井深为3674m,平均水平位移达1856m,水平井段长度均在1300m以上,位垂比大于1.1,由于设计钻穿多套油层,井身剖面多呈阶梯状。施工中采用地质导向方式,需频繁调整井斜方位,水平段井眼轨迹变化较快。井眼曲率波动较大,实际狗腿度在0~7.0°/30m,水平段后期摩阻较大。

2 抑制剂性能评价

2.1 技术思路

高性能水基钻井液的主要处理剂为胺基抑制剂AP-1和聚合醇[3]。AP-1是一种聚胺改性聚醚多元醇类页岩抑制剂,其胺基官能团,能镶嵌在黏土层间,减小黏土层间距,促使黏土晶层间脱水,依靠分子链上多个胺基固定黏土晶片,破坏水化结构,达到抑制黏土水化分散的目的。同时,从溶液中析出乳化油滴,进入地层孔隙或裂缝,起到降低黏土吸水的趋势。将聚合醇引入体系,作为一种非离子表面活性剂,聚合醇在浊点温度以下表现为抑制性,易吸附在钻具和固体颗粒表面,阻止泥页岩水化,降低滤饼渗透率,有效控制压力传递。达到浊点温度后表现为封堵性,能够封堵层理面、微裂缝和小孔隙。钻井液从井底返至地面时,因温度降低,聚合醇又恢复其水溶性,避免被振动筛筛除。利用井温的变化,使聚合醇在全井段施工中达到稳定井壁、抑制钻屑分散,降低钻具扭矩摩阻等目的。AP-1和聚合醇与能够软化变形的沥青类封堵防塌剂配合使用,通过机械封堵与化学封堵相结合,提高体系整体防塌抑制性。选用强包被剂PLUS作为大分子包被絮凝剂;XCD作为流型调节剂。润滑剂选用高效润滑剂GD-X、环保型生物油,协同提高体系润滑性。

2.2 岩心浸泡实验

为研究抑制剂AP-1的封堵防塌能力,将选取自L26-P42井的青山口组泥岩掉块,用1%AP-1溶液在室温条件下浸泡9d,每间隔1d观察并记录岩石表观形态、裂缝宽度及其变化情况,结果如图1所示。实验表明:1%AP-1溶液对青山口组泥岩抑制较为有效,可以提高井壁化学稳定性。

(a) 1%AP-1×3d
0.5~1mm微裂缝,成形

(b) 1%AP-1×4d
1~2mm微裂缝,成形

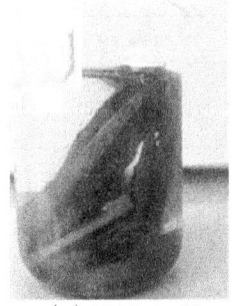
(c) 1%AP-1×6d
层理剥落,松散部分成形

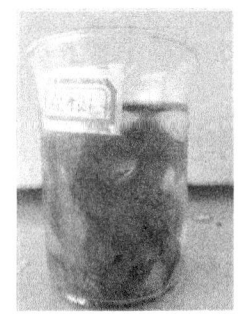
(d) 1%AP-1×9d
部分水化分散,不成形

图1 岩心浸泡实验

2.3 抗分散性实验

选取嫩江组、姚家组、青山口组岩屑为研究对象,分别做6组岩屑滚动回收率对比实验(表1)。分析不同抑制剂的抗泥岩分散能力,进而评价不同抑制剂对不同地层的抑制性强弱。实验结果表明,AP-1和聚合醇JY-X对区内不同岩性地层均有较好的抑制性。

表1 抑制剂评价实验

药品及加量	$K_1 n_{2+3}$ R/%	$K_1 y_1$ R/%	$K_1 qn_{2+3}$ R/%
基浆	39	57.1	59
基浆+1%NW-1	50.2	63.9	66
基浆+1%AP-1	65.4	81.3	84
基浆+1%JY-X	61.2	79.8	82
基浆+1%AP-1+1%JY-X	85.6	85.7	87
基浆+1%NW-1+1%AP-1+1%JY-X	89.7	93.1	94.2

注:基浆配方为5%膨润土+0.3%Na_2CO_3+0.02%KOH;老化条件120℃×16h。

3 钻井液性能评价

实验优选后的高性能水基钻井液具体配方如下:5%膨润土+(0.02%~0.05%)KOH+0.3%Na_2CO_3+(2.0%~4.0%)铝基降滤失剂+0.8%AP-1+0.2%NW-1+2%HA树脂+3%沥青防塌剂+1.0%复合铵盐+(0.3%~0.6%)强包被剂PLUS+(0.1%~0.2%)XCD+2%聚合醇JY-X+3%润滑剂GD-X+2%环保型生物油+0.2%乳化剂。

3.1 常规性能评价

按配方要求配制钻井液,测其老化前后流变性、API失水等常规性能。从表2可以看出,高性能水基钻井液在120℃、16h热滚前后流变性能稳定,体现了较好的抗温性,在塑性黏度和表观黏度均较低的情况下依然保持了较高的动切力和动塑比,静切力值适中,体现了良好的携岩能力和悬浮稳定性。在没有外来固相的情况下,新配浆的滤失量也较低。

表2 钻井液常规性能

测试条件	AV/mPa·s	PV/mPa·s	YP/Pa	YP/PV	Gel/Pa/Pa	FL_{API}/mL
热滚前	26.5	20	6.5	0.33	2.5/4	2.6
热滚后	25	19	6	0.31	3/5	3.0

注:老化条件120℃×16h;密度为1.20g/cm³。

3.2 抑制性评价

取施工区嫩江组二段、三段、青山口组二段、三段泥页岩岩屑,通过岩屑滚动回收率和线性膨胀实验评价高性能水基钻井液抑制性效果(表3)。

试验结果显示,高性能水基钻井液的岩屑滚动回收率已接近油基钻井液水平,对研究区内分散性较强的嫩二段、三段泥岩回收率达到95%以上,具有较强的抑制泥页岩水化分散的能力。

表3 钻井液抑制性评价

试液	采样层位	回收率/%	16h膨胀率/%
基浆	K_1n_{2+3}	51	57
高性能水基钻井液		95.03	16
油包水钻井液		97.90	—
基浆	K_1qn_{2+3}	59	48
高性能水基钻井液		97.15	13
油包水钻井液		98.70	—

注：老化条件为120℃×16h。

3.3 润滑性评价

采用Fann212型极压润滑仪和NZ-3型滤饼黏滞系数测定仪，对高性能水基钻井液及滤饼的润滑性进行了评价实验（表4）。测得极压润滑系数为0.101，滤饼黏附系数为0.0262。为模拟外来固相对滤饼润滑性的影响，在高性能钻井液中再加入2%的120目细砂（粒径0.125mm），经API中压失水实验后，再测其滤饼黏附系数仅为0.0349。说明高性能水基钻井液在含砂量达2%的情况下依然具备较好的润滑性。

表4 钻井液润滑性实验

样品	极压润滑系数	滤饼黏附系数
硅基阳离子钻井液+润滑剂	0.150	0.0437
高性能水基钻井液+润滑剂	0.101	0.0262
高性能水基钻井液+润滑剂+2%细砂	—	0.0349
油包水钻井液	0.076	—

注：润滑剂配方为3%GD-X+2%环保型生物油+0.2%乳化剂。

3.4 抗钻屑污染能力评价

将L26-P42井姚家组泥页岩岩屑经烘干粉碎后，过100目筛，按不同比例加入待测钻井液中，测其老化前后的性能（表5）。试验结果表明，在岩屑加量最大达到20%时，钻井液各项性能均能保持在合理范围内。体系具有较强的抗钻屑污染能力。

表5 抗钻屑污染试验

岩屑加量/%	实验条件	AV/(mPa·s)	PV/(mPa·s)	YP/Pa	Gel/(Pa/Pa)	FL_{API}/mL	FL_{HTHP}/mL
0	老化前	26.5	20	6.5	2.5/4	2.6	—
	老化后	25	19	6	3/5	3.2	13.6
5	老化前	31	18	13	3/5	2.4	—
	老化后	30	19	10.5	2.5/4.5	3.0	13
10	老化前	38	18	17	4/7.5	2.8	—
	老化后	39	21	16	4/7	3.2	13.2

续表

岩屑加量/%	实验条件	AV/(mPa·s)	PV/(mPa·s)	YP/Pa	Gel/(Pa/Pa)	FL_{API}/mL	FL_{HTHP}/mL
15	老化前	42	26	20	5/9	3.4	—
	老化后	49.5	32	17.5	5.5/8.5	3.8	12
20	老化前	56	36	20	5/10	3.2	—
	老化后	63.5	44	19.5	5.5/9.5	3.6	11.6

注：老化条件为120℃×16h；FL_{HTHP}实验测量条件为120℃×3.5MPa×30min。

3.5 封堵性能评价

钻井液的滤失封堵性评价，主要利用120目砂床（孔径0.125mm），在温度为120℃，压力为3.5MPa的条件下，测量30min内钻井液砂床滤失量。试验结果如图2所示。试验开始后失水量增加缓慢，30min内累计失水量为10.6mL。

针对青山口组泥页岩裂缝发育的情况，同时开展了体系的封堵性试验。将外径为25mm，长为50mm的钢制岩心剖开，通过改变围压以调节两侧岩心间空隙大小，分别模拟缝宽为1μm、10μm、50μm的微裂缝，进行钻井液室内封堵实验。试验结果表明120min内缝宽1μm条件下出液1.0mL、缝宽10μm条件下出液1.8mL、缝宽50μm条件下出液2.0mL。说明高性能钻井液对不同量级的微裂缝均具有较好的封堵性能。

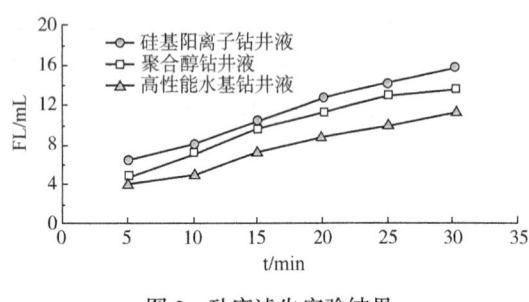

图2 砂床滤失实验结果

3.6 储层保护效果

使用FDS-800-10000型动态地层伤害测试评价系统，针对研究区天然岩心开展钻井液储层伤害综合评价试验（表6）。研究表明经污染后的岩心渗透率恢复率均可达到90%以上，钻井液的储层保护效果良好。

表6 储层渗透率恢复实验

编号	原始渗透率K_0/mD	污染后渗透率K_1/mD	渗透率恢复率K_1/K_0/%
1	8.526	8.012	93.9
2	6.742	6.384	94.6
3	2.744	2.484	90.6

注：试验条件为剪切速率为300s^{-1}、压差为3.5MPa、温度为150℃、污染时间1.5h；岩心层位为姚一段。

4 现场维护处理工艺

L26-P35井是大庆油田高性能水基钻井液首批试验井，完钻层位为青山口组高台子油层,岩性为一套灰色泥页岩和深灰色含泥、含钙粉砂岩组合。完钻井深为3500m,水平段长1423m。三开使用Φ215.9mm钻头,施工段长1686m,采用高性能水基钻井液。

防塌抑制性:钻遇地层青山口组以硬脆性泥页岩为主,黏土矿物类型主要为伊利石和伊/蒙混层,具有不分散泥页岩的典型特征,吸水极易造成剥落掉块并导致井眼坍塌。青山口组钻进全过程要始终将钻井液密度控制在设计上限,使井眼保持力学稳定。根据滤失量的变化补充使用降滤失剂,使失水量不高于2.0mL。正常钻进时将胺基抑制剂AP-1、聚合醇和沥青防塌剂复配成胶液使用。通过AP-1的强抑制性控制钻屑分散、抑制黏土膨胀。沥青防塌剂吸附在井壁上,达到部分隔离水相的目的。随着井温逐渐上升,利用聚合醇"浊点效应"实现对地层的进一步封堵,达到稳定井壁的作用。

润滑性:造斜后,即提前加入高效润滑剂,使井斜角达到40°前润滑类材料含量不低于5%。根据日常损耗量估算值、滤饼润滑性实验结果及工程参数三方面要素确定补充润滑材料的时间节点和具体用量。由于水平井井眼轨迹的特殊性,将不可避免地造成钻具与井壁间大面积、持续性的接触摩擦。因此,要解决水平井润滑性方面的问题除了要提高钻井液自身润滑性外,还应着重改善滤饼质量。固相含量和滤失量大小对滤饼的润滑性影响很大[4],在补充润滑材料的同时,充分利用固控设备,将固相含量控制在20%以内、含砂量控制在2.0%以内,滤饼摩擦系数不高于0.0524。同时,将沥青防塌剂与聚合铝降滤失剂复配胶液使用,一方面可以控制滤失量,另一方面可以改善滤饼质量减轻钻具对井壁的冲击。保持滤饼具有良好的润滑性。

携岩性:研究表明,井斜角达到40°后环空开始出现岩屑上返困难的现象[5-6],并逐渐形成岩屑沉积,根据现场钻井液性能调整流型调节剂加量[7-8],适当提高切力、维持合理动塑比、使造斜段钻井液漏斗黏度控制在50~60s,动塑比维持在0.36~0.6之间;进入水平段需要同时考虑到防塌因素,将钻井液的漏斗黏度进一步提升至60~70s。为避免形成紊流对井壁的冲蚀,将动塑比提至0.48~0.6。由于水平井段长、轨迹变化快。施工中应配合短程起下钻以破坏岩屑床,将井底沉砂及时返出地面。全井钻井液实际性能见表7。

储层保护:进入油层后,处理思路是在保证井下安全的前提下,尽量将钻井液调整至低密度、低固相、低失水、低黏度完井液。油层段钻进通过更换高目数筛布、混入新浆、提高固控设备,特别是离心机使用率等方式,及时降低钻井液中细微固相的含量,以减少其对储层的伤害。以胶液的形式补充降滤失剂和沥青防塌剂,进一步降低滤失量。严格按照储层保护要求选择超细碳酸钙等可解堵材料作为油层堵漏剂[9-10]。

表7 高性能水基钻井液实钻性能

井深/m	$\rho/(g/cm^3)$	FV/s	FL_{API}/mL	$PV/mPa·s$	YP/Pa	Gel/Pa/Pa
1702	1.38	57	1.0	22	7	2/4.5
1788	1.40	54	1.0	21	8	2/5
1820	1.41	50	0.8	20	8	2/5
1956	1.41	55	1.0	26	12	3/7
2199	1.43	65	1.6	38	19	5/12
2367	1.45	68	1.0	39	19	4/15

续表

井深/m	ρ/(g/cm^3)	FV/s	FL$_{API}$/mL	PV/mPa·s	YP/Pa	Gel/Pa/Pa
2577	1.45	65	1.0	40	19	5/15
2796	1.44	65	1.0	39	15	4/16
2930	1.44	63	1.2	36	18	4/14
3122	1.45	65	1.0	35	16	4/14
3245	1.46	68	1.0	37	16	4/15
3330	1.45	65	1.2	38	17	4/15
3500	1.45	65	1.0	36	15	4/15

5 应用效果分析

统计高性能水基钻井液体系所钻19口井，平均钻井时效指标见表8。由表8可以看出，采用高性能水基体系的水平井在平均机械钻速、钻井周期等主要工程时效指标接近或达到了油基钻井液水平。基本能够满足致密油水平井施工要求。通过对体系进行有针对性的维护调整，使上部地层的分散造浆和下部地层的页岩坍塌得到有效控制，杜绝了缩径、钻具泥包、井壁剥落、垮塌等水基钻井液带来的常见问题。215.9mm井眼油层段平均井径扩大率8.07%，油层段固井质量合格率100%。说明高性能水基钻井液体系的防塌抑制性强，具有很好的井壁稳定能力，可以满足大庆油田复杂泥页岩层的钻井液技术要求。

表8 钻井时效分析

参 数	高性能水基钻井液	油包水钻井液
平均井深/m	3607	3672
平均水平段长/m	1338	1421
油层井径扩大率/%	8.07	6.01
造斜段 ROP/(m/h)	4.99	5.79
水平段 ROP/(m/h)	6.97	8.19
平均机械钻速/(m/h)	5.89	6.73
平均钻井周期/d	17.54	17.39

6 结论

（1）高性能水基钻井液体系具有抑制性强、携屑性强、润滑性好、储层保护效果显著等特点，室内实验表明对嫩江组分散泥岩抑制性好，同时，对青山口组硬脆性泥页岩有很高的封堵防塌效果。

（2）现场试验证明，高性能水基钻井液能够在地层情况复杂、水平位移大、井轨变化频繁的条件下保障井下安全并保持较高的机械钻速。施工效果和主要钻井时效指标接近或达到油基钻井液的水平。为大庆油田致密油资源实现效益开发提供了重要技术支撑。

参 考 文 献

[1] Ramirez M A, Claper D K, Sanchez G, etal. Aluminum based HPWBM succesfully replace oil-based mud to drill exploratory wells in environmentally sensitive area[C]. SPE 94437, 2005.
[2] Van Oort E. On the physical and chemical stability of shales[J]. Journal of Petroleum Science and Engineering, 2003, 38(3-4): 213-235.
[3] 张克勤, 何纶, 安淑芳. 国外高性能水基钻井液介绍[J]. 钻井液与完井液, 2007, 24(3): 68-73.
[4] 王平全, 马瑞. 滤饼质量的影响因素研究[J]. 钻井液与完井液, 2012, 29(5): 21-25.
[5] 徐同台. 水平井钻井液与完井液[M]. 北京: 石油工业出版社, 1999: 115-119.
[6] 鄢捷年. 钻井液工艺学[M]. 东营: 石油大学出版社, 2001: 105-107.
[7] 赵巍, 贾俊, 王勇茗. 高效封堵钻井液体系在苏东区块的应用[J]. 钻采工艺, 2013, 36(3): 105-109.
[8] 田璐, 李胜, 王彬. 聚胺钻井液体系在定北区块的应用[J]. 钻采工艺, 2014, 37(2): 97-99.
[9] 张虹. 钻井液用非离子型微乳液 WR-1 的研制及其封堵和润滑作用[J]. 油气地质与采收率, 2017, 24(3): 97-99.
[10] 张坤, 刘南清, 王强, 等. 强抑制封堵钻井液体系研究及应用[J]. 石油钻采工艺, 2017, 39(5): 580-583.

D 油田外围中浅层水平井钻井液技术改进研究与应用

柳洪鹏[1]　宋维春[2]　李英武[3]　刘利明[3]　刘铁卜[3]

(1. 大庆钻探钻井液公司；2. 大庆钻探工程公司钻井三公司；
3. 大庆钻探工程公司钻井二公司)

【摘　要】 2017 年 D 外围油田共完成中浅层水平井 98 口，发生钻井复杂 21 口，占比 21.4%，损失时间 1645.17h；外围油田水平井水平段固井优质井段比例低，只有 48.94%。主要原因是取消技术套管后，地层裸露井段增长，钻遇嫩江组，泥岩易水化膨胀泥包钻具，钻井遇阻遇卡；安全密度窗口窄，钻井液密度低则易发生油气水侵，密度高易发生井漏；另外，钻具和井壁接触面积大大增加，润滑性也受到了很大影响，钻进过程中拖压现象严重。为解决上述问题，一是通过引进纳米乳液封堵剂、大分子护壁剂、沥青胶团和 zj-1 等处理剂，改进完善原有高性能钻井液体系，二是分井段、分工序细化现场性能维护，制定相应工程技术措施。2018 年现场应用了 14 口井，钻具泥包发生率降低 80%，水平段固井优质井段比例提高至 70.65%，无遇卡、油气水侵、井漏等复杂发生，取得了良好的经济效益和社会效益。

【关键词】 外围中浅层水平井；钻井复杂；固井优质井段

1　外围中浅层水平井施工存在的难点及问题

1.1　施工难点

(1) 由于环境保护、征地困难等因素，目前水平井设计多为三维轨道，钻井施工难度随之加大。

(2) 技术套管取消后，水平井裸眼井段增长，对钻井液抑制性、润滑性要求大幅提高。

(3) 受断层影响，目的层构造深度会发生变化，着陆垂深与设计有偏差，导致角度调整幅度较大，造成着陆时钻进速度极慢，严重制约了钻井速度。

(4) 由于油层薄、丰度低以及断层发育等影响，在水平段钻进时频繁找层，导致钻出的井眼不规则，钻进时摩阻扭矩大。

1.2　存在问题

(1) 技术套管取消后，钻遇大段泥岩井段，导致施工中泥包钻具问题突出，钻井二公司 2017 年共施工 40 口水平井，钻具泥包有 15 口井，占比达 37.5%。

(2) 水基钻井液对青山口等水敏地层稳定井壁的能力较弱，加上液柱压力不够、憋压

作者简介：柳洪鹏，男，汉族，34 岁，大庆钻探工程公司钻井二公司钻井技术服务分公司钻井液室，特殊工艺管理，工程师。联系地址：大庆钻探工程公司钻井二公司钻井技术服务分公司钻井液室。邮编：163000，电话：(0459)5608492，电子邮箱：liuhongp@cnpc.com.cn。

等情况易造成井壁失稳甚至井塌事故。

（3）技术套管取消后，二开钻遇井段增长，导致钻进施工中钻井液固相含量大幅度增加，钻井液性能受影响较大，特别是完井阶段性能波动幅度大，主要表现在钻井液黏切性能超高，从而影响完井电测、固井等工序的顺利施工，同时也影响固井质量。

（4）由于三维轨迹设计、裸眼井段增长、水平段频繁找层等原因，导致井眼轨迹不规则，造成钻进磨阻大、起下钻遇阻、电测遇阻、下套管不畅等问题。

2 D油田外围中浅层水平井钻井液技术改进研究

2.1 钻井液抑制性的改进

取消技术套管后，二开钻遇地层由原来的嫩二段提前至嫩五段，嫩江组大段泥页岩发育，造浆性能极高，极易发生泥包钻具问题，2017年在D油田外围中浅层水平井施工中泥包钻具发生率高达40%左右，且均发生在嫩江组井段。为提高钻井液的抑制性采取以下措施：

（1）引进ZJ-1、大分子护壁剂等新型抑制剂，提升钻井液抑制性。

① ZJ-1加量优选试验。

表1 ZJ-1加量优选试验数据

处理剂加量	漏斗黏度/s	失水量/mL	滤饼/mm	切力 10s~10min	$\Phi600$	$\Phi300$	动切力/Pa	塑性黏度/(mPa·s)
基浆	40	16.0	2.0	1.0~9.0	42	33	12	9
基浆+0.5%ZJ-1	114	8.0	2.0	4.0~13.0	152	110	34.5	42.0
基浆+1%ZJ-1	滴溜	6	2.0	6.0~15.5	160	120	41.5	39
基浆+1.5%ZJ-1	滴溜	5	2.0	8.0~17.5	128	103	44.5	39
基浆+2%ZJ-1	滴溜	5	2.0	9.0~18.5	128	103	44.5	39

从表1中可以发现，随着ZJ-1加量的增加，塑性黏度，失水量下降，漏斗黏度、静切力有明显增加。即该处理剂的加入有利于提高钻井液体系的黏度，保持较好的钻井液胶体性能，且终切值不太大，降低了因钻井周期时间长导致的完井阶段钻井液黏切值过大对后期施工的影响。由实验可知加量为1.5%~2%时，性能稳定效果最好。

② 大分子护壁剂加量优选试验

表2 大分子护壁剂加量试验数据

处理剂加量	失水量/mL	滤饼/mm	表观黏度/Pa	动切力/Pa	塑性黏度/(mPa·s)
基浆	15.0	2.0	28	8	20
基浆+0.5%大分子护壁剂	12.0	1.5	34	10	24
基浆+1%大分子护壁剂	9	1.0	46	15	31
基浆+1.5%大分子护壁剂	8	1.0	56	21	35

从表2中可以发现，随着大分子护壁剂加量的增加，钻井液的流变性能、动切力、静切力和塑性黏度都有所升高，而失水量降低，滤饼变薄。大分子护壁剂的加入有利于提高

钻井液体系的黏度,保持较好的钻井液胶体性能,且加量为1.5%时,性能良好,动塑比适宜,能够满足钻井需求。

(2)将原来使用的包被剂改进为包被剂乳液聚合物,包被能力更强,对钻井液流变性能影响更小(1#为原包被剂;2#为包被剂乳液聚合物)。

表3 不同包被剂性能对比实验

试样	失水量/mL	滤饼/mm	切力 10s/10min	Φ600	Φ300	动切/Pa	塑性黏度/(mPa·s)
基浆+0.5%包被剂(1#)	4.5	1.0	5.5/15	96	65	17.5	31.0
基浆+0.5%包被剂(2#)	3.5	1.0	23/11	82	55	14	27

通过表3中的数据可以看出2#包被剂的各方面性能优于1#。特别是2#的流变性能可以降低因钻井周期时间长导致的完井阶段钻井液黏切值过大对后期施工的影响。

(3)适当提高原有强抑制剂(PLUS、聚合醇、小阳离子)的使用量,增强钻井液抑制性。

(4)钻井液抑制性能评价。

①滚动回收实验。

该实验是在清水和两种钻井液介质中,加入一定量的20目和30目之间的岩屑,在三种温度下测量岩屑的回收率,温度为:350K,425K,500K(对应的实测温度为:80℃,120℃,140℃),所用设备为滚子加热炉。具体数据见表4。

表4 钻井液岩屑的回收率

钻井液体系	滚动回收时间6h时的回收率/%		
	350K	425K	500K
清水	25.5	23.9	24.1
原钻井液体系	82	77	73
改进后的钻井液体系	60	52	50

从实验数据可以看出,在高温高压下,改进后的钻井液体系在抑制黏土膨胀方面优于原钻井液体系。

②膨胀实验。

该实验所用设备为页岩膨胀仪(常温常压),使用标准膨润土压制的岩心柱,分别用清水及两种钻井液体系的滤液进行浸泡,测量膨胀度。具体数据见表5。

表5 页岩膨胀实验数据

钻井液体系	不同时间下的膨胀度							
	0	1h	2h	4h	6h	9h	14h	20h	24h
清水	0	0.25	0.42	0.68	0.90	1.21	1.69	2.4	2.65
原体系	0	0.25	0.39	0.67	0.89	1.20	1.68	2.3	2.6
改进后体系	0	0.15	0.25	0.40	0.52	0.72	1.05	1.40	1.70

在常温常压下，改进后钻井液体系抑制黏土膨胀的能力明显强于原钻井液体系。能够有效抑制页岩的吸水膨胀，稳定井壁，减少事故复杂。

2.2 钻井液封堵性的提升

（1）引进纳米乳液封堵剂、沥青胶团等新型封堵处理剂，改善钻井液封堵性能。

由表6中可以看出当加量相同时，沥青胶团和纳米乳液封堵剂的降失水性能要明显强于常用的改性沥青。

表6 纳米乳液封堵剂、沥青胶团与改性沥青性能对比数据

处理剂加量	失水量/mL	滤饼/mm	表观黏度/Pa	塑性黏度/(mPa·s)	动切力/Pa
基浆	7	2.0	49	31	18
基浆+1%改性沥青	3	1.0	48	32	17
基浆+1%沥青胶团	2.4	1.0	45	30	15
基浆+1%纳米乳液封堵剂	2.0	1.0	44	32	16

（2）在实际应用中常规封堵材料（如随钻封堵剂、改性沥青、超细碳酸钙等）的应用，既提高了滤饼的韧性，降低了钻井液的失水，又对地层大孔隙度及微裂缝进行了封堵，提高了地层的承压能力，防止钻井液侵入地层，有效地稳定了井壁。

2.3 钻井液润滑性的提高

4种润滑剂（固、液相润滑剂各两种）复配使用，针对不同井段、不同工况使用，并根据现场施工情况调整加入量，大大提高了钻井液润滑性。保证了钻进、起下钻、测井、下套管作业均顺利通畅。

（1）造斜井段井斜在45°之前以添加环保油和低荧光润滑剂为主，既能保证钻井液润滑性，又可以防止钻具泥包。

（2）造斜井段井斜在45°~90°之间时添加多功能固体润滑剂，使钻具和井壁之间的滑动摩擦变为滚动摩擦，降低钻进磨阻，同时增强滤饼质量。

（3）水平段钻进复合使用液体润滑剂和多功能固体润滑剂，保证水平段顺利施工。

（4）下套管作业前，根据井深的不同加入不同量的玻璃微珠，保证下套管作业顺利进行。

2.4 固控设备升级改造

为每个施工水平井的钻井队配备了MI-SWICO固控设备，保证钻井施工中振动筛筛布使用目数在80~120目之间，除砂除泥一体机筛布目数在160目以上，中速离心机在钻进工况每天使用4h以上，施工后期使用MI-SWICO高速离心机对钻井液进行净化。有效地清除了钻井液中的有害固相，优化了钻井施工中钻井液的性能。

2.5 工程技术措施

（1）每钻进200m进行短起下，破坏井壁岩屑床，扩大钻进时井筒内环空空间，防止钻井液憋入地层。

（2）通井时控制下钻速度，中途分段循环，开泵时泵冲缓慢提升，防止井底瞬间压力

过大,将钻井液憋入地层,造成井塌。

(3)起钻时使用计量好灌入钻井液,保证钻井液的灌入量不小于起出钻具体积,防止因钻井液不能灌入造成井筒液柱压力降低不能平衡地层坍塌压力,引发井塌。

(4)及时进行井眼轨迹优化修正。在掌握地质情况和地质造斜变化规律的情况下,全井段尽可能用相同的钻具组合,精心控制井斜、方位,创造平滑过渡的井眼条件,尽量减少因井眼轨迹控制造成的摩阻。

2.6 现场技术方案

通过室内性能评价、加量优选研究结合现场施工情况,确定了改进的中浅层水平井技术方案:原钻井液体系+1.5%-2%ZJ-1+1.5%大分子护壁剂+0.5%包被剂乳液聚合物+1%沥青胶团+1%纳米乳液封堵剂。

3 现场应用效果

2018年改进的D油田外围中浅层水平井钻井液技术现场应用了14口井,钻具泥包发生率为零,水平段固井优质井段比例由48.94%提高至70.65%,无遇卡、油气水侵、井漏等复杂情况发生,取得了良好的经济效益和社会效益。

表7为NP269-平314井全井钻井液性能数据,该井设计井深2428m,二开裸眼井段长2124m,在多次等甲方决策的情况下仅用时16天钻完裸眼井段,期间水平段日进尺最高超过200m,井斜60°至着陆井段日进尺超过180m(期间短起下15柱通井),施工顺利完成。

表7 NP269-平314井全井钻井液性能跟踪

井深/m	密度/(g/cm³)	漏斗黏度/s	Φ3初/终	失水量/mL	滤饼/mm	pH值	含砂/%	Φ600/Φ300	PV/(mPa·s)	YP/Pa	固相	摩阻
配浆	1.10	42	1.5/4	3.0	1.0	9	0.5	50/33	17	8	8	0.0437
450	1.30	51	1.5/8	3.0	1.0	9	0.8	54/35	19	8	12	0.0699
720	1.19	53	3/11	1.8	1.0	9.5	0.8	63/40	23	8.5	12	0.0699
800	1.32	54	2/8	2.8	1.0	9.5	0.8	67/46	21	12.5	13	0.0875
1020	1.35	62	2.5/8	3.0	1.0	9	1	78/54	24	15	14	0.0963
1115	1.35	54	2.5/7	2.4	1.0	9	0.8	76/51	25	13	14	0.0875
1178	1.45	52	3/10	2.4	1.0	9	1	75/52	24	13.5	15	0.0875
1292	1.55	59	3.5/11	2.6	1.0	9.5	0.5	84/55	29	13	21	0.0875
1368	1.55	62	3.5/11	2.6	1.0	9	0.5	85/55	30	12.5	22	0.0963
1482	1.55	63	4/12	2.6	1.0	9	0.7	88/57	31	12	23	0.0875
1645	1.55	64	4.5/13	2.0	1.0	9	0.6	91/60	31	14.5	25	0.0875
1845	1.55	64	4.5/13	2.2	1.0	9	0.8	91/60	31	14.5	23	0.0875
1921	1.55	64	4/16	2.4	1.0	9	1.0	90/52	28	13	24	0.0699
2000	1.55	64	4.5/13	2.2	1.0	9	0.8	91/60	31	14.5	23	0.0875
2159	1.56	61	4.5/16	2.1	1.0	9	1.0	103/69	34	17.5	24	0.0699
2287	1.56	61	4.5/17	2.4	1.0	9	1.0	108/72	36	18	24	0.0699

续表

井深/m	密度/(g/cm³)	漏斗黏度/s	Φ3 初/终	失水量/mL	滤饼/mm	pH值	含砂/%	Φ600/Φ300	PV/(mPa·s)	YP/Pa	固相	摩阻
2350	1.58	60	4.0/12	2.2	1.0	9	1.0	109/72	37	17.5	24	0.0699
电测	1.58	60	4.0/12	2.2	1.0	9	1.0	108/72	36	18	24	0.0699
固井	1.58	60	4.0/12	2.2	1.0	9	1.0	108/72	36	18	24	0.0699

图1为现场二开施工时返出的钻屑图片。

图1 现场钻屑图片

4 认识与体会

（1）改进的水平井钻井液技术能够很好地满足现场施工要求，保证D油田外围中浅层水平井高效施工。

（2）ZJ-1、大分子护壁剂等新型抑制剂，能够有效提升钻井液抑制性。

（3）纳米乳液封堵剂、沥青胶团等新型封堵处理剂，可以有效改善钻井液封堵性能。

（4）4种润滑剂复配使用，有效提高了钻井液的润滑性。

抗高温抗盐聚合物增黏剂的研制与性能评价

董振华

(中国石油大庆钻探工程公司钻井工程技术研究院)

【摘　要】 针对聚合物类增黏剂在高温和高盐环境下降解失效，不易现场维护等问题，以丙烯酰胺、2-丙烯酰胺基-2-甲基丙磺酸、N-乙烯基吡咯烷酮、白油及配套乳化剂为主要原料，采用反相乳液聚合法合成了高相对分子质量的抗温抗盐聚合物增黏剂 DQVIS，考察了该剂的抗老化性、增黏性、降滤失性，并以 DQVIS 替代原深层水基体系中的增黏剂考察了 DQVIS 对钻井液体系性能的影响。研究表明：DQVIS 的抗温能力突出，质量分数 1% 的 DQVIS 溶液在 180℃ 老化 16h 后仍能达到 72% 的黏度保留率，能够满足深井钻井中钻井液提黏要求。DQVIS 具有优良的降滤失能力，分别向淡水基浆、盐水基浆和饱和盐水基浆中加入 0.6%DQVIS 后，180℃ 老化前/后的滤失量分别为 6.8mL/8.2mL、8.0mL/14.8mL 和 10.0mL/15.8mL，DQVIS 与深层体系中其他处理剂配伍良好，加量少，溶解速度快，尤其可以满足冬季施工的需求。

【关键词】 抗高温；抗盐；增黏剂；聚合物

随着深部地层油气勘探开发力度的加大，深部高温、高压及高盐钻井环境给钻井液施工带来了更大的挑战。因此，用于调整钻井液流变性的增黏剂的抗高温、抗盐性能显得至关重要。聚合物类增黏剂具有环保、加量低、性价比高等优势，但在实际施工中，其在高温下会降解失效[1-2]。国内抗高温增黏剂产品的需求高，目前干粉类产品占了绝大部分，但干粉类产品干燥过程中存在性能损失，现场应用过程中存在溶解困难、利用率低等问题[3-4]。乳液类产品不需干燥即可在现场直接加入使用，且具有溶解速率快等优点[5]。为了提高增黏剂抗温能力，其分子一级结构应选择 C—C、C—N 和 C—S 键为主链的单体，同时其分子二级结构应该具有支链型或体型结构，因此，一是可以选用苯磺酸、苯乙烯等单体增加分子链刚性，二是可以选择具有五元环结构的烷酮抑制分子链的水解。另外，2-丙烯酰胺基-2-甲基丙磺酸(AMPS)分子上的磺酸基不仅可以提高增黏剂的水溶性，还能增加黏土颗粒的水化膜厚度，抑制高温环境对黏土颗粒水化膜的破坏。AM 上的酰胺基可通过静电引力和范德华力与黏土颗粒进行牢固吸附。本文针对聚合物类增黏剂抗高温、抗盐等改性需要，采用丙烯酰胺、2-丙烯酰胺基-2-甲基丙磺酸、N-乙烯基吡咯烷为反应单体，采用反相乳液聚合法合成了高相对分子质量抗温抗盐聚合物增黏剂 DQVIS，评价了该剂的抗老化性、增黏性和降滤失性。

作者简介：董振华(1982—)，男，吉林大学化学学院化学专业学士(2005)，主要从事钻井液处理剂研发工作，通讯地址：163000 中国石油大庆钻探工程公司钻井工程技术研究院，E-mail：dongzhenhua@cnpc.com.cn。

1 实验部分

1.1 材料与仪器

丙烯酰胺(AM)，2-丙烯酰胺基-2-甲基丙磺酸(AMPS)，N-乙烯基吡咯烷酮(NVP)，烧碱(NaOH)，纯碱(Na_2CO_3)，N,N-亚甲基双丙烯酰胺，过硫酸钾，丙酮，均为分析纯；白油、Span80、Tween85均为工业品。

IKA-WERKE型反应釜，德国IKA公司；Fann-VISCOMETER 35SA型六速旋转黏度计，美国Fann仪器公司；Nicolet-Nexus670型傅里叶变换红外光谱仪，美国Nicolet公司；TG209型热重分析仪，德国耐驰公司；XGRL-4A型高温滚子加热炉，青岛海通达专用仪器有限公司；JSS-B12K变频高速搅拌机，青岛海通达专用仪器有限公司；SD6A型多联中压滤失仪，青岛新领机电科技有限公司。

1.2 抗高温抗盐增黏剂DQVIS的合成

将一定量的白油、Span80和Tween85倒入三口烧瓶中搅拌至充分溶解，作为油相；将一定量的AMPS倒入适量的去离子水中配成水溶液，然后用NaOH溶液调节pH值至中性，倒入三口烧瓶中，加入一定量的AM、NVP和N,N-亚甲基双丙烯酰胺，搅拌使其充分溶解，作为水相；开启搅拌，将水相溶液缓慢倒入油相溶液中后密封三口烧瓶，装好冷凝管，通入氮气除氧30min后将恒温水浴锅升温至指定温度，加入引发剂反应5h后结束。

将产物取出后用丙酮沉淀，分别浸泡3次，再在70℃下干燥，即得共聚物DQVIS样品。将提纯后的DQVIS样品用KBr晶片压片制样，采用傅里叶变换红外光谱仪进行分析。

1.3 基浆的配制

在自来水中加入4%膨润土和土量3.5%的碳酸钠，高速搅拌20min，室温下养护24h制得淡水基浆。

在自来水中加入4%膨润土、土量3.5%的碳酸钠和4%NaCl，高速搅拌20min，室温下养护24h制得盐水基浆。

在自来水中加入4%膨润土、土量3.5%的碳酸钠和36%NaCl，高速搅拌20min，室温下养护24h制得饱和盐水基浆。

1.4 性能测试

将增黏剂样品用去离子水配制成质量分数1%的水溶液，装入高温老化罐，在不同温度下热滚16h，然后在25℃下测定其老化前后的表观黏度，由老化后的表观黏度与老化前表观黏度之比计算黏度保留率以评价增黏剂的抗老化性能。

在基浆中加入一定量的增黏剂，参照中国石油天然气行业标准SY/T 5661—2019《钻井液用增黏剂 丙烯酰胺类聚合物》，测定常温及180℃热滚16h后钻井液的流变性和滤失量。

2 结果与讨论

2.1 红外光谱分析

图1为抗高温抗盐增黏剂DQVIS的红外光谱图。其中，3450cm^{-1}处为—NH_2特征吸收

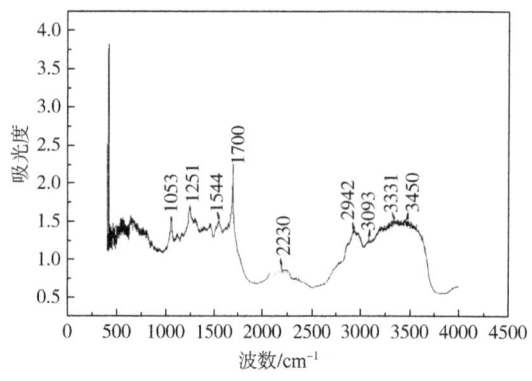

图 1 增黏剂 DQVIS 的红外光谱图

峰；3331cm^{-1} 处为羧酸的 O—H 特征峰；3093cm^{-1} 处为酰胺的 N—H 基团振动特征峰；2942cm^{-1} 处为—CH$_2$ 基团的特征吸收峰；2230cm^{-1} 处为—C≡N 的特征吸收峰；1700cm^{-1} 处为酰胺的 C=O 基团的振动特征吸收峰；1544cm^{-1} 处为—NH—的特征吸收峰；1251cm^{-1} 处为乙烯基吡咯烷酮 C—N 键振动特征峰；1053cm^{-1} 处为磺酸基团的特征吸收峰；600~750cm^{-1} 处为—NH$_2$ 的面外摇摆振动吸收谱带。红外光谱分析表明所合成的产物为目标产物。

2.2 DQVIS 的抗老化性能

聚合物在钻井液的实际应用环境为水溶液，本文从聚合物溶液老化方面考察增黏剂的抗温能力。质量分数为 1% 的 Driscal D 和 DQVIS 水溶液分别在 120℃、130℃、140℃、150℃、160℃、170℃、180℃下恒温老化 16h 后的表观黏度如图 2 所示。由图 2 可知，经 120℃/16h、130℃/16h、140℃/16h 老化后，两种聚合物水溶液黏度均基本保持不变，但在更高温度（不小于 150℃）下老化后，Driscal D 溶液的黏度降低幅度较大，DQVIS 溶液的黏度降低幅度则相对缓慢，DQVIS 溶液在 180℃/16h 老化后仍具有较高的黏度保持率，可达 72%。而 Driscal D 在 170℃老化 16h 后黏度保留率几乎降至 0，这表明 DQVIS 的抗老化性明显优于 Driscal D 的。这是因为 DQVIS 分子中的 AMPS 和 NVP 单元具有很强的刚性，特别是 NVP 五元环侧链的特殊结构，因此聚合物具有优良的耐温抗水解能力；通过交联剂引入共聚物分子中的交联结构为碳碳交联键，可避免较高温下分子交联结构的水解，因此 DQVIS 具有良好的耐温抗老化性能。

2.3 DQVIS 的增黏能力

在淡水基浆中加入不同量的增黏剂 DQVIS，增黏剂 DQVIS 加量对浆液黏度的影响如图 3 所示。当 DQVIS 加量大于 0.3% 后，增黏剂形成了动态物理交联网络，显著增大了微交联结构中分子链流体力学体积，且增黏剂分子中的磺酸基的静电排斥作用使得分子链更为伸展，因此浆液的表观黏度大幅增高。

2.4 DQVIS 的降滤失能力

将一定量的增黏剂 DQVIS 分别加入淡水基浆、盐水基浆和饱和盐水基浆中，并在 180℃下热滚 16h，DQVIS 加量对高温老化后钻井液性能的影响见表 1。在淡水基浆中，随着 DQVIS 用量的增加，钻井液的表观黏度、塑性黏度和动切力增大，提黏切效果好，并且在经过 180℃高温老化 16h 后黏度虽然有所降低但仍有较高的黏度保留率。钻井液老化后未出现增稠现象，流变性良好。未加增黏剂时的淡水基浆在室温和经 180℃高温老化后的失水量分别为 14.4mL 和 25.6mL。但随着 DQVIS 用量增大，淡水钻井液的失水量逐渐降低，当 DQVIS 加量为 0.6% 时，在室温和经 180℃高温老化后的失水量分别为 6.8mL 和 8.2mL。

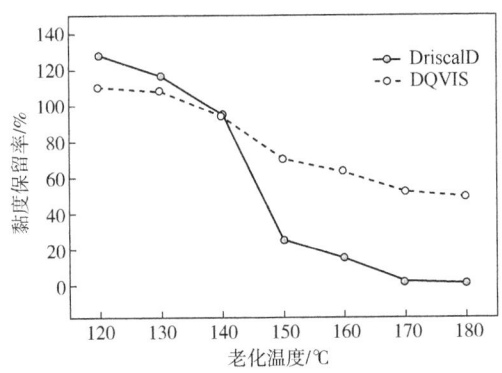

图 2 Driscal D 和 DQVIS 水溶液的抗老化性能
（测试温度 25℃）

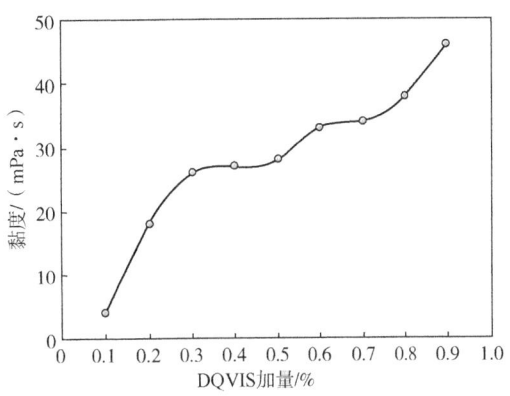

图 3 DQVIS 加量对基浆黏度的影响

在盐水基浆中，盐水钻井液的黏度随着增黏剂用量的增加而增大，经高温老化后，该盐水钻井液黏度和动切力下降。盐水钻井液的表观黏度和塑性黏度等均低于相同 DQVIS 加量下淡水钻井液的，这是因为盐会使钻井液中固体颗粒的表面性质改变，减弱水化膜厚度，从而影响增黏剂吸附基团的水化作用和吸附能力，增黏剂所形成的空间网络结构能力下降，进而导致黏切降低。未加增黏剂的盐水基浆在室温和老化后的失水分别为 69mL 和 174mL。随着 DQVIS 加量的增大，盐水钻井液的失水明显降低，当加量为 0.6% 时，在室温和老化后的失水分别为 8.0mL 和 14.8mL，老化前后失水量均得到较好的控制，说明该增黏剂具有一定的抗盐能力。

在饱和盐水基浆中，钻井液的黏度随着 DQVIS 加量的增大而增大，流变性能相对稳定，并且饱和盐水钻井液黏度低于相同 DQVIS 加量下盐水钻井液的黏度，但动切力与盐水钻井液的相差不大，说明增黏剂 DQVIS 的抗盐能力较好。老化前后饱和盐水基浆的失水量分别是 108mL 和 203mL。向饱和盐水基浆中加入增黏剂 DQVIS 后，老化前后失水量均大幅度下降，当加量为 0.6% 时，老化前后钻井液失水量分别是 10.0mL 和 15.8mL，老化前后失水量相差较低，说明增黏剂 DQVIS 的抗温和抗盐性能良好。

表 1 向基浆中加入一定量增黏剂 DQVIS 后的性能变化

基浆类型	DQVIS 加量/%	实验条件（180℃×16h）	AV/(mPa·s)	PV/(mPa·s)	YP/Pa	FL(API)/mL
淡水基浆	0	热滚前	7.0	4.0	3.0	14.4
		热滚后	3.5	2.5	1.5	25.6
	0.2	热滚前	18.0	10.0	8.0	12.2
		热滚后	15.0	7.5	7.5	16.4
	0.4	热滚前	27.0	15.0	12.0	9.6
		热滚后	24.5	12.5	12.0	10.2
	0.6	热滚前	32.0	19.0	13.0	6.8
		热滚后	31.5	17.5	14.0	8.2

续表

基浆类型	DQVIS 加量/%	实验条件（180℃×16h）	AV/(mPa·s)	PV/(mPa·s)	YP/Pa	FL(API)/mL
盐水基浆	0	热滚前	6.0	4.0	2.0	69.0
		热滚后	3.0	2.0	1.0	174.0
	0.2	热滚前	17.0	12.0	5.0	16.0
		热滚后	10.5	8.0	2.5	18.8
	0.4	热滚前	28.0	21.0	7.0	12.6
		热滚后	14.0	10.0	4.0	16.2
	0.6	热滚前	31.0	24.0	7.0	8.0
		热滚后	14.5	10.0	4.5	14.8
饱和盐水基浆	0	热滚前	5.5	4.0	1.5	108.0
		热滚后	3.0	2.0	1.0	203.0
	0.2	热滚前	13.5	11.0	2.5	17.0
		热滚后	6.0	4.0	2.0	27.8
	0.4	热滚前	20.0	16.0	4.0	13.6
		热滚后	10.0	8.0	2.0	23.2
	0.6	热滚前	26.5	22.0	4.5	10.0
		热滚后	11.0	8.0	3.0	15.8

注：AV—表观黏度；PV—塑性黏度；YP—动切力；FL(API)—API 滤失量；后同。

2.5 DQVIS 对钻井液体系性能的影响

利用增黏剂 DQVIS 替代原体系配方中的增黏剂后，原体系和改进后体系性能评价结果见表 2。从表 2 可以看出，改进后体系流变性相对稳定，滤失量也控制得更低，说明该增黏剂与体系中其他处理剂配伍性良好，提高了体系的热稳定性和降滤失能力。

表 2 增黏剂 DQVIS 在钻井液体系中的性能评价

体系	测试条件	AV/(mPa·s)	PV/(mPa·s)	YP/Pa	初切力/Pa	终切力/Pa	FL(API)/mL
原深层水基体系	老化前	37.0	29.0	4.0	2.0	2.0	3.2
	180℃×16h 后	30.0	12.0	9.0	2.0	2.5	3.4
改进后深层水基体系	老化前	48.0	24.0	12.0	2.0	2.5	1.8
	180℃×16h 后	35.0	15.0	10.0	3.0	4.0	2.0

2.6 作用机理探讨

聚合物在高温条件下易于降解，从而造成高温老化后钻井液性能恶化[6]。本文合成的聚合物以 C—C 链为主链，同时辅以交联剂使分子链支化或交联，使增黏剂分子在二级结构上形成具有一定网络结构的支链型或体型高分子，增强抗温性[7-8]。合成聚合物中的 AMPS 链节中磺酸基团水化作用强，可增加黏土颗粒的水化膜厚度，抑制高温环境对黏土颗粒水化膜的破坏,避免黏土颗粒发生聚结,使盐的去水化能力变弱[9]。NVP 链节上的五元环和 AMPS 上的侧链共同作用可提高分子链的刚性并具有疏水屏蔽作用,提高了产物的耐水解、耐降解能力。AM 链节可提高合成聚合物在膨润土表面的吸附能力[10]。综上所述,该增黏剂分子结构稳定,高温后被水解、氧化程度低,综合能力突出。

3 结论

以丙烯酰胺、2-丙烯酰胺基-2-甲基丙磺酸、N-乙烯基吡咯烷酮、白油及配套乳化剂为原料,采用反相乳液聚合了合成的高相对分子质量聚合物增黏剂 DQVIS,具有较好的抗温能力和增黏能力。增黏剂 DQVIS 在淡水和盐水基浆中均具有良好的增黏性能和降滤失性能,抗温 200℃,产品性能优良。同时,增黏剂 DQVIS 具有加量低、使用方便、与现场其他处理剂配伍性好等特点,能够满足高温高压深井现场施工要求。

参 考 文 献

[1] 鄢捷年. 钻井液工艺学[M]. 东营:石油大学出版社,2001.
[2] 张健,张黎明,李卓美,等. 耐盐增黏剂 HCMC 的研究[J]. 石油与天然气化工,2000,29(2):80-82.
[3] 王中华,王旭. 超高温钻井液体系研究(Ⅲ)——抗盐高温高压降滤失剂研制[J]. 石油钻探技术,2009,37(5):5-9.
[4] 徐同台,王奎才. 我国石油钻井泥浆处理剂发展状况与趋势[J]. 油田化学,1995,12(1):74-83.
[5] 盛兴. 增黏剂 SX 的研制及应用[J]. 湖北化工,1999(2):22.
[6] 周辉,郭保雨,江智君,等. 深井抗高温钻井液体系的研究与应用[J]. 钻井液与完井液,2005,22(4):46-48.
[7] 樊小辉,孙挺,吴全才,等. 星形聚丙烯酰胺接枝淀粉的合成及应用[J]. 化工进展,2006,25(5):577-580.
[8] 刘榆,李先锋,宋元森,等. 无固相甲酸盐和高温交联钻完井液体系的研究应用[J]. 油田化学,2005,22(3):199-202.
[9] 王中华. DMDAAC/AA/AM/AMPS 共聚物的合成[J]. 河南化工,1995(1):10-12.
[10] 王中华. 超高温钻井液降滤失剂 P(AMPS-AM-AA)/SMP 的研制[J]. 石油钻探技术,2010,38(3):8-12.

海坨区块高效堵漏体系的优化与应用

孙威威

(大庆钻探工程公司钻井四公司钻井液分公司)

【摘　要】 海坨区块的地层破裂压力较低，存在大量的天然裂缝，钻井过程中极易发生渗透性漏失和失返性漏失，从而引发井壁失稳。针对海坨区块存在的严重漏失问题，制备了一种随钻堵漏纤维YTZ，同时优选出了与基浆配伍良好的复合植物纤维XA、快速封堵剂KF，提高了钻井液稳定井壁的能力。通过3种堵漏材料的复配，形成了一套适合海坨区块的堵漏体系和科学有效的施工技术，有效解决了海坨区块的各种井漏问题，确保了钻井及完井施工的顺利进行，减少了由于漏失带来的经济损失。该堵漏体系在现场应用中体现了良好的封堵效果，值得在海坨区块进一步推广应用。

【关键词】 海坨区块；井壁失稳；钻井液；堵漏剂；随钻堵漏纤维；防漏堵漏

近年来针对大型漏失、恶性漏失等复杂地层的堵漏技术，国内外学者开展了大量的研究工作，主要集中在堵漏工具的研制、堵漏工艺的优化、堵漏材料的制备。堵漏材料主要包括无机堵漏材料、凝胶堵漏材料、聚合物堵漏材料、机械堵漏材料等。

但是，针对复杂地层的堵漏，仍存在很大挑战，多次堵漏的现象时常发生，堵漏成功率比较低。由于井漏问题导致弃井的现象时有发生，造成了巨大的经济损失[1-3]。井漏问题是困扰国内外石油钻探开发的重大工程难题[4-6]。全球井漏发生的概率占钻井总数的25%左右，其中失返性恶性漏失更是占据了漏失井的50%以上[7-11]。全世界恶性漏失导致的经济损失每年高达几十亿人民币[12]。堵漏技术是解决井漏的关键技术，近年来国内外针对井漏问题开展了大量研究，目前的堵漏技术也有多达十几种[13-18]，但是每一种堵漏技术都有局限性，因此丰富完善堵漏技术十分必要。海坨区块位于海坨子油田的南部，构造为松辽盆地南部中央坳陷，地层破裂压力较低，存在着垂直、单斜、水平、网状等天然裂缝，且多为高角度裂缝、垂直裂缝，缝宽约0.3mm，地层中裂缝的开度分布范围广，钻井深度达到1627~2152m时极易发生渗透性漏失等井漏问题。前期通过不同的封堵技术，开展了大量的堵漏施工，均没有取得良好的封堵效果，单井平均漏失量达到200m^{2}的经济损失。针对海坨区块的漏失问题，本文制备了一种新型的随钻堵漏剂，同时研究了一种新的封堵体系有望解决海坨区块漏失问题。对于提高海坨区块的勘探开发进程具有非常重要的意义。

作者简介：孙威威，女，汉族，1986年生，工程师，从事钻井液体系的配置及现场作业指导工作，吉林省松原市宁江区大庆钻探工程公司钻井四公司4255号，179526765@qq.com。

1 海坨区块漏失简况

1.1 漏失情况简介

近期海坨区块完成5口井，均出现不同程度井漏，漏失井段1627~2152m（青山口组），累计漏失量800m³左右，并有1口井因井漏引发严重掉块，导致划眼。5口井的漏失情况见表1。

表1 海120区块5口井漏失情况统计

井号	井别	完钻井深/m	漏失井段/m	漏失量/m³
海120-11-5	生产	2340	1679~2150	180
海120-15-10	生产	2278	1701~1847	80
海120-11-11	生产	2241	1747~2152	140
海120-7-5	生产	2340	1627~1722	250
海120-21-13	生产	2401	1894~2000	140

1.2 井漏情况分析

确定易漏井区漏层性质，是预防及处理井漏成功的关键。现场主要通过分析法确定漏层性质，即井漏发生后，首先确定漏层位置，并根据岩性、井深、工况、钻时、漏失井段长度、井漏程度等判断漏失性质，完井后根据测井资料结合邻井情况，进一步深入分析。

1.2.1 发生井漏的条件

（1）地层中有孔隙、裂缝，使钻井液具备通行的条件。

（2）地层孔隙中的流体压力小于钻井液液柱压力，在正压差作用下，发生漏失。

（3）地层破裂压力小于钻井液液柱压力和环空压耗或激动压力之和，将地层压裂，发生漏失。

1.2.2 发生井漏的原因

（1）钻井过程中，钻遇胶结偏差、孔隙度偏高、渗透率偏高或裂缝发育地层，易发生井漏。

（2）钻井液密度控制不理想，压漏裸眼井段中较薄弱地层。

（3）下钻或接单根时，下放速度过快，造成激动压力，压漏地层。

（4）钻井液密度、黏度偏高，导致开泵时激动压力偏大，压漏地层。

（5）快速钻进时，洗井效果不理想，岩屑浓度偏高，环空中有大量岩屑沉积，易将地层压漏。

（6）井内钻井液静止时间长，触变性差，易造成井漏。

1.2.3 漏失层位的判断

（1）钻进中井漏：钻开新地层时，井底漏。

（2）分析原来曾发生过井漏的层段，判别重新漏失的可能性。

（3）根据地层压力和破裂压力的资料对比，最低压力点是首先要考虑的位置，特别是已钻过的油、气、水层及套管鞋附近。

(4) 根据地质剖面图和岩性对比,漏层往往在孔隙、裂隙发育的位置。

(5) 和邻井相同井段进行对照分析。

1.2.4 井漏的类别

根据现场井漏情况,将井漏问题进行了分类,见表2。

表2 根据漏失速度判断井漏类型

漏速/(m³/h)	<5	5~15	15~40	40~50	>50
井漏类型	微漏	小漏	中漏	大漏	严重漏失

1.2.5 不同井段漏失情况判断

通过分析地层特性,海坨区块井漏主要是由于垂直裂缝发育、钻井液液柱压力(钻井液密度为1.12g/cm)大于地层破裂压力等造成。对不同井段的漏失情况进行了汇总,见表3。

表3 海120区块漏失性质分析

井段/m	平均漏失量/m³	漏失类别
1600~1800	4~10	微漏—小漏
1800~2000	35~45	中漏—大漏
>2000	60	严重漏失

2 随钻堵漏剂YTZ的制备及其特点

2.1 材料

纤维素、淀粉、天然高分子木质素、氢氧化钠、增塑剂[聚乙烯醇、聚乙烯醇共聚物(甘油)]、泥炭、pH试纸。

2.2 随钻堵漏剂YTZ制备过程

将上述各组分按照质量配比混合均匀,40%纤维素,35%淀粉,15%木质素和10%增塑剂。使用过氧化二苯甲酰作为引发剂,在130℃、常压下反应2.5h,即可获得天然可降解高分子复合材料。将该复合材料作为母料,加工成纤维,在加工过程中应除去引发剂。纤维需在水中漂洗30~60min。实验结束后可以对制备的随钻堵漏剂YTZ定型。

2.3 随钻堵漏剂YTZ的使用方式

将随钻堵漏剂按照质量比加入钻井液中。用量控制在1%~3%。确保随钻堵漏剂的加入不会影响钻井液的流变性,充分搅拌混合均匀。

2.4 随钻堵漏剂YTZ的特点

该堵漏剂系改性天然植物高分子复合材料,具有良好的水溶胀、桥接封堵功能,黏附性强,不受粒径"匹配"限制,与聚合物钻井液体系配伍良好。能够很好地封堵裂缝,具有较高的应用价值,值得进一步推广应用。

3 堵漏材料的室内封堵性评价

根据地层特点和前期施工经验,通过室内实验,对抑制剂、防塌剂、降滤失剂、流型调节剂进行优选,有效改善钻井液性能并提高稳定井壁能力;优选防漏堵漏材料,科学确定复配比例,以满足不同漏失性质井段的防漏、堵漏施工要求。

3.1 最优钻井液配方优选

通过对不同类型助剂的性质及试验数据的综合分析,形成了适合海坨区块地层特点的防漏堵漏钻井液基本配方:5%膨润土+0.05%纯碱+2%铵盐+1%腐殖酸类降滤失剂+0.3%聚丙烯酰胺钾盐+2%聚酯物+3%沥青共聚物。

3.2 堵漏材料的性能评价

3.2.1 随钻堵漏材料堵漏机理

随钻堵漏技术适用于钻进过程中漏速较低的情况,主要是在钻井液中添加颗粒直径较小的纤维类、可变形颗粒类堵漏材料,在钻井液柱正压差的作用下,使堵漏材料在地层孔隙上架桥、填充和封堵,堵塞流体流动通道,达到堵漏效果。随钻堵漏机理如图1所示。

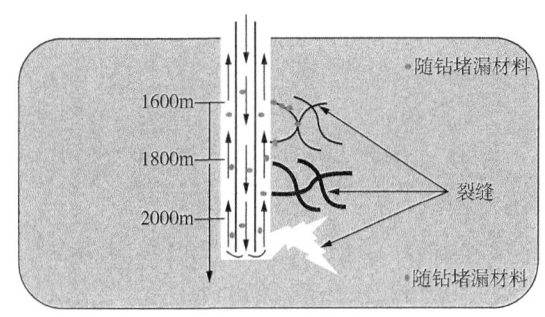

图 1 随钻堵漏机理

3.2.1.1 YTZ 随钻堵漏剂

该堵漏剂系改性天然植物高分子复合材料,具有良好的水溶胀、桥接封堵功能,黏附性强,不受粒径"匹配"限制,与聚合物钻井液体系配伍良好。利用 QD2 型堵漏装置进行封堵试验,模拟渗漏实验压差分别为 0.1MPa、0.3MPa 和 0.69MPa。在 20 目、40 目和 100 目的砂床中进行漏速测试,实验结果如图2所示。实验结果证明,砂床目数越大,钻井液的漏速越低。实验压差越大,钻井液的漏速越大。但是基浆中加入 YTZ 随钻堵漏剂后,能够有效提高钻井液的封堵能力,并且随着加量的增多,封堵能力逐步提高。基于长期的实验经验加入 YTZ 随钻堵漏剂超过 2% 时会影响钻井液的流变性,本研究最大量取 2%YTZ 随钻堵漏剂。

3.2.1.2 复合植物纤维 XA

该堵漏剂主要组成为:改性酰胺聚合水解而成的 XA-1 型膨胀体、0.1~0.5mm 的核桃壳固体颗粒、适应漏层地温的沥青 LQ-1、通过 200 目筛网的石灰石颗粒 SHF-1。利用 QD-2 型堵漏装置进行封堵实验,模拟渗漏试验压差分别为 0.1MPa、0.3MPa 和 0.69MPa。实验结果如图3所示。实验结果证明,砂床目数越大,钻井液的漏速越低。实验压差越大,钻井液的漏速越大。但是基浆中加入 XA 后,能够有效提高钻井液的封堵能力,并且随着加量的增多,封堵能力逐步提高。考虑到加入过量的堵漏材料会影响钻井液的流变性,本研究最大量取 2%XA 随钻堵漏剂。

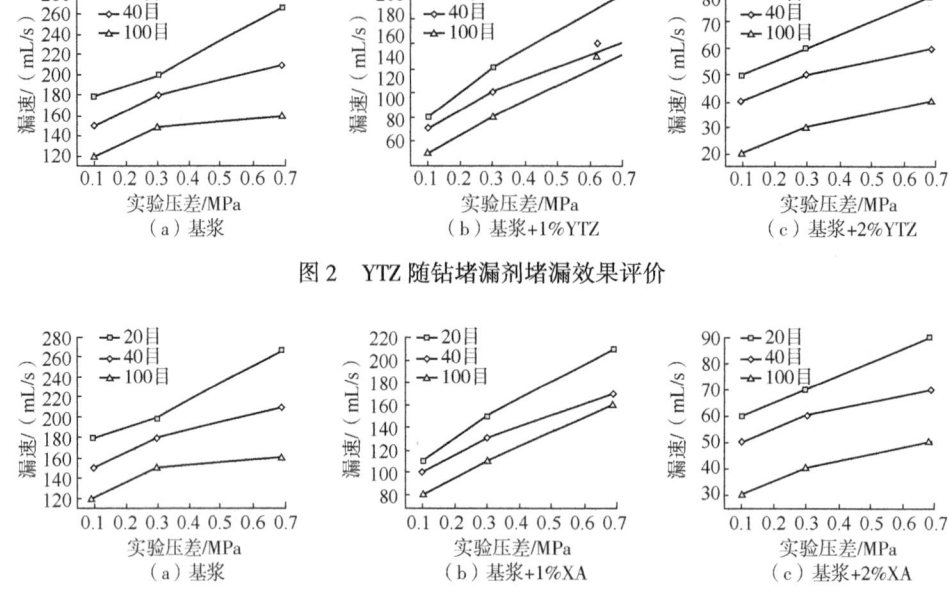

图 2 YTZ 随钻堵漏剂堵漏效果评价

图 3 复合植物纤维 XA 堵漏效果评价

3.2.1.3 快速封堵剂 KFD

该助剂主要成分为 60%~90% 膨化稻壳、5%~20% 高分子变性纤维素、2%~12% 两性纤维素、4%~20% 碳酸氢钙。利用 QD-2 型堵漏装置进行封堵实验,模拟渗漏实验压差分别为 0.1MPa、0.3MPa 和 0.69MPa。实验结果如图 4 所示。实验结果表明,砂床目数越大,钻井液的漏速越低。实验压差越大,钻井液的漏速越大。基浆中加入 KFD 快速封堵剂后,能够有效提高钻井液的封堵微裂隙能力,并且随着加量的增多,封堵能力逐步提高。考虑到加入过量的堵漏材料会影响钻井液的流变性,本研究最大量取 2% 快速封堵剂 KFD。

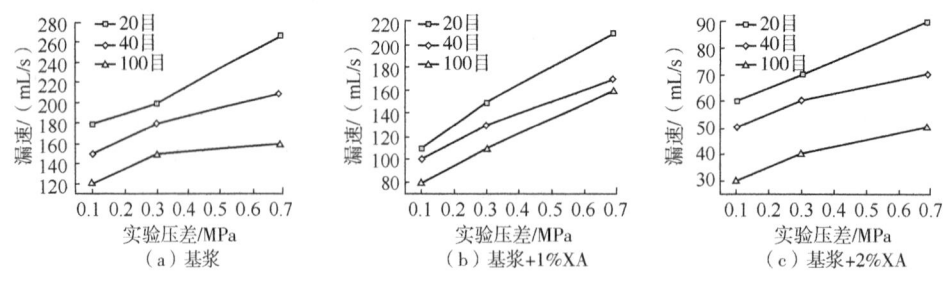

图 4 快速封堵剂 KFD 堵漏效果评价

3.2.2 桥接堵漏材料

技术进行处理。利用多种堵漏材料按照一定配比配制堵漏浆,使固体颗粒堵塞裂缝、孔隙通道,其中刚性颗粒在漏失通道中起架桥和支撑作用,纤维和片状堵漏剂在刚性颗粒间起连接封堵作用,可变形堵漏剂起填充作用,通过挤压变形堵塞刚性颗粒、纤维、片状堵漏剂封堵后的孔隙空间,降低封堵渗透率,达到堵漏目的,堵漏机理如图 5 所示。

目前解决海坨区块恶性漏失问题的主要方式是应用桥接堵漏技术,涉及的材料主要为:

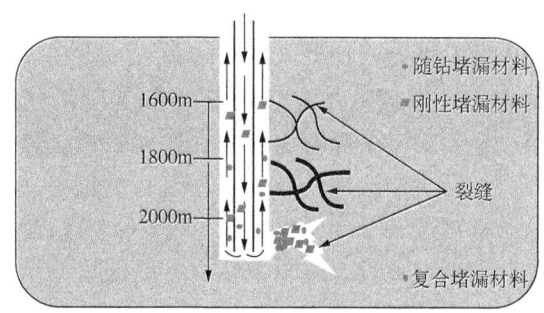

图 5 桥接堵漏机理示意

YTZ 随钻堵漏剂，快速封堵剂 KFD 和复合植物纤维 XA。复配堵漏配方为：5%膨润土+0.05%纯碱+2%铵盐+1%腐殖酸类降滤失剂+0.3%聚丙烯酰胺钾盐+2%聚酯物+3%沥青共聚物+2%随钻堵漏剂 YTZ+2%快速封堵剂 KFD+2%复合植物纤维 XA。利用 QD-2 型堵漏装置进行封堵实验，模拟渗漏实验压差分别为 0.5MPa、0.75MPa 和 1.0MPa。

如图 6 所示。结果表明，砂床目数越大，钻井液的漏速越低；实验压差越大，钻井液的漏速越大。但是基浆中加入复配好的堵漏剂，能够有效提高钻井液的封堵微裂隙能力，并且随着加量的增多，封堵能力逐步提高。考虑到加入过量的堵漏材料会影响钻井液的流变性，本研究最大量取 6%复配堵漏剂。

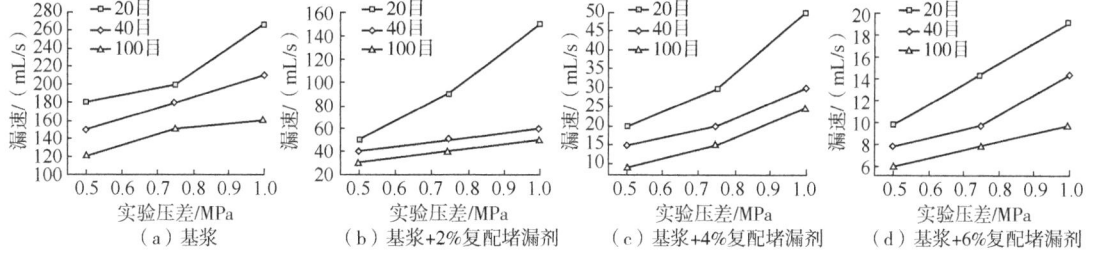

图 6 桥接堵漏材料堵漏效果评价

4 现场应用

4.1 防漏

钻进过程中发生井漏是不可避免的，但可通过调整钻井液性能进行预防。在钻井过程中处理井漏问题坚持预防为主的原则，主要包括降低井筒内激动压力、提高地层承压能力等技术措施。

4.1.1 保持较低的液柱压力

根据施工区块地层压力情况，科学确定同一裸眼井段所需钻井液密度，合理控制液柱压力，避免压漏。

4.1.2 提高地层承压能力

对于轻微渗透性漏失井段，进入漏层前适当提高钻井液黏度、切力，增大漏失阻力；对于较严重漏失井段，进入漏层前在钻井液中加入堵漏材料，在压差作用下，堵漏剂进入漏失通道，提高地层的承压能力。

4.1.3 降低钻井液环空压耗和激动压力

在保证携带钻屑的前提下，尽可能降低钻井液黏度。钻井过程中，定期清理沉砂罐，强化固控设备的使用效果，最大限度清除有害固相。加入沥青、封堵类助剂，进一步改善滤饼质量，降低滤失量，防止因井壁滤饼较厚引起环空间隙较小，导致压耗增大。快速钻进井段做到早开泵晚停泵，每钻进一单根划眼1次，确保井眼畅通。易漏井段起下钻作业过程中，下钻到底开泵要上下活动钻具，并开动转盘，以破坏静切力，降低循环压耗。钻井液加重时，控制加重速度，并且加量均匀。

4.2 堵漏

井漏发生后，根据现场情况，制定"安全、快速、有效"的处理措施，对近井筒漏失通道进行有效封堵。

4.2.1 处理井漏的规程

（1）详细掌握并分析井漏发生的原因，确定漏层位置、类型及漏失程度。
（2）根据实际情况，若可强行钻进，尽量钻穿漏层，避免重复处理。
（3）合理配制堵漏浆，并通过科学计算，确保堵漏材料进入漏层近井筒处。
（4）施工过程中要不停地活动钻具，避免卡钻。
（5）使用粒径较大的桥堵材料，要卸掉循环管线及泵中的滤清器、筛网等，防止憋泵。
（6）憋压试漏时要缓慢进行，压力不能过大，避免发生新的诱导性井漏。

4.2.2 处理井漏方法

（1）合理控制密度：研究分析裸眼井段各组地层孔隙压力、破裂压力、坍塌压力、漏失压力，确定防喷、防塌、防漏的最低钻井液密度窗口，有效降低井底静液柱压力。
（2）合理控制钻井液黏度、切力，钻进砂泥岩胶结差的地层发生井漏时，可通过提高钻井液黏度、切力，增大钻井液进入漏层的流动阻力控制井漏。下部井段钻进过程中发生井漏，在保证井壁稳定和携带与悬浮岩屑的前提下，通过降低钻井液黏度、切力来降低环空压耗和下钻激动压力控制井漏。
（3）静止堵漏：漏失量不大时，将钻具起出漏失井段或起至技术套管内或将钻具全部起出静止一段时间（一般4~16h），定时向井内灌注钻井液，防止裸眼井段地层坍塌，通过漏进地层的井浆具有触变性，随静切力增加，起到了黏结和封堵裂缝的作用，从而控制井漏。在发生部分漏失的情况下，循环堵漏无效时，在起钻前替入堵漏钻井液封闭漏失井段，增强静止堵漏效果。下钻时，控制下钻速度，尽量避开在漏失井段开泵循环。恢复钻进后，钻井液密度和黏切力不宜立即做大幅度调整，要逐步进行，控制加重速度，防止再次发生漏失。
（4）漏失量较大时，综合分析漏速、漏层压力、液面深度和漏层段长、漏层形状等因素，合理选择级配和浓度的惰性材料，配成堵漏浆直接注入漏层，在漏失通道中形成"架桥"。

4.3 现场应用效果

通过防漏堵漏钻井液技术在海120-21-13井应用，成功解决了该井漏失及其引发的掉块等情况，现场施工配方为：5%膨润土+0.05%纯碱+2%铵盐+1%腐殖酸类降滤失+0.3%聚丙烯酰+2%胺钾盐聚酯物+3%沥青共聚物随钻堵+2%快速封堵剂KFD+2%复合植物纤维XA。现场封堵情况见表4。现场应用效果显示，该堵漏体系可以有效解决海坨区块的严重漏失问题，从而满足钻井需求，具有良好的应用价值。

表4　复配堵漏剂在海120-21-13井现场应用情况

时间/(h：min)	泵入量/m³	立压/MPa	排量/L	漏速/(m³/h)
8：42	2.3	1.8	10	60
8：50	8.1	3.9	12	50
8：59	8.1	5.2	12	30
9：17	8.1	6.9	14	10
9：35	8.1	14	14	0
12：11	8.1	14	14	0

5　结语

（1）本文分析了海坨区块易漏井区漏层性质，为预防及处理井漏问题提供了理论指导。现场主要通过分析法初步确定漏层性质，并根据测井资料结合邻井情况，做深层次的分析。

（2）本文制备了一种随钻堵漏YTZ，室内评价显示该堵漏剂具有良好的封堵效果，可以有效地解决微裂缝和小裂缝漏失问题。同时优选出了与基浆配伍良好的复合植物纤维XA、快速封堵剂KFD，3种堵漏剂复配可以有效地封堵严重漏失。从而达到满足不同漏失地层的使用需求。

（3）本文研制的堵漏体系配方为：5%膨润土+0.05%纯碱+2%铵盐+1%腐殖酸类降滤失剂+0.3%聚丙烯酰胺钾盐+2%聚酯物+3%沥青共聚物+2%随钻堵漏剂YTZ+2%快速封堵剂KFD+2%复合植物纤维XA，在海坨区块进行了广泛的应用，现场应用显示，该堵漏体系可以很好地解决海坨区块的漏失问题。

参 考 文 献

[1] 李家学，黄进军，罗平亚，等.随钻防漏堵漏技术[J].钻井液与完井液，2008，25(3)：25-28.
[2] 王中华.复杂漏失地层堵漏技术现状及发展方向[J].中外能源，2014，19(1)：39-48.
[3] 赵巍，李波，高云文，等.诱导性裂缝防漏堵漏钻井液研究[J].油田化学，2013，30(1)：1-4.
[4] 纪卫军，杨勇，闫永生，等.一种油基钻井液用凝胶堵漏体系及其应用[J].钻井液与完井液，2021，38(2)：196-200.
[5] 李文博，李公让.可控化聚合物凝胶堵漏材料的研究进展[J].钻井液与完井液，2021，38(2)：133-141.
[6] 周双君，朱立鑫，杨森，等.吉木萨尔页岩油区块防漏堵漏技术[J].石油钻探技术，2021，49(4)：66-70.
[7] DONALD L，TERRY H. All lost-circulation material and systems are not created equal[C]. SPE Annual Technical Conference and Exhibition，2003.
[8] 李旭东，郭建华，王依建，等.凝胶承压堵漏技术在普光地区的应用[J].钻井液与完井液，2008，25

(1): 85-90.
[9] 王中华. 聚合物凝胶堵漏剂的研究与应用进展[J]. 精细与专用化学品, 2011, 19(4): 16-20.
[10] 于澄. 聚合物凝胶堵漏剂的研究[D]. 北京: 中国地质大学(北京), 2016.
[11] 王宏超. 低密度膨胀型堵漏浆在湘页1井的应用[J]. 石油钻探技术, 2012, 40(4): 43-46.
[12] 李伟, 白英睿, 李雨桐, 等. 钻井液堵漏材料研究及应用现状与堵漏技术对策[J]. 科学技术与工程, 2021, 21(12): 4733-4743.
[13] 王伟志, 刘庆来, 郭新健, 等. 塔河油田防漏堵漏技术综述[J]. 探矿工程(岩土钻掘工程), 2019, 46(3): 42-46, 50.
[14] 李锦峰. 恶性漏失地层堵漏技术研究[J]. 探矿工程(岩土钻掘工程), 2019, 46(5): 19-27.
[15] 吴天乾, 李明忠, 蒋新立, 等. 杭锦旗地区裂缝性漏失钻井堵漏技术研究与应用[J]. 探矿工程(岩土钻掘工程), 2020, 47(2): 49-53.
[16] 熊正强, 陶士先, 刘俊辉, 等. 延迟交联凝胶研制及其在广西某铀矿堵漏应用[J]. 探矿工程(岩土钻掘工程), 2020, 47(4): 140-144.
[17] 李旭东, 郭建华, 王依建, 等. 凝胶承压堵漏技术在普光地区的应用[J]. 钻井液与完井液, 2008, 25(1): 85-90.
[18] 李得新, 首照兵, 吴金生. 页岩气基础地质调查万地1井钻井堵漏技术[J]. 探矿工程(岩土钻掘工程), 2017, 44(2): 23-26.

低渗透高压易漏区井组井安全钻井钻井液技术应用

柳洪鹏[1]　李英武[2]　郭金玉[2]　范宣[2]　董明[2]　刘铁卜[2]　崔磊[2]　刘彦勇[2]

(1. 大庆钻探钻井液技术服务项目经理部；2. 大庆钻探工程公司钻井二公司)

【摘　要】 大庆 XZ 油田 G634 区块为典型的低渗透高压易漏区，井漏复杂发生率高达 50% 以上，待钻井 600m 范围内共有 10 口注水井，剩余压力最高达到 17.1MPa，钻井过程中极易发生油气侵和井喷；设计钻井液密度 1.65~1.75g/cm³，而地层破裂压力梯度最低为 1.35g/cm³，钻井液密度窗口为负，井漏风险大。施工中通过应用钻井液逐级防漏技术，有效预防了井漏的发生；调整抑制剂的加量和加法，提高井眼净化能力，避免了环空憋压；固液润滑剂复合使用，提高了钻井液的润滑性；配合工程技术措施的执行，施工中未发生较严重井下复杂事故，固井质量均为优质，为低渗透高压区块今后安全高效开发积累了宝贵经验。

【关键词】 低渗透高压区块；负密度窗口；防漏；防油气侵；防卡

1 概述

1.1 地质及待钻井概况

大庆 XZ 油田 G634 区块位于新肇鼻状构造 G634 断鼻高部位，2018 年该区块钻井 12 口，其中 6 口井发生了多次、不同程度的油气侵、井涌和井漏复杂。待钻井组设计 6 口井，其中 5 口井井斜在 40° 以上，设计最大井斜 58.62°，最大位移超过 1100m，水垂比 1.03；根据实钻情况和最新解释，该区北侧 X92-73 井区，新 100 排注水井排与断层形成封闭，确定为注水井断层遮挡较高压力区。该井区的 6 口井位于断层附近 P 油层构造高部位，气层发育。待钻井 600m 范围内共有 10 口注水井，最晚钻关时间为 2019 年 1 月，井口剩余压力均在 8MPa 以上(表 1)。

表 1　待钻井组情况

序号	井号	目的层位移/m	井斜角/(°)	造斜点井深/m	中深/m	完钻垂深/m	完钻斜深/m	方差/(°)
1	X92-斜73	1105.45	58.62	200	1295	1355	1731	2.27
2	X94-斜74	997.87	49.20	240	1295	1355	1665	2.58
3	X95-斜75	940.68	48.43	280	1290	1350	1633	2.77
4	X96-斜76	997.66	49.99	200	1290	1350	1650	2.57

作者简介：柳洪鹏，男，汉族，38 岁，大庆钻探工程公司钻井液技术服务项目经理部技术部，钻井液技术管理，高级工程师。联系地址：大庆钻探工程公司钻井液技术服务项目经理部。邮编：163000，电话：(0459)5603102，电子邮箱：liuhongp@cnpc.com.cn。

续表

序号	井号	目的层位移/m	井斜角/(°)	造斜点井深/m	中深/m	完钻垂深/m	完钻斜深/m	方差/(°)
5	X97-斜73	774.43	36.18	300	1300	1370	1414	7.54
6	X97-斜76	813.71	42.64	240	1310	1360	1548	3.38

1.2 施工难点

（1）目的层压力高。该区钻探目的层P油层已注水开发，渗透率低，连通性较差，注水井自然降压速度慢，截止到钻井前，最高注水井井口剩余压力达到17.1MPa，钻井中易发生油气侵。

（2）H和P气层发育。该区H埋深505~810m，P顶平均埋深为1260m，特别是P油层位于断层顶部位置，气体发育且压力较高，钻井中易发生气侵和井喷复杂。

（3）钻井液密度窗口为负。根据采油工程研究院压力预测结果和实钻情况，该井区需要使用的钻井液密度范围为1.65~1.75g/cm³，而该区破裂压力梯度实测最低为1.35，无钻井液密度设计窗口，井漏的风险较大。

（4）设计井组井斜大、位移大，易发生工程复杂事故。该井组6口井设计最大井底位移超过1100m，最大井斜58.62°，水垂比1.03，防卡难度大，一旦发生井下复杂，处理难度较大，给钻完井顺利施工增加了难度。

（5）复杂发生率高。2018年在该区块共钻井12口，其中6口井发生不同程度的油气侵、井涌和井漏复杂，复杂发生率极高，且一口井多种复杂并存。

2 安全钻井钻井液技术研究与应用

2.1 区块易漏层分布研究

准确预测漏层的位置，是提高防漏成功率的关键。根据该区块的地质特性、地层的压力梯度、临井的井漏状况等数据，确定该区块Y二三段、P油层为易漏地层，针对易漏层特点选择合适的封堵材料，取得了较好的封堵效果。

2.2 钻井液逐级防漏技术

该区块Y二三段地层微裂缝发育，高密度条件下裂缝张开易形成漏失通道，导致井漏。P油层由于注水开采，孔隙有不断扩大的趋势，钻进时在高密度条件下易发生渗漏。针对该区块漏失的不同情况，优选不同粒径和尺寸的封堵材料，应用逐级封堵技术，从上到下逐级封堵不同的漏失层位，通过提高各漏层的井壁承压能力，堵塞漏失通道达到预防井漏的目的。

（1）Y二三段地层微裂缝优选多功能高效复合封堵材料进行封堵。

优选多功能复合封堵材料对Y二三段地层微裂缝进行封堵，封堵材料包括改进的封堵剂和改性沥青。改进的封堵剂粒径尺寸范围更广，封堵性更强，对孔隙和裂缝均有高效封堵作用。改性沥青可以在岩石表面形成一层"致密沥青质膜"，有效封堵微小裂缝。

（2）P油层应用封孔成膜封堵技术。

该技术主要是利用成膜聚合物在地层孔隙吸水分散成胶束，依靠聚合物胶束吸附力及其可变形性，协同惰性固体颗粒填充作用及纤维架桥作用，在井壁岩石孔隙处形成致韧的膜，达到了封孔的效果。此外钻进时加入 0.5% 的多功能石墨颗粒，既可以封堵小的地层孔隙，又可以起到润滑效果。

（3）封堵剂尺寸改进。

原有的封堵剂尺寸适用于高渗透地层，对该区块地层小孔隙封堵效果差，改进了封堵剂配方：在保持特殊聚合物含量不变的前提下，适当减小了固体颗粒的粒径尺寸和柔性纤维的长度，使其能够有效封堵较小的地层孔隙。改进的封堵剂封堵效果见表 2。

表 2　改进的封堵剂与原封堵剂封堵效果对比

配方	密度/(g/cm³)	滤失量/mL	实验条件 (0.7MPa、30min、40~60 目石英砂、常温)
井浆	1.49	4	瞬时全漏
井浆+2%原封堵剂	1.55	3.5	瞬时浸透 2.5cm，30min 后浸入 3.0cm 不再增加，加压至 2.0MPa，没变化
井浆+2%改进后封堵剂	1.55	2.0	瞬时浸透 1.5cm，30min 后浸入 1.5cm 不再增加，加压至 2.0MPa，没变化

注：石英砂床由原来的 20~40 目提高至 40~60 目。

由砂床漏失实验数据可以得出，改进后封堵剂能有效封堵较小的地层孔隙和微小裂缝，可以达到有效封堵 Y 二三地层微小裂缝和 P 小孔隙的目的。

2.3　钻井液逐级防漏技术应用方案

（1）防漏钻井液现场应用方案。

① 进入 Y 二三段前，钻井液加入 3% 改进的封堵剂、2% 改性沥青，有效封堵地层微小裂缝，提高井壁承压能力。

② 进入 P 油层前，钻井液补入 2% 改进的封堵剂、0.5% 的多功能石墨颗粒，封堵地层孔隙，提高井壁承压能力。

（2）畅通井眼，预防环空憋压。

① 进入易漏层前，进行短起下技术措施，有效畅通井眼，防止环空憋压造成憋漏地层。

② 增强钻井液的抑制性、携岩性，有效净化井眼。

③ 通井起下钻过程中，控制速度，降低激动压力；增加中途循环频次，有效降低循环时开泵代启动压力。

④ 根据地层层位的不同，优化调整钻井工程参数和钻井液流变参数。首先，在 NJ 组泥岩段钻进时，选择大排量、低塑黏、密度上限钻进，适当增大钻井液对井壁的冲刷能力，增加钻井液对井壁的支持力，从而保证井眼有足够的扩大率，解决了 N 三段缩径情况的发生，避免了环空憋压；其次，在易漏层段钻进时，选择"低"排量、"高"塑黏、密度下限钻进，最大限度减少钻井液对井壁的冲刷，降低钻井液对地层的压力，消除井漏发生所需的正压差。

3　钻井液抑制性优化研究与应用

3.1　抑制剂的优选

针对该区块裸眼井段长，钻遇大段泥岩的情况，选用了 HX-D 阳离子聚合物作为抑制剂,有效抑制了泥岩水化膨胀,增强了钻井液的抑制性和携岩性,提高了井眼净化能力。HX-D 阳离子聚合物和原有的包被剂流变性能和抑制性的对比情况见表3。

表3　HX-D 阳离子聚合物和包被剂流变性能及抑制性的对比

抑制剂种类	加量/%	D/(g/cm³)	FV/s	PV/(mPa·s)	YP/Pa	G10″/Pa	G10′/Pa	FL/mL	滤饼/mm	pH 值	回收率/%
包被剂	0.3	1.05	44	7	5.5	2.5	6.5	18	1	9.0	69.7
HX-D 阳离子聚合物	0.3	1.05	46	10	9	3.0	6.5	18	1.0	9.0	86.9

由表3可以看出,HX-D 阳离子聚合物的抑制性较原包被剂抑制性更强,流变性能更适合大斜度井的携岩,更有利于井眼的净化。

3.2　HX-D 阳离子聚合物现场加量的优化

随机在钻井队现场取钻井液井浆进行钻井液抑制剂加量试验,各项性能见表4(降黏剂加量0.5%和降滤失剂加量1%)。

表4　HX-D 阳离子聚合物加量优选试验

处理剂加量	漏斗黏度/s	失水量/mL	滤饼/mm	切力/Pa(10s~10min)	Φ600	Φ300	动切力/Pa	塑性黏度/(mPa·s)
0.2%HX-D 阳离子聚合物	28	4.8	1.6	0.5~3	22	12.5	1.5	9.5
0.3%HX-D 阳离子聚合物	26	5.0	1.5	0.45~2	23.5	13.5	1.7	10.0
0.4%HX-D 阳离子聚合物	25	5.2	1.5	0.5~1.5	25.5	15	2.25	9.5
0.5%HX-D 阳离子聚合物	24	4.6	1.0	0.5~1.5	31.5	18	2.3	13.5

随着 HX-D 阳离子聚合物加量的增加,漏斗黏度,塑性黏度、动切力、失水量都有不同程度的降低,但加量超过0.4%后,各项参数基本变化不大。考虑现场应用时的损失,微调 HX-D 阳离子聚合物的用量,由原来的加0.4%HX-D 阳离子聚合物增加为0.5%HX-D 阳离子聚合物,进一步增强钻井液的抑制性,最终确定现场使用配比为0.5%。

3.3　现场施工钻井液技术方案

钻井液技术方案:0.5%HX-D 阳离子聚合物+08-1%HPAN+1.5-2%聚合铝+2%改性沥青+0.1%KOH+3-5%封堵剂。

3.4　井眼净化技术方案

(1)二开配浆时,加入0.3%HX-D 阳离子聚合物,配合 HPAN、聚合铝调整钻井液性能,漏斗黏度达到40s以上,密度1.20g/cm³以上方可二开。根据进尺情况,及时补充阳离子聚合物,以保证体系的抑制性,同时注意观察振动筛筛面返砂情况,适时调整体系的切力和动塑比,保证体系的携砂能力。

(2)调整钻井液的流变性能。当钻进至泥岩段和 S 二组等易缩径地层时,应适当降低钻井液的塑性黏度、切力,同时提高泵排量,增强钻井液对井壁的冲刷能力,缓解缩径情况的发生。

(3)应用岩屑随钻清洁装置,有效净化了井眼。

岩屑清洁有效结构单元由下部的一组正向螺旋叶片和上部的反向螺旋叶片组成。螺旋叶片在井内工作时，流体在螺旋叶片的作用下产生逆向阻力与垂向升力。逆向阻力引起环隙区域流体被挤压至工具主体与叶片之间的空腔，使得螺旋叶片内侧区域的压强急剧升高。垂向升力引起叶片外侧近壁面处流体的流线扭曲程度增大，从而形成稳定的螺旋流。现场使用时每隔300m钻具加装一个岩屑清洁装置，形成稳定的螺旋上升流，提高钻井液携带岩屑能力，同时还可以起到破坏岩屑床的作用，从而达到有效清洁井眼的目的。岩屑随钻清洁装置如图1所示。

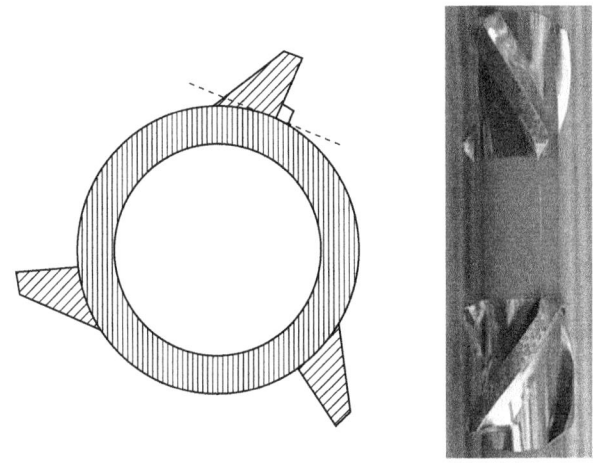

图1 岩屑随钻清洁装置结构图与实物图

（4）在保证钻井液动塑比的同时，配合工程措施定期短起下钻，提高井眼净化能力。

4 钻井液高效润滑技术

X97-斜73井组设计6口井，其中5口井井斜在40°以上，设计最大井斜58.62°，最大位移超过1100m，水垂比1.03，大斜度稳斜段在1300m以上；另外，区块钻井液密度较高，施工中靶心半径较小，导致随钻井段较长，螺杆外径较大且滑动钻进段长，所钻井径不规则，在钻进、起下钻、电测和下套管过程中极易发生黏卡事故，因此钻井液润滑性十分重要。为了保证井下润滑安全，采取润滑、封堵相结合的钻井液润滑技术方案。首先优选液、固润滑剂相搭配，液体润滑剂降低滑动摩擦阻力，固体润滑剂变滑动为滚动摩擦，有效降低钻具和井壁的摩擦阻力；另外，适当增加钻井液中润滑材料的加量，保证钻井液的润滑性。其次，利用GFD的良好锁孔封缝造壁性，防止形成虚、厚的滤饼，保证井壁的规则、稳定。

5 应用效果

针对施工中的难点，通过在低渗透高压易漏区井组井现场施工中应用钻井液逐级防漏技术，强化了井壁承压能力；优化钻井施工参数，优选抑制剂，调整抑制剂的加量和加法，提高了井眼净化能力，避免了环空憋压；固液润滑剂复合使用，提高了钻井液的润滑性；配合工程技术措施的执行，施工中未发生较严重复杂，固井质量均为优质（表5）。

表 5 钻井施工井下复杂简况

井号	漏失次数	漏失量/mL	处理情况
X97-斜73	无	无	—
X97-斜76	2	11.5	加入非渗透封堵剂循环处理成功
X96-斜76	无	无	—
X95-斜75	无	无	—
X94-斜74	无	无	—
X92-斜73	无	无	—

应用钻井液逐级防漏技术后,井漏发生率由50%降至16.67%,且井漏为渗透性漏失,漏失量小,钻时无损失,有效保障了低渗透高压易漏区钻井顺利施工。

6 结论

(1) 逐级防漏钻井液技术通过强化多层段地层微裂缝和孔隙的封堵效果,有效预防了钻完井过程中井漏的发生。

(2) 钻井液抑制性的优化能够有效解决大斜度长裸眼井段大段泥页岩造浆问题,保证井筒清洁,井眼规则。

(3) 复合润滑防卡技术能够满足大斜度、大位移、高密度条件下定向井顺利施工。

(4) 为公司施工该类型的井提供了技术保障。

参 考 文 献

[1] 鄢捷年. 钻井液工艺学[M]. 北京:中国石油大学出版社,2006.
[2] 孙金声,张家栋,黄达全,等. 超低渗透钻井液防漏堵漏技术研究与应用[J]. 钻井液与完井液,2005,22(4):21-24.
[3] 孙金声,林喜斌,张斌,等. 国外超低渗透钻井液技术综述[J]. 钻井液与完井液,2005,22(1):57-59.

响应面优化深层废弃水基钻井液无害化处理工艺

孙露露　耿晓光　宋　涛　张　洋

(中国石油集团大庆钻探工程公司钻井工程技术研究院)

【摘　要】 针对大庆油田深层致密气废弃水基钻井液固液分离难、滤饼含水率高(大于80%)、存在二次污染的问题,开展了废弃水基钻井液无害化处理技术研究,在分析废弃水基钻井液特性与处理难点基础上,应用 Box-Behnken 中心组合实验和响应面分析法,通过考察破胶剂、助凝剂与絮凝剂的最佳配比对废弃钻井液固液分离效果的影响,创新建立了固液分离滤饼含水率与处理配方参数间的数学模型,研发出了以脱稳絮凝为核心的废弃水基钻井液无害化处理技术,形成了脱稳—絮凝—固液分离处理工艺。现场实验结果表明,废弃水基钻井液经该项技术处理后,滤饼含水率为 47%,滤饼浸出液悬浮物含量为 63mg/L,滤饼浸出液中石油类、COD 等 9 项主要污染指标符合 GB 8978—1996《污水综合排放标准》、DB23/T 693—2000《黑龙江省废弃钻井液处理规范》相关要求,该技术成果解决了大庆油田深层水基钻井液破胶脱稳效果差等难题,具有较好的推广应用价值。

【关键词】 钻井液;废弃;无害化处理;化学脱稳;响应面方法

作为"钻井的血液",钻井液不仅承担着巨大的作用,使用之后更是一种不可忽视的污染水体,其排放量大,如不妥善处理,对环境隐患较大[1],已成为油田勘探钻井污染治理的重点和难点[2-3]。目前,现场处理废弃水基钻井液的主要方法为"化学调理+机械脱水"的物化联合法[4-5],具有处理速度快、成本低、可操作性强的优点[6-7]。然而由于钻井液体系与基本性质不同,破胶絮凝过程中出现处理剂单剂处理效果差、加药配比不合理、与体系配伍性不佳等现象[8-9],使得滤饼不成型,含水率大于80%,无法满足当前环保部门对污泥含水率的要求(含水率不大于60%)(DB23/T693—2000《黑龙江省废弃钻井液处理规范》)。因此,有必要针对性地开展破胶脱稳配方研究,提高不同处理剂协同作用下的脱稳絮凝处理效果,最大程度降低压滤后滤饼含水率,达到废弃钻井液减量化效果,以期为深层致密气的环保开发提供技术支撑。

1　实验部分

1.1　废弃钻井液性质

废弃钻井液为大庆钻探自主研发的深层水平井水基钻井液,主要添加剂包括井壁稳定

基金项目:中国石油集团油田技术服务有限公司项目"环保清洁生产技术研究与试验"(2020T-008-001)。

作者简介:孙露露,工程师,1988 年生,毕业于东北石油大学化学工艺专业,现在从事钻井液技术研究工作。电话 15045893956;E-mail:sunlulu001@cnpc.com.cn。

剂、降滤失剂、包被剂、抑制剂、增黏剂等，钻井液在 3106.5~4585.36m 井段应用，密度为 1.15~1.28g/cm³，漏斗黏度为 45~70s，API 滤失量不大于 4mL，切力为（2~5）/（3~15）Pa/Pa，塑性黏度为 15~40mPa·s，动切力为 10~20Pa，动塑比不小于 0.45Pa/mPa·s。通过中压失水仪制备滤液，滤液基本性质见表 1。

表 1 滤液基本指标参数

滤液批次	COD/（mg/L）	总铬/（mg/L）	Cr⁶⁺/（mg/L）	总铅/（mg/L）	砷/（mg/L）	全盐量/（mg/L）	石油类/（mg/L）	悬浮物/（mg/L）	pH 值
1	7950	0.004	0.004	1.000	0.095	6570	2.45	4600	10
2	8040	0.004	0.004	0.733	0.007	8410	2.19	5350	10
3	9530	0.004	0.004	0.922	0.032	7650	2.33	4050	10
标准	100	1.500	0.100	1.000	0.500	2000	10.00	300	6~9

可以看出，废弃深层水基钻井液呈碱性，是一种十分稳定且黏稠的流体，不易脱水、浊度大（悬浮物含量大于 300mg/L）、有机物含量高（COD 含量高达 7000mg/L 以上），不能满足 GB 8978—1996《污水综合排放标准》和 DB23/T 693—2000《黑龙江省废弃钻井液处理规范》的要求，如不进行无害化处理，必将对环境造成污染。

1.2 仪器与试剂

试剂：破胶剂 PAJ 浓度为 1%~9%，助凝剂 CJ 质量分数为 1.0%~1.5%，絮凝剂 CPJ（分子量为 8×10⁶~1.6×10⁷、离子度为 5%~40%）质量分数为 0.01%~0.10%。

仪器：HJ-4A 数显恒温磁力搅拌器，SD6A 多联中压滤失仪，化学需氧量测定仪，水平振荡器，电热恒温干燥箱，PHSJ-3F 型 pH 计，AL204 型分析天平等。

1.3 实验方法

量取废弃钻井液 100g 装入烧杯中，分别加入一定浓度的破胶剂，先以 300r/min 快速搅拌 1min，再以 100r/min 中速搅拌 2min，最后以 50r/min 慢速搅拌 2min 后，静置 60min，观察泥水分离的情况、絮体的大小和形状，取上层清液测量悬浮物的含量。

使用中速滤纸作为过滤介质，将经破胶—脱稳—絮凝处理后的废弃钻井液倒入盛液杯中，转移至中压失水仪上，缓慢加压至 0.8MPa 下进行固液分离，测量滤饼含水率和滤液悬浮物含量。

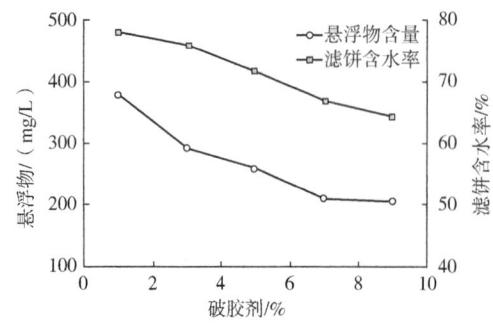

图 1 破胶剂浓度对破胶效果的影响

2 实验结果与讨论

2.1 破胶剂浓度对破胶效果的影响

考察破胶剂浓度对滤饼含水率及滤液悬浮物含量的变化情况，废弃钻井液稀释倍数为 1.5 倍，实验结果如图 1 和图 2 所示。

废弃钻井液表面带负电荷[9]，破胶剂解离出高价正电荷，通过正负电荷的吸引，降低 Zeta 电位，静电斥力被消除，钻井液的悬浮稳定性被破坏，使废弃钻井液中的胶体颗粒黏合聚集至自然沉淀。由图1和图2可知，随着破胶剂浓度的增高，滤液悬浮物含量和滤饼含水率均呈持续下降趋势，当破胶剂浓度为7%时，滤液中悬浮物含量为208.9mg/L，滤饼含水率为66.8%，继续增加破胶剂浓度，悬浮物含量和滤饼含水率下降趋势变缓。综合考虑处理剂成本，破胶剂的浓度为7%~9%较适宜。

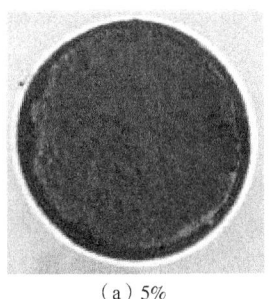 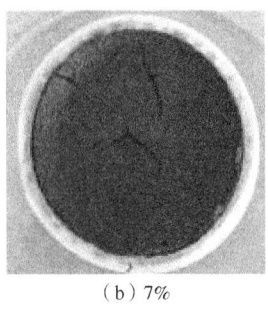 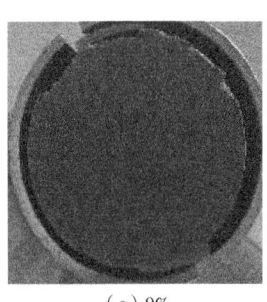

(a) 5%　　　　　　　　(b) 7%　　　　　　　　(c) 9%

图2　不同含量破胶剂处理深层水基钻井液后的滤饼

2.2 絮凝剂参数对絮凝效果的影响

2.2.1 离子度

絮凝剂 CPJ 为有机高分子聚合物，具有长链状结构和较多的活性基团，用于废弃钻井液中破胶絮凝主要依赖其电中和与吸附架桥的综合作用[10]，表2列出了离子度分别为5%、10%、20%、30%、40%的絮凝剂(分子量为1200万)对深层水基钻井液的絮凝处理效果，稀释倍数为50倍，记录5min析出液体积(V)，计算沉降速率(ν_5)，测量析出液悬浮物的含量。

表2　不同离子度絮凝剂处理深层水基钻井液

离子度/%	ν_5/(mL/min)	析出液体积/mL	悬浮物/(mg/L)	絮体状态
5	8.60	42.5	317.7	絮体过小、松散
10	8.30	41.0	87.6	絮体较大
20	8.24	41.2	32.1	颗粒适中、较紧密
30	8.76	43.8	338.2	絮体过小、疏松
40	8.60	43.0	262.5	絮体过小、疏松

离子度是指电荷的密度，即絮凝剂所具有的电荷量。从表2可以看出，随着絮凝剂离子度的提高，析出液、悬浮物含量呈现先降低后升高趋势，这是由于在前期阶段，低离子度絮凝剂因其电荷密度较小，正电荷浓度相对不足，电中和能力较弱，许多负电荷胶体颗粒来不及发生电中和或未发生电中和作用而逸散，导致很多细微颗粒仍悬浮在上清液中，当离子度提高至10%~20%时，钻井液中悬浮态微颗粒在絮凝剂的电中和与架桥吸附作用下被大量捕获，钻井液的絮凝沉淀效果因此提升，离子度继续提高至30%以上，析出液悬浮物含量提升明显，这表明高离子度并不利于絮凝剂在废弃钻井液中聚合结构的展开，颗粒物因吸附架桥受阻而继续悬浮在上清液中，导致悬浮物含量出现反弹，从而负面地影响了

絮凝效果。因此,絮凝剂离子度范围建议为10%~20%。

2.2.2 分子量

图3为分子量分别为 800 万、1000 万、1200 万、1400 万、1600 万的絮凝剂(离子度为20%)对深层水基钻井液的絮凝处理效果,稀释倍数为50,记录5min絮体高度,测量析出液悬浮物的含量。

可以看出,絮凝剂的分子量为 1000 万~1200 万为宜,该范围内得到的絮体颗粒紧密,滤液较清澈。对于离子度为20%的絮凝剂,析出液悬浮物含量在分子量为1000万时最低,之后随分子量增加,未能捕捉的悬浮颗粒物越多,上清液悬浮物含量上升,可见,絮凝剂需要在适宜的分子量与离子度条件下搭配使用。

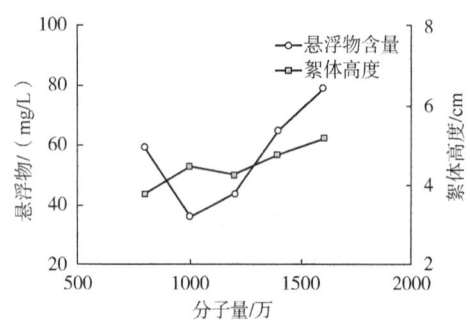

图3 絮凝剂分子量对絮凝效果的影响

2.2.3 絮凝剂浓度

不同浓度絮凝剂对深层水基钻井液的絮凝效果如图4、图5所示。由图4、图5可知,随着絮凝剂浓度的增大,絮体成团效果提升明显,悬浮物含量与滤饼含水率逐渐降低,但随着浓度继续增加至0.1%,絮体过大且黏稠、滑腻、难脱水,考虑到固液分离设备的运行情况,絮体过大过稠不利于压滤脱泥,在后期压滤时脱水率较低,压滤出的滤饼水分大,易流散,因此确定絮凝剂的浓度为0.01%。

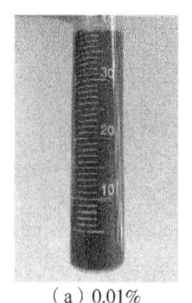 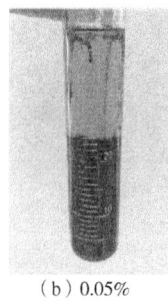 
(a) 0.01% (b) 0.05% (c) 0.10%

图4 不同浓度的絮凝剂的絮凝效果

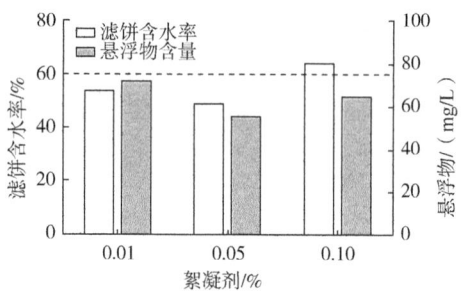

图5 不同浓度絮凝剂处理废弃钻井液所得滤饼含水率及滤液悬浮物含量

2.3 助凝剂参数的确定

助凝剂主要作用有两大类,一类用于改善混凝条件,如调节pH值;另一类用于改善絮体结构,起到提高絮体的强度、增强其密度、促进沉降以及优化脱水性能等作用。通过混凝实验考察助凝剂与破胶剂和絮凝剂复配对脱稳絮凝的影响,结果见表3和图6。

实验结果显示,随着助凝剂浓度的提高,析出液体积逐渐增大,析出液色度得到有效改善,说明助凝剂的加入提高了体系的破胶絮凝效果,破胶剂浓度为7%和9%时,析出液体积基本持平,滤液色度无明显下降。

表3 助凝剂CJ与破胶剂PAJ和絮凝剂CPJ复配对深层水基钻井液破胶效果对比

破胶剂PAJ	t/min	不同复配结果处理后的析出液体积/mL		
		0.5%CJ+0.01%CPJ	1.0%CJ+0.01%CPJ	1.5%CJ+0.01%CPJ
7%	10	7.0	9.0	11.0
	20	10.0	12.0	13.5
	30	11.5	13.5	15.5
	40	13.0	15.0	16.5
9%	10	12.0	12.0	10.0
	20	14.5	15.0	13.0
	30	15.5	15.0	15.0
	40	15.5	15.0	15.0

图6 废弃钻井液被处理前后的滤液

注：从左往右依次为：（未处理）、7%PAJ+1.5%CJ+0.01%CPJ和9%PAJ+1.5%CJ+0.01%CPJ处理后滤液。

2.4 响应面法优化化学脱稳配方

2.4.1 实验设计

在单因素实验基础上，通过响应面法优化脱稳絮凝最佳工艺条件。选取破胶剂PAJ浓度(X_1)、絮凝剂CPJ分子量(X_2)、絮凝剂离子度(X_3)、助凝剂浓度(X_4)为自变量，滤饼含水率(Y)为响应目标值进行实验，因素水平设计及实验结果见表4、表5。

表4 响应面因素水平

因素	水平		
	-1	0	1
A(X_1/%)	7	8	9
B(X_2/10^4)	800	1000	1200
C(X_3/%)	10	15	20
D(X_4/%)	0.5	1.0	1.5

表5 响应面实验结果

序号	A	B	C	D	Y/%
1	7	800	15	1.0	63.2

续表

序号	A	B	C	D	Y/%
2	9	800	15	1.0	67.5
3	7	1200	15	1.0	59.5
4	9	1200	15	1.0	60.6
5	8	1000	10	0.5	60.1
6	8	1000	20	0.5	62.3
7	8	1000	10	1.5	62.1
8	8	1000	20	1.5	60.6
9	7	1000	15	0.5	62.3
10	9	1000	15	0.5	59.6
11	7	1000	15	1.5	58.7
12	9	1000	15	1.5	59.2
13	8	800	10	1.0	65.6
14	8	1200	10	1.0	60.3
15	8	800	20	1.0	64.9
16	8	1200	20	1.0	62.5
17	7	1000	10	1.0	59.1
18	9	1000	10	1.0	60.1
19	7	1000	20	1.0	59.2
20	9	1000	20	1.0	60.0
21	8	800	15	0.5	66.6
22	8	1200	15	0.5	61.8
23	8	800	15	1.5	64.8
24	8	1200	15	1.5	59.9
25	8	1000	15	1.0	61.1
26	8	1000	15	1.0	60.9
27	8	1000	15	1.0	61.3
28	8	1000	15	1.0	61.5
29	8	1000	15	1.0	61.2

对上述实验数据进行方差分析，结果见表6。

表6 响应面设计与结果

方差来源	平方和	自由度	均方和	F	显著水平
模型	371.7700	14	26.5500	572.39	<0.0001
A	0.0675	1	0.0675	1.45	0.2477
B	201.7200	1	201.7200	4348.08	<0.0001

续表

方差来源	平方和	自由度	均方和	F	显著水平
C	5.6000	1	5.6000	120.78	<0.0001
D	3.9700	1	3.9700	85.52	<0.0001
AB	0.3600	1	0.3600	7.76	0.0146
AC	0.4900	1	0.4900	10.56	0.0058
AD	1.5600	1	1.5600	33.68	<0.0001
BC	0.3025	1	0.3025	6.52	0.0230
BD	6.5000	1	6.5000	140.16	<0.0001
CD	0.7225	1	0.7225	15.57	0.0015
A^2	6.1800	1	6.1800	133.14	<0.0001
B^2	113.7000	1	113.7000	2450.73	<0.0001
C^2	2.6400	1	2.6400	56.97	<0.0001
D^2	11.3700	1	11.3700	245.16	<0.0001
残差	0.6495	14	0.0464		
失拟误差	0.4575	10	0.0458	0.9531	0.5703
纯误差	0.1920	4	0.0480		
总离差	372.4200	28			

对各因素进行拟合，得到回归方程：

$$Y = 61.16 - 0.08A - 4.1B - 0.68C - 0.58D + 0.3AB + 0.35AC + 0.63AD + 0.28BC - 1.27BD - 0.43CD - 0.98A^2 + 4.19B^2 - 0.64C^2 + 1.32D^2$$

从表6可以看出，模型 F 值显著水平 P 小于0.0001，说明该模型有效且十分显著，调整方差 $\mathrm{Adj}R^2 = 0.9965$，表明拟合方程拟合精度高，实验可信度强，失拟误差 $P = 0.5703 > 0.05$，不显著，进一步说明模型拟合程度高，可用此模型对实验进行模拟预测。由显著性及 F 值可知，各因素对固液分离滤饼含水率的影响顺序为絮凝剂分子量>絮凝剂离子度>助凝剂浓度>破胶剂浓度。

残差正态概率分布规律和实验值与预测值分布如图7和图8所示。可以看出，正态概率分布规律近似一条直线，实验实际值均匀分布在预测值附近，表明拟合方程与实验结果具有良好的适应性。

2.4.2 优化参数与模型可靠性验证

用Design-Expert中Optimization对脱稳絮凝处理时的处理剂浓度与参数进行优化，得到废弃钻井液无害化处理的最佳工艺条件：PAJ浓度为7.2%，CPJ分子量为1150万，离子度为17%，CJ浓度为1.3%，预测的滤饼含水率为58.18%。考虑实际应用可行性，确定最佳工艺条件为：PAJ浓度为7.2%，CPJ分子量为1200万、离子度为20%，CJ浓度为1.3%，模拟出的滤饼含水率为57.8%。为了验证上述结果，在上述最优条件下进行了3组平行实验，得到的滤饼含水率平均值为58.3%，与模型得到的预测值相对误差为0.87%，说明响应面分析方法及模型对深层水基钻井液无害化处理所需处理剂参数的优化及预测准确可靠。

能真实地反映各因素对滤饼含水率的影响,证明应用响应面法优化脱稳絮凝配方降低滤饼含水率是可行的。

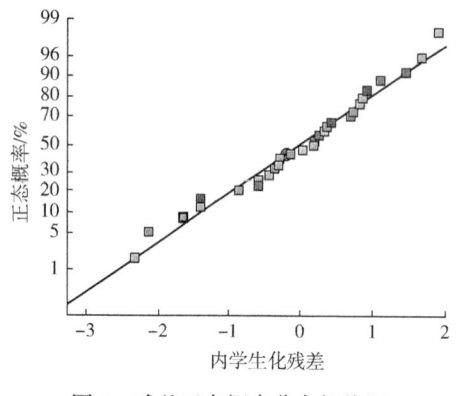

图 7 残差正态概率分布规律图

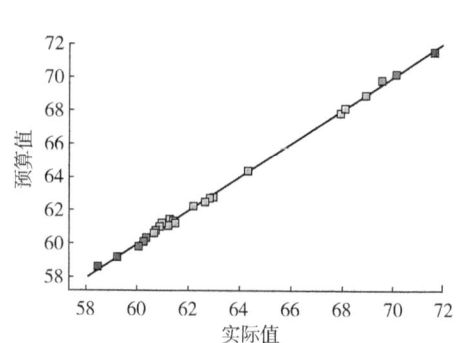

图 8 预测值与实际值分布图

3 现场应用

将优化后的破胶脱稳配方在 SS9-P1 井进行了现场应用,共开展 4 次压滤实验,具体情况如表 7、图 9 所示,共处理废弃钻井液 23m³。

表 7 现场试验处理剂加量与工艺条件

压滤次数	处理量/m³	破胶剂/t	絮凝剂/kg	助凝剂/t	$t_{进料}$/min	$t_{压榨}$/min	$p_{压榨}$/MPa
一次	6	0.40	0.6	0.096	60	7	1.2
二次	4	0.27	0.4	0.064	50	20	1.2
三次	6	0.40	0.6	0.096	50	15	1.2
四次	7	0.47	0.7	0.112	60	10	1.2

(a) 滤液

(b) 滤饼

图 9 现场 4 次压滤的滤液与滤饼

固液分离后,压滤液及滤饼基本参数见表 8 和表 9。可以看出,化学脱稳体系对废弃深层水基钻井液的破胶脱稳效果较好,滤液主要指标较处理前有显著改善,悬浮物去除率大于 87%,石油类去除率大于 60%,滤饼含水率低于 50%,且长时间浸泡无崩解(图 10),滤饼浸出液中各主要指标符合相关环保要求。

表8 滤液主要控制指标

滤液	悬浮物/(mg/L)	石油类/(mg/L)	pH 值
标准值	300	10.00	6~9
处理前滤液	2380	3.32	9
一次压滤滤液	295	1.30	7
二次压滤滤液	270	1.10	7
三次压滤滤液	277	1.10	7
四次压滤滤液	278	1.30	7

图10 滤饼振荡浸泡7d后状态

表9 滤饼及其浸出液主要控制指标

浸出液	滤饼含水率/%	COD_{Cr}/(mg/L)	总铬/(mg/L)	Cr^{6+}/(mg/L)	总铅/(mg/L)	砷/(mg/L)	全盐量/(mg/L)	石油类/(mg/L)	悬浮物/(mg/L)	pH 值
标准值	60.0	100	1.500	0.100	1.0	0.50	2000	5.00	70.0	6~9
1#滤饼	48.2	84	0.004	0.004	0.1	0.16	1763	0.12	65.8	7
2#滤饼	45.8	91	0.004	0.004	0.1	0.18	1960	0.12	60.1	7
3#滤饼	47.0	88	0.004	0.004	0.1	0.12	1885	0.12	62.2	7
4#滤饼	46.9	78	0.004	0.004	0.1	0.10	1955	0.12	63.9	7

4 结论

（1）针对大庆油田深层致密气废弃水基钻井液的污染特性，采用脱稳—絮凝—固液分离处理工艺，选择破胶剂、助凝剂浓度与絮凝剂工艺参数为主要影响因素进行优化，得到最佳工艺条件：破胶剂浓度为7.2%、絮凝剂分子量为1200万、离子度为20%、助凝剂浓度为1.3%，此条件下得到的滤饼含水率为58.1%。各因素对滤饼含水率的影响大小依次为：絮凝剂分子量>离子度>助凝剂浓度>破胶剂浓度。

（2）现场试验表明，经该工艺处理后滤饼含水率为47%，滤饼浸出液悬浮物含量为63mg/L，滤饼浸出液中石油类、COD等9项主要污染指标符合GB 8978—1996《污水综合排放标准》、DB23/T 693—2000《黑龙江省废弃钻井液处理规范》相关要求，解决了大庆油田深层水基钻井液废弃物处理需求，为全面实现无害化处理奠定了技术基础。

参 考 文 献

[1] 吴明霞. 废弃水基钻井液环境影响及固化处理技术研究[D]. 大庆：东北石油大学，2012.
[2] 吴芳云，陈进富，赵朝成，等. 石油环境工程[M]. 北京：石油工业出版社，2002：301.
[3] 蒋淑英. 大庆油田废钻井液生物毒性及生物效应的研究[D]. 大庆：大庆石油学院，2007.
[4] 王茂仁. 新疆油田钻井水基固液废弃物不落地处理技术研究[D]. 成都：西南石油大学，2017.
[5] 王学川，胡艳鑫，郑书杰，等. 国内外废弃钻井液处理技术研究现状[J]. 陕西科技大学学报，2010，28(6)：169-174.
[6] 郭敏辉. 化学调理改善活性污泥脱水性能的研究[D]. 杭州：浙江大学，2014.
[7] 董涛，钱秋兰，胡芝娟，等. 污泥化学调质及深度脱水[J]. 水泥技术，2013，2：22-25.
[8] 何纶，樊世忠，冉金成. 钻井完井液废弃物处理实用技术[M]. 徐州：中国矿业大学出版社，2006.
[9] 周风山，曾光，何纶，等. 废弃钻井完井液固液分离技术研究进展[J]. 钻井液与完井液，2007(S1)：59-64.
[10] 邱涌涛. 有机高分子絮凝剂的絮凝特征及絮凝机理初探[D]. 北京：中国地质大学(北京)，2007.

胺基聚合物钻井液在 BXX 井技术应用

朱晓峰[1]　王玉伟[2]　陈　荣[1]　王昊瀛[1]　王　伟[1]

(1. 大庆钻探工程公司钻井一公司；2. 大庆油田设计院有限公司)

【摘　要】 HLE 地区上部青元岗组紫红色泥岩易水化，塑性强，易形成泥环，泥包钻具；伊敏组发育灰色泥岩，易水化膨胀而缩径；大磨拐河组煤夹层发育，易发生井漏、井塌；南屯组可钻性差，地层倾角大，易井斜、井塌；铜钵庙组易发生黏附卡钻等问题，通过对胺基聚合物钻井液体系及配套工程措施的研究应用，形成满足 HLE 地区施工需求的钻井液体系和工程措施，能有效预防井下复杂发生。

【关键词】 胺基聚合物；抑制性；封堵性；井壁稳定

1　地质工程概况

BXX 井是一口 HLE 预探井，主要钻遇青元岗组、伊敏组、大磨拐河组、南屯组、铜钵庙组等，上部地层主要是灰色泥岩、粉砂质泥岩与灰色泥质粉砂岩、粉砂岩呈不等厚互层。大磨拐河组的中上部主要是灰、黑灰色泥岩与灰色砂岩呈不等厚互层，下部为灰黑色泥岩夹灰色泥质粉砂岩。南屯组以下主要是灰黑、黑色泥岩与灰色泥质粉砂岩、粉砂岩、细砂岩、杂色砂砾岩呈不等厚互层。设计井深 3380m，完钻井深 3650m，完钻层位铜钵庙组，二开裸眼段长 3345m。

2　技术难点

(1) 青元岗组紫红色泥岩易水化塑性强，造浆严重，对钻井液黏切影响大，易形成泥环，泥包钻具；伊敏组发育灰色泥岩，易水化膨胀而缩径。起下钻过程中，易造成起下钻刮卡、遇阻现象。

(2) 大磨拐河组主要为深灰色、灰黑色泥岩与灰色粉砂岩、泥质粉砂岩、灰色砂砾岩呈不等厚互层。该井段煤夹层发育，易产生掉块，要重点做好防塌工作。南屯组主要为灰黑色泥岩及灰色砂岩、砂砾岩呈不等厚互层，可钻性差，地层倾角大，注意防斜、防塌。

(3) 铜钵庙组主要为深色砂泥岩、杂色砂砾岩，局部地区出现油页岩、泥灰岩层，且普遍含凝灰质砂泥岩和凝灰质砂砾岩的岩系，经常出现流纹岩、英安岩、凝灰岩等中酸性

作者简介：朱晓峰，男，出生年月：198512，毕业日期：200807，毕业院校：大庆石油学院，所学专业：应用化学，学士学位，单位：大庆钻探工程公司钻井一公司钻井工程技术服务中心，副主任，高级工程师，2021 年《古龙页岩油 1 号试验区钻井施工方案》获得大庆油田方案设计奖特等奖，2019 年《630 工程优快钻完井技术研究》获得大庆钻探科学技术进步奖一等奖。通讯地址：黑龙江省大庆市让胡路区钻井一公司，邮编163543，电话 0459-5603415，E-mail：zhuxiaofeng001@cnpc.com.cn。

火山岩、火山碎屑岩。与下伏塔木兰沟组甚至布达特群呈不整合接触。厚度一般为200m至400m。该层位施工时，可能发生黏附卡钻。

（4）HLE地质条件极其复杂，地层破裂压力较低，断层多，钻井过程中易发生井漏。

（5）本井设计取心40m，实际取心57.05m，施工周期长，裸眼段钻井液浸泡时间长，另外多次起下钻，对井壁稳定是一大考验。

3 研究对策

（1）引入小分子胺基抑制剂具有强吸附、强抑制、作用时间长久的特点，配合大阳离子包被剂使用，能够有效地抑制泥岩造浆。

（2）采用不同粒径封堵材料不同粒度分布对地层进行封堵，除了刚性颗粒架桥支撑以及沥青类弹性填充，优选一类井壁稳定剂通过化学方式胶化成膜降低失水等手段。提高钻井液封堵能力。大磨拐河组以超细碳酸钙封堵为主，南屯组以多功能封堵剂为主。进入大磨拐河组开始提高密度，南屯组施工时密度提高至设计上限，钻遇煤层时，稳定井壁有效手段物理支撑。

（3）使用润滑材料环保油，改善钻井液及其滤饼的润滑性，防止黏附卡钻。使用好固控设备，降低钻井液中的无用固相含量，改善钻井液固相颗粒的匹配，提高滤饼质量。钻具在井内静止不得超过3min，活动钻具距离不小于5m。钻进中扭矩异常时，要及时上提钻具，使钻头离开井底至少5m，活动钻具。

（4）针对HLE地区断层多，易发生井漏问题，提前制定防漏堵漏预案。采用"预防井漏—随钻堵漏—静止堵漏—承压堵漏"这种渐进式漏失应对方法。

4 胺基聚合物钻井液研究

4.1 室内评价实验1

基浆配方如下：5%土浆+1%降滤失剂+1%井壁稳定剂+1.5%铵盐+0.4%包被剂。

分别在基浆里加入0.4%复合抑制剂和0.4%胺基抑制剂进行室内实验评价（表1）。

表1 室内实验钻井液性能数据表

配方	密度/(g/cm³)	pH值	$\Phi 600/\Phi 300$	$\Phi 200/\Phi 100$	$\Phi 6/\Phi 3$	Gel/Pa/Pa	PV/mPa·s	YP/Pa	FL_{API}/mL
基浆+WDYZ-1	1.10	9	61/39	29/21	13/10	5.5/14	22	8.5	4.4
基浆+胺基抑制剂	1.10	9	47/31	20/12	8/6	2/8	16	7.5	4.3

室内实验结果表明，加入胺基抑制剂后钻井液常温下流变性能明显降低。

采用伊敏组灰色泥岩做滚动回收实验（表2）。

表2 岩屑滚动回收实验

钻井液配方	滚动回收率/%	钻井液配方	滚动回收率/%
基浆+0.4%WDYZ-1	90.5	基浆+0.4%胺基抑制剂	93.5

图1 伊敏组灰色泥岩

室内实验结果表明,岩屑滚动回收率高于前者。

根据室内实验确定开钻时钻井液配方:5%土浆+1%降滤失剂+1%井壁稳定剂+1.5%铵盐+0.4%包被剂+0.4%胺基抑制剂。

4.2 室内评价实验2

钻井液配方:5%土浆+1%降滤失剂+1%井壁稳定剂+1.5%铵盐+0.4%包被剂+0.4%胺基抑制剂。按上述配方做室内老化实验(表3)。

表3 老化实验钻井液性能数据表

配方	$\Phi600/\Phi300$	$\Phi200/\Phi100$	$\Phi6/\Phi3$	Gel/(Pa/Pa)	PV/(mPa·s)	Yp/Pa	FL_{API}/mL	HTHP 失水/mL	密度/(g/cm³)	pH 值
老化前	47/31	20/12	8/6	2/8	16	7.5	4.3		1.10	9
150℃16h	50/34	25/16	9/7	2.5/8	16	9	5.0	16	1.10	9
二次老化16h	53/38	29/21	10/5	3/8.5	15	11.5	4.8	16	1.10	9
48h 老化	51/37	29/18	8/4	2.5/8	14	11.5	4.4	15	1.10	9
72h 老化	51/35	28/17	8/3	2.5/7	16	9.5	4.2	15	1.10	9

室内实验数据表明,老化后钻井液各项性能平稳,无较大波动。

根据室内实验确定开钻时钻井液配方:5%土浆+1%降滤失剂+1%井壁稳定剂+1.5%铵盐+0.4%包被剂+0.4%胺基抑制剂。

5 现场应用及效果

5.1 现场应用

针对BXX井地层特点及施工难点,上部青元岗组、伊敏组泥岩段长易吸水膨胀的特点,优选胺基抑制剂并提高抑制剂的加量,防止大量劣质固相侵入钻井液,造成性能恶化并引起井下复杂;钻穿伊敏组后,进入大磨拐河组逐步提高封堵防塌剂的加量,提高体系的封堵防塌能力,防止下部硬脆性泥岩失稳;南屯组和铜钵庙组施工时,钻井液配制时按上限加抑制剂和润滑材料,提高钻井液的抑制能力和防卡能力,施工中不断补充封堵材料,保证进入目的层钻进前降滤失、封堵材料含量不低于8%,最大限度地提高体系封堵能力,防止井壁失稳、防止井漏。具体措施如下:

(1) 上部地层钻进时优选强抑制剂包被絮凝剂胺基抑制剂和HX-D复配加入钻井液中,加量0.8%,有效抑制黏土矿物水化膨胀,钻进时主要以1.25%的胺基抑制剂、2%的复合铵盐胶液细水长流维护钻井液来控制上部地层造浆,另外每钻进200m补加50~100kg的胺基抑制剂。

(2) 使用稀释剂改善钻井液的流变性,满足携岩和悬浮要求,有效拆除黏土网架结构,保证合理的流变性。

(3) 复配使用降滤失剂和井壁稳定剂,加量均为1%,降低自由水活度,增强降滤失效果。

(4) 进入大二段之前加入1.5%的白沥青增强钻井液的封堵性,在大一段补加2%非渗透性封堵剂,进一步增强钻井液的封堵能力。

(5) 在南屯组和铜钵庙组钻进时,复配使用白沥青和多功能封堵剂,总量不低于2%,有效封堵地层,提升体系的封堵防塌能力,加入1%润滑材料提高润滑性能,预防卡钻发生。

(6) 加强固控设备使用,振动筛筛布80~200目,二开后期全部换成160/200目筛布,除砂器使用率100%。离心机视情况而定,最大限度地清除有害固相(表4)。

表4 钻井液性能表

井深/m	密度/(g/cm^3)	漏斗黏度/s	FL_{API}/mL	PV/(mPa·s)	Yp/Pa	Gel/(Pa/Pa)
600	1.10	42	4.3	16	7.5	2/8
900	1.12	45	4.1	18	8	2.5/9
1200	1.15	48	3.9	22	9	3/10
1500	1.15	51	3.7	21	8.5	3/10
1800	1.15	50	3.3	22	8.5	3/9.5
2100	1.15	53	3.1	21	9	3/9.5
2400	1.15	52	3.0	23	9	3/10
2700	1.15	51	3.0	23	8.5	3/10.5
3000	1.15	50	2.8	21	9	3/9.5
3300	1.15	52	1.8	22	8	2.5/10
3650(完钻)	1.15	48	1.7	20	7.5	2/9

5.2 应用效果

本井设计井深3380m,完钻井深3650m,二开开钻时间2022年6月24日14:00,固井时间8月11日14:00,裸眼井段长3345m,二开钻井液浸泡时间48天,无因钻井液长时间浸泡发生井壁失稳现象,取心6筒57.05m,施工共起下钻13次,起下钻无阻卡显示,充分体现了该体系的井壁稳定能力。电测一次成功率100%,未发生因为钻井液性能不好导致的井下复杂,实现了安全快速钻井。

6 结论

（1）形成了一套适合该区块施工的钻井液配方及维护处理方案，体系具有抑制性强、封堵防塌效果好、润滑防卡性能良好，有效保证了钻井施工的顺利进行，满足 HLE 地区施工需求。

（2）胺基抑制剂不仅具有阳离子强吸附、强抑制、作用时间长久等优点；而且克服了阳离子对钻井液严重絮凝、增加失水等弱点。由于分子链中引入了胺化合物，因而赋予它更好的页岩抑制性，能够满足 HLE 区块地层安全快速钻井的需要。

（3）钻井液低黏切，通过强化工程参数可以满足井眼净化需求，另外较好的固控设备，能够更好地实现的低黏切。

参 考 文 献

[1] 蒲晓林，王平全，黄进军. 钻井液工艺原理[M]. 北京：石油工业出版社，2020.6.
[2] 王中华. 钻井液处理剂实用手册[M]. 北京：中国石化出版社，2016.12.

伊拉克东巴油田 Tanuma 组泥页岩高效防塌钻井液技术

胡清富[1]　刘春来[2]　李增乐[2]　司小东[1]

(1. 中国石油集团大庆钻探工程公司国际事业部；
2. 中国石油集团大庆钻探工程公司钻井工程技术研究院)

【摘　要】　EBSK-8-2H 水平井是伊拉克东巴油田以 Khasib 组作为开发目的层的第一口井。在该井钻井过程中，Tanuma 组底部的泥页岩多次发生坍塌卡钻，最终导致该井的水平井眼报废。为了解决该区块水平井钻井过程中 Tanuma 组泥页岩防塌难题，对该层位矿物组成、孔缝发育和水化特性进行研究，通过优选高效封堵剂和强效抑制剂等关键处理剂，优化现场氯化钾聚磺钻井液，形成了目前的防塌钻井液体系，并在 EBSK-5-5H 等三口水平井施工中取得良好的应用效果，成功地解决了 Tanuma 组泥页岩防塌难题。

【关键词】　水平井；井壁稳定；防塌钻井液；东巴油田

东巴油田位于伊拉克首都巴格达东部，美索不达米亚前渊坳陷构造上，石油储量丰富。该油田主要包括 South-1 区块和 South-2 区块，其中 South-2 区块地质条件比较复杂，上部地层的 Upper Fars 组以褐色泥岩为主，Lower Fars 组为盐岩、石膏和绿泥石互层，Jeribe 组为白云岩；中部地层依次为 Bajawan 组、Tarjil 组、Jaddala 组和 Aaliji 组，主要岩性为石灰岩；下部地层依次为 Shiranish 组、Hartha 组、Sa´adi 组、Tanuma 组和 Khasib 组，主要岩性为石灰岩，其中 Tanuma 组底部泥页岩厚度约 35m。Khasib 组是 South-2 区块最重要的待开发储层，在油气富集带其厚度约 30m。South-2 区块第一批井有 18 口，包括直井、定向井和水平井，其中以 Khasib 组为目的层的水平井 14 口。2019 年 2 月，该区块第一口以 Khasib 组为目的层的水平井 EBSK-8-2H 井开钻，设计为直导眼侧钻水平井，设计井深 3499m，采用四开井身结构。该井三开定向钻进至井深 2497m 时发生卡钻，解卡失败后回填井眼重新侧钻，但钻至井深 2562m 时再次发生卡钻，解卡失败而导致井眼报废。分析认为，卡钻原因是 Tanuma 组底部的泥页岩地层发生坍塌。因此，有效解决 Tanuma 组泥页岩坍塌问题，是实现 South-2 区块 Khasib 组储层有效开发的关键。

针对 Tanuma 组泥页岩坍塌难题，通过分析泥页岩矿物结构、裂缝发育情况以及水化特性，确定了泥页岩坍塌机理，优选了 N-Seal 封堵剂和 U-HIB 抑制剂等关键处理剂，对原氯化钾钻井液体系配方进行了优化，形成了泥页岩高效防塌钻井液体系，并在 3 口 K 层水平井进行了现场试验，均顺利钻穿 Tanuma 组泥页岩地层，无明显井壁剥落掉块现象，且完钻后起下钻无异常显示，顺利下入套管并完成固井。

作者简介：胡清富，中国石油集团大庆钻探工程公司国际事业部。

1 Tanuma 组泥页岩坍塌原因分析

泥页岩井壁坍塌是钻井作业常遇到的问题,不同区块泥页岩坍塌机理不尽相同,但主要原因是钻井液静液柱压力低于泥页岩地层的坍塌应力,或钻井液浸入地层导致泥页岩水化分散,引起岩石强度降低,一般二者兼而有之[1-4]。为此,对东巴油田 Tanuma 组泥页岩的矿物组成、水化特性以及孔缝发育情况进行了试验研究,以确定其井壁坍塌机理。

1.1 矿物组成分析

应用 X 射线衍射仪对 Tanuma 组泥页岩矿物组成及黏土矿物含量进行测试[5],结果见表1。由表1可以看出,Tanuma 组泥页岩黏土矿物含量较高,最低也达到 36.6%。

表1 Tanuma 组泥页岩矿物组成分析结果

井深/m	矿物含量/%				
	石英	方解石	黄铁矿	铁白云石	黏土
2388.5	1.19	11.49	10.64	40.08	36.60
2389.5	6.57	10.26	10.33	21.31	51.53
2390.5	5.83	11.66	12.92	27.93	41.66

应用 X 射线衍射仪对岩样中黏土的组成进行了测试,结果发现主要以伊/蒙混层、高岭石为主,其中伊/蒙混层含量最大。伊/蒙混层为蒙皂石和伊利石的混合晶层,层间分子作用力弱,水分子容易进入晶层之间,引起晶格膨胀,从而导致井壁失稳现象。

1.2 岩样孔缝发育

应用扫描电子显微镜能够观察对 Tanuma 组泥页岩岩样的孔隙、裂隙的特征、类型和产状,并测量孔隙大小[6-8]。结果发现,岩样具有明显的层理,且裂缝发育度较高,尺度基本为微米级和纳米级(图1),其中,缝宽500nm 以内的微孔缝约占总孔缝的40%,0.5~10μm 的孔缝约占总孔缝的50%。分析认为,由于 Tanuma 组泥页岩地层裂缝发育,在钻井过程中,钻井液可通过层理或孔缝侵入地层,导致泥页岩内部应力结构发生变化,造成井壁坍塌[9]。因此,Tanuma 组泥页岩中普遍发育的微裂缝是井壁失稳的主要原因。

图1 Tanuma 组泥页岩岩样孔缝发育情况

1.3 水化膨胀特性试验

采用文献[10]中的方法,将利用 Tanuma 组泥页岩岩心制备的岩屑颗粒,放入装有 350mL 蒸馏水的老化罐中,在高温滚子炉中老化(80℃条件下热滚)16h 后,测得岩屑回收率为 62.4%,说明 Tanuma 组泥页岩具有一定的水化分散性。同时,使用页岩膨胀仪对其水化膨胀特性进行测试,结果如图 2 所示。由图 2 可以看出,在钻井液滤液侵入岩样后,会快速导致泥页岩膨胀,在短时间内岩样的线性膨胀率增至 12% 以上。

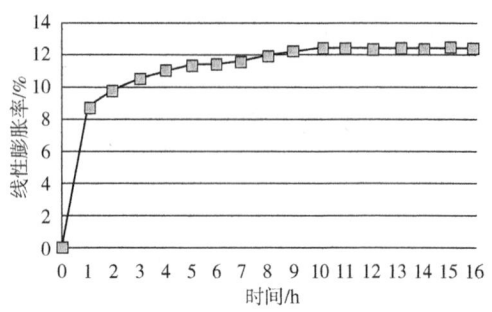

图 2 Tanuma 组泥页岩水化膨胀试验结果

上述室内试验及测试结果表明,Tanuma 组泥页岩具有黏土矿物含量高、水敏性较强、宏观层理发育明显、微观孔缝发育度高和水化膨胀速率快的特点,在钻井过程中,钻井液滤液通过孔缝侵入地层后,使黏土矿物迅速水化膨胀,最终导致泥页岩井段发生井壁垮塌,引起卡钻等井下复杂情况。

2 高效防塌钻井液配方优选及性能试验

根据 Tanuma 组泥页岩坍塌机理,确定了加强物理封堵和化学抑制的防塌思路,通过优选高效封堵剂和强抑制剂,在该油田原来应用的氯化钾聚磺钻井液体系的基础上,形成了针对泥页岩层的高效防塌钻井液体系。

2.1 关键处理剂的优选

优选合适的高效封堵剂及强抑制剂是研制高效防塌钻井液体系的关键,为此,通过纳米滤膜封堵试验及页岩膨胀试验,优选了 N-Seal 封堵剂及 U-HIB 抑制剂。

2.1.1 高效封堵剂优选

改善滤饼质量和提高钻井液封堵性能是保持泥页岩地层井壁稳定的重要手段[11-14],针对 Tanuma 组泥页岩微/纳米级孔缝发育的特点,选择 FT-1、NSI、N-JC、N-CaCO$_3$、N-Seal 和 N-Polymer 等 6 种封堵剂,对其封堵性能进行了室内实验。取 200mL 清水,加入 2% 封堵剂,采用超声分散 30min,另取膨润土基浆(膨润土含量 8%),混合并高速搅拌 20min 后放入老化罐中,在 120℃ 条件下热滚 16h,然后采用微孔滤膜测试 30min 累计滤失量。由于滤失量 V_f 与滤失时间平方根成正比关系,记录下 1min、30min 滤失量,可绘制出滤失量和滤失时间平方根关系的曲线,曲线与纵坐标轴的交点即为瞬时滤失量,试验结果见表 2。由表 2 可以看出,基浆中分别加入 6 种封堵剂后,瞬时滤失量和累计滤失量均在减少,静滤失速率均在降低。其中,加入 N-Seal 封堵剂的基浆瞬时滤失量下降明显,静滤失速率最小,累计滤失量最低,表明其对纳米级孔缝封堵效果更好。因此,选择 N-Seal 封堵剂用于配制高效防塌钻井液体系。

表2 6种封堵剂的性能评价试验结果

试验流体配方	瞬时滤失量/mL	静滤失速率/(mL/√t)	累计滤失量/mL
基浆	2.69	18.1	35.2
基浆+2% FT-1	0.23	8.69	21.3
基浆+2% NSI	0.30	16.36	26.6
基浆+2% N-JC	0.45	15.37	29.1
基浆+2% N-CaCO$_3$	0.12	7.33	13.2
基浆+2% N-Seal	0.13	6.01	10.2
基浆+2% N-Polymer	0.19	8.33	17.6

2.1.2 抑制剂优选

EBSK-8-2H井在应用氯化钾聚磺钻井液钻进Tanuma组泥页岩井段时发生井壁坍塌，说明该钻井液的泥页岩抑制性能达不到要求。室内实验中也发现，Tanuma组泥页岩的水化膨胀速率快，因此还需优选抑制性能更强的抑制剂，以提高钻井液的抑制性。筛选ECSOW、HIB、HIB-INH和U-HIB等4种抑制剂，使用现场回收的岩屑，采用文献[10]中的方法，测试其在清水、膨润土基浆（膨润土含量4%）、4%膨润土基础浆+1%抑制剂中的滚动回收率和线性膨胀率，结果如图3和图4所示。由图3和图4可以看出，基浆中加入抑制剂后，岩屑的滚动回收率均达到96%以上，线性膨胀率均有明显降低。其中，基浆加入U-HIB抑制剂后，岩屑的线性膨胀率最低、滚动回收率最高，表明U-HIB抑制剂具有更强的抑制能力。因此，选择U-HIB抑制剂配制高效防塌钻井液体系。

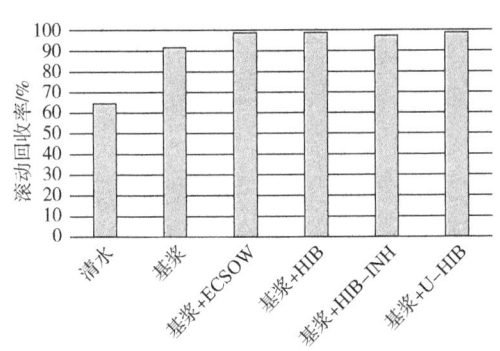

图3 岩屑滚动回收评价实验

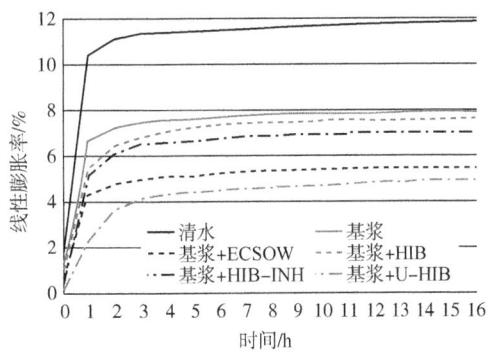

图4 岩屑线性膨胀评价实验

2.2 高效防塌钻井液配方及性能评价

以EBSK-8-2H井应用的氯化钾聚磺钻井液体系（配方为：2.0%膨润土+0.4%CMC-LV增黏剂+0.4%PAC-LV增黏剂+5.0%KCl抑制剂+1.0%SPNH降滤失剂+1.0%SMP降滤失剂+1%AP-1抑制剂+2.0%Glycol抑制剂+2.0%SOLTEX封堵剂+0.3%PHPA流型调节剂+3.0%超细碳酸钙+0.1%XC增黏剂）为基础，将AP-1抑制剂替换为U-HIB抑制剂，并加入N-seal封堵剂配合超细碳酸钙以增强钻井液封堵能力。通过室内复配实验，最终确定了高效防塌钻井液体系配方为：2.0%膨润土+0.4%CMC-LV增黏剂+0.4%PAC-LV增黏剂+

5.0%KCl 抑制剂+1.0%SPNH 降滤失剂+1.0%SMP 降滤失剂+1.0%U-HIB 抑制剂+2.0% Glycol 抑制剂+2.0%SOLTEX 封堵剂+0.3%PHPA 流型调节剂+2.0%N-seal 封堵剂+3.0%超细碳酸钙+0.1%XC 增黏剂。

为了确保高效防塌钻井液体系满足 Tanuma 组泥页岩安全钻进的需要,对其流变性能、防塌能力和抑制能力进行室内实验,并与氯化钾聚磺钻井液体系进行了对比。

2.2.1 流变性试验

前期的钻井实践及室内研究发现,钻井液密度为 1.50~1.65g/cm³ 时可以保证 Tanuma 组泥页岩地层井壁稳定,为此,分别配制了密度为 1.55g/cm³、1.60g/cm³ 和 1.65g/cm³(加重剂为重晶石粉)的高效防塌钻井液和氯化钾聚磺钻井液,采用六速黏度计,对其流变性进行了测试,结果见表3。由表3可以看出,随着密度的增大,高效防塌钻井液体系的流变性保持良好,与氯化钾聚磺钻井液体系相当,且 API 滤失量低于氯化钾聚磺钻井液体系,表明高效防塌钻井液更有利于保持井壁稳定,能更好地满足 Tanuma 组泥页岩安全钻进的需求。

表3 高效防塌钻井液和氯化钾聚磺钻井液流变性试验结果

密度/(kg/cm³)	钻井液	六速黏度计读数						静切力/Pa	塑性黏度/(mPa·s)	动切力/Pa	API 滤失量/mL
		Φ_{600}	Φ_{300}	Φ_{200}	Φ_{100}	Φ_6	Φ_3				
1.55	氯化钾聚磺	82	54	40	25	5	4	2.0/5.5	28	13.0	2.6
	高效防塌	85	55	42	26	5	4	2.5/5.0	30	12.5	2.4
1.60	氯化钾聚磺	83	53	40	25	5	4	2.0/4.5	30	11.5	2.6
	高效防塌	88	56	44	27	5	4	2.0/4.5	32	12.0	2.0
1.65	氯化钾聚磺	86	56	40	25	5	4	2.0/4.5	30	13.0	2.4
	高效防塌	90	57	41	25	5	4	2.0/4.5	33	12.0	2.2

2.2.2 封堵性试验

配制密度为 1.40g/cm³ 的氯化钾聚磺钻井液和高效防塌钻井液,选用现场 Tanuma 组泥页岩岩样,采用钻井液封堵性能评价仪进行钻井液封堵性能试验[15],试验压力为 3.5MPa。试验结果发现,氯化钾聚磺钻井液和高效防塌钻井液的瞬时滤失量分别为 3.1mL 和 1.3mL,30min 滤失量分别为 17.6mL 和 11.2mL。这表明与氯化钾聚磺钻井液相比,高效防塌钻井液的封堵性能有了明显改善,能够实现 Tanuma 组泥页岩的有效封堵。

试验方法:使用钻井液封堵性能评价仪,在采用 200μm 模拟裂缝条件下对防塌钻井液的封堵承压能力进行测试。初始压力为 0.5MPa,维持压力不变,3min 后观察滤失量;然后压力升高至 1.0MPa,维持压力不变,3min 后观察滤失量,依此方法,每次增加 0.5MPa,直至压力达到 6MPa。实验结果可见,当压力为 2.0MPa 和 2.5MPa 时,滤失量分别为 1.5mL 和 2.0mL,其他压力条件下,滤失量均为 0。

2.2.3 抑制性试验

根据泥页岩理化性能试验方法[10,16],选用现场回收的 Tanuma 组泥页岩岩屑,分别在清水、氯化钾聚磺钻井液和高效防塌钻井液中浸泡后,测试岩屑的滚动回收率。结果发现,岩屑在清水、氯化钾聚磺钻井液和高效防塌钻井液中的滚动回收率分别为66.4%、92.4%和96.6%,表明高效防塌钻井液的抑制性最强。

试验方法：将现场回收的Tanuma组泥页岩岩屑粉碎后压制成岩心柱,应用页岩膨胀仪测试其在清水、氯化钾聚磺钻井液和高效防塌钻井液中的线性膨胀率,结果如图5所示。由图5可以看出,岩心柱在氯化钾聚磺钻井液和高效防塌钻井液中的线性膨胀率明显低于在清水中的线性膨胀率,其16h泥页岩膨胀率分别为7.98%和4.87%。其中,岩心柱在高效防塌钻井液中的线性膨胀率最低,说明与氯化钾聚磺钻井液相比,高效防塌钻井液对Tanuma组泥页岩的抑制性更强。

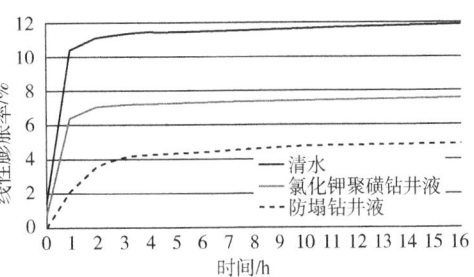

图5　高效防塌钻井液的抑制性评价试验结果

3　现场试验

高效防塌钻井液体系在东巴油田EBSK-5-5H井、EBSK-2-2H井和EBSK-3-3H井进行了现场试验,取得了良好的井眼稳定效果,均成功钻穿Tanuma组泥页岩井段,顺利钻至设计井深。应用效果见表4。

表4　现场应用效果

井号	泥页岩井段/m	泥页岩井段纯钻进周期/h	平均机械钻速/(m/h)	起钻复杂时间/h
EBSK-5-5H	2510~2625	51.76	2.22	6.2
EBSK-2-2H	2492~2608	61.00	1.90	3.2
EBSK-3-3H	2540~2653	62.18	1.82	6.8

现以EBSK-5-5H井为例,介绍该钻井液的现场试验情况。

EBSK-5-5H井为水平井,目的层为Khasib组,设计井深3806m,采用四开井身结构:一开采用Φ444.5mm钻头钻至井深250m,Φ339.7mm套管下深250m;二开采用Φ311.2mm钻头钻至井深1921m,Φ244.5mm套管下深1920m;三开采用Φ215.9mm钻头钻至井深2642m,Φ177.8mm尾管下深2640m;四开采用Φ152.4mm钻头钻至井深3806m,裸眼完井。

该井Tanuma组泥页岩预测井段为2508~2625m,设计井斜角为71.6°~75.5°,应用高效防塌钻井液钻进,配方为:2.0%膨润土+0.4%CMC-LV增黏剂+0.4%PAC-LV增黏剂+5.0%KCl抑制剂+1.0%SPNH降滤失剂+1.0%SMP降滤失剂+1.0%U-HIB抑制剂+2.0%Glycol抑制剂+2.0%SOLTEX封堵剂+0.3%PHPA流型调节剂+2.0%N-seal封堵剂+0.1%XC增黏剂,加重材料取重晶石粉。基本性能:密度为1.60g/cm³,漏斗黏度为72s,API滤失量为1.4mL。该井钻至井深2510m时钻遇Tanuma组泥页岩,在钻井液中补充2.0%~4.0%N-Seal和1.0%~1.5%U-HIB,以强化钻井液的封堵性能和抑制性能,确保泥页岩井段的井壁稳定。在该井段钻进后期,在钻井液中加入了8%~10%的原油,以提高钻井液的润滑性能,解决定向钻进过程中存在的摩阻扭矩大、托压的问题。该井钻至井深2625m后顺利钻穿 Tanuma 组泥页岩地层，返出岩屑形状规则，大小均匀，3~8mm 岩屑占 85%以上，钻进期间未出现井壁坍塌掉块等井壁失稳现象。之后该井继续应用高效防塌钻井液钻至井深 2642m 完成三开井段的钻进，完钻后起钻至 2545m 时遇阻，超拉达到 60kN。立即开泵循环清洗井筒，泵入 16m³ 稠浆，井口收集到 2~3cm 粒径的泥页岩掉块约 0.35m³，井筒清洗干净后尝试起钻，遇阻现象消除，随后泵入高含油比的稠浆，防止井壁再次发生剥落掉块。顺利起钻至井口，下入 Φ177.8mm 尾管完成固井。四开采用 Φ152.4mm 钻头钻至井深 3806m，岩性为石灰岩，采用裸眼完井。

4 结论及认识

（1）东巴油田 South-2 区块 Tanuma 组泥页岩具有黏土矿物含量高、水敏性较强、宏观层理发育明显、微观孔缝发育度高和水化膨胀速率快等特点，钻井过程中极易发生坍塌卡钻等井下故障。

（2）针对氯化钾聚磺钻井液体系防塌能力较弱的问题，优选了 U-HIB 抑制剂和 N-seal 封堵剂，形成了高效防塌钻井液体系，其泥页岩滚动回收率高于 96.0%，线性膨胀率低于 5.0%，能够实现 Tanuma 组泥页岩微纳米级孔缝有效封堵，并且能有效抑制泥页岩中黏土矿物的水化分散。

（3）东巴油田 South-2 区块 3 口水平井的现场试验表明，高效防塌钻井液能有效解决 Tanuma 组泥页岩失稳的问题，实现该区块 Khasib 组储层的有效开发。

（4）高效防塌钻井液在现场试验时仍见到少量剥落掉块，表明该钻井液体系的泥页岩抑制防塌性能还需进一步提升。

参 考 文 献

[1] 程远方，张锋，王京印，等. 泥页岩井壁坍塌周期分析[J]. 中国石油大学学报(自然科学版)，2007，31(1): 63-66, 71.
[2] 南旭. 关于页岩气井井壁失稳机理及其油基钻井液技术探究[J]. 化工管理，2020(17): 96-97.
[3] 袁华玉，程远方，王伟，等. 长水平段钻井泥岩井壁坍塌周期分析[J]. 科学技术与工程，2017，17(3): 183-189.
[4] 李辉. 白油基油包水钻井液在 JHW00421 井水平段的应用[J]. 新疆石油天然气，2020，16(2): 38-42.
[5] SY/T 5163—2010 沉积岩中黏土矿物和常见非黏土矿物 X 射线衍射分析方法[S].
[6] SY/T 5162—1997 岩石样品扫描电子显微镜分析方法[S].
[7] 王建华，鄢捷年，苏山林. 硬脆性泥页岩井壁稳定评价新方法[J]. 石油钻采工艺，2006，28(2): 28-30.
[8] 丁乙，梁利喜，刘向君，等. 温度和化学耦合作用对泥页岩地层井壁稳定性的影响[J]. 断块油气田，2016，23(5): 663-667.
[9] 赵凯，樊勇杰，于波，等. 硬脆性泥页岩井壁稳定研究进展[J]. 石油钻采工艺，2016，38(3): 277-285.
[10] SY/T 5613—2000 泥页岩理化性能试验方法[S].
[11] 金军斌. 塔里木盆地顺北区块超深井火成岩钻井液技术[J]. 石油钻探技术，2016，44(6): 17-23.
[12] 黄维安，牛晓，沈青云，等. 塔河油田深侧钻井防塌钻井液技术[J]. 石油钻探技术，2016，44(2):

51-57.

[13] 刘锋报,邵海波,周志世,等.哈拉哈塘油田硬脆性泥页岩井壁失稳机理及对策[J].钻井液与完井液,2015,32(1):38-41.

[14] 林常茂,张永青,刘超,等.新型井壁稳定剂DLF-50的研制与应用[J].钻井液与完井液,2015,32(4):17-20.

[15] 廖奉武,李坤豫,胡靖,等.钻井液封堵剂高温高压封堵性能评价方法[J].科学技术与工程,2019,19(29):90-95.

[16] 林永学,甄剑武.威远区块深层页岩气水平井水基钻井液技术[J].石油钻探技术,2019,47(2):21-27.

基于改进 PSO-SVM 的钻井液侵入储层深度预测

陈 飞

(大庆钻探工程公司 钻井一公司)

【摘 要】 开展钻井液侵入储层深度预测，对于测井评价以及提高油井产能具有一定的现实意义。在分析钻井液侵入储层的机理和特征的基础上，提出了钻井液侵入储层的影响因素指标体系，建立了改进 PSO-SVM 的钻井液侵入储层深度预测模型，以塔里木塔中 35 口井为例进行了实证分析，并与传统 BP 神经网络和 SVM 模型预测结果进行了对比。研究结果表明：侵入深度与滤饼的渗透率、钻井液与储层压差以及侵入时间正相关，与储层孔隙度和钻井液黏度负相关，改进的 PSO-SVM 模型预测结果误差小，准确率高，能够用于钻井液侵入储层深度预测，具有广泛的应用前景。

【关键词】 支持向量机；钻井液；预测；污染

在钻完井作业实施过程中，钻井液会不可避免地侵入储层，侵入储层的深度与储层的地质油藏特征和钻井液性能高度相关，并且随着时间的推移不断发生动态变化[1]。由于钻井液的侵入，井筒周围的流体特征以及饱和度分布会发生改变。利用传统的电阻率测井较难反映出储层的真实特征，给测井评价油水层带来了相当大的困难，同时也给新投产井的产能带来了不可逆的影响。开展钻井液侵入储层深度预测，对于测井评价以及提高油井产能具有重要而现实的意义[2]，为此针对钻井液对储层侵入方面国内外学者进行了大量的研究[3]。张麒麟[4]等通过对中—高渗透孔隙型储层伤害机理进行分析发现，钻井液成分以及应力敏感性是造成储层伤害的主要原因，基于此对低伤害钻井完井液技术进行了研究。王建华[5]等的研究表明钻井液水敏特征是储层伤害的重要因素，通过室内实验研究优化聚合物钻井液组分，提出了一种理想充填暂堵技术。赵峰[6]指出钻井液中的聚合物吸附滞留能够影响储层的渗透率，并且优选得到了无固相弱凝胶钻井液和破胶完井液。雷强[7]基于牛顿流体在裂缝中的渗流机理，构建了裂缝中钻井液的漏失动力模型，对侵入深度和压差等因素开展了分析。马建海[8]利用侧向测井正演和最优化技术反演，求取了储层污染半径，通过实证研究认为该技术有助于时间推移测井数据解释。近年来，随着数据量不断增大以及计算机技术的迅猛发展，数据挖掘技术广泛应用于人们生产生活中，支持向量机是数据挖掘技术的一种重要方法，具有良好的自学习和联想储存功能，在寻找优化解方面具有独特优势。本文在前人研究成果的基础上，创新地建立了改进的 PSO-SVM 模型开展钻井液侵入储层深度研究，为测井解释和产能评价提供指导。

作者简介：陈飞(1986—)，男，工程师，2008 年毕业于中国石油大学(华东)应用化学专业，现从事钻井液技术工作。

1 钻井液侵入储层机理特征及影响因素

1.1 钻井液侵入储层机理

当钻井液压力不小于储层中流体的压力时,钻井液驱替井筒周围流体的现象就会发生,由于钻井液中固体颗粒的存在,井壁上会有滤饼的产生。通过大量的实验表明,钻井液的侵入主要有三种类型,分别为驱替、混合与扩散。其中驱替是指在一定的压差作用下,由于储层的渗透性钻井液进入储层占据孔隙空间的现象。当驱替现象发生后,储层中的钻井液就会继续被挤入储层深处,与储层原始流体混合在一起,形成混合现象。在钻井液和储层水中的离子差作用下会产生扩散驱动力,形成扩散现象。动态侵入过程中,驱替、混合以及扩散相继发生,但是井筒和储层之间的压差仍是驱动的主要动力。

1.2 钻井液侵入储层特征及影响因素

钻井液侵入储层受到钻井液性质、储层物性、流体特征、储层压力差以浸泡时间等多种因素影响,是一个相对复杂的物理过程。处于正常压力系统的储层,储层压力与静水压力相当,油气层的侵入电性特征与钻井液和储层水矿化度差距相关,储层物性越好、流体的黏度越小,电性特征的变化越明显。在驱替、混合以及扩散等多种方式的作用下,井筒周围储层的测井响应趋向复杂化。为了方便讨论,井筒周围储层流动情况采用达西定律来描述。

根据达西定律确定侵入储层滤液的体积,表达式为

$$dV = K_{mc}\frac{2\pi r_c \Delta p}{\eta h}dt \tag{1}$$

式中:K_{mc}为井筒附近滤饼渗透率,mD;η为钻井液黏度,mPa·s;h为滤饼的厚度,m;Δp为压差,MPa;r_c为井径,m。

一般认为滤饼厚度与钻井液侵入量成正比,考虑用线性关系来表示:

$$h = kV \tag{2}$$

代入式(1)并进行积分可得

$$V = \sqrt{\frac{K_{mc}\pi r_c t \Delta p}{\eta k}} \tag{3}$$

根据钻井液侵入储层的体积模型可知:

$$V = \pi \phi_e \left[(r_c + l)^2 - r_c^2 \right] \tag{4}$$

利用式(3)和式(4)就可以计算出钻井液侵入储层深度:

$$l = \sqrt{r_c^2 + \frac{2}{\phi_e}\sqrt{\frac{K_{mc} r_c t \Delta p}{\pi \eta k}}} - r_c \tag{5}$$

由式(5)可以看出,侵入深度与滤饼的渗透率、钻井液与储层压差以及侵入时间正相

关,与储层孔隙度和钻井液黏度负相关。通过研究发现随着时间推移,滤饼渗透率呈现出指数下降的趋势,在储层钻开初期,钻井液侵入量较大,随后侵入量逐渐减缓,因此可以通过控制滤饼的渗透率控制侵入速度,同时确定合理的钻井液相对密度和黏度能够有效地降低钻井液污染。综上所述,考虑将滤饼的渗透率、钻井液与储层压差、储层孔隙度和钻井液黏度作为钻井液侵入深度的影响因素。

2 基于 PSO-SVM 的钻井液侵入储层深度预测模型

2.1 PSO-SVM 模型及其优化改进

Vapnik 于 1995 年提出了支持向量机(SVM)模型,该计算模型用于解决复杂的非线性回归问题,在计算过程中首先通过非线性映射将数据转换到高维空间,随后进行线性回归[9]。SVM 的预测精度受到惩罚参数和核函数参数影响较大。Eberhart 和 Kenney 于 1995 年提出粒子群(PSO)算法,该方法可以用于开展优化问题。将 PSO 算法用于 SVM 模型参数优化,利用优化的惩罚参数和核函数参数开展 SVM 模型预测和评价,具有较高的训练速度和准确度。同时为了避免由于 PSO 算法全局寻优能力导致的早熟收敛问题,本文在开展 PSO-SVM 模型进行钻井液侵入储层深度预测时,结合了惯性权重的自适应调整和高斯扰动[10]的思想,具有良好的预测和评价效果。

2.1.1 惯性权重的自适应调整

为了更快使粒子收敛到最佳位置,首先引入标准适应度的概念,其表达式为

$$\text{NFV} = \frac{f_{\text{gbest}} - f_{\min}}{f_{\max} - f_{\min}} \tag{6}$$

式中:NFV 为标准适应度;f_{gbest} 为种群全局最优适应度;$f_{\max}$ 为某一粒子的历史最大适应度;$f_{\min}$ 为某一粒子的历史最小适应度。

随后引入惯性权重的概念,其表达式为

$$w_k = w_{\max} - \left(\frac{w_{\max} - \frac{\text{NFV} + w_{k-1}}{2}}{k_{\max}}\right) \times k \tag{7}$$

式中:w_k 为第 k 次迭代的惯性权重值;w_{k-1} 为第 $k-1$ 次迭代中的惯性权重值;$w_{\max}$ 为惯性权重的最大值;$k_{\max}$ 为最大迭代次数。

由式(7)可以发现,当第 k 次迭代中 NFV 优于第 $k-1$ 次,则能够说明该粒子所在区域具有较大的概率存在优于全局最优值,通过减小惯性权重值来提高算法的局部寻优能力;当想跳出当前区域时,可以通过增加惯性权重值来提高算法的全局搜索能力。通过结合 NFV 调整惯性权重,可以达到加快收敛速度的目的,避免陷入局部极值点现象的发生。

2.1.2 高斯扰动的 PSO 算法

标准 PSO 算法采用式(8)和式(9)更新粒子的速度和位置。

$$V_{id}(t+1) = wv_{id}(t) + c_1 r_1 [p_{id}(t) - x_{id}(t)] + c_2 r_2 [p_{gd}(t) - x_{id}(t)] \tag{8}$$

$$x_{id}(t+1) = x_{id}(t) + v_{id}(t+1) \tag{9}$$

式中：$x_{id}(t)$ 为第 t 次迭代时粒子的位置；$v_{id}(t)$ 为第 t 次迭代时粒子的速度；$p_{id}(t)$，$p_{gd}(t)$ 为第 t 次迭代时的粒子个体最优位置和种群全局最优位置；c_1，c_2 分别代表不同学习因子；r_1，r_2 分别代表随机数，数值在 0～1 之间。

高斯扰动策略在对标准 PSO 算法进行改进时，将式(8)中的 $p_{id}(t)$ 采用含有高斯扰动项的个体最优位置总和的平均值来替换，改进后的粒子的速度表达式如下：

$$v_{id}(t+1) = wv_{id}(t) + Gauss_{id}(t) + c_2 r_2 [p_{gd}(t) - x_{id}(t)] \tag{10}$$

$$Gauss_{id}(t) = c_1 r_1 \{[\sum_{i=1}^{N} p_{id}(t) + r_3 Gaussian(\mu, \sigma^2)]/N - x_{id}(t)\} \tag{11}$$

式中：$Gauss_{id}(t)$ 为第 t 次迭代中的高斯扰动项；$Gaussian(\mu, \sigma^2)$ 为服从高斯分布 $N(\mu, \sigma^2)$ 的随机数；N 为种群规模；r_3 为随机数，数值在 0～1 之间。

通过采取高斯扰动策略能够使得粒子的逃逸能力增强，实现粒子间最优位置信息的共享，算法的收敛精度得到提高。

2.2 钻井液侵入储层深度预测模型

改进 PSO-SVM 构建钻井液侵入储层深度模型的基本思想：确定钻井液侵入储层深度影响指标体系，选取实际钻井数据确定训练集和测试集，利用改进 PSO-SVM 模型对训练集进行优化训练，构建钻井液侵入储层深度预测模型，架构图如图 1 所示。

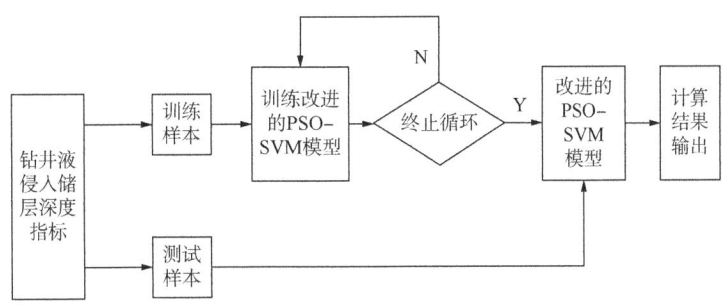

图 1 改进 PSO-SVM 构建钻井液侵入储层深度预测模型架构图

模型构建具体步骤如下：

（1）确定钻井液侵入储层深度影响因素：从钻井液侵入储层机理出发，开展钻井液侵入储层特征以及影响因素分析。

（2）训练样本的选择：选取实际钻井数据作为模型预测的训练集和测试集，获取待预测样本的各影响因素指标体系数据和预测结果。

（3）训练和学习改善的 PSO-SVM 模型：将最小属性集样本归一化，初始化 PSO 计算模型的种群数量、最大迭代次数、局部搜索能力参数、全局搜索能力参数以及惯性权重等参数，计算初始粒子的位置、速度和适应度，不断迭代直至最大进化代数或小于给定精度为止。

（4）获得计算结果：将待预测对象的影响因素指标输入到优化后的 PSO-SVM 模型中进行预测，获得钻井液侵入储层深度预测结果。

通过以上四个步骤，就能够得到钻井液侵入储层深度预测结果。

3 实例分析

各影响因素指标中，钻井液黏度由室内实验获得，储层孔隙度由测井确定，滤饼的渗透率由于较难确定且与储层渗透率相关，因此考虑采用储层渗透率代替，钻井液与储层压差由室内实验结合储层压力梯度获得。以塔里木塔中35口井作为实际研究对象，各参数如下：钻井液平均密度为2.28g/cm³，平均黏度为5mPa·s，深侧向电阻率平均值为8.26Ω·m，浅侧向电阻率平均值为5.85Ω·m，储层的平均孔隙度为11.32%，平均渗透率为5.87mD。本文在实现SVM模型时采用MATLABR2014a和LIBSVM工具箱，通过参数寻优后找到最佳参数c和g，其数值分别为12.5423和0.01，随机选取35个样本中的30个作为训练样本，计算得到的MSE=0.003589，相关系数=94.23，拟合精度较好，计算结果表明该模型具有一定的泛化能力和较高的预测精度，同时也说明钻井液侵入储层深度预测影响因素指标选取具有适用性和合理性。为了进一步检验模型的有效性，将剩余5个样本分别编号为31、32、33、34、35作为测试样本，并与传统的BP神经网络和SVM模型预测结果进行对比，预测结果见表1。

表1 三种不同模型测试样本输出结果对比

样本编号	实际值	BP神经网络		SVM		PSO-SVM	
		预测值	误差/%	预测值	误差/%	预测值	误差/%
31	0.69	0.77	12.2	0.62	9.4	0.71	3.4
32	0.94	1.06	12.8	0.99	5.6	0.99	4.8
33	0.90	1.02	12.9	0.84	7.1	0.92	2.2
34	0.78	0.88	12.2	0.82	5.5	0.81	3.2
35	0.74	0.83	12.4	0.81	10.6	0.77	4.2
平均值	0.81	0.91	12.5	0.82	7.6	0.84	3.6

可以看出，BP神经网络、SVM和改进PSO-SVM模型计算4个检测样本的平均误差分别为12.5%、7.6%和3.6%，改进PSO-SVM模型检测样本输出结果误差相对较小，BP神经网络的误差最大，SVM的误差适中。由此可以发现改进的PSO-SVM模型具有预测精度高的优势，可以用于钻井液侵入储层深度预测，为钻井液侵入储层深度预测提供参考。

4 结论

本文在总结已有钻井液侵入储层深度预测文献的基础上，对钻井液侵入储层机理和特征进行了分析，确定了钻井液侵入储层影响因素指标体系，基于改进的PSO-SVM模型对钻井液侵入储层开展预测研究，并以塔里木塔中35口井为例进行了实证分析，与传统的BP神经网络和SVM模型预测结果进行了对比，得到了以下结论：

（1）钻井液侵入储层深度受多种因素影响，与滤饼的渗透率、钻井液与储层压差以及侵入时间正相关，与储层孔隙度和钻井液黏度负相关。

（2）相比传统的BP神经网络和SVM模型构建的钻井液侵入储层深度模型，改进的

PSO-SVM模型在运算过程中引入了惯性权重的自适应调整和高斯扰动,提高了模型的非线性拟合能力,减少了预测误差,准确率高,预测效果好。

参 考 文 献

[1] 范翔宇,王俊瑞,夏宏泉,等.基于灰色系统理论的钻井液污染储层深度预测[J].西南石油大学学报(自然科学版),2013,35(3):98-104.

[2] 张松扬,陈玉魁.钻井液侵入机理特征及影响因素研究[J].勘探地球物理进展,2002,25(6):28-31.

[3] 滕学清,康毅力,张震,等.塔里木盆地深层中-高渗砂岩储层钻井完井损害评价[J].石油钻探技术,2018,46(1):37-43.

[4] 张麒麟,魏军,王学英,等.中高渗油气藏安全钻井及保护油气层钻井液技术[J].钻井液与完井液,2008,25(1):6-8.

[5] 王建华,鄢捷年,郑曼,等.理想充填暂堵钻井液室内研究[J].石油勘探与开发,2008,35(2):230-233.

[6] 赵峰,唐洪明,孟英峰,等.保护高孔高渗储层的钻井完井液体系[J].钻井液与完井液,2008,25(1):9-11+86.

[7] 雷强,唐洪明,张烈辉,等.钻井液在致密砂岩中裂缝的侵入深度模型[J].西南石油大学学报(自然科学版),2018,40(4):97-104.

[8] 马建海.应用侧向电阻率测井反演储层污染半径[J].测井技术,2004,28(1):54-57+90.

[9] 李静,徐路路.基于机器学习算法的研究热点趋势预测模型对比与分析——BP神经网络、支持向量机与LSTM模型[J].现代情报,2019,39(4):23-33.

[10] 艾兵,董明刚.基于高斯扰动和自然选择的改进粒子群优化算法[J].计算机应用,2016,36(3):687-691.

抗高温氯化钾聚合物钻井液技术

高玉强

(大庆钻探工程公司钻井四公司)

【摘 要】 伊通盆地莫里青断陷基岩埋深 2600~4500m，地层压力系数 0.936~1.049，根据储层特点，对储层伤害机理进行研究，优选无机盐，提高矿化度；优选降滤失剂，控制滤失量；优选防塌剂，稳定井壁；优选减轻剂，调整密度；优选表面活性剂，改善岩石表面润湿性，并使油水形成稳定的乳状液；优选流型调节剂，改善流变性；优选加重材料用于起钻压水眼，形成抗高温氯化钾聚合物钻井液配方。现场施工中，通过合理调整，钻井液性能稳定，满足施工要求。

【关键词】 储层保护；井眼净化；矿化度；低滤失量

以往储层段勘探应用的钻井液体系为水基聚合物钻井液、水包油钻井液。水基聚合物钻井液以淡水+膨润土为基浆，固相含量偏高，易封堵孔隙、微裂缝；且难以实现近平衡施工；滤液与地层岩石、流体配伍不理想，降低渗透率。水包油钻井液费用高、环境污染严重，无害化处理难度大。针对水基钻井液、水包油钻井液存在的不足，开展抗高温氯化钾聚合物钻井液技术研究，在 Y7 井等 6 口井进行三开近平衡钻井施工，有效保护储层。

1 地层特点

伊通盆地莫里青断陷构造自上而下钻遇地层为：第四系、新近系的岔路河组、渐新统的万昌组、始新统的永吉组、奢岭组、双阳组及目的层基岩。

1.1 岩性构成

基岩主要由火成岩构成，变质岩(大理岩、千枚岩)少量发育。主要矿物为方解石、石英、长石、黑云母、白云石、少量泥质结晶伊利石。

1.2 岩石物性及孔隙发育特征

岩心镜下观察和扫描电镜分析：基岩溶蚀孔普遍存在，长石含量高、粒内孔或晶间孔均有发育，孔隙度 0.1%~9%，渗透率 0.01~1.56mD，属于特低孔隙度特低渗透率储层；裂缝发育，溶蚀普遍，孔缝为方解石充填，裂缝和溶蚀孔隙是该地区油气重要储集空间和主要渗流通道，属于微裂缝性储藏。

1.3 地层水性质

莫里青断陷基岩地层水化学组成见表1。

作者简介：高玉强，1968 年 11 月出生，1999 年毕业于大庆石油学院管理工程专业，中级，现从事钻井现场管理。

表 1 莫里青断陷基岩地层水化学组成

井号	层位	井段/m	Na^+/(mg/L)	K^+/(mg/L)	Mg^{2+}/(mg/L)	Ca^{2+}/(mg/L)	Cl^-/(mg/L)	SO_4^{2-}/(mg/L)	HCO_3^-/(mg/L)
伊古1	基岩	3078~3094	1428	1966	18.8	44.1	827.9	10.2	846.5
伊3	基岩	2600~2820	1012	1428	15.9	49.8	868.5	11.3	768.9
伊7	基岩	3100~3250	1322	1989	18.4	60.7	734.8	16.2	646.7
	平均		1254	1794	17.7	51.5	810.4	12.5	754.1

1.4 储层伤害机理分析

根据伊通地区莫里青断陷岩性构成及储层物性，储层伤害的主要因素为水锁、固相、滤液与储层岩石和地层水不配伍等。

2 室内研究

根据伊通地区莫里青断陷基岩储层伤害机理分析，为降低固相、水锁、滤液与地层水和岩石不配伍等对储层造成的伤害，使用无固相盐水钻井液进行近平衡施工，满足勘探要求。

2.1 配方优选

（1）优选无机盐，调整矿化度。对配浆水进行分析，为满足与地层配伍要求，防止结垢现象，需加入 K^+、Na^+、OH^-，根据离子构成，选用 KCl 5%、Na_2CO_3 0.5%、NaOH 0.3%。

（2）优选抗温抗盐降滤失剂，控制滤失量。由于不含膨润土，在使用磺甲基酚醛树脂、褐煤树脂基础上，优选出由纤维素和羧甲基阴离子基团形成的水溶性聚合物 PAC-LV，具有增黏、抗盐降滤失作用，加量分别为 2%、2%、1%。

（3）优选低荧光防塌剂，确保井壁稳定。针对施工地层裂缝发育情况，通过室内实验，优选出与基浆配伍良好的低荧光防塌剂聚酯物 DYFD-180、改性树脂 GFD，改善滤饼质量，封堵地层微裂隙，加量均为 2%。

（4）优选表面活性剂，降低表面张力，改变润湿性质。通过优选出非离子型表面活性剂聚氧乙烯醚 LHR-Ⅱ，降低表面张力，减轻毛细管效应；并能够改变高能表面（岩石表面）润湿性，增大液体与岩石的润湿角，防水锁。加量为 0.3%。

（5）优选低密度无荧光油类复合环保油 JT-D05，具有较强的降低钻井液密度、滤失量、摩阻作用，加量 5%。

（6）优选流型调节剂，改善流变性。无固相体系切力低，悬浮能力差，需优选提切剂进行洗井作业。优选出改进生物聚合物，加量为 0.3%。

（7）优选碳酸钙，提密度。钻遇地层矿物以方解石为主，选用暂堵剂碳酸钙作为加重材料，根据储层孔隙及裂缝尺寸分布，确定碳酸钙组成：粒径 28μm 30%、粒径 40μm 50%、粒径 13μm 20%。

通过对无机盐、降滤失剂、防塌剂、油类、流型调节剂的性质及试验数据的综合分析，形成如下配方：水+2%磺化酚醛树脂+2%褐煤树脂+0.5% Na_2CO_3+0.3% NaOH+1% PAC-

LV+2%DYFD-180+2%GFD+0.3%LHR-Ⅱ+5%JT-D05+5%KCL+2%~6%碳酸钙+0.3%改性生物聚合物。

2.2 体系评价

2.2.1 热稳定性评价

抗温能力评价见表2。

表2 抗温能力评价

试验条件	塑性黏度/(mPa·s)	动切力/Pa	动塑比/[Pa/(mPa·s)]	滤失量/mL
室温	31	6	0.19	5.5
160℃/24h	28	5.5	0.19	6
180℃/24h	27	5.5	0.21	6

试验表明：该钻井液在180℃高温条件下，具有较低的滤失量，流变性无明显变化。

2.2.2 抗污染评价

（1）抗钙侵评价见表3。

表3 抗钙侵评价

试验条件	黏度/(mPa·s)	失水量/mL	静切力/Pa	备注
常温	31	5.5	1/1.5	基浆
160℃/24h	28	6	0.5/1	基浆
常温	32	5.5	1.5/2	加5%氯化钙
160℃/24h	29	6	1/1.5	加5%氯化钙
常温	33	5.5	1.5/2	加10%氯化钙
160℃/24h	30	6	1/1.5	加10%氯化钙

氯化钙污染后，钻井液性能变化不大，该体系具有较强的抗高价离子污染能力。

（2）抗土侵评价见表4。

表4 抗土侵评价

试验条件	黏度/(mPa·s)	失水量/mL	静切力/Pa	备注
常温	31	5.5	1/1.5	基浆
160℃/24h	28	6	0.5/1	基浆
常温	40	4.8	3/5	加入10%土粉
160℃/24h	45	4.4	4/7	加入10%土粉

土粉污染后，体系黏度变化不大，滤失量有所降低。

2.2.3 抑制性评价

页岩回收率评价见表5。

表5 页岩回收率评价

序号	(6~10)目页岩岩屑	160℃24h后回收率/%
1	优选配方+20.01g岩屑	95.1
2	优选配方+20.05g岩屑	95.4
3	优选配方+20.03g岩屑	98.0

试验说明：该钻井液具有较好的抑制泥页岩分散作用。

2.2.4 与地层配伍性试验

将滤液与模拟地层水按一定比例混合，采用目测和絮凝法评价配伍性(表6)。

表6 优选配方页岩回收率评价

滤液与地层水比例	浊度	备注
2:1	0.2	无沉淀
1:1	0.1	无沉淀
1:2	0	无沉淀
1:5	0	无沉淀
5:1	0.5	无沉淀

当滤液与地层水的比例分别为2:1，1:1，1:2，1:5，5:1时，浊度分别为0.2，0.1，0，0，0.5，均无沉淀生成。表明钻井液滤液与模拟地层水未发生化学反应、未有沉淀物生成，钻井液与储层流体具有较好的配伍性。

2.2.5 渗透率恢复值评价

模拟地层条件下，工作液对油气层的综合损害(液相和固相)，为优选损害最小的工作液提供依据。取0.1mD、1mD、5mD、10mD四类岩心，进行无固相盐水体系、水包油体系和聚合物体系的对比试验(图1)。

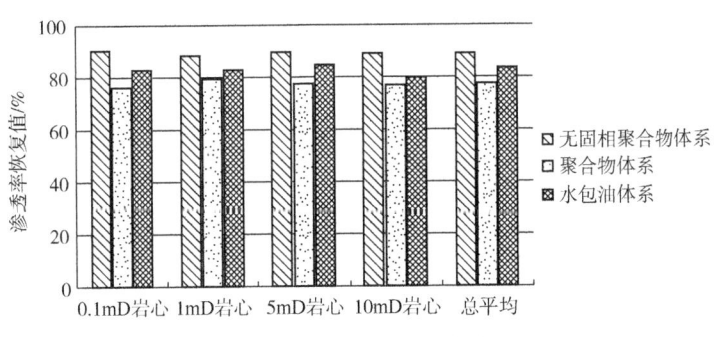

图1 静态损害试验结果

试验表明：无固相盐水钻井液具有良好的保护储层性能，损害后岩心渗透率恢复值平均为90.0%，高于聚合物体系的77.73%和水包油体系的84%。

2.2.6 悬浮能力评价

将搅拌好的钻井液，静置24h后，分别测量上、下部分钻井液密度(表7)。

表 7　悬浮能力评价试验

钻井液密度/(g/cm³)	初切力/Pa	终切力/Pa	上下密度差/(g/cm³)
1.04	1	3	—
1.08	1.5	4	0.01
1.12	2	6	0.02
1.20	3.5	8	0.06
1.25	4	9	0.1

试验表明，该体系密度在 1.20g/cm³ 以内，上下密度差控制在 0.06g/cm³ 以内。

3　现场应用

根据井位运行情况，在伊通地区莫里青断陷 Y7 井等 6 口井采用抗高温氯化钾聚合物钻井液进行三开近平衡钻井施工，取得良好的应用效果。

3.1　钻井液配制及维护

（1）技术套管候凝期间，排掉二开钻井液并彻底清理循环罐。

（2）配浆时首先加入水、纯碱、烧碱后，再依次按配方加足磺化酚醛树脂、褐煤树脂、PAC-LV、DYFD-180、GFD 充分搅拌后，加入乳化剂、环保油，充分溶解后，加入 KCL 搅拌均匀。

（3）替量时严密观察。扫完塞后，置替井浆时，通过排量测算新浆返出时间，并通过外观、测量常规性能等，严防老浆、混浆进入循环系统。

（4）钻进过程中根据井深变化及时补充新浆。

3.2　采取的技术措施及取得效果

（1）较强的抗温抗盐能力。磺化酚醛树脂、褐煤树脂加量均达 2% 以上，高温条件下，分子之间形成缩聚物、酚羟基脱水胶联，形成紧密结构，并含有较高的磺甲基。

（2）有效控制滤失量。使用 PAC-LV、环保油减少自由水、使用 GFD 和 DYFD-180 改善滤饼质量。

（3）合理调整密度。密度偏高时可补充新浆或增加环保油用量；起钻前需提高密度时，使用超细碳酸钙。

（4）充分净化井眼。漏斗黏度始终保持 45s 以上，钻速较快时，适当提高环空返速，并合理短起修整井壁；控制钻井液动塑比在 0.36Pa/mPa·s 以上；每次长起下钻到底，使用改性生物聚合物洗井。

（5）高效净化钻井液。全面开启 4 级固控，振动筛、除砂器、除泥器使用率达 100%，高速离心机根据密度情况合理使用。

（6）提高钻速。现场相同井段、同等条件下，该钻井液能满足深井近平衡施工，与聚合物钻井液对比机械钻速提高 36%；与水包油对比机械钻速提高 28.5%。

（7）有效发现并保护储层。根据前期的勘探效果，科学布井，并采用该钻井液体系，油气显示比例、工业油流比例均有所提高。

4 结论

(1) 良好的抗温、抗盐性能及易调整的流变性,满足深层钻井施工要求。

(2) 低黏、近平衡施工,与常规钻井液对比,机械钻速提高20%以上。

(3) 低压力敏感、乳化、提高矿化度、使用酸溶性材料和低荧光防塌剂,有效发现和保护储层。

参 考 文 献

[1] 鄢捷年. 钻井液工艺学[M]. 东营:中国石油大学出版社,2006.
[2] 许明标. 抗高温无固相弱凝胶钻井液体系研究[J]. 油田化学,2012,29(2):142-144.
[3] 张斌. 无固相弱凝胶钻井液技术[J]. 钻井液与完井液,2005,22(5):35-37.

降低油基钻井液成本的工艺与技术

张欣涛　周洪奎　任志强　柳洪鹏　许长勇

（大庆钻探钻井液技术服务项目经理部）

【摘　要】 近年来，随着页岩油勘探开发工作加速展开，钻井提速、降本、增效始终作为实现页岩油效益开发工作的重点。油基钻井液凭借其对页岩地层良好适应性，成为目的层施工首选钻井液体系，但是以常规工艺与技术应用油基钻井液存在成本高的问题，严重制约页岩油实现效益勘探开发。为解决油基钻井液使用成本高的问题，建立依托于平台井的油基钻井液共享站，实现集约化管理，同时通过开展重晶石粉重复利用以及制定油基钻井液重复利用标准，实现了降低油基钻井液的使用成本的目标。

【关键词】 油基钻井液；共享站；石粉回收；重复利用标准

1　依托于平台井的油基钻井液共享站

1.1　以往油基钻井液在页岩油试验区的应用情况

按照常规工艺使用油基钻井液通常具有以下特点：

（1）施工井单独开展配浆作业，难以实现工艺与性能的统一。

（2）施工井处理剂单独存储，存储空间与存储量有限，不利于降低生产保障风险。

（3）老浆转运需使用大量罐车，运输保障压力大，转运成本高，损耗量大，环保风险高。

（4）施工现场钻井液性能检测工作量大，所需技术人员多，以单井形式开展性能监测，不利于试验区施工井整体钻井液使用情况对比与分析，不利于钻井液整体质量控制。

1.2　建立依托于平台井的油基钻井液共享站的意义

通过建立油基钻井液共享站，实现现场油基钻井液集约化管理，可以达到以下目标：

通过对油基钻井液新浆、老浆统一管理、统一调配，解决了各服务队之间维护标准不一、钻井液性能差异大、保障不及时的问题。

利用共享站和井队钻井泵以及连接管线，实现共享站内和井队之间的钻井液实时输送，保证开钻钻井液、完井老浆的及时转运，保障生产衔接紧密，避免了生产等停，提高生产

作者简介：张欣涛，男，1990年10月生，2013年6月毕业于中国石油大学（华东），获工学学士学位，大庆钻探工程公司钻井液技术服务项目经理部生产技术部，工程帅，2015年9月获黑龙江省石油学会学术论文二等奖、2017年3月获大庆钻探工程公司科学技术进步一等奖，通讯地址：黑龙江省大庆市让胡路区乘风庄钻井液技术服务项目经理部，邮编163411，联系方式15304591496，E-mail：15304591496@163.com。

效率的同时减少了钻井液老浆的倒运费用。

在疫情管控的情况下,钻井液共享站对保障钻井队正常运转,起到关键性作用。

在共享站建立共享实验室,减少单井服务人员数量,利于对试验区整体钻井液使用情况对比与分析,利于钻井液整体质量控制。

1.3 共享站工艺原理与技术方案

共享站工艺原理与技术方案如图1和图2所示。

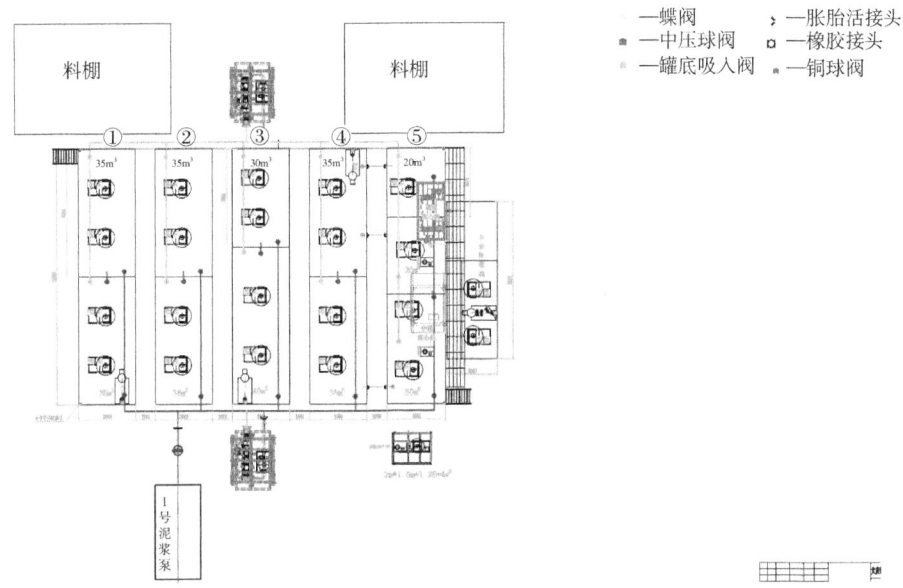

图1 共享站设计图示

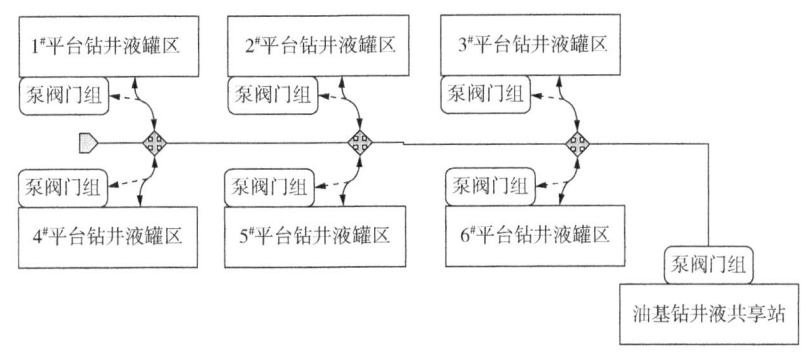

图2 共享站与多平台连接示意图

(1)在共享站进行钻井液集中配制(1、2号罐配制新浆,有效容积共140m^3,分四个仓,钻进期间每个仓要根据各钻井队伍钻井液性能,输送不同配方新浆;3号罐有效容积70m^3,分2个仓,大仓40m^3储备配制新浆的柴油,小仓30m^3配制盐水)。

(2)建立暖库与料棚实现处理剂集中存储。

(3)通过钻井泵与泥浆管线建立共享站与平台多个井队钻井液罐的连接,实现新配钻井液、老浆的实时输送,减少罐车倒运(4、5号罐存储部分老浆,固井时可接收钻井队输送老浆 140m³；钻进期间，可自循环并利用固控设备调整老浆 80m³)。

(4) 共享站内设立实验室，实现平台内多口井钻井液性能集中检测。

1.4 共享站现场应用情况

共享站在 DQ 页岩油试验区内首次投入使用。为试验区内 6 支钻井队共 18 口井提供钻井液保障服务。累计配制并输送新浆 3692m³，通过管线传输回收完井老浆 1149m³，处理老浆 874m³，利用钻井泵与连接管线实现井间老浆转运 630m³，累计节省罐车倒运台班 192 次，减少罐车转运钻井液损耗 96m³。经初步计算，累计节省费用 200 余万元，并且实现了石粉、柴油和化工助剂全方位可控管理，降低了转运的环保风险，提升了钻井液生产保障能力，见到了较好的经济效益。

钻井液共享站成功投入使用并取得良好效果，有力助推了页岩油国家级示范区建设(图3)。

图 3 共享站现场图

2 重晶石粉回收再利用

2.1 重晶石粉回收再利用的意义

以往钻井液施工工艺中，通过离心机对循环钻井液以及老浆进行净化处理时，会造成大量重晶石粉的浪费，据统计，重晶石粉的使用成本占钻井液整体成本的约 20%。因此，开展重晶石粉回收再利用对降低钻井液综合成本具有重大意义。

2.2 实现重晶石粉回收再利用的工艺措施

由于共享站具有实时输送并处理钻井液的功能，因此，基于共享站开展重晶石粉回收再利用具备明显优势(图4)。

接收密度 1.65g/cm³ 的老浆存储于 1 号仓，由供液泵供给中速离心机(中速离心机工作参数：滚筒转数为 1450r/min，处理量为 8m³/h)，经中速离心机处理后的底流经实验测定，其固相密度达到 3.81g/cm³，说明其中大部分成分为石粉，作为可利用石粉进回收罐。经中速离心机一次处理后的溢流经测定密度为 1.33g/cm³，说明净化得还不彻底，此部分进 2 号仓，待高速离心机进一步处理。

经中速离心机初步净化后密度 1.33g/cm³ 的老浆存储于 2 号仓，由供液泵供给高速离心机(高速离心机工作参数：滚筒转数为 2700r/min，处理量为 5m³/h)，经高速离心机处理后的底流经实验测定，其固相密度为 3.16g/cm³，说明其中大部分为无用固相，直接进废液罐。经高速离心机处理后的溢流经测定密度达到 1.21g/cm³，此部分进石粉回收罐，与中速离心机底流混合后，作为净化后的重浆备用。

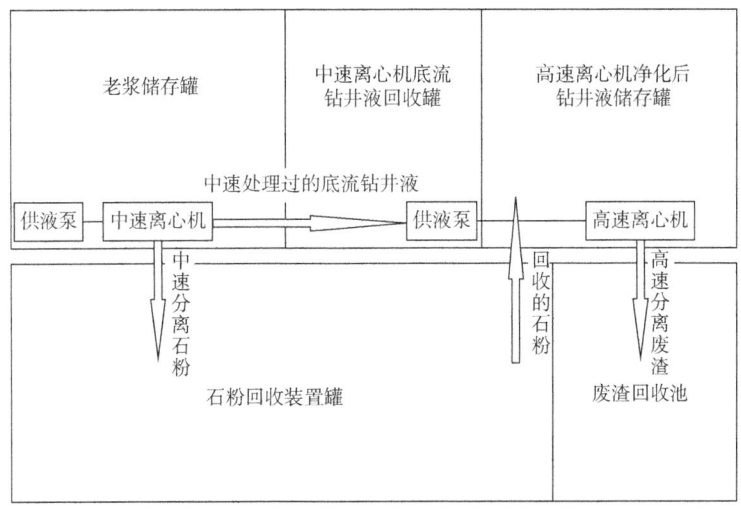

图 4 重晶石粉回收装置流程示意图

经上述两级净化处理,实现了老浆中有用固相和无用固相分离,达到了石粉部分回收利用的目的(表 1)。

表 1 石粉回收流程钻井液性能指标

测试项目	主要性能指标
老浆性能	密度 1.65g/cm³,六速:105/67 49/33 10/8 初切力 5.5Pa,终切力 18Pa,固相含量 32%
中速离心机处理后钻井液性能	密度 1.33g/cm³,六速:71/45 34/23 7/5 初切力 4Pa,终切力 15Pa,固相含量 26%
高速离心机处理后钻井液性能	密度 1.21g/cm³,六速:40/23 18/11 3.5/2.5 初切力 2.5Pa,终切力 7Pa,固相含量 20%
处理后钻井液用回收石粉加重后性能	密度 1.65g/cm³,六速:81/49 36/24 5.5/4.5 初切力 4.5Pa,终切力 15Pa,固相含量 30%

由表 1 数据可以看出:经两级离心机处理之后的钻井液,其六百转读数、静切力、固相含量等性能指标大幅度降低,流变性明显改善。用中速离心机回收的石粉,将高速离心机处理后的钻井液加重到处理之前的密度,流变性亦明显改善,可见该处理工艺是可行的。

在前期实验的基础上,通过调整中速离心机和高速离心机运转参数,并调整离心机的供液量,进行了重复试验。依据 GB/T 16783.2—2012《石油天然气工业钻井液现场测试 第 2 部分:油基钻井液》中计算公式,计算出 6 个样品各组分体积分数见表 2。

表 2 石粉回收流程钻井液组分指标

	密度/(g/cm³)	油体积含量/%	盐水体积分数/%	加重材料体积分数/%	低密度固相体积分数/%
老浆	1.65	58	11	12.69	18.08
中速离心机溢流	1.33	65	11	0.18	23.6
中速离心机底流	2.42	46	5	42.44	6.11

续表

	密度/(g/cm³)	油体积含量/%	盐水体积分数/%	加重材料体积分数/%	低密度固相体积分数/%
高速离心机溢流	1.21	68	17	2.17	12.68
高速离心机底流	2.16	27	8	7.70	55.99
用回收石粉对高速离心机溢流进行加重	1.65	60	11	15.01	3.76

由表 2 数据可以看出：用回收石粉对高速离心机溢流进行加重后，其低密度固相体积分数与初始老浆进行对比，由 18.08% 降低至 3.76%，表明实验取得阶段性成果，但仍有改进优化空间。下步计划通过改变离心机工作参数和调整钻井液流变性等措施，优化工艺措施，进一步提升石粉回收利用的技术与经济可行性。

3 油基钻井液重复利用标准

3.1 制定油基钻井液重复利用标准的意义

为实现页岩油效益开发，重点开展油基钻井液高效重复利用工作。进一步梳理规范油基钻井液重复利用标准和操作规程，在确保钻井液性能满足安全施工的前提下，实现降本增效。

3.2 油基钻井液重复利用技术措施

3.2.1 老浆改造

（1）老浆改造性能指标（表3）。

表3 开钻前老浆改造性能指标

密度/(g/cm³)	HTHP/mL	含砂量/%	Φ6	初切力/Pa	终切力/Pa	塑性黏度/(mPa·s)	动切力/Pa	破乳电压/V	碱度	固相含量	油水比
执行设计	≤2.0	≤0.5	6~12	3~8	5~12	30~45	6~12	≥600	1~2	≤32%	不低于80:20

（2）老浆改造措施。

替浆前对老浆进行检测，开钻性能要求如表 3，如老浆性能不符合表 3 指标要求，通过室内小样实验，确定各种处理剂加量，替浆结束后对老浆进行改造，使开钻性能满足表 3 要求，具体处理措施如下：

① 下钻到底使用老浆替出井筒内二开水基钻井液，替浆时，初期排量不低于 30L/s，后期可降低至 20L/s，排量保持恒定直至替浆结束，禁止中途停泵，避免产生过多混浆。

② 破乳电压不满足要求时，通过室内实验确定主乳化剂、辅乳化剂加量，满足室内 10000r/min 搅拌 1h 后，破乳电压不小于 600V，主乳化剂、辅乳化剂采用直接向井浆内补充的方式加入。

③ HTHP 失水不满足要求时，以配制高浓度胶液的形式补加降滤失剂和封堵剂。

④ 流变性不满足要求时，通过适当补充新浆和使用离心机的方式调整。

⑤ 如老浆密度不够或加入新浆调整钻井液性能时密度下降，需加重达到三开设计要求。

⑥ 碱度不满足要求时，通过适当补充氧化钙方式调整，同时兼顾流变性。

⑦ 需要老浆和新浆混配时，根据现场室内实验确定的混配比例，使用地面循环系统均匀混合，利用加重漏斗或者钻井泵充分循环剪切。

3.2.2 老浆使用原则

(1) 直井段与造斜段。

在三开直井段和造斜段钻进期间，在确保老浆性能满足表3要求的前提下，以使用老浆为主，补充钻井液消耗。

如钻进过程中需要提高密度时，采用按照循环周混重浆方式进行加重，钻井液密度调整控制在±0.01g/cm³范围内，最大调整范围不超过±0.02g/cm³；每次起钻前调整密度至设计上限。

开钻8小时后开始使用离心机，严密监测密度变化，并根据密度变化按循环周及时补充高密度钻井液，将密度稳定在设计范围内，同时控制固相含量符合设计要求。

实时监测破乳电压，按照室内实验配方，及时补充乳化剂，确保破乳电压在着陆前不低于600V。

如钻进期间HTHP失水上升，通过补充高浓度降滤失剂、封堵剂胶液进行维护，控制HTHP失水不大于2mL。

开钻后必须储备30~50m³新浆备用(如果备用罐有存储空间，应提前储备)，如补充老浆不能满足流变性要求时，通过适当补充新浆进行调整，钻井液漏斗黏度尽量保持在70s以内，具体混配比例根据现场实际情况确定。

重浆储备采用老浆和新浆混配后再加重的方式，防止重晶石粉沉淀。

(2) 三开水平段前段。

水平段前段施工钻速快，岩屑量大，劣质固相易侵入钻井液，该井段以维护钻井液整体性能稳定为主，根据钻井液性能，以老浆：新浆=1：1或1：2进行维护。

加强振动筛检查频次，离心机不间断使用，最大限度控制低密度固相含量。

开启离心机时，严密监测密度变化，并根据密度变化按循环周及时补充高密度钻井液，钻井液密度调整控制在±0.01g/cm³范围内，最大调整范围不超过±0.02g/cm³。

如钻井液流变性控制困难，可全部采用新浆进行维护处理；在保证密度稳定的前提下，也可通过少量新浆置换老浆来维护钻井液流变性。

(3) 三开水平段后段。

水平段后段施工岩屑开始逐渐变细，6转值、终切力和动切力上涨较快，该井段以控制流变性为主，根据钻井液性能调节处理剂加量。

以新浆为主补充钻井液，并适当提高新浆的油水比。

如果老浆性能指标和井浆性能指标均优异，可根据现场实际情况酌情增加老浆使用量。

每钻完一个立柱，适当增加循环时间，确保大部分岩屑上返至技套内，提高井眼清洁度，同时做好ECD监测，降低井漏风险。

气测值稳定的情况下，钻井液密度、黏度尽量控制在设计下限，充分释放钻进排量，提升井眼清洁效果。

水平段钻进后期，配制低黏切钻井液改变环空流态，提升井眼清洁效果。

加强振动筛检查频次，离心机不间断使用，最大限度控制低密度固相含量，同时按循环周及时补充高密度钻井液，确保钻井液密度稳定。

4 结语

本文通过对油基钻井液共享站的工艺原理、应用情况进行论证与统计，对重晶石粉回收再利用技术的应用效果进行总结，并对制定油基钻井液重复利用标准的内容进行描述，总体阐述了当前降低油基钻井液成本的特色工艺与技术。

第五部分

录井技术

松辽盆地北部深层火山岩 X 射线荧光元素录井识别方法

王 俊

(中国石油大庆钻探工程公司地质录井一公司)

【摘　要】 松辽盆地北部深层火山岩识别难点主要表现在岩性类别多，矿物成分、结构、构造复杂。同时，PDC 钻头加扭力冲击器钻井、空气钻井、水平钻井等新工艺、新技术在油气勘探中的广泛应用，给传统岩屑录井识别岩性带来了困难。以该盆地北部深层 1492 块不同类型火山岩样品为研究对象，开展了 X 射线元素分析识别火山岩录井方法研究，在尝试大量图板交会分析的基础上，经对各个图板反复对比与筛选，分别选择 MgO 与 SiO_2、TiO_2 与 CaO、TiO_2 与 SiO_2、Na_2O 与 MgO 元素含量参数建立了 4 个不同类型火山岩识别评价图板；为了便于区分火山岩与沉积岩，参考前人所做元素录井岩性解释图板，引入了综合系数即 $W(MgO+FeO)+3W(Na_2O+3K_2O)$（$W$ 为质量分数），辅助判定沉积岩与火山岩界面。以上述分析为基础，结合火山岩定名采用的全碱(Na_2O+K_2O) 与二氧化硅(SiO_2) 含量 TAS 图板法，可最终定名火山岩具体岩性。录井实践表明，该方法在识别不同类型火山岩的基础上，可有效识别具体岩性。

【关键词】 XRF 录井；元素分析；火山岩；类型；岩性；图板法；曲线法

近年来，随着松辽盆地北部深层天然气勘探的深入，勘探主要目的层岩性逐渐向火山岩等复杂岩性储集层转移，给岩屑录井工作带来了新的挑战。

火山岩识别难点主要表现在岩性类别多，矿物成分、结构、构造复杂[1]。同时，PDC 钻头加扭力冲击器钻井、空气钻井、水平钻井等新工艺、新技术在油气勘探中的广泛应用[2-4]，导致绝大多数上返岩屑的粒径小于 0.1mm，岩石内部结构被严重破坏，即使在高倍显微镜下，也很难识别、描述，进而影响建立正确的地层岩性剖面。因此，可以说利用传统的岩屑录井方法对粉末状岩屑复杂岩性的准确定名已成为瓶颈难题。

为解决这一难题，深入开展火山岩矿物元素识别岩性方法研究可不失为一种有效方法。通过选取大量岩石样品进行薄片鉴定，确定岩性，同时选取有代表性样品进行元素录井分析，确定不同岩性岩石的个性特征元素，采用各种方法建立不同岩石岩性识别方法，对建立正确的地层岩性剖面，认识火山岩地层的复杂地质特征具有积极作用和重要意义。

1 代表性样品的选取

样品选自松辽盆地北部深层火山岩，挑选具代表性的新鲜岩性样品，选取气孔、杏仁

作者简介：王俊，1982 年生，工程师，2006 年毕业于中国地质大学(武汉)资源勘查工程专业，从事录井技术质量管理工作。通讯地址：黑龙江省大庆市让胡路区大庆钻探地质录井一公司资料采集第一大队，163411 电话：(0459)5681361，E-mail：wangjun_lj@petrochina.com.cn。

构造、裂缝等不发育的样品，以减少元素分析时充填物带来的影响，确保样品岩性分类定名的准确性。对火山岩来说，不选择过渡性岩类。所选火山岩样品主要涵盖火山岩的基性、中性、酸性岩。其中松辽盆地常见的火山岩有流纹岩、安山岩、粗面岩、玄武岩等。

最终选取了该盆地深层火山岩典型样品1492块，对其均进行肉眼识别和制作薄片镜下鉴定，经过专业人员运用常规方法反复识别，确保样品岩性的准确定名。

2 岩石样品的元素分析

应用能量色散型X射线荧光分析仪进行X射线荧光光谱分析(XRF)，对选取的具代表性的1492块火山岩样品全部进行了元素分析。分析元素种类达到了35种[5]，其中包含常量元素(Na_2O、MgO、Al_2O_3、SiO_2、P_2O_5、S、Cl、K_2O、CaO、TFeO、MnO、TiO_2)12种[6]，微量元素(V钒、Cr铬、Co钴、Ni镍、Cu铜、Zn锌、Ga镓、As砷、Rb铷、Si锶、Y钇、Zr锆、Nb铌、Mo钼、Ag银、Cd镉、In铟、Sn锡、Ba钡、W钨、Pb铅)21种，放射性元素(U铀、Th钍)2种，元素范围及数量完全满足研究需求。

3 火山岩岩性识别

3.1 识别方法

3.1.1 图板法

火山岩大类中元素分布具有一定的规律性，由基性到酸性火山岩中SiO_2含量逐渐增加，基性火山岩的MgO、FeO、Al_2O_3、CaO含量较高，而酸性火山岩较低，中性火山岩居中；火山岩中SiO_2与其他氧化物具有一定的相关关系，SiO_2含量与MgO、FeO含量呈负相关关系，与K_2O、Na_2O含量呈正相关关系，与Al_2O_3和CaO含量的关系较复杂(从超基性岩到基性岩SiO_2含量与Al_2O_3和CaO含量呈正相关关系，Al_2O_3和CaO含量随酸度增大而增加较快，到最大值后，随酸度增加Al_2O_3和CaO含量降低)。

不同类型火山岩元素分析表明，元素分布规律性明显，可以通过建立标准图板形式来识别不同类型火山岩。首先，对1492块已知岩性的样品进行XRF元素分析，得出元素分析数据；然后，针对不同类型火山岩的元素分析数据，采用两两元素图板交会的方法进行相关性分析，对已知类型火山岩样品特征明显的元素含量数据进行投点，做出760余张图板，依据不同类型火山岩投点区域，在各图板上划分出不同类型岩类分区区间，经对各图板反复对比与筛选，最终确定MgO、SiO_2、TiO_2、CaO、NaO元素含量作为区分不同火山岩类型的5个特征参数，分别选择MgO与SiO_2、TiO_2与CaO、TiO_2与SiO_2、Na_2O与MgO元素含量参数建立了不同类型火山岩识别评价图板(图1至图4)。

3.1.2 曲线法

不同岩性岩石样品中各元素含量不同，随着岩性变化部分元素出现规律性变化，可以根据这些元素变化特征，将存在相关性的元素组合在一起，利用曲线法，在宏观上观察岩性的变化，可达到区分不同岩性的效果。除了前面介绍的不同类型火山岩元素分布的一般规律，为了便于区分曲线上火山岩和沉积岩大类，参考前人所做元素录井岩性解释图版[7]，引入了综合系数即$W(MgO+FeO)+3W(Na_2O+3K_2O)$($W$为质量分数)，辅助判定沉积岩与火山岩[基性火山岩的 $W(\text{MgO}+\text{FeO})$ 含量大于沉积岩,而酸性岩的 $W(\text{Na}_2\text{O}+\text{K}_2\text{O})$ 含量大于沉积岩]。目前,大庆钻探工程公司地质录井一公司通过实践统计对比分析已建立了多个火山岩岩性特征元素含量曲线识别模板。例如:图 5 是 DS20 井营城组 3050~3150m 井段的元素曲线成果图,岩性由沉积岩过渡到火山岩,岩性变化过程依次为砂质砾岩、凝灰岩、含角砾凝灰岩、玄武岩,从图 5 中可以看出元素含量发生规律性变化,MgO、TFeO、CaO 含量不同程度升高,SiO_2、Na_2O、K_2O 含量下降,综合系数上升。因此,结合不同岩性岩石样品中元素含量特征,从宏观上可实现岩性的初步识别。

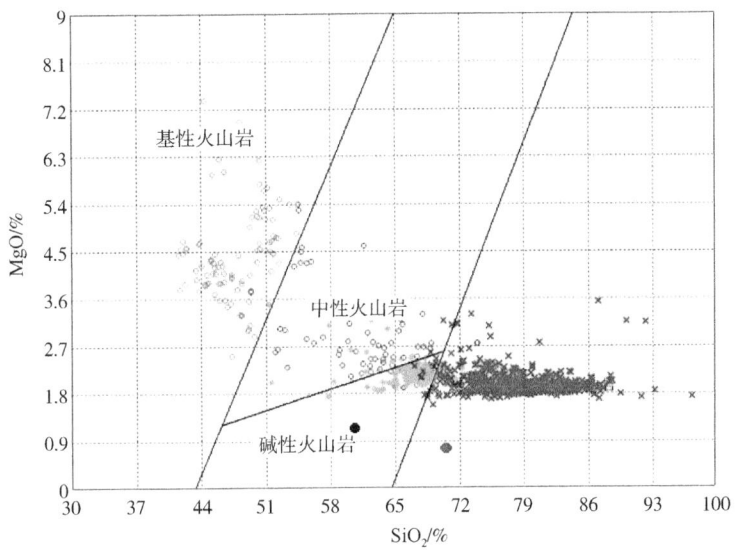

图 1　MgO—SiO_2 交会识别图板

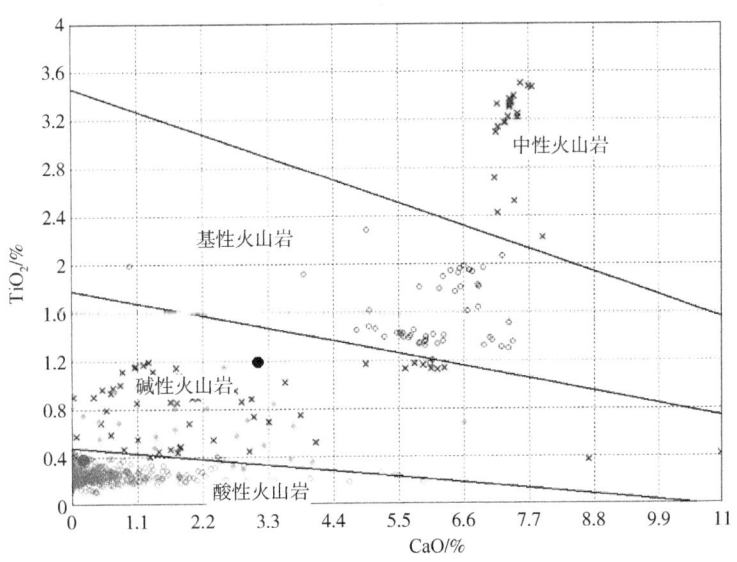

图 2　TiO_2—CaO 交会识别图板

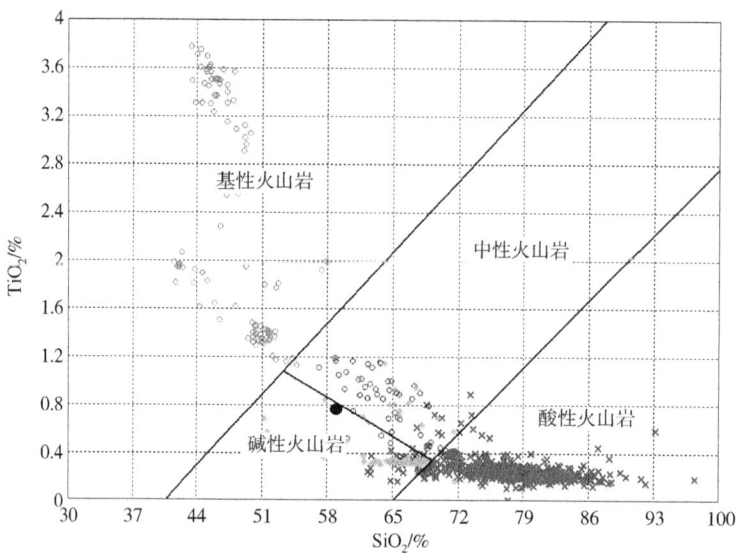

图 3 TiO₂—SiO₂ 交会识别图板

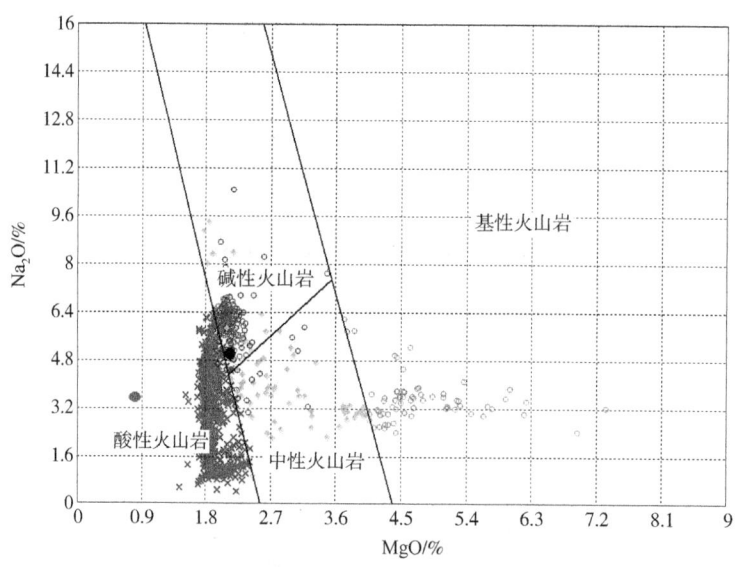

图 4 NaO—MgO 交会识别图板

3.1.3 岩性定名

确定了火山岩类型(酸性、中性、基性)以后,对于火山岩样品,还需要进一步分析,才能最终定名。火山岩定名采用 TAS 图板法,TAS 分类是国际地球科学联合会火山岩分类学分委会推荐的一种火山岩化学成分分类方法,该分类的主要依据是以全碱和二氧化硅图解(TAS)为基础,使用方便,其基本要求是只需知道全碱(Na_2O+K_2O)和二氧化硅(SiO_2)的含量,便可将该数据反映在该分类图上(图 6),落在哪一个区,即可定名该岩样为对应该区的岩性。例如:火山岩样品的全碱和二氧化硅的分析数据分别为 2.8% 和 48.5%,将其投点到图板上,落在玄武岩区,则可将其定名为玄武岩。

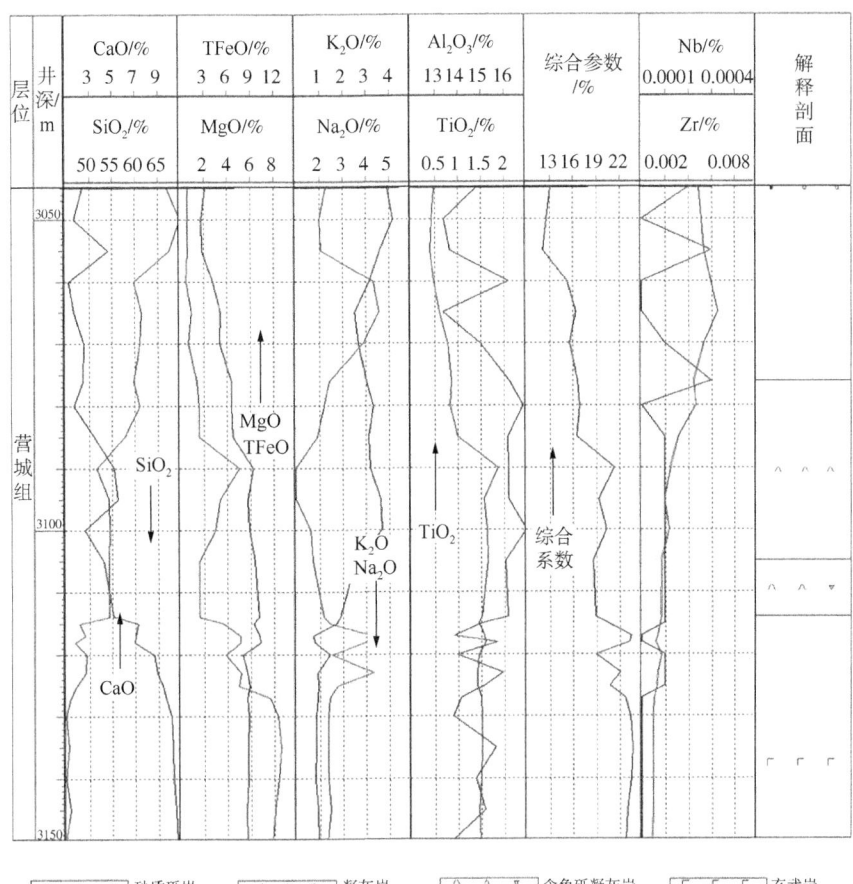

图 5 DS20 井 3050~3150m 井段元素录井曲线变化特征图

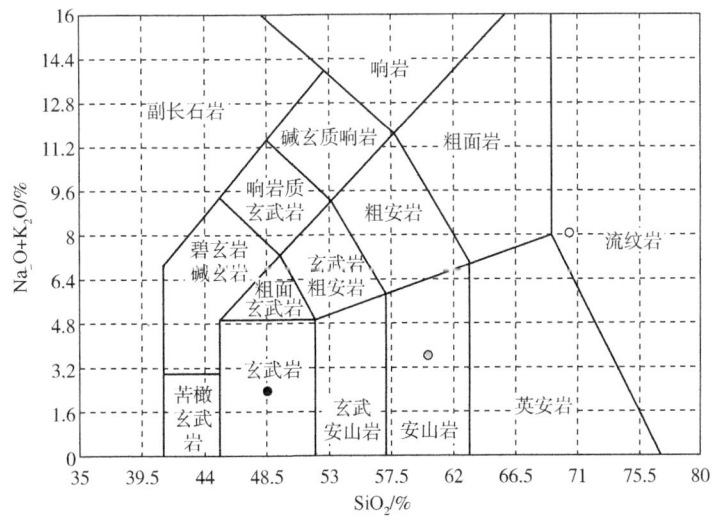

图 6 岩性定名 TAS 图板

3.2 岩性识别系统

基于对大量已知类型火山岩及其岩性的岩石样品的 XRF 元素分析，通过深入研究对比分析，分别建立了不同类型火山岩识别图板和火山岩岩性元素曲线特征识别模板，在此基础上结合 TAS 图板法实现了对不同类型火山岩岩性的准确定名。为了强化 X 射线荧光元素录井的相对实时解释评价，大庆钻探工程公司录井一公司建立了火山岩基性岩类岩性解释评价岩性识别软件系统，该系统与 XRF 元素分析仪联机使用，待测样品经过 XRF 元素分析仪分析后，输出元素百分含量数据，岩性识别系统在自动读取待测样品特征元素分析数据的基础上，首先进行特征元素含量曲线特征模板宏观对比分析，初步判断岩性变化；然后应用不同类型火山岩识别图板进行分析，确定火山岩大类；最后根据 TAS 图板实现火山岩样品岩性准确定名。

4 应用分析

目前，在松辽盆地北部十余口井录井现场进行了 XRF 元素分析的推广应用，分析测试了 2000 多个岩屑样品，XRF 元素分析仪与岩性识别系统联机使用，能够快速准确分析火山岩样品，提高了录井现场识别火山岩的效率，取得了较好的应用效果。

4.1 WS1-4 井安山岩识别

WS1-4 井位于松辽盆地北部东南断陷区徐家围子断陷汪家屯构造，该井深层自上而下依次钻遇泉头组二段、一段，登娄库组四段、三段、二段，营城组（未穿），火山岩主要分布在营城组，主要岩性有灰白、浅紫色流纹岩，深灰、灰色安山岩，深灰、绿灰色玄武安山岩，绿灰、深灰色玄武岩。

图 7 为 WS1-4 井 3300~3400m 井段元素曲线成果图。从图 7 中可以看出，元素曲线自上而下呈现规律性变化，其中井深 3320~3330m，MgO、$TFeO$、CaO 含量不同程度降低，SiO_2、Na_2O、K_2O 含量升高。对井深 3330m 火山岩样品 XRF 元素分析数据进行不同类型火山岩识别图板投点分析，$MgO-SiO_2$、TiO_2-CaO、TiO_2-SiO_2、Na_2O-MgO 4 个图板的投点结果均落在了碱性火山岩区域（图 1 至图 4）。

该样品全碱和二氧化硅的分析数据分别为 3.62% 和 60.16%，落在岩性定名 TAS 图板安山岩区域（图 6），通过岩性识别系统判断 3330m 火山岩样品为安山岩。同时对该点的岩屑样品制作岩石薄片，镜下鉴定结果为安山岩。最终 WS1-4 井 3330m 岩性定名为安山岩。

4.2 WS1-P3 井流纹岩识别

WS1-P3 井位于松辽盆地北部东南断陷区徐家围子断陷汪家屯—宋站低隆起上，该井深层自上而下揭示的地层依次为登娄库组四段、三段、二段，营城组（未穿），火山岩主要分布在营城组，主要岩性有灰黑色凝灰岩，灰、紫灰、紫、灰黑色流纹岩，灰黑、紫灰色流纹质晶屑凝灰岩，杂色火山角砾岩。

图 8 为 WS1-P3 井 3200~3300m 井段元素曲线成果图。从图 8 可以看出，井深 3220m 以下元素曲线趋于平稳，SiO_2、Na_2O、K_2O 含量高，MgO、$TFeO$、CaO 含量较低。对井深 3250m 火山岩样品 XRF 元素分析数据进行不同类型火山岩识别图板投点分析，$MgO-SiO_2$、

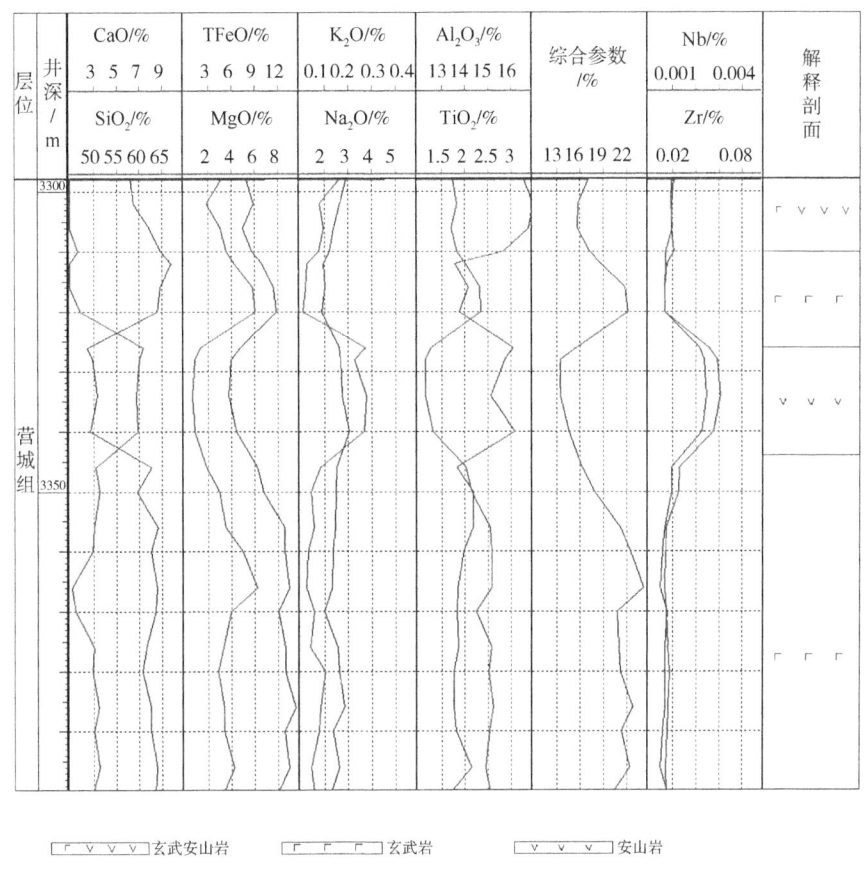

图 7 WS1-4 井 3300~3400m 元素曲线成果图

TiO_2-CaO、TiO_2-SiO_2、Na_2O-MgO 4 个图板上的投点结果均落在了酸性火山岩区域(图 1 至图 4)。该样品全碱和二氧化硅的分析数据分别为 8.15%和 69.14%，落在岩性定名 TAS 图板流纹岩区域(图 6)，通过岩性识别系统判断 3250m 火山岩样品为安山岩。同时对该点的岩屑样品制作岩石薄片，镜下鉴定结果为流纹岩。最终 WS1-P3 井 3250m 样品岩性定名为流纹岩。

5 讨论及结论

在不同岩性岩石元素含量差异及大量实验数据统计基础上，形成了一套松辽盆地深层火山岩识别的方法，录井过程中取得了较好的应用效果，解决了录井现场复杂岩性识别及粉末状岩屑样品识别的难题。该方法更加客观、科学、实时性强，能够满足录井现场的应用需求。鉴于样品的代表性对分析结果的重要影响，录井现场应用中应尽量杜绝假岩屑的影响，保证挑选到并分析具代表性样品；岩性渐变过程中出现个别图板判断不一致的情况，需要结合曲线法及现场岩屑实物识别，从而实现不同火山岩类型以及该类型具体岩性的准确识别与定名。

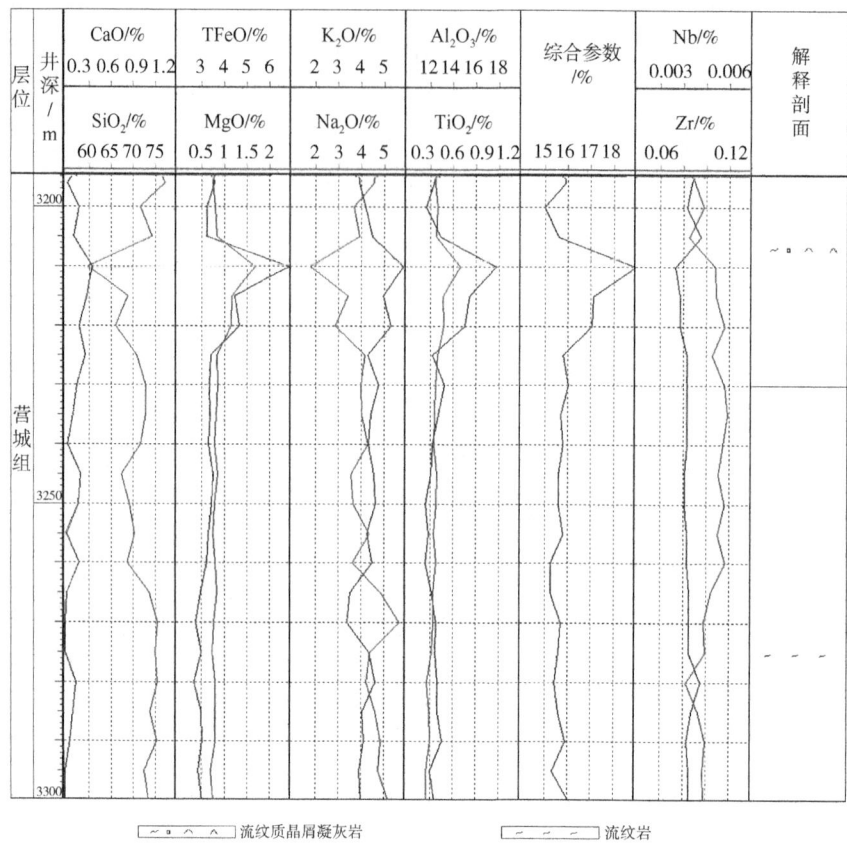

图 8 WS1-P3 井 3200~3300m 井元素曲线成果图

参 考 文 献

[1] 黄薇, 邵红梅, 赵海玲, 等. 松辽盆地北部徐深气田营城组火山岩储层特征[J]. 石油学报, 2006, 27（增）: 47-51.
[2] 李一超, 李春山, 何国贤. X 射线荧光分析在岩屑录井中的应用[J]. 岩石矿物学杂志, 2009, 28(1): 58-68.
[3] 李功权, 曹代勇, 陈恭洋, 等. PDC 钻头条件下随钻岩性识别方法研究[J]. 石油钻采工艺, 2006, 28(2): 25-27.
[4] 张汉林, 李季. PDC 钻头在普光 10 井空气钻井中的应用[J]. 石油钻采工艺, 2007, 29(1): 25-27.
[5] 韩吟文, 马振东. 地球化学[M]. 北京: 地质出版社, 2003.
[6] 周金昱, 郭浩鹏, 张少华, 等. 松辽盆地火山岩岩性测井识别方法研究[J]. 石油天然气学报, 2014, 36(3): 72-76.
[7] 王晓阳. X 射线元素录井的岩性解释图版[J]. 西安石油大学学报（自然科学版）, 2014, 29(3): 1-7.

X射线衍射仪(XRD)在大庆油田致密油中的应用

肖光武　刘丽萍

(大庆钻探工程公司地质录井一公司)

【摘　要】　随着勘探开发的深入，松辽盆地致密油勘探已经成为大庆油田增储上产的重点领域。目前，致密油评价没有出台相关的标准，但业内普遍采用致密油的"七性"评价方法[1]——岩性、物性、含油性、电性、生油特性、脆性、各向异性，其中岩性、物性、脆性是"七性"评价中的三项内容。通过对XRD矿物组分定量分析功能的深入应用，挖掘了矿物组分中蕴藏的致密岩石信息，结合不同矿物在岩性、物性及脆性响应特征的实验，优选了黏土矿物为水平段岩性识别的主要特征矿物；选优了长石及黏土矿物分别表征碎屑岩主要骨架成分及填隙物；优选了石英及方解石为岩石的主要脆性矿物，并建立了致密油岩性、物性及脆性的评价方法，在勘探生产中见到较好的效果，较好地解决了致密油岩性、物性及脆性评价难题。

【关键词】　XRD；致密油；岩性；物性；脆性

X射线衍射分析技术(XRD)是20世纪50年代引进中国，属于大型设备，主要应用于科学研究领域。20世纪初，由于XRD设备制造技术的蓬勃发展，设备实现了小型化，为XRD在录井现场的应用创造了可能。XRD是重要的矿物组分定量分析手段之一，岩石是由矿物组成的，矿物组分及含量蕴含大量的岩石信息，因此，XRD在录井中的应用具有广阔的前景。近几年，录井对XRD在本行业的应用开展了相关研究，如滕工生[2]等利用XRD进行空气钻粉末状岩屑岩性识别，马青春[3]等通过对过渡岩性类岩石的矿物组分分析，判别储层的有效性，但这些研究主要集中在细碎岩屑的岩性识别上[4]。虽然XRD在页岩气储集层评价中有一定程度涉及，但在致密砂岩油领域涉及较少。本文就XRD在大庆油田致密砂岩油岩性、物性及脆性评价中应用，进行了相关的研究，建立了致密油岩性、物性及脆性的评价方法。

1　岩石矿物组分特征

大庆油田致密油主要为扶余油层，为河道沉积，非均质性较强，通过对F38井区扶余油层岩心岩性数据的统计(图1)，扶余油层致密发育的岩性有粉砂岩、泥质粉砂岩、粉砂质泥岩、泥岩、含钙粉砂岩、钙质粉砂岩、细砂岩、中砂岩以及粗砂岩，从岩性累计厚度以及出现的频数来看，粉砂岩、泥质粉砂岩、粉砂岩质泥岩、泥岩是扶余油层发育的主要岩性。

作者简介：肖光武，高级工程师，1980年生，2004年毕业于成都理工大学地质学专业，现在大庆钻探工程公司地质录井一公司从事录井技术研究工作。通讯地址：163411 黑龙江省大庆市地质录井一公司解释评价中心 (0459)5682569。E-mail: xiaoguangwu@petrochina.com.cn。

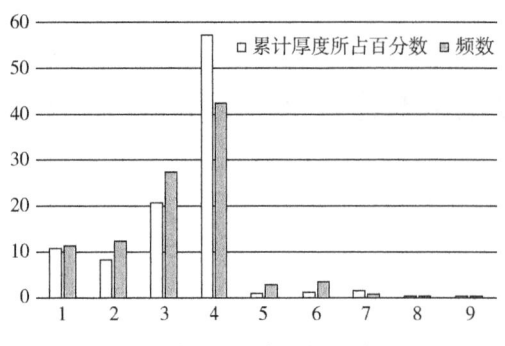

图 1　F38 井区各发育岩性累计厚度及
出现频数直方图

1—粉砂岩；2—泥质粉砂岩；3—粉砂质泥岩；
4—泥岩；5—含钙粉砂岩；6—钙质粉砂岩；
7—细砂岩；8—中砂岩；9—粗砂岩

岩石颜色主要为灰色，显微镜下岩石骨架成分含量为 76%～90%，平均含量为 82.3%，骨架成分主要由石英、长石及岩屑和少量的云母组成，其中石英含量为 20.6%～23.4%，平均含量为 22.3%；长石含量为 27.4%～37.8%，平均含量 34.0%；岩屑含量为 19.5%～28.7%，平均含量为 25.4%，主要为中—酸性喷出岩。填隙物约为 3%～13%，平均值为 6.75，胶结物主要为泥质成分。

粉砂结构，粒度 0.03～0.12mm，颗粒排列较紧密，以线或线—点接触为主，分选中等，磨圆次棱状，孔隙或薄膜—孔隙胶结为主。

2　应用方法研究

2.1　岩性识别方法

岩性是致密油储层最重要的特征，由于水平井特殊工艺造成岩屑细小、代表性差，识别难，含量也很难确定，对岩性定名有很大影响，根据 XRD 分析的矿物成分、含量，判断岩性。

松辽盆地北部扶余油层发育的岩性主要为砂、泥岩，为了研究扶余油层不同岩性在 XRD 的响应特征，选取了泥岩、粉砂质泥岩、泥质粉砂岩、粉砂岩各 3 块岩心样品进行 X 射线衍射分析，从分析结果来看（表1、图2），虽然岩性不同，但矿物类型没有变化，只是矿物含量不同，其特征主要为：随着岩性由泥岩→粉砂质泥岩→泥质粉砂岩→粉砂岩的变化，黏土矿物含量明显降低，长石、石英含量总体表现为升高的趋势，但显著性没有黏土矿物含量变化明显，所以，选择黏土矿物含量作为判断砂泥岩剖面岩性判别参数[5]。通过 5 口井资料，建立了不同岩性黏土矿物划分标准（表2）。

表 1　不同岩性 X 射线衍射分析成果表

岩性	矿物成分/%		
	黏土矿物	石英	长石
泥岩	39	20	41
泥岩	52	28	20
泥岩	40	29	31
粉砂质泥岩	28	30	42
粉砂质泥岩	28	34	38
粉砂质泥岩	30	31	39
泥质粉砂岩	25	33	42
泥质粉砂岩	23	36	41

续表

岩性	矿物成分/%		
	黏土矿物	石英	长石
泥质粉砂岩	24	36	40
粉砂岩	11	31	58
粉砂岩	11	36	53
粉砂岩	12	38	50

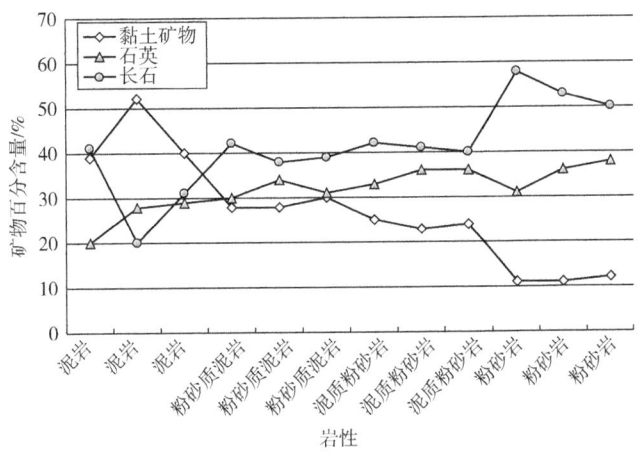

图2 不同岩性X射线衍射分析矿物含量变化图

表2 不同岩性黏土矿物划分标准

岩性	黏土矿物含量/%	岩性	黏土矿物含量/%
粉砂岩	<20	粉砂质泥岩	27~35
泥质粉砂岩	20~27	泥岩	>35

2.2 物性评价方法

对于录井行业而言,物性评价通常采用核磁共振技术进行孔隙度、渗透率的测量,但对于致密油储层,不取心,岩屑成粉末状,该方法不再适用,所以采用矿物成分交汇图版法进行物性评价,该方法没有在水平井测井物性资料情况下发挥重要作用。

松辽盆地北部扶余油层致密油渗透率较小,一般小于1mD,对于这种较致密的储层渗透率求准较难,目前,大庆油田采用孔隙度参数来表征致密储层的好坏,根据孔隙度的大小,初步将致密油储层划分为三类(表3)。

表3 不同储层类型孔隙度划分标准

储层类型	孔隙度/%	储层类型	孔隙度/%
致密Ⅰ—1类	>11	致密Ⅱ类	<8
致密Ⅰ—2类	8~11		

为了研究致密油储层矿物组成含量与孔隙度关系,将扶余油层岩心核磁共振分析的孔隙度与其 X 射线衍射分析矿物组分含量进行对比,发现孔隙度随黏土含量增加而减小,随长石含量的增加而增大,石英与孔隙度的相关性不明显(图3至图5)。碎屑岩骨架主要由长石与石英矿物所组成,填隙物主要为黏土矿物及极细小的石英组成,岩石骨架含量越多孔隙度越高,填隙物含量越多孔隙度越差,因此,长石可以表征骨架多少,而黏土矿物可以代表填隙物含量,通过长石与黏土矿物的含量可以定性判断储层物性[6-8]。

通过对 60 块岩心的 X 射线衍射分析数据和孔隙度数据,建立长石含量与黏土矿物含量交汇图版(图6),将储层物性分为致密Ⅰ—1类、致密Ⅰ—2类、致密Ⅱ类三类。致密Ⅰ—1类:长石含量大于50%,黏土矿物含量小于15%,反映孔隙度大于11%。致密Ⅰ—2类:长石含量35%~50%,黏土矿物含量12%~20%,反映孔隙度介于8%~11%。致密Ⅱ类:长石含量小于35%,黏土矿物含量大于18%,反映孔隙度小于8%。

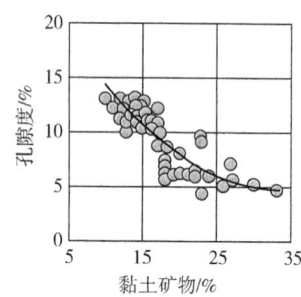

图3 孔隙度与黏土矿物含量关系图

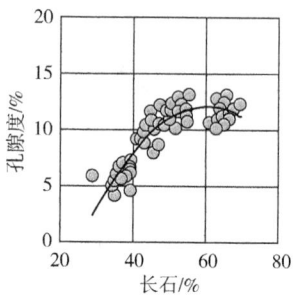

图4 孔隙度与长石含量关系图

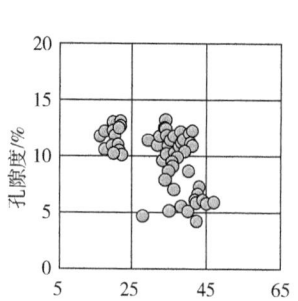

图5 孔隙度与石英含量关系图

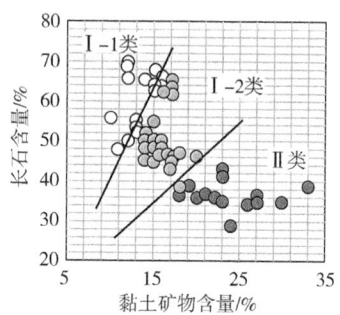

图6 长石—黏土矿物储层物性划分图版

2.3 脆性评价方法

岩石脆性是表征岩石在外界应力作用下形成缝网能力的一项重要指标,它对前期压裂可行性评估、优选压裂层段、预测压裂效果有着重要意义。

为了明确不同矿物脆性与否,进行了岩石的三轴应力实验。从不同矿物与脆性指数的关系来看,脆性指数与石英含量呈正相关(图7),石英是自然界脆性最强的矿物之一,石英矿物含量的增加有益提高岩石脆性程度;与斜长石含量呈负相关(图8),斜长石在岩石中主要充当骨架成分,未风化的斜长石并非塑性矿物,其含量增加应提高岩石的脆性,但斜长石这种矿物稳定差,易风化,风化后的斜长石力学性质发生改变,随风化程度的增强,斜长石脆性特征减弱，塑性特征增强，扶余油层的斜长石均出现中等风化，这也是为什么脆性指数随斜长石含量增加而降低的原因；与方解石含量呈正相关(图9)，方解石为钙质胶结物的主要矿物成分，扶余油层方解石含量较少(小于10%)，岩石主要还是以泥质胶结为主，钙质胶结次之，但钙质胶结提高了岩石的致密程度，提高了岩石的脆性程度；与黏土矿物含量呈负相关(图10)，黏土矿物为片状矿物，且结构疏松，在外力作用下，容易产生较大的弹性形变，所以黏土矿物增加不易于岩石脆性的提高。

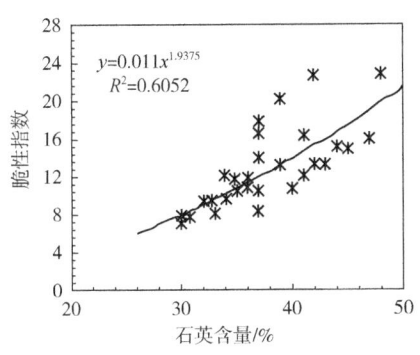

图7 脆性指数与石英含量关系

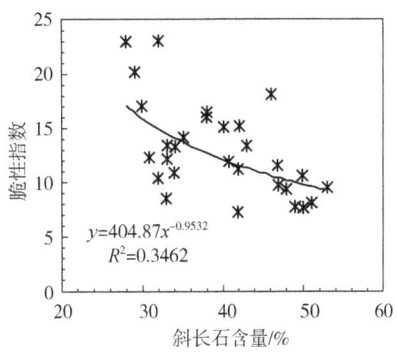

图8 脆性指数与斜长石含量关系

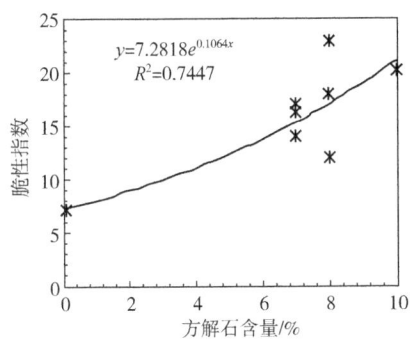

图9 脆性指数与方解石含量关系

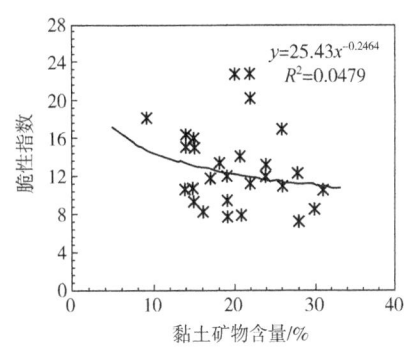

图10 扶余脆性指数与黏土矿物含量关系

从以上脆性指数与单一矿物的关系看，相关性差，因此，仅用单一矿物含量无法反映出岩石的脆性程度，必须考虑将一些矿物进行组合，确定组合矿物含量与脆性指数的关系。脆性指数与石英+方解石含量成正相关(图11)，相关性较好，相关系数为0.8804，而与石英+方解石+斜长石含量成正相关(图12)，相关系数为0.0457，相关性差，说明脆性指数与石英+方解石+斜长石含量没有明显的关系。

通过以上研究，扶余油层脆性指数与石英+方解石含量的相关性最好，相关系数为0.8804，可以用石英+方解石含量计算岩石脆性，即脆性指数：

$$B_{矿物} = W_{石英} + W_{方解石}$$

式中：$W_{石英}$为石英含量，%；$W_{方解石}$为方解石含量，%；$B_{矿物}$为矿物计算的脆性指数，%。

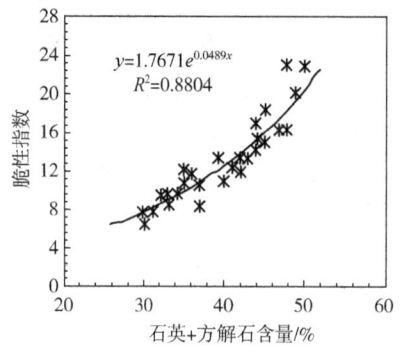
图11 扶余脆性指数与石英+方解石关系

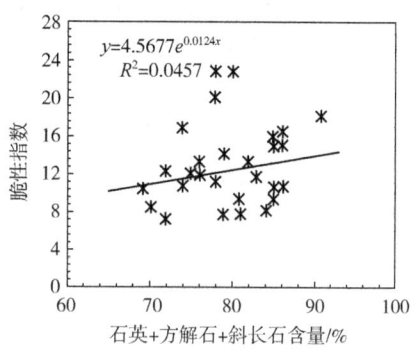
图12 扶余脆性指数与石英+方解石+斜长石含量关系

3 应用效果

应用本文建立的岩性、物性及脆性评价方法，结合含油性参数进行层段优选及压裂方案的优化，在探井应用了45口井（直井19口，水平井24口），试油30口井，其中27口井获得工业油流，YP1、AP3、PP1等探井取得了日产油30t以上的重大突破，试油层数101层，解释符合率97.8%。

ZP5井是松辽盆地中央坳陷区三肇凹陷宋芳屯鼻状构造上的一口水平井，主要目的层为扶余油层，本井钻达井深为2940.0m，于2014.0m进入水平段，水平段长926.0m。X射线衍射分析，岩性解释：砂岩厚度475.0m，黏土矿物含量为11%~17%之间；泥质砂岩厚度65.0m，黏土矿物含量为25%~27%；钙质砂岩厚度237.0m，黏土矿物含量为13%~19%，方解石含量为11%~15%左右；砂质泥岩厚度65.0m，黏土矿物含量为26%~32%；泥岩厚度76.0m，黏土矿物含量为35%~41%。物性解释：录井解释34层，致密Ⅰ-1类储层9层，厚度630.0m；致密Ⅰ-2类储层12层，厚度137.0m；致密Ⅱ类储层7层，厚度72.0m，干层6层，厚度90.0m。本井采用水平井大规模套管多段、多簇体积压裂，11段，23簇，单段2~3簇，7段、8段、9段、10段、11段脆性弱，6段脆性中等，其他段脆性强。依据脆性指数对压力液使用量进行了优化（表4），在岩石脆性好的层段，形成缝网的能力较强，提高了压力液的使用量。从微地震监测来看（图13），该井岩石脆性与裂缝开启密度匹配良好，增大裂缝与储集层接触面积，实现了对砂体体积动用。压后试油，螺杆泵+水力泵日产油26.34t。

表4 ZP5井压裂效果统计

压裂段	岩石波及体积/$10^4 m^3$	压裂液使用总量/m^3	岩石裂缝相对密度/10^{-4}	脆性指数
1	99.3	1096	11.0	46.8
2	91.2	993	10.9	49.4
3	102.4	1030	10.1	48.3
4	143.4	1440	10.0	46.7
5	155.3	1440	9.3	47.4

续表

压裂段	岩石波及体积/$10^4 m^3$	压裂液使用总量/m^3	岩石裂缝相对密度/10^{-4}	脆性指数
6	209.4	1910	9.1	40.1
7	159.4	1488	9.3	33.7
8	164.1	1275	7.8	31.3
9	151.2	1272	8.4	31
10	177.7	1409	7.9	30.8
11	168.5	1057	6.3	31.3

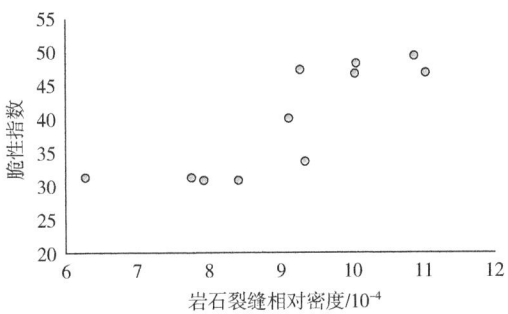

图 13　ZP5 井岩石开启裂缝与脆性指数关系

4　结论

本文通过对 XRD 矿物组分定量分析功能的深入应用，挖掘了矿物组分中蕴藏的致密岩石信息，结合不同矿物在岩性、物性及脆性响应特征的实验，明确了黏土矿物为水平段岩性识别的主要特征矿物，选优了长石及黏土矿物分别表征碎屑岩主要骨架成分及填隙物，确定了石英及方解石为岩石的主要脆性矿物，并建立了致密油岩性、物性及脆性的评价方法，在勘探生产中见到较好的效果，较好地解决了致密油岩性、物性及脆性评价难题。

参 考 文 献

[1] 赵政璋，杜金虎.致密油气[M].北京：石油工业出版社，2013：99-101.
[2] 藤工生，杨光照，修天竹.随钻 X 射线衍射分析仪在吉林探区的试验与应用[J].录井工程，2012，23(4)：6-9.
[3] 马青春，魏宝明.X 射线衍射全岩录井在过渡岩类储集层评级中的应用[J].录井工程，2016，27(3)：59-62.
[4] 方锡贤.X 射线衍射全岩矿物分析录井技术应用拓展[J].录井工程，2016，27(1)：14-18.
[5] 林西生.X 射线衍射分析技术及其地质应用[M].北京：石油工业出版社，1990：103-105.
[6] 唐洪俊，崔凯华.油层物理[M].北京：石油工业出版社.2007：85-87.
[7] 王行信，周书欣.砂岩储层黏土矿物与油层保护[M].北京：地质出版社，1992：63-85.
[8] 徐同台，王行信，张有瑜，等.中国含油气盆地黏土矿物[M].北京：石油工业出版社，2003：560-564.

古城地区碳酸盐岩储层录井评价方法

郭 晶 秦文凯

（大庆钻探工程公司地质录井一公司）

【摘　要】 塔东区块作为大庆油田重要的勘探突破目标，油气资源较丰富，勘探程度较低。以往主要应用测井资料对碳酸盐岩储层进行评价，而在利用录井资料开展的碳酸盐岩储层评价技术还较为零碎、不成体系。为了满足勘探需求，以古城低凸起的目标井为研究对象，通过对碳酸盐岩岩性特征、储层物性、含气性评价的研究，建立了一套适合于古城地区的碳酸盐岩储层录井评价方法。

【关键词】 碳酸盐岩；储层评价；气测录井；储集空间；录井综合评价；流体性质；物性评价

塔东地区是近几年大庆油田重要的勘探突破目标，通过近两年的勘探表明，古城低凸起和塔东低凸起碳酸盐岩储层均有不同程度流体产出，其中gc8井、gc9井均获得高产工业气流，前景可观。该区碳酸盐岩储层存在多套岩性、多套烃源岩，多期生排烃、多期成藏，成藏后又经历了多次破坏与调整，使目前所发现的油藏中岩性复杂、油气性质多种多样，有油、气的产出，还有气水产出，给录井解释评价带来一定的难度。大庆录井为了满足勘探需求，以古城低凸起碳酸盐岩储层为研究目标，对储层岩性、物性及含油气性深入研究，形成一套完整的碳酸盐岩储层录井识别评价技术。

1　评价重点

以往主要应用测井资料对碳酸盐岩储层进行评价，而在利用录井资料开展的碳酸盐岩储层评价方面缺乏研究。本次研究主要从录井资料角度出发，将储层岩性、物性及含油气性作为碳酸盐岩储层录井识别评价的重点。

2　储集层评价

2.1　岩性

古城地区碳酸盐岩储集岩包括石灰岩和白云岩两大类，大庆录井主要应用碳酸盐分析、岩屑薄片鉴定、X射线衍射全岩矿物录井技术(XRD)进行岩性识别。

2.1.1　碳酸盐分析

目前录井现场主要应用碳酸盐分析仪进行岩性识别，针对碳酸盐分析仪影响因素，在

作者简介：郭晶，工程师，1985年生，2007年毕业于东北石油大学资源勘查工程专业，现在大庆钻探工程公司地质录井一公司资料资料解释评价中心工作。通讯地址：163411 黑龙江省大庆市地质录井一公司解释评价中心。电话：13504595715。E-mail：guojing_lj@petrochina.com.cn。

实验室里对盐酸浓度、振荡时间、环境温度、样品研磨程度、反应时间及碳酸盐分析仪读值方法进行试验,制定了碳酸盐分析仪主要分析条件为盐酸浓度达到18%,样品振荡时间达到15s,分析最佳环境温度区间为20~30℃,研磨程度达到160目,反应时间为12min,并采用15s读值法读值。

2.1.2 岩屑薄片

将真实、新鲜的岩屑样品制成薄片,并用茜素红染色,镜下观察,均匀染成红色的为石灰岩,没有被染色的为白云岩,颜色不均匀为过渡岩性。同时确定岩石的颗粒及基质、胶结物的成分及百分含量;颗粒的类型及特征;基质和胶结物的结构特征。

通过对古城地区8口井414块薄片鉴定资料统计,古城地区碳酸盐岩地层发育31种岩石类型(表1)。

表1 古城地区碳酸盐岩地层岩石类型表

白云岩类	石灰岩类	过渡岩类	含硅质岩类
残余角砾云岩 残余亮晶颗粒云岩 残余亮晶颗粒云岩 残余球粒砂屑粉晶云岩 粗晶云岩 粗-中晶云岩 粉晶云岩 粉泥晶云岩 粉-细晶云岩 粉-中晶云岩 中-细晶云岩 泥粉晶云岩 细晶云岩	亮晶鲕粒灰岩 亮晶颗粒灰岩 亮晶砾屑砂屑灰岩 亮晶砂屑灰岩 亮晶生屑灰岩 泥晶灰岩	含灰中晶云岩 含云硅化硅质岩 含云泥晶灰岩 灰质细—中晶云岩 云化亮晶颗粒云岩 云质硅化硅质岩 云质灰岩	硅化粉晶云岩 硅化硅质岩 硅化细晶云岩 硅化中晶云岩 硅质云岩

2.1.3 X射线衍射全岩矿物录井技术(XRD)

古城地区储层岩性主要为白云岩和石灰岩两大类,其主要区别就是方解石含量的多少,利用X射线衍射全岩矿物录井技术(XRD)进行岩石矿物成分含量的精细分析与岩性识别。通过对标准样品的分析结果表明,检测绝对误差小于±2%(表2)。

表2 XRD射线衍射技术误差分析表

标样名称	岩性	标样成分及理论值		X射线衍射分析值			
		$CaCO_3$/%	$CaMg(CO_3)_2$/%	$CaCO_3$/%	绝对误差/%	$CaMg(CO_3)_2$/%	绝对误差/%
GBW07129	石灰岩	98.36	1.33	97.04	1.32	0.98	0.35
GBW07127	白云质灰岩	64.32	31.10	63.11	1.21	30.05	1.05
GBW07128	灰质白云岩	43.86	52.45	42.53	1.36	53.46	1.01

续表

标样名称	岩性	标样成分及理论值		X射线衍射分析值			
		$CaCO_3$/%	$CaMg(CO_3)_2$/%	$CaCO_3$/%	绝对误差/%	$CaMg(CO_3)_2$/%	绝对误差/%
GBW07134	灰质白云岩	30.99	68.49	29.36	1.63	69.69	1.2
GBW07217	白云岩	6.19	91.38	5.57	0.62	90.02	1.36

2.2 物性

古城地区较为常见的碳酸盐岩储层有三类，第一类是白云岩和石灰岩（不整合面之下）。孔隙类型为角砾孔隙、孔洞、内模孔隙、裂缝等。这是由于白云岩在近地表处发生石化或者溶解作用，还有角砾化过程。第二类是潮下带到潮上带的白云岩。孔隙类型有粒间、晶间、内模孔隙还有孔洞等。是由以下四个成因造成的：（1）出露在水面的礁体在由海水、淡水组成的一个相当于透镜体的混合带而形成的白云岩；（2）由碳酸盐沉积物和高浓缩的卤水返流而形成的；（3）受到蒸发作用的浓缩卤水向上提升而与碳酸盐沉积物交替而成的白云岩；（4）深埋于地下的碳酸盐岩而形成。第三类是深埋溶解型，这种类型比较少。有着粒间溶孔孔隙与会随着溶解而增大的裂缝。这是因为在深埋条件下，成岩溶液的溶解作用形成的。

录井主要以实物观察、钻时以及功指数比值法等多种方法结合来进行储层识别和评价。

2.2.1 实物观察法

实物观察是录井常用的识别手段之一，通过岩心、井壁取心观察描述，直接识别储层裂缝、孔隙（洞）发育程度，判断有效储层发育井段，确定储层物性好坏。

2.2.2 钻时法

应用综合录井钻时资料，可以识别裂缝型储层。钻时指石油天然气钻井过程中，每钻进单位进尺所用的纯钻进时间。钻时越低，说明地层裂缝、孔隙（洞）越发育，物性越好；反之越差。

2.2.3 功指数比值法

在钻井过程中，钻机所产生的能量通过转盘转动传递给钻头，在一定钻压下，钻头产生下旋运动而破碎岩石实现钻井进尺，也就是说钻进过程实际是钻头做功的过程。在相同的钻井条件下，钻头所做的功随岩石强度增大而增加。在岩性相同时，岩石强度与岩层压实程度和孔隙或裂缝发育程度有关。

钻头做功的计算方法非常复杂，目前国内外尚无相应的计算公式。下面所列的功指数是对钻头做功计算公式的简化，得到功指数计算公式，功指数是与钻头做功呈正相关性的反映岩石可钻性的参数。公式为

$$W_m = \left(Y_j + Y_j \sqrt[3]{\frac{Y_j}{a} \cdot \frac{R}{b}} + \frac{\pi \cdot D}{2} \cdot N \right) \cdot R \cdot Z \tag{1}$$

式中：Y_j 为钻压，kN；R 为转盘转速，r/min；N 为扭矩，kN·m；Z 为钻时，min/m；D 为钻头直径，m；a 为区域最大钻压值，kN；b 为区域最大转速值，r/min；c 为实验

数据。

功指数受岩石压实程度和岩性的差异影响很大,因此考虑背景值的影响提出功指数比值的概念。

$$功指数比值(W_m') = 功指数(W_m)/功指数基值(W_{mn}) \qquad (2)$$

计算功指数基值线是通过数理统计回归的方法,逐个深度点判断,对深度超过2m,数值波动在1000范围内的数据进行回归计算,得出此深度段趋势线各点数据,将所有查找的趋势段连接即为功指数趋势线。功指数基值就是对应功指数的趋势线上各点的功指数数值。

功指数比值可反映地层裂缝情况,比值小于1的井段为孔隙、裂缝发育段,功指数比值越小,说明地层孔隙(洞)、裂缝发育;功指数比值越大,则地层孔隙(洞)、裂缝不发育。

2.3 含气性

古城地区试气资料显示本区主要流体为气和水,尚未见到油产出,因此在对储层进行流体性质评价主要采用的是综合录井资料。为了消除钻井液的影响,需要对气测参数进行求取及校正。

2.3.1 气测显示识别

根据油气水密度差异,油气水自然分异原理,气测全烃曲线形态一般分为"箱"状、"半箱"状、"正直角三角形"状、"倒直角三角形"状、"钟"状、"指"状、"尖峰"状、"梳"状、"低幅箱"状。

通过对区内GC6、GC7、GC8等5口井85层气测显示进行统计,总结出了气测显示识别标准(表3)。

表3 古城地区气测异常显示识别标准

显示级别	好	中	差
全烃最大/%	>10	1~10	0.5~1
比值/倍	>10	>5	>3
曲线形态	箱状、梳状	半箱状、梳状、指状	指状、尖峰状
显示厚度/m	>5	>2	>0.5
组分分布特征	以C_1为主,有C_2、C_3	以C_1为主,有C_2、C_3	以C_1为主,有C_2

通常情况下,孔隙型储层常具备的形态为"箱"状、"半箱"状、"正三角形"状、"倒三角形"状、"钟"状、"指"状,裂缝型储层常具备的形态为"尖峰"状、"梳"状,低幅箱状在低孔隙低渗透储层、微细裂缝型储层以及含水储层均有出现。

2.3.2 全烃净值 ΔTg 求取

气测录井过程中存在多种录井环境影响因素,导致气测资料在纵向上单井层与层之间以及横向井与井之间的气测资料可比性较差,气测资料的定量应用以及图版建立都有很大的制约。大庆录井通过研究,建立了气测资料的校正方法。

将 $Tg_{校正}$ 的值通过数理统计回归的方法进行回归计算，得出 $Tg_{校正}$ 基线。$Tg_{校正}$ 基值就是对应 $Tg_{校正}$ 的基线上各点的 $Tg_{校正}$ 数值。由此得到 ΔTg 的公式为

$$\Delta Tg = Tg_{校正} - Tg_{校正基值} \tag{3}$$

2.3.3 气水层录井响应特征

通过对区内已钻井试油资料分析，总结了气水层录井响应特征(表4)。

表4 古城地区气水层录井响应特征统计

气层	差气层	含气水层	水层	干层
气测全烃显示高，含气厚度大，形态呈箱状，后效显示高，持续时间长	气测全烃显示高，含气厚度小，形态呈指状，后效显示高，持续时间长或较短	气测全烃中—高，含气厚度小，形态呈尖峰状，储层物性好	气测显示低—中等，形状呈倒三角形，物性较好	气测显示低—中等，物性差

注：见气产能井全烃一般大于30%，干层或水层全烃一般小于10%。

2.4 录井综合解释评价方法

通过对古城地区储层物性、含气性的研究，综合应用物性、含气性评价方法，建立该区储层分类标准及气水层识别图版。

2.4.1 储层分类

通过对完钻井功指数比值分布特征进行统计，结合岩心、成像资料等，总结了裂缝、孔洞型储层功指数比值形态规律。并通过对现有的10口井35个层资料进行统计归类，形成了功指数比值划分储层级别的标准(表5)。

表5 古城地区碳酸盐岩储层分类标准

特征	Ⅰ类储层	Ⅱ类储层	Ⅲ类储层	非储层
Wm比值	<0.4	0.4~0.8	0.8~0.95	>0.95
气测及工程特征	气测呈箱状及连续梳状等；钻时明显降低，有放空现象；易发生井漏、气侵等情况	气测呈半箱状、梳状、指状；钻时出现连续突变；易发生井漏、气侵等情况	气测呈指状、尖峰状；钻时变化较小	无气测显示；钻时无变化
成像孔缝发育情况	孔洞较多，裂缝10条以上	孔洞少量—中等，裂缝5条以上	孔洞少或不发育，裂缝少于5条	孔洞、裂缝不发育

2.4.2 气水层图版

应用古城地区已试油5口井16个层气测显示 C_1 至 C_4 计算出 C_1/C_2、C_1/C_3、C_1/iC_4、C_1/nC_4 四个比值，然后将它们点绘在总坐标为对数的烃比值解释图上，且将各点连成线段，建立了皮克斯勒图版(图1)。

应用GC6、GC7、GC8井试气资料，结合储层非均质性，对试气层进行细分，获取更多的数据点，绘制 ΔTg-Wm比值解释图版(图2)。

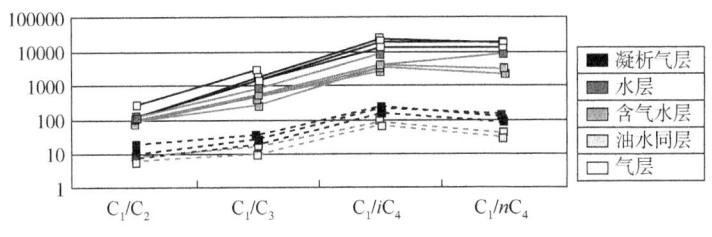

图 1 古城地区气水层识别图版

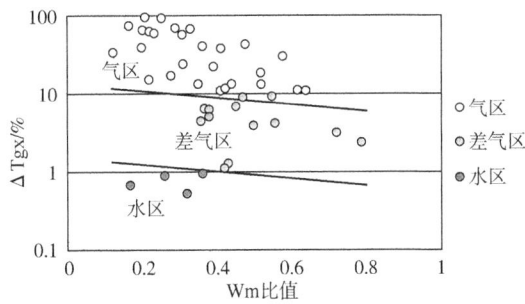

图 2 古城地区 $\Delta Tg—Wm$ 比值图版

3 应用实例

将本文所建立的古城地区碳酸盐岩储层录井评价方法用于古城地区的 5 口探井，解释气层 10 层，差气层 27 层，对其中 17 层提出试气建议，在试气 3 口井 14 层中，获得低产气层 2 口井，解释符合率 85.7%。

GC16 井 94 号层井段为 6072.2～6075.4m，厚度为 3.2m；98 号层井段为 6085.6～6087.6m，厚度为 2.0m。通过碳酸盐分析及 X 射线衍射分析值确定 94、98 号层岩性分别为石灰岩、含云灰岩。

94 号层 Wm 比值为 0.71～0.89，为 Ⅱ-Ⅲ 类储层；98 号层 Wm 比值为 0.80～0.92，为 Ⅲ 类储层。

94 号、98 号层气测显示不连续，气测全烃曲线形态呈"尖峰"状，含气显示相对较好处均位于储层下部，属于裂缝型储层。分别选取储层上中下部的 ΔTgx、Wm 值投到古城地区 $\Delta Tg-Wm$ 比值图版上，94 号、98 号层各有 1 点位于气区，其余点均落在差气区。94 号、98 号层综合解释为差气层（表 6，图 3、图 4）。

表 6 碳酸盐分析与 X 射线衍射分析值

层号	碳酸盐分析仪分析值		X 射线衍射分析值		定名
	碳酸钙/%	碳酸镁/%	方解石/%	白云石/%	
94	95~97	3~5	94~97	3~6	石灰岩
98	85~90	10~15	88~90	10~12	含云灰岩

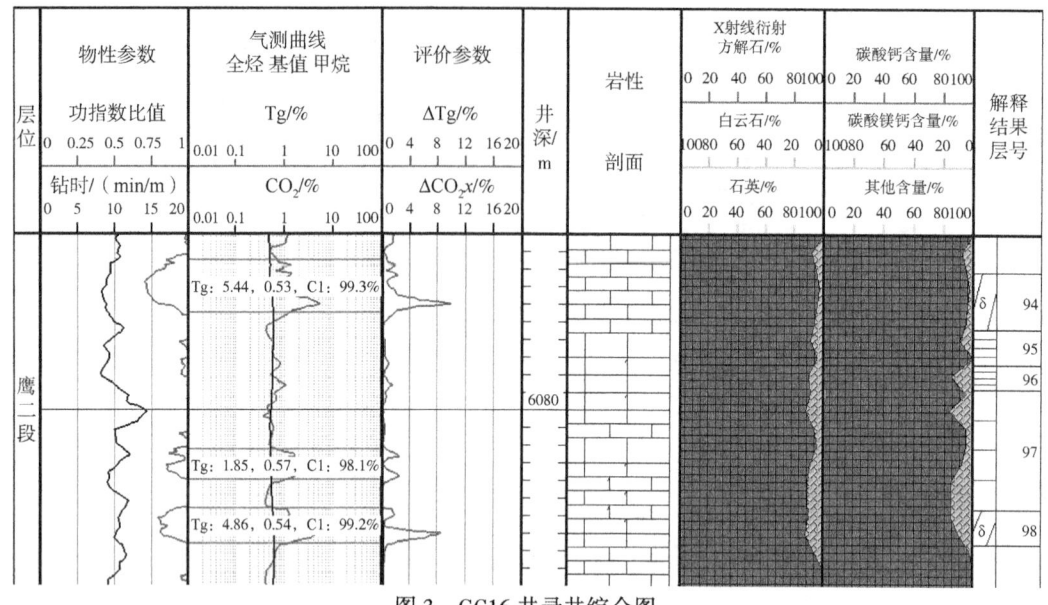

图 3 GC16 井录井综合图

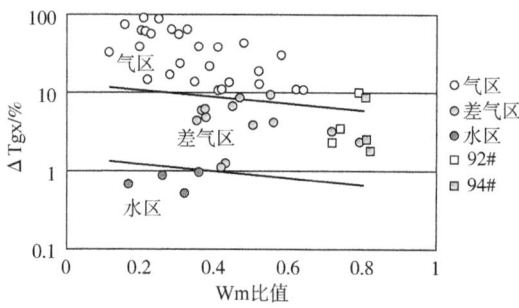

图 4 GC16 井 ΔTg—Wm 比值图版

4 结束语

在对塔东区块古城低凸起碳酸盐岩岩性特征研究基础之上,进行储层评价、流体性质识别方法研究,建立碳酸盐岩储层物性分类标准及气水层识别图版,形成一套适合于塔东区块的碳酸盐岩储层录井评价方法,较好地发挥了录井解释评价技术的优势,为该区后续的解释评价和勘探开发提供有力的技术支撑。

参 考 文 献

[1] 康玉柱. 塔里木盆地古生代碳酸盐岩储集岩特征[J]. 石油实验地质,2007,29(3):217-223.
[2] 钱凯,李本亮. 中国古生界地层油气勘探[J]. 油气地质,2002,7(9):1-8.
[3] 苗忠英,陈践发,郭建军,等. 塔里木盆地天然气中丁烷的地球化学特征[J]. 中国矿业大学学报,2011,40(4):592-596.
[4] 唐勇. 塔里木盆地西南地区储集层特征及评价[J]. 新疆石油地质,1997,18(2):277-281.
[5] 刘彩霞,姜涛. 测井、录井资料在碳酸盐岩储集层评价中的综合应用[J]. 录井工程,2006,17(2):21-25.

[6] 肖红琳,刘瑞林,应海玲,等.缝洞型碳酸盐岩储层气测响应特征研究[J].石油天然气学报,2010,32(4):63-66.
[7] 李进兴,雷军.气测解释方法在塔里木盆地应用探讨[J].录井技术,2003,14(2):18-24.
[8] 余宽宏,金振奎.塔里木盆地东部地区寒武系—奥陶系白云岩特征及成因[J].沉积与特提斯地质,2010,30(2):32-38.
[9] 孙龙德.塔里木盆地碳酸盐岩与油气[J].油气地质,2007,12(4):10-15.
[10] 邬光辉,刘胜,汪海,等.塔东地区奥陶系碳酸盐岩裂缝特征与评价[J].勘探家,1999,4(4):48-52.

水平井产能影响因素分析及预测方法

张艳茹　王朝阳　杨　雷

(中国石油大庆钻探工程有限公司地质录井一公司)

【摘　要】 随着钻井工艺的进步,水平井成为增储上产的重要井型,对水平井产能影响因素的分析及预测就显得尤为重要。水平井的产能除受含油砂岩长度、含油性、储层物性等井筒可见因素影响外,还受到目标层砂岩发育情况的影响。本文结合生产实际,以重点工作区块为例,分析了影响水平井产能的因素,并且从水平段含油砂岩长度,储集层物性、含油性等方面入手,建立了水平井产能预测方法,在实际应用中收到了较好的效果。

【关键词】 水平井;含油性;含油砂岩长度;目标层;井眼轨迹;产能预测;应用效果

水平井相对于垂直井来说,具有采油指数高、生产压差低、无水采油期长等优势[1]。为了提高单井油气采收率以适应油田开发增储上产的需要,水平井钻井技术已经广泛应用于石油天然气勘探开发钻井作业现场[2]。大庆油田在大庆长垣、三肇凹陷等多个区块进行了水平井钻探,在产能上取得了重大突破,但仍有部分井试油效果差强人意。本文以三肇地区为例,从含油性、含油长度、目标层、轨迹运行情况等方面对影响水平井产能的影响因素进行了分析,并且建立了水平井产能预测方法。

1 研究区概述

1.1 构造概况

三肇凹陷位于松辽盆地北部中央坳陷区,西接大庆长垣,东侧为绥棱背斜和朝阳沟背斜环绕,是松辽盆地北部重要的生烃凹陷之一,油气资源丰富。构造主体从北向南发育升平、卫星—宋芳屯、尚家—榆树林、肇州、朝阳沟背斜等五个三级构造,是松辽盆地重要的二级负向构造单元,勘探面积约6500m^2。由于受到多期构造的调整改造,三肇凹陷内部发育了大量的断裂(带),使得三肇凹陷的成藏条件复杂化。

该区生油岩仅青山口组处于成熟阶段,由于向上仅葡萄花油层发育,因而生成的大量油气借助反射层的大量小生长断层向下运移,富集在扶、杨油层中,形成大面积薄互层低渗透油气藏[3]。该区扶、杨油层埋藏深度为2000~2200m,孔隙度为11%~14%,平均空气渗透率仅为1~5mD[4],储层物性较差。由于水平井技术是开发低孔隙度低渗透率致密油藏的一种有效途径,可大幅度提高勘探开发的综合经济效益[5],因此该区扶余油层是有利的

作者简介:张艳茹,高工,1971年生,1993年毕业于大庆石油学院石油地质专业,现在大庆钻探工程公司地质录井一公司资料解释评价中心工作。通讯地址:163411 黑龙江省大庆市让胡路区乘风庄8号。电话:(0459)5684559。E-mail:zhangyanru@petrochina.com.cn。

水平井作业区。

1.2 水平井分布情况

在三肇凹陷宋芳屯鼻状构造、徐家围子向斜、升平鼻状构造、太平屯构造等构造上均进行了水平井钻探，目的层均为扶余油层。目前已钻探11口井（ZP1、ZP2、ZP3、ZP5、ZP6、ZP7、ZP8、ZP9、ZP11、ZP12、ZP15），其中多口井获工业产能，总体钻探效果较好。

2 产能影响因素分析

目前，该区已试油6口井，总体效果较好（表1）。但ZP9井的产能与井筒资料不相匹配，现场录井含油长度及含油性均较好，产能却较低。结合这口井的情况，对水平井产能影响因素进行了分析。

2.1 井筒资料分析

在水平井钻探中，可直接获得含油砂岩含量、含油长度等资料；通过分析检测可获得反映含油性的热解参数及气测参数。

2.1.1 水平段含油砂岩长度

含油砂岩长度基本与产能呈正相关（表1）。ZP6井含油砂岩长度最大，产能也最高；其后依次为ZP5、ZP1、ZP2，产能也依次降低。ZP9井水平段长658m，其中油浸砂岩270m、油斑砂岩337m、油迹砂岩51m，含油长度在ZP1与ZP2井之间。

表1 三肇地区水平井含油砂岩长度统计表

井号	含油砂岩长度/m	油浸砂岩/m	油斑砂岩/m	油迹砂岩/m	日产油/t	试油结论
ZP6	917	497	268	62	75.66	工业油层
ZP5	788	335	401	52	26.40	工业油层
ZP1	769	373	326	70	17.60	工业油层
ZP2	463	289	143	31	13.33	工业油层
ZP9	658	270	337	51	6.919	工业油层
ZP7	45	18	14	13	油花	干层

2.1.2 含油性

在水平井录井过程中，对含油性进行判断的录井技术主要有岩石热解分析、二维定量荧光分析、气测录井等技术。由于水平井多为油基钻井液，对热解分析S_1影响较大，因此应用S_2来进行含油性对比（表2）。为了简化分析参数，表2中主要应用的是热解及气测参数。

表2 三肇地区水平井录井含油性参数及试油成果统计表

井号	含油砂岩长度/m	S_2/(mg/g)	全烃最大/%	全烃一般/%	全烃基值/%	甲烷/%	试油方法	日产油/t	试油结论
ZP6	917	11.22~19.86	3.03	1.75	0.84	92.38	压后水力泵	75.66	工业油层

续表

井号	含油砂岩长度/m	S_2/(mg/g)	全烃最大/%	全烃一般/%	全烃基值/%	甲烷/%	试油方法	日产油/t	试油结论
ZP5	788	2.40~7.85	2.61	1.55	0.76	89.75	压后水力泵	26.40	工业油层
ZP1	769	5.63~11.04	2.86	1.25	0.43	94.27	压后水力泵	17.60	工业油层
ZP2	463	2.56~6.31	2.67	1.35	0.45	92.19	压后水力泵	13.33	工业油层
ZP9	658	4.02~10.80	3.01	1.01	0.33	83.97	压后水力泵	6.919	工业油层
ZP7	45	5.06~9.83	1.81	0.87	0.54	90.40	压后水力泵	油花	干层

水平井井眼轨迹在油层中穿行，水平段内不同位置的含油性往往会有较大的差异[6]，应用热解分析技术、气测录井技术能够很好地对这种差异进行区分。从井筒实钻资料来看，ZP6 井含油性最好，热解及气测均最高，产能也最高；ZP5、ZP1 井含油性相差不大，产能均较高且相差不大；再次为 ZP2 井；ZP7 最差。ZP9 井含油性与 ZP5、ZP1 井相当，略好于 ZP2 井，但产能却较 ZP2 井低，与井筒含油性不相匹配。

从上面的分析可以看出，如果仅就井筒资料而言，ZP9 井的产能应该高于 ZP2 井，而实际产能 ZP9 井却低于 ZP2 井。

2.2 区域目标层分析

针对 ZP9 井的情况，对水平井目标层发育情况进行分析（表3）。

表3 三肇地区水平井目标层情况统计表

井号	目标层	目标层厚度/m	目标层含油情况	日产量/t
ZP6	Z6 井 34 号层	9.8	储层厚度大，均质性好，井壁取心 12 颗，均为油浸粉砂岩，含油分布较均匀，较饱满，下部 6 颗见原油外溢。S_T 平均值为 19.09mg/g，S_1/S_2 值为 1.7；测井岩石密度为 2.38g/cm³，孔隙度为 15.4%	75.66
ZP5	F62-10 井 11 号层	3.2	上部物性较差、中下部物性较好，底部具含钙特征	26.40
ZP1	W1-3-30 井 16 号层	4.0	具正旋回特征，上部物性较差，中下部物性较好，底部物性较差，含钙特征明显	17.60
ZP2	S91-1 井 18 号层	7.0	上部含泥较重，物性中等；中部物性较好，下部具含钙特征	13.33
ZP9	FF144-42 井 8 号层	2.8	8 号层伽马值为 79API，电阻率值为 38Ω·m，孔隙度为 13.8%，电阻率曲线呈箱形，底部含钙。井壁取心 5 颗，含油 4 颗，均为灰棕色油浸粉砂岩，含油分布均匀，较饱满。S_T 平均值为 17.75mg/g	6.919
ZP7	T7 井 7 号层	4.2	钻井取心见棕色含油粉砂岩 1.33m，灰绿色含泥油浸粉砂岩 0.58m，灰绿色油斑泥质粉砂岩 0.28m。含油显示集中在中、下部。含油砂岩段中，除富含油砂岩含油较饱满外，其余均含油不饱满，含泥较重，底部岩性致密，含钙	油花

从表3中可以看出，ZP6 目标层厚度最大，含油均匀，含油性、物性最好。ZP5、ZP1、

ZP2井目标层均未录井,但从测井曲线来看,均质性均较差,上部含泥较重,下部含钙;总体来看,这几口井目标层情况相差不多,ZP5井所钻遇的含油砂岩长度更长一些,产能也更高一些。相比较而言,ZP9井目标层砂岩厚度最薄。由于水平井产能与目标层垂向厚度有很大关系,分析ZP9井产能低可能主要是由于所钻遇的砂层厚度薄。

2.3 井眼轨迹分析

扶余油层沉积具有多物源、多汇水中心、满盆含砂的特点,沉积体系属于"河流—河漫湖"沉积体系。砂体发育,砂地比较高,但单层砂体较薄,横向连通较差,在纵向上可叠加连片,覆盖全区;砂岩物性相对较差[7]。因此,在水平井钻探中,如果目标层砂体薄,常会出现出层的现象,也可能是砂体尖灭(表4)。

表4 肇字号水平井井眼轨迹情况统计表

井 号	井眼轨迹情况
ZP6	在油层中运行221m钻遇断层;之后调整轨迹,再次进入油层,在油层中运行606m下切出层完钻
ZP5	进入油层后,运行77.0m下出层,之后上挑运行重新入层,在油层中运行737m上出层完钻
ZP1	进入油层后,运行113.0m触底,之后向上运行144.0m触油层顶部,之后钻头下挑运行561.0m下出层完钻
ZP2	进入油层后,运行48.0m触底,之后钻头上挑向上运行至415.0m下切出层,之后钻头下调、上挑均未钻遇含油砂岩,完钻
ZP9	进入油层后在油层中运行643m,其间多次触顶、触底
ZP7	钻头进入油层后,在含油砂岩中运行45m下出层,之后再未钻遇含油砂岩

从井眼轨迹来看,ZP6井在钻井过程中未遇到触底、触顶等情况,钻头一直在油层中运行,表明水平段砂层发育较稳定;其余各井均有触顶、触底现象发生,说明所钻遇的砂层厚度变化或地层倾角有变化。

从ZP9井轨迹示意图来看,钻遇的最大储层垂向厚度为2.2m,其后砂层不断减薄,直至出层(图1)。

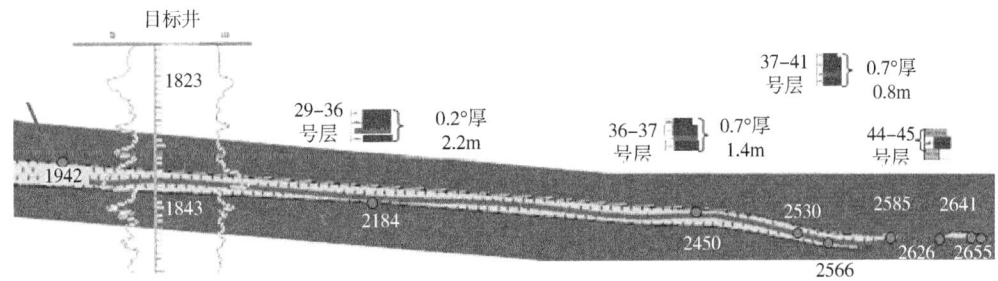

图1 ZP9井井眼轨迹示意图

因此水平砂体的厚度、发育稳定程度直接关系到水平井的产能。

2.4 结论

影响水平井产能的因素有:本井含油砂岩长度、含油性;目标层(水平砂体)含油性、垂向厚度、砂体发育稳定程度。

含油砂岩长度大，含油性好，产能高；目标层含油性好，厚度大，发育稳定，产能高。其中目标层砂体发育情况对水平井产能的影响程度更大。

3 水平井产能预测

3.1 产能预测原理

油层的产能与储集层含油性、物性、含油厚度有关。对于直井，以 S_0（含油饱和度）为纵坐标，以 $\phi e \cdot H_0$（有效孔隙度与有效厚度乘积）为横坐标建立产能评价图版。S_0—$\phi e \cdot H_0$ 产能评价图版的意义是：S_0 越大，产能越高，有效厚度越大，有效孔隙度越大，$\phi e \cdot H_0$ 就越大，油层产能就越高，因此应用 S_0—$\phi e \cdot H_0$ 图版可以很好地区分油层产能[8]。

根据直井产能预测原理，建立了水平井产能预测模型。由于水平井水平段较长，钻遇含油砂岩的产状不同，含油性也有较大差异，为了提高产能预测精度，依据水平段含油产状、储集层孔隙度对储集层长度进行了细分，确定了产能系数。

$$M = L_1 \cdot \Phi_1 \cdot S_2 + L_2 \cdot \Phi_2 \cdot S_2 + \cdots + L_n \cdot \Phi_n \cdot S_{2n} \tag{1}$$

式中：M 为产能系数；L 为储集层长度；Φ 为储集层孔隙度；S_2 为热解分析值。

通过数理统计，根据已试油的水平井建立产量 Q 与产能系数 M 的关系图版，进而评价同区块新钻水平井的产量。

3.2 建立产能预测公式

统计了大庆长垣敖南地区、葡萄花地区、齐家地区、三肇地区的水平井含油长度、孔隙度、热解分析值，计算出产能系数，结合试油产量，确定相关系数，建立了各区块的产能公式（图2）。

3.3 建立产能预测图版

为了方便生产应用，在各区块产能预测的基础上，建立了联合产能预测关系图版（图3）。

3.4 应用效果

图版建立后，在水平井中进行了应用和验证。共统计已试油的6口井，应用产能预测，除ZP9井，图版符合情况均较好（表5）。

表5 水平井产能预测情况统计表

井号	产能指数	产能指数/1000	预测产量/t	试油后产量/t
YP1	83282	83.28	64.02	71.26
LP2	35853	35.85	16.09	17.26
GP1	13472	13.47	8.02	6.96
QP1-1	31391	31.39	13.32	14.30
AP6	27615	27.61	22.05	22.45
ZP9	49003	49.00	25.67	6.919

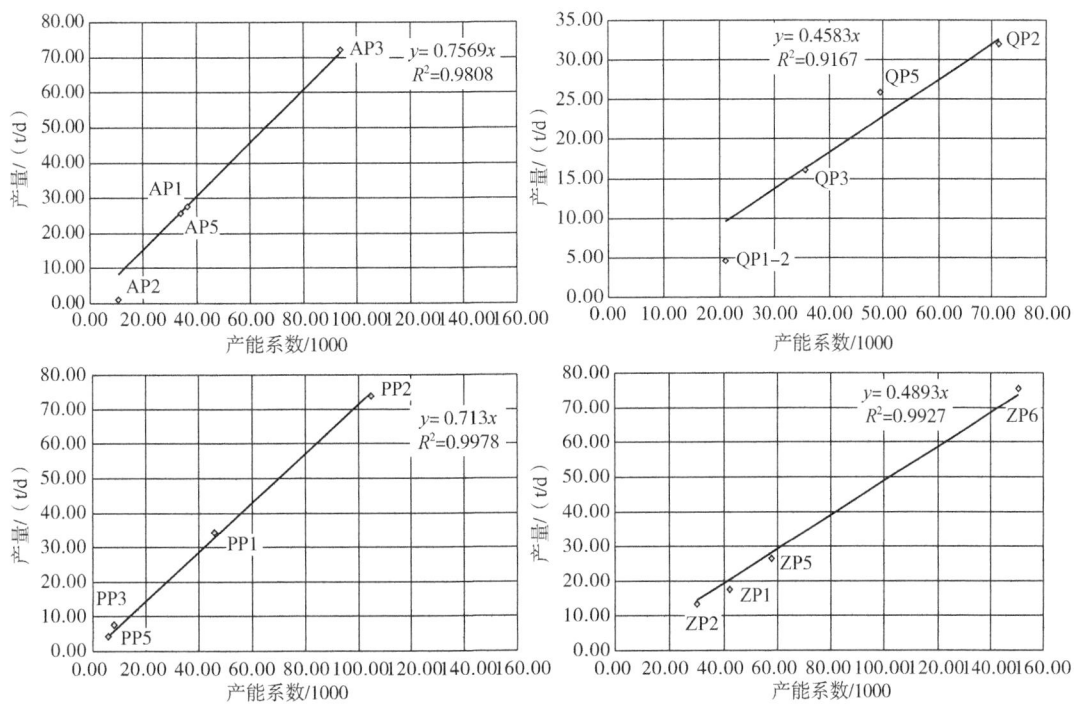

图 2　各区块产能公式

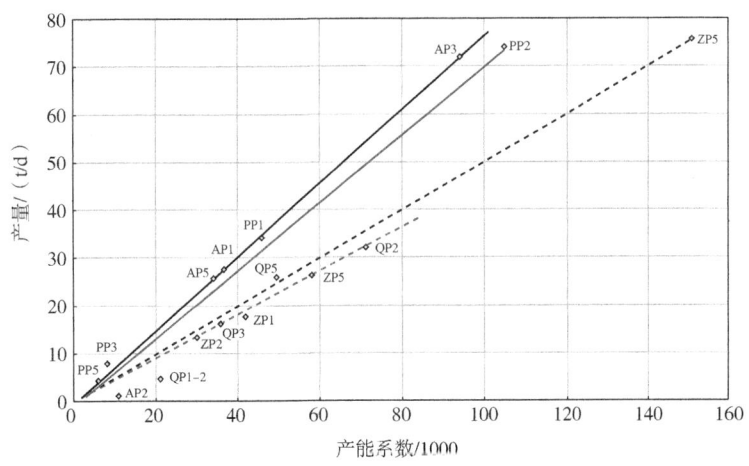

图 3　产能系数与产能关系图版

4　结论

在水平井钻探中,影响水平井产能的因素很多,有井筒直接可见的,如含油砂岩含量、含油长度;有通过分析检测手段获得的资料,如热解分析资料、气测资料;区域目标层发育情况等。

从影响程度来看,区域目标层砂体厚度及稳定性对产能的影响更大。但从井筒含油砂岩含量及热解、气测资料、井眼轨迹可以推测出区域砂体厚度及发育情况。如果含油砂岩含量高，钻头在上下摆动过程中，含油砂岩含量未有明显变化，则可反映出水平砂体厚度大，发育较稳定；如果在钻头运行过程中，含油砂岩含量及含油性变化较大，则可能是触顶、触底或砂体发育不连续等情况造成的。基于这种考虑所建立的水平井产能预测图版，在一般情况下可以很好地对水平井进行产能预测，在水平井的实际应用中也收到了很好的效果，可以满足生产需要。

参 考 文 献

[1] 刘波, 石成方, 孙光胜, 等. 对大庆老区水平井水淹问题的认识[J]. 大庆石油地质与开发, 2004, 23(6): 39-40.
[2] 郭琼, 马红, 姬月凤, 等. 综合解释方法在水平井地质导向中的应用[J]. 录井工程, 2008, 19(3): 12-15.
[3] 崔荣旺, 杨树栋, 王玉华. 石油与天然气勘探[M]. 北京: 石油工业出版社, 2001: 114.
[4] 齐文会, 张安富, 郎彦杰. 三肇地区低渗透油气层压裂技术的应用[J]. 大庆油田发现40年论文集. 北京: 石油工业出版社, 1999: 283-290.
[5] 盛军. 低渗透薄层碳酸盐岩气藏水平井优化设计研究[D]. 西安: 西安石油大学, 2012.
[6] 王洪伟. 水平井录井精细评价方法在扶余地区的应用[J]. 录井工程, 2011, 22(2): 47-51.
[7] 侯启军. 深盆油藏—松辽盆地扶杨油层油藏形成与分布[M]. 北京: 石油工业出版社, 2010: 39.
[8] 郎东升, 岳兴举. 油气水层定量评价录井新技术[M]. 北京: 石油工业出版社, 2004: 265.

应用矿物成分评价致密油储层脆性的方法研究

肖光武

（大庆钻探工程公司地质录井一公司）

【摘　要】 岩石脆性评价是致密油储集层"七性"评价中的重要内容，是表征岩石在外界应力作用下形成缝网能力的一项重要指标。为了建立基于矿物成分的岩石脆性评价方法，本文通过开展三轴应力实验及 X 射线衍射分析，获得岩石力学参数及矿物成分、含量，通过岩石力学参数求取弹性脆性指数，以此为标准，开展脆性指数与单一矿物及组合矿物含量相关性研究，研究表明：脆性指数与单一矿物的相关性较差，与石英、方解石含量呈正相关，与斜长石、黏土矿物含量呈负相关；脆性指数与组合矿物石英+方解石含量呈正相关，相关性较好，因此，建立了矿物成分的岩石脆性评价方法，在实际生产中应用，见到了较好的效果。

【关键词】 矿物成分；评价；致密油；脆性

岩石脆性是表征岩石在外界应力作用下形成缝网能力的一项重要指标，它对前期压裂可行性评估、优选压裂层段、预测压裂效果有着重要意义。目前，岩石脆性评价有两种方法：一是弹性参数法，是利用测井资料或岩石力学参数进行脆性评价；二是矿物成分法，是通过岩石矿物成分来表征岩石脆性的方法[1]。矿物成分法岩石脆性评价具有直接、简单的特点，越来越受到业内人士的重视和使用，Jarvie 等[2]基于美国 Barnett 页岩的矿物组成特征，认为石英石是主要的脆性矿物，提出了以石英含量所占比例表征页岩脆性特征；张晨晨等[3]根据川南页岩的矿物组成的特征，提出了以石英、白云石及黄铁矿的含量，来表征页岩的脆性特征；李钜源等[4]认为碳酸盐矿物的脆性较高，建立了页岩脆性指数，陈吉等[5]认为石英、长石、方解石、白云石等均为脆性矿物，建立了南方古生界页岩脆性评价模型。由于不同盆地岩石矿物组成及脆性矿物的不同，其矿物成分法进行储层脆性的评价模型也不相同，没有统一的公式，因此，在不同盆地进行岩石脆性评价时，需要进行矿物组合及脆性矿物类型确定研究。

本文以三轴应力力学实验为基础，建立了大庆探区致密储层矿物成分脆性评价方法，为致密砂岩储层工程品质评价，"甜点"的优选提供了依据。

为建立大庆探区致密储集层矿物成分脆性评价方法，开展了三轴应力实验及 X 射线衍射分析实验研究工作。

作者简介：肖光武，高级工程师，1980 年生，2004 年毕业于成都理工大学地质学专业，现在大庆钻探工程公司地质录井一公司从事录井技术研究工作。通讯地址：163411 黑龙江省大庆市地质录井一公司解释评价中心（0459）5682569。E-mail：xiaoguangwu@petrochina.com.cn。

1 实验设备及获得的岩石力学参数

1.1 实验设备及条件

本实验采用侧向等压的控制方式,在 RLW-2000(静)动态三轴岩石力学测试系统完成的。仪器可承受最大轴向载荷 2000kN、最大围压 80MPa,最高温度 150℃。实验控制精度:压力 0.01MPa、变形 0.001mm。

三轴压缩实验采用"国际岩石力学专业委员会"推荐的试验方法,即轴向位移控制法,加载速率为 0.1mm/min,获得岩石的应力—应变全过程曲线。

实验围压大小与岩石脆性破坏行为有着非常密切的关系,主要是因为在低围压应力下岩石发生脆性破坏时,仅伴随少量或微量永久变形,而在高围压应力环境下,岩石破坏将伴随大量的永久变形或塑性变形。实验 XX 油层岩心平均深度 2000m,地层压力系数为 1.05MPa/100m,地层压力为 21MPa,上覆岩石压力梯度 22.262MPa/1000m,上覆岩石压力 33.52MPa,地层有效应力(围压)为 23.5MPa。

1.2 岩石力学参数

根据三轴应力实验得到的应力—应变曲线,计算出以下岩石力学参数:弹性模量、泊松比、峰值强度、残余强度、峰值应变、可恢复应变、残余应变、总能量、可恢复的应变能、不可恢复的应变能。

2 优选弹性参数计算公式,确定脆性指数计算标准

目前岩石脆性指数不论定义还是计算方法没有统一的标准,脆性指数没有固定值,各种方法计算的脆性指数只是一个相对值。研究思路是从弹性参数法中优选出一种方法作为标准,然后依据该标准再建立矿物组分法脆性指数的计算模型。弹性参数法即通过岩心三轴应力实验测得的各种力学参数来表征储集层的脆性指数,矿物组分法即通过岩石的石英、长石、方解石和黏土等矿物含量来表征储集层的脆性指数。通过调研选取了 7 种弹性参数法计算脆性指数公式。

表 1 脆性指数(B)计算公式

序号	公 式	变 量 说 明	文献来源
①	$B=(\bar{E}+\bar{\nu})/2$	$\bar{E}$、$\bar{\nu}$ 分别为弹性模量、泊松比,归一化后均值,无量纲;B 为脆性指数,%	R. Richman 等[6]
②	$B=(0.6895E-28\nu-1)/14\times100+80$	E 为弹性模量,10^4MPa;ν 为泊松比,无量纲	弓浩浩等[7]
③	$B=\bar{E}/\nu$	$\bar{E}$ 为弹性模量,$\bar{E}=E/10^4$MPa 无量纲;ν 为泊松比,无量纲	Guo Z[8]
④	$B=(\tau_p-\tau_r)/\tau_p\times100\%$	τ_p 为峰值强度,MPa;τ_r 为残余强度,MPa	A. W. Bishop[9]
⑤	$B=(\varepsilon_p-\varepsilon_r)/\varepsilon_p\times100\%$	ε_p 为峰值应变,%;ε_r 为残余应变,%	H. Vahid 和 K. Peter[10]

续表

序号	公 式	变量说明	文献来源
⑥	$B=\varepsilon_{ll}$	ε_{ll} 为不可恢复应变,%	G. E. Andreev[11]
⑦	$B=w_r/w_t\times100\%$	w_r 为可恢复应变能, J; w_t 为总能量, J	V. Hucka 和 B. Das[12]

序号①公式利用归一化的弹性模量和泊松比计算脆性指数,但弹性模量、泊松比的最大值和最小值难以准确把握,而且这2个参数在脆性评价中的权重无法确定,使得脆性评价存在不确定性。

序号②公式为根据某一油田得出的经验公式,不同的油田系数不同,对于分析同一地区经历过相同地质作用的岩石可能是有效的。

序号③公式直接利用弹性模量和泊松比计算脆性指数。弹性模量和泊松比的大小受岩石各种因素的综合作用,直接反映岩石的力学性质。

序号④公式以峰值强度和残余强度建立的脆性指标,考虑了峰后应力降的大小,认为应力降大者脆性强。但该指标未考虑峰后应力跌落的速度,相同应力降条件下应力跌落速度越快,脆性应越强,但该指标不能反映这种情况。

序号⑤、⑥、⑦公式只考虑了峰前的应力—应变特征,对于峰后的应力降大小和速度均没考虑;其次,该方法需要做卸载试验,由于岩石非均质性的差异导致强度离散性大,卸载点的应力不易确定,直接影响了试验结果的准确性,与加载试验相比,卸载增加了试验的难度和指标确定的复杂性。此外,方法⑤、⑥没有考虑应力变化特征,而脆性强弱直接与应力、应变有关。因此,这三个公式计算的结果无法应用,不能用于确定脆性指数与矿物含量的关系。

综合考虑序号①至序号⑦公式的优缺点,优选③计算的脆性指数为标准。

3 建立基于矿物成分脆性指数计算方法

选取扶余 XX 油层组 30 块岩心样品进行三轴力学实验及 X 射线衍射分析,按弹性参数法(序号③)计算的脆性指数,研究脆性指数与矿物成分的关系。

3.1 脆性指数与单矿物石英、斜长石、方解石、黏土矿物含量的相关关系

脆性指数与石英含量成正相关(图1)。石英是自然界脆性最强的矿物之一,石英矿物含量的增加有利于提高岩石脆性程度。

脆性指数与斜长石含量呈负相关(图2)。斜长石在岩石中主要充当骨架成分,未风化的斜长石并非塑性矿物,其含量增加应提高岩石的脆性,但斜长石这种矿物稳定差,易风化,风化后的斜长石力学性质发生改变,随风化程度的增强,斜长石脆性特征减弱,塑性特征增强。扶余油层组的斜长石均出现中等风化,这也是为什么脆性指数随斜长石含量增加而降低的原因。

脆性指数与方解石含量成正相关(图3)。方解石为钙质胶结物的主要矿物成分,扶余 XX 油层组方解石含量较少(小于10%),岩石主要还是以泥质胶结为主,钙质胶结次之,但钙质胶结提高了岩石的致密程度,提高了岩石的脆性程度。

脆性指数与黏土矿物含量呈负相关（图4）。黏土矿物为片状矿物，且结构疏松，在外力作用下，容易产生较大的弹性形变，所以黏土矿物增加不易于岩石脆性的提高。

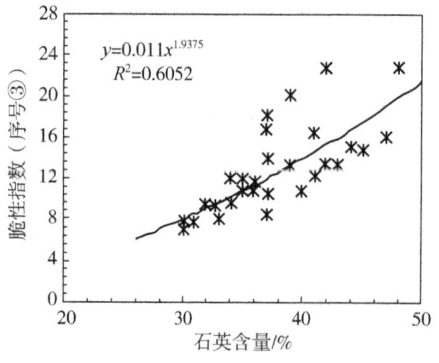

图1　脆性指数与石英含量关系

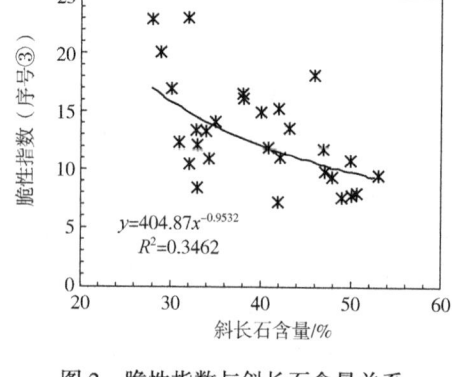

图2　脆性指数与斜长石含量关系

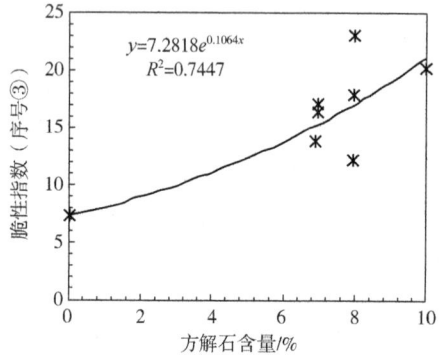

图3　脆性指数与方解石含量关系

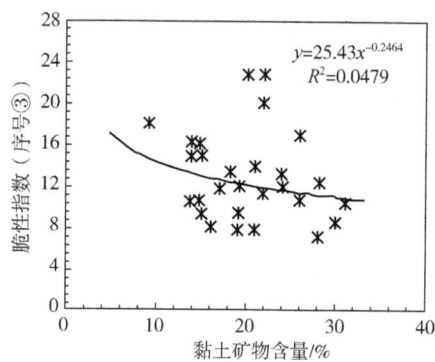

图4　扶余脆性指数与黏土矿物含量关系

从以上脆性指数与单一矿物的关系看，相关性非常差，因此，仅用单一矿物含量无法反映出岩石的脆性程度，必须考虑将一些矿物进行组合，确定组合矿物含量与脆性指数的关系。

3.2　脆性指数与组合矿物石英+方解石、石英+方解石+斜长石的相关关系

脆性指数与石英+方解石含量成正相关（图5），相关性较好，相关系数为0.8804。

脆性指数与石英+方解石+斜长石含量成正相关（图6）。但相关性非常差，相关系数为0.0457，说明脆性指数与石英+方解石+斜长石含量没有明显的关系。

通过以上研究，扶余XX油层组脆性指数与石英+方解石含量的相关性最好，相关系数为0.8804，可以用石英+方解石含量计算岩石脆性，即脆性指数：

$$B_{矿物} = W_{石英} + W_{方解石}$$

式中：$W_{石英}$为石英含量，%；$W_{方解石}$为方解石含量，%；$B_{矿物}$为矿物计算的脆性指数，%。

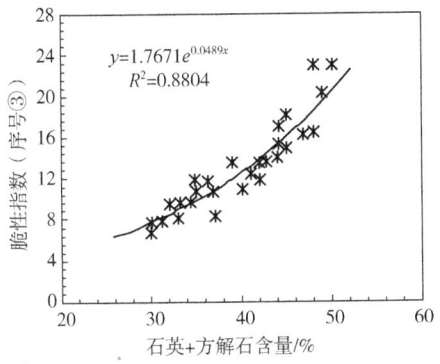

图 5 扶余脆性指数与石英+方解石关系

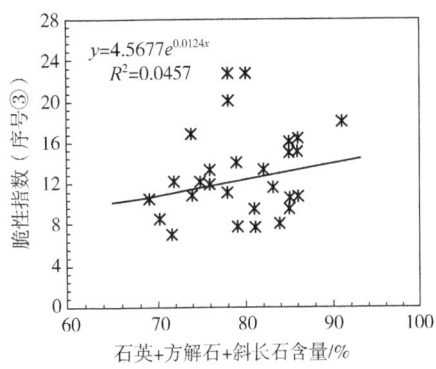

图 6 扶余脆性指数与石英+方解石+斜长石含量关系

4 岩石脆性分级

由图 7 典型的应力(σ)-应变(ε)全过程曲线可见[13]，曲线可分为四个特征区域。

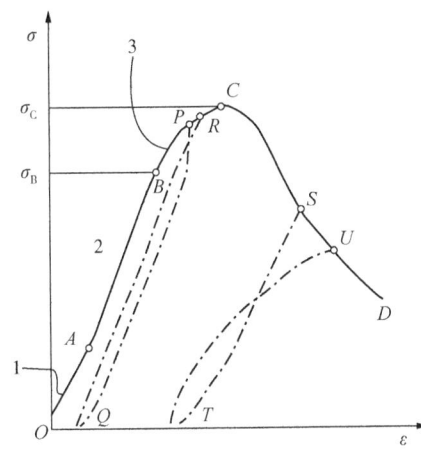

图 7 典型岩石的全应力—应变曲线

区域①——OA 段：该段曲线略向上弯曲，是岩石微裂隙被压实的结果。对致密的岩石或高围压下，这种现象往往不太明显。一般不发生不可恢复的变形。

区域②——AB 段：一段呈近似直线，其斜率被称为弹性模量 E。在 AB 区间内加载—卸载没有永久变形，故称为弹性变形阶段。B 点是产生弹性变形的应力极限值，定义为弹性极限值 σ_B。

区域③——BC 段：当载荷超过 B 点后，应力—应变曲线呈向下弯曲形状。这说明应力增加不大，而应变增加很多。若在 BC 段上某点 P 卸载，应力—应变曲线将沿 PQ 路径下降，这说明应力完全消失后而应变并不能完全恢复，应变 OQ 称为塑性应变 ε_Q 或永久变形。恢复应变的部分 QT 称为弹性应变 ε_{QT}。由于超过 B 点后应力增加不大，应变却有明显增加，而且出现永久变形，在岩石力学中又将 B 点对应的应力(σ_B)称为屈服极限应力。如果在对应点(P)卸载后再重新加载，应力—应变曲线沿 QR 上升到与原曲线 BC 相联结，在 P 点以后载荷增加，应力—应变曲线仍沿 BC 上升到量高点 C。与最高点相对应的应力值 σ_C(或峰值)称为抗压强度。它表示岩石在这种条件下所能承受的最大压应力，对一般岩石来说，抗压强度约为弹性极限的 1.5~3 倍。从 B 点开始，岩石内部不断产生微破裂以及颗粒间的相对滑动，到 C 点微破裂数量和扩展长度急剧增加，有明显的非弹性体积膨胀和破裂面形成，直到发生破裂。因此 C 点的应力值时常被称为抗破坏强度 σ_C。

区域④——CD 段：在岩石内部已形成宏观破裂面，但尚未完全形成破碎块。其抗压能力越来越小，应力—应变曲线逐渐下降，若在 CD 段上某点 S 卸载，曲线将沿 ST 路径下降，重新加载时则又沿 TU 应变曲线上升,直到 U 点与 CD 曲线联结。由于在岩石内部破裂面上的内聚力完全消失,所以岩石试验样品件破碎成碎块。

4.1 破坏前应力—应变与脆性的关系

破坏前的应力—应变曲线特征,可划分为三种类型(图8):A 类为直线—下凹型;B 类为上凹—直线—下凹型;C 类为下凹型。A 类脆性较强,B 类脆性中等,C 类脆性较差。

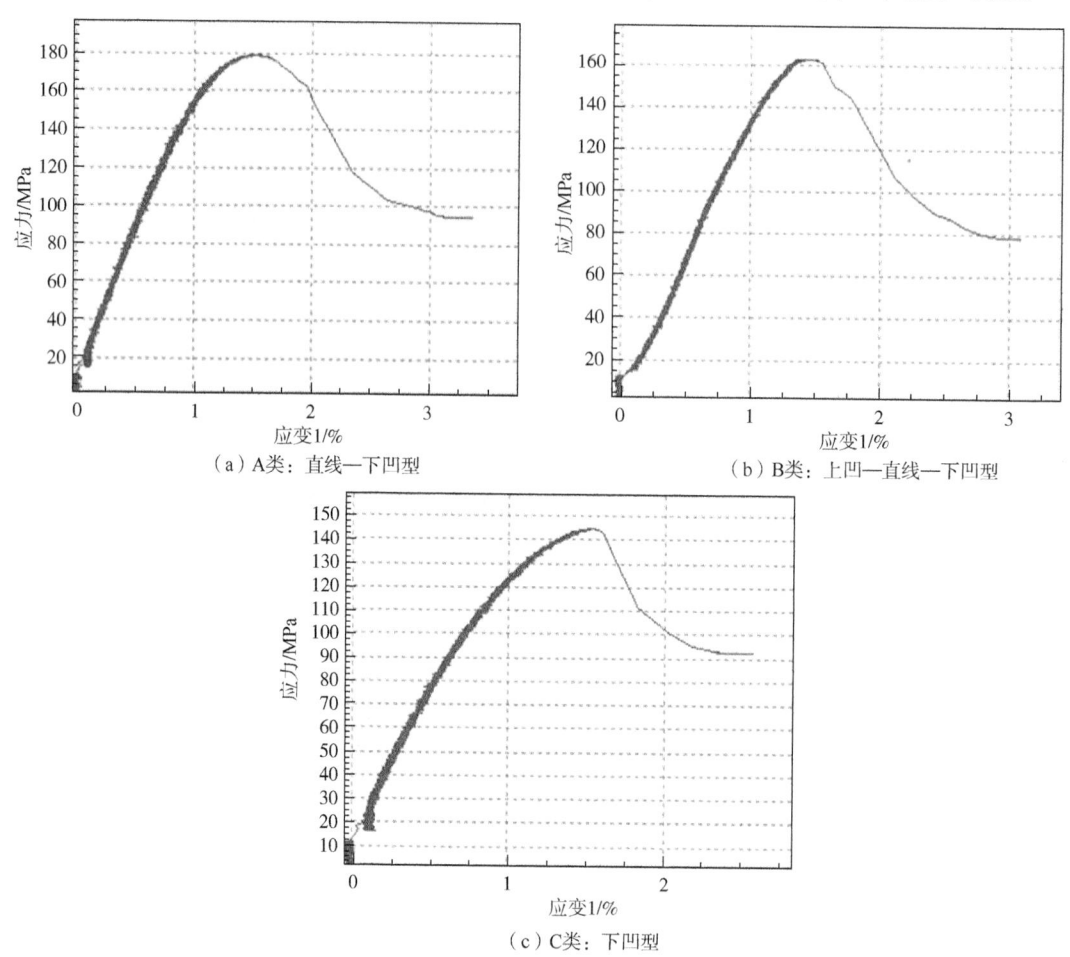

图 8 破裂前岩石应力—应变曲线类型(应变 1 为纵向应变)

4.2 破坏后应力—应变与脆性的关系

破坏后应力—应变曲线分为三种类型(图9):Ⅰ类为直线型;Ⅱ类为下凹—直线—上凹反 S 型;Ⅲ类为折线型。Ⅰ类脆性较强;Ⅱ类脆性中等;Ⅲ类脆性较差。

4.3 破坏后的裂缝形态与脆性的关系

破坏后裂缝形态为剪切面破坏与劈裂式破坏两类(图10),其中剪切面破坏如图10(a)和图10(b)所示两种;劈裂式破坏如图10(c)和图10(d)所示。

从裂纹数量看,劈裂式破坏比剪切面破坏能够产生更多的裂纹,脆性特征也更明显。

从体积应变看,劈裂式破坏出现较为显著的体积扩容现象,这与裂纹密集发育和多破裂面广泛分布密切相关。

从破坏效果看，劈裂式破坏模式下试验样品的碎裂更加完全，更易形成网状缝。

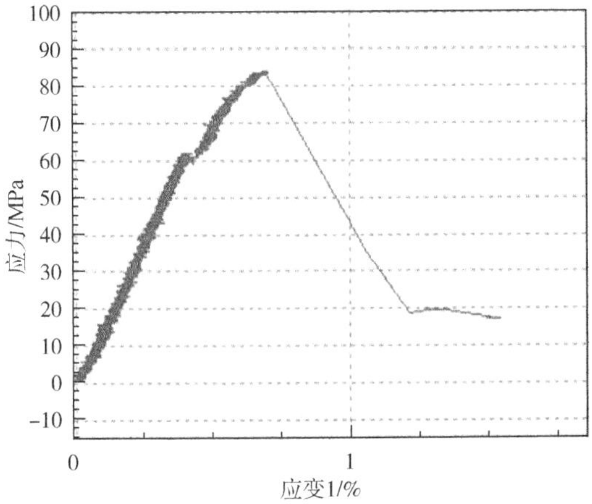

（a）Ⅰ直线型

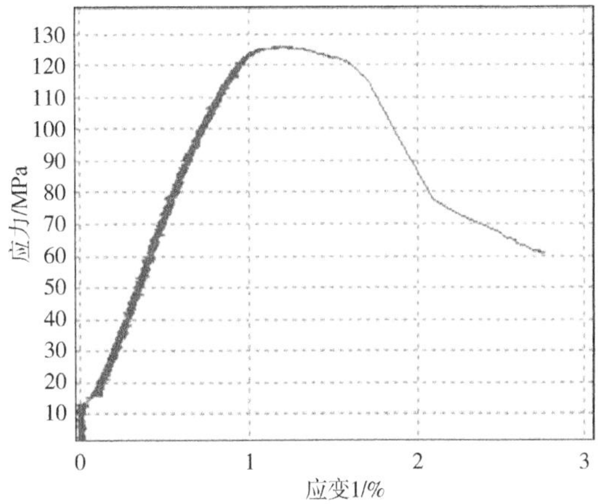

（b）Ⅱ下凹—直线—上凹反S型

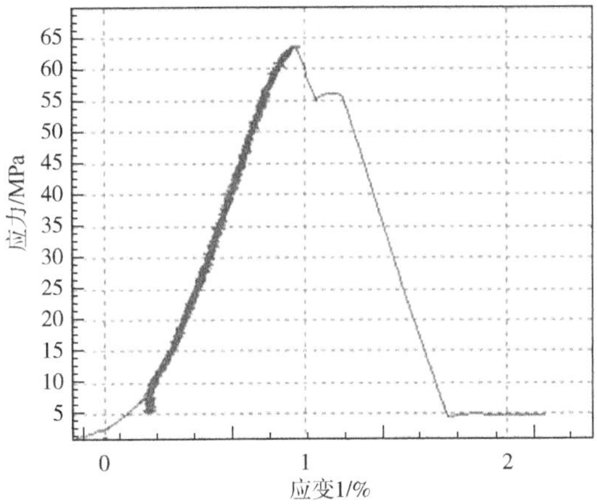

（c）Ⅲ折线型

图 9　破裂后岩石应力—应变曲线类型

（应变 1 为纵向应变）

（a）　（b）　（c）　（d）

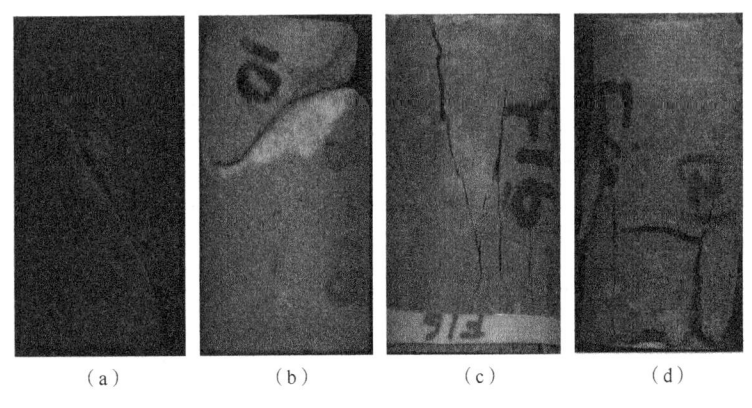

图 10　岩石破坏后裂缝形态

4.4 脆性指数与岩性关系

选取不同岩性的岩样进行三轴应力实验,实验结果显示,砂质灰岩脆性最好,形成网状裂缝,钙质砂岩脆性也较好同样具有网状裂缝;砂岩、砂质泥岩次之,主要以剪切裂缝或长条裂缝为主。易形成网状缝的岩石脆性强,不易形成网状缝的但可形成长条裂缝的岩石脆性中等,造缝能力较差的岩石脆性最低。

4.5 建立脆性分级标准

扶余 XX 油层组 30 块样品的分别进行三轴应力试验及 X 射线衍射分析,并应用公式 $B_{矿物}=W_{石英}+W_{方解石}$ 求取岩石的脆性指数;依据三轴应力试验破坏前应力—应变曲线特征、破坏后应力—应变曲线特征、破坏后的裂缝形态、岩性等综合评价,对岩石脆性进行分级,建立脆性指数划分标准(表2)。

表2 扶余 XX 油层组脆性指数分级标准

油层组	强	中等	弱
XX 油层	$B \geq 46.5$	$B \in [39, 46.5)$	$B < 39$

5 应用实例

AXX 井位于松辽盆地中央坳陷区大庆长垣葡萄花构造,以探索葡南地区 FI1 油层组预测储量增产效果为部署目的。该井水平段长 677m,砂岩厚度约 3.8m,砂岩段孔隙度 1.2%~9.3%,渗透率 0.01~0.55mD。采用切割体积压裂工艺,设计 7 段 17 簇,单段 2~3 簇,簇间距 24~40m。其中除二、三段(泥岩段),一段岩石脆性弱,五、六段岩石脆性中等,四、七段岩石脆性强,依据脆性指数对压力液使用量进行了优化(表3),在岩石脆性好的层段,形成缝网的能力较强,提高了压力液的使用量。从微地震监测来看(图11),该井岩石脆性与裂缝开启密度匹配良好,增大裂缝与储集层接触面积,实现了对砂体体积动用。经试油,压后产油 9.3t/d。

表3 AXX 井压裂效果统计表

压裂段	岩石波及体积/$10^4 m^3$	压裂液使用总量/m^3	岩石裂缝相对密度/10^{-4}	脆性指数
1	157.0	1029.0	6.6	37.1
2	95.9	714.3	7.4	36.5
3	105.2	784.3	7.5	43.9
4	175.3	1802.0	10.3	54.8
5	191.7	1519.5	7.9	45.2
6	194.7	1463.9	7.5	44.8
7	179.4	1728.8	9.6	48.1

注:压裂液使用量为压裂工程中完成本段压裂所使用的液量;岩石波及体积为微地震监测压裂液所波及的体积;岩石裂纹密度=压裂液使用量/岩石波及体积。

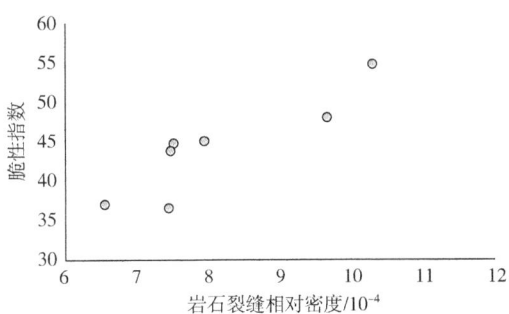

图 11 AXX 井岩石开启裂缝与脆性指数关系

6 结束语

(1) 本文以三轴应力及 X 射线衍射为主要的实验手段,优选了室内岩石脆性的刻画模型,分析了扶余油层岩石矿物组合以及赋存状态,研究了不同矿物在岩石中的脆性特征,得出扶余油层岩石脆性随石英及方解石含量的增加而增加,随斜长石及黏土矿物的增加而降低,建立了以石英+碳酸盐矿物的含量评价扶余油层致密储层脆性评价方法。

(2) 通过破坏前应力—应变曲线特征、破坏后应力—应变特征、破坏形态及岩性等综合分析,建立了扶余油层矿物成分法脆性分级标准。

(3) 应用该方法对 XX 井进行脆性评价,"地表"给出的脆性指标与监测到"地下"岩石人工缝网开启程度具有较高的相关性,对前期压裂可行性评估、优选压裂层段、预测压裂效果有着重要意义。

本文以三轴应力实验及 X 射线衍射分析实验为手段,开展了岩石脆性与岩石组分关系研究,明确了石英及方解石的含量是 XX 致密砂岩储集层的主要脆性矿物,脆性指数随石英及方解石含量的增加而增加,随斜长石及黏土矿物的增加而降低。该成果对前期压裂可行性评估、优选压裂层段、预测压裂效果有着重要意义。

参 考 文 献

[1] 赵政章,杜金虎. 致密油气[M]. 北京:石油工业出版社,2013:121-123.

[2] Jarvie D M, Hill R J, Ruble T E, et al. Unconventional shale-gas systems: The Mississippian Barnett Shale of north-central Texas as one model for thermogenic shale-gas assessment[J]. AAPG Bulletin, 2007, 91(4): 475-499.

[3] 张晨晨,王玉满. 川南长宁地区五峰组—龙马溪组页岩脆性特征[J]. 天然气地球科学, 2016, 27(9): 1629-1639.

[4] 李钜源. 东营凹陷泥页岩矿物组分及脆性分析[J]. 沉积学报, 2013, 31(4): 616-620.

[5] 陈吉,肖贤明. 南方古生界 3 套富有机质页岩矿物组成与脆性分析[J]. 煤炭学报, 2013, 38(5): 822-826.

[6] RICKMAN R, MULLEN M, PETRE E, et al. A practical use of shale petrophysics for stimulation design optimization: all shale plays are not clones of the Barnett Shale[C]. SPE 115258, 2008.

[7] 弓浩浩,夏宏泉,杨双定,等. 姬塬地区岩石脆性实验及压裂缝高缝宽预测研究[J]. 国外测井技术, 2013, 2(194): 57-61.

[8] Guo Z, Li X, Liu C, et al. A sha. le rock physics model for analysis of brittleness index mineralogy and porosity in the Barnett Shale[J]. Journal of Geophysics&Engineering, 2013, 10(2): 25006-25015.

[9] BISHOP A W. Progressive failure with special reference to the mechanism causing it[M]. Oslo: Proceedings of the Geotechnical Conference, 1967: 142-150.

[10] HAJIABDOLMAJID V, KAISER P. Brittleness of rock and stability assessment in hard rock tunneling [J]. Tunnelling and Underground Space Technology, 2003, 18(1): 35-48.

[11] ANDREEV G E. Brittle failure of rock materials: test results and constitutive models[M]. Netherlands: A. A. Balkema Press, 1995: 123-127.

[12] HUCKA V, DAS B. Brittleness determination of rocks by different methods[J]. International Journal of Rock Mechanics and Mining Sciences and Geomechanics Abstracts, 1974, 11(10): 389-392.

[13] 陈勉, 金衍. 石油工程岩石力学[M]. 北京: 科学出版社, 2008: 6-7.

水平井地化录井技术在吉林地区的研究与应用

高庆奇

（大庆钻探工程公司地质录井二公司）

【摘　要】 由于水平井岩屑遭受钻井液污染、导致常规录井无法准确划分显示级别，故引进水平井地化录井技术。在论证可行性方案的同时充分考虑到直井与水平井的差异，打破了传统的思维模式。并且紧紧围绕着岩屑污染排除方法、样品分析方法及建立水平井评价方法等方面来展开工作。通过现场实验摸索出了用40粒度筛筛洗岩屑能有效排除钻井液的污染，对发现油气显示起到了重要作用；采用混合样分析的方法解决了挑样难题，同时也避免了烃类的大量散失；在与同区域多口直井资料对比的基础上，建立了吉林探区让字井地区泉四段水平井地化录井评价方法，其方法可行，准确率较高，并且通过实际应用收到了较好效果，为今后地化录井技术的发展奠定了基础。

【关键词】 水平井；地化录井；排除污染；混合样分析；解释评价

吉林探区水平井地化录井技术的发展始于2012年，由于水平井为了保护井壁而加入了多种润滑剂，特别是大量沥青的加入，导致岩屑呈现黑色、染手、荧光显示连片，应用气测录井、地质录井来识别真假油气显示有很大难度。考虑到地化录井具有定量分析等特点，甲方决定在水平井上应用地化录井技术[1]，看是否能在排除污染和识别真假油气显示上发挥一定的作用。目前地化录井项目主要包括：热解分析、热解气相色谱分析、轻烃分析。其中热解分析能够定量检测样品中的含烃量，判别原油性质，识别真假油气显示，评价储层性质；热解色谱分析检测到的C_7-C_{33}之间液态烃分布状态，能够定性识别含油显示、根据谱图形态定性判别储层性质；而轻烃检测的是C_1-C_9之间的天然气成分和汽油馏分，它不受钻井液中重烃的干扰，能发现真正油气显示，依据谱图形态定性判别储层性质[2]。结合上述钻井液的性质、岩屑细碎的特性及地化录井仪器各自特点的基础上，通过仔细研究认为要在水平井做好地化录井工作，必须解决三个问题：一是岩屑污染问题；二是样品分析方法问题；三是评价方法问题。本文就上述三个方面的问题在让字井地区泉四段展开了细致的现场工作，收到了预期的效果。

1 区域概况

让字井地区位于吉林省松原市乾安县境内，距离乾安县城东10km左右。构造位置为松

作者简介：高庆奇，工程师，1965年生，2009年毕业于中国石油大学资源勘查专业，现为大庆钻探工程公司录井二公司综合录井二部责任工程师，从事新技术录井质量管理、新技术推广及研究工作。通讯地址：138000吉林省松原市青年路789号地质录井二公司。电话：（0438）6224932、13943801965。E-mail：447525414@qq.com。

辽盆地中央坳陷区长岭凹陷乾安构造东翼。其乾安构造总体呈现南北走向的长轴背斜,断层较发育,构造圈闭条件较差。泉四段沉积时期发育三角洲沉积体系,砂岩单层厚度一般为3~5m,以粉砂岩、泥质粉砂岩与泥岩互层为主,埋藏深度约1500~2200m,沉积厚度约90~120m。其上部覆盖青一段厚层黑色泥岩,既是很好的盖层又是良好的生油层。油藏类型以岩性油气藏为主,储层物性条件较差,属于低孔隙度低渗透率储层。砂岩含油显示级别一般为油迹—油斑级。

从该区2006—2016年搜集到20口井试油情况看,初次产油只有0.04~12.29t/d、含水率0.34%~100.00%,平均含水率82.5%。这种情况下,要想在低孔隙度低渗透率储层获得理想产能,只有增加采收面积来实现,而打水平井是目前最有效的手段。水平井岩屑的特殊性也必然导致地化录井有相应的应对措施,而水平井岩屑污染问题急需解决。

2 水平井污染的排除方法

2.1 筛洗方法

钻井液污染的排除主要就是靠对岩屑进行筛洗来实现(图1),筛洗过程中要注意加入适量的洗涤剂,而筛洗重要的是选择多大目数的粒度筛比较合适[3]。选择的原则是:(1)筛出的岩屑颗粒大小要均匀,砂岩含量要多,泥岩碎屑含量要少;(2)热解分析液态烃S_1、裂解烃S_2要尽量与地区性直井分析数据相近或符合地区性规律。

现场配备了5~120目七种不同目数的标准粒度筛,分别对岩屑进行筛洗,结果表明40目筛出的岩屑符合要求。

  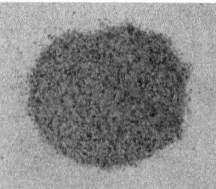 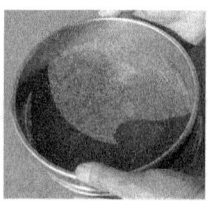

图1 筛洗前后岩屑对比图

之后又选择2包岩屑,分别用8目、40目、60目,三种相邻目数的粒度筛进行筛洗,然后进行热解分析(表1)。分析结果表明8目的岩屑分析值很低,其液态烃S_1和裂解烃S_2只有0.44mg/g和0.68mg/g;40目和60目的分析值较8目的高,二者液态烃S_1比较接近,但裂解烃S_2相差很大。60目的泥岩碎屑增多,造成裂解烃S_2急剧增加,影响评价结果[4]。所以热解分析也证明了用40目粒度筛筛洗岩屑是合适的。

表1 不同目数热解分析数据对比表

样品	目数	S_1	S_2
1	8目	0.44	0.68
	40目	1.31	1.45
	60目	1.27	18.27

续表

样品	目数	S_1	S_2
2	8目	0.50	0.96
	40目	1.03	2.01
	60目	1.15	11.15

2.2 分析方法

上述用40目粒度筛筛洗出的岩屑，代表性好、分析数据真实，但岩屑细小也不能像直井那样挑选代表性样品。如果要挑选代表性样品，既费时间、又费力气，长时间挑选样品会造成烃类大量散失，还会跟不上钻井进度，影响资料解释评价。所以针对水平井细碎岩屑必须采取砂岩泥岩混合分析[5]。

2.3 样品处理

经过筛洗后的细碎岩屑，其颗粒与颗粒之间饱含水分，如果直接上机分析会造成仪器灭火，影响分析进度，需要对岩屑略做烘干处理再进行分析[6]。

样品质量要求上，一般情况是热解分析样品质量为100mg±2mg、热解色谱分析一般要求样品质量为30mg±2mg。但是水平井分析的是混合样，其岩屑细小，经过二次清洗之后已经造成了烃类损失，出峰的幅度较低，尤其是热解色谱分析，谱图幅度太低容易造成评价结果的误判。实验表明，水平井热解分析样品质量为150mg±2mg、热解色谱分析样品质量为50mg±2mg比较合适。筛洗干净后的岩屑分析谱图(图2)形态完好、真实，不会造成分析结果的误判。

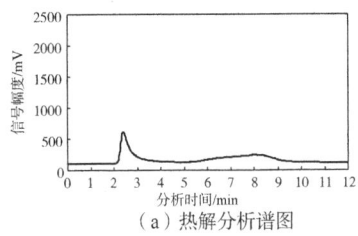
(a) 热解分析谱图

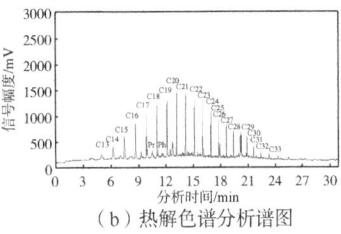
(b) 热解色谱分析谱图

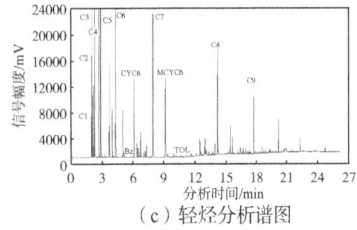
(c) 轻烃分析谱图

图2 筛洗干净后的岩屑分析谱图

3 水平井地化录井评价方法的建立

水平井岩屑本身就细碎，在井筒中经过钻井液的冲刷已经造成了烃类损失，再经过细致的筛洗也会造成烃类的二次损失，加之泥岩碎屑的影响会造成S_2增高，致使原油性质出现偏差，所以沿用原有直井的评价标准显然是不合适的，必须建立适合水平井的评价方法[7]。在建立水平井的评价方法的时候，首先以吉林探区乾安让字井泉四段资料为依托，其次以该区直井评价方法为基础，最终通过直井与水平井分析参数的对比建立水平井评价方法。

为了建立水平井解释评价标准，在该区统计了10口直井67层，荧光—油浸级热解分析数据，以及4口水平井50层荧光—油浸级热解分析数据，按照不同显示级别各项分析参数的平均值进行统计分析(表2)。

表 2　直井与水平井热解分析数据对比表

井型	直井				水平井			
级别　参数	S_1/(mg/g)	S_2/(mg/g)	Pg/(mg/g)	S_1/Pg	S_1/(mg/g)	S_2/(mg/g)	Pg/(mg/g)	S_1/Pg
荧光	1.14	1.02	2.16	0.528	0.51	2.20	2.71	0.188
油迹	2.17	1.49	3.66	0.593	0.90	3.28	4.18	0.215
油斑	3.45	2.42	5.87	0.588	1.42	3.01	4.43	0.321
油浸	4.93	3.48	8.41	0.586	2.37	3.13	5.50	0.431

通过直井与水平井分析数据的对比发现，直井中 S_1、S_2、Pg 均随着显示级别增高而增大，而 S_1/Pg 变化幅度很小，这与同一层位原油性质相对稳定相一致。相对应的水平井中 S_1、Pg、S_1/Pg 均随着显示级别增高而增大，而 S_2 变化规律不明显，这是由于混合样中泥岩碎屑所致，它不但影响 S_1 同时也影响 S_2，对 S_2 影响最大。从分析结果可以看出，显示级别越低泥岩碎屑越多对 S_2 影响就越大[8]。

结合表 2 建立了直井 S_1 与 S_2（图 3）、直井 S_1 与水平井 S_1 相关关系（图 4）。从相关曲线看，直井 S_1 与 S_2 有很好相关性，相关系数达到 0.9927；而直井 S_1 与水平井 S_1 相关系数达到 0.9823，同样也具有很好的相关性。由此可见，水平井 S_1 分析值是细碎砂岩的较真实反映，它受泥岩的影响很小。

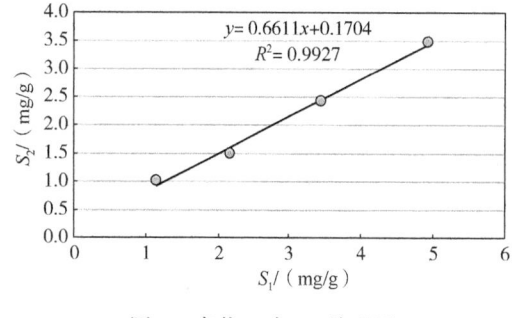

图 3　直井 S_1 与 S_2 关系图

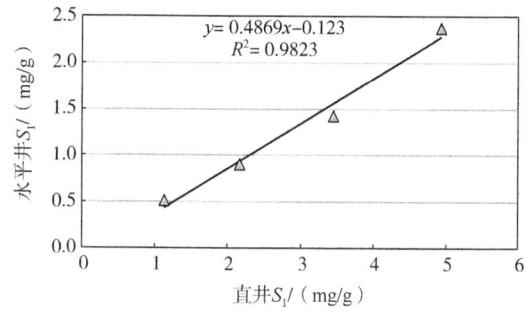

图 4　直井 S_1 与水平井 S_1 关系图

因此利用直井 S_1 与水平井 S_1 之间的相互关系，将直井评价图版（图 5）各个参数点沿着纵坐标 S_1 方向向上或向下平移；横向上 S_1/Pg 是代表原油性质的物理量，不管岩石颗粒大与小，同一层位原油性质基本相近，横坐标是可以不用改变的。但事实上由于泥岩碎屑的原因，S_1/Pg 也同样受到影响，所以对横坐标也要调整，这样建立起来的水平井评价图版更具有实际意义[9]。

上述直井图版是根据 10 口、20 层试油资料，以 S_1/Pg 为横坐标、以 S_1 为纵坐标建立了起来的，图版精度达到 95.0%。由于

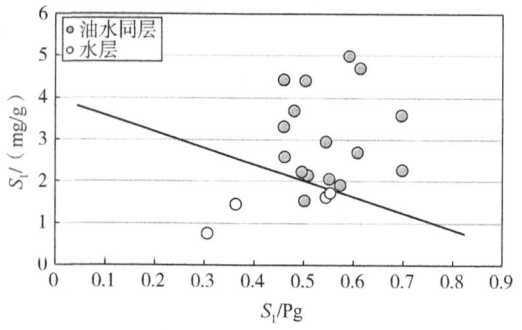

图 5　直井热解 S_1-S_1/Pg 关系图版

该区试油结果都是油水同层和水层,所以建立的图版也只有两个区域。

结合表 2 数据,直井 S_1/水平井 S_1 在 2.08~2.43 之间,平均 2.3 左右;直井 S_1/Pg 与水平井 S_1/Pg 的比值在 1.36~2.8 之间,平均 2.18 左右。所以将直井图版中数据点向下移动 2.3 倍,再向左移动 2.18 个点位,这样水平井评价图版就建立起来了(图 6)。

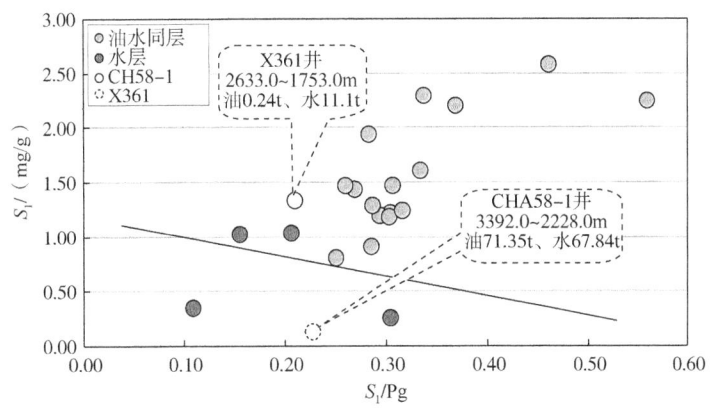

图 6 水平井 S_1-S_1/Pg 关系图版

为了验证水平井评价图版的可行性[10],将该区 20 口试油的水平井 S_1、S_1/Pg 的平均值(水平井试油都是大段合试)点到图版上,从图版上看出 20 口试油井有 2 口井水层落到油水同层区,共 20 层、18 层符合,图版精度为 90.0%。随着该区试油井的增多还可对图版进一步改进,使之更加完善。

通过水平井图版的建立过程及与试油结果的对比,图版精度较高,具有实际应用的价值。由此形成了乾安让字井地区泉四段水平井评价标准(表 3),其中热解色谱、轻烃都是依据满屏量程 20mV 为最高点来确定的。

表 3 水平井地化录井评价标准

解 释	热解分析		热解色谱分析	轻烃分析
	S_1/(mg/g)	S_1/Pg	主峰高度/mV	C7H16 高度/mV
油水同层	≥0.80	0.22~0.60	≥8	≥5
水层	<0.80	0.10~0.40	<8	<5

该评价方法是在一个地区、同一个层位建立起来的。由于不同地区、不同层位都有很大区别,所以其他地区的评价标准要重新建立。

4 应用实例

4.1 CHA58-1 井泉四段油水同层评价

该井 2185m 开始入窗至井深 3375m,总厚度 1190m,录井见油气显示层 22 层,厚度 889m,占录井厚度的 74.71%。其中油斑显示 10 层/672m、油迹显示 11 层/195m、荧光显示 1 层/22m。

对应地化热解分析 S_1 平均值 1.33mg/g、S_1/Pg 为 0.21;热解色谱谱图整体幅度较高,主峰大多数超过 8mV、峰体形态较饱满；轻烃谱图整体幅度较高，轻质组分较齐全，C7H16 大多超过 7mV。该段地化解释油水同层 9 层/533m、差油层 11 层/322m、干层 2 层/34m，以油水同层为主。

该井试油井段 2228.0~3371.0m，压裂后自喷油 71.35t、水 67.84t，试油结论为油水同层，地化解释与试油结果吻合（图 6、图 7）。

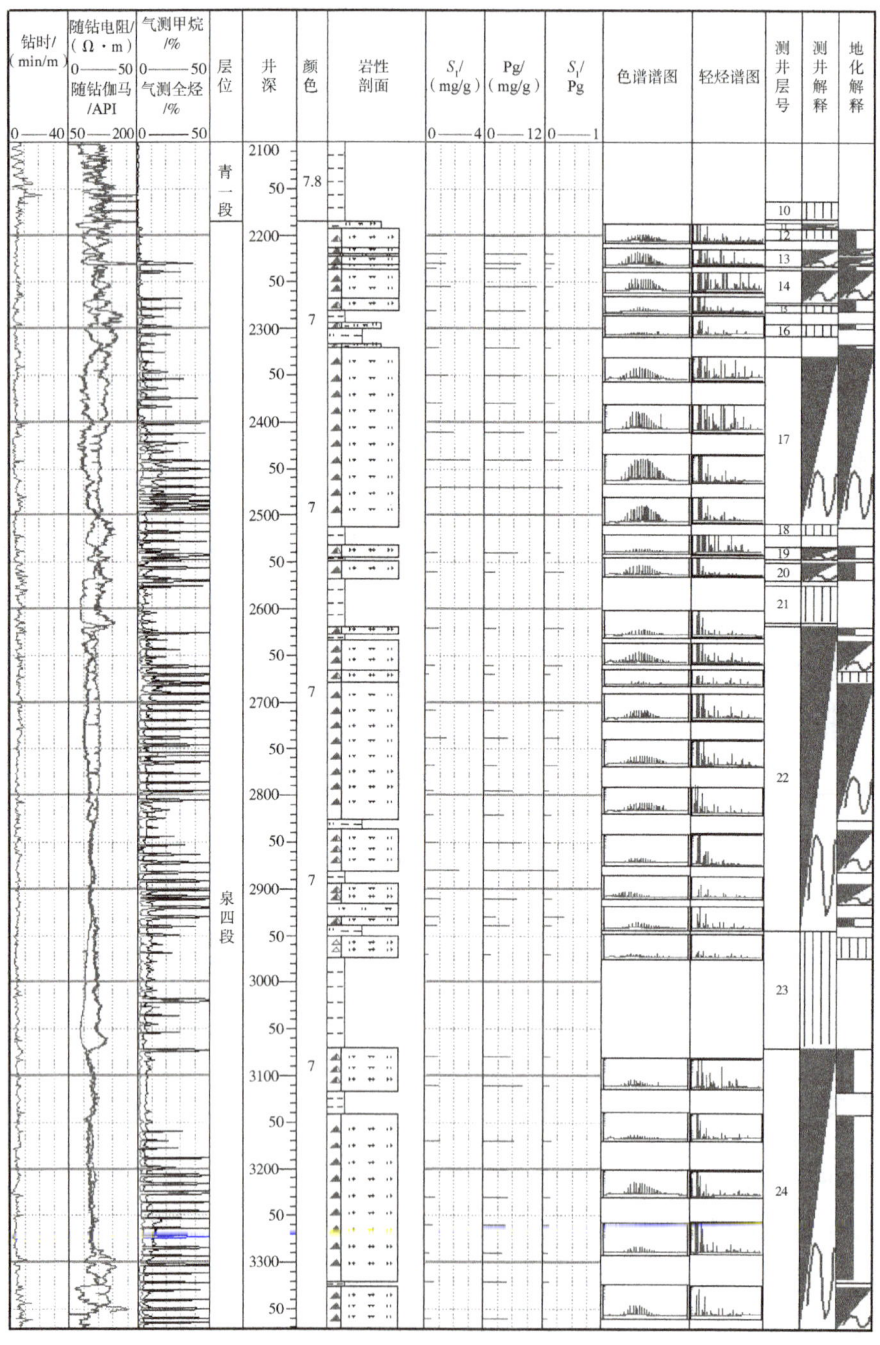

图 7　CHA58-1 井地化录井剖面图

4.2 X361井泉四段含油水层评价

该井自1715m开始入窗,至井深2686m,总厚度971m,录井见油气显示层32层,厚度608m,占录井厚度的62.62%。其中油斑显示5层/79m、油迹显示13层/341m、荧光显示14层/188m。

对应地化热解分析S_1平均值0.13mg/g、S_1/Pg为0.23;热解色谱谱图整体幅度很低,主峰幅度最高的也只有1770m的10mV,峰体形态很不饱满,绝大多数呈现水层或干层特征;轻烃谱图整体幅度较低,轻质组分缺失较严重,个别的幅度较高,C7H16峰高幅度超过20mV的只有10余个,轻烃谱图整体上呈现出氧化油或水淹水洗特征。该段地化解释含油水层7层/235m、水层22层/330m、干层3层/43m,以含油水层和水层为主。

该井试油井段1753.0~2633.0m,压裂后自喷产油0.24t、产水11.1t,试油结论为含油水层,地化解释结果与试油结果吻合(图6、图8)。

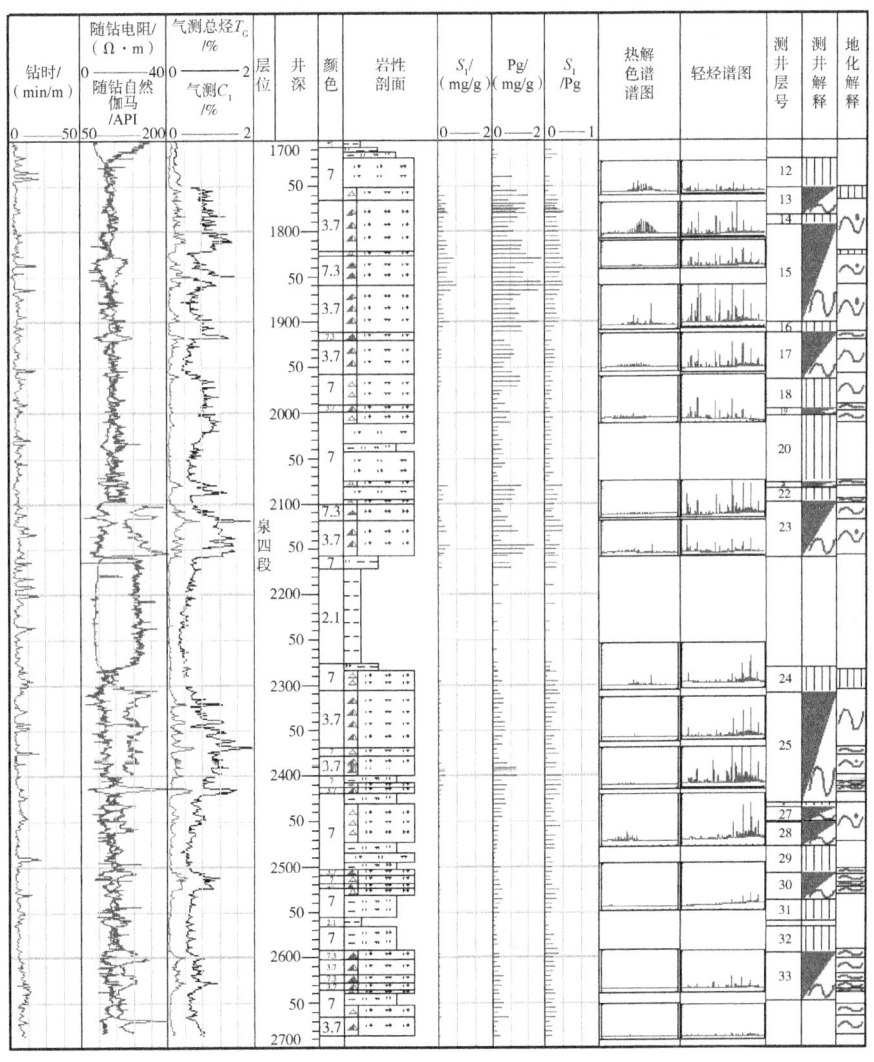

图8 X361井地化录井剖面图

5 结束语

本文通过吉林探区让字井地区泉四段水平井地化录井技术的应用,详细阐述了筛洗法能有效排除钻井液污染,效果良好;对样品分析处理方法形成了新的思路,切合实际;以直井资料为基础建立评价方法的,根基更牢固,解释成功率较高。水平井地化录井技术的应用,解决了油气显示识别难题,在储层评价上发挥了重要作用。

参 考 文 献

[1] 丁莲花,刘志勤,翟庆龙. 岩石热解地球化学录井[M]. 山东:石油大学出版社,1993:58-65.
[2] 邬立言,丁莲花,李斌,等. 油气储集岩热解快速定性定量评价[M]. 北京:石油工业出版社,2003,3.
[3] 李玉桓,夏亮. 轻烃分析技术在勘探上的应用[J]. 录井工程,2005,16(1):5-8.
[4] 王晓鄂,李庆春,田凤兰. 热解色谱分析技术在东濮凹陷油气层评价中的应用[J]. 录井工程,2005,4(16):27-31.
[5] 孔郁琪. 地化录井在松辽盆地黑帝庙油层原油性质判别中的应用[J]. 录井工程,2012,4(23):40-43.
[6] 王建伟. 水平井气测录井应用方法研究[J]. 录井工程,2015,2(26):25-28.
[7] 朗东升,金志成,郭冀义,等. 储层流体的热解及气相色谱评价技术[M]. 北京:石油工业出版社,1999:178-179.
[8] 全杰. 泌阳凹陷稠油油质地化录井评价方法研究与应用[J]. 录井工程,2006,17(1):13-14.
[9] 邴磊,倪朋勃,刘坤,等. 油质类型判断方法及其在渤海A油田的应用[J]. 录井工程,2017,28(2):68-71,77,136.
[10] 曾永文. 录井技术在辽河油田新开发区块油气层解释评价中的应用[J]. 录井工程,2008,19(4):54-58,84.

地质导向技术在外围葡萄花油层中的应用
——以松辽盆地 G 区块为例

程修雷

(大庆钻探工程公司地质录井一公司)

【摘　要】 外围葡萄花油层单井厚度薄(1~2m)，有效厚度不足 1m，采用直井开发已无法满足经济效益，通过开展水平井技术可以有效地动用薄油层可采储量，从而实现经济效益，因此，针对外围葡萄花油层水平井的地质特点，采用切实可行的地质导向技术，在着陆点及水平段上进行轨迹控制，对提高水平井储层钻遇率有一定的积极作用。

【关键词】 水平井；地质导向技术；二级着陆；三维建模

1　葡萄花油层地质特征

大庆油田葡萄花油层砂体以水下分流河道、远砂坝和席状砂等微相沉积为主[1]。外围葡萄花油层 G 区块的砂岩主要来自大庆长垣葡萄花方向、北部的葡西地区及西部的英台地区，砂体厚度薄(1~2m)，单层的平均砂岩厚度只有 0.8m，有效厚度为 0.6m[2]。

从单砂层沉积微相来看，PⅠ1、3、4、5 号层以水下分流河道和席状砂沉积为主，PⅠ6、7、8 以水下分流间湾和滨浅湖为主。

2　水平井地质导向方法

由于预测的地质构造、储层发育情况与实际存在一定的偏差，钻进过程中，如果一直按着最初的设计轨迹钻进，很可能会偏离储层，因此水平井钻进时，需要地质导向人员不断对轨迹进行修正和调整。地质导向分为着陆点预测以及着陆后轨迹控制，精确的地质导向可帮助油田提高钻井投资的回报。

2.1　外围葡萄花油层地质导向技术难点

针对外围葡萄花油层的地质特点、邻井资料及随钻工具，总结了该层位地质导向存在的难点：

（1）由于邻井多为开发井，目的层上部测井曲线较短，标志层选取较困难，不能及时进行着陆点对比，一旦出现实钻与设计差别较大的情况，轨迹调整空间较小，不利于着陆点精准预测。

作者简介：程修雷，工程师，1982 年出生，2006 年毕业于东北石油大学资源勘查专业，现在大庆钻探地质录井一公司从事录井地质导向工作。电话：13945614652。E-mail：cxl_8399@163.com。

（2）储层发育较薄，单层厚度为1~2m，水平段轨迹控制难度较大，并且出层方向判断较困难。

（3）由于传统的随钻测井（LWD）曲线存在10m左右的测量盲区[3]，不能及时发现进、出层，井斜盲区为18m左右，井底井斜的预测存在一定的误差。

针对外围G区块葡萄花油层特点，总结了几种比较适合的着陆点及着陆后轨迹控制方法。

2.2 着陆点预测

水平井钻进过程中，钻头钻达储层时，角度控制尤为重要，既不使角度过大，迟迟不能着陆损失了水平段长度，又不使角度过小，造成轨迹从储层底部穿出，因此，着陆点的控制是水平井导向成功的关键[4]。着陆点的控制方法遵循"着陆点预测—探层—着陆点最终确定"这一思路。

（1）二维模型预测。

首先建立原始的二维模型，利用模型预测标志层的深度，根据实钻标志层与预测对比，对模型进行调整，再利用调整后的模型对下一个标志层进行预测，如此反复，使模型精度不断提高，最终利用模型预测着陆点深度。

（2）标志层对比。

结合区域邻井特征，选取本区域发育稳定，具有明显的岩性、电性特征的地层作为标志层进行地层对比，如图1所示，选取G区块具有明显的岩性（油页岩）、电性（高伽马）特征作为标志层，对比预测着陆点深度。

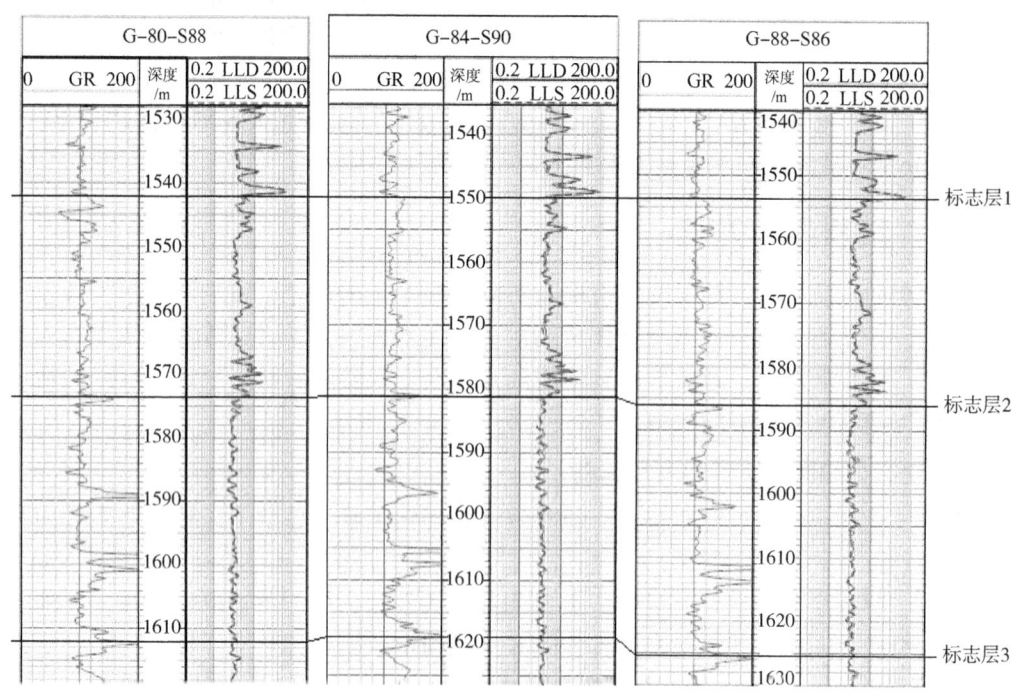

图1　G区块邻井标志层对比图

（3）视垂厚度对比。

在造斜段钻进时，利用斜深校直技术可以把斜深曲线校正成垂深曲线进行地层对比，由于地层存在一定的倾角,导致校直后的曲线与实际地层厚度不符,将影响着陆点预测结果,上倾地层导致校直后的地层厚度比实际地层减薄,下倾地层导致增厚,为了消除地层倾角对厚度的影响,可采用视垂厚模式进行地层对比,即对比时结合地层倾角把地层还原成实际地层厚度,如图2所示,利用视垂厚模式对比,标志层2至标志层4的厚度由原来的46.19m还原成48.12m,提高了对比精度。

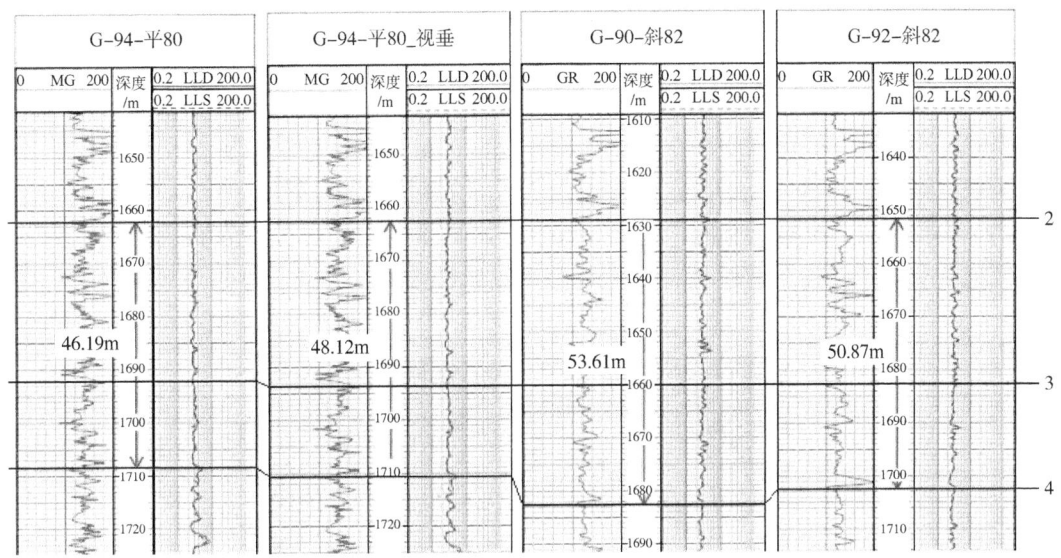

图2 G区块邻井视垂厚模式对比图

(4)二级着陆控制。

由于邻井目的层上部测井曲线较短,可对比标志层不明显,为了弥补这一缺陷可采用二级着陆法进行着陆点预测,如图3所示,以葡顶作为第一目的层进行一级着陆,进入葡顶后重新预测目的层垂深进行二级着陆,在一定程度上解决了实际垂深比设计垂深提前钻穿目的层的问题。

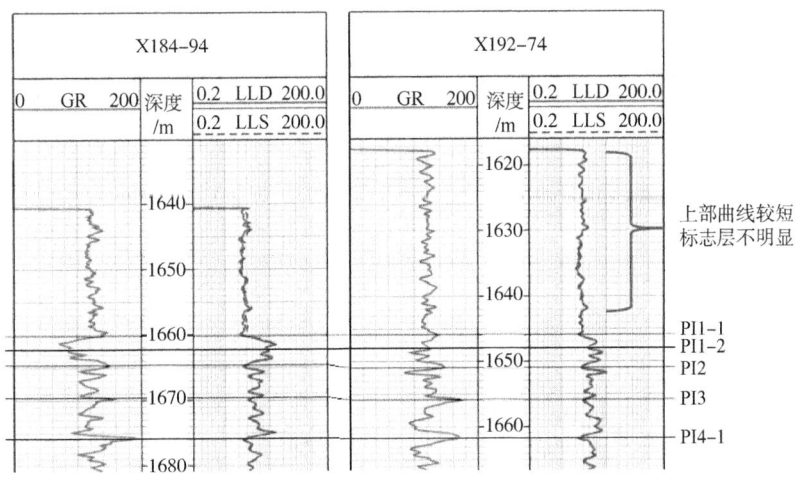

图3 G区块葡萄花油层邻井曲线特征

2.3 着陆后轨迹控制

着陆后轨迹钻进,又叫水平段钻进,为了满足开发效果,地质导向人员尽可能地让轨迹在储层中穿行,水平段轨迹控制是地质导向最为重要的一环。水平段轨迹控制应根据随钻资料实时对比分析,及时调整轨迹,尽早发现轨迹钻出目的层并及时采取相应措施,减少水平段损失。目前大庆油田水平段轨迹控制主要有三维建模、二维模型控制、地层倾角控制、地震反演、目标层特征分析等几种控制方法,根据G区块葡萄花油层层薄、出层方向判断困难等特点,结合其他控制技术,主要应用三维建模控制水平段的导向方法。

（1）建模思路：以钻井、录井、测井、地震及地质资料为基础数据,建立邻井及实钻井连通图,分析邻井储层厚度变化,建立构造模型,根据实钻资料综合分析校正模型,以模型为依据指导轨迹钻进,逐步完善模型。

（2）模型建立：根据已有的构造图、邻井分层以及读取的邻井砂岩有效厚度,断层数据等建立各个小层的构造面模型,通过各个构造面的叠加,建立三维构造体模型,如图4所示。

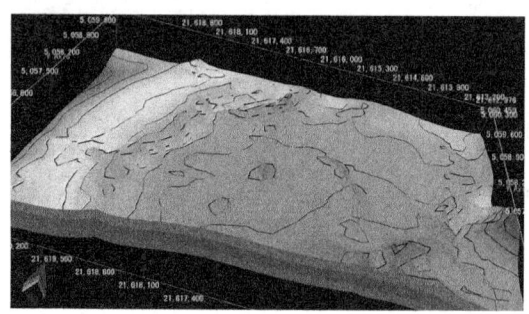

图4　G区块葡萄花油层三维构造体模型

（3）模型校正：造斜段进行精细小层对比,结合着陆点控制方法确定着陆点垂深度,通过实钻钻遇到准确的砂岩顶、底或着陆点数据转化成三维空间散点校正局部构造面,如图5所示。

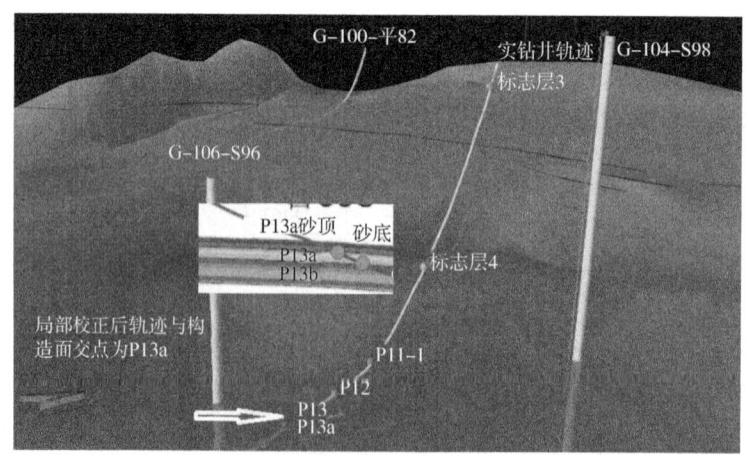

图5　G区块葡萄花油层校正后的P13a砂顶构造面

3　G区块应用效果分析

2015年1月到2017年12月，G区块葡萄花油层共完钻水平井52口，通过应用上述地质导向技术，入靶成功率达到了94.2%，砂岩钻遇率一般都能达到70%以上，出层方向也能准确判断。但由于部分井储层砂体尖灭，对整体钻遇率有一定的影响，最终G区块葡萄花油层平均砂岩钻遇率达到了65.95%，效果较好。

4　结论

（1）外围葡萄花油层单层砂体较薄，LWD仪器测量盲区大，水平井地质导向难度较大。

（2）结合G区块葡萄花油层发育特征，采取相应的地质导向技术，能提高水平井入靶成功率及砂岩钻遇率，提高产能。

（3）结合现场实践，三维建模在水平井地质导向中能起到较好的导向作用。

参　考　文　献

[1] 杨世亮．水平井地质导向技术在松辽盆地葡萄花油层的应用[J]．西部探矿工程，2017，(5)：74-77，81．

[2] 庞彦明．大庆外围特低丰度葡萄花油层水平井开发技术应用[C]．2004第三届油气储层研讨会论文摘要集，2004．

[3] 孙宝刚，张树森．随钻测、录井结合指导水平井钻井方法及应用[J]．录井工程，2012，23(3)：12-15．

[4] 吴畏．苏德尔特潜山油藏水平井远程地质导向技术[J]．大庆石油地质与开发，2008，27(6)：94-98．

苏家次洼中部洼槽带地化录井技术的应用

高庆奇

(大庆钻探工程公司地质录井二公司)

【摘　要】 苏家次洼中部洼槽带是吉林油田首次勘探的区块,其油气的分布、油气的含量以及原油的性质都不清楚,为了解决上述地质问题,应用了岩石热解、热解气相色谱、轻烃分析三项地化录井分析技术。其中通过岩石热解录井能够定量检测岩石中的含油量、热解气相色谱分析能够直观地判别原油的性质、轻烃分析检测 C_1-C_9 的天然气成分及汽油馏分,主要用于气层的识别。通过该区 7 口 15 个已经试油井地化资料分析,采用了图解法和参数图板法相结合的方法建立了该区储层评价方法。从纵向和横向上初步摸清了营城组和沙河子组油气基本分布规律。该区地化录井技术的应用收到了显著效果,为下一步的生产决策奠定了坚实的基础。

【关键词】 苏家次洼;地化录井;含油性;含气性;解释评价

苏家次洼中部洼槽带位于松辽盆地南部的梨树断陷西北部,地理位置位于吉林省公主岭市玻璃城子附近。吉林油田于 2017 年首次在该区展开勘探工作,钻探目的主要是了解苏家次洼中部洼槽相关构造带生储盖条件及含油气性。年度内共完成 13 口探井,有 8 口井进行了地化分析,有 7 口井 15 个层进行了试油。通过谱图、数据的分析整理建立了该区地化录井初步评价方法,通过与试油资料的对比地化解释符合率达到 90% 以上。该区地化录井技术的成功应用,为下一步对该区的认识、资料解释评价以及确定勘探方向等都奠定了良好基础。

1　区域概况

梨树断陷位于松辽盆地南部东部断陷带南部,是上古生界变质岩系基底之上发育起来的断坳复合双层结构的沉积断陷,面积 $3300km^2$,基底最大埋深 11000m,具有典型的断坳双层结构,发育断陷层和坳陷层两套沉积地层。营城组、沙河子组、火石岭组为断陷沉积,地层最大厚度达 4000m,白垩系明水组—登娄库组及新近系为坳陷沉积。

苏家次洼中部洼槽带位于松辽盆地南部的梨树断陷西北部,与梨树断陷主体洼槽早期为同一洼槽,后期受苏家走滑断裂的影响形成两个独立的洼槽,其南部断陷结构与梨树断陷主体断陷结构一致,表现为西断东超的断陷结构,而其北部表现为东断西超的断陷结构,发育多个生烃洼槽。洼槽受桑树台断裂和曲家断裂切割,形成一洼两隆的构造特征。

该区断陷期构造活动强烈,在火石岭组时期,盆地拉张,区域发育大套火山岩喷发,

作者简介: 高庆奇,工程师,1965 年生,2009 年毕业于中国石油大学资源勘查专业,现在大庆钻探工程公司录井二公司综合录井二部责任工程师,从事新技术录井质量管理、新技术推广及研究工作。通讯地址:138000 吉林省松原市青年路 789 号地质录井二公司。电话:(0438)6224932、13943801965。E-mail:447525414@qq.com。

后期相对稳定，局部低洼处发育湖盆沉积，到沙河子组和营城组时期，断陷期进一步扩张，形成断陷期湖盆沉积，该沉积时期为相对稳定湖相沉积，地层厚度稳定，边部易形成一定的水下扇体。登娄库组末期，地层发生抬升，局部地层接受剥蚀，泉头组至现今，该区进入坳陷沉积，地层平稳，构造活动弱，为油气保存提供良好的条件。

2 油、气、水分布特征

实钻证明该区发育地层自上至下分为：泉头组一段、登娄库组、营城组、沙河子组、火石岭组、基岩。东北部的SJ1、SJ3、SJ5、SJ10、SJ6井缺失登娄库组，反映出登娄库组时期东北部地层发生抬升，局部发生了剥蚀。其中最北部的SJ6井缺失了下部火石岭组，使沙河子组直接覆盖在基岩之上，反映出火石岭组时期北部活动剧烈的特征。虽然火石岭组时期局部活动剧烈，登娄库组时期地层发生剥蚀，但营城组、沙河子组时期地层相对稳定，这给油气的聚集提供了有利条件。因此油气显示多发育于这两个时期的地层中。

从纵向上来看，主要的含油显示发育于营城组，而且是油气共存、油水共存，局部含油气量较大。而沙河子组以含气为主，多是凝析气层并与轻质油伴生，局部含气量较大。横向上围绕沉积洼陷中部向外扩展储层厚度变薄，含油气量逐渐减少，含水逐渐上升。

本文地化录井应用情况主要针对营城组、沙河子组展开。

3 地化录井评价方法

地化录井能够定量检测储层的含油量、判别原油性质、识别原油氧化程度[1]，解决储层物性问题、还可以解决气层问题乃至解决油层水淹水洗[2]问题等，因此在对储层解释评价上论据充分，不论是氧化油层、常规油层、致密油层、水淹层等都能够得到准确的评价，因而得到越来越广泛的应用。在评价过程中充分考虑分析谱图特征及分析参数的变化规律，采用图解法和参数法相结合的评价方法。

3.1 图解法

依据分析谱图形态特征将谱图分为油气同层、油水同层、水层或干层、气层、差气层等五种，总结其谱图特征分别如下。

3.1.1 油气同层

岩石热解分析谱图特征：气态烃峰S_0呈低平状，幅度很低；液态烃峰S_1呈高耸状，幅度很大；裂解烃峰S_2呈缓坡状，幅度较低；轻重比值高，反映为轻质油特征[图1(a)]。

热解气相色谱分析谱图特征：正构烷烃形态饱满、顶部呈现出馒头状、总峰面积大；碳数分布范围宽，多数分布在C_9—C_{36}之间；主峰碳一般在C_{20}左右。其基线微隆起、具有明显的C_1—C_9气态联合峰[3][图1(b)]。

轻烃分析谱图特征：整体上峰体饱满、轻烃峰幅度高、分布密集、总峰面积大、出峰个数多[图1(c)]。

3.1.2 油水同层

岩石热解分析谱图特征：气态烃峰S_0呈低平状，幅度也很低；液态烃峰S_1呈中等峰的形状，幅度较低；裂解烃峰S_2呈扁平状，幅度很低；轻重比值较油气同层低，反映为中质

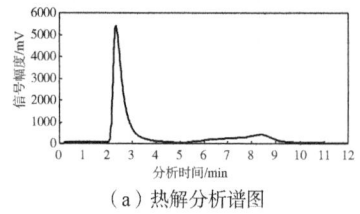 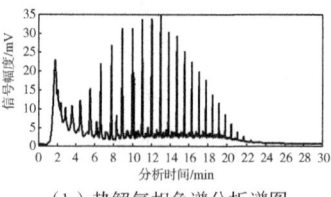 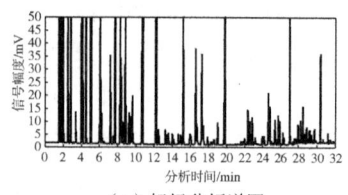

（a）热解分析谱图　　（b）热解气相色谱分析谱图　　（c）轻烃分析谱图

图 1　油气同层地化分析谱图特征

油特征[图 2(a)]。

热解气相色谱分析谱图特征：正构烷烃形态较饱满、顶部也呈馒头状、总峰面积较大；碳数分布范围相对油气同层变窄，多数分布在 C_9—C_{33} 之间；但主峰碳发生后移，一般在 C_{23} 左右。其基线后部略微隆起、具有很弱的 C_1—C_9 气态联合峰[图 2(b)]。

轻烃分析谱图特征：整体上峰体不饱满、轻烃峰幅度相对于油气同层低得多、以 C_7 之前的为主，分布稀疏、总峰面积较小、出峰个数也较少[图 2(c)]。

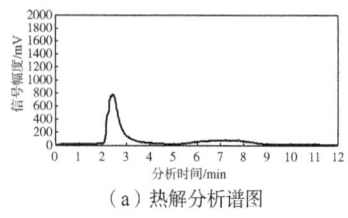 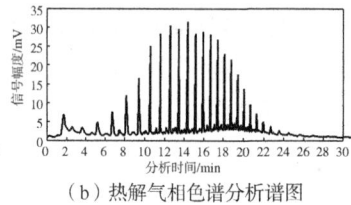 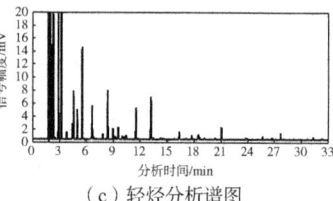

（a）热解分析谱图　　（b）热解气相色谱分析谱图　　（c）轻烃分析谱图

图 2　油水同层地化分析谱图特征

3.1.3　水层或干层

岩石热解分析谱图特征：气态烃峰 S_0 呈平直的一条线；液态烃峰 S_1、裂解烃峰 S_2 都呈扁平低峰的形状，幅度都很低；轻重比值更低，反映出油质越来越重[图 3(a)]。

热解气相色谱分析谱图特征：正构烷烃幅度极低、顶部呈扁平的弧形、总峰面积小；碳数分布范围更窄，多数分布在 C_{12}—C_{27} 之间；主峰碳位置无明显变化范围。基线较平直、多数无 C_1—C_9 的气态联合峰或很微弱[图 3(b)]。

轻烃分析谱图特征：整体上峰体幅度极低、分布少且稀疏、总峰面积更小、出峰个数也更少[4][图 3(c)]。

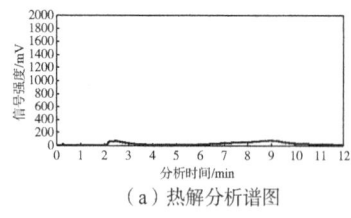 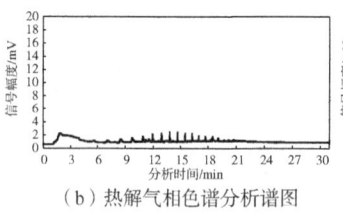 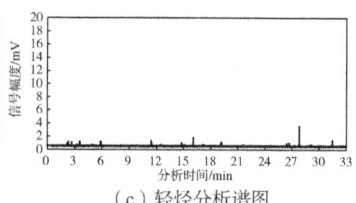

（a）热解分析谱图　　（b）热解气相色谱分析谱图　　（c）轻烃分析谱图

图 3　水层或干层地化分析谱图特征

3.1.4　气层

针对气层来讲，通过热解分析、热解气相色谱分析不能完全诠释地层含气特征，其谱图形态与水层或干层相近[图 4(a)、图 4(b)]。效果最明显的是轻烃分析技术，气层轻烃谱图以 C_5 之前的为主、幅度高，特别是 C_4 之前的、C_5 以后的很少[图 4(c)]。

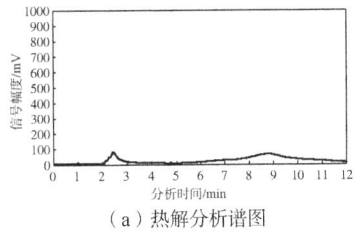 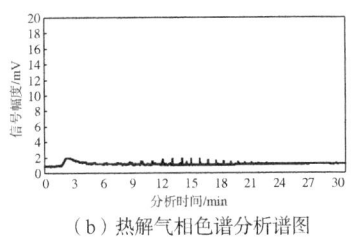 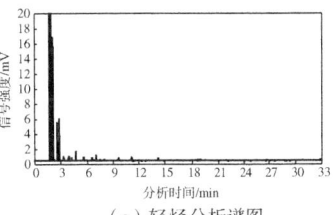

（a）热解分析谱图　　　　　（b）热解气相色谱分析谱图　　　　　（c）轻烃分析谱图

图4　气层地化分析谱图特征

3.1.5　差气层

差气层的岩石热解、热解气相色谱谱图与气层、水干层很相近，都是幅度很低，多数都检测不到烃类[图5(a)、图5(b)]。而轻烃谱图与气层相比也是以 C_5 之前的为主，但幅度低、C_5 以后的相对要高[图5(c)]。

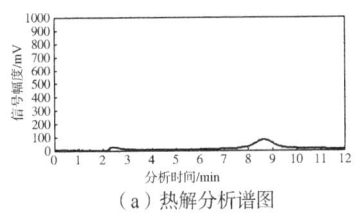 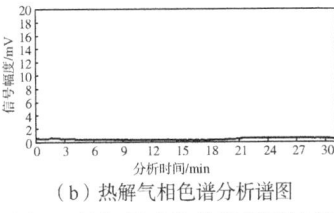 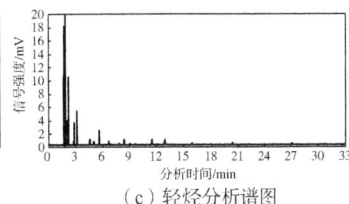

（a）热解分析谱图　　　　　（b）热解气相色谱分析谱图　　　　　（c）轻烃分析谱图

图5　差气层地化分析谱图特征

3.2　参数图板法

苏家次洼中部洼槽带地化录井主要采用热解分析、热解气相色谱分析、轻烃分析三项技术，其中热解气相色谱分析主要应用在图解法中，参数图板法主要应用热解和轻烃分析参数对储集层进行评价。在解释评价中考虑到含油储层与含气储层分析参数的差异，所以评价参数的选择上也各有侧重。

3.2.1　含油储层评价

在评价参数的选择上主要从含油丰度和原油性质这两个方面，其中热解分析总烃 Pg 代表的是含油丰度，而轻重比 S_1/S_2 代表的是原油的性质[5]。对于轻烃来讲，其出峰个数与含油丰度成正相关，能够表示含油丰度；ΣC_6 和 ΣC_7 在原油中的含量最高，变化也最大（ΣC_6：表示碳数为6的所有轻烃化合物的面积和，共8个。ΣC_7：表示碳数为7的所有轻烃化合物的面积和，共15个），所以应用 $\Sigma C_6/\Sigma C_7$ 能够很好地反映出原油的性质。所以应用 S_1/S_2 与总烃 Pg 的相关关系以及 $\Sigma C_6/\Sigma C_7$ 与出峰个数[6]建立了含油储层评价图板（图6）。

通过上述评价图板可以看出，利用这四项参数建立的两个图板分区很明显，能够对该区含油储层进行有效的评价，其评价标准见表1。

表1　含油储层热解、轻烃评价标准

储层类别	S_1/S_2	$Pg/(mg/g)$	出峰个数/个	$\Sigma C_6/\Sigma C_7$
油气同层	≥2.3	≥10	≥74	≥1.0
油水同层	0.6~2.3	3~10	54~74	≥0.8
干层或水层	<0.6	<3	<54	<3

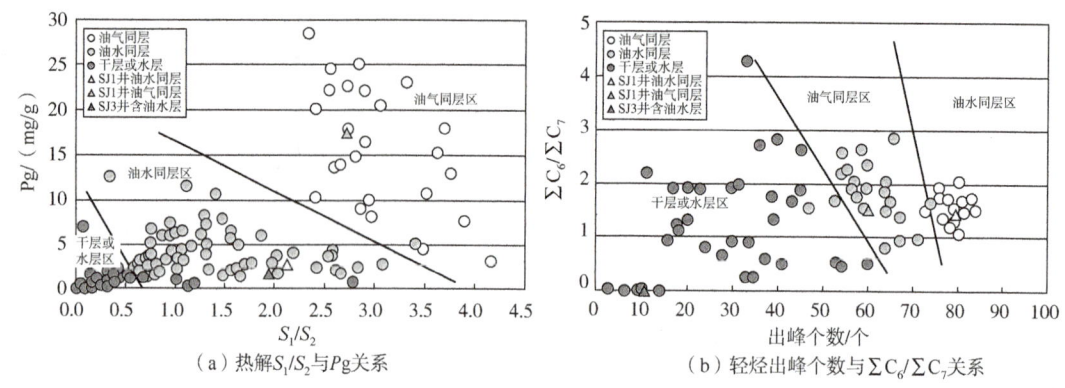

图 6 含油储层评价图板

3.2.2 含气储层评价

含气储层评价也是采用两个图板,其热解仍沿用 S_1/S_2 与 Pg 关系图板。但针对轻烃来讲,含气储层以 C_5 之前的组分为主,基本不存在 C_6 和 C_7;出峰个数也很少,代表不了含气的丰度,所以采用 $\Sigma C_{3-}/\Sigma C_{3+}$ 与总峰面积建立了对应关系,其中 ΣC_{3-} 代表 C_3 以前轻组分的和、ΣC_{3+} 代表 C_3 以后轻组分的和,近似地反映出轻重比;而总峰面积代表的是含气的丰度。所以应用总烃 S_1/S_2 与 Pg 的相关关系以及 $\Sigma C_{3-}/\Sigma C_{3+}$ 与出峰个数的关系[7] 建立了含气储层评价图板(图 7)。

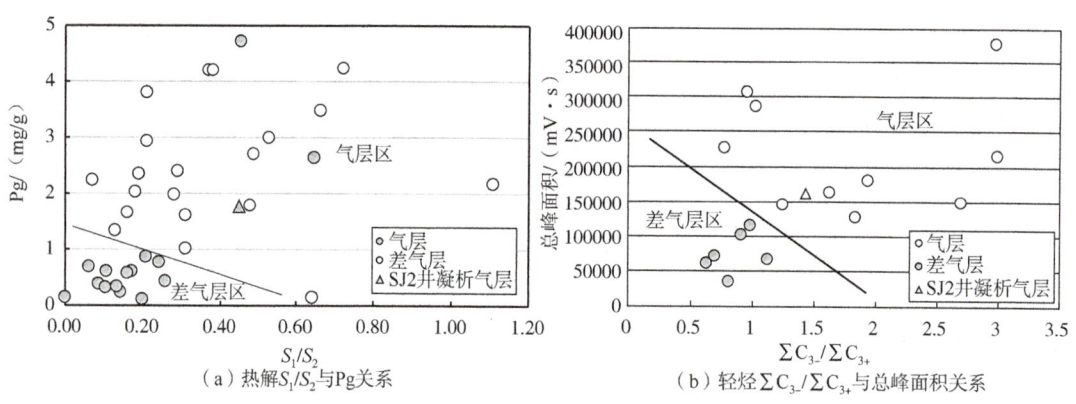

图 7 含气储层评价图板

通过上述评价图板可以看出,利用这四项参数建立的两个图板分区很明显,能够对该区含气储层进行有效的评价,其评价标准见表 2。

表 2 含气储层热解、轻烃评价标准

储层类别	S_1/S_2	Pg/(mg/g)	$\Sigma C_{3-}/\Sigma C_{3+}$	总峰面积/(mV·s)
气层	≥0.25	≥1	≥1.25	≥120000
差气层	<0.25	<1	<1.25	<120000

通过上述图解法、参数图板法对该区的分析与评价,总结出:对于含油储层热解分析、热解气相色谱分析、轻烃分析,都能很好地反映出含油丰度特征和油质变化特征。对于含

气储层识别的关键技术是轻烃,因为轻烃检测的是 C_1—C_9 之间的天然气成分和汽油馏分,它进样量大、代表性好;热解分析虽然检测的是原油中全部的烃类,但其进样量小(只有100mg 左右),气体成分又极易挥发,能检测到的是极少量;热解气相色谱检测的是 C_7—C_{33} 之间的热蒸发烃部分,其进样量更少(30mg 左右),能检测到的含气信息少之又少,对含气的识别并不是它的强项。因此在各项技术选择上要有主有次、在评价参数的选择上要各有侧重[8],这样真正发挥了各项技术的优势,达到了准确评价储层的目的。

4 应用实例

苏家次洼中部洼槽带构造复杂,地层缺失比较严重,油气成藏类型多样化,这样的地区更能体现地化录井的技术优势[9]。结合该区不同储层谱图变化规律以及油气水层评价标准,对以下代表性实例进行剖析与评价。

4.1 油气同层评价实例

SJ1 井 2360~2368.70m,位于营城组底部,岩性为粉砂岩,该井段发育 4 层油气显示,其中 2 层油斑、1 层油迹、1 层荧光,显示厚度 8.70m。试油结论为:产油 29.05t/d、产气 21.15×10³m³/d。

对应热解分析 S_0 为 0.00~1.35mg/g、S_1 为 3.88~19.61mg/g、S_2 为 1.98~6.35mg/g、总烃 Pg 含量为 6.08~28.34mg/g、轻重比 S_1/S_2 为 1.10~3.74、中质油—轻质油特征。热解气相色谱谱图正构烷烃饱满、幅度高、呈梳状分布、碳数范围 C_9—C_{36}、主峰碳多数在 C_{20}—C_{21}、基线后部微微隆起、具有明显气态联合峰,也反映出构造圈闭条件好,原油没有被氧化破坏,油质好。对应轻烃分析谱图形态饱满、轻烃密集,尤其是异构烷烃幅度很高、出峰个数多达 77~84 个,峰幅度高,总峰面积 1882320~16555141mV·s,$\sum C_6/\sum C_7$ 在 1.04~2.07 之间。

热解分析参数、热解气相色谱谱图形态、轻烃分析谱图参数均与图解法油气同层特征一致,参数图板法中其数据点落在图板的油气同层区[图 6(a)、图 6(b)],地化解释为油气同层,与试油结果相吻合(图 8)。

4.2 油水同层评价实例

SJ1 井 2250~2261m,位于营城组中下部,岩性为粉砂岩,该井段发育 3 层油迹级油气显示,显示厚度 8m。试油结论为:产油 6.46t/d、产水 8.38t/d。

对应热解分析 S_0 为 0.00~0.16mg/g、S_1 为 1.31~2.97mg/g、S_2 为 0.58~1.15mg/g、总烃 Pg 含量为 2.17~4.28mg/g、轻重比 S_1/S_2 为 1.35~3.10。对应热解气相色谱谱图正构烷烃较饱满、呈梳状分布、碳数范围 C_9—C_{36}、主峰碳多数在 C_{20}—C_{21}、基线较平直、略具气态联合峰。对应轻烃分析以 C_7 之前主要的轻烃为主,峰体形态呈现出逐渐降低的趋势[10],出峰个数较少为 46~65 个,峰幅度较低,总峰面积 214914~763709mV·s,$\sum C_6/\sum C_7$ 在 0.78~1.15 之间。

热解分析参数、热解气相色谱谱图形态、轻烃分析谱图参数均与图解法油水同层特征一致,参数图板法中其数据点落在图板的油水同层区[图 6(a)、图 6(b)],地化解释为油水同层,与试油结果相吻合(图 9)。

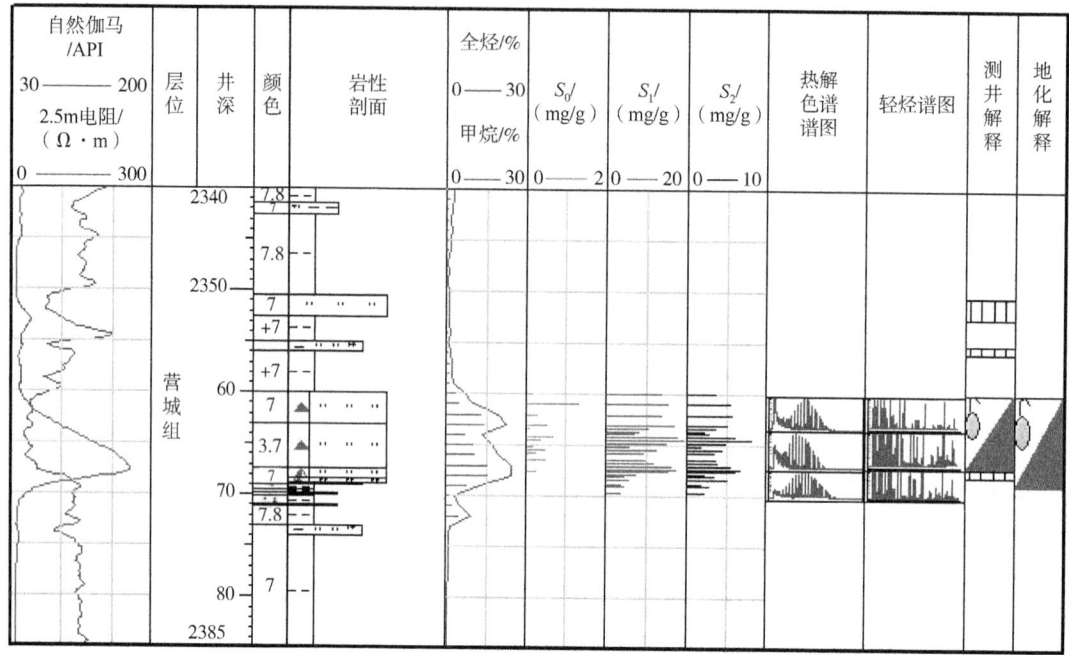

图 8　SJ1 井 2360~2368.70m 地化录井剖面图

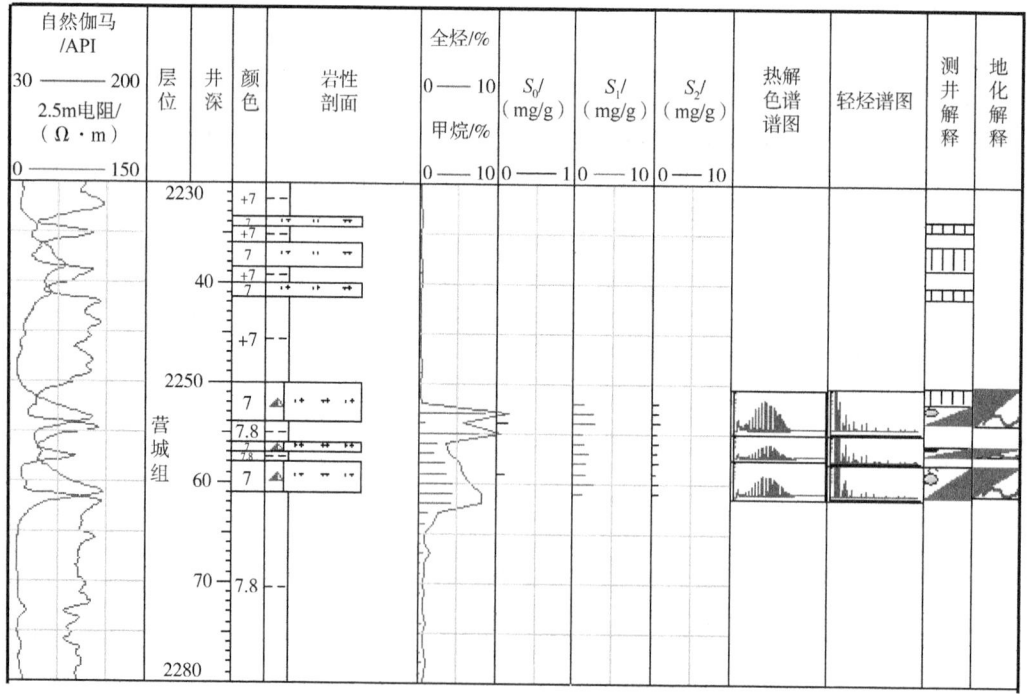

图 9　SJ1 井 2250~2261m 地化录井剖面图

4.3 含油水层评价实例

SJ3井1897.5~1931.5m，位于营城组底部，主要岩性为砂砾岩，发育4层含油显示，其中1层油迹、3层荧光，显示厚度11.00m。该井段试油，通过压裂产油0.04t/d、产水143.41t/d。

对应热解分析 S_0 为 0.00~0.21mg/g、S_1 为 0.00~1.76mg/g、S_2 为 0.15~0.96mg/g、总烃 Pg 含量为 0.22~2.49mg/g、轻重比 S_1/S_2 为 0.13~0.68，中质油特征，含油量低。对应热解气相色谱谱图正构烷烃幅度很低，分布范围窄，干层或水层特征。对应轻烃分析谱图整体上出峰个数少、幅度低，以 C_7 之前的为主，反映了储层致密的特征，其出峰个数 3~25个，总峰面积 214914~763709mV·s，$\sum C_6/\sum C_7$ 在 0.08~0.22 之间。

热解分析参数、热解气相色谱谱图形态、轻烃分析谱图参数均与上述图解法含油水层特征一致，参数图板法中其数据点落在图板的含油水层区[图6(a)、图6(b)]，地化解释为含油水层，与试油结果相吻合(图10)。

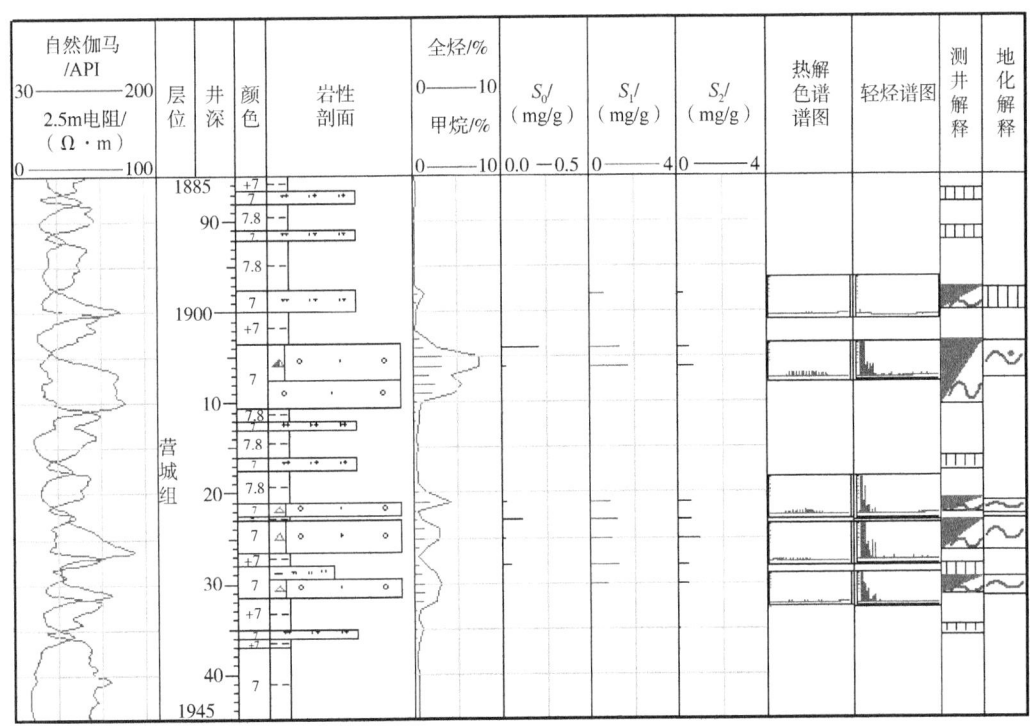

图10 SJ3井地化录井剖面图

4.4 凝析气层评价实例

SJ2井2853.5~2887.87m，位于沙河子组顶部，主要岩性为粉砂岩，发育5层油气显示，其中1层油迹、4层荧光，显示厚度32.37m。该井段试油，产油8.57t/d、产气190.7×10^3m³/d，试油结论为凝析气层。

对应热解分析 S_0 为 0.00~0.04mg/g、S_1 为 0.02~1.48mg/g、S_2 为 0.07~3.25mg/g、总烃 Pg 含量为 0.09~4.73mg/g、轻重比 S_1/S_2 为 0.19~0.88。对应热解气相色谱谱图上部呈现出干层特征，基线平直、无正构烷烃分布，下部呈现出差油层特征，正构烷烃不饱满、幅度低、呈梳状分布、碳数范围 C_9—C_{31}、主峰碳多数在 C_{16}—C_{21} 变化较大、基线较平直、略具气态联合峰，由热解气相色谱谱图看上部不具有含油特征、下部具有含油特征。对应轻烃分析谱图以 C_3 之前的轻烃为主，出峰个数多达 37~66 个，总峰面积 126857~377193mV·s，$\sum C_{3-}/\sum C_{3+}$ 在 0.9~2.1 之间。

对应气测全烃基值为 1.2668%、峰值为 22.8486%、峰基比为 18.00；甲烷基值为 0.5387%、峰值为 20.2351%、峰基比为 37.56，全烃和甲烷幅度均很高，主要成分是甲烷，重烃含量低。

热解分析参数、热解气相色谱谱图形态、轻烃分析谱图参数均图解法符合含气储层特征，参数图板法落点在气层区[图 7(a)、图 7(b)]，地化解释为气层，与试油结果相吻合（图 11）。

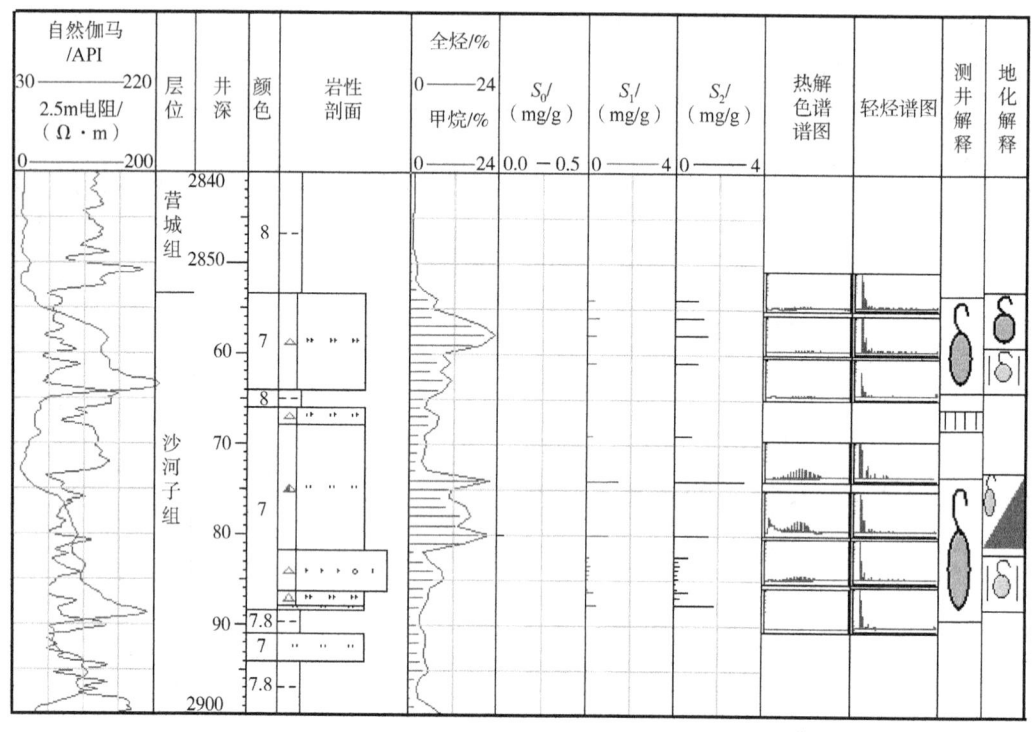

图 11 SJ2 井地化录井剖面图

5 结束语

苏家次洼中部洼槽带，其营城组和沙河子组时期地层沉积稳定，有利于油气的聚集。实钻证明该区主要油气显示发育于营城组和沙河子组。

地化录井采用图解法和数据图板法，有效地识别出油气同层、油水同层、含油水层、水层或干层以及气层和差气层。通过试油也验证了地化录井解释与试油结果吻合度很高。并且通过地化录井初步摸清了营城组以油气共生、油水共生为主；沙河子组以含气为主，围绕洼槽带向周边扩展，油气显示逐渐减弱，含水逐渐上升的变化规律，为下一步工作奠定了基础。

参 考 文 献

[1] 邬立言，丁莲花，李斌，等．油气储集岩热解快速定性定量评价[M]．北京：石油工业出版社，2003．
[2] 李玉桓，夏亮．轻烃分析技术在勘探上的应用[J]．录井工程，2005，16(1)：5-8．
[3] 丁莲花，刘志勤，翟庆龙．岩石热解地球化学录井[M]．山东：石油大学出版社，1993：58-65．
[4] 朗东升，金志成，郭冀义，等．储层流体的热解及气相色谱评价技术[M]．北京：石油工业出版社，1999：178-179．
[5] 邓平，王炳寅，李玉勤，等．地化录井技术在永安油田致密砂岩油气层评价中的应用[J]．录井工程，2012，4(23)：17-21．
[6] 孔郁琪．地化录井在松辽盆地黑帝庙油层原油性质判别中的应用[J]．录井工程，2012，4(23)：40-43．
[7] 王晓鄂，李庆春，田凤兰．热解色谱分析技术在东濮凹陷油气层评价中的应用[J]．录井工程，2005，4(16)：27-31．
[8] 全杰．泌阳凹陷稠油油质地化录井评价方法研究与应用[J]．录井工程，2006，17(1)：13-14．
[9] 邴磊，倪朋勃，刘坤，等．油质类型判断方法及其在渤海A油田的应用[J]．录井工程，2017，28(2)：68-71，77，136．
[10] 曾永文．录井技术在辽河油田新开发区块油气层解释评价中的应用[D]．录井工程，2008，19(4)：54-58，84．

基于机械比能模型的钻头效率随钻评价研究

胡宗敏　袁伯琰　韩冰冰　李　义

(大庆钻探工程公司地质录井一公司)

【摘　要】 基于 R·Teale 等提出的机械比能模型，利用综合录井钻井工程参数的连续性和可靠性，结合大庆天然气区块地层岩性的物理性质，采用塔东和松辽深层的岩心样品，通过实验室的微钻头实验分析，对机械比能模型进行了校正。将校正后的机械比能与钻头破岩时的进给量进行交汇，通过交汇的形态和面积判断钻头的实际破岩效率，能够为钻井过程中钻头的实时监测和评价以及区域的钻头选型提供依据。在钻录井现场进行钻头效率的随钻评价，具有较好的实时性和实效性，能够减少钻井工程事故、缩短钻井周期以降低钻探成本。

【关键词】 机械比能；微钻实验；进给量；钻头评价

近些年来随着大规模钻井提速工具的使用，如 PDC 钻头、井下涡轮钻具等，使得钻井速度大大提高，随着勘探的深入，深层井日趋增多，大庆油田天然气井主要都在 3000m 以上，塔东地区一般在 6000m 以上，在这样较长的钻井周期中，对钻头效率的实时监测和评估成为录井工程监测中一项重要内容。通过该技术一方面能够准确评估井下钻头的磨损状况，减少钻头损坏带来的井下事故的风险，另一方面也通过不同区块、不同岩性地层钻头破岩效率的对比为区域钻探钻头选型提供依据。

1　机械比能模型校正

1.1　机械比能模型

1964 年 R Teale 提出在岩石钻进中比能的概念，即钻进单位体积岩石所做的功。也就是钻头在钻压和扭矩作用下破碎单位体积岩石所消耗的机械能，机械比能的模型公式[1]：

$$E_\mathrm{m} = \frac{4W}{\pi d_\mathrm{B}^2} + \frac{480nT}{d_\mathrm{B}^2 v}$$

式中：E_m 为机械比能，MPa；W 为钻压，kN；n 为转速，r/min；T 为扭矩，kN·m；v 为钻速，m/h；d_B 为钻头直径，mm。

该模型是 Teale 通过微钻试验，基于能量守恒的原理进行推导得出的，并证实了理想条件下，机械比能与岩石的抗压强度相等[1]。

1.2　模型校正

机械比能模型中所涉及的钻井工程参数(钻压和扭矩)，均来自地面测量的录井参数，在实际的钻井工程中由于钻井液和井径、井斜的影响，实际井底钻头破岩时的钻压和扭矩有较大的差异，这种差异往往会在实际的应用中造成对钻头实际磨损和破岩效率的评估出现较大的误差,因此需要通过实验室的微钻实验对钻头的破岩时的工程参数进行校正。

1.2.1 钻压校正

在钻井过程中,一般以钻台指重表所示的钻压作为井底作用在钻头上的钻压,称为指示钻压。实际上,由于钻柱在弯曲的井眼中与井壁接触,钻柱与井壁之间产生摩擦,因此钻台指重表所示的指示钻压并不是井底作用在钻头上的实际钻压。根据力的叠加原理,井口钻压就是井底钻压作用于井口的压力,通过单独分析钻压在定向井各井段上的作用情况,可以求出井口的压力。下面分别就钻压在各井段上对钻柱所产生的内力进行分析。

1.2.1.1 钻压在垂直井段钻柱内所产生的内力

从钻柱上取出一段微元,钻压在微元上所产生的内力如图1所示。根据力的平衡原理:

$$T+\Delta T=T \tag{1}$$

$$\Delta T=0 \tag{2}$$

所以垂直井段,钻压在钻柱的各个截面上所产生的内力是一样的。

1.2.1.2 钻压在增斜井段钻柱内所产生的内力

取出一段钻柱微弧 AB,A 点的内力为 T,井斜角为 α,B 点的内力为 $T+\Delta T$,井斜角为 $\alpha+\Delta\alpha$,如图2所示。设 A 点切线(A 点内力方向)与微弧 AB 成 θ 角,那么 B 点的切线(B 点内力方向)与 AB 也成 θ 角,由此可导出:

$$\theta+\alpha=\alpha+\Delta\alpha-\theta \tag{3}$$

$$\theta=\frac{\Delta\alpha}{2} \tag{4}$$

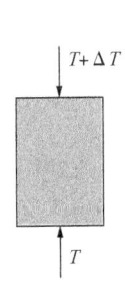

图1 直井段钻柱微元上产生的内力

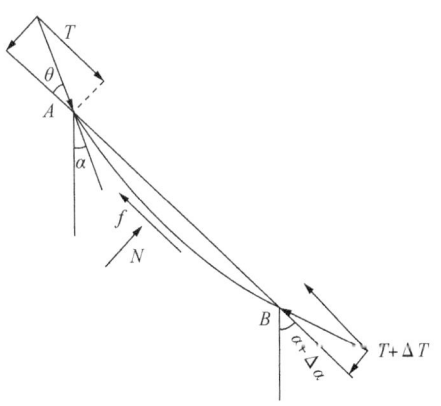

图2 增斜井段钻柱微元上产生的内力

根据力的平衡原理,对 A、B 两点的内力分解可得出垂直于 AB 方向的正压力 N 为

$$N=T\cdot\sin\frac{\Delta\alpha}{2}+(T+\Delta T)\cdot\sin\frac{\Delta\alpha}{2} \tag{5}$$

平行于 AB 的平衡方程为

$$T \cdot \cos \frac{\Delta \alpha}{2} = (T + \Delta T) \cdot \cos \frac{\Delta \alpha}{2} + f \tag{6}$$

式中：f 为井壁摩擦力。

由于钻进时钻柱向下运动，摩擦的方向向上。

$$f = (2T + \Delta T) \cdot \sin \frac{\Delta \alpha}{2} \cdot \mu_{well} \tag{7}$$

式中：μ_{well} 为井壁的摩擦系数。

将式(7)代入式(6)得

$$\Delta T \cdot \cos \frac{\Delta \alpha}{2} + \mu_{well} \cdot (2T + \Delta T) \cdot \sin \frac{\Delta \alpha}{2} = 0 \tag{8}$$

当 $\Delta \alpha \to 0$ 时，$\cos \frac{\Delta \alpha}{2} \to 1$，$\sin \frac{\Delta \alpha}{2} \to \frac{\Delta \alpha}{2}$

并略去高阶无穷小得

$$dT + T \mu_{well} d\alpha = 0 \tag{9}$$

积分得

$$\ln T + \mu_{well} \alpha = C \tag{10}$$

$$T = e^{C - \mu_{well} \alpha} \tag{11}$$

式中：C 为常数。

根据边界条件，假定井斜角为 α_0 时，内力为 T_0，则可求出常数：

$$C = \ln T_0 + \mu_{well} \alpha_0 \tag{12}$$

$$T = T_0 e^{\mu_{well}(\alpha_0 - \alpha)} \tag{13}$$

因此，随着井斜角的增大，钻压所产生的钻柱内力逐渐减小。

1.2.1.3 钻压在稳斜段钻柱内所产生的内力

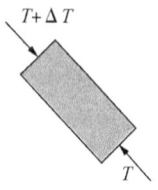

图 3 稳斜井段钻柱微元上产生的内力

由于钻柱斜躺在井壁上，钻柱轴线与井眼轴线平行。因此钻压与井壁平行，即钻压没有产生对井壁的压力，尽管钻柱与井壁接触，但钻压并没有产生摩擦力，见式(1)和式(2)。因此，钻压在稳斜段钻柱内所产生的内力不发生变化(图3)。

1.2.1.4 钻压在降斜段钻柱内所产生的内力

钻压在降斜段钻柱内所产生的内力分析与增斜段相同，只是钻压产生的正应力是负的，也就是说降低了钻柱自重产生的正应力。因此单独求解时，可认为产生一个向下的摩擦力。求得的内力表达式与增斜段相同，见式(13)。可见，随着降斜段井斜角的不断减小，钻压在降斜段所产生的内力是逐渐增加的。

1.2.1.5 校正录井钻压至钻头破岩钻压

(1) 垂直井段。

当井底在垂直井段时,由于内力不变,井口钻压与井底钻压相等,即:

$$p = p_b \tag{14}$$

式中:p 为井口钻压,kN;p_b 为井底钻压,kN。

(2) 增斜井段。

当井底在增斜段时,设 A 点是直井段与增斜段的交点(图4),则可得

$$\begin{cases} T_A = p_b \cdot e^{\mu_{well}(\alpha_k - \alpha_A)} \\ p = T_A \\ \alpha_A = 0 \end{cases} \tag{15}$$

式中:α_k 为井底井斜角,(°)。

边界 T_0 和 a_0 已用已知的边界条件代入,解得

$$p = p_b \cdot e^{\mu_{well} \alpha_k} \tag{16}$$

(3) 稳斜段。

当井底在稳斜段时,令 B 点是增斜段与稳斜段的交点(图5),可得

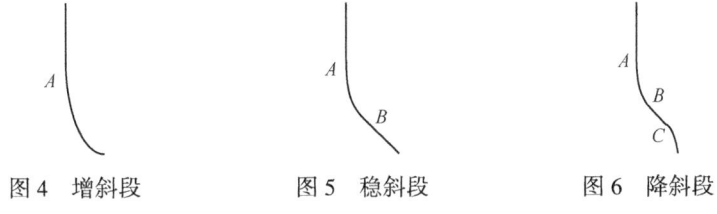

图4 增斜段　　　图5 稳斜段　　　图6 降斜段

$$\begin{cases} T_B = p_b \\ T_A = T_B \cdot e^{\mu_{well}(\alpha_B - \alpha_A)} \\ p = T_A \\ \alpha_A = 0 \\ \alpha_B = \alpha_k \end{cases} \tag{17}$$

求解得

$$p = p_b \cdot e^{\mu_{well} \alpha_k} \tag{18}$$

(4) 降斜段。

当井底在降斜段时,令 C 点是稳斜段与降斜段的交点(图6)可得

$$\begin{cases} T_C = p_b \cdot e^{\mu_{well}(\alpha_k - \alpha_C)} \\ T_B = T_C \\ T_A = T_B \cdot e^{\mu_{well}(\alpha_B - \alpha_A)} \\ p = T_A \\ \alpha_A = 0 \\ \alpha_B = \alpha_C \end{cases} \quad (19)$$

求解得

$$p = p_b \cdot e^{\mu_{well}\alpha_k} \quad (20)$$

由上述分析可知,各井段的井底钻压均可用同一表达式求取,即 $p_b = \dfrac{p}{e^{\alpha_k \mu_{well}}}$。可以证明,无论是哪类定向井剖面井口钻压与井底钻压之比,仅与井底井斜角和井壁摩擦系数有关,且都呈指数关系。

1.2.2 扭矩校正

在实际钻进过程中,地表记录的主要数据有钻压、转速和机械钻速等,往往缺乏井下钻头上真实扭矩的测量值,需要用测量数据来计算扭矩,即利用钻头滑动摩擦系数和钻压计算钻头扭矩。因此,为了获得钻头扭矩,特将钻头作简化处理,并引入钻头特定滑动摩擦系数 μ_{bit},得到简化后的钻头扭矩求解公式,原理如图 7 所示。

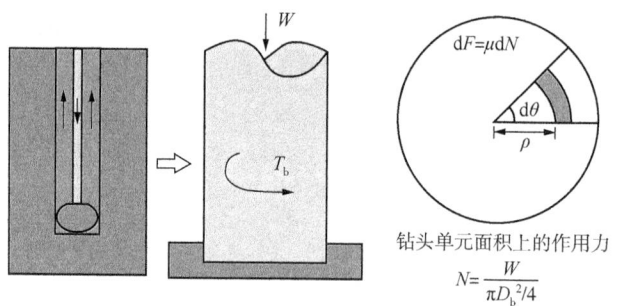

图 7 钻头扭矩计算原理

$$T_b = \int_0^{1/2 D_b} \int_0^{2\pi} \rho^2 \frac{4\mu_{bit} W}{\pi D_B^2} d\rho d\theta = \int_0^{1/2 D_b} \frac{8\mu_{bit} W}{D_B^2} \rho^2 d\rho = \frac{\mu_{bit} W D_B}{3} \quad (21)$$

式中:T_b 为扭矩,kN·m;D_B 为钻头直径,m;W 为钻压,N。

可由校正后的钻头钻压代替,得到扭矩计算公式:

$$T_b = \frac{\mu_{bit} P D_B}{3 e^{\alpha_k \mu_{well}}} \quad (22)$$

式中:P 为录井监测钻压值。

由于 μ_{bit} 为钻头特定的滑动摩擦因数，主要取决于钻头类型。因此针对不同钻头类型，开展在不同钻压下的扭矩监测实验，确定 μ_{bit} 取值并校正钻头扭矩计算模型。实验结果见表1和表2。

表1 PDC钻头扭矩实验

岩心编号	扭矩/(N·mm)	钻压/N	钻头直径/mm	μ_{bit}	平均值	变异系数
1	0.658	300	13.32	0.49		
2	0.797	400	13.32	0.45		
3	1.009	500	13.32	0.45	0.48	2.3%
4	1.346	600	13.32	0.51		
5	1.538	700	13.32	0.49		

表2 牙轮钻头扭矩实验

岩心编号	扭矩/(N·mm)	钻压/N	钻头直径/mm	μ_{bit}	平均值	变异系数
1	0.338	500	13.32	0.15		
2	0.763	600	13.32	0.29		
3	0.798	700	13.32	0.26	0.25	5%
4	0.896	800	13.32	0.25		
5	1.109	900	13.32	0.28		

由实验结果确定滑动摩擦系数 μ_{bit}，PDC钻头取0.48，牙轮钻头取0.25。

1.2.3 复合钻进扭矩计算

在复合钻进过程中，钻头的驱动由地面驱动(转盘或顶驱)和地下驱动(一般为螺杆钻具)组成，其中地下驱动作为钻头的主要动力。螺杆钻具(动力钻具)的主要性能参数是扭矩和转速，螺杆的理论转速只与流经钻具的流量和钻具每转排量有关，而与工况(钻压、扭矩等)无关，即

$$R_L = \frac{60Q}{q} = K_N Q \tag{23}$$

式中：R_L 为螺杆钻具输出的理论自转转速，r/min；Q 为总流量，L/s；q 为钻具每转排量，L/r；K_N 为动力钻具的转速流量比，r/L。

如果地面转速为 n，则钻头的理论总转速为

$$R_T = R_s + R_L = n + K_N Q \tag{24}$$

假定螺杆的理论扭矩为 T_L。在不计能量损失时，根据容积式电动机工作过程中的能量守恒，在单位时间内钻头输出的机械能量 $T_L\omega_T$ 应该等于螺杆钻具输入的水力能量 $\Delta p_p Q_p$，进行单位换算后则有：

$$T_L\omega_T = \Delta p_p Q_p \tag{25}$$

其中,

$$\omega_T = \frac{\pi R_T}{30} \tag{26}$$

式中：ω_T 为钻头理论角速度，rad/s；Δp_p 为钻具进出口的压力降，MPa。

由式(23)至式(26)可得

$$T_L = \frac{1}{2\pi} q \Delta p_p \tag{27}$$

式中：T_L 为螺杆钻具的理论扭矩，kN·m。

因此，复合钻进总扭矩可表示为

$$T_L = \frac{1}{2\pi} q \Delta p_p + T_b = \frac{1}{2\pi} q \Delta p_p + \frac{\mu_{bit} P D_b}{3 e^{\alpha \mu \mu_{well}}} \tag{28}$$

钻进岩石过程中机械比能的计算公式由 R. Teale 提出的：

$$E = \frac{4W}{\pi D_B^2} + \frac{480 n T}{D_B^2 v} \tag{29}$$

该公式证实了理想条件下，机械比能与岩石的抗压强度相等。将录井资料校正后的钻头钻压与扭矩代入式(29)中，便可以得到：

$$E = \frac{4P}{\pi D_B^2 e^{\alpha \mu \mu_{well}}} + \frac{240 q \Delta p_p (n + K_N Q)}{\pi D_B^2 v} + \frac{160 \mu_{bit} p D_B (n + K_N Q)}{D_B^2 v e^{\alpha \mu \mu_{well}}} \tag{30}$$

1.3 机械比能模型的数据处理

为了保证随钻头效率评价的实时性和实效性，机械比能模型使用录井现场的原始工程录井资料进行计算，因原始工程录井资料受到钻井工具、工况、录井工具、工况的影响较大，故需对原始的工程录井资料进行检查、纠错、平滑滤波、筛选、插值等处理。

数据的平滑滤波是使用原始工程录井资料必须要进行的一个重要环节，目的是要将非真实点给予剔除并保留其趋势；目前较为成熟的数据平滑滤波的方法是"五点钟形法"，其计算公式为

$$E_i = \beta(E_{i-2} + E_{i+2}) + \gamma(E_{i-1} + E_{i+1}) \varepsilon E_i \tag{31}$$

式中：β 为系数，取值为 0.11；γ 为系数，取值为 0.24；ε 为系数，取值为 0.3；E_i 为某采样深度点的机械比能值；E_{i+1} 为对应 E_i 相邻下一个采样深度点的机械比能值，E_{i-1} 为对应 E_i 相邻上一个采样深度点的机械比能值。

1.4 钻头进给量的定义

进给量：指钻头每转一转，钻头切削刃相对于地层在进给方向上的位移量，也就是钻

头转一圈的进尺。

$$S = \frac{R}{n} \tag{32}$$

式中：S 为进给量，mm/r；R 为钻速，mm/min；n 为转速，r/min。

1.5 机械比能与钻头进给量的交汇

国内外大量的研究者通过实践和实验室的研究表明：利用机械比能能够对钻头各种井下状态进行有效的预测、监测和评价[2-7]。

机械比能值越低，钻头的破岩效率越高；若在均质岩层中钻进，比能值应为常数，随着钻头的磨损、钻速的下降，比能值缓慢上升。当进给量下降或稳定不变而比能值持续上升时说明钻头的破岩效率下降。进而钻井中应考虑优化钻井参数或更换钻头(图8)。

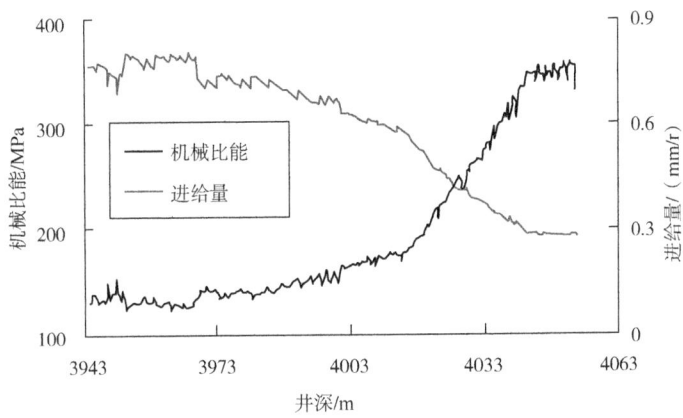

图 8 牙轮钻头机械比能、进给量监测曲线

2 随钻钻头效率评价

2.1 钻头工况监测预报

2.1.1 钻头泥包

钻头泥包指钻头表面被泥团包裹，钻头牙齿受泥包的影响"吃入"地层的程度较小，导致机械钻速大幅长时间降低，严重泥包时可造成水眼的堵死，泵压升高等，甚至在起下钻时可造成环空的堵塞，从而导致更为严重的工程事故。在钻头泥包时机械比能值长时间的增加，进尺降低，在机械比能与进给量的交汇图中如图9所示：此时可通过增大钻头水马力，增强钻头水洗能力，解除泥包。

2.1.2 钻具振动

国内外的研究表明钻具振动，给钻具带来的危害较大，往往有些由于振动带来的钻具疲劳从而导致钻具的异常受损，更为严重的后果导致重大卡钻事故的发生，因此对钻具异常振动的识别也是在钻井工程的预监测中较为重要的内容，可通过机械比能和进给量的交会图的形态来识别钻具振动，并且通过降低钻速，增加钻压来使得振动减弱。

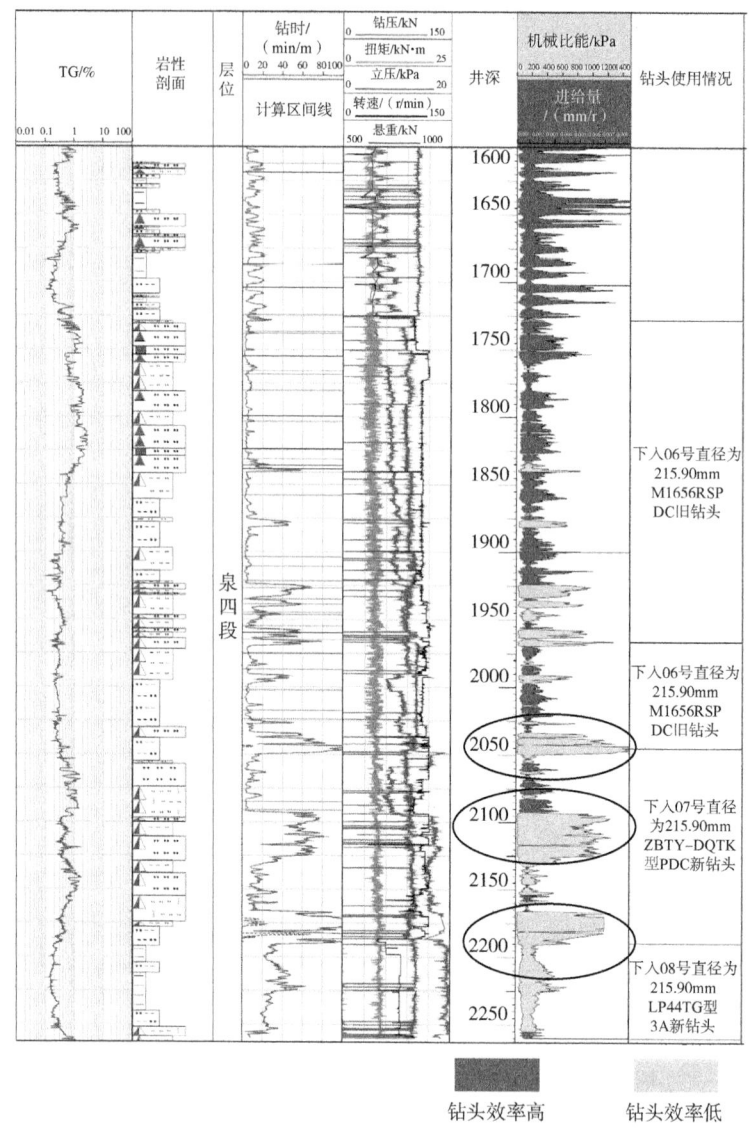

图 9 XX 井水平段钻头效率分析示意图

如图 10 所示为塔东某井的钻头效率分析实时曲线图，图 10 中在 17 号钻头和 19 号钻头中出现了机械比能值剧烈大幅度的波动，此时表明钻具振动相当剧烈，建议井队起钻检查钻头。

2.1.3 钻头钝化

利用机械比能与进给量的交汇图较容易识别钻头钝化，刚开始时机械比能值稳定增加，通过一段时间的观察后机械比能值持续增加，面积持续增大，则表明钻头钝化。值得注意的是机械比能值的急剧增加不一定是钻头钝化，有可能是由于岩性变化引起的，因此要经过一段时间的观察后，方可进行起钻观察及提示预警(图 11)。

基于机械比能模型的钻头效率随钻评价研究

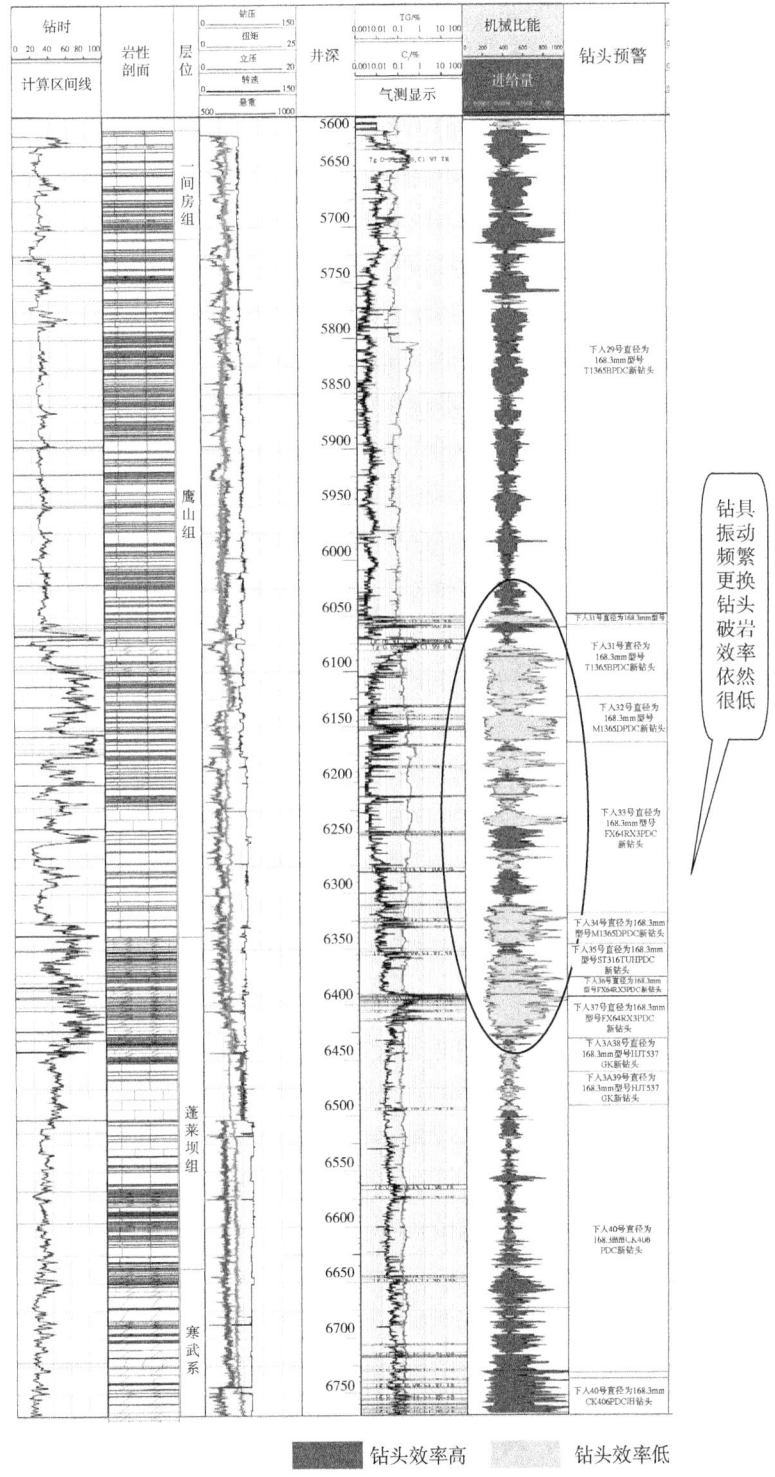

图 10 塔东 XX 井的钻头效率分析实时曲线图

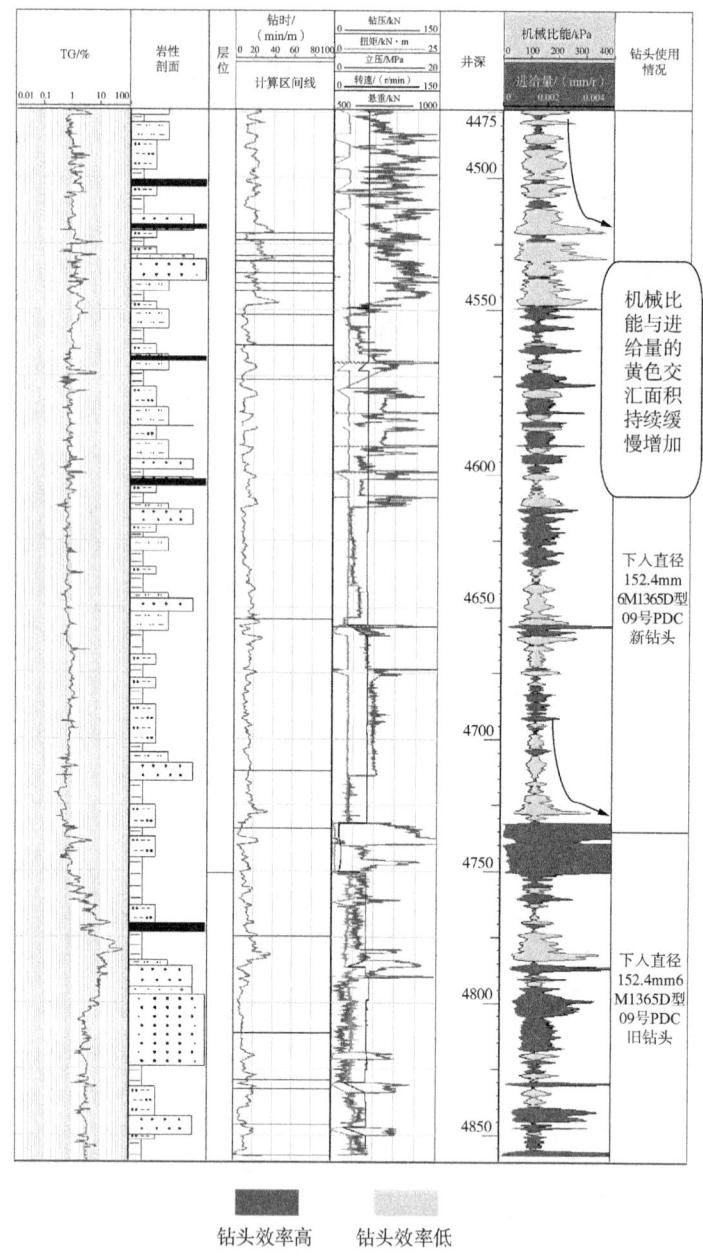

图 11 松辽深层 XX 井钻头效率分析实时曲线图

2.2 钻头选型

通过在不同地层时，不同类型钻头破岩效率的对比分析，进而总结归纳出在某些区域某些地层钻头与岩石的匹配关系，进而为区域钻头选型提供重要的分析依据。笔者通过在大庆塔东区块古城地区的几口井钻头效率分析，表明在古城地区碳酸盐岩地层中：PDC 钻头在纯灰岩段的钻井效率高；牙轮钻头在灰质云岩、云质灰岩等井段钻井效率高。如图 12 所示为塔东某井的钻井过程中钻头破岩效率分析的实例。

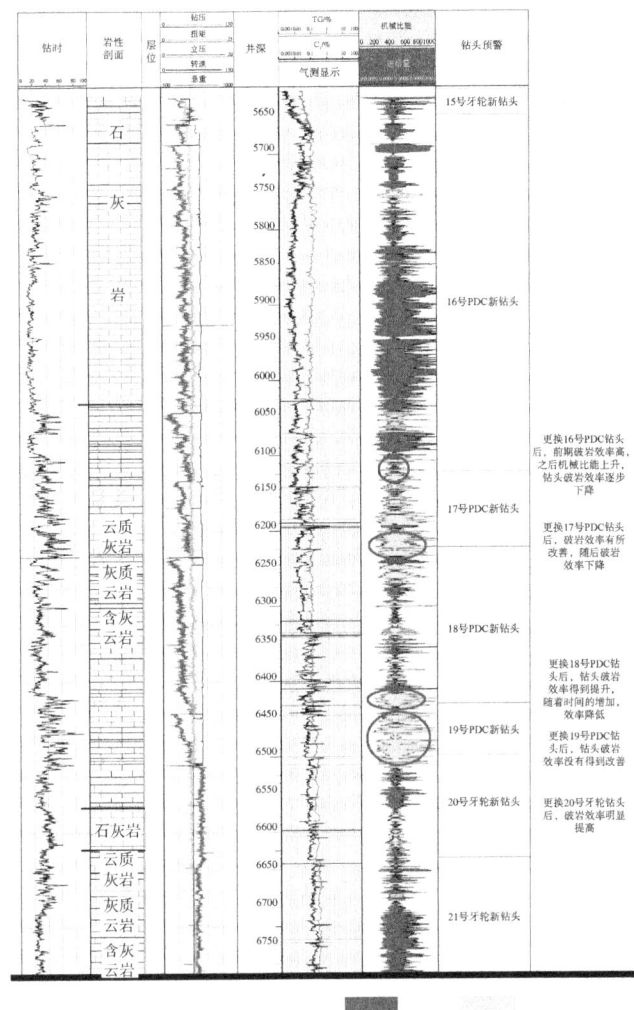

图 12　塔东 XX 井钻头效率分析实时曲线图

3　预期效益

现场应用表明，随钻钻头效率评价能够及时反映出钻头的使用情况，当出现预警情况时，井队及时起钻检查钻头能够避免由于钻头因素造成的工程事故，提高钻井效率，起到优化钻井的目的。按一口井进行钻头预警避免工程事故后，节约钻井时间 2h，一年 50 口井计算，1h 节省资金 20 万元，则：

$$2\times20\times50=2000 \text{ 万元}$$

4　结论

机械比能在钻头效率评价和工作状态监测方面的应用试验证明，使用机械比能实时监测方法可以较为准确地对钻头的破岩效率进行监测,在一定程度上提高钻井效率。通过机械比能的合理利用,可有效提高钻头工作状态监测与预报的准确性,减少事故隐患,避免钻井过程中不必要的损失。

参 考 文 献

[1] R Teale. The concept of specific energy in rock drilling[J]. In-ternational Journal of Rock Mecchaics and Mining Sciences&Geomechanics Abstracts,1965,2(1):57-73.

[2] 张志虎. 功指数模型在地质和工程录井中的应用[J]. 录井工程,2016,27(2):1-6,98.

[3] 景宁,樊洪海,翟应虎,等. 基于比能理论的钻头工作状态监测方法[J]. 断块油气田,2011,18(4):538-540.

[4] 崔猛,李佳军. 基于机械比能理论的复合钻井参数优选方法[J]. 石油钻探技术,2014,42(1):66-70.

[5] 陈绪跃,樊洪海,高德利,等. 机械比能理论及其在钻井工程中的应用[J]. 钻采工艺,2015,38(1):6-10.

[6] 樊洪海,冯广庆,肖伟,等. 基于机械比能理论的钻头磨损监测新方法[J]. 石油钻探技术,2012,40(3):116-120.

[7] 孟英峰,杨谋,李皋,等. 基于机械比能理论的钻井效率随钻评价及优化新方法[J]. 中国石油大学学报(自然科学版),2012,36(2):110-114.

录井技术在萨中 X 断块高台子油层剩余油分析中的应用

张金航　马德华

（大庆钻探地质录井一公司）

【摘　要】 录井技术应用井壁取心岩石热解、饱和烃气相色谱、荧光显微图像分析技术对储层做定量评价，通过对萨中 X 断块高台子油层剩余油水淹程度的精细评价，总结了该区块高台子油层评价剩余油的方法并归纳了剩余油的分布特征。在实际生产中与测井资料结合应用，为采油厂摸清厚油层层内剩余油分布及潜力状况、薄差及表外层的含油评价从而进行挖潜增效给予借鉴参考。

【关键词】 录井技术；高台子油层；剩余油；水淹层评价；薄差层

萨中开发区高台子油层是在总水退背景下形成的一套砂泥岩频繁交互的陆相河流—三角洲沉积，属于白垩系中部含油组合，这套储层形成于松辽盆地整体坳陷过程中的一个显著回返和充填时期。通过密闭取心资料分析表明，高台子油层长石含量约为 40%，石英含量 37% 左右，其他碎屑约为 16%。胶结物以黏土类矿物为主，接触式胶结，砂岩粒度细。钙质及泥质含量高，含油储层渗透率较低，从整体上，表现为层与层之间渗透率差别较小，平面上砂体发育较稳定，连续性较好，含油储层相对较均质。

X 断块高台子油层共分 4 个油层组，22 个砂岩组，82 个沉积单元。该油层于 1980 年 9 月投入开发，开采层位主要以高一组、高二组、高三组合采开发为主。截至 2017 年 5 月，综合含水率 89.8%。由于在开发过程中存在注采井距大、层间矛盾突出等问题，导致了油层动用差异大、采出程度低，经统计，该区块高台子油层采出程度仅为 31.9%。为提高油层动用状况、改善油层开发效果，应用水淹层解释评价技术对萨中 X 断块高台子油层动用状况及剩余油潜力分布等进行了研究。录井技术通过井壁取心器从井壁取出样品，应用岩石热解、饱和烃气相色谱、荧光显微图像等技术对油层水淹程度进行定量评价，提高了厚层、薄差层、表外层的精细评价水平，弥补了测井软件对薄差层及表外层适用性差的问题[1]，在实际生产中与测井资料结合应用，为采油厂摸清厚油层层内剩余油分布及潜力状况、薄差及表外层的含油评价从而进行挖潜增效给予借鉴参考。

作者简介： 张金航，1980 年生，2004 年毕业于西安科技大学地质工程专业，现在大庆钻探地质录井一公司从事综合研究工作。通讯地址：黑龙江省大庆市让胡路区乘风庄地质录井一公司资料解释评价中心。邮编：163411。电话：04595696211。邮箱：zhangjinhang@petrochina.com.cn。

1 水淹层录井评价技术

水淹层录井评价技术是根据密闭取心井分析资料和井壁取心已投产井分析资料,通过井壁取心地化分析及荧光显微图像分析等单项资料解释,创建的一种应用录井技术综合评价水淹层的新方法。

1.1 岩石热解分析技术

岩石热解分析技术是在储层评价中应用的一项录井技术,可以定量测定岩石样品中可热蒸发和热解的烃类。剩余油饱和度是目前储层含油性的实际反映,从产能角度讲,剩余油饱和度越高,挖潜增产的能力越大[1]。剩余油饱和度计算精度的关键在于烃类损失的恢复,当岩石样品经过岩石热解分析后,首先要对损失的轻质组分进行恢复校正,然后再对Pg进行修正。利用修正后的Pg可以通过公式计算得到剩余油饱和度。储层的有效孔隙度是反映物性的重要指标,将有效孔隙度与剩余油饱和度结合起来应用,根据它们的对应关系可以综合评估油层的实际水淹状况。

1.2 饱和烃气相色谱分析技术

饱和烃气相色谱技术具有把混合物分离成单个组分的能力,岩石样品经过热蒸发后的各组分进入色谱柱,经过检测器的信号处理可以得到岩样中各组分的色谱峰和相对含量。谱图中各正构烷烃峰值反映岩石含油丰度,所有正构烷烃峰面积总和反映可动烃的含量,其含量的高低反映含油饱和度的变化;谱图的峰形反映各正构烷烃的相对含量,峰形的异常变化反映原油组分的变化。通过对谱峰形态、峰值、包络线形态、组分含量等参数的变化分析可以定性判断油层水淹程度。

1.3 荧光显微图像技术

荧光显微图像技术是用紫外光或蓝光等光源,通过激发岩石中石油沥青物质后,产生出可见的荧光图像,直观观察石油沥青物质在岩石孔隙中的分布状况。评价含油储层水淹的基础为孔隙中是否能够见到自由水,在原始储层为纯油层的前提下,只要连通孔隙中见到自由水,则表明储层发生水淹,自由水的含量则反映油层的水淹程度。利用荧光显微图像识别孔隙中油水的分布状态及其含量主要依靠定性指标(发光颜色、发光强度、油水分布特征)和半定量指标(含油率、含水率、面孔率),同时还有孔表结膜、油珠、油水乳化等一些特殊现象,这些也就是水淹层判断的基本参数。

2 录井技术分析资料在剩余油挖潜中的应用

油田注水开发以后,随水洗程度的增强,原油性质、孔隙结构、含油饱和度等都要发生变化。反映在井壁取心实物上表现为,岩样含油饱满程度、染手级别、油气味均对应下降或减弱。岩石热解分析Pg反映含油丰度,饱和烃气相色谱是对岩石热解分析S_1的细分,因此岩石热解、饱和烃气相色谱均能反映含油饱和度的变化[2]。荧光显微图像可以观察孔隙中的油水分布、剩余油产状及孔隙结构变化等[3]。在录井单项资料的解释基础上,结合测井资料及区块地质特征、注水开发情况等进行综合分析，找出开发效果差，油层水洗程度较弱，即剩余油相对富集区，从而得出剩余油的分布规律。

根据高台子油层水驱油实验资料，随水洗程度的增强，饱和烃气相色谱峰型从正态峰型向扁平型变化，其峰值及岩石热解分析参数均有不同程度降低(图1、图2)。注入水以水膜形态铺满孔壁，连通较好的小孔隙容易被水充满，大孔道中剩余油容易出现指进，剩余油为斑状、柱状或珠状，连通较差的小孔隙剩余油为簇状，荧光显微图像资料验证了这一点(图3)。

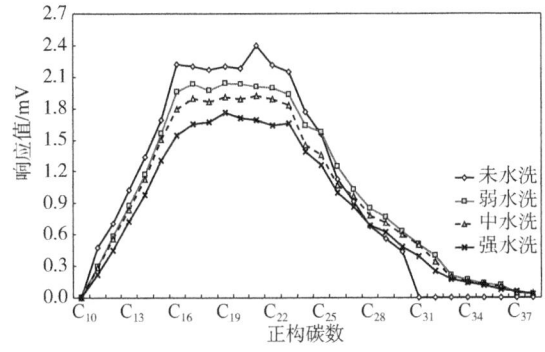 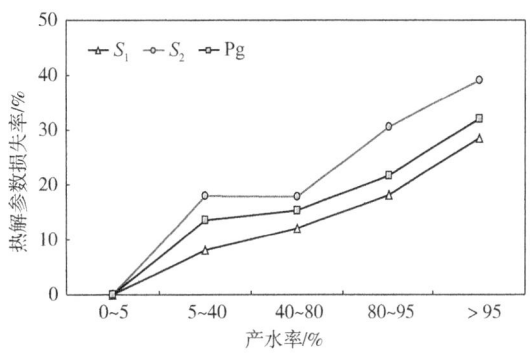

图1 饱和烃色谱响应值随产水率的变化　　　图2 岩石热解损失率随产水率的变化

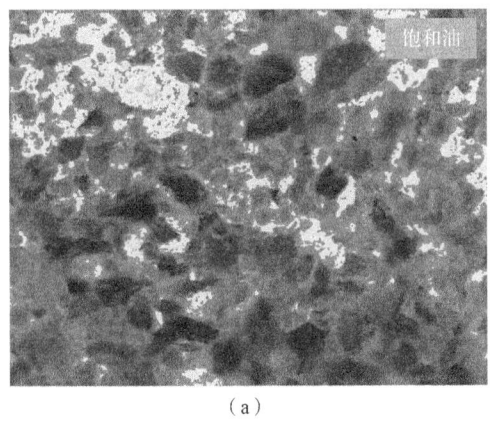 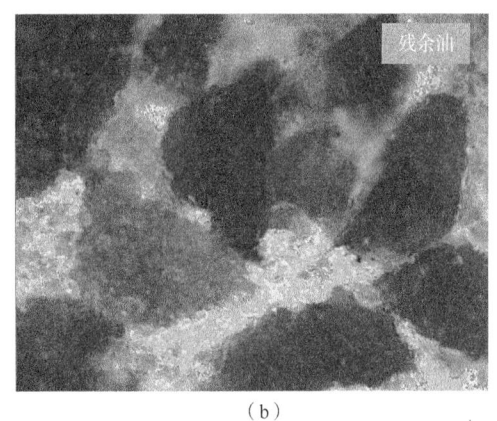

（a）　　　　　　　　　　　　　（b）

图3 饱和油与残余油荧光显微图像特征

应用井壁取心分析技术，落实厚层、薄层及表外层的岩性、物性及含油性，进而评价储层剩余油分布特征及产油潜力，对油田开发中提产增效具有重要意义。统计萨中开发区X断块高台子油层25口井的井壁取心分析资料表明(表1)，未—低水淹层占总解释层的12.8%，中水淹占总解释层的53.0%，高水淹占总解释层的32.7%。通过对比采油厂提供的相邻区块北一、二排西部2015年新钻井水淹解释资料(表2)，高台子油层高水淹有效厚度仅占到30.5%，而中、低水淹有效厚度比例达到了69.5%，与录井解释非常吻合。整体上来看，高台子油层在下一步的产能增效上具有很大的挖潜价值。

表1 萨中开发区X断块高台子油层解释情况统计表

水淹级别	解释层数		解释厚度	
	层数/层	比例/%	厚度/m	比例/%
录井解释	229		131.2	
未水淹	5	2.2	2.0	1.5
低水淹	16	7.0	9.0	6.9
中低淹	10	4.4	5.8	4.4
中水淹	79	34.5	39.8	30.3
中高淹	48	21.0	29.8	22.7
高水淹	57	24.9	40.3	30.7
特高淹	2	0.9	2.6	2.0
夹层	12	5.2	1.9	1.4

表2 北一、二排西部高台子油层厚度分级水淹统计表(2015年新钻井)

油层分类	高水淹		中水淹		低未水淹	
	厚度/m	比例/%	厚度/m	比例/%	厚度/m	比例/%
$1.0 \leq H_{有}$	2.2	64.7	1.2	35.3		
$0.5 \leq H_{有} < 1.0$	0.6	21.4	2.1	75.0	0.1	3.6
$H_{有} < 0.5$	0.1	3.0	2.8	84.9	0.4	12.1
合计/平均	2.9	30.5	6.1	64.2	0.5	5.3

3 X断块剩余油分布特征

综合评价,高台子油层目前采出程度为31.9%,还有68.1%的地质储量剩余在地下,这部分剩余油大部分油层发育差,根据水淹层录井评价分析结果,总体上主要有以下几种分布形式。

3.1 富集在有效层厚度大于1m的油层顶部

该类层有效厚度相对较大,储层岩性、物性较好,砂体之间的连通性较强,属于中—高渗透层,即使注采井距较大也不会对水淹程度和区域有太大的影响。经过长期注水开发后,储层中连通性较好的地方油井见效快,易形成大范围水淹,而储层的顶部则通常属于低渗透层段,与下部层内流动能力的差异,造成层内低渗透带未能动用,从而形成了剩余油富集区。因此,该类油层剩余油多富集在油层顶部的位置。如G113-285井GⅠ11-12号层厚度4.8m,中上部及顶部取心3颗油浸砂岩,Pg在36.84~47.93mg/g,均解释为中低淹;投产后日产油1.72t,含水率89.6%(图4)。

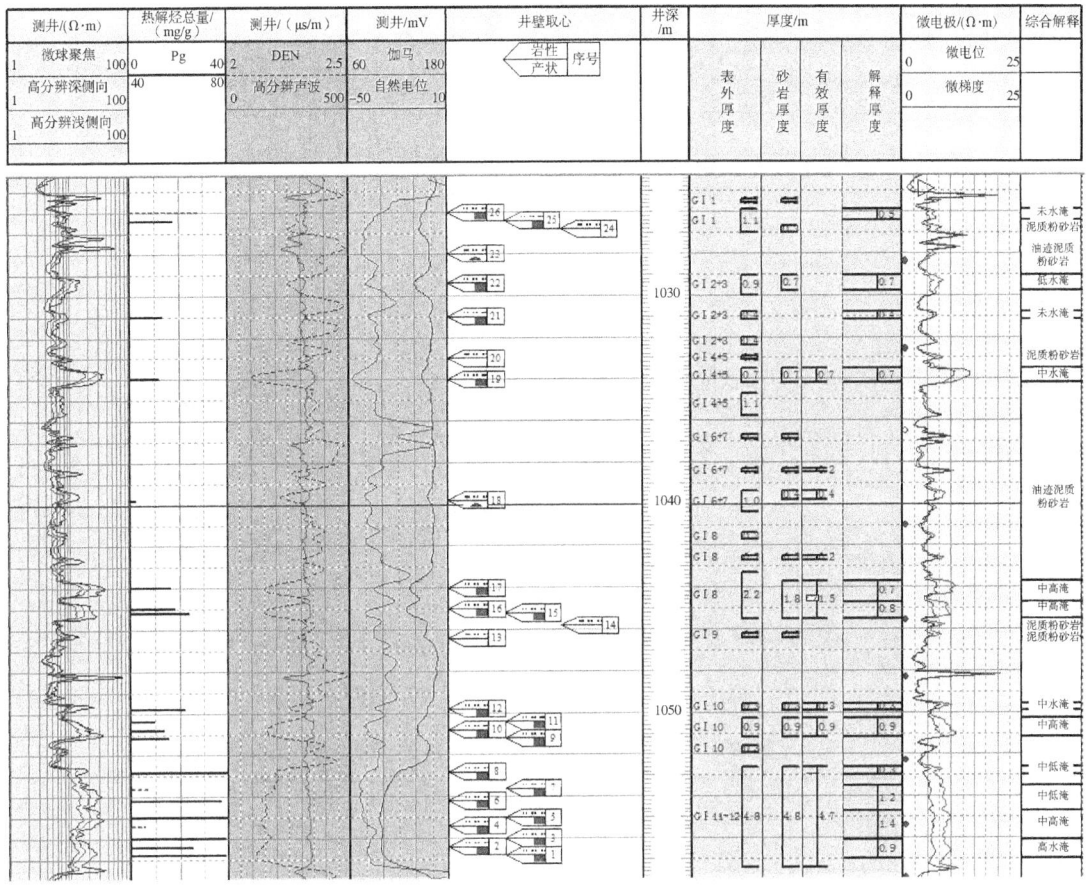

图 4　高 113-285 井 G I 组录井综合图

3.2　分布在物性差的钙层顶底部位

萨中 X 断块高台子油层广泛发育着含钙储层,此类储层属于中低渗透、物性差的薄差油层,由于层顶或底部致密钙层的影响,受到油水运动的屏蔽,同时受平面非均质和层间干扰等影响,注水过程中因注入水沿阻力较小的物性好部位流动,致使物性变差部位水淹程度较低,从而形成剩余油富集。如 G425-X505 井 G II 油层组,多处出现顶底部为含钙砂岩,钙上下为油浸砂岩,解释为低—中水淹;投产 G II 2～G III 1 层后,日产油 1.33t,含水率 83.6%(图 5)。

3.3　集中在厚度小于 0.5m 的薄差层

根据高台子油层的注水井近年连续吸水资料,高台子油层整体动用状况一般,动用差及未动用砂岩比例达到 53.0%,有效厚度比例达到 51.5%。油层性质越差,动用状况也随之变差,有效厚度大于等于 0.5m 油层动用差和未动用砂岩比例为 47.3%,而有效厚度小于 0.5m 及表外油层动用差和未动用砂岩厚度比例达到了 55.5%。

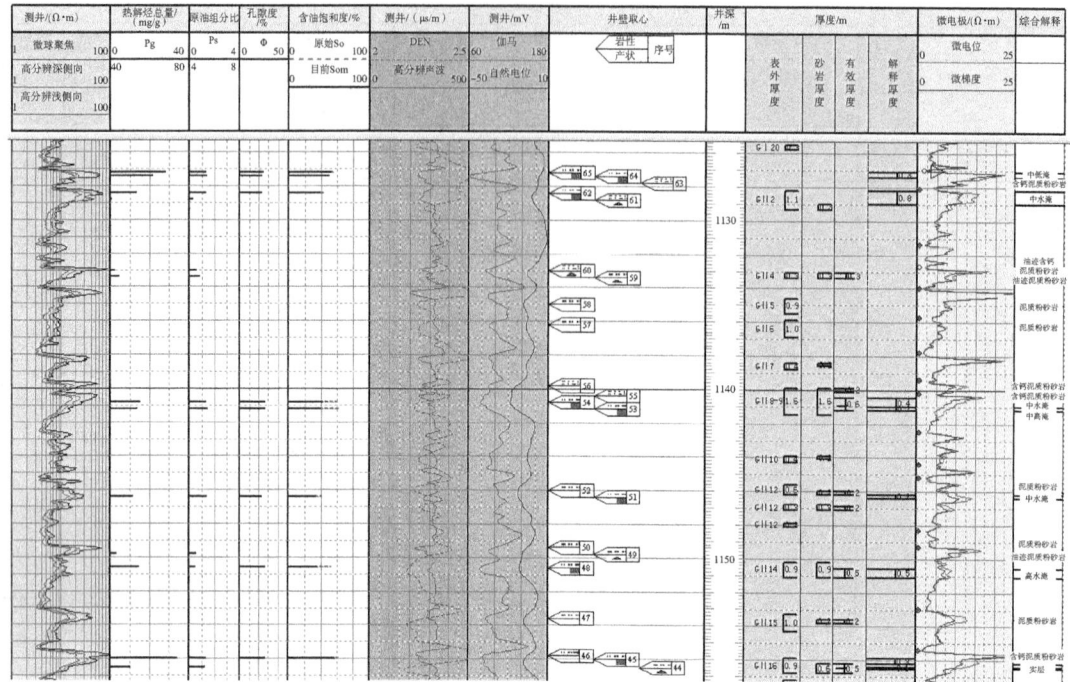

图 5　高 425-X505 井 GⅡ组录井综合图

表 3　萨中开发区 X 断块高台子各油层组解释情况统计表

油层组	分类	解释厚度百分比/%							
		未水淹	低水淹	中低淹	中水淹	中高淹	高水淹	特高淹	夹层
GⅠ	有效≥0.5m	—	0.98	4.92	23.77	27.21	38.03	4.26	0.82
	有效<0.5m	—	—	—	86.67	13.30	—	—	—
	表外	8.20	49.10	11.80	30.90	—	—	—	—
GⅡ	有效≥0.5m	—	0.90	0.60	29.34	24.25	41.62	—	3.29
	有效<0.5m	—	—	—	59.26	40.74	—	—	—
	表外	10.40	22.60	12.30	49.10	5.70	—	—	—
GⅢ	有效≥0.5m	—	—	—	25.56	35.56	35.56	—	3.33
	有效<0.5m	—	—	—	100.00	—	—	—	—
	表外	—	21.40	—	78.60	—	—	—	—

从现场取得井壁取心样品来看，有效厚度小于 0.5m 的层样品产状以油浸砂岩为主，表外层样品产状以油斑砂岩为主。从资料综合分析解释结果来看(表3)，GⅠ、GⅡ、GⅢ油层组解释为高水淹以上级别的厚度所占百分比分别为 42.29%、41.62%、35.56%，而且均为厚度大于 0.5m 的有效层。中水淹及以下级别的厚度百分比均在 60% 左右，其中有效层厚度小于 0.5m 及表外层多呈未水淹—中水淹特征，这类层属于物性差、泥质含量高且分布不稳定的薄砂层及表外层，是剩余油的主要聚集区。

这类储层砂体分布广且层段跨度大，虽然有多口井钻遇，但由于储层物性差而造成开采效果差；还有一部分由于砂体之间连通性差而没有射孔投产，因此，没有构成有效的注采关系，形成剩余油。如高301-534井GⅠ1-GⅡ9号层，取心油浸砂岩为主，Pg为5.91~30.68mg/g，解释主要为中水淹；投产后日产油2.40t，综合含水率80.8%（图6）。

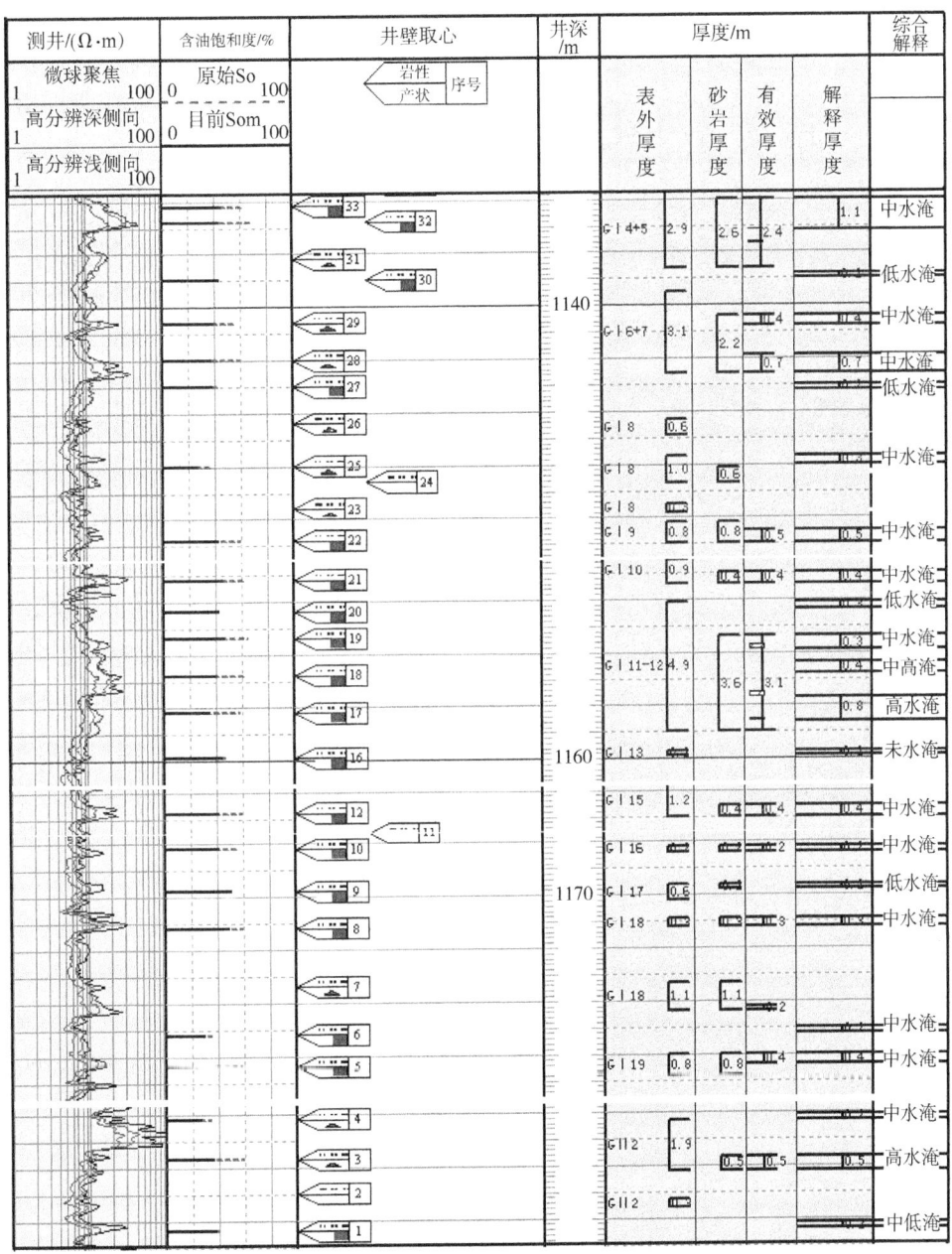

图6 高301-534井录井综合图

通过对高台子油层分析可以看出，虽然高台子油层主要以薄差层为主，岩性、物性均较差，但是在注水开发后，往往综合含水上升快，通过注水很快能达到中水淹，高台子油层水淹级别主要为低—中高淹，因此，高台子油层具有广大的开发前景。

4 结束语

通过研究，可以得出以下结论。一是水淹层录井评价技术在萨中 X 断块高台子油层剩余油分析中应用效果明显。二是萨中 X 断块高台子油层剩余油分布特征主要有以下几种形式：(1)富集在有效层厚度大于 1m 的油层顶部；(2)分布在物性差的钙层顶底部位；(3)集中在厚度小于 0.5m 的薄差层。三是水淹层录井评价技术可以推广应用到其他油田或区块剩余油挖潜中，对于采油厂提产增效，具有重要意义。

参 考 文 献

[1] 郎东升，张文生，岳兴举，等.油田开发水淹层录井评价技术[M].北京：石油工业出版社，2006，29-138.

[2] 左铁秋，耿长喜，赵晨颖，等.岩石热解分析技术评价水淹层方法[J].录井工程，2005，16(3)：40-41.

[3] 马德华，耿长喜，左铁秋，等.荧光图像技术在水淹程度评价中的应用[J].录井工程，2005，16(1)：17-20.

松辽盆地古龙凹陷页岩油录井解释评价方法研究

张丽艳　秦文凯

(中国石油大庆油田钻探工程公司地质录井一公司)

【摘　要】　非常规油气资源是当前大庆油田油气勘探开发中的一个新的重要领域，页岩油作为一个新的勘探目标，其各项勘探开发工作正在逐步展开。为实现页岩油钻探中的快速解释评价，通过对井筒录井资料的分析研究，探索录井相关技术参数在页岩油井解释评价中的应用方法，并初步建立了一套适用于页岩油评价的录井解释方法，即采用气测录井、岩性及岩心裂缝观察、地化热解参数、残余碳分析数值、元素分析参数等多种录井技术相结合，从岩性、物性(裂缝发育情况)、含油气性、烃源岩特性、脆性等方面对页岩油进行评价，并初步提出各参数的评价范围及脆性的计算方法。该研究对松辽盆地古龙凹陷页岩油录井的解释评价具有一定的指导意义，为页岩油的下一步开发提供了可靠依据。

【关键词】　页岩油；龙虎泡；录井解释；排烃阈值；松辽盆地

目前，大庆油田松辽盆地常规油的勘探已接近尾声，已逐步向非常规油气田勘探领域迈进，致密油、低饱和度低渗透性油藏勘探已初见成效，但页岩油勘探技术则刚起步。大庆油田松辽盆地中浅层发育两套主力烃源岩层系，分别为青山口组和嫩江组，有机质丰度较高，具有较好的生油条件，页岩油的大规模勘探开发，将对大庆油田油气资源可持续开发利用具有重大意义。

页岩油气藏具有低孔隙度特低渗透率、自生自储、连续成藏等特点，在其勘探开发过程中，录井技术起着"眼睛"和"参谋"的双重作用。录井技术能够获取井筒的第一手资料，其主要表现为气测录井能够快速识别页岩油层的游离烃含量，地化热解分析技术获取的各参数能够反映页岩油层的吸附烃含量，岩心录井通过岩心实物观察能够真实描述页岩的页理、油膜赋存状态及裂缝发育情况、含有物等关键性参数。另外，通过选取的岩心样品能够进行物性、含油性等参数分析。故录井技术已经成为页岩油层评价不可或缺的关键性技术。

页岩油的录井解释评价方法将是页岩油勘探评价中的重要手段，研究页岩油的录井解释评价方法将尤为重要。目前，松辽盆地对页岩油井的录井解释评价方法还处于探索阶段，面对目前的形势任务，需要研究确定录井哪些参数与页岩油层的解释评价相关性最好，可用来有效地评价页岩油层，并初步建立一套适用于页岩油评价的录井解释方法，对该区块

作者简介：张丽艳，中级工程师，1985年生，2008年毕业于中国石油大学(北京)石油工程专业，现在大庆钻探工程公司地质录井一公司从事录井技术研究工作。通讯地址：163411 黑龙江省大庆市让胡路区乘风庄8号。电话：13836828196。E-mail：zhangliyan_lj@petrochina.com.cn

页岩油井的解释评价具有一定的指导意义。

1 区域概况

古龙凹陷是松辽盆地中央坳陷区内的一个负向二级构造单元，是在基底构造形态基础上形成的继承性凹陷。本区主要生油岩为青山口组暗色泥岩及嫩江组一、二段暗色泥岩，油源条件优越。尤其是青山口组泥岩烃源岩厚度大，有机质丰度较高，有较好的生油条件。

青山口组泥岩气测异常较活跃，气测异常发育区与断裂带具有密切的关系，反映出泥岩裂缝储层发育。经钻井取心井统计，泥岩裂缝集中发育层位在青一、青二及青三段底部，厚度约200m。青山口组压力系数普遍大于1.2，最高值可达1.5，整个古龙地区基本都处于异常高压区内。对齐家—古龙地区132口井测井声波时差资料分析发现，青山口组均存在比较明显的高压异常。

古龙地区青山口组页岩储层中原油密度、黏度、含蜡量及凝固点低，流动性好，初步确定原油密度小于$0.85g/cm^3$、黏度小于$20mPa·s$，有利于获得工业油流。

综上所述，松辽盆地古龙地区青山口组泥岩厚度大，烃源岩有机质丰度较高，且存在异常高压，局部裂缝发育，原油密度在$0.85g/cm^3$左右，流动性较好，具备较好的页岩油开采条件。

2 页岩油勘探开发的影响因素

依据储集空间类型将松辽盆地页岩油赋存类型划分为基质型、裂缝型和夹层型3种[1]。基质型页岩油层主要表现为泥岩裂缝不发育，原油主要以游离和吸附态赋存于页岩的微孔隙或基质中；裂缝型页岩油油层主要表现为天然裂缝发育，原油主要以游离状态赋存于裂缝中，原油具有较好的流动性；夹层型页岩油层主要表现为以砂、泥岩互层为主，原油主要赋存于砂岩夹层中，该类型储层脆性较好。

有利岩相、储集性能、异常压力和页岩油可流动性是页岩油富集的主控因素[2]。有利岩相突出表现在储层是否为有效的烃源岩储层、是否存在砂质条带或夹层通道、是否具有一定的含油气产状；储集性能主要表现在页岩页理、裂缝发育程度、脆性等；异常压力主要指是否存在异常高压，是否有利于储层的压裂改造；可流动性主要表现在原油本身是否易于流动，流动性越好，越利于后期的开采，从而形成可观的工业油流。

3 录井解释评价方法研究

页岩油与低孔隙度低渗透率的致密油评价具有一定的相似性，大庆油田对致密油水平井在储层"三品质"评价方面形成了一些技术方法[3]，致密油评价技术主要包括岩性、物性、含油性、烃源岩特性、脆性。页岩储层一般具有低孔隙度、低渗透率的特性。故页岩油录井解释评价技术主要包括岩性、物性（裂缝发育情况）、含油气性、烃源岩特性、脆性评价。

录井技术可获取诸多实时井筒资料，主要为现场岩性落实、岩心实物观察、井筒油气显示发现以及针对岩屑、岩心、钻井液样品所做的各项分析化验数据。通过岩心观察能够获取岩性、裂缝及油膜发育情况资料；通过气测录井技术能够获取页岩油游离烃的能量资料；通过地化热解分析技术、二维定量荧光分析技术能够获取页岩油层的吸附态烃类的含油性资料；通过残余碳分析技术能够获取页岩油储层烃源岩评价重要参数TOC%；通过元素分析技术可获取地层各元素分布情况，从而计算出平均储层的脆性。故页岩油的解释评价中所需的五要素即岩性、物性（裂缝发育情况）、含油气性、烃源岩特性、脆性均由可录井技术首先获得。综上所述，通过录井技术能够全面有效地评价页岩油层。

3.1 岩性

松辽盆地青山口组暗色泥岩发育，是主要的烃源岩层，也是页岩油勘探的潜在领域。岩性以泥岩为主，包括黑色泥（页）岩、灰黑色含介形虫泥岩及含粉砂泥岩。泥岩中夹层有两种类型岩性，一种砂质岩类，如泥质粉砂岩；一种钙质岩类，如介形虫层、钙质粉砂岩。

针对古龙凹陷区块，选取该区块青山口组钻井取心过程中见泥岩裂缝且裂缝面见油膜的井共 11 口，对该区块岩性组合进行统计，结果显示该区青山口组岩性组合以灰黑色泥岩为主，夹钙质薄砂层或薄层介形虫层。泥岩占比超过 85%，砂岩类岩性占比小于 10%。

经研究分析，将本区青山口组岩性大体上分为 6 段（图 1），第一段为青二、三段顶部 15m，主要以砂泥岩互层为主，泥岩质不纯，含砂，颜色以深灰色为主，性较软；第二段厚约 95.0m，主要以深灰—灰黑色泥岩为主，夹薄层介形虫层，局部泥岩含介形虫，质纯，性软；第三段厚约 25m，以灰黑色泥岩为主，质纯性脆；第四段厚约 32m，亦为灰黑色荧光泥岩，局部夹粉砂质泥岩，砂质呈薄条纹状分布，本段泥岩滴氯仿后可见荧光；第五段厚约 45m，主要为青二、三段的底部，岩性为灰黑色荧光泥岩夹薄层泥质粉砂岩或薄层钙质粉砂岩，质纯性脆，局部偶见约 1m 厚的薄层油迹砂岩，该段从取心观察看裂缝较发育，且多口井在此段试油有油流产出；第六段为青一段，厚约 75m，岩性以灰黑色泥岩为主，夹薄层钙质砂条或介形虫层，泥岩质纯性脆，页理发育，本段亦是裂缝发育区，以往多口井试油且有油流产出。

综上所述，第四、五、六段为荧光泥岩区，为页岩油藏的有利岩相，故青二、三段底部及青一段为该区页岩油勘探的主要目标层段。

3.2 物性

物性主要参考裂缝发育程度，（微）裂缝为页岩油从基质孔隙进入井筒提供了必要的运移通道[5]，极大地改善了页岩的渗流能力。故裂缝的发育程度是影响页岩油产能的主要因素。

针对该区块选取 7 口钻井取心井进行数据统计（表 1），从钻井取心描述资料可知，该区块在青二、三段底部、青一段（图 1 中第五、六段）岩心裂缝发育横向裂隙为主，局部可见纵向裂缝，纵向裂缝长度约 2~74cm。均有较好产能贡献，且纵横裂缝、裂隙、页理越发育，产能越高，综上所述，裂缝对页岩油产能有一定的影响。

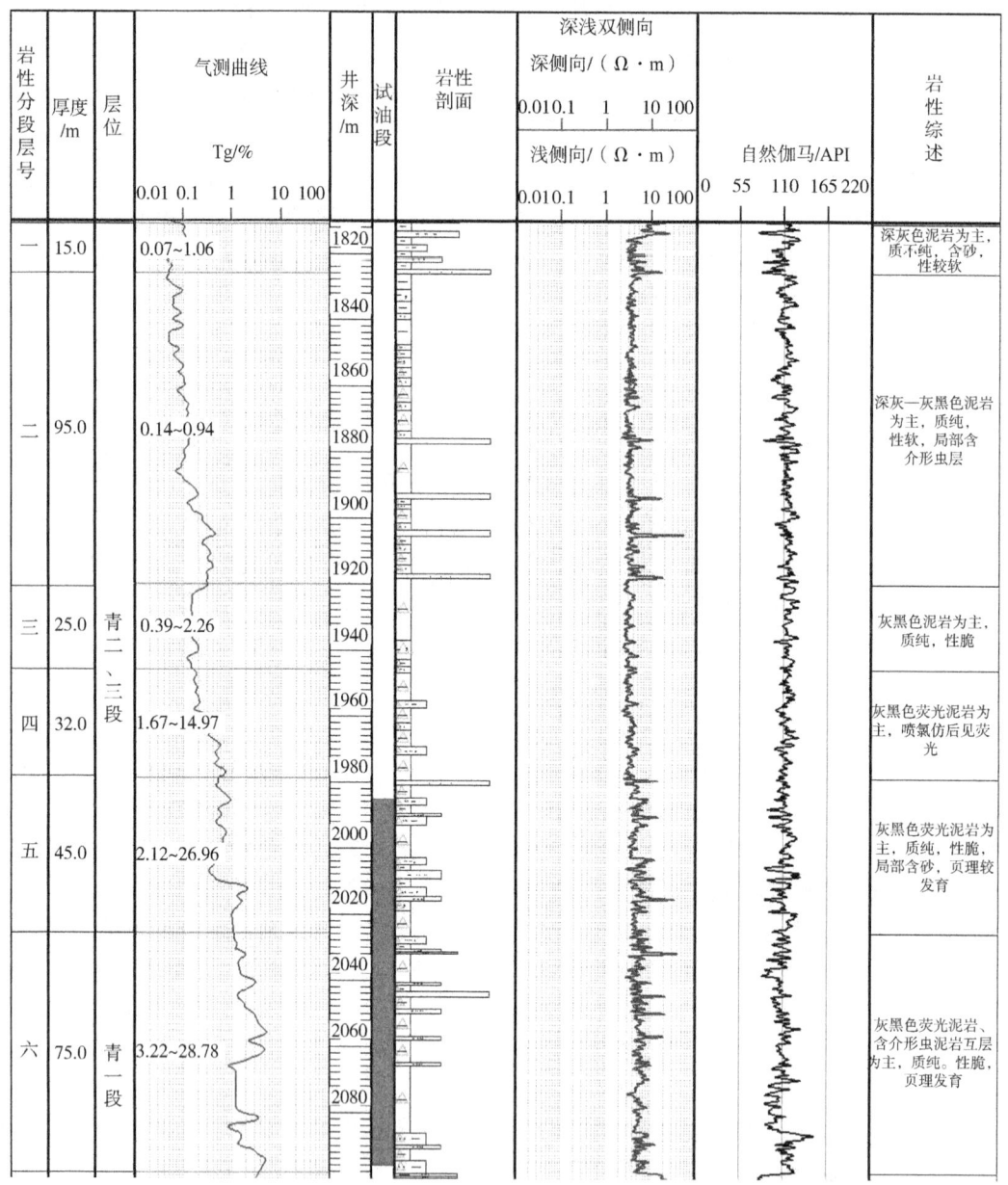

图 1　龙虎泡地区青山口组岩性组合特征示意图

表 1　龙虎泡地区青山口组泥岩岩心裂缝含油情况统计

年份	井号	试油方式	产量			试油结论	岩心裂缝情况
			油/(m³/d)	气/(m³/d)	水/(m³/d)		
1983	Y18	气举	2	21.1		含气工业油层	裂隙及页理较发育，主要为纵向裂缝，裂隙为主，斜交次之。集中在青二、三段下部、青一段上部

续表

年份	井号	试油方式	产量			试油结论	岩心裂缝情况
			油/(m³/d)	气/(m³/d)	水/(m³/d)		
1990	H18	MFE(Ⅰ)	0.795			低产油层	以横向裂缝为主(水平含油裂缝22条)。
		压后抽汲	3.52			工业油层	集中在青二、三段下部、青一段上部
1989	H14	HST	0.72			低产油层	26条横向裂缝，18条纵向裂缝，纵向裂隙长度为5~74cm；集中在青一段及青二、三段底部
2017	SY2	压后求产	4.93			工业油层	25处横向裂隙，横向页理发育
2017	SY1	压后求产	3.22			工业油层	17处横向裂隙，4条纵向裂隙。集中在青一段及青二、三段底部
1983	Y15	提捞	0.016	微量		低产油层	28处纵向裂隙，长度为2~38cm。集中在青一段

3.3 含油气性

通过气测异常显示、地化各分析项目参数可评价页岩油含油性。

3.3.1 气测异常显示

气测录井是发现油气显示的关键因素，进入泥岩裂缝型油气层，在气测资料上会有明显的异常显示，其显示幅度与储层的含油气性成正比。

从图1可以看出，本区气测异常从上至下纵向上呈台阶式攀升状态，到图1的第四、五、六段开始基值抬升，气测基值大于2%，由对应岩心资料可知，此三段泥岩见荧光显示，且对应裂缝中见油膜，故从气测、岩心录井资料可知，此三段含油性相对较好，且试油有油流产出。

根据古龙凹陷龙虎泡地区青山口组泥岩试油段气测异常显示统计可知(表2)，气测无显示则以干层为主；全烃小于2%，产油在0.1~0.5t/d；全烃介于2%~40%之间，产油量在0.5~1.0t/d；全烃大于40%，产油量大于1.0t/d。综上所述，气测异常显示对页岩油产能有较大影响。

表2 龙虎泡地区青山口组泥岩试油段气测异常显示统计

年份	井号	产量			试油结论	气测异常井段/m	Tg/%			比值/倍
		油/(t/d)	气/(m³/d)	水/(m³/d)			最大	一般	基值	
1999	G535	1.36	1253		低产油层	2314~2324	55.99	36.51	1.00	56.0
1996	G105	1.49			工业油层	1798~1827	51.81	37.57	8.00	6.4
1995	G651	1.60	微量		低产油层	2010~2050	43.82	34.46	10.00	4.4
1990	H18	0.80			低产油层	1991~1997	20.00	15.00	3.50	5.7

续表

年份	井号	产量			试油结论	气测异常井段/m	Tg/%			比值/倍
		油/(t/d)	气/(m³/d)	水/(m³/d)			最大	一般	基值	
2003	Y391	0.52			低产油层	1862~1869	35.64	5.94	0.74	48.2
1989	H14	0.72			低产油层	2031~2032	8.00	180	0.50	16.0
1995	G69	0.58	0	0.37	低产油水层	1970~1983	15.24	12.50	6.00	2.5
1993	G57	0.33	39		低产油层	2303~2307	6.43	4.07	0.75	
1988	Y142	0.17		7.913	低产油水层	1948~1949	5.54	4.45	1.20	4.6
1986	L12	0.25			低产油层	1997~2009	1.38	098	0.40	
1986	H16	0.21	21		低产油层	2189~2193	1.51	0.87	0.10	15.0
1988	H8	0.13		0.05	低产油层	2143~2162	1.78	0.54	0.03	59.0
1983	Y15	0.02	微量		低产油层	2235~2239	1.98	1.00	0.14	
1986	G37	0.15	0	0.95	油水同层具少量油流	2230~2250	1.13	0.90	0.30	4.0
1991	T26				干层		无显示			
1986	G601	0.00	0	0	干层		无显示			
1983	Y15	0.01			干层		无显示			

3.3.2 地化分析参数

地化分析是砂岩储集层含油性识别的主要手段。同理，地化分析数据对页岩的含油性识别具有至关重要的作用。下面主要以地化热解及二维定量荧光分析两项技术进行阐述。

（1）岩石热解技术可以辅助识别发现泥岩中的油气显示。

以区块内的 SY 1 井、Z 76 井为例，SY 1 井岩屑中的荧光泥岩 S_1 平均值为 1.2mg/g，pg 平均值为 6.0mg/g；非荧光泥岩 S_1 平均值为 0.2mg/g，Pg 平均值为 2.1mg/g。荧光泥岩 S_1 平均值及 Pg 值均明显高于非荧光泥岩。该井岩心中的荧光泥岩 S_1 平均值为 6.0mg/g，Pg 平均值为 14.8mg/g，明显高于岩屑的热解值，分析原因是细碎岩屑被钻井液的浸泡导致岩屑中的部分油气散失。非页岩油井 Z 76 井黑色泥岩中，青一段 S_1 平均值为 0.15mg/g，Pg 平均值为 7.6mg/g。S_1 值要低于 SY 1 井的 S_1 值，但 Pg 值相差不大。

以上分析表明，页岩油井通过热解识别发现油气显示，主要参考 S_1 值，S_1 值较大说明存在油气显示。

（2）二维定量荧光技术可以辅助识别发现泥岩中的油气显示。

以区块内的 SY 2 井为例，SY 2 井荧光泥岩岩屑含油浓度平均值为 186.54mg/L；非荧光泥岩岩屑含油浓度值为 50mg/L 左右。因此，可以利用二维定量荧光技术含油浓度参数的大小来识别泥岩是否含油。

3.4 烃源岩特性

3.4.1 TOC与页岩油产能的关系

统计龙虎泡地区8口井青山口组试油泥岩段的有机碳TOC数值(表3),可以看出,当TOC小于1.0%,产油小于0.1 t/d;TOC在1.0%~2.0%,产油量在0.1~1.0 t/d;TOC大于2.0%,产油量大于1.0 t/d。可见,TOC对页岩油产能有较大影响。

表3 古龙地区青山口组泥岩试油段TOC分析数值统计

井号	井段/m	厚度/m	层位	小层号	试油方式	产量 油/(t/d)	产量 气/(m³/d)	产量 水/(m³/d)	试油结论	TOC分析层号	TOC样品数/块	TOC平均值/%
G601	1420~1450	16.0	K_1qn_{2+3}	外	提捞				干层	青山口组	22	0.94
Y15	2208.06~2082.27	95.6	$K_1qn_{2+3} \sim K_1qn_1$		提捞	0.02	微量		低产油层	青山口组	76	0.98
H16	2222.0~2200.0	15.0	$K_1qn_{2+3} \sim K_1qn_1$	28	MFE(Ⅱ)	0.39	23		低产油层	28	20	1.65
H18	2020.0~1995.5	87.5	K_1qn_{2+3}	17、未1、未2	MFE(Ⅰ)	0.80			低产油层	未1	4	1.82
										未2	3	1.92
H14	2083.0~1995.5	87.5	K_1qn_1		HST	0.72			低产油层	青山口组	22	1.98
Y18	2036.3~1942.5	93.9	$K_1qn_{2+3} \sim K_1qn_1$		气举	2.00	21.1		含气工业油层	青山口组	29	2.06
SY1	2082.2~2048.0	34.2	K_1qn_1	85、87	压后求产	4.93m³			工业油层	85	86	2.18
										87	105	2.39
SY2	2394.0~2346.3	47.4	K_1qn_1	35~37	压后求产	3.22m³			工业油层	36	30	2.01
										36	95	2.04
										37	48	2.17

3.4.2 烃源岩阈值的判断

页岩油层具有低孔隙度、低渗透率的特性,开发难度较大,只有地层中页岩油资源富集到一定程度,才可以被有效地开发。因此,寻找页岩油资源富集的参数响应特征尤为关键。页岩油层主要为烃源岩,故寻找有效的烃源岩至关重要。整体上,页岩油资源量随TOC%的增大而增大,但当TOC%达到一定值时,不再随TOC的增大而变化,即含油达到饱和,此时对于页岩油开发最为有利,将此时TOC作为页岩油资源富集划分标准[4]。

国内外学者普遍认为有效烃源岩指能够生成并排出烃类而形成工业油气藏的烃源岩[5]。如果一套烃源岩的有机质类型和成熟度改变较小,且未发生排烃作用,则其生烃量与TOC%含量之间成较好的正相关线性关系。当TOC%含量增高至一定程度时,烃源岩对烃类的吸附量已达到饱和,其中大于饱和吸附量的部分烃类将会被排出,残留烃量的变化将偏离正常的相关趋势线。此时,在二者关系曲线中,残留烃量开始偏离常规趋势线时对应的TOC%含量下限即为排烃阈值[6-7]。也就是说,只有当烃源岩TOC含量超过其排烃下限时,烃源岩才会排出较多的烃类流体。低于 TOC 含量下限的烃源岩可能也会发生排烃,但较难达到工业产能,并非有效烃源岩。有效烃源岩是形成工业性油气藏的前提保障,所以寻求有效烃源岩的关键是找到烃源岩 TOC 的排烃阈值,即排烃下限值。

针对 2017 年两口页岩油井 SY 1、SY 2 井青山口组泥岩储层的残余碳分析数据进行 S_1/TOC—TOC 的图板制作,得出青山口组有效烃源岩的排烃阈值为 2.1%(图2、图3)。即当页岩油层的 TOC% 超过 2.1% 后,较易形成工业油层。

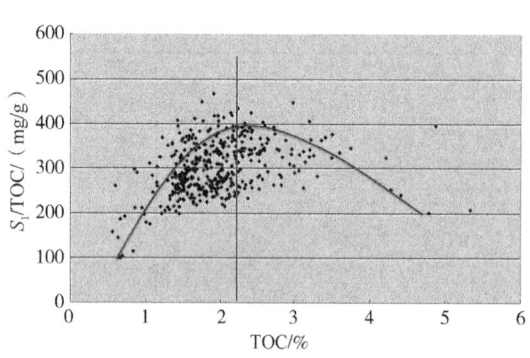
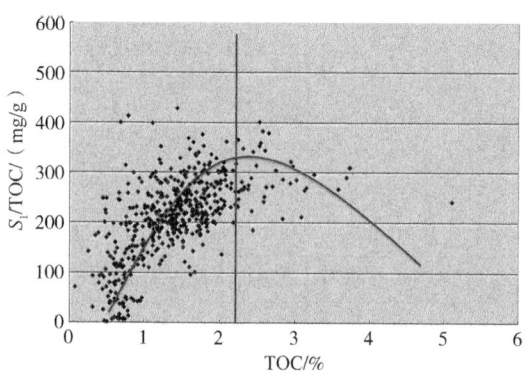

图 2　SY 1 井 S_1/TOC—TOC 排烃阈值图板　　　　图 3　SY 2 井 S_1/TOC—TOC 排烃阈值图板

3.5　脆性

页岩的脆性主要通过石英、碳酸盐岩等刚性矿物的含量来反映,因此,可利用 X 射线元素录井技术检测的元素含量对页岩脆性进行评价。在录井现场,元素分析技术能定量分析 Ca、Mg、Fe、Si、Al、S、P、K、Na、Cl、Mn、Ti、Ba 等多种元素,各类元素的组合是地层岩性识别的关键数据。岩石地球化学研究表明:页岩化学成分以 SiO_2、Al_2O_3 和 H_2O 为主,其次为 Fe,Mg,Ca,Na 和 K 的氧化物以及一些微量元素;Ca 和 Mg 元素含量与碳酸盐岩矿物含量的相关性最好;Al 元素含量与黏土矿物含量的相关性最好;Si 元素含量与石英含量呈指数[8]。通过对大庆探区致密油砂岩储层的脆性研究发现,脆性矿物主要为石英、方解石及白云石,因此,针对大庆探区页岩油层选取 Ca、Mg、Si 三种元素作为脆性评价的主要元素。

将 Ca、Mg、Si 三种表征脆性的元素求和,然后进行离差化处理,达到全井数据归一化,从而引入脆性指数的概念。利用检测样品 Ca、Mg、Si 元素含量值,通过公式计算所得参数 BI 称为脆性指数[8-9],用于表示地层脆性矿物相对含量的高低。

$$BI = \frac{Q - Q_{min}}{Q_{max} - Q_{min}}$$

式中:Q 为测量点 Ca、Mg、Si 元素含量测量值之和,%;Q_{max} 为测量段 Ca、Mg、Si 元素含量最大值之和,%;Q_{min} 为测量段 Ca、Mg、Si 元素含量最小值之和,%。

下面以 GY 1 井为例,将该井计算的脆性指数与测井计算的脆性指数进行对比(图4),发现此方法计算的脆性指数纵向上与测井计算的脆性指数趋势一致,故可以用元素分析来对该区块页岩油层的脆性进行纵向评价。

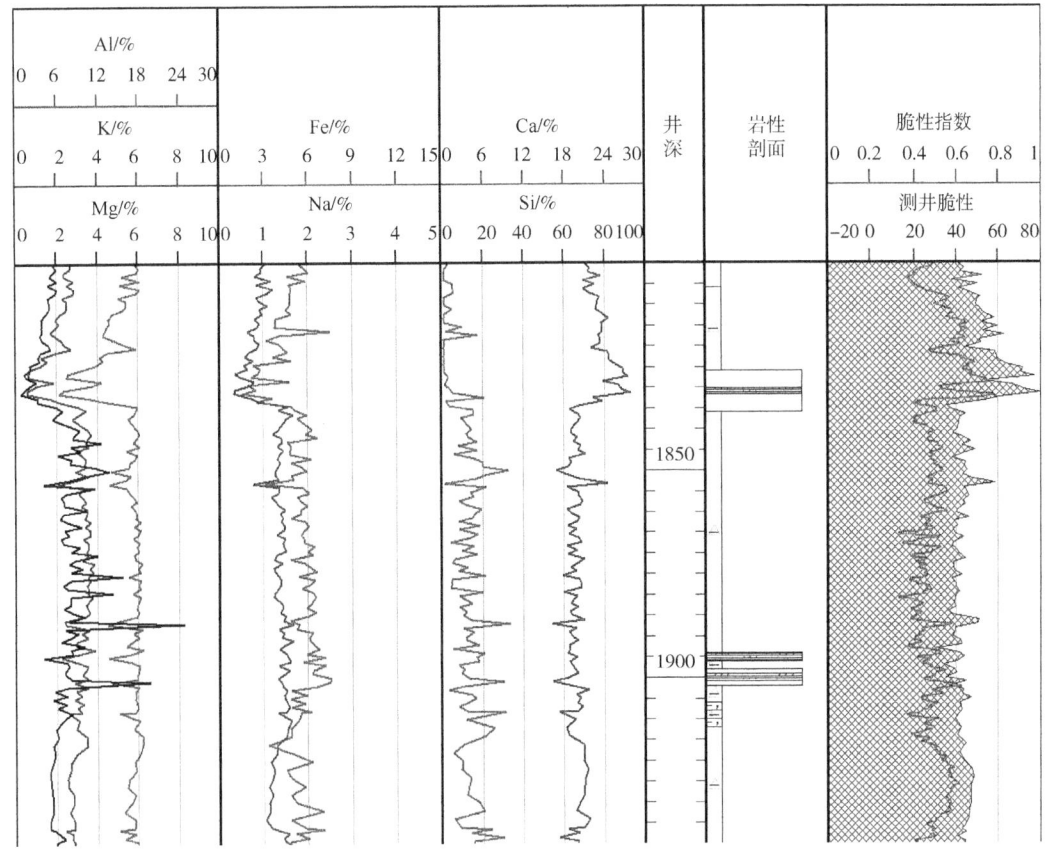

图 4　GY 1 井脆性指数与测井脆性指数对比

4　结论

经过多口老井资料的梳理，发现古龙凹陷的青二段、青三段下部及青一段岩性以荧光泥、页岩为主，为页岩油藏的有利岩相；裂缝的发育程度对页岩油产能有一定影响。纵横裂缝、裂隙、页理越发育，产能越高；气测录井技术能够获取页岩油游离烃的能量资料，气测全烃越大，页岩油的产能越高；岩石热解分析技术、二维定量荧光分析技术能够获取页岩油层的吸附态烃类的含油性资料，其中 S_1 值、含油浓度与页岩油含油性具有较好的相关性，数值越高，含油性越好；残余碳分析的 TOC 值大于 2.0%，为有效烃源岩，可能获得工业油流。利用元素分析检测样品 Ca、Mg、Si 元素含量值，可以对该区块页岩油层的脆性进行纵向评价。最终通过各项录井技术的综合分析，优选相应的特征参数，形成优选井筒甜点的录井解释评价方法。

本文主要对松辽盆地古龙地区青山口组页岩油层录井解释评价过程中所用到的参数进行研究，确定可以用来评价页岩油层的录井参数，目前属于勘探前期阶段，随着勘探开发的进行和录井资料的不断完善与补充，最终形成页岩油解释评价的规范及标准。

参 考 文 献

[1] 宁方兴.济阳坳陷不同类型页岩油差异性分析[J].油气地质与采收率,2014,21(6):6-9.
[2] 王勇,宋国奇,刘惠民,等.济阳坳陷页岩油富集主控因素[J].油气地质与采收率,2015,22(4):20-25.
[3] 赵政璋,杜金虎,宋新民,等.致密油气[M].北京:石油工业出版社,2013.
[4] 卢双舫,陈国辉,王民,等.辽河坳陷大民屯凹陷沙河街组四段页岩油富集资源潜力评价[J].石油与天然气地质,2016,37(1):8-14.
[5] 王朋,柳广弟,曹喆,等.查干凹陷下白垩统有效烃源岩识别及其控藏作用[J].岩性油气藏,2015,27(2):18-25.
[6] 匡立春,高岗,向宝力,等.吉木萨尔凹陷芦草沟组有效源岩有机碳含量下限分析[J].石油实验地质,2014,36(2):224-229.
[7] 高岗,杨尚儒,陈果,等.确定烃源岩有效排烃总有机碳阈值的方法及应用方法及应用[J].石油实验地质,2017,39(3):397-401.
[8] 牛强,曾溅辉,王鑫,等.X射线元素录井技术在胜利油区页岩脆性评价中的应用[J].油气地质与采收率,2014,21(1):24-27.
[9] 牛强,慈兴华,王鑫.BYP1井泥页岩油气层录井评价方法[J].录井工程,2013,24(3):44-48.

松辽盆地北部深层地层三项压力预测方法应用

刘 方

(大庆石油钻探工程公司地质录井一公司资料解释评价中心)

【摘 要】 本文针对松辽盆地北部深层地质特点，结合地质、工程等经典理论，以地质分析的视角认识和解决地层压力预测问题。无论是采取分层分区预测地层孔隙压力，解决火山岩地层孔隙压力预测问题，建立地层破裂压力标准谱图，还是坍塌压力给予提示工程风险提示等，是地层压力预测方法的不断升级。地质与钻井技术的融合有效解决生产深层地层压力预测的生产问题，技术水平不断提高，应用效果良好。

【关键词】 深层；地质；火山岩；地层三项压力；预测；工程提示

松辽盆地北部深层(以下简称深层)从泉头组二段至基底，历经盆地形成过程中断陷到坳陷等地质构造变迁，造就区域、地层间压力的不均衡，岩性复杂，这些无疑给深层钻井施工带来诸多挑战，所以做好钻前的地质工程准备成为深层勘探的重中之重。地层压力预测是钻前准备的基础，是施工安全的依托，地层三项压力预测是钻井施工顺利的首要关注点。

关于压力预测前人做了大量的实验及基础理论研究工作，提出多种计算方法，针对不同的地质模型，讨论方法的适用性。在此基础上，大庆探区地层压力预测主要把工作重点放在方法应用上，重视区域应用效果。深层压力预测的基本思路是从区域地质认识开始的，结合已知钻井的实际情况，借助理论方法给出压力剖面，形成钻井液密度窗口。其主导思想就是借助地质理论，简化复杂的工程问题，不断完善地层压力预测经典方法。十年的生产实践，形成了基本工作流程、预测方法。在松辽盆地北部深层应用效果良好，地层孔隙压力预测平均相对误差8.41%，地层破裂压力预测平均相对误差9.51%。

1 地层三项压力预测基本理论及计算公式

关于异常压力产生的机制有很多种，多与地质作用、构造作用和沉积速度有关，所以沉积压实、构造应力成为主要因素。目前地层压力异常主要在碎屑岩地层中讨论地层压力与岩石的压实程度关系。受上覆岩层的重力影响所引起的机械压实作用，正常情况下地层

作者简介：刘方，女，1968年1月生，1987年毕业于大庆石油学院测井专业，现任大庆钻探工程公司地质录井一公司设计员，从事地层三项压力预测等工作多年，现在的研究方向为与深层钻前可钻性相关的压力及岩性预测等课题。通讯地址：黑龙江省大庆市让胡路区大庆石油钻探工程公司地质录井一公司资料解释评价中心。邮政编码：163411。通信方式：13199060090，liufang_lj@petrochina.com.cn。

深度加深,上覆地层压力增加,上覆地层压力梯度变大。当致密层孔隙中流体排泄不畅会造成地层压力的异常,易形成异常高压。另由于地层抬升后风化剥蚀,地层的缺失上覆地层负载降低,压力释放易形成异常低压。

理论计算公式基于不同的地质模型、数据源等,公式多种,历经多年实际生产中多方对比和遴选,大庆探区深层压力预测使用如下方法求取压力数据,且计算区域参数也基本稳定,计算结果可比性较好。

(1)地层孔隙压力计算模型 Eaton sonic Method(伊顿声波法)方法经典,公式如下:

$$PP = OBG - (OBG - PPn)(DTn/DTo)^x \tag{1}$$

式中:OBG 为上覆地层压力,通过测井密度数据计算获得;PPn 为区块压力数据的一般值,可统计区块实测压力数据获得;DTo 为测井声波数据;DTn 为理论趋势线数据;x 为区域常数。

(2)破裂压力的计算应用 Breckels and Van Eekelen's Method 方法,公式如下:

$$\begin{cases} FG = 0.053H1.145 + 0.46(PP-PPn) & H(3m, 3500m) \\ FG = 0.0264H - 317 + 0.46(PP-PPn) & H > 3500m \end{cases} \tag{2}$$

式中:H 为深度;PP 为地层孔隙压力;PPn 为区块压力数据的一般值。

(3)坍塌压力预测应用 Modified Lade failure criterion 方法计算,见下式:

$$SFG = H\sigma m + K \tag{3}$$

其中,

$$\sigma_m = (\sigma_i + \sigma_j + \sigma_k)/3 \tag{4}$$

$$H = 4\tan\phi 2(9-7\sin\phi)/27(1-\sin\phi) \tag{5}$$

$$K = 4\text{ctan}\phi 2(9-7\sin\phi)/27(1-\sin\phi) \tag{6}$$

式中:σ_i,σ_j,σ_k 为三维主应力分量;ϕ 为内摩擦角,(°)。

式(1)至式(6)计算的是已知井的压力剖面数据,预测未知井时遵循区域沉积特征的同一性和相似性的原则,利用邻井地质属性变化为"桥梁",现在常用地层层位预测剖面为依据做外推压力剖面,完成由"已知"推测"未知"的过程,给出预测结果。

2 松辽盆地北部深层地层压力预测方法

钻井工程面对的压力问题是多维度的,实际工作中只能通过试油和压裂间接得到少量点的压力数据,如何用点数据形成压力剖面,来有效指导多维钻井力平衡问题,是压力预测的难点,也是根本出发点。特别是松辽盆地北部深层,工区内各个构造带都具有火山活动与构造运动双重成因机制。复杂的地质条件,提出了一系列实际问题,以下分述解决方法。

2.1 地层孔隙压力预测方法

如果地层压力预测可以简单理解为在宏观压力认识基础上讨论局部压力差异,那么分析认识区块压力分布状况，有助于单井压力的合理预测。另外火山岩地层压力评价方法适应性也是根本问题，提供区域理论趋势线的讨论来谋求其解决方案。

2.1.1 深层区块压力特征

认识区域上压力分布的基本情况，是解决单井地层压力预测问题的一个简单、直接办法。统计研究区块地层孔隙压力数据，共113口井213个试油数据点，见表1。统计结果可以提供式(1)中必要的计算参数 PPn 以及为预测剖面做校正依据。还根据数据集中程度，形成登娄库组和营城组平面压力分布图(图1)。分析表1或图1中数据可以形成区块压力宏观分布特征：纵向层间对比，受火山运动影响，营城组数据稍高于其他层火石岭组；区域横向对比，徐家围子断陷中部营城组压力系数值相对较高，为1.1~1.2；三肇—朝阳沟背斜带，构造阶梯状排列处相对高位，上部地层剥蚀，压力释放数值较小，为0.7~0.9；中间的斜坡可以理解为一个压力过渡带，数据值中等，同时有高、低值的存在。借鉴区块压力特征和地质构造特征的对应关系，可以为压力数据的缺少区域或地层的压力预测，提供必要的参考和依据。

表1 深层地层孔隙压力数据统计表

区块		K_1q 数据点数	K_1q 数值范围	K_1q 数值平均	K_1d 数据点数	K_1d 数值范围	K_1d 数值平均	K_1yc 数据点数	K_1yc 数值范围	K_1yc 数值平均	K_1sh 数据点数	K_1sh 数值范围	K_1sh 数值平均	J 数据点数	J 数值范围	J 数值平均	合计点数
古中央隆起带		2	0.86~1.01	0.93	22	0.64~1.08	0.93										26
安达断陷								5	1.07~1.09	1.08	1	1.1	1.1				6
徐家围子	徐西坳陷	1	1.14	1.14	20	0.97~1.12	1.03	41	0.58~1.40	1.05	2	1.03~1.1	1.06	1	1.04		63
徐家围子	徐东坳陷	9	0.86~1.02	0.97	38	0.77~1.16	1	41	0.93~1.26	1.07	8	0.82~1.14	0.98	1	1.04		97
肇东-朝阳沟背斜带					3	0.60~0.92	0.8	1	1.4	1.4							4
莺山断陷					6	0.61~0.87	0.7	4	0.59~1.31	0.93				3	0.95~0.98	0.96	13
双城断陷								1	0.95	0.95				3	0.65~0.9	0.77	4
合计点数		12			89			93			11			8			213

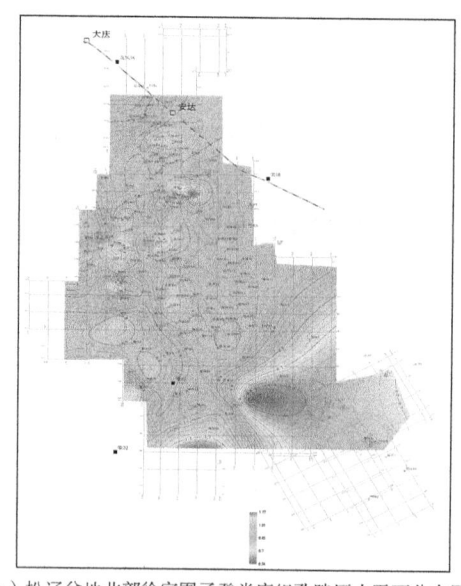 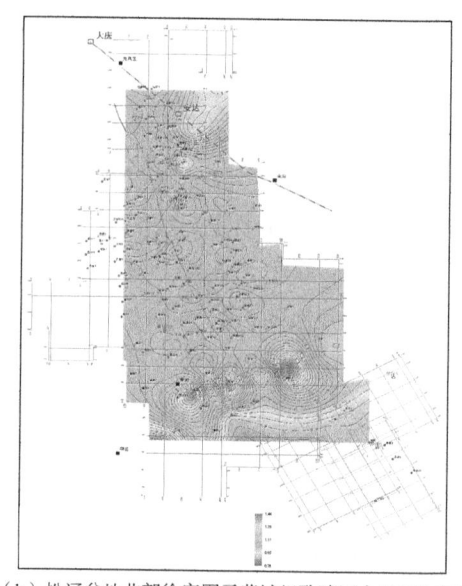

(a) 松辽盆地北部徐家围子登娄库组孔隙压力平面分布图　(b) 松辽盆地北部徐家围子营城组孔隙压力平面分布图

图1　松辽盆地北部徐家围子登娄库组、营城组孔隙压力平面分布图

2.1.2　赋予趋势线地质意义与火山岩预测方法

前述计算孔隙压力式(1)中，OBG、PPn、DTo均为邻井的已知参数，x区域常数基本稳定，那么DTn(理论趋势线)的获取受到了更多关注。对应深层断陷和坳陷期地层沉积特征不同，很难有统一的趋势线，所以将深层地层粗略划分两部分：登娄库组及其以上地层和营城组及其以下地层(以下分别简称深层上部、深层下部)。赋予理论趋势线地质意义，将其作为地质与工程结合的切入点，根据区域地质特征的不同而分区、分层建立区域理论趋势线。

(1) 深层上部地层理论趋势线的确定。

深层上部地层为沉积岩特征，沉积岩地层区域地质的同一性可比性强，决定了理论趋势线有相似的特征，可以形成区域的理论趋势线。如图2所示单井和区域理论趋势线关系图，深直线为单井理论趋势线，浅直线为区域理论趋势线。区域理论趋势线为动态数据，量化指标用斜率K表示理论趋势线，随井数的增加参数更稳定。区域趋势线用于单井地层压力预测更为合理，便于对比井间预测数据。

(2) 深层下部理论趋势线DTn的确定。

火石岭组和营城组以火山岩为主，地层裂缝发育。上覆地层在重力作用下，火山岩孔缝空间被压缩，使地层有"压实"特征。这种地层的"弹性"，为应用经典理论预测火山岩压力提供了可能和前提。但不可忽视火山岩层还有块状、厚层的"钢性"存在，不能简单地套用沉积岩的压力计算方法，特别是理论趋势线的设置。徐家围子营城组火山岩具"高位喷发，低位充填"的特征，从而造就中部坳陷火山岩发育，厚度大，而东西两侧的构造高位火山岩或歼灭剥蚀，厚度小。对应测井曲线也有趋势性变化，趋势线K不同，使上下趋势线形成新的"夹角"。火山岩地层发育不均衡，所以不能形成"稳定"区域理论趋势线，而是参考构造位置的不同,通过夹角大小设置趋势线,来完成火山岩的压力评价。

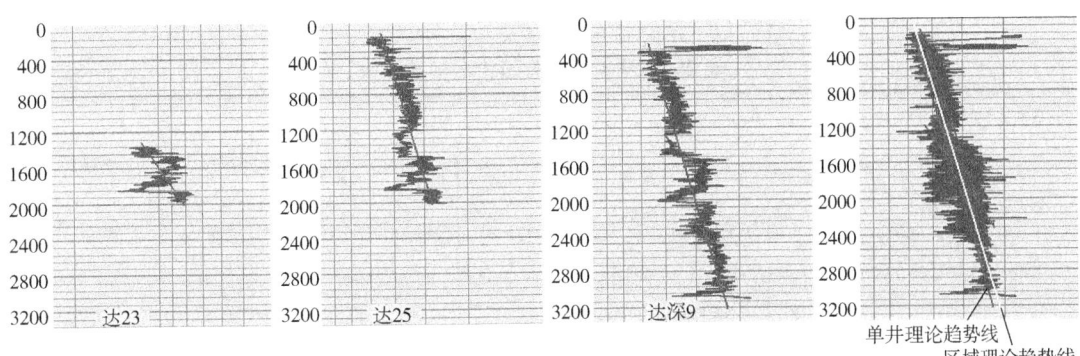

图 2 单井趋势线和区域趋势线关系图

以图 3 为例(图中深、浅色直线分别为上部、下部理论趋势线):xs27 井位于徐家围子坳陷中部,构造位置低,火山岩发育,上下部趋势线的倾斜角度交角较大;而靠近坳陷边缘的 shas3 井,构造位置高,火山岩不发育,上下部趋势线夹角角度变小,近于平行(有的井会重合)。夹角变化与区域火山岩地层的发育程度相关。这样虽然看似不确定的趋势线,但是借助地质意义的"统一",提高预测结果合理性。

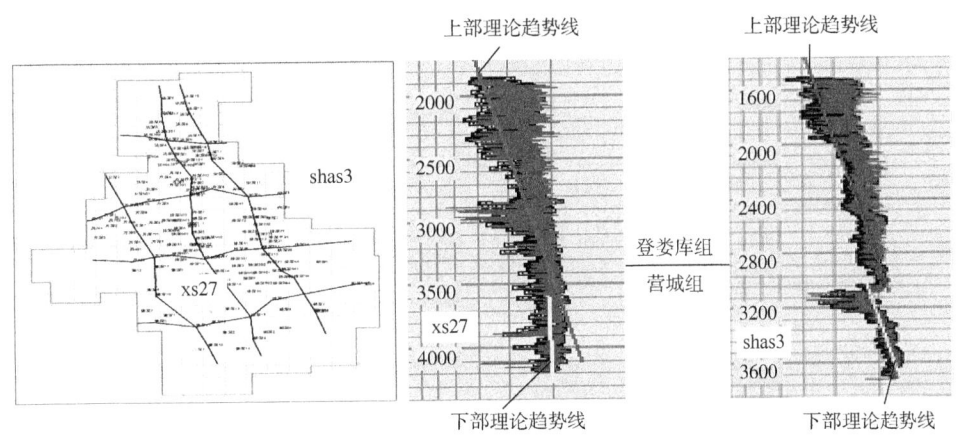

图 3 深层理论趋势线关系示意图

2.2 地层破裂压力的预测方法

地层破裂压力预测的问题,是在研究区块地层破裂压力实测数据提出的,统计共 125 口井 265 个压裂数据点,见表 2。也是营城组和登楼库组数据相对丰富,建立这两层的破裂压力平面图(图 4)。分析数据特征:横向上破裂压力数据表现陷两翼压力高中部低,徐东坳陷高徐西坳陷低的基本特点。位于徐西坳陷北部升平隆起带破裂压力低值特征较为显著。纵向上:大的趋势是压力随深度的加深而增加。登楼库组数值低于沙河子组数据,数据集中在 1.7~2.0 之间;营城组压力数据波动范围较宽,为 1.26~3.13,数据直方图图形呈双峰态分布,表明数据有高低两部分值域范围。由此提出问题:如何正确理解营城组数值分布双峰态,高低数据的纵向剖面是怎样的分布关系?为此根据构造位置关系在全区选具代表性井，做了 78 口井的压力剖面，分层统计谱图特征(表3)，由此建立破裂压力曲线基本特征剖面图(图5)。

表 2 深层地层破裂压力数据统计表

区域		层位 K_1q			K_1d			K_1yc			K_1sh			Jhs			J			合计点数
		数据点数	数值		数据点数	数值		数据点数	数值		数据点数	数值		数据点数	数值		数据点数	数值		
			范围	平均		范围	平均		范围	平均		范围	平均		范围	平均		范围	平均	
古中央隆起带					8	1.85~2.05	1.93	1		1.61										9
安达断陷					1		2.46	12	1.26~2.28	1.94	2	1.82~2.22	2							15
徐家围子	徐西坳陷	3	1.84~1.93	1.90	28	1.50~2.29	1.85	43	1.28~2.45	1.72	5	1.69~2.12	1.9	1	2.17	2.17	3	1.59~2.13	1.77	81
	徐东坳陷	9	1.57~3.13	2.09	26	1.44~2.44	2.33	78	1.35~2.78	1.89	28	1.53~2.43	2.2	2	1.66~1.67	1.67	2	1.93~1.99	1.96	147
肇东-朝阳沟背斜带					3	2.1~2.52	2.24	2	2.38~2.43	2.41										5
莺山断陷								4	1.52~2.42	2.08	1		2.23							5
双城断陷								1		1.81	1		1.86	1	3.25	3.25				3
合计点数		12			66			141			37			4			5			265

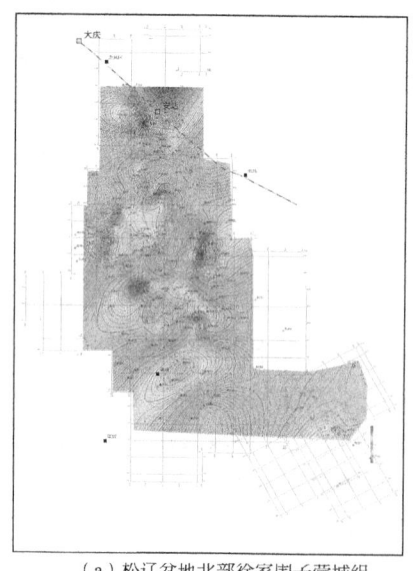

(a) 松辽盆地北部徐家围子营城组破裂压力平面分布图

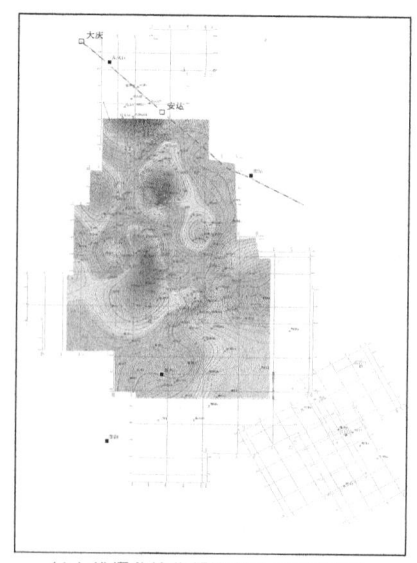

(b) 松辽盆地北部徐家围子登娄库组破裂压力平面分布图

图 4 松辽盆地北部徐家围子营城组和登楼库组破裂压力平面分布图

表3 深层破裂压力区域曲线特征与岩性关系统计表

层位	曲线典型特征	曲线特征区域变化		主要岩性	特征井数	钻遇井数
		特征变化	区域位置			
q_2-q_1	较平直	基值徐西部低，徐东稍高	研究区域	砂泥岩	78	78
d	上部较平直	基值徐西部低，徐东稍高	研究区域	砂泥岩砾岩	78	78
	底部负向异常①	底部负向异常①	徐家围子中南部	砾岩或夹砂泥岩	24	
		底部小幅波动	徐家围子北部及东西侧构造高位局部，莺山等	砂泥岩或夹砾岩	53	
yc	负向异常	负向异常幅度较大，有单峰或双峰异常	徐东徐西坳陷中南部	火山岩或夹砾岩	26	77
		负向异常幅度较小，有单峰或双峰异常	徐东徐西坳陷北大部	火山岩和砾岩	49	
		较为平直	徐东徐西坳陷北部局部	砂泥岩砾岩	2	
sh	较平直	基值徐西部低，徐东稍高	研究区域（钻遇）	砂泥岩砾岩	44	44
hs	负向异常	负向异常	徐西坳陷西侧、徐东坳陷东侧等区域（钻遇）	火山岩	11	15
		较平直	徐西坳陷北部局部（钻遇）	砂泥岩	1	
J	负向异常	负向异常	研究区域（钻遇）	变质岩	24	24

①受分层方法的影响，这里的登娄库组底部应该是生产中营城组的顶。

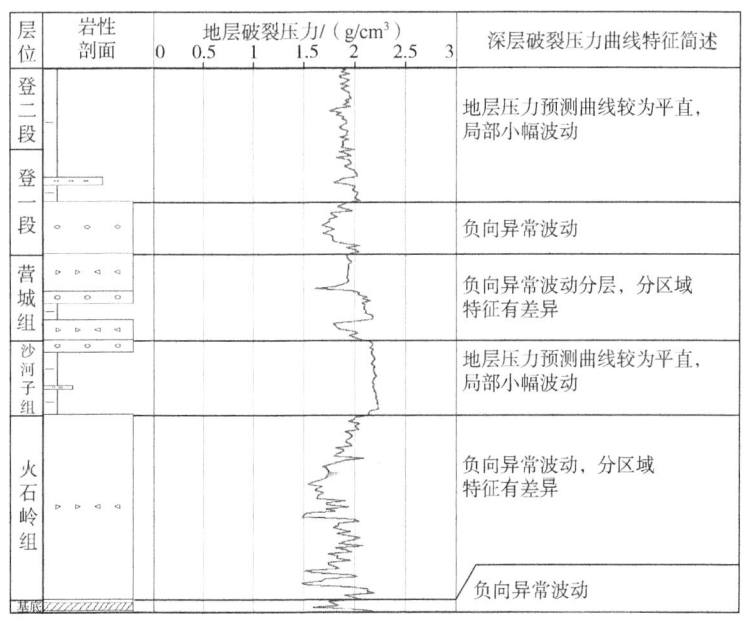

图5 松辽盆地北部深层徐家围子深层破裂压力曲线基本特征关系图

图5中，登娄库组（除登娄库组底部外）、沙河子组以及营城组的沉积岩层（特别是致密砂泥岩），地层破裂压力基本保持基线相对平直，且随井深的增加，数值小幅抬升。这与上部中浅层沉积岩地层破裂曲线形态基本一致。

营城组和火石岭组，火山岩层裂缝发育，构造运动强烈火山喷发或后期的剥蚀，对应破裂压力会降低,压力曲线会有负向异常。这两层也同时会有沉积岩地层,这样沉积岩与火山岩地层的曲线形态对比,差别显著,也就很好地解释了营城组实测数据直方图的两段式分布的原因。

而对应的登娄库组底部(受分层认识影响也可以是营城组的顶)和基底顶部地层压力曲线都呈现的负向异常,是由于盆地有经历大级别地质构造变动,长期的风化剥蚀而造成的地层岩石疏松,表现为破裂压力的低值。

总结破裂压力曲线特征与区域地层特点对应的关系,借助地质属性关系,把已知井区的信息提供给未知井区做参考。

2.3 地层坍塌压力特征

应用力学理论模型建立坍塌压力剖面,地层坍塌压力没有实测的数据来检验,生产中参照实际的工程状况(特别是青山口组),来推算坍塌压力,参与评价井眼稳定性。坍塌压力与孔隙压力联合给出密度窗口下限,特别提示工程井塌、卡钻预警,成为深层的压力预测的重要一环。

钻井施工中井壁坍塌剥落,对应井段内井径曲线显示有跳跃,地层坍塌压力亦会有不同程度的波动,可为工程提示施工风险。坍塌压力为正向波动时,会靠近孔隙压力曲线,与其共同限制压力窗口下限,波动值高则风险提升。如图6所示,该井有两层段井眼扩径严重,坍塌压力有不同程度的正向波动。可以提示塌卡风险。对应工程实况,该井于井深3147.96m、3812.00m有卡钻事故发生。

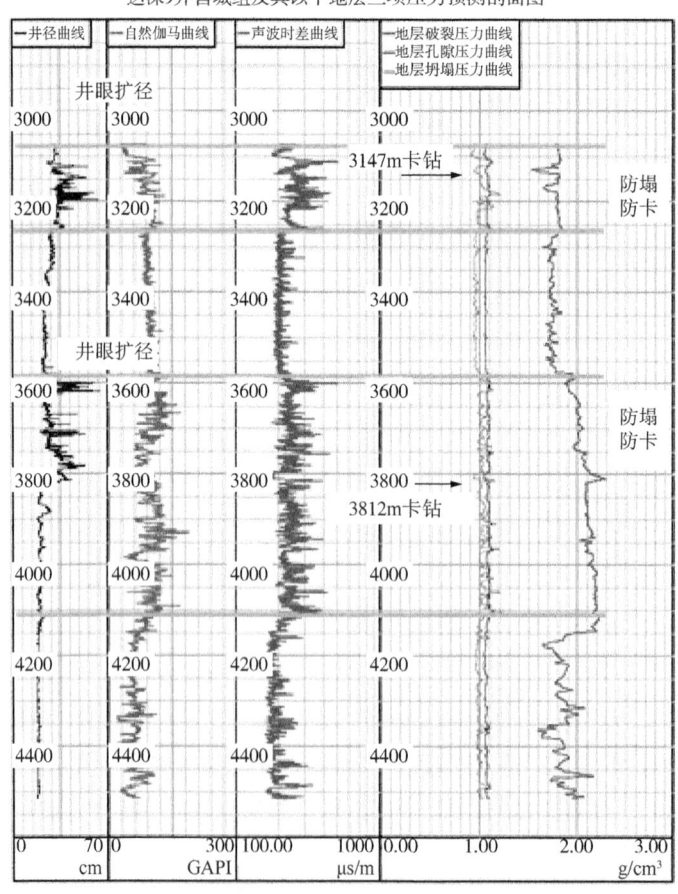

图6 地层坍塌压力提示钻井施工风险示意图

分析深层已钻井35口井50层井塌、卡钻、遇阻的相关数据，对应有压力预测剖面的井10口井13层卡钻记录(表4，图6)，层段岩性主要为砂泥岩、凝灰岩。分析上述井壁坍塌发生事故(或井下复杂情况)情况，总结共性特征：(1)坍塌井段井径扩径较为严重；(2)坍塌压力有正向异常，大段数据接近或超出孔隙压力值；(3)扩径地层厚度较大(统计数据中最小厚度80m)；(4)事故发生在扩径井段中或紧邻其下部。这样根据坍塌压力预测结果可以提示风险，提请工程设计、施工注意，预防井塌、卡钻等事故(或井下复杂情况)的发生。

表4 深层卡钻井段数据与坍塌压力曲线特征关系统计表

序号	井名	区块	层位	卡钻深度/m	SFG异常	井径	扩径井段		
							岩性简述	SFG与PP关系	井段/m
1	昌102	中央古隆起带	K_1q_2	2292.00	是	扩径	砂泥岩	SFG接近或大于等于PP	1800~3200
2	达深9	徐东坳陷	K_1sh_4	3812.00	是	扩径	砂泥岩	SFG接近或大于等于PP	3580~4100
3	汪深1	徐东坳陷	K_1d_3	2777.46	是	扩径	砂泥岩	SFG接近或大于等于PP	2700~2950
4	卫深5	徐西坳陷	K_1d_3	2928.32	是	扩径	砂泥岩	SFG接近或等于PP	2850~3082
5	芳深701	徐西坳陷	K_1d_4	3080.91	是	扩径	砂泥岩	SFG接近或等于PP	3000~3080
6	徐深33	徐西坳陷	K_1d_2	3381.58	是	扩径	砂泥岩	SFG接近或大于等于PP	2850~3600
7	肇深9	徐西坳陷	K_1q_2	2557.69	是	扩径	砂泥岩	SFG接近或大于等于PP	1500~2557
8	达深9	徐东坳陷	K_1yc_{1+2}	3147.96	是	扩径	凝灰岩	SFG接近或大于等于PP	3070~3260
9	徐深15	徐东坳陷	K_1yc_{1+2}	4135.00	是	扩径	凝灰岩	SFG接近或等于PP	4050~4250
10	徐深15	徐东坳陷	K_1yc_{1+2}	4213.00	是	扩径	凝灰岩	SFG接近或大于等于PP	
11	徐深18	徐东坳陷	K_1yc_{1+2}	3840.00	否	无扩径			
12	肇深5	徐东坳陷	K_1d_2	3172.88	否	无扩径			
13	肇深5	徐东坳陷	K_1d_3	2995.00	否	无扩径			

上述坍塌压力预测主要基于力学计算方法讨论，只是解决井壁失稳问题众多方法之一。井眼稳定性分析是个复杂的技术课题，相关于地层应力、岩石强度、地层孔隙压力等理论因素；现场施工涉及钻井液体系、物理、化学性质与施工地层特性的匹配关系；特别是科学有效提高钻速，缩短地层浸泡时间，可以有效解决应力释放周期给钻井施工带来的困扰。井眼稳定性分析需要多技术理论、手段的发展，深入地开展多技术融合，不断提升综合评价能力，以适应复杂的地质、钻井施工需求。

3 压力预测方法的应用效果

地层三项压力预测技术在应用中不断总结成功经验，压力从单井纵向压力剖面到区域压力宏观认识，力求更加全面、客观、有效地表达地层的压力情况，为工程提供更合理更可靠的压力预测结果。十年生产实践用试油、压裂数据验证地层压力预测结果，实测数据与预测数据可应关系吻合程度较好：统计试油数据 9 口井 10 点数据，与地层孔隙压力预测值对比，平均相对误差 8.41%；统计压裂数据 32 口井 79 点数据，地层破裂压力预测平均相对误差 9.51%（图 7）。

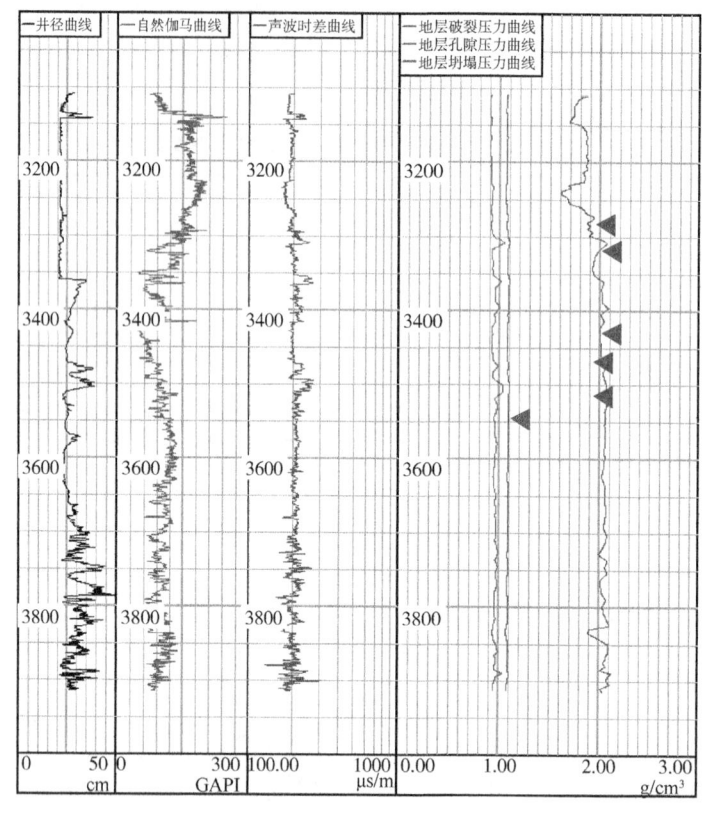

图 7　地层孔隙压力预测数据与试油数据对比图

注：肇深 20 井地层三项压力预测依据肇深 6 井测井曲线数据，该剖面仅供参考

实例简述：应用前述各项成果预测深 20 井地层压力，地层压力预测剖面如图 7 所示，沙河子组井深 3547.63m，预测地层孔隙压力当量密度 1.1，地层实测压力 83.2MPa，换算成地层压力系数 1.1，压力数据预测与实测吻合。该井压裂数据 5 点，地层破裂压力实测数据与预测数据对比，压力系数最大绝对误差 0.15，相对误差 7.8%，数据对应关系较好。另外全井无工程事故发生，也可以看作是预测剖面基本合理的又一佐证。

4　结束语

综述全文，一个方面强调压力预测的讨论是多维度的，绝不仅限于一个纵向压力剖面图的展示。无论是孔隙压力还是破裂压力，都在反复强调点数据纵横向的变化特征和压力与盆地构造关系，目的就是试图通过单井预测的压力剖面，把零散的实测压力数据点与复杂的深层地质体合理联系，可以给予工程更多的压力信息，有利于优化钻前的设计施工流程、钻具组合、井身结构及做好相关安全保障。还有工程提示风险也是压力预测应用的另一拓展，积极参与井眼稳定性评价。

另一方面，面对复杂的工程问题，经典压力理论评价也需要更丰富的外延技术支撑，地质理论的介入，无疑为压力预测做了更好的说明和拓展，也为钻井工程的顺利实施提供了必要的技术支持。特别是反复认识繁杂的工程数据与地质特征的关系，可以提炼具地质属性的工程认识，对区块间的压力评价及预测有良好借鉴意义。坚定认为深层钻井工作需要多项勘探技术更多的融合，前景可期。

孤店断陷致密气储层录井快速解释评价方法

王 研　杨光照　滕工生　王洪伟

(中国石油大庆钻探工程公司地质录井二公司)

【摘　要】 松辽盆地南部孤店断陷致密气储集层横纵向含气性、物性变化大，且气测异常与产气量相关性差，造成该区储集层录井解释评价难度增大。通过系统分析该区含气性、物性参数响应特征，优选全烃校正值与钻时比值、孔隙度交会图板、气测显示有效厚度、烃源岩厚度、烃源岩地化评价、气测后效及全烃曲线形态综合解释评价方法，形成了该区致密气气水层录井配套解释系列，并开发了自动解释程序，解决了该区含气性认识不清和录井评价的难题。该技术在孤店断陷、德惠断陷等松辽盆地南部的致密气藏应用中效果明显，提高了致密气录井解释符合率，可为致密气储集层评价和压裂提供充分依据，不仅适用于致密气储集层，也适用于其他气层区。

【关键词】 全烃校正值；钻时比值；孔隙度；气测异常有效厚度；烃源岩；地化

非常规已经成为油气田开采的接替资源，致密气是其中的重要组成部分[1-2]，致密气主要指常规开采手段无法获得经济产量的天然气资源，其形成机理、赋存状态、分布规律和勘探开发方式等有别于常规气藏[3-7]。我国致密气勘探开发起步较晚，致密气储集层录井配套技术的研发与应用总体处于起步和探索阶段[8-9]。录井技术多年来在常规气勘探中取得了很好的应用效果，但在致密气勘探中应用缺乏系统性，应用效果不突出，故松辽盆地南部致密气储集层的录井解释符合率相对较低。造成该区解释符合率低的关键因素主要有含气性、物性、岩性、脆性，本文仅讨论含气性、物性的评价问题。为了建立孤店断陷录井解释方法和标准，本文针对孤店断陷已完钻井的录井数据进行了系统的分析，发现气测全烃校正值、显示总厚度、显示单层厚度、后效和烃源岩的厚度、成熟度、有机碳含量以及岩心裂隙、钻时比值、地层孔隙度等十项敏感参数在气水层中的响应特征存在一定的规律性，有利于评价方法的建立。据此，本文将收集的录井数据，经过数据整理和图板交会，建立了孤店断陷致密气储集层录井解释评价标准，并开发了自动解释评价程序，并在致密气储集层解释评价中得到广泛应用，收到较好的效果。

1　地质概况与气测参数响应特征

1.1　地质概况

孤店断陷位于松辽盆地南部，为西断东超的箕状断陷，孤店断陷构造整体表现为向西

基金项目：中国石油大庆钻探工程公司科研项目"松辽盆地南部致密气储集层录井解释评价方法"（编号：201802）。

作者简介：王研，女，1970年生，高级工程师，1993年毕业于大庆石油学院石油地质勘查专业，现从事录井技术研发及油气水层解释评价工作。E-mail：wangyan18@cnpc.com.cn。

倾没的斜坡，发育近南北向的断裂横切地层、局部形成断垒、断鼻圈闭。火石岭组煤层和暗色泥岩、沙河子组沙一段暗色泥岩为主要烃源岩，有效烃源岩最大厚度为500m，有机质以II_2-III型为主。综合地化指标评价，该区主要烃源岩处在成熟—过成熟阶段。钻井揭示地层自上而下依次为第四系，上白垩统的嫩江组、姚家组、青山口组，白垩系下统的泉头组、登娄库组、营城组、沙河子组和上侏罗统火石岭组。钻探主要目的层为下白垩统的营城组、沙河子组和侏罗系的火石岭组，储集层以砂砾岩、粗砂岩、细砂岩、粉砂岩等碎屑岩为主。碎屑岩储集层空间主要为粒间溶孔、粒内溶孔、构造微缝、构造溶蚀缝，物性普遍较差，储集层孔隙度一般为2%～9%，渗透率多数小于0.1mD。营城组—火石岭组粉砂岩、粗砂岩及砂砾岩可作为储集层，沙河子组、火石岭组泥岩可做局部盖层，形成自生自储为主的生储盖组合方式。

1.2 气测参数响应特征

孤店断陷钻探过程中，含气层气测录井参数表现较为活跃。因此，在含气参数优选中，对已完钻井的气测录井数据进行了系统的分析，发现气测全烃校正值、显示累计厚度、显示单层厚度、后效等四项气测敏感参数在气水层中的响应特征存在一定的规律性。

本文以孤店断陷为研究对象，同时包括其他区致密储集层的勘探开发井，结合试油结论、测井资料对23口井116层的气测录井参数特征进行统计。从统计数据可以看出，气层的气测全烃校正值一般大于5，显示累计厚度大于30m，显示单层厚度大于10m，后效明显，全烃曲线形态以箱形、三角形为主；气水层的气测全烃校正值一般为2.5～45，显示累计厚度大于20m，显示单层厚度大于7m，后效明显，全烃曲线形态以箱形、三角形为主；差气层的气测全烃校正值一般为0.7～17，显示累计厚度小于9m，显示单层厚度大于5m，后效明显，全烃曲线形态以锯齿状、尖峰状、指状为主；干层的全烃校正值一般小于5，显示累计厚度小于9m，显示单层厚度小于5m，无后效，全烃曲线形态以锯齿状、尖峰状、指状为主。从这四项气测敏感参数的响应特征可以看出，气层的各项特征明显好于差气层和干层，但与气水层差异较小，甚至特征相近；差气层与干层差异较小，甚至不易区分。

2 含气性、物性解释评价方法

该区致密气储集层气体流动受黏土、小孔隙和高含水的阻碍，孔隙连通性很差，储集层受负压或超压的影响，气测异常与产气量相关性较差。

针对该区气测参数与产气量相关性较差、解释符合率低问题，笔者充分考虑了评价致密气含气饱满程度的多种影响因素，即含气性、物性、烃源岩，建立了该区气水层录井解释系列。通过校正全烃、气测累计厚、气测单层厚、后效、全烃曲线形态等气测参数评价含气性；通过钻时比、核磁孔隙度和可动流体、岩心裂隙发育程度评价物性；通过烃源岩录井厚度、烃源岩地化衍生参数C_{TO}和成熟度评价该区自生自储的烃源岩。

2.1 全烃校正值与钻时比值及孔隙度交会法

2.1.1 全烃校正值的求取

由于该区致密砂(砾)岩可钻性复杂——钻时变化大，对气测值的影响大，冲淡系数

(E)是单位时间内钻井液量与单位时间内破碎岩石体积之比。通过引用应用效果较好的冲淡系数(E)校正,求取出全烃校正值[10-15],可反映储集层的含气性。

$$E = \frac{V_{钻井液排量}}{V_{破碎的岩屑体积}} = \frac{4V_{钻井液排量} \cdot \tau}{\pi D^2} \quad (1)$$

$$Tg_{校} = E \cdot Tg_{实测全烃} \quad (2)$$

式中:E 为冲淡系数;D 为钻头直径,m;$V_{钻井液排量}$ 为钻井液排量,m³/min;$V_{破碎的岩屑}$ 为破碎的岩屑体积,m³;τ 为钻时,min/m;$Tg_{校}$ 为经过校正的全烃,%;$Tg_{实测全烃}$ 为实测全烃值,%。

2.1.2 钻时比值的求取

现场录取的储集层钻时受钻头类型及新旧程度等多种因素影响,只能相对反映单井某一井段范围内的地层可钻性,不能反映储集层间孔隙度、渗透率差异。为了消除这方面的影响,更好地反映储集层孔隙度、渗透率特征,本次研究将钻时比值定义为盖层钻时与储集层钻时之比[16-17]。

2.1.3 孔隙度的求取

孤店断陷致密气储集层属于低孔隙度、低渗透率储集层,试油结果以气水同层为主,含气量高同时高含水,很少有纯气层。当致密砂砾岩渗透率越小,毛细管压力越高,含水饱和度越高,因此低渗透率、高含水饱和气藏储集层内存在可动气和可动水,寻找可动流体是核磁共振谱图和参数分析的重点。以孤店断陷完钻井试油成果资料为基础,对取心井进行取样做核磁共振录井分析,依据获得的地层孔隙度[18-19]、可动流体饱和度等重要的岩石物理特性参数,建立了孤店断陷致密气储集层核磁共振录井物性评价方法和标准。当未进行核磁共振分析时,应用测井孔隙度物性数据。致密储集层裂隙是否发育也是判断储集层物性的重要因素,在取心层通过岩心观察识别裂隙发育程度,进一步评价储集层物性(表1)。

表 1 致密气储集层物性参数标准

解释结果	储集层	有效孔隙度/%	可动流体/%	岩心裂隙
气层、气水层	Ⅰ	≥5.5	≥20	发育
差气层	Ⅱ	3~5.5	10~20	发育
干层	Ⅲ	<3	<10	不发育

2.1.4 解释图板

鉴于松辽盆地南部致密气区产量受含气性和物性双重影响比较大,相比常规气更复杂化,结合试油结论进行全烃校正值与钻时比值的交会分析,建立了相应的解释评价图板[20-26](图1),图板复判符合率为94.1%,发挥了录井快速解释的优势,特别是井况不适合测井时的解释,缺点是气层、气水同层、差气层没有分异性。

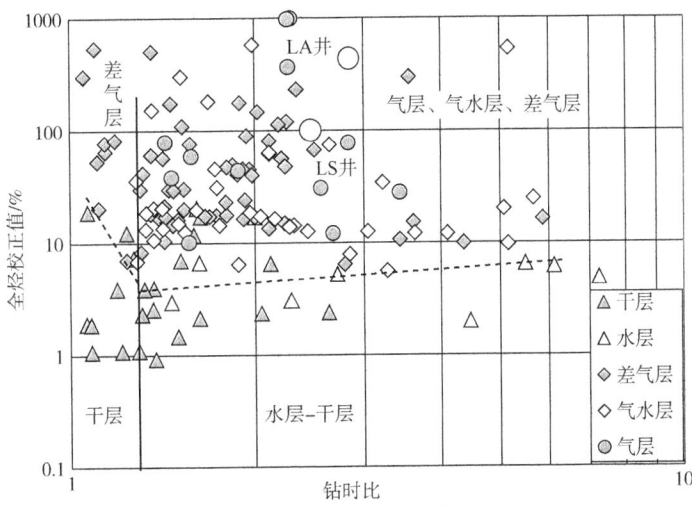

图 1　全烃校正值与钻时比值交会图板

应用同样的方法建立了孤店断陷致密气全烃校正值与孔隙度的解释图板(图2),复判符合率为97.4%,明显高于全烃校正值与钻时比值交会图板,鉴于图板中气层、气水同层、差气层之间没有分异性,集中分布在两个区间内,结合孤店断陷致密气的试气结论将这两个区间定名为价值层区。从这两个图板可以看出,区内高气测异常层与产气量不匹配问题仍未解决。

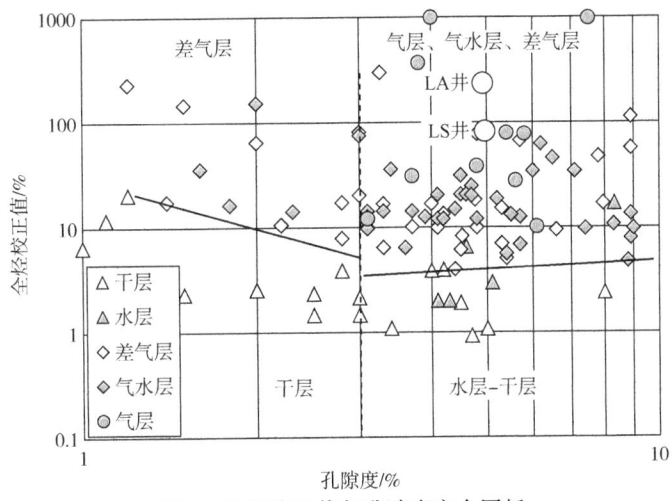

图 2　全烃校正值与孔隙度交会图板

2.2　气测显示有效厚度法

由于致密气的产量与含气储集层的有效厚度相关,录井的气测显示有效厚度能够反映含气储集层的有效厚度,因此,应用气测显示有效厚度和产气量能够建立含气性解释标准。通过松辽盆地南部致密气24口试气井,产气量与气测显示有效厚度的统计分析,确定了气测显示有效厚度法。气层的气测显示单层有效厚度大于9m,累计有效厚度大于20m(图3);气水层的气测显示单层有效厚度大于9m,累计有效厚度大于20m;差气层的气测显示单层有效厚度为5~9m,累计有效厚度为9~20m;干层的气测显示单层有效厚度小于5m,累计有效厚度小于9m,该方法复判精度为70%。

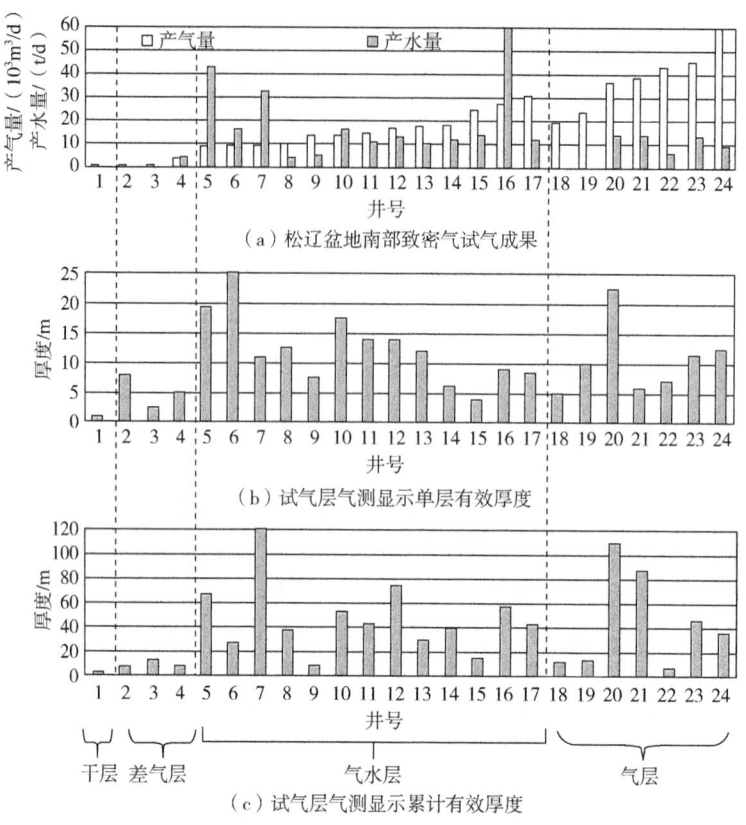

图 3 气测显示有效厚度与产气量对比

2.3 烃源岩厚度和烃源岩地化评价法

孤店断陷致密气藏以自生自储为主,气藏的富集与烃源岩的厚度、有机质丰度、成熟度关系紧密。地化分析了孤店断陷 5 口井 675 块烃源岩样品,其中试气获工业气流的井,烃源岩具有以下特征:烃源岩总厚大于 300m(烃源岩厚度达 450m 以上时气藏含水较低);烃源岩厚度占目的层的地层厚度在 35%~80%;储地比为 0.27~0.43;地化分析有机质丰度指标有机碳含量 C_{TO} 大于 1.5、成熟度达到过成熟—成熟(图 4)。

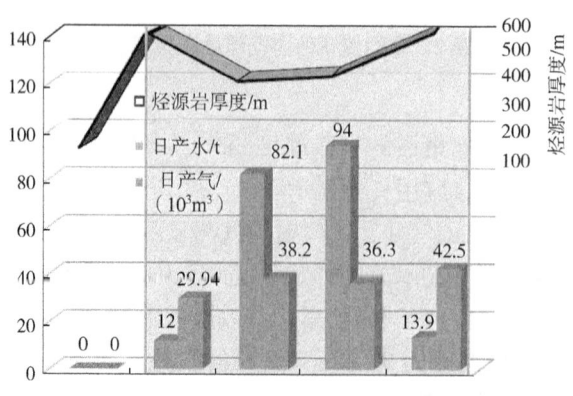

图 4 孤店断陷烃源岩厚度与产气量对比

2.4 其他解释方法

其他两项解释方法涉及气测后效及全烃曲线形态[26]，是气测录井实践已经证明普遍使用的方法，结合该断陷区致密气储集层两项参数的统计分析，在全烃校正值与钻时比值、与孔隙度交会图板解释的基础上又建立了气测后效及全烃曲线形态气水层解释标准(表2)。

表2 气测后效及全烃曲线形态气水层解释标准

流体性质	后效	全烃曲线形态
气层	高	高幅箱状、正三角形状、锯齿状、尖峰状
气水层	较高	中高幅箱状、倒三角形状、锯齿状、尖峰状、指状
差气层	一般	低幅箱状、锯齿状、尖峰状、指状
干层	无	低幅箱状、锯齿状、尖峰状、指状

3 开发致密气气水层自动解释评价程序

随着钻井提速和勘探开发脚步的加快，录井快速解释评价必须提到日程上来，因此在以上方法的评价标准和回判符合率的基础上，开发了气水层自动解释评价程序。气水层自动解释评价程序设计如图5所示。

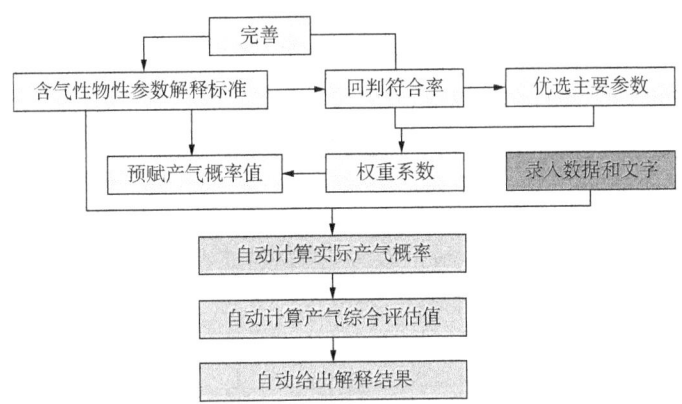

图5 气水层自动解释评价程序设计

3.1 确定主要参数和权重系数

依据孤店断陷致密气含气性、物性、烃源岩的各项评价标准(表3)进行回判，根据回判符合率优选评价参数，通过数学计算，确定了十项主要参数的权重系数(表4)。

表3 孤店断陷致密气录井气水层解释标准

评价参数	气层标准	气水层标准	差气层标准	干层标准
校正全烃	≥5	2.5~5	0.7~2.5	<0.7
钻时比	≥2	≥2	1.3~2	<1.3
孔隙度/%	≥5.5	≥5.5	3~5.5	<3

续表

评价参数	气层标准	气水层标准	差气层标准	干层标准
可动流体/%	≥20	≥20	10~20	<10
有机碳含量 CTO	>2	1.5~2	08~1.5	<0.8
烃源岩厚度/m	≥450	300~450	200~300	<200
气测单层厚/m	≥9	≥9	5~9	<5
气测累计厚/m	≥20	≥20	9~20	<9
后效	高	较高	一般	无
岩心裂隙	发育	发育	一般	不发育

表4 孤店断陷致密气评价参数回判符合率和权重系数

评价参数	校正全烃	钻时比	孔隙度	可动流体	C_{TO}	烃源岩厚度	气测单层厚度	气测累计厚度	后效	岩心裂隙
回判符合率/%	84	56	58	60	80	80	70	70	85	85
权重	11.5	7.7	8	8.2	11	11	9.6	9.6	11.7	11.7

3.2 计算产气概率预选值

依据录井参数的权重系数和解释标准(表3、表4),经过数学统计和计算,获得各项参数满足解释标准时的产气概率预选值,作为实际判别的准备值(表5)。

表5 孤店断陷致密气自动解释的产气概率预选值表

评价参数	满足气层标准时赋值	满足气水层标准时赋值	满足差气层标准时赋值	满足干层标准时赋值
校正全烃	11.5	9.2	6.9	4.6
钻时比	7.7	7.7	4.6	3.1
孔隙度	8.0	8.0	4.8	3.2
可动流体	8.2	8.2	4.9	3.3
有机碳含量 CTO	11.0	8.8	6.6	4.4
烃源岩厚度	11.0	8.8	6.6	4.4
气测单层厚度	9.6	9.6	5.8	3.8
气测累计厚度	9.6	9.6	5.8	3.8
后效	11.7	9.3	7.0	4.7
岩心裂隙	11.7	11.7	7.0	4.7
产气概率值	100	91.0	60.0	40.0

3.3 自动判别气水层

应用解释标准和产气概率值,确定了气层的产气概率值范围为91~100,气水层范围为60~91,差气层范围为40~60,干层小于40,通过计算机编程,开发气水层自动判别程序。当录入目标层判别参数数据和文字,该程序自动计算产气概率和产气综合评估值,并给出气水层评价结论(图6)。该程序在解释评价中的推广应用,实现孤店断陷致密气的气水层自动计算产气综合评估值和快速判别出解释结论。

4 解释评价程序与方法的选择

该区致密气气水层解释使用的方法为全烃校正值与钻时比值、孔隙度交会图板、气测显示有效厚度、烃源岩厚度、烃源岩地化评价、气测后效及全烃曲线形态综合解释评价方法。解释的程序是先应用气水层自动解释评价程序自动判别,随后进一步精细解释。精细解释评价步骤为:首先,应用交会图板法筛选出价值层,表明储集层含气并且物性好;继续应用气测显示有效厚度法、烃源岩厚度法、烃源岩地化法,进一步确定气层、气水层、差气层;然后,结合气测后效及全烃曲线形态进行解释,进一步确定气水层解释结果,对于各解释方法的解释结果矛盾时,应适当降低一个级别,如前两项识别为"气层",而其他解释方法不符合"气层",应将其解释为"气水同层、差气层"(表4)。

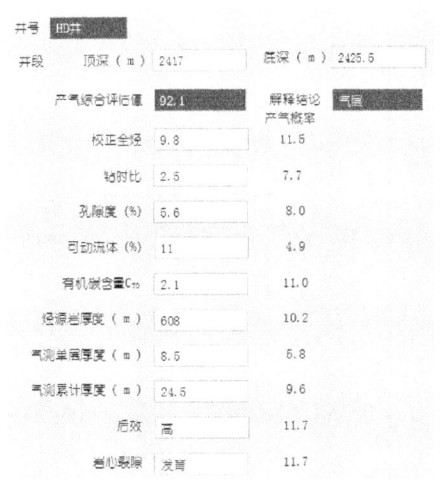

图6 气水层自动解释评价程序界面

5 应用实例

该技术没有应用之前,松辽盆地南部的致密气区,包括孤店断陷、德惠断陷、英台断陷,虽然发现了良好气测异常,但高气测异常与产气量不匹配,勘探效果不如预期,油田公司曾一度怀疑录井仪的准确性。随着该技术在松辽盆地南部致密气区的17口井解释评价中应用后,营城组、沙河子组、火石岭组产量获得突破,录井解释符合率达到了95%,不但洗刷了甲方对录井的误解,而且更加依赖录井技术,包括气层发现、安全监测、解释评价和压裂井段优选。

5.1 LS井

LS井沙河子组,井深3230.2~3305.5m,175+178+180+187号层,厚度为18m,岩性为灰色细砂岩,气测全烃峰值为9.87%,峰基比为12.8,甲烷含量较高,为8.57%;钻时比较大,为2.5,物性较好;核磁共振孔隙度为3.5%,可动流体饱和度较差,为5.94%;电测孔隙度较高,为4.2%~5.6%;渗透率为0.018~0.054mD。有效储集层厚度单层最大为6.0m,总厚度为18.0m,烃源岩厚度为608.5m。气测后效较高,全烃高峰值达3.0006%,自动判别为气层,录井综合解释认为该层为气层(Ⅰ类致密储集层)。该层试气压裂后,日产气12.04km^3,与录井解释相符(图7、图1、图2)。

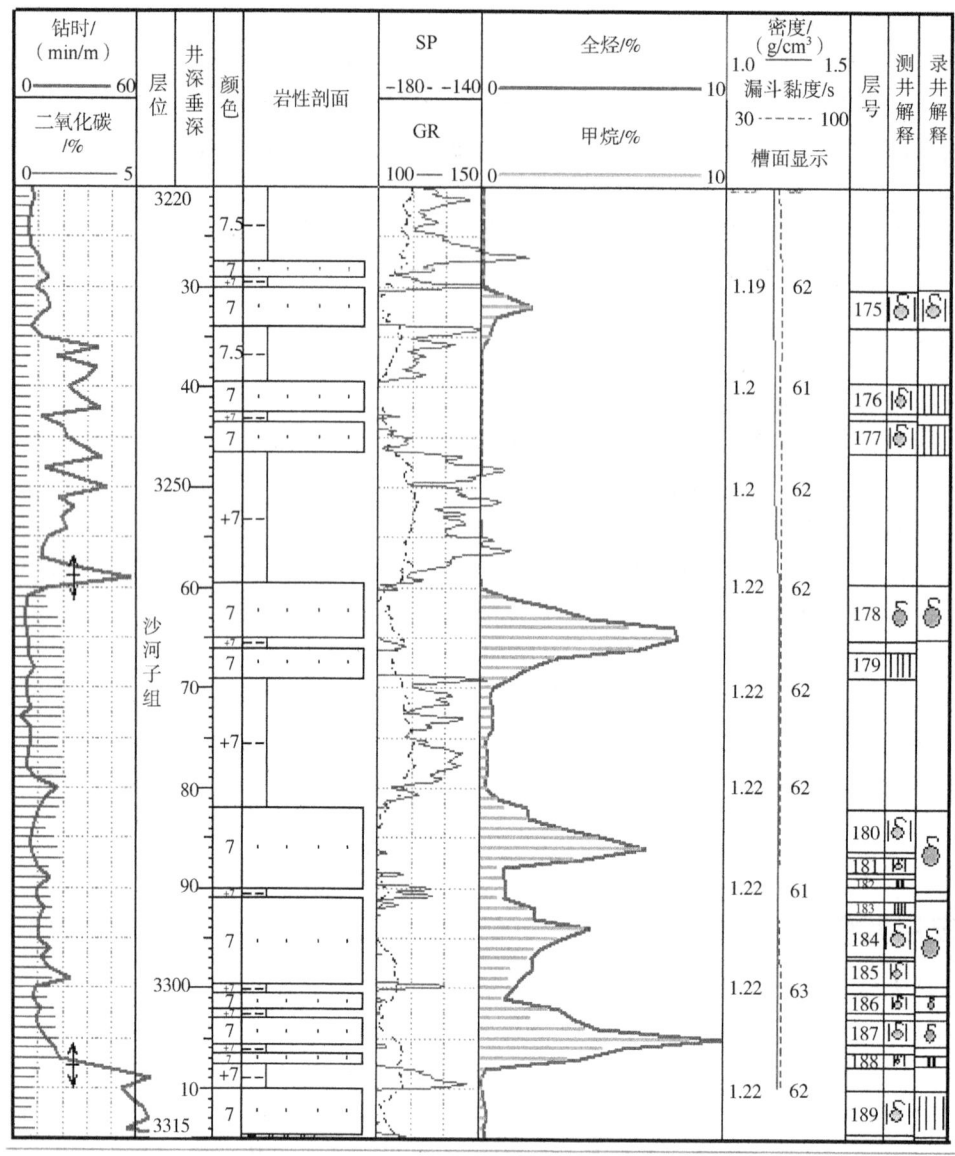

图 7　LS 井录井综合解释评价

5.2　LA 井

LA 井沙河子组，井深 3525~3554m，224+228+230+231 号层，厚度为 17.9m，岩性为杂色砾岩，气测显示方面，全烃值很高，为 60.73%，峰基比为 54，甲烷含量很高，为 58.68%。物性参数方面，钻时比较大，为 2.8，物性较好。电测孔隙度较高，为 4.5%~5.8%；渗透率较高，为 0.28~0.71mD。有效储集层厚度：单层厚度较大，最大为 8.5m，总厚度一般，为 24.5m；烃源岩厚度较大，为 559.5m。1 次井涌、1 次溢流，7 次点火成功，自动判别为气层，录井综合解释结论气层（Ⅰ类致密储集层）。试油情况：224+228+230+231 号合试，射孔与 APR 测试联作，三开二关，垫圈测气，APR 测试，产气量较低，日产气 0.11km³；酸化作业后自喷，产气量有所增加仍较低，日产气 1.02km³；套管压裂后自喷，日产气 17.54km³。是孤店断陷致密气一口比较成功的工业气流井(图8)。

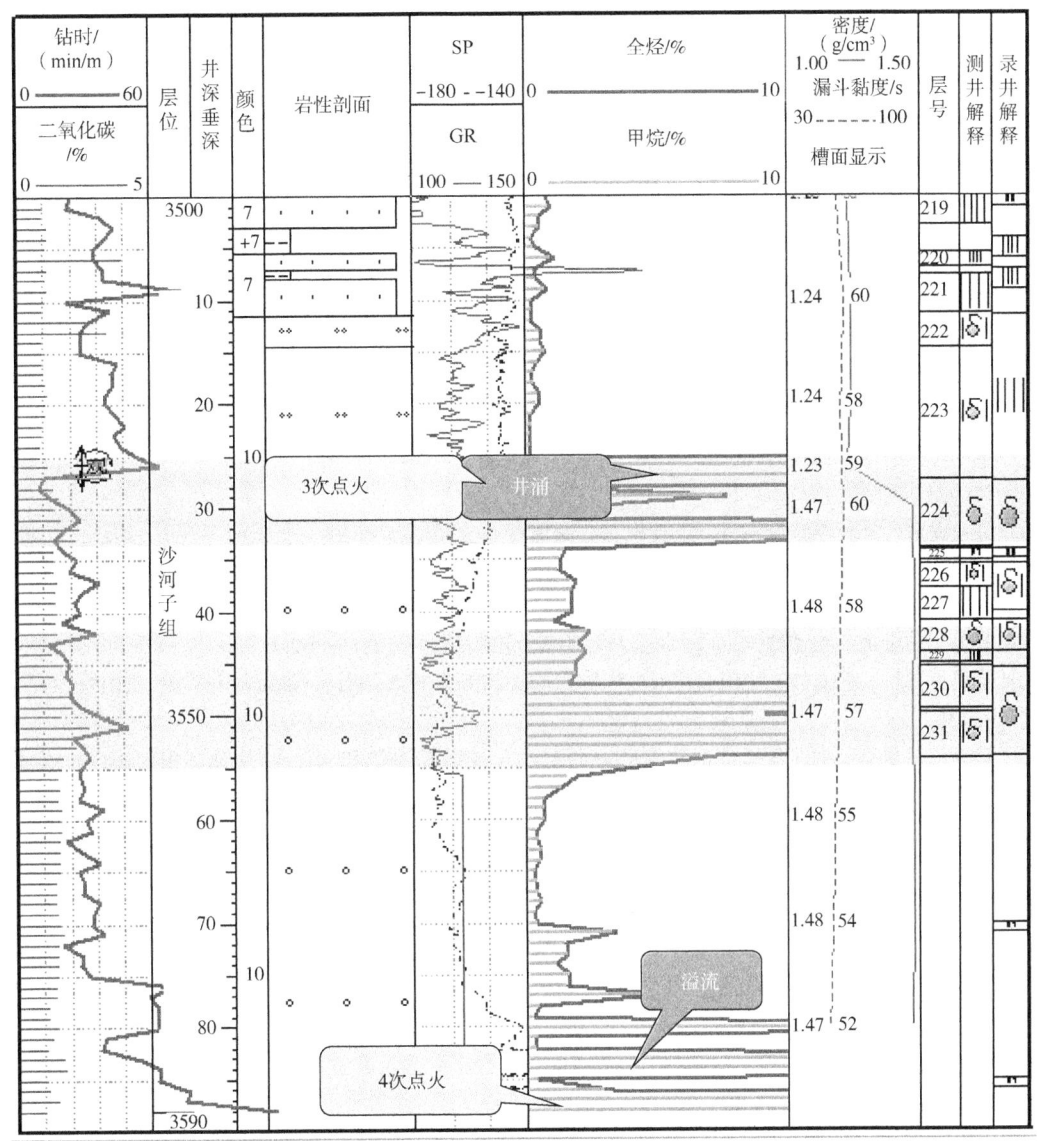

图 8　LA 井录井综合解释评价图

6　结论与建议

(1) 本次形成的孤店断陷致密气储集层录井气水层录井配套综合解释系列，解决了该区含气性认识不清和录井评价难题，应用效果明显，提高了致密气录井解释符合率。该技术为致密气储集层评价和压裂提供充分依据，不仅适用于致密气储集层，也适用于其他气层区，如在梨树断陷的气层应用效果也较好，具有广阔的推广应用前景。

(2) 全烃校正值与钻时比值交会法、全烃校正值与孔隙度交会法主要适用于同层位储集层物性变化大的疑难气水层解释,特别是价值层与水层、干层的划分效果较好;气测显示有效厚度法、烃源岩厚度法和烃源岩地化法主要适用于自生自储的致密气、常规气和页岩气储集层解释;气测后效和全烃曲线形态法也是多年来普遍使用的主要解释方法,在该区的致密气气水层解释中同样发挥了重要作用。气水层自动解释程序适用于现场地质员快速解释气水层,同时对精细解释评价起到了辅助作用。以上系列的应用提高了致密气的录井解释评价精度,特别在高气测异常层产气量低或产水量大地区的勘探和选层投产中提供了重要依据,发挥了录井在天然气勘探开发中的服务优势。

参 考 文 献

[1] 邹才能,陶士振,侯连华,等. 非常规油气地质[M]. 北京:石油工业出版社,2013:1-85.

[2] 邢顺诠. 美国西部低渗透致密气储集层特征简介[J]. 大庆石油学院学报,1990(3):5-10.

[3] 张琼,张伟,夏敬民,等. 建111井致密砂岩气显示录测井解释研究[J]. 江汉石油职工大学学报,2012,25(5):9-11.

[4] 吴宏杰,袁拥军,熊瑛,等. 建密HF-1井致密砂岩气层测录井解释[J]. 江汉石油职工大学学报,2013(6):21-24.

[5] 张静. 苏里格地区致密砂岩含气性评价及产能预测[D]. 青岛:中国石油大学(华东),2011:1-59.

[6] 陈克勇,张哨楠,丁晓琪,等. 致密砂岩储层的含气性评价[J]. 石油天然气学报,2006,28(4):65-68.

[7] 赵政璋,杜金虎. 致密油气[M]. 北京:石油工业出版社,2012:1-152.

[8] 贾承造,郑民,张永峰. 中国非常规油气资源与勘探开发前景[J]. 石油勘探与开发,2012,39(2):129-136.

[9] 于轶星,王震亮. 松辽盆地南部致密砂岩储层油气成藏期次研究[J]. 断块油气田,2011,18(2):203-206.

[10] 王研. 气测录井参数校正方法在非平衡钻井条件下的应用[J]. 石油天然气学报,2017,39(4):11-17.

[11] 王研,周丽丽,汪英男. 王府断陷区气水层气测录井解释评价方法[J]. 录井工程,2016,27(1):58-62.

[12] 窦辉,李瑞红,王研,等. 过平衡钻井对气测录井的损害及其显示识别方法[J]. 录井技术,2001,12(3):11-15.

[13] 柳绿,王研,李爱梅,等. 深层气井气测录井资料校正处理及其解释评价[J]. 录井工程,2008,19(3):37-40.

[14] 杨占山,李富强,孙文库. 对气测录井全烃检测值的进一步认识[J]. 录井工程,2006(4):26-28.

[15] 宋庆彬,汪德刚,陈玉新,等. 气测录井定量快速色谱分析技术[J]. 录井技术文集,2004(1):88-92.

[16] 石文睿,张占松,赵红燕,等. 一种录井油气解释交会图及其应用[C]. 第二届中国石油工业录井技术交流会论文集,2013:276-280.

[17] 大港油田《气测井读本》编写组写组. 气测井读本[M]. 北京:石油化学工业出版社,1976:1-45.

[18] 方锡贤,王旭波,吴振强,等. 不同录井资料在储集层物性和含油性上的反映[J]. 录井工程,2015,26(3):40-45.

[19] 张策,石景艳. 影响气测录井发现和准确评价油气层的因素分析[J]. 录井工程,2001(3):23-25,37.

[20] 凌立苏, 黄卫东, 毛新军, 等. 准噶尔盆地气层录井解释评价方法[J]. 天然气工业, 2012, 32(4): 24-28.

[21] 郑新卫, 刘喆, 卿华, 等. 气测录井影响因素及校正[J]. 录井工程, 2012, 23(3): 37-40.

[22] 于连香. 气测全烃异常相对幅度与灌满系数在油气显示层解释评价中的应用[J]. 内江科技, 2015, (7): 44-45.

[23] 周丽华, 熊正祥, 王国瓦, 等. 塔里木油田大北地区白垩系气测标准图板的建立与应用[J]. 录井工程, 2015, 26(1): 46-48.

[24] 魏裔. 辽河坳陷含水储集层气测录井特征及解释评价方法的认识[J]. 录井工程, 2007, 18(3): 71-73.

[25] 李进兴, 雷军, 崔美花, 等. 气测综合解释方法在塔里木盆地应用探讨[J]. 录井技术文集, 2004, 000(1): 53-59.

[26] 张殿强, 李联玮. 地质录井方法与技术[M]. 北京: 石油工业出版社, 2010: 132-137.

松辽盆地古龙页岩油储层岩性识别与流体评价技术

梁久红　张丽艳　韩冰冰　杨世亮　李　博
刘文精　张艳茹　陈晓晓　郭　晶　董黛莉

（大庆钻探工程公司地质录井一公司）

【摘　要】 松辽盆地古龙页岩油储层岩性组合复杂、非均质性强、孔隙流体赋存状态多样，这些特殊性造成储层岩性精细识别及流体准确评价难度大。为了有效解决研究区岩性识别和流体评价的难题，综合应用宏观观察、元素分析、薄片鉴定等岩性识别技术，总结典型岩性各项技术响应特征，建立起页岩油岩性识别组合技术，实现页岩油储层岩性精细识别；选取能够评价轻质烃类的气测录井、轻烃分析、岩石热解分析等技术的关键参数，将评价参数分别赋予不同权重，建立页岩油储层含油性综合指数，应用综合指数对页岩油储层含油性进行准确评价，取得了较好效果。研究成果为松辽盆地古龙页岩油储层后期精细评价和"甜点"层段优选提供了重要的技术依据。

【关键词】 页岩油；岩性识别；元素分析；X射线衍射全岩分析技术（XRD）；流体评价；气测录井；岩石热解；轻烃分析

随着松辽盆地勘探开发程度的深入，大庆油田常规油的勘探已接近尾声，勘探开发重心正逐步向非常规油气勘探领域转移，目前对松辽盆地北部页岩油的勘探开发已成为大庆油田的重要攻关领域。松辽盆地北部古龙凹陷页岩油资源丰富，青山口组暗色泥页岩厚度大、有机质丰度高，且地层存在超压，是一套生油能力很强的优质泥页岩，对该区页岩油进行大规模勘探开发，对油田油气资源可持续开发利用具有重大意义[1]。

古龙凹陷青山口组泥页岩储层为一套厚度较大的半深湖—深湖相沉积的黏土含量高的细粒碎屑岩。大量的岩心分析资料揭示，该区泥页岩层的岩石矿物组分极其复杂，单纯依靠岩心观察和常规岩性识别方法不能精细刻画储层岩性剖面，而岩相的准确识别是进行储集质量和含油性评价的基础。因此，为了满足页岩油勘探需求，需要研究出一套适合泥页岩储层岩性识别方法[2]。

在岩性精细识别的基础上开展页岩油储层流体评价，优选含油性评价关键参数，形成综合性含油指数，对储层含油富集层段进行筛选，结合物性和脆性评价，为储层"甜点"

基金项目：中国石油天然气股份公司重大科技专项"松辽盆地北部石油精细勘探技术完善与规模增储"（2016E-0201）。

作者简介：梁久红，男，1966年生，硕士，高级工程师，大庆钻探工程公司地质录井一公司总工程师兼总地质师。主要从事油气资源勘探工程技术系列中录井资料采集及解释评价工作，主持并组织30余项科研项目，获省部级科技进步奖1项、市局级科技进步奖6项，在学术期刊发表论文2篇。E-mail：liangjiuhong@petrochina.com.cn。

层段优选提供有力支撑。泥页岩储层流体性质单一,孔隙中可动流体以油质状态赋存,但是,烃类赋存状态及富集程度差异对产能贡献的影响较大。因此,页岩油储层流体评价的重点和难点为储层含油性评价。

1 泥页岩储层岩性准确识别方法

有研究表明古龙凹陷青山口组主要发育5类岩性,分别是页岩、泥岩、粉砂质岩、灰质岩、云质岩,纵向上粒度极细、纹层多、岩性组合复杂、岩性变化快、非均质性强,综合应用多项岩性识别技术,总结各岩相特征,准确识别储层岩性对储层后期精细评价至关重要。

1.1 宏观观察

宏观观察识别岩性,指通过肉眼直接观察或借助放大镜等简单辅助设备观察岩心、岩屑、井壁取心等实物,分别从颜色、产状、矿物成分、结构、构造、含有物等方面对实物进行观察描述,根据岩性定名原则进行岩性宏观识别,相比岩屑和井壁取心,对钻井岩心新鲜断面进行宏观观察,更能准确识别岩性。

通过对古龙凹陷青山口组页岩油井岩心进行宏观精细观察描述,获得该区典型岩相宏观识别特征(图1)。

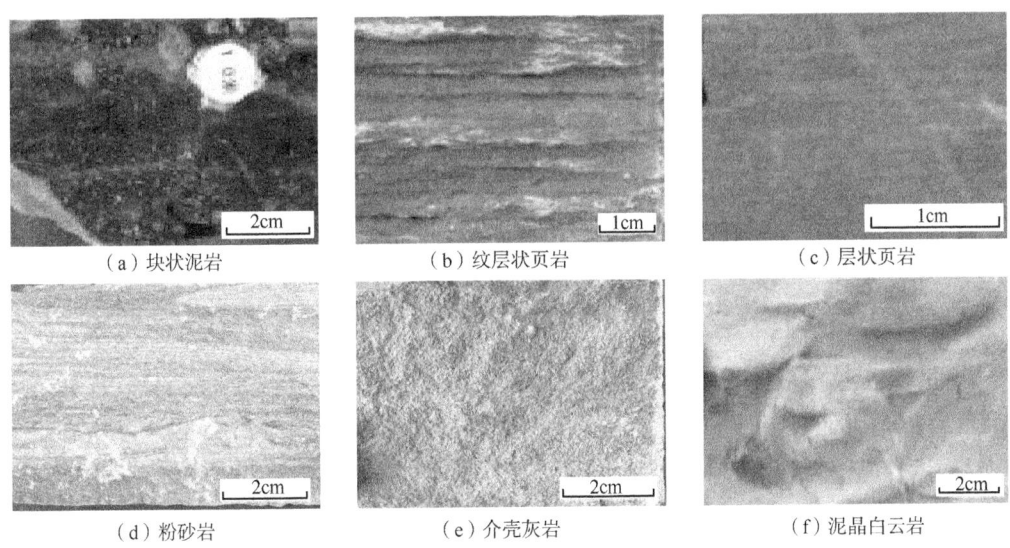

(a) 块状泥岩　　(b) 纹层状页岩　　(c) 层状页岩

(d) 粉砂岩　　(e) 介壳灰岩　　(f) 泥晶白云岩

图1 古龙凹陷青山口组典型岩相宏观照片

块状泥岩宏观特征:深灰、黑灰、灰黑色,成分纯或较纯,块状或波状层理,含炭屑、黄铁矿、蚌化石、介形虫化石等。纹层状页岩宏观特征:黑灰或灰黑色,成分较纯,页理发育或较发育,纹层厚度一般为0.5~10mm,单层页理厚度一般为1.0~10mm,页理密度一般为200~500层/m,含炭屑、黄铁矿、蚌化石、介形虫化石等,夹介形虫层条带、方解石脉等。层状页岩宏观特征:黑灰或灰黑色,成分较纯,页理发育,单层页理厚度一般为0.2~0.5mm,页理密度一般为400~1000层/m,含炭屑、黄铁矿、蚌化石、介形虫化石等,夹介形虫层条带、方解石脉。粉砂岩宏观特征:灰、深灰色,成分以石英为主,长石次之,钙、泥质混合胶结,较致密,磨圆呈次棱角状,滴水速渗,滴酸不反应,局部含泥重,呈条纹及条带状分布。介壳灰岩宏观特征:灰、深灰色,成分较纯或局部含泥重,呈条带状分布,块状层理,化石个体保存完整或较完整,滴酸反应剧烈或较剧烈。白云岩宏观特征:灰、深灰色,页理和纹层均不发育,致密或较致密,坚硬或较坚硬,滴酸弱反应—中等反应。

1.2 元素分析技术

元素分析技术是依据岩石所含不同的矿物成分具有不同的 X 射线光谱特征,通过对这些射线光谱特征进行分析,可确定不同岩性的个性元素和元素组合变化规律,在获得各岩性元素特征之后,可反向根据单项元素或元素组合特征建立不同岩性的识别方法[3]。

岩石地球化学研究表明,泥页岩由 5 类矿物组成,分别为黏土矿物、石英、长石、方解石和白云石。黏土矿物主要由蒙皂石、绿泥石、伊利石、高岭石等组成。依据此类矿物的化学分子式可知,主要元素为 Si、Al、Mg、Fe、Ca、K、Na、C、O。经过研究,Ca 和 Mg 元素含量与碳酸盐矿物含量的相关性最好;Al 元素含量与黏土矿物含量的相关性最好;Si 元素含量与石英含量成正相关[4]。应用元素分析技术,对松辽盆地北部古龙凹陷青山口组泥页岩储层主要岩性进行元素分析,通过统计青山口组元素分析数据,对典型岩相类别进行特征元素及规律统计(表1),获得该区主要岩性元素特征,为泥页岩复杂岩性准确识别提供依据。

表1 青山口组典型岩相特征元素含量

岩相	各元素质量分数/%					
	Fe	Al	Mg	S	Ca	Si
粉砂岩	322~449	1362~1760	103~282	030~077	156~660	5177~7129
介壳灰岩	593~744	1239~1683	234~452	032~089	1200~1600	3915~6347
层状页岩	535~758	1474~1816	165~305	054~103	091~834	4958~6027
纹层状页岩	480~784	1477~1880	159~524	032~117	078~772	4871~6029
块状泥岩	438~710	1127~1719	117~276	016~080	347~1404	4717~5806
白云岩	318~1148	390~1373	508~1406	016~052	1015~2424	1466~4700

其中粉砂岩、介壳灰岩为该区常规录井岩性,借助实物观察识别相对容易,但是块状泥岩与层状页岩、纹层状页岩的区分较难,同时,白云岩以薄层状分布,岩屑录井过程中亦存在识别难度。故需要借助岩石中的元素质量分数来进行岩性识别。

通过表1发现,白云岩、介壳灰岩具高 w_{Ca}、w_{Mg} 特征;粉砂岩具有低 w_{Fe}、w_{Mg} 的特征;块状泥岩与层状页岩、纹层状页岩以 w_{Ca} 3.41% 为分界点,统计页岩 $1/2w_{Mg}+w_{Fe}$ 与块状泥岩有一定差异性,故选取 w_{Ca} 与 $(1/2w_{Mg}+w_{Fe})$ 绘制交会图(图2)。由图2可以看出粉砂岩、白云岩、介壳灰岩、块状泥岩、纹层状页岩较好区分,但针对纹层状页岩与层状页岩从元素角度区分较难,需要借助显微镜进行页理观察。

1.3 X射线衍射全岩分析技术(XRD)

岩石由矿物组成,不同岩性的岩石所含矿物成分及含量不同,每种矿物都有自己特有的晶体结构。X射线投射到晶体中时出现因散射线加强而存在衍射图像,将衍射图像与矿物衍射数据库中的标准X射线衍射图谱对比,能够准确识别出岩石矿物成分与含量[3,5]。

该项分析技术主要能够获取黏土、石英、钾长石、斜长石、方解石、白云石、黄铁矿等矿物成分。

经过研究,通过其相对含量就可以确定岩石岩性[6],故该项技术可以为现场定量化岩性定名提供参考依据,有效提高复杂岩性准确识别的精度。

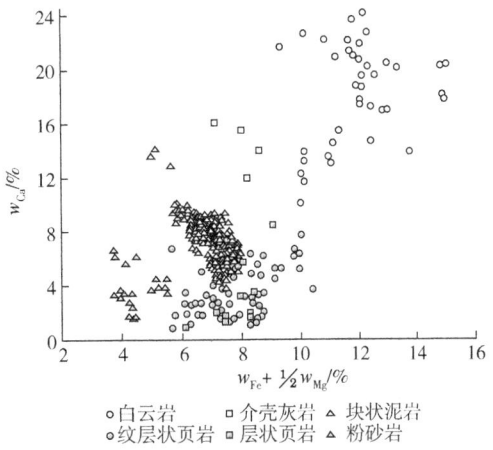

图2 青山口组典型岩相特征元素分区

○白云岩　□介壳灰岩　△块状泥岩
○纹层状页岩　△层状页岩　粉砂岩

由于细粒沉积岩粒度极细,常规薄片难以准确鉴定其矿物含量,而XRD是根据不同矿物的特征衍射图谱及矿物含量与其衍射峰强度成正比关系的原理来获得样品的矿物组成并计算其含量的一种定量分析方法,可识别多种矿物成分。

表2统计了青山口组典型岩性与X射线衍射矿物含量关系,从统计数据看,典型岩相主要矿物成分存在一定的规律。其中,白云岩含有典型矿物白云石,同时介壳灰岩具有高含方解石的特点,粉砂岩类结合石英和黏土含量加以识别;块状泥岩与页岩从矿物成分看差距不大,特别是纹层状页岩的纹层可能是砂质纹层、钙质纹层等,需要借助元素分析及实物观察加以区分。

表2 青山口组典型岩相X射线衍射矿物分析统计

岩相类别	X射线衍射矿物体积分数/%				
	石英	长石	方解石	白云石	黏土矿物
粉砂岩	1284~4075	1604~5395	524~6126		246~2343
介壳灰岩	871~1931	321~1341	3224~6108		000~547
白云岩	050~4049	125~4761	000~7159	15~9629	114~4037
块状泥岩	2190~3483	550~1965	000~1545		3105~5003
层状页岩	2350~4202	868~3006	000~1939		2523~4495
纹层状页岩	618~4335	430~3918	000~7671		2155~7897

1.4 电性特征

针对页岩油储层薄层—纹层多样、岩相复杂的特点,在划分岩相基础上,应用多口取心井开展了岩—电关系分析,明确了古龙凹陷青山口组不同岩相测井响应特征。层状页岩,测井响应具有自然伽马、电阻率、声波时差、中子孔隙度较高,密度值较低特征,成像显亮黄色块状,见裂缝和小孔发育,层中部分发育高亮含白云岩或介屑薄层;纹层状页岩,测井响应总体具有自然伽马、密度、声波时差值较大，电阻率值稍低等特征，但与层状页岩相比，自然伽马和声波时差值均稍低，成像显示黑黄色块状或层状，发育亮色条带状白云岩或含粉砂、含介屑薄层；介壳灰岩一般厚度稍大，声波时差较小，微球曲线值较大，成像高亮显示；白云岩一般厚度薄，声波时差较小，成像以薄纹层为主，亮度稍低；粉砂岩相一般有声波时差、自然伽马较小电阻率较大的特征。

1.5 薄片分析技术

岩石是矿物有规律的组合体，尽管自然界已发现的矿物有3000余种，但岩石中最常见的造岩矿物仅10余种，主要为石英、钾长石、斜长石、云母、角闪石、辉石、橄榄石、方解石、白云石、黏土矿物等。利用矿物的光学特征，通过偏光显微镜将自然光变为偏光，测定矿物光学性质识别矿物类别，结合镜下显微结构，根据岩石的组成、结构、构造等矿物及岩石学参数，实现精确岩性识别。最后根据造岩矿物的种类、大致含量、结构、构造特征对岩石进行定名[7-8]。

通过以上录井岩性识别方法综合应用，首先通过肉眼观察从颜色、粒度、页理、含有物等宏观信息对泥页岩储层岩性进行粗描，然后应用元素分析、XRD矿物分析结合测井资料对岩性进行大类划分，应用薄片分析技术对岩石的结构构造进行微观识别进而对岩性进行准确定名，从而形成方法体系，实现对泥页岩储层岩性的准确识别。

2 泥页岩储层流体评价方法

古龙泥页岩油是以泥、页岩为主的岩石层系中所含的石油资源，主要呈游离态、吸附态或者溶解态保留下来[9]。面对泥页岩的低孔隙度、低渗透率的特点，蕴含其中的可流动油成为主要研究对象。这就要求从原油性质的角度出发，求取能够反映油质成分、流动性的参数，并对这些适合的参数予以研究评价。

目前录井现场针对泥页岩油评价的技术手段主要有气测录井技术、岩石热解分析技术、残余碳分析技术、轻烃分析技术等。

2.1 气测录井技术

气测录井是获取地层游离态烃的主要途径。气测录井是以钻井液为载体，随着钻头破碎地层，地层中的气体溶解入钻井液中，随钻井液上返至井口，经脱气器对钻井液中的气体进行脱离，并通过仪器对气体组分进行分析，记录全烃含量及各气体组分含量的一项录井技术。

气测录井可有效地反映地层中是否含有油、气，其主要测量烃类组分为C_1—C_5，可以反映游离态烃类的体积分数。气测全烃值高，说明地层含烃量高、单位时间产出烃类物质多、产能高[10]，同时，气测录井技术不受岩性的影响，因此可以利用气测录井资料评价页（泥）岩储层的含油气性[11]。

2.2 岩石热解分析技术

岩石热解分析技术是利用程序升温原理对岩石样品中可热蒸发和热解的烃类含量进行定量测定的一种方法。

其检测的参数主要为S_0、S_1、S_2、T_{max}。其中S_0为90℃时C_1—C_7的气态烃类组分质量

分数,在纯油层中以溶解气的方式存在于液态烃类中;S_1为300℃时C_8—C_{29}的轻质及中质液态烃类组分质量分数;S_2为300~600℃时大于C_{29}的重质原油和胶质及沥青质组分质量分数;T_{max}为S_2峰顶温度。S_0组分由于温度和压力等平衡条件的破坏,很快挥发及散失,受外界影响较大,数值不稳定,地球化学录井分析到的数值主要反映的是样品中的吸附气[12]。因此主要利用S_1来评价页岩油储层中游离烃的含烃量。

2.3 残余碳分析技术

在现场随钻地球化学录井过程中,针对泥页岩油储层,部分样品要同时进行热解及有机残余碳分析,这部分样品在YQ-Ⅲ型油气显示评价仪分析结束后,转移至有机残余碳分析仪内进行残余碳分析,最终获得全套的热解分析数据。w_{TOC}与页岩吸附能力成正相关,即泥页岩中,有机质类型越好,有机质丰度越高,含油性越好。因此可同时利用w_{TOC}来评价页岩油储层中的吸附烃的含烃量。

2.4 轻烃分析技术

轻烃分析属于气相色谱分析技术的一种,主要依据气相色谱分析原理。轻烃分析可以得到油层C_9以前的各单体烃的含量。原油是一种主要以碳、氢2种元素组成的十分复杂的混合物,目前,人们尚不能对其全部组成定性,确定它们的分子结构,但轻烃部分已认识得十分清楚。常温下,C_1—C_4为气态烃,C_5以后随着相对分子质量的增加,从液态烃逐步过渡到固态烃。其中,轻烃分析参数中的峰面积是C_9之前103个单体烃的峰面积总和,因此可以反映C_9之前的含烃总量。

轻烃分析技术可以有效弥补气测录井技术无法获取C_6—C_9烃组分参数的局限,故可以将轻烃分析的峰总面积作为评价游离烃含量的一个手段。

2.5 综合性含油参数

结合各项含油性评价关键技术,皆对泥页岩油层具有较好的评价意义。在松辽盆地经过近10口井的实践,各含油性参数对泥页岩油油层有较好的特征反映。但局部单项资料直接存在矛盾性,且各项分析参数单位不统一,评价过程较为繁琐,对泥页岩油储层评价造成困扰。本文应用各含油性参数,结合各参数权重,建立了符合泥页岩油储层评价的含油性综合指数。

从分析可知,针对泥页岩油储层,气测全烃值、轻烃分析的轻烃峰面积、地化热解S_1值、残余碳分析的w_{TOC}均能够明确地反映储层含油性。

这4种参数作为评价泥页岩油层的主要参数,通过齐家—古龙近10口井的应用与研究,对各含油性参数进行权重分配。其中,全烃最大值、地化热解S_1值分配的权重分别为0.3;轻烃峰面积、w_{TOC}分配的权重分别为0.2。同时,为了克服各项参数单位不统一的问题,将各参数进行归一化处理,最后将各含油性参数与其对应权重的乘积的累加和定为含油性综合指数。见下式:

$$I = \sum_{i=1}^{n}(M_i/M_{i\max})\alpha_i$$

式中:I为综合性含油指数;M_i为含油性参数值;$M_{i\max}$为含油性参数的最大值;α_i为含油性参数的权重。

结合试油资料,该区块含油性综合指数不大于0.2,含油性差;(0.2,0.4]为含油性较好;(0.4,0.6)含油性好;油性综合指数不小于0.6反映含油性极好。

3 应用效果

井 A 于青一段2527~2543m进行了钻井取心录井(图3),依据岩性识别方法,将岩心剖面进行精细描述,本段岩心以纹层状页岩为主,夹薄层泥质云岩、粉砂质泥岩条带;岩性质较纯,性脆,页理发育差,出筒未见气泡,干照无荧光,滴照见荧光,呈星点及细纹状分布,无油脂感,无油气味,不染手,浅黄色,单层页理厚度最大为0.5mm,最小为0.2mm,页理密度为300层/m。

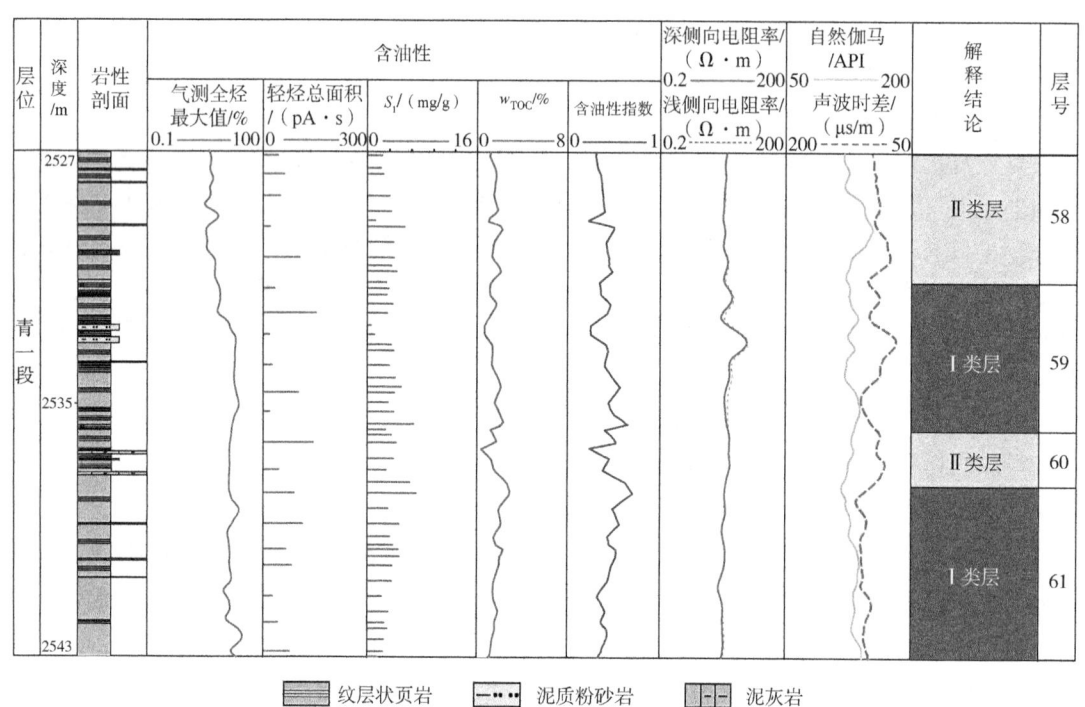

图3 井 A 录井评价综合解释

同时,对岩心进行了含油性分析,求取了含油性综合指数。气测全烃最大值为28.9%,轻烃总面积为18.4~154.8pA·s,S_1为0.60~7.12mg/g,w_{TOC}为0.37%~2.89%,求取综合性含油指数为0.23~0.71。通过对比分析看,解释59号、61号层为泥页岩油层Ⅰ类层,58号、60号层为泥页岩油Ⅱ类层。

应用本文的方法,综合岩性和含油性分析结论,对2个Ⅰ类层的59号、61号层进行试油测试,取得了较好的产能,反映岩性识别和流体评价方法准确可靠。

4 结论

(1)针对泥页岩储层岩性识别难题,分析总结了各项岩性识别技术典型岩相特征,建立岩性综合识别组合技术,从而实现储层岩性准确识别。

(2)针对页岩油储层含油性评价的难题,通过梳理各单项录井评价技术,建立含油性评价综合指数，可有效评价页岩油储层含油性。

参 考 文 献

[1] 柳波，石佳欣，付晓飞，等．陆相泥页岩层系岩相特征与页岩油富集条件：以松辽盆地古龙凹陷白垩系青山口组一段富有机质泥页岩为例[J]．石油勘探与开发，2018，45(5)：828-838.

[2] 张晋言．泥页岩岩相测井识别及评价方法[J]．石油天然气学报，2013，35(4)：96-103.

[3] 李昂，袁志华，张玉清，等．元素录井技术在涪陵页岩气田勘探中的应用[J]．天然气勘探与开发，2015，38(2)：23-26.

[4] 牛强，曾溅辉，王鑫，等．X射线元素录井技术在胜利油区泥页岩脆性评价中的应用[J]．油气地质与采收率，2014，21(1)：24-27.

[5] 于海军．古城地区XRD衍射仪对碳酸盐岩识别研究[J]．西部探矿工程，2018，30(5)：65-66.

[6] 雷军，王慎实，杨钰．岩屑录井数字化技术在塔里木油田的应用[J]．录井工程，2017，28(4)：1-6.

[7] 赵明．岩石薄片显微图像技术在储集层评价中的应用[J]．录井工程，2007，18(3)：13-16.

[8] 巴兰凤．荧光薄片制作问题的分析探讨[J]．中国新技术新产品，2014，12(4)：118.

[9] 盛湘，陈祥，章新文，等．中国陆相页岩油开发前景与挑战[J]．石油实验地质，2015，37(3)：267-271.

[10] 方锡贤．X射线衍射全岩矿物分析录井技术应用拓展[J]．录井工程，2016，27(1)：14-18.

[11] 方锡贤．页岩油气勘探中的录井技术选择[J]．当代石油石化，2011，19(12)：12-16.

[12] 熊伟，郭为，刘洪林，等．页岩的储层特征以及等温吸附特征[J]．天然气工业，2012，32(1)：113-116.

龙西地区低饱和度油藏录井综合解释方法研究

张丽艳

(中国石油大庆钻探地质录井一公司)

【摘　要】 本文针对松辽盆地长垣以西地区低饱和度油藏含水性识别、产能定性评价方法进行研究，结合低饱和度油藏的储层特点，选取应用气测综合录井技术进行含水性识别，应用综合含油性参数与物性结合的方法对储层产能进行定性评价，从而形成一套低饱和度油藏的录井综合解释方法。

【关键词】 长垣以西；低饱和度；录井解释；含水性识别；产能定性

长垣以西地区低饱和度油藏是近期勘探的重点及有利目标区，其中龙西、杏西地区葡萄花油层是重点区块之一。研究区块油水关系复杂，砂泥岩薄互层广泛发育，且储层含油饱和度低，多为油水同产，流体性质尤其油水产出比评价难度大，准确性低，因此迫切需要开展低饱和度油层精细解释方法研究，形成一套完整的低饱和度油层录井评价技术体系，为储量落实及其有效动用提供技术保障。从目前国内外研究来看，低饱和度油藏录井综合评价主要围绕两个方面：流体识别和产能预测。

低饱和度油藏的特点是构造幅度低、孔隙结构差。与常规油藏相比，往往具有储层含泥、含钙、薄互层发育及非均质性强等特点，这些特点造成了常规结合物性的录井含水性识别方法受到限制；同时，伴随着产能预测精准程度降低的问题，因此急需研究适合低饱和度油藏的含水性、产能预测方法，从而实现对储层的精准解释评价。

流体识别是各类复杂储层录井评价的主要难题，主要体现在油、水两相流体识别。常规录井流体识别图版主要为孔隙度与含油性的二维解释图版。低饱和度油藏含泥、含钙重，以物性作为主要参数进行流体性质识别的方法出现一定局限性，故本文主要通过气测录井技术进一步研究，形成了适合该区块的流体识别评价技术方法。

产能定性评价是油气勘探与开发领域的一项基本任务。本文通过建立含油性综合参数，结合以往试油资料、物性参数等，建立了产能定性分界图版。结合流体性质识别技术，最终形成该区块的低饱和油藏录井综合解释技术。

1 研究过程

1.1 含水性识别方法研究

气测录井是直接测定钻井液中气体含量的一种录井方法。气测录井作为录井和随钻跟

作者简介：张丽艳，中级工程师，1985年生，2008年毕业于中国石油大学(北京)石油工程专业，现在大庆钻探工程公司地质录井一公司从事录井技术研究工作。通讯地址：163411 黑龙江省大庆市让胡路区乘风庄8号。电话：13836828196。E-mail：zhangliyan_lj@petrochina.com.cn。

踪的重要手段,对认识钻遇油气情况具有主导作用[1]。它可以直接测量地层中天然气组成成分和成分含量,并能利用检测到的资料来解释油气水层[2],现有的气测录井应用主要侧重于油气层与水层的区分[3]。

气测录井检测到 C_1—C_5 的有机组分,这些组分的不同组合、不同大小能够反映地下流体变化。因为相同或相近的地球化学环境,生油母岩会产生具有相似成分的烃,也就是说,同一地区,同样性质的油气层产生的气显示的烃类组分是相似的,通过对已经证实的油气层的流体样品进行色谱分析,找出不同性质油气层烃类组分的规律,就可以利用这些规律对气测资料进行解释,对未知的储层所含流体的性质做出评价。

气测烃类组分 C_1 代表储集层流体中的轻烃丰度,C_2、C_3 则代表重烃(油、水)的丰度。利用干燥系数 C_1/C_2,反映储集层烃类气体的干燥和热裂解演化程度;湿度系数$(C_2+C_3+C_4+C_5)/(C_1+C_2+C_3+C_4+C_5)$,反映甲烷与非甲烷比值的变化,即储集层气测烃的湿润度,揭示地层水、束缚水的释放与侵入变化。由于湿度系数小于1,为了便于对比分析,干燥系数取其对数值 $\lg(C_1/C_2)$。

针对龙西地区低饱和度油藏的葡萄花油层,分别选取已试油的含气工业油层、工业油层、含水工业油层、低产油水层4种类别的油水层气测录井资料,计算其干燥系数 $\lg(C_1/C_2)$、湿度比$(C_2+C_3+C_4+C_5)/(C_1+C_2+C_3+C_4+C_5)$ 并进行二维交会(图1),发现存在较明显的油水界面,故以此进行油层的含水性识别。

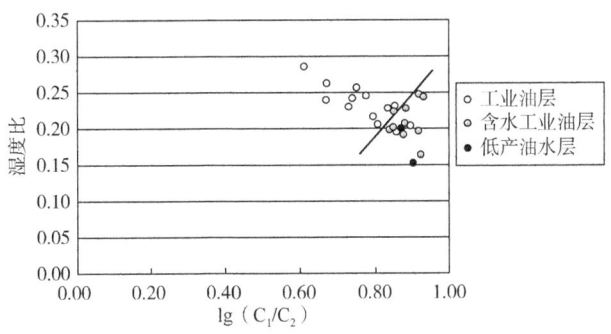

图1 龙西地区萨尔图油层含水性识别图版(图版精度89.0%)

通过该方法进行的含水性识别,图版精度达到89%,因此对该区低饱和度油藏含水性识别具有较好指导作用。但是,该图版仅能够识别含水性,却无法区分低产油层与工业油层、低产油水层与油水同层,因此需要进行工业产能界线划分,实现产能的定性评价。

1.2 储层产能定性评价方法研究

储层的产能主要受地层中的物性及含油性影响较大,对于录井产能定性评价而言,含油性的准确评价尤为重要。针对储层含油性,录井公司主要采用了地化热解分析技术、二维定量荧光分析技术、气相色谱分析技术等多种分析化验技术,导致表征含油性好坏的参数较多,每一种参数都有不同的评价标准,但按照单一解释标准进行含油性评价,容易出现产能与资料不匹配问题,为避免各参数的相互干扰,本文建立含油性综合指数的概念。即将各项分析技术中表征含油性参数的数值通过权重配比及归一化处理,形成一个综合性含油参数。

但如何区分各参数对含油性的影响程度,是个首要解决的问题,即给出综合含油性参数的权重值。为此,开展各项录井含油性参数与产油量相关关系研究,从而获得各含油性参数权重,以此计算出含油性综合指数。任何储层岩、电、物性单因素都无法直接决定油井产能的大小,但它们的组合确能产生良好的相关性影响[4]。与物性孔隙度参数,建立综合含油性参数解释图版,识别工业油层与低产油层、产能下限层。

通过多年的经验,选取地化热解分析技术中的 Pg、二维定量荧光分析技术中的含油浓度数值、轻烃分析技术中的轻烃总面积、气测录井技术中的全烃最大值、气相色谱分析技术中的谱峰面积等参数作为含油性的主要表征参数。

通过对各含油性参数与产能之间建立图版(图2),进行相关性分析,依据相关好坏程度,评价出一类关键性因素、二类关键性因素、三类关键性因素。

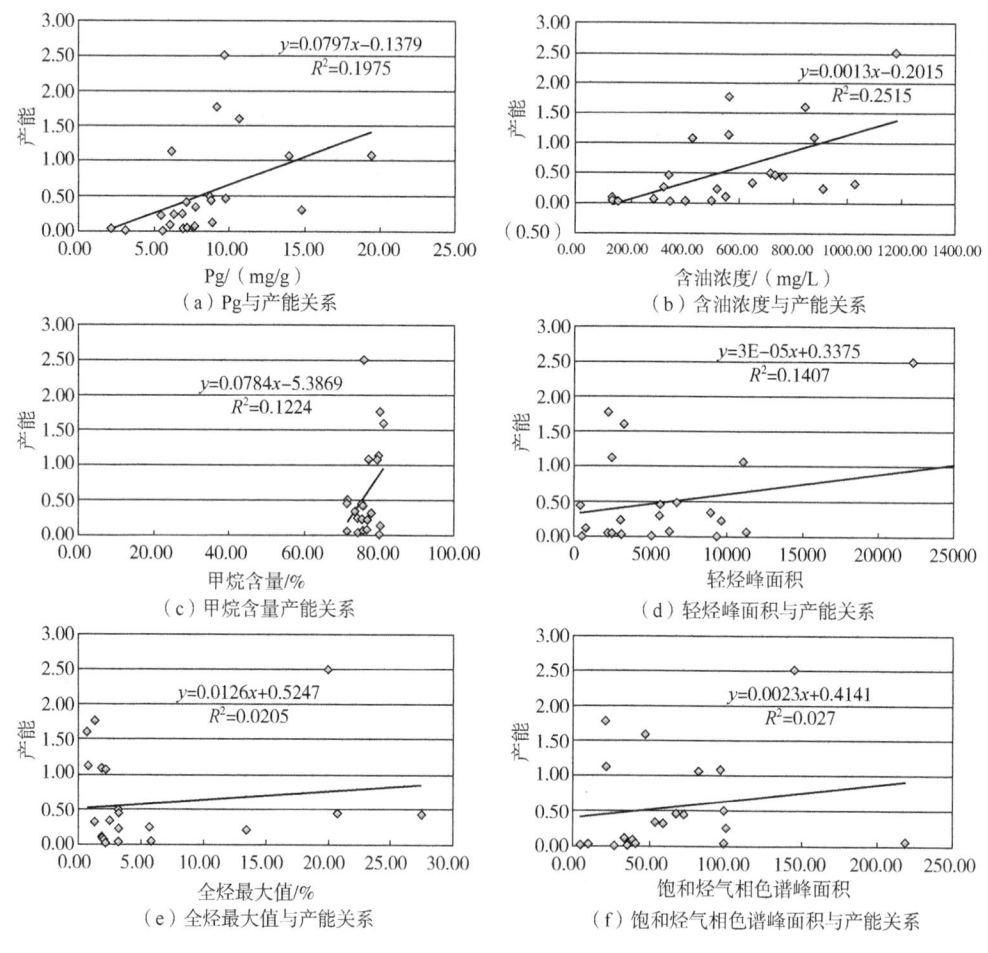

图 2 含油性参数与产油量相关关系图版

经过各相关性图版分析,得出以下结论:一类关键性因素,Pg(相关性为25%)、含油浓度(相关性为25%);二类关键性因素,轻烃面积(相关性为14.7%)、甲烷含量(相关性为12%);三类因素,全烃最大值(相关性为2.0%)、饱和烃面积(相关性为2.7%)。通过多口已试油井的数据统计发现,低产油层、低产油水层与工业油层、油水同层的各含油参数均有较明显的分级特征,进一步认证各含油性参数对产能分界具有一定指导性(表1)。

依据各主要含油性参数的相关性,对各含油性参数进行分配权重(表1),将含油性参数与其对应权重的乘积的累加和,计算出综合性含油参数。

综合性含油参数见下式。

综合性含油参数:

$$REI = \sum_{i=1}^{n} (M_i/M_{imax}) - \alpha_i$$

式中:REI 为综合性含油参数;M_i 为含油性参数值;M_{imax} 为含油性参数值的最大值;α_i 为含油性参数的权重。

表1 龙西地区含油性参数与权重分析表

参数名称	特征参数						
	Pg/(mg/g)	含油浓度/(mg/L)	全烃最大值/%	甲烷含量/%	轻烃峰面积	色谱峰面积	含油占岩屑/%
权重	0.30	0.30	0.20	0.05	0.05	0.05	0.05
油层区	6.8~19.4	131~1180	1.31~20.0	71.36~79.3	402~42555	52~144.5	10~30
油水同层区	6.1~10.7	282~911	0.77~27.44	75.5~80.8	2212~11356	19~45	25~30
低产油层区	5.5~7.6	131~498	1.96~3.25	71.3~76.86	2442~6243	38、40	1~10
低产油水层区	6.4~8.8	157~520	1.88~3.27	76.9~80.0	502~9654	24、25	1~40

利用求取的含油性综合指数与测井孔隙度建立了产能分区图版,图版规律性较好,图版精度达到95.8%(图3),反映多种分析化验数值组合的方式,能够较好地进行非产能层、低产油层、工业产能层的界限划分。

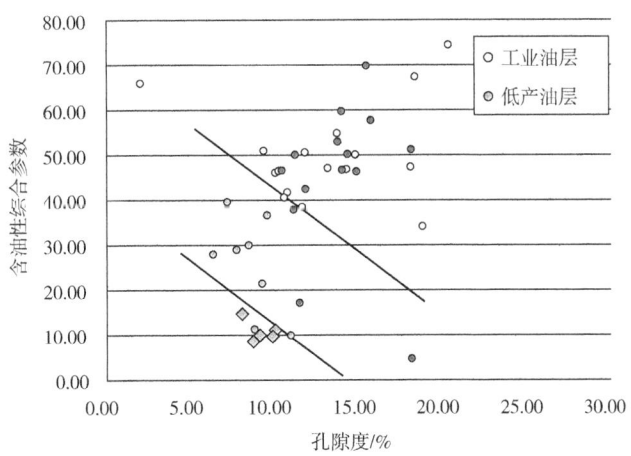

图3 龙西、杏西葡萄花油层产能分界图版

依据该图版，总结了龙西、杏西地区葡萄花油层产能分界的规律（表2）。从而能够对产能界限进行划分，有效指导试油压裂选层。

表2　龙西、杏西地区产能分界规律统计表

分类	龙西、杏西地区葡萄花油层
工业油层区	含油性综合参数≥30 孔隙度≥11.0%
低产油层区	20≤含油性综合参数<40 6%≤孔隙度<11%
产能界限层 （干层或水层）	含油性综合参数≤20 孔隙度≤10%

2　形成低饱和度油层录井解释评价方法

通过含水性的区分，结合产能界限划分图版，最终形成油水层解释成果，建立录井低饱和度油藏流体评价流程。通过研究可知，龙西、杏西地区葡萄花油层主要以油、水两相流体为主；故应用上述方法先进行含水性识别，然后进行产能界限划分，两个图版相互组合，即可得到录井解释结果，如低产油水层、低产油层、油水同层、油层等录井解释结论，达到精心解释的目的。

解释流程：含水性识别→产能界限划分→解释成果。

3　举例说明

下面具体说明一下该井的实钻及解释情况。L67井：葡萄花油层43Ⅱ号层岩屑录井见占岩屑35%，占砂岩50%的灰棕色油浸粉砂岩，51号层岩屑录井上部见占岩屑10%，占砂岩20%的棕灰色油斑粉砂岩，中下部见占岩屑25%，占砂岩50%的棕灰色油浸粉砂岩。43Ⅱ号层井壁取心见2颗棕灰色油斑粉砂岩，51号层井壁取心顶部见2颗灰棕色油浸粉砂岩，中下部为油斑粉砂岩。气测录井与43Ⅱ号、51号层见两层高幅度异常显示，其余层38号、39号、41号、43Ⅰ号、52号层岩屑录井均见到油斑粉砂岩，从岩屑及气测录井看，43Ⅱ号、51号层为本井的主力产油层。

葡萄花油层43Ⅱ号、51号层在龙西地区葡萄花油层气测含水性图版上均落在非含水区（图4）。在龙西地区葡萄花油层产能界限划分图版上，此两层均落在了工业油层区（图5），因此录井综合解释为油层。

在低饱和度油藏中通过利用气测录井技术进行含水性识别，有效克服了该类型油藏含泥重、含钙物性差的弊端，取得含水性识别的新方法，获得较高判准率；同时，通过对多种含油性参数的权重组合，形成的综合性含油参数有效地避免了单一资料的矛盾性，更全面地展现含油性，从而有效地实现了产能界限的划分。通过两种图版的相互组合，形成录井低饱和度油层流体性质评价方法。

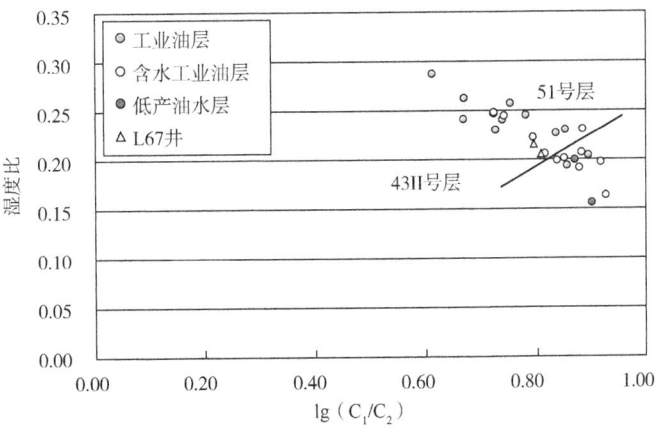

图 4 龙西地区葡萄花油层气测含水性识别图版

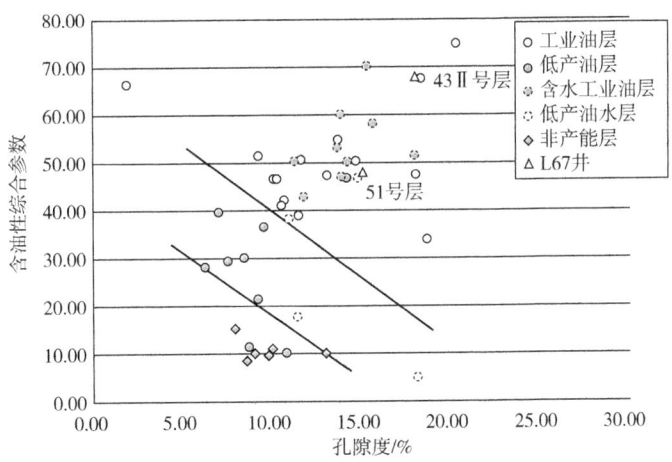

图 5 龙西、杏西葡萄花油层产能界限划分图版

参 考 文 献

[1] 逢海明,张晓明,曾快相,等.渐趋法在气测录井解释油气层方面的应用[J].天然气技术与经济,2012,6(1):41-44.

[2] 李祖遥,胡文亮.利用气测录井资料识别油气层类型方法研究[J].海洋石油,2015,35(1):78-85.

[3] 司马立强,吴丰,马建海,等.利用测录井资料定量计算复杂油气水系统的气油比[J].天然气工业,2014,37(7):34-40.

[4] 陈明强,张志国,曹宝格,等.鄂尔多斯盆地延长组超低渗透砂岩储层油井产能影响因素分析[J].西安石油大学学报(自然科学版),2009,24(3):38-40.

松辽盆地中央古隆起带(北部)基底岩性识别方法

张晏奇[1,2]　罗光东[1]　李 义[1]

(1. 大庆钻探工程公司地质录井一公司；2. 吉林大学地球科学学院)

【摘　要】　松辽盆地中央隆起带(北部)具有良好的天然气成藏条件，是近年来天然气风险勘探的重要领域之一。由于已钻井少，地层揭示厚度薄等原因，目前对该区域特殊岩性、地层特征等认识不清。基于目前已钻井，综合岩屑镜下观察、XRF元素分析、岩屑薄片分析等资料，在大量数据分析和地质研究的基础上，总结了松辽盆地古中央隆起带(北部)岩性特征，得出了几点认识：(1)松辽盆地基底构造特征复杂，多期构造运动形成了复杂的岩性，确定变质砂砾岩+板岩+千枚岩+片岩、花岗岩+闪长岩，以及碎裂化+糜棱化花岗岩三组基底岩石序列；(2)古中央隆起带基底长期暴露于地表，顶部风化壳发育网状裂缝，氧化特征明显，风化指数指示明显；(3)通过元素组成判断变质岩原岩成分可靠程度高；通过几点认识，指导现场，能有效增强现场岩性识别的及时性、准确性，为松辽盆地古中央隆起带基底的滚动勘探与研究提供重要地质资料。

【关键词】　松辽盆地；古中央隆起带；特殊岩性；基底；网状裂缝；XRF元素分析

松辽盆地北部古中央隆起带(以下简称古中央隆起带)是大庆油田天然气勘探的新领域之一，由于基底地质条件复杂、已钻井内幕揭示少、地层揭示厚度薄，导致录井对基底地层、岩性特征认识薄弱。近年随着岩屑显微镜观察、XRF元素分析、岩屑薄片分析等新技术广泛应用到录井现场，有效地提高了对岩屑、地层的认识。本文通过对钻遇古中央隆起带基底的40口已钻井实物资料分析，简要介绍古中央隆起带地层岩性特征和岩屑响应特征的最新研究成果，总结出一套适合古中央隆起带的岩性识别方法，可指导录井作业现场进行岩性识别和层位判断，有效增强现场岩性识别的及时性、准确性，也为古中央隆起带滚动勘探提供重要地质资料。

1　古中央隆起带地质概况

古中央隆起带位于古龙断陷和徐家围子断陷之间，近南北向展布，东西宽9~34 km、南北长110 km、面积为2400 km^2，地理坐标为：东经124°31′~125°20′，北纬45°26′~46°34′，发育6个凸起。基岩顶面埋深2500~3500 m。目前已钻探井30口，其中工业气流2口，低产气流井6口，见显示井9口。根据地震资料，古中央隆起带早期遭受强烈挤压，发育

作者简介：张晏奇，工程师，1983年生，毕业于大庆石油学院地质工程专业，吉林大学岩石矿物矿床学在读博士，现在大庆钻探工程公司地质录井一公司从事地质综合研究工作。通讯地址：大庆市让胡路区地质录井一公司地质研究中心。电话0459-5696230。E-mail：yqzhang14@mails.lju.edu.cn。

叠瓦状推覆构造和高角度逆冲构造两种类型的构造样式(图1)。汪家屯、昌德凸起为叠瓦状推覆构造,永乐、肇州、卫星升平凸起主要为高角度逆冲构造[1-4]。

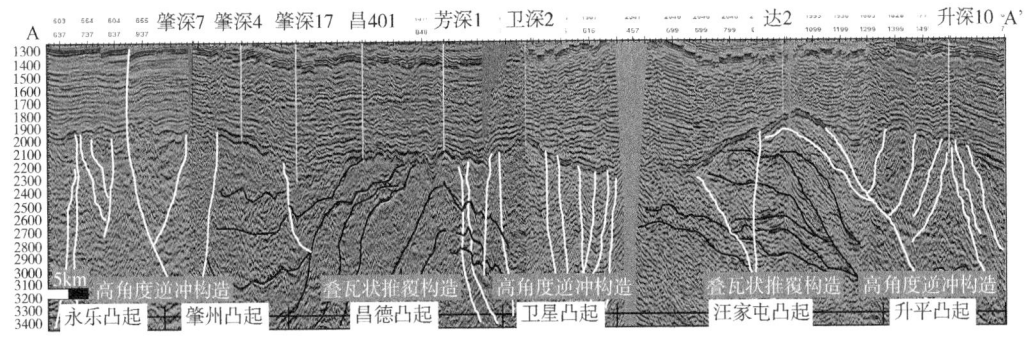

图1 基岩构造特征(据大庆勘探开发研究院)

2 古中央隆起带岩性分布

古中央隆起带基底发育岩性较复杂,根据钻遇基岩的录井岩心、岩屑资料分析发现,目前揭示出6种类型变质岩,岩性主要为泥板岩、千枚岩、片(麻)岩、糜棱岩、变质砾岩和变质花岗岩类,可进一步细分出板岩、绿泥千枚岩、石英片岩、角闪片岩、花岗岩、碎裂花岗岩、糜棱化花岗岩、糜棱岩、构造角砾岩等多种岩性(表1)。

表1 古中央隆起带基底岩性统计表

钻遇基底的井	基底岩性
TS1、TS2、ZS6、ZS7、ZS10、Z12、C201	花岗岩
ZS1、ZS3	花岗岩+千枚岩
W901、W902、ZS11	动力变质岩
WS4、WS501、FS10	糜棱岩
C401、C403、FS4、FS6、FS801、FS901	花岗岩+糜棱岩
WS2	蚀变安山质凝灰岩+糜棱岩
FS8、FS9、FS701	片岩+片麻岩
W904、D2	片岩
ZS4	中酸性侵入岩+片岩+片麻岩
FS1、FS2、C102	千枚岩

古中央隆起带基底长期暴露于地表,顶部风化壳发育网状裂缝,氧化特征明显。永乐、肇州凸起为稳定的块体,主要发育碎裂花岗岩、花岗岩夹花岗闪长岩;昌德凸起为叠瓦状推覆构造,岩性主要发育泥板岩、千枚岩、片岩、碎裂花岗岩为主;卫星凸起为高角度断裂,岩性主要发育糜棱岩;汪家屯凸起为叠瓦状推覆构造,岩性主要发育变质砾岩、千枚岩、片岩;升平凸起以块体为主,主要发育泥板岩、千枚岩。

3 岩性识别方法

3.1 变质岩原岩的识别

变质岩主要是原岩受温度、压力、剪切力等作用影响，造成矿物重结晶、结构构造上的变化，主量元素并未产生大幅变化，因此，通过元素特征识别原岩是可靠的方法[5]。XRF 元素分析技术可以检测 Si、Fe、Mg、Al、K、Na、Ca、Ti、S 等 35 种元素。

3.1.1 火成岩指数的确定

根据岩石成分组成特征，沉积岩和火成岩在 Na+K 和 Fe+Mg 含量上有明显相关性，建立 Na+K 和 Fe+Mg 含量图解，通过火成岩与沉积岩区分图解(图2)：得出分界函数

$$Na+K = -0.34(Fe+Mg) + 5.8\% \quad (1)$$

假设区分值为 50%，经式(1)转换，

$$50\% = 8.6(Na+K) + 2.9(Fe+Mg) \quad (2)$$

令火成岩指数 $Z_{mag} = 8.6(Na+K) + 2.9(Fe+Mg)$

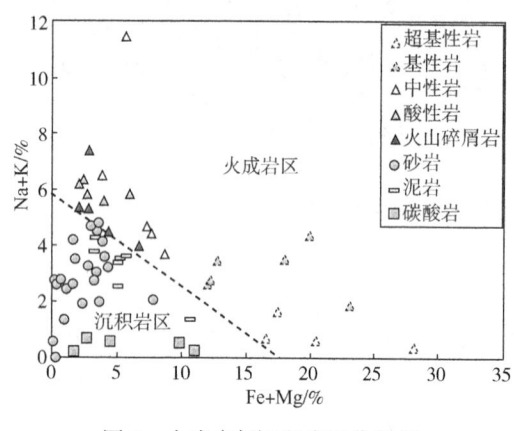

图 2　火成岩与沉积岩区分图解

因此，当 $Z_{mag} \geq 50\%$ 时，原岩岩性可能为火成岩，当 $Z_{mag} \leq 50\%$ 时，原岩岩性可能为沉积岩。

3.1.2 火成岩原岩识别方法

变质岩中，其原岩由火山物质组成的，文中统称为火成岩，其中包括火山碎屑岩、喷出岩及侵入岩。如果原岩为火成岩，可采用元素经验数据分析原岩岩性(表2)。

表 2　元素分析与岩性对应表

岩性	Si 平均值	Fe 平均值	Mg 平均值	Al 平均值	K 平均值	Na 平均值	Ca 平均值	Ti 平均值
玄武质	54.4996	8.6521	4.3678	14.26890	3.677428	2.661544	4.3996	1.2152
安山质	64.5156	6.5399	2.8403	14.72197	3.846924	3.751674	2.3048	0.8960
粗面质	65.7389	5.9537	2.2483	14.08997	4.347397	4.640514	0.4637	0.3925
英安质	72.0493	3.7273	2.1395	14.82232	4.485536	3.979230	0.5153	0.3380
流纹质	77.4970	2.8951	1.9361	13.80931	4.963297	2.920632	0.4667	0.2535

如果原岩为火成岩中的喷出岩或侵入岩，可采用火成岩 Tas 图版(图3)进一步区分原岩岩性。

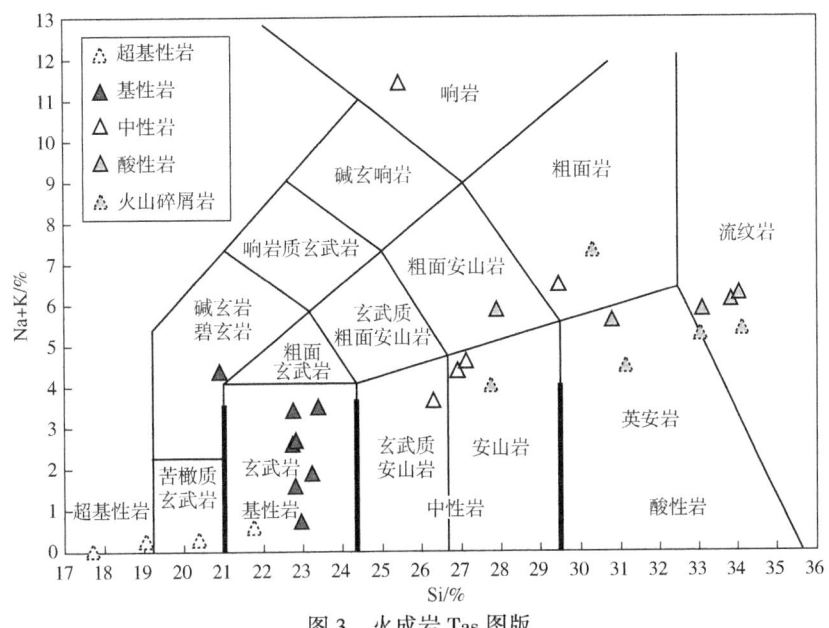

图 3 火成岩 Tas 图版

3.2 风化壳岩性识别

研究区钻遇基底的探井有 40 口，其中有 16 口井见风化壳，但是厚度都不大。钻井揭示见"花岗岩"和"花岗岩+糜棱岩"的井较多，且多数井未见风化壳，可以初步认为，该区"花岗岩"和"花岗岩+糜棱岩"较发育，并且也较易被风化。火山岩及碎屑岩，由于含有相当的甚至大量的玻璃质或火山灰，故其风化速度大都相当快，所以古中央隆起带上的火山岩被保存下来的很少。结构上顶部一般为风化较严重的花岗质砾岩，多为红色，为氧化堆积层，其下进入基岩风化壳主体，裂隙发育，可见红褐色铁质氧化物充填物。

采用 XRF 可准确检测岩屑中各种元素含量，从而计算风化指数[6]。针对侵入岩的风化壳，斜长石蚀变系数 $I_{PA} = 100(W_{Al_2O_3} - W_{K_2O})/(W_{Al_2O_3} + W_{CaO} + W_{Na_2O} - W_{K_2O})$（据 Fedo，1995）具有良好的指示，当 I_{PA} 小于 50 表示未风化，$I_{PA} = 100$ 为完全风化；针对其他岩变质岩的风化壳变质，风化指数 $I_{WP} = 100(2W_{Na_2O}/0.35 + W_{MgO}/0.9 + 2W_{K_2O}/0.25 + W_{CaO}/0.7)$（据 Parker，1970）具有良好的指示，当 I_{WP} 大于 100 表示未风化，$I_{WP} = 0$ 为完全风化。

3.3 内幕岩性的识别

通过对已钻井岩心、岩屑、井壁取心实物资料分析，总结古中央隆起带基底内幕变质岩的特征，建立以成分识别、结构构造识别为主的变质岩识别方法，确定松辽盆地古中央隆起区基底岩石类型，建立变质砂砾岩+板岩+千枚岩+片岩、花岗岩+闪长岩，以及碎裂化+糜棱化花岗岩三组基底岩石序列。

3.3.1 变质砂砾岩+板岩+千枚岩+片岩序列

变质砂砾岩+板岩+千枚岩+片岩序列主要发育在汪家屯凸起、升平凸起，叠瓦状推覆构造，元素分析结果（表 3）显示，板岩类：w_{SiO_2} 为 60.40%~65.41%，$w_{Al_2O_3}$ 为 16.29%~17.29%，w_{MgO} 为 2.58%~4.06%。片岩类：w_{SiO_2} 为 50.34%~55.52%，$w_{Al_2O_3}$ 为 17.91%~18.49%，w_{MgO} 为 3.96%~0.93%。

表3 岩石样品元素分析统计表　　　　　　单位:%(质量分数)

岩石名称	SiO$_2$	TiO$_2$	Al$_2$O$_3$	Fe$_2$O$_3$	FeO	MnO	MgO	CaO
长石石英黑云片岩	55.52	0.87	18.49	2.92	5.54	0.10	3.96	2.12
绿帘钠长阳起石片岩	50.34	0.82	17.91	4.02	5.74	0.25	6.01	6.92
灰绿色粉砂质板岩	60.40	0.82	17.29	3.61	3.33	0.43	4.06	3.33
千枚状粉砂质板岩	65.41	0.77	16.29	2.02	3.95	0.13	2.58	0.33
绢云长石石英千枚岩	51.52	0.27	8.36	1.42	1.65	0.15	0.93	0.41
变质安山质凝灰岩	62.76	0.75	15.81	5.55	3.13	0.075	1.48	3.90

岩屑实物特征上看(图4),矿物成分为石英、长石、绿泥石、白云母、黑云母等,矿物较细,具粒状变晶结构,片状构造,片状矿物定向连续分布。

(a)变质砾岩　　　　　(b)绿泥千枚岩　　　　　(c)片岩

图4　变质砂砾岩、千枚岩、片岩序列典型岩屑图像

3.3.2　花岗岩+闪长岩序列

花岗岩+闪长岩序列主要发育在永乐、肇州凸起为稳定的块体,主要发育碎裂花岗岩、花岗岩夹花岗闪长岩;花岗岩 XRF 元素分析呈酸性岩特征,闪长岩 XRF 元素分析呈中性岩特征;Tas 图版能较好地进行分类(图5)。

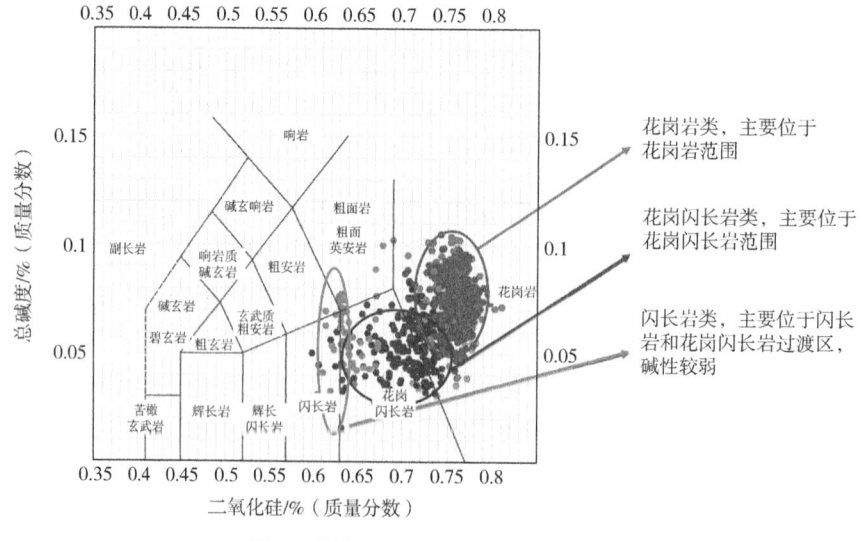

图5　花岗岩—闪长岩 Tas 图版分类

3.3.3 碎裂化+糜棱化花岗岩序列

碎裂化+糜棱化花岗岩序列主要发育在卫星凸起、昌德凸起，卫星凸起为高角度断裂，发育碎裂化、糜棱化花岗岩，昌德凸起母岩为花岗岩侵入体。XRF 元素分析呈酸性岩特征，Tas 图版均落于花岗岩区域，花岗岩经刚性变形形成碎裂化花岗岩（图6），韧性变形形成糜棱化花岗岩（图7）。常夹杂构造角砾岩，成分和糜棱化花岗岩一致，为糜棱化花岗岩再发生动力变质形成。

（a）岩屑实物特征　　　　　　　　　　（b）岩屑薄片（正交偏光10×10）

图6　碎裂化花岗岩岩屑特征

（a）糜棱化花岗岩岩屑　　　　　　　　　　（b）糜棱化花岗岩岩屑薄片

图7　糜棱化花岗岩岩屑特征

4 应用

LT2 井为肇州凸起的新钻井，完钻井深 3370m，揭示基底厚度 552m，揭示了基岩风化壳和内幕两套地层，岩性为碎裂花岗岩、花岗岩夹花岗闪长岩。

花岗岩岩屑特征：全晶质，主要矿物为石英、肉红色钾长石、灰白色酸性斜长石，次要矿物为绿色角闪石和少量黑云母。基岩风化壳可见红褐色铁质氧化物。

元素分析特征（图8）：进入基岩风化壳，Si 大幅上升，Ti 大幅下降，Mg、Fe、Al、Na、K 均有不同幅度变化，呈现出由沉积岩向酸性侵入岩的变化。各元素曲线表现不平稳，根据矿物成分的不同产生规律性变化，符合风化淋滤特征。进入内幕后，各元素均趋于稳定，Si 元素稳定在 72% 左右，Ti、Mg、Fe、Al、Na、K 等元素含量均稳定，说明地层矿物变化不大，符合块状酸性侵入岩特征。

应用岩性分布规律、实物结构构造、XRF 元素分析、Tas 图版等方法综合应用，准确地识别出了风化壳和内幕岩性。

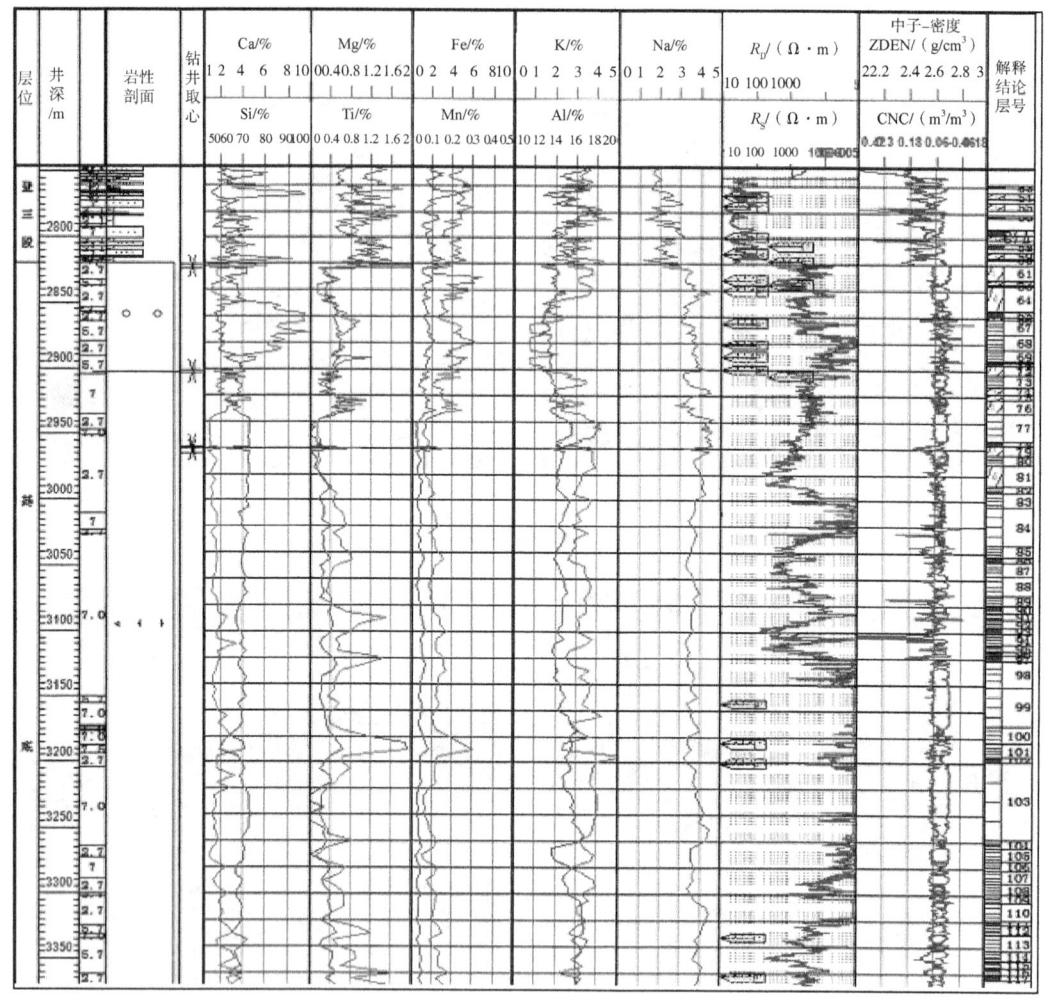

图 8　LT2 井元素分析综合图

5　结论

综合岩屑镜下观察、XRF 元素分析、岩屑薄片分析等录井资料，在大量数据分析和地质研究的基础上，总结了松辽盆地古中央隆起带北部地层特征和岩屑响应特征，得出了几点认识。

（1）在古中央隆起带发育叠瓦状推覆构造和高角度逆冲构造，造成基底岩性复杂，共发育 6 个凸起，不同构造上发育不同的岩石序列。

（2）古中央隆起带基底长期暴露于地表，常见风化壳。通过 XRF 元素数据计算风化指数及斜长石蚀变指数能很好地识别风化壳。

（3）通过元素数据能有效识别变质岩原岩，对地质综合研究有重要意义。

（4）采用结构构造识别方法、XRF成分识别方法结合分布规律能有效识别古中央隆起带岩性。

通过几点认识，指导现场录井，能有效增强录井资料的及时性、准确性，为松辽盆地古中央隆起带基底的勘探与研究提供重要地质资料。

参 考 文 献

[1] 杜金虎. 松辽盆地中央古隆起带（北部）天然气成藏条件分析及勘探前景[J]. 中国石油勘探，2017，22(5)：1-14.

[2] 王金臣. 松辽盆地古中央隆起带基底构造特征研究[D]. 长春：吉林大学，2016.

[3] 张元高. 松辽盆地北部古中央隆起带深层构造研究及基底岩性预测[D]. 大庆：大庆石油学院，2006.

[4] 狄嘉祥. 松辽盆地北部古中央隆起带基岩气藏分析[J]. 内蒙古石油化工，2014，2：151-152.

[5] 李一超，李春山，刘德伦. X射线荧光岩屑录井技术[J]. 录井工程，2008，1：1-8.

[6] 陈心路，王粤川. 基于测井—录井资料评价变质岩风化壳结构[J]. 新疆石油地质，2019，40(2)：181-187.

莫里青断陷西北缘断褶带双二段储层地化录井技术应用

孙广文

(中国石油大庆钻探工程公司地质录井二公司)

【摘 要】 西北缘断褶带是莫里青断陷北部的靠山凹陷与古地层逆向超覆而形成多级断褶带，其断层十分发育、砂体分布极不均匀、油质变化很大、显示发育也存在很大差异，尤其是双二段储层变化更大。为解决油气显示识别难和解释难度大等问题，引进了地化录井技术，通过采用热解分析、定量荧光分析及热解气相色谱分析，根据谱图形态可准确判别油水层，使得油气显示发现率达到了100%；同时应用地化分析数据建立了热解分析评价图板和定量荧光分析评价图板，并归纳出西北缘断褶带油水层解释评价标准，大大提高了录井解释精度，资料解释符合率在91.0%以上。地化录井技术的应用为现场及时发现油气显示和准确评价储层奠定了基础，在勘探开发中发挥一定的指导作用。

【关键词】 西北缘断褶带；热解；定量荧光；热解气相色谱；解释评价

莫里青断陷位于伊通盆地的南段，由两条北东向边界断层所控制的继承性发育的新生界断陷，面积约540km²，沉积了较厚的古近系，地层最大厚度可达4000m，构造形态呈东南高西北低的态势。断陷内断层发育，其走向以北东向为主，其构造格局主要由断层控制，由南向北形成了尖山断隆带、马鞍山断阶带和靠山凹陷带这三个二级构造单元。而靠山凹陷带与西北部的古地层逆向超覆形成西北缘多级断褶带，断褶带内发育两条逆断层，其他为正断层，最大延伸长度可达10km，多数在1~2km，东北部断层密集，形成了特殊的构造格局。

正是由于特殊的构造格局，导致了双二段储层含油特征也发生了变化，使现场常规录井难度加大，地化录井技术的引进解决了发现油气显示和准确评价储集层的难题。

地化录井能够定量检测岩石中的含油量，即使肉眼看不到的显示也能检测到，这是地化录井的技术优势。针对莫里青断陷西北缘断褶带双二段储层油气显示识别难和解释难度大等问题展开了系统的地化分析评价工作，其热解、定量荧光评价图板油层、油水同层、水干层界线比较清晰，并且后期参照试油结果对图板进行了修正，使图板精度达到了91.0%；热解气相色谱分析谱图能较直观地反映出油层、油水同层、水干层的基本特征，

作者简介：孙广文，工程师，1970年生，2009年毕业于中国石油大学(华东)资源勘查专业，现任大庆钻探工程公司地质录井二公司综合录井二部副主任，从事综合录井资料解释评价工作。通讯地址：138000 吉林省松原市宁江区青年大街789号大庆钻探工程公司地质录井二公司。电话：04386225264、13404466011。E-mail：452645150@qq.com。

具备了实际应用的价值。实践证明,该区地化录井技术的应用收到了良好的效果。

1 油气显示发育情况及油质分布特征

西北缘断褶带双二段储层虽然受到构造影响,但油气显示发育和油质分布还是具有一定的规律性。从西南部到东北部,油气显示发育厚度越来越薄,而油质越来越轻。

1.1 油气显示发育情况

西北缘断褶带双二段期间发育了大规模的水下扇沉积,多期叠覆的扇体砂岩发育,横向连通性好,砂岩以砂砾岩、粉砂岩为主。由于受到后期地质构造的影响砂体连续性遭到破坏,岩性特征和含油特征也发生了一定的变化,但储层生油条件、物性条件和盖层条件都较好,形成了多个有利的构造—岩性油气藏,其特殊的构造格局控制着油气的分布。虽然双二段砂体连续性遭到了破坏,但还是该区主要的产油层段。

据统计位于西南部的6口井显示层厚度在151.5~381.0m,平均为233.1m;中部的6口井显示层厚度在38.0~95.0m,平均为64.7m;东北部的2口井显示层厚度在20.5~27.0m,平均为23.8m,由此可见整个西北缘断褶带由西南向东北方向油气显示厚度越来越薄,且显示级别也是越来越弱。

1.2 油质分布特征

从油质分布特征上看,热解分析的重质烃与总烃的比S_2/P_g[1]及定量荧光分析的油性指数(重质烃/轻质烃)是代表原油性质的物理量,能够反映原油性质,这两个比值越小表示原油越轻,反之亦然。据统计西南部的6口井S_2/P_g在0.14~0.91之间,平均为0.35,油性指数在1.8~2.4之间,平均为2.06;中部的6口井S_2/P_g在0.15~0.49之间,平均为0.25,油性指数在1.0~2.3之间,平均为1.86;东北部的2口井S_2/P_g在0.22~0.47之间,平均为0.23,油性指数在1.6~1.8之间,平均为1.7,由此可见西北缘断褶带由西南向东北方向原油性质越来越轻,试油结果也反映出这样的变化趋势,其西南部原油密度平均为0.85g/cm^3、黏度平均为17.1mPa·s,中部原油密度平均为0.83g/cm^3、黏度平均为5.5mPa·s,东北部试油未见工业油流。

2 储层地化录井评价

该区地化录井分析技术主要采用了热解分析、定量荧光分析、热解气相色谱分析。其中热解分析是通过对岩石样品加热的方法定量分析样品中的含油量、判别原油的性质;定量荧光分析是用正己烷浸泡岩石样品,根据荧光颜色、强度的变化定量分析样品中的含油量、判别原油性质,对于轻质油的识别更具有优势;而热解气相色谱是对岩石样品中的可动烃进行分析,从谱图形态能够观察到各个组分的含量及分布状态,进而定性判别油水层性质。以下主要从热解气相色谱谱图形态及热解、定量荧光分析参数三个方面,结合地质、气测、测井、试油资料对双二段储层进行分析评价,同时参照试油结果对油层、油水同层、水干层进行分区并建立评价图板。

2.1 根据谱图形态判别油水层

根据谱图形态判别油水层,更加方便、直观、快捷,最好选用同一个层位,可比性更强。热解分析谱图和定量荧光分析谱图反映的信息量相对要少,但不同的显示级别在含油丰度上却有着明显的差异,这就为根据谱图形态判别油水层奠定了基础。热解气相色谱反映的信息量较多,主要包括峰高幅度、碳数分布范围、主峰碳数的位置、气态联合峰的有无、基线隆起的幅度等。需要说明的是基线隆起是油层遭受氧化降解程度的集中体现,没有遭受氧化降的基线是不隆起的,并不代表储层不含水,需要从物性等方面综合考虑。以下主要从热解气相色谱谱图形态对油层、油水同层、水干层进行描述。

油层:正构烷烃幅度高,碳数分布范围比较宽,在 C_{11}—C_{37} 之间,主峰碳数在 C_{19}—C_{21},气态联合峰幅度很高,基线较平直[2][图1(a)油层]。

油水同层:正构烷烃幅度较油层要低一些,碳数分布范围依然较宽,在 C_{12}—C_{35} 之间,主峰碳数在 C_{23} 左右,气态联合峰幅度较低;基线较平直[图1(a)油水同层]。

水干层:正构烷烃幅度低,碳数分布范围窄,多数在 C_{15}—C_{29} 之间;主峰碳数在 C_{21} 左右;气态联合峰幅度很低或无;基线较平直[图1(a)水干层]。

而热解分析谱图[图1(b)]、定量荧光分析谱图[3][图1(c)]幅度也随着储层含油量的变化而变化,油层、油水同层、水干层差异较大。

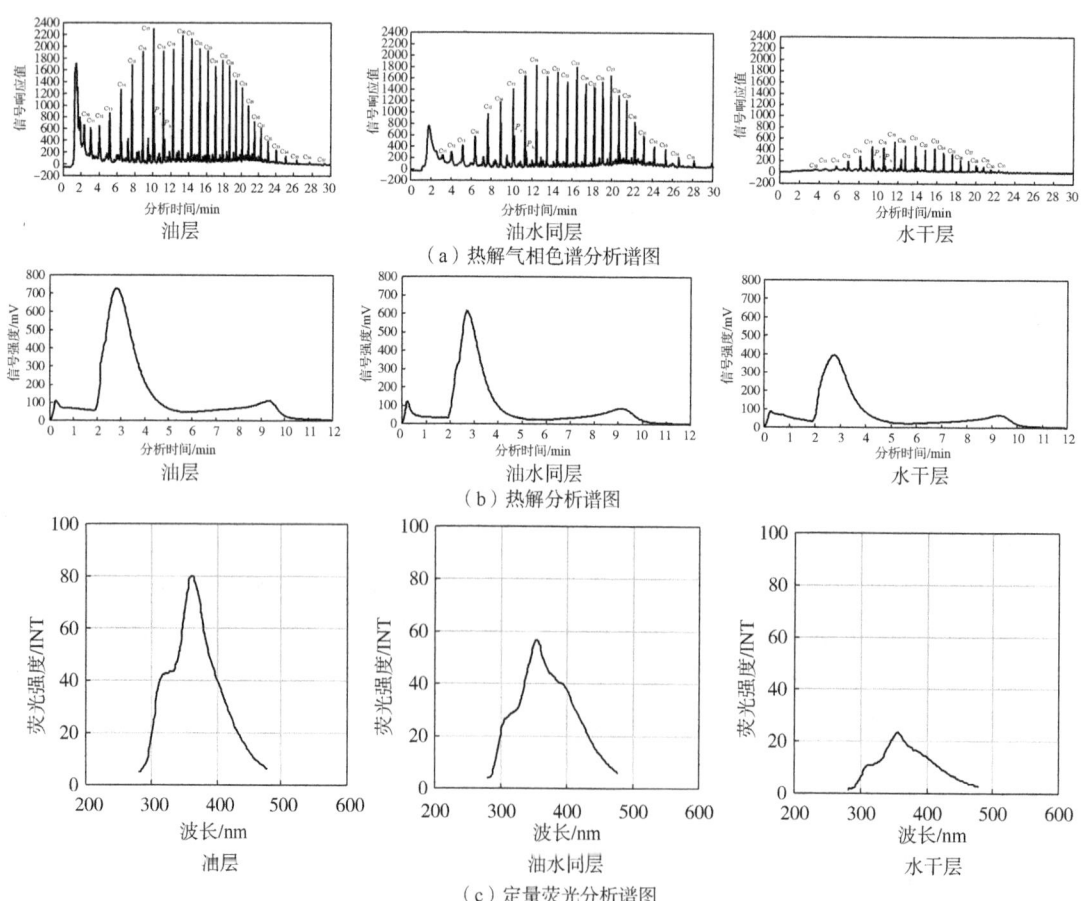

图1 西北缘断褶带地化谱图基本形态

2.2 根据分析数据及图板评价油水层

在资料整理过程中搜集了7口井的热解、定量荧光原始分析资料,共计328个数据点。其中热解分析170个数据点、定量荧光分析158数据点。热解分析的P_g代表总烃含量、S_2/P_g代表重烃占总烃的比值,所以以重质烃与总烃的比S_2/P_g为横坐标,以总烃P_g为纵坐标,结合初步解释结果,建立了热解初步评价图板[4]。另外定量荧光分析的含油浓度也代表了总烃的含量,而油性指数能反映原油性质,所以以油性指数为横坐标、以含油浓度为纵坐标,结合初步解释结果,也建立了定量荧光初步评价图板[5]。又结合了10口井的试油结果,对上述两个初步评价图板界线进行了修正[6],建立了适合伊通盆地莫里青断陷西北缘断褶带热解分析、定量荧光分析评价图板。图板上分为三个区,分别是油层区、油水同层区和水干层区。由于水层和干层很难分区,所以将水层和干层合并为一个区,从图板上看分区界线比较清晰,重叠部分较少[7]。从热解分析图板数据点统计结果看,170个数据点中符合的有157点、不符合的有13点,符合率92.35%。从定量荧光分析图板数据点统计结果看,158个数据点中符合的有145点、不符合的有13点,符合率91.77%,由此可见热解分析评价图版[图2(a)]和定量荧光分析评价图版[图2(b)],满足于西北缘断褶带目前解释评价的需要。采用同样的解释方法也可应用于靠山凹陷带和马鞍山断阶带这两个区域的解释评价工作。

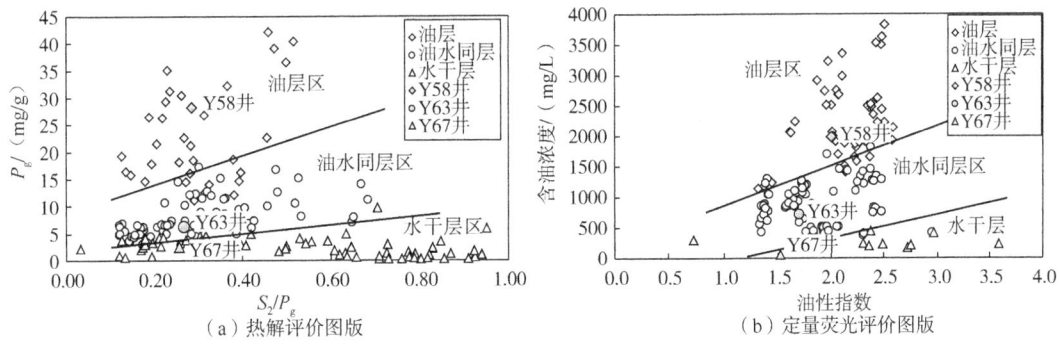

图2 西北缘断褶带地化解释评价图版

由此归纳出西北缘断褶带油水层地化评价标准,热解分析:油层P_g不小于13.00mg/g、油水同层P_g为4.00~13.00mg/g、水干层P_g不大于4.00mg/g。定量荧光:油层含油浓度不小于1500.00mg/L、油水同层含油浓度为400.00~1500.00mg/L、水干层含油浓度不大于400.00mg/L,其S_2/P_g与油性指数虽然能近似地反映原油性质,但由于分界不十分清晰,在此不作为主要评价参数。

3 应用实例

利用本文建立的油层、油水同层、水干层谱图基本形态,以及热解分析、定量荧光分析标准和热解和定量荧光评价图板,在莫里青断陷西北缘断褶带解释评价了17口井,其中有15口井有试油资料,通过应用解释符合率达到了91.0%以上,应用表明上述谱图形态、评价图板及标准适合该区的解释评价工作,现就油层、油水同层、水干层进行举例详细说明。

3.1 油层

Y58 井,录井井段为 3073~3085m,厚度为 12m,主要岩性为灰褐色油斑粉砂岩。荧光湿干照亮黄色,呈斑块状分布,含油岩屑占岩屑 20%、占定名岩屑 30%,含油不饱满,油味较浓,油脂感较强,微染手,滴水缓渗,溶剂荧光乳黄色,系列对比 12 级。其对应井段气测全烃基值 0.4770%、峰值 3.1690%、峰基比 6.64,甲烷基值 0.0760%、峰值 1.3540%。该井段测井解释了 2 层,其中油气层 1 层、差油层 1 层,其深侧向电阻率为 40.60~60.98Ω·m、浅侧向电阻率为 28.73~47.56Ω·m、自然伽马为 56.48~77.08API、密度为 2.38~2.46g/cm³。

该层热解分析 12 个样品,气态烃 S_0 为 0.82~4.76mg/g、液态烃 S_1 为 12.09~24.25mg/g、裂解烃 S_2 为 4.28~10.31mg/g、总烃 P_g 为 18.63~34.78mg/g、平均为 26.37mg/g,S_2/P_g 为 0.19~0.33、平均为 0.24[8],谱图形态[图3(a)]与图1(b)油层形态相近,在热解评价图板上数据点落在油层区,解释为油气层[图2(a)];定量荧光分析 12 个样品,含油浓度为 1717.36~2305.84mg/L、油性指数为 1.9~2.0,谱图形态[图3(b)]与图1(c)油层形态相近,在定量荧光评价图板上数据点落在油层区,解释为油层[图2(b)];解气相色谱分析 6 个样品,正构烷烃幅度高,分布宽缓碳数范围在 C_{12}—C_{36} 之间、主峰碳数在 C_{18}—C_{25}、气态联合峰幅度很高、基线较平直,谱图形态[图3(c)]与西北缘断褶带油层谱图形态[图1(a)油层]相近,解释为油层。综合上述地化分析结果,该层地化解释为油气层(图4)。

该层试油产油 64.86t/d、产水 8.17t/d,射后直压水为乳化水,试油结论为油层,其原油密度为 0.85g/cm³、黏度为 5.2Pa·s,为中质油,地化解释与试油结论相符。

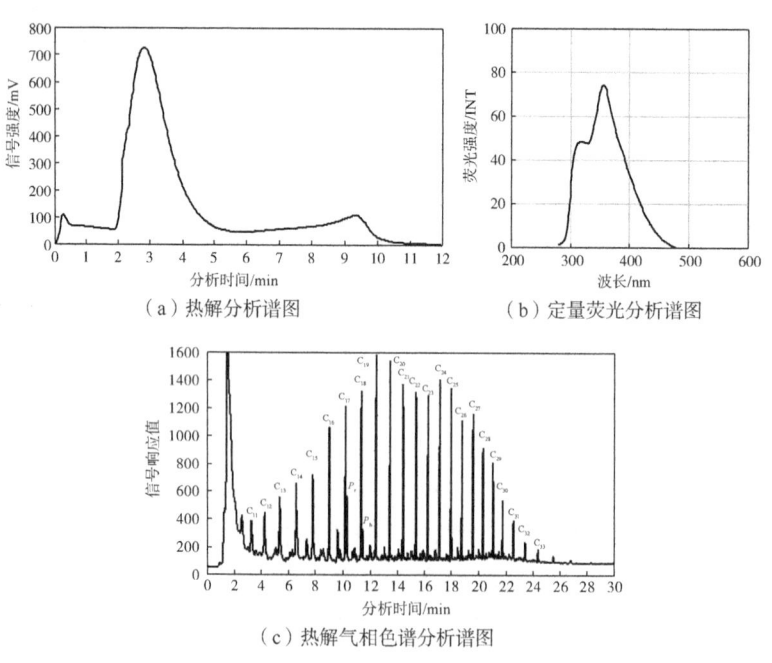

(a)热解分析谱图

(b)定量荧光分析谱图

(c)热解气相色谱分析谱图

图 3 Y58 井地化分析谱图

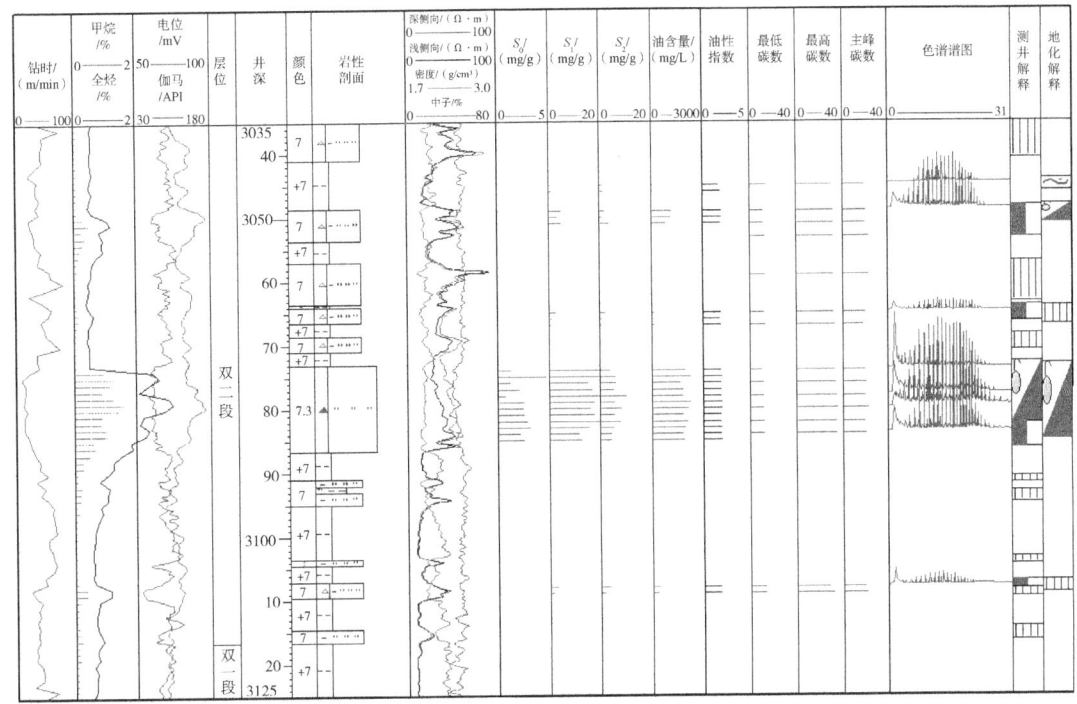

图 4 Y58 井地化录井剖面图

3.2 油水同层

Y63 井，录井井段 2714.0~2724.00m，厚度 10.0m，岩性为灰色油迹粉砂岩。荧光湿干照亮黄色，呈星点状—条带状分布，含油岩屑占岩屑的 2%~3%，占定名岩屑的 3%~5%，油味淡，油脂感弱，不染手，滴水渗，溶剂荧光乳黄色，系列对比 8~10 级。其对应井段气测全烃基值为 0.1970%、峰值为 1.6520%、峰基比为 8.39，甲烷基值为 0.0777%、峰值为 0.7838%。该井段测井解释为油层，其 2.5m 底部电阻率为 9.30~18.13Ω·m、自然伽马为 79.73~100.54API。

该段热解分析 5 个样品，气态烃 S_0 为 0.21~0.58mg/g、液态烃 S_1 为 3.96~5.65mg/g、裂解烃 S_2 为 1.72~3.08mg/g、总烃 P_g 为 5.89~9.31mg/g、平均为 6.56mg/g，S_2/P_g 为 0.29~0.34、平均为 0.31，谱图形态[图 5(a)]与图 1(b)油水同层形态相近，数据点平均值在热解评价图板上落在油水同层区，解释为油水同层[图 2(a)]；定量荧光分析 5 个样品，含油浓度为 655.56~788.50mg/L、平均为 718.17mg/L，油性指数为 1.6~1.7、平均为 1.65[9]，谱图形态[图 5(b)]与图 1(c)油水同层形态相近，数据点平均值在定量荧光评价图板上落在油水同层区[图 2(b)]，解释为油水同层；解气相色谱分析 3 个样品，正构烷烃幅度较高，分布较宽缓碳数范围 C_{11}—C_{34}、主峰碳数在 C_{20}—C_{21} 之间、气态联合峰幅度较低、基线较平直，谱图形态[图 5(c)]与西北缘断褶带油水同层谱图形态[图 1(a)油水同层]相近，解释为油水同层。综合上述地化分析结果，该层地化解释为油水同层(图 6)。

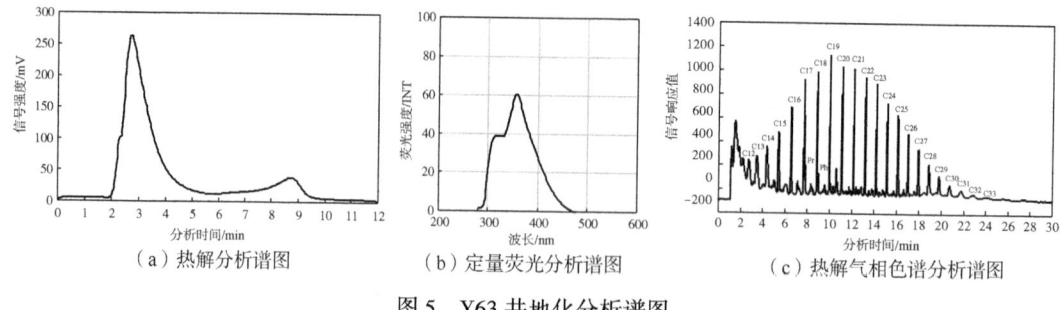

(a) 热解分析谱图　　(b) 定量荧光分析谱图　　(c) 热解气相色谱分析谱图

图 5　Y63 井地化分析谱图

该层试油产油 3.30t/d、产水 8.70t/d，射后直压，试油结论为油水同层，其原油密度为 0.83g/cm³、黏度为 4.3Pa·s，为中质油，地化解释与试油结论相符。

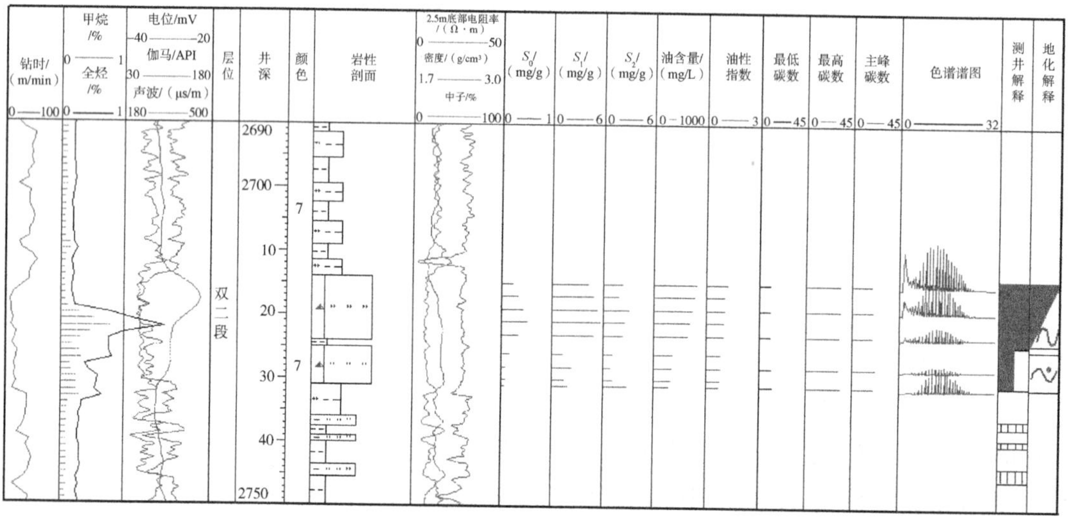

图 6　Y63 井地化录井剖面图

3.3　水干层

Y67 井，录井井段为 3285.5~3289.5m，厚度为 4.0m，岩性为灰色荧光粉砂岩。荧光湿干照亮黄色，呈星点状分布，含油岩屑占岩屑的 1%~2%，占定名岩屑的 2%~4%，无油味，滴水缓渗，溶剂荧光乳黄色，系列对比 7~9 级。其对应井段气测全烃基值为 0.7344%、峰值为 5.2746%、峰基比为 7.18，甲烷基值为 0.0351%、峰值为 1.2422%。该井段测井解释为气水同层，其 2.5m 底部电阻率为 7.77~15.86Ω·m、自然伽马为 64.14~112.00API。

该段热解分析 3 个样品，气态烃 S_0 为 0.01~0.07mg/g、液态烃 S_1 为 1.18~1.71mg/g、裂解烃 S_2 为 1.62~2.17mg/g，总烃 P_g 为 2.81~3.95mg/g、平均为 2.94mg/g，S_2/P_g 为 0.55~0.58、平均为 0.56，谱图形态[图 7(a)]与图 1(b) 水干层形态相近，数据点平均值在热解评价图板上落在水干层区[图 2(a)]，解释为干层；定量荧光分析 3 个样品，含油浓度为 55.51~130.00mg/L、平均为 84.73mg/L，油性指数为 1.4~1.5、平均为 1.45，谱图形态[图 7(b)]与图 1(c) 水干层形态相近，数据点平均值在定量荧光评价图板上落在水干层区[图 2(b)]，解释为干层；解气相色谱分析 2 个样品，正构烷烃幅度低，分布范围窄，碳数范围为C_{15}—C_{27}、主峰碳数在C_{19}—C_{20}之间、气态联合峰幅度较高(另一个很低)、基线较平直,谱图形态[图7(c)]与西北缘断褶带水干层谱图形态[图1(a)水干层]相近[10],解释为干层。综合上述地化分析结果,该层地化解释为干层(图8)。

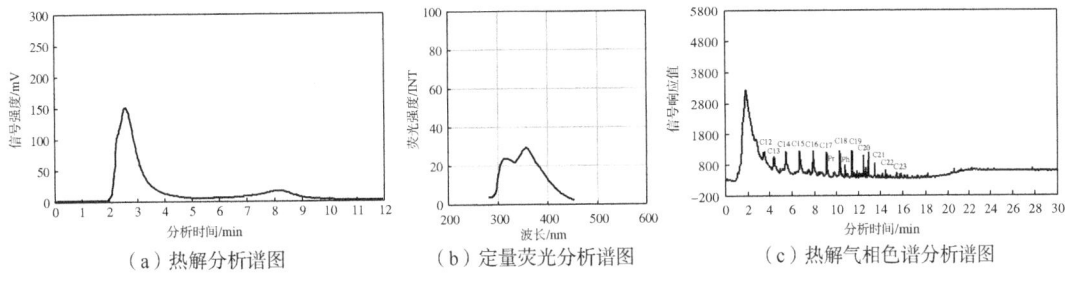

（a）热解分析谱图　　　　（b）定量荧光分析谱图　　　　（c）热解气相色谱分析谱图

图7　Y67井地化分析谱图

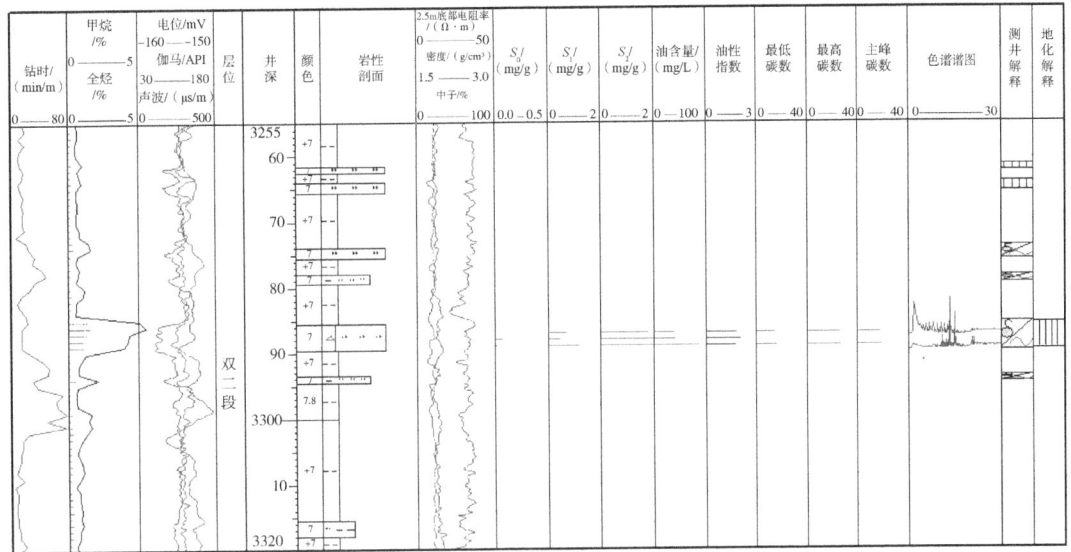

图8　Y67井地化录井剖面图

该层压裂后试油为干层,地化解释与试油结论相符。

4　结束语

通过几年的现场实践,探索出莫里青断陷西北缘断褶带热解、定量荧光、热解气相色谱分析技术的评价方法,建立了初步评价图板,经过了17口井的实际验证,符合率达到了91.0%,其解释评价结果准确、可靠,不仅解决了现场评价难题,还为其他区域建立解释评价方法奠定了基础。随着勘探开发程度的不断深入,地化录井储集层评价标准、评价图板也会不断完善和发展,相信地化录井技术一定会在勘探开发中发挥更大的作用。

参　考　文　献

[1] 丁莲花,刘志勤,翟庆龙.岩石热解地球化学录井[M].东营:石油大学出版社,1993:58-65.
[2] 王晓鄂,李庆春,田凤兰.热解色谱分析技术在东濮凹陷油气层评价中的应用[J].录井工程,2005,

4(16): 27-31.

[3] 吕鹏福,阎志全,武钢,等.基于定量荧光谱图形态相似度的油层识别方法[J].录井工程,2017,2: 39-41.

[4] 邓平,王丙寅,李玉勤.地化录井技术在永安油田致密砂岩油气层评价中的应用[J].录井工程, 2012,4:17-21.

[5] 朗东升,金志成,郭冀义,等,储层流体的热解及气相色谱评价技术[M].北京:石油工业出版社, 1999:178-179.

[6] 全杰.泌阳凹陷稠油油质地化录井评价方法研究与应用[J].录井工程,2006,17(1):13-14.

[7] 刘伟,齐立鹏,吴文明,等.玉北深层稠油储集层气测与岩石热解综合解释评价方法[J].录井工程, 2006,2:41-45.

[8] 吴颖,吕昊,王红旗,等.应用岩石热解资料定量评价饶阳凹陷原油密度[J].录井工程,2017,3: 85-90.

[9] 孔郁琪.地化录井在松辽盆地黑帝庙油层原油性质判别中的应用[J].录井工程,2012,4(23): 40-43.

[10] 郏磊,倪朋勃,刘坤,等.油质类型判断方法及其在渤海A油田的应用[J].录井工程,2017,2: 68-71.

古龙页岩油录井技术进展与展望

田志山[1]　王　俊[2]　杨世亮[2]　张丽艳[2]　李　博[2]
程修雷[2]　肖光武[2]　张艳茹[2]

(1. 中国石油大庆油田钻探工程公司；2. 中国石油大庆油田钻探工程公司地质录井一公司)

【摘　要】 古龙页岩油为典型的陆相原生源储原位油藏，具有品质好、气油比高等"三好、三高"的特点。本文基于地质工程一体化的评价需求，总结了具有特色的古龙页岩油录井技术系列：岩石热解录井、自然伽马能谱录井、碳同位素录井结合的烃源岩特性评价技术；元素录井、X射线衍射矿物录井和自然伽马能谱录井结合的岩性识别技术；气测录井、地化录井结合的含油性评价技术；核磁录井、综合录井结合页岩物性评价技术；岩心录井、地化录井、碳同位素录井结合流动性评价技术；元素录井、X射线衍射矿物录井结合的脆性评价技术。同时，对古龙页岩油录井技术发展进行了展望，认为古龙页岩油录井技术面临轻烃挥发损失严重、储层孔隙结构以及水平井目标靶体复杂化的技术难题，需要不断提升录井仪器密封性、分辨率以及自动化程度，加强多维核磁录井技术等录井新技术创新；为实现古龙页岩油层的立体刻画和精确评价，需要利用大数据资源开发智能化录井工程技术系列，为古龙页岩油高效优质勘探开发提供全面技术支撑。

【关键词】 古龙页岩油；录井技术；储层评价；地质工程一体化；进展及展望

1　古龙页岩油地质特征

目前大庆油田勘探开发已步入中后期，随着勘探程度的不断提高，古龙页岩油藏逐渐成为非常规资源接替的重要领域，目前勘探开发主要对象是青山口组的中高成熟度页岩，成熟度大于0.75%的资源量约$151×10^8$t。古龙页岩油藏是大面积连续性聚集，弹性驱动的原生源储型页岩油气藏，油气赋存在保存条件良好的页岩层系中，具有以下基本特征：分布面积广、厚度大、有机质丰度高、热演化程度高；岩性以层状、纹层状页岩为主，是区内优势储集岩性；孔隙类型多样，页理缝极大改善了储层物性，顺层渗透性明显提高；普遍含油，游离烃含量高，含油饱和度较高，含油性好；原油密度低、黏度低、气油比高、油质轻，具有很高经济价值；地层超压、能量充足，有利于获得较高稳定产能。

2　古龙页岩油录井技术进展

基于地质工程一体化"双甜点"评价原则，以古龙页岩油甜点识别评价技术方法为指导，

作者简介：田志山，男，1973年生，高级工程师，1994年毕业于长春地质学院能源系石油地质勘查专业，从事地质工程管理工作。杨世亮(通讯作者)，男，1981年生，高级工程师，2005年毕业于中国石油大学(华东)勘查技术与工程专业，从事录井解释工作。E-mail：117379530@qq.com。

录井技术以满足页岩油勘探开发需求为出发点,突出问题导向与技术驱动,坚持"实用、适用"原则,在综合录井技术的基础上,增加岩石热解、元素录井、碳同位素、伽马能谱等技术,建立了古龙页岩油储层的烃源岩特性、岩性、物性、含油性、流动性和脆性的"六性"录井技术评价方法(表1),为油气显示快速识别、钻井提速提质、油气层精细解释评价及试油方案优化提供有力支撑。

表1 "六性"录井技术评价方法

页岩油储层评价内容	录井技术	技术特点
烃源岩特性	岩石热解录井、自然伽马能谱录井、碳同位素录井	受油基钻井液污染影响的程度低
岩性	元素录井、X射线衍射矿物录井、自然伽马能谱录井	针对细碎样品识别精度高
物性	核磁录井、综合录井	可随钻开展
含油性	气测录井、地化录井、碳同位素录井	对游离烃的识别评价及时准确
流动性	地化录井、碳同位素录井	信息直观,技术可靠
脆性	元素录井、X射线衍射矿物录井	从岩石成分到矿物结构多视角进行分析评价

2.1 烃源岩特性评价录井技术

页岩油储层具有独特的孔隙类型和渗透特征,孔隙主要为有机孔、溶蚀孔、页理缝等,孔隙类型不同于常规储层的粒内溶孔、粒间孔,故开发难度较大,需要地层中的页岩油资源富集到一定程度,才可以成为有效烃源岩储层。古龙页岩油储层烃源岩评价主要是应用岩石热解分析技术、碳同位素录井技术、自然伽马能谱技术[1]。

岩石热解残碳分析技术包括岩石热解分析技术、残余碳分析技术两种。TOC是评价烃源岩的重要参数,整体上,烃源岩的好坏与残余碳TOC成正相关,但当TOC达到一定值时,将不再随TOC的增大而变化,主要是因为含油达到饱和,原油开始析出,此时对于页岩油开发最为有利。只有当烃源岩TOC含量超过其排烃门限时,烃源岩才会排出较多的烃类流体。低于TOC含量下限的烃源岩可能也会发生排烃,但达到工业产能存在一定困难,并非有效烃源岩。有效烃源岩是形成工业性油气藏的前提保障,所以寻求有效烃源岩的关键是找到烃源岩TOC的排烃阈值,即排烃下限值[2-3],如图1、图2所示。

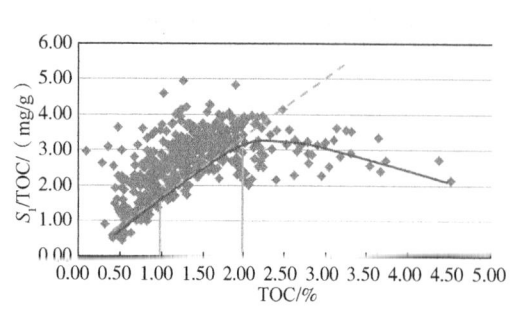

图1 古龙地区 S_1/TOC—TOC 排烃阈值图版

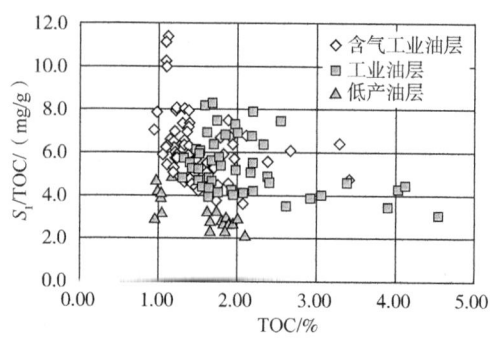

图2 古龙地区 S_1/TOC—TOC 产能分区图版

根据碳同位素热力学分馏机理,母质演化程度越高,生成烃类的碳同位素组成就越重,应用数据挖掘技术建立了碳同位素预测有机质丰度模型,可有效评价页岩烃源岩特性,如图3所示。

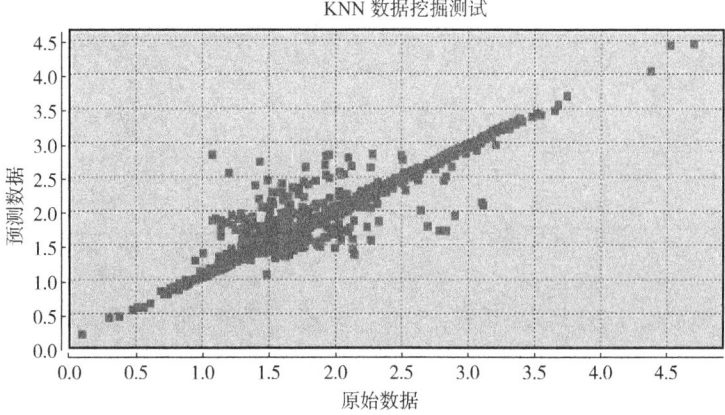

图3 碳同位素预测有机质丰度模型检验图

烃源岩U元素与吸附、还原及有机物作用有关,处于还原环境的铀含量与有机质丰度正相关。应用伽马能谱分析得到的U含量值与残碳分析得到的有机质含量(TOC)值进行线性回归处理,建立了TOC计算模型,该方法解决了页岩油水平井TOC受油基钻井液污染的难题,为页岩油水平井的含油性评价提供了有效支持,目前在古龙页岩油水平井中大规模应用(图4至图6)。

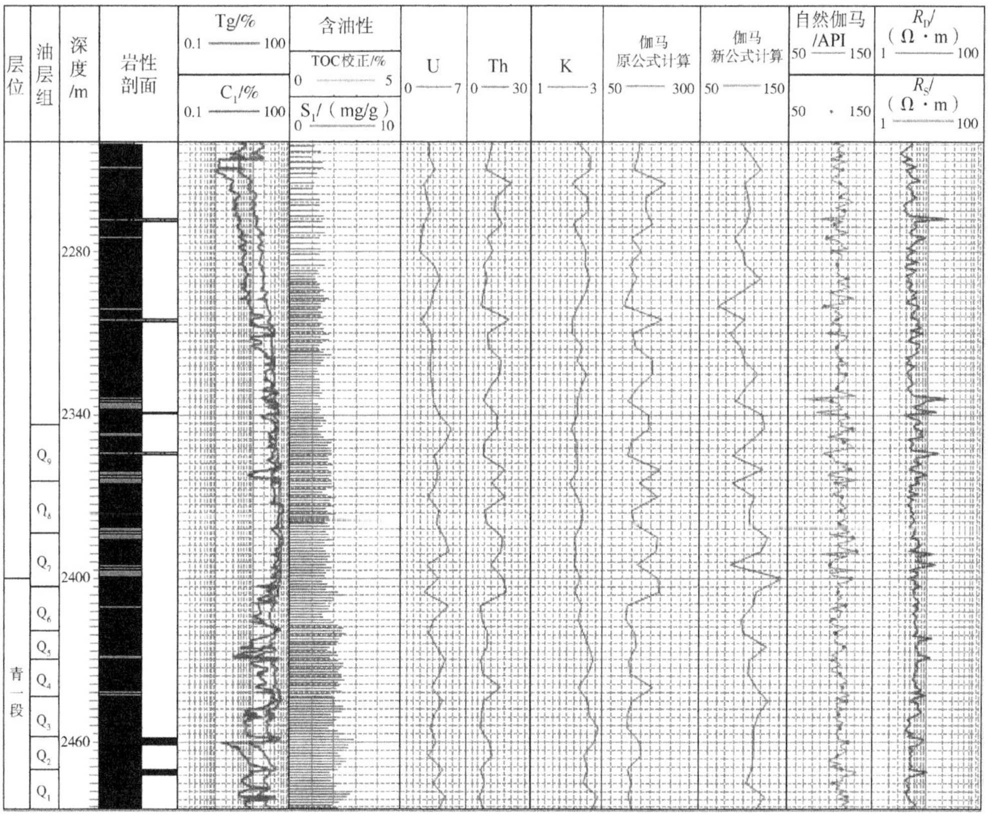

图4 古龙页岩油岩性识别录井技术

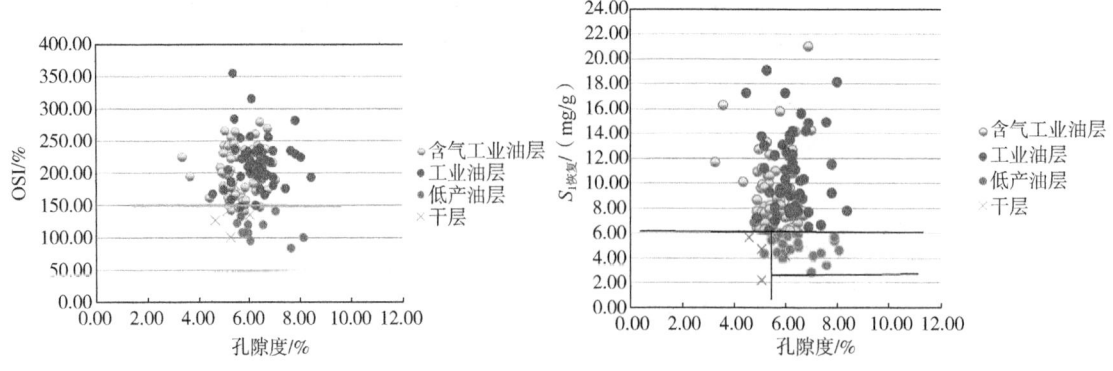

图 5 页岩油孔隙度与 OSI 相关性图版　　　　图 6 页岩油孔隙度与 $S_{1恢复}$ 图版

青山口组主要发育 5 大类岩性，为泥岩、页岩、白云岩、介壳灰岩、粉砂岩，目前产出的页岩油，以孔—缝系统发育的页岩为主，厚度占地层总厚度的 90% 以上；白云岩、介壳灰岩和粉砂岩一般呈薄层状发育在页岩层内，单层厚度一般为 0.05~0.15m，总厚度占比小于 10%。

元素分析（X 射线荧光光谱分析）主要用于元素的定性、定量分析，测量钠（Na）-铀（U）元素，一次可同时分析 34 个元素。通过对这些射线光谱特征进行分析，可确定不同岩性的个性元素和元素组合变化规律，在获得各岩性元素特征之后，可反向根据单项元素或元素组合特征建立不同岩性的识别方法[4-5]。Ca、Mg 元素和 Al 元素含量分别与碳酸盐岩和黏土矿物含量的相关性最好；Si 元素含量与石英含量成指数相关[6]。

X 射线衍射矿物分析技术主要工作原理是当 X 射线衍射照射样品，根据检测到的衍射花纹分析出晶体结构，从而判断矿物类型，获得石英、长石、方解石、黏土等主要矿物的百分含量。由于每种矿物都有自己特有的晶体结构，因此 X 射线衍射矿物分析，能够准确识别出岩石中的矿物成分与含量[4]。

自然伽马能谱录井技术根据铀、钍、钾的自然伽马能谱特征，用能谱分析的方法将测量到的铀、钍、钾的伽马射线的混合谱，进行谱的解析，从而确定岩样中铀、钍、钾含量[7-9]。通过梳理岩屑 U、Th、K 测量值与测井自然伽马数值，建立岩屑伽马能谱值求取模型，通过伽马计算值识别页岩岩性。

2.2 古龙页岩油含油性评价录井技术

气测录井技术主要测量组分为 C_1—C_5 的游离态轻质烃类气体，是实时识别地层油气显示的重要手段。具体工作原理为在钻头钻遇页岩油层时，钻头破碎地层，游离态气体进入钻井液中，随钻井液上返至井口脱气器，经脱气器脱离，利用综合录井仪对气组分进行分析，记录全烃及各组分含量。气测录井技术不受岩性的影响，因此可以利用气测录井资料评价页（泥）岩储层的含油气性[10]。

岩石热解方法分析样品时间短，目前是录井现场快速分析页岩油含油性参数的重要手段之一。液态烃 S_1 是反映页岩油储层含油性的重要地化指标和参数，它的数值基本上反映了页岩油储层含油性的好坏，也是页岩油甜点划分的关键参数。基于热解 S_1 参数建立的地化指标可用来评价页岩中可动油含量,如含油饱和度指数(OSI)[11]。统计古龙地区20余口井试油井数据,建立了含油饱和度指数图版,OSI值大于150mg/g为工业油层,在100~150mg/g时,以低产油层为主。

2.3 古龙页岩油流动性评价录井技术

古龙页岩油储层为低孔隙度低渗透率储层,流动性对产量的影响至关重要。应用岩心油膜等宏观观察资料对储层流动性进行评价,根据油膜的颜色、油味浓度、赋存状态,可定性评价储层的流动性。应用饱和烃气相色谱分析资料对储层流动性进行评价的方法是根据饱和烃气相色谱谱图碳数分布范围、主峰碳位置、响应值、峰形等特征,定性评价储层流动性。应用碳同位素资料可有效求取气油比GOR(Gas-to-OilRatio),GOR的大小对原油流动性具有重要影响,高气油比往往意味着成熟度较高、流动性较好,因此,高GOR的页岩油储层更有利于开采[12]。

2.4 古龙页岩油物性评价录井技术

核磁共振录井技术是利用氢核在已知磁场中的核磁共振现象,来测量储层孔隙度、渗透率等参数。核磁共振参数均是以T_2弛豫谱信息为基础进行定量分析得到。大孔隙对应的弛豫时间较长,小孔隙对应的弛豫时间较短。以T_2截止值为界限,T_2弛豫谱形态靠左,即T_2弛豫速度较快,弛豫时间短,则微孔隙发育,可动流体少,大部分流体为束缚状态,为差储层特征。T_2弛豫谱形态靠右,即T_2弛豫速度较慢,弛豫时间长,则中、大孔隙发育,大部分流体为可动状态,为好储层特征[13-14]。

还可从综合录井技术角度,应用钻时、功指数对储层物性进行评价。钻时是钻头钻进单位进尺所需要的时间,钻遇单位进尺时间越短,反映越易于钻进,继而反映储层物性越好。钻井机械比能为破碎单位体积岩石所做的功,利用总功除以岩石体积可得到破碎单位体积岩屑需要的机械比能(MSE),古龙地区MSE小于0.3物性好,MSE在0.3~0.60之间物性较好,MSE在0.60~0.95之间物性中等,MSE大于0.95物性差。

2.5 古龙页岩油脆性评价录井技术

页岩的脆性可以用石英、碳酸盐岩等刚性矿物的含量来表征,因此,可利用x射线元素录井技术检测的元素含量对页岩脆性进行评价。页岩化学成分以SiO_2、Al_2O_3为主,其次为Fe、Mg、Ca、Na和K的氧化物以及一些微量元素;Ca和Mg元素含量与碳酸盐岩矿物含量的相关性最好;Al元素含量与黏土矿物含量的相关性最好;Si元素含量与石英含量成指数[2,6]。针对大庆探区页岩油层选取Ca、Mg、Si 3种元素作为脆性评价的主要元素。

通过三轴应力试验,观察单矿物与脆性关系,发现页岩脆性随石英、方解石、白云石含量的增加而升高,长石、黄铁矿与脆性关系不明显。将多矿物组合与脆性建立关系,发现页岩脆性与石英+方解石+白云石相关性较好。通过矿物与脆性的关系研究,优选了石英+方解石+白云石含量作为页岩脆性指示矿物,建立了页岩脆性评价模型(表2):

$$BI=\frac{石英+方解石+白云石}{石英+长石+方解石+白云石+黏土+黄铁矿}\times100$$

表 2　不同矿物与脆性关系统计表

序号	矿物组合	与脆性相关性(R^2)	序号	矿物组合	与脆性相关性(R^2)
1	石英	0.106	6	黏土	0.305
2	长石	无相关性	7	石英+长石	0.016
3	方解石	0.267	8	石英+方解石	0.095
4	白云石	0.391	9	方解石+白云石	0.739
5	黄铁矿	0.010	10	石英+方解石+白云石	0.797

3　页岩油录井技术面临的挑战

3.1　优快钻井技术需要

为了适应页岩油水平井地质工程一体化勘探思路，目前应用 LWD 高转速螺杆配合地质导向技术，极大地提高了钻井速度。随着水平段长度的不断增加，地质甜点刻画的精细程度越来越高，目标靶体厚度也越来越薄，对轨迹控制的精度要求也越来越高，给水平井地质导向带来极大挑战。同时，由于井下存在较长裸眼段，页岩黏土矿物含量高，地层有较强的塑性和水敏性，造斜段地层易产生井壁剥落；随着水平段的不断快速延伸，井底也易于积累岩屑床；为了保证井壁稳定性，油基钻井液添加剂也越来越多，导致气测、岩石热解等关键含油性评价参数污染严重，影响了储层评价精度。

3.2　勘探对象的复杂性

随着古龙页岩油勘探开发程度越来越高，勘探对象日趋复杂。面对生烃机理及排烃运移规律复杂，储层类型多样、存在多套压力系统、油层组内部电性特征差异小，非均质性强等勘探难题，优质页岩甜点精细预测难度越来越大，急需创新完善黄金靶体优选录井技术。

3.3　古龙页岩油甜点层精细开发需求

古龙页岩油储层非均质性强、岩相变化快、纹层厚度薄，岩性剖面精细刻画难度大，烃源岩成熟度高、原油流动性好，易挥发，录井常规岩石热解仪为人工操作的放开式分析设备，S_1实测值普遍较低，常温下以气态烃为主的S_0挥发殆尽，严重影响地质储量量计算的精度。录井技术需要持续提升仪器密封性、分辨率以及自动化程度，加快关键设备的迭代更新。

4　页岩油录井技术发展对策及展望

4.1　加快设备更新升级步伐

为解决古龙页岩油油质轻、挥发性强，常规开放式热解分析设备轻组分挥发损失大，严重影响含油性评价和地质储量计算、气测无法定量应用等问题，急需完善页岩油录井技术体系，升级录井配套装备，提高录井设备数据采集分辨率与分析化验定量化程度，紧跟时代步伐，用信息化、自动化更强的设备替代人工。加快引进轻烃低损失分析化验设备，加大研发和应用定量脱气器，积极引进岩屑三维扫描、多维核磁装备，提升分析化验数据的精准度和技术应用的适用性,实现页岩油储层精细快速识别评价[15]。

4.2 加强地质工程一体化录井技术攻关

古龙页岩油储层可划分为高 TOC 层理型黏土质页岩和中 TOC 纹层型长英质页岩两种岩相类型,前者以地质甜点为主,后者以工程甜点为主[16],开展地质工程一体化双甜点技术攻关,完善页岩甜点评价标准,结合岩石可钻性和可压性等工程参数分析,建立定量化甜点评价模型,研究现场甜点评价方法,发挥录井快速预测优势。

建立页岩油水平井精准地质导向方法,提高甜点钻遇率。地质与工程紧密结合,加强钻前、钻中、钻后全流程导向控制。钻前做好综合地质研究、力学分析,精细刻画构造特征,提示断层或裂缝带的位置和发育强度,进行轨迹优化合理避让。针对易造成工程复杂的井段,应采用地震多属性联合分析技术进行预警[17],制定可行性导向预案。钻中综合运用随钻录、测井等数据,结合地震预测,通过小层精细对比,逐层逼近,实时计算地层倾角,确保准确入靶;水平段通过地震预测整体把握地层趋势,实时微调轨迹,实现地质目的的同时,还要保证施工安全,确保储层钻遇率和井眼平滑。钻后进行复盘分析,不断更新迭代区域地震模型,结合钻井漏点、划眼困难段,总结形成单井、平台钻后复盘分析,不断修正区域地质模型,为后续水平井施工作业和一体化导向提供依据[18]。

4.3 提升录井大数据应用水平

针对页岩油地质和工程因素复杂、开发规律认识不足问题,以完善地质工程一体化、实现施工现场数字化为目的,加快 EISC、现场指挥中心建设,建立支持多单位、多专业研究人员"线上移动办公+线下集中办公"的专家决策中心,在施工现场建立一体化指挥中心,将钻井、录井、随钻测量、钻井液等多专业数据及应用集成在一个平台下,实现了施工现场信息集中管理,统一发布,综合应用。加大数智化录井技术建设力度,形成自动采集、智能识别分析等采集技术,提升录井技术自动化应用水平,形成自动化智能化录井工程技术系列,实现页岩气勘探开发全过程录井技术的最优化。

5 结论

(1)过去五年,古龙页岩油录井技术得到快速发展,以岩石热解、综合录井、元素分析、X 射线衍射矿物分析、自然伽马能谱技术为核心,建立了岩性剖面精细刻画技术以及创新油基钻井液污染剔除校正技术,实现了页岩油水平井含油性定量评价[19],形成了陆相页岩油储层录井综合评价技术体系,为压裂选层提供了有力的技术支持,为油田增储上产发挥了重要作用。

(2)今后,古龙页岩油仍是大庆油田增储上产的重点接替领域,而且古龙页岩油的勘探开发对象日趋复杂,录井技术应立足资料精细化和自动化技术需求,不断引进先进设备,加快关键技术和设备的提档升级,深入开展地质工程一体化录井评价技术攻关,加强录井大数据平台搭建,加快推进自动化、智能化录井技术系列建设进程,持续为古龙页岩油精细化勘探开发提供技术支撑,推动陆相页岩油藏勘探开发高效优质运行。

参 考 文 献

[1] 卢双舫,陈国辉,王民,等.辽河坳陷大民屯凹陷沙河街组四段页岩油富集资源潜力评价[J].石油

与天然气地质，2016，37（1）：8-14.
[2] 张丽艳，秦文凯.松辽盆地古龙凹陷页岩油录井解释评价方法研究[J].录井工程，2019，30（4）：59-65.
[3] 王朋，柳广弟，曹喆，等.查干凹陷下白垩统有效烃源岩识别及其控藏作用[J].岩性油气藏，2015，27（2）：21-28.
[4] 梁久红，张丽艳，韩冰冰，等.松辽盆地古龙页岩油储层岩性识别与流体评价技术[J].大庆石油地质与开发，2020，39（3）：167-173.
[5] 李昂，袁志华，张玉清，等.元素录井技术在涪陵页岩气田勘探中的应用[J].天然气勘探与开发，2015，38（2）：23-26.
[6] 牛强，曾溅辉，王鑫，等.X射线元素录井技术在胜利油区泥页岩脆性评价中的应用[J].油气地质与采收率，2014，21（1）：24-27.
[7] 吴尤.页岩气录井技术进展及展望[J].钻探工程，2022，49（5）：171-176.
[8] 庞江平，杨扬，谢伟，等.自然伽马能谱录井技术在页岩气开发中的应用[J].天然气工业，2017，37（1）：54-59.
[9] 杨廷红，曾令奇，龚勋，等.岩屑自然伽马能谱和元素录井技术在双鱼石构造栖霞组固井卡层中的应用[J].录井工程，2020，31（1）：28-34.
[10] 方锡贤.页岩油气勘探中的录井技术选择[J].当代石油石化，2011，19（12）：12-16.
[11] 罗超，张焕旭，张纪智，等.岩石密闭热释方法评价页岩含油性特征——以四川盆地侏罗系大安寨段为例[J].石油实验地质，2022，44（4）：712-71.
[12] 王茂林，程鹏，田辉，等.页岩油储层评价指标体系[J].地球化学，2017，46（2）：76-88.
[13] 宋超，宋明会，吴德龙.T_2弛豫谱在核磁共振录井解释中的应用[J].录井工程，2006，17（3）：49-52.
[14] 何庆明.核磁共振录井技术在松辽盆地西部斜坡区萨尔图油层组的应用[J].录井工程，2013，24（4）：30-33.
[15] 王志战，杜焕福，李香美，等.陆相页岩油录井重点发展领域与技术体系构建[J].石油钻探技术，2021，49（4）：155-162.
[16] 张学忠，向晓，张国兵，等.数智化录井技术在长庆油田苏南区块的研发应用[J].录井工程，2022，33（3）：1-6.
[17] 刘卫彬，徐兴友，陈珊，等.松辽盆地陆相页岩油地质工程一体化高效勘查关键技术与工程示范[J].地球科学，2023，48（1）：173-190.
[18] 梁兴，徐进宾，刘成，等.昭通国家级页岩气示范区水平井地质工程一体化导向技术应用[J].中国石油勘探，2019，24（2）：226-232.
[19] 王俊，杨世亮，张丽艳，等.古龙页岩油储层岩石热解参数S_1值校正方法[J].石油实验地质，2022，44（4）：712-718.

录井技术在超短半径水平井中的应用

张 鹏 冯全忠 杨 雷 王继霞 李 博 徐庆军

(中国石油大庆油田钻探地质录井一公司)

【摘 要】 现阶段已在松辽盆地施工了多口超短半径水平井。就是使用特殊的钻井工具,在主力油层段的顶部开窗,钻穿油层套管后,保持水平钻进,改善井筒周围储层的物性,提高油气的采收率。

【关键词】 超短半径井;含油产状;追踪岩屑剖面;着陆点;油层钻遇率

超短半径水平井具有井眼小、造斜轨迹短、轨迹控制要求高的特点,有利于实现老井重复利用、增加单井产量、降低钻井成本,对于提高油田薄油气层产油气能力,高效开发低渗透油藏的意义重大。

1 区域地质概况

1.1 地层特征

葡萄花油层是松辽盆地的主力油层之一。具有原油密度低、黏度低、汽油比高、油质轻的特点,存在地层超压现象,因此要求钻至相应层位时,要注意防塌、防漏,控制钻井液密度、黏度,保护好油气层,防止井涌、井喷、水侵、油气侵等工程事故的发生。葡萄花油层所对应的地层是下白垩统的姚家组一段,主要岩性是深灰、绿灰、紫红色泥岩、粉砂质泥岩与灰色粉砂岩、泥质粉砂岩呈不等厚互层。电性特征:双侧向视电阻率曲线为齿状低阻值与山峰状中、高阻值相间分布;自然伽马曲线为中、高值。

1.2 构造特征

本井区位于松辽盆地北部中央坳陷区三肇凹陷,西接大庆长垣,东侧为绥棱背斜带和朝阳沟背斜带,是松辽盆地北部重要的勘探领域之一,油气资源丰富。构造主体从北向南发育升平、卫星—宋芳屯、尚家—榆树林、肇州、朝阳沟背斜等五个三级构造。

2 随钻地质录井认识

2.1 钻前预测分析

钻遇葡萄花油层时按照设计要求,T××井入靶后在 PI32 层的中上部钻进 120m 完钻。

作者简介:张鹏,中国石油大庆油田钻探地质录井一公司。

应用邻井资料,综合分析曲线形态、数值及构造位置,选取了距离最近的两口井进行地层对比。通过邻井的深、浅电阻率和自然伽马测井资料来看:本区测井曲线形态相似度高,在 PI32 号层储层电阻率为 16.16~44.79Ω·m,自然伽马在 33.35~68.88API(图1)。

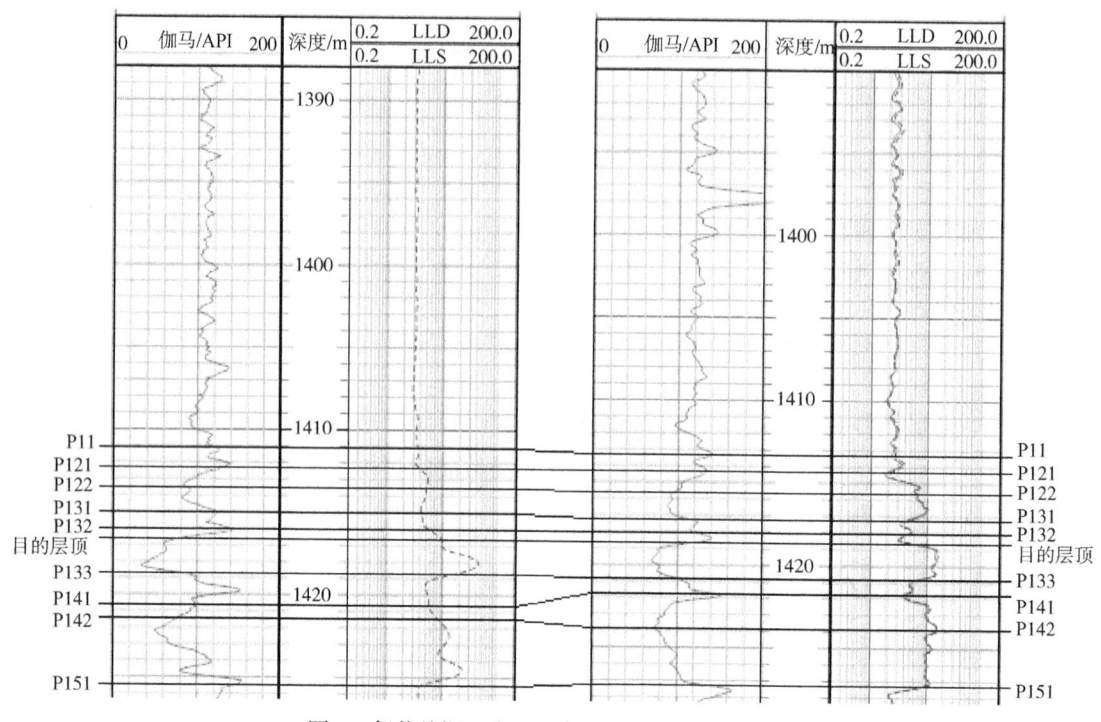

图1 邻井的深、浅电阻率和自然伽马测井资料

2.2 观察含油岩屑百分含量的变化

通过肉眼观察岩屑中的"两个百分比"。岩屑录井是最重要的录井方法,是及时发现油气层的主要手段。针对这种井型半径短、井眼小,造成岩屑细碎,返砂量少的特点,在每次取样时,都要增加岩屑取样密度,以提高岩屑录井的精确度。应用岩屑录井技术,结合邻井录井剖面直井段、造斜段、水平段的层位及岩性,追踪岩屑剖面的变化情况。

2.2.1 在白光下观察,估算含油岩屑占储层岩屑的百分比

通过岩屑录井资料透视地下油层。在超短半径项目中,由于受到井筒条件的影响,无法使用随钻测井仪器。因此,通过含油岩屑占同类岩屑百分含量的变化,是判断进出油层的主要依据。在开发井的油层段钻进时,岩屑都会被地层中的原油包裹起来,即使是不含油的岩屑表面,也被沾染上原油的颜色。要减少地层原油对岩屑资料的影响,可以采用"流水清洗、沉降取样"的方法。通过漂洗的方式,去除岩屑表面的原油,既能防止漏掉真岩屑,又能保证样品的清洁。在描述岩屑时,为了避免判断失误,可以使用研钵磨碎岩屑,观察岩屑中心没有被原油污染部位的含油情况,获取最真实含油岩屑的百分含量,以确定含油产状。

2.2.2 通过荧光观察，估算含油岩屑占岩屑的百分比

对比观察含油占岩屑百分含量变化情况。在油层中钻进时，荧光灯下观察含油岩屑的百分含量持续增加，或者保持不变。可以通过连续对比的方法观察岩屑，当含油岩屑的百分含量减少时，就要及时提示施工方，防止钻出油层。如果肉眼观察的效果不好，可以使用岩屑图像采集分析仪，在同等条件下，分析含油岩屑的百分含量。为了保持油层开采的能量，开发井附近都有注水井。在水驱动油进入井筒时，即使是不含油的岩屑也处在原油浸泡中，在荧光的照射下，也会散发出真荧光。

要排除假荧光的影响。在Y××井钻进时，施工方添加了有荧光的磺化沥青，在荧光灯下，含油岩屑发出的真荧光和假荧光几乎达到无法辨别的地步。在这种非常考验地质师眼力的极端条件下，要想区分含油岩屑的真荧光和磺化沥青产生的假荧光，尽可能把每包岩屑都放在滤纸片上，使用氯仿进行滴照，通过观察光圈的颜色及扩散情况，来判别真假荧光。因此，在录井前要严把钻井液药品检查关。通过逐一收集钻井液药品，在荧光灯下观察、点滴氯仿试验，保证录井过程中无药品荧光的影响。

3 判断地下油层的情况

通过气测录井资料，追踪地层剖面。在每一次开钻之前，要通过注样校准气测录井仪。通过模拟跟踪井深，检查绞车传感器所测井深数据的准确性。在录井时，气测仪是一个跟踪井深，能及时校正实钻深度误差的简单工具。气测录井可以随钻测量钻时、全烃的数据，具有及时性、连续性、准确性等特点。气测录井曲线能反映地层流体性质变化的趋势，可以通过气测、钻时数变化的规律，追踪地层剖面。

在超短半径井，使用小型气测仪落实油气显示层的厚度和含油性比较经济。但是，录井队要以安全施工为己任，结合现场的实际情况，还可以避免油气水侵、井塌等工程事故。在力所能及的范围内，提供工程录井的服务。

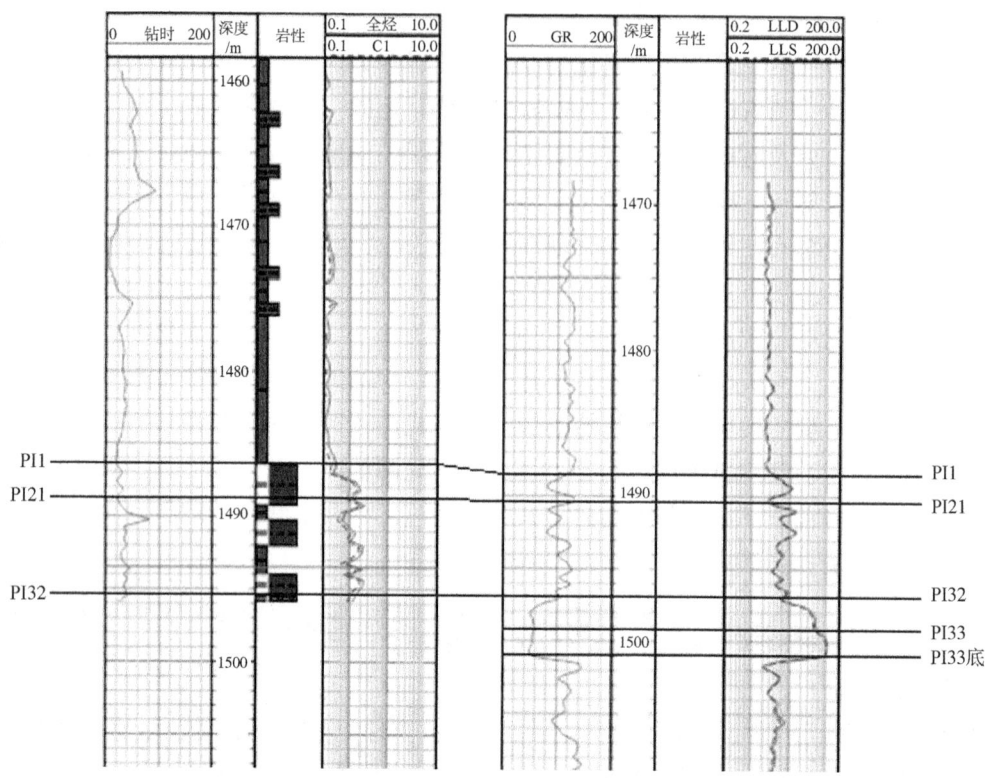

4 提高在油层中的钻遇率

应用导向录井技术，通过地震反演、多井对比、综合建模等导向的方法，在录井前初步预判地层走向、倾角变化的趋势。在钻进过程中，不但要精准地确定着陆点，还要控制井眼轨迹，防止因钻头"打偏"而出层的情况发生。

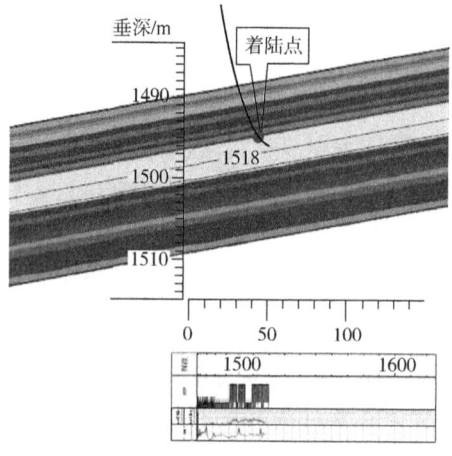

在Y××井通过分析钻遇油层的特征，综合判定地层状况，保证了油层钻遇率100%。在

薄油层导向时，要准确地穿行 100 多米。必须确定着陆点，入层判断准确率达到 100%，才能保证油层钻遇率在 95% 以上。

每当含油岩屑的百分含量减少，都是钻头随时可能破油层而出的时候，是向上追层？还是向下钻进？情况分析不清，就会对地质导向以及定向产生不可逆的影响，甚至导致整口井轨迹失控。

5 结论

2020 年，共录取了 5 口井资料。其中 3 口井已经试油，平均每口井的日产量由原来不足 0.3t/d 升至 2.0t/d 以上，产能提高近 7 倍。据估计，在油田开采十年以上的老井中有 30% 的产能严重下降，有部分井已经到了报废的边缘。如果重新钻井，每口井的投资都要近千万元，而通过超短半径井修复技术，只需要一百多万元就能让这些老井恢复活力。

气测后效资料在气层评价中的应用研究

胡宗敏　李富强　袁伯琰　赖福斌

（大庆钻探工程公司地质录井一公司）

【摘　要】 录井的气测后效数据中蕴含着丰富的油气信息，是储层钻开时反映气层能量的第一手资料。本文分析了后效气产生的机理，建立了后效气时—深转换深度归位模型，通过对气测数据校正，保证了气测后效归位的准确度。并且以深度剖面为纵坐标，后效气测值为横坐标，将多次后效叠加在一起，绘制成谱图，根据谱图中峰高、峰面积的大小对气层能量进行评估。现场应用表明，该技术能够在评估气层能量，井控预警和钻井液密度调整方面发挥重要作用。

【关键词】 气测后效；后效归位；气层评价

国内对后效气的研究主要集中在气测后效上窜速度计算及对速度的校正上，钻井施工以此为依据合理选择钻井液密度以实现近平衡钻进，在保证安全钻井的同时，也起到了保护油气层的目的[1-6]。但在实际应用中，后效归位误差较大，归位的细分程度不够，当钻开多个油气层后，产生的后效是多个油气层后效的叠加效果，造成后效气归位于某个显示层的误差很大。本文在前人研究基础上，从后效气产生的机理入手，通过研究未知后效层，反推后效产生的油气层位置，建立了多次后效谱图，通过谱图面积大小对气层能量进行评估，在现场应用中取得了较好的效果。

1　气测后效形成机理分析

后效气的产生可分为以下几个阶段。

阶段1：起钻时由于钻柱的抽汲效应，造成井筒欠压，在地层压力作用下地层中的油气进入井筒。

阶段2：起钻结束，钻井液静止在井筒中，后效气在井筒中不断聚集形成气柱，同时气柱会在浮力的作用下在静止的钻井液中不断上窜，由于气体的可压缩性，井筒中不同深度的钻井液静液柱压力在不断变化，因此气柱在上窜过程中体积会不断膨胀，气体积膨胀系数为B。

阶段3：下钻时由于钻柱的激动效应，会使钻井液中的气柱向上移动，向上移动的距离与钻柱的体积、井筒直径相关，当下钻结束开泵循环时后效气柱随着钻井液一起循环上返，

作者简介：胡宗敏，高级工程师，1980年生，2005年毕业于西南石油学院测控技术与仪器专业，现在大庆钻探工程公司地质录井一公司地质研究中心从事录井技术研究工作。通讯地址：163411 黑龙江省大庆钻探工程公司地质录井一公司工艺研究中心。电话：0459-5684579。E-mail：huzongmin@petrochina.com.cn。

在此上返过程中由于气液两相存在的密度差,气体会较之液体上返的速度更快,产生气体滑脱现象,同时由于气体的可压缩性,井筒静液柱压力不断变化,气柱体积还会不断膨胀,最终气柱返出地面被色谱仪检测到(图1)。

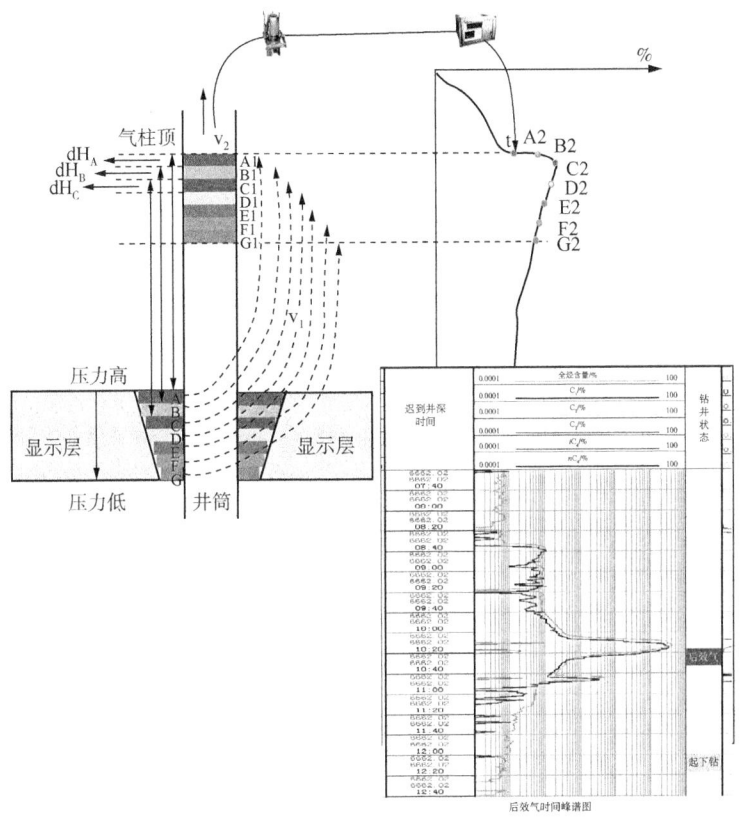

图 1 后效气产生示意图

2 后效气模型的建立

2.1 后效气模型细化

理论上讲,气测后效归位的深度是后效气体在井筒向上流动的速度与录井仪检测到后效气时间的乘积。

$$H = v \times t \tag{1}$$

根据后效的产生机理,可将式(1)细化为

$$H = (v_1 \times t_1 + v_2 \times t_2) \times B + H_0 \times B \tag{2}$$

$$v_2 = f(v_0, \rho, \mu) \tag{3}$$

式中:v_1 为气柱上窜速度,m/h;v_2 为气柱上返速度,m/h;B 为气体膨胀系数(气体体积系数);H_0 为钻柱排替高度,指由于钻柱下入井筒而使气柱上移的高度,m;t_1 为钻井液静止时间,h;t_2 为后效返出时间(下钻循环开泵至见到显示时间差),h;v_0 为钻井液上返速度，m/h；ρ 为钻井液密度，g/cm^3；μ 为钻井液漏斗黏度，s。

2.2 后效气模型校正方法

从式(2)不难分析出影响气测后效归位准确性的因素主要为 v_1、v_2、B、H_0，因此气测后效深度归位方法研究主要是对这几个影响因素的校正和处理。

2.2.1 气体上窜速度 v_1 和上返速度 v_2 校正方法

随着气体在井筒中的深度不同，流动的速度会不同，即气体上窜速度为非线性的，简化多相流力学控制方程即可得出上窜速度模型公式：

$$v_1 = f(\Delta p, \rho, t_0, \mu) \tag{4}$$

式中：Δp 为井筒压差，MPa；ρ 为钻井液密度，g/cm^3；μ 为钻井液漏斗黏度，s；t_0 为钻井液静止时间，h。

首先依据多相流体力学控制方程理论推导出上窜速度模型公式，然后通过气液多相流模拟实验装置和数值模拟，在不同的井筒压差 Δp，钻井液密度 ρ，钻井液黏度 μ，静止时间 t_0 的情况下求出 v_1，进而利用统计回归的方法求出气体上窜速度和气体上返速度模型公式。

2.2.2 气体膨胀系数 B 的求取

气体膨胀系数又称作为气体体积系数，定义为标准状况下(1atm，1℃)某一立方米气体在地层条件下所占的体积。

依据理想状态下气体方程：

$$pV = nRT \tag{5}$$

气体膨胀系数可以通过综合录井测得的相关数据依据式(4)计算求得。

2.2.3 钻柱排替高度 H_0 的求取

H_0 主要发生在后效的第二个阶段，下钻过程中由于钻柱的排替效果产生激动效应，使得在井筒中的气体随着钻柱排除钻井液体积的变化而上移至某一高度，与钻柱体积和井筒直径密切相关，表达式如下：

$$H_0 = V_{柱} / S \tag{6}$$

式中：$V_{柱}$ 为钻柱体积，m^3；S 为井筒理论截面积，m^2。

钻柱体积可通过已知的钻具使用情况进行计算，井筒截面需要通过对井径进行归一化校正。

3 井筒多相流气体运移影响因素校正

3.1 开关泵影响校正(t_2)

利用综合录井实时数据剔除开关泵的时间，统计有效开泵时间进而确定有效后效返出时间 t_2。

$$t_2 = t_{总} - t_{停} \tag{7}$$

式中：$t_{总}$ 为自开泵至见到后续显示总时间，h；$t_{停}$ 为测后效过程中停泵时间之和，h。

3.2 小排量循环校正(v_2、t_1)

小排量循环是起下钻过程中经常使用的循环手段,并且经常是间歇性的频繁出现,在后效归位中必须考虑剔除小排量循环时钻井液上返情况,否则会给归位带来较大误差;井筒小排量循环的存在一方面影响钻井液上返速度的计算,另一方面也影响到钻井液静止时间的计算;由于小排量循环出现的不确定性,因此在实际的计算中应根据实际情况分段计算。

$$v_2 = \frac{Q_\text{小}}{S} \tag{8}$$

$$t_1 = t_\text{起停} - t_\text{开} - t_\text{小} \tag{9}$$

式中:$t_\text{起停}$为起钻时停泵时间,h;$t_\text{开}$为下钻完开泵时间,h;$t_\text{小}$为小排量循环时间,h。通过排量的折算,将循环过程中的排量统一折算到同一水平下进行计算。

排量折算公式:

$$Q_\text{小} = \frac{Q_1}{N_1} \times N_2 \tag{10}$$

式中:N_1为排量为标准排量Q_1时的泵冲数;Q_1为标准排量,m³/h;N_2为实际小排量时的泵冲数;$Q_\text{小}$为实际小排量,m³/h。

3.3 井径校正

引入井筒系数β对井径进行校正

$$\beta = \frac{V_\text{液}}{V_\text{环空}} = \frac{V_\text{液}}{V_\text{井筒} - V_\text{钻柱}} \tag{11}$$

$$V_\text{液} = Q \times t_3 - V_\text{柱内} \tag{12}$$

式中:$V_\text{液}$为进入井筒环空中钻井液总体积,m³;$V_\text{井筒}$为井筒理论结构体积,m³;$V_\text{钻柱}$为下入井筒中钻柱的体积,m³;t_3为迟到时间校正实物小球循环一周的时间,h;$V_\text{柱内}$为钻柱内径空间体积,m³。

3.4 上返速度v_2校正

$$v_2 = \beta \times \frac{H}{t} \tag{13}$$

式中:H为钻头位置深度,m;t为钻头迟到时间,h。

3.5 钻具排替高度H_0校正

$$H_0 = \beta \times \frac{V_\text{钻柱}}{S} \tag{14}$$

4 现场应用

校正后的后效气模型能够较为真实地反映出气体在井筒中的运移状态,将井深作为纵坐标,后效气测值为横坐标,多次后效叠加,绘制出谱图,根据各次后效峰值的大小、面积对气层能量进行评估。

图 2 是大庆探区 X1 井后效归位图,从图 2 中可以看出 84 号层、87 号层多次后效峰值高、峰面积大,能量较高;104 号层能量低;137 号层、139 号层能量最高。

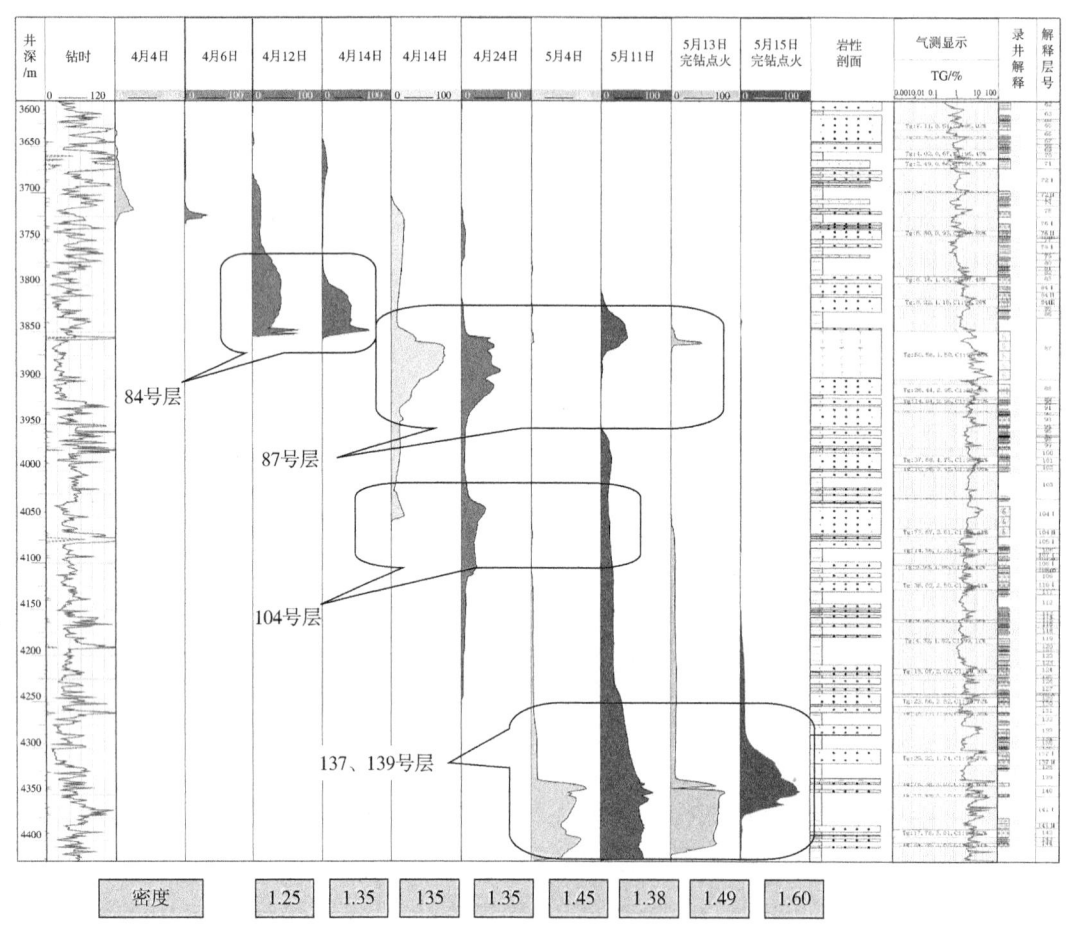

图 2　X1 井气测后效图

该井试油情况:层号有(140、139)、(137Ⅰ、133)、(130、126、124)、104Ⅰ、101、(94、93)、88、87、(84Ⅲ、84Ⅰ、83)、(76Ⅱ、75)、65,射孔厚度为 81.0m。压后自喷求产,日产气为 62036m³,试气结论为工业气层。

5 结论

(1)通过建立后效气测"时—深转换"数学模型及相应的参数校正,提高了气测后效归位的准确性。

（2）通过建立井深—后效值谱图，将多次叠加的后效分离开，能够分析出不同油气层对后效的不同贡献，进而对气层能量进行评价。

（3）归位后气测后效谱图的形态可以井控压井作业时作为衡量压井的效果及钻井液密度调整控制的主要依据。

参 考 文 献

[1] 孙晓波．油气上窜速度实用计算方法[J]．西部探矿工程，2016，43(9)：47-51．
[2] 张瑞强．后效气录井油气上窜速度的准确计算[J]．录井工程，2010，21(4)：14-16．
[3] 吉元武．后效气油气上窜速度的准确计算[J]．内蒙古石油化工，2015(19)：50-53．
[4] 张世明，胥东宏，张海东，等．实测迟到时间法计算油气上窜速度的探讨[J]．2016，27(3)：18-22．
[5] 成萍，周文君，胥仁强，等．气测后效油气上窜高度计算方法完善[J]．录井工程，2010，21(1)：26-28．
[6] 李振海，覃保铜，金庭科，等．油气上窜速度计算方法的修改[J]．录井工程，2011，22(2)：12-13，26．

综合录井技术在合川—潼南区块碳酸盐岩储层解释评价中的应用

刘文精 秦文凯 韩冰冰 杨世亮 张丽艳

(中国石油大庆钻探地质录井一公司)

【摘 要】 合川—潼南区块位于四川盆地川中平缓构造带东侧,从震旦系到侏罗系,产气层多,气层纵向叠置,气测异常活跃,为实现该区块碳酸盐岩储层的解释评价,通过对井筒录井资料的分析研究,探索录井相关技术参数在合川—潼南区块的应用方法,即采用综合录井技术,从物性、含气性方面对碳酸盐岩储层进行评价。

【关键词】 碳酸盐岩;合川—潼南;综合录井;解释评价;物性指数;机械比能

合川—潼南区块石油地质条件比较优越,油气资源较丰富。近年来,合川—潼南区块取得了一些油气勘探成果,但勘探效果不佳,一方面反映了合川—潼南油气勘探的艰巨性和复杂性,另一方面也反映了对合川—潼南区块岩性、物性及含油气性的规律认识还不十分清楚。大庆油田取得合川—潼南、仪陇—营山、平昌—万源等区块以来,各项工作全面开展,大庆录井也即将进入风险区块开展工作,该区块内既有陆相碎屑岩,又有海相碳酸盐岩,地质条件复杂,各地层存在多套压力系统。大庆录井在该区缺乏施工经验,需要快速适应新区录井需求,总结形成一套合川—潼南地区碳酸盐岩储层录井技术方法,提升大庆录井技术水平及适应能力。

1 区域概况

合川—潼南区块位于四川盆地川中平缓构造带东侧,局部处于川东高陡构造带,盆地具基底和沉积盖层二元结构,沉积盖层为海相地层和陆相地层的叠合。区块内油气产层多,从震旦系到侏罗系均有不同程度分布。储层类型多种多样,发育礁滩、白云岩、致密砂岩、页岩四大类储集体。合川—潼南区块开发近 60 年,分别在侏罗系凉高山、三叠系须家河、雷口坡、下二叠栖霞、茅口组、寒武系洗象池、龙王庙、震旦系灯影组获得工业油气流,二三叠系长兴组—飞仙关组、石炭系见显示或低产气流,勘探潜力大。

2 储集层特征

合川—潼南区内发育了 7 套储层,储层类型主要为灯影组的藻云岩孔洞、龙王庙组的

作者简介:刘文精,中级工程师,1986 年生,2010 年毕业于东北石油大学勘查技术与工程专业,现在大庆钻探工程公司地质录井一公司从事录井技术研究工作。通讯地址:163411 黑龙江省大庆市让胡路区乘风庄 8 号。电话:18345400130。E-mail:liuwenjing_lj@petrochina.com.cn

颗粒滩、洗象池组的滩相储层、栖霞组的滩相储层、茅口组的岩溶孔洞储层、长兴组的生物礁及须家河组砂岩储层,除此之外还存在雷口坡组白云岩,侏罗系致密砂岩储层。

茅口组、栖霞组为本区块的重点勘探层系,其中茅口组储层主要为孔隙型白云岩和岩溶缝洞型石灰岩两类储层,其中岩溶缝洞型石灰岩储层大面积分布。纵向上白云岩储层单层厚度相对较薄,多层叠加。茅口组白云岩储集空间主要为白云石晶间孔、晶间溶孔、溶洞和裂缝;储层物性以低孔隙度低渗透率为主,局部发育相对中—高孔层段。岩溶型储层主要发育于茅口组顶部评价区茅口组获工业气流井 2 口,10 口井见油气显示。栖霞组储层主要发育层状孔隙型白云岩储层,储层岩石类型主要以晶粒白云岩为主,偶见弱云化粉—细晶含灰质云岩。钻井取心、测井解释和试油成果证实栖霞组局部层段发育较好的孔隙性储层。

3 综合录井在储层解释评价中的应用

3.1 物性评价

机械比能模型是近几年在国内外钻井中广泛应用的模型。该模型最主要的特点和优点是基于能量守恒理论进行推导建立,适应于所有类型钻头和井下辅助破岩工具使用时的钻头做功计算。机械比能理论模型反映钻头做功变化,在一定程度上反映地层的疏松、致密程度,当地层疏松时,钻头做功就小,反之则增大,因此可以利用机械比能对储层物性进行评价。

石油钻井过程中,钻机产生的能量通过转盘转动传递给钻头,在单位钻压下,钻头旋转做功破碎岩石,实现持续钻进。机械比能的定义就是钻进单位体积岩石时所做的功。钻头破岩消耗的能量包括钻压做功,扭矩做功和水射流做功,基于能量守恒原理,建立机械比能模型为

$$E_m = \frac{4W}{\pi d_B^2} + \frac{480nT}{d_B^2 \text{ROP}} + \frac{4\eta \Delta P_b}{\pi d_B^2 \text{ROP}} \tag{1}$$

式中:E_m 为机械比能,MPa;W 为钻压,kN;n 为转速,r/min;ROP 为机械钻速,m/min;T 为扭矩,kN·m;d_B 为钻头直径,mm;η 为能量转换系数;ΔP_b 为钻头水功率,W。

机械比能将钻压、扭矩、转速、机械钻速、钻头尺寸和水力参数等整合成一个综合参数,综合反映了地层的基本物性和钻井工况,使用过程中需要建立机械比能基值线,实际的比能曲线偏离基值线大小,能够反映破岩效率的高低和地层物性情况。同一地层相同岩性,机械比能越小,地层物性越好。

考虑钻井工程参数差异(转速和钻压),引起机械比能差异,造成机械比能在反映地层物性时可比性差,因此需要对机械比能进行了标准化校正。选取区域代表性的钻压(WOBB)、转速(N_B)、钻井液密度(ρ_B)、不同时间下钻头经验磨损(h),作为标准参数,将所有工程参数下的机械比能(MSE)校正统一到该标准参数水平下,建立了机械比能标准化校正模型(MSEB)。

$$\frac{\mathrm{MSEB}}{\mathrm{MSE}} = \frac{e^{\left(-\alpha \times \frac{\mathrm{WOBB}}{\mathrm{AbB}}\right)}}{e^{\left(-\alpha \times \frac{\mathrm{WOB}}{\mathrm{Ab}}\right)}} \cdot \frac{N_\mathrm{B}}{N} \cdot \frac{1}{h} \cdot \frac{\rho}{\rho_\mathrm{B}} \quad (2)$$

$$\mathrm{MSEB} = \frac{e^{\left(-\alpha \times \frac{\mathrm{WOBB}}{\mathrm{Ab}}\right)}}{e^{\left(-\alpha \times \frac{\mathrm{WOB}}{\mathrm{Ab}}\right)}} \cdot \frac{N_\mathrm{B}}{N} \cdot \frac{1}{h} \cdot \frac{\rho}{\rho_\mathrm{B}} \mathrm{MSE} \quad (3)$$

通过标准化校正，剔除了钻压、转速和钻井液性能等工程参数变化对比能的影响，标准化的机械比能差异仅反映了地层物性变化，提高了比能值的纵向和横向可比性。

为了消除不同井、不同地质及钻井工程条件对机械比能评价物性的影响，建立了物性指数模型。

地层物性指数：机械比能值与机械比能基值的比值，用 P 表示

$$P = \frac{\mathrm{MSEB}}{\mathrm{MSES}} \quad (4)$$

式中：P 为物性指数；MSEB 为标准化处理后机械比能值；MSES 为机械比能基值。

物性指数能够直观反映实测机械比能值相对于基质线的偏离程度，以此来评价地层物性。地层物性指数位于 1 附近，1 为正常压实地层，该值小于 1，机械比能基值呈现负异常，指示物性好的地层，该值越低，地层的物性越好。

物性指数大小代表了岩石孔隙大小，为更加直观地反映地层物性好坏，需要对物性指数进行分级。采用数理统计方法，在实际应用中物性指数主要分布在 0~1 范围内，靠近 0 说明物性好，靠近 1 则说明物性差；故按照方差分析中的多重均值比较和 3σ 法则，将比值数据分为 4 个级别，分别代表物性由好到差的变化。

利用机械比能物性评价方法，通过对合川—潼南地区资料整理，建立了合川—潼南地区碳酸盐岩储层分类评价标准(表1)。

表1 合川—潼南地区碳酸盐岩储层分类评价标准

特征	Ⅰ类储层	Ⅱ类储层	Ⅲ类储层	非储层
机械比能	<0.4	0.4~0.8	0.8~0.95	>0.95

Tt1 井机械比能物性评价实例(图1)。

Tt1 井 26 号层物性指数为 0.6~0.8，为Ⅱ类储层，27 号层物性指数为 0.37，为Ⅰ类储层，28 号物性指数为 0.7~0.9，为Ⅱ—Ⅲ类储层。27 号层全烃最大值为 74.27%，槽面见气泡占 15%~20%，集气点火，火焰呈橘黄色，焰高 10~30cm，机械比能反映物性好，酸压获日产气 $31 \times 10^4 \mathrm{m}^3$。

3.2 含气性评价

区域内茅口—栖霞组气测显示资料相对较少，对该区内共计 8 口井气测显示资料进行分析，依据全烃最大值、比值、曲线形态、显示厚度、组分分布特征等建立气测显示评价标准(表2)。

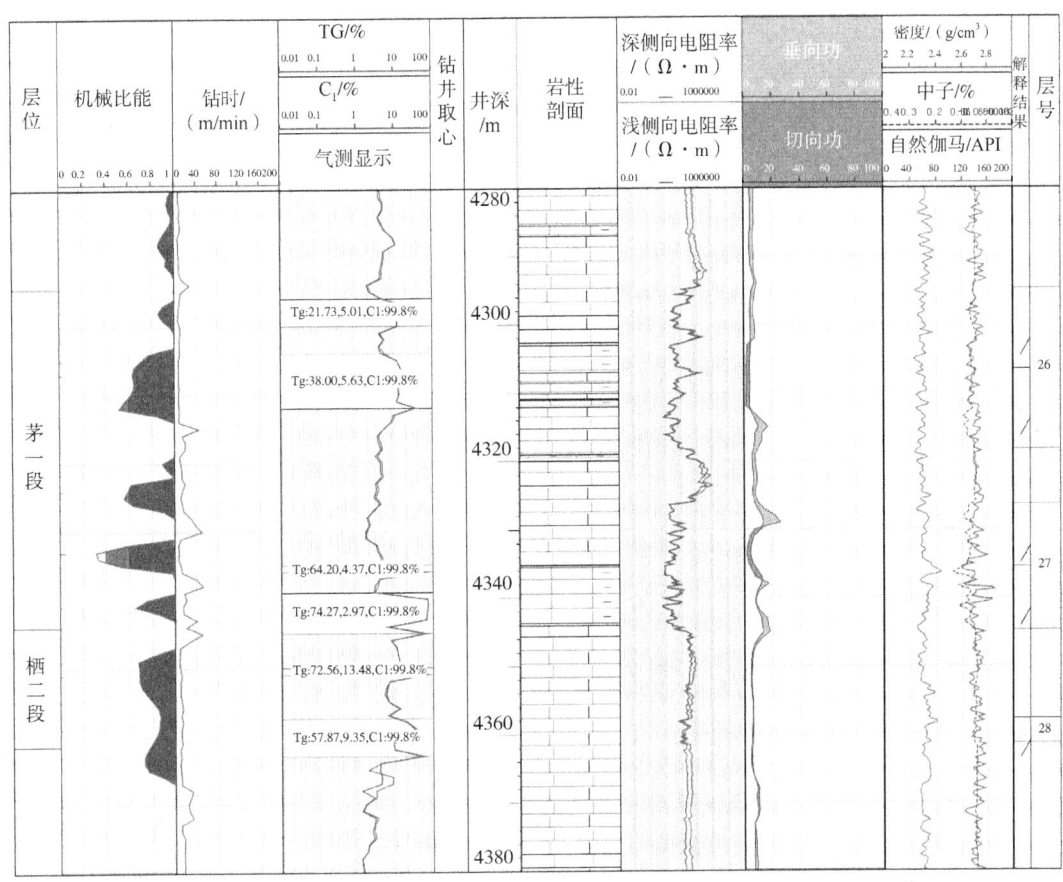

图 1　Tt1 井机械比能物性评价图

表 2　茅口—栖霞组气测显示评价标准

显示级别	气层	差气层	含气层
全烃最大值/%	>8	4~8	<4
比值/倍	>20	2~20	<2
曲线形态	箱状	半箱状、指状	指状、尖峰状
显示厚度/m	>6	3~6	<3
组分分布特征	C_1	C_1	C_1

3.3　解释图版

应用 XX2、XX3、XX4、TT1 试气资料，结合储层物性，对已试气层位进行划分，寻求规律，绘制物性指数 Wm—ΔTg 解释图版。

$\Delta Tg = Tg_{最大} - Tg_{基值}$，该数据一定程度上反映了气测显示的幅度值(图2)。

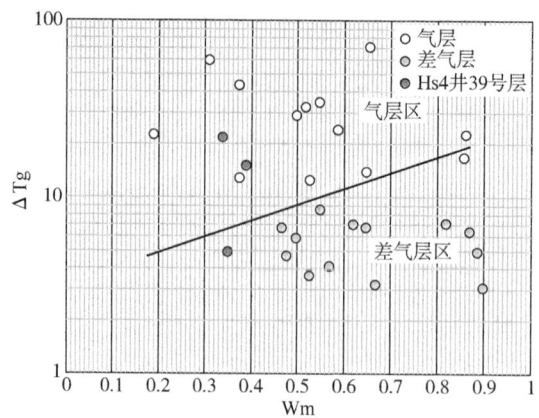

图 2 合川—潼南区块茅口、栖霞组物性指数—ΔTg 图版

从图 2 中可以总结出如下规律：当 ΔT_g 大于 10，W_m 小于 0.8 时，储集层可解释为气层；当 ΔT_g 小于 10，W_m 为 0.45~0.9，储集层可解释为差气层。

4 应用效果

将本文中建立的方法对合川—潼南区块的 Hs4 井进行应用，试气结论与解释结论一致，下面以该井为例进行介绍。

XX4 井 39 号层井段 4337.4~4348.6m，厚度 11.2m，岩性为灰黑色石灰岩，黑灰色灰质云岩，深灰色含云灰岩；该层物性指数为 0.27~0.40，为 Ⅰ 类储层；该层见 1 层山峰状气测显示，全烃最大 21.95%，基值 0.46%，甲烷相对含量 99.88%。选取了该层上、中、下位置对应的物性指数值、ΔT_g 投在物性指数 W_m—ΔT_g 图版上，两点落在了气层区，一点落在了差气层区。该井 39 号层酸压后，日产气 $113×10^4 m^3$，试气结果与解释结论一致（图 3，表 3）。

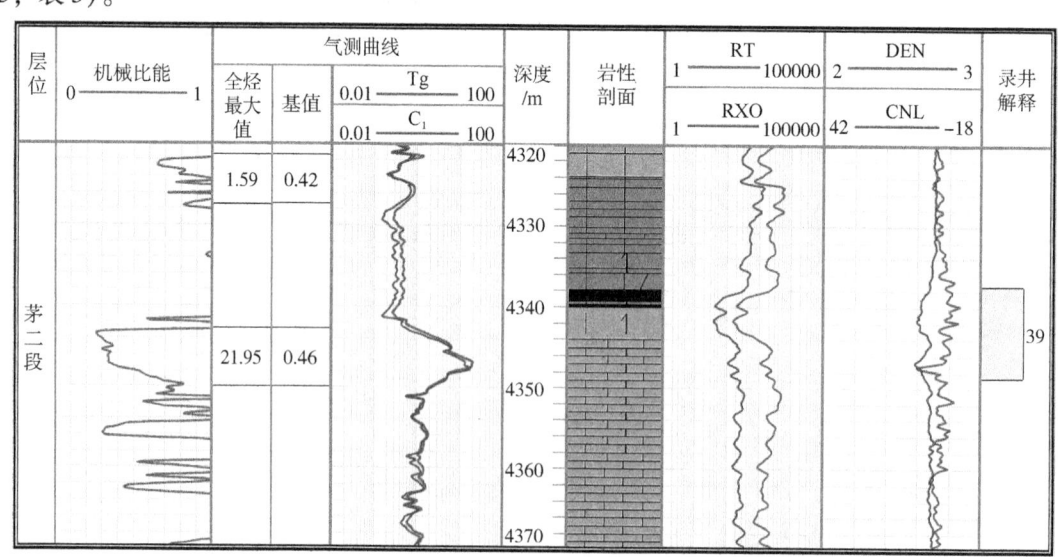

图 3 XX4 井录井综合图

表3 XX4井物性指数 W_m—ΔTg 图版解释结论

层号	深度/m	$\Delta Tg/\%$	物性指数	解释结论
39号层	4345.60	4.83	0.35	差气层
	4346.88	21.43	0.34	气层
	4347.57	15.04	0.39	气层

5 结束语

利用综合录井技术对碳酸盐岩储层物性、含气性进行评价，建立物性指数 W_m—ΔTg 图版综合评价储层，形成了一套适用于该地区、该层位的解释评价方法，切实发挥了综合录井技术的优势，为该区的解释评价和勘探开发奠定了基础。

参 考 文 献

[1] 马光强，邴尧忠．油气层综合解释技术在油气田勘探中的应用[J]．油气地质与采收率，2001，8(6)：45-48.

[2] 唐谢，唐家琼，罗于海，等．碳酸盐岩薄储层水平井随钻录井评价方法[J]．天然气工业，2013，33(9)：43-47.

[3] 耿长喜，胡宗敏，钱文博，等．随钻录井物性评价技术应用研究[J]．录井工程，2017，28(3)：27-47.

[4] 张以明，纪伟，李金顺，等．碳酸盐岩储层功指数快速识别与评价技术[C]∥首届中国石油工业录井技术交流会论文集．青岛：中国石油大学出版社，2011．

[5] 郭晶，秦文凯．古城地区碳酸盐岩储集层录井评价方法[J]．录井工程，2018，29(4)：44-48.

[6] 刘彩霞，姜涛．测井、录井资料在碳酸盐岩储集层评价中的综合应用[J]．录井工程，2006，17(2)：21-25.

[7] 肖红琳，刘瑞林，应海玲，等．缝洞型碳酸盐岩储集层气测响应特征研究[J]．石油天然气学报，2010，32(4)：63-66.

X衍射、元素录井技术在探29-6井中的应用

刘 成 臧 硕 赵发宝

(大庆钻探工程公司地质录井二公司)

【摘 要】 近年来勘探开发的重点由核心区域逐步扩展到周边区域,构造复杂,局部地层会遭到不同程度的岩浆侵入,岩性识别困难。为解决这一难题,录井时对岩屑连续进行X射线衍射、元素分析,分析表明当钻入特殊岩性时矿物成分、主要元素含量均发生明显变化,与砂岩、泥岩不同的是,矿物成分石英、长石、伊利石等含量下降,而方解石、角闪石、透辉石、沸石等含量显著上升;元素铝、硅、钾含量降低,钠、镁、钙、铁等含量增加,镁、铁含量增幅最大。结合X射线衍射的主要矿物、热液蚀变矿物、火成岩特征副矿物以及元素分析的Na+K与Fe+Mg关系图板可以准确识别火成岩特殊岩性,并通过薄片鉴定得到证实。由此可见X射线衍射、元素分析在岩性识别上具有独特的技术优势。

【关键词】 特殊岩性;X射线衍射;元素;岩性识别

松辽盆地南部中央坳陷区下白垩统沉积岩,岩性以砂泥岩组合为主,横向分布广而且沉积相对稳定,探29-6井位于中央坳陷区扶新隆起带扶余Ⅲ号构造的探29区块东侧,东邻东南隆起区。探29区块已经完钻了4口井,分别是探29-1、探29-2、探29-3、探29-6井,钻探目的层为中生界白垩系泉头组四、三段的扶杨油层,其中前3口井地理位置较近,构造简单。而探29-6井位于前3口井东侧,横向距离约8km,而且该井受到东西两侧及南侧三条断层的控制,构造相对复杂。探29-6井遭受岩浆侵入的层位是泉三段顶部,从上述4口井对比来看,前3口井泉三段岩性均为泥岩、粉砂质泥岩,深浅侧向电阻率在3~100Ω·m之间、自然伽马在90~120API之间,而探29-6井深浅侧向电阻率在500~3500Ω·m之间、自然伽马在45~60API之间,存在明显差异。针对探29-6井现场出现的特殊岩性,应用X射线衍射、元素分析技术有效地解决了岩性识别难题,并且结合后期的薄片鉴定和测井资料进行相互认证,收到了良好的效果。

1 特殊岩性井段异常描述

探29-6井在钻入泉三段552~566m时岩性发生突变,首先是岩石颜色发生突变,由原先的灰色变成了黑色;其次是岩屑变得细碎,肉眼观察困难,隐约能看到少许浅色调物质,黑色调和浅色调物质结晶在一起,呈块状构造,硬度较大,肉眼只能初步判断为火成岩。通过岩屑显微成像分析,矿物结晶较好,暗色矿物为主要矿物,显晶质结构、细粒结构和

作者简介:刘成,男,1972年出生,1997年毕业于大庆石油学院石油天然气勘查专业,现从事录井技术、质量管理工作,高级工程师。通讯地址:大庆钻探工程公司地质录井二公司录井分公司。邮编:138000。联系电话:0438-6224303。

块状构造，符合基性浅成侵入岩结构、构造特征，初步判断该岩性可能为辉绿岩。

为了尽快落实岩性，对 545~575m 岩屑取了 30 个样品分别进行 X 射线衍射和元素分析。

2 X 射线衍射分析与岩性识别

从 X 射线衍射分析数据看，545~552m 为泉四段的紫红色泥岩和灰色荧光粉砂岩，其各矿物成分含量平均值分别为：石英 43.7%、长石 17.0%、方解石 4.3%、高岭石 5.5%、伊利石 9.3%、绿泥石 6.7%、白云母 14.3%、非晶质 4.9%。552~566m 为泉三段的特殊岩性井段，其各矿物成分含量平均值分别为：石英 18.8%、长石 10.3%、方解石 7.1%、高岭石 5.5%、伊利石 7.8%、绿泥石 5.5%、透辉石 29.2%、磁铁矿 4.2%、角闪石 3.6%、沸石 0.7%、非晶质 8.3%。556~575m 为泉三段的灰色荧光粉砂岩、灰色泥质粉砂岩、紫红色泥岩，其各矿物成分含量平均值分别为：石英 44.5%、长石 17.3%、方解石 4.3%、高岭石 4.9%、伊利石 8.6%、绿泥石 6.2%、白云母 12.9%、非晶质 4.8%[1]（表1）。

表1 探 29-6 井 X 射线衍射分析数据表

井深/m	岩性	矿物成分/%											
		石英	长石	方解石	高岭石	伊利石	绿泥石	透辉石	磁铁矿	白云母	角闪石	沸石	非晶质
546	紫红色泥岩	36.9	13.7	3.7	5.5	13.8				18.9			5.4
547	紫红色泥岩	38.5	13.7	3.8		14.5	5.8			18.2			5.6
548	紫红色泥岩	37.2	14.4	3.7	4.5	12.9				20.3			5.3
549	灰色荧光粉砂岩	49	19	4.8		6.2	7.1			9.3			4.6
550	灰色荧光粉砂岩	48.4	19.5	4.3	6.1	5.9				11.4			4.5
551	灰色荧光粉砂岩	48.4	18.7	4.8		6.1	7.1			10.5			4.4
552	灰色荧光粉砂岩	47.8	19.9	4.7	6	5.8				11.2			4.5
553	灰黑色辉绿岩	18.5	10.3	7.3	5.1	8.2	5	29	4.3		3.1	0.7	8.5
554	灰黑色辉绿岩	18.2	10.4	6.1		8	5.5	29.1	4.1		3.4	0.5	8.3
555	灰黑色辉绿岩	18.7	10.1	7.4	5.7	7.6	5.1	29.2	4.2		3.1	0.7	8.3
556	灰黑色辉绿岩	19.2	10.1	7.4	5.8	7.2	5.2	29.3	4.1		3.2	0.5	7.9
557	灰黑色辉绿岩	18.9	9.9	7.4	6.3	7.1	5.2	29.5	4.1		3.2	0.5	7.9
558	灰黑色辉绿岩	18.6	10	6.9	5.6	8.2	5.1	29	4		3.5	0.7	8.4
559	灰黑色辉绿岩	18.7	10.1	7.4	5.7	7.6	5.1	29.2	4.2		3.1	0.7	8.3
560	灰黑色辉绿岩	17.8	10.5			6.7	9.9	30.9	5.4			0.7	9.8
561	灰黑色辉绿岩	18.7	10.1	7.4	5.6	7.7	5.1	29.3	4		3.1	0.7	8.3
562	灰黑色辉绿岩	18.8	10.2	7.2	5.7	7.7	5.2	29.3	4.1		3.2	0.7	8.4
563	灰黑色辉绿岩	19.2	10.7	7.3	5.3	7.9	5.2	28.7	4.3		2.8	0.7	8.2
564	灰黑色辉绿岩	20.7	11.5	5.7	5	8.4	5	27.9	4.1		3.9	0.7	7.1

续表

井深/m	岩性	矿物成分/%											
		石英	长石	方解石	高岭石	伊利石	绿泥石	透辉石	磁铁矿	白云母	角闪石	沸石	非晶质
565	灰黑色辉绿岩	18.6	10.3	7.3	5.1	8.2	5.1	29.1	4.1		3.1	0.7	8.4
566	灰黑色辉绿岩	18.7	10.4	7.4	5.1	8.3	5.1	28.6	4.3		3.1	0.7	8.4
567	灰色荧光粉砂岩	48.5	18.7	4.8		6.1	7.1			10.5			4.4
568	灰色荧光粉砂岩	48.4	18.7	4.8		6.1	7.1			10.5			4.4
569	灰色荧光粉砂岩	49.7	18.4	4.4		6.3	7.3			9.4			4.5
570	灰色荧光粉砂岩	48.3	19.4	4.3		5.9	7.1			10.6			4.6
571	灰色泥质粉砂岩	48.8	19.6	4.3		6.2	5.9			10.6			4.6
572	灰色泥质粉砂岩	47.7	19.9	4.7		6	7			10.4			4.4
573	紫红色泥岩	36	13.9	3.5	5.4	13.6	5.4			17			5.3
574	紫红色泥岩	37.3	13.3	4.1		14.1	4.5			18.7			5.7
575	紫红色泥岩	35.4	13.7	3.5	4.3	13.3	4.3			18.2			5.2

通过探29-6井552~566m特殊岩性井段各矿物成分含量平均值与相邻的545~552m泉四段相对比的结果表明,石英由43.7%降至18.8%,长石由17.0%降至10.3%,方解石由4.3%升至7.1%,高岭石没有变化,伊利石由9.3%降至7.8%,绿泥石由6.7%降至5.5%,透闪石由0.0%升至3.6%,透辉石由0.0%升至29.2%,磁铁矿由0.0%升至4.2%,白云母由14.3%降至0.0%,角闪石由0.0%升至3.2%,沸石由0.0%升至0.7%,非晶质由4.9%升至8.3%。其中,545~552m泉四段与556~575m泉三段砂泥岩各矿物成分含量平均值变化不明显。纵观对比结果,特殊岩性井段矿物含量下降的有石英、长石、伊利石、绿泥石和白云母,而矿物含量上升的包括方解石、透闪石、透辉石、磁铁矿、角闪石、沸石和非晶质。矿物含量上升的这些矿物正是岩浆岩的特征矿物[2](图1)。

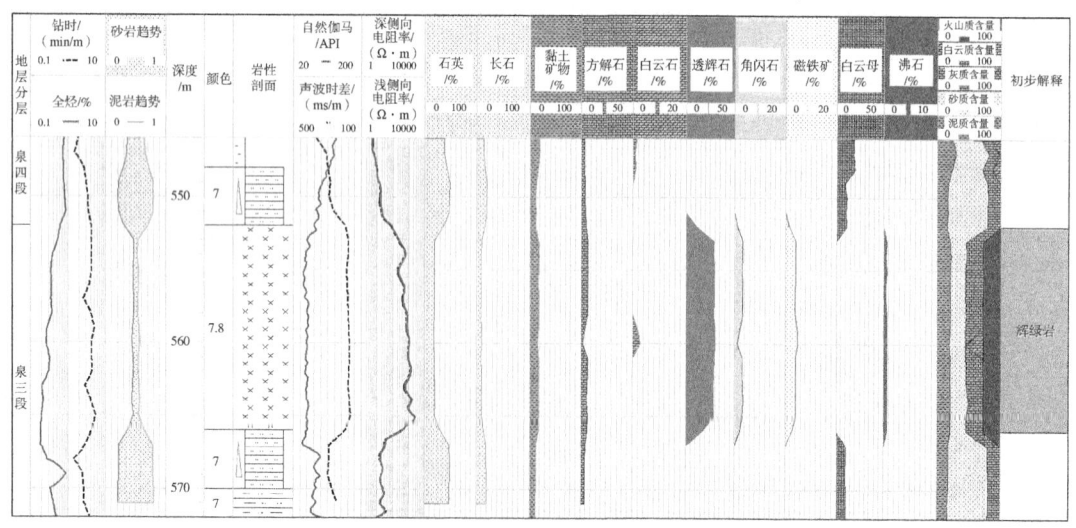

图1 探29-6井X射线衍射录井成果图

综合上述，X 射线衍射分析数据变化情况如下：552~566m 矿物成分中主要矿物成分为透辉石，次要矿物为石英和长石，长石为基性斜长石中的钙长石。另外，可见绿泥石、方解石和角闪石等热液蚀变矿物。同时，火成岩特征的副矿物沸石稳定出现，非晶质（火山玻璃）矿物含量增加，显晶质细粒结构，块状构造[3]。结合矿物分析特征判断该层岩性为浅成侵入岩中的辉绿岩[4]。

3 元素分析与岩性识别

从元素分析数据看，545~552m 为泉四段的紫红色泥岩和灰色荧光粉砂岩，其主要元素含量平均值分别为：钠 2.02%、镁 1.39%、铝 8.35%、硅 27.92%、磷 0.04%、钾 2.80%、钙 3.43%、钛 0.26%、锰 0.05%、铁 3.76%。552~566m 为泉三段的特殊岩性井段，其主要元素含量平均值分别为：钠 2.87%、镁 3.51%、铝 7.42%、硅 22.12%、磷 0.08%、钾 1.63%、钙 6.79%、钛 0.56%、锰 0.10%、铁 5.38%。556~575m 为泉三段的灰色荧光粉砂岩、灰色泥质粉砂岩、紫红色泥岩，其主要元素含量平均值分别为：钠 1.99%、镁 1.61%、铝 7.57%、硅 25.22%、磷 0.05%、钾 2.45%、钙 5.93%、钛 0.37%、锰 0.07%、铁 4.15%[5]（表2）。

表2 探29-6井元素分析数据表

井深/m	岩性	元素含量/%									
		钠	镁	铝	硅	磷	钾	钙	钛	锰	铁
546	紫红色泥岩	1.59	1.55	8.96	27.6	0.04	3.55	1.76	0.31	0.04	5.15
547	紫红色泥岩	1.58	1.63	8.82	27.42	0.04	3.6	1.82	0.28	0.04	5.18
548	紫红色泥岩	1.78	1.48	8.58	27.98	0.04	3.2	3.48	0.26	0.05	4.06
549	灰色荧光粉砂岩	1.69	1.49	8.58	27.91	0.04	3.2	3.55	0.28	0.05	4.2
550	灰色荧光粉砂岩	2.57	1.44	8.18	28.68	0.04	2.23	3.31	0.24	0.05	2.87
551	灰色荧光粉砂岩	2.25	0.99	7.65	27.92	0.04	2.06	5.18	0.2	0.08	2.1
552	灰色荧光粉砂岩	2.73	1.22	7.69	27.94	0.04	1.8	4.9	0.25	0.08	2.83
553	灰黑色辉绿岩	2.64	0.99	7.59	27.61	0.04	1.86	5.14	0.19	0.09	2.75
554	灰黑色辉绿岩	1.88	0.75	6.51	24.15	0.04	1.95	8.93	0.14	0.13	2.17
555	灰黑色辉绿岩	2.78	3.77	7.32	21.41	0.09	1.74	6.93	0.67	0.11	6.02
556	灰黑色辉绿岩	3.13	4.43	7.51	20.79	0.1	1.74	6.62	0.66	0.09	6.25
557	灰黑色辉绿岩	3.71	4.65	7.59	21.65	0.1	1.16	6.37	0.66	0.11	6.15
558	灰黑色辉绿岩	3.94	4.58	7.73	21.96	0.09	1.19	6.06	0.64	0.1	5.85
559	灰黑色辉绿岩	3.27	4.02	7.59	21.11	0.1	1.47	6.54	0.73	0.11	6.7
560	灰黑色辉绿岩	3.21	4.02	7.57	21.12	0.1	1.48	6.56	0.71	0.11	6.52
561	灰黑色辉绿岩	3.06	4.22	7.57	21.2	0.1	1.55	6.76	0.65	0.11	6.3
562	灰黑色辉绿岩	2.79	4.26	7.57	21.52	0.09	1.56	6.75	0.61	0.1	5.81

续表

井深/m	岩性	元素含量/%									
		钠	镁	铝	硅	磷	钾	钙	钛	锰	铁
563	灰黑色辉绿岩	2.77	4.18	7.55	21.35	0.1	1.68	6.72	0.64	0.11	5.92
564	灰黑色辉绿岩	2.6	3.98	7.37	20.69	0.09	1.66	6.76	0.63	0.1	5.96
565	灰黑色辉绿岩	1.84	1.21	6.99	23.83	0.06	2.04	8.21	0.24	0.09	2.8
566	灰黑色辉绿岩	2.62	4.07	7.52	21.28	0.09	1.74	6.77	0.66	0.11	6.08
567	灰色荧光粉砂岩	2.31	1.63	7.32	25.04	0.05	2.32	6.54	0.49	0.08	3.63
568	灰色荧光粉砂岩	2.72	1.83	7.39	25.27	0.05	2.34	5.87	0.49	0.08	4.21
569	灰色荧光粉砂岩	1.72	0.9	6.73	23.95	0.05	2.07	8.62	0.17	0.09	2.28
570	灰色荧光粉砂岩	1.73	0.91	6.81	24.25	0.04	2.07	8.17	0.16	0.08	2.59
571	灰色泥质粉砂岩	2.3	1.91	7.24	24	0.06	1.98	7.02	0.51	0.09	4.49
572	灰色泥质粉砂岩	2.3	2.74	7.35	23.53	0.07	1.97	6.81	0.56	0.09	5.11
573	紫红色泥岩	1.71	1.59	8.35	26.6	0.04	3.06	3.5	0.32	0.05	4.95
574	紫红色泥岩	1.66	1.52	8.52	27.21	0.04	3.17	3.38	0.32	0.05	5.1
575	紫红色泥岩	1.46	1.45	8.47	27.14	0.04	3.08	3.52	0.31	0.05	4.99

通过探29-6井552~566m特殊岩性井段各元素含量平均值与相邻的545~552m泉四段相对比的结果表明，钠由2.02%升至2.87%，镁由1.39%升至3.51%，铝由8.35%降至7.42%，硅由27.92%降至22.12%，磷0.04%升至0.08%，钾由2.80%升至2.87%，钙由3.43%升至6.76%，钛由0.26%升至0.56%，锰由0.05%升至0.10%，铁由3.76%升至5.38%。其中，545~552m泉四段与556~575m泉三段砂泥岩主要元素含量平均值变化也不明显。纵观对比结果，特殊岩性井段元素含量下降的有铝、硅，而元素含量上升的包括钠、镁、磷、钾、钙、钛、锰、铁，特别是镁、钙、铁上升的幅度最大[6]（图2）。

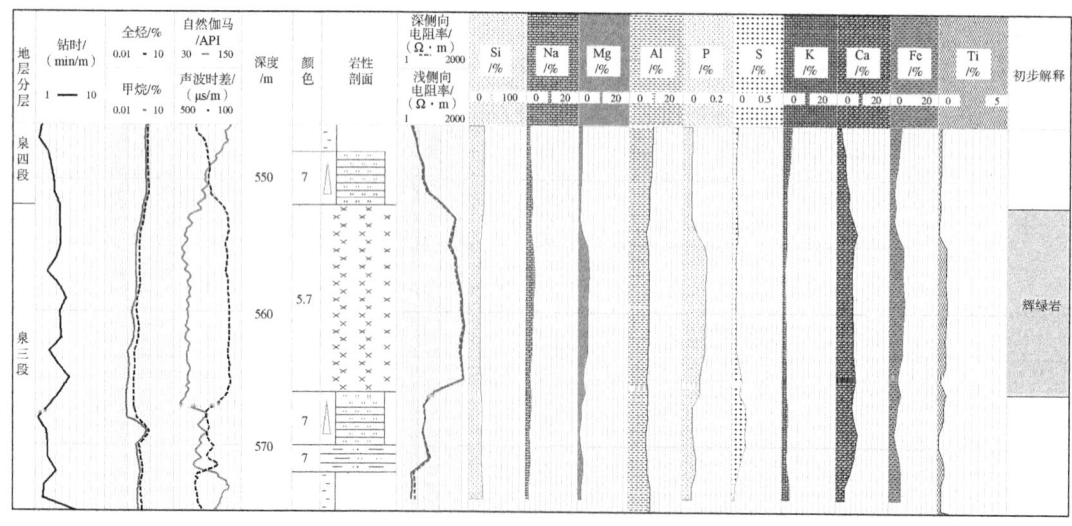

图2 探29-6井元素录井成果图

中国各地区主要岩石类型的 7 种元素平均含量统计结果如下，超基性岩钠元素平均含量 0.46%，镁元素 16.19%，铝元素 2.48%，硅元素 21.05%，钾元素 0.22%，钙元素 5.29%，铁元素 7.33%，铁+镁 23.52%，钠+钾 0.68%，镁+钙 21.48%；基性岩钠元素平均含量 2.08%，镁元素 4.50%，铝元素 8.23%，硅元素 22.72%，钾元素 0.98%，钙元素 6.44%，铁元素 7.94%，铁+镁 12.44%，钠+钾 3.06%，镁+钙 10.94%；中性岩钠元素平均含量 2.80%，镁元素 2.16%，铝元素 8.69%，硅元素 26.97%，钾元素 1.73%，钙元素 4.15%，铁元素 5.34%，铁+镁 7.50%，钠+钾 4.53%，镁+钙 6.31%；酸性岩钠元素平均含量 2.61%，镁元素 0.56%，铝元素 7.52%，硅元素 33.06%，钾元素 3.32%，钙元素 1.31%，铁元素 2.10%，铁+镁 2.66%，钠+钾 5.93%，镁+钙 1.87%；火山碎屑岩钠元素平均含量 2.00%，镁元素 0.53%，铝元素 7.34%，硅元素 32.98%，钾元素 3.34%，钙元素 0.89%，铁元素 2.20%，铁+镁 2.73%，钠+钾 5.34%，镁+钙 1.42%；砂岩钠元素平均含量 1.05%，镁元素 0.76%，铝元素 5.78%，硅元素 33.89%，钾元素 1.99%，钙元素 1.80%，铁元素 2.57%，铁+镁 7.36%，钠+钾 3.04%，镁+钙 6.59%；泥岩钠元素平均含量 0.59%，镁元素 1.12%，铝元素 8.66%，硅元素 28.29%，钾元素 2.86%，钙元素 1.90%，铁元素 4.14%，铁+镁 5.26%，钠+钾 3.45%，镁+钙 2.66%；碳酸盐岩钠元素平均含量 0.10%，镁元素 3.75%，铝元素 0.94%，硅元素 4.70%，钾元素 0.45%，钙元素 28.87%，铁元素 0.68%，铁+镁 4.43%，钠+钾 0.55%，镁+钙 32.62%。

探 29-6 井 552～566m 特殊岩性井段，Fe+Mg 元素含量平均值为 8.8%、K+Na 元素含量平均值为 4.5%，介于我国各地区主要岩石类型中的中—基性岩 7 种元素的平均含量之间，在元素录井解释评价图板上也位于火成岩区的中—基性火成岩[7]（图 3）。

由此可见，上述对岩屑显微观察初步认为特殊岩性为辉绿岩、X 射线衍射分析定名为辉绿岩与元素分析的中—基性火成岩是相符的。

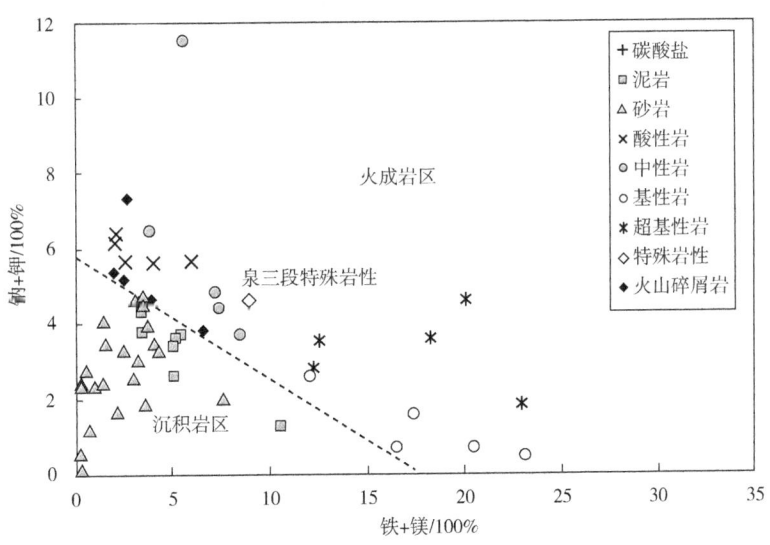

图 3 元素录井铁+镁与钠+钾火成岩及沉积岩评价图板

4 薄片鉴定

为了更好地验证显微观察、X射线衍射和元素录井判断的准确性,又在特殊岩性井段选取样品进行薄片分析,其岩石中见大量针柱状矿物,岩石见碳酸盐化、绿泥石化,鉴定结果为灰黑色蚀变辉绿岩。

薄片鉴定结果表明[8],探29-6井岩屑显微成像、X射线衍射、元素分析判断该段岩性为中—基性火成岩中的辉绿岩,与薄片鉴定为蚀变辉绿岩是相符的。

5 结论

探29-6井应用X射线衍射和元素录井技术有效地识别出特殊岩性,解决了现场火成岩特殊岩性快速识别的难题,为今后两项技术的发展打下了坚实基础。随着勘探开发程度的不断深入,复杂的岩性也会层出不穷,这也是录井现场难点所在,更是甲方亟待解决的问题。X射线衍射和元素录井技术在新方法的探索上会不断完善,在今后岩性识别中会发挥更大的作用。

参 考 文 献

[1] 唐成,彭军,陈清贵.X射线荧光元素录井在川西坳陷须家河组地层划分中的应用[J].录井工程,2012,23(2):19-23.

[2] 梅建锋.元素录井在大牛地气田奥陶系水平井中的应用[J].录井工程,2018,29(1):42-46.

[3] 江海申,邱田民,王晓阳,等.基于元素录井技术的大牛地气田马五5亚段白云化特征分析[J].录井工程,2019,30(4):51-54.

[4] 张丽艳,秦文凯.松辽盆地古龙凹陷页岩油录井解释评价方法研究[J].录井工程,2019,30(4):55-61.

[5] 于伟高,张瑞雪,苗雪,等.XRD矿物分析技术在杨税务潜山勘探中的应用[J].录井工程,2020,31(1):35-41.

[6] 卿元华,薛晓军,王晨,等.XRF与XRD技术在膏盐岩层地质卡层及沉积环境分析中的应用研究[J].录井工程,2020,31(1):108-115.

[7] 张晏奇,罗光东,李义.松辽盆地中央古龙起带(北部)基底岩性识别方法[J].录井工程,2020,31(1):120-124.

[8] 朱红涛.随钻薄片鉴定及元素分析对储集层识别的作用[J].录井工程,2018,29(1):59-62.

古龙页岩油储层岩石热解参数 S_1 值校正方法

王 俊 杨世亮 张丽艳 肖光武 张艳茹 李 菁

(中国石油大庆油田钻探工程公司地质录井一公司)

【摘 要】 古龙页岩油储层具有非均质性强、气油比高、流动性好等特点,因此,含油性评价是古龙页岩油储层综合评价中最重要的评价内容。岩石热解 S_1 是该区页岩油储层含油性评价的重要参数,然而受油基钻井液有机溶剂污染和轻烃挥发逸散影响,目前该项参数应用仅停留在定性评价层次,距离横向对比定量应用还有较大差距。根据 GB/T 18602—2012《岩石热解分析》TOC 计算公式中复合参数(0.083×S2+0.1×S4)与 TOC 以及 S_1 与 TOC 的对应关系,建立油基钻井液岩屑 S_1 值污染剔除校正方法,先将 S_1 测量值校正至水基钻井液条件下,然后再进行轻烃挥发校正;对水基钻井液体系下测量的岩屑 S_1 值,利用储层成熟度建立轻烃挥发校正公式,将该参数分别校正至常规岩心和保压岩心状态下,实现该项数据定量应用,解决该区页岩油储层含油性准确评价难题。应用实践表明,该方法具有简便、直观的特点,且应用效果较好。

【关键词】 古龙页岩油;油基钻井液;污染校正;岩屑;常规岩心;保压岩心;挥发校正

大庆油田古龙页岩油储层具有非均质性强、气油比高、流动性好、轻烃挥发快等特点,含油性准确评价难度非常大。岩石热解分析技术是页岩油储层最主要的含油性评价录井技术,而以岩屑或常规岩心样品为分析对象的该项技术,在水平井和直井中分别受到油基钻井液污染和轻烃逸散挥发影响较严重,导致关键评价参数失真。因此,录井必须首先破解污染剔除和轻烃挥发校正的难题。

岩石热解分析技术是利用程序升温原理对岩石样品中可热蒸发和热解的烃类含量进行定量测定的一种方法。其检测的参数主要为 S_0、S_1、S_2、T_{max}。其中 S_1 为 300℃ 时测得的 C_8-C_{29} 轻质及中质烃类组分的液态烃含量,主要用来评价页岩油储层中游离烃的含烃量,是一项对页岩油储层进行含油性评价和勘探储量评价均非常重要的参数[1-5]。

1 古龙页岩油储层含油性评价面临的困难

目前,大庆油田古龙页岩油水平井录井项目只有岩屑录井、气测录井。以岩屑为分析对象的岩石热解数据 S_1 值,由于受到油基钻井液有机溶剂的污染而严重失真,无法真实反

基金项目: 中国石油天然气股份有限公司重大科技专项"松辽盆地北部石油精细勘探技术完善与规模增储"(2016E-0201)。

作者简介: 王俊,男,1982 年生,高级工程师,2006 年毕业于中国地质大学(武汉)资源勘查工程专业,从事录井技术质量管理工作。通讯地址:黑龙江省大庆市让胡路区大庆钻探地质录井一公司资料解释评价中心,163411。电话:(0459)5684238。E-mail:wangjun_lj@petrochina.com.cn。

映储层的含油性变化特征(表1),致使页岩油水平井缺少准确的含油性评价参数,迫切需要寻找一种油基钻井液体系下的岩石热解 S_1 值校正方法,使其校正至水基钻井液状态下。

表1 GY3HC井导眼井与水平井两种钻井液体系下的 S_1 值

序号	井深/m	岩性	水基钻井液				油基钻井液			
			S_1/(mg/g)	S_2/(mg/g)	S_4/(mg/g)	TOC/%	S_1/(mg/g)	S_2/(mg/g)	S_4/(mg/g)	TOC/%
1	2525	灰黑色纹层状页岩	3.61	3.60	13.47	1.95	38.12	4.41	13.91	4.99
2	2528	灰黑色纹层状页岩	3.23	2.54	9.48	1.45	19.55	4.48	11.35	4.68
3	2531	黑灰色含砂纹层状页岩	3.11	2.49	6.55	1.12	21.24	2.30	6.10	3.07
4	2532	灰黑色纹层状页岩	2.87	2.50	8.19	1.27	5.35	1.77	6.30	1.92
5	2533	灰黑色纹层状页岩	3.45	3.20	7.79	1.34	17.55	2.31	8.62	2.99
6	2534	灰黑色纹层状页岩	4.03	4.40	11.59	1.86	10.46	3.93	12.37	3.19
7	2535	灰黑色纹层状页岩	4.91	5.04	12.90	2.12	35.94	3.40	11.15	4.53
8	2536	深灰色介壳灰岩	3.00	4.08	9.56	1.54	42.70	4.22	11.41	5.22
9	2537	深灰色介壳灰岩	3.81	4.53	12.46	1.95	22.70	4.86	11.02	4.32
10	2538	灰黑色纹层状页岩	4.17	4.48	10.64	1.78	28.97	3.65	12.48	4.33
11	2539	灰黑色纹层状页岩	3.71	3.00	11.06	1.68	22.64	3.91	11.93	3.88
12	2540	灰黑色纹层状页岩	4.64	4.70	12.33	2.02	33.95	4.19	11.37	4.52
13	2541	灰黑色纹层状页岩	3.62	4.10	13.07	1.95	22.74	4.20	11.13	3.94
14	2542	灰黑色纹层状页岩	3.52	3.77	8.83	1.49	19.96	3.47	10.82	3.44
15	2543	灰黑色纹层状页岩	3.05	3.04	13.88	1.90	17.11	3.52	12.13	3.21

水基钻井液体系下的岩屑与常规岩心相比,在上返过程中受钻井液冲刷以及在地面清洗过程中会发生大量轻烃挥发,严重影响测量值的准确性,需要将测量值校正至常规岩心状态。

常规岩心与保压冷冻岩心相比,常规岩心在井筒内压力释放及出筒后的常温放置中依然会有部分烃类损失,同样需要进行轻烃挥发恢复校正。

2 岩石热解关键参数校正方法研究

针对油基钻井液污染 S_1 值的影响,优选未污染的岩石热解参数,根据岩石热解行业标准TOC计算公式,间接求取 S_1 校正值,实现污染剔除校正。水基钻井液体系中岩石热解分析样品主要为岩屑、常规岩心、保压岩心,其中保压冷冻岩心样品分析数值最接近地层真实数值,常规岩心、岩屑均有不同程度的轻烃挥发逸散损失,不同程度低于地层原始值。大庆油田勘探开发研究院有实验表明,生油岩成熟度是影响古龙页岩油储层轻烃挥发的首要因素,于是按成熟度区间,开展实验分析,进行规律统计。应用相同位置的岩屑、常规岩心、保压岩心样品,逐级建立 S_1 挥发恢复校正公式,将岩屑、常规岩心样品 S_1 测量值均校正至保压岩心状态,提高该项资料纵向上单井层与层之间以及横向上井与井之间的可比性。

2.1 油基钻井液污染校正方法

油基钻井液中的柴油等有机添加剂会污染岩屑样品,深入样品孔隙中的有机溶剂无法通过浸泡、清洗等物理化学方法定向去除，在热解时会产生大量烃类，导致岩屑热解 S_1 值失真，严重影响储层含油性评价，因此需要对这项参数进行污染剔除校正。

姜亚辉(2019)应用 S_2 参数进行拟合分析，建立了致密砂岩储层油基钻井液 S_1 值校正方法[6]，但该方法在古龙页岩油储层应用效果不理想，于是重新梳理相关参数，寻找新的校正方法。

2.1.1 关键参数优选

分析 GB/T 18602—2012《岩石热解分析》中 TOC 求取公式 TOC = $0.083×(S_0+S_1+S_2)$ + $0.1×S_4$ 发现，气态烃(S_0)、液态烃(S_1)、裂解烃(S_2)、残余碳(S_4)在总有机碳 TOC 中成固定比例。由于 S_0 测量值很小，当把(S_0+S_1)值合为 S_1 值后，TOC 与 S_1、S_2、S_4 均可以建立线性回归关系。因此，笔者尝试通过求取 TOC 校正值，间接求取 S_1 校正值。

油基钻井液有机溶剂主要是柴油，柴油的主要成分为 $C_{10}-C_{22}$ 的烃类。S_2 值为 300～600℃测得的大于 C_{33} 的重质原油及沥青质组分质量分数，S_4 值为 600～900℃测得的分子更大的残余碳。开展实验分析，将油基钻井液浸泡后的岩屑样品进行地化热解分析，对比发现油基钻井液对 S_2、S_4 值影响均较小(表1)，这两项参数均可作为校正 TOC 的关键参数。

进一步分析发现，复合参数($0.083×S_2+0.1×S_4$)与 TOC 的相关性更好，TOC 校正值与实测值符合率高达 97.6%，绝对误差在 0.06% 左右，反映该方法具有很好的适用性(表2)。

表2 TOC 校正误差分析表

序号	岩心实测数据				S_2、S_4 复合参数校正 TOC		
	深度/m	S_2/(mg/g)	S_4/(mg/g)	TOC/%	TOC 校正值/%	误差/%	平均误差/%
1	2104.2	0.06	1.8	0.19	0.22	0.03	
2	2104.4	0.08	2.08	0.22	0.26	0.04	
3	2104.9	0.19	2.14	0.23	0.28	0.05	
4	2105.3	0.24	3.08	0.33	0.40	0.07	
5	2105.6	0.26	3.18	0.34	0.41	0.07	
6	2105.9	0.53	3.88	0.44	0.52	0.08	
7	2106.2	0.77	3.73	0.45	0.53	0.08	
8	2106.6	0.88	3.87	0.47	0.56	0.09	0.06
9	2106.9	0.3	2.88	0.32	0.38	0.06	
10	2107.3	0.6	2.97	0.36	0.42	0.06	
11	2107.6	0.69	3.12	0.38	0.45	0.07	
12	2107.9	1.06	3.2	0.42	0.49	0.07	
13	2108.3	0.66	2.81	0.35	0.41	0.06	
14	2108.6	0.43	2.93	0.34	0.40	0.06	
15	2108.9	0.31	2.79	0.31	0.37	0.06	

2.1.2 油基钻井液岩屑 S_1 值污染剔除校正方法

首先利用水基钻井液下的岩屑 S_1 数据，建立复合参数($0.083×S_2+0.1×S_4$)与 TOC 值的

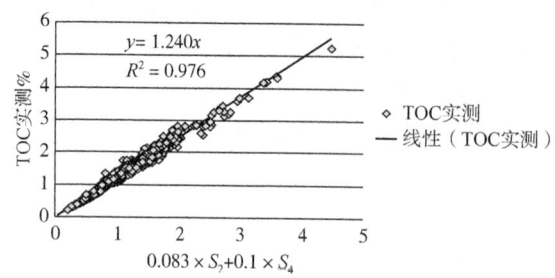

图 1 TOC 与 S_2、S_4 组合参数相关性分析

纵坐标,进行相关性分析,建立 TOC 校正公式(图 1):

TOC 校正 = 1.24×(0.083×S_2+0.1×S_4)。

线性关系式,求取 TOC 校正值。再依据 GB/T 18602—2012《岩石热解分析》中 TOC 求取公式 TOC = 0.083×(S_0+S_1+S_2)+0.1×S_4,推导出 S_1 值的计算公式,将 TOC 校正值和 S_2、S_4 实测值代入公式,从而获得 S_1 校正值。

应用导眼井(水基钻井液)岩屑热解分析数据进行线性回归统计,以(0.083×S_2+0.1×S_4)为横坐标,TOC 实测值为

依据 GB/T 18602—2012《岩石热解分析》中 TOC 求取公式可推导出,S_1 = 1.20×(10×TOC-S_4)-S_2-S_0,由于 S_0 数值较小,一般小于 0.01mg/g,与其他几项参数值相比,可忽略不计,故油基钻井液 S_1(校正)= 1.2×(10×TOC 校正-S_4)-S_2。

将古龙页岩油储层油基钻井液水平井 S_1 校正值与水基钻井液导眼井相同深度的岩屑 S_1 实测值进行对比,相关性为 86.0%,绝对误差平均值为 0.36mg/g(表 3),误差较小,反映该方法实用性较强。

表 3 S_1 校正误差分析表

序号	深度/m	水基钻井液			油基钻井液			校正值及误差分析		
		S_1/(mg/g)	S_2/(mg/g)	S_4/(mg/g)	S_1/(mg/g)	S_2/(mg/g)	S_4/(mg/g)	S_1校正/(mg/g)	误差/(mg/g)	平均误差/(mg/g)
1	2528	3.61	3.60	13.47	54.3	4.41	13.91	5.02	1.41	
2	2529	3.23	2.54	9.48	44.5	4.48	11.35	4.31	1.08	
3	2531	3.11	2.49	6.55	55.2	2.30	6.10	2.29	-0.82	
4	2532	2.87	2.50	8.19	43.6	1.77	6.30	2.22	-0.65	
5	2533	3.45	3.20	7.79	56.2	2.31	8.62	3.01	-0.43	
6	2534	4.03	4.40	11.59	55.8	3.93	12.37	4.47	0.44	
7	2535	4.91	5.04	12.90	57.4	3.40	11.15	3.99	-0.91	
8	2536	3.00	4.08	9.56	53.6	4.22	11.41	4.26	1.26	0.36
9	2537	3.81	4.53	12.46	52.9	4.86	11.02	4.30	0.49	
10	2538	4.17	4.48	10.64	55.7	3.65	12.48	4.44	0.27	
11	2539	3.71	3.00	11.06	54.6	3.91	11.93	4.34	0.63	
12	2540	4.64	4.70	12.33	57.9	4.19	11.37	4.25	-0.39	
13	2541	3.62	4.10	13.07	57.1	4.20	11.13	4.18	0.56	
14	2542	3.52	3.77	8.83	54.3	3.47	10.82	3.92	0.39	
15	2543	3.05	3.04	13.88	55.0	3.52	12.13	4.30	1.26	

2.2 水基钻井液 S_1 值挥发恢复校正方法

与保压冷冻岩心相比,常规岩心在压力释放、常温放置等过程中存在不同程度的挥发逸散,导致常规岩心的岩石热解分析数据明显低于保压岩心,造成常规岩心分析数据无法与保压段岩心分析数据直接进行井间定量对比。因而,需要对常规岩心样品 S_1 值进行恢复校正。

另一方面,与常规岩心样品相比,岩屑样品从井底上返至井口需要更长的时间,以及清洗等多种因素,导致岩屑样品 S_1 值较常规岩心 S_1 值低很多,这就急需一种将岩屑样品 S_1 值校正至常规岩心状态下的方法,来回归烃类的损失。

因此,若想获取地层原始液态烃含量,需要先将岩屑样品 S_1 值校正至常规岩心状态下,再将常规岩心 S_1 值恢复至保压岩心状态。

2.2.1 S_1 挥发校正(岩屑校正)方法

由于岩屑样品受钻井液的浸泡和冲洗导致轻烃挥发严重,影响到含油性评价结果的准确性,因此岩屑 S_1 值需要校正至常规岩心状态[7]。

在钻井及向地面提升的过程中,岩屑中的大部分烃类损失了。这是由于在钻井过程中,钻井液对岩屑的强烈冲刷作用,以及随着岩屑从井底被钻井液提升到地面的过程中,岩屑孔隙中的轻烃随着井内压力的不断减小而逸出,加之岩屑上返中受到钻井液以及返出后受到清水反复清洗,岩屑外部的轻烃挥发殆尽[8]。

大庆勘探开发研究院有研究表明页岩成熟度是影响古龙页岩油储层轻烃挥发的首要因素,成熟度越高,原油流动性越好,挥发量越大,镜质组反射率 R_0 就是反映页岩油储层成熟度的一项重要参数。统计古龙地区 10 余口常规岩心、岩屑同步分析数据,结合岩心实测 R_0 数据,建立岩屑 S_1 挥发校正公式,即校正系数:$a = 3.93 \times R_0^2 - 7.36 \times R_0 + 4.67$(表 4、图 2)。

表 4 S_1 校正系数统计表

序号	井号	R_0/%	S_1校正系数	数据点/个
1	N256-X206	0.86	1.25	11
2	N256-X206	0.89	1.24	4
3	GY5HC	1.18	1.46	19
8	GLB544-X436	1.21	1.52	8
5	G693-66-X68	1.25	1.61	7
10	YX8201	1.28	1.69	10
6	G693-66-X68	1.28	1.71	7
4	G101-X162	1.29	1.73	4
7	G693-66-X68	1.33	1.82	2
9	GY5HC	1.33	1.83	26
11	GY19	1.37	1.96	16

岩屑 S_1 实测值乘以挥发校正系数，即可获得常规岩心状态下的 S_1 值，即 S_1 校正 $= aS_1$ 岩屑。

2.2.2　S_1 恢复校正（常规岩心校正）方法

与保压钻井取心相比，常规钻井取心岩心在井筒内及出筒后受压力释放的影响，以及清洗中受清洗液冲刷的影响依然会有部分烃类损失，需要进行轻烃挥发恢复校正。

应用保压岩心，开展岩心解压、解冻实验，建立保压岩心—常规岩心 S_1 挥发恢复值与 R_0 拟合分析，求取恢复系数（图3）。

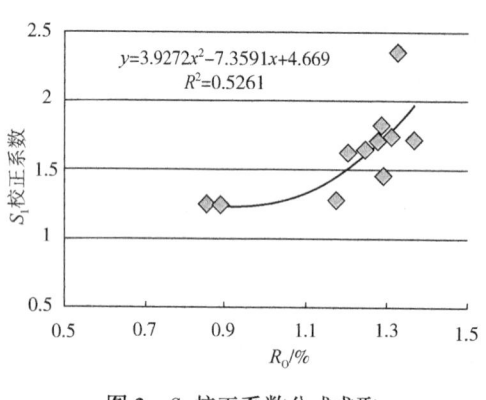
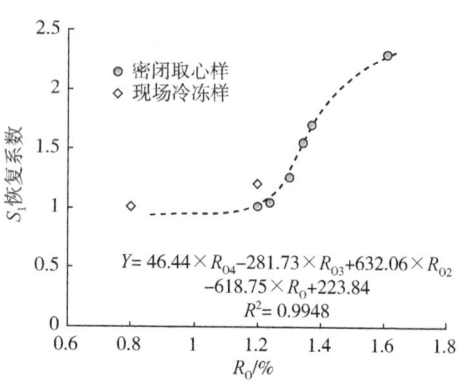

图2　S_1 校正系数公式求取　　　　图3　S_1 恢复系数公式求取

恢复校正公式如下：

$$S_1 恢复 = A \times S_1 岩心（或 S_1 恢复 = A \times S_1 校正） \tag{1}$$

式中：S_1 恢复为岩心、岩屑 S_1 恢复值，mg/g；S_1 岩心为岩心实测 S_1 值，mg/g；S_1 校正为 S_1 岩屑校正值，mg/g；A 为恢复系数。

恢复系数求取公式为

$$A = 46.44 \times R_0^4 - 281.73 \times R_0^3 + 632.06 \times R_0^2 - 618.75 \times R_0 + 223.84 \tag{2}$$

式中：A 为恢复系数；R_0 为镜质体反射率，%。

3　应用效果分析

以A1井及A平1井为例介绍岩屑热解 S_1 值油基钻井液污染校正效果，A平1井的目标靶层为A1井的63至65号层，依据实钻轨迹分析，A平1井从2150.0m开始造斜，于井深2738.0m进入水平段，水平段长1562.0m。A平1井入靶后，下探找层，钻穿63、64、65号层，至66号层上部完钻。

将A平1井造斜段依照电测曲线分为七段，将校正的 S_1、TOC数据与导眼对应位置的 S_1、TOC值进行对比发现，各段数值较接近（表5），其中 S_1 校正平均值较水基导眼井段高 0.22~0.84mg/g，TOC校正值较水基钻井液高 0.01%~0.19%，反映该校正方法具有较好的适用性。

表5 A1井与A平1井S_1、TOC数据对比表

序号	A1井(水基岩心样品)						A平1井(油基岩屑样品)					
	$S_{1岩心}$/(mg/g)			TOC$_{岩心}$/%			$S_{1校正}$/(mg/g)			TOC$_{校正}$/%		
	最大	最小	平均	最大	最小	平均	最大	最小	平均	最大	最小	平均
1	4.28	1.41	2.64	1.94	0.83	1.25	5.49	3.05	4.68	2.26	1.46	1.89
2	8.79	4.35	5.59	3.43	1.22	2.11	7.04	4.83	5.74	2.67	1.83	2.18
3	6.02	2.02	5.60	2.18	1.08	1.83	6.40	4.34	5.38	2.43	1.65	2.02
4	8.63	4.04	5.27	4.05	1.53	2.19	7.25	4.57	5.88	2.75	1.73	2.25
5	5.39	2.12	3.40	2.37	1.03	2.29	7.41	5.35	6.24	2.81	2.03	2.36
6	7.11	2.06	4.27	2.95	2.12	2.20	7.80	3.74	4.74	2.96	2.25	2.19
7	8.42	2.11	4.24	3.99	1.14	2.56	9.97	2.98	4.69	3.78	1.13	2.63

将校正后的数值依据"S_1恢复校正方法"进一步进行恢复至保压状态下,由于A平1井对应导眼井段R_o为1.40,代入恢复系数公式式(2)中,求取恢复系数为1.76,从而将A平1井S_1校正值乘以恢复系数1.76,得到最终的S_1恢复值,S_1恢复值与测井计算S_1值相对误差为4.11%,相关性达到89.9%,反映了数据的可靠性。

依据该校正方法,A平1井水平段解释17层,厚1562.0m,其中页岩油一类层15层,厚1351.6m;页岩油二类层2层,厚210.4m。A平1井压后自喷,日产油26.79t,工业油层(图4)。

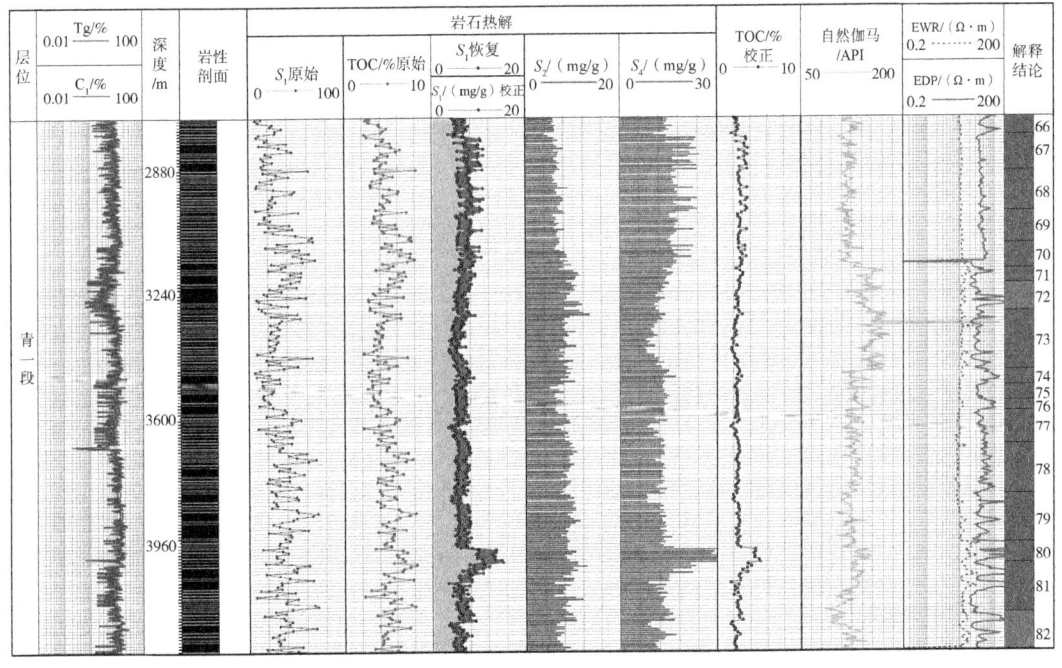

图4 A平1井水平段解释综合图

以 GY3HC 井为例介绍水基钻井液岩屑热解 S_1 值挥发恢复校正方法效果，该井进行了保压岩心、水基钻井液岩屑热解分析实验，来验证岩屑岩石热解分析 S_1 值挥发校正方法的准确性。

将 R_o 数据分别代入岩屑热解 S_1 挥发校正公式和恢复公式后，分别求得校正系数为 1.80、恢复系数为 1.41，恢复校正后岩屑 S_1 值较保压岩心实测值高约 0.33mg/g，相对误差为 4.02%，反映岩屑 S_1 值恢复校正后数值较准确(表6)。

表6 GY3HC 井保压岩心、岩屑 S_1 数据对比表

序号	深度	保压岩心 $S_{1岩心}$/(mg/g)	岩屑 $S_{1岩屑}$/(mg/g)	R_o/%	校正值及误差分析 $S_{1校正}$/(mg/g)	$S_{1恢复}$/(mg/g)	$S_{1恢复}-S_{1岩心}$/(mg/g)
1	2383	6.87	2.94	1.32	5.09	7.18	0.31
2	2384	3.30	1.74	1.32	3.01	4.24	0.94
3	2385	4.82	2.61	1.32	4.51	6.36	1.54
4	2386	7.52	3.21	1.32	5.56	7.84	0.32
5	2387	8.12	2.87	1.32	4.97	7.01	−1.11
6	2388	8.83	2.83	1.32	4.90	6.91	−1.92
7	2389	12.73	5.40	1.32	9.34	13.17	0.44
8	2390	10.15	3.48	1.32	6.02	8.49	−1.66
9	2391	9.87	4.58	1.32	7.91	11.15	1.28
10	2392	10.31	4.63	1.32	8.01	11.29	0.99
11	2393	8.16	4.36	1.32	7.55	10.65	2.48
12	2394	10.15	4.93	1.32	8.53	12.03	1.88
13	2395	10.25	5.04	1.32	8.72	12.30	2.04
14	2398	5.43	1.49	1.32	2.57	3.62	−1.80
15	2399	6.46	1.86	1.32	3.22	4.54	−1.92
16	2401	7.95	2.88	1.32	4.97	7.01	−0.94
17	2402	8.46	3.49	1.32	6.04	8.52	0.06
18	2403	7.33	3.66	1.32	6.33	8.93	1.59
19	2405	7.26	3.40	1.32	5.88	8.29	1.03
20	2406	9.19	4.19	1.32	7.25	10.22	1.03
平均		8.16	3.48	1.32	6.02	8.49	0.33

4 结论与建议

(1) 本文针对古龙页岩油水平井油基钻井液体系中岩屑热解 S_1 值受污染严重问题，优选未被污染的 S_2、S_4 复合参数，进行 TOC、S_1 两步校正，获得水基钻井液体系校正值，解

决了页岩油油基钻井液水平井含油性准确评价的难题。

（2）水基钻井液体系中岩屑、常规岩心与保压岩心相比，均存在不同程度的轻烃挥发逸散，本文结合地层成熟度建立热解 S_1 值挥发恢复双极校正方法，实现该参数井间定量对比应用。

（3）影响古龙页岩油储层岩屑、常规岩心轻烃挥发逸散的因素较多，本文只考虑了最主要因素地层成熟度，此外，岩石孔隙度、岩屑粒径、钻井液浸泡时间都会影响到轻烃损失量，因此水基钻井液 S_1 值挥发恢复校正方法需要继续完善。

参 考 文 献

[1] 吴欣松，王志章．利用储集层岩石热解资料评价原油性质[J]．新疆石油地质，2000，21(1)：42-44.

[2] 华学理，吕晓华．岩石热解分析技术在油田开发中的应用[J]．油气地质与采收率，2002，9(4)：61-63.

[3] 石苏伟，余明发，佘晨玉，等．岩石热解录井技术在油气层评价中的优势[J]．录井工程，2002，13(3)：23-28.

[4] 梁久红，张丽艳，韩冰冰，等．松辽盆地页岩油储层岩性识别与流体评价技术[J]．大庆石油地质与开发，2020，39(3)：163-169.

[5] 郎东升，岳兴举．油气水层定量评价录井新技术[M]．北京：石油工业出版社，2004.

[6] 曹雅楠．江苏油田水淹层热解实验响应特征与解释方法[D]．大庆：东北石油大学，2016：1-25.

[7] 姜亚辉．油基钻井液条件下录井岩石烃源岩评价方法研究[J]．西部探矿工程，2019，(5)：71-73.

[8] 邬立言，张振苓．地球化学录井[M]．北京：石油工业出版社，2011.

碳同位素录井技术在古龙青山口组页岩油中的应用
——以 GY3 井为例

肖光武　杨世亮

（大庆钻探工程公司地质录井一公司）

【摘　要】　随着勘探开发的不断深入，古龙青山口组页岩油已成为松辽盆地主要勘探对象。通过对 GY3 井钻井液气及岩屑气碳同位素随钻检测，钻井液气碳同位素 $\delta^{13}C_1<\delta^{13}C_2<\delta^{13}C_3$ 为有机油型气特征，$\delta^{13}C_1-\delta^{13}C_2-\delta^{13}C_3$ 有机不同成因烷烃气鉴别图版投点显示古龙页岩为Ⅱ油型油气；钻井液气不同烷烃碳同位素分馏模拟计算表明本地烃源岩演化程度介于 1.3~1.5 之间，属于高成熟阶段；甲烷同位素（$\delta^{13}C_1$）含量随纵向深度的反向变化说明青二段为外来补给型页岩油，青一段上半段为原地生烃滞留型页岩油；根据不同时间岩屑灌顶气（1 天、3 天、7 天）碳同位素分馏特征，青一下半段含油气压力最高，其次为青一上半段，青三底部也具有较好的含油气压力。因此，碳同位素录井能为油气勘探开发部署提供依据。

【关键词】　古龙；青山口组；页岩油；碳同位素；分馏；成熟度；成因

页岩油是继页岩气之后非常规油气资源勘探开发又一新的热点，页岩油在北美取得了巨大成功，形成了美国原油产量的第二次增长高峰，极大地缓解了美国能源压力，使美国能源独立成为现实[1-7]。松辽盆地作为世界陆相十大超级盆地之一，蕴含着丰富的页岩油气资源，主要分布于大庆长垣以西的古龙地区上白垩统嫩江组二段（K_2n_2）、姚家组二三段（K_2y_{2+3}）、青山口组（K_2qn）地层中，而青山口组中高成熟度页岩油是目前勘探的主攻方向，成熟度大于 0.75% 的面积 $1.46\times10^4km^2$，勘探潜力巨大[8-12]。本文以 GY3 井为例，通过随钻碳同位素检测手段，分析了松辽盆地古龙青山口组页岩油油气成因、来源及充注特征。

1　碳同位素录井分析原理及分析流程

1.1　工作原理

GY3 井碳同位素录井采用的是美国加州能源与环境研究院开发的碳同位素分析仪 GRAND3，应用最广泛的同位素质谱仪是利用带电粒子在磁场中的偏转来实现同位素的测量，而 GRAND3 现场同位素分析仪在工作原理上则与之完全不同，是利用分子键对相应波长光的吸收来实现测量同位素的目的（图 1）。

基金项目：中国石油天然气股份公司重大科技专项"松辽盆地北部石油精细勘探技术完善与规模增储"（编号 2016E-0201）。

作者简介：肖光武，高级工程师，1980 年生，成都理工大学硕士毕业，现在中国石油大庆钻探工程公司地质录井一公司从事录井解释和新技术应用研发工作。通讯地址：163411 黑龙江省大庆市让胡路区银海街 1 号。电话：0459-5684399。E-MAIL：xiaoguangwu@ petrochina. com. cn。

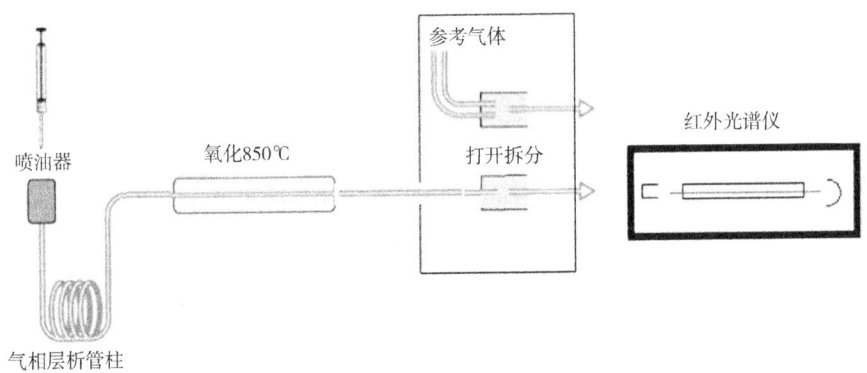

图 1 GRAND 3 碳同位素光谱仪工作原理图

GRAND 3 碳同位素光谱工作原理简单来说，先通过快速色谱将混合的烃类气体按组分分离，并依次进入氧化池使其燃烧成为 CO_2，之后进入中红外激光光谱测量腔室，利用 $^{12}C—O$、$^{13}C—O$ 分子键对激光的吸收特征峰不同，从而实现同位素的测量。

1.2 分析流程

碳同位素录井检测样品为两类：钻井液气、岩屑罐顶气。钻井液气是钻头破碎地层所释放出来的气体，通过钻井液循环返上地面，它反映了钻遇地层流体信息最为直观的同位素信息。钻井液气通过采气袋采集，手动注样测量气体中烃类的碳同位素值及气组分数据。岩屑罐顶气是岩屑解析出来的气体，采样过程中在振动筛处将随钻井液上返的岩屑采集装入岩屑罐，加水倒置密封，以固定时间序列(一般是 1 天、3 天、7 天)测定岩屑罐顶部气体中烃类的碳同位素值及气组分数据。岩屑罐顶气的测量分析是基于气体在纳米孔隙中逸散所产生的同位素分馏特性，通过同位素分馏的程度与速率来反映页岩含气量与纳米孔隙发育程度等地质"甜点"信息。碳同位素现场测试工作流程示意图如图 2 所示。

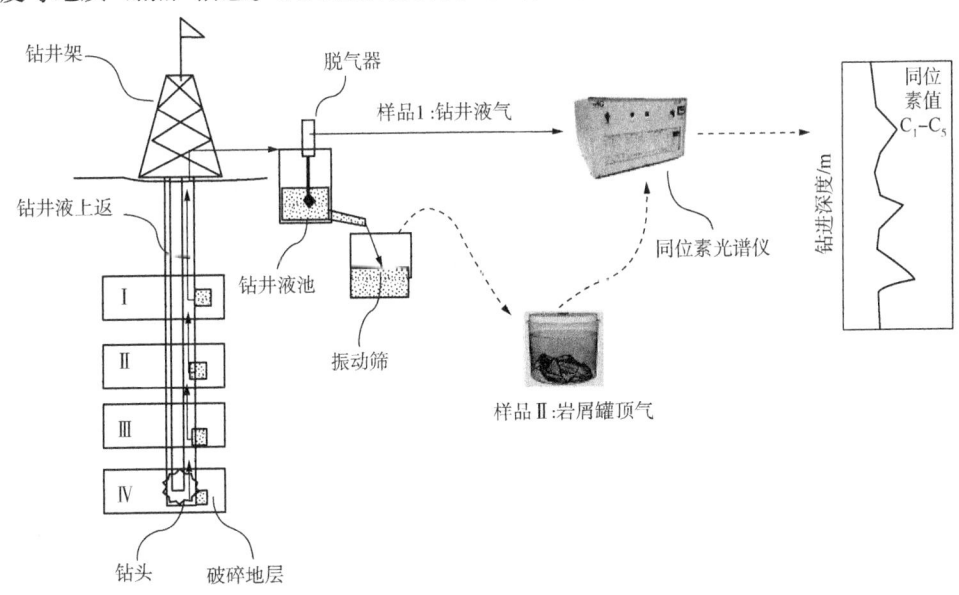

图 2 碳同位素现场采集检测工作流程示意图

2 钻井液气碳同位素特征及油气地球化学分析

2.1 钻井液气碳同位素特征

地层当中钻井液气以钻头破碎气为主，近似于岩石当中赋存天然气的真实同位素值，因此可以用来分析原地赋存天然气的碳同位素特征。钻井液气甲烷、乙烷、丙烷碳同位素特征自青三段到青一段可划分为四段，其变化特征见表1。钻井液气甲烷、乙烷、丙烷碳同位素为正序演化序列，即 $\delta^{13}C_1 < \delta^{13}C_2 < \delta^{13}C_3$，未发生倒转，表明为典型有机气中油型气特征，无外来油气的充注混合。

表1 GY3井青山口组 δC_1-δC_3 统计表

序号	层位	深度/m	δC_1/‰ 范围	平均	δC_2/‰ 范围	平均	δC_3/‰ 范围	平均
1	青三段—青二段上部	2156.0~2368.0	-48.00~-44.87	-46.24	-40.55~-30.96	-35.10	-34.97~-27.95	-30.81
2	青二段下部	2368.0~2433.0	-51.46~-46.21	-48.18	-35.83~-32.10	-34.24	-33.04~-27.17	-29.96
3	青一段上部	2433.0~2470.0	-45.60~-41.56	-43.97	-34.54~-32.81	-33.69	-46.70~-44.93	-29.39
4	青一段下部	2470.0~2511.0	-46.70~-44.93	-45.69	-34.08~-33.26	-33.76	-30.56~-28.56	-29.53

钻井液气乙烷、丙烷碳同位素纵向随深度变化不明显，略微呈现变重的特征；甲烷碳同位素纵向随深度变化明显，呈现逐渐变重的特征(图3)。青二段下部2368.0~2433.0m钻井液气甲烷碳同位素值 $\delta^{13}C_1$ 明显变轻，分析认为该段甲烷气体由青一段含烃的 ^{12}C 稳定同位素的甲烷气注入，造成该段甲烷碳同位素明显变轻。青一段为主要的生烃层段，有机质生烃演化过程中向上排烃，甲烷轻，易于扩散，同时 ^{12}C 甲烷比 ^{13}C 甲烷质量轻，扩散速度快，因此青二段下部2368.0~2433.0m注入了多的富轻的 ^{12}C 甲烷气，而青一段残留的甲烷气富含重的 ^{13}C 甲烷气。烃类的排出和充注过程伴有两种碳同位素分馏——动力学分馏和热力学分馏，根据热力学及动力学分馏原理，烃类排出区域同位素值偏重(烃源岩)，接受排烃区域同位素偏轻(储层)，因此，青二段为外来补给型的夹层页岩油层；青一段上半段为原地生烃滞留型页岩油层，且具有一定外排特征，青一段下半段排烃特征较弱。

2.2 油气成因

基于气体碳同位素特征判断油气成因方面，我国著名学者戴金星院士对其判别方法和图版做了系统的研究[13]。本井青三段—青一段 $\delta^{13}C_1$ 范围为-51.46‰~-41.56‰，平均为-46.28‰，$\delta^{13}C_2$ 范围为-40.55‰~-30.96‰，平均为-36.43‰，$\delta^{13}C_3$ 范围为-34.97‰~-27.17‰，平均为-30.29‰，甲烷、乙烷、丙烷碳同位素为正序演化序列，即 $\delta^{13}C_1 < \delta^{13}C_2 < \delta^{13}C_3$，根据天然气成因类型碳同位素鉴别表(表2)，表明为典型有机油型气特征，无外来油气的充注混合，其 $\delta^{13}C_1$-$\delta^{13}C_2$-$\delta^{13}C_3$ 有机不同成因烷烃气鉴别图(图4)，均落在Ⅱ油型气区；青三段和青二段 $\delta^{13}C_1$-C_1/C_{2+3} 数据相似，青一段 $\delta^{13}C_1$-C_1/C_{2+3} 数据与青三段和青二段 $\delta^{13}C_1$-C_1/C_{2+3} 数据存在差异，主要表现在轻烃含量降低，甲烷同位素变重(图5)，说明青一段有机质演化程度高于青三段和青二段，青三段和青二段有机质演化程度相当。

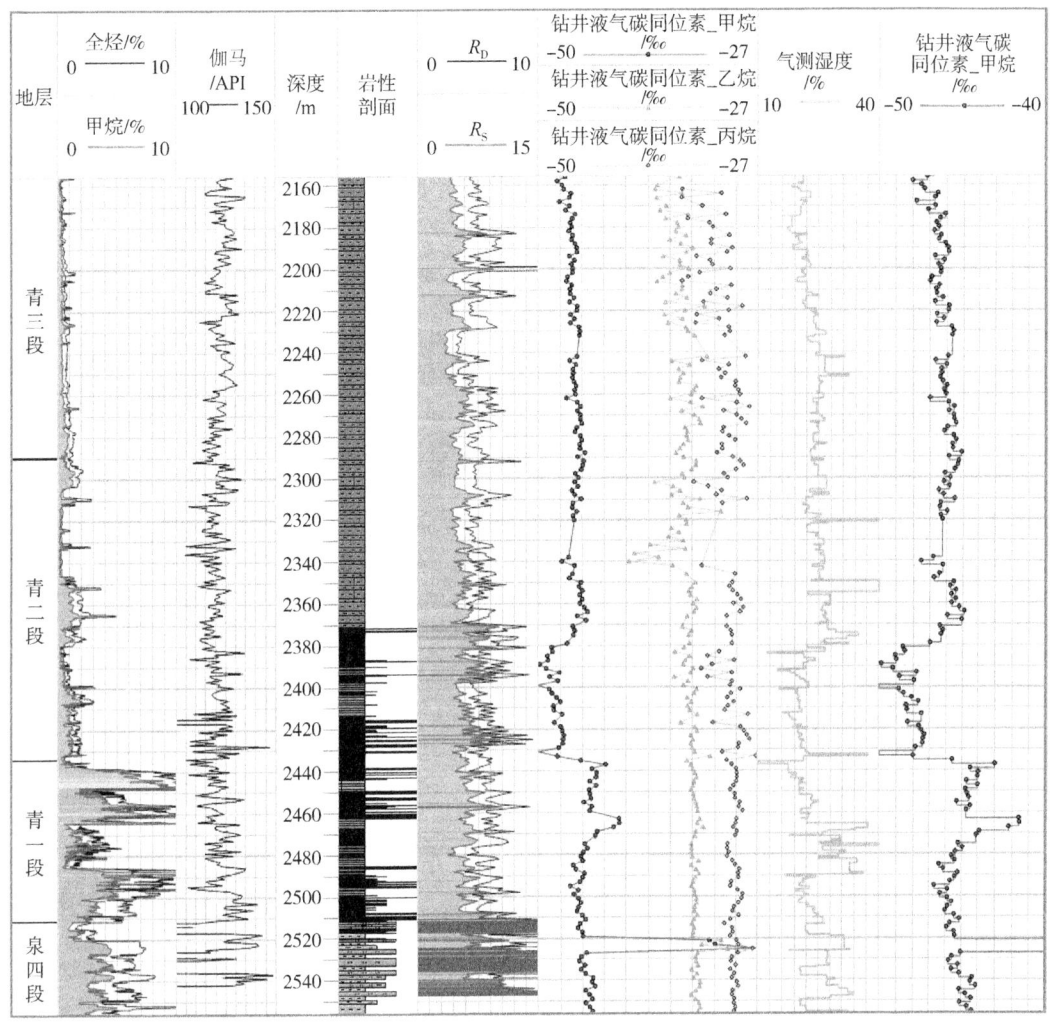

图 3 GY3 井钻井液气碳同位素特征图

表 2 天然气成因类型碳同位素鉴别表[13]

项目	有机气		无机气
	油型气	煤型气	
$\delta^{13}C_1$	$-55‰>\delta^{13}C_1>-30‰$	$-43‰>\delta^{13}C_1>-10‰$	$\delta^{13}C_1>-10‰$
	$-105‰>\delta^{13}C_1>-10‰$		
$\delta^{13}C_2$	$<-28.8‰$	$>-25.1‰$	
$\delta^{13}C_3$	$<-25.5‰$	$>-23.2‰$	
碳同位素系列	$\delta^{13}C_1<\delta^{13}C_2<\delta^{13}C_3<\delta^{13}C_4$		$\delta^{13}C_1>\delta^{13}C_2>\delta^{13}C_3$
$\delta^{13}C_1-R_o$关系	$\delta^{13}C_1\approx 15.801\log R_o-42.21$	$\delta^{13}C_1\approx 14.131\log R_o-34.39$	
$\delta^{13}CO_2$	$<-10‰$		$>-8‰$

续表

项目	有机气		无机气
	油型气	煤型气	
与气同源凝析油 $\delta^{13}C$	轻(一般<-29‰)	重(一般>-28‰)	
凝析的饱和烃和芳香烃 $\delta^{13}C$	饱和烃 $\delta^{13}C<-29.5‰$，芳香烃 $\delta^{13}C<-27.5‰$	饱和烃 $\delta^{13}C>-29.5‰$，芳香烃 $\delta^{13}C>-27.5‰$	
原油 $\delta^{13}C$	轻($-35‰>\delta^{13}C_1>-26‰$)	重($-30‰>\delta^{13}C_1>-23‰$)	
烃源岩沥青A对应组分 $\delta^{13}C$	轻	重	

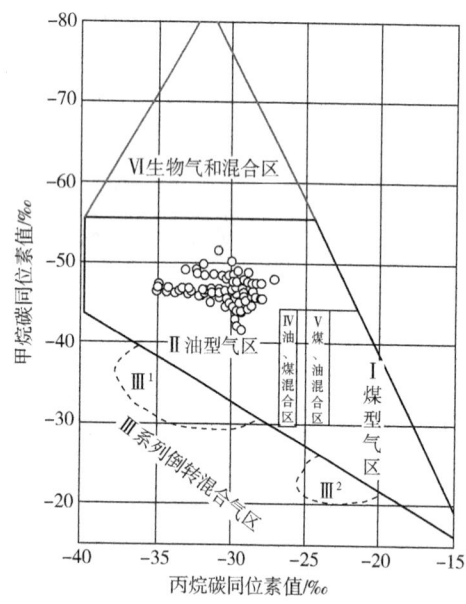 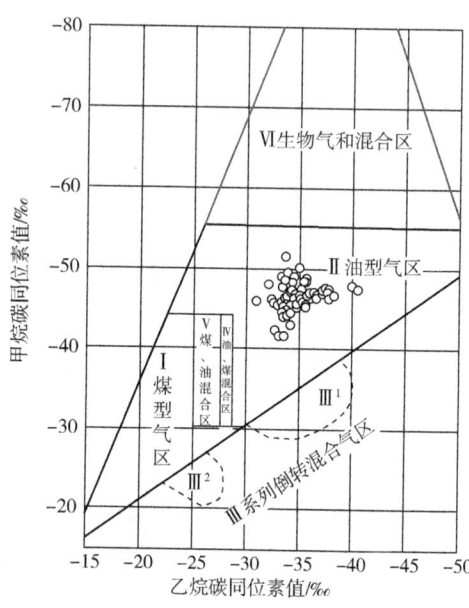

图4　$\delta^{13}C_1$-$\delta^{13}C_2$-$\delta^{13}C_3$有机不同成因烷烃气鉴别图[13]

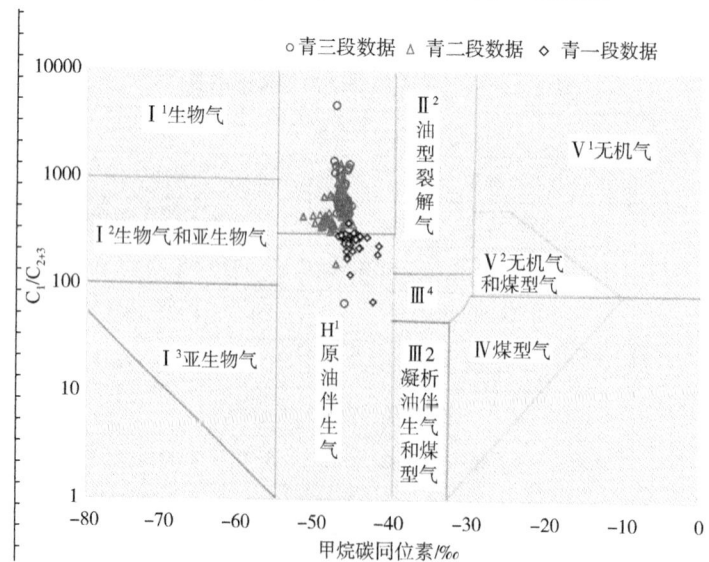

图5　鉴别各类甲烷 $\delta^{13}C_1$ - C_1/C_{2+3} 图[13]

2.3 油气成熟度

青一段、青二段、青三段烃源岩干酪根类型以Ⅰ型、Ⅱ$_1$型为主，基于本地偏腐泥型有机质类型生烃特征，采用全数据作图从C_1—C_2—C_3碳同位素的成熟度分析图（图6）表明青三段—青一段油气成熟度逐渐增加，根据碳同位素特征值$\delta^{13}C_1$在-45‰左右，$\delta^{13}C_2$在-35‰左右，$\delta^{13}C_3$在-29‰左右，模拟计算结果表明（图7），青三段和青二段成熟度自上而下为0.9%~1.5%左右，差异表现在青三段C_2^+%小于17%，青二段C_2^+%下部17%~22%，重烃组分增加；青一段成熟度较均在1.3%~1.5%左右，属于高成熟阶段，C_2^+%大于25%，重烃组分明显高于青三段—青二段，说明青一段有机质演化液态生烃量高，演化程度高、油质轻，是最优的页岩油勘探开发段。

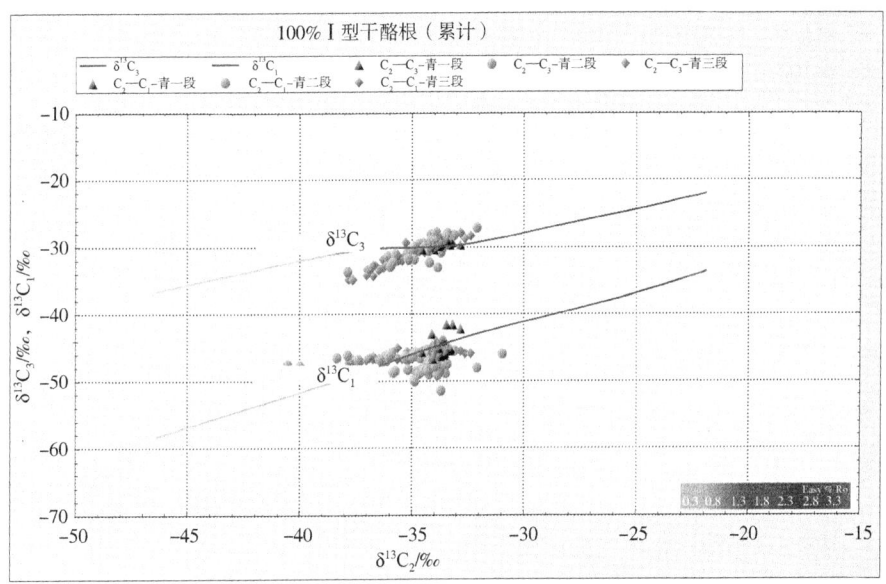

图6 基于C_1—C_2—C_3碳同位素的成熟度分析图

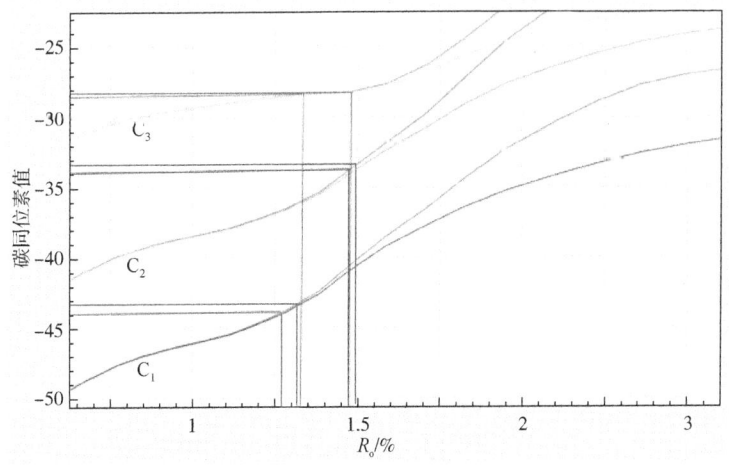

图7 钻井液气碳同位素演化结果和实测数据

3 岩屑灌顶气碳同位素特征

青山口组不同段的岩屑放气碳同位素分馏特征存在差异(表3),根据其同位素分馏及放气量特征,参考钻井液气碳同位素和组分特征,不同时间的岩屑气碳同位素分馏程度以及相对钻井液气同位素分馏程度,自青三段—青一段可划分为五段(图8),有以下特征。

表3 不同时间 $\delta^{13}C_1$ 与岩屑灌顶气 $\delta^{13}C_1$(1天)分馏情况统计表

段号	层位	井段/m	钻井液气/‰		岩屑气(3天)/‰		岩屑气(7天)/‰	
			范围	平均	范围	平均	范围	平均
I	青三段	2156.0~2290.0	2.0~10.7	3.7	<1.0	0.54	1.5~24.8	4.88
II	青二段上部	2290.0~2368.0	2.0~5.7	3.5	<1.0	0.56	<1.0	0.82
III	青二段下部	2368.0~2433.0	1.8~8.8	5.6	<1.0	0.13	1.1~16.1	9.62
IV	青一段上部	2433.0~2470.0	1.9~5.9	4.2	<1.0	0.10	0.3~14.9	3.70
IV	青一段下部	2470.0~2511.0	1.8~8.8	5.6	<1.0	0.12	<1.0	0.18

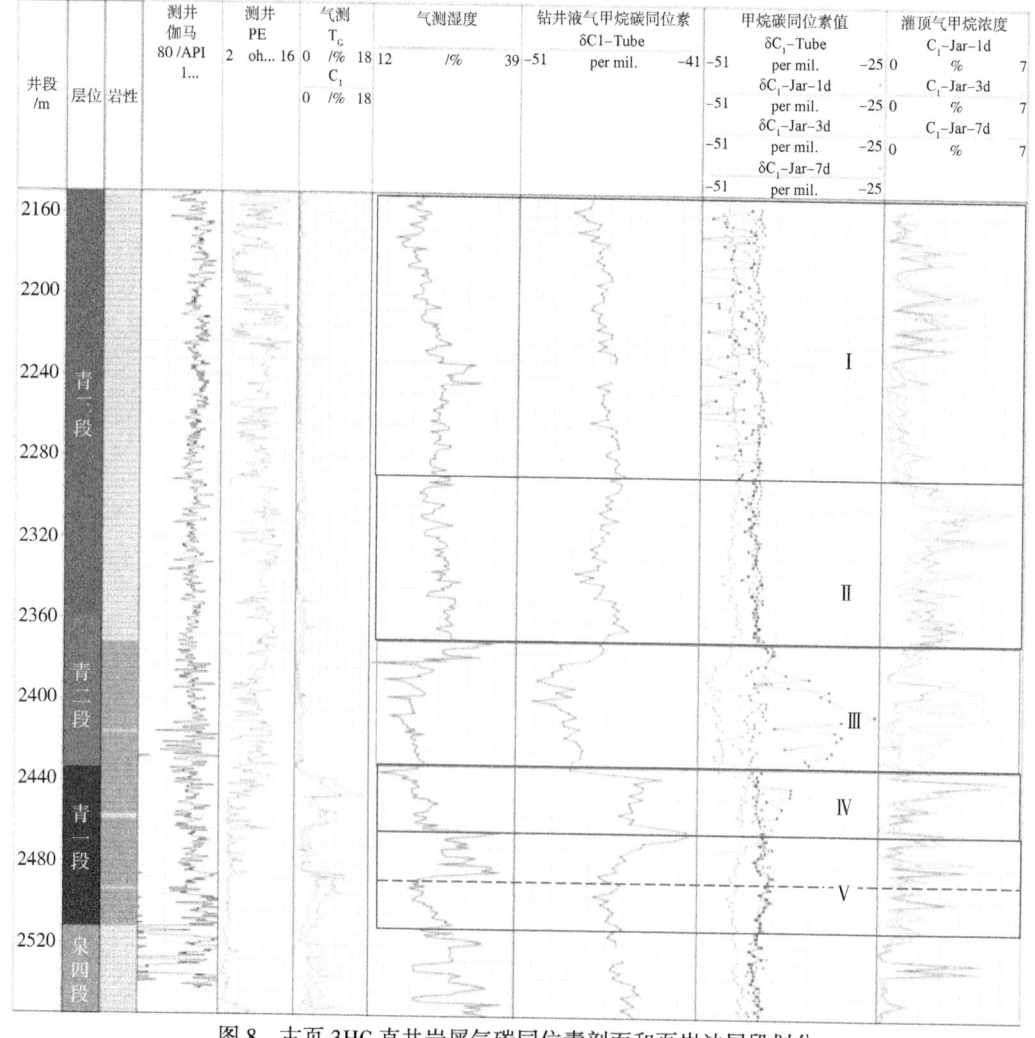

图8 古页3HC直井岩屑气碳同位素剖面和页岩油层段划分

Ⅰ段：该段分馏率中等，岩屑放气量中等，7天同位素值转而变轻接近钻井液气值，反映其致密且含油气压力较低，钻井液气同位素及组分显示为本段地层生成的气。

Ⅱ段：该段同位素分馏程度较小，岩屑罐顶气碳同位素后续变化较小，放气量较大，说明该段具有一定含油气压力，但相对致密，气测也较低。钻井液气同位素及组分显示为本段地层生成的气。

Ⅲ段：该段岩屑罐顶气3天同位素相对1天偏轻，7天又普遍大幅度偏重，且放气量在7天增加明显。出现该特征为外来气与自身生成气复合结果：该段存在外来充注的烃类气体，表现初期同位素偏重又变轻的特征；自身页岩含油气压力较低，放气过程缓慢，表现出后期放气量加大且同位素急剧变重的特征。

Ⅳ段：该段钻井液气同位素及组分显示为本段地层生成的气，且有排烃特征。岩屑罐顶气同位素初期分馏小，说明本段部分区域已经经过排烃过程，存在生烃微裂缝，含油气压力降低。岩屑罐顶气7天的碳同位素值急剧变重，说明尚有部分区域未充分排烃，尚维持部分含油气压力。

Ⅴ段：该段岩屑罐顶气同位素分馏最为明显，且放气量稳定，认为该段整体含气压力较好。结合钻井液气碳同位素及组分特征可以将该段进一步细分：上部未发生过排烃过程，气体组分偏湿；也未发育大规模生烃微裂缝，气测偏低。下部钻井液气碳同位素表明其未发生大规模排烃现象，且岩屑罐顶气同位素分馏表明其尚保持较好的含油气压力；气体组分和气测特征则显示，该区域已经形成了生烃微裂缝。

通过岩屑气碳同位素分馏特征计算页岩原始含油气相对压力，结果显示（图9）：青一下半段含油气压力最高（2490.0～2503.0m），其次为青一上半段（2434.0～2450.0m），青三底部也具有较好的含油气压力。

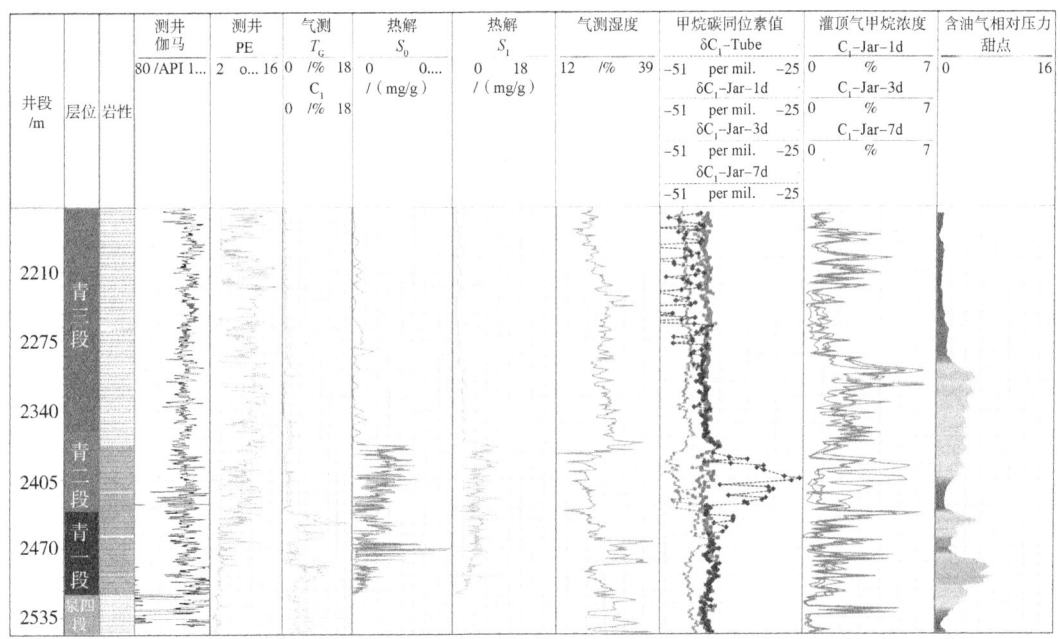

图9 古页3HC直井含油气相对压力特征

4 结论

(1) 钻井液气碳同位素及组分特征表明古龙页岩油属于高成熟有机质Ⅱ型油气，其中青二段及青一上半段发生过烃类运移过程，青一下半段排烃作用不显著。就青一段来说，上半部烃类资源有所损失，但生烃微裂缝导致物性较好；下半段烃类资源保留较好，但产出相对困难。

(2) 根据岩屑罐顶气同位素分馏特征，从青三至青一可划分为五段，其中位于青一下半段的第Ⅴ段含油气压力相对较好。

(3) 碳同位素现场检测技术能够快速提供大量连续的立体碳同位素数据，不仅可以用来研究油气来源与成因，还可以分析致密储层背景情况下的油气充注特征，为油气勘探开发部署提供依据。

参 考 文 献

[1] 宋岩，李卓，姜振学，等. 非常规油气地质研究进展与发展趋势[J]. 石油勘探与开发，2017，44(4)：638-648.

[2] 王红军，马锋，童晓光，等. 全球非常规油气资源评价[J]. 石油勘探与开发，2016，43(6)：850-862.

[3] 张廷山，彭志，杨巍，等. 美国页岩油研究对我国的启示[J]. 岩性油气藏，2015，27(3)：1-10.

[4] 崔景伟，朱如凯，杨智，等. 国外页岩层系石油勘探开发进展及启示[J]. 非常规油气，2015，2(4)：68-82.

[5] 周庆凡，金之钧，杨国丰，等. 美国页岩油勘探开发现状与前景展望[J]. 石油与天然气地质，2019，40(3)：469-477.

[6] Aamira, Mateeu, Matloobh, et al. Estimation of the Shale Oil/Gas Potential of a Paleocene-Eocene Succession: A Case Strudy from the Meyal Area, Potwar Basin, Pakistan[J]. Acta Geological Sinica(English Edition), 2017, 91(6): 2180-2199.

[7] 黎茂稳，马晓潇，蒋启贵，等. 北美海相页岩油形成条件、富集特征与启示[J]. 油气地质与采收率，2019，26(1)：13-28.

[8] 王玉华，梁江平，张金友，等. 松辽盆地古龙页岩油资源潜力及勘探方向[J]. 大庆石油地质与开发，2020，39(3)：20-32.

[9] Wang Yuhua, Liang Jiangping, Zhang Jinyou, et al. Resource Potential and Exploration Direction of Gulong Shale Oil in Songliao Basin[J]. Petroleum Geology and Oilfield Development in Daqing, 2020, 39(3): 20-32.

[10] 何文渊，蒙启安，张金友. 松辽盆地古龙页岩油富集主控因素及分类评价[J]. 大庆石油地质与开发，2021，40(5)：1-10.

[11] He Wenyuan, Meng Qi'an, Zhang Jinyou. Controlling Factors and Their Classification-Evaluation of Gulong Shale Oil Enrichment in Songliao Basin[J]. Petroleum Geology and Oilfield Development in Daqing, 2021, 40(5): 1-10.

[12] 王广昀，王凤兰，蒙启安，等. 古龙页岩油战略意义及攻关方向[J]. 大庆石油地质与开发，2020，39(3)：8-17.

[13] 戴金星. 天然气碳氢同位素特征和各类天然气鉴别[J]. 天然气地球科学，1993，2(3)：1-40.

以信息技术为依托
提高钻井工程质量统计分析

明亚晶　冯　军

(大庆钻探工程公司)

【摘　要】 在钻井工程质量考验越来越严峻的今天，钻井质量管理的成败往往决定了一个工程的成败，质量数据在质量管理过程中，起着举足轻重的作用。如何把钻井工程实施过程中的数据进行标准化的统一管理，通过信息技术，对数据进行深度挖掘分析，是工程质量管理面对的重要问题。同时，质量数据化也是一个新兴且有效的质量管理手段。钻探工程质量分析系统是一多元化、透明化的全面全新的管理系统，主要利用大数据、数字加密等先进信息技术，满足质量管理人员对现场施工质量管理的需求，解决了多个系统质量数据的融合，实现了钻探工程多数据库数据融合、多层次的数据处理、个性化系统报表研制和图表绘制等功能。

【关键词】 质量管理；质量数据；大数据

随着当今网络技术的不断进步及其在石油行业的发展，统一数据标准，跨专业数据共享，是各企业迫切想解决的问题。钻井工程是一项作业环境复杂多样，设计工种较多，作业难度大的立体交叉作业工程，钻井管理是石油生产的关键，钻井工程的质量关系着石油生产的效率与安全，钻井工程数据是钻井工程质量管理的重要依据。在油田钻探领域自建系统较多，数据标准不统一，各系统间单独运行，不能很好实现数据互通，存在数据重复录入等问题。目前公司所有工程质量数据报表都是以 Excel 形式展现、报表字段多、格式繁杂、手工输入数据量大、查询统计计算量大。本文就为满足质量管理人员对现场施工质量管理的需求、解决多个系统的质量数据、减少基层人员数据重复录入等问题进行详细的阐述。

1　基础架构

工程质量统计分析系统，采用 B/S 架构、分层设计，具有良好的软件结构和多层次的应用支持，能为上层的应用提供全面有效的基础功能服务，同时兼容多种浏览器的显示模式。系统支持的二次开发、功能扩充扩展和功能调整，使系统最大限度地适应实际业务的需要(图1)。

作者简介：明亚晶，大庆钻探工程公司科技信息部高级工程师。邮编：163453。联系电话：13836803217。

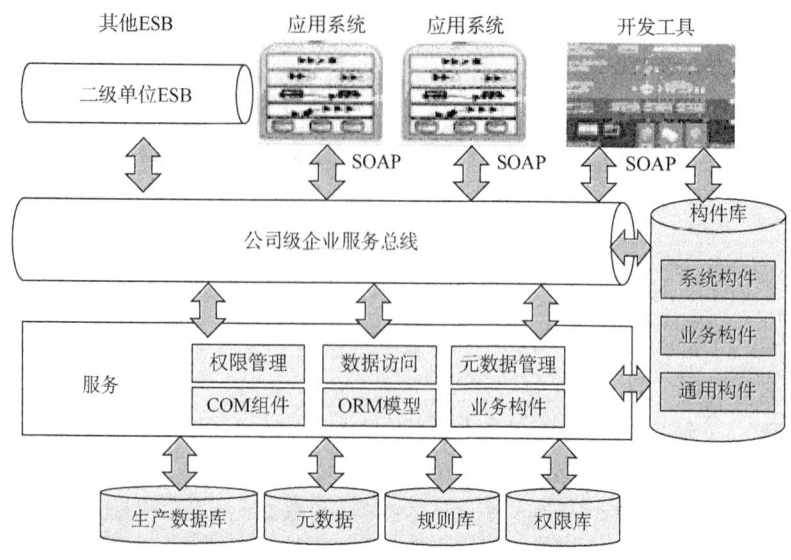

图 1　公司服务总线架构

2　技术特点

工程质量统计分析系统，开发了钻井工程质量管理功能、完井质量管理功能、质量统计分析功能等功能模块，解决了多平台切换登录问题。

2.1　报表灵活展示技术

在工程质量业务报表中，显示的内容较多，而且复杂，不是每个用户都需要全部内容，报表灵活展示技术很好地解决了这个问题。用户可以根据自己的需求，自己定制报表中显示内容，使界面更简洁直观(图2)。

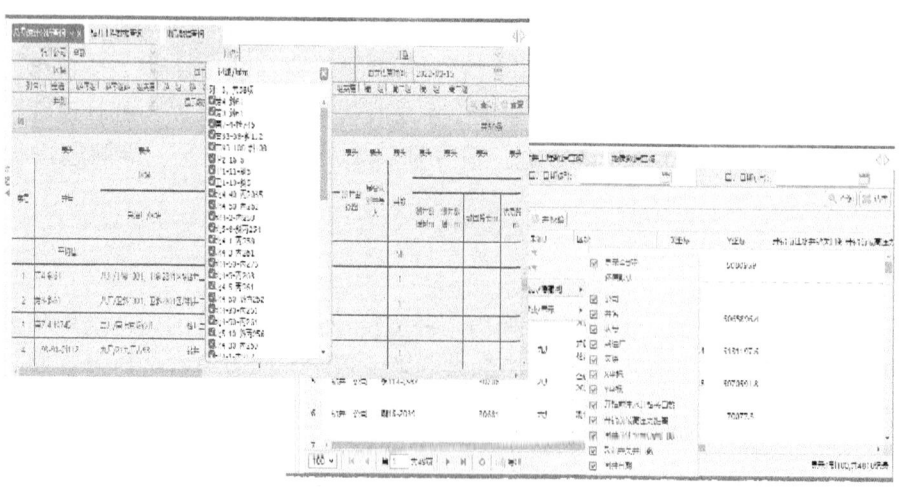

图 2　质量统计分析系统

2.2 系统集成技术

通过 JAVA 技术集成了公司下属单位数据中心的数据库，实现对不同单位数据的采集、解析，减少了用户重复录入工作量，并进行数据入库和统计分析。

同时也提供不同的 Excel 数据模板来满足不同公司数据的导入需求，并对导入的数据进行第三方数据库的校验，保证数据的准确性(图 3)。

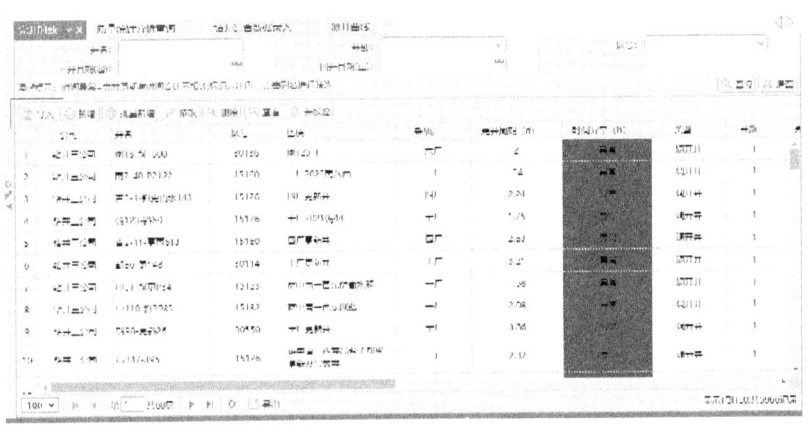

图 3　Excel 数据模板

2.3 曲线绘制技术

系统把测井数据 TXT 文件直接解析成数据库格式化文件存储，在页面上通过不同的颜色、以深度为维度绘制成连续的测井曲线，并且鼠标停留的位置能显示出井深及相关测井项目数据，用户能直观清晰地了解地层情况(图 4)。

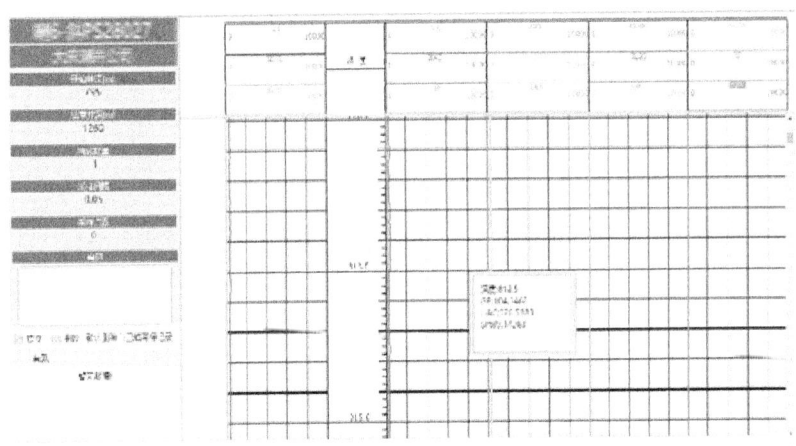

图 4　数据库格式化文件

2.4 质量分析图形

系统通过公司、区块、完井周期等不同维度统计质量数据，并以柱状图、列表、折线图等方式显示出来，让用户看得更清晰直观，更容易看出相关数据的变化趋势(图 5)。

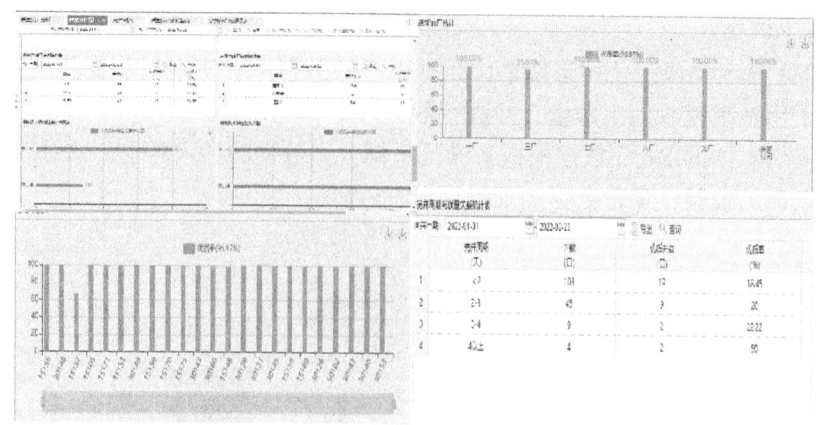

图 5　统计数据界面

3　系统功能

系统对施工进度对比、关注井报表、完井分层、钻井英雄榜、完井时效质量管理、地质质量管理、钻井工程质量管理、完井质量管理、质量统计分析、注水井管理、防碰要求查询和测井曲线绘制等功能模块进行研究开发。

3.1　施工进度对比分析

施工进度对比分析的图形化显示，为了更直观地对比几口井的进度，系统中采用图形化的方式显示。任意选择同一区块、相同施工队，不同施工队几口井的施工进度进行对比，分析得出最优施工方案。曲线也可以根据天数、井深进行自定义，并且支持导出图片形式（图6）。

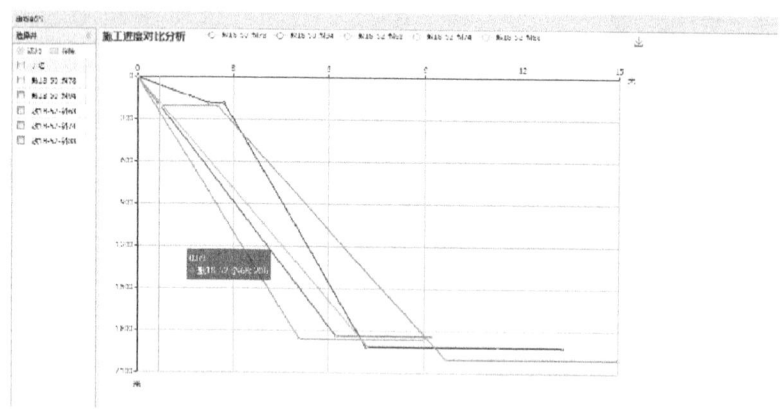

图 6　施工进度对比分析

3.2　关注井报表

用户可以自定义关注井，系统会根据定义的关注井自动生成关注井日报和关注井周报，替代了原有人工 Excel 方式生成打印查看的方式，高效便捷准确，主要包括：关注井设置、关注井周报、日报。

(1) 关注井设置：通过此功能可以关注、取消关注井（图7）。

图7　关注井设置

(2) 关注井周报：所有关注井的周报信息（图8）。

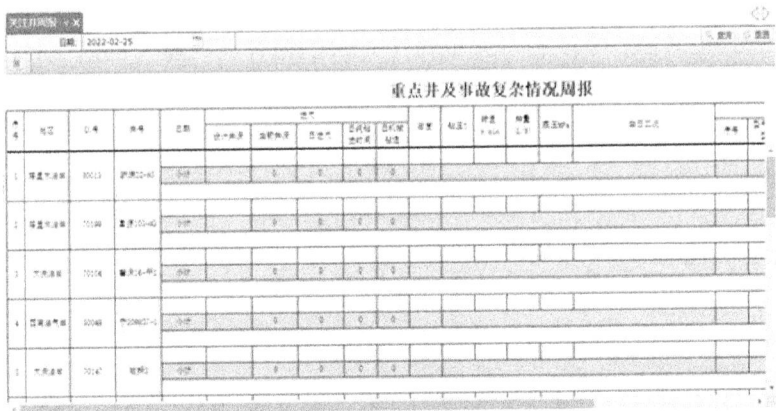

图8　关注井周报

(3) 关注井日报：所有关注井的日报信息（图9）。

3.3 完井分层

完井分层：按公司、日期进行查询完井分层数据(图10)。

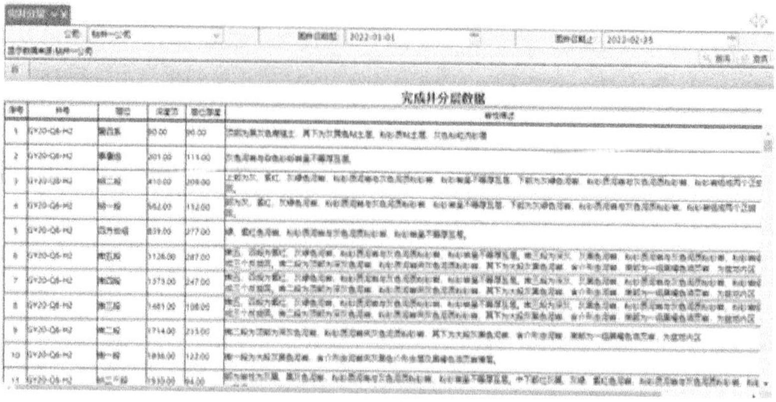

图 10 完井分层

3.4 钻井英雄榜

根据业务部门的算法，系统自动生成每个月份的钻井英雄榜，同时支持不同维度的考核对比，替代了原有人工计算的方式(图11)。

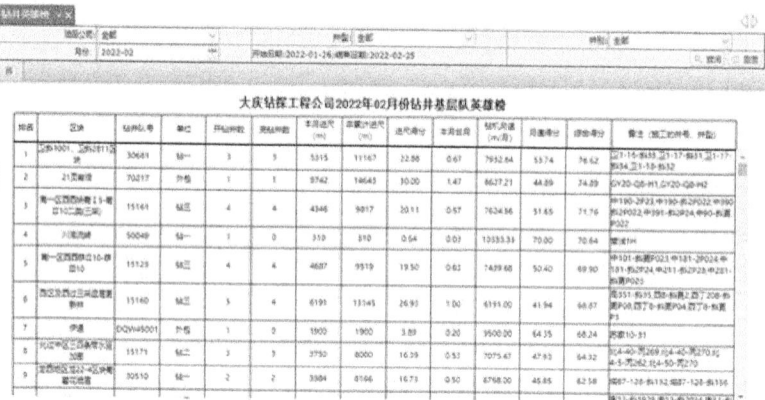

图 11 钻井英雄榜

3.5 完井时效质量统计

重点井统计时效月报表如图12所示。

图 12 重点井统计时效月报

3.6 业务报表

报表主要包括：防碰设计、地质完井技术指标、单井加封井器情况、结算数据、声变情况统计表(图13至图17)。

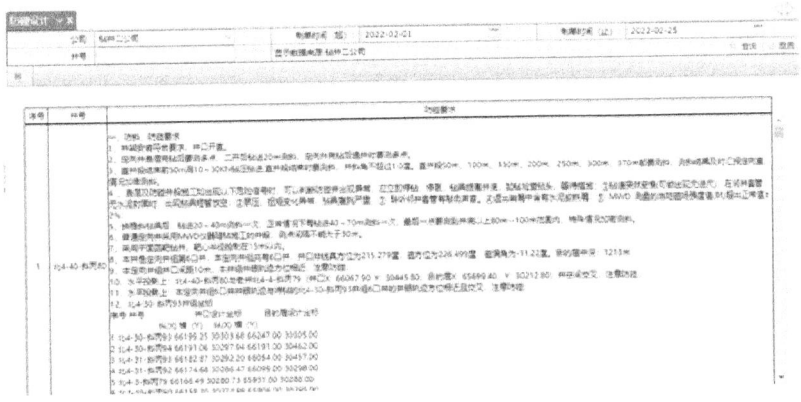

图13 防碰设计

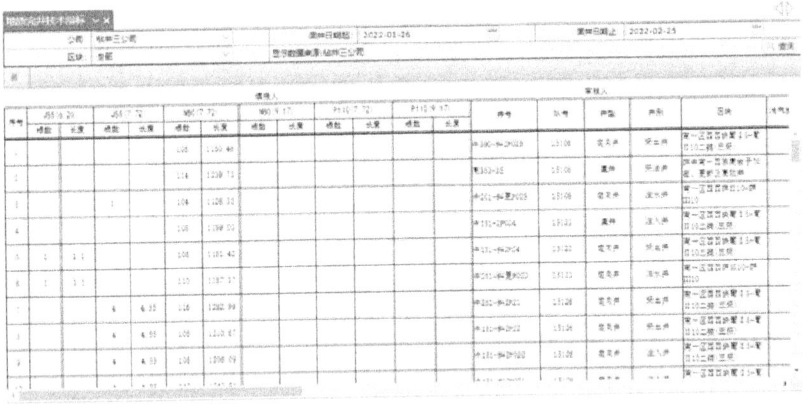

图14 地质完井技术指标

图15 单井加封井器情况

图 16 结算数据

图 17 声变情况统计

3.7 钻井综合数据录入

导入钻井综合数据表，查询相关信息。

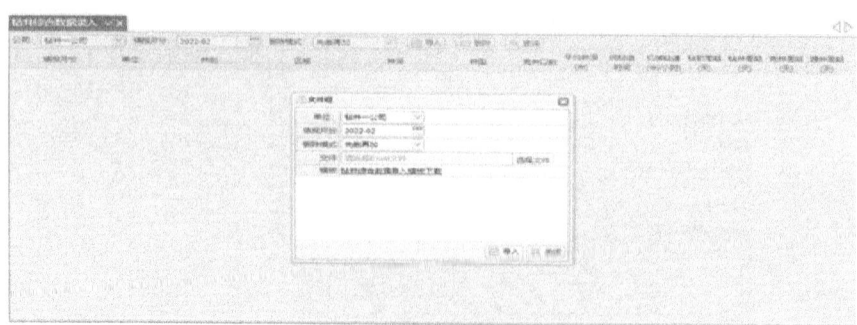

图 18 钻井综合数据录入

(1) 完井质量数据如图 19 所示。

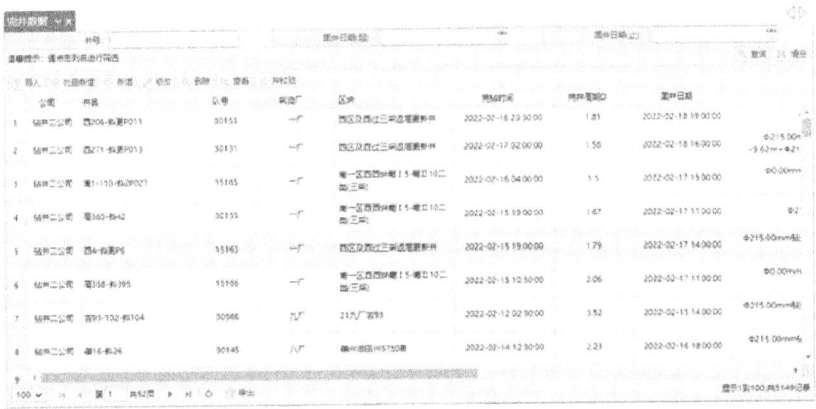

图 19 完井数据

(2) 调开井时效查询如图 20 所示。

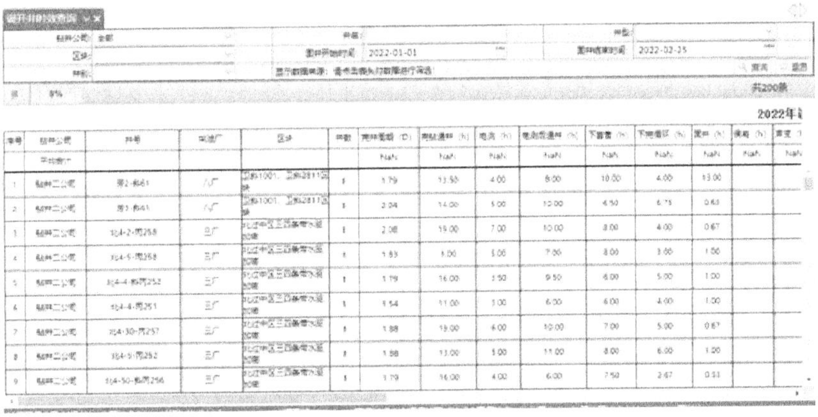

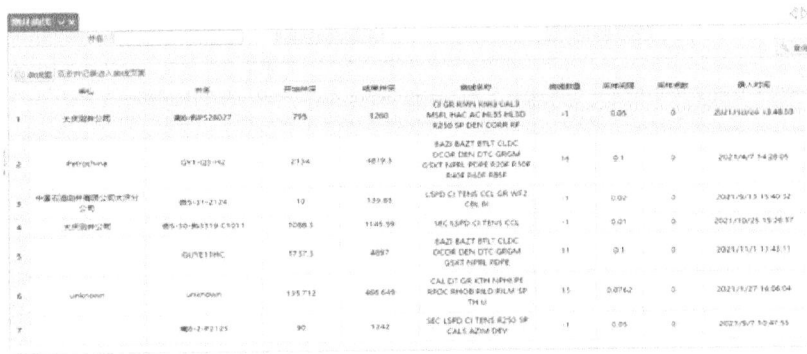

图 20 调开井时效查询

(3) 测井曲线如图 21 所示。

图 21 测井曲线

(4)质量分析图如图 22 所示。

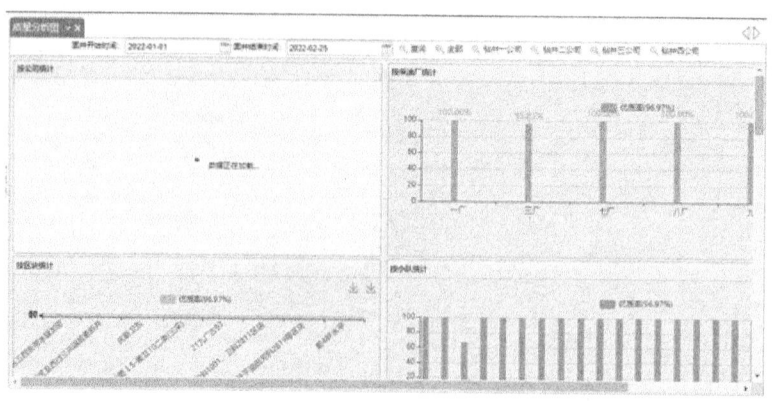

图 22　质量分析图

4　系统的应用

工程质量管理系统统一了数据标准、避免了数据重复录入，实现了数据共享，可以满足用户个性化需求，并且数据准确高效，减少了人工统计的工作量，有效提高工作效率，降低管理成本。同时，进一步提升了工程数据管理平台系统的科学化管理水平，实现了资源价值变现，能够满足公司个性化定制功能的开发应用，有助于推进公司科学化信息化管理进程。